Pförtsch/Schmid

B2B-Markenmanagement

B2B-Markenmanagement

Konzepte – Methoden – Fallbeispiele

von

Prof. Dr. Waldemar Pförtsch

und

Dr. Michael Schmid

Verlag Franz Vahlen München

Waldemar Pförtsch, Jg. 1951, lehrt International Management an der Hochschule Pforzheim mit den Länderschwerpunkten U.S.A., China und Japan, war Visiting Professor für International Management an der Kellogg Graduate School of Management der Northwestern University in Evanston/Chicago, U.S.A. und hat Lehraufträge im Executive MBA der University of Illinois/Chicago der University of Maryland University College. Seine Praxiserfahrungen erwarb er sowohl in Linien- als auch in Stabspositionen in Großunternehmen in Deutschland und in den USA. Prof. Pförtsch war Partner bei der Arthur Andersen Management Beratung, Stuttgart und der LEK Consulting, London/München. Ausgebildet wurde er als Diplom-Kaufmann sowie als Diplom-Volkswirt an der Freien Universität Berlin. In seiner Dissertation erforschte er Prinzipien des Technologie-Transfers (www.pfoertsch.com, mailto: waldemar.pfoertsch@fh-pforzheim.de).

Michael Schmid, Jg. 1965, Dr. soc., Dipl.-Ökonom Univ., Studium der Wirtschaftswissenschaften, insbesondere Marketing, Unternehmensführung, Human Resource Management, Internationales Management an der Universität Stuttgart-Hohenheim. Nach dem Studium sieben Jahre bei DaimlerChrysler in verschiedenen Stabs- und Führungsaufgaben in den Bereichen Forschung & Entwicklung Pkw und Pkw-Vertrieb tätig. Dort auch Dissertation über Marketing- und Wissensmanagement und deren Implementierung im Innovationsprozess von Mercedes-Benz, heute selbstständiger Unternehmensberater in den Bereichen Research, Training und Coaching (www.poi-beratung.com, mailto: schmid@poi-beratung.com).

Beide Autoren beraten Unternehmen und geben Seminare zum B2B-Markenmanagement.

Weitere aktuelle Informationen finden Sie unter
www.b2b-markenmanagement.de

ISBN 3 8006 3144 X

© 2005 Verlag Franz Vahlen GmbH
Wilhelmstr. 9, 80801 München
Satz: DTP-Vorlagen der Autoren
Druck und Bindung: Druckerei C. H. Beck
(Adresse wie Verlag)
Gedruckt auf säurefreiem, alterungsbeständigem Papier
(hergestellt aus chlorfrei gebleichtem Zellstoff)

Geleitwort

„Brand building goes far beyond creating awareness of your name and your customers promise. It is a voyage of building a corporate soul and infectiously communicating it inside and outside the company, to all your partners, so that your customers truly get what your brand promises" Diese Aussage hatte ich vor Jahren vor dem Hintergrund einer steigenden Konfusion der Konsumenten formuliert, heute hat diese Verunsicherung auch die Geschäftskunden erreicht und wir wissen, dass die Antwort auch im B2B-Bereich nur das Markenmanagement sein kann. Natürlich ist es das nicht alleine, aber ohne Markenmanagement ist alles langfristig vergebliche Mühe.

Ich empfehle Ihnen deswegen dieses Buch zu lesen, bevor es Ihre Wettbewerber tun. Die Autoren haben einen **anschaulichen Praxisband** vorgelegt, der ihnen Hinweise gibt, Brand Management für ihr Unternehmen in die Tat umzusetzen. Markenmanagement ist das Managen von Unterschieden, und zwar nicht wie sie in Datenblättern existieren, sondern wie sie in den Köpfen, Emotionen, Visionen und Phantasien von Menschen vorkommen. Und weil sich unsere Wahlmöglichkeiten vervielfältigt haben, brauchen wir Hilfen zur Orientierung, nicht nur im privaten Leben, sondern auch bei den Geschäftsentscheidungen. Wir brauchen und wir suchen nach Vertrauen, Vertrauen ist letztlich, die einzige Möglichkeit, Entscheidungsfindungen zu verkürzen. Ganz egal ob wir Metall, Papier, Plastik oder Software kaufen oder verkaufen.

Wie wir alle wissen, Marken entstehen, nebenbei - während wir andere Sache machen, ein Produkt entwerfen, einen Auftrag abwickeln, eine Reklamation bearbeiten oder einen Artikel publizieren. Sobald der Kunde unsere Schaffen wahrnimmt, **entstehen Marken**. Und was entsteht außerdem nebenbei: Eine **natürliche Barriere gegen den Wettbewerber**. Im Kopf der Kunden entsteht ein Schutzschild gegen die Wahrnehmung anderer Anbieter. Kann der Fertigungsplaner in der Automobilindustrie beim Umrüsten eines Montagebandes an etwas anderes denken als an TRUMPF Industriewerkzeuge? Und wenn dann noch die ästhetische Formgebung von herausragender Qualität ist wie bei den KUKA Robotern, dann steigen die Produkte in die Premiumkategorie auf. Nach meiner Ansicht müssen auch Industrieproduktanbieter drei Schlüsselfragen beantworten:

Wer sind wir? - Was machen wir? - Und warum sind wir wichtig?

Die erste Frage ist meist einfach zu beantworten, bei der Zweiten wird es schon schwierig und bei der Dritten kommen viele Manager ins Schlingern. **Falls Sie nicht**

alle drei Fragen schlüssig und schnell beantwortet haben, dann sollten Sie dieses Buch nicht auf die Seite legen. Ich weiß, es wird eine lange Nacht oder zwei oder drei. Aber dieses Werk wird Ihnen alle Werkzeuge an die Hand geben, um Ihre Marke aufzuladen und in der Wahrnehmung der Mitglieder des Buying Centers nachhaltig zu unterstützen. Erst dann wird es Ihnen gelingen, beides zu tun: Ihre fundamentalen Markenwerte also nicht nur aufladen, sondern auch kommunizieren.

In den 70er Jahren haben Sie noch Produktausprägungen verkauft (features), in den 90er Jahren Kundennutzen (benefits) und jetzt will der Kunde erleben, was Sie ihm anbieten (experience). In der Zukunft wird es die Identifikation (identity) sein. Glauben Sie mir, der Kunde will sich auch im B2B-Geschäft wiederfinden, er will dazu gehören. Einzelne Firmen ist dies heute schon gelungen, stellvertretend will ich nur die Großrechner von IBM nennen, trotz Client Server Lösungen und Internet oder gerade deswegen, werden PC und Großrechnerlösungen kontinuierlich bei IBM nachgefragt - ist da sonst noch jemand auf dem Markt? Natürlich, aber nicht mit dieser Erfahrung. Aus vielfältigen Analysen wissen wir, dass Marken nicht in der Isolation entstehen, sondern sie sind das Produkt vielfältiger Kommunikation und Interaktion mit den unterschiedlichen Beteiligten im Wertschöpfungsprozess. Mit viel Geduld und Kreativität entsteht das Vertrauen in die Marke, was wir in den USA eine ‚**vivid brand'** nennen. In der Nähe von Chicago, in Peoria ist die Unternehmenszentrale von Caterpillar, liebevoll CAT genannt: Hier entstehen Monstermaschinen, deren emotionale Stärke nicht nur in PS aufzuwiegen sind. Einmal CAT immer CAT. Bei Caterpillar wird die Markenkraft wirksam eingesetzt. Wenn zusätzlich die Innovationen den Abstand zum Wettbewerber vergrößern und wenn die Loyalität durch Co-Branding und Lizenzen gesteigert wird, dann ist Markenmanagement im Einsatz. Dabei hört CAT auf seine Kunden und lässt Lieferanten zum Erfolg beisteuern. Ähnlich verhält es sich auch bei Freightliner, der US-LKW-Tochter von Mercedes-Benz, hier können selbst die wertvollsten Teile, wie etwa der Motor, die Achsen oder das Getriebe vom Kunden ausgewählt werden, wobei die Marken der Lieferanten entscheidend zur Kaufentscheidung beitragen: Das sind die Vorboten des **Ingredient Branding**. Heute noch nicht in jeder Industrie verbreitet, aber ein Zukunftstrend – auch und gerade für B2B-Kunden. In weiteren Fachpublikationen werden Waldemar Pförtsch und Michael Schmid sich diesem Thema noch ausführlicher widmen.

Beginnen Sie damit, **Markenmanagement als Chance zu begreifen**, markieren Sie Ihre Unternehmensleistungen mit einem Label, nicht nur als Corporate Brand, sondern auch für jede Ihrer Produktsparten und Produktgruppen. Erkennen Sie die Herausforderungen und Chancen im B2B-Geschäft und identifizieren Sie Ihre unternehmensindividuellen Ansatzpunkte für **Ihr professionelles B2B Branding:** *Antworten finden Sie in Teil 1, Kapitel 1.*

Gehen Sie strategisch vor und etablieren Sie Ihre Marke als Unternehmenswert und laden Sie Ihre Marke kontinuierlich auf – betrachten Sie dies als **Ihre Lebensaufgabe:** *Antworten finden Sie in Teil 1, Kapitel 2.*

Verlassen Sie die strategische Ebene und setzen Sie Ihre Strategien mit den hier vorgestellten Instrumenten einer **operativen Markenkommunikation** um – integrieren Sie diese Aufgabe in **Ihr Tagesgeschäft:** *Antworten finden Sie in Teil 1, Kapitel 3.*

Lassen Sie sich von den vielen fundiert dargestellten und nachvollziehbaren Branchenanwendungen und Unternehmensbeispielen **aus der Praxis für die Praxis inspirieren:** *Antworten finden Sie in Teil 2.*

Und bitte wechseln Sie Ihre Sichtweise und betrachten Markenpotenziale als Chance: Dieses Buch wird Ihnen dabei helfen, Ihre latenten Markenpotenziale aufzuspüren, auszuwählen und umzusetzen. Nichts ist ehrlicher als das zu markieren, für was man steht.

Chicago, Summer 2004
Philip Kotler S. C. Johnson & Sons
Distinguished Professor of International Marketing
Northwestern University, Evanston, Chicago, Illinois

Marion,
Anna, Peter, Adam
und Julchen

Vorwort

Während sich Wissenschaft und Praxis frühzeitig und intensiv mit Marken im Konsumgüterbereich beschäftigten, wird das Marketing und insbesondere das Markenmanagement im B2B-Bereich erst langsam und eher zögerlich auch in Deutschland hoffähig. Im Gegensatz dazu haben sich in den USA längst eigene Lehrstühle zum Business-to-Business-(B2B)-Marketing etabliert.

Markenmanagement für Industriegüter stellt für B2B-Unternehmen ein wirksamer, aber bis heute oft vernachlässigter Ansatz zum Aufbau nachhaltiger Wettbewerbsvorteile dar. Einige Unternehmen haben dieses Defizit laut aktueller Umfragen bereits erkannt, sind aber nach wie vor von einem konsequenten Markenaufbau weit entfernt und vernachlässigen ebenso das wertvolle Chancenpotenzial, das mit einer effektiven Markenkommunikation ihrer Leistungen verbunden sein könnte.

In einer Zeit, in der viele Hightech-Unternehmen im B2B-Sektor in der Kosten- und Renditefalle stecken, stellen wir in diesem Band wirksame und umsetzbare Konzepte und Methoden für die Unternehmenspraxis gegen den Mainstream vor. Außerdem ergänzen wir unsere Ausführungen mit erfolgreichen Beispielen aus verschiedenen Unternehmen und Branchen, die sich bereits heute einen First-Mover-Brand Advantage gegenüber dem Gros der weniger markenorientierten Unternehmen gesichert haben.

Die hier vorgestellten Konzepte und Instrumente werden von uns sowohl im Hochschul- und im Weiterbildungsbereich als auch bei der Unterstützung mittelständischer und großer Hightech-Lieferanten bereits über viele Jahre erfolgreich national und international eingesetzt.

Unser Dank gebührt an vorderster Stelle, Herrn Diplom-Volkswirt Hermann Schenk vom Vahlen Verlag München, der für eine stets gute Betreuung und einen reibungslosen technischen Ablauf gesorgt hat. Außerdem danken wir Professor Philip Kotler, Kellogg Graduate School of Management, Chicago, für die Unterstützung und die Formulierung des Geleitwortes. Phil hatte die ursprüngliche Anregung gegeben, sich mit B2B Marketing intensiver zu beschäftigen. Durch die Unterstützung des Kollegen Prof. Dr. Michael Terporten von der Hochschule Pforzheim konnte dann im Rahmen mehrerer Managementseminare der Grundstock für die Fallstudien in diesem Band gelegt werden, all den beteiligten Studenten sei hiermit gedankt. Durch zahlreiche Vorlesungen sowohl an der Hochschule in Pforzheim, wie an der Cooperative University Stuttgart, als auch an der University of Illinois at Chicago und der WHU in

Valendar wurden die Konzepte mit Studenten ‚getestet' und für brauchbar empfunden. All den kritischen Zuhörern sei hier aus ganzem Herzen gedankt, denn Sie haben wesentliche Teile dieses Buches indirekt mitgestaltet. Der größte Dank gilt aber den Eignern und Managern von Unternehmen, die Ihr Vertrauen während Beratungsprojekten in uns gesetzt haben und bei der Praxiserprobung der Konzepte mitgewirkt haben, wir können hier nur einige Firmen hervorheben: DaimlerChrysler, Siemens, speziell Automation & Drives, HP, IBM, LH Cargo, Hess, Herrenknecht, Giddings & Lewis, Jagenberg, Janoschka, Kendrion-Binder, Panasonic, Schroff, Schultheiss, Star Cooperation, Sumitomo Cyclo und viele mehr.

Des Weiteren sei all den Unternehmen gedankt, die uns direkt und indirekt Einblick in ihr Markenmanagement gegeben haben, um an Fallbeispielen Markenmanagement in der betrieblichen Praxis veranschaulichen zu können, dies sind insbesondere Accenture, DaimlerChrysler Management Consulting, Bosch, KUKA Roboter, Festo, Kendrion-Binder, Mercedes-Benz technology, Porsche Consulting, Schroff, Hako, Intel, Randstad, Siemens, Trumpf und ZF Friedrichshafen. Spezieller Dank gilt auch den Diplomanden, die mit hohem Aufwand unterschiedliche Teilbereiche analysiert hatten und die auch zum Teil in dieses Werk eingeflossen sind, insbesondere Andreas Göttl, der sein gelerntes Wissen heute sehr nutzbringend für das Unternehmen Bosch einsetzt sowie Frau Yvonne Heinzler, Heike Schwabe, Karin Menges, Matthias Schmidt, Volker Hein und Larry Weltin. Außerdem danken wir den Unternehmen, die die Chance ergriffen haben, in diesem ersten B2B-Markenbuch Ihre Anzeige zu platzieren. Für die emotionale Unterstützung und die liebevolle Fürsorge während der ganzen langen Zeit bedanken wir uns bei Marion und Julchen.

Stuttgart, Pforzheim, Chicago,	Waldemar Pförtsch
Filderstadt und Nagold im Herbst 2004	Michael Schmid

Methodischer Aufbau des Buches und Lesernutzen

Die Architektur des Buches besteht aus zwei fundamentalen Teilen:

Während im ersten Teil konzeptionelle und methodische Inhalte zum Fundament des B2B-Markenmanagements in operativer und strategischer Hinsicht im Vordergrund stehen, werden im zweiten Teil branchenspezifische Anwendungen und Unternehmensbeispiele vorgestellt. Beide Bereiche sind daher nicht isoliert voneinander zu betrachten, sondern stehen miteinander in Beziehung. Im zweiten Teil werden daher die Inhalte des ersten Teils mit Leben gefüllt, indem die individuellen Vorgehensweisen innerhalb der Branchen und in den Unternehmen näher beleuchtet werden. Zweifellos muss jedes Unternehmen in seiner spezifischen Situationen seinen eigenen Weg auf dem Weg zur Marke, zur Markenstärkung und zur Markenkommunikation finden, d. h. es gibt nicht den goldenen Erfolgsweg als Patentrezept – das würde dem hohen Anspruch professionellen Markenmanagements und dem Facettenreichtum der Marketing-Disziplin absolut nicht gerecht. Wichtiger ist daher die unternehmensspezifische Ausgestaltung des von uns vorgestellten Menüs aus strategischen und operativen Parametern der Markenaufladung und der Markenkommunikation. Größere Kapitel finden in Form wesentlicher Erkenntnisse ihren Abschluss.

Als Autoren möchten wir Ihnen mit diesem Buch einen Theorie-Praxis-Transfer im amerikanischen Fallstudienstil bieten, d. h. wir verzichten bewusst auf eine allzu große Firmenliste mit Fußnotenapparat deutscher Publikationsusancen und favorisieren daher nach dem Motto: ‚Weniger ist mehr' eine bewusste Fokussierung weniger Unternehmen in ausführlicherer Form. Das entspricht auch vielmehr dem Anspruch einer Marke, die bei aller Analyse neben wichtigen Details immer ganzheitlich zu betrachten ist und letztendlich vom Kunden auch immer nur ganzheitlich wahrgenommen werden kann. Das Ganze ist aufgrund der Vielzahl an Wirkungsbeziehungen immer mehr als die Summe seiner Teile und muss daher stets auf Stimmigkeit und Integrität in der Abstimmung einzelner markenrelevanter Aspekte betrachtet werden.

Wir wünschen Ihnen viel Erfolg bei der Umsetzung der gewonnenen Erkenntnisse und Einsichten und hoffen, dass wir Sie über den Weg der Inspiration zu neuen Ideen und Anregungen entlang der großen Klaviatur der strategischen Markenstärkung und operativen Markenkommunikation einerseits in Kombination mit den ausgewählten Unternehmens- und Branchenbeispielen andererseits ein gutes Stück weit begleiten konnten.

Inhaltsverzeichnis

Geleitwort	V
Vorwort	IX
Methodischer Aufbau und Lesernutzen	XI
Teil 1: Strategische Markenaufladung und operative Markenkommunikation	1
1. B2B - Grundlagen und Herausforderungen	7
1.1 Definition von B2B-Gütern	10
1.2 Besonderheiten von B2B-Gütermärkten	14
1.3 Das Beschaffungsverhalten auf B2B-Gütermärkten	15
1.3.1 Das Buying Center	15
1.3.2 Der industrielle Beschaffungsprozess	16
1.4 Industriedesign	18
1.4.1 Industriedesign als Wettbewerbsfaktor	21
1.4.2 Design-Relevanz im B2B-Sektor	31
1.4.3 Innovationsorientierte Designstrategien	33
1.4.4 Der Designmanagementprozess	38
2. Strategische Parameter der Markenaufladung im B2B-Sektor	45
2.1 Von den historischen Wurzeln bis zum modernen Markenverständnis	45
2.2 Was ist eine Marke?	53
2.3 B2B-Markenrelevanz und die Entscheidung zum Markenaufbau?	74
2.4 Der formale Markenaufbau	77
2.4.1 Der Markenname	77
2.4.2 Das Markenzeichen	80
2.4.3 Der Markenslogan	81
2.4.4 Die Markenidentität	81
2.4.5 Der Schutz der Marke	82
2.5 Die Markenbildung	83
2.5.1 Der Markenkern	85
2.5.2 Die Ausrichtung des Unternehmens am Markenkern	86
2.5.3 Die Kerndimensionen einer starken Marke	87

2.6 Der Markenwert... 87
    2.6.1 Bedeutung und Definition des Markenwerts.. 87
    2.6.2 Die Markenbewertung... 89
2.7 Die Funktionsweise von Marken.. 97
    2.7.1 Die Markenbekanntheit... 98
    2.7.2 Das Markenimage... 100
    2.7.3 Die Markenassoziationen.. 101
    2.7.4 Die Markentreue... 103
    2.7.5 Vorteile von Marken für die Nachfrager und für den Anbieter......... 106
2.8 Markenstrategien.. 109
    2.8.1 Horizontale Markenstrategien.. 111
    2.8.2 Vertikale Markenstrategien... 115
    2.8.3 Geographische Markenstrategien... 116
    2.8.4 Mehrstufige Markenstrategien (Ingredient Branding)........................ 121
2.9 Markenmanagement und populäre Irrtümer.. 132
3. Operative Parameter der Markenkommunikation im B2B-Sektor..................... 139
3.1 Ziele und Aufgaben im Prozess der B2B-Markenkommunikation................ 139
3.2 Grundsätze der B2B-Markenkommunikation.. 146
    3.2.1 Ebenen der Markenkommunikation... 146
    3.2.2 Ausrichtung der Markenkommunikation... 147
3.3 Formen der B2B-Markenkommunikation... 149
    3.3.1 Die Produktkommunikation.. 149
    3.3.2 Die Unternehmenskommunikation.. 150
    3.3.3 Die Kombination als langfristiges Erfolgskonzept............................... 151
3.4 Klassische Kommunikationsinstrumente.. 152
    3.4.1 Vertriebssteuerung und Außendienstorganisation............................... 153
    3.4.2 Messen, Ausstellungen und Informationsveranstaltungen................ 156
    3.4.3 Verkaufsförderung... 166
    3.4.4 Public Relations.. 168
    3.4.5 Sponsoring... 170
    3.4.6 Werbung... 172
    3.4.7 Product Placement... 177
    3.4.8 Unternehmenszeitschriften, Kompetenzzentren, Referenzen, B2B-Clubs......... 177
3.5 Customer Relationship Management... 180
    3.5.1 Kundenwertmanagement.. 189
    3.5.2 Professionelles Beschwerdemanagement.. 191

3.5.3 Professionelles Kundenrückgewinnungsmanagement 195
3.6 Internetbasierte Kommunikation (E-Branding) 196
    3.6.1 Die Unternehmenswebsite 202
    3.6.2 Permission Marketing, virtuelle Messen und virtuelle Marktplätze 205
    3.6.3 Markenschutz und Markenrecht im Cyberspace 211
3.7 Einfluss von Suchfeldern bei Design-Innovationen 214
4. Dienstleistungen, Dienstleistungsmarken und B2B-Dienstleistungen 227
    4.1 Besonderheiten von Dienstleistungen 227
        4.1.1 Begriff und Abgrenzung von Dienstleistungen 234
        4.1.2 Strategische und operative Parameter im Dienstleistungsmarketing 238
        4.1.3 Marketing-Verbund von Sach- und Dienstleistungen 247
    4.2 Dienstleistungen als Markenartikel 250
        4.2.1 Klassifikation und Produktion von Dienstleistungen 250
        4.2.2 Die besondere Notwendigkeit der Markierung von Dienstleistungen 253
        4.2.3 Probleme der Markierungspolitik von Dienstleistungsunternehmen 255
        4.2.4 Rechtliche Situation für Dienstleistungsmarken 260
        4.2.5 Markenkern und Kerndimensionen einer starken Marke 261
        4.2.6 Unterschiede: Klassischer Markenartikel versus Dienstleistungsmarke .. 263
        4.2.7 Profilierung im Dienstleistungsbereich durch integrierte Kommunikation ... 264
    4.3 Markenführung und Markenpolitik bei Dienstleistungen 265
        4.3.1 Umwelt- und Unternehmensanalyse 266
        4.3.2 Zielsystem und grundsatzstrategische Entscheidungen 266
        4.3.3 Markenstrategische Optionen 269
        4.3.4 Markenpolitik bei Dienstleistungsmarken 269
    4.4 Produktbegleitende Dienstleistungen im Sachgüterbereich 271
5. Integrierte Kommunikation 274

Teil 2: Branchenanwendungen und Unternehmensbeispiele 279
1. B2B-Dienstleistungen als Marke 281
    1.1 Unternehmensberatung als Marke und die Accenture Brand Story 281
    1.2 DaimlerChrysler Management Consulting – eine Marke?! (C. Schardt, C. Crummenerl) ... 300
    1.3 Porsche Consulting 322
    1.4 Hako – Maßgeschneiderte Absatzfinanzierung im Maschinenbau 336
    1.5 Festo: Ein Dienstleistungs-Portfolio als Unique Selling Proposition 343
    1.6 Die Zeitarbeitsfirma Randstad Deutschland 350
    1.7 Branding für junge B2B-Berater-Marken und das Start up-Beispiel POI:
        Beratung für Personal, Organisation und Innovation 355

2. Markenmanagement in der Automobilzulieferindustrie.. 383
    2.1 Branchenentwicklungen und Markenrelevanz... 383
    2.2 MBtech Group – d e r Integrator zwischen Technologie und Methode................. 419
    2.3 Bosch.. 442
    2.4 ZF Friedrichshafen... 450
3. Markenmanagement im Maschinenbau... 457
    3.1 Branchenentwicklungen und Markenrelevanz... 457
    3.2 KUKA Roboter.. 466
    3.3 TRUMPF.. 474
4. Markenmanagement in der Elektrotechnik... 482
    4.1 Branchenentwicklungen und Markenrelevanz... 482
    4.2 Schroff.. 484
    4.3 Siemens... 502
5. Markenmanagement in der Mikroelektronik am Beispiel von Intel.............................. 518
    5.1 Der Marketing-Mix... 530
    5.2 Die wichtigsten Phasen der Unternehmensentwicklung... 539
    5.3 Der Mann an der Spitze.. 540
    5.4 Organisation und Personalführung... 541
6. Lernimpulse aus der Praxis für die Praxis.. 545
    6.1 Lernen in Hightech-Unternehmen: Anforderungen und Lösungen....................... 547
        6.1.1 Anforderungen.. 547
        6.1.2 Lösungen für Hightech-Unternehmen.. 550
    6.2 Sieben Lernimpulse aus Markenflops.. 552
        6.2.1 Klassisches Scheitern: Sony Betamax... 555
        6.2.2 Gescheiterte Markenideen: Du Pont mit Corfam.. 556
        6.2.3 Gescheiterte Markendehnungen: Xerox Data Systems................................... 557
        6.2.4 Gescheiterte Markenkommunikation: Firestone.. 558
        6.2.5 Menschliches Scheitern: Enron.. 559
        6.2.6 Gescheiterte Markeninnovation: Siemens Xelibri und Consignia................... 560
        6.2.7 Gescheiterte Markenmodifikation: Dell... 561
        6.2.8 Markenermüdung: Oldsmobile und Rover... 562

Die Zukunft des B2B-Markenmanagements.. 567

Literatur... 587

Firmen- und Markenindex... 597

Index... 599

Electronic Packaging ist unsere Welt

Seit über 40 Jahren behaupten wir weltweit eine Spitzenposition, wenn es um Schutz und Verpackung von Elektronik geht. Wir entwickeln und bauen Komplettlösungen, die in der Elektronik, Automatisierung, Meß-, Steuer- und Regeltechnik, Verkehrstechnik, Verteidigungstechnik, Kommunikationstechnik oder Medizintechnik Anwendung finden. Zu unseren Produkten gehören Schränke, Gehäuse, Baugruppenträger, Busplatinen, Stromversorgungen, Microcomputer-Aufbausysteme sowie ein breites Zubehörprogramm.

www.schroff.de

NACHDENKEN PLANEN PROJEKTIEREN

BESSER MACHEN

Entspannt in die Zukunft schauen fällt leicht, wenn KUKA Roboter Ihre Produktionsprozesse optimieren. Unabhängig von der Branche oder der Anwendung arbeiten KUKA Roboter profitabel und machen Prozesse schneller, präziser – eben besser. Diese Steigerung der Produktivität wird Ihr wirtschaftliches Wachstum bestimmen und Ihren Erfolg sichern.

www.kuka.com   besser@kuka-roboter.de   WORKING IDEAS

Über Ansichten lässt sich streiten.
Über Erfolgsstrategien nicht.

Wenn man Grenzen versetzen und neue Maßstäbe schaffen will, braucht man neue Konzepte und Strategien. Und als Erstes neue Fragestellungen. Wir bauen keine Autos, weil es Leute gibt, die das besser können. Aber wie beim Autobau gehen auch wir neue Wege. Wir kennen Mittel und Wege, im Management Probleme zu lösen und die Wettbewerbskraft zu stärken. Wir hinterfragen, optimieren, setzen neue Maßstäbe und bedienen uns dabei neuester Forschungsergebnisse. Unsere Stärke ist die Identifikation mit Ihren Zielen. Jede Maßnahme wird ganzheitlich und vernetzt geplant und durchgesetzt. Unser Know-how, unsere Erfahrung und Methodik teilen wir mit Ihren Mitarbeitern. Die Zufriedenheit unserer Kunden bestätigt uns, dass dieser Weg richtig ist. Deshalb gehen wir ihn konsequent weiter. Auch mit Ihnen?

Ihr direkter Weg zur Information:
DaimlerChrysler Management Consulting GmbH
www.managementconsulting.daimlerchrysler.com

DAIMLERCHRYSLER
Answers for questions to come.

 Gute Performance

Unser Kunde zuerst
Globaler Einsatz
Lokale Präsenz
Fokussierte Analyse
Kooperative Synthese
Tragkräftige Visionen
Ergebnisfokussiert
Implementierungsstark
Visuelle Unterstützung
Konsensusorientiert

 Vernünftiger Preis

UNTERNEHMENSBERATUNG SOST

Change Management, Geschäftsprozesse, Projektmanagement, Performance Improvement, Marketing, Vertrieb, CRM, Aftersales Service, Supply Chain Management, Logistik, Lieferantenqualifizierung, Balanced Scorecard, Business Intelligence, Post Merger Integration, Produktionsoptimierung, KAIZEN, KVP, Kostenorientierung

Rolf Sost
70193 Stuttgart · Dillmannstraße 1 · +49 711 257 33 10
ibs@senex-group.de · www.ibs-international.de

Mercedes-Benz technology

Verbinden Sie Technologien und Methoden zu einer neuen Perspektive

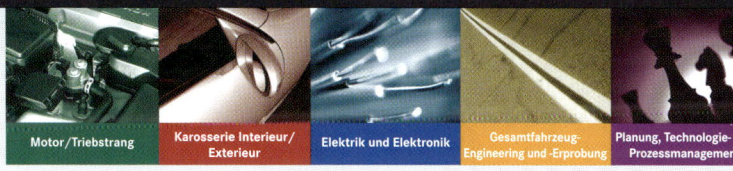

Ständig wachsende Anforderungen im Produktentstehungsprozess erfordern ganzheitliche Kompetenz. Die MBtech Group unterstützt Sie bei der Integration neuester Technologien mit perfekt verzahnten Engineering- und Consulting-Dienstleistungen weltweit. An Standorten in Europa, Asien und den USA entwickeln und testen wir Komponenten, Systeme und Module für Fahrzeug und Antrieb. Dabei begleiten wir Sie individuell und zielgerichtet – von der ersten Idee bis in die Produktion.

Verbinden Sie führendes Technologie-Know-how mit einer Prozessorientierung, die Methode hat. Diese ganzheitliche Perspektive bietet Ihnen nur die MBtech Group, Ihr Automotive Engineering und Consulting Partner.

MB-technology GmbH
Kolumbusstraße 19 + 21
D-71063 Sindelfingen

Fon +49 7031 686-3000
Fax +49 7031 686-4500
info@mbtech-group.com
www.mbtech-group.com

Your Partners in Excellence.

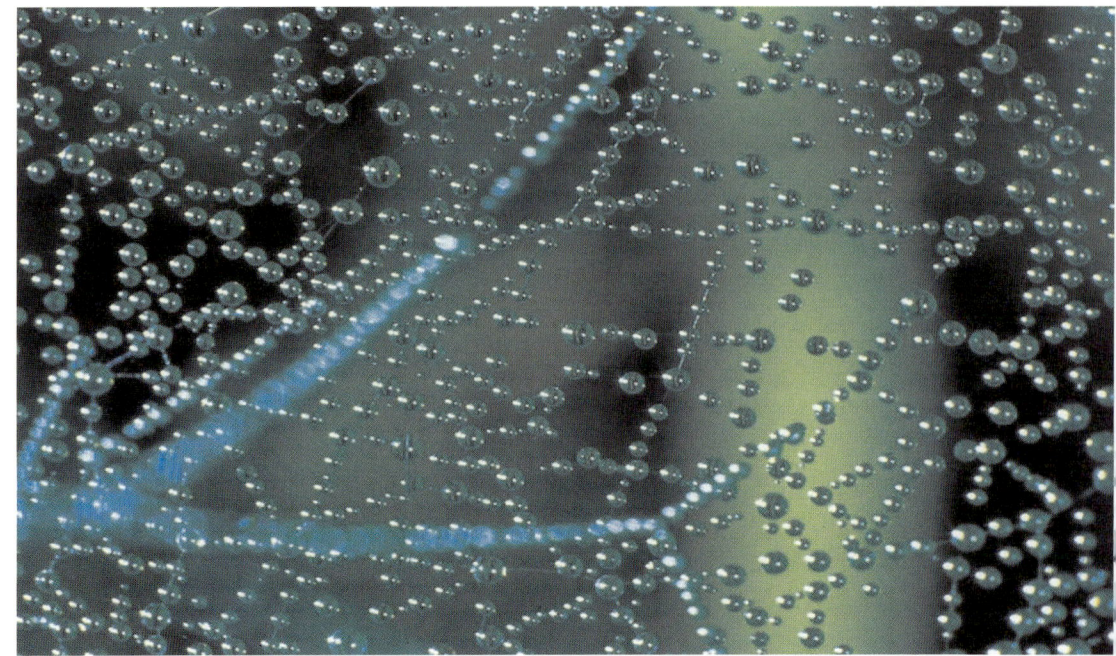

Die Kraft der Synergie: Das Ganze ist mehr als die Summe seiner Teile.

Dass die Welt der Wirtschaft immer schneller zusammenwächst, zeigen Kooperationen, Fusionen und Übernahmen. Diese strategischen Allianzen bringen Gewinn - weil sie Kompetenzen auf intelligente Weise bündeln, und weil sie neue, lukrative Geschäftsfelder erschließen.

Ausgerüstet mit einem umfassenden Wissen in allen relevanten Bereichen der Produkt- und Service-Information haben wir ein Ziel: zukunftsweisende Projekte in relevanten Geschäftsfeldern zu initiieren und zu begleiten. Fokus sind Anforderungen im peripheren Bereich von Kernprodukten (Kraftfahrzeug, Computer, Anlagen). Die Aufgabenfelder erstrecken sich vom klassischen After-Sales über das gesamte Feld der Information und Kommunikation in den Bereichen Publishing, Distribution, Logistik bis zum Produktmanagement, Marketing, Vertrieb und Betrieb von Informationssystemen sowie der Entwicklung und Bereitstellung von Werkzeugen. Herausragend ist das optimierte Gesamtangebot aus einer Hand und das Auftreten als Systemlieferant für das gesamte Aufgabenfeld.

Wir verstehen uns als Prozessmanager und Problemlöser, die in die Prozesse und Strukturen der Auftraggeber eingebettet sind. Dies charakterisiert das besondere Verhältnis zu den Kunden. Win-Win Situation und Symbiose sind Grundlage der Zusammenarbeit. Wir bieten Wirtschaftlichkeit bei hoher Qualität.

Wir stehen als Out-sourcing-Partner zur Verfügung und verstehen etwas vom Automobilgeschäft. Neue Branchen und Aufgaben stellen die Herausforderung dar, für die das Unternehmenskonzept mit Partnerorientierung ausgelegt ist und in zahlreichen Projekten unter Beweis gestellt werden konnte.

STAR COOPERATION
Otto-Lilienthal-Straße 5 • 71034 Böblingen • www.star-cooperation.com

HERRENKNECHT AG

Wer bohrt, kommt weiter.

Mobilität ist der Schlüssel zur Zukunft. Der grabenlose Tunnelbau schafft die Voraussetzungen und macht den Weg frei. Die Herrenknecht AG hat die High-Tech-Power dafür. Unsere Mix- und EPB-Schilde, Hartgestein-TBMs sowie Microtunnelling Maschinen und HDD-Rigs verhelfen unseren Kunden der internationalen Bauwirtschaft zum sicheren Durchbruch – in allen Geologien und auf allen Kontinenten der Welt. Dabei macht uns nicht nur die Bandbreite unserer Produkte und unser Know-how im maschinellen Tunnelvortrieb einmalig. Als Technologieführer setzen wir Maßstäbe, wenn es um Wirtschaftlichkeit, Sicherheit und Umweltschutz geht.

Herrenknecht. Mit Teamwork Tunnelling zum Durchbruch.

Gripper-TBM, Ø 9,58 m
Schweiz: St. Gotthard, Bahntunnel.

EPB-Schild, Ø 12,06 m
Spanien: Barcelona, Metrotunnel.

Mixschild, Ø 13,21 m
Malaysia: Kuala Lumpur, SMART-Tunnel.

Herrenknecht AG	D-77963 Schwanau	Tel +49 7824 302 0	Fax +49 7824 3403
Herrenknecht Schweiz AG	CH-6474 Amsteg	Tel +41 41 8848 080	Fax +41 41 8848 089
Herrenknecht Ibérica S.A.	E-28046 Madrid	Tel +34 91 3452 697	Fax +34 91 3592 032
Herrenknecht Asia Ltd.	T-Samut Prakarn 10540	Tel +66 2 7450 843	Fax +66 2 7450 845

www.herrenknecht.de

Heilbronn-Franken
Ein starkes Stück Baden-Württemberg.

Besuch des AUDI-Werkes Neckarsulm beim 1. Internationalen Hochschullehrertreffen

Als erfolgreiche Wirtschaftsregion setzen wir auf B2B-Konzepte!

Im direkten Kontakt mit unseren Zielgruppen informieren wir individuell und sehr persönlich über die Qualitäten der dynamischsten Region des erfolgreichen Bundeslandes Baden-Württemberg. Heilbronn-Franken ist einer der führenden Standorte in Europa für Unternehmen aus den Bereichen Mobilität und Prozesstechnologie.

Ihre speziellen Wünsche erfüllen wir gerne mit dem Wissen unserer Vorteile. Gemeinsam finden wir Ihren idealen Standort - ob im Stadt- und Landkreis Heilbronn, im Hohenlohekreis, im Main-Tauber-Kreis oder im Landkreis Schwäbisch Hall.

Heilbronn-Franken - Ein starkes Stück Baden-Württemberg!

www.heilbronn-franken.com

Bewegung erfordert Ziele

Corporate Identity Bausteine
Kommunikationskonzepte
Unternehmensbroschüren
Veranstaltungskonzeption

Oppinger Marketing &
Unternehmenskommunikation GmbH
Annina Oppinger

D-67346 Speyer
Schwerdstraße 59

Tel./Fax +49 (0) 6232 291773
Mobil   +49 (0) 173 65 872 65
annina.oppinger@oppinger.com

Erfolgreich sind wir, wo wir Ihnen nützen

In Zeiten schnellen Wandels, wachsender Komplexität und steigenden Drucks ist es für Unternehmen und Führungskräfte von zunehmender Bedeutung, alle Aktiva und vorhandenen Potenziale optimal auszuschöpfen und einzusetzen.

Mitarbeiter, Führungskräfte und Teams sind die Aktivposten. Die Entwicklung ihrer Potenziale ist Voraussetzung dafür, Veränderungsprozesse und dynamisches Wachstum voranzutreiben.

Sie profitieren von unserer Historie als Ingenieure mit Projekt- und Führungsverantwortung in der Industrie und von unserer Erfahrung als Organisations- und Teamberater in unterschiedlichen nationalen und internationalen Prozessen.

Unsere Kernfelder sind:

- Strategie-, Veränderungs- und Entscheidungsprozesse für Organisation und Teams
- Projektmanagement
- Personal- und Führungskräfteentwicklung
- Coaching und Einzelberatung

deloop management consulting • Heidestr. 1/1 • D-73733 Esslingen
Telefon +49 711 25 96 35 01 • www.deloop.de

Gutes Branding fängt beim Briefumschlag an!

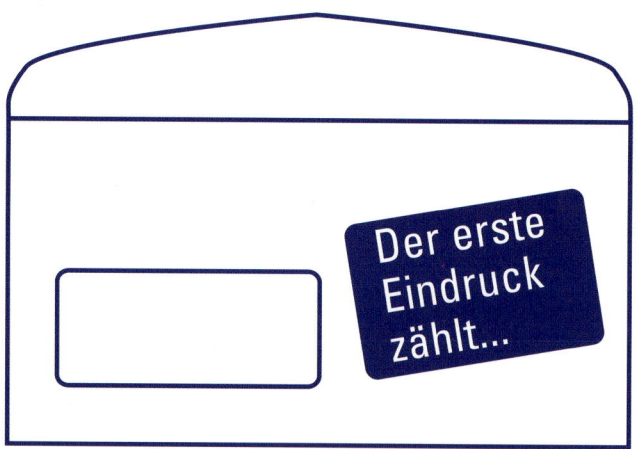

Es ist ganz egal, was Sie per Post versenden: die Briefhülle ist das Erste, was der Empfänger davon in den Händen hält. Und das nicht zu kurz: beim Öffnungsvorgang darf sich ein Briefumschlag enormer Aufmerksamkeit erfreuen. Nutzen Sie diese Chance zur Kommunikation mit dem Kunden.

Wir bieten Ihnen außergewöhnliche Briefumschläge und Verpackungen für einen guten Ersteindruck beim Empfänger. So hat unsere Kreativhülle "ComeCreate" bei einer Studie nachweislich für hohe Erinnerungswerte gesorgt. Mehr Informationen zu Kuverts für Direktmarketing und Businesspost erfahren Sie unter www.blessof.com.

Briefumschläge und Sonderprodukte aus Papier

Zuverlässig. Einfach. Wirkungsvoll.

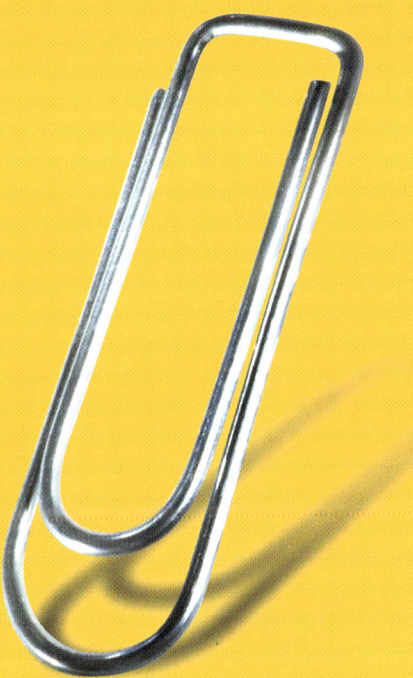

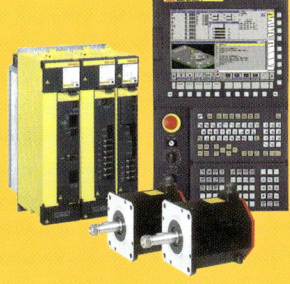

So zuverlässig, einfach und wirkungsvoll wie eine Büroklammer sind auch unsere Steuerungen. Mehr als 1,5 Millionen CNC Steuerungen wurden von FANUC/GE Fanuc bislang vertrieben und begeistern ihre Bediener durch ihre hohe Zuverlässigkeit. Durch die neue Software Manual Guide i wird die Werkstattprogrammierung noch einfacher und schneller. Superschnell ist auch unsere CNC Series 30 i. Weltweit die schnellste CNC Steuerung, die bis zu 40 Achsen steuert.
Einfach wirkungsvoll. CNC Steuerungs-systeme von GE Fanuc Automation – zuverlässig, präzise, schnell und einfach.

GE Fanuc Automation GmbH
Bernhäuser Str. 22 • D-73765 Neuhausen a.d.F.
Tel.: 07158-187 400 • Fax: 07158-187 455
e-mail: info@gefanuc-europe.com
www.gefanuc.de

TECHNOLOGY AND MORE

Dr. Michael Schmid

Research ▲ Training ▲ Coaching

*Ich bin ein guter Schwamm, denn ich sauge Ideen auf und mache sie dann nutzbar.
Die meisten meiner Ideen gehörten ursprünglich anderen Leuten,
die sich nicht die Mühe gemacht haben, sie weiterzuentwickeln.*

Thomas Alva Edison, 1847-1931

Drei Säulen im Wertschöpfungsprozess erfolgreichen Wissenstransfers

RESEARCH
- Online-Branchen-Recherchen
- Auswertung (Studie, Abstract)
- betriebswirtschaftliche Analysen und Gutachten
- Visualisierung & Grafikdesign
- Präsentationsvorlagen
- Layout, Konzeptentwicklung und Platzierung beim Verlag
- Beratung junger Marken

TRAINING
- Seminare über Wissens-, Innovations- und Technologiemanagement sowie über Dienstleistungsmarketing
- Marketing für Techniker und Ingenieure
- Workshop-Moderation
- Lernen mit Case Studies
- Training on the job

COACHING
- Von der Ist-Analyse zur Ziel- und Prioritätenplanung
- Unterstützung in der persönlichen Zielfixierung und erfolgreichen Zielerreichung
- Erfolgspotenziale aufdecken
- Stärken stärken
- Vorbereitung auf Führungsaufgaben

Beratung für
Personal, Organisation und Innovation (POI)

Schloss Vollmaringen ▲ D-72202 NAGOLD
fon: 07459/405361 ▲ mobil: 0170/2063991
mailto: schmid@poi-beratung.com ▲ www.poi-beratung.com

Teil 1: Strategische Markenaufladung und operative Markenkommunikation

Für die Erfolgsgeschichte der Marke beginnt ein neues Kapitel, denn erstmals dringt das Markenmanagement massiv in Business-to-Business-Branchen (B2B) vor, in denen die Marke bislang keine oder kaum eine Rolle spielte. Erstaunlich ist nur, dass **die Marke in immer mehr Branchen** und Märkten den Nimbus als **Motor des Unternehmenswachstums** genießt, obgleich bis heute keine ausreichend differenzierten Untersuchungen zum unternehmerischen Nutzen von Marken vorliegen. Insofern ist die Frage berechtigt, ob der Marke überhaupt in allen Branchen ein so hoher Stellenwert zukommt, dass solche nicht unbeträchtlichen Investitionen in den Markenaufbau gerechtfertigt sind.

Nach Phil Kotler gibt es fünf generelle Werteerzeuger von Marken (*Kotler* 2004):

- **More for more:** Higher prices for a better product.
- **More for the same:** Same quality at a lower price.
- **The same for less:** Discounted brands that are comparable in quality to the bad brand.
- **Less for muchless:** Getting less features for much less.
- **More for less:** The winning proposition. We give you more and you pay less.

Das klassische US-amerikanische Beispiel aus den Endkonsumentenbereich für ‚More for more' ist Starbucks Coffee: Qualitätskaffee in einer angenehmen Atmosphäre. Im Industriebereich wäre dies mit dem Angebot der Firma WMF für Premium-Kaffeeautomaten vergleichbar. Unbestritten ist in der Zwischenzeit, dass B2B allein durch Technologie- und Innovationsorientierung noch nicht per se einen nachhaltigen Markt- und Wettbewerbserfolg schaffen kann, sondern immer stärker auf ein professionelles Marketing- und Markenmanagement zur Positionierung im Wettbewerb und Profilierung gegenüber dem Kunden angewiesen ist. Aber mit Marken ist das so eine Sache. In der US-amerikanischen Wirtschaft hat sich mittlerweile die Einschätzung durchgesetzt, dass

> „Branding establishing a strong, positive reputation as a consumer marketing phenomenon, but it has relevance and importance in business as well."
> (*Vitale* 2002)

Dabei wird aufgezeigt, dass Aufbau von Vertrauen und Zuversicht in eine Marke eine langfristige und aufwändige Angelegenheit ist. Außerdem unterscheidet es sich auch von der Markenbildung im Konsumentenmarkt. Im Einzelnen werden wir noch darauf eingehen, wie dieses ‚Voraus-Urteil' für eine Marke gestaltet werden kann. Fundamentales Oberziel ist es, eine Technologiemarke zum Industriestandard zu etablieren. Den meisten wird nicht bekannt sein, dass ‚Plexiglas' die Marke für Acrylscheiben ist oder ‚Flex' der Markenname für eine Firma steht, die Schwingschleifer und ähnliche Geräte herstellt. Wenn die Marke zum Industriestandard wird und der Entwickler keine andere Möglichkeit sieht (in den USA nennt man das ‚engineering call outs'), dann ist das Unternehmen im **‚Markenhimmel'**. Bis dahin ist jedoch ein weiter Weg.

Auch McKinsey und das Marketing Centrum Münster untersuchten die **Markenrelevanz** sowohl auf B2C- als auch auf B2B-Märkten. In beiden Fällen wurde festgestellt, dass Marken eine ganze Reihe von Funktionen innehaben.

Marken

- **transportieren Informationen,**
- **mindern** mit dem Kauf das verbundene **Risiko** und
- stiften **ideellen Nutzen.**

Während im B2C-Sektor das Markenmanagement schon eine jahrzehntelange Tradition besitzt, beginnt man sich im B2B-Sektor bisher nur vereinzelt für den Markenaufbau und die Markenkommunikation zu interessieren – zu Unrecht, so das klare Ergebnis dieser Studie. Von rund 86 000 Neuanmeldungen von Marken im Jahr 2000 entfällt nur rund ein Fünftel auf Industriegüter. Markenrelevante Investitionen machen spärliche 5% der gesamten Marketingaktivitäten aus. Auch Sattler/Pricewaterhouse Coopers kommen zum Ergebnis, dass Marken im B2C-Sektor im Durchschnitt 56% des Unternehmenswertes repräsentieren, in B2B-Märkten dagegen nur 18%. Neben den bekannten Vorteilen des Markenmanagements wird von Malaval folgende wesentliche Funktion identifiziert (*Malaval* 2001):

„The minimization of risk as percieved buyers and the facilitation of the customers company's performance by the supplier brand."

Auch Kinder interessieren sich für die Zusammenhänge (*Pförtsch* 2005). Darüber hinaus wird festgestellt, dass die **wichtigsten Wegbereiter der Markenrelevanz** im Konsumgüterbereich 1 zu 1 auf den Industriegütermarkt übertragbar sind (*Backhaus et al.* 2002):

1. **Homogenisierung bzw. Konvergenz des Angebots**, d. h. Produkte und die hierzu erforderlichen Technologien gleichen sich an bzw. werden immer schneller von der Konkurrenz übernommen oder noch übertroffen. Selbst der Versuch der Individualisierung durch maßgeschneiderte Dienstleistungen rund um das materielle Produkt lässt sich in vielen Fällen nur sehr begrenzt als Verkaufsargument

aufrechterhalten, denn es lässt sich kein wirksamer Patentschutz und damit keine nachhaltige Markteintrittsbarriere aufbauen.

2. **Leistungen** werden häufig als komplexes und **erklärungsbedürftiges Bündel** angeboten, d. h. eine gezielte (Marken-)Kommunikation wird immer notwendiger.
3. **Preisprämien** lassen sich nicht mehr nur über rein funktionale Nutzenparameter erzielen.

Insofern müssen Marken auch für B2B-Anbieter drastisch an Bedeutung gewinnen, denn erstens heterogenisieren sie das eigene Angebot durch **Profilierung**, zweitens **reduzieren** sie die **Komplexität** des Angebots und drittens bieten sie einen **zusätzlichen Mehrwert**, indem sie tangible und intangible Faktoren in gebündelter Form kommunizieren.

Abbildung 1: Markenrelevanz und Markenfunktionen im B2B-Sektor

Vor diesem Hintergrund kann konstatiert werden,

> „dass die tatsächliche Bedeutung der Marke im B2B bisher noch nicht erkannt wurde." (*McKinsey/Marketing Centrum Münster* 2002).

Insofern übernehmen die oben beschriebenen **Funktionen von Marken** auch im B2B-Sektor eine fundamentale Rolle (*McKinsey/Marketing Centrum Münster* 2002):

- Die **Funktion der Informationseffizienz** ist besonders bei komplexen Anlagen und Systemen wichtig. So erleichtert Siemens beispielsweise durch das Präfix ‚Si' dem Kunden die Orientierung in einer immer komplexer werdenden Angebotsvielfalt.

- Die **Funktion der Risikoreduktion** spielt bei investitionsträchtigen komplexen Produkten wie Schaltanlagen und Werkzeugmaschinen eine große Rolle. Dies überrascht nicht, wenn man bedenkt, dass der Ausfall teurer Anlagen im Produktionsprozess schwerwiegende Folgen verursachen würde. So besitzen Heidelberger Druckmaschinen eine so ausgeprägte Markenreputation, dass sich hochwertige Zeitschriften wie Elle als Testimonial für eine Kampagne zur Bewerbung der Qualität der Heidelberger Dienstleistungen und Produkte zur Verfügung stellen.

- Die **Funktion der Erzeugung eines ideellen Nutzens** im Dienste der Selbstdarstellung und des Reputationstransfers auf die eigene Kompetenz spielt gerade auch im B2B-Sektor eine viel größere Rolle, denn auch der nüchterne Buying Center eines industriellen Abnehmers ist aus Fleisch und Blut besetzt. Schon seit einigen Jahren hat der Roboterhersteller Kuka sein angestammtes Geschäftsfeld im Automobilsektor auf ganz andere Branchen ausdehnen können, indem es beispielsweise das Design seiner Roboter eng mit der Markenführung verknüpft, denn gutes Design kann auch technische Vorteile wie Biegefestigkeit und Torsionsfestigkeit noch weiter steigern und der erste Preis im Red Dot Award 2002 lässt sich werbe- und imagemäßig sehr gut für den Aufbau neuer Geschäftsfelder ausschlachten (Näheres in unserem Unternehmensbeispiel Kuka).

Wir werden diese drei Funktionen im nächsten Kapitel genauer analysieren.

Die Hightech-Hersteller entdecken erst nach und nach ihr eigenes **Hightouch-Potenzial** und viele hochqualifizierte Unternehmen sind von dessen Umsetzung noch meilenweit entfernt, weil sie eben in der Technik sehr gut zu Hause sind, aber über keine Marketing-Expertise verfügen. Gerade im oft internationalen Kontext der B2B-Anbieter müssen sich **Trademarks zu Trustmarks weiterentwickeln**. Nach wie vor stehen Corporate Brands im Schatten der Produktmarken, weil sich viele Firmen des Potenzials starker Unternehmensmarken nicht bewusst sind. Zurückzuführen ist das häufig auf die technologiegeprägte Unternehmenskultur. Eine Konzentration auf die Produkte zeigt sich auf vielen Messen, die ja im Bereich der Investitionsgüter als eines der wichtigsten Marketinginstrumente innerhalb der Kommunikationspolitik gelten. Präsentationen laufein rein technisch ab, und die Unternehmen versäumen es, sich als Ganzes vorzustellen.

Die Stärke erfolgreicher Firmen lag schon immer in der Kraft ihrer Marken. Marken sind erfolgreich, weil sie das **Vertrauen** und die Akzeptanz des Kunden genießen. Ein ganz entscheidender Erfolgsfaktor von Marken war in der Vergangenheit eine starke Beziehung zwischen Marke und Kunde.

Vor diesem Hintergrund ist es eher verwunderlich, warum Hightech-Hersteller von B2B-Gütern bis heute ihren eigenen **Markenaufbau (Kapitel 2)** und die **Markenkommunikation (Kapitel 3)** eher stiefmütterlich behandelt haben, denn wo sonst sind die Kundenbeziehungen aufgrund der Komplexität und Wertigkeit der Güter so eng wie hier.

Es wird immer deutlicher, dass Markenerfolg in der Zukunft voraussetzt, dass wir uns sehr intensiv mit unserem einzelnen Kunden beschäftigen müssen (**One-to-One-Marketing**). Wir müssen lernen, uns noch stärker in die Welt des Kunden hineinzuversetzen. Dem Kunden das Leben einfacher gestalten, dem Kunden Arbeit abnehmen, an den Kunden zuerst und dann an das Produkt zu denken. Dies ist für viele technologieintensive Industriegüterhersteller noch Neuland. Die heutigen Controlling- und Berichtssysteme sind sehr quantitativ geprägt und berichten so gut wie gar nicht über den Kunden - daraus folgt ein großes Informationsdefizit auch hinsichtlich der Erfassung von immateriellen Aktiva bzw. Intangibles (*Schmid/Kuhnle* 2004).

Abgesehen von sporadischen Kundenzufriedenheitsstudien ist das heutige Controlling auf Produkte, Produktkosten, Produktumsätze, Produktmärkte und Marktanteile ausgerichtet. Der Kunde taucht bei der Managementinformation nicht auf - er ist höchstens Randfigur in der Wunderwelt der Produkte. Obwohl in den Industrie- und Investitionsgüterunternehmen schon lange dialogorientiert mit dem Kunden zusammengearbeitet wird, können auch hier nur ernüchternde Feststellungen gemacht werden. Viel weiter als bis zur ABC-Analyse reicht deren Repertoire kaum, allenfalls der Deckungsbeitrag pro Kunde wird noch ermittelt. Die Etablierung einer Kundenwertschöpfungskette und die Bewertung von Kundenbeziehungen ist noch Zukunftsmusik. Die Hightech-Anbieter definieren und positionieren sich nach wie vor über die technischen Eigenschaften – diese Form der Markenbildung und Markenkommunikation berücksichtigt aber die Kundenanforderungen viel zu wenig.

Vor dem Hintergrund dieser Situation vermittelt die vorliegende Publikation 'B2B-Markenmanagement' **praxisrelevantes Wissen über**

- Konzepte zur Beschreibung und Erklärung der **Besonderheiten auf B2B-Märkten** und die **Konsequenzen für die Markenbildung** und Markenkommunikation (Teil 1, Kapitel 1),

- **Instrumente der Markenbildung und der Markenkommunikation** zum Aufbau und zur nachhaltigen Weiterentwicklung von Wettbewerbsvorteilen für B2B-Unternehmen (Teil 1, Kapitel 2 und 3),

- **Fallbeispiele aus der Unternehmenspraxis**, die aufzeigen, dass Markenmanagement im B2B-Sektor nicht nur immer wichtiger wird, sondern bereits von einigen Unternehmen als Chance begriffen wird und damit einen First Mover Advavantage gegenüber dem Gros an weniger markenorientierten B2B-Unternehmen implementieren (Teil 2).

Im **ersten Teil** stehen sowohl strategische als auch operative Parameter im Vordergrund.

Nach einer Darstellung der Besonderheiten im B2B-Sektor und des Industrie-Designs werden die **strategischen Parameter** der Markenrelevanz, des Markenaufbaus, der Markenbildung und des Markenwerts vorgestellt (**Markenaufladung**).

Die Funktionsweise von Marken und die im B2B-Sektor möglichen Markenstrategien schließen den strategischen Teil des Werkes ab.

Im **operativen Teil** legen wir den Schwerpunkt auf die **Markenkommunikation**. Die besonderen B2B-Anforderungen werden in der Darstellung der Kommunikationsinstrumente anhand aktueller Beispiele aus der Unternehmenspraxis veranschaulicht, einer kritischen Würdigung unterzogen und die situativen Bedingungen beschrieben, die für die Vorteilhaftigkeit der einzelnen Instrumente sprechen. Es folgt die Darstellung des Bedeutungswandels im B2B-Branding durch das Internet und die wachsende Bedeutung elektronischer Marktplätze. Customer Relationship Management und der Einfluss von Suchfeldern bei Design-Innovationen schließen das dritte Kapitel im ersten Teil ab. Anschließend wird die zunehmende Bedeutung von Dienstleistungen einschließlich Markenpolitik und Markenführung vorgestellt und mit Beginn von Teil 2 an Beispielen veranschaulicht. Teil 1 endet mit einer kompakten Darstellung der integrierten Kommunikation.

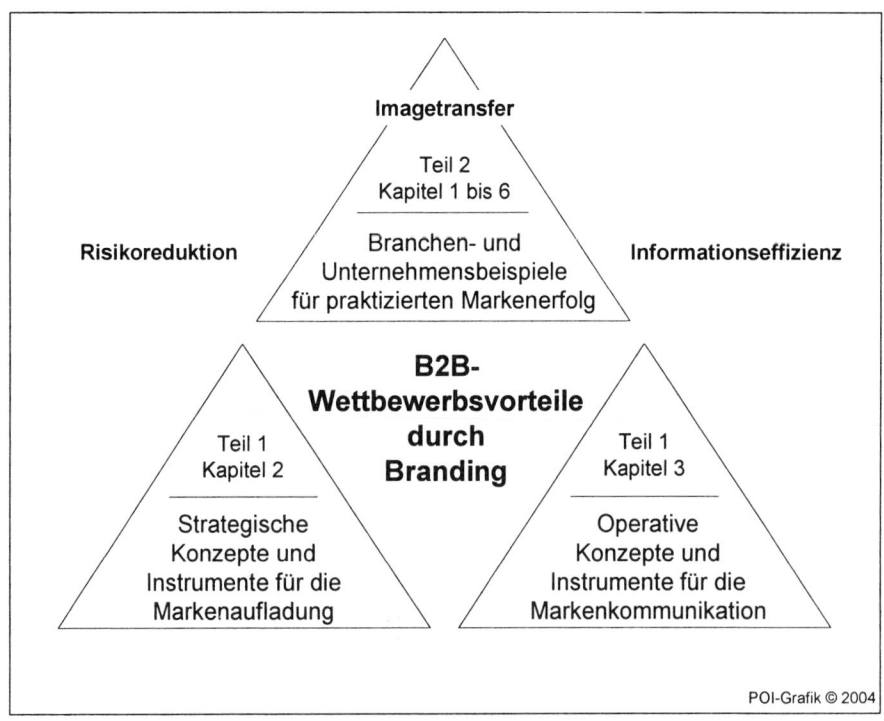

Abbildung 2: Unser Untersuchungsansatz im Überblick

Im **zweiten Teil** unseres Werkes stehen Praxisbeispiele im Vordergrund, wobei anhand verschiedener Branchen- und Unternehmensbeispiele der Bedeutungszuwachs des Markenmanagements veranschaulicht wird. Ausgehend von der Analyse über

B2B-Dienstleistungen untersuchen wir u. a. das Markenmanagement in der Autozulieferindustrie, im Maschinenbau, in der Elektrotechnik und in der Mikroelektronik – dargestellt an konkreten Firmenbeispielen. Außerdem entwerfen wir Lernimpulse aus der Praxis für die Praxis. Abschließende Bemerkungen im Ausblick vermitteln unseren Lesern die zentrale Botschaft der zuvor dargestellten Erkenntnisse, wobei insbesondere auf den Balanceakt zwischen strategischer Markenaufladung und operativer Markenkommunikation eingegangen wird und zudem ganzheitlich als Modell dargestellt wird. Die in Teil 2 vorgestellten Branchen- und Unternehmensbeispiele zeigen auf, wie der Balanceakt in der Praxis gehandhabt wird.

Zwischenergebnisse am Ende einzelner Kapitel fassen die wesentlichen Erkenntnisse zusammen. In Teil 2, Kapitel 6 werden Lernimpulse aus der Praxis für die Praxis vorgestellt und anhand von Markenflops exemplifiziert.

1. B2B - Grundlagen und Herausforderungen

Im vorliegenden Werk fokussieren wir auf das B2B-Marketing und legen hierbei unseren Schwerpunkt auf das Markenmanagement. Industriemarken haben eine lange Geschichte. In Deutschland sind mit der Erlassung des Markengesetzes durch die erste Reichsregierung schon 1875 erste Industriemarken registriert worden. Das erste registrierte Markenzeichen waren drei übereinandergelegte Eisenbahnradreifen der Firma Krupp. Von der Vision des totalen Marketings war man seiner Zeit weit entfernt (*Kotler* 2004).

1983 erkannten die Führungskräfte der Traditionsmarke Siemens, dass die Energie und Automatisierungstechnik dringend mehr über Marketing wissen sollte. Mit Hilfe von externen Beratern (McKinsey, etc.) und neuen Hochschulabgängern (einschließlich Waldemar Pförtsch) wurde grundlegendes Marketingwissen in einer Vielzahl von Seminaren geschult. Das Thema Marke stand zum damaligen Zeitpunkt noch nicht im Mittelpunkt. Aufbauend auf dem Grundprinzip des B2B-Geschäfts wurde folgende Kompetenz aufgebaut:

- Den Kunden helfen, sein Geschäft erfolgreicher zu bestreiten.
- Die Marke als ideellen Zusatznutzen für den Kunden zu positionieren.
- Neue Geschäfte zu generieren oder Kosten zu senken.

Wer das als Erfolgsprinzip verinnerlicht hat, wird sich bald mit den Mechanismen des Branding vertraut gemacht haben.

Generell lassen sich verschiedene Formen des Marketings unterscheiden (*Kohlert* 2003, S. 13):

Tabelle 1: Verschiedene Interaktionsformen des Marketings

		Käufer		
		Consumer	Business	Administration
Verkäufer	Consumer	C2C	C2B	C2A
	Business	B2C	**B2B**	B2A
	Administration	A2C	A2B	A2A

In Erweiterung an Kohlert möchten wir die Tabelle anhand von Beispielen veranschaulichen:

- B2A: z. B. Verkauf von Netzwerksystemen an eine Stadtverwaltung
- B2B: z. B. geschäftliche Transaktionen zwischen Unternehmen
- B2C: z. B. Buchung einer Flugreise in den Urlaub via Internet
- C2A: z. B. Elektronische Abgabe der Steuererklärung über ‚Elster'
- C2B: z. B. Immobilienverkauf über Makler
- C2C: z. B. Verkauf von Gebrauchtwagen zwischen Endkunden
- A2A: z. B. Leistungserbringung zwischen Behörden
- A2B: z. B. Bekanntgabe einer Ausschreibung
- A2C: z. B. Angebot, sich das Wunsch-Kfz-Kennzeichen im Internet zu reservieren

Kunden der Administration sind Regierungsstellen in Bund, Ländern, Gemeinden, Unternehmen und Endkunden. In vielen Fällen verhalten sich Administrationen wie Unternehmen, haben aber ganz spezifische Charakteristika – daher gebührt ihnen eine eigene Kategorie (A). Aus analytischen Gründen werden in diesem Band vielfältige Bezüge zum B2C-Marketing hergestellt, da hier das Markenmanagement traditionell einen ganz anderen Stellenwert hat und gerade bei gewerblichen Abnehmern auch deren (u. U. private) Kunden Einfluss auf das Markenmanagement ausüben. Immer wieder wird in Publikationen zum Marketing und E-Business die oberflächliche Meinung vertreten, dass B2B-Marketing nicht auf Endkunden, sondern lediglich auf gewerbliche Zwischenhändler bzw. Weiterverarbeiter abzielt. Dies muss an dieser Stelle korrigiert werden, denn ein Roboter-Hersteller beispielsweise liefert durchaus seine Produkte in die Fertigungsstraße eines Endkunden (z. B. Automobilhersteller) oder in die Vergnügungsparks oder zum Schachspielen. Damit steht **weniger der Aspekt der Wertschöpfungstiefe** im Vordergrund **als vielmehr die Stellung und die Eigenschaften nachgelagerter Kunden im Wertschöpfungsprozess.**

Der Roboterhersteller Kuka liefert inzwischen nicht mehr nur an Automobilhersteller, sondern auch an Kunden der verarbeitenden Industrien (z. B. Anlagenbauer). Hier verhandelt Kuka nicht mehr mit Automobilherstellern als Endkunden, sondern mit Systemintegratoren, die in der Regel kleine Zellen mit bis zu vier Robotern für Automobilhersteller bauen. Hier sieht es Kuka natürlich gern, wenn der Endkunde (z. B. ein Automobilhersteller) von seinem Anlagenbauer fordert, Roboter von Kuka in die Zelle zu stellen. Die gewünschte Wirkung tritt beispielsweise dann ein, wenn ein Mitglied des Buying Centers am Wochenende mit seinem Sohn in den Freizeitpark geht und dort der Kuka als Attraktion identifiziert wird oder wenn Geschäftsleute einen Betriebsausflug in den Vergnügungspark machen.

> Insofern kommt es gerade im B2B-Markenmanagement ganz besonders darauf an, **nicht nur seinen direkten gewerblichen Abnehmer** in sein Markenmanagement **einzubeziehen, sondern auch den Endkunden**, der unter Umständen auch Dienstleister oder ein privater Abnehmer sein kann, da viele Hightech-Produkte mehr und mehr auf Dienstleistungen angewiesen sind und/oder in identischer Form sowohl bei gewerblichen als auch privaten Abnehmern abgesetzt werden (z. B. Automobile, Software, Espresso-Maschinen, PC).

Dieser Aspekt ist für das B2B-Markenmanagement von nachhaltiger Bedeutung, denn ein Hightech-Lieferant wie Intel hat nicht nur den direkten Abnehmer seiner Prozessoren im Visier (Computerhersteller), sondern auch den Endkunden, der als privater oder gewerblicher Abnehmer PCs und Laptops kauft und dort das Label ‚Intel Inside' zum kaufentscheidungsrelevanten Vertrauens- und Prestigekriterium machen kann.

Die unterschiedlich gelagerten Fälle von Kuka und Intel werden im zweiten Teil des Buches im Kapitel über Praxisbeispiele des Markenmanagements für Hightech-Güter ausführlicher untersucht.

Insofern können B2B-Kunden von sehr unterschiedlicher Provenienz sein:

- **Produzierende oder dienstleistende Unternehmen**, die die bezogenen Produkte als Verbrauchsgut (z. B. Teflon für Pfannen) weiterverarbeiten oder als Gebrauchsgut bzw. Investitionsgut (z. B. Software oder Roboter) im eigenen Produktionsprozess zur Erzeugung materieller Produkte oder immaterieller Dienstleistungen nutzen.

- **Handels-Unternehmen**, die die gekauften Produkte weiterverkaufen (z. B. Groß- und Einzelhandel).

- Unternehmen, die für diese Produkte **industrienahe bzw. industrielle Dienstleistungen** entwickeln: Beispielsweise übernehmen Logistikanbieter heute oft sehr komplexe, qualitätsanreichernde Aufgaben, die weit über die physische Distribution hinausgehen.

- **Anwender** in den Unternehmen, z. B. wenn SAP damit wirbt, wie gut die Mitarbeiter mit den Systemen beispielsweise im Controlling arbeiten. Dadurch wird ein Sogeffekt bzw. ein Market Pull bei den gewerblichen Einkäufern erzeugt, weil die Software-Anwender in den Unternehmen über die Werbung von den Vorteilen so überzeugt wurden, dass das Produkt quasi vorverkauft wurde. Ein anderes Beispiel ist ein Berufskraftfahrer im gewerblichen Güterkraftverkehr, wenn der angestellte Fahrer darauf besteht, nur Produkte der Marke Mercedes-Benz zu bevorzugen.

1.1 Definition von B2B-Gütern

B2B-Marketing setzt sich mittlerweile auch in der deutschsprachigen Literatur mehr und mehr durch, da es bis heute keinen geeigneten deutschen Begriff gibt (*Godefroid* 2003, S. 3).

Unser B2B-Verständnis erweitert daher im Sinne eines ganzheitlichen Markenmanagements das klassische Investitionsgüter- und Industriegüter-Verständnis bzw. Industrial Marketing maßgeblich.

Wenn wir in diesem Buch von Industriegütern sprechen, dann schließen wir dabei stets B2B-Dienstleistungen mit ein, wobei hier nicht nur Dienstleistungen als absatzunterstützende Funktion zum Vertrieb materieller B2B-Güter verstanden werden, sondern auch eigenständige B2B-Dienstleister ohne materielle Güter:

- **Investitionsgüter** sind Güter (z. B. Werkzeugmaschinen, Planierraupen, Bagger) oder Dienstleistungen (z. B. Software, Consulting), die der Produktion weiterer Güter dienen. Backhaus hat aufgrund ‚falscher Assoziationen der Leser' seit 1997 (5. Auflage) sein 1982 erstmals erschienenes Standardwerk ‚Investitionsgütermarketing' umgetauft in ‚Industriegütermarketing', wodurch eine umfassende Neugestaltung des Buches erforderlich wurde (*Backhaus* 2003, S. IXf.).

- Unter **Industriegütern** bzw. **Industrial Marketing** subsummiert man ganze Branchen, also nicht nur Industriebetriebe. Godefroid stellt hier zutreffend fest: „Allerdings kann auch dieser Begriff in die Irre führen, da auch im Konsumgüterbereich mehrere ‚industries' tätig sind" (*Godefroid* 2003, S. 23).

- Wir favorisieren daher die weite Begriffsabgrenzung bzw. den Begriff des **Business-to-Business-Marketing (B2B-Marketing)**, insbesondere **B2B-Markenmanagement**, weil es dem ganzheitlichen Anspruch des hier im Vordergrund stehenden Markenmanagements am besten gerecht wird. Ein weiterer Vorteil dieses Begriffs ist die explizite Einbeziehung des immer wichtiger werdenden Zuliefergeschäfts, der industriellen Dienstleistungen und der Einbeziehung des Handels.

Wir legen für unseren Untersuchungsfokus daher folgende negative Begriffsabgrenzung zu Grunde:

- Auf das **klassische Investitionsgüter-Verständnis** verzichten wir, weil dieser Begriff ex definitione das Zuliefergeschäft ausklammert.
- Den **allgemeinen Industriegüter-Begriff**, der ex definitione Dienstleistungen ausschließt, legen wir weiter aus.

In den nachfolgenden Ausführungen binden wir sowohl **industrienahe Dienstleistungen** als auch **Zulieferleistungen** in unser Markenmanagement-Thema ein. Aus diesem Grunde favorisieren wir den ganzheitlichen B2B-Begriff. B2B als Begriffserweiterung kommt daher unserem Untersuchungsfokus eines modernen ganzheitlichen Markenmanagements am nächsten, denn es impliziert, dass ein Unternehmen in sein operatives und strategisches Branding durchaus über seinen ‚eigenen Tellerrand' hinaus schauen muss, denn der direkte gewerbliche Abnehmer kauft sein Produkt nur, wenn dessen Kunde daran interessiert ist. Dieser Kunde muss nicht zwingend gewerblicher Abnehmer sein. Vor diesem Hintergrund legen wir einen ganzheitlichen Ansatz mit folgendem **Untersuchungsfokus** zu Grunde:

- Hightech-Produkte und Anbieter komplexer Dienstleistungen für **gewerbliche Abnehmer** als direkten Kunden.
- Anspruchsvolle Produkte und Dienstleistungen, die als **komplexes Leistungsbündel** in Form von Komponenten und Systemen maßgeblich **wertsteigernd auf andere Produkte** einwirken.
- **Markenrelevante Einbeziehung des u. U. privaten Endkunden**, um den traditionellen Push-Effekt eines Hightech-Produkts mit einem zusätzlichen Value Added- bzw. Pull-Effekt durch eine Hightouch-Marke anzureichern.
- Markenmanagement für Hightech-Leistungen durch **strategische Markenaufladung** (Teil 1, Kapitel 2) und **operative Markenkommunikation** (Teil 1, Kapitel 3).

Wie weitreichend die Bedeutung eines ganzheitlichen Markenmanagements für Hightech-Produkte gehen kann, soll an dieser Stelle nur kurz am Beispiel eines künftig wesentlich ‚intelligenteren' Autoreifens veranschaulicht werden (*Götz/Schmid* 2004, S. 103f.):

> „Ein **intelligenter Autoreifen** verbessert künftig Fahrdynamiksysteme wie ABS, ASR und ESP durch Elektrifizierung nachhaltig. Ein Seitenwandtorsion-Sensorsystem erfasst die Verformung eines magnetisierten Reifenwulstes bei unterschiedlichen Fahrsituationen und liefert damit Daten über die Kraftverhältnisse zwischen Reifen und Fahrbahn. Reifenhersteller Continental und Michelin haben Systeme entwickelt, die die Notlaufeigenschaften eines beschädigten Reifens durch das verhinderte Her-

unterspringen des Reifens von der Felge so nachhaltig verbessern, dass auch bei Null Bar Reifendruck mit 80 km/h über 200 Kilometer weit gefahren werden kann. Reserve-, Not- und Faltradlösungen einschließlich der Tire-Fit-Lösungen mit Kompressor werden damit obsolet. Der Raumgewinn und die Gewichtsersparnis im Fahrzeug lindert damit die großen Packaging-Probleme im Innovationsprozess ein Stück weit. Darüber hinaus verfügt der künftig ‚intelligente' Reifen laut *Continental* über einen direkten Anschluss an das ESP-Fahrdynamiksystem. Der Hersteller arbeitet derzeit mit einem Zulieferer an einem wesentlich günstigeren ESP-System."

Anhand dieses Beispiels lässt sich zeigen, wie weitreichend Markenmanagement für Hightech-Güter angelegt sein muss und warum wir dabei auch den indirekten, privaten Endkunden im Auge behalten müssen. Da Reifen nicht nur in den Produktionsprozess des Automobilherstellers eingehen, sondern auch als Endprodukt im Handel allen Kunden angeboten werden, ist es um so wichtiger, das klassische Industriegüter- und Investitionsgüter-Verständnis durch einen ganzheitlichen B2B-Ansatz zu ersetzen.

Nachfolgend wird die bis heute sehr ausgeprägte Dynamik im B2B-Geschäft durch Beispiele verdeutlicht. Eine kontinuierliche Anpassung des unternehmerischen Handelns an sich stetig verändernde Märkte ist Voraussetzung für das Bestehen im Wettbewerb. Die im B2B-Bereich tätigen **Hightech-Unternehmen** wurden in den letzten Jahren mit einigen **tiefgreifenden Marktveränderungen** konfrontiert:

- Die großen Fortschritte im Bereich der Informationstechnologien führen zu einer immer höheren **Informationstransparenz** auf den internationalen Märkten.

- Hinzu kommt ein **schnelles globales Logistiknetzwerk,** auf dem auch kleinere Mengen zu immer günstigeren Konditionen versandt werden können. Dadurch sind auch kleinere und mittlere Nachfrager auf Industriegütermärkten in der Lage, Angebote weltweit zu vergleichen und ihren Bedarf beim günstigsten Anbieter zu decken. Im Gegenzug ist es nun auch kleinen und mittelständischen Unternehmen möglich, mittels E-Commerce ihre Produkte weltweit zu vertreiben.

- Immer schnellere Unternehmensprozesse beschleunigen die Entwicklung neuer Technologien. Es vergeht immer weniger Zeit von der Idee bis zur Marktreife. Eine fortwährende **Verkürzung der Produktlebenszyklen** ist die Folge. Den steigenden Ausgaben für Forschung und Entwicklung stehen somit immer kürzere Amortisationszeiten gegenüber.

- Die Zahl der **Unternehmenszusammenschlüsse** stieg ebenso wie die Zahl der **strategischen Allianzen** in fast allen Branchen in den letzten Jahren stark an. Eine zunehmende Liberalisierung der Märkte, unter anderem durch den weltweiten Ausbau der Freihandelszonen und die Bemühungen der World Trade Organization (WTO), hat sinkende Wettbewerbsbeschränkungen zur Folge. Dies erlaubt den Unternehmen in immer stärkerem Maße ausländische Märkte zu erschließen und speziell bei der Wahl von Produktions- und Entwicklungsstandorten nationale Kosten- und Ressourcenunterschiede zu berücksichtigen.

- Als Folge der Globalisierung der Märkte werden die **technischen Normen und Standards**, die insbesondere im B2B-Güterbereich eine wichtige Rolle spielen, zunehmend **über Ländergrenzen hinweg angeglichen**.

- Diese Entwicklungen lassen für die Nachfrager die Zahl der für eine Beschaffung in Frage kommenden Anbieter stark ansteigen. Eine **größere Zahl potenzieller Anbieter** führt zu steigenden Kosten für die Informationsbeschaffung. Da aber Beschaffungsplanungen zunehmend unter Zeitdruck durchgeführt werden, ist es den Nachfragern in der Regel nicht möglich, alle Anbieter zu vergleichen. Die Anbieter auf B2B-Gütermärkten stehen vor dem Problem, trotz der steigenden Zahl möglicher Alternativen im Beschaffungsprozess des Nachfragers noch berücksichtigt zu werden. Eine klare Differenzierung vom Wettbewerb wird damit umso wichtiger zur Positionierung und Profilierung gegenüber vorhandenen und potenziellen Kunden.

- Für B2B-Güter-Unternehmen war die bisher am weitesten verbreitete Differenzierungsstrategie, sich über höhere Produktqualität und bessere Technologien von den Wettbewerbern abzugrenzen. Eine **hervorragende Produktqualität** bieten jedoch sehr viele Anbieter, weshalb sie von den Nachfragern zunehmend vorausgesetzt wird und **kein ausreichendes Differenzierungsmerkmal mehr** darstellt. Auch die verwendeten Technologien sind zunehmend austauschbar. Eine Differenzierung über technologische Innovationen ist aufgrund der hohen Informationstransparenz zunehmend schwieriger und in der Regel nur für kurze Zeit möglich. Produktbegleitende Dienstleistungen sind aufgrund der leichten Imitierbarkeit ebenfalls kein probates Mittel zur Abgrenzung vom Wettbewerb.

Vor dem Hintergrund dieser Entwicklungen und Herausforderungen stellt sich zunehmend die Frage, wie B2B-Güterhersteller angesichts des großen Angebots technisch und qualitativ vergleichbarer Leistungen der Vergleichbarkeit entgehen können.

Die Beschaffung von Industriegütern umfasst wesentlich mehr als nur die rationale Auswahl des günstigsten Anbieters einer technisch und qualitativ hochwertigen Lösung. Die **emotionale Komponente** wird für die Nachfrager im Industriegüterbereich angesichts der schweren Überschaubarkeit des Angebots und der Komplexität der Produkte und Dienstleistungen **immer wichtiger**. Darauf begründet sich die **stark wachsende Bedeutung von Marken** für B2B-Anbieter von Hightech-Produkten. Durch eine Marke kann eine starke und dauerhafte Differenzierung vom Wettbewerb erreicht werden. Bei einer Vergleichbarkeit des Angebots wird eine starke Marke im Auswahlprozess der Nachfrager eher berücksichtigt.

In den nachfolgenden Kapiteln soll aufgezeigt werden,

- warum und wann der Aufbau einer Marke im Industriegüterbereich erfolgversprechend und sinnvoll ist. In diesem Zusammenhang werden die **Vorteile von Marken** sowohl **für den Anbieter** als auch **für den Nachfrager** von Industriegütern deutlich gemacht.
- Ebenso wird ein profundes Grundverständnis der **Funktionsweise von Marken** vermittelt. Auf den Prozess des Aufbaus starker Marken und der dazu erforderlichen **Instrumente und Markenstrategien** wird ebenso detailliert eingegangen wie auf die entstehenden Markenwerte.

Ziel ist es daher, die Rolle von Industriegütermarken und die notwendigen Voraussetzungen für die Etablierung starker Marken im B2B-Bereich zu veranschaulichen. Hierzu ist es zunächst erforderlich, die besonderen Eigenschaften von B2B-Gütern zu untersuchen.

1.2 Besonderheiten von B2B-Gütermärkten

In gewisser Hinsicht sind B2B-Gütermärkte ähnlich wie B2C-Märkte. In beiden Märkten werden Personen einbezogen, die Entscheidungsrollen übernehmen und die versuchen, mit ihren Entscheidungen Bedürfnisse zu befriedigen. Allerdings unterscheiden sich Konsumentenbedürfnisse von industriellen Bedürfnissen. Der wesentliche Unterschied ist in der **Struktur und der Natur der B2B-Nachfrage** zu sehen. Letztendlich sind Geschäftsbedürfnisse den Konsumentenbedürfnissen nachgelagert. Der ‚derived demand' (*Kotler 2004*) wird letztendlich durch den Kunden erzeugt, ist wesentlich unelastischer und wird normalerweise durch eine Gruppe von Entscheidern herbeigeführt.

Ein wesentlicher Teil der Transaktionen im Wirtschaftskreislauf findet nicht zwischen Unternehmen und privaten Endkunden statt, sondern zwischen Unternehmen bzw. organisationalen Kunden.

Anbieter auf Industriegütermärkten zeichnen sich insbesondere durch **folgende Eigenschaften** aus:

- kleinere Zielgruppen mit einer überschaubaren Anzahl potenzieller Kunden,
- die bezüglich Unternehmensgröße, Branche und Kaufmotivation sehr heterogen sind,
- der Markt ist dem Anbieter folglich sehr gut bekannt,
- das Absatzvolumen pro Kunde ist meist sehr groß,
- das Leistungsangebot setzt beim Kunden ein technisches Grundverständnis voraus. Entsprechend sind bei Industriegüterkäufen auf der Nachfragerseite häufig

mehrere gut ausgebildete Personen (so genanntes **Buying-Center**) mit der Beschaffung betraut. Dabei ist die Zahl der in die Kaufentscheidung eingebundenen Personen von der Größe des Auftrags und der Komplexität der Produkte abhängig,

- Industriegütermärkte sind durch einen hohen Anteil von **Direktkäufen**, also ohne Einbeziehung des Handels oder von Mittelsmännern gekennzeichnet. Dies gilt besonders für technisch komplexe oder teure Käufe. Um mit den Einkaufsgremien der Kunden erfolgreich verhandeln zu können, muss auch das Vertriebspersonal der Anbieter gut geschult sein. Da mit den Beschaffungen **häufig große Ausgaben**, komplexe technische und wirtschaftliche Überlegungen sowie die Beteiligung mehrerer Personen auf Käufer- und Anbieterseite verbunden sind, benötigen die Unternehmen **mehr Zeit**, um ihre **Kaufentscheidung** zu treffen.

1.3 Das Beschaffungsverhalten auf B2B-Gütermärkten

Das Beschaffungsverhalten der Nachfrager im B2B-Bereich unterscheidet sich gegenüber dem Kaufentscheidungsprozess für Konsumgüter gravierend. Bei der Beschaffung komplexer Industriegüter gehen die Kaufentscheider sowohl professionelle als auch persönliche Risiken ein. Aus diesem Grund suchen und verarbeiten sie bewusst eine Vielzahl von Informationen, die ihnen die Entscheidung erleichtern und fällen diese dann eher rational als emotional.

Die mit der Beschaffung von Industriegütern betrauten Personen kaufen mit fremdem Geld nicht für sich selbst. Sie befriedigen mit dem Kauf also kein persönliches Bedürfnis, sondern das eines Unternehmens. Sie werden stark vom Image des Anbieters beeinflusst und orientieren sich an der Verfügbarkeit der Leistungen. Bei den Entscheidungen spielt die Erfahrung der Entscheider und das Vertrauen, das sie in den Anbieter haben, eine wichtige Rolle. Es werden weniger einzelne Produkte oder Dienstleistungen nachgefragt als komplexe Problemlösungen. Der Nachfrager ist dabei nicht auf das vorhandene Angebot des Anbieters angewiesen, sondern kann die Zusammenstellung einer Leistung nach seinem spezifischen Bedarf mitgestalten, oft greift der B2B-Kunde sogar in die vorgelagerte Produktentwicklung mit ein.

1.3.1 Das Buying Center

Da die Entscheidungskriterien, die beim gewerblichen Kauf zu berücksichtigen sind, aufgrund ihrer Komplexität oft die Kompetenz einer einzelnen Person überschreiten, werden solche Entscheidungen meist in Teams getroffen (sog. Buying-Center).

> „Das Buying Center – das sind all jene Personen und Gruppen, die am Kaufentscheidungsprozeß teilnehmen und für dessen Risiken und Resultate verantwortlich sind." (*Richter* 2001, S 77)

Ein solches Buying-Center entsteht **meist informell** und ist **nicht institutionell** in der Organisation des Unternehmens verankert. Seine Zusammensetzung variiert abhängig vom zu beschaffenden Industriegut und ist auch innerhalb der verschiedenen Phasen des Beschaffungsprozesses nicht konstant. Nach Malaval umfasst das Buying-Center über alle Phasen des Prozesses hinweg im Durchschnitt 4 bis 8 Personen. Der Personenkreis umfasst Einkäufer, Entscheider, Käufer und Nutzer. Dabei unterscheidet man die Situation des Neukaufs, Wiederkaufs und modifizierten Wiederkaufs. Der Einfluss der jeweiligen Teilnehmer schwankt in Abhängigkeit von der spezifischen Beschaffungssituation und dem Einkaufszweck (*Malaval* 2001).

1.3.2 Der industrielle Beschaffungsprozess

Der Industriegüterkauf ist zu komplex, um ihn in einem Schritt durchzuführen. Er wird daher in verschiedene Stufen unterteilt, wobei in der Literatur verschiedene Stufenmodelle des industriellen Beschaffungsprozesses beschrieben werden.

An dieser Stelle soll das 8-Stufen-Modell von Robinson, Faris und Wind zugrundegelegt werden (*Malaval* 2001):

Stufe 1: Erwartung und Erkennung des Bedarfs

In dieser Stufe wird normalerweise von einer Abteilung des Unternehmens ein Bedarf an die Einkaufsabteilung gemeldet. Dabei kann es sich um Ersatzkäufe vorhandener Industriegüter oder um eine Neubeschaffung handeln, die nötig ist um eine reibungslose Leistungserstellung zu gewährleisten.

Stufe 2: Ermittlung der Eigenschaften und der zu beschaffenden Menge

Eine Grobplanung der Eigenschaften der zu beschaffenden Güter oder Dienstleistungen, der voraussichtlich benötigten Menge und des Zeitrahmens, sind Bestandteile dieser Stufe.

Stufe 3: Exakte Beschreibung der Eigenschaften und der zu beschaffenden Menge

In dieser Stufe wird ein detailliertes Lastenheft und Pflichtenheft für die Beschaffungsplanung erstellt. Dabei wird die Planung nicht nur auf die technischen Eigenschaften der Leistung beschränkt, sondern bezieht auch Dinge wie Zahlungsbedingungen, Anforderungen an die Logistik, Voraussetzungen der Instandhaltung und den geforderten After-Sales-Service mit ein.

Stufe 4: Suche und Beurteilung von potenziellen Anbietern

Dabei wird zuerst mittels verschiedener Medien eine Liste von Anbietern der geforderten Güter und/oder Dienstleistungen zusammengestellt.

Im Anschluss werden diese Anbieter danach beurteilt, ob sie voraussichtlich dazu in der Lage sind, die in Stufe drei festgelegten Spezifikationen zu erfüllen.

Stufe 5: Einholung und Analyse der Angebote

Diese Stufe umfasst die Bewertung der eingeholten Angebote und der Anbieter nach zuvor festgelegten Kriterien.

Stufe 6: Bewertung der Angebote und Auswahl des Anbieters

In dieser Stufe werden die Kriterien unter Mithilfe anderer Abteilungen des Unternehmens gewichtet. Dies erlaubt einen bedarfsgenauen Vergleich der Angebote und hat den Zweck, eine Liste mit mindestens fünf in Frage kommenden Anbietern zusammenzustellen, aus der dann letztlich nach weiteren Verhandlungen mit diesen fünf, einer ausgewählt wird.

Stufe 7: Auswahl einer Bestellroutine

Die Wahl einer Bestellroutine hängt in erster Linie von der Arbeitsorganisation innerhalb der Abteilung ab, in der das zu beschaffende Industriegut eingesetzt werden soll. Es werden aber auch die Möglichkeiten des Anbieters berücksichtigt. Wenn beispielsweise in der Fertigung nach dem Just-in-Time Prinzip produziert wird, sollten auch die Lieferungen Just-in-Time erfolgen.

Stufe 8: Rücksprache über die Leistungsbewertung

Der Beschaffungsprozess endet mit dem Erhalt der bestellten Leistung und einer genauen Leistungsbewertung durch die betroffenen Abteilungen. In dieser Bewertungsphase sind in den meisten Fällen die Abteilungen Fertigung und Marketing besonders gefordert. Der Informationsfluss zwischen den Abteilungen ist dabei für eine gute Bewertung besonders wichtig.

Nach einer Kundenumfrage der Usinor Stahl/Vertriebsgesellschaft Dillingerhütte GTS im Frühjahr 2001 sind fundamentale, ausschlaggebende Faktoren für die Auftragsvergabe relevant (*Weidner* 2002):

- ‚Problemlose Auftragsabwicklung' und die ‚Qualität der Leistung' (jeweils 99,2% der Befragten sahen sie als wichtig an).
- Danach folgten mit 98,4 und 97,6% die Faktoren ‚Flexibilität des Herstellers' und ‚Preis'.
- Als weitere wichtige Faktoren wurden vor allem ‚Zuverlässigkeit', ‚Technische Zusammenarbeit', ‚Qualität der Lösungsvorschläge', ‚Geschäftsbeziehungen' und ‚Innovationen' genannt.
- Dem Einfluss des Faktors ‚Bekanntheit des Herstellers' auf die Entscheidung zugunsten eines Herstellers wurde im Zuge der Untersuchung besondere Aufmerksamkeit geschenkt. Die Frage „Vertrauen Sie den Produkten bekannter Hersteller eher als No-Name Produkten?" beantworteten 51,6 % der Kunden mit „in der Regel ja" und 17,2 % mit „absolut". Die Tatsache, dass somit fast 69 % der Kunden eines Stahlproduzenten die Bekanntheit des Herstellers als wesentlichen

Entscheidungsfaktor bei der Auftragsvergabe sehen, zeigt schon die Bedeutung, die einer Marke im Industriegüterbereich zukommt.

Im B2B-Geschäft hat auch eine Abkehr vom Blackbox-Modell für Konsumentenmärkte stattgefunden. Um zu erklären, warum sich Kunden wie verhalten, hat Kotler ein ‚Model of business buyer behavior' entwickelt, das uns hilft, Prinzipien von Geschäftsverhalten zu erklären (*Kotler 2004*). Er geht davon aus, dass Marketing-Stimuli den Entscheidungsprozess beeinflussen und der Käufer bzw. Buying Center dann entsprechende Reaktionen zeigen. Dieses Modell erhöht die Transparenz, indem es Antworten auf Fragen des Käuferverhaltens von Industriekunden gibt.

1.4 Industrie-Design

Wer an Design denkt, dem fallen extravagante Möbel, Designer-Kleidung, Alessi-Produkte oder Audioanlagen von Bang & Olufsen ein. In der Industrie dagegen würde kaum jemand Design vermuten. Liegt dies nun daran, dass Designrelevanz bei Investitionsgütern einfach keine Rolle spielt? Oder wurde die Relevanz im B2B Bereich bis dato unterschätzt? Sicherlich werden Industriegüter aufgrund ihrer ausgezeichneten Funktion und Qualität gekauft.

> „Nützlichkeit ist eine der wichtigsten Quellen von Schönheit ... Wenn ein System oder eine Maschine geeignet sind, den Zweck zu erfüllen, für den sie gedacht sind, dann ist ihnen eine Angemessenheit und Schönheit eigen, die schon die bloße Betrachtung zu einer angenehmen Erfahrung werden lässt."(*Adam Smith, 1759*).

Welche Rolle die gestalterischen Mittel bei Investitionsgütern im B2B Bereich und somit insbesondere beim Abverkauf spielen, und welche strategischen Schlüsse für die Unternehmen daraus gezogen werden können, ist bisher nicht allgemein bekannt und wird nachfolgend näher beleuchtet. Außerdem spielt Industrie-Design in unseren Praxisbeispielen in Teil 2 eine wichtige Rolle, z. B. in unserem Fall Kuka-Roboter für Freizeitparks und im Fall der Firma Schroff im Bereich Electronic Packaging (Teil 2). Ein kurzer geschichtlicher Abriss soll die immense Bedeutung des Industriedesigns verdeutlichen. Beginnt man die **Geschichte des Industriedesigns** bei seinem ersten namhaften Pionierprodukt, der Dampflokomotive, so liegt dies bereits eineinhalb Jahrhunderte zurück. Die Wurzeln der ca. 150-jährigen Geschichte des Industriedesigns reichen jedoch zurück bis in die Zeit der industriellen Fertigung in England, Ende des 18. Jahrhunderts. Leonardo da Vinci hat sicherlich schon früher mit ausgezeichnetem Design Maschinen und Produkte entwickelt, aber eine massenhafte Verbreitung fand nicht statt. Nach den ersten keramischen Massenprodukten mit dem Namen Wedgewood und neueren Industriezweigen wie zum Beispiel der böhmischen Glasindustrie, die neue besonders farbige Glassorten entwickelte, war Goethe der Erste, der begriff, dass hier eine neue Welt entsteht, die die traditionelle Produktästhetik in Frage stellen würde. Von nun an musste man sich auch mit der Gestaltung von

Industrieprodukten auseinandersetzen, obwohl dies zuvor für niemand notwendig erschien (*Leitherer* 1991). Aufgrund der vielen verschiedenen Begriffsdefinitionen von Design, gibt es auch unterschiedliche Sichtweisen.

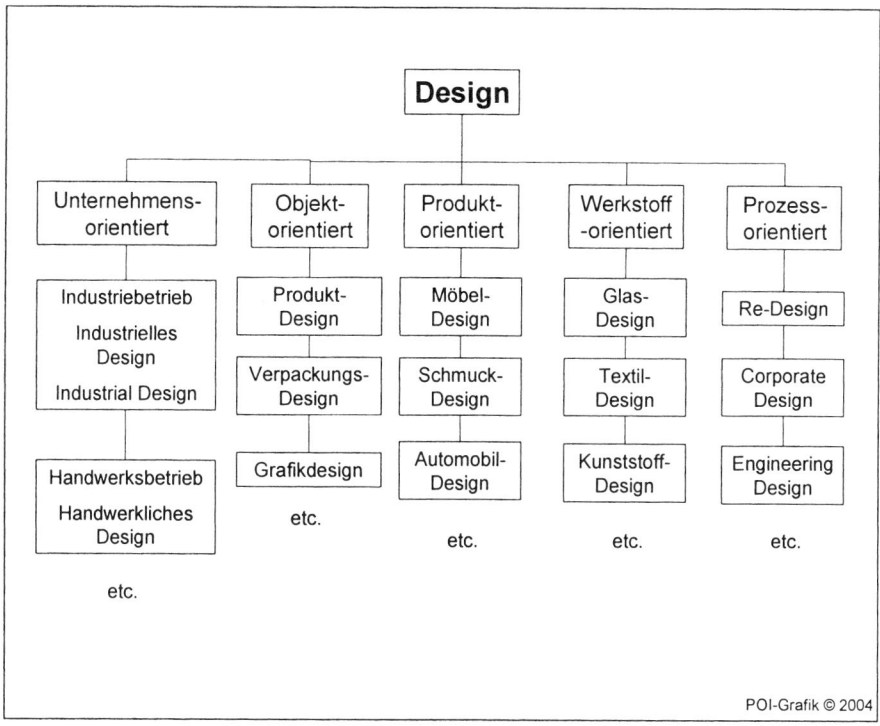

Abbildung 3: Sichtweisen von Design

Die **Wurzeln des Industriedesigns** liegen also in der **Industrialisierung**. Das Bewusstsein wurde geschaffen, einer Maschine eine ansprechende Form zu geben, wodurch sich die Gestalter neuen Herausforderungen im Spannungsfeld von Design und Funktion stellen mussten.

Design ist zurückzuführen auf das lateinische Wort ‚designare', das sich aus der Präposition ‚**de**' und ‚**signum**' (Merkmal, Zeichen) zusammensetzt. Design wird auch übersetzt mit skizzieren, darstellen oder etwas Ungewöhnliches schaffen, d. h. Design steht mit Innovation in einem engen Zusammenhang.

Mit der Entwicklung der neuen industriellen Produktionsprozesse und der **Arbeitsteilung** vollzog sich eine **Trennung zwischen Design** (Konzeption und Planung) **und** dem eigentlichen Akt der **Herstellung**. In diesem frühen Stadium war Design noch nicht intellektuell, theoretisch oder philosophisch fundiert und galt nur als einer der vielen miteinander verknüpften Aspekte der mechanischen Produktion.

So wurden Industriegüter in der Zeit bis zum 19. Jahrhundert von Spezialisten aus den Bereichen Technik, Materialien und Produktion geschaffen und nicht von Industriedesignern. Gegen Ende des 19. Jahrhunderts erkannten die Hersteller aber, dass sie einen entscheidenden **Wettbewerbsvorteil** generieren können, wenn sie die konstruktive Integrität und das äußere Erscheinungsbild ihrer Produkte verbesserten. Folglich wurden zunehmend Spezialisten aus anderen Bereichen (vornehmlich Architekten) in den Designprozess einbezogen. Für die Vertreter des Marketings ist der naheliegendste Berührungspunkt die Corporate Identity. Sie fordert vom so genannten designorientierten Ansatz eine einheitliche Gestaltung des Unternehmensauftritts (*Meffert* 1998).

Im Produktdesign unterscheidet man generell zwischen interner und externer Integrität:

- **Interne Integrität** entsteht durch ein zuverlässiges Zusammenspiel verschiedener technischer Komponenten (erfahrene Funktionalität).

- **Externe Integrität** hingegen repräsentiert ein stimmiges Gesamtkonzept für den Kunden nach außen (wahrgenommene Erscheinung).

So wurde Industriedesign bereits Anfang des 20. Jahrhunderts zu einer **eigenständigen Disziplin**, als die **Designtheorie** in die industriellen Produktionsmethoden integriert wurde. Unter den ersten professionellen Industriedesignern war der deutsche **Architekt Peter Behrens**, der von der **AEG** 1907 beauftragt wurde, die Produkte des Unternehmens sowie dessen Corporate Identity gestalterisch zu überarbeiten. Seitdem ist das Industriedesign für industrielle Produkte und ihre Hersteller ein zunehmend wichtiger Aspekt geworden.

> Die Trennung von Herstellung und Entwurf begann mit der industriellen Revolution und der damit verbundenen fortschreitenden Arbeitsteilung. Auf dieser Grundlage entwickelte sich eine Disziplin, die sich später **Industriedesign** nannte. Unter Industrie- oder Produktdesign versteht man im Allgemeinen die Gestaltung der wahrnehmbaren und erkennbaren Qualität industriell hergestellter Güter. Dabei müssen Material, Farbe, Zweckmäßigkeit und Bedienungskomfort miteinbezogen werden, ohne die Ästhetik außer Acht zu lassen.

Der Käufer verlangt maßgeschneiderte Problemlösungen, deshalb ist die Herstellung von Industriegütern oftmals durch einen großen Einfluss des Käufers gekennzeichnet (*Steinmeier* 1998). Ein **enges Verhältnis zwischen Lieferanten und Kunden** ist daher unumgänglich. Ein extremes Beispiel stellt die Automobilzuliefererindustrie dar. Nur diejenigen, die auf technische Spezifikationen eingehen, werden auch eng mit dem Auftraggeber kooperieren.

Industriedesign setzt nicht zwingend die Produktion umfangreicher Serien voraus. Trotzdem: Ob Einzel- oder Massenprodukt, das entscheidende Merkmal des Industriedesigns ist die **Beziehung Produkt-Mensch**.

1.4.1 Industriedesign als Wettbewerbsfaktor

Besonders deutlich wird die Beziehung Produkt-Mensch beim Computer. Vor 1975 waren Computerausstattungen nur dem Industriesektor zugeordnet, der Name Personal Computer (PC) war noch nicht erfunden. In den 80er Jahren begann der Aufstieg des PC's und konnte auch nicht durch die Überzeugung von IBM, am Großrechner festzuhalten, aufgehalten werden.

Durch die Fähigkeit, Arbeitsabläufe zu optimieren und durch die Einführung des World Wide Web begann seine massenhafte Verbreitung. Heutzutage handelt es um ein Prestigeobjekt, das sicherlich vordergründig wegen seiner Funktionalität gekauft wird, das Design jedoch eine ebenso wichtige Rolle spielt. Man denke nur an den Apple Macintosh, der sicherlich wegen seiner bunten Erscheinung und neuen Form die Käuferschichten begeistert.

Dem Leser stellt sich die interessante Frage, ob nun emotionale und imagebildende Faktoren bei der Kaufentscheidung von Investitionsgütern ebenso wichtig wie bei Konsumgütern sind.

Hersteller und Anbieter sind stets mit dem Problem konfrontiert, wie sie ihre Kunden am besten zufrieden stellen können und sich so gegenüber der Konkurrenz abheben. Demnach spielt im Marketing-Mix, insbesondere im Produktmanagement das Design bei Investitionsgütern eine ebenso wichtige Rolle wie bei Konsumgütern, um bestimmte Käuferschichten gezielt ansprechen zu können. **Ein Transfer der absatzpolitischen Einsatzmöglichkeiten für Konsumgüter auf Investitionsgüter ist also möglich, sinnvoll und zulässig** (*Steinmeier* 1998). Designrelevante Überlegungen können auf den Investitionsgütersektor übertragen werden, da die zentrale Stellung der Bedürfnisse der Nachfrager bei Industrie- und Konsumgütern identisch ist. Zu berücksichtigen ist, dass Investitionsgüter eher eine langfristige Anschaffung darstellen, Konsumgüter dagegen eher für den kurzfristigen Gebrauch gekauft werden, da sie meist kurzlebig sind. **Kann man sich auch in Bereichen, wo Funktionalität und Langlebigkeit im Vordergrund stehen, einen Wettbewerbsvorteil durch innovatives Design schaffen?**

Entstehungszyklen von Industriegütern können aufgrund komplexer Technologien oft sehr lange andauern. Die **Produkt- bzw. Marktlebenszyklen** verkürzen sich dagegen immer mehr. Durch Investitionsgüter-Design kann dieser **Innovationsdruck entschärft** werden, denn es können innerhalb kürzester Zeit mit einem geringen finanziellen Aufwand neuartige Produkte geschaffen werden.

Die heutige **Homogenisierung** durch allgemein bzw. schnell verfügbare neue Technologien kann selbst im Hightech-Bereich zu einer Art Monotonie durch fehlende Differenzierungsmerkmale führen (*Buck/Vogt* 1997).

Technologische Leistungsprofile sind nahezu identisch und verlangen nun eine neue Profilierung.

Folgende Aspekte sind zu vermeiden:

- Den **Preis als Wettbewerbsfaktor** einzusetzen ist für viele Marktteilnehmer unmöglich und auch spätestens mittelfristig nicht sinnvoll, denn es zerstört die Branchenattraktivität und den Leistungs- und Innovationswettbewerb.

- Mit dem **Qualitätsaspekt** zu argumentieren, stellt sich heutzutage ebenso schwierig dar und ist auch nur in hochtechnologischen Nischenmärkten von Vorteil. Außerdem werden Qualität und feinste Technik aus einer Grundhaltung heraus vom Konsumenten für selbstverständlich erachtet.

Das **Designmanagement kann hier eingreifen und neue Wege aufzeigen,** wie man Bedürfnispotenziale beschreibt und darüber zu neuen Produktprofilen kommt. Design ist im Entwicklungsprozess von Produkten nur ein Aspekt unter vielen anderen. Ihm kommt jedoch eine Schlüsselrolle zu, da es mit gestalterischen Mitteln die vielen anderen sichtbar und erfahrbar machen kann. Design stellt Beziehungen zwischen den inneren Eigenschaften der Produkte, dem Unternehmen und den Menschen her, die in unterschiedlichen Rollen, sei es als Produzenten, Verkäufer, Käufer oder Benutzer, mit den Produkten zu tun haben. Nicht zuletzt kann Design die Freude am Besitz und Gebrauch den Wert der Produkte erhöhen und zu einem sinnvollen Umgang mit ihr beitragen.

Abbildung 4: Einheitsfernsprecher der damaligen Reichspost von Siemens

Bei Unternehmen der Investitionsgüterindustrie, die sich bisher gar nicht oder nur am Rande mit Design beschäftigt haben, ist der Weg zu einer umfassenden Implementierung der Design-Orientierung unumgänglich. Ein **vorbildliches Beispiel** in diesem Kontext stellt **Siemens** dar. Bereits im Jahre 1937 wurde bei Siemens das Design als eigene Fachabteilung installiert, mit der Aufgabe

„unseren technischen Erzeugnissen eine ihnen zukommende Form zu geben." (*Bartels* 2000, S. 105).

> Designmanagement ist einem modernen Unternehmen in das Innovationsmanagement zu integrieren.

Herausragendste und bekannteste Designleistung, die aus dieser Zeit zu nennen ist, war der **so genannte Einheitsfernsprecher,** der für die damalige Reichspost gefertigt wurde: der **FeApp37**. Bei der großen Anzahl von Produkten bei Siemens hat das Design gleich zwei Aufgaben zu erfüllen: Zum einen muss dem Produkt ein **Zusatznutzen bzw. Value Added** zugefügt werden, damit es sich gegenüber den Konkurrenzprodukten abheben kann, zum anderen soll jedoch eine **gemeinsame Handschrift** erkennbar sein, in diesem Fall die von Siemens.

Ein neuartiges und/oder einheitliches Produktdesign kann also durchaus zu einer bedeutsamen Differenzierungsquelle führen. Aufgrund der hohen Vergleichbarkeit von Produkten und Leistungen spielen emotionale Kaufentscheidungen bei Industriegütern eine immer größere Rolle.

> Der **technischen Vermarktung** ist eine **gezielte Kommunikationsstrategie** hinzufügen.

Produkte können so aus dem ‚Wareneinerlei einer undifferenzierten Produktmasse' durch Design befreit werden, so Vizepräsident des Bundesverbandes der Deutschen Industrie, Arend Oetker. Konzeptionelle Design-Entscheidungen unterstützen die optimale Zielposition für ein Unternehmen. Sie können dazu führen, möglichst große und **dauerhafte Wettbewerbsvorteile** zu erlangen. Dazu ist es erforderlich, dass das Produkt in mindestens einem Kriterium über einen längeren Zeitraum hinweg einmalig ist, also einen USP aufweist und das kann auch über das Design erfolgen.

> Ein **USP** (Unique Selling Proposition) bzw. Zusatznutzen kann selbstverständlich auch durch Industriedesign begründet werden, denn ein USP liegt vor,
>
> - wenn der Zusatznutzen vom Kunden wahrgenommen wird (Prägnanz),
> - wenn der Zusatznutzen dem Kunden wichtig ist (Dominanz) und
> - wenn dieser Zusatznutzen von der Konkurrenz schwer einholbar (Nachhaltigkeit) ist.

Deshalb kann ein design- und innovationsorientiertes Unternehmen seine Wertekette dahingehend ändern, **Forschung und Entwicklung** sowie **Design und Konstruktion** in seinen **Innovationsprozess** zu **integrieren**.

Bevor weitere Aufgaben des Industriedesigns untersucht werden, soll an einem Beispiel aus der Unternehmenspraxis die Position und Klassifikation von Designern im Innovationsprozess veranschaulicht werden (*Götz/Schmid* 2004a, Kapitel über Kreativität im Innovationsprozess):

„Von Managern vernehmen wir oftmals die Klage, dass sie mit Designern nicht gut kommunizieren können, dass sie zur Umsetzung von Marketingzielen nicht in Teams arbeiten können, dass sie ihre Designer nicht dazu bewegen können, dass 'große' strategische Bild zu sehen und dass sie vor allem davor zurückscheuen, die kreative Freiheit zu beschneiden, die Designer ihrer Ansicht nach brauchen. Designer erzählen uns dagegen eine andere Geschichte. Sie fühlen sich bei der Schaffung eines Designs oftmals allein gelassen. Sie würden es begrüßen, wenn man ihnen nützliche Anweisungen an die Hand gäbe, erhalten jedoch häufig nur allgemeine Leitlinien, die alles oder gar nichts heißen können. Außerdem beklagen sich Designer darüber, dass Manager Design als 'Kunst' betrachten. Dies bedeutet im besten Fall, dass Intuition und Geschick von großer Wichtigkeit sind; schlimmstenfalls heißt es jedoch, dass ausschließlich Intuition und angeborene Talente zählen. Wie uns Designer schon oft berichtet haben, betrachten Manager den Designer nicht als Mitglied des strategischen Teams oder als strategischen Akteur.

Diese Situation vermag nicht zu überraschen. Marketingmanager und Strategen absolvieren in der Regel eine betriebswirtschaftliche, ingenieurwissenschaftliche oder juristische Ausbildung. Sie haben einen ausgeprägten analytischen Hang, der der Welt des Designs oder Kunst häufig nur wenig oder gar keinen Platz lässt. Die genannten Personen fühlen sich meist nicht wohl, wenn sie Designfragen behandeln sollen - dieses Unwohlsein wird durch die typischen Unterschiede in Persönlichkeit und Stil von Managern und Kreativpersonal noch verstärkt. Topmanager ignorieren oder umgehen ästhetische Aspekte ihrer Strategien nur zu gern, um sich vertrauteren Terrains wie der traditionellen Marketingsegmentierung, Positionierung und Planung zuzuwenden.

Von den Managern, die wir kontaktiert haben, fügte sich die überwältigende Mehrheit dem kreativen Urteil ihrer Designer. Dies liegt nicht daran, dass sie dieses Vorgehen für empfehlenswert halten, sondern vielmehr daran, dass es ihnen auf dem entsprechenden Gebiet an Schulung und Wissen mangelt. Es bleiben ihnen daher nur zwei Möglichkeiten - sich äußern und fürchten, sich bloßzustellen, oder den Mund halten und sich der Expertise der Designer beugen. Ein solches Verhalten bringt ein Unternehmen heute jedoch nicht mehr zum Ziel. Marketingmanager sehen sich einer Umgebung ausgesetzt, in der eine vollständige sensorische Planung und ein hohes Maß an Interaktion mit Designprofis gefordert sind."

Bisher standen im Hightech-Bereich stets Technologiestrategien im Vordergrund. Durch die Aufnahme des Faktors **Design** in die Wertekette wird die Design-Gestaltung zum wichtigen Element zur Schaffung nachhaltiger **Wettbewerbsvorteile**.

Nicht zu vernachlässigen ist das durch die Markierung entstandene Wiederkennungspotenzial bzw. die dadurch ausgelöste Signalwirkung. Dieser zentrale Aspekt der strategischen Markenaufladung bzw. operativen Markenkommunikation wird in Kapitel 2 bzw. Kapitel 3 genauer untersucht.

Neben der besonders starken Bedeutung des Designs als Wettbewerbsvorteil im Industriesektor, gibt es noch weitere Aufgaben und Anforderungen, die es erfüllt.

Das Industriedesign nimmt zudem eine **koordinierende und integrierende Funktion** ein. Es versucht, die Marktanforderungen und die technischen Determinanten im Produktentwicklungs- bzw. Designprozess zu einem absatzfähigen Produkt zu vereinigen. Innovationsmanagement umfasst daher Marketing, Design und Technik.

Ebenso liegt die Entscheidung beim Designer, welche Produkteigenschaften er weglässt oder hinzufügt. Er muss versuchen, mit Hilfe von Gestaltungsinstrumenten die Wirkung eines Produkts so zu steigern, damit der Betrachter positiv berührt wird und er zum Kauf angeregt wird.

Es gilt, den Mangel, den der Kunde subjektiv empfindet, zu beseitigen. Man kann in diesem Zusammenhang von einer **Entlastungsfunktion** und ganz wichtig, einer **Differenzierungsfunktion** sprechen.

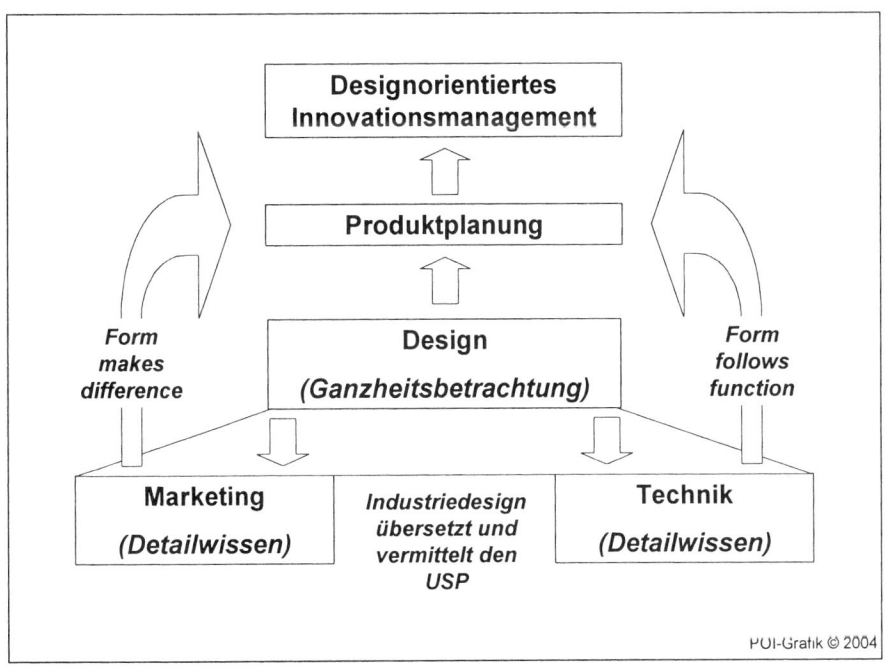

Abbildung 5: Designorientiertes Innovationsmanagement

Beide Aspekte zusammen haben starken Einfluss auf den USP und sind in einem ganzheitlichen Designprozess in einer ausgewogenen Form zu entscheiden, da hieraus die Grundlage für den sich anschließenden Prozess der Produktplanung resultiert. Ein designorientiertes Innovationsmanagement betrachtet folglich immer beide Aspekte.

Das stimmt insbesondere für die technisch-physikalischen Eigenschaften der Güter. Designer können die gestalterische Übersetzung von Funktionalität sogar noch verbessern, indem sie die funktionalen Zusammenhänge für den Betrachter haptisch erfahrbar und so auf besondere Aspekte visuell aufmerksam machen.

Durch diesen Design-Vorgang kommt dem Industriedesign also eine **übersetzende** und **vermittelnde Funktion** zu.

Der Designer sollte deswegen so früh wie möglich in den Entwicklungsprozess miteinbezogen werden. Er sollte mit der Technologie, die hinter einem Produkt steckt, gut vertraut sein, um seine Raffinessen geschickt im Design umzusetzen. Er trägt damit große Verantwortung für die physische Wirkungsdimension von Technik und die Qualität und Intensität des kommunizierten Transfers.

> **Bei Siemens** sitzt der Designer gleich bei der ersten Überlegung zur Produktentwicklung mit am Tisch. Nicht selten bringt dieser eine Idee mit ein, die dem Produkt bereits bei der Entwicklung ein Gesicht geben kann. So war es bei der Entwicklung eines **Sicare-Pilot**, ein elektronisches Steuergerät für motorisch behinderte Menschen

Ein weiterer Punkt, der oftmals bei Hightech-Produkten unterschätzt wird, ist die Tatsache, dass das Industriedesign das **Image** eines Unternehmens maßgeblich **kommuniziert**. Kann ein Unternehmen eine eigene Designphilosophie vorweisen, wirkt sich das sehr positiv im Produktbereich aus. Es wird genau festgelegt, welche Designqualität den eigenen Produkten gerecht wird. Zukunftsorientiertes Design ist Teil der Innovationskraft eines Unternehmens. Die Geschichte der industriellen Produktion zeigt, dass technologische und gestalterische Neuheiten immer Hand in Hand gingen. Wenn Archäologen heute die Gebrauchsgegenstände früherer Epochen untersuchen, schließen sie von deren Design auf die jeweilige Kultur. In Analogie zum Auge, dass beim Essen mitisst, so wirkt auch bei sehr fortschrittlicher Technik ein altmodisches Design mehr als störend und löst zumindest eher negative Assoziationen zum State of the Art aus: Das Produkt stellt sich formal anders dar als es realiter ist.

Anspruchsvolles Design ist ein erheblicher Bestandteil der inneren und äußeren Kultur eines Unternehmens:

- **Nach innen steigert es die Identifikation der Betriebsangehörigen** mit dem Produkt und dem Unternehmen. Die Angestellten sind stolz darauf, an der Erstellung eines solchen Produktes beteiligt zu sein. Oft verbindet gerade das Design die Menschen, die an den verschiedensten Plätzen zum Erfolg der Produkte und des Unternehmens beigetragen haben.

- **Nach außen zeigt gutes Design**, dass das Unternehmen **geschäftlichen Erfolg** mit kulturellem Anspruch verbindet. Dies wird noch verstärkt, wenn ein Unternehmen alle gestalterischen Bereiche mit dem gleichen hohen Anspruch begegnet und eine klare **Corporate Identity** (CI) entwickelt. Dazu gehören neben dem Industriedesign auch die visuellen und textlichen Äußerungen, vom Firmenlogo und dem Informationsmaterial bis zur Darstellung auf Messen und in den Medien.

Bei der Entwicklung der CI bildet die Designstrategie den Rahmen. Industriedesign soll dazu beitragen, dass das Selbstbild, das ein Unternehmen von sich hat (Corporate Identity) mit dem Fremdbild (Corporate Image) übereinstimmt (*Kotler* 2002).

> Das wichtigste Element der CI ist das Produkt selbst, wobei das Industriedesign als Instrument dient, die **CI zu kreieren**. Durch das so genannte **Corporate Design** sollen Gestaltungselemente geschaffen werden, die von hohem Wiedererkennungswert sind. Wichtig dabei ist weniger die Gleichheit der eigentlichen Gestaltung, sondern vielmehr die **Kontinuität** in der Haltung des Unternehmens (Verlässlichkeit, Zuverlässigkeit).

So soll durch den Anschein der Produktzusammengehörigkeit **Vertrauen und Bindung gegenüber Kunden und Mitarbeitern** hergestellt werden. Kontinuität in der Gestaltung sowie das äußerliche Zusammenpassen von Produkten verschiedener Programme ist erforderlich.

- **Einzigartigkeit eines Produktes** erreicht der Industriegüterhersteller also folglich **durch Innovationsdesign** (*Steinmeier* 1998).
- **Eintritt in neue Märkte** und Differenzierung zur Konkurrenz erreicht er **durch die Verinnerlichung der Design- und Innovationsorientierung** der Unternehmensidentität (*Spies* 1993).

Dieser Sachverhalt wird an folgendem Beispiel nochmals deutlich: Seit der Einführung des **Designmanagements bei AEG** zeichnen sich in externer und interner Hinsicht immense Designleistungen ab. Produktgestaltung war vorher kein klar definierter Bestandteil der Unternehmensstrategie. Zunächst wurde die Corporate Identity und der Anspruch der gestalterischen Qualität festgelegt. Der Abverkauf der Produkte wie z. B. programmierbare Steuerungen für Notstromanlagen oder Haltestellen-Anzeigen für Busfahrer wurde deutlich gesteigert. Intern führte es zu einer Herausbildung der **technologischen Kompetenz** des Unternehmens, einer **neu aufgeblühten Motivation der Mitarbeiter** und nicht zuletzt zur Identifikation mit dem Unternehmen selbst (*Wolf* 1994).

Der Designer muss es also bewerkstelligen, dass der Betrachter die Eignung des Produktes zur Bedürfnisbefriedigung wahrnimmt und auch kognitiv erkennt.

> Die **Beziehung Produkt-Mensch** ist ein entscheidendes Merkmal des Industriedesigns. Hierbei geht es zum einen um die Anpassung der Umwelt an die Bedürfnisse der Menschen, zum anderen um die Wirkung, die das Produkt auf den Menschen hat. Das Produkt bekommt die Aufgabe, die Dinge zu bewerkstelligen, die dem Menschen als ‚Mangelwesen' verwehrt sind.

Der Betrachter oder Benutzer muss ebenso in die Gestaltung miteinbezogen werden, wie die Funktionalität des Produktes selbst, da der Designer die Beziehung zwischen dem Menschen und dem Produkt also den Gebrauch inszeniert. Wissenschaftliche **Anthropometrie** und **Ergonomie** helfen, den Umgang mit dem Produkt zu erleichtern. Das ist bei Industrie- und Investitionsgütern von großer Bedeutung, da sie oft Arbeitsplätze verkörpern, an denen Menschen viele Stunden verbringen. Gesundheit, Arbeitsklima aber auch Effizienz können durch ergonomisch richtig gestaltete Produkte deutlich verbessert werden.

> **Anthropometrie** ist die Lehre von der Vermessung des menschlichen Körpers in anthropologischen Klassifizierungen und Vergleichen. Heutzutage wird Anthropometrie für viele nützliche Zwecke verwendet, zum Beispiel bei der Feststellung der Ernährungslage, dem Wachstum von Kindern und bei der Gestaltung von Büromöbeln.

Benutzer und ‚intelligentes' Produkt kommunizieren heute überwiegend über Benutzeroberflächen, hinter denen sich komplizierte elektronische Systeme verbergen. Dem Designer kommt hier die Aufgabe zu, die Produkte nicht nur arbeitserleichternd zu gestalten, sondern auch die verborgene Intelligenz erfahrbar zu machen. Aus den Produkten werden so höchst differenzierte Objekte mit interessant geformten Außenflächen, feinen Einschnitten, die auf ein komplexes Inneres verweisen und anschaulichen Interaktionsbereichen. Auch eine anders gestaltete Farbgebung kann zum Ausdruck bringen, dass es sich hierbei nicht nur um belanglose Maschinen handelt.

Es gilt als bestätigt, **dass das Design eine Emotionalisierung zwischen Produkt und Mensch verursacht.** Gestaltungsmerkmale können deshalb bewusst eingesetzt werden, um den Menschen positiv zu beeinflussen.

Bedeutung des Designeinflusses auf das B2B-Kaufverhalten

Grundsätzlich gibt es drei Arten des Kaufs im Industriegütermarkt (*Kotler/Bliemel* 2001):

- **Reiner Wiederholungskauf:** Hierauf muss an dieser Stelle nicht näher eingegangen werden, da sich Innovation und Wiederkauf an sich ausschließen, d. h. Design spielt hierbei keine große Rolle. Meist handelt es sich nur um automatische Nachbestellverfahren für Bürobedarf aufgrund bereits gemachter Erfahrungen.

- **Modifizierter Wiederholungskauf:** Der modifizierte Wiederkauf kann die Routine des identischen Wiederkaufs durchbrechen, indem bessere Angebote gemacht werden, z. B. eine verbesserte Benutzeroberfläche des Profidruckers Canon CLC 1100. Dies kann demnach in Form von modifizierten Produktmerkmalen, z. B. eine übersichtlicher gestaltete Benutzeroberfläche oder sogar über Innovationen geschehen. Schulte Elektronik führte z. B. als Innovation einen Motorschutzschalter gemeinsam mit dem Hauptschalter in einem Gerät integriert ein. Über der Einschätzung der Neuheit des Produktes entscheidet letztlich immer noch die Organisation, also ob der Kaufakt als völlig neu oder als Wiederholung empfunden wird. Eine ‚wirkliche' Unterscheidung zwischen beiden Formen des Wiederkaufs gibt es demnach nicht, sie sind eher fließend anzusehen.

- **Erstkauf:** Der Neukauf ist weitgehend die bedeutendste Kaufart im Sinne des Industriedesigns. Beim Neukauf intensiviert die Organisation die Informationssuche, da hierbei das Risiko, ein nicht funktionsfähiges oder qualitätsarmes Produkt zu erwerben, am größten ist. Der Kunde betritt Neuland und muss sich zunächst über Angebote, Qualität, Funktionalität und Innovation einen Überblick verschaffen. Gerade beim Neukauf, der den Kunden mit einer Fülle von Informationen überschüttet, kommt es auf die Qualität des Industriedesigns an. Dem Design kommt eine entlastende Informationsfunktion zu. Durch Gestaltungsinstrumente ersetzt das Industriedesign sehr viele, schwer zu beschaffende Einzelinformationen und wirkt somit immens auf die Kaufentscheidung ein.

Tabelle 2: Merkmale von Kaufentscheidungen bei Investitionsgütern

KAUFPHASE	DIMENSION		
	Neuheit des Problems	Informationsbedarf	Betrachtung neuer Alternativen
Neukauf	Hoch (!)	Maximal (!)	Bedeutend (!)
Modifizierter Wiederkauf	Mittel	Eingeschränkt	Begrenzt
Identischer Wiederkauf	Gering	Minimal	Keine

Gestaltungsmittel und Produktmerkmale im B2B-Geschäft

Design nutzt gestalterische Mittel, um diejenigen Bedeutungen sichtbar und erfahrbar zu machen, die in der Tiefe der Produkte liegen. Durch die Gestaltung von Produktmerkmalen kann die von außen schlecht einsehbare Technologie innerer Bauteile und die Raffinesse ihres Zusammenspiels visuell nach außen transportiert werden. So wie grobe Gestaltungsmittel auf plumpe innere Vorgänge schließen lassen, so lassen sensibel gestaltete Oberflächen und intelligente Montagelösungen ein durchdachtes Inneres vermuten.

Mit Hilfe von Gestaltungsmitteln übersetzt der Gestalter die Anforderungen der Kunden in konkrete Produkteigenschaften (*Steinmeier* 1998).

Die **elementaren Gestaltungsinstrumente** des Industriedesigns bestehen aus einer

- **originären Kategorie:** Form, Farbe, Material und einer
- **derivativen Kategorie:** Zeichen, Oberfläche.

Jedes Produkt unterscheidet sich nach **Stoff**, **Form** und **Farbe**. Die originären Gestaltungsmittel lassen sich nicht auf weitere, einfachere Mittel zurückführen, wogegen die derivativ-elementaren Gestaltungsmittel den Übergang zu den komplexen Mitteln (Funktion, Konstruktion) bilden.

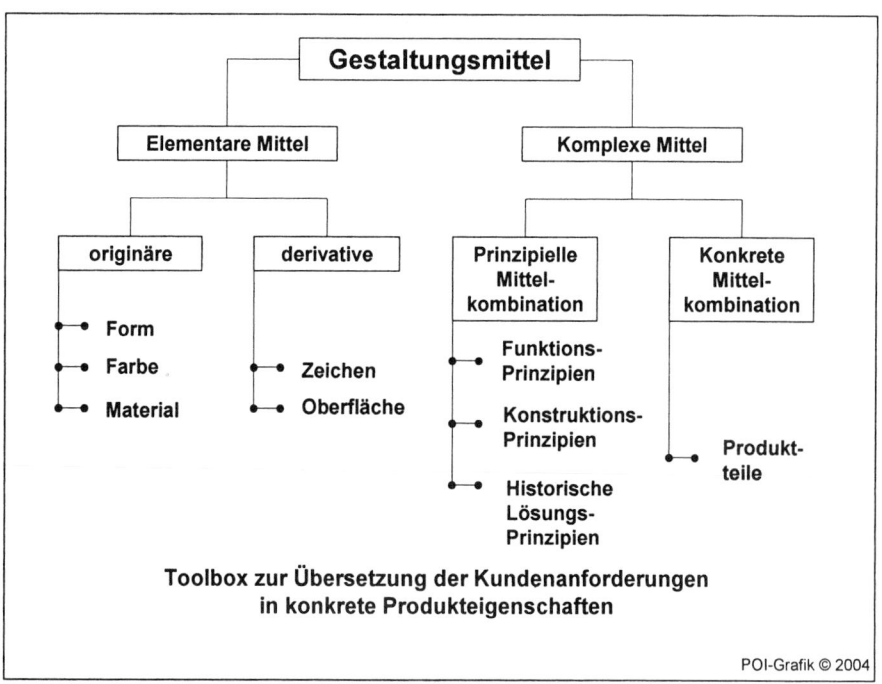

Abbildung 6: Gestaltungsmittel des Industriedesigns

Die Produktteile bei **komplexen Mitteln** sind durch fixe Vorgaben gekennzeichnet.

- Die **Funktionsprinzipien** beruhen auf physikalischen Effekten und sind letztendlich verantwortlich für die Funktion des Produktes.
- Die **Konstruktionsprinzipien** beschreiben die statischen Beziehungen zwischen den einzelnen Elementen und bedingen die Zahl und Anordnung der Elemente.

- Unter **historischen Lösungsprinzipien** versteht man Erfahrungen bzw. bekannte, reale Lösungen. Der gestalterische Aufbau erscheint dabei weniger bedenkenswert als deren Leistung.

Um der Zielsetzung des Industriedesigns als ‚major competitive differentiator' gerecht zu werden, muss der Designer Wege finden, um die Gestaltungsmittel des Designs auf neuartige Weise so miteinander zu kombinieren, dass **auf ästhetischer, praktischer oder symbolischer Ebene des Produktes eine innovative Wirkung hervorgerufen** wird.

Erschwerend kommt allerdings dazu, dass das innovative Industriegüterdesign divergierende Ansprüche der Käufer einer Organisation befriedigen muss und darüber hinaus die Bedürfnisse der Letztkonsumenten.

1.4.2 Designrelevanz im B2B-Sektor

(1) Intensität Subjekt-Objekt-Beziehung

Auch im B2B-Geschäft hängen die Kaufentscheidungen von der Kontaktintensität und von der Beziehung bzw. **Involvement zwischen Mensch und Produkt** ab (*Steinmeier* 1998).

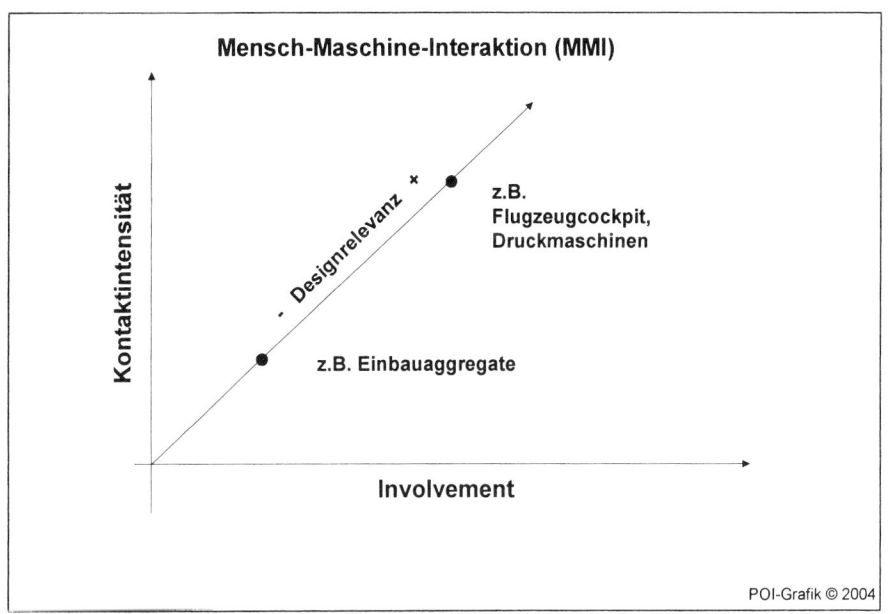

Abbildung 7: Designrelevanz in Abhängigkeit von Kontaktintensität und Involvement

Bei Einbauaggregaten ist die Kontaktintensität beispielsweise sehr gering, da sich der Kontakt lediglich auf die Installation beschränkt. Mit einer Produktionsmaschine dagegen arbeitet man tagtäglich zusammen, das heißt der intensivste und längste Kontakt kommt während der Verwendung vor.

Das **Involvement** hängt ebenfalls von der Art der Beziehung zwischen Produkt und Mensch ab. Bei Konsumgütern ist das Involvement in der Regel sehr hoch, da man sich vor der Anschaffung teurer Produkte sehr viele Gedanken macht und viele Informationen einholt, die das Produkt betreffen.

> Je höher also das Involvement bei Industriegütern ist, desto mehr spielt das Design eine Rolle, da es vom Käufer als Entscheidungskriterium miteinbezogen wird.
>
> Bei Nutzfahrzeugen, medizinisch-technischen Geräten, Flugzeugen oder Computern ist das Involvement ziemlich hoch. Dagegen bei Elektrokästen oder Montagebändern oder Schiffsschrauben geht das Involvement gegen Null.

(2) Intensität Objekt-Umwelt-Beziehung

Die Wirkung eines Produktes bezieht sich nicht nur auf Unternehmensmitglieder, sondern auch auf den **Letztverbraucher, die Umwelt**. Dies kommt besonders im Dienstleistungssektor zum Tragen, z. B. bei medizinischen Geräten wie Behandlungsstühle in Zahnarztpraxen. Bei der Objekt-Umwelt-Beziehung wird ebenfalls die Kontaktintensität als Maßstab genommen. Beim direkten Kontakt zwischen Produkt und Endverbraucher, wie z. B. am Bankautomaten spielt das Industriedesign eine wichtige Rolle, beim indirekten Kundenkontakt ist die Designorientierung von eher geringer Bedeutung.

(3) Produktkomplexität

Komplexe Produkte haben einen extrem **hohen Grad an Erklärungsbedürftigkeit**. Es gilt, die Beziehungen der einzelnen Elemente zu untersuchen und die Funktion des ausgereiften Produktes verständlich zu kommunizieren.

Hier kommt dem Industriedesign eine große Bedeutung zu, denn die Aufgabe besteht darin, die Komplexität aufzuschlüsseln und in eine verständliche Sprache umzuwandeln, dem Design.

Der Konsument sollte dann in der Lage sein, die Funktionen des Produktes schnell zu erfassen und es ohne Probleme anwenden zu können.

(4) Auftragsbezogenheit der Produktion

Die Imagewirkung des Produktdesigns, sei es ein Wiedererkennungseffekt auf Messen oder in der Werbung, hat eine verkaufsfördernde Wirkung.

Je geringer also die Auftragsbezogenheit eines Produktes ist, das heißt, je höher die Verbreitung am Markt, desto relevanter wird das Design, damit dieser Nachteil kompensiert wird.

> Zusammenfassend lässt sich also sagen, dass die Bedeutung des Designs um so größer ist,
> - je höher die Intensität Subjekt-Objekt-Beziehung
> - je höher die Intensität der Objekt-Umwelt-Beziehung
> - je größer die Produktkomplexität und
> - je geringer die Auftragsbezogenheit der Produkte ist.

1.4.3 Innovationsorientierte Designstrategien

Unter Innovationen subsumiert man betriebswirtschaftlich alle aus unternehmensindividueller Sicht erstmalig relevanten Neuheiten. Demzufolge versteht man unter **Innovationsmanagement** alle mit der Entwicklung, Einführung bzw. Umsetzung und Durchsetzung von technischen und sozialtechnischen unternehmenssubjektiv verbundenen Initiativen betrieblicher Leitungs- und Führungspersonen (*Trommsdorff* 1990).

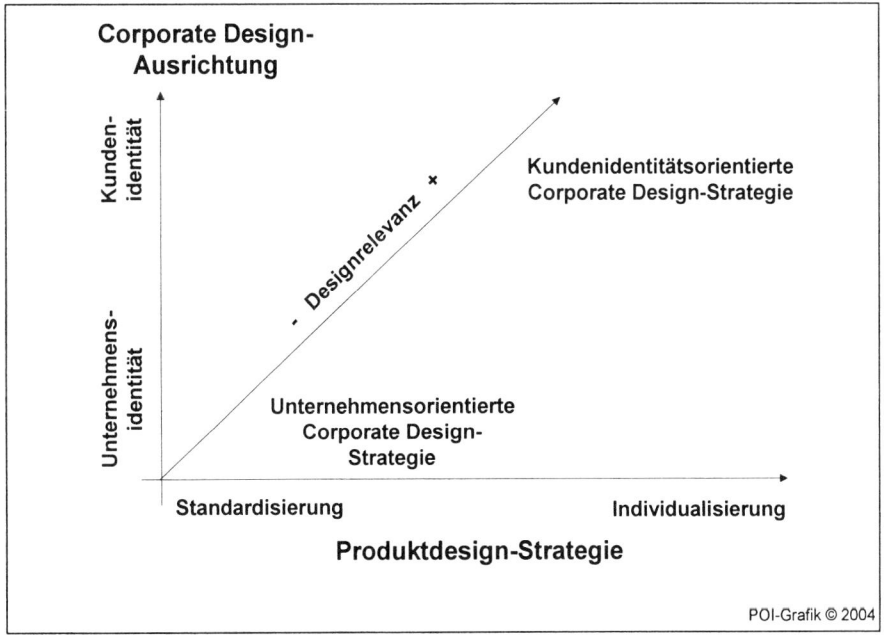

Abbildung 8: Ausrichtung der Corporate-Design-Strategie nach Kundennähe

Das Innovationsmanagement hat die Aufgabe **Innovationsstrategien** zu entwickeln, die mit der gesamten Unternehmensstrategie übereinstimmen sollten. Will ein Unternehmen **Industriedesign als Innovationsfaktor** nutzen, so muss die übergeordnete Innovationsstrategie neben der Forschung und Entwicklung, der Marketing-, Umwelt- und Technologiestrategie auch die design-strategische Komponente hinzuziehen. Die **Designstrategie** ist elementar wichtig, da der Kunde die Gestaltung unmittelbar wahrnimmt und so einen ersten Eindruck von dem Produkt erhält. Mit dem ersten Eindruck wird der weitere Wahrnehmungs- und Beurteilungsprozess signifikant beeinflusst.

Die Coporate-Designstrategie im Industriegüterunternehmen muss die Position des beschaffenden (innen) und die Position des herstellenden Unternehmens (außen) berücksichtigen. Das Industriegut soll also die Corporate Identity des Anbieters unterstützen, gleichzeitig soll es sich individuell in die Umgebung bzw. Corporate Identity des Käufers und späteren Anwenders einpassen. Je nachdem, wo der Hersteller seine Schwerpunkte sieht, lassen sich daraus **zwei Corporate-Design-Strategien** ableiten:

- **Unternehmens**-Identitätsorientiert (bei Produktdesignstandardisierungen)
- **Kunden**-Identitätsorientiert (bei extrem individuellem Produktdesign)

Die Strategiewahl richtet sich nach der jeweiligen Produktpolitik. Standardisierte Produkte werden sich eher nach der eigenen Unternehmensidentität richten, wohingegen einzelkundenspezifische Aufträge sich nach der Kundenidentität richten. Z. B. ist es bei Werkzeugmaschinen üblich, dass sie nach Kundenwunsch lackiert werden. Ebenso wird man einen Hersteller von Tankanlagen nicht anhand der Zapfsäule erkennen, wenn man bei BP, Aral oder Dea tanken geht. Um sich für die richtige Designstrategie zu entscheiden, stehen dem Innovationsmanagement folgende Möglichkeiten zur Verfügung:

- Konkurrenzbezogene Strategien
- Positionierungsbezogene Strategien oder
- Kundenbezogene Strategien.

(1) Konkurrenzbezogene Strategien

Ein Investitionsgüterunternehmen hat grundsätzlich zwei generische Möglichkeiten zur Schaffung von Wettbewerbsvorteilen: durch **niedrige Kosten** oder durch **Differenzierung**. Kostenführer innerhalb einer Branche verkaufen meistens Standardprodukte (**Kostenreduzierung durch Innovationsdesign**).

Um Kostenführer zu werden, kann ein Hersteller die Kosten der Wertaktivitäten reduzieren; er wird dadurch zwar an Wertschätzung des Kunden verlieren, aber kann sich durch niedrige Preise Vorteile gegenüber der Konkurrenz schaffen. Industriedesign kann dabei direkt oder indirekt strategische Ansatzpunkte liefern:

- **Direkte Kostensenkungspotenziale** lassen sich durch Senkung der Material-, Produktions-, Lager-, Vertriebs-, Logistik- und Servicekosten realisieren. In Bezug auf das **Design** kann eine Materialinnovation günstigere Beschaffungs- und Herstellungskosten auslösen. Durch innovativen Gestaltaufbau können überdies Service- und Fertigungskosten sowie Lager- und Transportkosten reduziert werden (durch z. B. bessere Stapelbarkeit oder andere Größe oder anderes Gewicht). Beispielsweise senkt ein neues Zelldesign der Siemens-Brennstoffzelle den Materialbedarf und damit die Materialkosten.

- **Indirekte Kostensenkungspotenziale** entstehen durch
    - Reduktion von Zeitverlusten im Planungsprozess,
    - Vermeidung von Reibungsverlusten durch bessere Koordination des Entwicklungsprozesses,
    - Reduzierung der Abfallentsorgung und Beschleunigung bzw. Verkürzung des Fertigungsprozesses,
    - kontinuierliches Design kann auch der Produktentwicklungsprozess optimiert werden, z. B. wenn Produkte speziell für den Fertigungsprozess entwickelt worden sind. Dies führt zur Einsparung von Rüstkosten und Leerkapazitäten und resultiert aus dem Erfahrungskurven-Konzept.

Für den Industriegüterhersteller ist es also möglich, **durch Designinnovationen Kosten einzusparen**. Eine Konzentration auf diese Strategie scheint aber selten sinnvoll. Leicht können dabei die Produkt-Mensch-Beziehung sowie die Kreativität für neue Gestaltungsideen zu kurz kommen.

Der Hersteller sollte seinen Nachfragern nicht nur einen niedrigeren Preis als seine Konkurrenten bieten, sondern überdies seine Produkte durch einen zusätzlichen Wert differenzieren. Dieser Wert kann durch Produktdesign entstehen, da gestalterische Elemente unmittelbar vom Kunden wahrgenommen werden und seine Aufmerksamkeit steigert.

Zusammenfassend kann festgehalten werden, dass für den Hersteller Industriedesign nicht nur wegen der sinnlichen Wahrnehmung wichtig ist, sondern auch aus Effizienzgründen.

Im Investitionsgüterbereich ist es wichtig, dass die Designstrategie nicht nur ästhetische Faszination auslöst, sondern auch rationale Leistungsschwerpunkte transportiert werden. Es lassen sich drei **Differenzierungsstrategien** ableiten, um Einmaligkeit gegenüber der Konkurrenz zu erreichen (*Steinmeier* 1998).

Danach hat der Hersteller die Möglichkeit, sich durch **Qualität, Varietät** oder **Inkommensurabilität** in der Branche abzuheben, um so neue Wettbewerbsvorteile zu etablieren.

Es muss hier allerdings kritisch angemerkt werden, dass die Bezeichnung Produktstandardisierung in der hier intendierten Semantik wenig erkenntnisfördernd ist.

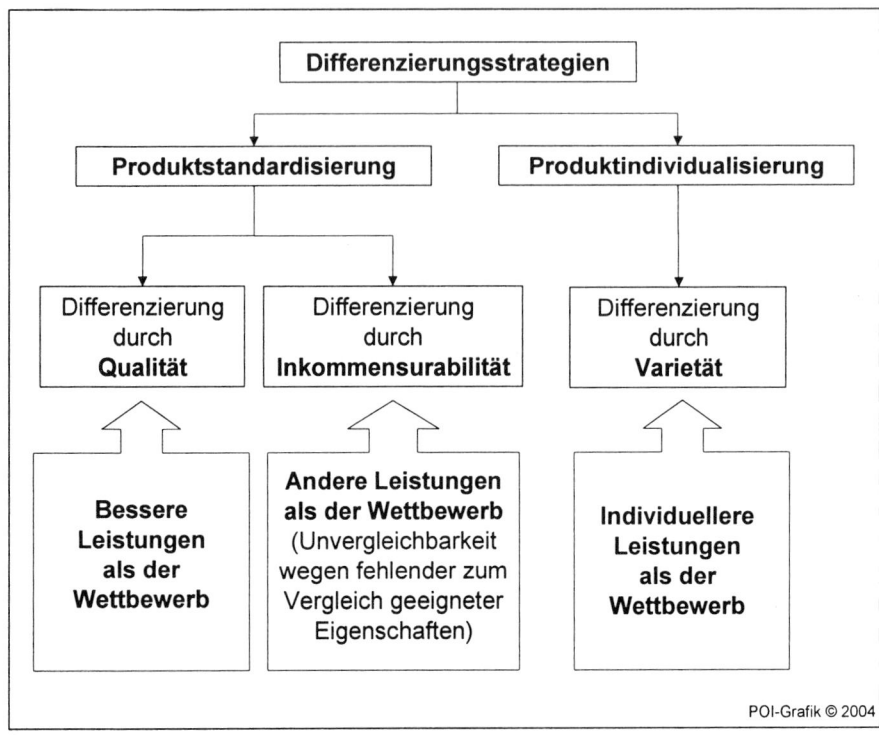

Abbildung 9: Substrategien der Differenzierung (*Steinmeier* 1998)

(2) Positionierungsbezogene Strategien

Der Investitionsgüterhersteller hat design-strategisch die Wahl, ob er seine Marktposition im Bereich der Designführerschaft oder in der Designfolgschaft ansiedeln möchte:

- **Designführerschaft** bedeutet, eine echte Innovation oder aber nur eine Produktverbesserung auf den Markt zu bringen. Um als Hersteller eine führende Position zu erlangen, sollte das Investitionsgut ein hohes Designinnovationspotenzial aufweisen. Die Designführerschaft ist strategisch gesehen erstrebenswert, da nur der Hersteller, der diese inne hat, als wirklich innovativ angesehen wird.

- Im Gegensatz zu technologischen Innovationen ist bei Designinnovationen das Timing der Marktpositionierung als Designführer weniger relevant. Es ist somit nicht der frühe Markteintritt entscheidend, sondern vielmehr der gelungene Wahrnehmungserfolg bei der ins Visier genommenen Zielgruppe, die Aufmerksamkeit auf das neue, designinnovative Produkt zu lenken. Im Rahmen der **Designfolgschaft** lassen sich folgende **Timing-Strategien** unterscheiden:

  o **Design-Pioniere:** Sie versuchen innovative Produktdesign-Ideen als erste auf den Markt zu bringen, um so in einer bislang konkurrenzlosen Situation

einen Imagegewinn zu realisieren und dominante Designlösungen zu etablieren. Um Nachahmungen zu vermeiden, sollte sich der Hersteller durch Patente (Intellectual Property Management) Ausstattungsrechte, Gebrauchs- oder Geschmacksmuster sichern. Außerdem kann es dem Pionier passieren, dass sein neues Designkonzept vom Markt nicht akzeptiert wird und im schlimmsten Fall negativ auf von ihm bereits etablierte Produkte abstrahlt (Irradiation).

- o **Frühe Design-Folger** imitieren eine am Markt erfolgreiche Innovation. So kann ein früher Design-Folger zwar nicht die Einmaligkeit der Neuheit für sich verbuchen, ist aber dafür vor Flops gefeit und kann möglicherweise durch Verbesserung des Produktdesigns oder durch Preisstrategien Marktanteile gewinnen.
- o **Späte Design-Folger** wollen gegenüber dem Designführer konkurrieren. Dazu ist es erforderlich, z. B. individuelle Probleme der Nachfrager in seiner Planung zu berücksichtigen. Es muss folglich nicht am Zeitpunkt liegen, wer letztendlich die Designführerschaft übernimmt. Vielmehr kann z. B. die Produkt-Design-Prägnanz entscheidend sein. Unter Produkt-Design-Prägnanz versteht man das Herausstellen und Wiederholen spezifischer Designmerkmale.

Design- und Technologiestrategien eines Hightech-Anbieters müssen aufeinander abgestimmt sein, um sich gegenüber der Konkurrenz abzuheben und Marktanteile für sich zu gewinnen, denn innovatives Produktdesign alleine reicht nicht aus, um Wettbewerbsvorteile zu erlangen. Mindestens genauso wichtig ist es, eine innovative Produkt- und Technologiestrategie zu verfolgen.

(3) Kundenbezogene Strategien

Wettbewerbsvorteile gegenüber der Konkurrenz kann man auch erlangen, indem man die Bedürfnisse der Nachfrager besser befriedigt als andere Anbieter. Bei der Strategiewahl entscheidet sich der Hersteller dabei, je nachdem inwieweit er auf die Wünsche der Kunden eingehen möchte, für eine Produktstandardisierung oder für eine Produktindividualisierung.

- **Produktstandardisierung:** Hier möchte der Anbieter mit seinen Produkten eine breite Nachfragerzahl ansprechen. Für das Industriedesign bedeutet das in ästhetischer, symbolischer und gebrauchstechnischer Hinsicht eine Ausrichtung auf die durchschnittlichen Ansprüche aller Kunden. Der Hersteller wird sich für die gestalterische einheitliche Bestlösung in Bezug auf die standardisierte technologische Grundlösung entscheiden. Standardisierung kann wieder zu Kostensenkung führen, wobei der Hersteller Folgendes beachten muss: Zu starke Standardisierung kann bei einem heterogenen Nachfragerstamm zu Erlöseinbußen führen, weil sich die Kunden möglicherweise für ein Konkurrenzprodukt entscheiden, das mehr auf ihre Bedürfnisse zugeschnitten ist.

- **Produktdesignindividualisierung:** Durch Spezialisierung oder Know-how-Vorsprung wird versucht, den Kunden an sich zu binden. Design wird so nah wie möglich an den Kunden angepasst. Das hat zur Folge, dass der Hersteller vor der Produktentwicklung den Kunden aktiv umwerben muss, um genau seine Bedürfnisse zu identifizieren. Die andere Möglichkeit ist, dass der Kunde selbst im Vorfeld auf den Anbieter mit seinen speziellen Wünschen zugeht. Für die Produktion bedeutet dies, dass Varianten im Design bei gleichem Produkt zulässig sind. Bei der Gestaltung kann man folgende Formen unterscheiden:
    - **Einzeldesign**, d. h. es wird kundenspezifisch nach Auftrag individuell für den Kunden gestaltet. Höchste Kreativität ist gefordert.
    - **Spezialdesign**, d. h. Standardprodukte werden auf den Kunden zugeschnitten.
    - **Produktanpassung**, d. h. der Anbieter gestaltet das Produkt nur im Gerüst und beendet die Gestaltung erst mit der Bestellung kundenspezifisch.
    - **Baukastendesign**, d. h. es sind Produktteile in verschiedenen Varianten vorgefertigt und können je nach Bedarf zusammengesetzt werden.

Die Praxis zeigt, dass es für den Anbieter ökonomisch am sinnvollsten ist, nach der Baukastenvariante zu produzieren. Relativ selten findet man in diesem Bereich das Einzeldesign vor.

1.4.4 Der Designmanagementprozess

Für die Realisierung von Designinnovationen ist ein gut funktionierendes Designmanagement erforderlich.

Qualitäten im Human Resource-Bereich und in der Organisation sind unerlässlich. In einem Unternehmen, in dem das Design bisher vernachlässigt wurde, gibt es verschiedene Möglichkeiten, entsprechende Kompetenzen zu schaffen.

> „**Designmanagement** ist die Steuerung aller designrelevanten Prozesse im Unternehmen, von der Produktidee bis zur Markteinführung." (*Buck/Vogt* 1997, S. 18f.)

Schaffung design-qualifizierten Personals

Es lassen sich generell drei Möglichkeiten unterscheiden, mit denen ein Unternehmen Designleistungen schaffen kann:

- **In-Sourcing:** Aufbau einer internen Designabteilung durch Anstellung von Designern für die Designmanagement-Abteilung.
  Gut ist: Durch In-Sourcing hätte ein Unternehmen die Chance, eine unternehmensspezifische Designkompetenz aufzubauen und gleichzeitig eine **eigene De-**

sign-Identität aufzubauen. Der Gestalter hat die Philosophie des Unternehmens besser verinnerlicht und kann so die **Corporate-Design-Strategie besser umsetzen**. Ein interner Designer kennt die Besonderheiten des speziellen Marktes ganz genau, ebenso wie das Unternehmen mit seinen Möglichkeiten und Problemen. Er ist immer über den aktuellen Stand des Fortschritts informiert und kann bei Bedarf schnell reagieren. Zudem ist die Geheimhaltung der aktuellen Forschung und die Erhaltung des Designschutzes besser möglich.

Weniger gut ist: Routinemäßige Arbeit, **Betriebsblindheit** aufgrund fehlender Distanz und **betriebliche Gewohnheiten** können sich natürlich auch negativ auf die Kreativität auswirken. Außerdem besteht die **Gefahr**, dass die **Abteilung nicht voll ausgelastet**, oder die **personellen Ressourcen begrenzt** sind. Nicht zuletzt ist der Aufbau solch einer Abteilung mit immensen Kosten verbunden.

- **Out-Sourcing:** Vergabe Gestaltungsaufgaben an externe Designer oder an ein externes Designmanagement.

  Gut ist: Das Out-Sourcing fängt die negativen Seiten des In-Sourcings auf. Nicht nur, dass man ein **größeres kreatives Potenzial** zur Verfügung hat. Durch eine größere Anzahl externer Designer steht dem Unternehmen ein **größeres Erfahrungspotenzial** zur Verfügung, innovativere Designlösungen können möglicherweise entwickelt werden, da der für das jeweilige am besten geeignete Designer eingesetzt werden kann. Es würden **keine Kapazitäten** einer eventuell ungenutzten Designabteilung **brachliegen**, die **Kosten** wären überschau- und **besser planbar**, und das Unternehmen könnte eventuell **von dem positiven Image bekannter Designer profitieren**.

  Weniger gut ist: Ein ganz klares Defizit dieser Lösung besteht in der **mangelnden** Überschaubarkeit neuer Fortschritte innerhalb des Unternehmens, so dass Fehlentwicklungen nicht immer sofort erkannt werden. Außerdem arbeiten möglicherweise **spezialisierte Designer für Konkurrenten**, so dass auch deren Produkte die Handschrift des Gestalters tragen. **Kurzfristige Probleme** sind mit Externen schwieriger zu lösen, was zu einer **langsameren Auftragsabwicklung** führt. Außerdem muss die **Unternehmensphilosophie bei jedem neuen Designer neu vermittelt** werden, ebenso wie spezifische Problemstellungen innerhalb des Unternehmens.

- **Kombination von In-Sourcing und Out-Sourcing**

  Die meisten Unternehmen entscheiden sich für eine Kombination der beiden generellen Alternativen, um die Vorteile der Make-or-Buy-Problematik zu maximieren. Auch Unternehmen im Industriegüterbereich sollten sich eine **interne Design-Kompetenz aufbauen** und **projektspezifisch durch externes Design-Know-how ergänzen**, um die Vorteile beider Alternativen zu nutzen und die Nachteile zu vermeiden.

  Um Streitigkeiten zwischen Externen und Internen aus dem Weg zu gehen, sollte man einen **von der Gestaltung unabhängigen Designmanager zur Koordination** und Steuerung des Designprozesses einsetzen.

Schaffung einer design-förderlichen Organisation

Die Implementierung und Durchsetzung einer neuer Designlösung ist gerade im technikdominierenden Unternehmen nicht einfach. Es muss also gelingen, dass alle Mitarbeiter die neue Designorientierung akzeptieren. Denn nur so lässt sich das Corporate-Identity-Konzept des Unternehmens durchsetzen.

Beim organisatorischen Aufbau einer qualifizierten Designkompetenz sind insbesondere folgende Faktoren zu beachten:

- Für das erste Gestaltungs-Projekt sollten alle **Designmanagement-Funktionen institutionalisiert** werden, damit Organisation und Steuerung aller designrelevanten Funktionen einem Verantwortlichen unterliegen. Je nach Größe und Kapazität kann das Unternehmen eine Vollzeitstelle für diesen Aufgabenbereich schaffen oder Mitarbeiter aus anderen Abteilungen dafür teilweise einspannen. Dabei ist es wichtig, dass der ernannte Designmanager nicht nur einen **designorientierten Spürsinn** innehat, sondern auch **technisch versiert** ist und über **organisatorisches Talent** verfügt.

- Außerdem sollten sowohl **Designmanagement** als auch der **Designer** selbst **im Team der Produktentwicklung integriert** werden, um die organisatorische Durchführung von Produktentwicklungen im funktionsübergreifenden Sinne durchführen zu können. Nur so kann das Designmanagement als Schnittstelle zwischen Produktion, Entwicklung und Produktmanagement erfolgreich sein.

- Zunächst könnte das **Designmanagement als Stabstelle der Unternehmensleitung ohne eigene Entscheidungsbefugnis** aufgebaut werden. Es ist empfehlenswert, dass der Designmanager zunächst externe Designer beauftragt und **aus Kostengründen auf den Aufbau einer internen Designabteilung am Anfang verzichtet**. Außerdem sollte er eine **Schnittstellenfunktion** einnehmen; d. h. aus Mitarbeitern der Entwicklung und Konstruktion, Produktion und Marketing ein **multifunktionales Team** bilden, das **eng mit Designmanagement und externen Designern zusammenarbeitet**.

- Eventuell sollte bei der **Suche nach Individuallösungen** ein Mitarbeiter des Auftraggebers dem Team angehören, um so die Wünsche des Kunden besser realisieren zu können. Nach Abschluss des Projektes wird das Team wieder aufgelöst und **für das nächste Projekt ein neues Kompetenzteam** zusammengestellt. So kann Flexibilität, Kreativität und Eigenständigkeit gefördert und starres Gewohnheitsdenken vermieden werden.

- Mit wachsender Designkompetenz könnte das Unternehmen den **Designmanager mit** einer **Linienfunktion** beauftragen, d. h. er hätte in dieser Funktion echte

Entscheidungskompetenz. Das neue Designprojekt wird wie oben beschrieben von ihm gesteuert und koordiniert. Er kann selbst entscheiden, ob die interne Designabteilung das Projekt bewältigen kann oder ob man externe Designer hinzuziehen muss. Das Einstellen neuer interner Designer hängt von der Kapazität des Unternehmens ab. Allerdings sollte ein Unternehmen in jedem Fall darauf achten, dass es Spezialisten engagiert, die sowohl über Designkompetenz als auch über Verständnis technischer Zusammenhänge verfügen. Um dem Gestalter seinen kreativen Freiraum nicht all zu sehr einzuschränken, ist ein gutes Vertrauensverhältnis zwischen Auftraggeber und Auszuführendem unerlässlich.

- Hat es ein Unternehmen geschafft, eine **eigenständige Designabteilung** aufzubauen, kann er deren **Ausgliederung** in Betracht ziehen. So bekommt man Einblick in andere Branchen und kann daraus **wertvolle Innovationspotenziale** ziehen. Die Leistungen werden also auf dem **freien Markt** angeboten, wie es zur Zeit gerade **Siemens** macht oder wie man am Beispiel **Philips** sehen kann:
Philips Design mit Hauptsitz in Eindhoven/Niederlande agiert als eigenständiges Geschäftsfeld innerhalb der Royal Philips Electronics. Mit 13 Designstudios in verschiedenen Teilen Europas, den USA und der Asien-Pazifik-Region, bildet es das **Wissenszentrum für das gesamte Design-Spektrum** innerhalb des Technologiekonzerns. Etwa 500 Mitarbeiter aus über 30 Ländern beschäftigen sich u. a. mit Produkt-Design, grafischer Gestaltung, Gestaltungslenkung und Gestaltungsforschung, Corporate Identity, angewandter Ergonomie, Interaktionsgestaltung, multimedialer Gestaltung, Einflechtung von Geisteswissenschaften und Analyse visueller Tendenzen. Das fachliche Können von Philips Design wird durch Forschungsprogramme auf dem aktuellen Stand gehalten, d. h. es werden die neuesten Entwicklungen geprüft, um sie dann weiterzuentwickeln. Das Innovationsmanagement muss also abhängig von Größe, Kapital und der Qualifikation der Mitarbeiter eine geeignete Organisationsform finden, um Industriedesign als Innovationsfaktor nutzen zu können.

Designmanagement kann eine koordinierende Funktion einnehmen. Zum einen schafft es als Teil der Geschäftspolitik im Unternehmen die Voraussetzungen für Design. Zum anderen steuert es die Produktentwicklung.

Die **Aufgabenbereiche eines Designmanagers** (*Steinmeier* 1998):

- **Informationssammlung** über neue Designentwicklungen auf dem Markt,
- Entwicklung neuer Designansatzpunkte durch **Innovationsvorschläge,**
- **Designplanung** (Personal- und Budgetplanung),
- **Koordination** der Designlösungen,
- **Organisation** der Zusammenarbeit externer und interner Designer,
- **Vorbereiten** für Produkt-Dummies und die multifunktionalen Teams,

- **Auswahl** der Teammitglieder in Zusammenarbeit mit der Unternehmensleitung,
- **Designbewertung, Zielfestlegung und Kontrolle.**

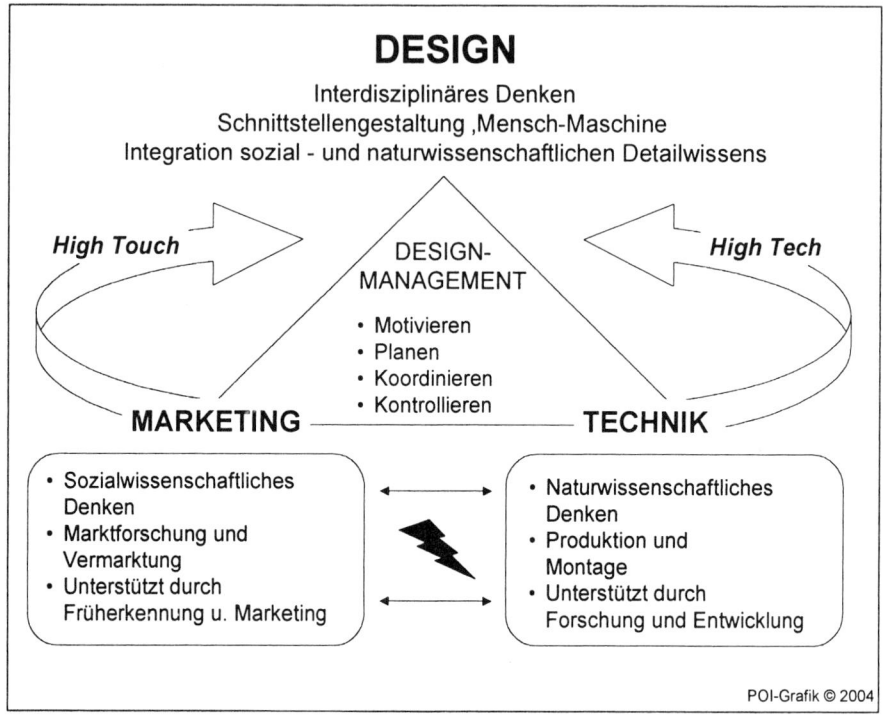

Abbildung 10: Die Mittlerfunktion des Designmanagements

Für die Umsetzung sieht er am besten eine Führungskraft aus dem Marketing/Kommunikationsbereich geeignet. Dem Designmanager dienen dabei Strategien, die im Rahmen des Corporate-Identity-Konzepts entwickelt wurden. Neben dem eigentlichen Produktdesign ist er für die **kommunikative Repräsentation** des Unternehmens und für die **interne Kontrolle des Unternehmensauftritts nach außen und nach innen** verantwortlich. Im Vorfeld einer Produktentwicklung muss sich das Designmanagement einer professionellen Marktforschung öffnen und sich mehr am Kunden orientieren.

Durch **focus groups** oder **User Experience Research** sollen Ziel, Sinn, Zweck und Absichten eines Designprojektes im Rahmen von Gesprächen und Diskussionen herausgefunden werden. Design sollte Berührungsängste zu soziokulturellen Szenen und die Phobie gegenüber technischen Neuerungen reduzieren. Rummel wiederum sieht Design als Mittler zwischen Design, Technik und Marketing (*Wolf* 1994; *Rummel* 1995).

Designmanagement am Beispiel der Firma Schulte Elektronik.
Dabei handelt es sich um die Entwicklung eines Anschlusssystems für elektrische Motoren und Geräte, das alle denkbaren Stecker in möglichst vielen Positionen, sämtliche Kabeleingänge und –ausgänge sowie Schalter oder Befehlsgeräte ohne Zusatzdichtungen für alle Anschlussgeräte spritzwasserdicht integrieren soll. Als erstes wurde eine Analyse der Forderungen an einen adäquaten Bausatz durchgeführt. Danach erfolgte eine Analyse der Norm- und Anschlussmaße von Motoren und Geräten und schließlich die Identifizierung möglicher Anforderungen an einen Trägerkasten zur Aufnahme der geplanten Module (*Wolf* 1994).

Design-Umsetzung in der Firma Schulte Elektronik. Die technische Notwendigkeit bestimmte zunächst die Grundzüge der Gestaltung. Die Gewährleistung der späteren werkzeugtechnischen Großserienfertigung wurde von Anfang an berücksichtigt. Nach langen Diskussionen wurde die Gestalt schließlich anhand der Radien von Deckel und Gehäusekörper festgelegt. Bei der Bestimmung der Radien ließ sich Siegfried Schulte viel von seinem Gefühl leiten – auch bei der Farbgebung. Entgegen der herkömmlichen ‚industriellen' Farben favorisierte er die Variante gelber Deckel mit schwarzem Sockel. Er hatte zuvor einen Test mit verschiedenen Farbvarianten durchführen lassen, bei dem die Kombination schwarz/gelb bei den Frauen deutlich vor den Alternativen grau und schwarz gelegen hatte - ein Ergebnis nach dem er sich intuitiv für diese Farbkombination entschied. Der spätere Zuspruch der Kunden sowie der Designpreis, den das System MODelec® später bekam, bestätigten Schulte in seiner Entscheidung.

Alle Modelle sind an jeder Stelle zu montieren, ohne Schrauben und Dichtungen.

Abbildung 11: Das System MODelec

Unser Zwischenergebnis in Kapitel 1:

Eine fundamental wichtige Erkenntnis für unsere weitere Untersuchung besteht darin, dass in einem bisher wenig design-orientierten Wirtschaftszweig, Gestaltung und Design ihre Berechtigung gefunden haben. **Industriedesign hat sich als wichtiger Bestandteil in der Wertschöpfungskette** erwiesen und sollte in das **Innovationsmanagement** eines Unternehmens integriert werden.

Die **Integration des Designs** dient dem Unternehmen **als notwendiger Wettbewerbsvorteil**, indem sich die Produkte durch die visuelle Umsetzung von der Konkurrenz abheben. Die oftmals komplizierten, nur mit Know-how verständlichen Funktionen können durch das Industriedesign verständlich nach außen transportiert werden. Diese Funktionen helfen dem Benutzer, sich leichter mit dem Produkt zurechtzufinden. Um der **Beziehung Produkt-Mensch** gerecht zu werden, müssen Benutzeroberflächen so übersichtlich gestaltet sein, dass sich der Mensch problemlos mit der Maschine zurechtfindet. Schließlich stellen die Produkte oft Arbeitsplätze dar, an denen man viele Stunden verbringt. Der Designer sollte bei der Umsetzung die ihm zur Verfügung stehenden zahlreichen Gestaltungsmittel wie oben beschrieben gezielt einsetzen.

Die Technologie behält jedoch nach wie vor ihren hohen Stellenwert. Design kommt hier unterstützend dazu, indem es die feinen Konstruktionen und Funktionen visuell kommuniziert und die komplizierte Technologie erklärt. Deshalb sollte der Hersteller Design in alle Phasen der Produktentwicklung miteinbeziehen.

Wie wir aus eigener individueller Erfahrung wissen, spielt Produktdesign eine herausragende Bedeutung für die Kaufentscheidung. Bislang hat man diese Einschätzung meist nur für die Konsumgüter gelten lassen. Heute wissen wir, dass gestalterische Aspekte sich durch das ganze Unternehmen ziehen und wesentlichen Einfluss auf den Erfolg eines Unternehmens haben. Es beginnt mit der Gestaltung von Logos, Verpackung, Briefpapier und erstreckt sich bis hin zu den Unternehmensfahrzeugen oder Gebäuden. Aber das Allerwichtigste ist eine dem Auge schmeichelnde Gestaltung der Produkte als wohltuende Abhebung von der Masse. Heute brauchen Unternehmen ihre Maschinen oder Anlagen nicht mehr durch einen grün/grauen Anstrich in den Hintergrund treten lassen, heute können B2B-Hersteller stolz ihre Produkte im kreativ ansprechenden Design präsentieren. Es ist sogar umgekehrt: Design avanciert zum Wettbewerbsfaktor gegenüber den Billigherstellern aus den Niedriglohnländern. Industriedesign kombiniert mit einer einheitlich gestalteten Corporate Identity als ganz wesentlicher Erfolgsfaktor einer modernen B2B-Organisation unterstützt die Markenstärkung und Markenorientierung. In Abwandlung des berühmten Zitats von Kotler formulieren wir heute: Clevere Unternehmen designen Produkte und gestalten ihr Unternehmen, mit dem sie ihr Versprechen zur Kundenorientierung unterstreichen. Damit erleichtern sie kontinuierlich ihren Kunden das Leben und steigern die Kundenbindung (*Kotler et al.* 2002).

2. Strategische Parameter der Markenaufladung im B2B-Sektor

Nachdem in Kapitel 1 vorbereitend für das **strategische Markenmanagement** das Bezugsobjekt anhand der Besonderheiten des B2B-Sektors charakterisiert wurde, klang bereits die Bedeutung einer Markierung durch Designmanagement an.

In diesem Kapitel stehen die **strategischen Parameter der Markenaufladung** im Vordergrund, die im nachfolgenden Kapitel 3 den operativen Instrumenten der Markenkommunikation gegenübergestellt werden. Im zweiten Teil konzentrieren wir uns auf Anwendungsfälle aus der Branchen- und Unternehmenspraxis.

2.1 Von den historischen Wurzeln bis zum modernen Marken-Verständnis

Die Betriebswirtschaft beschäftigt sich seit den 80er Jahren mit Industriemarken. Als ein wesentlicher Unterschied zwischen B2B- und Konsumgütermarketing wird häufig die Abwesenheit von Marken im B2B-Sektor angesehen. Die Realität sieht jedoch anders aus. Seit weit über 100 Jahren werden Markennamen eingesetzt:

- 1847 Siemens,
- 1886 Bosch,
- 1890 Emerson Electric und
- 1892 General Electric

Bereits 1993 konnte im Rahmen einer empirischen Untersuchung festgestellt werden, dass die Etablierung und Pflege von **Dachmarken** einerseits und **Firmenmarken** andererseits in Industrieunternehmen von Bedeutung sind (*Droege/Backhaus/Weiber* 1993). Allerdings ist die Markenvielfalt im Konsumgüterbereich wesentlich ausgeprägter, da mehrere Einzelmarken oder gar produktspezifische Einzelmarken lediglich in der chemischen Industrie eine besondere Bedeutung haben. Während der Konsumgüterbereich ohne Branding kaum vorstellbar ist, entdecken die Industrieunternehmen im B2B-Bereich das **Potenzial der Unternehmensmarke (Corporate Brands)** eher zögerlich. Dies ist meist auf die **einseitig technikgeprägte Unternehmenskultur** zurückzuführen.

> Im B2B-Bereich sind sich die meisten Unternehmen der Bedeutung der Marken implizit bewusst und erahnen deren ökonomischen Erfolg, doch spielt **strategisches Markenmanagement zur Aufladung und operativen Markenkommunikation in vielen B2B-Bereichen bei weitem noch nicht die Rolle, die ihr gebührt.**

Anbieter von Industriegütern, die traditionell sehr stark technologieorientiert sind, haben erkannt, dass sich technisch herausragende Produkte nicht von selbst verkaufen und am Markt durchsetzen. Das in technischer Hinsicht bessere Produkt ist am Markt nicht automatisch erfolgreicher. IBM liefert viele Beispiele dafür, dass sich auch Produkte ohne eindeutigen technologischen Produktvorteil am Markt durchsetzen konnten. IBM hat es geschafft, außerhalb der technischen Leistungsmerkmale Nutzenpotenziale zu vermitteln.

Daraus wird deutlich, **dass auch technologieorientierte Unternehmen lernen müssen, konsequent in Kundennutzenkategorien zu denken.** Das gilt besonders dann, wenn schnelle und diskontinuierliche Marktveränderungen, wie sie auf zunehmend globalisierten Industriegütermärkten typisch sind, eine permanente Neuorientierung notwendig machen.

> Unter diesen Bedingungen ist **technische Überlegenheit allein kein ausschlaggebender Markterfolgsfaktor.**

Zahlreiche Studien und praktische Erfahrungen der letzten Jahre zeigen, dass es für den deutschen B2B-Sektor zunehmend schwieriger wird, sich auf den globalen Märkten langfristig Wettbewerbsvorteile zu sichern. Gerade die bis heute noch dominante Strategie, sich über bessere Technologien und höhere Produktqualität positiv von den Wettbewerbern in Asien, Amerika, aber auch Europa zu differenzieren, zeigt immer weniger Erfolg. Viele Unternehmen versuchen daher, ihren Kunden einen **Zusatznutzen in Form von produktbegleitenden Dienstleistungen** zu bieten, und sich mit diesem Instrument vom Wettbewerb abzuheben. Natürlich bleibt es unumstritten, dass innovative Produkte – angereichert um nützliche, produktbegleitende Dienstleistungen – für das Überleben von Maschinenbau-Unternehmen unentbehrlich sind. Es ist jedoch fraglich, ob sich ein Anbieter hierdurch deutlich und dauerhaft von seinen Wettbewerbern abgrenzen kann, insbesondere dann, wenn alle Wettbewerber dieselben Leistungen anbieten. Simon-Kucher & Partners stellen in einem Interview der VDMA-Nachrichten Folgendes fest (*Backhaus et al.* 1992, S. 18ff.):

> „Die deutschen Maschinen – und Anlagenbauer müssen sich zu Markenartikelherstellern entwickeln, um der Vergleichbarkeit zu entrinnen."

Eine an der Universität Mannheim durchgeführte Studie, bei der ca. 160 Vorstände, Geschäftsführer und Vertriebs-/Marketingleiter von VDMA-Mitgliedsunternehmen befragt wurden, zeigte, dass zurzeit nur 4% der befragten Unternehmen einen eigenen Wettbewerbsvorteil im Bereich der Marke sehen, obwohl 15% schwerpunktmäßig eine auf die Marke ausgerichtete Unternehmensstrategie verfolgen. Systematische Markenpolitik für Werkzeugmaschinen, Anlagen etc. ist bisher eher unüblich. Vielmehr steht allenfalls der Firmenname im Vordergrund. Doch gerade eine effizient und effektiv geführte Marke unterscheidet ein Unternehmen bzw. ein Produkt vom Wettbewerb und kann auf diesem Wege einen **Premiumpreisanspruch** ermöglichen, da die Bereitschaft der Kunden, höhere Preise zu bezahlen sich nachhaltig steigern lässt. Vermutlich auch deshalb messen die erfolgreichen VDMA-Mitgliedsunternehmen dem Branding eine signifikant höhere Bedeutung zu als die weniger erfolgreichen Unternehmen.

Die Beschaffung von Investitionsgütern sei ein rationaler Vorgang, bei dem ausschließlich die Technik, Leistung und Preis genau analysiert und bewertet werden. Diese durchaus noch **weit verbreitete Auffassung eines komplett rationalen Investitionsvorgangs ist längst überholt und damit falsch**. Erhebliches Differenzierungspotenzial wird verschenkt. Die Beschaffung von Investitionsgütern ist oft emotionaler als es den Maschinenbauern lieb ist.

Bei dem großen, unüberschaubaren Angebot und der hohen technischen Komplexität der Produkte und Leistungen ist es für den Käufer oft schwer oder sogar unmöglich, eine objektive Vergleichbarkeit herzustellen.

Und genau hier setzt die Marke auch bei Investitionsgütern an. Wie bei den Konsumgütern **schafft** sie **Vertrauen** und **mindert das Kaufrisiko** des Kunden. Die Bereitschaft, für diese Sicherheit etwas zu bezahlen, ist grundsätzlich bei jedem Kunden vorhanden – sie muss aber entsprechend geweckt werden, um so höhere Deckungsbeiträge zu erzielen. Und bei gegebener Vergleichbarkeit des Angebots wird immer der stärkeren Marke der Vortritt gegeben.

Starke Marken sind nicht nur

- gegenüber Kunden von hohem Wert,
- sondern auch gegenüber Kapitalgebern,
- Mitarbeitern und der
- Öffentlichkeit.

Beim Rating der Banken zur Kreditvergabe, **bei der Rekrutierung** qualifizierter Mitarbeiter und **bei der Beschaffung** gewinnt die Marke und das damit verbundene Firmenimage zunehmend an Bedeutung (*Schmid/Kuhnle* 2005).

> Der **Aufbau und die Pflege einer Marke** sind aufwendig, benötigen Zeit und viel Geld. Es ist eine **langfristige Investition**, die, wenn sie sich lohnen soll, gut geplant, auf die Bedürfnisse des Unternehmens zugeschnitten sein und langfristig verfolgt werden muss.

In den folgenden Abschnitten wird beispielhaft aufgezeigt, wie mit einer systematischen, konsequenten Markenpolitik auch für Maschinenbaugüter ein beachtliches Differenzierungspotenzial nachhaltig genutzt werden kann.

Aaker unterscheidet Marken anhand von vier Dimensionen (*Aaker* 1992): Die Marke

- als Produkt,
- als Person,

- als Organisation und
- als Symbol.

Dieser ganzheitliche Ansatz berücksichtigt die nicht mehr aufzuhaltende Entwicklung, sich nicht mehr allzu technokratisch und eng auf einzelne Produkteigenschaften und deren isolierte Wirkung zu konzentrieren (*Domizlaff* 1939), sondern verstärkt um Wertesysteme, denn der Kunde achtet bei der Markenselektion immer stärker darauf, ob ein Produkt zu seinem Lebensstil oder seiner Nutzungssituation passt oder gar ein Erlebnis darstellt. Während die enge und statische Sichtweise von Domizlaff die Existenz einer Marke von der Erfüllung klar definierter, konstitutiver Anforderungen (*Mellerowicz* 1963) abhängig machte (beispielsweise Fertigwaren, Ubiquität, konstante Aufmachung und Absatzmenge), erscheint dieser Ansatz u. a. aufgrund der in Kapitel 1 dargestellten B2B-Marktentwicklungen und -herausforderungen nicht mehr angemessen. Beispielsweise gilt die Einschränkung auf Fertigwaren seit der Etablierung von Dienstleistungsmarken (beispielsweise Avis, Lufthansa) und dem zumindest im Konsumgüterbereich immer stärker verbreiteten **Ingredient Branding** (beispielsweise Goretex, Teflon, Intel Inside) als längst überholt.

Nachfolgender Rückblick zum Markenwesen basiert u. a. auf der Erkenntnis von Schirm, nach der die Menschen gegenüber Marken eine Art Abhängigkeitsverhältnis entwickelt haben und es sich hierbei um eine **uralte Orientierungshilfe des Menschen** handelt, sich im Wissensdschungel nicht zu verirren. Schirm war (er starb 1997) beratender Anthropologe und arbeitete u. a. auf dem Gebiet der Hirnforschung. Er hat beispielsweise im Wege der Bio-Struktur-Analyse wertvolle Einblicke in die Funktionsweise des Gehirns gegeben und das daraus resultierende menschliche Verhalten insbesondere im Hinblick auf Informationen untersucht. Folgt man Stüdemann so wären **Markenrechte** der Kategorie der eigenständig-immateriellen Wirtschaftsgüter zuzuordnen (*Stüdemann* 1985). Sie stehen neben den Dienstleistungen und den Nutzungsleistungen (infolge von Nutzungsüberlassung) für die ökonomische Potenz der Unternehmung. Dazu gehören u. a. Firmenwert, Kundenstamm, Konzessionen, Patente und Urheberrechte. Es ist daher nur konsequent, wenn Markenrechte in diesem Sinne gemäß §266 (2) A.I.1 HGB zu den Gegenständen des Anlagevermögens gezählt werden. Dies legt aber die Überlegung einer **Aktivierung der Marke als Vermögenswert** nahe.

Hier steht allerdings gem. §248 (2) HGB ein Aktivierungsverbot für unentgeltlich erworbene immaterielle Gegenstände des Anlagevermögens im Wege. Für entgeltlich erworbene Markenrechte besteht Aktivierungspflicht. Im Falle von Produktmarken bedeutet dies, dass aufgrund fehlender Vermögensübertragung die zweifellos getätigten und auch zurechenbaren Aufwendungen nicht aktiviert werden dürfen. Auf die außerdem rechtlich relevanten Änderungen im Zuge der EU-weiten Neuregelungen kann in diesem Rahmen nur auf das seit 1995 geltende neue Markengesetz hingewiesen werden (*Grabrucker* 2001).

Die **historischen Wurzeln des Markenartikels** und damit die Entwicklung des Markenartikels bzw. der Marke mit seiner wesensnotwendigen Markierung spiegelt ein Stück Wirtschaftsgeschichte wieder. Bereits bei minoischen Siegeln traten Markierungen auf: Nach dem kretischen Sagenkönig Minos, die Kultur Kretas von etwa 3000 bis 1200 v. Chr. betreffend. Weitere Markierungen existierten auf ägyptischen, griechischen und römischen Tonkrügen (so genannte Amphoren).

MARKENTECHNIK NACH DOMIZLAFF

Hans Domizlaff gilt als einer der Väter der professionellen Markenpolitik und brachte bereits 1921 die sog. Markentechnik in Umlauf. Darunter versteht er die Kunst der Schaffung und Handhabung geistiger Waffen im Geltungskampf ehrlicher Leistungen und neuer Ideen zur Gewinnung des Vertrauens in der Öffentlichkeit. Das Ziel der Markentechnik ist die Sicherung einer Monopolstellung in der Psyche der Verbraucher. Man sagt zwar, dass der Markentechniker eine Marke schafft, aber das ist nur eine sprachliche Vereinfachung. Der Markentechniker liefert gewissermaßen nur eine Materialkomposition, die besonders geeignet und verführerisch ist, um von der Masse aufgenommen und zu einer lebendigen Marke auferweckt zu werden. Obwohl die Tätigkeit des Markentechnikers auf seinem schöpferischen Gestaltungsvermögen beruht, unterscheidet er sich doch durch seinen Daseinszweck deutlich von dem technischen Erfinder oder dem unabhängigen Künstler. Der Markentechniker kann den Antrieb zur Anwendung seiner Fähigkeiten nicht in erster Linie auf das Vergnügen an Schöpfungen um ihrer selbst willen zurückführen. Er ist vielmehr beruflich dazu verpflichtet, das nüchterne Ziel des Unternehmenserfolges im Auge zu behalten.

Das **Mittelalter** war durch eine strenge Marktpolizei, eine Marktordnung und vielerlei Regeln zum Güteraustausch und zur Behebung von Leistungsstörungen gekennzeichnet. Dies lag an der großen Bedeutung, die den „Haus-, Meister-, Zunft- und Städtemarken sowie Güte- und Garantiestempeln" zukamen (*Dichtl* 1992). Die wesentliche Kontrolle der Einhaltung über eine möglichst hohe und einheitliche Warenqualität übernahmen die Zünfte. Ein Bäcker beispielsweise, der zu leichte Brote verkaufte, wurde im Beisein von Schaulustigen in einen speziellen Käfig gesperrt und mehrmals in einen Fluss oder Tümpel getaucht.

Handwerker mussten ihre Waren mit eigens entworfenen Zeichen kennzeichnen und diese in die Zunftrolle eintragen lassen. Somit war ein Durchgriff auf den Hersteller möglich und der Erwerber konnte Waren mit Herkunftssiegeln ohne Risiko vertrauen (*Linxweiler* 1999). Hersteller und Händler unternahmen ihrerseits alles, um ihren guten Ruf zu sichern. So erlangten der Dreizack der **Fugger**, das Pentagramm der **Welser** und – später – die Herstellermarken berühmter Manufakturen, wie die **Meißener Schwerter**, Weltgeltung. Damit entwickelte und verfestigte sich bei Anbietern wie Nachfragern ein ausgeprägtes **Markenbewusstsein**.

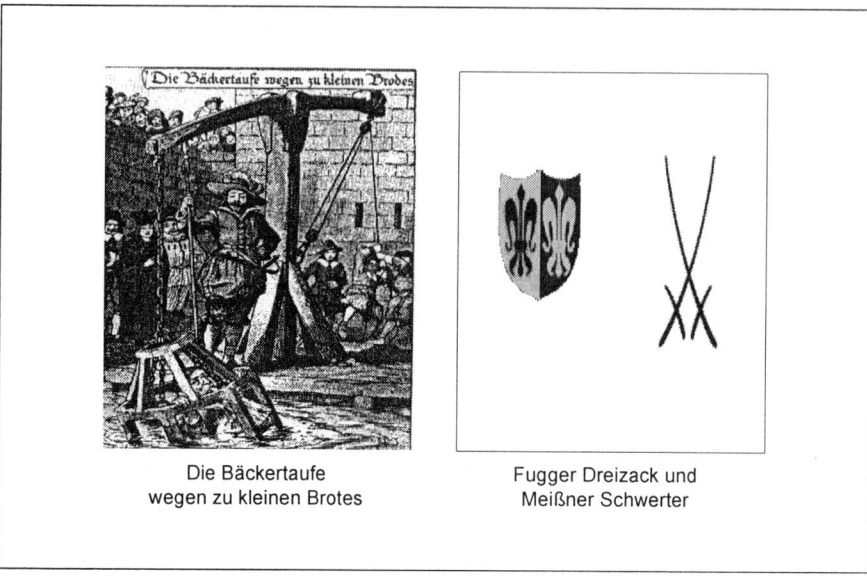

Abbildung 12: Historische Wurzeln des Markenartikels

Ein entscheidender Einschnitt in das Markenwesen ereignete sich mit dem **Beginn des Industriezeitalters** Mitte des 19. Jahrhunderts. Durch die **Gewerbefreiheit** und der zunehmenden **Entmachtung des Handwerks und der Zünfte** veränderte sich das Marktgeschehen und die Bedeutung der Markierung.

Abbildung 13: Entwicklungsetappen zum modernen Markenverständnis

Um eigene Produkte der für Massenerzeugnisse charakteristischen Uniformität und Anonymität zu entziehen und den Bedarfsträgern ein spezifisches Nutzenbündel in einer jederzeit identifizierbaren bzw. wiedererkennbaren Form anzubieten, wurde etwa zu **Beginn des 20. Jahrhunderts** der **Markenartikel**, wie er sich uns heute präsentiert, **geboren**.

> **MARKENORIENTIERUNG ALS ÜBERLEBENSINSTRUMENT**
> **Der lange Weg zum Markenzeichen**
>
> Die neuere Forschung zeigt, dass Leben nicht nur auf der Erfüllung biochemischer Voraussetzungen beruht, sondern auch von der Fähigkeit zur Verarbeitung von Informationen abhängt und dies nicht erst seit heute, sondern bereits seit frühesten Evolutionsstufen. Es ist die Einsicht der Evolutionsbiologen, dass Leben nur in einer verlässlichen Welt möglich ist, also in einer Welt mit verlässlichen Signalmustern. Die Genese zum modernen Markenzeichen als Orientierungssignal soll kurz nachgezeichnet werden:
>
> **Natürliche Markenzeichen** in Fauna und Flora signalisieren beispielsweise bestimmten Vogelarten, dass Sonnenblumen (braune Scheibe mit goldenem Blätterkranz) bekömmliche Nahrung bieten. Umgekehrt sind Sonnenblumen darauf angewiesen, dass Insekten, nachdem sie das 'Werbegeschenk' Nektar auf der Sonnenblume aufgenommen haben, solche Nektarspender an anderen Orten leicht wieder erkennen, um so die Befruchtung der eigenen Art zu sichern. Selbst der frühe Mensch als Jäger und Sammler war bei seiner Nahrungssuche auf solche natürlichen Markenzeichen stets angewiesen und dies ging in der Menschheitsgeschichte nie verloren. Allerdings ist diese Markenkenntnis im Zuge der Zivilisation an Spezialisten delegiert worden.
>
> **Persönliche Markenzeichen** entstehen, wenn beispielsweise der Bäcker, Schreiner, Arzt und Wissenschaftler mit seinem guten Namen für die Markenqualität seiner Arbeit bürgt, d. h. das dem Menschen innewohnende Verlässlichkeitsstreben gründet auf dieser Evolutionsstufe nicht mehr auf Vertrauen in die eigene richtige Interpretation der Natursignale, sondern basiert auf der richtigen Interpretation durch Fachleute. Im Wege der Industrialisierung löste sich dieser persönliche Bezug immer mehr auf.
>
> **Künstliche Markenzeichen** waren die logische Konsequenz aus der zunehmenden Anonymität der Herstellungs- und Verteilungsprozesse. In dieser Unsicherheit suchten die Menschen nach zuverlässigen Signalen der nun viel weniger transparenten Qualität. Sie fanden sie in Namen, Verpackungen, Farb- und Symbolkombinationen. Geblieben ist der Wunsch des Menschen nach Verlässlichkeit, geändert hat sich aber die Welt um ihn herum. Der *information overkill* in der Wissensgesellschaft macht wieder neue Signale notwendig.

Der Aspekt des E-Branding ist nur eine logische Konsequenz der weiteren Entwicklung und wird an späterer Stelle noch einmal genauer untersucht:

> ### E-Branding im digitalen Zeitalter
>
> **Dynamisch-Interaktive Markenzeichen** entsprechen in gewisser Weise einer Art Januskopf. Auf der einen Seite (Anbieter) existieren im Zeitalter moderner interaktiver I&K-Technologien immer vielfältigere Vermarktungsmöglichkeiten: Das längst etablierte Data-Base-und CAS-Marketing (Computer Aided Selling) fand seine logische Fortsetzung und Weiterentwicklung im Online-, Multimedia-, Electronic- und Internet-Marketing. Es ist allerdings anzumerken, dass die neuen Medien per se eine Marke darstellen und es erfordert schon ein gutes Stück Sensibilität, produktadäquate Medien auszuwählen.
>
> Auf der anderen Seite (Nachfrager) stellen die Vermarktungspotenziale des Anbieters den Nachfrager in ein neues Licht. Noch in den 80er Jahren assoziierte der Kunde mit Markenprodukten nicht selten ostentativen Luxus, heute dagegen ist dieser Aspekt zugunsten anderer Faktoren stark in den Hintergrund getreten: Erlebnis-, und Servicecharakter, Kundennutzen, Preiswürdigkeit bzw. –adäquanz, Qualität u. a. dominieren heute gleichermaßen, denn der Kunde ist nicht nur anspruchsvoller, sondern auch aufgeklärter als früher. Er weiß viel besser als früher, was er will und er kann sich viel besser informieren: Er erwartet Produkte mit „embedded intelligence". Die neuen I&K-Technologien und deren Ausgestaltung im Lichte der Wissensmanagement-Maxime ermöglichen den längst proklamierten, aber nur selten eingelösten Anspruch des Individual-Marketing, der im B2B-Sektor längst selbstverständlich ist.

Mit dem kurzen Rückblick soll noch einmal das dringend erforderliche neue Markenwerttreiber-Verständnis zum Ausdruck gebracht werden (*Götz/Schmid* 2004). Neben der Eigenständigkeit dieser vierten Evolutionsstufe erkennt man unschwer die Nähe zum Wissensmanagement-Ansatz: Markenmanagement als Antwort auf den *information overkill* bzw. *information overload*.

Noch bemerkenswerter allerdings erscheint die Tatsache, dass der hier im Vordergrund stehende Markenwert im Zeitablauf keineswegs konstant sein muss. Mit anderen Worten: Es lassen sich gerade im Sinne einer wertorientierten Unternehmensführung (*shareholder value*) Argumente ins Feld führen, nach denen man die Aktionäre im Jahresbericht über den Markenwert informieren sollte (*Schmid/Kuhnle* 2005):

Tatsächlich weisen einige britische Unternehmen den **Markenwert in der Bilanz** aus (*Schmid* 2004a). So führte zum Beispiel Ranks Hovis McDougall den Bilanzwert seiner sechzig Marken mit umgerechnet 1 Milliarde Euro an. Zum einen können solche immateriellen Aktiva den Wert der materiellen bei weitem übersteigen, d. h. anhand einer gewissenhaften Auflistung aller Posten kann die Einschätzung eines Unternehmens durch die Aktionäre nachhaltig beeinflusst werden. Zum anderen können die offiziellen Angaben über den Markenwert den Blick auf immaterielle Güter lenken und so die Rentabilität von Maßnahmen zur Marktentwicklung unterstreichen. Ohne solche Informationen müssen sich die Aktionäre eben auf kurzfristige Dividenden verlassen.

2.2 Was ist eine Marke?

Um kaum einen Begriff in der modernen Betriebswirtschaft gibt es eine solch »babylonische Sprachverwirrung« wie um den der Marke (*Herrmann* 1999, S. 35). Brandmeyer formuliert es so:

> „Marke ist der Wirtschaftspolis bester Teil. Sie ordnet die Beliebigkeit der Produkte zum Markt und die Ratlosigkeit der Konsumenten zu Kundschaften." (*Brandmeyer et al.* 1995, S. 5)

> **Sprachwissenschaftlich** wird das **Wort Marke** meist auf das mittelhochdeutsche »marc« (Grenze, Grenzlinie) den französischen Begriff »marquer« (markieren, kenntlich machen), sowie den englischen Begriff »mark« (Marke, Merkmal, Zeichen) zurückgeführt (*Linxweiler* 1999, S. 51).

Im Überblick sehen weitere **Markendefinitionen im Lichte unterschiedlicher Disziplinen** wie folgt aus:

- Juristisch: Marke **als geschütztes Rechtsgut**.
- Merkmalsbezogen: Marke **als Träger bestimmter Eigenschaften** (Ubiquität, Qualität, hohe Verkehrsgeltung etc.).
- Teleologisch: Marke **als Mittel der Orientierung/Profilierung** etc.
- Semiotisch: Marke **als Zeichen**.
- Kognitionspsychologisch: Marke **als kognitive Repräsentation, Image**.
- Kommunikationspsychologisch: Marke **als Medium und Botschaft**.
- Soziologisch: Marke **als sozialer Wille, Fetisch und ordnende Kraft**.
- Sonstige: **Systematisch, kulturanthropologisch, psychoanalytisch**.

Nachfolgend werden diese Sichtweisen genauer beleuchtet:

Rechtliche Markendefinition:

Die Marke stellt juristisch gesehen ein **Rechtsgut** dar, das durch Gesetze und Verordnungen geschützt ist. Das bundesdeutsche Recht unterscheidet dabei zum einen das geschützte »Zeichen« und die »Markenware« oder den »Markenartikel«. Das **Zeichen** soll helfen, eine Ware oder Dienstleistung **von anderen Unternehmensleistungen zu unterscheiden**. Den Schutz erhält es durch die Eintragung in das **Markenregister beim Patentamt oder durch eine **hinreichende Nutzung des Zeichens im geschäftlichen Verkehr** (§§ 3 und 4 **Markengesetz**). Unter Markenware oder Markenartikel werden Erzeugnisse verstanden, die mit einem **kennzeichnenden Merkmal** versehen und mit einer entsprechenden Güte am Markt abgesetzt werden (§ 38a Abs. 2 GWB). Schutzrechte können auf Zeichen wie **Zahlen, Farben, Verpackungen, Bilder oder Hörzeichen (Jingles)** übertragen werden. Marken sind damit handelbar, und die Schutzfähigkeit einer Marke bedarf nicht des Vorliegens eines eigenen Geschäftsbetriebes. Marken sind somit – unabhängig von den unter ihnen geführten Produkten – selbstständige Wirtschaftsgüter. Ein Ausblick über den Stellenwert der Marke in der Zukunft kann man erreichen, wenn man die **Bilanzierbarkeit** in verschiedenen Ländern betrachtet. In Deutschland können unentgeltlich erworbene Marken nicht aktiviert werden. In Großbritannien und Australien ist dies bereits unter bestimmten Bedingungen möglich! (*Herrmann* 1999, S. 35ff.)

Merkmalsbezogene Markendefinition:

Dies ist in der Betriebswirtschaftlehre die nach wie vor am meisten verbreitete Definition.

Es werden Waren und Dienstleistungen als Marken bezeichnet, die sich durch **bestimmte Kernmerkmale** von Nichtmarken unterscheiden.

Neben der Eintragung ins **Markenregister** zählen dazu vor allem der **Herkunftsnachweis**, die **Qualitätsgarantie**, die besondere **Verkehrsgeltung**, ein hinreichend großer Verbreitungsgrad (**Ubiquität**) und ein entsprechend ausgeprägtes **Image** (*Meffert* 1998, S. 784).

Teleologisch Markendefinition:

Nach der merkmalsbezogenen Definition ist dies die am weitesten verbreitete Definition der Marke. Diese **zweckbezogene Definition** versucht über die **ökonomische Wirkung** und Funktion dem Markenphänomen nahe zu kommen. Marken werden dabei als zentrale marktfokussierte Orientierungsgröße, als Instrument zur **Produktprofilierung** und **Absatzsteigerung**, als **präferenz**strategischer Schlüsselfaktor, als **Innovationsstütze**, als Standardisierungsgröße im Marketing und als stabilisierender Faktor im Verhältnis von Hersteller und Händler bezeichnet. Hierunter fallen auch Ansätze, die Marken über ihren **Nutzen- bzw. Informationsfunktion** hinaus definieren.

Wenn man bei einem Produkt von der ursprünglichen Trennung eines Grund- und Zusatznutzens ausgeht, kann heute nicht mehr klar entschieden werden, welches von beiden Elementen die Marke einnimmt. Viele Produkte werden wegen der Marke zum ersten Mal gekauft, **somit wurde aus dem ursprünglichen Zusatznutzen der Grundnutzen**. Aus informationsökonomischer Sicht besteht die wesentliche Funktion einer Marke darin, **bestimmte Eigenschaften** der unter ihr geführten Produkte und Dienstleistungen besonders **hervorzuheben**.

Die Marke steigert auf einem informationsbedingten unvollkommenen Markt somit die **Markttransparenz**, fördert das Transaktionsgeschehen und hilft Informationskosten zu senken (*Herrmann* 1999, S. 38ff.).

Semiotische Markendefinition:

Bei dieser Definition geht man davon aus, dass sich markierte Produkte durch die **Art ihres Auftretens (äußere Gestalt, Innenleben, Name, Markenzeichen etc.)** vor allem aber durch die **Bedeutungsmuster**, die sie transportieren, im Markt abheben.

Markenbildung impliziert somit aus semiotischer Perspektive immer zwei Schritte (*Herrmann* 1999, S. 39):

- Die **Markierung einer Leistung** i. e. S. (durch das Markenzeichen, die Verpackung, das Design etc.) und

- die **Ausstattung** der markierten Leistung mit Bedeutung.

Marken sind wie andere Zeichenträger danach auch primär ‚things, which stand for other things' (*Berger* 1984).

Kognitionspsychologische Markendefinition:

Ebenso wie nach dem semiotischen Verständnis sind die Marken Träger bestimmter Eigenschaften bzw. Bedeutungen. Diese werden aber nicht in der realen Welt, sondern **im Kopf des Verbrauchers** platziert. Marken werden **als produktspezifische »innere Abbilder«** bzw. **»Images«** verstanden, die das Verhalten des Konsumenten steuern.

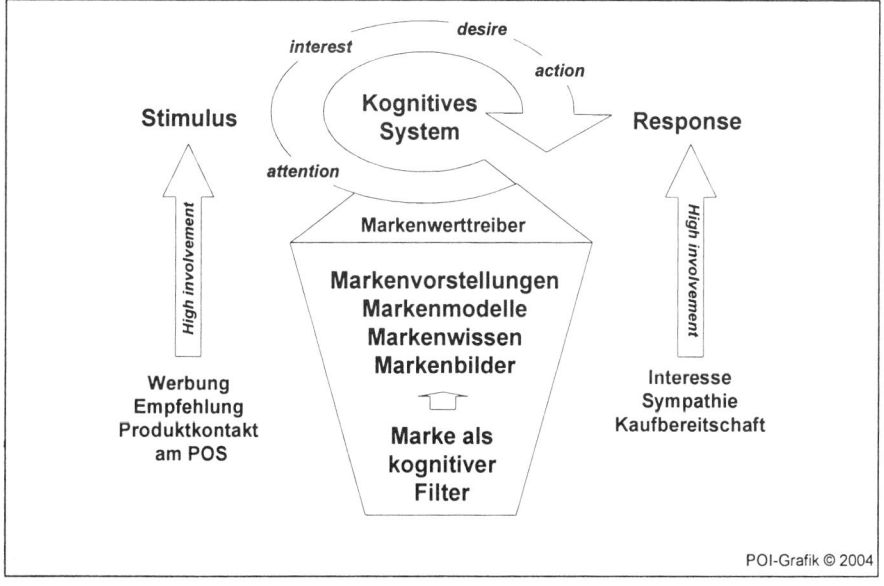

Abbildung 14: Kognitionspsychologische Markendefinition

Auch die Ansätze, die Marken über ihre **Involvementwirkung** beschreiben, sind hierunter zu verstehen. Die Marke wird hierbei als **kognitiver Filter** betrachtet, der auf gespeichertem Marktwissen beruht und intervenierend beim Kaufverhalten zwischen Reiz und Reaktion tritt.

B2B-Güter sind aufgrund ihrer Komplexität und Wertigkeit in den allermeisten Fällen High-Involvement-Leistungsbündel.

Kommunikationswissenschaftliche Markendefinition:

Die Marke ist also nicht alleine von den Aktivitäten des Herstellers abhängig, sondern erzielt ihren Mehrwert auch aus der Verwendung und Anerkennung durch den Kunden.

„Die Inputseite der Marke ist unbestreitbar hauptsächlich Kommunikation." (*Trommsdorff* 1997, S. 1)

Dies darf man nicht alleine auf die Werbung für die Marke beschränken. Das Produkt an sich und auch die Art seiner Verwendung kommunizieren ebenso eine Aussage.

„We are what we wear, what we eat, what we drive. Each of us (...) is a walking compendium of brands. You choose each of those brands among many options – because they are more like you ... ." (*Perry* 1994, S. 4)

Nicht allein die Hersteller nutzen diesen Aspekt, sondern immer mehr auch die Verwender, durch die gezielte Auswahl und das bewusste Einsetzen der Marke als ein Stück Selbstdefinition und soziale Abgrenzung.

Kultursoziologische Markendefinition:

Marken transportieren auch immer eine **kulturelle Botschaft** und besitzen eine soziale Dimension. Sie produzieren eine „soziale Stabilität" und „formen große Menschenmengen organisch zu Kundschaft" (*Herrmann* 1999, S. 42). Besonders in der heutigen Zeit ist dies feststellbar. „Marken werden hier als »Kulte der modernen Zivilisation« (*Horx u. Wippermann* 1995, S. 10), als »**Totem**« und als »**Massen-Fetisch**« bezeichnet" (*Herrmann* 1999, S. 43).

Heute liegt die nachhaltigste Marketingleistung eines Unternehmens darin, Marken einzuführen und zu erhalten. Sie sollen das Bestehen der Unternehmung am relevanten Markt ausbauen und sichern. Markenmacher bedienen sich dabei der Konzepte zur **Markenstrategie** und **Markentechnik**.

Geläufige Begriffe in diesem Zusammenhang sind:

- **Marke:** Ein Name, Begriff, Zeichen, Symbol, eine Gestaltungsform oder eine Kombination aus diesen Bestandteilen zum Zwecke der Kennzeichnung der Produkte oder Dienstleistungen eines Anbieters oder einer Anbietergruppe und der Differenzierung gegenüber Konkurrenzangeboten.

- **Markenname:** Der verbal reproduzierbare und »artikulierbare« Teil der Marke. Beispiel: Opel, Persil, Maggi, Mövenpick und Gardena.
- **Markenzeichen:** Der erkennbare, jedoch nicht reproduzierbare Teil der Marke, z. B. ein Symbol, eine Gestaltungsform, eine charakteristische Farbgebung oder Schrift. Beispiele: Adidas-Streifen, der Mercedes-Stern und die lila Milka-Kuh.
- **Warenzeichen:** Eine Marke oder ein Markenbestandteil, die bzw. der rechtlich geschützt ist und dem Anbieter die ausschließliche Nutzung des Namens oder Zeichens sichert.
- **Urheberrecht (Copyright):** Das ausschließliche gesetzliche Recht der Reproduktion, Veröffentlichung und Veräußerung des Gegenstandes in der Form eines literarischen, musikalischen oder sonstigen künstlerischen Werks (*Kotler/Bliemel* 2001).

Der Mehrwert der Marke ist der zentrale Aspekt für den Anbieter wie auch für den Nachfrager - er entscheidet daher über deren Existenz.

Da es sich bei dem Aufbau einer Marke nicht um eine Ad-hoc-Aktion handelt, kann die Marke auch als „Mehrwert von Marketing-Aktivitäten im Zeitablauf" definiert werden (*Backhaus* 203, S. 406ff.):

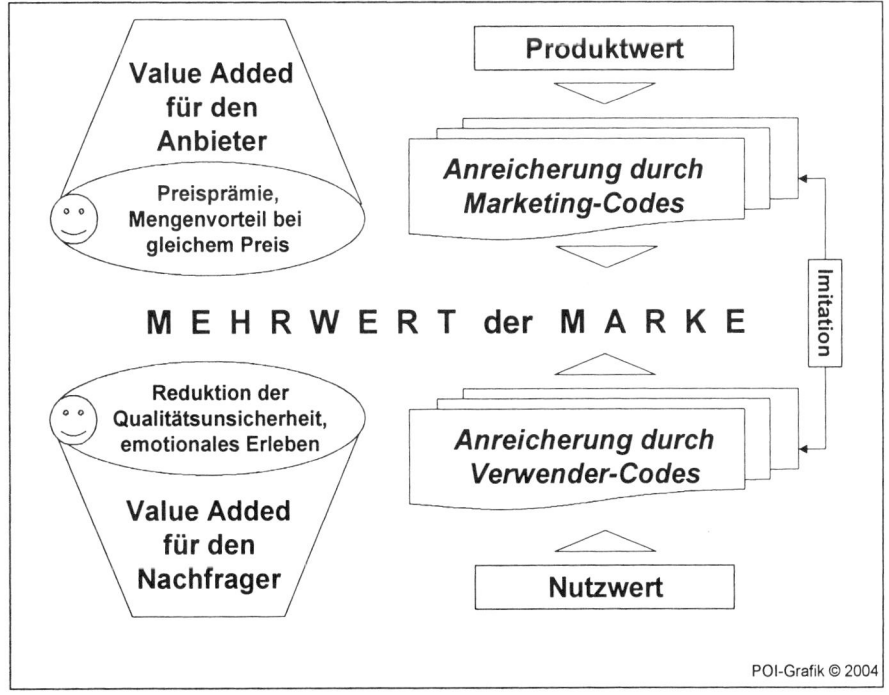

Abbildung 15: Markenwerttreiber durch Codierung

Für den Nachfrager gibt es zwei wesentliche Aspekte, die den **Mehrwert einer Marke** kennzeichnen:

- Reduktion der Qualitätsunsicherheit und

- emotionales Erleben.

Unter der Reduktion der Qualitätsunsicherheit versteht man eine höhere Glaubwürdigkeit der Marke als der einer Nicht-Marke. Somit kann die Marke auch als Informationsträger gesehen werden. Anhand der Unterscheidung der Güter in verschiedene Qualitätseigenschaften stellt sich die Bedeutung der Marke wie folgt dar (*Meffert/Bruhn* 2003; *Meffert* 2001):

- **Search Qualities:** Hier hat der Kunde noch keine Erfahrung mit dem Produkt und sucht nach zuverlässigen Indikatoren. **Suchgüter** sind Produkte, deren Qualitätseigenschaften dem Käufer bereits vor dem Kauf ohne nennenswerte Informationskosten ersichtlich sind.

- **Experience Qualities:** Eine Qualitätsbeurteilung ist während oder unmittelbar nach der Produktnutzung möglich. Bei **Erfahrungsgütern** werden die Qualitätseigenschaften erst durch den Gebrauch des Gutes transparent. In der realen Welt wird es kaum zu Käufen kommen, ohne dass sich der Nachfrager zuvor Informationen beschafft. Durch die steigende Anzahl vergleichbarer Produkte ist dies jedoch immer zeitaufwendig und bei steigendem Realeinkommen mit zunehmenden Opportunitätskosten bzw. Kosten aus entgangenem Nutzen aufgrund von Entscheidungsalternativen verbunden. Werden nun Güter mit geringerem Einfluss (Suchgüter) für den Betriebsablauf benötigt, kann durch die Marke eine schnellere Entscheidung getroffen werden. Bei der Anschaffung von Erfahrungsgütern kann die Marke die Entscheidung positiv beeinflussen. Dies kann soweit führen, dass bestimmte Erfahrungsgüter durch die Marke zum Teil zu Suchgütern werden. Wirksames Markenmanagement macht damit Kaufentscheidungsprozesse für Anbieter und Nachfrager effizienter hinsichtlich Informations- und Zeitaufwand und effektiver hinsichtlich der Kunden- und Produktsteuerung.

- **Credence Qualities:** Eine Kundenbeurteilung ist erst sehr spät nach dem Kauf möglich. **Glaubensgüter** spielen insbesondere bei Dienstleistungen bzw. industriellen Dienstleistungen eine besondere Rolle.

Ein weiterer Aspekt, warum die Marke Qualität vermittelt, ist die Tatsache, dass sie eine Art Pfand des Anbieters darstellt. Der Aufbau einer Marke erfordert den Einsatz oft beträchtlicher finanzieller Mittel. Diese sind dadurch gekennzeichnet, dass sie einen Teil oder ihren gesamten Wert verlieren, wenn das Unternehmen den Markt verlässt. In der industrieökonomischen Literatur spricht man in diesem Zusammenhang auch von versunkenen oder irreversiblen Kosten (*Schmidt* 1992, S. 55). Wäre die Markenschaffung kostenfrei, wäre sie nicht dazu geeignet, die Qualitätssicherung glaubhaft darzustellen. Der Nachfrager profitiert also von den irreversiblen Kosten der Markenschaffung, da sich der Anbieter ein Fehlverhalten der Marke nicht leisten kann. Bevor sich ein Unternehmen allerdings für eine Markenstrategie entscheidet, müssen folgende beiden Fragen bejaht werden:

1. Bewertung der **Effektivität** bzw. des Zielerreichungsgrades: Liegt ausreichend **Markenbildungspotenzial** für meine Leistung (Markierungsfähigkeit) und für meine Kunden (Markierungswürdigkeit) vor (**notwendige Bedingung**)?

2. Bewertung der **Effizienz** bzw. des Kosten-Nutzen-Verhältnisses: Liegt eine positive **Markenbildungsdifferenz** für meine Leistung vor (**hinreichende Bedingung**), d. h. überwiegt das durch die Marke verursachte Beeinflussungspotenzial die damit verbundenen Kosten und Risiken?

Wurden beide Fragen bejaht, resultieren daraus **für den Anbieter** zwei wesentliche Punkte, die den **Mehrwert einer Marke** kennzeichnen:

- Preisprämie oder/und
- Mengenvorteil bei Preisgleichheit.

Unter der **Preisprämie** versteht man, „dass aufgrund der Existenz der Marke ein höherer Preis im Vergleich zu einer technisch-physikalisch gleichen Leistung, die jedoch keine Marke verkörpert, am Markt erzielt werden kann." (*Backhaus* 2003, S. 408f.)

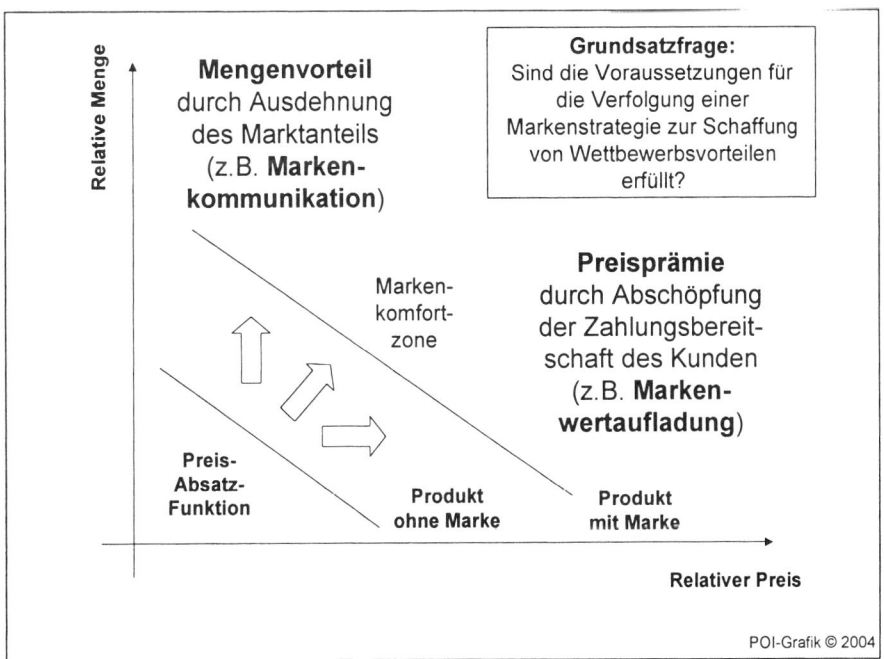

Abbildung 16: Preisprämie und Mengenvorteil durch Markenausschöpfung

Wenn ein höherer Preis am Markt nicht durchgesetzt werden kann oder der gesamte Mehrwert der Marke nicht über den Preis ausgeschöpft wird, kann sich der Mehrwert der Marke für den Anbieter auch als Mengenvorteil in Gestalt eines größeren Marktanteils gegenüber einer Nicht-Marke darstellen (**Mengenvorteil**). **Ein weiterer Mehrwert** des Anbieters in Form einer **Marktzutrittschranke** stellt sich durch die spezifischen Investitionen in den Markenaufbau und der Markenpflege ein. Potenzielle Wettbewerber, die durch hohe Gewinne auf den Markt nachziehen würden, werden durch die irreversiblen Kosten in Schach gehalten. Das neue Unternehmen müsste beim Markteintritt die spezifische Investition in die Kostenrechnung einbeziehen. Das profilierte Unternehmen kann im Konkurrenzkampf jedoch darauf verzichten und erzielt somit einen Vorteil in Form einer Marktzutrittsschranke.

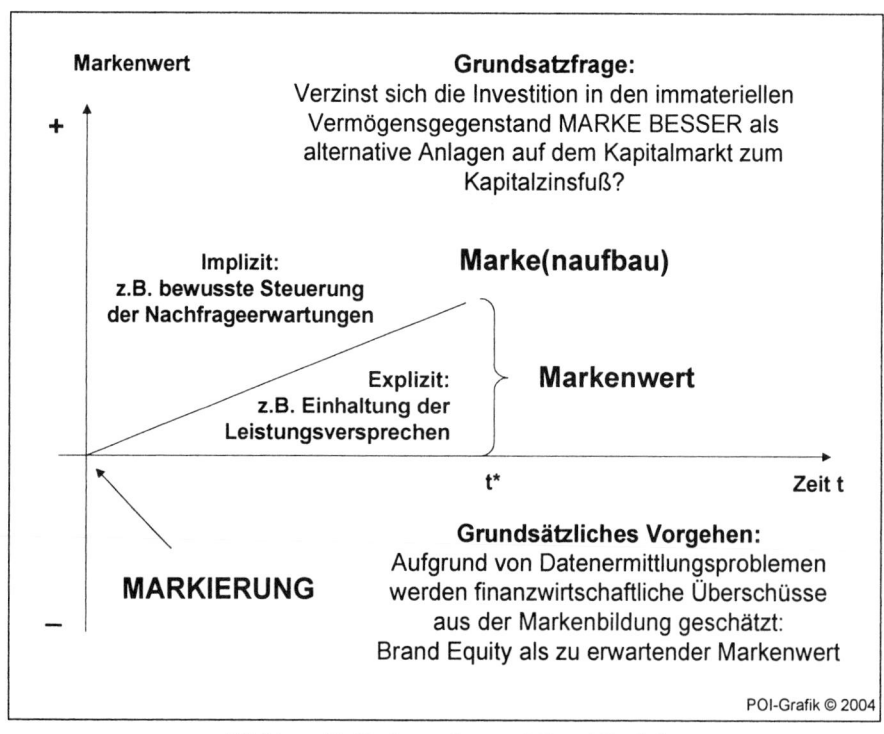

Abbildung 17: Markenaufbau und ‚Brand Equity'

Markenaufbau

Ob sich nun ein Unternehmen dafür entscheidet eine Marke aufzubauen, liegt maßgeblich an dem erwarteten Markenwert (**Brand Equity**). In der Abbildung oben wird die kontinuierliche Einhaltung der Leistungsversprechen als zentrales Kriterium für einen positiven Markenwert veranschaulicht.

Tabelle 3: Generische Markenstrategien und kritische Würdigung (*Backhaus* 2003)

Kompetenz	Markentyp	Pro	Contra
Kompetenzbreite	Dachmarke	Breiteste Nutzung der Marktinvestition Hohe Stabilität in turbulenten Zeiten	Evtl. zu wenig klare Profilierung Bei Scheitern Badwill-Transfer auf alle Produkte
	Familienmarke	Mehrere Produkte tragen Markeninvestitionen Positiver Markentransfer (Nutzung von Synergieeffekten) Verbundeffekt auf Nachfragerseite können genutzt werden	Gefahr der Markenüberdehnung Beschränkung bei der Einzelproduktpositionierung
	Einzelmarke	‚Spitze'-Profilierung eines Produkts möglich Vermeidung negativen Imagetransfers	Hohe produktspezifische Investition zum Potenzialaufbau Markenvielfalt schwächt Aufnahmewirkung
Kompetenzhöhe	Premiummarke	Positionierungsfähigkeit ist extrem qualitäts- und leistungsorientiert Deutliche Vergrößerung des Preisspielraums	Evtl. sehr teuer im Aufbau Mit Familienmarke manchmal nicht kompatibel
	Klassische Marke	Für Massenmärkte geeignet Erzeugt hohes Vertrauen	Erfordert Ubiquität Aufbau eines hohen Bekanntheitsgrades notwendig (investitionsintensiv)
Kompetenztiefe	Nationale Marke	Keine Sprachprobleme Spezieller ausrichtbar	Bei späterer Internationalisierung evtl. nicht verwendbar Evtl. zu teuer
	Internationale Marke	Standardisierungspotenziale nutzbar Verwendbarkeit in nicht grenzgebundene Medien (Satellitenfernsehen)	Rechtlich unterschiedliche Begrenzungen zu beachten Image-Verwischung

Die Leistungsversprechen können in der technischen Leistungsbeschreibung des Produkts, aber auch in der bewussten Nachfrageerwartung, die durch die Werbung geschaffen wurde, liegen. Ein linearer Verlauf des Markenaufbaus, wie auf der Abbildung, ist kaum zu erwarten und stellt eher eine **idealtypische Vorstellung** dar.

Eine entscheidende Rolle beim Ausgangspunkt des Markenaufbaus spielen die Kommunikation der Leistungsvorteile und auch externe Effekte. Welcher **Markenwert** erreicht werden kann, ist in der Praxis **kaum prognostizierbar**. Folgende **Probleme** erschweren dies:

- **Auszahlungsentwicklung für den Aufbau der Markenposition:** Problem der Prognose der notwenigen Mittel für die Markenführung.
- **Einzahlungsentwicklung:** Bewertungsproblem des Erlösanteils, der aufgrund der Marke erzielt wurde.

Neben Meffert unterscheiden auch Backhaus und Becker **drei markenstrategische Dimensionen,** die sich miteinander kombinieren lassen (*Meffert* et al 2002, *Backhaus* 2003, S. 419):

- Die **Kompetenzbreite** beschreibt die Zahl der unter einer Marke angebotenen Produkte,
- Die **Kompetenzhöhe** beschreibt die Grundpositionierung einer Marke,
- Die **Kompetenztiefe** beschreibt die geographische Reichweite einer Marke.

Eine Marke ist also immer von den Faktoren aller Kompetenzen abhängig und kann somit beispielsweise eine klassische internationale Dachmarke wie Bosch, Tetra Pak, Siemens sein.

Neben dieser statischen Betrachtung der markenpolitischen Dimension kommt den dynamischen Entscheidungen über die Veränderung der Marke, der Markenführung große Bedeutung zu (Kapitel 2.8, Markenstrategien). Durch die Beschleunigung von Lebenszyklen, die zunehmende Informationsüberlastung der Nachfrager, neue Umweltanforderungen und die Veränderung der Vertriebssysteme nimmt die **Markenführung** eine **immer wichtigere Rolle** ein. Um festzustellen, ob und gegebenenfalls welche Veränderung der bisherigen Strategie notwendig ist, geben Informationen über den Markenwert Auskunft. Der Aspekt des Markenwertes und die Herausforderungen im Auswahl- und Durchführungsprozess geeigneter Markenbewertungen ist nicht direkt Gegenstand unseres Untersuchungskonzepts, wird aber in Kapitel 2.6 im ersten Teil des Buches dennoch näher beleuchtet.

Markenpiraterie und die Auswirkungen im B2B

Unter Markenpiraterie versteht man nicht nur den **Missbrauch von Warenzeichen (Marken),** sondern auch die **Imitation von Produkten** (*Meister* 1992), "bei denen nicht die Kennzeichnung im Vordergrund steht, sondern die technische oder ästhetische Funktion (Werkzeuge, Kfz-Ersatzteile, Keramik)."

Aufgrund dieses Tatbestands trat in Deutschland am 1. Juli 1990 das **Gesetz zur Stärkung des Schutzes des geistigen Eigentums und zur Bekämpfung der Produktpiraterie** in Kraft.

Die gefälschten Produkte können eine echte **Gefahr** sowohl **für** den **Nachfrager** als auch für den **Anbieter** sein.

- Der **Nachfrager** verlässt sich durch den Kauf einer Marke auf die damit verbundene Qualität und Sicherheit.

- Für den **Anbieter** kann die Nichterfüllung der Qualitätserwartungen zur Verärgerung und einem Rückgang der Kunden führen (*Malaval* 2001).

Über nachgepresste Tonträger, gefälschte Kochtöpfe und billigst kopierte Parfümerieartikel namhafter Marken reichen die Angebote bis hin zu Produkten mit **Bedeutung für Gesundheit und Sicherheit der Verbraucher**. Allein im **Automobilsektor** zählen hierzu beispielsweise Sportwagenfelgen, Zierblenden, Bremsleuchten, Ölfilter, Lenkungsteile und Bremsbeläge - allesamt gefälscht! Ein Leuchten-Hersteller ist im vorliegenden Fall der Geschädigte. Produktfälscher aus China, Indien und Korea fälschten Scheinwerfer und Bremslichter nach Originalvorlagen des Herstellers, welcher seine Originalteile als Erstausrüster an mehrere Automobilhersteller liefert. Auch viele der auf dem Ersatzteilemarkt so begehrten Rückstrahler des VW-Käfer wurden als Fälschungen entlarvt! **Mercedes-Sterne** für Pkws müssen als Originalteil aufgrund der Sicherheitsvorschriften bestimmte Qualitätsstandards erfüllen, während die aus minderwertigen Metallteilen hergestellten Fälschungen bei hohen Geschwindigkeiten abbrechen und so schnell zu scharfkantigen Geschossen werden können.

Die **nachgeahmten Sportfelgen** weisen gegenüber den Originalteilen zumindest zwei gefährliche Veränderungen auf: Zum einen bestehen sie aus einer **minderwertigen Metalllegierung** und wiegen dadurch ca. ein kg mehr als die Originale aus Aluminium; daneben weisen sie einen **anderen Durchmesser** auf und passen nicht optimal zu dem entsprechenden Fahrzeug. Beide Veränderungen würden das Fahrverhalten eines Sportwagens stark beeinflussen und könnten den Fahrer vor allem bei hohen Geschwindigkeiten und extremer Belastung in **lebensgefährliche Situationen** bringen!

Die **Fälschung dieses Stromschutzschalters**, der in China produziert wurde, besteht aus nicht genormten Kunststoff- und Metallteilen. Diese dürften den vorgesehenen Schutzzweck des Originalteils nur für kurze Zeit erfüllen. Durch diese Teile werden die ahnungslosen Käufer in lebensgefährliche Situationen gebracht: Wer denkt nach einem Hausbrand etwa daran, dass womöglich ein gefälschter Stromschutzschalter Ursache für den Brand gewesen sein könnte?

Zusammenfassend kann an dieser Stelle festgehalten werden, dass die **drei wichtigsten Faktoren**, die der Marke im B2C-Bereich zu einer großen Bedeutung verholfen haben, auch für den **B2B-Bereich** gelten (*Backhaus et al.* 2002):

- **Homogenisierung:** Dienstleistungen und Produkte werden anbieterübergreifend zunehmend vergleichbar. Funktionalitäten oder Leistungsumfang unterscheiden sich aufgrund sich immer schneller und flächendeckend ausbreitender Technologien kaum noch, d. h. eine Differenzierung mit Hilfe von Marketing-Instrumenten und insbesondere die Kommunikation über die Marke wird zur Positionierung gegenüber dem Wettbewerb und zur Profilierung gegenüber dem Kunden mehr und mehr notwendig.

- **Komplexität:** Leistungen werden in der Regel als Bündel angeboten. Diese Bündel sind jedoch oft komplex und erklärungsbedürftig. Die Marken können diese Komplexität erheblich reduzieren, denn sie schaffen durch ihre Informationsfunktion Vertrauen.

- **Preisdruck:** Unter erhöhtem Preisdruck lassen sich Preisprämien nicht mehr nur über rein funktionale Nutzen erzielen. Marken bieten hier einen zusätzlichen Mehrwert, indem sie greifbare und nichtgreifbare Faktoren bündeln und kommunizieren.

Trotz des Schattendaseins der Marke im B2B-Sektor schreibt die Marke in manchen Industrie- und Hightech-Firmen bereits Erfolgsgeschichte (ausführlicher in Teil 2 in diesem Buch). Die Heidelberger Druckmaschinen besitzen ein so großes Renommee, dass sich hochwertige Zeitschriften wie ‚Elle' als Testimonial für eine Kampagne zur Bewerbung der Qualität der Dienstleistungen und Produkte der Heidelberger Druckmaschinen zur Verfügung stellen. Auf den Qualitätsindikator Marke setzen auch seit langem große Markt- und Meinungsforschungsinstitute. Dies sind jedoch nur einige Ausnahmen. Ist die tatsächliche Bedeutung der Marke im B2B-Bereich noch nicht erkannt worden?

Das Marketingzentrum Münster (MCM) und McKinsey & Company haben mit Hilfe des Marktforschungsunternehmens TNS Emnid die **Bedeutung von Marken in B2B-Märkten** untersucht. Es wurden 18 Produktmärkte analysiert, die repräsentativ für den B2B-Bereich sind. Die 769 Befragten waren Entscheider bei Geschäftskunden, die die jeweilige Leistung oder das Produkt bereits einmal beschafft hatten. Das Ergebnis dieser Umfrage führt zu folgender Aussage (*Backhaus et al.* 2002, S. 50):

> „Die Relevanz von Marken variiert – ähnlich wie im B2C-Bereich – von Produktmarkt zu Produktmarkt erheblich. In einigen Branchen wie Werkzeugmaschinen, Schaltanlagen und Dienstwagen besitzt sie eine sehr hohe Ausprägung. Die geringste Relevanz besitzen Marken bei Industriechemikalien"

Bei B2C-Märkten wurde festgestellt, dass Marken nur dann relevant sind, wenn sie insgesamt über **drei Funktionen Nutzen stiften** und dadurch den Kaufprozess begünstigen. Diese drei Funktionen gelten auch im B2B-Bereich (*Backhaus et al.* 2002).

Zum besseren Verständnis der nachfolgenden empirischen Untersuchungsergebnisse erläutern wir die bereits in Kapitel 1 vorgestellten Funktionen hier anhand weiterer Beispiele ausführlicher. Zur Erinnerung: Anhand dieser Funktionen kann man differenziert analysieren, welche **Relevanz Marken in Produktmärkten des B2B-Bereichs** besitzen: Mit anderen Worten: Lohnt sich das Investment in den Aufbau und die Stärkung von Marken oder wird es vom Markt überhaupt honoriert?

1. **Steigerung der Informationseffizienz:** Marken vereinigen eine Vielzahl von Informationen über die Eigenschaften des Produktes beziehungsweise der Dienstleistung. Sie reduzieren die Komplexität und erleichtern im B2B-Bereich zugleich die Kommunikation zwischen den am Kaufprozess Beteiligten im so genannten Buying Center (Beschaffungsteam). Zum Buying Center gehören alle Individuen und Gruppen, die am Kaufentscheidungsprozess beteiligt sind, dabei eine Reihe von gemeinsamen Zielen verfolgen und die aus den Entscheidungen resultierenden Risiken gemeinsam tragen (*Kotler* 2001)

2. **Risikoreduktion:** Marken können das Risiko unangenehmer Folgen eines Kaufs auch im B2B-Bereich mindern: ‚*Nobody ever got fired for buying an IBM*', so formuliert es dort de Chernatony/Donald. Die Marken stehen häufig als Garant für konsistente Qualität. Gerade im Bereich von komplexen Systemen stehen sie auch für Kompatibilität – man denke bei diesem Beispiel nur an die Microsoft-Programme. Vor allem im B2B-Bereich, wo Entscheider und Benutzer häufig nicht identisch sind, haben Marken eine entscheidende Funktion, die Kaufentscheidung abzusichern und zu rechtfertigen.

3. **Stiftung ideellen Nutzens:** Für einen Endverbraucher und Markenkäufer besteht der ideelle Nutzen eines Produktes primär in der Selbstverwirklichung und Selbstdarstellung. Der Markenkonsum wird heutzutage geradezu zelebriert, wie man bei Designermode von Boss, Joop, Versace und vielen anderen feststellen kann. Diese Außendarstellung ist auch im B2B-Markt von großer Bedeutung. Neben der Selbstdarstellung einzelner Mitarbeiter geht es dabei auch um die Außendarstellung des gesamten Unternehmens. B2B-Marken werden häufig zum Reputationstransfer auf die eigene Kompetenz genutzt. Dieses **Co-Branding** nutzte beispielsweise amazon.de in gemeinsamer Werbung mit dem Logistikpartner Deutsche Post World Net, um am guten Image des Partners zu partizipieren. Co-Branding ist die Kunst, aus mindestens zwei zugkräftigen Markennamen mindestens einen gemeinsamen, starken Markenauftritt zu kreieren.

Letztgenannter Aspekt des **Co-Branding** spielt gerade für **mittelständische Hightech-Hersteller** eine besondere Rolle, denn sie erhalten damit die Möglichkeit, gemeinsam mit anderen Unternehmen überregional tätig zu werden und die dafür hohen Aufwendungen auf mehrere Schultern zu verteilen.

Durch das Analysieren der drei Markenfunktionen können interessante Erkenntnisse über die **Ursachen der Markenrelevanz im B2B-Bereich** gesammelt werden. Wie hoch die Globalwerte der Markenrelevanz sind, kann man dem aufgeführten Branchenranking entnehmen.

Im **Co-Branding** können sich Unternehmen engagieren, die

- in der gleichen Branche

- an unterschiedlichen Stellen der Wertschöpfungskette arbeiten oder

- aus völlig verschiedenen Industriezweigen kommen.

Wichtig ist nur, dass sich Partner zusammenschließen, deren Marken ähnlich stark sind und die die gleiche Zielgruppe im Visier haben. Bei Überstimmung dieser Faktoren ist beinahe jede Art von Co-Branding denkbar. Einige Beispiele aus der Praxis:

Gemeinsam mit dem niederländischen **Elektronikkonzern Philips** vertreibt der italienische **Küchengerätehersteller Alessi** eine Kollektion ausgefallener Kaffeemaschinen, Toaster und Mixer. Der Name Alessi steht dabei für avantgardistisches Design, Philips sorgt für zuverlässige Technik.

Wichtig ist, dass alle Beteiligten sich über ihre jeweiligen Ziele klar sind, bevor sie sich zusammensetzen, um den gemeinsamen Auftritt zu konzipieren.

Das Branchenranking ist zweidimensional aufgebaut, d. h. es unterscheidet zwischen Markenrelevanz in den verschiedenen Branchen zum einen und der in Kapitel 1 und 2 vorgestellten Differenzierung hinsichtlich der drei Markenfunktionen.

Je höher der dargestellte Wert, desto umfassender wird die jeweilige Markenfunktion erfüllt (Spalte). Beispielsweise spielt die Markenfunktion Risikoreduktion aus verständlichen Gründen im Bereich Werkzeugbau eine fundamentale Rolle – folglich lohnt es sich hier, in die strategische Markenaufladung und operative Markenkommunikation zu investieren (*Backhaus et al.* 2002):

Tabelle 4: Markenrelevanz nach Markenfunktionen und Branchen (*Backhaus et al.* 2002)

	Informationseffizienz			Risikoreduktion			Ideeller Nutzen	
1	Schaltanlagen	3,08	1	Schaltanlagen	3,34	1	Wirtschaftsprüfung	3,71
2	Telekomm.anlage	3,05	2	Werkzeugmaschine	3,18	2	Speditionsdienste	3,42
3	Werkzeugmaschine	2,96	3	Dienstwagen	3,17	3	Dienstwagen	3,30
4	Fertigungsstraße	2,93	4	Wirtschaftsprüfung	2,86	4	Schaltanlagen	3,17
5	Kassensysteme	2,79	5	Fertigungsstraße	2,83	5	Strategieberatung	2,91
6	Dienstwagen	2,70	6	Telekomm.anlage	2,74	6	Werkzeugmaschinen	2,74
7	Feuerversicherung	2,70	7	Speditionsdienste	2,57	7	Fertigungsstraßen	2,62
8	Kantinenservice	2,63	8	Industrieautomat.	2,55	8	Callcenter-Dienste	2,47
9	Callcenter-Dienste	2,48	9	Kantinenservice	2,52	9	Systemsoftware	2,44
10	Industrieautomat.	2,48	10	Strategieberatung	2,44	10	Industrieautomaten	2,31
11	Systemsoftware	2,47	11	Büromöbelsystem	2,39	11	Kantinenservice	2,28
12	Büromöbelsystem	2,40	12	Feuerversicherung	2,33	12	Feuerversicherung	2,24
13	Speditionsdienste	2,35	13	Alarmanlagen	2,32	13	Telekomm.anlage	2,15
14	Strategieberatung	2,33	14	Systemsoftware	2,32	14	Büromöbelsysteme	2,02
15	Gebäudekomplexe	2,27	15	Kassensysteme	2,28	15	Kassensysteme	1,93
16	Wirtschaftsprüfung	2,26	16	Gebäudekomplexe	2,20	16	Gebäudekomplexe	1,90
17	Alarmanlagen	2,15	17	Industriechemikalie	1,99	17	Alarmanlagen	1,68
18	Industriechemikalie	2,03	18	Callcenter-Dienste	1,86	18	Industriechemikalien	1,64

Die Erkenntnisse über die **Ursachen der Markenrelevanz** im B2B-Bereich lauten wie folgt (*Backhaus et al.* 2002):

1. **Informationseffizienz ist besonders bei sehr komplexen Anlagen und Systemen wichtig!**
   Laut dem oben aufgeführten Branchenranking stehen bei der Informationseffizienz Anlagen und Maschinen an der Spitze. Dies sind komplexe Güter, bei denen Marken für den Kunden beziehungsweise das Buying Center eine wichtige Orientierungshilfe bieten. Das Buying Center arbeitet oft unter einem sehr hohen Zeitdruck. Unter diesem Zeitfaktor fallen die Entscheidungen meist zugunsten von Marken aus, die bereits bekannt sind (*Vitale* 2001).

2. **Risikoreduktion zählt bei investitionsträchtigen/komplexen Produkten!**
   Bei Schaltanlagen und Werkzeugmaschinen ist die Risikoreduktion die wichtigste Funktion der Marke. Dieses Ergebnis überrascht kaum, denn schließlich handelt es sich bei diesen Maschinen um teure Anlagen, die häufig eine zentrale Rolle im Produktionsprozess der beschaffenden Unternehmen spielen. Ein Ausfall dieser Maschinen hätte schwerwiegende Folgen, so dass die Beschaffung markierter Produkte ein besonderer Garant für die Produktionssicherheit ist.
   Gegenteilig hierzu stehen die Industriechemikalien. Sie stellen das Gegenstück zu hochindividuellen Anlagen mit geringer Beschaffungsfrequenz dar. Hierbei handelt es sich vielmehr um wiederholt gekaufte Commodity-Produkte mit geringen

Unterschieden zwischen einzelnen Marken. Dadurch bleibt bei Industriechemikalien die Markenrelevanz sehr gering. Die Marken sind hier zur Reduktion des Risikos falscher Beschaffungsentscheidungen wohl kaum erforderlich.

3. **Ideeller Nutzen überwiegt bei öffentlich sichtbaren Dienstleistungen und Produkten!**

Wenn es um eine Außenwirkung geht, also um die Darstellung von Unternehmen und deren Mitarbeitern beziehungsweise um Reputationstransfer, ist der ideelle Nutzen von großer Bedeutung. Daraus resultiert, dass diese Markenfunktion besonders bei öffentlich sichtbaren Leistungen von besonderer Relevanz ist. Von großer Bedeutung ist diese Funktion für Wirtschaftsprüfungen, Speditionsdienste oder Dienstwagen. Die Produkte hingegen, die für einen Außenstehenden kaum wahrnehmbar sind, bilden die Schlusslichter des Ranking. Diese Produkte sind wiederum Chemikalien oder Alarmanlagen.

Vergleichbar mit der Gemeinschaftsstudie zur Markenrelevanz in Business-to-Consumer (B2C)-Märkten vom Marketing Centrum Münster und McKinsey & Company kann man daraus folgende **Konsequenzen** ableiten:

Die durchschnittlichen Ausprägungen aller Markenfunktionen liegen insgesamt etwas unter den vergleichbaren Werten im B2C-Bereich. Jedoch ergibt sich eine Verschiebung in der relativen Bedeutung der Funktionen untereinander.

Während sich im B2C-Bereich der ideelle Nutzen als die wichtigste Funktion ausweist, **dominiert im B2B-Bereich die Risikoreduktion**. Die Ursache hierfür könnte in den unterschiedlichen Beschaffungsprozessen von Unternehmen und Endkunden zu suchen sein.

Das Marketing Centrum Münster und McKinsey & Company haben eine einfache Methode entwickelt, um auch über die nicht analysierten Märkte fundierte Aussagen treffen zu können. Mit dieser **Methode** lässt sich die **Markenrelevanz in jedem beliebigen B2B-Markt ermitteln**. Das Modell stützt sich auf produktmarktspezifische Rahmenbedingungen:

- Anzahl der Hersteller,
- Beschaffungskomplexität,
- Qualitätsunterschiede,
- Größe des Buying Center und
- „öffentliche" Wahrnehmbarkeit der Marke

sind die **Kriterien zur Ermittlung der Markenrelevanz**. Die Zusammenführung dieser Faktoren liefert Erkenntnisse zu den **Chancen des Markenaufbaus in jedem B2B-Markt**.

Tabelle 5: Markenrelevanz nach Kontextfaktoren

	gering	Markenrelevanz	hoch
Wie viele Anbieter gibt es in dem Markt?	Sehr viele	⬅ ➡	Sehr wenige
Wie komplex ist der Beschaffungsprozess?	Sehr komplex	⬅ ➡	Sehr einfach
Sind Marken hinsichtlich ihrer Qualität unterschiedlich?	Nicht unterschiedlich	⬅ ➡	Sehr unterschiedlich
Wie viele Entscheider gibt es im Beschaffungsprozess?	Sehr wenige	⬅ ➡	Sehr viele
Ist die Verwendung der Marke sichtbar?	Nicht sichtbar	⬅ ➡	Klar sichtbar

Die wesentlichen Faktoren werden in ihrer Wirkungsweise bezüglich Markenrelevanz nachfolgend kurz erläutert (*Backhaus et al.* 2002):

- **Anzahl der Hersteller:** Je fragmentierter die Anbieterstruktur im relevanten Markt ist (etwa bei lokal/regional geprägten Aufträgen im Handwerksbereich), desto weniger sind Marken dazu geeignet, ein spezifisches Wertversprechen zu dokumentieren und Orientierungshilfe zu leisten.
  Ergo: Die Markenrelevanz in Produktbereichen mit mittlerer oder geringerer Anbieterzahl steigt.

- **Beschaffungskomplexität:** Bei komplexen Beschaffungsprozessen gliedert sich die Entscheidung häufig in viele Teilentscheidungen. Die Leistungsspezifika sind dabei wichtiger als ein ‚Globalurteil' über die Gesamtleistung, wie es die Marke liefern könnte.
  Ergo: Die Markenrelevanz steigt mit abnehmender Komplexität des Entscheidungsprozesses.

- **Qualitätsunterschiede:** Der Ruf nach Informationseffizienz und Risikoreduktion durch Marken wird umso stärker, je größer die Qualitätsunterschiede zwischen den Leistungen eines Produktes sind.
  Ergo: Marken bieten in diesem Falle eine zusätzliche Möglichkeit, die Komplexität und das Risiko von Fehlentscheidungen bei der Anschaffung zu reduzieren.

- **Anzahl der Entscheider:** Je größer das Buying Center ist, desto wichtiger werden Marken als Kommunikationshilfe.
  Ergo: Marken reduzieren sowohl das Risiko des Einzelnen als auch das der gesamten Entscheidergruppe.

- **Öffentliche Wahrnehmung der Marke:** Immer wenn Marken für Verwender und andere Personen gut sichtbar sind, steigert dies die Markenrelevanz signifikant. Beispiele hierfür sind Dienstwagen und Marktforschungsinstitute.

  Ergo: Marken werden zum unverzichtbaren Element, um mit dem Endkunden in Beziehung zu treten.

Beispielsweise lehnte es eine stark regional fokussierte B2B-Bank in Stuttgart ab, mit dem Logo und einer Brand Story in unserem Band zu erscheinen, weil man unser Angebot als überregional einstufte – zum Bedauern der Marketing-Chefin dort, die den Zeitpunkt für eine Brand Story als absolut willkommen einstufte, um so zur 'Verarbeitung' der Vergangenheit einen klaren Kontrapunkt zu setzen.

Technologieanbieter stehen heute vor dem **Spagat**, einerseits ein **komplexes Marktangebot zu verkaufen** und andererseits **in der Zielgruppe dennoch als Problemlöser gelten zu müssen.**

Daraus resultiert die **Notwendigkeit**, komplexe Sachverhalte im Verkaufsprozess zu vereinfachen und Lösungen erlebbar zu machen. Marken sind ein Versprechen gegenüber Kunden – die Versprechen von starken Marken sind äußerst glaubhaft angelegt.

Wenn Mercedes-Benz heute behaupten würde, die besten Reifen zu entwickeln und herzustellen, dann würde das niemand glauben. Die Markenleistung von Mercedes-Benz besteht vielmehr darin, den besten Reifen auszuwählen und das in möglichst optimaler Adaption an das entwickelte Fahrwerk. So entsteht eine Win-Win-Situation, nicht nur für Mercedes-Benz, sondern auch für die ausgewählte Reifenmarke.

Hier spielt das bereits an anderer Stelle nur kurz erwähnte Corporate Branding eine besondere Rolle.

Corporate Brands fördern das Ziel eines jeden Unternehmens, Wachstum zu generieren. Mit der Marke soll das Kaufrisiko der Kunden verringert werden, d. h. eine Marke vermittelt nicht nur Sicherheit, sondern auch Kontinuität. Eine zur Marke verdichtete Reputation reduziert Produktkomplexitäten, was insbesondere bei Vertrauensgütern (s. o.) sehr wichtig ist. Ein B2B-Hersteller muss daher die unternehmerische Kompetenz ausstrahlen, auch in Zukunft Systemanpassungen ganz nach Kundenwunsch vornehmen zu können.

Nachfolgend wird die Bedeutung eines Corporate Brands am **Firmenbeispiel WMF** kurz veranschaulicht:

Kompetenz aus Erfahrung. WMF ist seit Jahrzehnten bekannt als Hersteller von Produkten für Tisch und Küche in denkbar bester Qualität. Diese Produkte stellen aufgrund der Formenvielfalt und unterschiedlichster Einsatzbereiche höchste Ansprüche an die Fertigungstechnologie. Die damit verbundenen Erfahrungen sind die Basis für das komplexe Wissen rund um den Werkstoff Edelstahl. Dieses Know-how fließt selbstverständlich auch in die Herstellung hochwertiger Industrieteile mit ein. Kein Wunder also, dass das schon in den zwanziger Jahren für WMF **eingetragene Warenzeichen Cromargan®** inzwischen zu einem **Synonym für rostfreien Edelstahl** geworden ist. **Marke und Produkt** sind Voraussetzung für den Erfolg am Markt und fordern eine konsequente und differenzierte Markenpolitik. Der Marke WMF kommt dabei herausragende Bedeutung zu. Produkte von WMF **differenzieren sich** auf nationalen und internationalen Märkten **durch Design, Gebrauchsnutzen und Qualität** vom Wettbewerb.

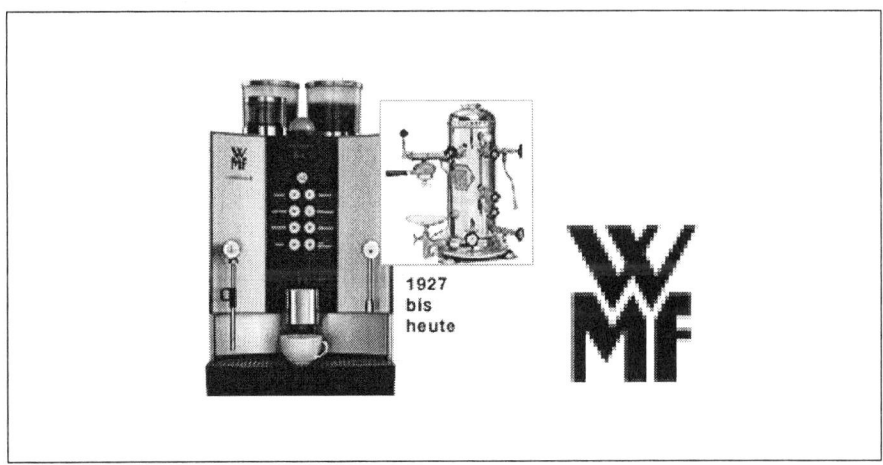

Abbildung 18: WMF - 1927 und heute

Leitidee von WMF: Das Unternehmen versteht sich als ein führender, auch international kompetenter Anbieter von Produkten und Dienstleistungen mit Schwerpunkt Tisch und Küche im privaten und gewerblichen Bereich. WMF will Maßstäbe setzen. Für WMF bilden Markterfolg, Wirtschaftlichkeit und Rentabilität die Grundlagen zur Erfüllung der Verantwortung und Verpflichtung gegenüber Kunden, Mitarbeitern, Kapitalgebern, Umwelt und Öffentlichkeit.

Um die Bedeutung der Marke weiter zu verdeutlichen, wird anschließend kurz auf die Erfolgsgeschichte der Firma **Intel** eingegangen und dessen Markteinführung dargestellt. Dieses Unternehmen wird mit seiner Strategie des Ingredient Branding ausführlich in Teil 2 unseres Bandes untersucht. Im Frühjahr 1991 startete Intel die **Werbe-**

kampagne Intel Inside, die letztlich die Spielregeln in der gesamten Mikroprozessorbranche verändern sollte.

Die Kampagne hatte das Ziel, beim Computerkäufer (Unternehmen und Privatleute) eine starke Assoziation zu Intel herzustellen. Zum damaligen Zeitpunkt wurden noch mehr als die Hälfte der PCs von Unternehmen gekauft. Durch die Schaffung einer starken Marke sollte eine derart große Nachfrage bei den Konsumenten generiert werden, die die OEMs dazu zwingen würden, vermehrt ihre PCs mit Intel-Prozessoren auszustatten. Es handelt sich hierbei um die so genannte **Pull-Strategie**, die auf eine **Erhöhung des Markenbewusstseins** abzielt. Beim Konsumenten sollte ein Markenbewusstsein durch die Hervorhebung des technologischen Vorsprungs und der hohen Leistungsfähigkeit der Intel-Prozessoren verankert werden. Beim Erwerb eines PC müsste somit das **Logo Intel Inside** und die Marke eine hervorgehobene Stellung einnehmen. Das Logo und die Marke stehen für die Echtheits- und Qualitätsgarantie des Prozessors (*Malaval* 2001).

Im ersten Jahr der Kampagne stieg der Absatz Intels weltweit um 63%. Das **Markenbewusstsein stieg bei Privatkäufern bis ins Jahr 1996 von 20 auf 80%**, nahezu alle Unternehmensentscheider kannten Intel. Mittlerweile nimmt Intel mit 30,86 Mrd. $ derzeit Platz 5 der weltweit wertvollsten Marken ein. Die Kampagne besteht bis heute. Intel bezuschusst die Abnehmer der Prozessoren, wenn sie das Logo in ihre Werbekampagne einbauen. Um das Logo zu verwenden, müssen die Anbieter einen Lizenzvertrag unterzeichen und sich an strenge Vorgaben halten. Zum Schutz des Logos gibt Intel beispielsweise vor, welche Worte in Zusammenhang mit ihren Produktbezeichnungen verwendet werden dürfen und welche Position und Größe das Logo haben muss. Der finanzielle Zuschuss Intels bewegt sich je nach verwendetem Werbemedium zwischen 33 und 75%. Durch diese teilweise hohen Zuschüsse sind die Anbieter gern bereit, das Intel-Logo in ihre Werbekampagnen einzubauen (*Malaval* 2001). In den letzten 10 Jahren investierte Intel über vier Mrd.$ in das Intel-Inside-Programm (*Intel Corporation Pressearchiv*).

Diverse Studien und das Beispiel von Intel machen deutlich, dass Marken auch im B2B-Bereich eine wichtige Rolle beim Kaufprozess einnehmen können. Die Skepsis gegenüber einem konsequenten Markenaufbau im komplexen B2B-Bereich ist häufig unbegründet. Jedoch ist eine nach Produktmärkten differenzierte Sicht notwendig. Während Marken, zum Beispiel bei Industriechemikalien nur eine geringe Bedeutung im Kaufprozess haben, nehmen komplexe Anlagen oder Systeme eine sehr bedeutende Rolle ein. Würde man somit in eine Marke investieren, könnten sich erhebliche Umsatzpotenziale erschließen lassen.

Aufgrund der bisherigen Vernachlässigung dieser Investitionen dürften dabei schnell agierende Unternehmen zusätzlich einen ‚First Mover Advantage' realisieren können. Durch die Veredelung einer Ware entsteht eine Marke. Durch diesen Vorgang kann eine Wertschöpfung generiert werden.

- Für den Anbieter bringt dies **Vorteile bei der Absatzmenge** und der **Gewinnspanne**, da er sich durch die Marke vom Markt abgrenzen kann.
- Die Nachfrager profitieren von der **gleichbleibend hohen Qualität** und dem **Service** einer Marke, der im B2B-Bereich damit verknüpft werden sollte.

Tabelle 6: Kriterien der Markenbilanz (*Backhaus* 2003, S. 422)

Frage	Anforderungen	Datenbasis
Was gibt der Markt her?	Größe des Marktes Entwicklung des Marktes Wertschöpfung des Marktes	Größenpotenzial Lebenszyklusstadium Gewinnpotenzial aller Anbieter
Welchen Anteil holt die Marke aus ihrem Markt?	Wertmäßiger Marktanteil Relativer Marktanteil Marktanteilsentwicklung Gewinn-Marktanteil	Wert- statt Mengenmarktanteil Marktanteil im Vergleich zum Marktführer Bewegungswert der Marke in der Vergangenheit
Wie bewertet der Handel die Marke?	Gewichtete Distribution Handelsattraktivität	Nachfragepotenzial der Geschäfte Rangplatz im Regal
Was tut das Unternehmen für die Marke?	Produktqualität Preisverhalten Share of Voice	Beurteilung durch neutrale Experten Rolle des Preises bei der Umsatz- und Marktanteilsentwicklung Werbeaufwand im Vergleich zur werbenden Konkurrenz
Wie stark sind die Konsumenten der Marke verbunden?	Markentreue Vertrauenskapital der Marke Share of Mind Werbeerinnerung Markenidentifikation	Bindungs- oder Zufriedenheitsgrad beim Verbraucher Messung der Markenpersönlichkeit Messung der spontan abgerufenen Marken Messung der spontan abgerufenen Bild- oder Textelemente Verbindung der Werbelemente mit der richtigen Marke
Wie groß ist der Geltungsbereich der Marke?	Internationalität der Marke Internationaler Markenschutz	Grad der Verbreitung der Marke über ihre Stammregion hinaus Grad des Warenzeichenschutzes

Eine **Markenflut** könnte sich, unserer Meinung nach, **auch im B2B-Bereich in den nächsten Jahren** einstellen. Die Marke im B2B sorgt neben dem komparativen Vorteil des Anbieters auch für eine **Marktzutrittschranke**.

Somit können Anbieter bereits heute Einfluss auf die Zukunft nehmen und eine Vormachtstellung gegenüber Konkurrenten aufbauen. Nachfrager profitieren bei Kleinwaren von einem schnelleren und risikofreien Warenbezug. Bei Großinvestitionen hilft ihnen die Marke, sich zu orientieren und verspricht eine **Risikominimierung**, sowie einen bestimmten Grad an **Servicebereitschaft** des Anbieters. Probleme wie Ersatzteillieferungen dürften durch den Markenbezug ausgeräumt werden.

Die Chancen sind also immens und die Jagd auf die Identifikation, Erschließung und Umsetzung von Marken-Potenzialen kann beginnen!

In der zusammengefassten Übersicht hat Backhaus die zentralen Fragen, Anforderungen und Datenquellen bei der Markenentwicklung und beim Markenmanagement zusammengestellt.

Die hier **operationalisierten Markenkriterien** stellen das Spektrum der **Markenwirkung** der Datenbasis gegenüber. Dies trägt ein gutes Stück zur **Materialisierung von Marken** bei.

Dieser Aspekt wird im Kapitel Markenbewertung an späterer Stelle genauer untersucht (Kapitel 2.6).

In den nachfolgenden Ausführungen geben wir u. a. Antworten auf folgende Fragen:

- Woraus resultiert die Notwendigkeit von Marken auf Industriegütermärkten?
- Welche für den Markenaufbau und Markenerfolg relevanten Voraussetzungen sind zu beachten?
- Wie sieht der Prozess des Aufbaus und die Führung starker Marken auf Industriegütermärkten aus?
- Welche Vorteile bietet die Markenorientierung für B2B-Unternehmen und welche Rolle spielen Markenwerte dabei?

2.3 B2B-Markenrelevanz und die Entscheidung zum Markenaufbau

In den bisherigen Kapiteln wurde einerseits der B2B-Sektor näher charakterisiert und andererseits wichtige Feststellungen zur Bedeutung von Marken konstatiert. In den nachfolgenden Ausführungen wird beides miteinander verbunden.

Beim Aufbau einer Marke handelt es sich in erster Linie um eine **kontinuierliche Steigerung des Mehrwerts im Zeitablauf**, der durch die Marke sowohl für den Anbieter als auch für den Nachfrager generiert wird. Die eigentliche Marke wird somit als Mehrwert von Marketing-Aktivitäten im Zeitablauf definiert, und zwar **über** die reine Preis-/Leistungs-Performance der zugrundeliegenden Leistung hinaus.

Nach dem heute vorherrschenden verhaltenswissenschaftlichen Ansatz existiert die **Marke ausschließlich im Kopf des Konsumenten** und ist **stets immateriell** (*Esch* 2004).

Meffert geht von einem subjektiven, nachfragerbezogenen Markenverständnis aus und definiert die Marke als ein

> „in der Psyche des Konsumenten und sonstiger Bezugsgruppen der Marke fest verankertes, unverwechselbares Vorstellungsbild von einem Produkt oder einer Dienstleistung. Die zu Grunde liegende Leistung wird dabei in einem möglichst großen Absatzraum über einen längeren Zeitraum in gleichartigem Auftritt und in gleichbleibender oder verbesserter Qualität angeboten." (*Meffert et al.* 2002, S. 6)

Die **Markierung** ist nach der Markendefinition nur als reine Kennzeichnung einer Leistung und somit als ein **Teilaspekt der Marke** zu verstehen.

Die **rechtliche Markendefinition,** wie bereits oben erläutert, geht über die reine Kennzeichnung von Gütern oder Dienstleistungen hinaus und nimmt somit eine **Zwischenposition zwischen der reinen Markierung und der Marke** ein. Nach deutschem Recht sind Marken

> „Erzeugnisse, deren Lieferung in gleichbleibender oder verbesserter Güte von den preisempfehlenden Unternehmen gewährleistet wird und die selbst oder deren für die Abgabe an den Verbraucher bestimmte Umhüllung oder Ausstattung oder deren Behältnisse, aus denen sie verkauft werden, mit einem ihre Herkunft kennzeichnenden Merkmal (Firmen-, Wort- oder Bildmarke) versehen sind." (§38a Absatz 2, Satz 1 GWB)

Die Markierung kann durch Eintragung in das **Markenregister beim Patentamt** oder **durch hinreichende Nutzung im geschäftlichen Verkehr gesetzlich geschützt** werden (§§ 3 und 4 Markengesetz).

> „Als Marke können alle Zeichen, insbesondere Wörter einschließlich Personennamen, Abbildungen, Buchstaben, Zahlen, Hörzeichen, dreidimensionale Gestaltungen einschließlich der Form einer Ware oder ihrer Verpackung sowie sonstige Aufmachungen einschließlich Farben und Farbzusammenstellungen geschützt werden, die geeignet sind, Waren oder Dienstleistungen eines Unternehmens von denjenigen anderer Unternehmen zu unterscheiden." (§ 4 Markengesetz)

Unter Rückgriff auf die bisherigen Kapitel und als Grundlage für die nachfolgenden Ausführungen kann zusammenfassend die Definition von Bieberstein als praktikable Arbeitsdefinition betrachtet werden (*Bieberstein* 1995).

Markenerzeugnisse zeichnen sich aus durch

- ein **unverwechselbares, einheitliches Erscheinungsbild**,
- einen **hohen Bekanntheitsgrad**,
- **gleichbleibende, standardisierte Qualität** der Leistung,
- **relativ konstantes, meist hohes Preisniveau**,
- ein Angebot in einem **größeren Absatzraum**,
- Kunden mit einer **hohen emotionalen Bindung zur Marke**.

Obwohl Marken im Industriegüterbereich noch sehr viel weniger verbreitet sind als im Konsumgüterbereich, blicken auch sie auf eine lange Tradition zurück. Einige sehr erfolgreiche Industriegütermarken entstanden bereits Ende des 19. beziehungsweise Anfang des 20. Jahrhunderts.

Weitere, bereits oben genannte Beispiele belegen, dass Marken im Industriegüterbereich erfolgreich sein können.

Um eine Industriegütermarke bilden zu können, müssen vor dem Hintergrund der bisher vorgestellten Markenanforderungen im B2B-Sektor mindestens folgende **Voraussetzungen** gegeben sein.

- die Leistung muss bei der **Zielgruppe** markiert werden können,
- eine Differenzierung **des Angebots** gegenüber den Konkurrenzangeboten muss möglich sein,
- ein **stabiles Qualitätsniveau** der Leistung muss kontinuierlich erreichbar sein,
- die **Abnehmergruppe sollte genügend groß** sein, um eine hohe Verbreitung der Leistung im Markt zu ermöglichen,
- ein **kontinuierliches Markenkonzept** sollte auf dem Markt durchsetzbar sein,
- die Verwendung von **Markenkonzepten durch die Konkurrenz** ist ein Hinweis darauf, dass eine Markierung erreicht werden kann,
- zwischen dem eigenen **Markenkonzept** und den Markenkonzeptionen der nachfolgenden Stufen sollten keine unüberwindbaren **Konflikte** bestehen,
- außerdem sollte das Unternehmen genügend Ressourcen haben, um eine langfristige Markenpolitik betreiben zu können. Dabei sind vor allem **finanzielle Ressourcen** sowie **personelle Qualifikation und Kapazität**, das über ein ausreichend großes Marketingwissen verfügt, besonders wichtig,
- für den erfolgreichen Einsatz einer Industriegütermarke muss sich das **Beschaffungsverhalten der Abnehmer** positiv durch eine Marke beeinflussen lassen können,

- daneben sollte für die Markenpolitik das Verhältnis zwischen entstehenden **Kosten und potenziellem Nutzen** positiv sein,
- für einen erfolgreichen Markenaufbau müssen ebenfalls die **Risiken**, wie beispielsweise der Imageverlust bei Nichteinhaltung der Qualitätsversprechen, kalkulierbar sein.

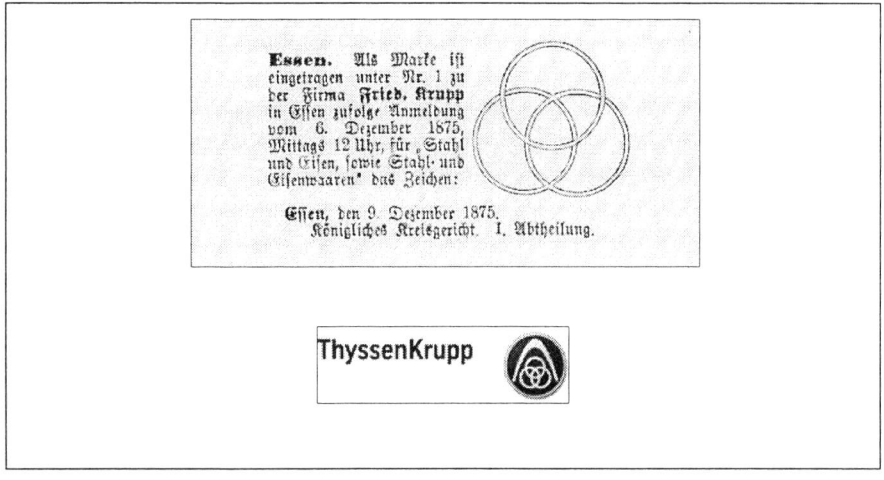

Abbildung 19: Das Markenzeichen ThyssenKrupp – Eintragung 1875 und heute

Beispielsweise wurden die noch heute im **Unternehmenslogo des ThyssenKrupp** Konzerns verwendeten drei übereinandergelegten Eisenbahnradreifen **bereits am 09.12.1875 als Markenzeichen der Firma Krupp eingetragen.**

Hat sich ein Industriegüterunternehmen nun dazu entschieden eine Marke für seine Leistungen zu etablieren, ist eine formale Ausgestaltung dieser Marke notwendig.

2.4 Der formale Markenaufbau

2.4.1 Der Markenname

Das grundlegende Element bei der formalen Ausgestaltung der Marke ist der Markenname. Unter dem Begriff Markenname versteht man den verbal wiedergebbaren, artikulierbaren Teil der Marke (*Kotler/Bliemel* 2001, S. 736). Der Markenname wird in jeder Form der Kommunikation zwischen dem Unternehmen und potenziellen Kunden verwendet. Er ist der Ausdruck, an dem die Werte und Versprechungen des Unternehmens festgemacht werden. Für den Markenaufbau ist es essentiell, dass der Markenname kontinuierlich über längere Zeit bei jeder Form des Kontaktes mit bestehenden und potenziellen Kunden präsent ist. Er stellt folglich ein sehr **langlebiges Unternehmensinstrument** dar, weshalb die Auswahl des Markennamens **äußerst**

sorgfältiger Planung bedarf. Gar nicht so selten kommt es vor, dass insbesondere Produktmarken von Unternehmen mit bereits jahrzehntelanger Markengeschichte aus der Taufe gehoben werden, die dann zu einem Rechtsstreit mit einem anderen Unternehmen und dessen Markenschutzanspruch führen und meistens in einer finanziellen Abwicklung enden.

Der Markenname sollte unbedingt den generellen Rahmenbedingungen der Marke angepasst sein und die **Unternehmensziele** bzw. die **Unternehmensstrategie unterstützen.** Hierzu müssen vor der Auswahl des Markennamens verschiedene, die Marke betreffende Fragen geklärt werden. Die vom Unternehmen **angebotene Leistung,** die es zu markieren gilt, sollte ebenso **genau definiert** werden wie die **Zielgruppe.**

Es ist ebenfalls wichtig, die **wesentlichen Charakteristika** der mit der Leistung angesprochenen Mitglieder des **Buying Centers** und deren **Wertvorstellungen** zu kennen. Die zu verwendenden **Distributionskanäle** sind festzulegen. Ebenso wichtig ist es zu wissen, wie viel Platz für die Darstellung der Marke auf dem Produkt und der Verpackung vorhanden ist und in welchen Sprachräumen die Marke voraussichtlich zum Einsatz kommt. Die Antworten auf diese Fragen sind auch bei der Bestimmung des **Markenkerns** nützlich, der als **Markenidentität** oder Charakter der Marke bezeichnet werden kann und nachfolgend näher erklärt wird.

> **Der Markenname ist also der Träger der Markenidentität.** Bei zunehmend homogener werdenden Leistungen im B2B-Bereich kann eine Differenzierung nur durch eine klare und starke Markenidentität erreicht werden. Der ausgewählte Markenname wirkt sich also entscheidend auf den Erfolg des markierten Erzeugnisses aus. Der Markenname sollte die Leistung eindeutig identifizieren und von Konkurrenzleistungen abheben.

Markennamen, die die Leistung beschreiben, sind nicht empfehlenswert, da die eindeutige Identifizierbarkeit dann nicht mehr gegeben ist. Außerdem **erschweren beschreibende Markennamen die Ausdehnung auf andere Produktbereiche und sind schwer zu schützen.** Ein wirkungsvoller Markenname sollte gut wiedererkennbar und leicht zu merken sein, damit sich die Zielgruppe leicht an die vom Unternehmen angebotenen Produkte und Dienstleistungen erinnert.

Bei der Vielzahl der auf den Märkten angebotenen Produktvarianten sind die einzelnen Marken jedoch vom Bedeutungsverlust bedroht. Eine Möglichkeit, diese Gefahr zu verringern, ist der Einsatz einer **einheitlichen Namensstrategie für ganze Produktgruppen oder Segmente.** Dabei können die einzelnen Produktnamen mit dem Firmennamen oder einem Teil des Firmennamens verbunden werden. Eine Verbindung mit dem Firmennamen birgt allerdings die **Gefahr,** dass sich bei einem Produkt auftretende Probleme, wie beispielsweise **Qualitätsmängel**, auf das **Image** des gesamten Unternehmens **negativ** auswirken.

Wenn eine **internationale Marke** aufgebaut werden soll, muss der Markenname auch in anderen Sprachräumen einsetzbar sein (**International Brand**). Das erfordert eine sorgfältige Vorbereitung, da ein falsch gewählter international eingesetzter Markenname das Image der markierten Leistung oder des Unternehmens ernsthaft schädigen kann.

- Es ist darauf zu achten, dass der Markenname in der Fremdsprache keine umgangssprachlichen oder obszönen Bedeutungen hat und nicht den Namen von politischen oder religiösen Bewegungen ähnelt. Selbst wenn das verwendete Wort in der Fremdsprache die gleiche Bedeutung hat, ist es dennoch möglich, dass es andere als die **gewünschten Assoziationen** weckt.

- Der Markenname **sollte keinem der in dem betreffenden Land bereits verwendeten Markennamen ähneln**, um Irritationen zu vermeiden und intendierte Assoziationen zu begünstigen.

- Insbesondere sollte überprüft werden, ob der Markenname in der Fremdsprache **gut aussprechbar** ist. Um all diese Gefahren zu vermeiden und einen international einsetzbaren Markennamen auszuwählen, sollten auf jeden Fall Experten der Länder, in denen der Markenname eingesetzt werden soll, hinzugezogen werden, da dafür selbst gute Fremdsprachenkenntnisse alleine keinesfalls ausreichen.

Für eine B2B-Unternehmensmarke (Corporate Branding) ist eine nationale Ungebundenheit in wirtschaftlicher und kultureller Hinsicht vorteilhaft. Werden die Anforderungen nicht beachtet, kann es zu einem vermeidbaren, aber teuren kontraproduktiven Marketing kommen:

- Die Automarke Lada hatte in den 70er Jahren sein Modell Nova auch nach Spanien exportiert – dort heißt Nova soviel wie ‚es funktioniert nicht'.

- Das Haar-Gel Moon Shine eines deutschen Herstellers würde beim Export in die USA zu negativen Assoziationen führen, denn man versteht dort darunter einen in den Bergen von Tennessee illegal gebrannten Whisky.

- Die Firma Siemens führte seine Robotersteuerung Sirotec (Siemens Roboter Technologie), gesprochen Zerotec, in englisch-sprachige Länder ebenso ein und kam in Erklärungsnotstand mit ihrer Null-Technologie.

Das Unternehmen sollte eine Auswahl möglicher Markennamen unter den oben genannten Gesichtspunkten ausgiebig testen. Wichtig ist dabei auch, dass der Markenname nicht die Rechte Dritter verletzt und in den betreffenden Ländermärkten schutzfähig ist (*Malaval* 2001). Da das Internet eine sehr wichtige Rolle für die Vermarktung von Leistungen spielt, sollte der Markenname auch als Internetdomain geschützt werden können.

Der immer wichtiger werdende Aspekt des E-Branding wird im Kapitel zur operativen Markenkommunikation (Kapitel 3.6) ausführlicher behandelt.

2.4.2 Das Markenzeichen

Das Markenzeichen ist der erkennbare, jedoch nicht wiedergebbare Teil der Marke, z. B. ein Symbol, eine Gestaltungsform, eine charakteristische Farbgebung oder Schrift.

Es gilt ebenfalls als wesentlicher Bestandteil der **Markenidentität**. Das Markenzeichen kann neben dem Markennamen als zusätzliches Werkzeug zur Befestigung von **Markenassoziationen** und zum Aufbau von **Markenbekanntheit** bei der Zielgruppe angesehen werden. Dem menschlichen Gehirn fällt die Bildverarbeitung erwiesenermaßen leichter als die Verarbeitung von Wörtern.

Visuelle Bilder prägen sich leichter im Gedächtnis ein. Deshalb erleichtert das Markenzeichen die schnelle Identifizierung und Erkennung der Marke seitens der Zielgruppe.

Bei den **Markenzeichen** lassen sich zwei unterschiedliche Typen unterscheiden (*Malaval* 2001):

- Das **Schriftlogo** kann als stilisierter Schriftzug angesehen werden. Durch Verwendung unterschiedlicher Schriftarten lassen sich verschiedenartige Eindrücke erzeugen. So vermitteln schmale oder kursive Buchstaben beispielsweise einen dynamischen Eindruck. Die Schriftarten Arial oder Universe erzeugen dagegen ein Gefühl von Stärke und Aggressivität während durch die Schriftart Times Eleganz, Ausgeglichenheit und Klasse suggeriert wird.

- Die **Bildlogos** kann man weiter in abstrakte und konkrete Logos unterteilen. Für die Gestaltung des Markenzeichens stehen vor allem die Form, beispielsweise geometrische Strukturen, und die Farbe zur Verfügung. Durch die Farbe können auch unterschiedliche Assoziationen geweckt werden. So drücken zum Beispiel warme Farben Freundlichkeit aus.

Ein Markenzeichen sollte möglichst **leicht erkennbar** sein und eine **gute Gedächtniswirkung** haben. Zwischen dem Markenzeichen, dem Markennamen und der Positionierung der Marke sollte es eine **formale und eine inhaltliche Beziehung** geben. Sie sollten sich gegenseitig ergänzen und die **gleichen Assoziationen wecken**, um die Marke möglichst stark im Gedächtnis der Kunden zu verwurzeln.

Ein einzigartiges Markenzeichen hilft dem Unternehmen, sich von der Konkurrenz abzuheben. Markenzeichen sollten ebenso wie Markennamen **langfristig eingesetzt** werden und bedürfen deshalb auch einer gewissen Anpassungsfähigkeit. Auch bei ihnen gilt es zu beachten, dass sie **international verwendbar** sind. Insgesamt gesehen sollte ein Markenzeichen das bestehende Unternehmensimage verstärken und damit auch die Position der Marke und des Unternehmens festigen.

2.4.3 Der Markenslogan

Der Markenslogan dient dazu, die **Aussage** des Markennamens und des Markenzeichens zu **präzisieren und zu vervollständigen (Claim)**. Er ist in seiner Aussagefähigkeit nicht so begrenzt wie ein einzelnes Wort oder ein Zeichen (*Aaker* 1992). Der Markenslogan gibt in Verbindung mit dem Markennamen und dem Markenzeichen die Kernaussage des Unternehmens wieder.

Slogans (Claims) können sehr beschreibend oder eher allgemein gehalten sein. Sie sind im Allgemeinen sehr exakt formuliert, um sich leicht im Gedächtnis der Zielgruppe einprägen zu können. Es ist darauf zu achten, dass der **Zusammenhang zur Marke** deutlich wird und der Slogan **von der Öffentlichkeit der entsprechenden Marke zugeordnet** wird. Dann kann der Markenslogan die vom Markennamen und Markenzeichen hervorgerufenen **Assoziationen verstärken** und anreichern, indem er die Werte, die Tätigkeit und die Ziele des Unternehmens zum Ausdruck bringt. Die **Verwendungsdauer** eines Markenslogans ist in der Regel **kürzer** als die von Markennamen und Markenzeichen. Der Slogan wird oft dazu benutzt das Markenimage im Zeitablauf zu korrigieren und an die aktuellen Marktbedingungen anzupassen. Er kann beispielsweise dazu dienen, eine neue Unternehmensstrategie oder ein neues Tätigkeitsfeld zu kommunizieren. Der Markenslogan wird in der Regel unter dem Markennamen oder seitlich davon platziert.

Der Markenslogan kann also einen wichtigen Beitrag dazu leisten, die Marke klar und erfolgreich zu positionieren. Das wird damit begründet, dass vom Gehirn **sprachlich-logische Reize** in der linken Hirnhälfte verarbeitet werden und **nicht-sprachlich-emotionale Reize** in der rechten. Eine Marke sollte folglich beide Arten von Reizen aussenden. Eine weitere Möglichkeit ist beispielsweise durch den Einsatz von akustischen Reizen in Form eines Jingels möglich. **Jingels** sind bestimmte Melodien oder Klänge, die zusätzlich zum Markennamen, Markenzeichen und Markenslogan bei der Kommunikation der Marke verwendet werden, um die Einprägung bei der Zielgruppe zu verstärken. Diese Technik wird im Industriegüterbereich kaum verwendet. Jingels werden **hauptsächlich in der Massenkommunikation**, zum Beispiel über Radio oder Fernsehen, benutzt. Im Industriegüterbereich werden sie daher hauptsächlich von sehr großen Unternehmen verwendet, die die breite Bevölkerung und Firmenvertreter gleichermaßen ansprechen wollen (breite Stakeholder-Orientierung). Dieser Aspekt gewinnt im Zuge von Corporate Governance und Corporate Citizen zunehmend an Bedeutung (vgl. unser Ausblick am Ende des Buches).

2.4.4 Die Markenidentität

Alle formalen Elemente, die der Kennzeichnung der Marke dienen, also Markenname, Markenzeichen, Markenslogan, Jingle etc., **formen zusammen die Markenidentität (Visual Identity)** der Marke bzw. des Unternehmens, sofern es sich um eine Unternehmensmarke handelt. Die Visual Identity sollte die **Kultur**, die **Persönlich-**

keit, die **besonderen Fähigkeiten** und die **Ziele des Unternehmens** auf einheitliche, wiedererkennbare Art und Weise wiederspiegeln. Sie sollte **langfristig** angelegt sein, sich jedoch auch weiterentwickeln, um die Veränderungen der Marken- bzw. Unternehmensidentität zu reflektieren. Auf diesen Spagat gehen wir in unserem Ausblick, indem wir den Spannungsbogen zwischen strategischer Markenaufladung und operativer Markenkommunikation verdeutlichen und visualisieren.

Um einen einheitlichen Markenauftritt zu gewährleisten und damit die Marke zu stärken, sollten **Richtlinien definiert** werden, die exakt festlegen, in welcher Art und Weise die verschiedenen Elemente der Visual Identity zweckabhängig dargestellt werden sollen. Darin wird beispielsweise festgelegt, wie die Marke auf Briefen, Broschüren, Firmenwagen, Websites, Arbeitskleidung etc. erscheint. Diese Richtlinien werden **Visual Identity Code** genannt. Zusätzlich zur Stärkung der Marke sollen sie auch die **Effektivität der Kommunikation erhöhen** und die **Internationalisierung der Marke erleichtern.**

2.4.5 Der Schutz der Marke

Für die B2B-Unternehmen, die in den Aufbau von Marken investieren, ist es wichtig, diese Marken adäquat zu schützen. Die Gesetze, die einen solchen Schutz ermöglichen, werden immer wichtiger, da die **Markenpiraterie auch in der Industriegüterbranche immer mehr zunimmt** (*Malaval*, 2001, S. 195). Dabei versteht man unter Markenpiraterie nicht nur den **Missbrauch von Marken**, sondern auch

> „die **Imitation von Produkten**, bei denen nicht die Kennzeichnung im Vordergrund steht, sondern die technische oder ästhetische Funktion, z. B. Werkzeuge und Kfz-Ersatzteile." (*Meister* 1992, S. 270)

Die Fälschung von Marken und Produkten stellt eine ernste **Gefahr** für die Endkunden und die Industriegüterhersteller dar, wie bereits in diesem Kapitel erläutert wurde:

- **Für die Endkunden** zum einen deshalb, weil sie in dem Glauben, ein qualitativ hochwertiges und sicheres Produkt zu kaufen, einen zu hohen Preis bezahlen. Und zum anderen, weil die gefälschten Produkte die geforderten Sicherheitsvorschriften und Qualitätsstandards meist nicht erfüllen und somit die Gesundheit und das Eigentum der Kunden gefährden.

- **Für die Industriegüterhersteller** besteht die Gefahr vor allem im Verlust von Kunden und dem daraus resultierenden Umsatzverlust.

Um dem vorzubeugen, sollten die Unternehmen die gesetzlichen Mittel nutzen, um die Marke und das Produkt schützen zu lassen und so im Falle eines Missbrauchs **Unterlassungs- und Schadensersatzansprüche** zu haben (*Malaval* 2001). In solchen Fällen sind daher stets die betreffenden Gesetze und die zuständigen Behörden zu Rate zu ziehen, u. U. auch die Einschaltung eines Rechtsanwalts, der sich auf dieses Gebiet spezialisiert hat.

Im Überblick stellt sich der formaler Markenaufbau wie folgt dar:

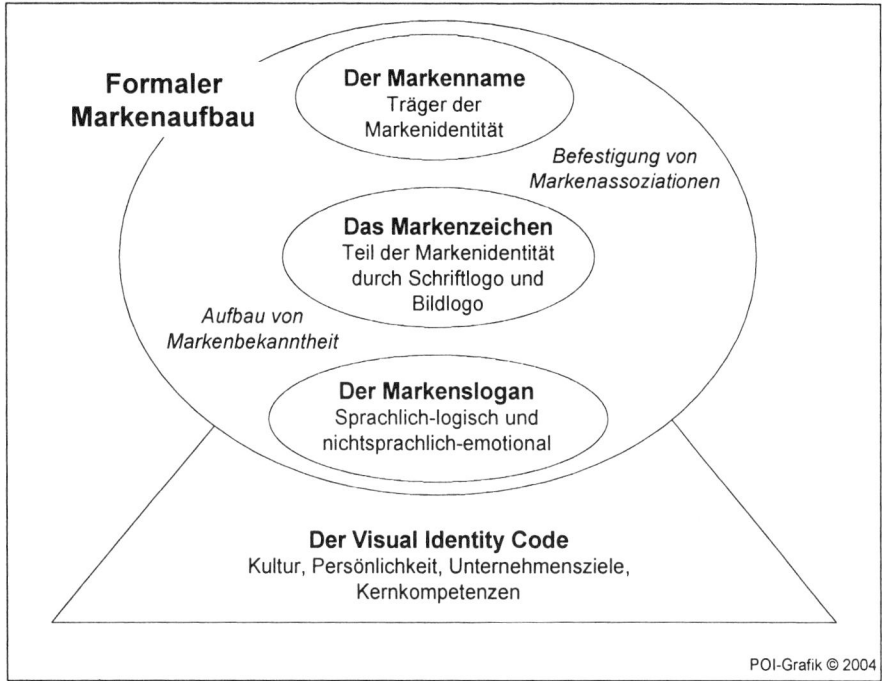

Abbildung 20: Der formale Markenaufbau im Überblick

2.5 Die Markenbildung

Eine Marke besteht im Wesentlichen aus 3 Elementen (*Diez 2001*).

- **Markenidentität:** Die Markenidentität ist die Summe aller Merkmale einer Marke. Sie dient der eindeutigen Kennzeichnung und der klaren Unterscheidung von anderen Marken.
    - o Dabei ist darauf zu achten, die Begriffe Markenidentität und Markenimage zu trennen. Die Markenidentität kann auch als **Selbstbild der Marke** bezeichnet werden, da sie die Sicht des Unternehmens darstellt.
    - o Das **Markenimage** steht für die **externe Wahrnehmung der Marke durch die Kunden** und wird somit auch als **Fremdbild der Markenidentität** bezeichnet.
    Eine starke, gut geführte Marke ist unter anderem daran zu erkennen, dass der Unterschied zwischen der Markenidentität und dem Markenimage sehr gering ist.

- **Formale Kennzeichen:** Die formalen Kennzeichen der Marke wie Markennamen, Markenzeichen, Markenslogan etc. wurden bereits oben im Detail behandelt. Wenn man eine Leistung mit diesen formalen Kennzeichen ausstattet, bezeichnet man das als Markierung oder **Branding**.

- **Markenwerte:** Die Markenwerte sind die **Ziele der Kunden**, die durch die Marke erfüllt werden sollen. Sie stellen somit die Grundsubstanz der Marke dar und werden daher oft als **Markenkern** bezeichnet.

Bei der Markenbildung sollten gewisse Grundsätze beachtet werden (*Diez 2001*):

- **Die Marke ist für die Zielgruppe prägnant und unverwechselbar zu gestalten.** Die Leistungsfähigkeit und Innovationsstärke des Industriegüteranbieters soll zusammen mit den Leistungsspezifikationen kommuniziert werden und insbesondere auf die Mitglieder des Buying Centers kompetent und attraktiv wirken.

- **Die verschiedenen Attribute der Marke sollten konsistent sein** und sich nicht widersprechen.

- Ebenso wichtig ist es, dass die **Markenbildung eine zeitliche und inhaltliche Konstanz** aufweist, damit die Marke auf die Nachfrager **glaubwürdig** wirkt.

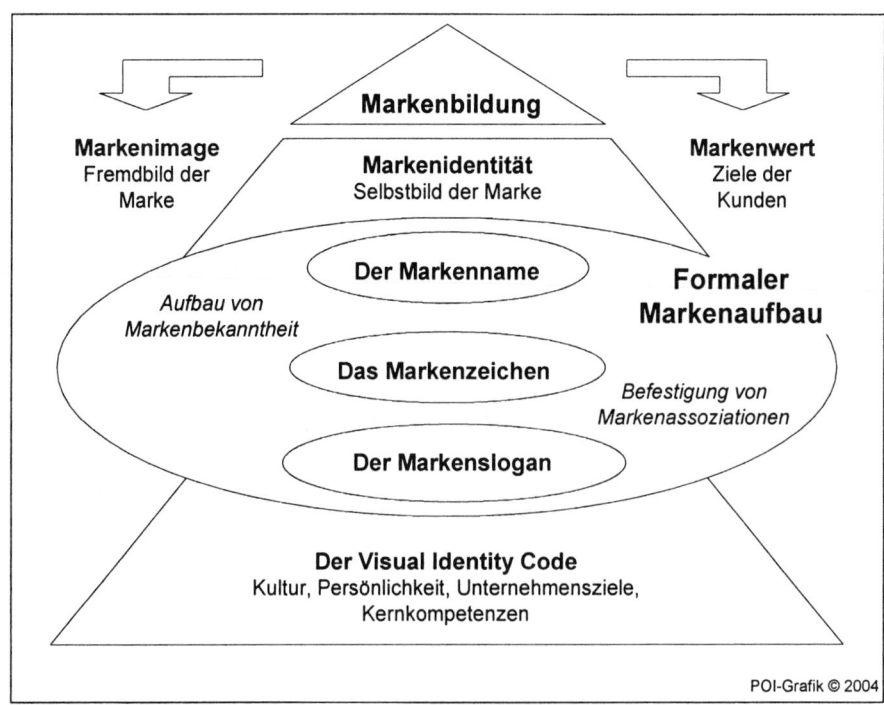

Abbildung 21: Externe und Interne Faktoren der Markenbildung

Im Zuge der Bildung einer Marke sollte ein Industriegüterunternehmen folglich die Markenidentität entsprechend den Unternehmens- und Marketingzielen festlegen, die formalen Markenkennzeichen unter Berücksichtigung der Markenidentität ausgestalten und den Markenkern bestimmen.

2.5.1 Der Markenkern

Der Hauptbestandteil jeder starken Marke ist ein eindeutiger Markenkern, der auch als **Charakter der Marke** bezeichnet werden kann. Er sollte sich in allen Kontaktpunkten der Nachfrager mit dem Unternehmen widerspiegeln.

Der Markenkern ist die **zentrale Assoziation**, die bei jedem Kontakt mit der Marke hervorgerufen wird. Durch die Zielgerichtetheit des formalen Markenaufbaus stellt der Markenkern den **wichtigsten Beschaffungsgrund für die Mitglieder des Buying Centers** dar.

Dabei kann der Markenkern sowohl einen funktionalen, als auch einen emotionalen Kundennutzen beinhalten. Ein eindeutiger Markenkern sollte **für die Zielgruppe relevant** sein. Das erreicht man am besten, in dem man die Werte der Entscheider bei der Zielgruppe ermittelt und in den Markenkern mit einfließen lässt. Es sollte eine **Marktposition** eingenommen werden, die **noch nicht von der Konkurrenz besetzt** ist, um die Marke über den Markenkern deutlich vom Wettbewerb zu differenzieren. Daneben sollte ein eindeutiger Markenkern **einfach und klar** sein und sich an den **Kernkompetenzen** des Unternehmens orientieren.

Bei der Umsetzung des Markenkerns ist vor allem der Kundennutzen von entscheidender Bedeutung. Unter dem **funktionalen Kundennutzen** versteht man den Qualitätsanspruch der Marke. Er bietet dem Kunden bei Inanspruchnahme der Marke einen **sachlichen Vorteil**. Es ist darauf zu achten, dass dem Kunden die versprochene Qualität jederzeit geliefert werden kann. Die Voraussetzungen dafür schafft ein **effektives Qualitätsmanagement** auf allen Stufen der betrieblichen Wertschöpfung. Das dadurch aufgebaute **Vertrauen** unterstützt den Kunden bei der Beschaffungsentscheidung.

Viele B2B-Unternehmen konzentrieren sich beim Markenkern zu stark auf den funktionalen Kundennutzen und appellieren somit viel zu einseitig an die Ratio der ‚aus Fleisch und Blut' bestehenden Mitglieder des Buying Centers.

Angesichts der großen Anzahl technisch und qualitativ ähnlicher Produkte lässt sich eine echte Differenzierung im Industriegüterbereich jedoch nur unter Einbeziehung des **emotionalen Kundennutzens** erreichen. Darunter versteht man die gefühlsmäßige Beziehung zwischen der Marke und dem Nutzer (*Jakob et al.* 2001). Sie werden maßgeblich von den Erfahrungen der Unternehmensvertreter mit der Marke beeinflusst. Jeder Kontakt des Nachfragers mit der Marke ruft **emotionale Assoziationen** hervor (*Temporal et al.* 2001, S. 27-32). Um diesen Umstand optimal zu nutzen, sollte eine Marke den Kunden in allen Kontaktbereichen konstant positive Erfahrungen liefern.

Eine starke Marke entsteht nur dann, wenn der Kunde bei jeder Inanspruchnahme die gleichen Erfahrungen mit der Marke machen kann. Nur dadurch erreicht das Unternehmen eine **langfristige Bindung** der Kunden an die Marke und somit einen wichtigen Wettbewerbsvorteil.

2.5.2 Die Ausrichtung des Unternehmens am Markenkern

Entscheidend für den Erfolg der Markenbildung ist zum einen die ganzheitliche Umsetzung, also die **Ausrichtung des gesamten Unternehmens am Markenkern** und zum anderen die **langfristige Konstanz des Markenauftritts**. Der Markenkern sollte in allen Unternehmensbereichen als Orientierungshilfe dienen. Dabei ist die **Personalpolitik** besonders gefordert, da im Industriegüterbereich der persönliche **Kontakt zwischen Mitarbeitern des Anbieters und des Nachfragers** ein zentraler Faktor ist (*Weidner* 2002, S. 103). Um den Markenkern und damit die Werte des Unternehmens beim Kundenkontakt repräsentieren zu können, müssen die Mitarbeiter entsprechend geschult und kompetent sein. Es sollten darüber hinaus Regeln für einen freundlichen und zuvorkommenden Umgang mit Kunden aufgestellt werden, um ein konstantes Verhalten der Mitarbeiter zu erreichen. Wichtiger als Verhaltensregeln ist dabei eine **starke Corporate Culture**. Darunter versteht man die Art und Weise, wie die Mitarbeiter geführt werden und wie im Allgemeinen der zwischenmenschliche Umgang innerhalb des Unternehmens ist. Wenn die Corporate Culture am Markenkern orientiert ist, spiegelt sich dieser auch im Mitarbeiterverhalten den Kunden gegenüber wider. Ein entsprechendes **Leitmotiv** für alle am Wertschöpfungsprozess des Unternehmens Beteiligten kann bei der ganzheitlichen Umsetzung des Markenkerns sehr hilfreich sein.

Ein sehr gutes Beispiel, wie ein solches **Unternehmensleitbild in der Praxis** aussehen kann, liefert die **Robert Bosch GmbH mit ihrer Initiative BeQiK** (*Kurhajec*, 2002). Das Leitbild BeQIK, BeBetter, BeBosch kommuniziert die Kernbotschaften der Marke Bosch an die Mitarbeiter, die ihr Handeln daran ausrichten sollen. Dabei steht **BeQiK** für die Kernbotschaften

- Qualität,
- innovative Produkt- und Serviceleistungen sowie
- Kundenorientierung.

BeBetter steht für die **Wertbeständigkeit** und die Zuverlässigkeit, während durch **BeBosch** sowohl innerer Stolz, als auch äußerer Besitzerstolz ausgedrückt wird. Durch dieses Unternehmensleitbild soll erreicht werden, dass die Kernbotschaften der Marke Bosch durch die Organisation gelebt werden. Somit wirkt das Unternehmen bei der Ansprache der Zielgruppe überzeugender und kommuniziert den Markenkern bei jedem Kundenkontakt nach außen (vgl. unser Fallbeispiel Bosch in Teil 2).

2.5.3 Die Kerndimensionen einer starken Marke

Abschließend werden in diesem Abschnitt nochmals die wichtigsten Aussagen zur Markenbildung aufgegriffen, um zu demonstrieren, was eine starke Marke letztendlich ausmacht. Bei der Entwicklung ihres **Brand Asset Valuators** kam die **Agentur Young and Rubicam** zu der Erkenntnis, dass die wesentlichen Kerndimensionen von starken Marken folgende Eigenschaften sind:

- **Differenzierung:** Grundlegend für eine Marke ist das Vorhandensein einer **eigenständigen Leistung**, mit der sich das Industriegüterunternehmen von den Konkurrenten unterscheidet (Differenzierung). Falls dieser **Markenkern** nicht nur von dem Unternehmen, sondern auch von einem oder mehreren Wettbewerbern belegt ist, bedarf es weiterer Differenzierungsmerkmale, beispielsweise über den schon angesprochenen **emotionalen Kundennutzen**.

- **Relevanz:** Durch eine **Abstimmung des Markenkerns auf die Probleme, Werte und Einstellungen der Kunden** wird sichergestellt, dass der Markenkern für die Zielgruppe relevant ist und somit die zweite Kerndimension erfüllt ist.

- **Ansehen:** Das Ansehen der Marke setzt sich aus den Faktoren **Qualität und Popularität** zusammen. Beides entsteht, wenn eine relevante Differenzierung erreicht wurde und das Angebot von den Kunden wahrgenommen wird. Das Ansehen steigt umso schneller, je bedeutender das Leistungsangebot für die Nachfrager ist, braucht aber generell eine gewisse Zeit, um sich zu entwickeln.

- **Vertrautheit:** Ein Leistungsangebot, das zugleich differenzierend und relevant ist, führt neben dem Ansehen auch zu Vertrautheit. Die Marke wird somit durch die zwischen dem Leistungsangebot des Unternehmens und dem Nachfrager entstehende **emotionale Beziehung** gekennzeichnet. Eine so entstandene starke Marke bringt sowohl für den Hersteller als auch für den Nachfrager Vorteile, die bereits weiter oben kurz erläutert und weiter unten u. a. an Branchen- und Unternehmensbeispielen ausführlicher untersucht werden.

Charakteristisch für starke Marken ist dabei eine in etwa gleich starke Ausprägung dieser Merkmale (*Richter et al.* 1998).

2.6 Der Markenwert

2.6.1 Bedeutung und Definition des Markenwerts

Im Zuge einer immer stärkeren Wertorientierung der Unternehmen, die seit geraumer Zeit zu beobachten ist, kommt dem Markenwert und seiner Bestimmung eine immer größere Bedeutung zu. Marken stellen auch in der Industriegüterbranche einen wichtigen Vermögensgegenstand des Unternehmens dar. Der Anteil des Markenwerts am Gesamtunternehmenswert im Industriegüterbereich liegt durchschnittlich bei 18%. Auch wenn dieser Wert im Vergleich zu den anderen Branchen gering wirkt, ist er dennoch beachtlich (*Meffert et al.* 2002, S. 431, *Sattler* 2001, S. 21).

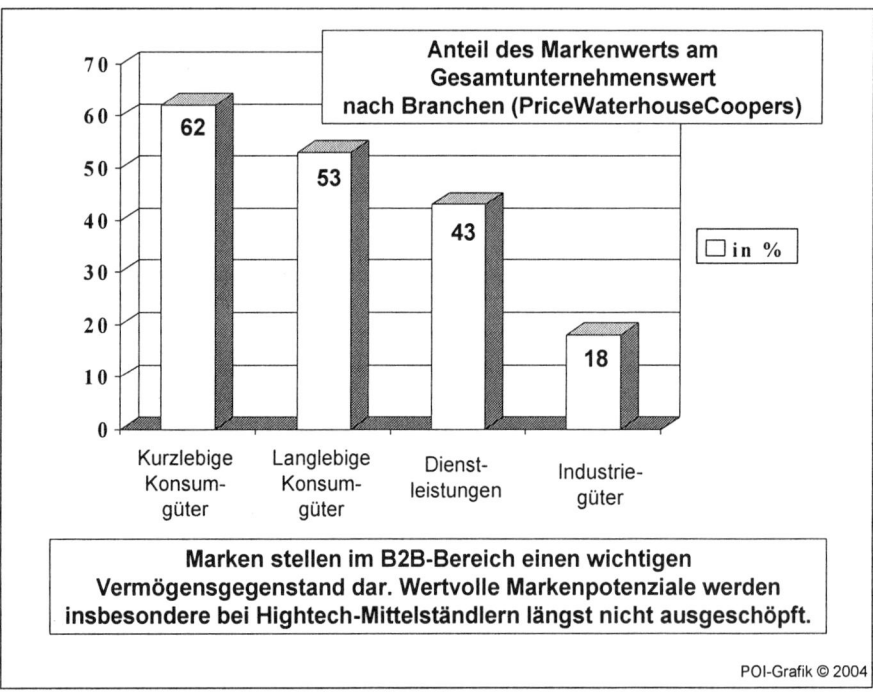

Abbildung 22: Anteil von Markenwerten am Gesamtunternehmenswert (*Esch* 2004)

Der Markenwert umschreibt eine Gruppe von Vorzügen und Nachteilen, die mit einer Marke, ihrem Namen oder Symbol in Zusammenhang stehen und den Wert eines Produktes oder Dienstes für ein Unternehmen oder seine Kunden mehren oder mindern (*Aaker* 1992, S. 31).
Der Markenwert ist als zusammenfassender Ausdruck für die **Markenbekanntheit**, die **Markentreue**, die von den Nachfragern **angenommene Qualität** der Leistung, die mit der Marke verbundenen **Assoziationen** und aller **anderen Vorzüge der Marke** zu sehen. Er kann auch als **Indikator für zukünftige Markterfolge** des Unternehmens angesehen werden.

Eine **wertorientierte Unternehmenspolitik** muss immer auch eine Steigerung des Markenwerts zu einem wichtigen Unternehmensziel machen, unabhängig von der Frage, ob Shareholder oder Stakeholder im Vordergrund stehen (*Diez 2001*).

Unabhängig davon gehört der Markenwert zu den strategischen Erfolgsgrößen eines Unternehmens.

Um einen **positiven Markenwert** zu schaffen, muss das Unternehmen die Leistungsversprechen der Marke kontinuierlich einhalten. Dieses Leistungsversprechen wird über die Marke transportiert. Dies kann entweder

- **explizit** geschehen, also beispielsweise mittels technischer Leistungsbeschreibungen des Produktes, oder
- **implizit**, zum Beispiel indem die Erwartungen der Nachfrager bewusst über die Unternehmenskommunikation gesteuert werden.

2.6.2 Die Markenbewertung

Die genaue oder **zumindest näherungsweise Bestimmung des Markenwerts** ist in der Unternehmenspraxis in vielerlei Hinsicht **wichtig**. Der Anbieter einer Leistung muss den Wert der Marke einschätzen, um für eine markierte Leistung einen Preis festlegen zu können. Dasselbe gilt für den Nachfrager, um entscheiden zu können, ob er bereit ist, einen bestimmten Preis zu zahlen.

Darüber hinaus ist eine Markenbewertung bei diversen **externen Problemstellungen** des Unternehmens unbedingt notwendig. Besonders praxisrelevant ist dabei die Einbeziehung des Markenwertes

- bei der Festlegung eines Kaufpreises im Rahmen von **Unternehmensakquisitionen** und
- auch bei der **Lizenzierung von Markenrechten.** Hier ist die Bestimmung des Markenwerts Vorraussetzung für die Festsetzung der Gegenleistung in den Lizenzverträgen. Im Falle der **Verletzung von Markenrechten** dient der Markenwert als Referenzgröße für den zu leistenden Schadensersatz.

Um diese externen Problemstellungen optimal lösen zu können, ist es unbedingt notwendig, den Markenwert in Geldeinheiten zu quantifizieren.

Auch **unternehmensinterne Problemstellungen** erfordern eine Bewertung der Marke. So müssen beispielsweise **geplante Investitionen, die auf eine Steigerung des Markenwerts abzielen**, gerechtfertigt werden. Es muss also aufgezeigt werden können, warum eine solche Investition alternativen Verwendungsmöglichkeiten der begrenzten Finanzmittel vorzuziehen ist. Dazu muss die Wirkung verschiedener Maßnahmen auf die Markenstärke und damit auf den Markenwert analysiert werden (*Meffert et al.* 2002). Das erfordert ein fundiertes Verständnis der Funktionsweise von Marken (vgl. nachfolgendes Kapitel 2.7).

Wichtiger als eine Quantifizierung in Geldeinheiten ist in diesem Zusammenhang die **Bestimmung von Referenzgrößen**, beispielsweise die Marke im Zeitablauf oder die Marke eines Wettbewerbers. Mit deren Hilfe lässt sich die relative Position der Marke bezogen auf die betreffende Referenzgröße feststellen. Die Positionsveränderung kann auf einer so bestimmten Maßnahme zur Steigerung des Markenwerts zugeordnet werden. Auf diese Weise werden **langfristige Erfolgsgrößen** bestimmt, die auch für andere beim Markenmanagement auftretenden Probleme als Entscheidungsgrundlage dienen können. Beispielhaft zu nennen ist hier die Schaffung einer **Grundlage für die Leistungsbeurteilung der Markenverantwortlichen**. Ein darauf aufbauendes **Anreizsystem** für die mit dem Markenaufbau und dem Markenmanagement betrauten Mitarbeiter kann helfen, die so wichtige langfristige Orientierung des Markenmanagements durchzusetzen. Die Entwicklung des Markenwerts dient dabei als Kontrollgröße.

Finanz- und verhaltensorientierte Ansätze zur Markenbewertung

Betrachtet man die unterschiedlichen Verwendungsmöglichkeiten der Markenbewertung und die verschiedenen Zielsetzungen, wird klar, dass es für den Markenwert **kein allgemeingültiges Bewertungsverfahren** gibt (*Bugdahl* 1998). Vielmehr hängt der zu ermittelnde Markenwert stark vom Standpunkt des Bewertenden und der von ihm verfolgten **Zielsetzung** ab. Man kann folgende Arten von Ansätzen unterscheiden:

- **Finanzorientierte Ansätze:** Aus dieser Sicht ist der Markenwert der **Barwert aller zukünftigen Einzahlungsüberschüsse**, die der Eigentümer aus der Marke erwirtschaften kann (*Meffert et al.* 2002). Die finanzorientierten Markenbewertungsansätze stellen also grundsätzlich die mit dem Markenaufbau und dem Markenmanagement verbundenen, **zukünftig zu tätigenden Investitionen den ausschließlich auf die Marke zurückzuführenden zukünftigen Einzahlungen gegenüber und diskontieren diese**. Das Ergebnis ist eine monetäre Größe für den Markenwert, die unter anderem bei diversen, bereits oben genannten, externen Problemstellungen des Unternehmens verwendet werden kann. Diese Ansätze sind jedoch aufgrund ihrer Ausrichtung auf einen rein monetären Markenwert als Grundlage für die oben genannten unternehmensinternen Problemstellungen nicht geeignet.

- **Verhaltensorientierte Ansätze:** Unternehmensinterne Problemstellungen können verhaltensorientierte Markenbewertungsansätze erfüllen. Sie basieren auf der Theorie, dass sämtliche vom anbietenden Unternehmen durchgeführten Marketingmaßnahmen sowie persönliche Erfahrungen des Nachfragers mit der Marke in der **Psyche des Nachfragers** ein **spezifisches Vorstellungsbild der Marke** erzeugen (*Meffert et al.* 2002). Die Summe aller Marketingmaßnahmen und das damit im Zeitverlauf aufgebaute subjektive Vorstellungsbild der Marke bei den Nachfragern bestimmt maßgeblich deren **zukünftige Markenwahl** und damit den Markenwert beziehungsweise die **Markenstärke**. Die verhaltensorientierten Ansätze quantifizieren den Markenwert nicht in Geldeinheiten. Ihre Ergebnisse geben **wertvolle Hinweise zur Optimierung der Marketingmaßnahmen** und erleichtern damit das effektive und effiziente Markenmanagement.

Kombiniertes Modell von Interbrand

Neben den rein finanzorientierten und den rein verhaltensorientierten Verfahren gibt es auch Markenbewertungsverfahren, die beide Ansätze verbinden. Die Markenbewertungsmethode von Interbrand ist ein solches kombiniertes Modell, das international anerkannt ist. Interbrand verbindet das Finanzprinzip, nach dem der Markenwert gleich dem Kapitalwert der zukünftig mit der Marke erwirtschafteten Erträge ist, mit dem Marketingprinzip, wonach die Kundennachfrage durch Marken erzeugt und gesichert wird (www.interbrand.de).

Interbrand diskontiert die voraussichtlichen zukünftigen Erträge, die der Marke zuzuordnen sind, abhängig vom Risiko mit dem sie tatsächlich eintreten:

Im ersten Schritt muss zunächst einmal der **Anteil der Gesamteinnahmen bestimmt** werden, der **direkt der Marke zugeschrieben** werden kann. Nachdem der Nettogewinn des betreffenden Geschäftssegments ermittelt wurde, müssen davon die Kosten für den Besitz des materiellen Vermögens abgezogen werden. Es wird davon ausgegangen, dass der gesamte Ertrag, der darüber hinaus realisiert wurde, auf dem **immateriellen Betriebsvermögen** beruht, zu dem unter anderem auch die Marke gehört. Um die auf die Marke zurückzuführenden Erträge von denen zu trennen, die vom übrigen immateriellen Betriebsvermögen generiert wurden, werden **Marktforschungsinstrumente** eingesetzt. Man muss herauszufinden, ob sich die Kunden aufgrund der Marke oder wegen anderer Attribute für genau dieses Produkt entscheiden. Dazu können unter anderem die Manager der betreffenden Industriezweige befragt werden.

Um nun feststellen zu können mit wie viel Risiko die zukünftigen Markenerträge behaftet sind, bestimmt Interbrand die **Markenstärke anhand von sieben Faktoren** (*Aaker* 1996; *Meffert et al.* 2002):

- Die **Marktposition** beziehungsweise der Grad der Marktführerschaft, der unter anderem von der Größe des Kundenstamms, dem Marktanteil und der Kommunikation abhängt.

- Die **Stabilität der Marke**, die unter anderem abhängig ist von der Markenbekanntheit, der Kontinuität und Konstanz der Kommunikation sowie dem Alter der Marke.

- Der **Markt**, der vor allem durch die Höhe des Wachstums, dem Grad der Preisstabilität und der Konkurrenzsituation gekennzeichnet ist.

- Die **Internationalität der Marke**. Dabei wird im Allgemeinen davon ausgegangen, dass eine Marke um so stärker ist, je größer der Markt auf dem sie vertreten ist.

- Der **Markentrend** basiert auf der langfristigen Umsatzentwicklung der Marke und gibt das Wachstumspotenzial der Marke an.

- Der **Grad der Unterstützung der Marke** durch das Unternehmen beeinflusst maßgeblich seine Stärke.
- Gleiches gilt für den **Umfang des rechtlichen Schutzes**.

Die **Markenstärke** gibt Aufschluss über die **Risikobehaftung der zukünftigen Erträge**. Mit ihrer Hilfe lässt sich folglich der Diskontsatz ermitteln, der dann auf die Markenerträge angewendet wird. Das Ergebnis repräsentiert den aktuellen Nettowert der Marke.

Tabelle 7: Die stärksten B2B-Marken

Umsatz mit B2B > 95%		Umsatz mit B2B > 50%	
Pos.	Firma	Pos.	Firma
5	Intel	2	Microsoft
24	Oracle	3	IBM
35	SAP	4	GE
50	Accenture	6	Nokia
75	Caterpillar	12	HP
76	Reuters	26	Morgan Stanley
84	Boeing	31	J. P. Morgan
		37	HSBC
		48	Xerox
		50	Sun Mircosystems
		96	Fedex
Quelle: *Interbrand – Top 100 Brand 2003, www.interbrand.com und eigene Erhebung*			

Doch auch die kombinierten Markenbewertungsmodelle bieten keine allgemeingültigen Generallösungen, die sich für alle Verwendungsmöglichkeiten des Markenwerts eignen. Vielmehr muss bei einer spezifischen Problemstellung das zur Erreichung der gesetzten Ziele am besten geeignete Markenbewertungsmodell gefunden und angewendet werden. Dabei ist zu beachten, **dass eine exakte Bestimmung des Markenwerts in der Praxis mit großen Schwierigkeiten verbunden ist**, da viele der Angaben, die für den Einsatz der Markenbewertungsmodelle benötigt werden, geschätzt werden müssen (*Backhaus* 2003). Des Weiteren hängt der Markenwert auch von der gewählten **Markenstrategie** ab. Die Erörterung von Markenstrategien wird ebenfalls vorgestellt. Nach der letzten Interbrand-Markenanalyse sind folgende B2B-Marken in den Top 100 vertreten (s. Tabelle: Die stärksten B2B-Marken).

Annäherungsversuche zur Markenbewertung

Auch und insbesondere B2B-Güter sind auf eine gezielte Markenpolitik angewiesen, um sich einerseits am Markt gegenüber den Kunden zu profilieren und andererseits gegenüber dem Wettbewerb zu positionieren. PricewaterhouseCoopers stellt bereits 1999 fest, dass Marken zu den wichtigsten Einflussgrößen des Unternehmenserfolgs gehören. Den dadurch oft ausgelösten höheren Einnahmen durch Preisprämien stehen nicht minder häufig geringere Vertriebsausgaben gegenüber. Mit anderen Worten: Die **Kunden** sind eher bereit, höhere Preise für ihre favorisierte Marke zu bezahlen und treue Kunden verursachen weniger Betreuungsaufwand bzw. reagieren spontaner auf Marketingaktionen. Insofern resultiert aus einem konsequent eingesetzten Markenmanagement sowohl eine höhere Effizienz (Output-Input-Relation) als auch eine höhere Effektivität (Zielerreichungsgrad) von Marketing-Ausgaben.

Vor diesem Hintergrund stellt eine Marke einen bedeutenden Wertreiber dar, d. h. eine Marke begünstigt den Unternehmenswert. Bilanztechnisch ausgedrückt machen Marken es darüber hinaus möglich, beim **Rating der Banken** besser abzuschneiden – Marken tragen damit zur Kreditsicherung bei. Letztgenannter Aspekt spielt gerade im Investitionsgüterbereich eine wichtige und künftig noch wichtigere Rolle, da Entwicklungsaufwand, Entwicklungskomplexität und Entwicklungsrisiken von den Original Equipment Manufacturers (OEMs) immer noch weiter auf die Zulieferer verlagert werden. Wir untersuchen diesen Aspekt insbesondere im Kapitel über die Automobilindustrie: Lag die Fertigungstiefe der Autoproduzenten 1995 noch bei 40%, dürften bis zum Jahr 2015 Zulieferer bereits 80% der Entwicklung und Produktion für die Hersteller übernommen haben (*ThyssenKrupp* 2004). Nach Bewertung der Mercer-Experten

> „...werden sich die Autohersteller auf ihre Marke prägende Module und Komponenten beschränken (z. B. Motor)."

Ein weiterer Vorteil besteht in der leichteren Anziehung hochqualifizierter **Mitarbeiter auf dem Personalmarkt**, da Personalanzeigen von Unternehmen mit einer starken Marke besser wahrgenommen werden und eine **höhere Arbeitgeberattraktivität** für potenzielle Bewerber ausstrahlen. Umgekehrt liefern hochqualifizierte Mitarbeiter wiederum wertvollere Beiträge zur strategischen Stärkung und operativen Kommunikation von Marken. Dies ist angesichts des Mangels an qualifizierten technischen Fachkräften nicht zu unterschätzen.

Hinzu kommt der Aspekt der besseren Identifizierbarkeit von Mitarbeitern mit einer starken Marke. Der Faktor Human Capital übt via Mitarbeiterzufriedenheit und Mitarbeitermotivation einen maßgeblichen Einfluss aus auf die individuelle Leistungsbereitschaft jedes Mitarbeiters und steigert damit den Unternehmenswert (*Schmid* 2004a).

Es ist bekannt, dass noch in den 80er bis weit hinein in die 90er Jahre der Bedeutung von Marken im B2B-Bereich ein relativ geringer Stellenwert zugeschrieben wurde. Damals argumentierte man, dass für Investitionsgüter aufgrund ihrer Langlebigkeit und des rationalen Einkaufsentscheidungsprozesses hauptamtlicher gewerblicher Einkäufer (Buying Center) eher sachlich-nüchterne als emotionale und emotionalisierende Verkaufsargumente zählen. So hat sich beispielsweise der Verband Deutscher Maschinen- und Anlagenbauer (VDMA) in den letzten Jahren mit der Bedeutung von Marken in der Investitionsgüterindustrie beschäftigt. In der VDMA-Studie konnte 2002 nachgewiesen werden, dass bei 195 VDMA-Mitgliedsfirmen die Markenorientierung deutlich an Bedeutung gestiegen ist. **Der Einfluss der Marke auf Wertigkeit und Häufigkeit von Kaufentscheidungen und damit auf den Unternehmenswert steigt weiter.**

Insbesondere die Komplexität von Investitionsgütern, die zunehmende Anbietervielfalt und das immer knapper werdende Zeitbudget für Investitionsentscheidungen erleichtern es dem Buying Center, wenn Marken als Signale im Angebotsdschungel komplexitätsreduzierend und vertrauenssteigernd wirken. Lange Nutzungszyklen machen einen zuverlässigen Service erforderlich, ebenso eine vollständige und sichere Ersatzteilversorgung – auch das sind typische Eigenschaften starker Marken.

Die Marke steigert nicht nur den immateriellen Wert des Unternehmens, sondern hängt auch eng mit anderen immateriellen Faktoren eines Unternehmens zusammen. Nur eine konsequent angewandte und langfristig angelegte Markenstrategie ist erfolgsversprechend. In einem umfassenden Steuerungssystem von Marken sollten sowohl monetäre als auch nicht-monetäre Zielgrößen berücksichtigt werden:

- **Nicht-monetäre Zielgrößen** lassen sich durch Indikatoren wie Bekanntheitsgrad oder Markenimage darstellen, d. h. sie haben **Frühwarncharakter**.

- **Monetäre Zielgrößen** sind wichtig, da sonst materielle und immaterielle Vermögenswerte unterschiedlich bewertet und folglich nicht vergleichbar sind. Der Aufbau einer Marke kann daher als **Investition in die Zukunft** betrachtet werden, denn mit dem Aufbau von Markenstärke und Markenwert verspricht man sich Absatz- und Renditesteigerung sowie Kostensenkung.

Insofern sollten Marken einer Rentabilitätsbeurteilung unterzogen werden, was einer monetären Bewertung der Rückflüsse bedarf. Kriegbaum-Kling stellt hierzu fest (*Kriegbaum-Kling* 2004, S. 340):

> „Folglich unterstützt ein monetärer Markenwert die Einbindung der Steuerung von Marken in die Unternehmensführung, da eine gemeinsame Kommunikations- und Entscheidungsgrundlage für Marketing und Finanzwesen geschaffen wird. Der Markenwert repräsentiert das monetär quantifizierte Erfolgspotenzial einer Marke und ist das finanzielle Ergebnis der Markenstärke."

Da sich bis heute kein Verfahren zur Markenbewertung durchsetzen konnte (*Kriegbaum* 2001), führen bis heute

- nur 37,2% von 129 befragten Markenartikelunternehmen eine Markenbewertung durch.
- Nur 17% führen dabei eine monetäre Bewertung durch.
- 36,7% der Unternehmen bemängeln, dass es keine geeigneten Markenbewertungsmethoden gibt und
- weitere 20,3% kritisieren den hohen Zeit- und Kostenaufwand.

Gegenüber dem hier zitierten Konsumgüterbereich fällt der Prozentwert im B2B-Bereich deutlich niedriger aus. Insbesondere die Investitionsgüterhersteller verfügen über unklare Vorstellungen zur Markenbewertung und haben daher enormen Nachholbedarf im operativen Aufbau von Marken und in der strategischen Markenkommunikation. Die bereits erwähnte VDMA-Studie diagnostiziert sogar, dass unter Markenbewertung überwiegend ‚allgemeine Marktforschung' verstanden wird.

Generell kommen folgende Verfahren zur **Markenbewertung** in Betracht (*Kriegbaum-Kling* 2004):

Markenbewertung auf Basis von Markenkosten

- Die Bewertung erfolgt anhand von Anschaffungs- bzw. Herstellungskosten.
- Die Durchführung im B2B-Bereich ist vergleichsweise schwieriger, da insbesondere F&E-Kosten im Vordergrund stehen und nicht wie im Konsumgüterbereich die Marketingkosten herangezogen werden können.
- Unklar ist außerdem, über welchen Zeitraum Kosten erfasst werden sollen und wie die Kosten für Marken, die seit Jahren bestehen, ermittelt werden sollen.
- Außerdem besteht die Problematik zwischen vergangenheitsorientierter Markenwertermittlung und zukunftsorientiertem Markenerfolgspotenzial, d. h. es findet eine einseitige Input-Orientierung zu Ungunsten einer angemessenen Outputorientierung statt. Letztere korrespondieren mit markenwertsteigernden Wirkungen.
- Es besteht die Gefahr der Markensteuerung in die falsche Richtung, z. B. wenn Investitionen in die Marke den Markenwert steigern, aber in Wirklichkeit dadurch gar keine gewinn- bzw. renditefördernden Auswirkungen ausgelöst werden.

Markenbewertung mit Hilfe von Preisprämien

- Basis dieser Methode ist die Vorstellung, dass Marken höhere Zahlungsbereitschaften auslösen als nicht markierte Produkte.
- Da aber im B2B-Bereich Befragungen nicht bei Einzelkunden durchführbar sind (Buying Center!), können Preisunterschiede zwischen verschiedenen Anbietern

auch das Ergebnis ungünstiger Kostenstrukturen oder preispolitischer Überlegungen sein.

- Hinzu kommt, dass im B2B-Bereich oft gar keine vergleichbaren Produkte als Maßstab herangezogen werden können, da sehr oft maßgeschneiderte Produkte angeboten werden.
- Die statische bzw. periodenbezogene Betrachtungsweise vernachlässigt zukünftig erwartete Gewinne, d. h. es werden statt Erfolgspotenziale der Marke nur gegenwärtige Markenerfolge abgebildet – genau dies steht in direktem Widerspruch zur Begründung von Marken und Markeninvestitionen.

Kapitalmarktorientierte Markenbewertung

- Hier steht die Betrachtung des Unternehmenswertes am Kapitalmarkt im Vordergrund und die Ableitung des Markenwertes daraus.
- Unter der Voraussetzung, dass Kapitalmärkte effizient sind, also alle verfügbaren Informationen im Aktienkurs verarbeiten, wird bei dieser Methode davon ausgegangen, dass Marketing-Ausgaben zur Beeinflussung des Markenwertes sich im Aktienkurs auswirken.
- Mit dieser Methode wird der Markenwert von anderen Vermögensgütern getrennt und als Markenwert vom Kapitalmarkt geschätzt. Allerdings ist diese Methode auf börsennotierte Kapitalgesellschaften beschränkt.
- Es besteht eine große Abhängigkeit des Markenwertes von der allgemeinen Börsenentwicklung, wobei letztere immer häufiger von exogenen Faktoren beeinflusst wird.
- Eine Herausrechnung einzelner Marken ist nicht möglich.

Markenbewertung mit Markenstärkeindikatoren

- In einem ersten Schritt werden die nicht-monetären Markenwerte anhand von Indikatoren ermittelt, in einem zweiten Schritt erfolgt deren monetäre Bewertung.
- Ein Problem besteht in der Auswahl der verwendeten Indikatoren: Beispielsweise verwenden Verfahren von Interbrand vor allem Indikatorengruppen zur Marktführerschaft, Stabilität, Markt, Internationalität, Markentrend, Marketingunterstützung und rechtlicher Schutz; hingegen werden besonders B2B-relevante Erfolgsfaktoren außer Acht gelassen: z. B. Technologie- und Innovationsführerschaft, Ersatzteil- und Serviceverfügbarkeit etc. Stattdessen werden Indikatoren verwendet, die im B2B-Bereich weniger relevant sind (z. B. Handelsdurchsetzung).

Markenbewertung auf Basis von Lizenzeinnahmen

- Es erfolgt eine Ableitung des Markenwertes aus Lizenzeinnahmen für Markennutzung.
- Das Ergebnis wird verfälscht, da sowohl Einnahmen aus eigener Nutzung der Marke als auch die komplette Ausgabenseite außer Acht gelassen werden.
- Es besteht eine hypothetische Annahme zur Lizenzbestimmung.

Eine Markensteuerung im B2B-Bereich ist deshalb aber trotzdem möglich, wenn nicht das Erfolgspotenzial kommunikationspolitischer Maßnahmen so stark und so oft unterschätzt werden würde. Kriegbaum-Kling stellt hierzu fest (*Kriegbaum-Kling* 2004, S. 343):

„Dabei geht es nicht um breit angelegte Werbeaktivitäten, sondern vielmehr um eine durchgängige Positionierung des Unternehmens als Ganzes, indem sich das Unternehmen nach außen darstellt, ein positives Firmenimage erzeugt und die Bekanntheit gesteigert wird. Die Corporate Identity ist das individuelle und unverwechselbare Denken und Handeln eines Unternehmens als abgestimmtes Ganzes und umfasst die Gestaltung des Unternehmenserscheinungsbildes (Corporate Design), die Unternehmenskommunikation (Corporate Communication) und das Unternehmensverhalten (Corporate Behavior)."

Die in diesem Rahmen nur in knapper Form mögliche Darstellung der Methoden zeigt auf, dass in den B2B-Branchen nicht nur die Bedeutung von Brand Capital unterbelichtet ist, sondern dass aufgrund der Besonderheiten von B2B-Produkten gängige Markenbewertungsverfahren aus der Konsumgüterindustrie weniger geeignet erscheinen.

2.7 Die Funktionsweise von Marken

Zu wissen, wie eine Marke funktioniert, erleichtert den erfolgreichen Markenaufbau, aber auch die erfolgreiche Führung etablierter Marken für ein Unternehmen, weil dadurch die Folgen verschiedener Handlungsalternativen, die die Marke beeinflussen, besser eingeschätzt und somit eine bessere Wahl getroffen werden kann. Die Erklärung der Funktionsweise einer Marke soll hier stufenweise anhand verschiedener aufeinander aufbauender Mechanismen erfolgen (*Malaval* 2001, S. 86ff.):

- Markenbekanntheit,
- Markenimage,
- Erzeugung von Markenassoziationen und
- der aus diesen drei Faktoren resultierenden Markentreue.

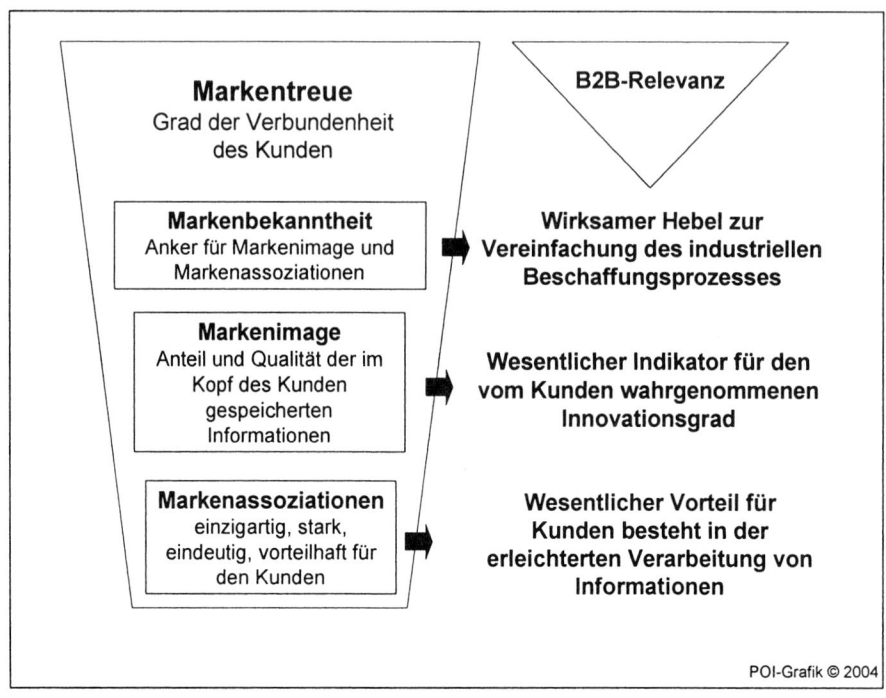

Abbildung 23: Die Funktionsweise von Marken und ihre B2B-Relevanz

Die **Markenbekanntheit** bzw. das Markenbewusstsein ist die Grundvoraussetzung für die Schaffung eines Markenimages bei der Zielgruppe, da das Image, das beispielsweise durch den Einsatz von Kommunikationsmitteln erzeugt wird, auf eine bestimmte Marke bezogen sein muss, um so vom Nachfrager direkt mit dieser Marke in Verbindung gebracht zu werden.

Nachdem die Marke von der Zielgruppe wahrgenommen wird und ein positives **Markenimage** aufgebaut wurde, können durch Marketingmaßnahmen Käufe seitens der Zielgruppe ausgelöst werden. Damit bei diesen Erstkäufern eine hohe Markentreue erzeugt werden kann, bedarf es der Bildung vorteilhafter **Markenassoziationen**.

Die Zahl der Käufer einer Leistung zu erhöhen und unter diesen Käufern eine hohe **Markentreue** zu erzeugen, kann als Hauptziel jedes Markenaufbaus angesehen werden.

2.7.1 Die Markenbekanntheit

Markenbekanntheit umschreibt die Fähigkeit eines potenziellen Käufers, zu erkennen oder sich daran zu **erinnern** (evoked set of alternatives), **dass eine Marke zu einer bestimmten Produktkategorie gehört** (*Aaker* 1992). Entscheidend ist dabei die Verbindung zwischen Produktklasse und Marke (*Malaval* 2001).

Dabei kann man aktive Markenbekanntheit und passive Markenkenntnis unterscheiden.

- **Aktive Markenbekanntheit** liegt vor, wenn die Verbindung zwischen der Produktart und der Marke relativ stark ist. In diesem Fall fällt einer Person die Marke **sofort bei Nennung** der betreffenden Produktart ein.

- Von **passiver Markenkenntnis** spricht man, wenn von der Person eine **zusätzliche Erinnerungshilfe** benötigt wird, um zwischen der Marke und der Produktart eine Verbindung herzustellen.

Daraus folgt, dass Marken im Gedächtnis hierarchisch gegliedert werden (*Herp* 1982). Diese Hierarchie lässt sich nach Aaker in **drei unterschiedliche Markenbekanntheitsgrade** unterteilen (*Aaker* 1992), die von Malaval in Bezug zum Industriegütermarkt gesetzt wurden (*Malaval* 2001).

- Es gibt den Fall, dass eine Marke bei den Mitgliedern des Buying Centers völlig unbekannt ist, es liegt also überhaupt **keine Markenbekanntheit** vor. Die niedrigste Stufe der Markenbekanntheit ist das Erkennen der Marke. Sie ist gegeben, wenn Mitglieder des Buying Centers von verschiedenen Quellen wie beispielsweise Fachzeitschriften, Messebesuchen oder Verkaufsgesprächen schon einmal von der Marke gehört haben. Die Verbindung zwischen der Marke und der entsprechenden Produktkategorie ist jedoch sehr schwach und kann von den Personen nur mittels einer **Erinnerungshilfe** hergestellt werden. Die Informationen über die Marke reichen also noch nicht aus, um einen Kauf auszulösen.

- Die zweite Bekanntheitsstufe ist die **Erinnerung an die Marke**. Sie ist erreicht, wenn das Buying-Center-Mitglied **auf die Frage nach einer bestimmten Produktkategorie die Marke** zusammen mit konkurrierenden Marken **spontan nennt**. Auf dieser Stufe verfügen die Personen schon über ein **gewisses Wissen** über das Unternehmen und die von ihm angebotenen Leistungen. Sie haben **jedoch noch keine direkten Erfahrungen** mit dem Unternehmen gemacht. Es besteht also schon eine eher positive oder eher negative Meinung über die Marke, die das **Kaufverhalten beeinflussen** kann.

- Über eine **maximale Markenbekanntheit** verfügen **diejenige Marken, die** von den Mitgliedern des Buying Centers bei einer Befragung **zuerst genannt** werden und an die sie nicht nur im Zuge einer anstehenden Beschaffung denken. Mit diesen Marken haben die Personen meist schon persönliche Erfahrungen gemacht, denn oft ist der Besitzer einer solchen Marke bereits Lieferant des Unternehmens. Die Mitglieder des Buying Centers verfügen also schon über ein **großes Wissen** zum Unternehmen und zu seinem Leistungsangebot. Die Personen sind in diesem Fall **sehr an der Marke und weiterem Detailwissen interessiert**. Eine noch stärkere Stellung nehmen nur dominante Marken ein. Eine **dominante Marke** wird von der überwiegenden Zahl der Befragten als einzige Marke einer Produktkategorie genannt.

Die **Erzeugung von Markenbekanntheit** kann als erster und wichtigster Schritt im mit dem Markenaufbau verbundenen **Kommunikationsprozess** angesehen werden, da ansonsten die vom Unternehmen vermittelten Markenattribute, wie beispielsweise technische oder qualitative Vorzüge oder positive Emotionen, von den Mitgliedern des Buying Centers nicht mit der Marke in Verbindung gebracht werden können. Der Aspekt der Markenkommunikation wird im nachfolgenden Kapitel 3 ausführlicher behandelt.

Festzuhalten ist an dieser Stelle, dass die **Markenbekanntheit als Anker zur Befestigung des Markenimages und der Markenassoziationen** angesehen werden kann. Bekannten Marken wird von den Mitgliedern des Buying Centers ein größeres Vertrauen entgegen gebracht. Die Marke gewinnt also an **Glaubwürdigkeit** und wirkt dauerhafter. **Bekannte Marken** können bei den Kaufentscheidern zum Aufbau von **Präferenzen** führen.

Die Wahlmöglichkeiten werden von ihnen dadurch eingeschränkt und der **Beschaffungsprozess vereinfacht**. Eine bekannte Marke wird beim Beschaffungsprozess viel eher als potenzieller Lieferant erkannt. Ursache hierfür ist die Tatsache, dass die Zahl der Marken, die sich Personen in Bezug auf eine Produktkategorie merken können, beschränkt ist. Je mehr die Mitglieder des Buying Centers also mit bestimmten Marken konfrontiert werden, desto besser können sie sich an sie erinnern und desto weniger erinnern sie sich an andere Marken.

2.7.2 Das Markenimage

Das Markenimage drückt die **Wahrnehmungen und Gefühle** aus, die Personen in Bezug auf eine Marke haben (*Malaval* 2001, S. 90f.). Man kann das Image als **Meßlatte für die Stärke und Qualität der verschiedenen Informationen, die im Gedächtnis zu der Marke gespeichert sind**, sehen.

Es ist eine Folge der Positionierung und der Kommunikationspolitik, die von der Marketingabteilung verfolgt wird. Das Markenimage kann positiv oder negativ sein. Es hängt von unvollständigen und subjektiv beeinflussten Informationen ab, die jedoch von der Zielgruppe als objektiv und vollständig angesehen werden.

Es gibt eine **Reihe von Informationen, die von den Mitgliedern des Buying Centers mit dem Markenimage in Verbindung gebracht werden** und die dieses somit maßgeblich beeinflussen. Dazu gehören vor allem die

- Kennzeichen des Produkts oder der Dienstleistung,
- die Kaufsituation,
- der Verwendungszweck,

- die Vorteile für den Kunden,
- der relative Preis,
- die Produkt- oder Servicekategorie,
- die Markenpersönlichkeit,
- die Nationalität des Herstellers und
- die Corporate Culture.

Die im Beschaffungsprozess anfallenden Entscheidungen werden vom Buying Center überwiegend rational gefällt. Dennoch kann das Markenimage einen **großen Einfluss auf die einzelnen Mitglieder** des Buying Centers und damit auf die Entscheidung ausüben.

Das Markenimage hängt größtenteils davon ab, wie der potenzielle Kunde die Fähigkeit des Unternehmens einschätzt, seine Bedürfnisse befriedigen zu können. Somit wird das **Markenimage maßgeblich von der Innovationsfähigkeit des Unternehmens beeinflusst**.

Mit den Innovationen verfolgt das Unternehmen verschiedene Ziele. Eines davon ist die kontinuierliche Verbesserung der vom Kunden angenommenen Qualität. Bei der Suche nach Verbesserungsmöglichkeiten arbeiten die **Marketingabteilung und die Forschungs- und Entwicklungsabteilung** eng zusammen. Es ist dabei von übergeordneter Wichtigkeit, dass die **Produktverbesserungen auch von den Kunden als Verbesserungen wahrgenommen** werden. Ein weiteres Ziel der Innovationstätigkeit ist eine **kontinuierliche Differenzierung der Produkte** von denen des Wettbewerbs.

Ziel der Innovationstätigkeit ist es jedoch auch, mit der Marke in neue Produktkategorien vorzustoßen, wobei es für das Unternehmen besonders interessant ist, in einem noch nicht besetzten Marktsegment als Pionier tätig zu werden. Die Pioniertätigkeit eines B2B-Unternehmens kann sich besonders vorteilhaft auf das Markenimage auswirken. Bei einer Produkteinführung werden die Kunden, die das neue Produkt beschaffen, ihre eigenen Idealvorstellungen an das Produkt entsprechend an die Eigenschaften des neuen Produktes anpassen. Das neue Produkt wird somit als **Marktstandard etabliert**, an dem alle nachfolgenden Konkurrenzprodukte gemessen werden.

2.7.3 Die Markenassoziationen

Eine Markenassoziation kann alles sein, **was im Gedächtnis mit einer Marke verknüpft ist** (*Aaker* 1992). Um die gewünschten Informationen mit der Marke in Verbindung zu bringen, kann das Unternehmen sämtliche Marketinginstrumente einsetzen (*Malaval* 2001).

Die Informationen sollten sinnvoll sein und eindeutig mit der Marke in Verbindung gebracht werden. Markenassoziationen bestehen aus greifbaren und abstrakten Elementen:

- Zu den **greifbaren Elementen** gehören die Produkte und Dienstleistungen mit ihren spezifischen Merkmalen, sowie die Produkt- oder Dienstleistungskategorien, denen sie zugeordnet werden.

- Die **abstrakten Elemente** werden von dem Unternehmen und seinen Konkurrenten über die Kommunikationsinstrumente publiziert.

Für Assoziationen gelten unabhängig von der Industriegüterbranche immer die gleichen Grundsätze (*Malaval* 2001):

- **Assoziationen sollten einzigartig sein.** Man sollte also keine Assoziationen verwenden, die auch von Wettbewerbern besetzt sind. Einzigartige Assoziationen sind ein entscheidender Erfolgsfaktor der Marke, weil sie die Differenzierung vom Wettbewerb unterstützen.

- Ebenso sollten **Assoziationen sehr stark mit der Marke verbunden sein.** Das kann durch eine Betonung entsprechender Argumente in der Kommunikation erreicht werden. Das Vertrauen der Kunden und die Glaubwürdigkeit der Marke hängen von der Stärke der Assoziationen ab.

- Die verschiedenen **Assoziationen müssen eindeutig sein** und in einem klaren Zusammenhang stehen, um sich gegenseitig zu verstärken. Für die Kunden sollten die verschiedenen Informationen über die Marke weder widersprüchlich noch doppeldeutig sein. Das ist die Grundlage für das Vertrauen der Kunden in die Marke.

- Die **Assoziationen sollten vorteilhaft für die Marke sein.** Das hängt in erster Linie von den richtigen Entscheidungen bezüglich der Marketingaktivitäten ab.

Markenassoziationen besitzen eine sehr große Bedeutung, da sie Ausgangspunkte für Beschaffungsentscheidungen und Markentreue darstellen. Die Assoziationen einer Marke können sowohl für das Unternehmen als auch für den Kunden Vorteile bringen.

Unter einer Assoziation können verschiedene **Daten und Fakten** zusammengefasst werden:

- **für die Nachfrager** erleichtert sie die **Verarbeitung** dieser Informationen und

- **für den Anbieter** die **Verbreitung** derselben.

Assoziationen müssen erheblich zur Differenzierung der Marke beitragen, weil von ihnen Schlüsseleigenschaften besetzt werden, die von den Konkurrenten nicht besetzt sind. Beschaffungsentscheidungen können positiv beeinflusst werden, indem sich Markenassoziationen auf Produkt- und Dienstleistungseigenschaften sowie auf deren

Vorzüge beziehen und somit einen Kaufgrund darstellen. Die Assoziationen können den Verwendern beim Gebrauch der Marke ein positives Gefühl geben. Daneben können Assoziationen **Markenerweiterungen** unterstützen, wenn sie auch für die Erweiterung einen Beschaffungsgrund liefern.

2.7.4 Die Markentreue

Eine große Markenbekanntheit zusammen mit einem starken Markenimage und vorteilhaften Markenassoziationen kann die Treue der Kunden einer Marke gegenüber deutlich erhöhen (*Aaker* 1992, S. 136-139).

Die Markentreue drückt den **Grad der Verbundenheit** eines Kunden mit einer bestimmten Marke aus. Sie misst die **Wahrscheinlichkeit, mit der der Kunde die Marke wechseln wird**, wenn sich ihre Eigenschaften oder der Preis ändern (*Aaker* 1992). Die Erzeugung einer großen Markentreue stellt eines der Hauptziele der Markenbildung dar

Je höher die Markentreue, desto weniger anfällig sind die Kunden gegenüber Aktionen des Wettbewerbs. Dem Unternehmen bleibt dadurch **mehr Zeit, auf Konkurrenzangebote zu reagieren und sein Leistungsangebot zu verbessern**, beispielsweise über die schon angesprochenen Produktinnovationen. Somit wirkt sich die Markentreue positiv auf die zukünftigen Verkaufszahlen aus und hilft dem Unternehmen **Preissenkungen zu vermeiden**.

Durch eine Erhöhung der Markentreue können die Marketing- und Vertriebsausgaben optimiert werden, da es für das Unternehmen **sehr viel günstiger** ist, **bestehende Kunden zu halten als Neukunden zu akquirieren**. Beim Neukunden können beispielsweise mehrere Verkaufsgespräche der Vertriebsmitarbeiter, hohe Preiszugeständnisse und eine Rückerstattungsgarantie notwendig sein. Wenn der Neukunde mit der Leistung zufrieden war, kann der Aufwand für weitere Verkäufe an diesen Kunden entsprechend verringert werden. Damit sinken auch die auftragsspezifischen Ausgaben. Falls der Verkauf der Industriegüter auch über Händler erfolgt, kann eine hohe Markentreue der Kunden die Position des Herstellers gegenüber dem Händler verstärken, da sich der Händler, um den Verlust von Kunden zu vermeiden, bei der Zusammenstellung seines Leistungsangebots an den Kundenwünschen orientieren muss.

Eine hohe Markentreue steigert das gegenseitige Vertrauen von Kunde und Hersteller und wirkt sich dadurch positiv auf eine mögliche Zusammenarbeit der beiden aus. **Der Informationsaustausch wird verbessert** und es können gemeinsame Projekte zustande kommen, die von **beiderseitigem Nutzen** sind.

Die Kunden eines Industriegüterherstellers können **je nach Stärke der Markentreue in fünf verschiedene Gruppen** unterteilt werden (*Aaker* 1992; *Malaval* 2001):

1. Die Kunden, die Marken gegenüber nicht treu sind, nennt man ‚**nicht-loyale Kunden'**. Sie messen der Marke bei der Beschaffungsentscheidung so gut wie keine Bedeutung bei. Diese Kunden kommen im Industriegüterbereich recht **häufig bei nicht alltäglichen Beschaffungen komplexer Industriegüter** vor. Um von solchen Kunden bei der Auswahlentscheidung berücksichtigt zu werden, sollte man bei der Kommunikation den Schwerpunkt auf die Kriterien Qualität, Einhaltung technischer Normen, technische Leistungsfähigkeit usw. legen und sich bei Kundenwünschen hinsichtlich Lieferzeiten, Anpassung an Produktionsabläufe oder After-Sales-Service flexibel zeigen.

2. Die zweite Gruppe könnte man als ‚**Gewohnheitskäufer**' bezeichnen. Solange sie mit der Leistung des Unternehmens zufrieden sind, sehen sie keinen Grund, die Marke zu wechseln. Die Markentreue hilft diesen Kunden, Konflikte innerhalb des Buying-Centers zu vermeiden und bei der Beschaffungsentscheidung einen Konsens zu finden. Das Unternehmen sollte jedoch darauf achten, dass die Loyalität dieser Kunden auf die Marke zurückzuführen ist und nicht etwa auf die Treue einem bestimmten Vertriebsmitarbeiter gegenüber. Ansonsten läuft das Unternehmen Gefahr, den Kunden zu verlieren, falls der betreffende Mitarbeiter das Unternehmen verlässt.

3. Die Kunden der dritten Gruppe sind ‚**Wechselkäufer'**. Sie sind ebenfalls mit der Leistung des Anbieters zufrieden, zusätzlich ist bei ihnen **ein Lieferantenwechsel mit Umstellungskosten verbunden**. Die Markentreue dieser Kunden ist darauf zurückzuführen, dass sie bei einem Markenwechsel Zeit und Geld verlieren oder ihr Leistungsniveau riskieren würden. Damit diese Kunden trotzdem einen Lieferantenwechsel in Betracht ziehen, muss das alternative Angebot Vorteile und Vergünstigungen bieten, die die Wechselkosten ausgleichen können. Solche so genannten switching costs entstehen, wenn beispielsweise ein Spediteur die Marke seines Fuhrparks wechselt (Wartung, Ersatzteile etc.).

4. Kunden, die eine wirkliche Vorliebe für eine bestimmte Marke haben, nennt man **emotional loyale Kunden**. Im Industriegüterbereich ist eine solche Markentreue meist auf sehr lange Geschäftsbeziehungen begründet. Der Kunde ist dem Unternehmen und der Marke also auch emotional sehr verbunden.

5. Die Kunden mit der **höchsten Markentreue** nennt man auch ‚**Ein-Marke-Käufer'**. Sie haben sehr großes Vertrauen in die Marke. Diese Kunden sind für ein Unternehmen vor allem deshalb wertvoll, weil sie die **Marke weiterempfehlen** und damit Einfluss auf die Beschaffungsentscheidung anderer Nachfrager nehmen. Eine solche Markentreue ist im Industriegüterbereich aufgrund der Komplexität des Beschaffungsprozesses und der Sorgfalt mit der Beschaffungsentscheidungen getroffen werden, **sehr selten, aber natürlich sehr erstrebenswert**. Sie kommt **überwiegend bei besonders innovativen Leistungen** vor.

Es ist nicht immer möglich, die Kunden im Industriegüterbereich einer dieser Gruppen zuzuordnen, da sie mitunter Merkmale verschiedener Gruppen auf sich vereinen oder innerhalb des Buying Centers die Markentreue der einzelnen Mitgliedern stark differiert.

Auf jeden Fall gewinnt das Unternehmen im Prozess der Auseinandersetzung mit den Kategorien wichtige und wesentliche Einsichten über die bereits oben angesprochene Differenz zwischen Fremdbild (Corporate Image) und Eigenbild (Corporate Identity). In diesem Zusammenhang macht es immer Sinn, die Kunden auch monetär zu beurteilen, indem man beispielsweise den Kundenwert ermittelt (*Schmid* 2004a). Hieraus kann sich beispielsweise ergeben, dass es aufgrund mangelnder Rentabilität nicht erstrebenswert ist, nicht-loyale Kunden zu bedienen.

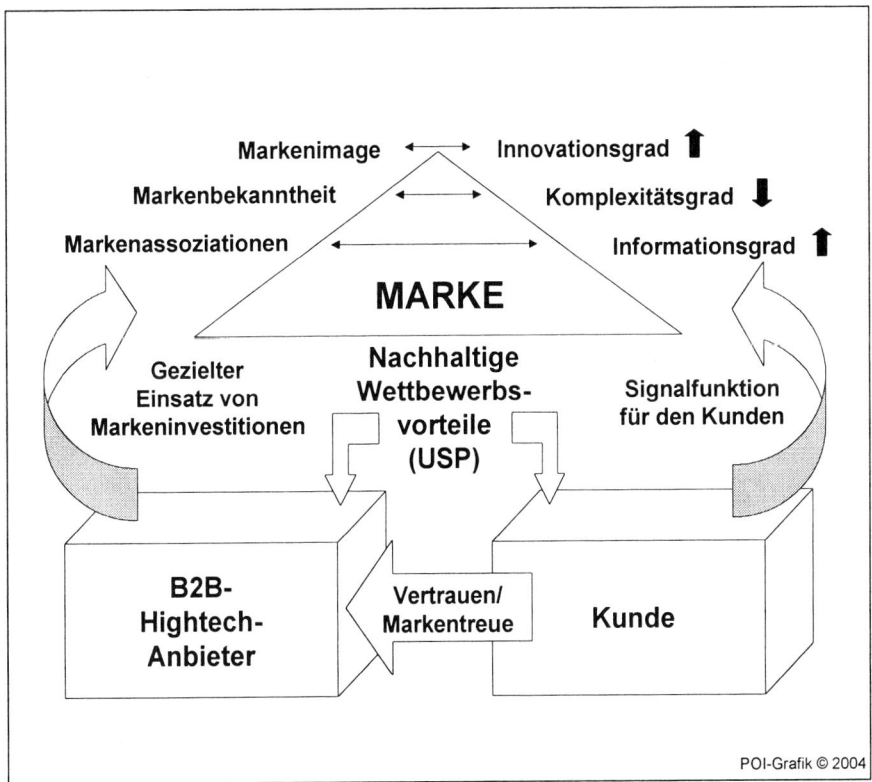

Abbildung 24: B2B-Marken im Wirkungszusammenhang zwischen Anbieter und Nachfrager

Wie ein Anbieter im Industriegüterbereich über den Aufbau einer Marke beim Kunden Vertrauen und Markentreue erzeugen kann, ist in der Abbildung vereinfacht dargestellt.

2.7.5 Vorteile von Marken für die Nachfrager und für den Anbieter

Wie im Verlauf dieses Kapitels deutlich wurde, übt die Marke im Industriegüterbereich einen wesentlichen Einfluss auf den Beschaffungsprozess und auf die Entscheidung zugunsten eines Anbieters aus. Die Marke bringt damit sowohl dem Nachfrager als auch dem Anbieter eine ganze Reihe von Vorteilen, die teilweise schon angesprochen wurden.

Diese werden nun nachfolgend zusammengefasst und durch neue Aspekte ergänzt. Professionell angewandtes Markenmanagement führt in der richtigen Situation langfristig zu einer Win-Win-Konstellation für Anbieter und Nachfrager.

Wichtige Vorteile von Marken für Nachfrager sind:

1. **Die Marke als Orientierungs- und Identifikationshilfe:** Die große Anzahl nationaler und internationaler Anbieter auf Industriegütermärkten und der oft große Zeitdruck machen es für die Nachfrager zunehmend schwerer, bei einem anstehenden Beschaffungsprozess den Gesamtmarkt vollständig zu überblicken. Marken können da speziell in der Informationsbeschaffungsphase eine Orientierungshilfe bei der Suche nach in Frage kommenden Anbietern darstellen.
Über die Marke kann der Nachfrager ein bestimmtes Produkt oder eine bestimmte Dienstleistung identifizieren und sie von anderen unterscheiden. Die Marke ermöglicht es dem Nachfrager, sich an ein bestimmtes Produkt, das er beispielsweise auf einer Messe oder in einer Fachzeitschrift gesehen hat, zu einem späteren Zeitpunkt zu erinnern und es ausfindig zu machen. **Bekannte Marken sind leichter zu finden und sparen dem nachfragenden Unternehmen damit Aufwand und Zeit.**

2. **Die Entlastungsfunktion der Marke:** Den Mitgliedern des Buying Centers liegen während des Beschaffungsprozesses in der Regel nicht alle benötigten Informationen vollständig vor. Sie müssen ihre komplexen Entscheidungen also oft aufgrund unvollständiger Informationen treffen. Marken können die Entscheider dabei entlasten.
Die Assoziationen, die ein Kaufentscheider mit einer bestimmten Marke in Verbindung bringt, können eine Zusammenfassung aller rationalen Kennzeichen eines Produktes sein, die beim Entscheidungsprozess benötigt werden. Die Marke stellt somit ein Bündel von Informationen dar. Dieses kann bei der Bewertung verschiedener Beschaffungsalternativen sehr hilfreich sein, indem es die **Informationssuche erleichtert** und verkürzt und damit die **Transaktionskosten senkt**.

3. **Vertrauen, Qualitätssicherung, und Risikoreduktion:** Die Nachfrager bringen einer Marke Vertrauen entgegen. Das hängt damit zusammen, dass ein Unternehmen beachtliche spezifische Investitionen tätigen muss, um eine Marke aufzubauen. Diese spezifischen Investitionen sind irreversibel, d. h. sie gehen ganz oder zumindest teilweise verloren, wenn das Unternehmen den Markt verlässt. Der Anbieter einer markierten Leistung muss also besonders darauf achten, dass er die

mit dem Markenimage verbundenen Erwartungen der Nachfrager erfüllt, um die Marke und damit die spezifischen Investitionen nicht zu gefährden.

Aus diesem Grund bringen die Nachfrager dem Qualitätsversprechen einer Marke mehr Vertrauen entgegen als dem eines Anbieters von nicht-markierten Leistungen. Im Industriegüterbereich weisen die Leistungen einen **hohen Anteil an Vertrauenseigenschaften** auf, da sie in der Regel sehr komplex sind und ihre Leistungsfähigkeit vor dem Kauf nur eingeschränkt beurteilt werden kann. Aus diesem Grund ist das **Risikoempfinden** im Industriegüterbereich **besonders hoch**. Das Risiko für das Unternehmen wird durch das Vertrauen in die Qualität und die Leistungsfähigkeit der Marke signifikant verringert. Das liegt unter anderem auch daran, dass sich markierte Produkte im Beschwerdefall über die gesamte Lieferkette zurückverfolgen lassen und Ansprüche gegen den Hersteller geltend gemacht werden können. Die einzelnen Mitglieder des Buying Centers können das Risiko reduzieren, aufgrund ihrer Entscheidung zugunsten eines ihre Erwartungen nicht erfüllenden Anbieters, inkompetent zu erscheinen. **Die Entscheidung für eine starke Marke reduziert die Unsicherheit sowohl vor dem Kauf als auch nach dem Kauf.**

4. **Die Attraktivität der Marke:** Die Attraktivität der Marke richtet sich nach den Emotionen, die mit ihr verbunden werden und der Wirkung der Marke auf die Umgebung. Der Nachfrager kann vor, während oder nach dem Kauf mit der Marke positive Erfahrungen, Werte, Einstellungen und Gefühle verbinden, die für ihn einen Mehrwert der Marke darstellen.
Der industrielle Beschaffungsprozess wird von nicht-rationalen Entscheidungskriterien mit beeinflusst. So kann zum Beispiel bei der Beschaffung von öffentlich sichtbaren Leistungen die Außendarstellung des Unternehmens Beachtung finden. In diesem Fall kann mit der Entscheidung zugunsten einer Marke mit einem sehr positiven Image das Ansehen des Unternehmen in der Öffentlichkeit gesteigert werden.

Aus den oben aufgeführten Vorteilen der Marke für den Nachfrager ergeben sich größtenteils die nachfolgend beschriebenen **Vorteile der Marke aus Sicht des Anbieters:**

1. **Differenzierung und Kundenbindung:** Ein Industriegüterunternehmen kann sich und die von ihm angebotenen Produkte und Dienstleistungen mit Hilfe einer Marke dauerhaft von Wettbewerbern differenzieren. Durch die Zufriedenheit der Kunden mit der Marke entsteht eine hohe Kundenbindung. Folglich wird die Absatzentwicklung stabiler und die Planungssicherheit erhöht sich. Eine hohe Markentreue kann außerdem zu einer breiteren Verfügbarkeit der Produkte führen, da sich die Position des Unternehmens gegenüber den Händlern verstärkt.

2. **Monetäre Vorteile und Wertsteigerung des Unternehmens:** Eine deutliche Differenzierung gegenüber der Konkurrenz und die mit der Marke verbundene

höhere wahrgenommene Qualität führen dazu, dass über die Marke ein Mehrwert für die Leistung erzeugt wird. Aufgrund der Marke kann also ein höherer Preis als für eine vergleichbare unmarkierte Leistung erzielt werden. Wenn ein Preisaufschlag nicht oder nur bedingt möglich ist, kann der Mehrwert der Marke auch zu einem höheren Marktanteil, verglichen mit identischen nicht markierten Leistungen, führen. Es ist aber auch eine Kombination aus Preisprämie und Mengenvorteil denkbar (vgl. Darstellungen oben). Eine starke Marke führt folglich zu einer Steigerung des Umsatzes, wodurch sich der Markenwert und damit auch der Unternehmenswert erhöhen.

3. **Risikoreduktion:** Das Vertrauen, das die Nachfrager der Marke entgegenbringen, kann dem Anbieter auch bei eventuell auftretenden Mängeln am Produkt einen Vorteil bringen. Die Wahrscheinlichkeit, dass die Kunden auch in einem solchen Fall der Marke und damit dem Anbieter noch eine Chance einräumen, ist größer als bei einem unmarkierten Produkt.

4. **Identifikation und Motivation der Mitarbeiter:** Die Identifikation der Mitarbeiter mit der Marke und den Werten für die sie steht, kann zu einer höheren Mitarbeitermotivation führen. Eine von den Mitarbeitern geschätzte Marke erfährt eine größere interne Unterstützung und kann sich so im Wettbewerb besser behaupten. Im Falle einer feindlichen Übernahme kann die Unterstützung der Marke durch die Mitarbeiter dazu führen, dass eine gewisse Autonomie der Marke erhalten bleibt. Eine starke Marke kann auch die Mitarbeiterrekrutierung erleichtern.

5. **Die Marke als Marktzutrittsschranke:** Wenn ein Anbieter mit einem innovativen Produkt ein neues Marktsegment besetzt und für dieses Produkt konsequente Markenpolitik betreibt, kann dadurch eine Marktzutrittsschranke entstehen. Die von dem Anbieter für den Markenaufbau und die Markenpflege getätigten spezifischen Investitionen können potenzielle Konkurrenten von einem Markteintritt abhalten. Das liegt daran, dass das neu in den Markt eintretende Unternehmen die spezifischen Investitionen für einen Markenaufbau in die Kostenrechnung einbeziehen müsste. Der bereits profilierte und etablierte Anbieter kann im Konkurrenzkampf darauf verzichten und verbucht so seinen Wettbewerbsvorteil.

6. **Die Kommunikationsfunktion der Marke:** Ohne die Verwendung einer Marke würde die Kommunikation eines Unternehmens nur eine geringe Wirkung aufweisen, da die Zielgruppe sich nicht im Zusammenhang mit einer Marke an die Botschaften erinnern könnte und diese somit in der Masse der aufgenommenen Informationen untergehen würden.

Erst durch die Verwendung einer Marke können Botschaften gezielt an einen Empfänger gesendet werden und bei diesem im Zusammenhang mit der Marke im Kopf verankert werden. Die Marke avanciert somit zum elementaren Träger von Assoziationen.

Im Überblick stehen den vier Markenfunktionen bzw. Markenvorteilen für den Kunden folgende sechs Markenvorteile für den Anbieter gegenüber.

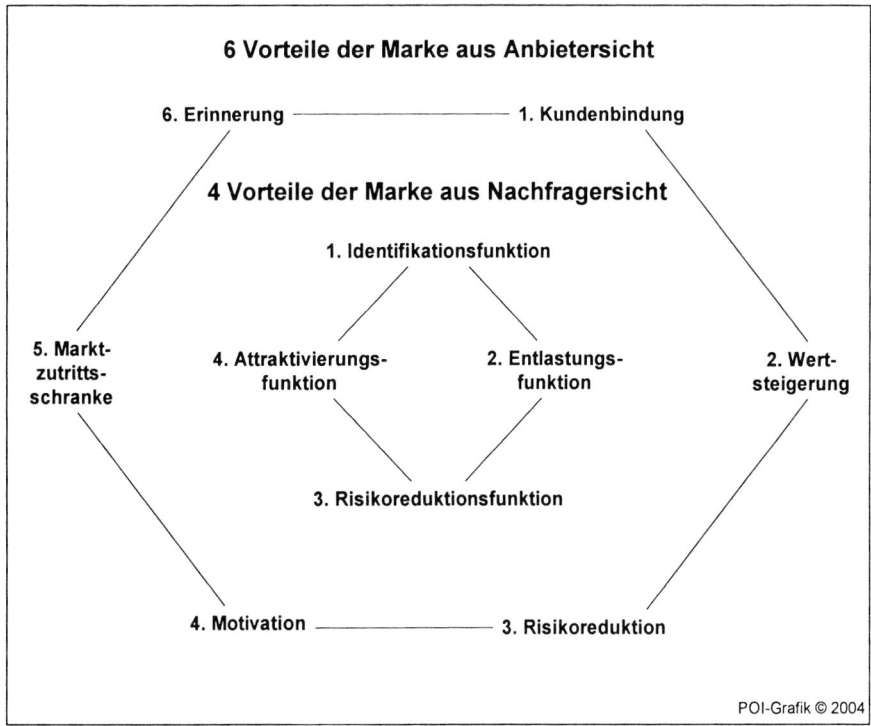

Abbildung 25: Markenvorteile für Anbieter und Nachfrager im Überblick

2.8 Markenstrategien

Unter Markenstrategien versteht man bedingte, langfristige und globale Verhaltenspläne zur Erreichung der Markenziele (*Meffert et al.* 2002). Die Markenziele leiten sich aus den Marketing- und Unternehmenszielen ab. Zu den in der Regel mit einer Marke verfolgten **Zielen** gehören wie bereits an verschiedenen Stellen ausführlicher dargestellt

- die Erhöhung der **Markenbekanntheit**,
- die Bildung eines positiven **Markenimages** sowie
- der Aufbau von **Markenpräferenzen** und **Markentreue** beim Kunden.

Insbesondere im Industriegüterbereich kommt dabei dem Aufbau von nachfragerseitigem Vertrauen in die Marke besondere Bedeutung zu. Werden diese Markenziele erreicht, so kann die Marke einen erheblichen Beitrag zur Erfüllung der Umsatz-, Marktanteils- und Gewinnziele des Unternehmens leisten.

Die oben nur in ihren Grundzügen vorgestellte Dreiteilung wird nachfolgend anhand einer ausführlichen Erörterung der generell in Frage kommenden Dimensionen der Markenstrategien fortgesetzt (*Backhaus* 2003):

- Dabei steht die **Kompetenzbreite** der Marke für die Zahl der unter dieser Marke angebotenen Produkte und/oder Dienstleistungen. Es wird zwischen Unternehmensmarken, Familienmarken und Produktmarken unterschieden. Sie werden nachfolgend **horizontale Markenstrategien** genannt.

- Die Grundpositionierung der Marke wird über die **Kompetenzhöhe** beschrieben, die sowohl Premiummarken als auch klassische Marken umfasst. Sie werden im Folgenden als **vertikale Markenstrategien** bezeichnet.

- Der geografische Verwendungsraum wird anhand der **Kompetenztiefe** ausgedrückt, wobei zwischen nationalen und internationalen Marken unterschieden wird. Die strategische Option der internationalen Marke kann ferner in transnationale und globale Markenstrategien unterteilt werden. Sie werden hier unter dem Begriff **geografische Markenstrategien** zusammengefasst.

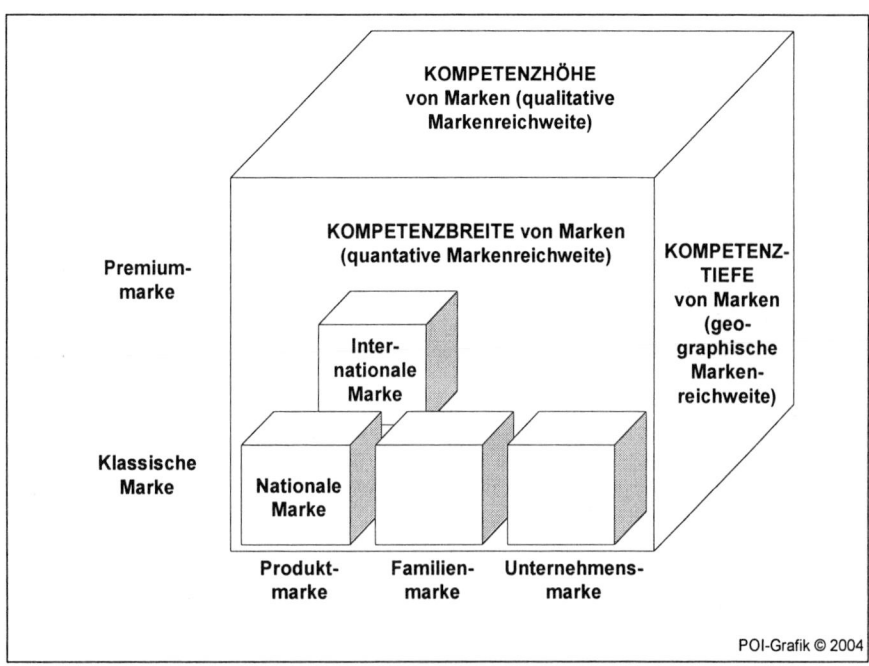

Abbildung 26: Generische Markenstrategien im Überblick (*Backhaus* 2003)

Im Anschluss an die hier genannten Markenstrategien wird noch die **strategische Ausrichtung der Industriegütermarke am Endkunden** vorgestellt. Diese Markenstrategie ist relativ neu im B2B-Bereich und wird auch als mehrstufige Markenstrategie

(Ingredient Branding) bezeichnet. Sie ist jedoch nicht für alle Produkte und alle Branchen gleichermaßen geeignet. Auf die Voraussetzungen, die gegeben sein müssen, damit eine solche Markenstrategie sinnvoll eingesetzt werden kann, wird in diesem Zusammenhang besonders eingegangen.

2.8.1 Horizontale Markenstrategien

Im Bereich der horizontalen Markenstrategien werden wir folgende Strategien erläutern:

- Die Unternehmensmarkenstrategie (Corporate Brand-Strategie)
- Die Produktmarkenstrategie
- Die Familienmarkenstrategie

Bei der **Unternehmensmarkenstrategie** werden sämtliche Produkte und Dienstleistungen eines Unternehmens unter ein und derselben Marke zusammengefasst. Die Unternehmensmarke steht somit für das gesamte Leistungsangebot. Der Name des Unternehmens wird dabei als Markenname übernommen. Wenn das Unternehmen nach seinem Gründer benannt ist, spricht man von **patronymic brands** (*Malaval* 2001). Die Einführung einer Unternehmensmarke ist bei einem relativ breiten und komplexen Leistungsangebot sehr sinnvoll – damit korrespondieren meist weniger große Absatzmärkte oder Segmente (*Diez et al.* 2001). Insofern ist die Corporate Brand-Strategie sehr häufig im Industriegüterbereich anzutreffen. Über die Unternehmensmarke garantiert der Name des Herstellers die Qualität und Leistungsfähigkeit der darunter angebotenen Produkte und Dienstleistungen. Die **Markenidentität** ist somit sehr eng mit der **Unternehmensidentität** verbunden.

Bei den Beschaffungsentscheidungen im Industriegüterbereich spielt neben der Leistungskompetenz des Anbieters, ausgedrückt durch das Unternehmensimage, die persönliche Erfahrung des Kunden mit dem Unternehmen eine maßgebliche Rolle (*Weidner* 2002). Die Eigenschaften des zu beschaffenden Produktes oder der Dienstleistung spielen natürlich auch eine wichtige Rolle, müssen jedoch über das Unternehmen garantiert werden. Das Unternehmen steht bei der Beschaffungsentscheidung im Industriegüterbereich viel stärker im Vordergrund als im Konsumgüterbereich, denn hier dominiert der Produktfokus, d. h. die Interaktionen laufen im Konsumgüterbereich wesentlich anonymer ab als im B2B-Bereich – hier dominieren persönliche Beziehungen. **Deshalb ist es nicht sinnvoll, den Markenauftritt eines B2B-Unternehmens stark an einzelne angebotene Leistungen zu binden.** Vielmehr sollte unter Beachtung der Erwartungen der Zielgruppe eine das gesamte Leistungsangebot **übergreifende Marke** aufgebaut werden.

Der Name eines Unternehmens ist nicht automatisch eine Unternehmensmarke. Um zu einer Unternehmensmarke zu werden, müssen die Leistungen des Unternehmens kontinuierlich mit dem Namen in Verbindung gebracht werden. Die wesentlichen Bestandteile eines Markenauftritts sind erst dann gegeben, wenn die **Werte und Leistungen** des Unternehmens sowie seine **Zukunftserwartungen klar definiert** sind und gegenüber der Zielgruppe in Verbindung mit der Unternehmensmarke **kontinuierlich kommuniziert** werden. Auf diesen wichtigen Aspekt gehen wir im nachfolgenden Kapitel 3 ausführlich ein: Hier steht dann die operative Markenkommunikation im Vordergrund.

Eine unverwechselbare, klar differenzierte Unternehmensmarke, die bei der Zielgruppe bekannt ist und Zuverlässigkeit sowie Qualität ausstrahlt und der die Leistungen des Unternehmens klar zugeordnet werden, ist für den Erfolg eines Unternehmens im Industriegüterbereich von entscheidender Wichtigkeit. Die Unternehmensmarke kann folglich als

> „das verdichtete Signal der Leistungen, des Verhaltens und der Kommunikation eines Unternehmens" beschrieben werden (*Merbold* 1991, S. 102).

Sie kann bei der Zielgruppe das im B2B-Geschäft so wichtige Vertrauen in die Kompetenz und Leistungsfähigkeit des Unternehmens aufbauen und auf die Produkte und Dienstleistungen des Anbieters übertragen. Die Verfolgung einer Unternehmensmarkenstrategie bringt den Anbietern einige weitere Vorteile. So werden beispielsweise die für den Markenaufbau und die Markenpflege benötigten Investitionen vom kompletten Leistungsangebot des Unternehmens gedeckt und entfallen nicht nur auf einzelne Produkte oder Dienstleistungen. Bei sämtlichen Marketingmaßnahmen wird die Unternehmensmarke genutzt. Dadurch ergeben sich **erhebliche Einsparpotenziale**, vor allem bei der Kommunikation und im Vertrieb (*Malaval* 2001). Durch die wiederholte Nutzung der Unternehmensmarke kommt die Zielgruppe sehr häufig mit ihr in Kontakt. Dies unterstützt und beschleunigt den Aufbau der Markenbekanntheit maßgeblich. Eine starke Unternehmensmarke macht das Unternehmen in schwierigen Zeiten bei einer Veränderung der Marktsituation weniger anfällig. Das Risiko eines Misserfolgs bei einer Neuprodukteinführung sinkt, da Produkte bekannter Hersteller von den Nachfragern schneller und eher akzeptiert werden.

Diese Strategie bringt jedoch auch **Nachteile** mit sich. Mit einer Unternehmensmarke können nicht alle Marktsegmente optimal angesprochen werden. Wenn die unter der Unternehmensmarke vertriebenen Produkte und Dienstleistungen sehr unterschiedliche Marktsegmente besetzen, besteht die Gefahr, dass die Kompetenz des Unternehmens nicht für alle Leistungen gleichermaßen akzeptiert wird. Dadurch würde die Marke in ihrem Wirkungspotenzial geschwächt.

Die Verwendung einer Unternehmensmarke bringt auch die **Gefahr** mit sich, dass sich ein Misserfolg in einem Bereich negativ auf alle Bereiche auswirkt. Diese Gefahr kann man jedoch speziell beim Eintritt des Unternehmens in einen neuen Markt verringern.

So lässt beispielsweise die **Firma Siemens** innovative Geschäftsfelder anfänglich unter einem anderen Namen laufen. Erst wenn sie sich bewährt haben und das Potenzial besitzen, eine führende Rolle in ihrem Markt einzunehmen, werden sie ebenfalls unter der Unternehmensmarke Siemens vertrieben. Dadurch wird die Unternehmensmarke zwar geschützt, kann aber das neue Geschäftsfeld auch nicht in einer Zeit unterstützen, die gerade in der Aufbauphase oft besonders kritisch sein kann.

Produktmarkenstrategie

Die Produktmarkenstrategie ist dadurch gekennzeichnet, dass jedes einzelne Produkt eines Unternehmens individuell markiert wird. Über die Produktmarke kann **für jedes Produkt** eine unverwechselbare **Markenpersönlichkeit** geschaffen werden. Das Problemlösungsprofil der Marke lässt sich dabei optimal an das Anforderungsprofil der Nachfrager anpassen. Für die einzelnen Produkte kann auf diese Weise jeweils ein eigenständiges, nachfragerrelevantes Markenimage in Verbindung mit einer spezifischen Kompetenz aufgebaut werden. Negative Ausstrahlungseffekte, wie sie bei der Unternehmensmarkenstrategie vorkommen können, werden somit weitgehend vermieden. Die Produktmarkenstrategie ermöglicht eine **viel stärker fokussierte Ansprache der Zielgruppe**.

Ein **gravierender Nachteil dieser Strategie** sind die hohen Investitionen, die für den Markenaufbau benötigt werden und die jeweils nur von einem Produkt getragen werden. Bei einer kurzen Lebensdauer des Produktes können diese Kosten meist nicht amortisiert werden. Durch die höhere Anzahl von Marken wird die Aufnahmewirkung der ohnehin schon von Informationen überlasteten Nachfrager weiter geschwächt. Das Unternehmen wird durch Verfolgung dieser Strategie **insgesamt anfälliger in Krisenzeiten**.

Im Industriegüterbereich ist es, wie bereits im Zusammenhang mit der Unternehmensmarkenstrategie erläutert wurde, **wenig sinnvoll für jede angebotene Leistung eine eigenständige Marke aufzubauen**. Einzelne Produktmarken können im Industriegüterbereich ohne eine starke Unternehmensmarke nur schwer erfolgreich positioniert werden (*Weidner* 2002).

Einzelne Produktmarken benötigen die über die Unternehmensmarke signalisierte Kompetenz und Leistungsfähigkeit des Anbieters, um sich bei den Nachfragern im Beschaffungsprozess durchsetzen zu können.

> Eine **reine Unternehmensmarkenstrategie** kommt im Industriegüterbereich jedoch **selten** vor. **In vielen Fällen** wird eine Unternehmensmarkenstrategie **kombiniert mit einzelnen Produktmarken** verfolgt.

Dabei wirkt sich nicht nur die Unternehmensmarke hilfreich auf die Produktmarken aus, sondern umgekehrt kann eine starke Produktmarke auch helfen, das Image der Unternehmensmarke zu verbessern. Mit einer erfolgreichen Produktmarke kann das Unternehmen nach außen seine Kompetenz und Leistungsfähigkeit unter Beweis stellen. Um zu gewährleisten, dass sich die **Unternehmensmarke und die Pro-**

duktmarke gegenseitig unterstützen, erscheint es im Industriegüterbereich sinnvoll, einen Zusammenhang zwischen beiden Marken herzustellen. Das kann zum Beispiel dadurch geschehen, dass bei jeglicher Produktmarkenkommunikation auch die Unternehmensmarke oder das Unternehmenslogo in Erscheinung tritt oder umgekehrt **bei der Unternehmenskommunikation auf starke Produktmarken verwiesen** wird.

Um den Kommunikationsaufwand und die Investitionen, die für den Aufbau einer starken Produktmarke benötigt werden, relativ gering zu halten und den Zusammenhang herzustellen, bietet sich eine Verbindung der beiden Markennamen an (*Weidner* 2002). Dies kann unter anderem über ein **Präfix** geschehen, wie dies zum Beispiel von der **Firma Tetra-Laval** praktiziert wird. Diese Firma kennzeichnet viele ihrer Produktmarken durch das Präfix 'Tetra-'.

Eine zusätzliche Möglichkeit zur Herstellung eines Zusammenhangs zwischen den Marken ist die **Anpassung des Visual Identity Codes der Produktmarke an den der Unternehmensmarke**. Neben der Möglichkeit der Übertragung positiver Assoziationen bringt die Verbindung der beiden Marken noch einen weiteren wichtigen Vorteil. Die Kunden können sich trotz der Vielzahl von Marken, mit denen sie ohnehin schon konfrontiert werden, auf diese Weise besser an eine neue Produktmarke erinnern. **Der Aufbau von Markenbekanntheit wird dadurch beschleunigt.**

Es ist jedoch zu beachten, dass sich nicht alle Produkte im Industriegüterbereich für den Aufbau einer Produktmarke eignen. Um festzustellen, für welche Produkte eines Industriegüterunternehmens dieser Aufwand erfolgversprechend ist, können die Verfahren zur Ermittlung der Markenrelevanz, die oben bereits vorgestellt wurden, wertvolle Hinweise geben. Dabei ist besonders darauf zu achten, dass die jeweiligen Produkte einen von der Konkurrenz nur schwer einholbaren Vorteil besitzen, also eine sogenannte Unique Selling Proposition (USP) vorweisen können – hinzu kommt eine erforderliche, entsprechend große Nachfrage am Markt. Der USP-Aspekt sollte von Hightech-Unternehmen im B2B-Bereich schon bei der Entwicklung neuer Produkte stärker als bisher berücksichtigt werden – dort residiert bis heute oft noch einseitiges Technokratentum (*Schmid* 1999).

Der Aufbau von Produktmarken kann einem Industriegüterunternehmen also enorme Vorteile bringen, wodurch sich die relativ hohen Investitionen rechtfertigen lassen. Es erscheint aufgrund der dargestellten Situation im B2B-Geschäft **erfolgversprechend, sich neben einer starken Unternehmensmarke auf eine kleine Anzahl von Produktmarken, die ein entsprechendes Potenzial aufweisen, zu beschränken.**

Familienmarkenstrategie

Die Familienmarkenstrategie ist dadurch gekennzeichnet, dass **komplette Produktgruppen unter einer einheitlichen Marke** geführt werden. Dabei nimmt der Markenname in der Regel keinen direkten Bezug auf den Unternehmensnamen (*Meffert et* *al.* 2002). Der Unterschied zur Unternehmensmarkenstrategie besteht vor allem darin, dass bei dieser Strategie **mehrere Produktgruppenmarken gleichzeitig geführt** werden. Wichtige Voraussetzungen für die Familienmarkenstrategie sind ein

- gleichwertiges Qualitätsniveau,
- ein ähnliches Verwendungsfeld und
- eine ähnliche Marketing-Mix-Strategie der unter einer Familienmarke geführten Produkte.

Ein **Vorteil** der Familienmarkenstrategie liegt darin, dass die Investitionen für den Markenaufbau und die Markenpflege von mehreren Produkten getragen werden. Die **Kosten**, die auf ein einzelnes Produkt entfallen, lassen sich durch **Nutzung von Synergien** im Vergleich zur Einzelmarkenstrategie deutlich verringern. Wenn die innerhalb einer Produktgruppe bestehenden **Imagetransfereffekte optimal genutzt** werden, kann die Akzeptanz neu angebotener Leistungen und der Markenaufbau insgesamt beschleunigt werden.

Ein wesentlicher **Nachteil**, der sich ebenfalls aus den Imagetransfereffekten ergibt, besteht in der **Gefahr des Auftretens negativer Ausstrahlungseffekte innerhalb einer Produktgruppe**. Diese Gefahr ist besonders dann gegeben, wenn die einzelnen Produkte im Hinblick auf ihre Qualitäts- und Preiswahrnehmung nicht zueinander passen. Ebenfalls nachteilig ist die **fehlende Möglichkeit der optimalen Positionierung der einzelnen Produkte**.

Die Familienmarkenstrategie wird im Industriegüterbereich kaum verwendet:

- **Im Vergleich zur Unternehmensmarke** ist eine Familienmarke weniger gut geeignet, den Nachfragern Zuverlässigkeit, Qualität, Leistungsfähigkeit und Kompetenz zu signalisieren. Auch die im Industriegüterbereich so wichtigen persönlichen Erfahrungen bezieht der Nachfrager in der Regel auf das Unternehmen und nicht auf eine Produktgruppe.

- **Gegenüber der Produktmarkenstrategie** ist die Familienmarkenstrategie weniger gut geeignet, den Nachfragern innovative und leistungsfähige Produkte zielgruppennah zu präsentieren. Diese Strategie bringt somit keine klaren Vorteile für die überwiegende Zahl der Industriegüterunternehmen.

Da jedoch die Marktgegebenheiten und das Nachfragerverhalten einem ständigen Wandel unterliegen, können sich in Zukunft durchaus Vorteile für diese strategische Option ergeben.

2.8.2 Vertikale Markenstrategien

Hier unterscheidet man vor allem Premiummarken von klassischen Marken.

Premiummarken sind in der Regel durch sehr hochwertige Materialien, ein exklusives Design und eine hervorragende Verarbeitung gekennzeichnet. Es wird eine deutliche Vergrößerung des Preisspielraums angestrebt. Ihre Fähigkeit zur Positionierung ist extrem leistungs- und qualitätsorientiert. Für den Aufbau einer Premiummarke sind sehr hohe Investitionen nötig, da der komplette Marketing-Mix, insbesondere die Kommunikation und die verwendeten Vertriebskanäle, dem Anspruch einer solchen Marke gerecht werden müssen. Dadurch sind sie **oftmals nicht mit der Unternehmensmarke kompatibel.**

Die Bedeutung von Premiummarken für den B2B-Bereich darf in Frage gestellt werden. Die von Industriegüterunternehmen erworbenen Produkte dienen oftmals der weiteren Leistungserstellung. Um die Wettbewerbsfähigkeit zu garantieren, werden die **Beschaffungsentscheidungen nicht nur, aber doch auch rational getroffen.** Premiummarken sind klassischen Marken beziehungsweise unmarkierten Produkten bei einem Kosten-Nutzen-Vergleich normalerweise weit unterlegen. Das liegt vor allem daran, dass ihr Zusatznutzen gegenüber klassischen Markenartikeln weniger in der Leistung oder Qualität, sondern in den mit ihnen verbundenen Emotionen, insbesondere dem Prestige, zu sehen ist. **Das rechtfertigt für die industriellen Kaufentscheider jedoch in der Regel nicht einen signifikant höheren Kaufpreis.** Obwohl es Beispiele für Premiummarken im Industriegüterbereich gibt (*Backhaus* 2003), kommt ihnen momentan eine sehr geringe Rolle in diesem Bereich zu. Eventuell ist jedoch in einigen B2B-Segmenten das Potenzial für die Entwicklung einer solchen Markenstrategie vorhanden, so etwa im Bereich von Beleuchtungssystemen (z. B. Firma Erco) und Firmenflugzeugen (z. B. Firma Lear Jet).

Beispielsweise spielt die Automobilmarke für Außendienstler und im Auftritt gegenüber dem Kunden eine große Rolle. Produkte, die öffentlich sichtbar sind und das mit ihnen verbundene Image eventuell auf das Unternehmen übertragen, sind hier besonders prädestiniert, als Premiummarke positioniert zu werden.

Klassische Marken

Die klassische Marke entspricht der schon ausführlich besprochenen **Produktmarke.** Zusammengefasst lässt sich sagen, dass klassische Marken für die Ansprache größerer Zielgruppen geeignet sind und ein hohes Vertrauen erzeugen. Sie erfordern einen hohen Bekanntheitsgrad und einen gut organisierten Vertrieb. Im Gegensatz zu der hier von Backhaus beschriebenen Unterteilung der vertikalen Markenstrategien in klassische Marken und Premiummarken kann in der Praxis momentan eine Zweiteilung in unmarkierte Produkte und Marken festgestellt werden. Dies gilt aber nur für den Industriegüterbereich. Allerdings kann aufgrund des angesprochenen Entwicklungspotenzials für Premiummarken eventuell zukünftig eine Dreiteilung im B2B-Sektor möglich werden.

2.8.3 Geographische Markenstrategien

Noch bis vor einigen Jahren war der Industriegüterbereich geprägt von vielen nationalen Anbietern, die ihre Produkte hauptsächlich in ihrem Heimatmarkt angeboten haben. Die vorherrschende geographische Markenstrategie war somit die nationale Marke. Eine **nationale Marke** kann speziell auf die Bedürfnisse der Nachfrager des Landes, in dem sie eingesetzt wird, ausgerichtet werden. Es treten keinerlei Sprach- oder Verständnisprobleme auf. Jedoch kann es **verhältnismäßig teuer** sein, eine **Marke nur auf einen sehr begrenzten geographischen Raum auszurichten.** Ein weiteres Problem entsteht, wenn das Unternehmen im Laufe der Zeit ausländische Märkte erschließen möchte und die nationale Marke für eine Internationalisierung nicht verwendet werden kann.

Internationale Markenstrategie

Die im Industriegüterbereich tätigen Unternehmen mussten sich in den letzten Jahren einigen Herausforderungen stellen, die bereits in Kapitel 1 und 2 ausführlich dargelegt wurden. Diverse Entwicklungen haben dazu geführt, dass sich viele Industriegüterunternehmen nicht mehr länger auf ihren Heimatmarkt beschränken können (*Pförtsch* 2001). Sie müssen im Zuge der Internationalisierung der Märkte ihre bisherige Strategie überdenken. Da im B2B-Sektor tätige Unternehmen unabhängig von ihrer Größe nur eine begrenzte Anzahl potenzieller Kunden haben, ist es für sie besonders wichtig, internationale Märkte zu erschließen, um ihre Absatzmenge und so ihre Wirtschaftlichkeit zu erhöhen.

Die Tatsache, dass die technischen Normen und Qualitätsstandards zunehmend über Ländergrenzen hinaus angepasst werden, erleichtert für sie diesen Schritt. **Die Nachfragerbedürfnisse sind im Industriegüterbereich auch international gesehen sehr homogen.** Sie werden von der Kultur des jeweiligen Landes nur in sehr geringem Maße beeinflusst. Die zum Teil komplexen technischen Bedürfnisse der Nachfrager, die sie befriedigen müssen, ähneln sich auf den verschiedenen Märkten sehr stark. Aus diesem Grund müssen die im Industriegüterbereich angebotenen Leistungen nur in sehr geringem Umfang dem jeweiligen Markt angepasst werden. **Industriegüter eignen sich folglich besonders gut für die Internationalisierung** (*Pförtsch* 2004).

Wenn nun im Zuge der Erschließung neuer Ländermärkte die nationale Markenstrategie einer internationalen weichen muss, bieten sich den Unternehmen mehrere Möglichkeiten. Sie können entweder eine

- globale Markenstrategie,
- eine Transnationale Markenstrategie oder
- eine Mischform der beiden verfolgen.

Globale Markenstrategie

Die Verfolgung einer globalen Markenstrategie ist dadurch gekennzeichnet, dass von einem Unternehmen ohne Berücksichtigung nationaler Unterschiede ein einheitliches Markenkonzept international umgesetzt wird. Das beinhaltet die Benutzung eines

einheitlichen Markennamens, Markensymbols und Markenslogans (*Hill* 2004). Auch die Positionierung der Marke sowie die Eigenschaften, Qualität und Verpackung der Produkte sind in allen Ländermärkten identisch. Es wird in jedem Markt dieselbe Distributions-, Preis- und Kommunikationspolitik verfolgt. Bei der Verwendung einer globalen Marke setzt das Unternehmen voraus, dass die Anforderungen und Bedürfnisse der Nachfrager in allen Märkten die gleichen sind. Ebenso sollte überall ein einheitliches Markenimage entstehen, das für die Nachfrager die gleiche Relevanz besitzt. Darüber hinaus übernimmt die Marke für das Unternehmen und die Nachfrager in jedem Markt dieselben Funktionen ohne wesentlichen Unterschied. **Diese Voraussetzungen sind im Industriegüterbereich oft annähernd gegeben** – entsprechend häufig wird die globale Markenstrategie in diesem Bereich verfolgt.

Eine globale Markenstrategie ermöglicht eine ganze Reihe von Vorteilen. Über die Standardisierung des Markenauftritts kann das Unternehmen seine **Ausgaben für den Markenaufbau, die Markenpflege und die Kommunikation deutlich senken (economies of scale)**. Für die Kommunikation können auch **grenzübergreifende Medien** benutzt werden (vgl. Kapitel 3.6 über E-Branding). Die Kosten für die Produktion und die Entwicklung werden durch Verwendung einheitlicher Produkte ebenfalls gesenkt. Durch den marktübergreifenden Einsatz einer Marke kann deren **Markenbekanntheit auch in den einzelnen Ländermärkten gesteigert** werden.

Die **internationale Präsenz** einer Marke wird von den Nachfragern als Zeichen von

- Leistungsfähigkeit,
- konstant hoher Qualität,
- Vertrauenswürdigkeit und Stabilität gedeutet.

Das führt zu einer gesteigerten Glaubwürdigkeit der Marke und zu einer Verbesserung des Markenimages. **Die Marke wird also insgesamt gestärkt.** Es erhöht sich auch die **Wahrscheinlichkeit, von einem international tätigen Unternehmen als Lieferant ausgewählt zu werden**. Daneben ermöglicht die Verfolgung einer globalen Markenstrategie die Übertragung von in einem bestimmten Markt gemachten Erfahrungen und erarbeiteten Problemlösungen auf andere Märkte.

Zu den wesentlichen **Nachteilen** dieser Strategie zählt die **Nichtbeachtung länderspezifischer Besonderheiten** vor allem in bezug auf sich unterscheidende Bedürfnisse der Nachfrager. Die Ansprache der Konsumenten wird nicht der jeweiligen Kultur angepasst, obwohl dieselbe Aussage in unterschiedlichen Ländern verschiedene Bedeutungen haben kann. Probleme können sich auch durch differierende gesetzliche Bestimmungen ergeben.

Auch im Industriegüterbereich kann eine Anpassung des Markenauftritts an länderspezifische Besonderheiten nur unter Abwägung von Nachteilen für das Unternehmen empfohlen werden.

Transnationale Markenstrategie

Ein markenstrategischer Ansatz, der diese Nachteile vermeidet, ist die transnationale Markenstrategie. Dabei verfolgt das Unternehmen **in den einzelnen Auslandsmärkten individuelle Markenkonzepte,** um die, wenn auch oft geringen Unterschiede optimal auszunutzen. Die Marke wird dabei an die spezifischen Bedürfnisse und Anforderungen der Nachfrager ebenso angepasst wie der komplette Marketing-Mix aus Produkt-, Preis, Distributions- und Kommunikationspolitik. Man spricht dabei von so genannten **localized brands**.

Die transnationale Markenstrategie erlaubt auch die Berücksichtigung und Anpassung an länderübergreifend abweichende gesetzliche Bestimmungen. Für die Verfolgung einer solchen Strategie bietet sich eine **dezentrale Organisation** besonders an. Die einzelnen Niederlassungen können sich umfangreichere länderspezifische Kenntnisse über die Nachfragerstrukturen und -bedürfnisse, die Wettbewerber, die Vertriebskanäle und die sonstigen Besonderheiten aneignen. Das ermöglicht eine **bessere Anpassung der Marke**.

Eine transnationale Markenstrategie ermöglicht im Gegensatz zu einer globalen Markenstrategie eine international unterschiedliche Positionierung der Marke. So kann mit den unterschiedlichen Marken zum Beispiel eine **unterschiedliche Preis- und Produktpolitik** in den verschiedenen Ländermärkten verfolgt werden, was mit einer einheitlichen Marke nicht möglich wäre. Das ist vor allem dann von Bedeutung, wenn die einzelnen Länder unterschiedlich weit entwickelt sind.

Die Verwendung von lokal angepassten Marken bringt daneben noch **weitere Vorteile** mit sich. Ein internationales Unternehmen kann sich damit eine **nationale Markenidentität aufbauen** und wird so unter Umständen von den Nachfragern auf einzelnen Märkten besser akzeptiert. Manchmal erscheint die Präsentation eines internationalen Unternehmens über eine nationale Marke vorteilhaft. Das ist auch oft einer der Gründe, warum nationale Anbieter, die eine gute Wettbewerbsposition und ein gutes Markenimage in ihrem Heimatmarkt haben, von international expandierenden Unternehmen aufgekauft werden. Auf diese Weise können **Markteintrittsbarrieren umgangen** werden. Die damit verbundenen Herausforderungen an das Markenmanagement sind häufig nicht unbeträchtlich und werden in Teil 2 an dem einen oder anderen Unternehmensbeispiel deutlich (z. B. Schroff).

Das mit einer transnationalen Markenstrategie verfolgte Ziel ist es, über eine bessere Befriedigung der nationalen Nachfrage die Marke insgesamt zu stärken. Jedoch sind mit einer solchen Strategie auch einige Nachteile verbunden. Die Standardisierungsvorteile einer globalen Markenstrategie können nicht genutzt werden. Stattdessen müssen für jeden Markt spezifisch angepasste Marken aufgebaut und geführt werden, was mit sehr hohen Kosten verbunden ist. Die **transnationale Markenstrategie** kann zu einer **Schwächung des globalen Unternehmensimages** führen, wenn die Koordination zwischen den einzelnen Marken und Aktivitäten nicht aufeinander abgestimmt ist. Ein international starkes Unternehmensimage kann jedoch ein sehr wichtiger Erfolgsfaktor sein, wie bei der Beschreibung der globalen Markenstrategie deutlich wurde.

Multidomestische Strategie

Für einige wenige Branchen gilt auch heute noch, dass die Ausprägungen in den nationalen Märkten äußerst unterschiedlich sind, sodass eine Koordination und Abstimmung zu wenig Vorteilen führt. Beispiele dafür sind Rechtsinstitutionen wie Anwaltskanzleien. Hier gibt es keinen Kostendruck durch neue Wettbewerber und die Anforderungen an die Industrie sind extrem stark durch die nationalen Besonderheiten geprägt. In solchen Situationen operieren Unternehmen nur national und positionieren ihre Marken national, falls das überhaupt möglich ist. In den letzten Jahrzehnten haben sich solche nationale Enklaven stark verkleinert und der Anteil von Unternehmen mit multidomestischen Markenstrategien ist stark zurückgegangen.

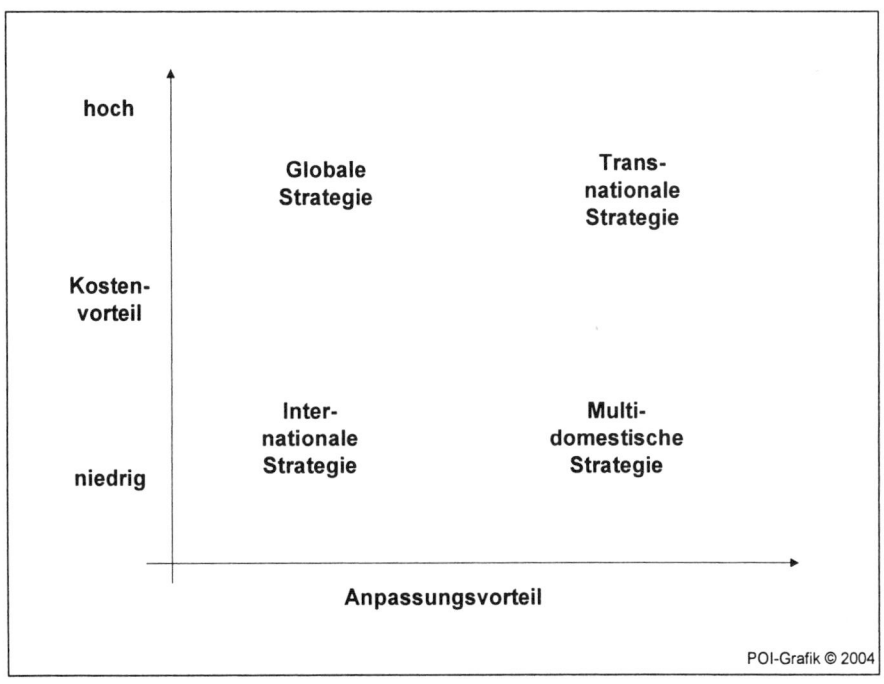

Abbildung 27: Generische strategische Ausrichtung (*Hill* 2004)

Aus den bisherigen Ausführungen geht hervor, dass weder die strikte Standardisierung des Markenauftritts im Rahmen einer globalen Markenstrategie noch die Anpassung der Marke an jede nationale Besonderheit bei der multinationalen Markenstrategie eine einfache Lösung ist. **In der Praxis verfolgt die Mehrzahl der Unternehmen aus diesem Grund eine gemischte Markenstrategie.** Dabei gilt im wesentlichen der **Grundsatz: So viel Differenzierung wie nötig, so viel Standardisierung wie möglich.** Es wird somit eine weitgehende Vereinheitlichung des internationalen Markenauftritts angestrebt, bei der jedoch bestimmte Elemente national angepasst werden. Somit kann das Unternehmen **gleichzeitig Kostenvorteile realisieren** und über die **Beachtung länderspezifischer Besonderheiten den Nutzen maximieren.**

Die **Schwierigkeit** bei dieser gemischten Markenstrategie besteht darin, festzustellen, **in wie weit die Marke in den verschiedenen Ländermärkten angepasst werden muss.** Dabei sollte unbedingt eine Irritation international mobiler Nachfrager vermieden werden, die durch wahrnehmbare Unterschiede bei den Kernwerten der Marke entstehen kann. Da im Industriegüterbereich die länderspezifischen Unterschiede relativ gering sind, bietet es sich für B2B-Firmen an, **länderübergreifend identische Kernwerte der Marke festzulegen.** Darauf basierend kann dann eine **globale Positionierung der Marke** vorgenommen werden, die **als Ausgangspunkt** dient und im Bedarfsfall um länderspezifische Zusatzelemente ergänzt wird.

2.8.4 Mehrstufige Markenstrategien (Ingredient Branding)

Industriegüter werden ihrer Art nach nicht von Endkunden, sondern von anderen Unternehmen oder Organisationen zur weiteren Leistungserstellung beschafft. Bei den Konsumenten sind Industriegütermarken aus diesem Grund meist nicht bekannt. Oftmals gehen Industriegüter als Bestandteil in andere komplexere Produkte ein.

> Die Hersteller der einzelnen Bestandteile bleiben den Konsumenten, die am Ende der Leistungserstellungskette stehen, dabei oft unbekannt (**Ingredient Branding**).
>
> Die **Endkunden** sind jedoch ein **entscheidender Faktor**, auch oder gerade für die Zulieferunternehmen, **da sie mit ihrer Nachfrage die gesamte Nachfrage der vorgelagerten Produktionsstufen steuern.** Sie entscheiden also mit über den Erfolg des Zulieferunternehmens, **da sie mit dem Endprodukt auch das Zwischenerzeugnis kaufen** (*Weidner* 2002).

Hier wird deutlich, dass OEMs nicht immer daran interessiert sein müssen, Ingredient Branding zu forcieren. Backhaus stellt hierzu fest (*Backhaus* 2003, S. 753):

> „Der Computerhersteller Compaq versuchte etwa, massiv die Ingredient Branding-Strategie von Intel zu bekämpfen und warb mit Slogans wie ‚When it says Compaq on the outside, you don't need to worry about what's on the inside.' Die ablehnende Haltung liegt vor allem darin begründet, dass durch Ingredient Branding die Abhängigkeitsposition gegenüber dem Zulieferer verstärkt wird. Im Kern muss also ein OEM die Vorteilsmöglichkeiten einer besseren Vermarktung gegenüber der Zunahme der Abhängigkeit abwägen."

Ingredient Branding stellt immer eine Ergänzung zur einstufigen Marktbearbeitung und ist stets direkt an den Nachfrager auf dem Primärmarkt gerichtet (*Schmid/Pförtsch* 2005). Die **Zielkompatibilität entlang der Marktstufen** spielt dabei eine fundamentale Rolle, wobei die Markierung prinzipiell an jeder Stufe ansetzen kann, die nicht direkt dem Anbieter nachgelagert ist oder ausschließlich beim Endnachfrager ansetzt.

Eine Definition über Ingredient Branding lautet:

> **Ingredient Branding bzw. mehrstufiges Marketing** umfasst die Gesamtheit aller absatzpolitischen Maßnahmen, die auf eine (mehrere) gegenüber den unmittelbaren Abnehmern nachfolgende Marktsturfe(n) gerichtet sind. Im Gegensatz zur Push-Strategie wird beim mehrstufigen Marketing versucht, Nachfrage für die Komponenten auch auf nachgelagerten Produktionsstufen zu erzeugen. Durch den hierdurch entstehenden Nachfragesog (Pull-Effekt) soll der Absatz des Produkts an den unmittelbaren Abnehmer gefördert werden (*Backhaus* 2003, S. 747).

Es kann sich folglich für einen Industriegüterhersteller auszahlen, **seine Marken nicht nur an den potenziellen Abnehmern zu orientieren, sondern die Endkunden mit in seine Markenstrategie zu integrieren.** Ein Hersteller kann mit seinem Zwischenprodukt der unverdienten Unbekanntheit entgehen, indem er eine **stufenübergreifende Markenpolitik** verfolgt und den Markenaufbau auf jeder dieser Stufen bis hin zum Endkunden unterstützt. Damit verhindert er die Austauschbarkeit seiner Produkte gegenüber der Konkurrenz. Für eine dauerhafte Differenzierung ist die Marke dabei unabdingbar.

Der **Kontakt der Endkunden bzw. Konsumenten mit der Marke** kann auf **zwei Arten** erfolgen:

- über die Kommunikation und
- über eine sichtbare Markierung am Produkt selbst.

Beide Möglichkeiten sollten miteinander kombiniert werden, um die besten Ergebnisse zu erzielen. Bei den Konsumenten sollte zuerst eine gewisse Markenbekanntheit erreicht werden, um ihnen anschließend darauf aufbauend Informationen über die Eigenschaften und Vorteile des dahinterstehenden Produktbestandteils zukommen zu lassen. Das damit verfolgte Ziel ist die **Bildung von Markenpräferenzen bei den Endkunden.**

Es soll erreicht werden, dass die Konsumenten nicht mehr nur auf das Gesamtprodukt achten, sondern den betreffenden Bestandteil und die **Lieferantenmarke in ihre Beschaffungsentscheidung mit einbeziehen.** Wenn das gelingt, stärkt sich die Position des Industriegüterherstellers gegenüber seinen bestehenden und potenziellen Abnehmern ebenso wie gegenüber seinen Konkurrenten enorm. Bei Entscheidungen im Rahmen von Beschaffungsvorgängen kann die Tatsache, dass die Endkunden die

Marke eines bestimmten Lieferanten gegenüber anderen bevorzugen, die Mitglieder des Buying-Centers entscheidend beeinflussen.

Voraussetzungen einer mehrstufigen Markenstrategie

Eine strategische Ausrichtung der Industriegütermarke am Endkunden ist jedoch nicht immer möglich. Es müssen verschiedene Voraussetzungen erfüllt sein, damit eine solche Strategie durchführbar ist und auch erfolgreich sein kann. Zunächst einmal muss es technisch möglich sein, den betreffenden **Produktbestandteil zu markieren** und diese **Markierung gegenüber den Konsumenten sichtbar zu machen**.

Die physischen Eigenschaften entscheiden darüber, ob die Marke direkt auf dem Produkt des Lieferanten angebracht werden kann oder ob es anderer Mittel bedarf, die Marke auf dem Endprodukt sichtbar zu machen.

- Auf **festen Produktbestandteilen** (z. B. Metall oder Kunststoff) kann die Marke direkt angebracht werden.

- Handelt es sich aber um eine **Flüssigkeit oder ein Gas**, ist eine Platzierung der Marke am Endprodukt nur über eine angebrachte Etikette oder einen Hinweis auf der Verpackung möglich.

- Falls es durch die **Weiterverarbeitung oder** aufgrund der Anbringung des Zulieferproduktes an einer **schwer zugänglichen Stelle** für die Endkunden nicht möglich sein sollte, die Marke des Lieferanten wahrzunehmen, ist ebenfalls ein zusätzlicher Markenhinweis auf dem Endprodukt, beispielsweise über ein Etikett, notwendig.

Es sollte dem Konsumenten über die **Anbringung der Marke auf jeden Fall ermöglicht** werden, während des Kaufs oder der Benutzung des Endproduktes den betreffenden Produktbestandteil erkennen zu können. Das kann **auch** erreicht werden, indem **bei der Kommunikation** des Endproduktes ausdrücklich auf die Verwendung einer bestimmten Zuliefermarke hingewiesen wird.

Der Hightech-Lieferant von Komponenten, Systemen oder Modulen muss seine Marke gegenüber dem Hersteller des Endproduktes durchsetzen können. Die Voraussetzung dafür ist, dass die betreffende Marke des Lieferanten für den Hersteller des Endproduktes einen **Mehrwert** liefert und nicht im Gegensatz zu der von ihm verfolgten Strategie steht (*Malaval* 2001). Die **Lieferantenmarke sollte dem Ansehen und der Marke des Herstellers dienlich sein**, nur dann sind gemeinsame Kommunikationsaktivitäten durchsetzbar.

Es ist für den Hersteller **entscheidend, dass seine Kernkompetenzen** in der öffentlichen Wahrnehmung durch die Lieferantenmarke **nicht angefochten** werden. Das Endprodukt sollte durch die Lieferantenmarke in jedem Fall aufgewertet werden. Das wird dann erreicht, wenn es sich bei dem betreffenden Produkt des Lieferanten um eine technische Innovation handelt und dieses Produkt aus Konsumentensicht einen wichtigen Bestandteil des Endproduktes darstellt (*Weidner* 2002).

Im Rahmen unserer Gespräche mit den Firmen bei der Erstellung des zweiten Teils (Unternehmensbeispiele) dieses Buches ist uns aufgefallen, dass der Aspekt des Ingredient Branding keineswegs, wie so häufig auch in den hier angegebenen Literaturquellen implizit unterstellt wird, allein und ausschließlich auf materielle, hochtechnologische Produkte beschränkt sein braucht. Auch und insbesondere hochqualitative und anspruchsvolle B2B-Dienstleistungen, deren Leistungen ebenfalls in andere Endprodukte integriert werden und damit eine nachhaltige Leistungssteigerung bewirken, sind davon betroffen (*Schmid* 2004).

Es gibt verschiedene **Gründe, weshalb sich der Hersteller des Endproduktes gegen die Darstellung der Lieferantenmarke im Zusammenhang mit seinem Produkt aussprechen kann** (*Malaval* 2001): Er kann beispielsweise befürchten, von diesem Lieferanten abhängig zu werden. Eine starke Lieferantenmarke würde seine Position bei Preisverhandlungen schwächen und es ihm erschweren den Lieferanten zu wechseln. Wenn die Lieferantenmarke aufgrund einer starken Stellung im Markt auch von verschiedenen Konkurrenten verwendet wird, muss das Unternehmen befürchten, seine **Differenzierung vom Wettbewerb aus Sicht der Kunden zu verlieren** und von diesen als austauschbar angesehen zu werden.

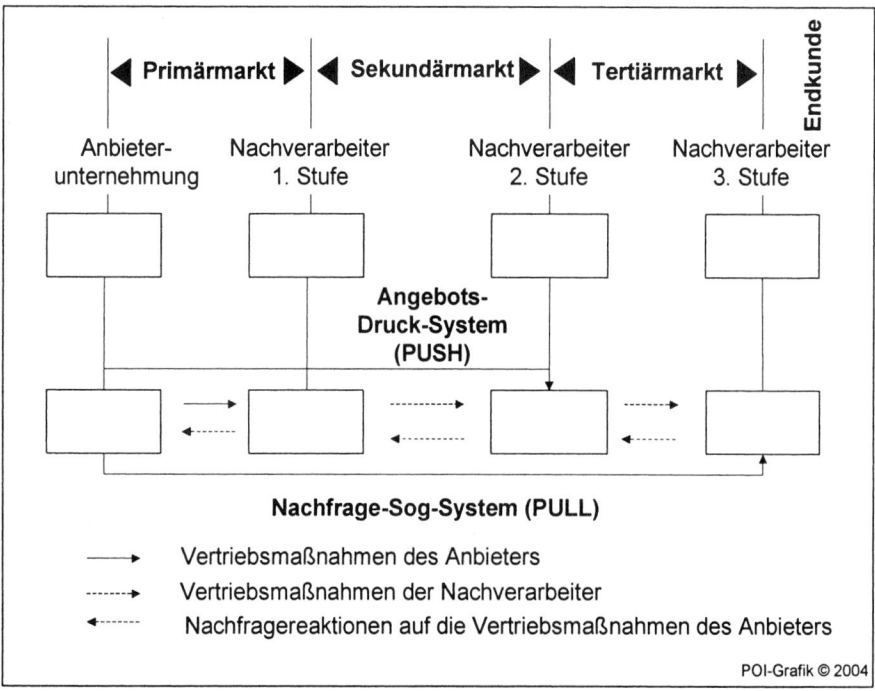

Abbildung 28: Möglichkeiten der Vorgehensweise beim Ingredient Branding

Die strategische Ausrichtung der Industriegütermarke am Endkunden sollte aus den genannten Gründen gut vorbereitet werden. Ein Unternehmen sollte seine Marketingstrategie nicht nur an den bestehenden und potenziellen Abnehmern orientieren, sondern zunehmend auch die nachgelagerte Prozesskette bis zum Endkunden mit einbeziehen. Dadurch können sich **vielfältige Möglichkeiten** ergeben:

- Es ist beispielsweise eine **Kooperation mit den Herstellern der Endprodukte denkbar,** durch die sich für beide Seiten die **Kundenbindung erhöhen** lässt.

- Der Kontakt zu den nachgelagerten Produktionsstufen und zu den Endkunden gibt dem Unternehmen darüber hinaus die **Möglichkeit, deren Bedürfnisse besser zu verstehen.** Die daraus gewonnenen Erkenntnisse können dem Industriegüterunternehmen eventuell nützliche **Anhaltspunkte für Innovationen** liefern.

Wichtig ist, dass es beim Ingredient Branding nicht nur auf den Machtausbau ankommt, sondern insbesondere die Marketing-Maxime der totalen Kundenorientierung umgesetzt werden soll. Je mehr Zulieferprodukte in ein Endprodukt eingehen, desto größer ist die Komplexität bzw. deren Handhabung, am Ende ein kundenorientiertes Produkt zu lancieren. Der Gefahr, dass ‚zu viele Köche das Ergebnis verderben' wird beim Ingredient Branding in besonderer Weise begegnet (*Backhaus* 2003, S. 748):

„Wenn etwa der BMW-Kunde schon bei der Neuanschaffung darauf besteht, dass sein Wagen mit einem Pirelli-Reifen ausgerüstet ist, haben wir unsere Marke positioniert und uns der Willkür der Autoindustrie entzogen. Bei Neuprodukteinführungen kann das mehrstufige Marketing dazu genutzt werden, zunächst Marktwiderstände auf nachgelagerten Marktstufen zu überwinden, um daran anschließend den OEM leichter von der Vorteilhaftigkeit der Produktneuentwicklung überzeugen zu können. Ein weiteres wichtiges Ziel, das mit dem Einsatz des mehrstufigen Marketings verknüpft werden kann, ist die verbesserte Informationsgewinnung für den Komponentenhersteller. Dies gilt insbesondere dann, wenn sich die Marketing-Maßnahmen direkt an den Endabnehmer des jeweiligen Produkts wenden. Durch die unmittelbare Kenntnis der Bedürfnisse nachgelagerter Marktstufen können sich Ansatzpunkte für Neuentwicklungen bzw. Verbesserungen der angebotenen Komponenten ergeben."

Ingredient Branding ist selbst bei großzügigem Marketingbudget und professioneller Ausgestaltung kein Wundermittel für alle Fälle, denn es gibt **drei elementare Bedingungen,** die erfüllt sein müssen, um überhaupt als Marketinginstrument in Betracht zu kommen:

- Die Komponente muss eine **wesentliche Bedeutung für die Qualität bzw. das Qualitätsimage des Gesamtprodukts** haben, oder es muss zumindest prinzipiell möglich sein, der Komponente eine wesentliche Bedeutung im Wege des mehrstufigen Marketings zu vermitteln.

- Die Komponente muss für den Abnehmer auf der nachgelagerten Marktstufe in irgendeiner Form **identifizierbar** sein.

- Eine dritte Voraussetzung ist weniger produktorientiert als vielmehr **beziehungsorientiert**, d. h. die Machtstrukturen und **Interessen** der beteiligten Unternehmen im Absatzkanal müssen die Durchsetzung einer mehrstufigen Marketing-Strategie generell zulassen. Fühlt sich ein Unternehmen auf der nachgelagerten Marktstufe durch die Aktivitäten des Komponentenherstellers in seiner Beschaffungsfreiheit eingeengt bzw. in seiner Marketingkonzeption behindert und besitzt dieses Unternehmen darüber hinaus die Macht zur Interessendurchsetzung, kann Ingredient Branding in dieser Konstellation nicht durchgesetzt werden. Der Fall Intel hat gezeigt, dass ein Zulieferer in einer solchen Situation nicht nachgeben muss, sondern ganz bewusst strategische Wendepunkte herbeiführen kann (z. B. beim Wechsel von IBM auf Compaq).

Sofern diese Voraussetzungen nicht erfüllt werden können, ist es dem Anbieter nicht möglich, den Nachfrager von der Wichtigkeit der enthaltenen Komponenten zu überzeugen. Sind die Voraussetzungen aber erfüllt, kommen prinzipiell **für einen Zulieferer drei Strategien** in Betracht, **mit denen Marktbarrieren seitens der OEMs reduziert** werden können bzw. die Zulieferermacht nachhaltig gesteigert werden kann:

- **Paralyse der OEMs durch vertikale Integration:** Nutzung der Marktkenntnis, um andere Zulieferunternehmen auf die mit den neuen Produkten verbundenen Normen einzustellen. Dadurch werden dem OEM die Ausweichmöglichkeiten genommen, wenn er neue Entwicklungen für seine Endprodukte einsetzen will.

- **Disziplinierung der OEMs durch Kooperation:** Beispielsweise können über den Austausch von Patentschutzrechten Anreize für den OEM geschaffen werden.

- **Marktentwicklungsstrategien:** Wenn ein Zulieferer sein Produkt nachhaltig mit Erfolg im Markt als Marke etablieren will, verfügt er in der Regel auch über einen USP durch konsequentes Innovationsmanagement, weil ansonsten die Strategie auf Dauer nicht durchzuhalten ist. Durch eine konsequente Innovationsstrategie können neue Märkte auch für das Endprodukt entwickelt werden. Auf diese Weise können für beide, OEM und Zulieferer, neue Anwendungen und damit neue Märkte geschaffen werden.

Ein oft übersehener Aspekt beim Ingredient Branding ist die in Teil 1 unseres Buches vorgestellte operative Markenkommunikation, denn sie hat die Aufgabe, die strategische Markenaufladung (Kapitel 2) mit Leben zu erfüllen bzw. den Kunden proaktiv in die Markenentwicklung einzubeziehen. Für das Ingredient Branding im B2B-Sektor kommen dabei insbesondere folgende **drei Instrumente der Markenkommunikation** in Betracht:

- **Werbung:** In diesem Zusammenhang wird hier auch von Sprungwerbung gesprochen, d. h. es werden Präferenzen für die Komponente auf den nachgelagerten Marktstufen geschaffen. Auf der anderen Seite kooperieren die OEMs zunehmend mit den Zulieferern. Die OEMs nutzen dabei nicht nur die Kompetenz ihrer Zulieferer, sondern auch deren Bekanntheitsgrad von Komponenten, um damit für ihr eigenes Produkt zu werben. Kooperative Werbung kann dabei folgende Abmachungen zwischen Zulieferer und OEM beinhalten:
    - Zahlung von **Werbekostenzuschüssen** durch den Zulieferer: Intel macht deren Höhe u. a. von der Menge der beschafften Prozessoren abhängig und der Art des eingeschalteten Werbeträgers bei Co-Advertising-Kampagnen,
    - Vorgabe von Kriterien für die **Werbegestaltung** durch den Zulieferer,
    - Entgegennahme von **Lizenzgebühren** durch den Zulieferer für die Nutzung der Marke.

- **Persönliche Kommunikation:** Insbesondere in der Einführungsphase von Zuliefererinnovationen spielt die Überwindung von Marktwiderständen auf den nachfolgenden Marktstufen eine besondere Rolle und Herausforderung. Am Beispiel von Intel und der besonderen Begabung von Noyce hinsichtlich seines talentierten Umgangs mit Kunden und seines Fingerspitzengefühls wurde die Bedeutung dieses Kommunikationsinstruments deutlich, insbesondere auch in Verbindung mit der Operation Crush und der konsequenten Umsetzung eines Management by objectives. Mehr dazu in unserem Unternehmensbeispiel Intel inside in Teil 2.

- **Mehrstufige Messepolitik:** Hier werden Verwender der Komponente, Weiterverarbeiter und Endkunden simultan angesprochen, denn Messen bieten hierzu eine sehr günstige Gelegenheit, Marktreaktion und Kundenimpulse in direkter und authentischer Form wahrzunehmen.

Backhaus stellt fest, dass Ingredient Branding insbesondere im Zuliefergeschäft eine Rolle spielt. Hier sind Entscheidungen erforderlich, welche die Leistungsbreite einer Marke betreffen, wobei folgende Formen zu unterscheiden sind (*Backhaus* 2003, S. 752):

- **Dachmarken** (Firmenmarken) wie
    - Bosch (Automobilzulieferer)
    - Monroe (Stoßdämpfer)
    - Pirelli, Good Year, Michelin (Reifen)
    - ATS (Bremsen)

- o VDO (Armaturen)
- o Sachs, Shimano (Schaltungen)
- **Familienmarken** (Produktgruppenmarken) wie
  - o Sinumerik (numerische Steuerungen) von Siemens
  - o Trevira (Fasern)
- **Einzelmarken** (Produktmarken) wie
  - o Inbus (Schrauben)
  - o Comprex (Druckwellenlader)

Insbesondere die **vertikale Reichweite einer Marke über die Wertschöpfungs- bzw. Handelsstufen** hinweg spielt im Ingredient Branding eine besondere Rolle. Man unterscheidet dabei zwei verschiedene Arten von Marken:

- **Begleitende Marken** kennzeichnen Zulieferprodukte und begleiten sie durch ihre Verarbeitungsphasen bis hin zum Endabnehmer, indem sie an den Erzeugnissen der nachgelagerten Stufen angebracht und verwendet werden.
- **Verarbeitungsmarken** werden hingegen nicht über die gesamte Absatzkette bin hin zum Endabnehmer erhalten und profiliert. Hier unterscheidet man zwei Varianten:
  - o **Einstufige** Verarbeitungsmarken zum direkten Abnehmer und
  - o **Zweistufige** Verarbeitungsmarken über mindestens zwei nachgelagerte Verarbeitungsstufen.

Erfolgreiches Ingredient Branding stellt hohe Ansprüche sowohl an das Markenpotenzial als auch an das Markenmanagement. In der Tabelle werden Vor- und Nachteile einander gegenübergestellt (*Backhaus* 2003).

Im Interesse einer **Erzeugung maximaler Synergien** durch das niemals preisgünstig einzusetzende Marketing-Instrument Ingredient Branding sind insbesondere folgende zwei Aspekte zu berücksichtigen:

- **Zielgruppen:** Eingrenzung der anzusprechenden Einsatzgebiete und der damit korrespondierenden Marktstufen (Zielstufen) sowie des Durchdringungsgrades auf diesen Stufen. Hierzu ist eine zweistufige Zielgruppenauswahl erforderlich, um einerseits die zu bearbeitenden Zielstufen und andererseits das Ausmaß der Differenzierung der Marktbearbeitung festzulegen.
- **Kooperationsmöglichkeiten:** Ob die Strategie allein oder mit einem Kooperationspartner verfolgt werden soll, hängt vor allem davon ab, es sich um ein bereits am Markt eingeführtes Produkt oder ein neues Produkt handelt. Ein autonomes Vorgehen empfiehlt sich bei neuen Produkten, eine Kooperation eher bei bereits

eingeführten Marktangeboten, um so die bereits erreichte Marktposition abzusichern.

Tabelle 8: Vorteile und Nachteile des Ingredient Branding (*Backhaus* 2003)

Vorteile	Nachteile
o Austritt aus der Anonymität	o Hoher Kosten- und Zeitaufwand für die Kreierung eines Markenwerts (Bekanntheit, Vertrautheit, Image, Ansehen)
o Kundenloyalität und Nachfragesog	
o Mittel gegen Substituierbarkeit	
o Chancen zur Wettbewerbsdifferenzierung	o Risiko, höhere Verpflichtung zur Qualitätssicherung beim Endprodukt
o Preis-/Volumenpremium	o Gefahr der Kannibalisierung durch eine schwache Endproduktmarke
o Eintrittsbarriere für Konkurrenten	
o Schaffen eines Markenwertes (Brand Equity)	o Klar identifiziertes Angriffsziel für die Gegner
	o Erosion des eigenen Markenwertes bei Qualitätsschwächen des Endprodukts wegen hoher Bekanntheit des OEMs

Beim **Aufbau eines Ingredient Brands** sind insbesondere **folgende Schritte** zu beachten (*Esch* 2004):

1. Konsumenten müssen erkennen, dass der zu markierende Teil die Leistung und den Erfolg des Endprodukts beeinflusst, also **wichtig** ist und irgendeiner Weise **sichtbar** bzw. **erlebbar** ist:

    - Intel-Chips sind wichtig für die Leistungsfähigkeit von Computern
    - Das Material Gore-Tex verfügt über besondere Eigenschaften (wind-, wetterfest)

2. Ingredient Brands sollten über eine **Innovation** oder einen komparativen **Wettbewerbsvorteil** verfügen.

3. Initiierung eines kooperativen **Push-Pull-Programms**, d. h. der Endgerätehersteller muss bereit sein für die Huckepackwerbung und die Endkunden müssen über die Produktvorteile des eingebauten Produkts informiert werden.

4. **Prägnantes und klares Branding**, um die Sichtbarkeit bei den Konsumenten zu gewährleisten.

Ohne die Kooperationsbereitschaft nachgelagerter Absatz- bzw. Marktstufen ist eine Ingredient Brand-Strategie kaum im Markt durchzusetzen. Allerdings bleibt dem Zulieferer die Möglichkeit offen, das Herausstellen von Endprodukten in der eigenen Kommunikation zu praktizieren (z. B. Bosch: Der BMW fährt souverän mit Hochdruck-Diesel-Direkteinspritzung von Bosch, vgl. unser Unternehmensbeispiel in Teil 2).

Ohne die Berücksichtigung der Wünsche und Bedürfnisse der Endverbraucher und der unterschiedlichen Spielregeln auf den verschiedenen Marktstufen (Markt-, Bedürfnis-, Kommunikationsstrukturen) erleidet eine Ingredient Brand Schiffbruch.

Abschließend werden **zwei typische Problembereiche und Lösungsansätze** des Ingredient Branding in zusammengefasster Form dargestellt (*Kemper* 2000, S. 383ff.):

- **Problem:** Die im B2B-Bereich häufig anzutreffende Formlosigkeit der Vorprodukte erschwert eine eigenständige Visualisierung (z. B. Flüssigkeiten).
  Lösungsansatz: Als Ausweg können hier nur die verpackten Ingredients, die Transportgefäße, anbieter- oder verwendereigene Produktionsanlagen oder die Marke herausgestellt werden.

- **Problem:** Mangelnde Erkennbarkeit geformter Ingredients, die aber im Endprodukt nur latent eingehen und damit auf den Zielstufen evident werden (z. B. Einsatzstoffe).
  Lösungsansatz: Evidenzkommunikation zum Aufbau eines kundennutzenorientierten Produktfunktionswissens (Semantik!) nach dem Motto, der Kunde will nicht wissen, was enthalten ist, denn er kauft Funktionalitäten. Es geht also um die Herausstellung von Ingredients als Funktionsträger von Endprodukten zum nachhaltigen Aufbau ingredient-orientierter Präferenzen.

Selbst Ingredients mit offensichtlicher bzw. direkt wahrnehmbarer Qualitätsanmutung müssen in ganzheitliche Produktumgebungen bzw. typische Verwendungs- und Nutzungssituationen gestellt werden, um ihrer **Bedeutung für das Endprodukt** voll gerecht zu werden – **einige Markenbeispiele zum Ingredient Branding:**

- Die Firma **Alcantara** geht für ihre gleichnamige Stoffmarke mit besonders taktilen Eigenschaften den Weg über die Darstellung von Möbeln in Wohnsituationen,

- Mit dem Ingredient Brand **Gore-Tex** ging man sogar soweit, dass in einem Werbeprospekt eingeklebte Handschuhe die Atmungsaktivität, die durch die Membran gewährleistet wird, einem zweiten Handschuh ohne Gore-Tex gegenübergestellt wurde,

- Eine glaubhafte Referenzkommunikation liegt zweifellos vor, wenn **BASF** im Wege von B2B-Anzeigen für **Luran** mit bekannten Endherstellern wie Peugeot wirbt,

- Die Firma **DuPont** macht es bei seinem Material **Kevlar** ähnlich und verwendet Schutzhandschuhe als Darstellungsobjekt,

- Ebenfalls aus dem Hause **DuPont** ist die fleckenresistente Teppichfaser **Stainmaster**. Sie wird bewusst in Familiensituationen mit Kindern durch Herausstellung zentraler Nutzenattribute für den Endkunden dargestellt.

Die Relevanz des durch Ingredients aufgebauten Nutzenvorteils macht es erforderlich, eine für den B2B-Bereich typische **sachliche Profilierung mit einer nachhaltigen Emotionalisierung zu verknüpfen**. Die so ausgelöste Personalisierung ursprünglich anonymer Leistungen wird oft durch die Darstellung **negativer Konsequenzen der Nicht-Verwendung markierter Ingredients** zusätzlich erfolgreich verstärkt. So erzeuge der **Baggerhersteller Caterpillar** gezielt Unsicherheiten, um Vorteile eigener Ersatzteile zu betonen. Ingredient Branding ist eine **kostenintensive Investition** in ein Marketinginstrument, das **langfristig angelegt** ist (*Kemper* 2000):

> „Über diese kooperative Kommunikation hinaus sind ferner Beiträge zu beachten, die eine Kooperation mit Folge- bzw. Endherstellern in nichtwerblichen Bereichen (zur Kostenreduktion in Produktion/F&E oder zur Koordination von Verkaufsprozessen) für die Etablierung langfristiger Beziehungen zu leisten vermag: Während sich Beziehungen zu Folgeherstellern, die allein auf dem Folgeproduktnutzen bei Endverwendern als Machtgrundlage basieren, später beim Eintritt von Anbietern mit geeigneten Alternativen eher auflösen, haben Beziehungen, die durch wechselseitiges Commitment, spezifische Investitionen und Abstimmungen beispielsweise in F&E, Produktionsausstattung und -prozesse geprägt sind, in der Regeln eine größere Tendenz zur Stabilität. Dabei ist der Schutz eines Ingredient-Anbieters vor Eintritten von Out-Suppliern in die Geschäftsbeziehung um so größer, je strategischer und vielschichtiger sich die Allianz darstellt."

Die später in Kapitel 5 dargestellte integrierte Kommunikation in Bezug auf eine in sich stimmige formale, inhaltliche und zeitliche Koordination erfährt durch die hier besonders wichtige **vertikale Integration bzw. Koordination** eine wichtige Erweiterung. Letztere gewährleistet, dass an die **verschiedenen Stufen der Marktkette gleiche Inhalte kommuniziert** werden. Andernfalls kann eine fehlende Abstimmung in der vertikalen Integration dazu führen, dass Endhersteller oder Händler den Zielstufen andere Inhalte über den Ingredient Brand kommunizieren als es der B2B-Zulieferer in seiner eigenen Pull-Kommunikation macht. Dies führt dann unter Umständen zur Verwischung wertvoller Markenvorteile und wirkt dann kontraproduktiv bzw. verursacht Schäden, die ohne Ingredient Branding nicht entstanden wären.

Wir stellen in Teil 2 noch weitere Unternehmen zum Ingredient Branding vor und werden in einem Fortsetzungsband Ingredient Branding noch ausführlicher untersuchen (*Schmid/Pförtsch* 2005).

2.9 Markenmanagements und populäre Irrtümer

Das Umfeld einer Marke bleibt im Zeitablauf nicht konstant, da Industriegütermärkte einem ständigen Veränderungsprozess unterliegen:

- Beschleunigung von Produktlebenszyklen,
- Veränderung des Wettbewerbsumfelds,
- Veränderung der Nachfragerbedürfnisse,
- steigende Umweltanforderungen und
- Veränderung von Vertriebssystemen bzw. Etablierung neuer Vertriebsformen.

> **Dem Markenmanagement kommt aus den genannten Gründen eine steigende Bedeutung zur Gestaltung des Wettbewerbsvorteils zu!**

Um dauerhaft am Markt bestehen zu können, muss eine Marke den Entwicklungen in ihrem Umfeld angepasst werden. Das beinhaltet eine **ständige Überprüfung der verschiedenen Elemente der Marke** sowie der die Marke unterstützenden Unternehmensaktivitäten im Hinblick auf ihre Aktualität und ihre **Auswirkungen auf die Markenstärke**.

Eine starke Marke ist durch eine starke nachfragerrelevante Markenidentität gekennzeichnet. Sie ist die wichtigste Voraussetzung für die Entwicklung und die Festigung des im Industriegüterbereich so wichtigen **Vertrauens** der Nachfrager in die Marke. Denn nur wenn die Nachfrager der Marke vertrauen, kann eine hohe **Markentreue** erreicht werden. Das **identitätsorientierte Markenmanagement** kann als

> „ein außen- und innengerichteter Managementprozess mit dem Ziel der funktionsübergreifenden Vernetzung aller mit der Markierung von Leistungen zusammenhängenden Entscheidungen und Maßnahmen zum Aufbau einer starken Markenidentität verstanden werden." (*Meffert et al.* 2002, S. 30)

Das Markenmanagement ist ein dynamischer Prozess, der auf Markenebene stattfindet und alle Aktivitäten eines Unternehmens, die auf den Markt gerichtet sind, umfasst. Zu den **wesentlichen Aufgaben** des identitätsorientierten Markenmanagements zählt die **Schaffung einer eigenständigen Markenpersönlichkeit** und die **Sicherstellung einer möglichst großen Übereinstimmung zwischen der Markenidentität (Selbstbild bzw. Corporate Identity) und Markenimage (Fremdbild bzw. Corporate Image)**.

Das **Idealimage** der Marke aus Sicht der Nachfrager sollte also möglichst dem Selbstbild der Marke aus Anbietersicht entsprechen.

Werden die beiden Aufgaben, die man auch mit den Begriffen Differenzierung und Nachfragerrelevanz der Marke beschreiben kann, vom Markenmanagement erfüllt, so sind auch gleichzeitig die **Voraussetzungen für eine starke Marke** geschaffen.

Ausgangspunkt des Markenmanagements ist,

- eine gründliche **Analyse der Situation des Unternehmens und seiner Umwelt**,
- darauf aufbauend werden die **strategischen Ziele der Markenpolitik** in Abstimmung mit den Unternehmenszielen bestimmt,
- im Anschluss daran erfolgt die **Festlegung der Markenstrategie** und der **Markenpositionierung**,
- erst dann kann der **Einsatz der Marketinginstrumente geplant** und
- mit der **Umsetzung des Markenkonzeptes** am Markt begonnen werden. Dazu gehört auch die Verankerung der Marke im Unternehmen und der Einsatz von **Kontrollinstrumenten**, die eine **kontinuierliche Anpassung der Marke** ermöglichen.

Situationsanalyse und markenpolitische Zielsetzungen

Entscheidungen, die das Management von Marken betreffen, müssen unter Einbeziehung von Informationen über das Unternehmen selbst und seine Umwelt getroffen werden. Das gesamte Umfeld der Marke ist einer sehr genauen Analyse zu unterziehen. Besondere Bedeutung kommt dabei der Analyse der Nachfragerbedürfnisse zu. Die Ergebnisse können dem Unternehmen sehr wertvolle Hinweise bezüglich **zielgruppenspezifischer Problemlösungsideen** liefern.

Etwaige Veränderungen der Nachfragerbedürfnisse im Zeitablauf müssen vom Markenmanagement unbedingt berücksichtigt werden. Daneben ist auch die Identität der Marke aus Sicht des Unternehmens und aus Nachfragersicht genau zu untersuchen, um **eventuelle Unterschiede zwischen dem Selbstbild der Marke und dem Fremdbild der Marke feststellen** zu können. Auch die übrigen Faktoren im Umfeld des Unternehmens müssen bei der Situationsanalyse berücksichtigt werden. Beispielhaft zu nennen sind hier die **Konkurrenten** und **Lieferanten** des Unternehmens sowie die **Händler**.

Da im Industriegüterbereich die **Unternehmensmarkenstrategie dominiert**, ist es wichtig die **Analyse über die betreffende Branche hinaus auszudehnen**. Das ist deshalb von besonderer Bedeutung, weil sich negative Ereignisse, die in irgendeinen Zusammenhang mit dem Unternehmen gebracht werden, sofort negativ auf das Markenimage auswirken können. Aus diesem Grund sollten Industriegüterunternehmen auch die **Stakeholder**, wie zum Beispiel Kapitalgeber, Staat und Gesellschaft, und die übrige Umwelt in die Analyse **miteinbeziehen**.

Die Situationsanalyse bildet die Basis für die Festlegung der mit der Markenpolitik verfolgten Ziele. Dabei müssen die Unternehmens- und Marketingziele ebenso wie die dem Unternehmen zur Verfügung stehenden internen Ressourcen und Kompetenzen berücksichtigt werden. Zunächst sollte die von dem Unternehmen **gewünschte Markenidentität festgelegt** werden. Aufgrund der Tatsache, **dass im Industriegüterbereich vor allem der Unternehmensmarke eine große Bedeutung zukommt**, ist es ratsam, übergeordnete Ziele zu formulieren, die dann **auf eventuell vorhandene Produktmarken heruntergebrochen** werden können. Für den Aufbau und Pflege einer Marke sind vor allem **psychographische Zielgrößen** entscheidend, z. B.:

- Erhöhung der Markenbekanntheit und Markentreue,
- Verbesserung des Markenimages,
- Erhöhung des nachfragerseitigen Vertrauens und
- Erhöhung des Markenwertes.

Die Realisierung eines hohen **Markenwerts** im Zusammenhang mit einem größeren Kundenstamm und einer erhöhten Markentreue ist besonders wichtig. Mit einer Steigerung des Markenwertes steigt auch die **Effizienz der Marketingmaßnahmen**.

Der Markenwert spiegelt aber nicht nur das aktuelle Nachfragerverhalten wider (Spiegelfunktion der Marke), sondern vor allem auch das **zukünftige Potenzial der** Marke (Zukunftsfunktion der Marke). Die Bestimmung des Markenwerts und seine Einflussgrößen wurden bereits in diesem Kapitel 2 untersucht.

Bestimmung von Markenstrategie und Markenpositionierung

Als **Basis für die Markenpositionierung** ist es zunächst notwendig, die Markenstrategien festzulegen. Die markenstrategischen Möglichkeiten im Industriegüterbereich und die Ziele, die mit ihnen jeweils verfolgt werden können, wurden bereits untersucht. In den nachfolgenden Ausführungen wird auf dieser Grundlage der Entscheidungsprozess über eine erstrebenswerte Markenpositionierung vorgestellt. Mit der Positionierung der Marke soll in der Psyche der Nachfrager eine dominante Stellung erreicht werden. Ebenso soll die Marke gegenüber den Wettbewerbern hinreichend differenziert werden. Dabei muss darauf geachtet werden, dass die angestrebte Position der Marke mit den vorhandenen Unternehmensressourcen auch erreicht werden kann.

Die **Umsetzung der Markenpositionierung** kann durch die Verwendung eines Markenleitbildes erleichtert werden. Über das **Markenleitbild** (siehe unsere Ausführungen oben) werden die zentralen Werte und Eigenschaften der Marke an ihre internen und externen Bezugsgruppen kommuniziert. Ein bekanntes Leitbild kann die **Markenidentität nach innen** gegenüber den Mitarbeitern und **nach außen gegenüber der Zielgruppe** festigen. Darüber hinaus fördert es die Identifikation der Mitarbeiter mit der Marke und kann motivationssteigernd wirken. Um diese Funktionen bestmöglich erfüllen zu können, müssen Markenleitbilder einprägsam und glaubwürdig sein sowie längerfristig verwendet werden.

Detailplanung und Umsetzung des Markenkonzepts

Die Markenpositionierung stellt die Basis für die Umsetzung des Markenkonzeptes und die Planung der damit verbundenen Marketingaktivitäten dar. Der erste Schritt bei der Umsetzung des Markenkonzeptes ist die Markengestaltung (*Meffert et al.* 2002).

Dabei werden die verschiedenen **Bestandteile der Markenidentität durch den Einsatz der Marketinginstrumente zielgerichtet beeinflusst**. Im Hinblick auf die dynamische Veränderung des Nachfragerverhaltens ist es besonders wichtig, die **richtige Mischung zwischen zeitlich konstanten und im Zeitablauf zu verändernden Komponenten der Markenidentität** zu finden. Das ist deshalb problematisch, weil zu große Veränderungen zu einem **Identitätsverlust** führen können und die Marke dadurch signifikant schwächen würde.

Die **Integration der Marke** schließt sich direkt an die Markengestaltung an. Dabei müssen die verschiedenen Marketingaktivitäten optimal kombiniert und auf die Markenidentität abgestimmt werden. Um letztendlich eine starke Markenpersönlichkeit zu schaffen, ist ein zeitlich konstanter Markenauftritt notwendig.

Das **Markenmanagement** ist folglich kein einmaliger Vorgang, sondern vielmehr ein **kontinuierlicher Prozess**. Die Veränderungen der Rahmenbedingungen der Marke müssen ständig beobachtet werden, um die Marke rechtzeitig anpassen zu können. Nur so kann einer zu großen **Diskrepanz zwischen der Markenidentität und dem Markenimage entgegengewirkt** werden. Die oben angesprochenen verhaltenswissenschaftlichen Markenbewertungsverfahren können in diesem Zusammenhang als wirksames **Markenkontrollinstrument** dienen.

Für das Markenmanagement sollten im Unternehmen klare Strukturen und Prozesse definiert werden. Es ist insbesondere darauf zu achten, dass die **Markenverantwortung klar geregelt** ist. Der Führungsstil der Verantwortlichen sollte zusammen mit der Organisationsstruktur die **Identifikation der Mitarbeiter mit der Marke fördern**. Das ist vor allem im Industriegüterbereich besonders wichtig, da hier der **persönliche Kontakt mit den Nachfragern** für den Aufbau von Vertrauen in das Unternehmen und in die Marke essentiell ist. Die Mitarbeiter sollten deshalb in der Lage sein, die Markenidentität im Kundenkontakt zu verkörpern (*Tomczak* 1998).

Bevor wir den strategischen Teil der Markenaufladung im B2B-Sektor abschließen, sollen nachfolgend in pointierter Form in der Unternehmenspraxis und teilweise leider auch in der Literatur anzutreffende Irrtümer zum Verständnis von Marken und zum Geltungsbereich des Markenmanagements dargestellt und korrigiert werden.

Markenmanagement wird sehr oft sehr pauschal und kontrovers betrachtet: Entweder als Allheil- und Zaubermittel oder als letzte Lüge des Marketings.

Die nachfolgend aufgezeigten und in Marketing-Seminaren immer wieder festgestellten Irrtümer über Markenmanagement sind zu beachten (*Schmid* 2004):

Irrtum Nr. 1: Marke ist gleich Markenartikel!

- Horizontale Fehlinterpretation: Zweifellos hat das Markenmanagement seinen Ursprung im Konsumgüterbereich, aber das hat mehr mit der Marketing-Historie zu tun. Der klassische Markenartikel stellt nur ein Beispiel für eine Marke dar.

- Vertikale Fehlinterpretation: Marke steht außerdem in einem hierarchischen Verhältnis zur Unternehmensmarke bzw. bei Vorhandensein zur Dachmarke.

- Auch das in den USA weiterentwickelte Ingredient Branding gehört zum Markenmanagement, d. h. ein Markenartikel kann selbst aus Marken bestehen (z. B. Intel inside, Teflonbeschichtete Pfannen, Goretex-Kleider).

Irrtum Nr. 2: Markenmanagement ist Aufgabe der Werbung!

- Markenmanagement ist Aufgabe der Geschäftsführung, des Verkaufs, der F&E-Abteilung, der Kommunikations- und PR-Abteilung.

- Bei Industriegütern besonders markenrelevant ist der Auftritt und das Verhalten des Außendienstes und die Qualität industrieller Dienstleistungen.

Irrtum Nr. 3: Markenmanagement ist nur dem Vorstand vorbehalten!

- Vorstände kommen und gehen – Marken aber bleiben auf Dauer bestehen. Es ist teuflisch, das Markenbild und die Markenwerte der Dynamik des Personal-Karussels zu unterwerfen. Gerade deshalb obliegt dem Vorstand eine große Verantwortung für die Erhaltung und Stärkung der Marke. Marken sind vergleichbar mit einem großen Erbe – je größer, desto größer die Verpflichtung.

- Gerade weil Marken jeden Vorstand überleben, dürfen sie nicht von Vorstand zu Vorstand in ihrer wesentlichen Ausprägung geändert werden.

- Im Zuge von Merger und Akquisition-Strategien kann sich das Markenportfolio auch ändern, weil neue Marken hinzukommen. In solchen Fällen wird die Überarbeitung und Optimierung von Markenportfolios erforderlich. Solche Strategien reichen immer weiter als die Vertragsdauer der aktuellen Vorstandsbesetzung (vgl. hierzu die Etablierung einer Markenbibel seit dem Merger von Daimler-Benz mit Chrysler: Das Ziel lautete zum einen Aufrechterhaltung der Eigenständigkeit und Orientierungswissen für alle am Wertschöpfungsprozess Beteiligten als Prophylaxe vor einer Markenverwässerung).

Irrtum Nr. 4: Marken sind rein ökonomisch erklärbar!

- Marken emotionalisieren Produkte und Dienstleistungen.

- Marken lassen sich nur bedingt ökonomisch erklären, da eine einseitige Quantifizierung die ebenso wesentlichen qualitativen Merkmale vernachlässigt.

Irrtum Nr. 5: Marken werden nur durch intensive Werbung geschaffen!

- Nur langfristig angelegte Produktqualität und Kundenvertrauen über Jahre hinweg schaffen echte Markenwerte.

- Markenanspruch in der Werbung und Markenrealität im Umgang mit Kunden und im Gedächtnis der Kunden sind zweierlei.

- Werbung entwickelt sich in den letzten Jahren mehr und mehr zum stumpfen Instrument des Marketings und trägt damit immer weniger effizient und effektiv zur Beeinflussung des akquisitorischen Potenzials bei, nicht nur im B2B-Bereich.

Irrtum Nr. 6: Markenmanagement ist für KMUs unwichtig!

Kleine und mittelständische Unternehmen (KMUs) gehen oft davon aus, dass sie für die Etablierung eines Markenmanagements zu klein sind und eine Positionierung als Marke ebenso wenig in Betracht kommt.

- Ein gefährlicher Trugschluss, insbesondere für die oft gar nicht so großen, aber leistungsstarken Hightech-Unternehmen im Mittelstand.

- Gerade Mittelständler nehmen oft die Etablierung ihrer Marke viel zu wenig ernst und könnten sich stattdessen viel besser vor ruinösem Preiswettbewerb schützen.

Abbildung 29: Sechs Irrtümer zum Markenmanagement im Überblick

Im nachfolgenden Kapitel wenden wir uns den operativen Parametern der Markenkommunikation im B2B-Sektor zu, um das bis hier vorgestellte Gedankengut über die strategischen Parameter der Markenaufladung dazu in Relation zu setzen, denn in der Praxis muss natürlich beides sehr eng miteinander verzahnt werden und in einem ausgewogenen Verhältnis zueinander stehen. Diesen Aspekt greifen wir in unserem zweiten Teil des Bandes anhand einiger Unternehmensbeispiele explizit auf und entwickeln dafür im Ausblick ein Modell.

Unser Zwischenergebnis in Kapitel 2:

Über eine konsequent verfolgte Markenpolitik können Industriegüterunternehmen sich und ihr Leistungsangebot dauerhaft gegenüber der Konkurrenz differenzieren und sich bei ihrer Zielgruppe eine **dominante Position aufbauen und sichern.** Die vielfältigen Vorteile, die dem Anbieter aufgrund einer starken Marke entstehen, rechtfertigen in den meisten Fällen die damit verbundenen Investitionen, insbesondere auf lange Sicht, denn Markenmanagement ist kein Turbo-Tool. Dabei ist die Bedeutung einer **starken Unternehmensmarke**, unabhängig von der betreffenden Industriegüterbranche, unbestritten. Sie drückt die Kompetenz und Leistungsfähigkeit des Unternehmens aus und bildet die Grundlage für die Bildung des im Industriegüterbereich so wichtigen **Vertrauens** der Nachfrager. Doch auch der **Aufbau von Produktmarken** kann wesentlich zum Erfolg eines Industriegüterunternehmens beitragen. Dabei ist jedoch zu beachten, dass die Chancen eines solchen Markenaufbaus im Vorfeld einer genauen Prüfung bedürfen, da die Relevanz von Produktmarken in den unterschiedlichen Industriegüterbranchen stark differiert.

Viele Industriegüterunternehmen beschränken sich bei ihrem Markenaufbau noch zu sehr auf rationale Argumente. Die **emotionale Komponente** einer Marke wird dagegen **meistens vernachlässigt.** Dabei sind es gerade die persönlichen Erfahrungen der Nachfrager mit der Marke, die wesentlich zum Aufbau einer starken Marke beitragen. Die Anbieter von Leistungen im B2B-Bereich sollten daher in Zukunft verstärkt darauf achten, ihre Marken über eine stärkere Einbeziehung von Emotionen in die Markenpolitik für die Nachfrager erfahrbarer machen.

Die **neuen Informationstechnologien** und speziell das Internet werden im Industriegüterbereich **zukünftig eine noch wichtigere Rolle** spielen. Aufgrund der großen Bedeutung der persönlichen Komponente für den Aufbau des nachfragerseitigen Vertrauens ist zwar **nicht damit zu rechnen, dass die klassischen Kommunikationsinstrumente beim Markenaufbau an Bedeutung verlieren** werden. Dennoch muss das Internet künftig stärker als bisher in die Markenpolitik integriert werden. Besonders über eine Verbesserung der **Kundenbetreuung** und eine **Vereinfachung von Informations-, Kommunikations- und Interaktionsprozessen** kann das Internet maßgeblich zur Verstärkung der Markentreue beitragen. Von daher gewinnt auch die Bedeutung des E-Branding an Relevanz (vgl. Kapitel 3.6).

Aufgrund der Heterogenität der einzelnen Bedürfnisse und Anforderungen der Nachfrager sowie der Notwendigkeit einer differierenden Ansprache der unterschiedlichen Mitglieder der Buying-Center wird das **Direkt-Marketing im Business-to-Business-Bereich zukünftig noch stärker dominieren**. Die Tatsache, dass die Zahl der potenziellen Kunden von Industriegüterunternehmen in der Regel verhältnismäßig klein ist, erleichtert dabei die bedarfsbezogene Anpassung der den Markenaufbau begleitenden Marketingmaßnahmen.

In der Unternehmenspraxis kann ein **konsequenter Markenaufbau** und ein professionelles Markenmanagement bisher **hauptsächlich bei den Großkonzernen beobachtet** werden. Die **im Industriegüterbereich häufig vertretenen mittelständischen Betriebe** wenden sich dieser Aufgabe dagegen **bisher nur vereinzelt** zu. Dabei ist der Aufbau starker Marken auch und speziell für den Mittelstand unverzichtbar, um zukünftig im harten Wettbewerb bestehen zu können. Er bedarf jedoch einer sorgfältigen Vorbereitung und Prüfung der vorhandenen Möglichkeiten, um einen möglichst effizienten Einsatz des begrenzten Marketingbudgets sicherzustellen.

Zusammenfassend bleibt festzuhalten, dass die **Markenpolitik in den kommenden Jahren eine immer wichtigere Rolle im B2B-Bereich einnehmen** wird und zwar **unabhängig von der Unternehmensgröße und Branche.**

3. Operative Parameter der Markenkommunikation im B2B-Sektor

Nachdem bisher vorbereitend für das strategische Markenmanagement der Gegenstandsbereich bzw. das Bezugsobjekt anhand der Besonderheiten des B2B-Sektors charakterisiert wurde, standen im letzten Kapitel die **strategischen Parameter der Markenaufladung** im Vordergrund.

Letztere werden nachfolgend durch **operative Instrumente der Markenkommunikation** mit Leben erfüllt, denn die strategischen Markenwerte nützen wenig, wenn sie nicht kommuniziert werden.

Im zweiten Teil werden beide Bereiche nicht nur zusammengeführt, sondern via Branchenanwendungen und Unternehmensbeispielen veranschaulicht.

3.1 Ziele und Aufgaben im Prozess der B2B-Markenkommunikation

Im Vordergrund der B2B-Kommunikation steht zweifelsfrei die **Informationsvermittlung technischer Inhalte in verständlicher B2B-Kundennutzenform**, da organisationale Kunden in der Regel einen größeren Informationsbedarf für technische Produktinformationen haben und über ein besseres Verständnis der komplexen technischen Zusammenhänge verfügen als private Endkunden im Konsumbereich. Eine zentrale Rolle besteht in der **Heterogenität der Informationsbedürfnisse** der unterschiedlichen Akteure im oben bereits dargestellten Buying Center: Beispielsweise

- benötigt der **Anwender** Informationen über die Einsatzmöglichkeiten,
- während der **Einkäufer** am Preis interessiert ist und
- der **Controller** zusätzlich Daten über Wartungskosten und Wartungszyklen benötigt.

Zudem ändern sich die **Informationsbedürfnisse** mit den **Phasen des Entscheidungsprozesses** ebenso wie die benutzten **Informationsquellen**. Die Kommunikationspolitik ist eher durch kognitive als durch emotionale Aspekte geprägt – hier deutet sich allerdings partiell eine **Richtungsänderung in Richtung Emotionalisierung** an (z. B. Product Placement). Die **Internationalität** muss von Anfang an einbezogen werden, da B2B-Märkte meist über nationale Grenzen hinausgehen. Die Kommunikationsfachleute sollten über technische Kenntnisse verfügen, um komplexe technische Sachverhalte richtig und verständlich zu kommunizieren.

Aufgrund des für das B2B-Geschäft oft direkten Kontaktes nimmt die Kommunikation einen eher persönlichen Charakter an, was zum einen mit der oft überschaubaren Anzahl von Kunden und zum anderen mit der **hohen Bedeutung des persönlichen Vertriebs** zusammenhängt. Zentrale Instrumente sind daher oft Messen und Ausstellungen, da hier die Produkte präsentiert und vorgeführt werden können, um so neue Kundenkontakte zu knüpfen und den Wettbewerb zu beobachten (vgl. Kapitel 3.4 über Kommunikationsinstrumente).

> Unter **Kommunikation** versteht man die sorgfältig durchdachte und geplante Verbreitung von Informationen und Nachrichten seitens des Unternehmens an interne und externe Interessengruppen, d. h. wir sprechen von der integrierten Marketingkommunikation (*Malaval* 2001).

Die klassische Mediawerbung hingegen ist im Vergleich zum Konsumgütermarketing von geringerer Bedeutung. Ein sehr **oft vernachlässigter Bereich** ist die sorgfältige Prüfung aller denkbaren Möglichkeiten, **nachgelagerte Stufen des Vertriebs** in die Kommunikationspolitik zu **integrieren** (z. B. Ingredient Branding).

Zu den **Aufgaben der Kommunikationspolitik** eines Unternehmens gehört die

- Definition von **Kommunikationszielen,**
- die **Auswahl der Kommunikationsinstrumente** nach Zielgruppen und
- die **Ausgestaltung der Botschaften** in Abstimmung mit den Unternehmenswerten und dem Markenkern.

Die Kommunikationspolitik sollte im Einklang mit der Marketingstrategie und der Unternehmensstrategie sein.

Zu den allgemeinen **Zielen der B2B-Kommunikation** zählt die Pflege des Ansehens des Unternehmens, vor allem in Bezug auf seine Leistungsfähigkeit, seine Kompetenz und seine Produkte beziehungsweise Dienstleistungen. Die Bekanntheit des Unternehmens und der von ihm angebotenen Leistungen soll gesteigert werden, um bei der Zielgruppe Präferenzen aufzubauen und einen Kaufwunsch auszulösen. Mit anderen Worten: Ziel der Kommunikation ist, den Absatz der angebotenen Produkte und Dienstleistungen zu fördern.

Die **spezifischen Kommunikationsziele** dienen der Umsetzung der individuellen Marketingstrategie des Unternehmens. Beispielhaft zu nennen sind hier

- eine Verbesserung des **Unternehmensimages**,
- die Unterstützung der Tätigkeiten des **Vertriebs** oder
- die Verbreitung von Informationen zu **innovativen Produktneuheiten** des Unternehmens.

Weitere **Zielsetzungen, insbesondere der Markenkommunikation** fokussieren direkt auf der Kundenebene:

- **Aufbau von Präferenzen** durch Überzeugung der Kunden von der Wertigkeit der eigenen Marke und Motivation der Kunden, den Anbieter zu wechseln. Dies impliziert u. a.:
    o Aufbau von Vertrauen der Kunden in die Leistungsfähigkeit und Wirtschaftlichkeit des Anbieters.
    o Erhöhung des Bekanntheitsgrades und Aufbau eines positiven Images.
- Die **Erinnerung des Kunden**, dass er das Marktangebot auch künftig benötigen wird, um zumindest im Gedächtnis des Kunden zu bleiben.
- Die **Information des Kunden** über das Angebot und die Bereitstellung von Anregungen, wie das Angebot noch eingesetzt werden kann:
    o Senkung der Nachfragerinformationskosten
    o Anwendungsalternativen
    o Informationen über Preisänderungen
    o Erklärungen, wie das Leistungsangebot funktioniert
    o Beschreibungen über zusätzliche Dienstleistungen
    o Vermittlung von Argumenten zur Reduktion der Bedenken des Käufers
    o Erweiterter Aufbau eines Produktimages, zusätzlich zum Unternehmensimage

Markenmanagement ist ein zentrales Element der **wertorientierten Unternehmensführung**. Damit ist klar, dass die verschiedenen Stakeholder Anspruch erheben werden, in der Unternehmensberichterstattung mehr über die Markenpositionierung und Markenführung zu erfahren. Jeder Berührungspunkt mit der Marke hat Einfluss auf das Markenimage und generiert damit die Markenidentität (*Schmid/Kuhnle* 2005). Wie vielfältig diese Berührungspunkte für einen B2B-Anbieter sein können, zeigt nachfolgende Aufzählung:

- Produkt- und Dienstleistungsangebote
- Marketing-Kommunikation, Presse und Öffentlichkeitsarbeit, Sponsoring
- Finanz- und Kundenkommunikation
- Standort
- Recruiting
- Telefonmarketing, Call Center, Direct Mail
- Vertriebskanäle
- Point of Sales
- After Sales Services
- Events, Messestand, Vorträge
- Web-Auftritt
- Interne Medien (Broschüren, etc.) und
- Externe Medien (Fachzeitschriften etc.)

Markenkommunikation besteht heute darin, im Gedächtnis der Kunden eine Marke aufzubauen, gewissermaßen als **Brandzeichen im Gehirn**. Für manche geht das soweit, dass sie sich dazu bekennen, dass die Marke zwar Eigentum des Unternehmens ist, aber realiter im Besitz der (potenziellen) Kunden sei. Markenverantwortliche entwerfen **gezielte Definitionen als konzeptionelle Gedankenstütze**, um ein ganz bestimmtes Kompetenzfeld mit einer Marke zu besetzen. Je weniger fokussiert sie das tun, desto stärker weichen die Vorstellungen der Kunden vom gewünschten Bild ab.

Unternehmen haben sehr oft das **Problem, über Änderungen des Marktes und der Kundenpräferenzen viel zu spät informiert zu werden**, weil sie im Vertrieb auf Externe angewiesen sind oder der Außendienst viel zu sehr auf Umsatzmaximierung getrimmt ist und viel zu wenig Gelegenheit erhält, wichtige Berichte über Kundenerfahrungen und Marktveränderungen zu schreiben, die dann auch direkt an das Topmanagement weitergeleitet werden müssen. Je später die Informationen zur Entscheidungsebene gelangen, desto kleiner wird die Reaktionszeit und desto geringer oft die Entscheidungsqualität aufgrund der selbst verursachten Zeitknappheit. Hier ist es unabdingbar, nicht nur den direkten Kunden, sondern auch die nachgelagerten Kunden kennen zu lernen. B2B- und B2C-Marketing dürfen hier nicht getrennt voneinander betrachtet werden, sondern müssen miteinander verbunden werden.

Generell bestehen zwei Möglichkeiten, ein Leistungsangebot auf dem Markt zu kommunizieren:

1. Mit der **Push-Strategie** setzt man Marktangebote über Zwischenhändler/Distributoren/OEM am Markt durch. Die Marketingmaßnahmen des Herstellers richten sich auf den Händler, dessen eigene Marketingmaßnahmen dann wiederum auf den Endkunden (**Push-Effekt**). Die Hauptlast des Vertriebs trägt aber der Händler, der die Marktangebote an eine Vielzahl von Endkunden verkaufen muss. Da der Händler über direkte Kundenkontakte verfügt, erlangt er eine sehr komfortable Marktstellung, denn er baut sich damit einen umfassenden Wissensvorteil über Kundenbedürfnisse und insbesondere über deren Änderungen im Zeitablauf auf. Dieses Wissen über den Kunden manifestiert sich beim Händler als sehr wertvoll und er behütet diesen Vermögensgegenstand. Daher gibt der Händler auch nur partiell und gezielt Informationen an den Hersteller weiter (**Händlermacht**).

2. Die **Pull-Strategie** zielt darauf ab, dass der Endkunde selbst ein Marktangebot beim Händler nachfragt, wenn er von seinem Angebot überzeugt ist (**Pull-Effekt**). Der Händler wendet sich dann an den Hersteller und bemüht sich um das Marktangebot. Die Frage ist hier, was der Hersteller unternehmen muss, um beim Kunden ein Suchverhalten auszulösen. Dies erfolgt durch Kommunikationsmaßnahmen an den Endkunden, z. B. durch Werbeanzeigen, durch Promotion und Messeauftritte. Neben der Verlagerung der Macht vom Händler zurück auf den Hersteller (**Herstellermacht**) hat dies für den Hersteller den Vorteil, dass er näher am Kunden ist und Marktveränderungen schneller erkennt (ohne den Umweg über den Händler) – dadurch kann der Hersteller wesentlich schneller reagieren und erzielt so wertvolle time-to-market-Vorteile.

Da Kommunikation mit dem Kunden immer Geld kostet, ist zunächst das Kommunikationsbudget festzulegen. In der Unternehmenspraxis kommen beispielsweise folgende Instrumente zum Einsatz:

- Das Budget kann sich an einem bestimmten Prozentsatz des Umsatzes orientieren (**Percentage-of-sales-Method**). Im B2B-Sektor liegt dieser Wert meist bei unter 1%. Im Vergleich dazu liegt er im Konsumgüterbereich bei ca. 8% und im Kosmetikbereich bei bis zu 50%.

- Bei der Bestimmung des Budgets orientiert man sich am Wettbewerber (**Competitive Parity Method**). Diese Vorgehensweise gilt insbesondere für Unternehmen, die die ‚Follow-the-Leader-Strategie' präferieren.

- Bei Newcomern ist häufig die **All-you-can-afford-Methode** vorzufinden.

- Die ziel- und aufgabenorientierte Budgetierung (**Objective and Task-Methode**) wird selten vorgefunden, obwohl es sich hierbei um eine besonders sinnvolle Vorgehensweise der Budgetermittlung handelt.

Die letztgenannte Methode hat den Vorteil, sich von Pauschalisierungen zu lösen und stattdessen pragmatisch und zielorientiert vorzugehen (*Kohlert* 2003):

1. **Festlegung der Marketingziele:** Einführung eines neuen Marktangebots, Steigerung des Marktanteils, Umsatzsteigerung.
2. **Festsetzung der Kommunikationsziele:** Steigerung der Produktkenntnisse, des Bekanntheitsgrades und der Etablierung eines Markenimages.
3. **Festsetzung der Personen, die erreicht werden sollen:** Technik, Produktion, Einkauf.
4. **Fragen der Erreichbarkeit, Häufigkeit, Zeitdauer (Kommunikationsziele):**
    o Wie groß ist der Markt?
    o Wie oft müssen die Werbebotschaften wiederholt werden, bevor sie wirken?
    o Wie lange soll die Kommunikationsmaßnahme verfolgt werden?
5. **Feststellung der angemessenen Medien:** Handelspublikationen, technische Fachzeitschriften.
6. **Bereitstellung anderer Hilfsmittel für die Promotion:** Anreize zum Lesen, Datenblätter.
7. **Verabschiedung von Kontrollmessungen:** Vor-Tests, Werbeerfolgskontrolle.
8. **Schätzung des Werbebudgets zur Erreichung der Zielsetzungen:** Ermittlung der Gesamtkosten und der spezifischen Mediakosten.

> Die Entwicklung einer **Kommunikationsstrategie** dient zur Planung der Umsetzung dieser Kommunikationsziele. Dabei umfasst eine Kommunikationsstrategie neben der detaillierten Darstellung aller Kommunikationsmaßnahmen (einschließlich ihrer Zielgruppe, der zu verwendenden Kommunikationsinstrumente, der Botschaften und Werbetexte, der Zeitplanung usw.) auch die Festlegung der benötigten Kontrollinstrumente, um ihren Erfolg zu messen.

Hinsichtlich der Gestaltung des **Inhalts der Botschaft** im B2B-Bereich ist die Erkenntnis wichtig, dass **rationale Appelle** aufgrund der Technikdominanz des Leistungsangebotes einerseits zwar eine wichtige Rolle spielen, andererseits bestätigt die Gedächtnisforschung immer wieder, dass die menschliche Merkleistung bei **emotionalen Appellen** viel höher ist. Insofern sollten beide Arten in einem guten Mischungsverhältnis zum Einsatz kommen, also beispielsweise technische Fakten mit eindrucksvollen Beispielen belegen.

Moralische Appelle machen betroffen, können aber zur Verdrängung führen. Insofern müssen die vermittelten Botschaften inhaltlich dazu geeignet sein, den (potenziellen) Kunden von seiner Position abzuholen und ihn in die Thematik einführen.

Für die **Struktur der Botschaft** ist es außerordentlich wichtig, folgende Aspekte zu beachten:

- Gut aufbereitete Präsentationen und Darstellungen unterstützen den Empfänger der Botschaft in seiner Entscheidungsfindung. Die Einbeziehung von Schlussfolgerungen sind hierzu hilfreich.

- Eine Aufteilung in Pro- und Contra-Argumente ist zu vermeiden, da der Kunde eventuell auf Contra-Argumente stößt, die er noch gar nicht gesehen hat.

- Starke Produktargumente niemals in der Mitte platzieren, am besten am Ende oder eventuell auch am Anfang.

- Menschen nehmen selektiv ihre Umwelt wahr, d. h. diejenigen Informationen werden bevorzugt wahrgenommen, die mit der eigenen Prädisposition übereinstimmen.

Aus den verschiedenen Zielen der Kommunikation resultiert eine unterschiedliche Bedeutung der verschiedenen **Kommunikationsinstrumente** (vgl. nachfolgende Kapitel). Weis formuliert folgenden **Ablauf für B2B-Unternehmen** (*Weis* 1983):

1. **Öffentlichkeitsarbeit:** Bekanntmachung des Unternehmens

2. **Werbung:** Information über die Leistungsfähigkeit des Unternehmens

3. **Verkaufsförderung/Messen/Konferenzen:** Information und Aufklärung über Anwendungsmöglichkeiten der Produkte und deren Vorteil für den Kunden.

4. **Persönlicher Verkauf:** Überzeugung potenzieller Kunden.

Im B2B-Kaufentscheidungsprozess hat das beschaffende Unternehmen infolge eines hohen Komplexitätsgrades (hoher Innovationsgrad, unübersichtliche technische und finanzielle Konsequenzen) ein oft größeres Informationsdefizit. Der Anbieter ist in dieser Situation gefordert, zumindest die subjektiven Beschaffungsrisiken beim Kunden abzubauen.

Baaken hat für **B2B-Beschaffungsprozesse** folgende **Informations- und Kommunikationsprobleme** empirisch ermittelt (*Baaken et al.* 2000):

- Die Entscheidungsträger des Kunden durchdringen weder die **Potenziale der Technologie** noch haben sie ausreichende Kenntnis über die **Konsequenzen der Einführung der Innovation**.

- Die mittlere Führungsebene ist häufig überfordert, die **konkrete technische, organisatorische und soziale Einbettung des Systems** zu planen.

- Das Management ist oft nicht in der Lage, eine fundierte **Entscheidungsgrundlage** zu erarbeiten.

- Mitarbeiter sind auf die **Anwendung und Bedienung von neuen Systemen und Maschinen** nicht ausreichend vorbereitet.

- Das **Marktangebot** für den Kunden ist oft nicht überschaubar.

- Die Änderung des **Preis-Leistungsverhältnisses** ist rasant.

- Das **Investitionsvolumen** für neue Technologien ist hoch.

- Der Kunde befindet sich bis zu einer **kompletten Systemlösung** in einem permanenten Kaufprozess.

- Die **Anfangsinvestitionen und die Nachinvestition** ist im Vorfeld der Entscheidung kaum zu quantifizieren.

- Der Abnehmer ist für einen **langfristigen Zeitraum** an den einzelnen Lieferanten gebunden.

Der B2B-Anbieter hat daher die schwierige Aufgabe, **für jede relevante Kombination von Problem und Fachfunktion einen geeigneten Kommunikationsansatz** zu finden.

3.2 Grundsätze der B2B-Markenkommunikation

3.2.1 Ebenen der Markenkommunikation

Gegenstand von Beschaffungen im Industriegüterbereich sind zumeist sehr komplexe Leistungen, die mit hohen Investitionen verbunden sind und die für den Leistungserstellungsprozess des beschaffenden Unternehmens von großer Wichtigkeit sind.

Aus diesem Grund ist der Informationsbedarf der Mitglieder des Buying Centers sehr hoch. Sie bedienen sich bei ihrer Informationssuche vieler unterschiedlicher Quellen. Die verwendeten Informationsquellen und die ihnen jeweils beigemessene Wichtigkeit zeigt die Graphik am Beispiel der Kaufentscheider in der Automatisierungstechnik (*Meffert* 2000).

Die anbietenden B2B-Unternehmen haben ihre Kommunikation an den Informationsbedürfnissen der Nachfrager und den von diesen benutzten Quellen zu orientieren. Aus diesem Grund ist die B2B-Kommunikatin sehr viel breiter und, auf die Inhalte bezogen, auch tiefer ausgerichtet als die Kommunikation im Konsumgüterbereich (*Merbold* 1994). Den Industriegüterunternehmen stehen **drei Ebenen der Kommunikation** zur Verfügung:

- Die **rein mediale Kommunikation**, die nur auf Informationsträger wie beispielsweise Kataloge oder Anzeigen in Fachzeitschriften beschränkt ist.

- Die **rein personale Kommunikation**, zu der man vor allem die klassischen Verkaufsgespräche der Vertriebsmitarbeiter mit Mitarbeitern des Nachfragers zählt.

- Die **gemischt personal-mediale Kommunikation**, bei der die persönliche Kommunikation durch die Verwendung medialer Mittel verstärkt wird, wie dies beispielsweise bei Messen der Fall ist.

Entscheidend für eine erfolgreiche B2B-Kommunikation ist die **Verwendung aller drei Kommunikationsebenen**, denn nur so können die Informationsbedürfnisse der Nachfrager optimal befriedigt werden. Da die Leistungen im Industriegüterbereich sehr komplex und damit erklärungsbedürftig sind und somit das Vertrauen der Nachfrager eine sehr große Rolle spielt, ist bei der B2B-Kommunikation insbesondere die persönliche Komponente sehr wichtig (*Meffert* 2000).

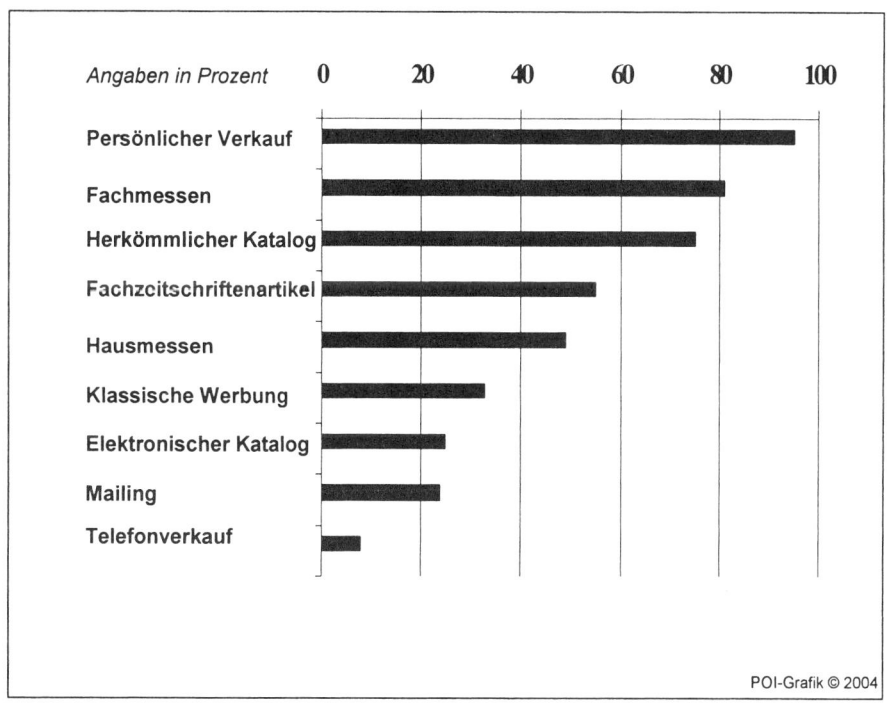

Abbildung 30:
Bedeutung einzelner Kommunikationsinstrumente in der Werkzeugmaschinenindustrie

3.2.2 Ausrichtung der Markenkommunikation

Die B2B-Kommunikation wendet sich meist an eine relativ kleine Gruppe potenzieller Nachfrager, die jedoch in Bezug auf ihre Bedürfnisse und ihren Entscheidungsfindungsprozess sehr heterogen ist. Um die Kommunikation möglichst effektiv zu gestalten, müssen bei der Ausgestaltung der Kommunikationsstrategie die nachfolgend aufgeführten **B2B-relevanten Unterschiede** berücksichtigt werden.

- Die potenziellen Kunden sind in der Regel in **unterschiedlichen Branchen** tätig, weshalb sich ihr Informationsbedarf und die von ihnen verwendeten Informationsquellen unterscheiden können.

- Es ist zu beachten, dass sich, je nachdem welche **Stufe des industriellen Beschaffungsprozesses** gerade durchlaufen wird, ein jeweils anderer Informationsbedarf ergibt und andere Informationsquellen zu Rate gezogen werden.

- Im Verlauf des Beschaffungsprozesses nimmt die **Bedeutung personaler Kommunikation** zu, während die Bedeutung medialer Kommunikation abnimmt.

Welche Kommunikationsmittel in welchen Entscheidungsphasen des industriellen Beschaffungsprozesses am wirksamsten sind und wie groß der jeweilige Informationsbedarf ist, macht nachfolgende Tabelle deutlich (*Merbold* 1994):

Tabelle 9: Kommunikation auf den verschiedenen Stufen des Beschaffungsprozesses

Stufe	Informations-bedarf	Wirksame Kommunikationsmittel
Initiative und Erwägung	Sehr hoch	Fachanzeigen, Messestände
Orientierung und Suche	Sehr hoch	Druckschriften, Direktwerbung
Angebotsaufforderung	Sehr hoch	Produktschriften, Kataloge
Angebotsprüfung	Hoch	Betriebsbesichtigung, Infoveranstaltung
Entscheidung	Gering	Persönliche Imagewerbung

Unterschiede ergeben sich auch in Abhängigkeit von der Kaufsituation. Je nachdem, ob es sich um einen **Neukauf**, einen **modifizierten Wiederkauf** oder einen **identischen Wiederkauf** handelt, besteht ein unterschiedlich hoher Informationsbedarf und eine andere Kommunikationsstrategie ist erfolgreich (*Malaval* 2001).

In Kapitel 1 haben wir dargestellt, dass industrielle Beschaffungsentscheidungen in der Regel kollektiv in so genannten Buying-Centern getroffen werden. Die einzelnen Mitglieder dieser Buying-Center unterscheiden sich in Bezug auf ihre Ausbildung und ihre bisherigen beruflichen Erfahrungen. Sie üben unterschiedliche betriebliche Funktionen aus und haben einen verschieden großen Verantwortungsbereich. Darüber hinaus haben die einzelnen Mitglieder divergierende Entscheidungsbefugnisse und sind verschieden stark in den betrieblichen Beschaffungsprozess integriert. Entsprechend **unterschiedlich sind die Informationsbedürfnisse und die verwendeten**

Informationsquellen der einzelnen Kaufentscheider. Die Mitglieder des Buying-Centers setzen in Bezug auf die spezifischen Funktionen der zu beschaffenden Leistungen unterschiedliche Schwerpunkte und messen den jeweiligen Entscheidungskriterien eine individuelle Bedeutung bei. Zoeten veranschaulicht dies am Beispiel von Solar-Air-Condition-Systemen.

Tabelle 10: Gewichtung von Entscheidungskriterien am Beispiel von Solar Aircondition (Zoeten 1999)

Funktion im Buying Center	Sehr wichtiges Kriterium	Weniger wichtiges Kriterium
Einkäufer	Anschaffungskosten, Konditionen, Liefertermin	Betriebskosten, Wartungsfreundlichkeit
Produktionsingenieure	Betriebskosten, Energieeinsparung, Zuverlässigkeit	Anschaffungskosten
Technischer Dienst	Wartungsfreundlichkeit, Ersatzteilservice	Anschaffungskosten, Betriebskosten
Fabrikleiter	Betriebskosten, Technische Innovation, Zuverlässigkeit	Anschaffungskosten
Geschäftsleitung	Technische Innovation, Betriebskosten, Energieeinsparung	Wartungsfreundlichkeit

Um den Absatz der Produkte und Dienstleistungen bestmöglich zu unterstützen, sollte die B2B-Kommunikation die einzelnen Entscheider mit den von ihnen bevorzugten Kommunikationsinstrumenten und mit auf ihre Interessen abgestimmten Informationen und Argumenten ansprechen. Dabei sollte darauf geachtet werden, dass die jeweils verwendeten unterschiedlichen Argumente in Bezug auf ihre Kernaussage zusammenhängen und damit die Marke stärken.

3.3 Formen der B2B-Markenkommunikation

Die beiden wichtigsten Formen der Business-to-Business-Kommunikation sind zum einen die Unternehmenskommunikation und zum anderen die Produktkommunikation (*Merbold* 1994). Mit diesen Kommunikationsformen lassen sich verschiedene Ziele verfolgen.

3.3.1 Die Produktkommunikation

Die Produktkommunikation eignet sich besonders zur Unterstützung des Absatzes der Produkte und Dienstleistungen. Sie wendet sich vor allem an die Einkaufsabteilungen, Benutzer und technischen Abteilungen (z. B. Produktion oder Forschung und Entwicklung). Daneben spricht sie auch die Händler und die Journalisten an. Bezüglich der inhaltlichen Ausgestaltung der Botschaften und dem damit verfolgten Zweck unterscheidet man zwischen folgenden beiden **Arten der Produktkommunikation**:

- Die **informationsorientierte Produktkommunikation** dient der Erklärung der angebotenen Industriegüter und Dienstleistungen. Sie soll bei der Zielgruppe Informationsdefizite abbauen und bestehende Zweifel an der Leistungsfähigkeit ausräumen. Sie wird auch dazu verwendet, um neue Produkte und Dienstleistungen auf dem Markt bekannt zu machen, auf neue Verwendungsmöglichkeiten bestehender Produkte hinzuweisen und Preisänderungen zu publizieren.

- Die **verkaufsorientierte Produktkommunikation** soll bei der Zielgruppe die Wahrnehmung der Produkteigenschaften und der damit verbundenen Vorteile verbessern. Mit ihrer Hilfe soll eine Präferenz für die Marke aufgebaut und ein Kaufwunsch geweckt werden. Ebenso zielt sie auf die Erhöhung der Markentreue bestehender Kunden ab. Sie erleichtert somit die Arbeit der Vertriebsmitarbeiter.

3.3.2 Die Unternehmenskommunikation

Das Unternehmensimage spielt im Industriegüterbereich eine herausragende Rolle, da die industriellen Abnehmer ihre Präferenzen stärker in Bezug auf den Hersteller und somit auf die **Unternehmensmarke** fokussieren als auf einzelne Produktmarken.

Ziel der Unternehmenskommunikation ist es, genau dieses Image zu pflegen und zu verbessern. Sie konzentriert sich also darauf, die **besonderen Kompetenzen und die Leistungsfähigkeit** des Unternehmens bei der Zielgruppe bekannt zu machen und damit das dem Unternehmen entgegengebrachte **Vertrauen** zu erhöhen.

Tabelle 11: Stärken und Schwächen der Unternehmenskommunikation

Stärken	Schwächen
Dient der ganzheitlichen Unternehmensdarstellung und der Imagepflege.	Mangelnde mediale Treffgenauigkeit und hohe Streuverluste.
Unterstützt die Imageprägung und die Etablierung des Unternehmensnamens.	Schlecht geeignet, um spezifische Botschaften zu vermitteln.
Große und breite Streuung.	Hohe Kosten.
Steigerung des Bekanntheitsgrades.	Findet nur oberflächliche Betrachtung.

Die Unternehmenskommunikation gibt das Leitbild für alle angebotenen Produkte und Dienstleistungen vor. Sie dient dem Aufbau und der Pflege einer starken Unternehmensmarke und gibt den Unternehmensleistungen eine **gemeinsame Grundaus-**

sage. Eine strikte Orientierung an der Corporate Identity des Unternehmens ist also unbedingt notwendig. Über diese Form der Kommunikation soll unabhängig von den einzelnen Produkten eine Vorakzeptanz des Anbieters bei der Zielgruppe erreicht werden.

Die generellen Unterschiede zwischen der Produkt- und der Unternehmenskommunikation werden in einem Überblick einander gegenübergestellt (*Merbold* 1994):

Tabelle 12: Unterschiede zwischen Produkt- und Unternehmenskommunikation

Kriterium	Produkt-kommunikation	Unternehmens-kommunikation
Zielgruppe	Eher eng definiert: aktuelle und potenzielle Kunden bestimmter Branchen.	Eher weit definiert: Alle Entscheider und Multiplikatoren, Mitarbeiter und interessierte Öffentlichkeit (Stakeholder)
Botschaft	Kundennutzen	Unternehmensidentität
Kommunikationsinhalt	Produktleistung	Unternehmensleistung
Kommunikationsabsicht	Absatzförderung	Image-Entwicklung
Kommunikationswirkung	kurzfristig	langfristig

Die Unternehmenskommunikation richtet sich an eine **wesentlich größere Zielgruppe** als die Produktkommunikation. Dazu gehören neben den Mitarbeitern potenzieller Kunden auch aktuelle und zukünftige Mitarbeiter des Unternehmens, die Finanzmärkte und die gesamte Öffentlichkeit und damit alle Stakeholder eines Unternehmens.

Aus der Tabelle resultiert ein Überblick über die Stärken und Schwächen der Unternehmenskommunikation (*Merbold* 1994).

3.3.3 Die Kombination als langfristiges Erfolgskonzept

Das Eine tun und das Andere trotzdem nicht lassen, gehört oft zu den erfolgreichsten Methoden, weil es den Nachteil der Einseitigkeit vermeidet.

Die Kommunikationsziele eines Unternehmens können es sinnvoll erscheinen lassen, den Schwerpunkt auf eine der beiden Kommunikationsformen zu legen. Eine solche Strategie sollte jedoch auf einen kurzen Zeitraum beschränkt sein, da ein erfolgreiches Industriegüterunternehmen in the long run beide Kommunikationsformen parallel betreiben sollte. Der Grund ist darin zu sehen, dass der Absatz der Produkte und

Dienstleistungen maßgeblich von einem guten Image des Anbieters abhängt. Die angenommene Leistungsfähigkeit und Kompetenz des Herstellers hat großen Einfluss auf die Kaufentscheidung der Nachfrager. Deshalb bedingt eine erfolgreiche Produktkommunikation immer auch ein gutes Anbieterimage. Umgekehrt hängt der Aufbau eines guten Anbieterimages zu einem großen Teil davon ab, ob die Nachfrager das Unternehmen mit herausragenden Produkten und Dienstleistungen in Verbindung bringen. Somit kann eine optimale Kommunikationswirkung nur dann erzielt werden, wenn sich die beiden Kommunikationsformen gegenseitig unterstützen.

3.4 Klassische Kommunikationsinstrumente

Aufgrund der hohen Komplexität von Industriegütern und der oft sehr großen Bedeutung der Technik-Komponente der Produkte dominieren in der B2B-Kommunikation häufig die funktionalen über die emotionalen Argumente. Da der Industriegütermarkt durch zahlreiche technische Innovationen geprägt ist, erscheint eine **informative und rationale Gestaltung der Kommunikation absolut notwendig**. Dabei sollte jedoch nicht vergessen werden, dass die Anzeigen-Effektivität mit geringerem Textumfang und der verstärkten Verwendung von Symbolen und Metaphern steigt, da so einer möglichen **Informationsüberlastung der Zielgruppe** entgegengewirkt wird. Eine **Fokussierung auf die vertrauens- und erfahrungsrelevanten Eigenschaften** der Produkte und Dienstleistungen erscheint in diesem Zusammenhang sinnvoll. Hinzu kommt die **Wichtigkeit der emotionalen Aspekte**, insbesondere für die **Bildung einer starken Marke**. Die Marke ist Element jedes Kommunikationsinstruments, sie drückt die Werte des Unternehmens aus und sorgt für eine zusammenhängende Aussage der jeweils eingesetzten Instrumente. Eine erfolgreiche Kommunikation im Industriegüterbereich, wie weiter oben bereits erläutert, sollte deshalb sowohl funktionale als auch emotionale Aspekte beinhalten. Der Schwerpunkt der Kommunikationspolitik sollte darauf liegen, bei der Zielgruppe ein Image als kompetenter, innovativer, leistungsfähiger und vertrauenswürdiger Partner und Problemlöser aufzubauen und somit die Grundlage für eine positive Geschäftsbeziehung zu schaffen.

Bei der Gestaltung sämtlicher Kommunikationsinstrumente muss der oben vorgestellte **Visual Identity Code** für die Darstellung der formalen Markenbestandteile eingehalten werden, um einen gleichartigen Markenauftritt zu gewährleisten und eine eindeutige Identifizierbarkeit des Absenders zu erreichen. Im persönlichen Umgang mit den Nachfragern, Partnern und der Öffentlichkeit ist es wichtig, dass die Mitarbeiter die Werte und die Kultur des Unternehmens verkörpern. Um sicherzustellen, dass komplexe technische Sachverhalte in der Kommunikation richtig und verständlich dargestellt werden, sollten Kommunikationsfachleute zusätzlich über solide technische Kenntnisse verfügen. Wenn ein B2B-Unternehmen internationale Absatzmärkte bedient, was im B2B-Bereich sehr oft der Fall ist, muss dies auch bei der Gestaltung der Kommunikation von Anfang an berücksichtigt werden.

3.4.1 Vertriebsorganisation und Außendienststeuerung

Die personale Kommunikation spielt eine **sehr wichtige Rolle** im Industriegüterbereich. Eine zentrale Bedeutung kommt dabei den Außendienstmitarbeitern des Vertriebs zu, die den Direktvertrieb der Produkte und Dienstleistungen in die Wege leiten. Entgegen der klassischen Konsumgütermarketing-Literatur ordnen wir Vertrieb und Außendienst nicht der Distributionspolitik, sondern der Kommunikationspolitik zu, insbesondere hinsichtlich ihrer Relevanz bei der Markenkommunikation. Es besteht bis heute keine Einigkeit in der Fachliteratur, da der persönliche Verkauf oftmals nicht als Distributions-, sondern als Kommunikationspolitik ausgelegt wird.

Zweifellos ist dieses Kommunikationsinstrument mit **hohen Kosten** verbunden und benötigt bei einem erfolgreichen Einsatz die Unterstützung durch andere Kommunikationsmittel. Diese sollten vorab eine hohe Markenbekanntheit in Verbindung mit positiven Markenassoziationen sicherstellen und dafür sorgen, dass das Unternehmen und seine Leistungen bei der Zielgruppe bereits bekannt sind. Das ist die Voraussetzung für einen erfolgreichen Einsatz dieses Kommunikationsinstrumentes.

Die personale Kommunikation über den Außendienst steht sowohl

- für die Kommunikation zwischen Mitarbeitern von Anbieter und Nachfrager als auch
- für die Kommunikation zwischen beiden Unternehmen.

Das Markenimage beim Nachfrager wird dabei maßgeblich durch das Auftreten und die Kompetenz der Vertriebsmitarbeiter geprägt.

Nachfolgend werden die beiden Instrumente, Vertriebsorganisation und Außendienststeuerung bzw. persönlicher Verkauf, hinsichtlich ihrer Wichtigkeit für die B2B-Markenkommunikation gesondert behandelt:

Vertriebsorganisation

Im Vordergrund steht die Beziehung zwischen den Außendienstmitarbeitern und den Mitgliedern des Buying Centers beim Kunden. Darüber hinaus sind auch die Kontakte zwischen den verschiedenen Managementfunktionen des anbietenden Unternehmens und des Kunden herzustellen und zu pflegen. Von besonderer Bedeutung ist die **permanente Aufrechterhaltung des Kundenkontakts** weit über die Vorbereitung und Durchführung von Bestellvorgängen hinaus. Es macht keinen guten Eindruck, wenn Vertriebsleiter und Vertriebsdirektoren den Kunden nur besuchen, wenn große Entscheidungen bevorstehen. Oft werden gerade in solchen Gesprächen abseits hektischer Verkaufssituationen kreative Projekte mit dem Kunden ins Leben gerufen, die für die Kundenzufriedenheit besonders relevant sind. Außerdem ist ein **proaktives**

Pre-Procurement erforderlich, um Kundenbedarf zu wecken und regelmäßige Informationen über das aktuelle Leistungsangebot und Programmänderungen zu vermitteln. Ein Unternehmen, das nur reaktiv auf Bestellvorgänge wartet, überlässt dem Wettbewerb wertvolle Marktanteile und manövriert sich mit der Zeit aus dem Markt. In Bezug auf die verschiedenen Alternativen beim Aufbau einer Vertriebsorganisation kann in diesem Rahmen nicht eingegangen werden, da dies ein zentrales Element der Distributionspolitik ist. Für den B2B-Sektor kommen aber grundsätzlich folgende Organisationsformen in Betracht, wobei eine Anpassung an die spezifischen Rahmenbedingungen des Unternehmens, der Branche und des Marktes erforderlich ist (*Godefroid* 2003, S. 227 ff., insbes. 261 ff.):

- gebietsorientierte Vertriebsorganisation,
- produktorientierte Vertriebsorganisation,
- Branchen- bzw. kundenorientierte Vertriebsorganisation,
- Gemischte Organisationsformen (Matrixorganisation, z. B. nach Gebiet und Geschäftsfeld),
- Neukundengebiete und –akquisitionen (Prospecting),
- Key-Account-Management,
- Interdisziplinäres Projektmanagement,
- Betreuung von Kunden mit mehreren Standorten.

Außendienststeuerung und persönlicher Verkauf

> Unter **Außendienststeuerung** versteht man die beabsichtigte Einflussnahme auf das Verhalten der Außendienstmitarbeiter zum Erreichen der von der Vertriebsleitung vorgesehenen Ziele.

Zu den wichtigen Aufgaben des Außendienstes zählen u. a. folgende **Kommunikationsaktivitäten**:

- die inhaltliche Ausgestaltung der Kommunikation zwischen Anbieter und Abnehmer,
- die Entwicklung von Problemlösungsvorschlägen,
- Durchsetzen der Preisforderungen und
- das Aushandeln von Rabatten, Vertragsbedingungen und Lieferterminen.

Der persönliche Verkauf bzw. das ‚Personal Selling' gilt als eine der wirkungsvollsten Formen der Markenkommunikation. Wichtig ist in diesem Zusammenhang auch, dass der ‚Mann an der Front' nicht nur eine Verkäuferfunktion inne hat, sondern auch als wertvollster Informationsbeschaffer für sein Unternehmen fungiert. Er ist derjenige, der als Erster über neue Marktentwicklungen, neue Präferenzen der Kunden, neue Wettbewerber oder neues Verhalten bisheriger Wettbewerber wichtige Informationen aufspürt.

Im **Informations- und Kommunikationsprozess mit dem Kunden** sind u. a. folgende **Aufgaben und Daten elementar wichtig** für den Markenerfolg (*Kohlert* 2002, S. 139):

- Adresspflege und Pflege der persönlichen Kontakte,
- Absatzgebiet und Abnehmerstruktur der Kunden,
- Jahresbedarf der Kunden an der gesamten Palette von Marktangeboten, also auch an den Marktangeboten, die zur Zeit von Wettbewerbern bezogen werden,
- Feststellen der Einkaufsfrequenz und der Einkaufsgewohnheiten,
- Besuchshäufigkeit der Verkäufer der Wettbewerber sowie ihre Gewinnmargen und Rabatte,
- Reaktion im Bestellverhalten der Kunden auf Preisänderungen bzw. Änderungen in der Mindestabnahmemenge und bei den Bestellnebenkosten (z. B. Fracht, Verpackung),
- Werbeaktivitäten und Innovationsvorhaben der Kunden zur Erfassung voraussichtlicher Standardänderungen unter Berücksichtigung von Switching Costs. Dabei handelt es sich um Kosten, die durch die Änderung von Technologiestandards beim Kunden entstehen, wenn er den Anbieter oder die Technologie bei seinen Einkäufen wechselt,
- Beurteilung der wirtschaftlichen Entwicklung und der Absatzchancen,
- Beurteilung der eigenen Marktangebote anhand von Stärken-/Schwächenprofilen im Vergleich zu den Angeboten der Wettbewerber.

Im Gegensatz zu Amerika, wo der Akt des persönlichen Verkaufens hochdotiert ist, besitzt dieser Vorgang in Deutschland einen negativen Beigeschmack, quasi ein notwendiges Übel, da jedes Unternehmen auf seinen Verkaufserfolg angewiesen ist. Vor diesem Hintergrund werden **in Deutschland Verkaufspositionen erst langsam auch von Akademikern durchdrungen** und auch die Motivations- und Führungsanforderungen im Verkauf werden erst allmählich professionalisiert. Da aber der persönliche Auftritt und die Kommunikation der Marke gegenüber dem Kunden elementaren Einfluss auf die Markenpositionierung hat, sollen an dieser Stelle einige **praktische Tipps für die erfolgreiche Markenkommunikation im persönlichen Beratungs- und Verkaufsgespräch** vorgestellt werden:

- Fokussierung des Verkaufsgesprächs auf dessen Eigenschaften des Markenangebots und dessen Kundenwert sowie auf die umfassenden Service-Leistungen – unabdingbar ist eine sorgfältige Analyse der Kundenbedürfnisse, um die Produktvorteile kundennutzenorientiert als USP argumentieren zu können,

- Verkäufer müssen Experten in ihrer Branche sein und sie müssen problemlösungsorientiert den Wert der Marke für den Kunden verständlich formulieren können (Operationalisierung des Kundennutzens!!!),

- Vermeidung von Unklarheiten ist das oberste Gebot,

- Verkäufer müssen über eine ausgeprägte Empathie verfügen, sie müssen dem Kunden gegenüber aktiv zuhören, um seine Probleme zu verstehen und darauf adäquate Antworten entwickeln zu können.

Neben diesen Anforderungen an die Markenkommunikation im persönlichen Beratungs- und Verkaufsgespräch existieren bis heute viele Probleme, die beispielsweise aus dem Kosten-Nutzen-Verhältnis in den Medien oder aus dem Verfallsdatum teurer Prospekte resultieren. Der **Trend in der Markenkommunikation** geht in folgende Richtung:

- Elektronische Medien wie CD-ROM/DVD oder Internet,

- Selektive Messeauswahl,

- E-Branding,

- Direktmarketing über E-Mail und Newsletter,

- Kundenseminare und Workshops,

- Fachsymposien mit anderen Firmen aus der Branche.

Solche Kommunikationsinstrumente werden in den nachfolgenden Kapiteln ausführlicher dargestellt.

3.4.2 Messen, Ausstellungen und Informationsveranstaltungen

Messen sind eines der wichtigsten Kommunikationsinstrumente im B2B-Bereich. Die Unternehmen erreichen auf Messen eine sehr große Zahl potenzieller und bestehender Kunden, die ein großes Informationsinteresse mitbringen. Deshalb ergeben sich dort **sehr günstige Kommunikationsbedingungen**. Die persönliche Kommunikation der Mitarbeiter des Messestandes kann durch eine große Anzahl anderer Kommunikationsmittel unterstützt werden, wie beispielsweise durch **Produktdemonstrationen, Kataloge oder Multimedia-Präsentationen**.

Im Vorfeld der Messen kann das Unternehmen via so genannter **Besucherstrukturtests** Informationen zur Quantität und Qualität von Messe-Besuchern generieren und hinsichtlich seiner Bedürfnisse auswerten. Solche Informationen werden von den

Veranstaltern oder von diversen Organisationen zur Verfügung gestellt (*Backhaus* 2003).

Zahl und Herkunft der Wettbewerber, die sich unter den Ausstellern befinden, geben ebenfalls Aufschluss über die Attraktivität der Messe für die Zielgruppe. Insbesondere größere Messen bieten aufgrund ihrer **Internationalität** die Möglichkeit der persönlichen Kontaktaufnahme mit ausländischen Nachfragern. Die Nachfrager können aufgrund der Möglichkeit, mehrere Wettbewerber vor Ort zu vergleichen und wegen der Vielfalt und Anschaulichkeit des Informationsangebots ihre Transaktionskosten, die ihnen durch die Informationssuche entstehen, deutlich senken. Messen geben Unternehmen des Industriegüterbereichs die Möglichkeit, eine ganze Reihe von Kommunikationszielen zu erreichen.

- Imagepflege
- Kundenkontakte auffrischen
- Neukundengewinnung
- Präsenz zeigen
- Produkte vorführen und erklären, Fragen von Interessenten beantworten und im Messenachgang auswerten
- Produktbekanntheit steigern
- Informationen sammeln (z. B. über Wettbewerber)
- Kundenwünsche, -bedürfnisse, -anforderungen identifizieren
- Kundenentscheidungen beeinflussen
- aktives Verkaufen

Eine Messeteilnahme bedarf einer besonders **sorgfältigen Planung und Vorbereitung**. Die Ausstattung des Messestandes sollte so beschaffen sein, dass für den Nachfrager ein ständiges Dialogangebot erkennbar ist. Dies gilt sowohl für die Auswahl und Gestaltung der Informationsmaterialien als auch im Hinblick auf die Mitarbeiter des Messestandes, die sehr gut geschult sein sollten (*Malaval* 2001).

Der Messestand sollte die Marke bestmöglich präsentieren und ihre **Kernaussagen** unterstützen. Er sollte das Unternehmensimage unterstützen, indem er die **Corporate Identity nach außen sichtbar** macht. Wegen der meist großen Anzahl an Ausstellern ist es wichtig, dass die Aufmachung des Messestandes die Neugier der Besucher weckt. Eine Messeteilnahme sollte durch den Versand von Einladungen an Kunden und Geschäftspartner publik gemacht werden.

Die wichtigsten Stärken und Schwächen von Messen im Überblick:

Tabelle 13: Stärken und Schwächen von Messeteilnahmen

Stärken	Schwächen
Persönliche Kommunikation mit aktuellen und potenziellen Kunden	Hoher Kostenaufwand
Ganzheitliche und imagefördernde Unternehmenspräsentation	Hoher Zeitaufwand
	Geschultes Fachpersonal notwendig
Geringe Streuverluste	Hohes Konkurrenzumfeld
Gegebenenfalls Produktvorführung	
Zusammenspiel von personaler und medialer Kommunikation	

Ebenso wichtig für den Erfolg einer Messe ist die **Nachbereitung der Messeteilnahme**. Sie umfasst die Festigung der auf der Messe geknüpften Kontakte, unter anderem durch die Zusendung von auf die Bedürfnisse abgestimmter Informationsmaterialien.

Die **Gründe für die Messeteilnahme** können vielfältig sein:

- Möglichkeit, **potenzielle Kunden** kennen zu lernen und **Anbahnung von Aufträgen**,

- Erfassung erster Kundenreaktionen auf **Innovationen**, die bevorzugt auf Messen gezeigt werden,

- Schaffung eines **Überblicks über die Branche und die Marktangebote** an einem Ort zu einem bestimmten Zeitpunkt,

- **Mystery Shopping** im Wege der ungezwungenen Aufnahme von Gesprächen mit Wettbewerbern, indem man sich als potenzieller Kunde ausgibt.

In den letzten Jahren haben einige wichtige Anbieter verschiedener Branchen (z. B. Automobil, Computer) auf einer Messeteilnahme verzichtet, da offenbar Kosten und Nutzen nicht mehr in einem ausgewogenen Verhältnis standen (z. B. IAA Frankfurt, CEBIT).

Es muss in diesem Falle allerdings auch konstatiert werden, dass dort immer mehr der Charakter einer Konsumgütermesse überwiegt, d. h. für B2B-Anbieter wird die Erreichbarkeit ihrer Zielgruppe dort immer unwirtschaftlicher.

Allein schon vor dem Hintergrund der immensen Kosten und der Zeitintensität, den man als Messeaussteller einzuplanen hat, sind folgende Faktoren bei einem Messeengagement auf jeden Fall zu beachten:

(1) Messevorbereitung

- **Auswahl der richtigen Messe und Festlegung der eigenen Zielsetzungen** (z. B. Aufträge, Kontakte, Treffen mit Handelsvertretern sowie deren Schulung und Motivation),
- **Ankündigung der Messe über persönliche Einladungen** (ggf. mit Gutschein für die Eintrittskarte zur Messe), Messehinweise in der normalen Anzeigenwerbung, Aufkleber auf der Geschäftspost, Telefonmarketing, Vereinbarung von Besuchsterminen etc.),
- **Markenadäquate Gestaltung des Messeauftritts bezüglich Messestand und Messepersonal** (hell, freundlich, klar, prägnant, gepflegt),
- **Vorbereitung von Treffen** zwischen Innendienst (z. B. F&E-Experten) und Außendienst mit ausgewählten Kunden.

(2) Messedurchführung

- Effiziente Abwicklung des **Besuchsprogramms**,
- Betreuung der bisher nicht bekannten **Interessenten**,
- Identifikation von Besuchern nach unterschiedlichen **Besuchsarten**:
    - Geplante Besuchsphasen, in denen vorher ausgewählte Stände besucht bzw. analysiert werden,
    - Rezeptive Phasen, in denen je nach Aufmerksamkeitswirkung besucht wird (Bandbreite von Allgemeininformation bis hin zu speziellen Anfragen)
- Professionelle Gestaltung der **Pressearbeit** ('Keine Messe ohne Presse').

(3) Messeauswertung

- **Follow-up in einem zeitnahen Verhältnis** ist unabdingbar für den Messeerfolg (Informationen an Besucher schicken, Telefonanrufe bei ausgewählten Besuchern ('The one who makes the calls makes the sales'),
- **Bearbeitung der qualifizierten Nachfragen ('Leads')**, denn es ist davon auszugehen, dass Interessenten nicht nur auf dem eigenen Messestand Informationsmaterial angefragt haben, sondern auch bei der Konkurrenz.

Von ausschlaggebender Bedeutung für oder gegen die Entscheidung, sich als Aussteller auf einer Messe zu engagieren, sind die geschätzten Transaktionskosten-Senkungspotenziale. Es wurde festgestellt, dass weniger die zeitpunktbezogenen Merkmale des Marktes als vielmehr die **zeitraumbezogenen Kriterien des Marktprozesses** ein **besonders hohes Transaktionskostensenkungspotenzial** aufweisen (*Backhaus* 2003). Diese lassen sich auf einer Messe besonders gut aufspüren:

- Geschwindigkeit von Veränderungen,

- Verschiedenartigkeit sich ändernder Parameter,
- Zahl und Art der Anbieter und Problemlösungen,
- Veränderung von Rahmenbedingungen.

Fundamentale Bewertungskriterien zur Auswahl eines Messeplatzes sollten von B2B-Ausstellern einer individuellen Analyse unterzogen werden:

- **Aktuelle wirtschaftliche Situation:** Ungünstige gesamtwirtschaftliche Rahmenbedingungen beeinträchtigen das akquisitorische Potenzial einer Messe. Dies ist beispielsweise mit Terrorandrohungen zur Zeit der Internationalen Automobilausstellung in Frankfurt im Jahr 2001 geschehen, die in einem Zusammenhang zu den Terroranschlägen in Amerika am 11. September standen.

- **Aktuelle politische Situation:** Unsicherheiten und schlecht kalkulierbare Risiken der Wirtschaftspolitik und der Gesetzgebung verschlechtern nicht nur die Konsumnachfrage, sondern auch die Bereitschaft zu Investitionen (z. B. Gewerbesteuer, Standortattraktivität, Pensionsverpflichtungen der Unternehmen, Ausbildungsabgabe, Arbeitsmarktregelungen).

- **Infrastruktur des Messeplatzes:** Beschaffenheit der Messehallen, Verkehrsanbindung, Image des Messeveranstalters, Infrastruktur.

- **Kosten der Messeplatzbeschickung:** Hier ist zu differenzieren zwischen Einzelkosten (Standmiete etc.) und Messebudget.

- **Qualität und Quantität des Besucherkreises:** Frage, ob im Besucherkreis der Messe die Zielgruppe des Anbieters repräsentativ vertreten ist (sog. Besucherstrukturtests vergangener Messen). Eine Datenquelle hierzu ist die *Gesellschaft zur freiwilligen Kontrolle von Messen und Ausstellungen*.

- **Quantität und Qualität des Ausstellerkreises:** Wie viele und welche Wettbewerber sind vertreten.

- **Messetyp:** Internationale Messen sind i. d. R. als Universal-, Mehr-Branchen- oder Fachmessen konzipiert. Generell dienen Universalmessen häufiger der Information und Repräsentation, um so ein möglichst vollständiges Angebot zur gesamten Leistungsvielfalt eines Messelandes zu dokumentieren. Insbesondere im B2B-Bereich liegen aus Sicht des Fachbesuchers Vorteile der Mehr-Branchen-Messe im konzentrierten Angebot verschiedener Branchen einschließlich Randthemen. Hier können Entscheider des Buying Centers ihr Spezialwissen erweitern. Außerdem kann auf einer solchen Messe der Gesamtkreis der Einkaufsentscheider angesprochen werden.

Nachfolgend wird der letztgenannte Aspekt ‚Messetyp' in einer vergleichenden Übersicht mit Beispielen veranschaulicht (*Backhaus* 2003, S. 449+455).

Ergänzend zu diesen Messetypen spielen im B2B-Sektor zunehmend virtuelle Messen eine wichtige Rolle (*Pförtsch* 2000; www.prpackexpo.de). Dieses Thema wird nachfolgend ausführlicher behandelt.

Tabelle 14: Messetypen (*Backhaus* 2003)

Kommunikationsinstrumente	Merkmale	Beispiele	Einsatzbedingungen
Messen und Ausstellungen	Zeitlich begrenzte wiederkehrende Veranstaltungen, bei denen eine Vielzahl von Ausstellern das wesentliche Angebot eines oder mehrerer Wirtschaftszweige darstellt.		Termin- und Raumbindung, persönlicher Kontakt, Objektbesichtigung
Technische Mehrbranchenmesse	Breite Angebotspalette	Hannover Messe (sog. Weltgrößte Kombination von Fachmessen')	Konkurrenzvergleich vor Ort möglich
Fachmesse	Funktionsbestimmte Abgrenzung des Angebots	BAUMA für Baumaschinen, DRUPA für Druck- und Papiermaschinen, ORGATECHNIK FÜR Informationsverarbeitung und Büroorganisation	Geringere Streuverluste als bei technischer Mehrbranchenmesse
Virtuelle Messe	Keine Raum- und Zeitbindung	Globis der Deutschen Messe AG, Virtex	Besucherkreis muss über das Medium erreichbar sein
Hausmesse	Von einem Hersteller oder einem Distributor in regionaler Nähe mit begrenzter Anbietervielfalt	Im jeweiligen Unternehmen oder in mehreren Unternehmen	Produkte eines einzelnen oder mehrerer Unternehmen Besucher werden selektiv eingeladen Geringe Kosten Kein echter Wettbewerbsvergleich

Zu den **Informationsveranstaltungen** zählen vor allem auch das Fachgespräch, die Produktpräsentation und die Verkaufsschau. Ähnlich wie Messen erlauben auch sie eine von verschiedenen Kommunikationsmitteln unterstützte persönliche Kommunikation mit aktuellen und potenziellen Kunden des Unternehmens. Sie ermöglichen eine umfassende und anschauliche Information der Kunden über Produktneuheiten, besondere Anwendungen und Angebote. Praktische Demonstrationen verbunden mit Vorträgen und interaktiven Dialogen mit den Teilnehmern sind wesentlicher Bestandteil von Informationsveranstaltungen.

Um die Teilnehmer für die Reisekosten und den Zeitaufwand zu entschädigen, sollten möglichst aktuell relevante und hochwertige Informationen angeboten werden. Den Unternehmen bietet eine solche Informationsveranstaltung die Möglichkeit, bestehenden und potenziellen Kunden ein mit dem Unternehmen verbundenes (Marken-)Erlebnis zu bieten. Es kann somit eine **starke emotionale Verbundenheit der Teilnehmer mit der Marke** aufgebaut bzw. ausgebaut werden.

In diesem Kapitel wurde die Bedeutung von Messe- und Informationsveranstaltungen im Rahmen der operativen Parameter der Markenkommunikation dargestellt. Aufgrund der großen Bedeutung dieses operativen Instruments der Markenkommunikation wird nachfolgend einmal die **Perspektive gewechselt,** indem wir uns dem Thema aus Sicht der Messebauer noch einmal nähern und insbesondere die Problematik der Messebauunternehmen als B2B-Dienstleister auf dem Weg zur Etablierung ihrer Marke fokussieren. In diesem **Branchenbeispiel** werden daher Probleme und Herausforderungen des Markenmanagements aufgezeigt, die **stellvertretend für viele Messebauunternehmen** anzusehen sind.

Messebauunternehmen im Spannungsfeld des B2B-Markenaufbaus

Messebauunternehmen sind Dienstleister, die für industrielle Abnehmer aus dem Konsumgüter- und Investitionsgüterbereich sowie für öffentliche Auftraggeber Auftragsfertigungen in Form von Messeständen vornehmen. Messebauunternehmen, die sich mit ihren Produkten und Dienstleistungen am Veranstaltungsmarkt durchsetzen wollen, benötigen ein dezidiertes Angebotsprogramm. Ihre Leistungen sind außerordentlich heterogen:

- Auf der einen Seite bestehen sie aus einem **Dienstleistungsanteil,** z. B. Gestalten von Räumen zur Durchführung von Kongressen, Events, Parteitagen oder Musicals, Entwurf und Produktion des Messestandes, Transport und Logistik, Montage und Demontage, Wartung und Instandsetzung etc. Da die Qualität und Güte des Dienstleistungsanteils vom Kunden zum Zeitpunkt der Auftragsvergabe nicht beurteilt werden kann, bringt der Kunde dem Messebauunternehmer bei der Auftragserteilung einen großen Vertrauensvorschuss entgegen.

- Auf der anderen Seite bestehen die Messebauleistungen aus einem **Sachgutanteil,** z. B. durch Verwendung von Halb- und Fertigmaterialien zur Produktion des Messestandes, Integration von Komponenten und Markenprodukten anderer Anbieter zur Realisierung des Endproduktes 'Messestand'.

Messebauunternehmen erbringen ihre **Leistungen als Auftragsfertigungen**. Das Ergebnis des Leistungserstellungsprozesses ist **immer ein Unikat**, selbst wenn eine Wiederholbarkeit der Leistung für die gleichen oder andere Auftraggeber vorliegt, wie z. B. bei großflächigen Hallenausbauten mit normierten, standardisierten Systemständen.

Messebauunternehmen müssten, um sich am Veranstaltungsmarkt von der Konkurrenz abgrenzen zu können, ihre Erzeugnisse markieren. Ein **erstes Problem** besteht darin, dass der Messestand ausschließlich in Orientierung an die Corporate Identity des Auftraggebers konzipiert wird. **Das Messebauunternehmen hat während der Messe keine Chance zur Selbstdarstellung.** Somit beschränkt sich die Marktkommunikation des Messebauers – bezogen auf die Nutzung des **Messestandes als Referenzobjekt** während der Dauer der Veranstaltung – nur auf eine **B2B-Kommunikation mit seinem Auftraggeber**.

Für wichtige Zielgruppen, wie einkaufsentscheidende Fachleute (z. B. Fachbesucher, Kongress-Ausrichter, Behörden, Verbände etc.), die sich während der Präsentationsphase auf der Veranstaltung befinden, bleibt mit den unmarkierten Messeständen das Ergebnis des Leistungserstellungsprozesses verborgen. Damit gelingt es dem Messebauunternehmen weder bei dieser wichtigen Kundenzielgruppe ein unverwechselbares, einheitliches Erscheinungsbild zu verankern noch einen eigenen (hohen) Bekanntheitsgrad zu erlangen. Da jeder Messestand individuell auf die Kundenwünsche ausgerichtet wird und somit unterschiedlich ausfällt, kann das Endprodukt eines **Messebauunternehmens** (Sachgut Messestand) **zwangsläufig kein unverwechselbares, einheitliches Erscheinungsbild** aufweisen. Eine schnelle Wiedererkennbarkeit besteht deshalb nicht.

Corporate Identity-konforme-Erscheinungsbilder lassen sich jedoch durch Nutzung von konstanten Gestaltungselementen in der Kommunikationsarbeit erzielen (*Selinski* 2002). Messebauunternehmen haben zur Zeit nur die Möglichkeit, auf Surrogate zurückzugreifen:

- Transportfahrzeuge für das Messegut,
- Firmenwagen ihrer Außendienstmitarbeiter,
- Overalls des Montageteams oder Messekisten zur Verpackung des Standmaterials etc.

Corporate Identity-konform mit dem Firmennamen, dem Firmenlogo und gegebenenfalls auch mit einem Slogan haben sie die Möglichkeit, wenigstens von den Anwesenden in der Auf- und Abbauphase auf dem Messegelände wahrgenommen zu werden. **Allerdings sagen diese Formen der Markierungsmöglichkeiten auf Surrogaten nichts über die Qualität seiner Leistungen im Bereich Messestandbau aus.**

Ein zweites Problem stellt die **kurze Nutzungsdauer der Messestände** dar. Im Gegensatz zu Markierungen auf langlebigen Gebrauchs- oder Investitionsgütern, die über Jahre hinweg von den Zielgruppen wahrgenommen und im Gedächtnis verankert werden können, hätten Markierungen auf Messeständen nur eine äußerst kurze Lebensdauer. Künftig sollte es zur Kommunikationsstrategie eines Messebauunternehmens gehören, mit jedem seiner wichtigsten Auftraggeber ein Agreement zu vereinbaren und sein Produkt ‚Messestand' während der Präsentationsphase einer Veranstaltung markieren zu dürfen z. B. durch ein Hinweisschild *designed and produced by...* in angemessener Größe zum Messestand. Der Nutzen einer solchen Kooperation zwischen Aussteller und Messebauer wäre für beide Unternehmen wechselseitig.

Auch das ausstellende Unternehmen würde von einer solchen Kooperation profitieren, wenn es demonstrierte, sich gerade diesen kompetenten Messebauer als Partner leisten zu können. Besonders wenn dem Messebauer z. B. aufgrund von Qualitätskennzeichnung durch Zertifizierung künftig bei der Erlangung von Aufträgen eine wachsende Bedeutung zukommt und dadurch seine Reputation steigt. In einer solchen Win-Win-Situation dürften auch die Aussteller ihrerseits ein großes **Interesse an der Publizität dieser Zusammenarbeit** haben und sich mit dem Statussymbol dieser Dienstleistungsmarke schmücken wollen.

Je besser die Zusammenarbeit zwischen **Messebauunternehmen und Aussteller** funktioniert, desto größer ist der Imagegewinn für beide Seiten und desto höher die emotionale Bindung des Kunden an seinen Messepartner.

Ein **drittes Problem** entsteht dadurch, dass Messebauunternehmen als Dienstleister z. T. Schwierigkeiten haben, Leistungen mit einer **Qualität auf konstant hohem Niveau** zu erbringen. Gründe dafür liegen darin, dass Messestände meist individuell für jeden Auftraggeber designed werden. **Dabei ist der Kunde in erheblichem Maße an der letztendlichen Qualität der Ausführungen des Gesamtprojektes beteiligt,** denn der Kunde hat ein großes Mitspracherecht bei der Auswahl der Produktionsfaktoren (z. B. Qualität der Materialien). Hier spielt die Integration des externen Faktors der Dienstleistungserstellung eine besondere Rolle (vgl. hierzu ausführlicher Kapitel 4 über Dienstleistungen). Damit ist die Reputation des Messebauers wesentlich davon abhängig, welche Materialien er für den Standbau seines Auftraggebers verwenden darf. Für die Gewährleistung einer hohen Qualität des Dienstleistungsanteils wird das Messebauunternehmen nur bestgeschulte und hochmotivierte Mitarbeiter einsetzen.

Ein **viertes Problem** besteht in der Tatsache, dass Messebauunternehmen bei der Darstellung ihrer bisherigen Leistungen stark auf die **filmische oder fotografische Dokumentation** angewiesen sind. **Diese Art der Referenz erschwert die Markt und Markenkommunikation** der Messebauunternehmen mit ihren Abnehmerzielgruppen erheblich, da die Abstraktheit des Dienstleistungsanteils ohnehin die Visualisierung der Leistung für die Entscheidungsträger zusätzlich kompliziert macht und beeinträchtigt (*Selinski* 2002).

Da es auf vielen Messen immer noch keine Fachbesucherregistrierung gibt, über die die Messebauunternehmen in eine B2B-Kommunikation mit den potenziellen Kunden treten könnten, wirkt sich dies negativ auf die Kommunikationsarbeit der Messebauunternehmen zur Erlangung eines hohen Bekanntheitsgrades aus. Eine denkbare Lösung besteht in einem Datenaustausch innerhalb der Kooperation zwischen Auftraggeber und Messebauunternehmen, so dass wenigstens die Anschriften der Fachbesucher, die den Stand des ausstellenden Unternehmens besucht haben, genutzt werden können.

Aufgrund der außerordentlich engen Zusammenarbeit zwischen Aussteller und Messebauer in der Koordinations-, Präsentations- und Nachbereitungsphase einer Veranstaltung ist das **Vertrauen in die Dienstleistung** und in die Leistungsstärke als professioneller Messebauer und Geschäftspartner **ausschlaggebend**. Im Unterschied zum Sachgüterbereich ist der Kunde eines Messebauers weniger an die Produktmarke, sondern eher an sein Messebauunternehmen als Dienstleister gebunden, mit dem er bei seinen Messebeteiligungen im In- und Ausland besonders gute Erfahrungen gemacht hat. Das entspricht der Philosophie einer **Unternehmensmarkenstrategie**.

Individuell konzipierte und konventionell gebaute Messestände von hoher Qualität und Güte rechtfertigen die Premiumpreise eines Messebauunternehmens. Einerseits werden zur Leistungserstellung oftmals Markenartikel von Zulieferern wie z. B. Designermöbel von Rolf Benz verwendet, andererseits verteuert sich der Dienstleistungsanteil des Messebauers zusätzlich, wenn der Standentwurf von namhaften Designern durchgeführt wird. Würde der Messebauunternehmer den Sachgutanteil mit standardisierten Normständen herstellen, bestünde die Gefahr der leichten Austauschbarkeit. Folglich kann eine **Kundenbindung** an das Messebauunternehmen **nur über die Profilierung des Dienstleistungsanteils** erfolgen und nur auf diesem Wege einen höheren Preis rechtfertigen.

Die meisten Messebauunternehmen sind für ihre Kunden auf allen in- und ausländischen Messeplätzen tätig. Aus diesem Grunde spricht viel für eine **intensive Verbundwerbung** mit den Auftraggebern, um einen größeren, über nationale Grenzen hinausgehenden Bekanntheitsgrad zu erlangen, da für Messebauer Neugründungen von Niederlassungen im Ausland kaum realisierbar sind. Alle Leistungen des Messebauers, die von Fachbesuchern und potenziellen Kunden auf einer Veranstaltung im Original wahrgenommen werden, könnten dann **z. B. über das Internet** schnell und unkompliziert im Heimatland des Messebauers nachgefragt werden. Das Messebauunternehmen wird bei dieser Vorgehensweise mit seinen Dienstleistungen kein ‚No Name-Anbieter' bleiben, sondern erhält durch seinen Auftraggeber die nötige Unterstützung, um sich auf den verschiedensten Messen vor anderen Anbietern profilieren zu können. Das Referenzobjekt ist jeweils der Messestand im Original, als sichtbares Ergebnis eines qualifizierten Dienstleistungserstellungsprozesses mit umfangreichem Sachgutanteil und weltweiter Ubiquität.

Gegenwärtig werden die Möglichkeiten der Markierung von Messeständen der Aussteller durch Messebauunternehmen noch nicht wahrgenommen. Dies wird sich aber sicherlich bald ändern, da die Messebauer auf die B2B-Kommunikation während der Präsentationsphase nicht länger verzichten können. (*Selinski* 2002).

3.4.3 Verkaufsförderung

> Unter dem Begriff **Verkaufsförderung** werden Aktionen zusammengefasst, die eine kurzfristige Stimulation des Absatzes auslösen sollen.

Im B2B-Bereich sind vor allem drei Arten der Verkaufsförderung gebräuchlich, wobei die Kunden- und Außendienst-Promotions zum direkten Vertrieb gehören und die Händler-Promotions zum direkten Vertrieb (*Backhaus* 2003):

- **Außendienst-Promotions:** Verbesserung der Tätigkeit des Außendienstes, z. B. Außendienst-Wettbewerbe, Einsatz von Verkaufshilfen und Schulungsmaßnahmen zur Motivation der Außendienstmitarbeiter. Im Rahmen von Außendienst-Wettbewerben werden für die Mitarbeiter über Prämien oder Verkäuferclubs zusätzliche Anreize geschaffen, die ihre Motivation und damit ihre Leistung erhöhen sollen. Es können beispielsweise Geld- oder Sachpreise für die Erreichung eines bestimmten Verkaufsziels ausgesetzt werden. Ein anderer Anreiz besteht in der Aufnahme in einen Verkäuferclub bei Erreichung oder Überscheitung des Verkaufsziels. Verkaufshilfen stimulieren den Absatz, da diese eine bessere Darstellung der Eigenschaften und Vorteile von Produkten und Dienstleistungen ermöglichen. Denkbar ist dabei zum Beispiel ein digitalisiertes Video, mit dessen Hilfe dem Kunden direkt vor Ort am Laptop die Leistung einer bestimmten Maschine unter verschiedenen Betriebsbedingungen anschaulich gemacht werden kann. Ein elektronisches System zur einfacheren Angebotserstellung vor Ort ist eine andere Möglichkeit, den Außendienst zu unterstützen. Die Durchführung von Schulungen für den Außen- und Innendienst des Vertriebs soll den Verkaufserfolg steigern. Beispielhaft zu nennen sind hier Verkaufsschulungen, Informationsschriften über neue Produktanwendungen oder Trainings für den Verkauf am Telefon. Diese Schulungsmaßnahmen sollen das spezifische Wissen über die angebotenen Produkte und Dienstleistungen und über das Unternehmen selbst erhöhen und die Qualität der Verkaufsgespräche steigern.

- **Händler-Promotions:** Diese sind dann relevant, wenn das Industriegüterunternehmen seine Produkte auch indirekt über Händler bzw. Distributoren vertreibt. Das mit ihnen verfolgte Ziel ist die Steigerung des Absatzes der eigenen Produkte über den Händler. Dazu dienen die schon bei der Außendienst-Promotion aufgeführten Maßnahmen, also Prämien, Händler-Wettbewerbe, die Bereitstellung von Verkaufshilfen und Schulungsmaßnahmen. Daneben kann den Händlern über preispolitische Maßnahmen ein Anreiz gegeben werden, mehr Produkte abzunehmen und in der Folge den Verkauf dieser Produkte gezielt zu unterstützen.

- **Verkaufsförderungsmaßnahmen direkt an die Kunden:** Hierzu zählt man unter anderem die Besichtigung von Referenzanlagen oder Werbegeschenke. Auf den Werbegeschenken kann die Unternehmens- oder Produktmarke zusammen mit dem Markenslogan gedruckt werden. Werbegeschenke sollen der Zielgruppe eine Freude machen und damit eine positive Einstellung zum Unternehmen oder dem Produkt bewirken. Sie dienen nicht der direkten Verkaufsunterstützung. Vielmehr soll die Marke durch die Verwendung des Werbegeschenks bei der Zielgruppe präsent bleiben.

Verkaufsförderungsmaßnahmen sollten immer auf die Marketing- und Kommunikationsziele des Unternehmens abgestimmt sein und nicht losgelöst von diesen betrieben werden. Die Verkaufsförderung bestimmt direkt das Verhalten des Unternehmens am Markt mit und kann somit einen wertvollen Beitrag zur Stärkung der Marken leisten.

Im B2B-Markenmanagement spielt das Instrument des **Direct Mailing** eine besondere Rolle, da hier im Vergleich zur klassischen Werbung in Fachzeitschriften wesentlich niedrigere Kosten anfallen. Eine Hürde, die es dabei zu überwinden gilt, ist die Beschaffung qualifizierter Adressen, denn es reicht nicht aus, nur das Unternehmen anzuschreiben. Vielmehr sind personalisierte Adressen erforderlich, möglichst für mehrere Entscheidungsträger im Unternehmen. Das Material, das von Adressverlagen gekauft wird, ist in vielen Fällen veraltet oder nicht genau genug.

Prospekte sind im B2B-Bereich von großer Bedeutung, insbesondere wenn es um komplexe und erklärungsbedürftige Produkte, Systeme und Baukastenlösungen geht, da hier die Vielfalt der Ausstattungsvarianten zusätzlich erläutert werden muss. Die Bedeutung dieses Instruments wird in der Praxis häufig unterschätzt. In diesem Zusammenhang spielen auch **Konfiguratoren** eine zunehmend wichtige Rolle, um entsprechend maßgeschneiderte kundenorientierte Problemlösungen anbieten zu können. Dabei werden zunächst die Anforderungen der Kunden ermittelt. Solche Programme können über das Internet verbreitet werden (z. B. bei Ingenieuren, Architekten, Planungsbüros).

Zu den **Geschäftsdokumentationen** zählt man sämtliche Unterlagen, die den Nachfragern vom anbietenden Unternehmen zur Information zur Verfügung gestellt werden, um einen Kauf zu initialisieren. Dazu gehören unter anderem **Kataloge,** Werbeschriften, Preislisten, Serviceverzeichnisse und Lieferprogramme. Diese können sowohl auf Papier gedruckt oder elektronisch (z. B. auf CD-ROM) zur Verfügung gestellt werden. Zu den wichtigsten Geschäftsdokumentationen gehören Kataloge und Werbeschriften. Kataloge erscheinen periodisch - sie enthalten ausführliche technische Informationen über die Produktpalette des Unternehmens und anschauliches Bildmaterial. Kataloge sollten übersichtlich gestaltet sein und Verzeichnisse enthalten, die eine einfache Handhabung ermöglichen, da sie für viele Mitglieder von Buying

Centern als wichtiges Handwerkszeug während eines Beschaffungsprozesses dienen. **Werbeschriften** erscheinen dagegen diskontinuierlich und beschreiben weniger detailliert einzelne Problemlösungsangebote des Unternehmens. Die Argumentation ist auf den Kundennutzen fokussiert.

Geschäftsdokumentationen stellen oft den ersten Kontakt zwischen dem Unternehmen und seiner Zielgruppe dar. Aus diesem Grund ist besonders darauf zu achten, dass das Layout und der Inhalt dieser Unterlagen so gestaltet sind, dass sie den **Markenkern vermitteln** und für die Marke **nützliche Assoziationen wecken**, um so das gewünschte Unternehmens- beziehungsweise Markenimage aufzubauen (*Malaval*, 2001).

Bei der technischen Komplexität der meisten Industriegüter ist eine ausführliche **Bedienungsanleitung** unabdingbar, um die Benutzer beim täglichen Gebrauch umfassend zu unterstützen. Die Bedienungsanleitung soll dazu geeignet sein, Anwenderprobleme schnell zu lösen und aus diesem Grund verständlich formuliert und übersichtlich aufgebaut sein. Realistische Fotos sind, wenn möglich, abstrahierenden Zeichnungen vorzuziehen.

Bei der Gliederung sollte darauf geachtet werden, dass sie nicht nach technischen Details, sondern **nach möglichen Anwenderproblemen gestaltet** ist. Eine nach diesen Grundsätzen gestaltete Bedienungsanleitung kann Kundiensteinsätze verringern und die Anwenderzufriedenheit signifikant erhöhen, wodurch auch die **Markentreue** steigt. Um die kommunikativen Möglichkeiten, auch im Hinblick auf die Marke, optimal zu nutzen, sollte eine Bedienungsanleitung nicht allein von Technikern, sondern in Kooperation mit erfahrenen Kommunikationsspezialisten erstellt werden.

3.4.4 Public Relations

Durch die zunehmende Sozialisation lernen die Menschen, dass sachliche Informationen eher den Zeitungen und Büchern zu entnehmen sind als anderen Medien.

Public Relations eignet sich in besonderer Weise dazu, das Firmenimage zu verbessern, zu pflegen oder zu ändern und somit ein positives Grundimage für die spezifische unternehmens- oder produktbezogene Kommunikation zu schaffen (*Backhaus* 2003). Das dadurch aufgebaute Vertrauen und die erreichte öffentliche Anerkennung des Unternehmens kann sich positiv auf den Absatz auswirken. Generell dient die Öffentlichkeitsarbeit dazu, **mit allen unternehmensrelevanten Gruppen gute Verbindungen aufzubauen oder zu pflegen**.

Auf diese Weise ist das Unternehmen in kritischen Situationen weniger anfällig. Über Public Relations kommuniziert das Unternehmen insbesondere seine Leistungen im gesellschaftlichen und sozialen Bereich. Außerdem soll damit erreicht werden, dass die Unternehmenstätigkeit verstanden und auch akzeptiert wird.

> **Öffentlichkeitsarbeit beziehungsweise Public Relations (PR)** kennzeichnet die planmäßig zu gestaltende Beziehung zwischen der Unternehmung und den verschiedenen Teilöffentlichkeiten (zum Beispiel Kunden, Aktionäre, Lieferanten, Arbeitnehmer, Institutionen, Staat) mit dem Ziel, bei diesen Teilöffentlichkeiten Vertrauen und Verständnis zu gewinnen beziehungsweise auszubauen (*Meffert* 2000, S. 725ff.).

Typische PR-Instrumente sind (*Backhaus* 2003):

- Herstellung guter Kontakte zu Presse und Rundfunk,
- Abhalten von Pressekonferenzen,
- Einsatz attraktiv gestalteter Geschäftsberichte,
- Aufstellung von Sonderbilanzen und Verwertung der Ergebnisse in Sozialberichten,
- Herausgabe von Jubiläumszeitschriften,
- Durchführung von Betriebsbesichtigungen und von ähnlichen Veranstaltungen für die Öffentlichkeit (z. B. Tag der offenen Tür),
- Bau von Kultur- und Sportstätten,
- Errichtung von Stiftungen.

Public Relations dienen auf diese Weise auch dazu, die **Markenbekanntheit der Unternehmensmarke zu erhöhen**. Aus diesem Grund ist es wichtig zu überprüfen, ob die eingeleiteten Maßnahmen helfen, die festgelegten Markenziele zu erreichen.

Insbesondere folgende **Funktionen** müssen wirksame **PR-Maßnahmen** erfüllen (*Godefroid* 2003):

- **Informationsfunktion:** Vermittlung von Informationen nach außen (Öffentlichkeit) und nach innen (Mitarbeiter).
- **Kontaktfunktion:** Aufbau und Aufrechterhaltung von Verbindungen zu allen für das Unternehmen relevanten Lebensbereichen.
- **Führungsfunktion:** Repräsentation geistiger und realer Machtfaktoren und Schaffung von Verständnis für bestimmte Entscheidungen.
- **Imagefunktion:** Aufbau, Änderung und Pflege des Vorstellungsbildes vom Unternehmen, seinen Zielen, Produkten und Mitarbeitern.
- **Harmonisierungsfunktion:** Die Öffentlichkeitsarbeit sollte sowohl zur Harmonisierung der wirtschaftlichen und gesellschaftlichen Verhältnisse als auch vor allem der innerbetrieblichen Verhältnisse beitragen.

- **Absatzförderungsfunktion:** Anerkennung in der Öffentlichkeit als arbeitsplatzschaffender und sozialverantwortlicher Arbeitgeber.

- **Stabilisierungsfunktion:** Erhöhung der Standfestigkeit des Unternehmens in kritischen Situationen auf Grund stabilen Beziehungen zu den Stakeholdern.

- **Kontinuitätsfunktion:** Bewahrung eines einheitlichen Stils des Unternehmens in kritischen Situationen nach innen und nach außen und in der Zukunft (corporate identity).

3.4.5 Sponsoring

Im Unterschied zur Werbung ist der Einsatz von PR Aufgabe der Geschäftsleitung. Dies geschieht nicht nur durch Informationen über das eigene Leistungsangebot, sondern auch über Sachverhalte aus allen denkbaren Lebensbereichen, die mit dem Unternehmen mehr oder weniger zusammenhängen. Wenn ein Unternehmen eine Sportveranstaltung sponsert, dann betreibt es ebenso PR. **Insofern hängen Sponsoring und PR sehr eng miteinander zusammen.** Sponsoring hat sich in den letzten Jahren zu einem innovativen Instrument der Unternehmenskommunikation entwickelt, um dem Kunden erlebnisorientierte Kommunikationswege zum Unternehmen zu eröffnen. Typische **Sponsoring-Instrumente** sind u. a. (*Backhaus* 2003):

- Die Bereitstellung von Finanz-, Sachmitteln und/oder Dienstleistungen durch ein Unternehmen (**Sponsor**),

- Für eine Einzelperson, eine Gruppe, eine Organisation oder Institution im Umfeld des Unternehmens (**Gesponsorter**),

- Gegen die **Gewährung von Rechten** zur kommunikativen Nutzung von Aktivitäten des Gesponserten,

- Auf der Basis einer **vertraglichen Vereinbarung**.

Der Unterschied zur PR besteht vor allen Dingen darin, dass im Rahmen der PR keine vertraglichen Vereinbarungen über Gegenleistungen getroffen werden.

Beim Sponsoring dominiert das Prinzip ‚Leistung und Gegenleistung'. Typische Sponsoring-Arten sind **Sport-Sponsoring, Kunst- und Kultur-Sponsoring, Sozio-Sponsoring** und **Öko-Sponsoring**.

Den Industriegüterunternehmen eröffnet das Sponsoring die Möglichkeit einer erlebnisorientierten Kommunikation mit der **Zielgruppe** (*Backhaus* 2003):

- **Imagewirkung:** In der Weise, indem sich das Image des gesponserten Objektes auch auf das Unternehmens- oder Markenimage überträgt, kann das Sponsoring zur Verbesserung derselben dienen.

- **Wissenswirkung:** Daneben kann die Marken- oder Unternehmensbekanntheit durch Ausnutzung des Aufmerksamkeitswertes des Sponsoring-Objektes gesteigert werden.

Die **psychographischen Ziele**, die mit Sponsoring erreicht werden können, sind neben der Verbesserung des Unternehmensimages und der Steigerung des Bekanntheitsgrades, vor allem die Demonstration gesellschaftlicher Verantwortung und die Kontaktpflege zu internen und externen Interessengruppen.

Grobauswahl

Zunächst ist der Sponsoring-Bedarf zu ermitteln und anschließend ist zu prüfen, ob Sponsoring dazu geeignet ist, diese Ziele zu erreichen. Auf dem Weg zur Erreichung der Ziele ist zunächst eine **Grobauswahl der einzusetzenden Sponsoring-Arten und -bereiche** durchzuführen. In diesem Zusammenhang sind insbesondere folgende Entscheidungskriterien von Bedeutung: (*Backhaus* 2003):

- Die Zielgruppe des Sponsoring-Objektes sollte weitestgehend mit der Zielgruppe des Unternehmens übereinstimmen und einen direkten oder indirekten Bezug zum B2B-Angebot aufweisen (**Zielgruppenaffinität**).
- Besonders wichtig für eine positive Imagewirkung des Sponsorings ist eine große Übereinstimmung zwischen den bestehenden oder gewünschten Imagemerkmalen des Unternehmens und denen des gesponserten Objektes (**Imageaffinität**).
- Für den Fall, dass kein direkter Bezug zwischen Sponsoring-Engagement und den Produkten des Unternehmens besteht, sollte zumindest ein indirekter Bezug im Sinne der Übereinstimmung des Verwenderumfelds bestehen (**Produktaffinität**).

Feinauswahl

Im Rahmen einer **Feinauswahl** muss entschieden werden, **welche Einzelpersonen, Gruppen, Institutionen oder Veranstaltungen gesponsert werden sollen**. Die hierzu erforderlichen Kriterien sollten gewichtet und bewertet werden (*Backhaus* 2003):

- Allgemeine Merkmale bzw. Eigenschaften des potenziell Gesponserten,
- Organisatorischer Rahmen des angebotenen Sponsorships,
- Aktueller bzw. potenzieller Bekanntheitsgrad des Gesponserten,
- Bisherige Erfahrungen mit Sponsoring,
- Grad der langfristigen Kooperationsbereitschaft des Gesponserten,
- Berichterstattung in den Medien,
- Gegenleistung des Gesponserten, also Nutzungsrechte des Unternehmens,
- Möglichkeiten der Marketing-Kommunikation im Rahmen der Nutzungsrechte,

- Sponsorship-Kosten und Kosten für dessen kommunikative Nutzung,
- Auflagen für den Sponsor,
- Risiken wie z. B. Absagen, private Skandale des Gesponserten (vgl. VIP-Bereich).

Im Rahmen der **Prozesskontrolle** wird die ständige Reflexion der Planung und Durchführung von Sponsoring-Maßnahmen durchgeführt, sodass Fehler rechtzeitig erkannt und entsprechend korrigiert werden können. Im Rahmen der **Erfolgskontrolle** sollte grundsätzlich festgestellt werden,

- inwieweit die gesetzten Sponsoring-Ziele durch das Sponsorship erreicht wurden,
- mit welchem Grad die einzelnen Nutzungsmaßnahmen hierzu beitragen und
- mit welcher Aufwand-Nutzen-Relation dies realisiert wurde.

Nur wenn diese Voraussetzungen gegeben sind, kann die Marke durch das Sponsoring optimal unterstützt werden.

3.4.6 Werbung

Unter **Fachmagazinen** versteht man Publikationen, die sich mit einem bestimmten Thema oder einer bestimmten Branche befassen und deren Leser sich meist aus beruflichen Gründen informieren wollen. Solche Publikationen werden auch **häufig von Buying-Center-Mitgliedern zur Informationssuche benutzt**. Aus diesem Grund ist es für B2B-Unternehmen interessant, darin Anzeigen zu schalten. Solche Fachanzeigen sind gut dazu geeignet, eine bestimmte **Zielgruppe** mit speziell auf sie zugeschnittenen Botschaften anzusprechen. Diese Botschaften können unter anderem Problemlösungen des Unternehmens aufzeigen oder technische Produktbesonderheiten erklären. Es sind auch bildliche Produktdarstellungen möglich. Sie sind in der Regel sehr informativ, klar strukturiert und setzen ein gewisses Interesse und Vorwissen voraus. Es sollte unbedingt ein Hinweis auf weitere Informationsquellen oder eine Möglichkeit zur Kontaktaufnahme angegeben sein.

Wichtig ist insbesondere, dass der Absender klar erkannt wird und die Marke mit all ihren formalen Elementen deutlich abgedruckt ist. Die Botschaften sollten die gewünschten Markenassoziationen erzeugen.

> Unter **Werbung** versteht man die Gestaltung der auf den Markt gerichteten Informationen eines Unternehmens. Dabei handelt es sich um den bewussten Versuch, Menschen unter Einsatz spezifischer Kommunikationsmittel zu einem bestimmten Kaufverhalten zu bewegen (*Kohlert* 2003).
> **Ziele der Werbung** sind Umsatzsteigerungen und Gewinnerhöhungen (**direkte Ziele**), aber auch Steigerungen des Bekanntheitsgrads, des Images sowie der Kenntnis des Marktangebots (**indirekte Ziele**).

Insbesondere die indirekten Werbeziele dokumentieren die ausgeprägte Relevanz zur operativen Markenkommunikation. Die **Komponenten einer Werbemaßnahme** sind

- **Das Werbeziel:** Gefühle (affektiv), Kenntnisse (kognitiv) und Handlungen (konativ) betreffende Wirkungen der Werbung.
- **Das Markenversprechen:** Bestätigung des Leistungsangebots, z. B. eines Maschinenbauers, überdurchschnittlich zuverlässige, arbeitsergonomische Maschinen anzubieten.
- **Die Werbebotschaft:** Sie dient der eindeutigen und unmissverständlichen Formulierung des Kundennutzens. Auch im B2B-Bereich konnte immer wieder bestätigt werden, dass nicht nur die kognitive Komponente von Bedeutung ist, sondern wie im B2C-Bereich insbesondere der affektiven Komponente eine nicht zu vernachlässigende Rolle zukommt. Begründung: Über die affektive Schiene wird eine sachliche Information besser und leichter aufgenommen und gespeichert.

Tabelle 15: Typische Medien für die B2B-Werbung

Kommunikations-instrumente	Merkmale	Beispiele	Einsatzbedingungen
Tages- und Wirtschaftspresse	Zeitungen, Zeitschriften, die allgemeine oder wirtschaftliche Inhalte thematisieren	FAZ, Handelsblatt, Wirtschaftswoche	Meist hohe Streuverluste. Stärkere Betonung des Firmenimages
Fachzeitschriften	Inhalt und Aufmachung zielgruppenorientiert	Motortechnische Zeitschrift (MTZ), Autotechnische Zeitschrift (ATZ), VDI-Zeitschrift	Relativ geringe Streuverluste. Hohe Verfügbarkeit
Direktwerbung	Direkte Ausrichtungen an ausgewählte Empfänger	Prospekte, Kataloge, Industriefilm, Werbung im Internet	Darstellungen von komplexen Abläufen

Das Informationsverhalten der Zielgruppen bestimmt maßgeblich die Wahl der Werbemedien, wobei folgende Medien für den B2B-Markt von besonderer Relevanz sind:

Fachzeitschriften zeichnen sich häufig dadurch aus, dass redaktionelle Beiträge bzw. Anzeigen mit einer Kennziffer versehen sind. Auf einer eingehefteten Beilage werden die jeweiligen Kennziffern von Interessenten angekreuzt und an den Verlag zurückgesandt. Das hierdurch bekundete Leserinteresse wird an Inserenten oder Verfasser von Artikeln weitergeleitet.

Zentrale **Werbeziele auf B2B-Märkten** stehen stets in enger Verbindung mit der Markenkommunikation und lassen sich wie folgt differenzieren (*Godefroid* 2003):

Bekanntmachung technologischer Produkte bzw. Problemlösungen durch

- Erlangung eines bestimmten Bekanntheitsgrades für ein neues oder verbessertes Produkt bzw. eine Problemlösung
- Stabilisierung und Erhöhung des Bekanntheitsgrades eines vorhandenen Produkts oder einer Problemlösung
- Rückgewinnung des Bekanntheitsgrades eines Produkts oder einer Problemlösung

Information über Funktion und Einsatzmöglichkeiten technologischer Produkte durch

- Information über Funktion und Arbeitsweise eines Produkts
- Darstellung des Kosten-Nutzen-Verhältnisses bei Einsatz eines bestimmten Produkts
- Beispiele bisheriger und zukünftiger Einsatzmöglichkeiten eines Produkts

Stärkung des Vertrauens in ein technologisches Produkt durch

- Aufbau eines positiven Images für das Produkt
- Festigung des vorhandenen Images eines Produkts
- Bildung, Erhaltung, Förderung von Präferenzen für die betrieblichen Leistungen
- Beiträge zur Erreichung einer Konsonanz bei den bisherigen Käufern (z. B. im Rahmen der ‚Nachverkaufswerbung'

Unterstützung der Absatzmöglichkeiten durch

- Abgrenzung des neuen Produkts von den eigenen Produkten, die schon bisher im Programm angeboten werden
- Abgrenzung des neuen Produkts
- Positionierung des Produkts
- Hinweise für die sofortige Anforderung eines Außendienstmitarbeiters seitens der potenziellen Abnehmer
- Motive für den sofortigen Entschluss zum Kauf eines Produkts

- Gezieltes Timing der Werbung in Abstimmung mit den übrigen markenpolitischen Instrumenten

Aus diesen Werbezielen lässt sich schnell ableiten, dass die Medien im B2B-Sektor eine andere Gewichtung haben als auf Konsumgütermärkten. Aus einer uns vorliegenden unternehmensinternen Quelle stammen folgende Daten:

Tabelle 16: Beispiel für die Verteilung eines B2B-Werbebudgets in der Elektroindustrie

Verteilung der Werbeausgaben	% des Gesamtbudgets
Messebeteiligung	29
Internet, Kataloge etc.	28
Anzeigen	11
PR	14
Einzelprojekte	3
Broschüren	2
Sonstiges	3

Die Werbung auf B2B-Märkten ist offenbar sehr zielgerichtet, denn weniger als 10% der Werbung wendet sich an die allgemeine Öffentlichkeit, während einschlägige Fachzeitschriften mit Abstand als bevorzugtes Werbemedium dominieren.

Die Bedeutung der von der Werbung direkt beeinflussbaren Quellen (alle außer 3, 4 und 8) entspricht in ihrer Reihenfolge den Ausgaben der Werbetreibenden; bei den Informationsquellen 3, 4 und 8 handelt es sich um fachkundige Personen, die wiederum selbst einen großen Teil ihrer Informationen durch Werbung erhalten können.

Dieser Sekundäreffekt kann von einem B2B-Anbieter dazu genutzt werden, sich mit seiner Werbebotschaft direkt an den Endkunden zu wenden, indem er beispielsweise auf seine besonders umweltschonenden Maschinen verweist. Der Endkunde wird dann diejenigen Anbieter wählen, die in ihrer Produktion besonders umweltschonende Maschinen einsetzen.

Die Verteilung von Werbebudgets korreliert gut mit den Präferenzen der Einkaufsentscheider nach bevorzugten Informationsquellen:

Tabelle 17: Relevanz der Informationsquellen für Entscheider

	Informationsquellen	Rangwert		
		1.	2.	3.
1	Fachzeitschriften	70	44	27
2	Fachliteratur	47	32	22
3	Berufskollegen anderer Firmen	17	24	20
4	Gespräche mit Verkaufsingenieuren anderer Firmen	13	11	19
5	Besuch von Tagungen, Seminaren, Kongressen	12	19	28
6	Dokumentation, Informationsdienste	10	14	15
7	Besuch von Messen und Ausstellungen	10	13	25
8	Gespräche mit Mitarbeitern des eigenen Hauses	9	20	18
9	Druckschriften, Prospekte, Kataloge	6	12	16
10	Anzeigen in Zeitungen und Zeitschriften	3	4	7
11	Sonstige Informationsquellen	3	5	0

Bei der Abwägung der **Argumente für oder gegen Werbung** im B2B-Sektor sollten insbesondere folgende Aspekte und Erkenntnisse berücksichtigt werden (*Godefroid* 2003):

- Werbung ist ein wertvolles Einführungsinstrument für neue Kunden; die Vertriebskosten dafür werden gesenkt.

- Eine fehlende Kontinuität der Werbung ist der häufigste Fehler bei Produkteinführungen. Aus der Analyse von 100 Flops ergab sich, dass 90% weniger als 5 Seiten Werbung pro Jahr in einer Fachzeitschrift geschaltet hatten.

- Bei einer adäquaten Häufigkeit ist die Werbung auf B2B-Märkten wirtschaftlich, da sich die gesamten Vertriebskosten um 10 bis 30% senken lassen.

- In einem Markt, der besonders stark beworben wird, steigen die Vertriebskosten eines nicht-werbenden Anbieters um 20 bis 40%.

- Unternehmen können sicher auch ohne Werbung verkaufen; eine gut geplante Werbestrategie verbessert aber die Profitabilität.

- Die Verkäufer können effektiver eingesetzt werden; die Kosten der Werbung werden durch gesteigerten Absatz und höhere Profitabilität mehr als wettgemacht.

Abschließend bleibt festzuhalten, dass das Internet und die Fachzeitschriften von Entscheidungsträgern des Buying Center im B2B-Sektor am intensivsten als Informationsmedium beachtet und genutzt werden.

3.4.7 Product Placement

Wenn Markenprodukte in Film und Fernsehen als Teil von Handlungen gesehen werden bzw. in Szene gesetzt werden, dann spricht man von Product Placement. Dieses Instrument ist im Konsumgütermarkt längst bekannt und gängig, kommt aber in der jüngeren Vergangenheit auch im B2B-Bereich zum Einsatz.

So sind im James Bond-Film ‚Die another day' aus dem Jahr 2002 Roboter der Firma KUKA deutlich zu erkennen. KUKA konnte mit dieser Art der Kommunikation Zielgruppen erreichen, zu denen das Unternehmen bisher keinen Bezug hatte. Der Fall KUKA ist ein Paradebeispiel für Markenverstärkung von einem angestammten Geschäft auf völlig neue Zielgruppen und Einsatzfelder für seine Produkte. Dieser Fall wird ausführlicher in Teil 2 des Buches behandelt.

3.4.8 Unternehmenszeitschriften, Kompetenzzentren, Referenzen, B2B-Clubs

Unternehmenszeitschriften sind speziell bei größeren Unternehmen ein weit verbreitetes Kommunikationsmittel. Sie richten sich in erster Linie an bestehende und potenzielle Kunden des Unternehmens. Zur weiteren Zielgruppe gehören andere externe Interessengruppen und vor allem die Mitarbeiter des Unternehmens. Eine Unternehmenszeitschrift erscheint periodisch und sollte aktuelle, von der Zielgruppe als relevant angesehene Themen behandeln, die in Verbindung mit dem Unternehmen stehen. Dazu gehören Informationen zu Angebotsneuheiten, zu neuen Anwendungsmöglichkeiten bestehender Produkte und zu den absehbaren Zukunftstendenzen. Die Beiträge sollten kurz, übersichtlich und ausreichend bebildert sein. Das Deckblatt und das Inhaltsverzeichnis sollten das Interesse der Leser wecken. Über die Unternehmenszeitschrift kann das Unternehmen der Zielgruppe seine Leistungsfähigkeit und Innovationsfähigkeit vermitteln und Kompetenz und Vertrauenswürdigkeit signalisieren. Sie stellt also ein gutes Medium dar, um der Zielgruppe den **Markenkern und die gewünschten Markenassoziationen** zu kommunizieren. Eine Unternehmenszeitschrift kann folglich zur Verbesserung und Pflege des **Markenimages** und zur **Mitarbeitermotivation** dienen.

Eine Mischung aus Unternehmenspublikation und Werbeanzeige in Fachzeitschriften ist die **Veröffentlichung von Fachartikeln** über ein Thema oder ein neues Produkt in ausgewählten, einschlägigen **Fachzeitschriften**, da dieses Medium von den Mitgliedern des Buying Centers bevorzugt gelesen wird.

Aufgrund der komplexen Struktur (z. B. aus Platz- und Gewichtsgründen) von B2B-Produkten sind einige Anbieter inzwischen dazu übergegangen, **Kompetenz- und Informationszentren** aufzubauen. Hier haben die Kunden abseits von zeitlich und örtlich fixierten Ausstellungen und Messen das ganze Jahr die Gelegenheit, sich von der Funktion und den Details komplexer Produkte zu überzeugen. Die Kunden erhalten einen realistischen Einblick über die Eignung verschiedener Produkte und Systeme für ihre eigenen Zwecke. Kompetenzzentren sind quasi ständige Hausmessen. Trotz der damit verbundenen Kosten ist ein Kompetenzzentrum immer noch wesentlich günstiger als die Teilnahme auf einer zeitlich befristeten Messe oder Ausstellung. Für die Mercedes-Benz-Lastkraftwagen gibt es etwa ein Schwermotorenzentrum im Werk Mannheim, in das ein Schulungszentrum mit Produktausstellung integriert ist.

Hinzu kommt, dass die mit dem Kunden erörterten Fragestellungen einen erheblichen Zeitbedarf auch auf Seiten des Kunden erfordern, sodass ein Messebesuch ohnehin nicht ausreichend wäre (*Godefroid* 2003). In der Praxis vereinbart man auf einer Messe oftmals Termine zum Besuch im hauseigenen Kompetenzzentrum nach individueller Absprache mit (potenziellen) Kunden.

Ein weiteres wichtiges und markenrelevantes Kommunikationsinstrument ist der Besuch eines **Referenzkunden**. Hier kann der Kunde nicht nur die konkrete Unternehmensumgebung eines B2B-Produkts untersuchen, sondern auch über dessen Erfahrungen als Kunde eines B2B-Anbieters vor, während und nach der Installation bzw. Inbetriebnahme erörtern. Diese authentischen Erfahrungen sind nicht eingefärbt vom B2B-Anbieter und genießen daher bei potenziellen Kunden eine hohe Glaubwürdigkeit, was insbesondere bei sehr teuren Anlagen von unschätzbarem Vorteil ist. Selbstverständlich ist es für den B2B-Anbieter unabdingbar, die Auswahl geeigneter Referenzkunden sehr sorgfältig vorzunehmen. Eine weitere Schwierigkeit besteht in der Möglichkeit, dass Interessent und Referenzkunde durchaus Konkurrenten sein können, weil in solchen Fällen die Bereitschaft zur Demonstration eher gering ausfallen wird.

Der Aufbau mehrerer Referenzkunden aus verschiedenen Branchen und die ständige Überprüfung der Kundenzufriedenheit vermindert die beiden dargestellten Problempotenziale und erhöht gleichzeitig die Kundenzufriedenheit und die Markenreputation.

Bei besonders innovativen Produkten, für die es weder Exponate in einem Kompetenzzentrum noch bereits ausgelieferte vergleichbare Produkte als Referenzen gibt, ist der Aufbau und die Präsentation von Prototypen für **Schlüsselkunden** (**Lead User**) eine Möglichkeit, seine Kompetenz und Kundenorientierung zu dokumentieren. Zudem können bei einer frühzeitigen Einbindung des Kunden in den Wertschöpfungsprozess wesentlich günstiger Anpassungen vorgenommen werden als bei Fertigstellung oder Auslieferung des Produkts, weil mit jedem weiteren Monat Änderungsaufwand und -kosten überproportional ansteigen. Außerdem erzielt ein solcher Prototyp eine höhere Kundenzufriedenheit, was auch für spätere Kunden, die ein ähnliches Produkt wünschen, von Vorteil ist. Ein Beispiel hierfür ist der Flugzeugbau, bei dem große Luftverkehrsgesellschaften mit dem Hersteller zusammenarbeiten und auf diese

Weise die für ihren Bedarf idealen Produkte erhalten können. Umgekehrt ist für Airbus der Kunde Lufthansa natürlich eine markenrelevante Referenz. Neben der Konzentration auf einzelne Lead User spielt zusätzlich auch die Zusammenarbeit mit zusammengeschlossenen Kunden (**User Groups**) eine wichtige Rolle. Viele Systemanbieter haben bereits die Vorteile dieser Vorgehensweise erkannt und fördern derartige Gruppierungen durch gezielte Beratung oder sogar durch finanzielle Unterstützung (*Godefroid* 2003).

An einem weiteren Beispiel kann aufgezeigt werden, dass Impulse für das B2B-Marketing aus dem B2C-Marketing kommen können, auch wenn deren Verbreitung zunächst zögerlich stattfindet: **B2B-Clubs** sind verkaufsseitig ausgerichtete Clubs wie die Buch-Clubs (z. B. Bertelsmann) oder als Kundenbindungsinstrument etablierte Clubs (z. B. Ikea Family). Im B2B-Bereich gibt es mittlerweile zahlreiche Clubs. Dabei handelt es sich u. a. um Angebote, die ein Hersteller seinem Händler macht (z. B. Grohe Profi Club, die Märklin Händlerinitiative, das Forum Gelb als B2B-Dialog-Programm der Deutschen Post AG). Das Ziel ist dabei stets eine stärkere Anbindung ausgewählter Händler an den Hersteller. Für den Kunden besteht der Vorteil einer B2B-Club-Mitgliedschaft in der größeren Einflussnahme auf den Hersteller, denn auf die Meinungen und Wünsche maßgeblicher Clubmitglieder kann kein Hersteller verzichten.

Godefroid stellt in Bezug auf B2B-Clubs folgendes fest (*Godefroid* 2003, S. 348):

> „Oft gibt es innerhalb eines B2B-Clubs unterschiedliche Klassen von Mitgliedern, die sich nach Loyalität etc. orientieren. Auf diese Weise wird unter den Mitgliedern ein gewisser Wettbewerbsdruck erzeugt, denn es dient auch dem Ego des Geschäftsführers eines Händlers, bei einem großen Händlermeeting vom Vorstand des Herstellers mit einer Auszeichnung bedacht zu werden."

> Daraus folgt allerdings, dass meist nur Marktführer bzw. Anbieter mit einer starken Marke einen derartigen Club etablieren können, da nur hier das Interesse der Kunden (Händler) entsprechend ausgeprägt ist. In vielen Fällen sind die Kunden auch bereit, beachtliche Mitgliedsbeiträge zu entrichten und auch für die Teilnahme an einzelnen Veranstaltungen zu bezahlen, so dass der Club für den Hersteller oft – verglichen mit anderen Kommunikationsalternativen – sehr wirtschaftlich ist."

Mit dem folgenden Kommunkaktionsinstrument beenden wir die für das Markenmanagement besonders wichtigen operativen Parameter der Markenkommunikation im Offline-Bereich. Wir wenden uns nun dem Customer Relationship Management (CRM) zu. CRM ist auch ein Beispiel, das ursprünglich aus dem B2C-Bereich kommt und nun auch für B2B-Anbieter zunehmend wichtiger wird. Aufgrund seines ganzheitlichen Ansatzes stellt CRM die bisher vorgestellten Instrumente in eine enge Beziehung zueinander. Nach dem wichtigen Thema CRM gehen wir auf die internetbasierte Kommunikation und die integrierte Kommunikation ein.

3.5 Customer Relationship Management

Customer Relationship Management ist Anfang der 90er Jahre in den USA entstanden. Was ursprünglich mit datenbankunterstützten Call Centern angefangen hatte, wurde in den Folgejahren sukzessiv und konsequent weiterentwickelt. Die fundamentale Frage war dabei, wie man die Daten über die eigenen Kunden noch besser zu wertvollem Wissen für noch mehr Kundenorientierung weiterentwickeln kann. Insbesondere Banken und Telekommunikationsanbieter nutzen ihr von Haus aus umfangreiches Datenreservoir über Kunden und entwickelten CRM-Strategien.

Insbesondere die fortschreitende Weiterentwicklung der Informations- und Kommunikationstechnologien und die zunehmende Verbreitung von Online-Medien forcierte diese Entwicklung beträchtlich (vgl. auch das nächste Kapitel über internetbasierte Kommunikation bzw. E-Branding). Aufgrund des intensiven, oft direkten bzw. persönlichen Kontakts, den B2B-Anbieter über ihre Kunden haben, erscheint der B2B-Sektor für die Etablierung eines am Customer Lifetime Value-orientierten CRM geradezu prädestiniert.

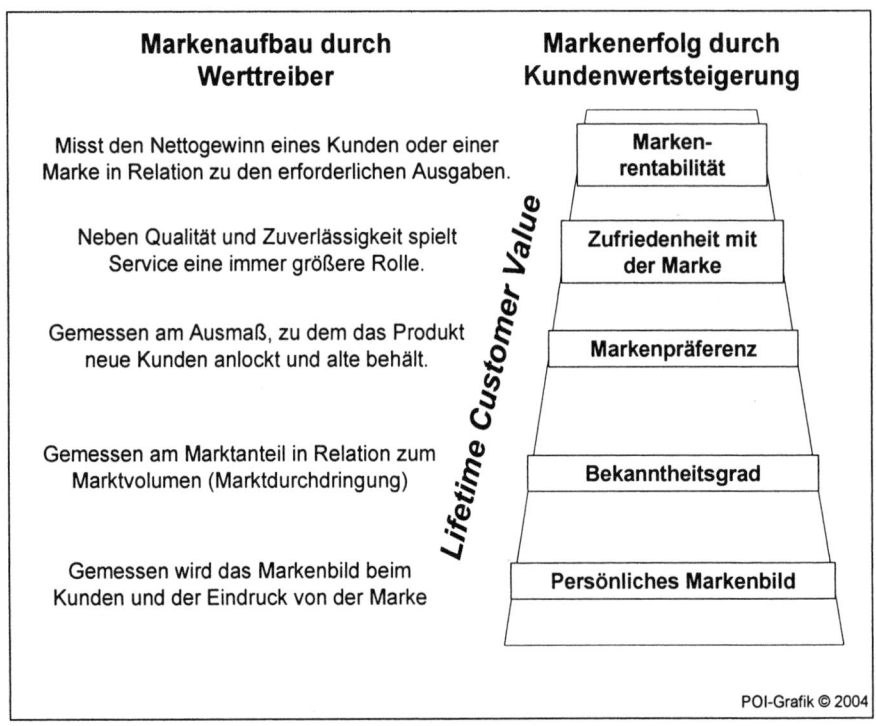

Abbildung 31: Markenaufbau und Markenerfolg durch Customer Lifetime Value

Im Dienste einer erfolgreichen Markenkommunikation ist ein ganzheitliches Verständnis einer Kundenbeziehung unabdingbar, denn dazu gehören alle Phasen vom Gewinnen von Neukunden bis zum Beenden der Kundenbeziehung, also der gesamte Lebenszyklus von Kunden. Diese Betrachtungsweise rückt den **Customer Lifetime Value** in den Mittelpunkt des Kundenverständnisses.

Die Auffassung der Kundenbeziehung als Lebenszyklus ist gerade für im Hochpreissegment operierende B2B-Anbieter von besonderer Bedeutung, da der Aufbau einer Stammkundschaft und deren Vertrauensbildung in die B2B-Marke in diesem Geschäft zu den wertvollsten Erfolgsfaktoren gehört.

> **Customer Lifetime Value** ist der kumulierte Wert einer Geschäftsbeziehung, den ein Unternehmen mit einem Kunden seit dem ersten Auftrag nach Abzug aller damit verbundenen Kosten generiert.

Mit dieser Definition wird deutlich, wie gefährlich es für einen B2B-Anbieter sein kann, wenn er einen Kunden aus seinem Portfolio nimmt, weil dieser Kunde in der letzten Zeit nur Bestellungen in kleinerem Umfang tätigte und aufgrund dieser Tatsache aus dem Kundenstammblatt genommen wird bzw. an Distributoren abgetreten wird. Hier wurde weder analysiert, wie und warum es dazu gekommen ist und welche Möglichkeiten bestehen, die Bestellungen des Kunden wieder zu steigern.

Die grundsätzlichen Optionen im Kundenlebenszyklus lassen sich in einer Tabelle veranschaulichen.

Tabelle 18: Der Kundenlebenszyklus (*Godefroid* 2003)

	Potenzielle Kunden	**Aktuelle Kunden**				**Verlorene Kunden**	
Art der Beziehung	Potenziell	Neu	Stabil	Gefährdet	Nicht attraktiv	Wiedergewinnbar	Nicht wiedergewinnbar
Kundenbeziehung	Initiieren	Stärken	Festigen	Sichern	Abbauen	Wiedergewinnen	
Aufgaben	Lead Management	Neukundenprogramme	CRM i.e.S.	Beschwerdemanagement	Beziehungsauflösungsmanagement	Rückgewinnungsmanagement	

Im B2B-Bereich ist es aufgrund deutlich geringerer Kundenzahlen und des ohnehin vorhandenen Direktvertriebs wesentlich einfacher, einen systematischen Kontakt zu seinen Kunden herzustellen und zu pflegen.

> **Customer Relationship Management (CRM)** ist eine kundenorientierte Unternehmensausrichtung, die mit Hilfe moderner Informations- und Kommunikationstechnologien versucht, auf lange Sicht profitable Kundenbeziehungen durch ganzheitliche und differenzierte Marketing-, Vertriebs- und Servicekonzepte aufzubauen und zu festigen.

Elementare Anforderungen des CRM sind (*Kohlert* 2003):

- **Customer:** Aufbau einer engen Beziehung zu bestehenden und potenziellen neuen Kunden.

- **Relationship:** Individuelle Behandlung von bestehenden Kunden und potenziellen Kunden.

- **Management:** Fähigkeit, alle Interaktionen mit bestehenden und potenziellen Kunden über alle organisatorischen Grenzen hinweg kontinuierlich zu koordinieren.

Abbildung 32: Markenkommunikation durch CRM-gestütztes Kundenmonitoring

Zentrale Anforderungen und Ziele eines professionellen CRM sind folgende:

- **Profitabilität:** Das Unternehmen konzentriert sich auf Kunden, die über einen längeren Zeitraum hinweg profitabel erscheinen. Hierzu ist es erforderlich, den Wert jedes einzelnen Kunden verzerrungsfrei und realistisch zu ermitteln. Als wichtige Größe dient hier der ‚Share of wallet', d. h. der Anteil des Einkaufsvolumens eines Kunden, der beim Unternehmen verbleibt. Ergänzend werden Schätzungen über die weitere Entwicklung profitabler Kunden durchgeführt.

- **Ganzheitlich:** Kundeninformationssysteme müssen eine Komplettansicht des Kunden mit allen relevanten Daten auf einem Blick ermöglichen (Customer Aided Selling). Dieses Ziel wird bereits verfehlt, wenn es nicht gelingt, alle Umsätze eines Kunden mit dem Anbieter aggregiert darzustellen. Dies kann beispielsweise dadurch geschehen, dass ein Unternehmen einem Kunden eine andere Kundennummer gibt, weil er in den letzten Jahren wesentlich kleinere Bestellwerte auf sich verbuchte und daher einer anderen Kundenkategorie zugeordnet wird. Eine solche Vorgehensweise verzerrt das vollständige Bild vom Kunden. Vor diesem Problem stehen auch Unternehmen mit internationaler Ausrichtung und eingeschalteten Distributoren – auch dies ist aber kein Grund, sich von der Maxime der Ganzheitlichkeit abzuwenden.

- **Individualisierung:** Anspruchsvolle B2B-Kunden erwarten oft maßgeschneiderte Individuallösungen zu attraktiven Preisen statt Standardprodukte von der Stange. Die durch die Individualisierung verursachten zusätzlichen Kosten müssen bei jedem Kunden mit der zu erwartenden Profitabilität abgeglichen werden.

- **Langfristigkeit:** Im B2B-Bereich ist dieser Aspekt von besonderer Bedeutung, weil B2B-Produkte oft eine längere Lebensdauer haben und aufgrund ihres Investitionscharakters langfristig zu betrachten sind. Da es wie im B2C-Bereich auch hier weitaus teurer ist, neue Kunden zu akquirieren als bestehende Kunden auszubauen, muss der Schwerpunkt auf dem Ausbau bestehender Kundenbeziehungen liegen. Empirisch konnte nachweisen, dass die Länge einer Kundenbeziehung mit deren Profitabilität positiv korreliert ist (*Hofmann/Meriens* 2001).
  Dies liegt u. a. an folgenden Faktoren:
    o Erzielung von Preisprämien aufgrund geringerer Preiselastizität der Nachfrage durch optimierte Abschöpfung der Kundenrente, die aus der Differenz des Verkaufspreises gegenüber dem Preis resultiert, den der Kunde maximal bereit ist, zu bezahlen,
    o Weiterempfehlungen von zufriedenen Kunden durch Referenzen (s. o.),
    o Kosteneinsparungen durch effizientere Bearbeitung der Kundenbedürfnisse (bedingt durch geringeren Beratungsbedarf der Kunden),
    o Umsatzwachstum durch Folgekäufe.

- **Integration:** Alle Kundeninformationen müssen an den Kontaktpunkten (‚Customer Touch Points') zwischen Unternehmen und Kunden verfügbar sein (‚One face to the customer'). Zu diesem Zweck werden alle Kundeninformationen im ‚Customer Data Warehouse' integriert und am ‚Customer Touch Point' bereitgestellt.

CRM strebt damit ein proaktives Marketing im Sinne einer langfristigen Partnerschaft an, was im B2B-Bereich dadurch noch verstärkt wird, weil hier Kunde und Anbieter oft gemeinsam an der Entwicklung komplexer Leistungen arbeiten bzw. an deren Verbesserung.

Diese Erkenntnis ist nicht wirklich neu, wird aber bis heute oft vernachlässigt.

Henry Ford brachte es bereits Anfang des 20. Jahrhunderts auf den Punkt: 'Der Verkauf eines Maschine ist nicht der Abschluss eines Kaufvertrages, sondern der Beginn einer langfristigen Beziehung.'

Der Einsatz von Informations- und Kommunikationstechnologien ist zur erfolgreichen Realisierung von CRM unabdingbar. Das Internet hat an den Polen ‚Buy Side' und ‚Sell Side' eine große Bedeutung gewonnen, wobei alle unternehmensinternen Vertriebs- und Marketingsysteme dazwischen sehr eng miteinander verzahnt sein müssen. Dieser Aspekt wird nachfolgend ausführlicher behandelt.

Computer Aided Selling (CAS) spielt im CRM eine ausschlaggebende Rolle:

- Erfassung und Pflege der Adress-, Kontakt- und Termindatenbank,
- Erfassung und Verwaltung jedes einzelnen Vertriebsobjekts,
- Mitführen sämtlicher Produktinformationen bzw. Konfiguratoren bei Kundengesprächen (s. o.) durch Einführung von Wireless-Lans auf mobilen Notebooks,
- Integration aller kundenbezogenen Marketingaktivitäten (z. B. Einladungen, Informationsmappen für Kunden, Messebesuche) einschließlich des Kundenfeedbacks.

CAS im engeren Sinne umfasst den vertriebs- und kundennahen Einsatz von Computern, zumeist einem Notebook, das der Vertriebsmitarbeiter ständig zur Verfügung hat und mit dem er mit dem EDV-System seines Unternehmens beim Kunden vor Ort verbunden ist.

CAS im weiteren Sinne bindet Informationen des Database-Marketing mit ein.

Insbesondere im B2B-Bereich leisten Laptops im Außendienst wertvolle Hilfe, da es sich hierbei oft um Produkte handelt, die im Beratungs- und Verkaufsgespräch das Vorstellungsvermögen beim Kunden stark beanspruchen bzw. viele Einzelheiten und spezifische Kombinationsmöglichkeiten darzustellen sind (z. B. bei komplexen Maschinen).

Wesentliche Vorteile für den B2B-Außendienst sind u. a.:

- **Aktive Integration des Kunden** in das Gespräch, indem er aus den angebotenen Möglichkeiten und Variationen selbst auswählen kann,

- Durch den **vorstrukturierten Ablauf** des Gesprächs durch das Programm entsteht ein systematisches Vorgehen, von dem **je nach Kundenbedarf** durch vorgesehene Vertiefungszweige im Programm abgewichen werden kann,

- Unterstützung des verbalen Einsatzes des Verkäufers mit **visuellen Elementen** des Software-Programms (z. B. räumliche Darstellungen, exakte Berechnungen nach Kundenwunsch),

- Rückgriff auf Firmendatenbanken und Back Office unterstützt den Außendienst in seiner **Rolle als Experte**, der auf möglichst viele Fragen fundierte Antworten geben kann,

- Aufbau eines **innovativen Unternehmensimages** durch Einsatz moderner Informations- und Kommunikationstechnologien, inzwischen noch verstärkt durch Wireless Lan bzw. Online-Verbindungen zum Stammhaus vor Ort beim Kunden.

Generell unterscheidet man **drei Stufen des CRM** (*Kohlert* 2003, S. 239f.; *Godefroid* 2003, S. 300f.):

- **Operatives CRM (oCRM):** Alle Anwendungen mit direktem Kundenkontakt („Front Office"), die also direkt vom Vertrieb genutzt werden. Hinzu kommen Marketing-Anwendungen wie die Planung, Durchführung und Kontrolle von Kampagnen wie Direct Mail, Messen etc.:

    o Lösungen zur Marketing-, Sales- und Service-Automation unterstützen den Dialog zwischen Kunden und Unternehmen (s. u.),

    o Entwicklung verlässlicher Aussagen gegenüber dem Kunden in Bezug auf Liefertermine u. ä.,

    o Anbindung an Back Office Systeme wie Enterprise Resource Planning zur optimalen Integration der eingehenden Aufträge in den Fertigungsprozess,

    o Supply Chain Management zur Planung Disposition und Kontrolle des Leistungserstellungsprozesses und des Informationsflusses vom Kunden zum Unternehmen,

- **Kommunikatives CRM (kCRM):** Gesamte Steuerung und Unterstützung sowie Synchronisation aller Kommunikationskanäle (Telefon, SMS, MMS, Internet, e-mail, Mailings) zum Kunden (Customer Interaction Center, Beschwerdemanagement),

- **Analytisches CRM (aCRM):** Entsteht erst nach erfolgreicher Inbetriebnahme von oCRM und kCRM:
  - Systematische Aufzeichnung von Kundenkontakten und Kundenreaktionen (Customer Data Warehouse),
  - Auswertung der kontinuierlichen Optimierung kundenbezogener Geschäftsprozesse (Online Analytical Processing),
  - Suchen und Finden von vermuteten und neu zu entdeckenden Zusammenhängen innerhalb der Kundendaten (Data Mining oder als Online Analytical Processing, OLAP),
  - Lernendes System, indem Kundenreaktionen systematisch zur Optimierung der Kundenkommunikation und kundenorientierter Angebote genutzt werden (Closed Loop Architecture).

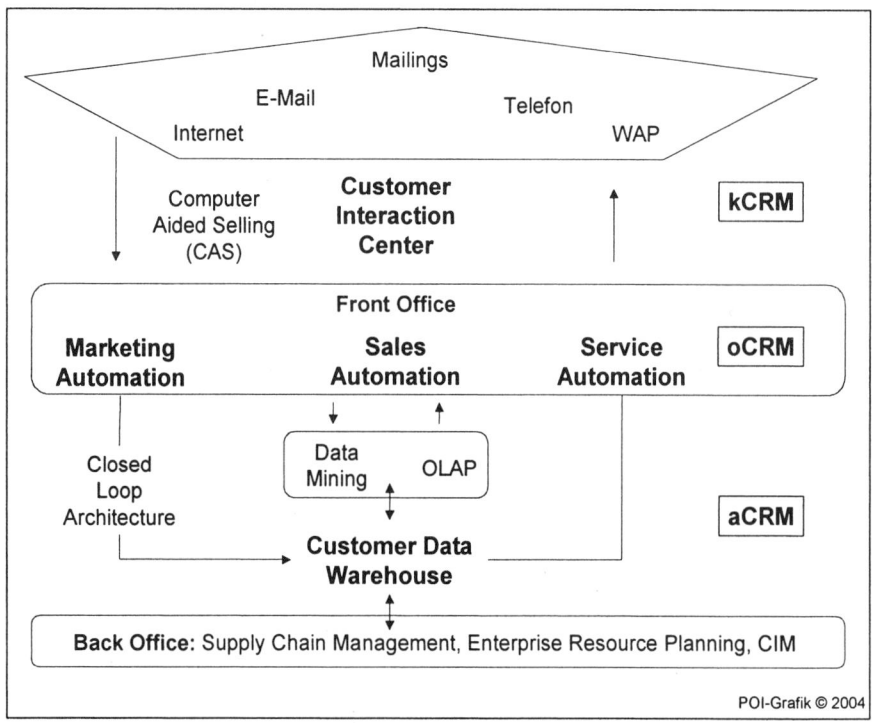

Abbildung 33: CRM-Aufbau durch IT-Systeme im Einkauf, Marketing und Vertrieb (*Kohlert* 2003, *Godefroid* 2003)

Sehr wichtig für den Erfolg von CRM ist die Etablierung eines **Customer Interaction Centers**, da es alle bislang im Unternehmen mehr oder weniger entwickelten Kommunikationskanäle integriert (Single Point of Entry für jeden Kunden). Im Gegensatz zu den herkömmlichen Call Centern unterstützen Customer Interaction Center zusätzlich weitere wichtige Kommunikationskanäle, z. B. das Internet. Für den Kunden hat dies den Vorteil, dass es unabhängig ist, auf welchem Kommunikationskanal er sich an das Unternehmen wendet, um eine verlässliche, schnelle und kompetente Antwort auf seine Wünsche zu erhalten.

Das **Customer Data Warehouse** hat die Aufgabe, entscheidungsrelevante Daten aus den unterschiedlichsten Quellen in eine einheitliche Systemumgebung zu integrieren. Typische Informationen sind beispielsweise

- **Stammdaten** von Kunden und Interessenten,
- **Kaufhistorien:** z. B. wann hat ein Kunde was wie oft gekauft?,
- **Aktionsdaten:** z B. welcher Kunde wurde wann und wie kontaktiert?,
- **Reaktionsdaten:** z. B. welcher Kunde hat auf welchen Kontakt (z. B. Mail) in welcher Weise reagiert?

Zur Auswertung dieser Datenvielfalt kommen in der Praxis insbesondere folgende beiden Systeme zum Einsatz:

- **OLAP-Systeme:** Darstellung betriebswirtschaftlicher Maßgrößen (z. B. Absatz, Umsatz, Kosten, Deckungsbeiträge, Marktanteile) in Form eines multidimensionalen Datenwürfels nach bestimmten Clusterkriterien, über Online-Zugriffe aktualisiert (z. B. Gruppe von Marktangeboten, Verkaufsgebiete, Vertriebswege, Kundengruppen).
  Entlang dieser Dimensionen können die Maßzahlen je nach Fragestellung:
  o aufgebrochen (drill down),
  o aggregiert (roll up),
  o gedreht und gekippt (dice) oder
  o in einzelne Scheiben zerlegt werden (slice).
- **Data Mining-Systeme:** Prozess des Entdeckens bedeutsamer Zusammenhänge, Muster, Trends durch die Analyse großer Datenmengen.
  Es wird nach neuen, gesicherten und handlungsrelevanten Geschäftserfahrungen gesucht. Im Gegensatz zum einfach zu bedienenden OLAP-System muss der Analyst beim Data Mining über methodische Kenntnisse im Umgang mit Datenbanken und betriebswirtschaftliches Wissen verfügen. Der Data Mining-Prozess umfasst:
  o Auswahl, Bereinigung und Überführung,
  o eigentliche Analyse der Daten und
  o Interpretation und Konsolidierung der Ergebnisse.

Anwendungsfelder des Data Minings sind (*Kohlert* 2003):

- Sortimentsanalysen zur Feststellung von Kaufhäufigkeiten bestimmter Artikel; Rückschlüsse auf die optimale Gestaltung von Inhalt und Zeitpunkt von Cross Selling-Aktionen,

- Ermittlung von Kundenklassifikationen und Customer Lifetime Value,

- Analyse von Kundenreaktionen auf Marketingaktionen (Closed Loop-Ansatz), z. B. Preisänderungen, Mindestabnahmemengen bzw. Minderabnahmezuschläge,

- Erstellung von Absatz- und Marktprognosen,

- Optimierung des Informationsangebots nach ermitteltem Kundeninformationsverhalten (z. B. auf der Firmenhomepage),

- Text Mining, d. h. Analyse von nicht-strukturierten Texten, z. B. zur Klassifikation des Beschwerdeverhaltens.

Innerhalb des operativen CRM unterscheidet man wie oben dargestellt folgende drei **Aufgabenbereiche**:

1. **Marketing Automation:** Steuerung und Unterstützung der kundenbezogenen Geschäftsprozesse (Kampagnenmanagement), d. h. Gestaltung des richtigen Informations- und Leistungsangebots für den richtigen Kunden im richtigen Kommunikationsstil/-kanal zum richtigen Zeitpunkt,

2. **Sales Automation:** Unterstützung der Administrationsaufgaben des Vertriebs (z. B. Termin- und Routenplanung, Besuchsberichtserfassung, Kundendatenverwaltung):

    o **Opportunity Management:** Mehrstufige Erfassung, Pflege und Qualifizierung eines jeden Kundenkontakts von der noch anonymen Adresse bis zum Verkaufsabschluss (z. B. Status-Abfrage, Betrag, Abschlusswahrscheinlichkeit, Abschlusstermin),

    o **Sales Cycle-Analyse:** Vormerkung von Wiederbeschaffungszeitpunkten, um dann zum richtigen Zeitpunkt den Kunden auf möglichen Ersatzbedarf anzusprechen,

    o **Lost Order-Analyse:** Analyse von Angeboten nach Gründen, warum sie nicht zum Auftrag geführt haben.

3. **Service Automation:** Annahme und Bearbeitung der von Kunden initiierten Kontakte (Service-Innendienst) und Unterstützung des Außendienstes in administrativen Aufgaben (Service-Außendienst).

Abschließend werden **fundamentale Hürden bei der Einführung von CRM** vorgestellt:

- Unzureichende Akzeptanz der Systeme bei den Mitarbeitern durch zusätzlichen Umstellungs- und Ausbildungsaufwand, insbesondere bei den Vertriebsmitarbeitern im Außendienst,
- Unzureichende Bereitschaft, denn CRM macht nicht nur Kunden gläsern, sondern auch Mitarbeiter,
- Schwächen der Funktionalität der CRM-Systeme, insbesondere wenn es sich um Spezialsysteme für bestimmte Unternehmen und Branchen handelt.

Innerhalb des CRM spielt das proaktive Kundenwertmanagement eine große Rolle.

3.5.1 Kundenwertmanagement

Nicht nur die zielgerichtete Steuerung des Vertriebs innerhalb eines ständig weiterzuentwickelnden CRMs ist von Bedeutung, sondern natürlich auch die Fokussierung auf den einzelnen Kunden, insbesondere bei der Ermittlung individueller **Kundenwerte**: Je höher der Kundenwert, desto höher der Markenwert und desto erfolgreicher die Markenkommunikation.

Die Durchführung einer klassischen ABC-Analyse findet häufig statt, ist aber oft nur wenig hilfreich. Die Analyse der Rentabilität eines Kunden ist schon aussagekräftiger, aber auch hier muss beachtet werden, dass vermeintlich unattraktive B-Kunden rentabler sein können, wenn im Vergleich dazu umsatzstarke A-Kunden aufgrund des großen Vertriebsaufwands stark auf die Marge drücken.

Tabelle 19:
Eindimensionales Kunden-Portfolio nach Rentabilität (*Campbell/Cunningham* 1983).

Kriterium	Kunden von morgen	Wichtige Kunden von heute	Heutige Standard-Kunden	Kunden von gestern
Umsatzvolumen	Niedrig	Hoch	Mittel	Niedrig
Einsatz der Vertriebsressourcen	Hoch	Hoch	Mittel	Niedrig
Alter der Geschäftsbeziehung	Neu	Alt	Mittel	Alt
Anteil des Anbieters am Einkaufsvolumen	Niedrig	Hoch	Mittel	Niedrig
Rentabilität des Kunden für den Anbieter	Niedrig	Hoch	Mittel	Niedrig

Eine andere Einteilungsmöglichkeit differenziert Kunden nach Zukunftspotenzial und Wettbewerbsposition.

Tabelle 20:
Zweidimensionales Kunden-Portfolio nach Zukunftspotenzial und Wettbewerbsfähigkeit
(Campbell/Cunningham 1983).

	Kunde hat großes Wachstum	Kunde hat mittleren Erfolg	Kunde hat keine Zukunft
Kunde bevorzugt den Anbieter	Idealkunde *Bevorzugen, pflegen*	Brot- und Butter-Kunde *Bevorzugt besuchen, pflegen*	Barzahlungskunde *Kritisch beobachten, auf Zahlungsbedingungen achten*
Kunde ist anbieterneutral	Potenzieller Idealkunde *Umwerben, hohen Aufwand treiben*	Quo-Vadis-Kunde, Standardkunde *Umwerben, kostenbewusst akquirieren*	Mitnahmekunde *Wenig Aufwand, kein Service*
Kunde bevorzugt Wettbewerber	Beobachtungskunde *Situationsbedingter Aufwand*	Karteikunde *Gelegentlich beobachten, eher meiden*	Zu meidender Kunde *Kein Aufwand, nicht besuchen*

Ein weiteres Hilfsmittel zur Bewertung von Kunden richtet sich auf Großkunden aus, um die Vertriebsaktivitäten zielgerichteter zu steuern. Hier ist insbesondere die Geschäftsentwicklung mit dem Kunden nach dem Wachstum in einzelnen Produktgruppen zu überprüfen und auf die Nutzung neuer Produkte zu achten.

Tabelle 21:
Zweidimensionales Kunden-Portfolio nach Produktalter und Wachstumsdynamik
(Campbell/Cunningham 1983)

	Neue Produkte	**Aktuelle Produkte**	**Veraltete Produkte**
Hohes Wachstum	1	2	3
Mittleres Wachstum	4	5	6
Niedriges Wachstum	7	8	9
Sinkende Umsätze	10	11	12

Ein erfolgversprechender Kunde sollte die Umsätze in den Feldern 1, 5, 8 oder 12 haben, weil hier davon auszugehen ist, dass für den Kunden die Produkte optimal den eigenen Bedarf decken. Sollten wesentliche Umsätze des Kunden in anderen Feldern liegen, so ist das ein Warnsignal für den Vertrieb, den Gründen nachzugehen (z. B. Fehler in der Produktpolitik, in der Kommunikation mit dem Kunden).

Das Beratungsunternehmen Crossconsulting hat 2002 bei einer Befragung von Unternehmen aus dem B2B-Bereich die Erkenntnis gewonnen, dass einfache Methoden in der Beliebtheit dominieren, obwohl weniger beliebte Verfahren wie Scoring-Verfahren und ABC-Analyse nach Deckungsbeitrag als geeigneter empfunden werden (*Crossconsulting* 2002).

Tabelle 22:
Eignung und Beliebtheit von Bewertungsverfahren im B2B-Bereich
(*Campbell/Cunningham* 1983)

Methode	Eignung nach Bewertung	Einsatz in %
Klassische ABC-Analyse nach Umsatz	3,5	87
Persönliche Einschätzung	3,5	74
Kundenbefragung	2,9	70
ABC-Analyse nach Deckungsbeitrag	4,1	48
Kundenportfolio	3,4	39
Scoring-Methode	4,0	30
Expertenbefragung	2,4	22
Customer-Lifetime-Value-Berechnung	3,5	9
	1 = *nicht geeignet*	5 = *voll geeignet*

Abschließend behandeln wir die beiden markenwertrelevanten, für das Customer Relationship Management zentralen Instrumente des Beschwerdemanagements und Kundenrückgewinnungsmanagements. Beide Ansätze sind integraler Bestandteil des CRM und sie bieten wertvolle Potenziale zur operativen Markenkommunikation.

3.5.2 Professionelles Beschwerdemanagement

Folgende **Mindestanforderungen** muss ein Beschwerdemanagement leisten (*Godefroid* 2003):

- **Beschwerdebereitschaft:** Jede eingehende Beschwerde muss gekennzeichnet und dem Beschwerdeführer übermittelt werden, damit sie später schnell wieder auffindbar ist (z. B. wenn der Beschwerdeführer sich nach dem Status erkundigt).

- **Beschwerdebearbeitung:** Es muss eine klare Regelung darüber bestehen, wer (je nach Größenordnung oder/und Zugehörigkeit des Problems) über Beschwerden informiert wird. Außerdem ist ein Zeitplan für die Behandlung von Beschwerden aufzustellen und zu beachten. Zwischenbescheide sollten bei längeren Bearbeitungsdauern an die Kunden verschickt werden.

- **Beschwerdereporting:** In einem System sollten differenzierte Berichte über Beschwerden nach Produkten, Produktkategorien, Regionen und Kundengruppen aufgenommen werden und leicht abrufbar sein.

- **Beschwerdecontrolling:** Hierunter sind Korrekturmaßnahmen zu verstehen, die sich von der Behebung von Qualitätsproblemen über die Modifikation vertraglicher Regelungen bis hin zu personellen Maßnahmen erstrecken können.

Beschwerdemanagement ist ein wichtiges und wirkungsvolles Instrument zum **proaktiven Kundenbeziehungsmanagement**. Empirisch wurde immer wieder festgestellt:

- Nur die Spitze des Eisbergs beschwert sich!!!

- Kunden, deren Beschwerden zur vollsten Zufriedenheit gelöst wurden, sind in den meisten Fällen danach loyaler als vor der Beschwerde!!!

- Spill-over: Wer Beschwerden profesionell löst, entwickelt auch stärker kundenorientierte Angebote!!!

> Für das Management kann daher die **Konsequenz** nur lauten: Beschwerden zu vermeiden ist illusorisch: Auf Beschwerden zu reagieren ist Pflicht, sie proaktiv zu managen die Kür.

Die nachfolgende **Vorgehensweise** zeigt einen denkbaren Weg bzw. Prozess im **professionellen Umgang mit Beschwerden** auf:

1. **Beschwerdedefinition:**

    - Einheitliches und umfassendes Verständnis darüber, was im gesamten Unternehmen unter einer Beschwerde zu verstehen ist (möglichst Ausklammerungen vermeiden).

        - Von wem die Beschwerde geäußert wird (Kunde, potenzieller Kunde, Vertriebspartner)?

        - Auf welchem Wege wird die Beschwerde geäußert (schriftlich, telefonisch, persönlich)?

- Worauf bezieht sich die Beschwerde (Produkte, Prozesse, Mitarbeiterverhalten)? Ob die Beschwerde ‚berechtigt' ist oder nicht. Ob die Beschwerdeursache vom Unternehmen oder von Dritten (Vertriebs- oder Servicepartnern) zu verantworten ist. Ob der Kunde die Beschwerde mit einer materiellen Forderung verbindet oder nicht.

2. **Organisatorische Verankerung:** Festlegung der unternehmerischen Zuständigkeit.
3. **Beschwerdestimulierung:** Ausmaß, unzufriedene Kunden zu einer Beschwerde zu bewegen.
4. **Beschwerdeannahme:** Formulierung von Verhaltensgrundsätzen, z. B. Vermeidung von Schuldzuweisungen an und vor dem Kunden. Festlegung der zu erhebenden Informationen.

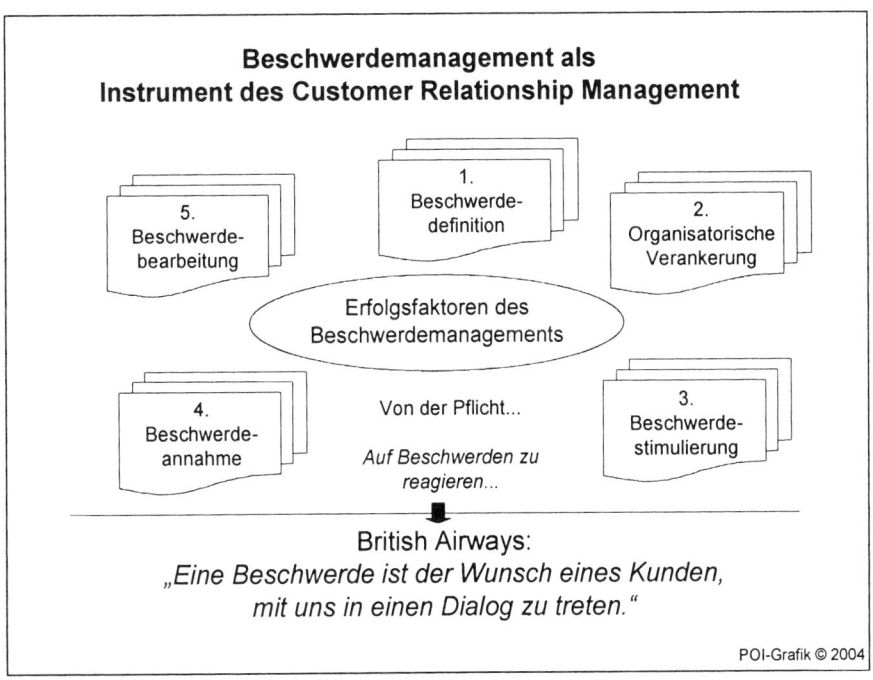

Abbildung 34-1: Beschwerdemanagement: Schritte 1 bis 5

5. **Beschwerdebearbeitung:**
    - Regeln bezüglich der zeitlichen und qualitativen Bearbeitung von Beschwerden, z. B. maximale Bearbeitungszeiten,
    - Einsatz eines Mahn- und Eskalationssystems, z. B. bei Überschreiten der Frist erfolgt eine automatische Information des Vorgesetzen des Mitarbeiters.

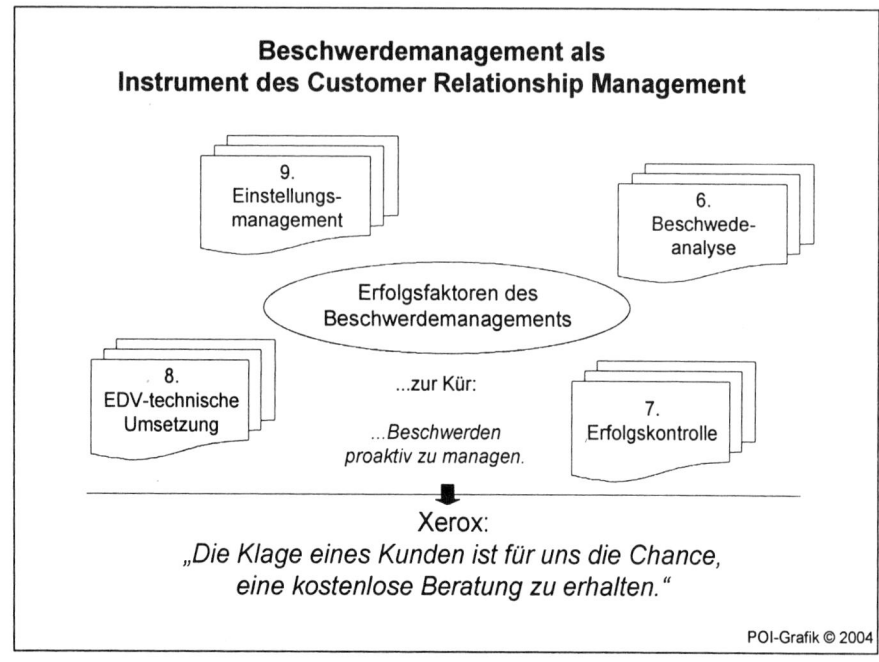

Abbildung 34-2: Beschwerdemanagement: Schritte 6 bis 9

6. **Beschwerdeanalyse:**

    - Auswertung der Informationen und Prüfung, ob dadurch Schwachstellen im Prozeß- oder Produktmanagement aufgedeckt werden können,

    - häufig auftretende Beschwerden sind ein zuverlässiges Indiz für systemimmanente Probleme.

7. **Erfolgskontrolle:** Frage, wie ein Unternehmen den Erfolg seines Beschwerdemanagements bewertet:

    - Qualität und Zeit (Kundenzufriedenheit mit der Beschwerdebehandlung, Dauer der Beschwerdebearbeitung),

    - Kosten (z. B. Personalkosten, Kosten für Wiedergutmachungsaktionen),

    - Wirtschaftlicher Nutzen (z. B. Wiederkaufverhalten von Kunden, die sich beschwert haben),

    - Lerneffekte (z. B. Verbesserungsmaßnahmen auf der Basis von beschwerdebezogenen Informationen).

8. **EDV-technische Umsetzung:**

    - Viele Infos gehen ein, müssen aber über ein Informationssystem den jeweiligen Abteilungen in aufbereiteter Form zugestellt werden,

- Umgekehrt werden aber auch Informationen anderer Teilsysteme benötigt (z. B. Kundenstammdaten).

9. **Einstellungsmanagement:**

    - Notwendig ist eine nachhaltige Erzeugung positiver Einstellungen gegenüber Beschwerden und deren Bearbeitung,
    - Aufgeschlossenheit und Neugierde für Beschwerden zum einen, Motivation, sie zu lösen zum anderen,
    - Beschwerden als Chance für Verbesserung muss in die Personalführung und Unternehmenskultur Eingang finden.

3.5.3 Professionelles Kundenrückgewinnungsmanagement

Während das Beschwerdemanagement die Ursachen aufzeigt und die Kommunikation mit dem Kunden steuert, geht es beim Kundenrückgewinnungsmanagement bereits um die Erkenntnis, dass das Unternehmen Kunden verloren hat.

Folgende Ursachen kommen dabei grundsätzlich in Betracht bzw. müssen untersucht werden:

- Wegfallender Bedarf des Kunden (broken-away-reasons): z. B. wenn Materialinnovationen den Wechsel eines Werkstoffs ermöglichen (Kunststoff statt Blech),
- Probleme auf Seiten des Lieferanten (pushed-away-reasons): z. B. Lieferzeitverlängerung,
- Attraktivere Angebote des Wettbewerbs (pulled-away-reasons): z. B. günstigeres Angebot bei gleicher Leistung.

Ein professionelles Kundenrückgewinnungsmanagement sollte aus folgenden Aktivitäten bestehen, wobei zunächst selbstverständlich untersucht werden muss, welche Kunden überhaupt zurückgewonnen werden sollen bzw. welche es wert sind (*Winkelmann* 2000):

1. **Identifikation der verlorenen Kunden:** Die nackten Umsatzzahlen reichen oft nicht aus, da beispielsweise auch Muttergesellschaften Bestellungen vornehmen. Eine fundierte Analyse ist daher unabdingbar.
2. **Migrationsanalyse:** Welche Kunden sind aus welchen Gründen abgewandert (s. o.)?
3. **Kundenqualifizierung:** Wie überzeugt ist der Kunde vom Wettbewerbsangebot und welche Gründe führen dazu?

4. **Planung von kundenfokussierten Kampagnen :** Ein eleganter Weg ist immer die Ankündigung neuer Produkte, denn dadurch werden die Karten oft neu gemischt.

5. **Nachbetreuung:** Frisch zurückgewonnene Kunden sind besonders kritisch und bedürfen einer besonders sorgfältigen Betreuung.

6. **Controlling des Kundenrückgewinnungsmanagements:** Eine regelmäßig durchgeführte Gegenüberstellung von Kosten und Erlösen mit zurückgewonnenen Kunden ist wichtig. Außerdem eignen sich solche Kunden besonders gut als Referenz, denn sie haben den Wettbewerb kennen gelernt und sind zurückgekehrt – das wirkt glaubhaft.

Abschließend bleibt im Zusammenhang mit CRM und insbesondere vor dem Hintergrund der hier zuletzt vorgestellten Instrumente Beschwerdemanagement und Kundenrückgewinnungsmanagement festzuhalten, dass ein wesentliches Chancenpotenzial in der **Mund-zu-Mund-Propaganda** zu sehen ist. Dieses sowohl von der Marketing-Disziplin als auch von der Marketing-Praxis oft unterschätzte Instrument spielt gerade in der B2B-Markenkommunikation eine besonders wichtige Rolle, denn die persönliche Kommunikation zwischen Anbietern und Nachfragern entlang der kompletten Wertschöpfungsstufen ist ein fundamentaler Erfolgsgarant im B2B-Geschäft.

Sowohl Beschwerdemanagement als auch Kundenrückgewinnungsmanagement im professionellen Stil können eine positive Mund-zu-Mund-Propaganda nachhaltig und zielorientiert forcieren.

3.6 Internetbasierte Kommunikation (E-Branding)

Zunächst soll der Unterschied zwischen klassischer Offline-Kommunikation und den neuen Möglichkeiten der Online-Kommunikation anhand der bereits besprochenen Markenkommunikationsinstrumente verdeutlicht werden (Tabelle).

Das Internet hat sich in den letzten Jahren zu einem sehr bedeutenden Medium entwickelt, das auch im B2B-Bereich schon zu einem festen Bestandteil des Arbeitsalltags geworden ist. Dabei schätzen die Unternehmen vor allem seine **vielseitigen Einsatzmöglichkeiten als Informations-, Kommunikations-, Distributions- und Transaktionsmittel.**

Im Internet zur Verfügung gestellte Informationen und Dienste sind weltweit in Echtzeit abrufbar. Dabei erfolgt der Zugriff auf die Informationen nutzergesteuert und interaktiv. Das bedeutet, dass der Internetnutzer aktiv bestimmen kann, welche Informationen er in welcher Tiefe zu welchem Zeitpunkt abruft (*Meffert* 2000).

Die zahlreichen, im Internet frei nutzbaren Suchmaschinen und die von den Unternehmen direkt auf ihren Webseiten zur Verfügung gestellten Suchfunktionen ermöglichen eine sehr schnelle und gezielte Informationssuche (*Temporal* 2000).

Tabelle 23: Vergleich des Kommunikationsmix offline versus online (*Langner* 2002)

Offline-Kommunikation	Online-Kommunikation
Werbung	
Einseitige (one way) Information/Kommunikation	Interaktion im Medium
Push: Aktionen gehen vom Anbieter aus, der seine Werbebotschaft an die Zielgruppe richtet	Pull ist möglich: Aktion geht (auch) vom Benutzer aus, der (selektiv) Werbebotschaften aufruft
Einheitliche Werbebotschaft für alle	Individualisierte Ansprache des Kunden
Statische Produktpräsentation	Anzeige und redaktionelle Inhalte sind verknüpfbar
Anzeige und redaktionelle Inhalte stehen nebeneinander	Persönliche Ansprache des Kunden
Anonyme Ansprache der Kunden	
Public Relations	
Getrennt von den übrigen Kommunikationsinstrumenten	Auf Website eingebettet in übrige Aktivitäten: Unternehmensinformationen, Geschäftsberichte, Pressemitteilungen etc.
Verkaufsförderung	
Maßnahmen/Angebote für alle einheitlich	Exclusive passwortgestützte Bereiche für unterschiedliche Bereiche möglich (Außendienst, Händlerorganisation)
Kommunikation persönlich (Schulungen) oder schriftlich (Verkaufshandbücher, Argumentationshilfen)	Interaktive, individualisierte Gestaltung von Online-Schulungen möglich
Messen und Ausstellungen	
Persönlicher Kontakt steht im Vordergrund	Persönlicher Kontakt kann vorbereitet werden, ergänzt durch ‚virtuelle Messe' temporär oder permanent
Präsentation des gesamten Marketing-Mixes	Möglichkeit zur Demonstration des erweiterten Kommunikationsspektrums

Für die Nachfrager gestaltet sich dadurch die Suche nach relevanten Informationen für den Beschaffungsprozess nicht nur **einfacher und schneller**, sondern auch **kostengünstiger** als über die klassischen Kommunikationsinstrumente.

Die Informationen können den Internetnutzern in multimedialer Form zur Verfügung gestellt werden. Die im Internet mögliche, dialogorientierte Benutzerführung und die

Möglichkeit der direkten Kommunikation mit den Kunden ermöglichen die Ansprache einer größeren Anzahl von Nutzern mit einem individuell auf sie zugeschnittenen Informationsangebot. Das Internet ermöglicht auf diese Weise das **One-to-One-Marketing**.

Die Möglichkeiten des Markenaufbaus über das Internet sind im Industriegüterbereich als eher gering anzusehen (*Pförtsch* 2000). Das ist darauf zurückzuführen, dass das Vertrauen der Nachfrager bei sehr komplexen Produkten und Dienstleistungen, wie sie kennzeichnend für den Industriegüterbereich sind, eine entscheidende Rolle im betrieblichen Beschaffungsprozess spielt. Für die **Bildung dieses Vertrauens** in die Marke, das für den Erfolg eines Industriegüterunternehmens entscheidend ist, ist der **persönliche Kontakt zwischen Anbieter und Nachfrager immens wichtig**. Die Vertrauensbasis, die als Voraussetzung für den Aufbau einer starken Industriegütermarke gilt, kann nur über den Einsatz der klassischen Kommunikationsinstrumente gebildet werden. Der Kommunikation über das Internet kommt **beim Markenaufbau lediglich eine unterstützende Funktion** zu. Sie eignet sich als nachlaufendes Instrument gut zur Kundenbetreuung und zur Verstärkung der Markentreue. Ein wichtiger Aspekt dabei ist die Möglichkeit über den Einsatz des Internets, **Prozesse zu vereinfachen**. Beispielhaft zu nennen ist hier die Möglichkeit der automatischen Nachbestellung von für den Produktionsprozess des Nachfragers benötigten Zulieferteilen. Das Internet kann damit maßgeblich dazu beitragen, bestehende Kundenbeziehungen zu festigen.

Vor diesem Hintergrund spielt **weniger die strategische Markenaufladung im Internet** als vielmehr **die operative Markenkommunikation im Internet** eine wichtige Rolle, denn auf der einen Seite lassen sich Marken im Internet weniger gut aufbauen als mit den klassischen oben dargestellten Kommunikationsinstrumenten, auf der anderen Seite bietet das E-Branding unter Nutzung der Navigationshilfen des Internets eine **exzellente Risikoreduktions- und Informationsfunktion für bereits etablierte starke Marken**, denn es reduziert den Suchaufwand in zeitlicher und finanzieller Hinsicht maßgeblich. Die risikoreduzierende Wirkung etablierter Marken im Internet resultiert aus dem höheren wahrgenommenen Risiko der Internet-Nutzer gegenüber stationären Einkaufssituationen. **Medieninduzierte Ursachen als Risikotreiber** sind u. a.:

- Physische Überprüfung der Produkteigenschaften ist nicht möglich,
- Fehlender persönlicher Kontakt zwischen Anbieter und Nachfrager,
- Unpünktliche, falsche oder beschädigte Lieferung,
- Informationelle Risikopotenziale durch Gefahren des Datenmissbrauchs und mangelnder Datenübertragungsqualität.

Das Potenzial starker Marken zur Reduktion des wahrgenommenen Risikos und damit zur Überwindung von Einkaufsbarrieren im Internet wurde bereits mehrfach empirisch nachgewiesen, wobei sich insbesondere das Markenimage eines Anbieters als besonders risikoreduzierend auswirken kann.

> „Die **Internet-Ökonomie** beschreibt und analysiert ökonomische Mechanismen auf Märkten, in denen Netzwerkeffekte auftreten. Die Existenz dieser Effekte verändert die Marktmechanismen, so dass neue Marktmodelle entwickelt werden müssen. **Netzeffekte** werden auch als Netzwerk-Externalitäten bezeichnet. Sie liegen dann vor, wen sich das Verhalten eines Marktteilnehmers auf das Wohlergehen einer oder mehrerer anderer Marktteilnehmer auswirkt." (*Kohlert* 2003, S. 222)

In der Internet-Ökonomie wird insbesondere für B2B-Unternehmen ein wichtiges Postulat der klassischen Betriebswirtschaftslehre auf den Kopf gestellt, denn in der Netzwerkökonomie sinkt nicht der Wert eines Gutes bei zunehmender Verbreitung, sondern er steigt (*Kohlert* 2003):

- **Indirekte Netzeffekte** entstehen bei typischen B2B-Produkten, den Systemprodukten. Je mehr Nutzer dieses System verwenden, desto mehr Komplementärgüter (z. B. Anwendungssoftware) kommen auf den Markt. Damit hängt die Nutzungsmöglichkeit des einen Produkts von der Existenz von Komplementärleistungen ab. Die Größe des Netzwerks beeinflusst damit das Angebot von Komplementärleistungen (z. B. der Technologiestandard Microsoft Windows).

- **Direkte Netzeffekte** steigern den Wert einer Netzleistung mit der Zahl der Nutzer. Insofern verdrängt die Masse an potenziellen Nutzern den Faktor Knappheit als Wertquelle. Nach Metcalfe's Law steigen die Größenvorteile eines Unternehmens oder einer Branche mit zunehmender Anzahl interagierender Kunden, z. B. im Mobilfunk und im Internet (Mobile Business). Erst mit der Erhöhung der Nutzerzahl wird der Netzeffekt möglich und für die B2B-Unternehmen besteht die Herausforderung in der Entwicklung und Vermarktung eines dominanten Designs als Industriestandard. Wie wichtig hier nicht nur die Technologie, sondern auch die Markenkommunikation ist, zeigt das Beispiel VHS, das technisch schlechter war als Betamax, sich aber trotzdem aufgrund des besseren Marketings durchgesetzt hat. Ähnliches werfen Branchenexperten auch dem dominanten Design von Microsoft und seinem Branchenstandard Windows und Office vor.

Beispielsweise kann durch die Fachpresse eine Initialzündung ausgelöst werden, neue Nutzer kommen hinzu und der Wert des Netzwerks steigt. Mit steigender Verbreitung der Technologie steigt auch Vertrauen in den Standard und damit in die Marke und es entsteht eine Technologiemarke. Dabei besteht das **Problem der kritischen Masse**, denn es muss nach der Einführung einer neuen Technologie möglichst zügig eine Mindestanzahl von Kunden erreicht werden, d. h. die Starken werden stärker und die Schwachen werden schwächer.

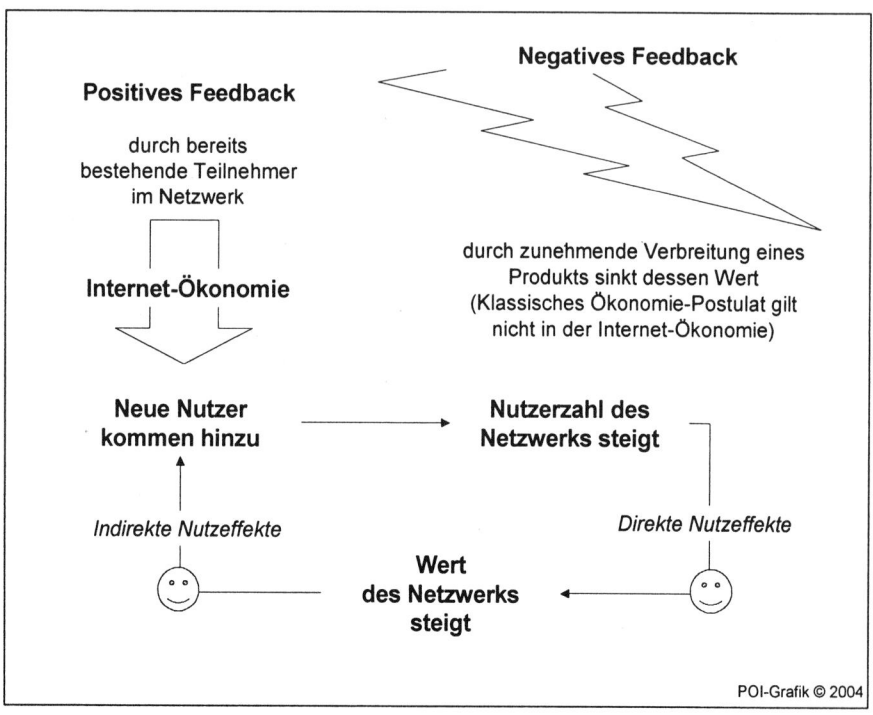

Abbildung 35: Netzwerkeffekte in der Internet-Ökonomie

Der **Lock in-Effekt** verhindert, dass Teile des Netzwerks aufgrund hoher Wechselkosten nicht mehr den Technologie-Standard durch Abwanderung wechseln. Kohlert fördert eine häufig anzutreffende Logik im B2B-Sektor ans Tageslicht, die hart, aber wahr ist (*Kohlert* 2003, S. 225):

„Die Kontrolle über Standards gewinnen meist jene Unternehmen, die das bessere Pricing, Marketing und Branding betreiben und beim Kunden höhere Erwartungen auslösen, aber selten die mit den besseren technischen Lösungen, z. B. Apple Mac OS versus Windows. ‚Standardisierungsschlachten' führen oft zu Koalitionen kleiner Komplementäranbieter gegen Großkonzerne. Die absolute Transparenz der Preise führt zu einem Preiskampf der Anbieter zu Gunsten des Kunden. Kundenbindungsstrategien jenseits des Preises rücken bei den Anbietern ins Zentrum des Interesses. Dabei wird versucht, den Kunden in die Wertschöpfungskette einzubinden."

Neben der Kommunikation gewinnt in letzter Zeit das umfassendere Konzept der **Kundenbetreuung über Netzwerke**, so genannte **Digital Customer Care (DCC) bzw. eCare**, stark an Bedeutung (*Godefroid* 2003).

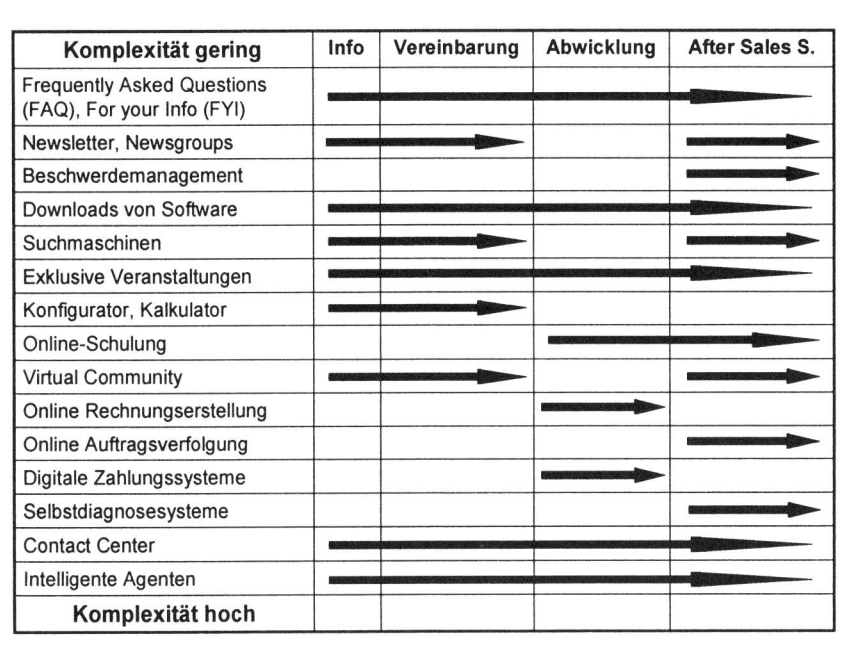

Abbildung 36: Digital Customer Care-Dienstleistungen in einer B2B-Geschäftsbeziehung

Nach einer Studie von Deloitte Touche Tohmatsu gehören folgende für die Markenkommunikation relevante Bereiche zu den **wichtigsten E-Business-Herausforderungen im B2B-Sektor** (*Kohlert* 2003):

- Kundenservice,
- Verbesserte Wertschöpfungskette,
- Kostenreduzierungen,
- Bessere Beziehungen zu den Lieferanten,
- Beschaffung über das Internet.

Unter Portalen versteht man ein großes Tor, das Zutritt zu einer bestimmten Plattform erlaubt. In der Praxis unterscheidet man **horizontale Portale** (z. B. T-Online), die durch eine redigierte Struktur zum gesuchten Angebot führt, von **vertikalen Portalen**, die sich auf ein spezielles Themengebiet bzw. eine Branche konzentrieren. Der dort anzutreffende Service reicht vom breiten Informationsangebot bis hin zur Bereitstellung verschiedener Kommunikationskanäle (Diskussionsforen, Newsletter, Chat-Räume). Für den B2B-Bereich von besonderer Relevanz sind **virtuelle Marktplätze und Messen** (s. u.).

Wichtige **Besonderheiten und Kennzeichen der Markenkommunikation im Internet** sind folgende (*Meffert* 2000, *Pförtsch* 2000):

- **Interaktivität**, d. h. der Kunde kann selbst auswählen, welche Information er zu welchem Zeitpunkt und mit welcher Intensität abrufen möchte. Im Gegensatz zur klassischen Kommunikation (Werbespot, Anzeige etc.) wird der Kunde selbst aktiv.

- **Hypermedialität**, d. h. die Kommunikationsinhalte sind modulhaft bzw. nichtlinear wie beispielsweise im Fernsehen aufgebaut.

- **Multifunktionalität**, d. h. im Internet kann nicht nur ein anonymes Publikum angesprochen werden, sondern auch ausgewählte Teilmengen anvisierter Zielgruppen:

  o **One-to-Many-Kommunikation:** Das Internet fungiert hier als Informationsspeicher für ein anonymes Publikum. Interessierte Homepage-Besucher können Informationen abrufen, d. h. die Initiative geht vom Einzelnen aus – Werbung wird damit zur angeforderten statt zur gesendeten Botschaft.

  o **One-to-Few-Kommunikation:** Wenn sich Homepage-Besucher mit ihrer E-Mail-Adresse registrieren lassen, erhalten sie gezielt nach ihren Wünschen Informationen per E-Mail.

  o **One-to-One-Kommunikation:** Hier steht das Verschicken individueller E-Mails oder die Veröffentlichung individuell auf die Kundenpräferenzen zugeschnittener Websites im Vordergrund. Hierzu gehört auch die Einrichtung von Chatrooms als Plattform zum Austausch von Produkterfahrungen, entweder in Echtzeit (Chat) oder zeitlich versetzt (Newsgroups, Gästebuch).

Die bereits dargestellte Abrufmöglichkeit von Informationen durch den Kunden bedeutet, dass die Unternehmen lediglich Informationen bereitstellen (advertising on demand bzw. **Kommunikationspull**). Die bekannteste und am weitesten verbreitete Werbeform ist dabei der Auftritt eines Unternehmens im World Wide Web mit eigenen Internetseiten (Unternehmenswebseite bzw. Homepage).

3.6.1 Die Unternehmenswebseite

Die Unternehmenswebseite zählt zu den wichtigsten internetbasierten Kommunikationsinstrumenten. Zu den **Zielen**, die Industriegüterunternehmen mit dem **Aufbau einer Unternehmenswebseite** verfolgen, gehören

- die Versorgung aktueller und potenzieller Kunden mit spezifischen Informationen zu den Produkten und Dienstleistungen, um damit die Vertriebstätigkeiten des Unternehmens zu unterstützen,

- der Aufbau eines alternativen Distributionskanals,

- die Gewinnung neuer Kundensegmente und
- die Steigerung der Markenbekanntheit.

Je nachdem, welche Ziele für das Unternehmen im Vordergrund stehen, ergeben sich andere Anforderungen an den Aufbau der Unternehmenswebseite. Es gilt jedoch immer zu beachten, dass die Webseite das Unternehmen gegenüber der Zielgruppe repräsentiert. Ihr gesamter **inhaltlicher und gestalterischer Aufbau** sollte somit die **Markenidentität widerspiegeln,** um zu gewährleisten, dass der Internetauftritt die Marke bestmöglich unterstützt. Es ist ebenfalls darauf zu achten, dass sich für die Besucher der Webseite ein **Zusatznutzen** ergibt (*Meffert et al.* 2002):

- Darstellung stets aktueller, für die Zielgruppe relevanter Informationen in übersichtlicher Form,
- Gestaltung einer bedienerfreundlichen Navigation auf der Webseite,
- Einladung des Benutzers zur Interaktivität, also mit dem Unternehmen in Kontakt treten zu wollen.

Dabei sollte dem Nutzer das Sicherheitskonzept offengelegt werden, um ihm anzuzeigen, dass die Sicherheit seiner Daten gewährleistet ist. Die Unternehmenswebseite kann die Marke und das Unternehmen nur dann optimal unterstützen, wenn der Nutzer über den subjektiv empfundenen Zusatznutzen zum wiederholten Besuch der Webseite bewegt werden kann. Für eine umfassende Nutzenstiftung sollte die Webseite eines Industriegüterunternehmens unter anderem spezifische Anforderungen erfüllen (*Baaken* 2002, S. 109, vgl. Tabelle).

Um den Zusatznutzen zu erhöhen, können auf der Unternehmenswebseite beispielsweise kostenlose Dienstleistungen angeboten werden, die im täglichen Arbeitsleben von der Zielgruppe als nützlich angesehen werden - denkbar ist hier zum Beispiel ein Währungs- und Maßeinheitsumrechner, der Hinweis auf Fach-Veranstaltungen und andere Homepages.

Es lassen sich verschiedene Ursachen unterscheiden, die einen potenziellen Kunden dazu veranlassen, auf einer Homepage Informationen aufzusuchen. Im B2B-Bereich dominieren die thematischen Informationen über Produkteigenschaften und Nutzenvorteile, da es sich hier um **High Involvement-Güter** handelt. In diesen Fällen besteht beim Kunden eine höhere Bereitschaft zur Suche von Informationen als bei einfacheren Gütern.

Es muss bei der Gestaltung daher die sachliche Vermittlung detaillierter Produkt- und Unternehmensinformationen im Vordergrund stehen – nicht nur aus Gründen des Produktinvolvements, sondern auch aus Seriositätsgründen.

Tabelle 24: Nutzenstiftende Inhalte einer Website

	Merkmale und Beispiele
Unternehmenswebseiten	Vorstellung des Unternehmens
	Historie, Meilensteine
	Struktur, Standorte, Geschäftsfelder
	Kennzahlen (Mitarbeiter, Umsatz...)
	Pressemitteilungen
	Kontaktformulare
	Ansprechpartner, Vertriebsstruktur
	...
Produktbezogene Seiten	Produktübersicht
	Detaillierte Darstellung von möglichst vielen Produkten (Text, Bild, Ton, Video...)
	Produktkatalog
	Produktsuchsysteme
	Vorstellung neuer Produkte
	Verweis auf Sonderaktionen
	Online-Bestellsystem
	Bedienungsanleitungen
	Referenzen, Anwendungsbeispiele
	...
Kundenbezogene Seiten	AGB
	Frequently Asked Questions-Listen (FAQ)
	Newsletter
	Passwort-geschützte Informationen für registrierte Nutzer
	Diskussionsforen
	...

Im Vergleich zu den klassischen Medien und aufgrund des Kommunikationspull-Effektes von Webseiten ist hier von einer **geringeren Kommunikationsreichweite** in Bezug auf die Stärkung der Markenbekanntheit auszugehen. Auf der anderen Seiten zeichnen sich Unternehmenswebseiten durch eine **additive Erreichbarkeit spezieller Zielgruppen** (Special Interest Groups, Meinungsführer) aus, die über ein ausgeprägtes Produktinvolvement verfügen und deren Besucher ein hohes Dialogpotenzial schätzen bzw. würdigen. Unternehmenswebseiten können daher zur Stärkung der Markenpersönlichkeit beitragen (*Meffert* 2000).

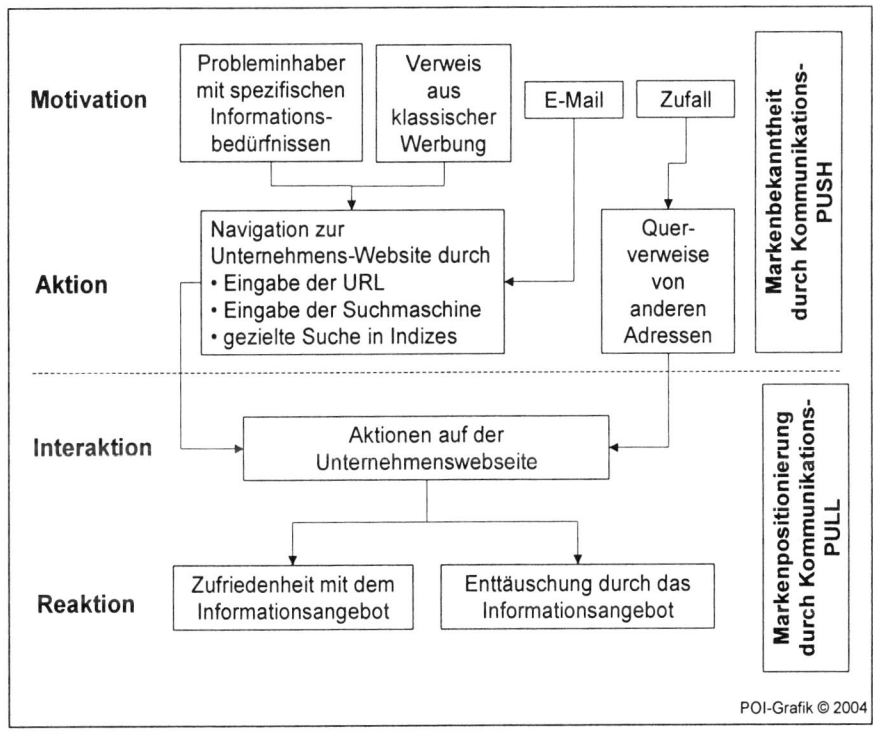

Abbildung 37: Markenkommunikation durch Navigationsprozesse im Internet

3.6.2 Permission Marketing, virtuelle Messen und virtuelle Marktplätze

„Beim **Permission Marketing** holt sich das Unternehmen vom Kunden die Erlaubnis ein, ihn mit Informationen zu versorgen. Anders als bei herkömmlichen Methoden sind diese Informationen maßgeschneidert und stellen relevante Informationen für den Kunden dar, aus denen er seinen Nutzen ziehen kann. Das Ziel des Permission Marketing ist es, **potenzielle Kunden** zuerst zu **Freunden**, dann zu **Sympathisanten** und schließlich zu **Kunden** zu machen." (*Kohlert* 2003, S. 234).

Die Gestaltung der Unternehmenswebseite hat Einfluss auf die Markenkommunikation, wobei hier im Unterschied zu den klassischen Kommunikationsinstrumenten ein Kommunikationspull-Effekt erzielt wird. Zunächst geht es darum, das Unternehmen möglichst interessant darzustellen und zu präsentieren. Permission Marketing geht noch einen Schritt weiter und erscheint daher mit seinem Ansatz für B2B-Unternehmen geradezu prädestiniert.

Zunächst wird der Kontakt zum potenziellen Kunden durch klassische Kommunikationsinstrumente aufgebaut, danach beginnt der Prozess des Permission Marketing. Zentrale Phasen und Instrumente des Permission Marketing sind:

- **Aufbau von Aufmerksamkeit** durch **e-Newsletter** (z. B. pdf-Dokumente),
- **Motivation zu Aktionen** durch Bereitstellung maßgeschneiderter **e-Seminare**,
- **Förderung von Interaktionen** durch die Aufnahme in die **e-community**.

Innerhalb dieses Prozesses werden Kundenprofile abgefragt. In den e-communities werden Informationen und neue Erkenntnisse über die Zielgruppe gesammelt, indem Gesprächsinhalte systematisch ausgewertet werden, z. B. über aktuelle Branchenmeldungen, Marktforschungsuntersuchungen, neue juristische Urteile, neue Technologien, Expertenmeinungen zu aktuellen Fragen.

Im Zuge der verstärkten Ausbreitung des Internets seit Anfang der 90er Jahre gewinnen **virtuelle Messen** im B2B-Bereich rasch an Bedeutung. Mit der Aufhebung der zeitlich und räumlich fixierten Präsentationsmöglichkeiten bieten virtuelle Messen weltweit zusätzliche markenrelevante Kommunikationsmöglichkeiten. Backhaus veranschaulicht **virtuelle Messen** an einem **Beispiel** (*Backhaus* 2003, S. 453):

> „So bieten verschiedene Anbieter im Internet mittelständischen Unternehmen die Möglichkeit, relevante Zielgruppen und Märkte weltweit mit multimedialen Präsentationen zu erreichen. Den Kunden wird ein umfassender Service von der Präsentation ihrer Unternehmens- und Produktinformation bis zur technischen Umsetzung im Internet angeboten. Ein Beispiel für eine virtuelle Messe ist *http://www.propackexpo.de,* auf der Güter und Dienstleistungen der Verpackungsindustrie ausgestellt werden. Neben Informationen zu unterschiedlichen Herstellern, Händlern, Produktgruppen und Produkten werden weitere nützliche Informationen wie aktuelle branchenbezogene Nachrichten, Stellenangebote sowie Veranstaltungsankündigungen zur Verfügung gestellt.
> Hersteller, Dienstleister und Distributoren verfügen mit diesem neuen virtuellen Marktplatz bei vergleichsweise geringen Kosten - z. B. im Vergleich zur Verkaufsförderung – über neue Informations- und Dialogchancen mit Kunden aus aller Welt. Gerade unter Kostenaspekten bietet sich vor diesem Hintergrund eine virtuelle Messe als Marketing-Instrument an. Zu vergleichsweise geringen Kosten können die Unternehmen z. B. ein

Unternehmensporträt, das Firmenlogo und eine verbale Beschreibung sowie eine Visualisierung ihrer gesamten Produktpalette weltweit für interessierte Nachfrager anbieten. Die weltweite Nutzbarkeit des Internets schafft somit eine unvergleichliche internationale Beteiligung an der virtuellen Messe – sowohl auf Anbieter- als auch auf Nachfragerseite ...Große Chancen bietet die virtuelle Messe aber insofern, als dass Messe-Vor- und Nacharbeit leicht und effizient über ein Internet-Kommunikationssystem erfolgen kann und somit aufgrund des komplementären Charakters der Internet-Messe die traditionelle Messe zum Kulminationspunkt wird."

Virtuelle Messen ermöglichen, ähnlich wie konventionelle Messen, eine ganzheitliche Präsentation des Unternehmens und seiner Produkte. In Bezug auf bestimmte komplexe Problemstellungen der Nachfrager ist ihr Nutzen jedoch vergleichsweise begrenzt, da **kein persönlicher Kontakt** möglich ist. Sie besitzen auch einen **wesentlich geringeren Ereigniswert** als konventionelle Messen, da sie das Unternehmen und seine Produkte nicht persönlich erfahrbar machen.

Dagegen ist die Teilnahme an virtuellen Messen für die ausstellenden Unternehmen **sehr viel günstiger** und kann ebenfalls zur **Verbesserung des Markenimages** beitragen.

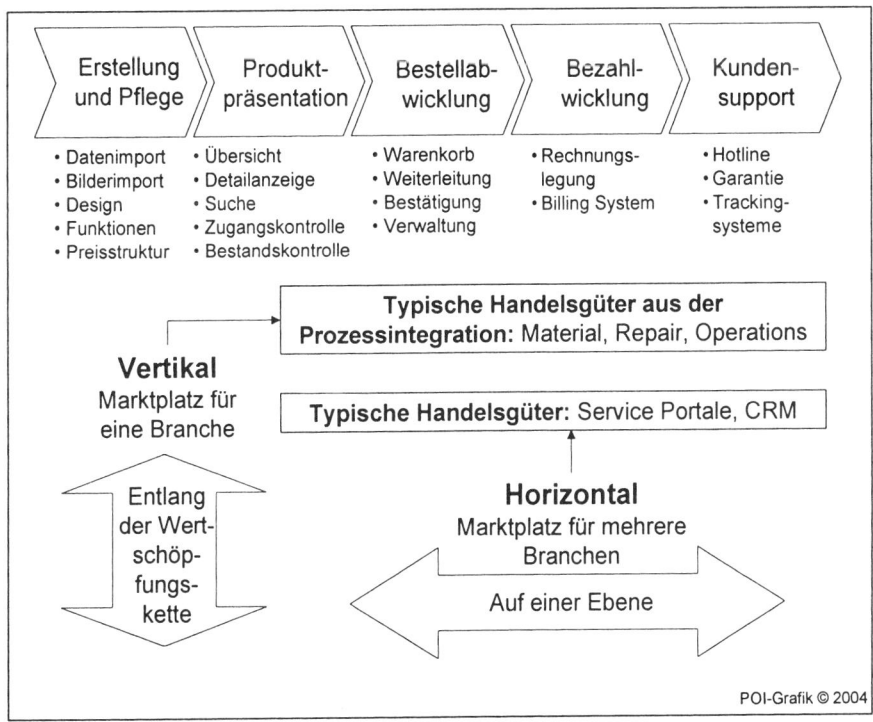

Abbildung 38: Ausrichtung und Funktionsumfang virtueller Marktplätze

Die virtuellen Messen finden

- entweder **begleitend** zu konventionellen Messen oder
- **unabhängig** von konventionellen Messen statt. Wenn sie unabhängig von realen Messen sind, können sie zeitlich begrenzt stattfinden oder ständig online sein.

Als eine Art kleinere virtuelle Messen kann man elektronische Branchenverzeichnisse bezeichnen. Sie ermöglichen in der Regel überwiegend die Veröffentlichung von Rahmendaten und sind meist über Links mit virtuellen Messen oder den Unternehmenswebseiten verbunden.

Abschließend untersuchen wir der Vollständigkeit halber das weniger direkt der Markenkommunikation zugeordnete Marketing-Instrument des Aufbaus virtueller Marktplätze für B2B-Unternehmen:

> Auf **Virtuellen Marktplätzen** steht der elektronische Handel sowie die Abwicklung von Transaktionen im Vordergrund. Es handelt sich dabei um offene Matching-Plattformen für den Handel zwischen Unternehmen unter der Verwendung elektronischer Online-Medien für Transaktionen.

Nach der Ausrichtung unterscheidet man generell folgende **Erscheinungsformen virtueller Marktplätze** (*Kohlert* 2003):

- **Vertikale Marktplätze:** Hierbei handelt es sich um die weitgehende Vernetzung von Unternehmen, Käufern und Verkäufern innerhalb einer bestimmten Branche. Häufig ist eine Anbindung bis in die Back-End-Systeme aller Beteiligten vorgesehen, um Prozesse effizient zu realisieren. Probleme liegen noch im standardisierten Austausch von Produkt- und Katalogdaten sowie in der Anbindung differenter Marktplatzlösungen an die Back-End-Lösungen der Unternehmen. Hauptsächlich werden hier wenig beratungsintensive MRO-Güter gehandelt (Material, Repair, aus dem Bereich Material, Repair, Operations).
- **Horizontale Marktplätze:** Breites Angebotsspektrum. Durch Einbindung von CRM-Werkzeugen und Computer Supported Cooperative Work-Systemen werden Serviceportale zu zentralen Einlassportalen nicht nur für Einkauf, Verkauf und Marketing, sondern auch für Kundendienst und Beratung. Sie dienen der Unterstützung des Handels mit komplementären Marktangeboten.

Es existieren verschiedene Mechanismen, die sich vor allem auf die Preisfindung beziehen. Während die Konditionen bei Katalogen fix sind, ermöglichen Auktionen eine flexible produktbezogene Preisfindung (*Kohlert* 2003).

Man unterscheidet bezüglich seiner Offenheit folgende **Formen von Marktplätzen:**

- **Öffentlicher Marktplatz:** Öffentlich, d. h. jeder Hersteller oder Zulieferer kann seine B2B-Aktivitäten über einen Marktplatz abwickeln (z. B. die im Jahr 2000 gegründete Einkaufsplattform ‚Covisint' DaimlerChrysler, Ford und GM, s. Textkasten unten).

- **Privater Marktplatz:** Privat, weil hier andere Unternehmen keinen Zugang haben (z. B. die VW Group Supply des Volkswagen-Konzerns).

> „Bei **E-Auktionen** handelt es sich um einen Marktplatz, bei dem mehrere Anbieter ihre Marktangebote auf einer Online-Auktion einem Käufer anbieten. Umgekehrt können auch mehrere Käufer um ein Marktangebot feilschen. Bei Auktionen auf **B2B-Marktplätzen** sind diverse Modelle möglich, die für verschiedene Situationen geeignet sind. Der typische Fall ist die so genannte ‚**englische Auktion**': Käufer können eine angebotene Ware oder Dienstleistung ersteigern, indem sie immer höhere Preise bieten. Bei einer ‚holländischen Auktion' fällt der vorgegebene Preis dagegen solange, bis ein Käufer das Verfahren durch Kauf stoppt.

Eine Trendstudie von Roland Berger Strategy Consultants stellt fest, dass im Jahr 2005 nur noch jeder zwanzigste B2B-Marktplatz existieren wird.

Folgende Gründe werden genannt (*Kohlert* 2003):

- Wachsende Kundenanforderungen an Marktplatzbetreiber,
- Zwang der Marktplatzbetreiber zur Kostenbegrenzung,
- Zu hohe Entwicklungskosten, die auf absehbare Zeit nicht zurückverdient werden und
- Überangebot an Marktplatzdiensten gegenüber begrenzter Kundenanzahl.

Die Berger-Studie geht davon aus, dass nur zwei Konzepte prägend sein werden:

- **Spezialisierungskonzepte:** Funktionale Spezialisierung auf einzelne Schritte des Beschaffungsprozesses sowie auf spezifische Zielgruppen.
- **Vernetzungskonzepte:** Kooperation mit externen Dienstleistern, um das Spektrum an Funktionalitäten und Services zu erweitern und bei weitgehender Arbeitsteilung ein hochwertiges Angebot zu geringen Kosten bereitzustellen.

Die oben genannte **inzwischen wieder eingestellte Einkaufsplattform ‚Covisint'** sollte 1 000 Euro pro Fahrzeug sparen und kostet nun alle Beteiligten insgesamt 500 Millionen Dollar.

Hierzu wurde kürzlich festgestellt (*Ankenbrand* 2004):

> „Über den Marktplatz sollten Autohersteller und Zulieferer ihre Bestellungen und die Ausschreibung von Aufträgen abwickeln – und so gleichermaßen Nutzen daraus ziehen ... Die Geburtsstunde der Plattform mit dem späteren Namen **Covisint** hatte noch ein gewaltiges Medienecho ausgelöst. Wesentlich stiller geriet dann vier Jahre später die Beerdigung – in Form einer dürren Pressemitteilung: Das Kerngeschäft des virtuellen Marktplatzes, die Auktionssparte, werde an den **Software-Dienstleister Free Markets** verkauft, teilte das Unternehmen DaimlerChrysler auf wenigen Zeilen mit. Drei Monate später übernahm **Compuware** den Rest des Unternehmens ... Der Industriewissenschaftler Roland Bogaschewsky, der die Entwicklung der Internet-Marktplätze in der Automobilindustrie in den vergangenen Jahren erforscht hat, sieht als Grund für das Scheitern gleich mehrere Geburtsfehler des Mammutprojektes.
>
> So war Covisint nach seiner Gründung zunächst praktisch über ein Jahr führerlos, weil sich die Eigner DaimlerChrysler, GM und Ford nicht auf einen Chef einigen konnten. Stattdessen schickte jeder Konzern einen Abgesandten, der dann jede Entscheidung mit seinen beiden Kollegen ausdiskutieren musste ... Jeder der verschlissenen Manager sei daran gescheitert, dass Covisint zu früh und zu schnell entstanden sei und dass die Plattform den Zulieferern aufgezwungen worden sei ... Etliche der Betriebe, die ohnehin unter erheblichem Kostendruck standen, befürchteten, dass die Betreiberkonzerne nun ihre geballte Marktmacht zum weiteren Drücken der Preise missbrauchen könnten – immerhin vereinigten die Unternehmen etwa die Hälfte des weltweiten Autoabsatzes auf sich ... Bei DaimlerChrysler heißt es zum Thema Covisint nur, das Projekt habe sich nicht gelohnt.
>
> Doch Marktbeobachter Bogaschewsky erwartet, dass auch DaimlerChrysler sich künftig im Bereich der elektronischen Geschäftsbeziehungen, B2B genannt, neu orientieren werde. Zunächst werde sich der Markt weiter gesundschrumpfen – wobei dies zu einem großen Teil bereits geschehen ist. Während es 2003 noch etwa 1 500 elektronische Marktplätze gab, sind es mittlerweile nur noch 200. **In Zukunft werde es vor allem einzelbetriebliche Plattformen geben**, sagt Bogaschewsky. Das gelte auch für DaimlerChrysler. Der Konzern hätte nach dem Scheitern von Covisint gar keine andere Möglichkeit, als einen ähnlichen Weg wie VW einzuschlagen. Die Wolfsburger lassen ihren Einkauf seit Jahren über ihre eigene, virtuelle Einkaufsplattform laufen – und decken damit neunzig Prozent ihres Bedarfs."

Abschließend bleibt festzuhalten, dass **im Internet besondere Anforderungen an die Markenkommunikation** zu beachten sind (*Meffert et al.* 2002):

- **Orientierungs- und Navigationsfunktion** führt zur Reduktion des Suchaufwands in zeitlicher und finanzieller Hinsicht,

- **Risikoreduktionsfunktion**, d. h. die dem E-Commerce inhärente Unmöglichkeit der physischen Überprüfung wird als Nachteil durch etablierte, vertrauenstiftende Marken ein Stück weit obsolet,

- **Differenzierungsfunktion** durch emotionalisierende Komponenten bei steigender technischer Homogenisierung von Angeboten und zunehmender Anbietervielfalt,

- **Positionierungs- und Profilierungsfunktion** durch inhaltliche Erweiterung einzelner Prozessschritte um internetspezifische Aspekte und Berücksichtigung medienübergreifender Verbindungslinien der Markenführung.

Die hier vorgestellten markenstrategischen Optionen für den B2B-Anbieter beim E-Branding beruhen darauf, **dass die Unternehmen vor ihrem Engagement im Internet bereits über Marken verfügt haben**, also insofern eine mehr oder weniger eigenständige Markenführung im Internet zu verfolgen haben. Hier unterscheidet man generell Markenstrategien nach dem Integrationsgrad zwischen vorhandener Marke und internetbasierter Marke – die von Meffert genannten Beispiele stammen allerdings eher aus dem Konsumgüterbereich (*Meffert et al.* 2002):

- Eine **virtuelle Markenstrategie** liegt vor, wenn der Markenführer eine unabhängige, internetspezifische Marke für die Aktivitäten im E-Commerce geschaffen hat, die keine Verbindung zu bereits vorhandenen Marken aus klassischen Markenumgebungen aufweist (z. B. der Medienanbieter Amazon, das internetbasierte Reisebüro Ebookers oder das Auktionshaus Ricardo).

- Mit der **kombinierten Markenstrategie** korrespondiert ein höherer Integrationsgrad, da hier ausgehend von einer existierenden Kernmarke durch Verbindung vorhandener Markenelemente mit internetspezifischen Komponenten ein E-Brand aufgebaut wird, etwa durch gewisse Namenszusätze (z. B. der Autovermieter E-Sixt oder Online Shop Douglasbeauty des Kosmetikhändlers Douglas).

- Eine vollständige Integration zwischen internetbasierter und vorhandener Marke liegt bei der **hybriden Markenstrategie** vor. Hier wird die zu Grunde liegende markierte Leistung vom Markenführer unter Verwendung eines einheitlichen Markennamens sowohl über das Internet als auch über klassische Kommunikationskanäle angeboten (z. B. der Versandhändler Quelle, der Reiseanbieter TUI, der Medienanbieter Barnes & Nobles).

3.6.3 Markenschutz und Markenrecht im Cyberspace

Für den Markenschutz gilt im Internet im Ausgangspunkt nichts anderes als außerhalb dieses Mediums (*Dittmer* 2001). **Danach ist es Dritten untersagt, ohne Zustimmung des Inhabers im geschäftlichen Verkehr**

- ein mit der Marke identisches Zeichen für Waren oder Dienstleistungen zu benutzen, die mit jenen identisch sind, für die die Marke geschützt ist,

- ein mit der Marke identisches oder der Marke ähnliches Zeichen zu benutzen, wenn aus der Zeichenidentität oder –ähnlichkeit oder Identität oder Ähnlichkeit der von Marke und Zeichen erfassten Waren oder Dienstleistungen eine Verwechslungsgefahr besteht,

- ein mit der Marke identisches oder ein der Marke ähnliches Zeichen für andere als solche Waren oder Dienstleistungen zu benutzen, für die die Marke geschützt ist, wenn es sich um eine im Inland bekannte Marke handelt und die Benutzung des Zeichens die Unterscheidungskraft oder die Wertschätzung der Marke ohne rechtfertigenden Grund unlauter ausnutzt oder beeinträchtigt.

Ähnliche Vorschriften gelten für den Schutz von Unternehmenskennzeichen, zu denen Firmennamen und andere Bezeichnungen eines Unternehmens oder Geschäftsbetriebes gehören.

Internetspezifische kennzeichenrechtliche Fragen resultieren aus den technischen Charakteristika des Mediums (*Dittmer* 2001, S. 193ff.):

Domainnamen

Soll ein Kennzeichen auch als Domainnamen geschützt und benutzt werden, so muss hier berücksichtigt werden, dass das Vergabe- und Nutzungsregime für Domainnamen anders aussieht als für Marken außerhalb des Internets, denn hier werden Marken immer nur in bestimmten Ländern und nur für bestimmte Marken- und Dienstleistungsklassen geschützt. Im Internet sieht es anders aus, denn ist ein **Domainname einmal vergeben**, kann ein auch nur lokal tätiges Unternehmen einen bestimmten Domainnamen **weltweit blockieren**. Solchen unerfreulichen Ausprägungen des Mediums (**first come, first served**) wird durch die Einführung so genannter Top-Level-Domains, dazu gehören die bisherigen .com, .org und .net und länderspezifische Domains wie .de, allenfalls vorübergehend abgeholfen.

Diese Möglichkeit hat **Domainpiraten** dazu ermutigt, ohne nennenswerte Kosten oder anderer Hürden eine Vielzahl von Domainnamen für sich registrieren zu lassen. Auch wenn die Gerichte den ursprünglichen bzw. legitimen Markeninhabern in vielen Fällen weiterhelfen können, sei es unter Berufung auf Markenrechts- oder Namensrechtsverletzungen oder wegen Verstößen gegen die Regeln des unlauteren Wettbewerbs, so gehört die **Domainpiraterie noch nicht** der **Vergangenheit** an.

> **Je einfacher** ein Zeichen ist, desto größer das Risiko, Hindernissen infolge der Domainpiraterie zu begegnen. **In je mehr Staaten** ein Unternehmen den Schutz seiner Zeichen beansprucht, desto schwieriger gestaltet sich die Erfüllung seines Wunsches.

Selbst im Zeitalter von Mergers & Akquisitions, in der oft völlig neue Kombinationen existierender Zeichen entstehen (z. B. DaimlerChrysler, Aventis, Invensys, Eon), ist die Wahrscheinlichkeit oft größer als man denkt, dass solche Neukombinationen bereits besetzt sind. In solchen Fällen besteht nur die Möglichkeit des Erwerbs der Marke oder der Verhandlungslösung bzw. Übertragung der Rechte.

> Dabei ist es ratsam, die **Identität des Erwerbers** nicht in jedem Fall zu offenbaren, denn dessen Finanzkraft kann zu **maßlosen Forderungen** führen. Begehrte Domainnamen wechseln für siebenstellige US-Dollar-Beträge die Besitzer.

Auf der anderen Seite muss beachtet werden, dass

- fehlende Unterscheidungskraft,
- rein beschreibender Charakter oder
- ein Freihaltebedürfnis

dem Markenschutz entgegen stehen können. **Gattungsbegriffe** wie Zwangsversteigerung oder Mitwohnzentrale bedürfen nach neuer Rechtssprechung unterscheidungskräftiger Zusätze, wenn sie als Domainnamen Verwendung finden sollen. Von richterlicher Seite aus wird eine Wettbewerbsverzerrung darin gesehen, wenn ein Internet-Nutzer statt in einer Suchmaschine solche Gattungsbegriffe in die Adresszeile eingibt und dann bestimmte Anbieter findet und andere nicht, d. h. die anderen nicht gefundenen **Anbieter müssen davor geschützt werden, nicht gefunden zu werden.** Daher sollen Gattungsbegriffe stets erst in Suchmaschinen aufgefunden werden können und nicht per Schlagworteingabe in die Adresszeile.

Metatags

Metatags sind Formatierungskennzeichnungen im HTML-Code einer Internetseite mit Begriffen oder Kennwörtern.

Der Betreiber einer Website kann Wörter zur schlagwortartigen Beschreibung der Inhalte seines Angebots als Metatag verwenden, um von Suchmaschinen identifiziert zu werden.

> Metatags ermöglichen verdeckte **Kennzeichenrechtsverletzungen** und führen zur **Umleitung des Kunden** zum Wettbewerber.

Wenn Metatags aus Marken oder Unternehmenskennzeichen oder Bestandteilen solcher Zeichen bestehen und ohne Zustimmung der legitimen Zeicheninhaber verwendet werden, dann kann der Verwender solcher Metatags den Benutzer einer Suchmaschine zwangsläufig auf seine Homepage lenken, obwohl das eingegebene Suchwort Marke oder Unternehmenskennzeichen eines anderen Anbieters ist. Ein solcher Missbrauch lässt sich bei Unternehmen, die im Wettbewerb miteinander stehen, finden.

Die **Gerichte haben eine solche Verwendung von Metatags verboten** und zwar

- unter Berufung auf die ausschließlichen Rechte des Inhabers der betreffenden Marken oder geschäftlichen Bezeichnungen und
- wegen Verletzung der Regeln des lauteren Wettbewerbs (Umleiten von Kundenströmen).

Hyperlinks und Frames

Hyperlinks gehören zu den elementaren Erfolgswurzeln des Internets. Sie ermöglichen den Wechsel zwischen unterschiedlichen Seiten einer Website oder zwischen verschiedenen Websites unterschiedlicher Anbieter, ohne dass der Benutzer jedes Mal die Adresse eingeben muss.

Markenrechtliche Probleme entstehen regelmäßig dann, wenn die Aktivierung eines Hyperlinks nicht dazu führt, dass auf dem Bildschirm nur noch die Inhalte der Website zu sehen sind, auf die verwiesen wurde, sondern diese von einem Rahmen umgeben bleiben, der aus Inhalten der Website besteht, von der aus der Hyperlink aktiviert wurde. Dittmer stellt zum so genannten **Framing** fest (*Dittmer* 2001, S. 196):

> „Dieses so genannte ‚Framing' kann die Markenrechte des an den umrahmten Inhalten Berechtigten etwa dadurch verletzen, dass visuell und gedanklich eine Verbindung zwischen den innerhalb und außerhalb des Rahmens sichtbaren Marken hergestellt wird. Bleiben innerhalb des Rahmens nur noch Texte, nicht aber Marken oder Unternehmenskennzeichen sichtbar, treten wettbewerbs- und urheberrechtliche Verbotstatbestände in den Vordergrund."

Zwei rechtliche Instrumente machen es neuerdings leichter, Domainpiraten beizukommen:

- Uniform Domain Name Dispute Policy (UDRP) als Rechtsrahmen eines außergerichtlichen Streitbeilegungssystems für die Top-Level-Domains .com, .org, .net.
- Die DENIC e. G. als bedeutendste Vergabestelle für Domainnamen.
- Die World Intellectual Property Organzation (WIPO) unterliegt keinem Anwaltszwang.

Es sind gerade die **verfahrensrechtlichen Unklarheiten** und die Verwirrung stiftenden Zuständigkeiten, die es dem Kläger ermöglichen, bei der Instanz vorzusprechen, bei der er am ehesten mit einer für ihn günstigen Entscheidung rechnen kann (*Dittmer* 2001).

3.7 Einfluss von Suchfeldern bei Design-Innovationen

Mit diesem Kapitel knüpfen wir an die Aussagen des Kapitels 1.4 (Industriedesign) an und wollen durch die Darstellung des Einflusses von Suchfeldern bei Design-Innovationen eine konkrete Hilfestellung zur Entwicklung von gut gestalteten Industriegütern geben. Sie können der operativen Markenkommunikation die Basis liefern.

Suchfelder sind neu zu identifizierende zukünftige Betätigungsfelder für ein Unternehmen. Als Ergebnis der Suchfeldanalyse werden neue oder spätere Geschäfte ausgewählt. Auf dem Weg zu innovativen und ansprechende Designlösungen, ist es auch für einen Hersteller von Industriegütern sinnvoll, im Vorfeld eine **Suchfeld-Analyse** durchzuführen (*Steinmeier* 1998). Er kann dadurch etwas Einzigartiges für sein Produkt finden, um sich so von der Konkurrenz zu unterscheiden. Mit Hilfe von Produktmanagern sollte er individuell-relevante, betriebsspezifische Suchfelder generieren und analysieren, ohne diese zu sehr einzuschränken, um so nicht schon am Anfang möglicherweise erfolgversprechende Optionen auszuschließen. Konkurrenzanalysen sind oft unpassend (*Müller* 1987), aber trotzdem in der Praxis verbreitet.

Vorgehensweise. Bei der Festlegung von Suchfeldern zur Ermittlung von Designinnovationen im Industriegüterbereich sind folgende Schritte einzuhalten:

1. **Basis für Designinnovationen festlegen:** Impulsbereiche suchen, die für den Hersteller in der Zukunft wichtig werden könnten.

2. **Erstellung und Auswahl von Suchfeldern:** Der Impulsbereich wird in einzelne Suchfelder strukturiert. In diesem totalen Ansatz, der zunächst alle Innovationsmöglichkeiten umfasst (Potenziale!), kann das Unternehmen Produkt- und Designideen gewinnen, bewerten und auswählen.

Insbesondere der oben dargestellte abstrakte **Impulsbereich Produkt-Mensch-Interaktion** spielt eine große Rolle im B2B-Güterbereich. Drei übergeordnete Suchkriterien sind hier von besonderer Bedeutung:

1. **Produkt als Impulsbereich:** Gestaltungsmittel des Objektes werden isoliert betrachtet (objektbezogene Suchfeldanalyse).

2. **Mensch als Impulsbereich:** Kontaktarten zum Produkt und Anmutungsansprüche der Käufer des Investitionsgutes sollen analysiert werden (subjektbezogene Suchfeldanlyse).

3. **Produkt-Mensch-Beziehung als Impulsbereich:** Man beansprucht hier eine beidseitige Suchausrichtung, wobei das Eigenschaftsprofil des Produktes auf das Anforderungsprofil des Menschen auszurichten ist. Die Interaktion Mensch-Produkt wird als wichtigstes Kriterium angesehen (interaktionsbezogene Suchfeldanalyse).

Impulsgebende Suchräume sind im internen wie im externen Bereich zu finden, die beide vom Gestalter berücksichtigt werden sollten.

- Suchräume im **internen Bereich** können z. B. bei Produktion und Fertigung angesetzt werden.

- Im **externen Bereich** steht das **Produkt** im Vordergrund, z. B. die Identifikation ausländischer Produkttrends, die Schwachstellenanalyse von Konkurrenzprodukten oder Beobachtungen.

Hinsichtlich der **Menschen** sind unter anderem Untersuchungen von Bedarfskomplexen durch Händlerbefragungen, Ergonomie und Logistik relevant. Bei der Suche nach **design-relevanten Suchfeldern im B2B-Bereich** geht der Designer bzw. der Hersteller von der Produkt-Mensch-Interaktion aus.

Impulsbereich PRODUKT

Auf der Suche nach innovativem Design sollte man alles in Frage stellen und den Anspruch haben, jede Aufgabe neu zu durchdenken. Deutlicher lässt sich der Suchprozess mit Hilfe einer isolierten Gestaltungsmittelanalyse beschreiben. Sie untersucht jedes der fünf elementaren Gestaltungsmittel **Material, Form, Farbe, Oberfläche und Zeichen**. Dem Designer muss es mit Hilfe dieser Synthese gelingen, das „innovative Element evident zu visualisieren". Sowohl im Hinblick auf Ästhetik, Symbolik als auch bezüglich der Gebrauchstechnik.

(1) Suchfeld MATERIAL:

Nachfolgend analysieren wir für den Impulsbereich Produkt folgende Suchfelder:

- Material
- Form
- Farbe
- Oberfläche
- Zeichen

60 000 verschiedene Stoffe. Jedes Jahr kommen 500 neue dazu. Die große Vielfalt an verschiedenen Materialien, die man in organische, anorganische und synthetische Stoffe unterteilt, bieten dem Designer eine große Auswahl bei der Ideenfindung von Designinnovationen. Allerdings bestimmt die Materialbeschaffenheit oftmals auch die Formgebung. Holz, Metall oder Gummi beeinflussen die Gestaltung. Der Designer sollte daher bei der Suche nach Designinnovationen in diesem Feld die Eigenschaften des jeweiligen Stoffes auf erwünschte Leistungsaspekte untersuchen (z. B. technisch-naturwissenschaftliche und ökonomische Leistungen, sowie die Wahrnehmungs- und Anmutungswirkungen).

Für Hersteller und Nachfrager wirken sich materialbedingte Kostensenkungen und fertigungstechnische Vereinfachungen möglicherweise positiv auf den Preis aus. Konstruktive und naturwissenschaftlich-technische Änderungen durch neue Werkstoffe rufen eine **andersartige Anmutungs- oder Wahrnehmungswirkung** bei den Betrachtern oder Kunden hervor. Das kann sich in

- ästhetischer (Glanzeffekt von Edelmetall),
- gebrauchstechnischer (Leichtigkeit von Styropor) oder/und
- symbolischer (Hochwertigkeit von Marmor) Hinsicht äußern.

Technische Keramik und **handfester Kunststoff** verdeutlichen das Designinnovationspotenzial des Materials im Industriegüterbereich, denn **Keramik** bietet zahlreiche Anwendungsmöglichkeiten. Durch seine gute Wärmeleitfähigkeit und hohe elektronische Isolierleistung wird Keramik häufig in der Automobilelektronik eingesetzt. Bedingt durch seine hohe Dichte wird es als platzsparender Werkstoff vor allem bei Bordcomputern im Auto bevorzugt.

Hochfester Kunststoff: Er bietet dem Designer die Möglichkeit, beliebige Formen zu verwirklichen. Bemerkenswert ist, dass sich Kunststoffe in der Masse einfärben lassen, so dass der Hersteller die Farbgebung schon im Herstellungsprozess mit einbeziehen kann.

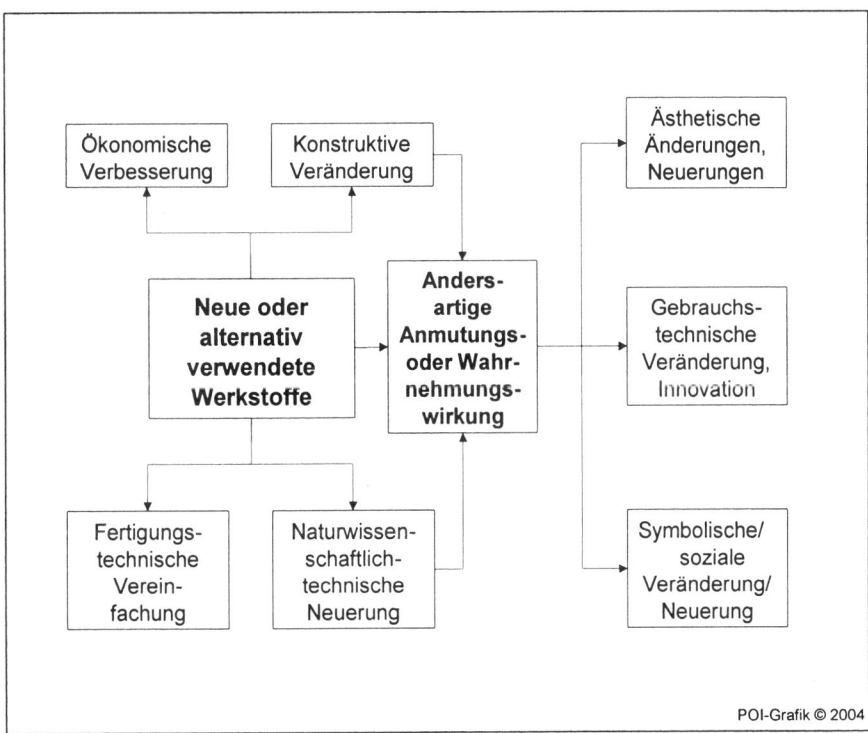

Abbildung 39: Innovationsleistungen neuer oder alternativ verwendeter Werkstoffe

(2) Suchfeld FORM:

Der Designer ist bei der Formgebung von Investitionsgütern durch konstruktiven Aufbau und Funktion des Produkts eingeschränkt. Am wichtigsten ist eine **übersichtliche, leichtverständliche Gestaltung** sowie die nötige **Sicherheit** bei der Verwendung des Produkts. Außerdem müssen bei der Gestaltung spätere Transportoptionen und Verpackungsmöglichkeiten berücksichtigt werden. Trotzdem hat der Designer noch einen großen Spielraum, den er bei der Formgebung ausnutzen sollte, da die Form der wesentlichste Bestandteil einer Objektgestalt ist.

Dem Designer stehen flächige und räumliche Formelemente zur Verfügung, wie z. B. Punkt, Linie, Fläche und Körper. Bei der Gestaltung eines Industrieguts hat der Designer die Aufgabe, durch harmonische Zusammensetzung der Elemente eine innovative Produktgestalt zu entwerfen. Durch gezieltes Einsetzen verschiedener

- **Formdimensionen** (Größenunterschiede des Produktes bei gleichen Proportionen) und

- **Formproportionen** (Verhältnis der Formelemente zueinander) kann der Gestalter Spannung erzeugen.

- **Formkonturen:** Die gezielte Konturensetzung erhöht die optische Spannung beim Betrachter und kann nach wahrnehmungspsychologischen Erkenntnissen auch die Bedienung erleichtern (z. B. bei Griffen oder anderen Bedienungselementen wie z. B. Schalter). Mit einer geraden, exakten Kantenführung assoziiert man vor allem Distanziertheit und Eleganz. Rundungen wirken eher vertraut und organisch. Horizontale und vertikale Konturen werden als besonders ästhetisch empfunden, da diese anatomisch vom menschlichen Auge begünstigt werden.

- **Formstruktur:** Hierunter versteht man die Variation durch Linien, Fugen, Flächenbrechung und Bedienteilanordnung bezüglich der förmlichen Gestaltung.

Beispiel einer Maschine, bei deren Gestaltung geometrische Formen (Kreis, Zylinder, Rechteck) verwendet wurden
Quelle: Weigel Design; (www.form.de)

Abbildung 40: Gestaltung geometrischer Formen (Kreis, Zylinder, Rechteck)

(3) Suchfeld FARBE:

Es existieren rund 2,5 Millionen Farben - weltweit. Davon sind heute etwa 2 800 Farbnamen bekannt.

Das menschliche Auge kann ungefähr 500 000 Farbnuancen unterscheiden (riesiges Innovationspotenzial!). Farben sind ein **kostengünstiges, vorurteilsbildendes, gebrauchswertsteigerndes Gestaltungselement** (*Seeger* 1992).

Beträgt der Kostenfaktor der Farbe bei einem technischen Produkt gerade mal 1%, so liegt der Nutzwert mindestens doppelt so hoch. Bei der Farbwahl sollte der Designer planvoll vorgehen und immer beachten, dass die Farbe in Zusammenhang mit anderen Gestaltungselementen steht, denn die Art des Produktes und die spätere Umgebung, in der es gebraucht wird, spielt eine große Rolle. Bei Maschinen tritt Farbe meist in der Lackierung auf. Im industriellen Bereich dient sie nicht nur dazu, eine bestimmte Anmutung auszudrücken - sie informiert auch über Eigenschaften und die Herkunft eines Produktes. Es ist dabei wichtig, die genaue Zielgruppe für ein Produkt festzulegen, da das Farbempfinden von Zielgruppe zu Zielgruppe variieren kann.

Farbscouting. Mit so genannten Scouts – das sind speziell ausgebildete Beobachter – werden Variations- und Innovationsmöglichkeiten in der Farbgebung erforscht. Um die neusten Trends für Investitionsgüter herauszufinden, dienen aktuelle Farbgebung im Konsumgütersektor und in der Automobilindustrie als Vorbild. Oftmals aufschlussreich ist allerdings auch das Beobachten der Konkurrenz, z. B. auf Messen

Farbe informiert: Da Farben also kundenorientiert eingesetzt werden sollten, entwickelt Seeger **Kennzeichnungsprinzipien**, die bei der Gestaltung zu berücksichtigen sind (*Seeger* 1992):

- Der Designer kann die Farbe zur **Sichtbarmachung** bestimmter Teile des Investitionsgutes anwenden. Leuchtende Farben bei den Bedienelementen dienen z. B. als Hinweis oder wichtige Markierung und sie erhöhen so die Nutzerfreundlichkeit und erleichtern das Arbeiten.

- Im Gegensatz dazu kann Farbe auch als **Tarnung** eingesetzt werden und bestimmte Produktmerkmale oder auch Schmutz in den Hintergrund treten lassen. In der Industrie sind nach DIN 5381 **zweckkennzeichnende** Farben festgelegt.

Seeger unterscheidet hier drei verschiedene Maschinentypen, für die sich folgende RAL-Farben eingebürgert haben: z. B. für allgemeine Industriemaschinen ein helles Grün. Eine Abweichung zu diesen Farben kann zielgruppenentfremdend, aber auch innovative Wirkung haben.

Erleichterung bei der Benutzung und erhöhte Arbeitssicherheit sollen durch **bedienungskennzeichnende** Farben gegeben sein (z. B. Notschalter in rot). **Leistungskennzeichnende** Farben symbolisieren z. B. die Standsicherheit einer Maschine, wobei der untere Teil in dunklen Farben, der obere in hellen Farben gehalten werden sollte. Auch was **Kosten** oder **Zeitepoche** betrifft, können Farben kennzeichnend wirken (taubenblau = billig, Metalliclacke = teuer).

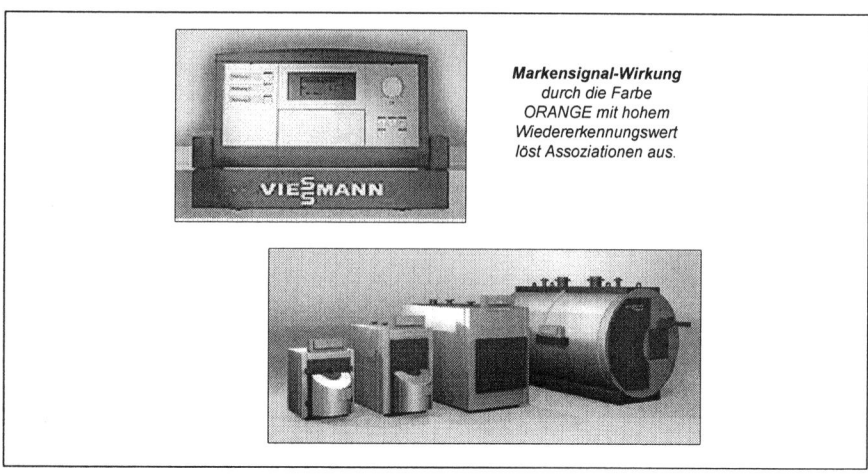

Abbildung 41: Farbe Orange als Bestand des Corporate Designs von Viessmann

Das Viessmann-Orange zeigt dem Kunden sofort, woher das Produkt stammt (Corporate-Design-Strategie). **Markenfarben** oder eine **händlerkennzeichnende Einfärbung** zeigen dem Kunden einen bestimmten Qualitätsstandard des Produktes an, wie z. B. die Fein-Bohrmaschinen, die durch ihre einheitlichen in orange-gefärbten Griffe sofort als Qualitätsprodukt erkannt werden.

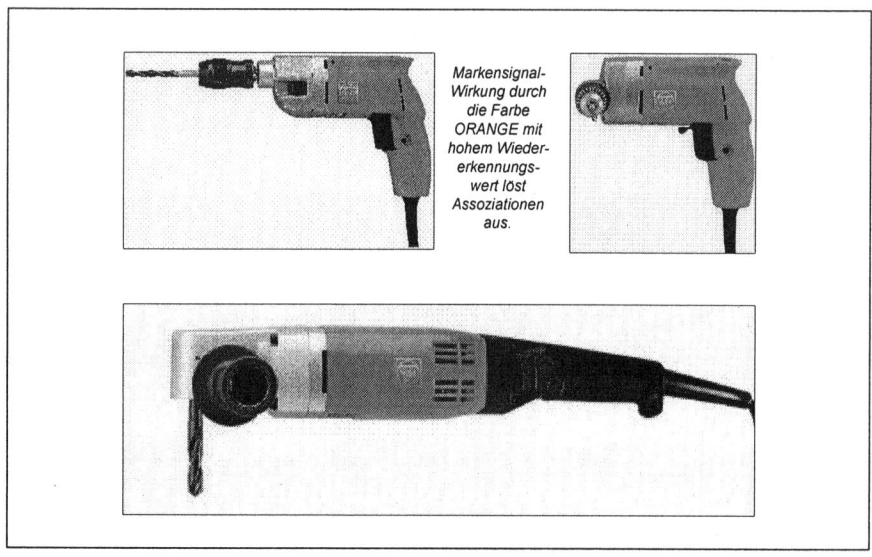

Abbildung 42: Feinbohrmaschine – markant durch orange-gefärbte Griffe

(4) Suchfeld OBERFLÄCHE:

Oftmals ist die Oberflächengestaltung durch Form, Farbe und dem Material des Produktes eingeschränkt. Bei der Produktgestaltung werden Oberflächen einerseits durch spiegelnde, glänzende, glatte Flächen begrenzt. Andererseits hat der Designer die Möglichkeit, verschiedene Reliefs in der Gestaltung zu verwenden. Materialien wie Blech, Glas, Folien u. a. können so bearbeitet werden, dass Eindrücke wie z. B. *gehämmert, genoppt, geriffelt, gebürstet* entstehen können.

Bei Investitionsgütern sollte die Oberfläche genutzt werden, um **Greifsympathie (Haptik), Stand- bzw. Rutschsicherheit** (z. B. durch Rautenbleche) und **optimale Kraftübertragung an Griffen** zu gewährleisten. Außerdem kann durch Vermeidung von scharfkantigen Oberflächen die Verletzungsgefahr reduziert werden. Bei medizinisch-technischen Geräten z. B. ist es wichtig, dass die Griffe nicht rutschen und eine optimale Kraftübertragung gewährleistet ist.

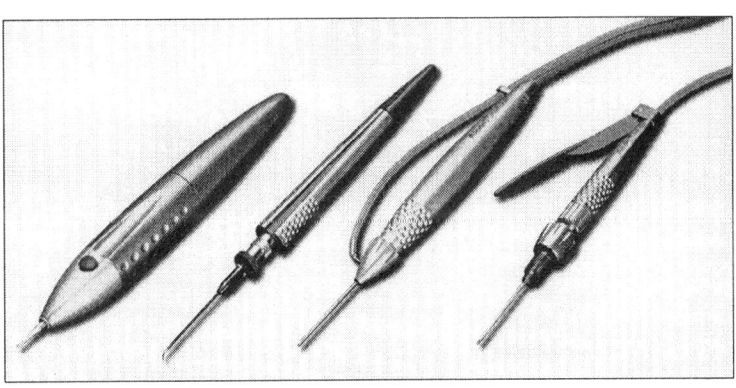

Augenoperationsinstrumente.
Die Riffelung in der Griffzone soll das Arbeiten erleichtern.
Außerdem sollen die unterschiedlich gefärbten Kappen dafür
sorgen, das der Chirurg zum richtigen Instrument greift.

Abbildung 43: Augenoperationsinstrumente – Riffelung und Färbung mit Signalwirkung

Natürlich sollte der Designer auch den Reinigungsaufwand bestimmter Oberflächen nicht außer Acht lassen. Er muss bei seiner Gestaltung außerdem darauf Rücksicht nehmen, dass das menschliche Auge glänzende und matte Oberflächen unterscheiden kann. Deshalb ist es gerade bei Investitionsgütern wichtig, dass die Fläche im Gesichtsfeld entweder matt oder entspiegelt ist. Tastaturen und Maschinenbedienerflächen sollten daher matt gestaltet sein, um Spiegelungen und Reflexionen weitgehend auszuschließen. So können schon im Vorfeld Unfälle durch Blendung vermieden werden.

(5) Suchfeld ZEICHEN:

Kaufentscheidende Leistungsmerkmale zu visualisieren, ist für Geipel das Wichtigste beim Industriedesign (*Geipel* 1990). Eine entscheidende Rolle spielt dabei die Mensch-Objekt-Beziehung, die durch das Visualisieren der Funktionen einer Maschine mit Hilfe von Zeichen zustande kommt.

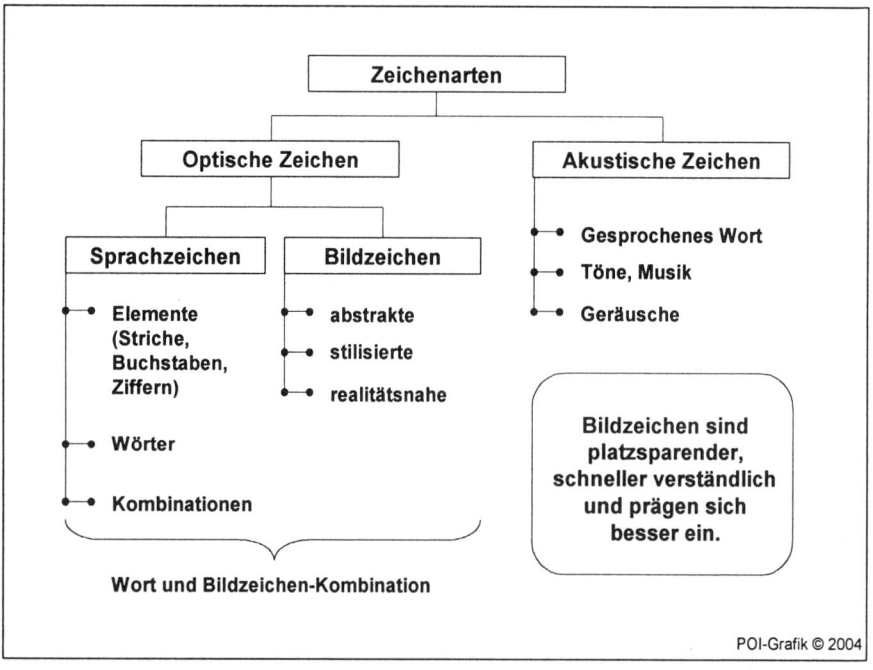

Abbildung 44: Zeichenarten als Suchfeld für Designinnovationen

Bildzeichen sind schneller verständlich, prägnanter und platzsparender als verbale Botschaften. Sie müssen schnell erkannt, erfasst und leicht wiedererkannt werden. Unabhängigkeit von der jeweiligen Sprache und die Anbringung auf gleich großen Flächen sind ebenfalls wichtige Kennzeichen. Besonders auf dem internationalen Markt von Industriegütern ist es schwierig, eine Eindeutigkeit in den Aussagen der Bildzeichen festzulegen, um Irritationen bzw. Fehlinterpretationen zu vermeiden. Es werden deshalb im Vorfeld Tests mit den entsprechenden Zielgruppen durchgeführt. Da **Ästhetik** auch bei Zeichen eine große Rolle spielt, wurde das Piktogramm als das

3. Operative Parameter der Markenkommunikation im B2B-Sektor 223

Ornament der modernen Technologie entwickelt. Neben der Ästhetik muss auch die **Anordnung** genau durchdacht und schlüssig sein.

> **Piktogramm:** Ikonisches Zeichen, stilisierte Wiedergabe von etwas zur Vermittlung einer bestimmten Auskunft; z. B. Totenkopf für Gift.

Abschießend ist zu sagen, dass im Investitionsgüterbereich **jedes Suchfeld wichtig** bei der Designinnovation ist, da alles zusammen und nicht getrennt auf den Benutzer einwirkt.

Impulsbereich MENSCH:

Aus den Bedürfnissen des Abnehmers lassen sich für den Industriegüterhersteller verschiedene Suchfelder ableiten. Durch gezielte Bedarfsforschung sollte er beobachten und beurteilen, welche Verbesserungen sich der Benutzer einer Maschine wünscht. Das lässt sich gut durch engagierte Servicemitarbeiter oder Außendienstmitarbeiter feststellen. Im Sinne des innovativen Industriegüterdesigns sollte versucht werden, Bedürfnisse herauszufinden, die die **sinnliche Wahrnehmung** und die **Wirkung des Produkts** betreffen.

Für den Impulsbereich Mensch untersuchen wir nachfolgend

- Suchfeld Wahrnehmung und Verwendung sowie
- Suchfeld Anmutung.

(1) Suchfeld WAHRNEHMUNG und VERWENDUNG

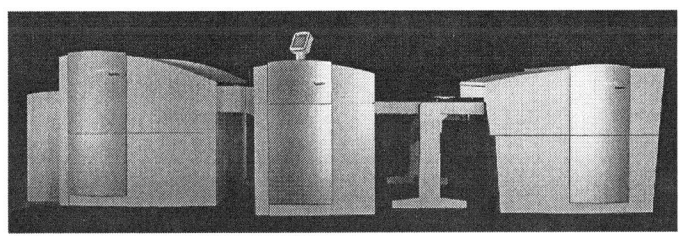

Abbildung 45: Modell Topsetter von Heidelberger Druckmaschinen

Durch Wahrnehmung und Verwendung kommt der Mensch mit dem Industriegut in Berührung. Deshalb ist es sinnvoll, dass er beides als innovativ empfindet. Unter dem Begriff der **'Nutzeninnovation'** unterscheidet man, ob eine Innovation entweder aus einer **Neukombination bestehender Nutzen** oder **technischen Neuerungen** entsteht.

Der Hersteller muss also im Vorfeld herausfinden, bei welchen Produkten der Kunde andere Verwendungs- oder Wahrnehmungseindrücke wünscht.

- Als **Neukombination bestehender Nutzen** beschreibt Steinmeier z. B. einen Lastenaufzug mit Gewichtsbegrenzung. Bei zu schwerer Ladung könnte eine eingebaute Funktion der Gewichtsmessung einen Warnton auslösen, der Funktionsunfähigkeit und Unfälle verhindert. Das Produktdesign kann ebenso dazu dienen, eine positivere und angenehmere Wahrnehmung bei den Benutzern hervorzurufen, wie z. B. die Druckmaschine Topsetter von Heidelberg, die in ihrem eleganten Design sehr angenehm auf den Betrachter bzw. Benutzer wirkt (vgl. Abbildung).

- Bei **technischen Neuerungen** geht es meistens darum, einen gewünschten **Zusatznutzen** für den Endverbraucher zu schaffen – so wurde z. B. 1989 die Einzelzapfsäule aufgrund hoher Wartezeiten beim Tanken in die heute allseits unter Autofahrern bekannte Mehrproduktzapfsäule umgewandelt. Eine Innovation, für die Aral 1990 den Preis 'Die Besten der Besten' des Design-Zentrums NRW erhielt. Die Schaffung von Innovationen durch **neue Verwendungsmöglichkeiten** wird meistens dann genutzt, wenn es darum geht, andere Zielgruppen mit dem gleichen Produkt anzusprechen. So findet man z. B. die Telefonzelle der Telekom ausgestattet mit Geldautomat und angepasster äußerlicher Farbgebung bei verschiedenen Banken wieder.

(2) Suchfeld ANMUTUNG

Technische Funktionen und die sinnliche Anmutung bilden die Grundlage für das Qualitätsurteil im Industriedesign.

Anmutungstests werden von design-orientierten Industriegüterherstellern durchgeführt. Um die Anmutungsleistung zu prüfen, werden neue Produkte an verschiedenen Probanden getestet. Bei positiver Resonanz wird die Innovation als marktfähig befunden und eingeführt. Steinmeier empfiehlt daher, vor der Produktentwicklung ein so genanntes **Pflichtenheft** anzulegen, in dem festgehalten werden soll,

- welche Anmutungsansprüche die Zielgruppe hat,
- wie das Produkt wirken soll und
- wie die Zielgruppe zum Kauf angeregt werden kann.

So soll versucht werden, positive Anmutungswirkungen des Produkts sicherzustellen.

Die Anmutungspolaritäten weisen hier eine starke Linkspolarität auf, d. h. die Zielgruppe Funktionalität steht im Vordergrund: Pragmatik und Ordnung sind damit wichtige Kriterien. Das Bedürfnis nach innovativer Gestaltung kommt durch die drei Nennungen auf der rechten Seite (hochwertig, innovativ, gesetzt) zum Ausdruck.

Lehnhardt hat ein Modell entwickelt, dass dem Hersteller als Polaritätenprofil für Industriegüter dienen kann (*Steinmeier* 1998). Dazu bildet er adjektivische Gegensatzpaare – z. B. einfach versus hochwertig, sparsam versus verschwenderisch,... Diese stehen bezogen auf Industriegüter weiteren Adjektivgegensatzpaaren gegenüber (z. B. massiv versus elegant).

Tabelle 25: Anmutungspolaritätenprofil für eine Druckmaschine (*Steinmeier* 1998)

Links („weniger')			0			Rechts („mehr')
Einfach			●			Hochwertig
Üblich		●				Exklusiv
Sparsam		●				Verschwenderisch
Klassisch		●				Modisch
Traditionell			●			Avantgardistisch
Konservativ				●		Innovativ
Konventionell			●			Originell
Technisch	●					Natürlich
Vertraut		●				Exotisch
Angepasst		●				Provokativ
Massiv	●					Elegant
Männlich			●			Weiblich
Harmonisch	●					Dissonant
Reduziert	●					Opulent
Leise/dezent		●				Laut/schrill
Streng		●				Verspielt
Funktionell	●					Dekorativ
Artifiziell		●				Rustikal
Beruhigend		●				Anregend
Ernst			●			Heiter
Kalt			●			Warm
Sachlich		●				Romantisch
Introvertiert		●				Extrovertiert
Stabil	●					Zerbrechlich
Statisch			●			Dynamisch
Perfekt		●				Improvisiert
Normiert			●			Spezialisiert
Sportlich				●		Gesetzt
Signifikante Linkspolarität stellt Funktionalität in den Vordergrund.						

Das Modell soll eingesetzt werden, um die **Soll-Anmutungsansprüche im Industriegütersektor** herauszufinden.

1. Dazu muss zuerst eine Zielgruppe für das Produkt festgelegt werden, die meistens schon bekannt ist, da es sich oft um **Verbesserungsinnovationen** handelt.
2. Danach werden Experten festgelegt, die jeweils im Sinne der Zielgruppe die Anmutungsansprüche fixieren, so dass ein **idealtypisches Anmutungsprofil** für ein bestimmtes Produkt entsteht.
3. Nach diesem Ergebnis sollte der Designer danach einen **Prototyp entwickeln**, der wiederum verschiedene Tests durchlaufen sollte, bevor die Maschine in Serie geht.

Unser Zwischenergebnis in Kapitel 3:

Während in Kapitel 2 die strategische Markenaufladung im Vordergrund stand, wurden in diesem Kapitel ausführlich operative Parameter der Markenkommunikation vorgestellt. Für jeden B2B-Anbieter besteht eine große Herausforderung im Finden der Balance zwischen beiden Bereichen, da Schwächen im strategischen Bereich nicht durch besonders erfolgreiche operative Instrumente kompensiert werden können und umgekehrt.

Aus der umfangreichen Tool Box der Markenkommunikation wurden insbesondere diejenigen Maßnahmen vorgestellt, die den besonderen B2B-Bedingungen und B2B-Anforderungen Rechnung tragen. Viele B2B-Unternehmen setzen bis heute nur vereinzelt das eine oder andere Instrument ein oder haben in Zeiten anfälliger Konjunktur gleich hier den Rotstift zuerst angesetzt. Dass der Einsatz dieser Instrumente in einer der Branche und des Unternehmens spezifischen Form für den Markterfolg unabdingbar ist, wurde in diesem Kapitel ausführlich behandelt.

Im B2B-Bereich wird es immer wichtiger, unter Ausnutzung des technologischen State-of-the-Art kundennutzenorientierte Customer Relationship Management-Programme aufzubauen, um so mehr Einblick bzw. Annäherung an den Kundenwert zu gewinnen. Dazu gehört auch ein professionelles Beschwerdemanagement in Kombination eines Kundenrückgewinnungsmanagements, da im B2B-Bereich die Erhaltung und Stärkung vorhandener Kundenbeziehungen allein schon aufgrund der Wertigkeit einzelner Kunden an vorderster Stelle rangiert.

Die internetbasierte Kommunikation als Tool für die Markenkommunikation muss differenziert betrachtet werden, da der Markenaufbau auch weiterhin mit den zuvor vorgestellten klassischen Instrumenten der Markenkommunikation realisiert wird. Wichtig ist aber auch hier für alle B2B-Anbieter, am Puls der Zeit zu bleiben. Die Kundenbedürfnisse sind nicht nur in Bezug auf die Produkte und Dienstleistungen zu analysieren, sondern auch hinsichtlich der Kundenpräferenzen bei den von ihm favorisierten Informations-, Kommunikations- und Transaktionsmedien.

Die operative Markenkommunikation lebt natürlich von der materiellen Darstellung von Produkten. Der Einfluss von Suchfeldern bei Design-Innovationen bildet hierzu die Grundlage, da beides gut aufeinander abzustimmen ist. B2B-Güter haben längst den reinen Nutzenstatus hinter sich gelassen und wollen nicht nur praktisch sein, sondern auch attraktiv aussehen: Hässlichkeit verkauft sich schlecht – das gilt auch und immer mehr für B2B. Nachfolgend stehen nun Dienstleistungen unter dem Aspekt des B2B-Markenmanagements im Vordergrund. Hier ist aufgrund der fehlenden physischen Komponente Markenwertigkeit schwieriger darstellbar. Aber es gibt auch hier Wege zur Markierung von B2B-Dienstleistungen.

4. Dienstleistungen, Dienstleistungsmarken und B2B-Dienstleistungen

Aus der Erfahrung heraus, dass Dienstleistungen auch im B2C-Bereich oft als ungeliebtes Anhängsel zum materiellen Produkt angesehen werden, trifft diese Erkenntnis noch mehr auf den B2B-Bereich zu, da hier die oft historisch gewachsene Macht der Technologiedominanz noch hinzu kommt. Insofern widmen wir dieser wichtigen Thematik nicht nur ein eigenes Kapitel, sondern erläutern zusätzlich wichtige Grundlagen zur Andersartigkeit von Dienstleistungen, um auf dieser Basis die Konsequenzen für B2B-Anbieter mit ihren industriellen Dienstleistungen abzuleiten. Nach der Darstellung der Besonderheiten von Dienstleistungen werden wir die Bedeutung von Dienstleistungsmarken und die Markenführung genauer untersuchen. In Teil 2 unseres Buches behandeln wir Unternehmensbeispiele aus dem Markt für anspruchsvolle B2B-Dienstleistungen.

4.1 Besonderheiten von Dienstleistungen

Im Kapitel Dienstleistungen werden viele Begriffe genannt, die zum Standard-Repertoire des Marketings gehören – wir können in diesem Rahmen mit dem Fokus B2B-Markenmanagement daher nur auf die anschaulichen und bekannten Standardwerke verweisen, z. B. Kotler, Meffert, Bruhn und auch Homburg sowie die dort zitierten Originalquellen – für unsere schnellen Leser mit Praxisorientierung werden daher diese besser lesbaren Standardwerke zitiert als die oft sehr speziellen, wissenschaftlichen Originalquellen. Das Thema Dienstleistung erscheint uns aus der Resonanz mit den Firmen und in Anbetracht der gegenwärtigen Literaturlandschaft außerordentlich wichtig, insbesondere auch unter dem Aspekt des B2B-Markenmanagements, das nach wie vor sehr stark produkt- und technologieorientiert ist. Dienstleistungen fehlt von Natur aus die materielle Bodenständigkeit – daher bedürfen sie der Markierung umso mehr: Ihre ausgeprägte Markenrelevanz wird auch künftig sehr stark an Bedeutung gewinnen – davon sind wir überzeugt.

Einer der wesentlichen Trends der letzten Dekaden ist das außergewöhnliche Wachstum der Dienstleistungen. Der Wandel zur Dienstleistungsgesellschaft hat das Gesicht der industriellen Gesellschaften verändert und völlig neue Beschäftigungsmöglichkeiten geschaffen. In den hochindustrialisierten Ländern werden mehr als 60% des Bruttosozialprodukts durch Servicefirmen erzeugt. Selbst in der industriellen Produktion hat der Serviceanteil schon mehr als 25% erreicht.

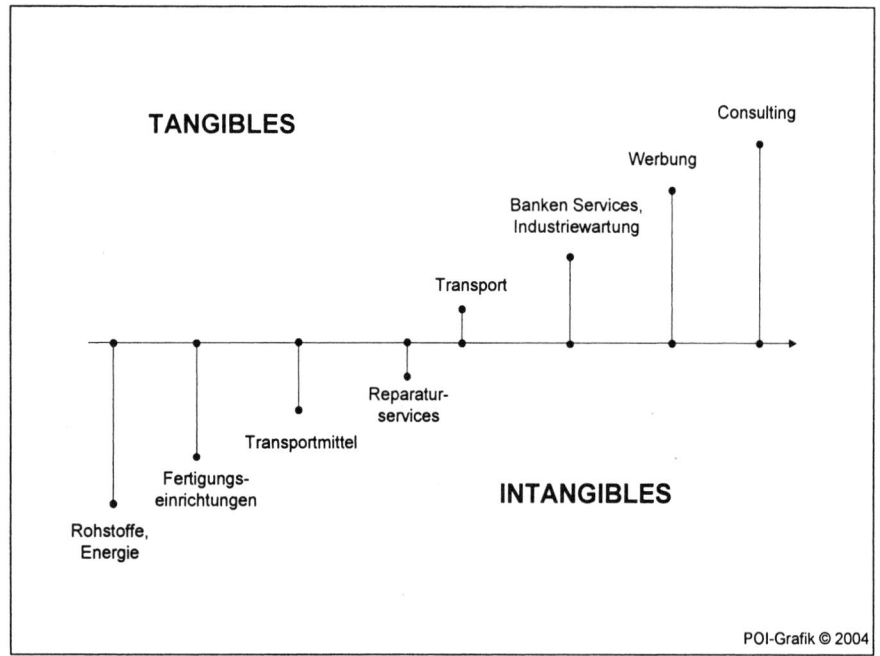

Abbildung 46: Tangibles - Intangibles

Die Arbeitsmöglichkeiten in den Service-Industrien werden immer vielfältiger, im B2B-Bereich sind das etwa Maschinenwartung, Logistik oder Consulting Services. Die angebotenen Serviceleistungen haben eine weite Bandbreite und werden in unterschiedlichen Organisationen ausgeführt. Dazu gehören auch die Regierungsorganisation und die Kommunalverwaltung, Non-Profit-Organisationen etc. Die Struktur und Charakteristika von Services sind durch das Ausmaß der Tangibilität des Produktes definiert. Service-Angebote haben einen höheren Anteil an ‚unfassbaren' Produkteigenschaften.

Viele der intangiblen (immateriellen) Eigenschaften können durch die Sinne wahrgenommen werden, aber sie können nicht angefasst werden und haben somit nicht nur indirekten, sondern auch vergänglichen Charakter. Dienstleistungen entstehen erst durch die Integration des externen Faktors, d. h. ein Mensch muss seinen Lkw zur

Wartung geben, damit der Service durchgeführt werden, ebenso ist es mit dem Gang zum Friseur im Konsumgüterbereich.

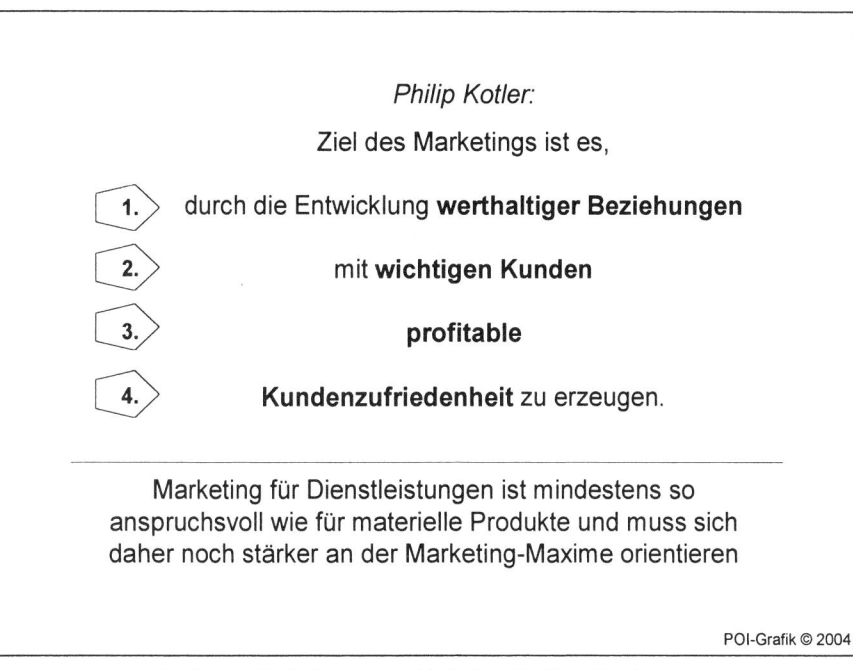

Abbildung 47: Relevanz des Marketing für Dienstleistungen

Die Relevanz der Marketing-Maxime für Dienstleistungen definiert und beschreibt Kotler wie folgt (*Kotler* 2003):

1. **Werthaltige Beziehungen:** Langfristigkeit, Stammkunden zu halten ist effizienter und effektiver als Neukundenakquisition, Lifetime Customer Value als strategische Größe, 1:1- bzw. Individual-Marketing, Kundenfront, Kommunikationspolitik, Personalpolitik.

2. **Wichtige Kunden:** Marktforschung, Zielgruppen-Marketing, Marktsegmentierung, Distributionspolitik.

3. **Profitabilität:** Preispolitik, Produktpolitik, Prozessgestaltung, Netzwerkökonomie durch Bündelung von Kompetenzen, Coopetition als Mischform aus Competition und Cooperation.

4. **Kundenzufriedenheit:** Produktpolitik, Kunde als Partner der Dienstleistungs-Entwicklung (sog. Prosument), Value Added Services, Kundenbefragung, physical environment policy etc.

Die vier hier vorgestellten Punkte lassen sich auch auf den B2B-Sektor übertragen, weil Kundenzufriedenheit in quantitativer und qualitativer Hinsicht heute zum Mittelpunkt der B2B-Beziehungen geworden ist. Nicht nur die Entwicklung und Produktion von Transferstraßen oder Prozessleitsystemen ist wichtig, sondern auch die Wartung und der Betrieb rund um die Uhr.

Wichtige **Besonderheiten im Dienstleistungsmarketing** sind:

- Im Marketing für Dienstleistungen wird das Marketing nicht neu erfunden, aber das Marketing wird um wesentliche Perspektiven erweitert, die in der traditionellen industrieorientierten Betriebswirtschaftslehre bislang nicht ausreichend berücksichtigt wurden.

- Bei Dienstleistungen gewinnen insbesondere Beziehungsmanagement, Kundenbindungsmanagement, Kapazitätsmanagement, Qualitätsmanagement, Prozessmanagement, Kostenmanagement, Zeitmanagement, Verhandlungsmanagement stark an Bedeutung.

- In Wirklichkeit ist gar nicht die Immaterialität von Dienstleistungen für die besonderen Herausforderungen im Dienstleistungs-Marketing verantwortlich, sondern die Verschleierung der Abhängigkeiten in der Kundenbeziehung und die Offenlegung der ökonomischen Probleme. Folgende Fragen sind deswegen zu beantworten:

  o Wie können die Verhaltensunsicherheiten der Kunden reduziert werden?

  o Wie kann ein Anbieter die Kundenanforderungen und Kundeneigenschaften selektieren, damit er die Qualität zu einem vernünftigen Preis sicherstellen kann?

  o Wie muss das Risikomanagement gestaltet werden?

  o Wie muss die direkte Interaktion zwischen Personal und Kunde geplant, gesteuert und kontrolliert werden?

  o Wie kann Zusatznutzen für die Konsumenten durch maßgeschneiderte Dienstleistungen geschaffen werden?

  o Wie können erfolgreiche Kooperationen zwischen verschiedenen Anbietern so gestaltet werden, dass der Kunde die Schnittstellen gar nicht mehr wahrnimmt?

Dienstleistungen gewinnen weltweit immer größere Bedeutung, auch und insbesondere für B2B-Anbieter. Fast zwei Drittel des Bruttoinlandsproduktes wird mit Dienstleistungen erwirtschaftet.

Wichtige Gründe dafür sind:

- Zunehmende Verwendung von Dienstleistungen beim Absatz von **erklärungsbedürftigen B2B-Produkten** sowie langlebigen Konsumgütern durch die Ausweitung des Service-Angebotes und Integration von bisher separat oder von anderen Unternehmen angebotenen Leistungen. In vielen Industrien sind diese Value Added Services zum integrierten Bestandteil des Angebotsspektrums geworden.

- **Globalisierung:** Verflechtungen/Allianzen nehmen weltweit zu, ebenso die Konzentration von Dienstleistungen (z. B. Branchenführer wie Microsoft und IBM kooperieren, Union Bank Switzerland und Schweizerischer Bankverein fusionieren).

- Deregulierungstendenzen in den Märkten durch **Liberalisierung**, d. h. Marktbarrieren und Kundenschutz sinken und Informationsdefizite sollen durch Dienstleistungen reduziert werden (z. B. Versicherungen, Energieversorger, Telekommunikation).

- **Branchenerosion** führt dazu, dass traditionelle Branchengrenzen verschoben, aufgebrochen und aufgeweicht werden (nachhaltige Angeboterweiterung durch Dienstleistungen); z. B. Business Migration: Internet-Autohändler mischen sich in den USA seit fast 10 Jahren erfolgreich ins Neuwagengeschäft ein (z. B. der GE-Ableger Auto Nation).

- **Polarisierung:** mittlere Preissegmente und Qualitätsstufen verschwinden, die Bedeutung hybrider, untreuer Kunden mit Vagabundierungstendenzen steigt. Beispiele:
    o Die sinkende Markenloyalität der Kunden im Automobilsektor setzt sich seit einigen Jahren immer weiter fort (Markenhopping der Nachfrager). Die Automobilhersteller federn diese Entwicklung partiell durch den Zukauf von Marken oder die Etablierung neuer Marken (z. B. Smart) unter einem Konzerndach ab (Markenshopping der Anbieter),
    o Schaltschränke oder Stecker für Elektronikverbindungen.

- **Technologisierung:** Anbieter und Nachfrager nutzen immer intensiver moderne Informations- und Kommunikationstechnologien: E-Services werden immer wichtiger (z. B. Dell hat die Branchenregeln beim PC-Verkauf erfolgreich neudefiniert, vgl. unser Kapitel über E-Branding),

- **Modularisierung:** Dienstleistungen werden ständig neu kombiniert, quasi als Spagatlösung zwischen Kunden- und Kostenorientierung: z. B. erweitern Automobilhersteller ihr Angebot durch die weiter fortschreitende Integration von Finanzdienstleistungen (Hyundai bietet Haftpflichtversicherungen für drei Jahre zum Inklusivpreis an, andere Automarken erweitern ihr Dienstleistungsangebot durch Arbeitslosenversicherungen, weitere Beispiele sind die Töchter Fleetboard und Charterway von DaimlerChrysler).

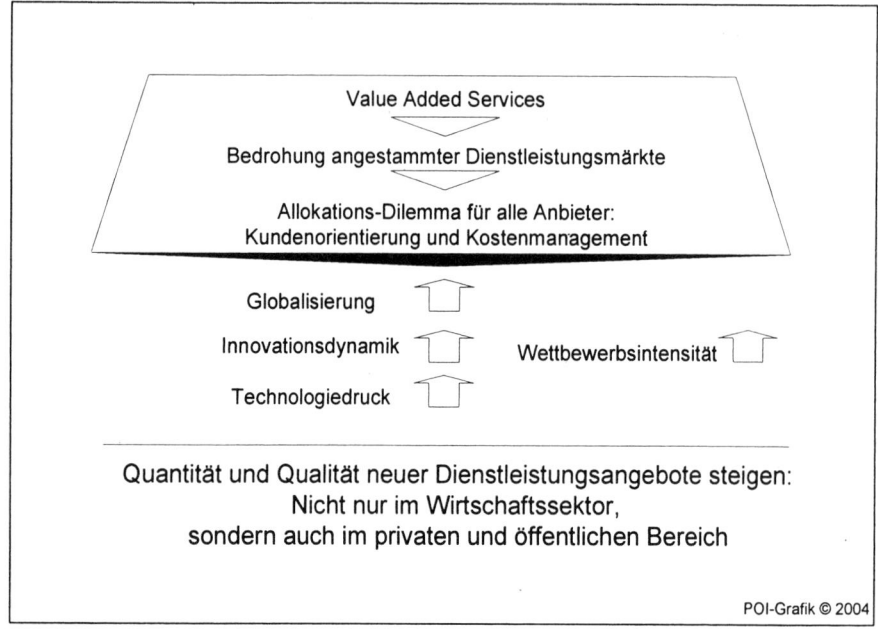

Abbildung 48: Wichtige Gründe für den Bedeutungsanstieg von Dienstleistungen

Die **globalen Megatrends auf dem Markt für Dienstleistungen** lassen sich in folgender Form zusammenfassen:

- In den großen Staaten Westeuropas, Amerikas und Japans sind zwischenzeitlich **mehr Personen im Dienstleistungssektor beschäftigt** als in allen anderen Sektoren der jeweilgen Wirtschaften zusammen.

- Nahezu jedes Angebot enthält einen **Mindestanteil an Dienstleistungen**, insbesondere auch B2B-Leistungen.

- Öffentlich und privatwirtschaftlich erbrachte Dienstleistungen liegen bei 65% der gesamten Leitungserstellung in den nationalen Volkswirtschaften, wobei die **Wachstumsrate für Dienstleistungen** weltweit bei 16% liegt.

- In den **internationalen Handelsbeziehungen** beträgt der Anteil von Dienstleistungen rund 20% aller Exporte. Eingerechnet sind hier nicht nur reine Dienstleistungen, sondern auch Dienstleistungen der produzierenden Industrie.

- Traditionelle große Hardwarehersteller haben sich zu Dienstleistungsunternehmen gewandelt und sind äußerst erfolgreich. General Electric und International Business Machines (IBM) haben mehr als 60% Serviceleistungen in 2004 an ihre Kunden verkauft.

Der Bedeutungszuwachs von Dienstleistungen überlagert alle ökonomisch relevanten Bereiche des B2B-Sektors, wobei zur besseren Veranschaulichung einige Beispiele in diesem Kapitel trotzdem aus dem B2C-Sektor stammen:

- **Mehr Dienstleistungen im privaten Bereich, Gründe:**
    - Beispiele: Sicherheitsdienste, Haushaltsdienste (Kleidung, Essen, Kinder), Wartungsdienste),
    - Heterogenisierung der Bedürfnisse,
    - Gestiegener Wohlstand - Convenience-Trend setzt sich weiter fort,
    - Mehr Freizeit durch sinkende (Lebens-)Arbeitszeiten,
    - Höhere Lebenserwartung bei besserer Gesundheit im Alter,
    - Vermehrter Einsatz fortgeschrittener Technologien (Internet, E-Society, M-Business, Infotainment).

- **Mehr Dienstleistungen in der Wirtschaft, Gründe:**
    - Beispiele: Fluglinien, Banken, Hotels, Versicherungen, Consulting, Agenturen, Speditionen, Arztpraxen, Kanzleien,
    - Erhöhter Marktforschungsbedarf durch komplizierter werdende Märkte und intelligente Technologien mit immer breiterem Anwendungsbezug,
    - Kostendruck steigt weiter,
    - Erhöhter Outsourcing-Bedarf durch Fokussierung auf Core competences, z. B. Lagerhaltung, Logistik, Weiterbildungsnetzwerke/Plattformanbieter,
    - Lebenslanges Lernen – der Bedarf an Fachliteratur, Beratungskompetenzen und Seminaren steigt international weiter an.

- **Mehr Dienstleistungen im öffentlichen Sektor, Gründe:**
    - Beispiele: Rechtspflege, Arbeitsmarkt, Rettungswesen, Krankenhäuser, Militär, Polizei, Feuerwehr, hoheitliche Institutionen/fiskalische Aufgaben,
    - Erhöhter Marketing-Bedarf durch verstärkte Deregulierung/Liberalisierung in Richtung Privatisierung, z. B.: Telekommunikation, Energieversorgung, Finanzdienstleistung, Transport und Verkehr, Post, Ausbildung (private Hochschulen etc.), Gesundheit (nicht-staatliche Krankenhäuser etc.), Stiftungen, private Theater usw.,
    - Erhöhter Marketing-Bedarf auch für Non-Profit-Organisationen, z. B. Seniorenmarkt wächst stark.

Vor dem Hintergrund dieser Entwicklungen resultieren für jeden Anbieter Chancen durch die Entwicklung kundenorientierter Dienstleistungen und Risiken aus dem Verzicht auf Dienstleistungen:

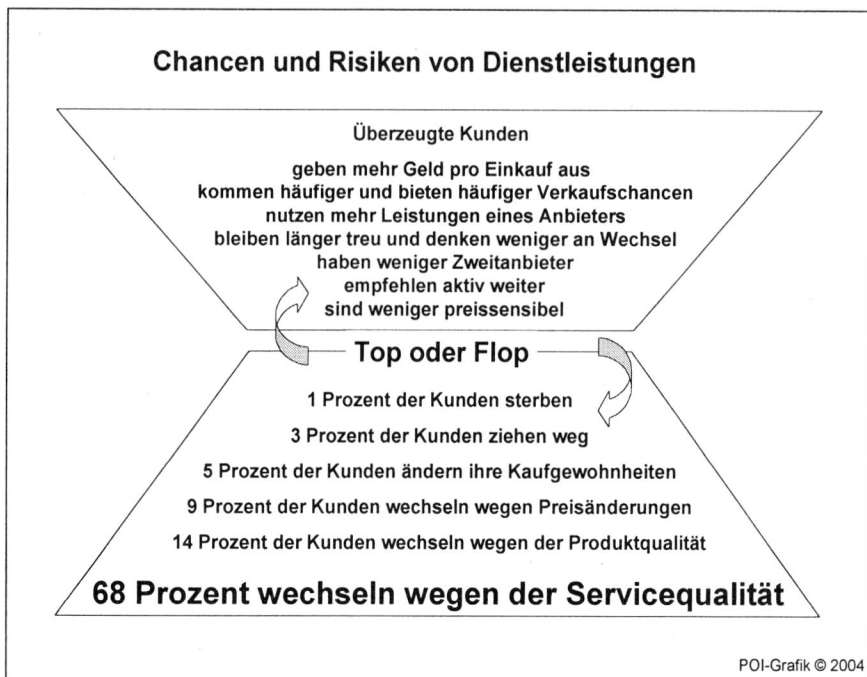

Abbildung 49: Chancen und Risiken von Dienstleistungen

4.1.1 Begriff und Abgrenzung von Dienstleistungen

> **Dienstleistungen** sind selbstständige, marktfähige Leistungen, die mit der Bereitstellung (z. B. Versicherungsleistungen) und/oder dem Einsatz von Leistungsfähigkeiten (z. B. Beratungsleistung) verbunden sind. Interne Faktoren (z. B. Geschäftsräume, Personal, Ausstattung) und externe Faktoren (also solche, die nicht direkt im Einflussbereich des Dienstleisters liegen) werden im Rahmen des Erstellungsprozesses kombiniert.
>
> Die Faktorenkombination des Dienstleistungsanbieters wird mit dem Ziel eingesetzt, an den externen Faktoren, an Menschen oder deren Objekten nutzenstiftende Wirkungen (z. B. Prozessoptimierung im Unternehmen des Kunden) zu erzielen (*Meffert/Bruhn*, 2000, S. 27)

Meffert definiert Dienstleistungen eher prozessorientiert.

Was sind Dienstleistungen?

Heribert Meffert:

Dienstleistungen sind,

 selbstständige, marktfähige Leistungen, die mit der Bereitstellung und/oder dem Einsatz von **Leistungsfähigkeiten** verbunden sind.

 Interne und externe Faktoren werden im Rahmen der Leistungserstellung kombiniert.

 Die **Faktorkombination** des Dienstleistungsanbieters wird mit dem Ziel eingesetzt, an den externen Faktoren (Mensch oder deren Objekte) **nutzenstiftende Wirkungen** zu erzielen.

Value Added Services sind unterstützende Dienstleistungen, die das Angebot von Konsum- und Investitionsgüterherstellern nachhaltig ergänzen.

POI-Grafik © 2004

Abbildung 50: Begriffsdschungel rund um Dienstleistungen

Die **fünf wichtigsten Kennzeichen von Dienstleistungen** lassen sich wie folgt skizzieren (*Kotler* 2003, *Meffert/Bruhn* 2000):

1. **Immaterialität:** Nicht anfassbar, hörbar, fühlbar, Ungewißheit groß

   - Vertrauensgut, kein Erfahrungsgut (Unterschied zu Möbel, Konserve, Biokost),
   - Kunde sucht Indizien für die Qualität: welche Leute bedienen dort und in welchem Umfeld. Beispiel: Betreten einer Bankfiliale -> Versuch, adäquates materielles Erscheinungsbild für das eigene Dienstleistungs-Angebot zu kreieren: Schalter-Positionierung, Personal, Lichtverhältnisse, Boden, Kleidung, Rhetorik, Kundenzone, Reserveschalter zur Vermeidung von Warteschlangen etc.,
   - Vergleich: Immaterieller Haarschnitt versus materieller Haartrockner.

2. **Simultanität:** Synonym verwendet werden Integrativität bzw. Integration des externen Faktors

   - Materielles Gut: Verkauft, danach verbraucht oder gebraucht,
   - Dienstleistung: Verkauft, gleichzeitig am gleichen Platz erstellt und genutzt,
   - Dozent kann ohne seine Zuhörer nicht lehren (Achtung: Virtuelles Lernen),
   - Werkstatt kann ohne Kundenfahrzeug keine Wartung durchführen (Achtung: Ferndiagnose via M-Business),

- Hersteller materieller Güter kann sich auf den Absatz vorbereiten, reine Dienstleister weniger gut,
- Abhilfe für Dienstleister: Preisdifferenzierung zur Handhabung unterschiedlicher Nachfrageströme: z. B. preisreduziertes Mittagsmenü werktags im Restaurant, Last-Minute-Tickets, Haupt- und Nebensaison-Preise in Urlaubsgebieten.

3. **Begrenzte Reproduzierbarkeit:** Synonym verwendet werden Individualität bzw. begrenzte Individualisierung

- Im Vordergrund stehen einmalige Menschen, nicht Fabrikprodukte: Dienstleistungen entstehen unmittelbar an der Kundenfront,
- Welche Person führt wann, wo und wie etwas aus: z. B. 2 Kellner im gleichen Restaurant, der eine freundlich, der andere nicht,
- Systemgastronomie wie McDonald's streben Standardisierung der Personals durch detaillierte Arbeitsanweisungen an (aus Effizienz- und Qualitätsgründen).

4. **Keine Lagerhaltung**

- In manchen Ländern erstellen Ärzte ihren Patienten auch dann Rechnungen, wenn sie einen Termin versäumt haben,
- Öffentliche Verkehrsbetriebe setzen über den Tag verschiedene Fahrzeuggrößen ein und orientieren sich damit an Nachfrageschwankungen,
- Auf der Nachfrageseite: Mondscheintarife bei der Telekom, Preisreduzierung in der Nebensaison, Einkaufstickets im Nahverkehr,
- Auf der Angebotsseite: Saisonpersonal/Teilzeitpersonal in Spitzenzeiten,
- Aktueller Trend: Ergänzung der Selbstbedienung im Supermarkt durch Scanner-Kassen, die vom Kunden bedient werden (Aufsichtspersonal, Kameraüberwachung).

5. **Temporärer Zugang**

- Versicherungslaufzeit ist begrenzt und abhängig von der Prämienzahlung,
- Bestreben der Anbieter, Kundenbindungsprogramme einzuführen; z. B. Kundenkarten von Luftlinien, Sammlung von Flugmeilen (miles and more); Mercedes-Card-Besitzer können sich Lufthansa-Meilen anrechnen lassen,
- Clubs lassen Eigentümergefühl aufkommen (vgl. B2B-Clubs in Kapitel 1),
- Logistik-Dienstleister liefern das Argument, dass Nichteigentum ein Kundenvorteil sein kann: z. B. keine Kapitalbindung für Lagerhäuser, Lkw, weniger Personalkosten.

Abbildung 51: Wichtige Kennzeichen von Dienstleistungen

Generell unterscheidet man folgende Arten von Dienstleistungen:

- **Nachfragebezogene Dienstleistungen:**
  o Konsumtive Dienstleistungen, d. h. Abnehmer ist Konsument.
  o Investive Dienstleistungen, d. h. Leistungsabnehmer ist die Unternehmung. B2B-Dienstleistungen bzw. industrielle Dienstleistungen müssen in den Wertschöpfungsprozess des Abnehmers integriert werden. Hier spielt der Koordinationsaufwand eine große Rolle. Er entsteht durch die bereits weiter oben erläuterten switching costs, wenn der Kunde den Anbieter wechselt.

- **Angebotsbezogene Dienstleistungen:**
  o Muss-Dienstleistung ist obligatorisch, z. B. wegen gesetzlicher Vorschriften (Garantie etc.).
  o Zusatz-Dienstleistung ist fakultativ, um die Attraktivität des Angebots zu steigern (Soll-Dienstleistung oder Kann-Dienstleistung).

Generell unterscheidet man bei den angebotsbezogenen Dienstleistungen folgende Möglichkeiten der Verknüpfung zwischen Kernleistung und weiteren Dienstleistungskomponenten:

- **Unbundling** d. h. alle Teilleistungen werden separat angeboten.
- **Bundling** d. h. alle Teilleistungen sind immer nur im Paket erhältlich.

- **Mixed Bundling:** Leistungselemente werden in unterschiedlichem Umfang gebündelt und/oder jeweils separat angeboten.

Insbesondere beim Bundling bestehen verschiedene Möglichkeiten der ‚Preisbündelung' bzw. eines versteckten Preisaufschlags.

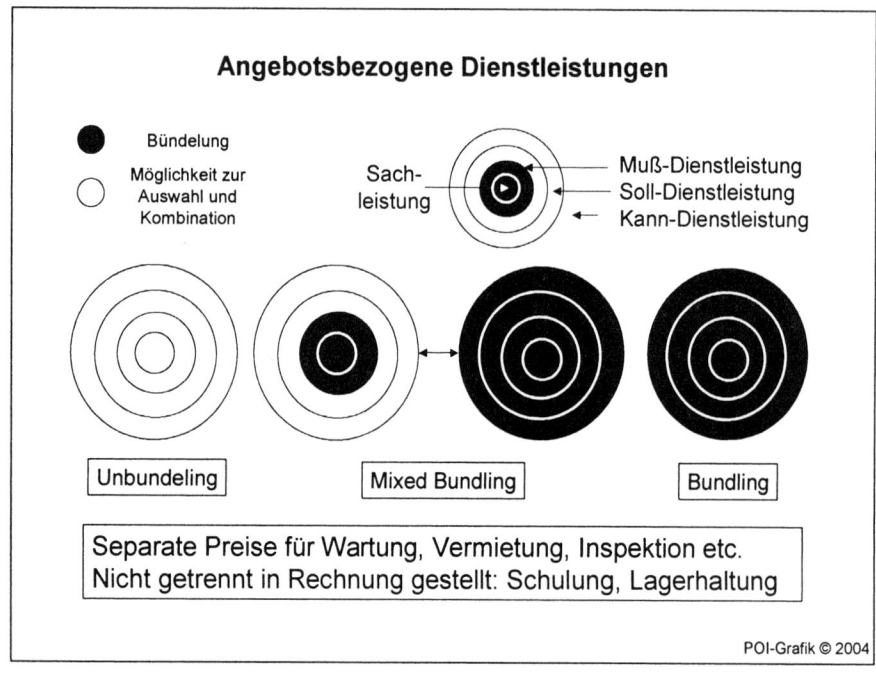

Abbildung 52: Angebotsbezogene Dienstleistungen

4.1.2 Strategische und operative Parameter im Dienstleistungsmarketing

Im Dienstleistungsmarketing steht das so genannte strategische Dreieck im Vordergrund: Es besteht aus externem, internem und interaktivem Marketing.

Externes Marketing

Externes Marketing entspricht weitgehend dem klassischen Ansatz der Betriebswirtschaftslehre (Industrieansatz), insbesondere dem 4P-Marketing (vgl. Fallbeispiel Intel Inside in Teil 2).

- **Produktpolitik (Product Policy)**
    - ‚Herz' des Marketings
    - Programmpolitik (Hersteller) und Sortimentspolitik (Groß- und Einzelhandel)
    - Produktmodifikation, Produktvariation, Produktdifferenzierung

- o Innovationsmanagement/Produktentwicklungsprozess
- o Markteinführungs- und Produktlebenszykluspolitik
- o Markenmanagement

- **Preispolitik (Price Policy)**
  - o Einflussgrößen der Preisfindung
  - o Kostenorientierung vs. Marktorientierung (= Kunden- vs. Wettbewerbsorientierung)
  - o Preissetzungsstrategien (Marktabschöpfung, -durchdringung, -anpassung)
  - o Preisdifferenzierung (zeitlich, örtlich, segmentorientiert etc.)

- **Distributionspolitik (Place Policy)**
  - o Chanel Management
  - o Direkter vs. Indirekter Vertrieb über inländische Exporteure
  - o Key Account Management, insbesondere im B2B-Bereich
  - o Physische Distribution, Logistik-Management

- **Kommunikationspolitik (Promotion Policy)**
  - o Budgetierung und Mediaplanung
  - o Werbung, Verkaufsförderung, PR, Messen, Events, Corporate Identity, Sponsoring, Direct Marketing

Eine konsequente Marketing-Orientierung gewinnt zunehmend auch im Vermarktungsprozess von Dienstleistungen an Bedeutung, nicht nur im Konsumgüter-, sondern auch im B2B-Güter-Marketing. Wichtige Gründe sind u. a.:

- Steigende Wettbewerbsintensität
- Höhere Kundenanforderungen
- Erschließung zusätzlicher, bislang vernachlässigter Marktpotenziale
- generell steigende Bedeutung von Dienstleistungen

Internes Marketing

Internes Marketing war in der Theorie des marketinggetriebenen Unternehmens ursprünglich angelegt, wurde in der Praxis aber fast nie erreicht, schon gar nicht in Industrie-Unternehmen. Der Zusammenhang von Kunden- und Mitarbeiterzufriedenheit wird bis heute häufig isoliert voneinander betrachtet und selten in einen direkten Zusammenhang gestellt.

Im Dienstleistungs- und B2B-Marketing spielen folgende Aspekte eine besondere Bedeutung:

- Explizite Betonung des Human Resource-Aspektes, da Dienstleistungen und B2B-Güter im direkten Kundenkontakt vertrieben werden und hochqualifizierte Leute an der Verkaufsfront erheblichen Einfluss auf den Verkaufserfolg haben bzw. entsprechende Marktverantwortung übernehmen.

- Überzeugungskraft des Kundenkontaktpersonals und der Außendienstmitarbeiter wird immer wichtiger.

- Wichtige Erkenntnis: Keine Kundenzufriedenheit ohne Mitarbeiterzufriedenheit.

- Erfolgsentscheidend ist nicht nur das B2B-Produkt und die Dienstleistung, sondern auch die Art und Professionalität, mit der sie gegenüber dem Kunden ausgeführt wird.

Internes Marketing avanciert damit zur notwendigen Vorbereitungsstufe zum interaktiven Marketing.

Interaktives Marketing

Die Dienstleistungsqualität beruht ganz wesentlich auf der Wechselwirkung Käufer-Verkäufer (Buying Center und Selling Center), da sowohl Dienstleistungen als auch B2B-Güter in den meisten Fällen eine **hohe Beratungsintensität** aufweisen.

- Eine Dienstleistung entsteht erst in der Interaktion zwischen Mitarbeiter des Anbieters und Kunde.

- Etablierung einer Service Profit Chain.

- Überragende Bedeutung von Personalauswahl und Personalentwicklung.

- Motivation von Mitarbeitern schafft Loyalität und Engagement, zufriedene Mitarbeiter sind besser in der Lage, Kundenzufriedenheit zu erzeugen.

- Zufriedene und überzeugte Kunden empfehlen weiter (Einfluss von Mund-zu-Mund-Propaganda wird oft stark unterschätzt).

- Evaluation von Dienstleistungen zur Optimierung von Effektivität und Effizienz durch Kunden-Monitoring.

Ein häufig in der Praxis anzutreffender Kardinalfehler liegt in der falschen Reihenfolge:

Externes Marketing darf dem Interaktiven Marketing nicht vorausgehen - ein Beispiel dazu: Schaltung von Werbekampagnen für neue Dienstleistungen, obwohl die Verkäufer-Mannschaft noch nicht geschult, motiviert, manchmal sogar nicht einmal informiert wurde (**peinliches Beispiel:** komplizierte und intransparente Fahrpreisstrategie der Deutschen Bahn 2002/2003 gegen den Kunden, teilweise wurden sogar unterschiedliche Preise für identische Strecken zur selben Zeit im gleichen Zug für dieselbe Zielgruppe verlangt).

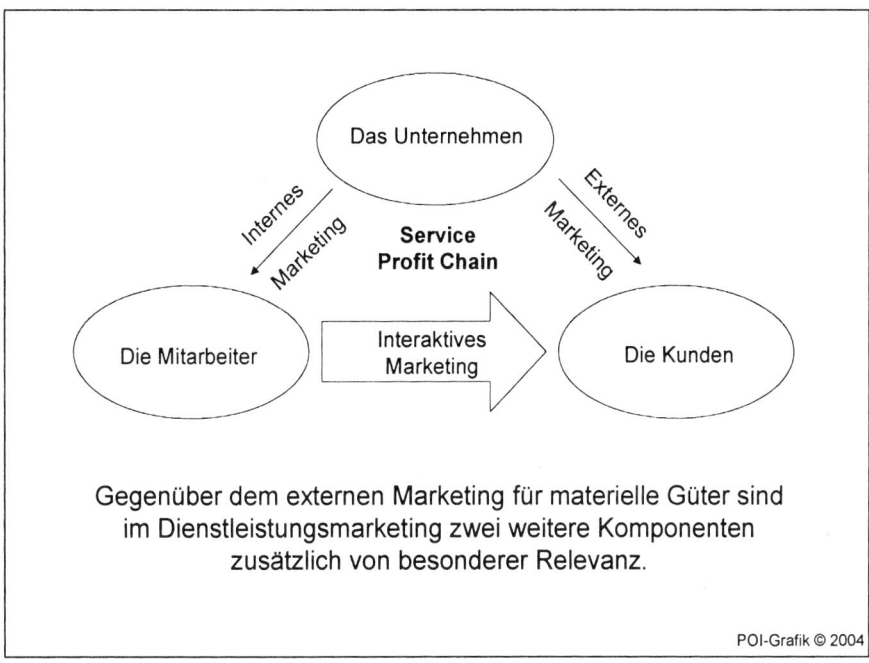

Abbildung 53: Strategisches Dreieck im Dienstleistungsmarketing

Während im klassischen Konsumgütermarketing externes Marketing im Vordergrund steht, kommen im B2B- und Dienstleistungsmarketing folgende zwei Komponenten hinzu:

- Internes Marketing
- Interaktives Marketing

> Das Motto sollte daher lauten: „Versprechen wir nur, was wir wirklich leisten können, und leisten wir dann mehr, als wir versprochen haben" - In der Praxis läuft es oft umgekehrt.

Im Dienstleistungsmarketing sind folgende drei Komponenten bei der Entwicklung von Marketing-Strategien zu beachten:

- **Human Resource Policy:** Kundenkontaktpersonen des Dienstleistungsanbieters,
- **Profit Service Chain:** Dienstleistungs-Verfahrens-Tools und Dienstleistungs-Ablaufschritte (bis heute häufig defizitär),
- **Physical Environment:** Umfeld, in dem die Dienstleistung erbracht wird (durch Geld und Technik relativ einfach zu lösen).

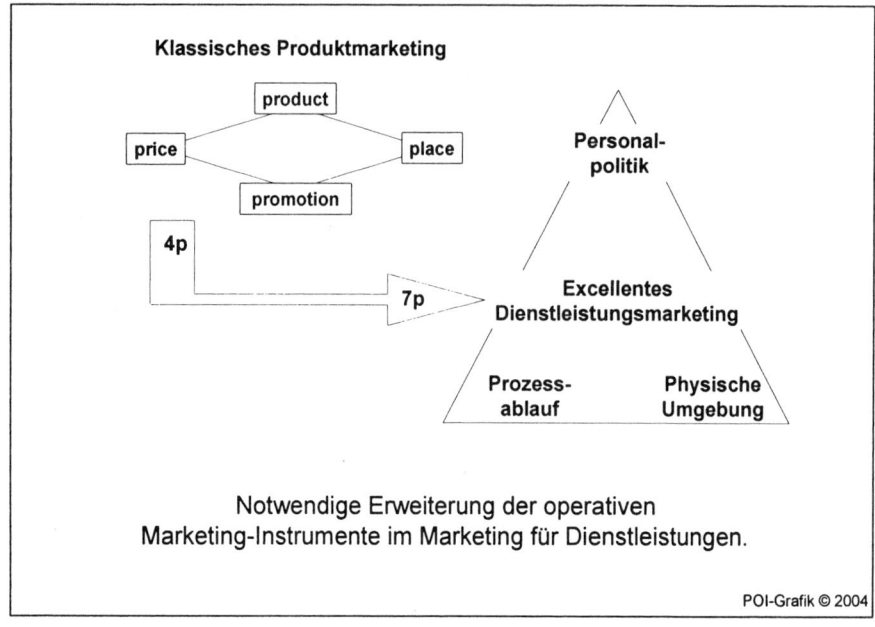

Abbildung 54: Erweiterungen im klassischen Mix für das Dienstleistungsmarketing

Diese drei Dimensionen lassen sich als Qualitätsindikatoren ausdifferenzieren:

- **Personal**
  - Erreichbarkeit des Fachpersonals
  - Freundlichkeit und Höflichkeit
  - Fachkompetenz in der Beratung
  - Bereitschaft zum aktiven Zuhören
  - Umgang mit Reklamationen und Fragen
- **Prozess**
  - Pünktlichkeit der Fertigstellung
  - Zuverlässigkeit der Ausführung
  - Individualisierung des Angebots
- **Physische Umgebung**
  - Erscheinungsbild nach außen und Auftritt gegenüber dem Kunden

Dienstleistungsqualität

Alle sieben operativen Parameter (7p's) im Dienstleistungsmarketing haben Einfluss auf die Dienstleistungsqualität. Vor diesem Hintergrund ist zunächst die **Frage** wichtig, **wie sich Kundenerwartungen übertreffen lassen:**

- Ist unsere Werbebotschaft immer ehrlich, realistisch und aktuell?
- Werden unsere Mitarbeiter für tadellose Dienstleistungen adäquat ausgebildet?
- Checken wir bei unseren Kunden regelmäßig aktuellen Bedarf und zusätzliche Bedürfnisse in der Zukunft ab?
- Ergreifen wir nachhaltige Maßnahmen, damit unsere Mitarbeiter motiviert sind?
- Ist allen unseren Mitarbeitern klar, dass Kundenbeschwerden auch Chancenpotenziale beinhalten?
    o Zur Profilierung gegenüber dem Kunden
    o Zur Optimierung der Arbeitsprozesse
- Findet ein Qualitätsmonitoring inklusive Reporting statt und an wen wird berichtet bzw. wer erhält die Reporting-Ergebnisse?

Es müssen nicht immer die teuersten Marketing-Instrumente mit der größten Schlagkraft sein – **Effizienz** im Sinne von Produktivität einerseits und **Effektivität** hinsichtlich Zielerreichungsgrad andererseits müssen nicht konträr zueinander stehen, sondern können gleichzeitig gesteigert werden.

In Bezug auf die Qualität von Dienstleistungen herrscht bei den Kunden oftmals eine größere **Unsicherheit**. Gründe liegen im Bereich der besonderen Eigenschaften von Dienstleistungen – die nachfolgenden Eigenschaften haben wir bereits an früherer Stelle erläutert, da diese Faktoren auch zur Beschreibung von B2B-Produkten geeignet sind:

- **Sucheigenschaften (search qualities)** können kostengünstig vor dem Kauf vollständig beurteilt werden. Dies ist beispielsweise bei physischen Produkten gut möglich, nicht aber bei Dienstleistungen.
- **Erfahrungseigenschaften (experience qualities)** können erst nach dem Kauf beurteilt werden (z. B. technische Geräte, Servicequalität bei der Wartung). Für B2B-Güter trifft dies in besonderer Weise zu.
- **Vertrauenseigenschaften (credence qualities)** können weder vor noch nach dem Kauf vollständig beurteilt werden (z. B. Beratung eines Rechtsanwalts, Arztes), da Vergleichsmöglichkeiten aufgrund individueller Situationen nicht oder nur schwierig durchführbar sind. Auch hierzu gehören insbesondere langlebige B2B-Güter.

Hinsichtlich Umfang und Art der erstellten Leistung unterscheidet man folgende beiden Qualitätsdimensionen:

- **Technische Qualität:** Umfang des Dienstleistungsangebots (Das ‚Was' einer Dienstleistung, Ingenieur-Orientierung eher sachlich/rational),

- **Funktionale Qualität:** Form des Dienstleistungsangebots (Das ‚Wie' einer Dienstleistung, Marketing-Orientierung eher emotional).

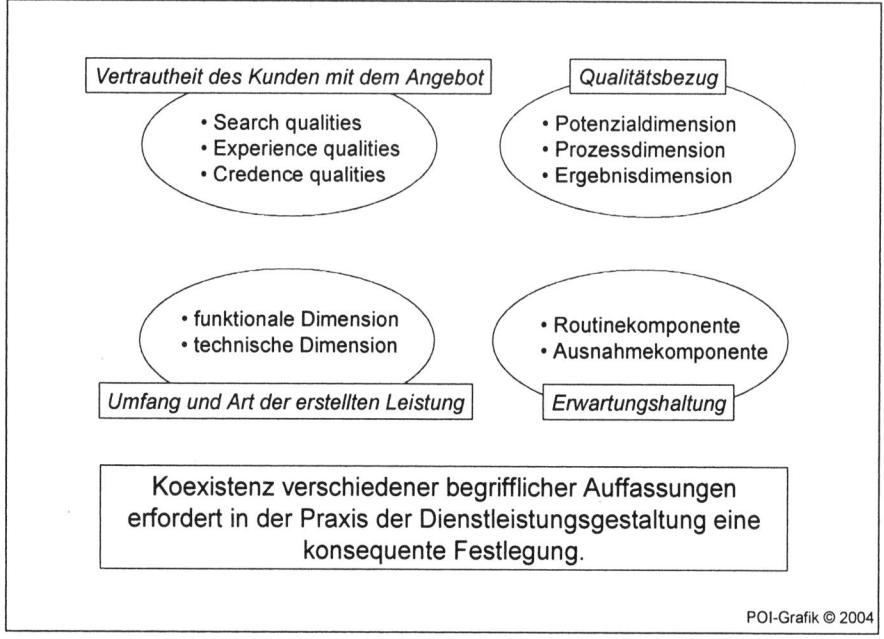

Abbildung 55: Wichtige Dimensionen der Dienstleistungsqualität

Selbst im technisch orientierten B2B-Bereich kommt es vor, dass ein Angebot mit überlegener funktionaler Qualität der Konkurrenz mit höherer technischer Qualität vorgezogen wird. Diese Erkenntnis wurde bereits in Teil 1 erläutert und hängt damit zusammen, dass im Buying Center letztendlich auch Menschen aus Fleisch und Blut Investitionsentscheidungen fällen. Außerdem spielt das Thema Vertrauen in aufgebaute Geschäftsbeziehungen eine Rolle. Die **Konsequenz für B2B-Anbieter** muss daher lauten, nicht einseitig auf die Technologie-Dominanz bei der Kombination aus Produkt und Dienstleistung zu setzen, sondern eine ganzheitlich stimmige Markt- und Kundenorientierung anzustreben.

Die Herausforderung für den B2B-Anbieter besteht in der Zusammenführung von **Qualitätserwartungen und Kundenreaktionen:**

- **Die Routinedimension** der Dienstleistungsqualität wird vom Kunden als selbstverständlich erachtet (Indifferenz bei Vorhandensein).
  Konsequenz: Auf der einen Seite kommt es zur Auslösung negativer Empfindungen bei Nicht-Erfüllung, andererseits zur Abwesenheit von Honorierung bei Erfüllung der Routinedimension, da sie als selbstverständlich erachtet werden. Hier bestehen in erster Linie **Profilierungsgefahren!**

- **Die Ausnahmedimension** der Dienstleistungsqualität wird vom Kunden nicht erwartet (Indifferenz bei Fehlen).
  Konsequenz: Dies führt einerseits zur Auslösung positiver Empfindungen bei Erfüllung und andererseits zur indifferenten Beurteilung bei Nicht-Erfüllung. Hier existieren vor allem echte **Profilierungschancen bzw. -potenziale!**

Für B2B-Anbieter ist die Beachtung beider Dimensionen von überragender Bedeutung, um einerseits nicht negativ aufzufallen (Routinedimension) und andererseits nicht unbemerkt unterzugehen (Ausnahmedimension), denn je komplexer und teurer das B2B-Produkt ist, desto größer die Bedeutung professioneller Dienstleistungen rund um das Leistungsangebot.

Eine sorgfältige Berücksichtigung der Qualitäts- und Risikofaktoren bei Dienstleistungen macht eine **Analyse in dreifacher Hinsicht** für ein Unternehmen erforderlich, d. h. die **Dienstleistungsqualität** entsteht aus der Summe folgender drei Faktoren (*Homburg/Krohmer* 2003):

- **Potenzialqualität** liegt bereits vor dem Dienstleistungsprozess vor: Typische Leistungsvoraussetzungen sind z. B. Anzahl und Qualifikation der Mitarbeiter.

- **Prozessqualität** entsteht während des Dienstleistungsprozesses: z. B. empathy, physical environment, Fähigkeit und Bereitschaft zur Berücksichtigung von Sonderwünschen.

- **Ergebnisqualität** entsteht erst nach dem Dienstleistungsprozess: z. B. Wiederherstellung der Funktionstüchtigkeit technischer Anlagen (Minimierung teurer Ausfallzeiten etc.).

Während heute jeder Anbieter sich auf Hochglanzbroschüren und in der Werbung zur höchstmöglichen Dienstleistungsqualität als Selbstverständlichkeit bekennt, wird das Versprechen oft gar nicht eingelöst und in vielen Fällen wird kein professionell aufgebautes Qualitätsmonitoring durchgeführt. Nachfolgend wird ein **Universalmodell zur Messung der eigenen Dienstleistungsqualität** vorgestellt (*Homburg/Krohmer* 2003):

- **Lücke 1: Lücke: Kundenerwartungen und Unternehmensauffassung**
  o Ursache: Unzureichende Marktforschung durch falsche Erfassung der Kundenwünsche oder/und falsche Priorisierung und/oder Bewertung durch das Unternehmen.
  o Dienstleistungs-Beispiel: Krankenhaus optimiert Essensqualität, Patienten wünschen aber freundlicheres Pflegepersonal.
  o B2B-Beispiel: Zulieferer baut zusätzliche Funktionalitäten ein, die aber beim Kunden nicht zum Einsatz kommen bzw. an seinem Bedarf vorbeigehen.

- **Lücke 2: Lücke zwischen Unternehmensauffassung und Qualitätsspezifikation aus Anbietersicht**
    - Ursache: Mangelndes Problembewusstsein und geringe Kundenorientierung des Managements durch fehlende Operationalisierung eines ausgewählten Qualitätsstandards.
    - Dienstleistungs-Beispiel: Krankenhausleitung weist sein Personal an, den Patienten stets schnell zu helfen; Mitarbeiter erhalten weder Maßstab noch Bezug für Schnelligkeit. Außerdem: Schnelligkeit birgt gerade im Krankenhaus auch hohe Risiken!!!
    - B2B-Beispiel: Auslieferungsqualität von Systemlösungen liegt unter dem anvisierten Niveau.

- **Lücke 3: Lücke zwischen Qualitätsspezifikation und Leistungsausführung**
    - Ursache: Unzureichende Qualifikation des Personals sowie Defizite bei der Personalführung, etwa durch Definition nicht realisierbarer Leistungsanforderungen.
    - Dienstleistungs-Beispiel: Krankenhauspflegepersonal ist überarbeitet, Konzentration sinkt, keine Neueinstellungen.
    - B2B-Beispiel: Prototypenqualität kann nicht vom aktuellen Maschinenpark der Serienproduktion erreicht werden.

- **Lücke 4: Lücke zwischen Leistungsausführung und Kommunikation an den Kunden**
    - Ursache: Schriftliche und/oder mündliche Leistungsversprechen werden nicht eingelöst.
    - Dienstleistungs-Beispiel: Prospekt des Reiseanbieters über angebliche Lage des Hotelzimmers.
    - B2B-Beispiel: Angekündigte Produktvariante kommt nicht oder verspätet auf den Markt.

- **Lücke 5: Lücke zwischen wahrgenommener und erwarteter Leistungsqualität (Lücke 5 abhängig von Lücke 1-4)**
    - Ursache: Mundpropaganda, frühere Erfahrungen schüren zu hohe Erwartungen.
    - Dienstleistungs-Beispiel: Fachverkäufer wird aus Kostengründen nicht mehr regelmäßig geschult.
    - B2B-Beispiel: Ist-Toleranzen sind größer als die erwarteten Werte.

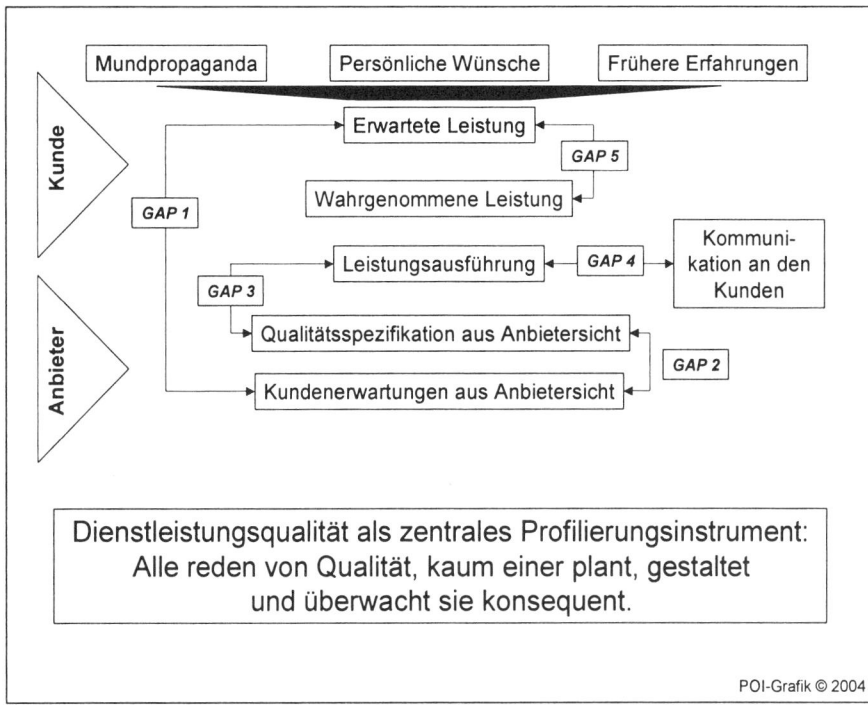

Abbildung 56: Standardmodell zur Messung von Dienstleistungsqualität

4.1.3 Marketing-Verbund von Sach- und Dienstleistungen

Fast immer besteht ein enger Verbund zwischen Sach- und Dienstleistungsmarketing. So gibt es zwar einige Absatzleistungen, die ausschließlich aus Dienstleistungen bestehen, jedoch können Sachleistungen nicht ohne einen gewissen Dienstleistungsanteil existieren. Oder wie Theodore Levitt einmal formulierte: Jedes Unternehmen ist mehr oder weniger auch Dienstleister und er warnte bereits Ende der 50er Jahre vor **Marketing Myopia**: Darunter versteht Levitt die große Gefahr einer zu engen Abgrenzung des relevanten Marktes. Damals waren es die Eisenbahngesellschaften, heute im Zeitalter von Business Migration (*Götz/Schmid* 2004a) sind es die Anbieter, die die Verwischung tradierter Branchengrenzen übersehen oder doch zumindest oft zu spät erkennen (*Levitt* 1960). Daher ist die Behauptung von Levitt nach wie vor aktuell, den Dienstleistungssektor gar nicht negativ abgrenzen zu können: Es bleibt dabei - Wir sind alle Dienstleister.

Die Bedeutung und Wertigkeit von Sachleistungen wird sowohl im Konsum- bzw. Endkundensektor wie auch im B2B-Bereich durch kundenorientierte Dienstleistungen nachhaltig angereichert. **Value Added Services** heterogenisieren ursprünglich homogene Produkte durch ausgeprägtere Profilierung gegenüber dem Kunden und **stärkere Positionierung gegenüber den Wettbewerbern.**

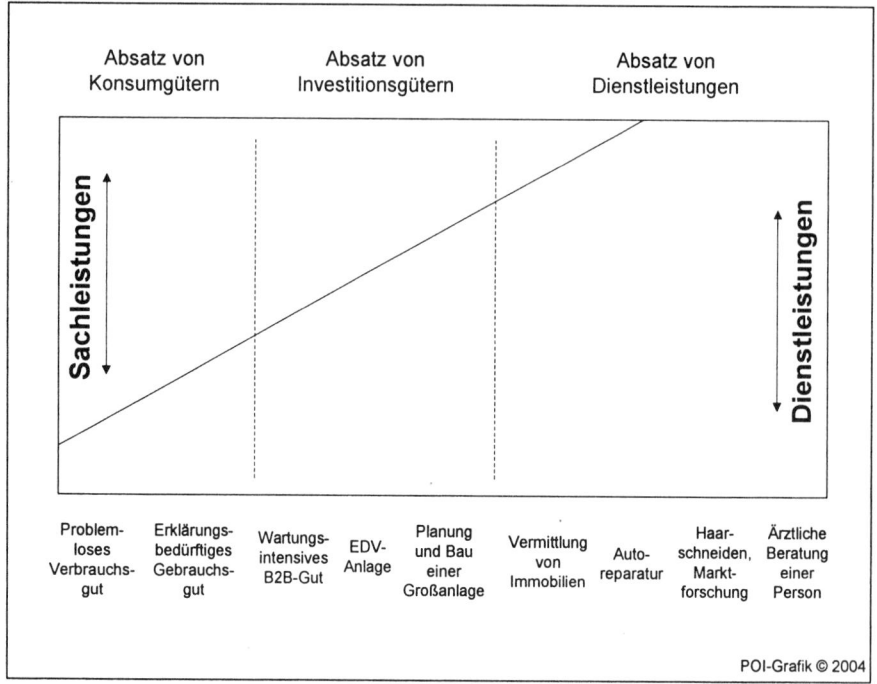

Abbildung 57:
Das Kontinuum zwischen materieller B2C/B2B-Leistung und immaterieller Dienstleistung

Wir möchten an dieser Stelle die Bedeutung von Dienstleistungen in dieser knapp und pointiert ausgefallenen Darstellung betonen und in einem kurzen Zwischenergebnis zusammenfassen.

Zwischenergebnis:

Charakteristische Merkmale von Dienstleistungen sind

- **Intangibilität (oder Immaterialität):** Unter Intangibilität versteht man einerseits die mangelnde physische Greifbarkeit und andererseits die schwierige intellektuelle Erfassbarkeit.

- **Kundenbeteiligung in Form eines externen Faktors:** Kundenbeteiligung bedeutet, dass Dienstleistungen nicht erstellt werden können, ohne dass der Anbieter und Nachfrager in unmittelbaren Kontakt treten und der Kunde dabei entweder seine eigene Person (z. B. als Klient oder Passagier) oder eines seiner Sachgüter (z. B. eine zu reparierende Maschine) in den Leistungsprozess einbringt.

- **Uno-actu-Prinzip:** Hierunter versteht man, dass Leistungserstellung und Leistungsabgabe von Dienstleistungen identisch sind (*Meyer/Mattmüller* 1987, *Haller* 2001, S. 6). Produktion und Absatz erfolgen bei Dienstleistungen im selben Moment. Die Leistung ist nicht lagerfähig, da sie im zum Zeitpunkt des Entstehens auch gleich wieder vergeht.

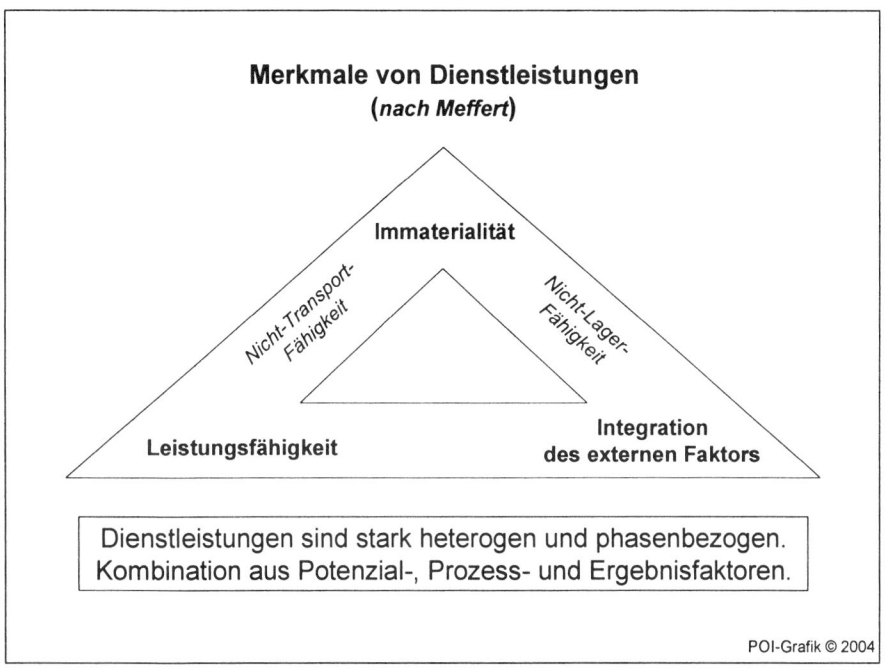

Abbildung 58: Typische Merkmale von Dienstleistungen

Aus den drei Charakteristika ergeben sich folgende **typischen Merkmale einer Dienstleistung:**

- Dienstleistungen sind durch ihre Immaterialität nur **schwer zu visualisieren**, da es sich bei einer Dienstleistung nur um ein **Leistungsversprechen** und nicht um ein greifbares Produkt handelt. Damit empfinden die Nachfrager ein relativ hohes Kaufrisiko. Die Leistungsquantität und -qualität ist nur schwer von den Kunden einschätzbar. Um dieses Risiko zu reduzieren, wollen sich die Kunden an konkreten Elementen, z. B. Referenzen orientieren. Die Dienstleistungsanbieter versuchen ihre Leistungen greifbar zu machen, indem sie diese mit fassbaren Elementen verbinden (z. B. Mitarbeiteruniformen und Firmenlogo). Die Bedeutung eines professionellen Markenmanagements tritt hier offensichtlich in Erscheinung, denn eine **Marke** ist nichts anderes als ein **Zeichen des Vertrauens**.

- Dienstleistungen sind auf den Kunden individuell zugeschnittene Leistungen und daher **schwer standardisierbar**.

- Eine **konstante Dienstleistungsqualität** kann vom Anbieter **nicht garantiert** werden, da jede Dienstleistung situativ individuell in der Interaktion mit dem Kunden stattfindet und nur in begrenztem Maße standardisiert werden kann.
- Dienstleistungen werden als **ganzheitliche Leistung** betrachtet, d. h. nicht nur die Kernleistung, sondern auch das Drumherum prägt den Eindruck des Kunden von der Marke.
- Dienstleistungen können im Allgemeinen nicht auf Vorrat produziert bzw. gelagert werden.

4.2 Dienstleistungen als Markenartikel

4.2.1 Klassifikation und Produktion von Dienstleistungen

Um im zunehmenden Wettbewerb auf Dienstleistungsmärkten besser bestehen zu können, müssen auch Dienstleistungsunternehmen ihre Angebote als Markenartikel positionieren, denn nur so können sie sich auf diese Weise von ihrer Konkurrenz abgrenzen. Während im Konsumgüterbereich bereits seit Jahren Markenpolitik erfolgreich betrieben wird, steckt der B2B-Sektor sowohl hinsichtlich seiner materiellen Hightech-Kernleistungen als auch in Bezug auf die von ihm angebotenen Dienstleistungen noch in den Anfängen. Unter **Dienstleistungsmarken** versteht man sowohl im B2C- als auch im B2B-Bereich Folgendes:

- Marken für jene Güter, die in den **Dienstleistungsklassen des Markenrechts** aufgeführt werden, unabhängig davon, ob der Markenträger ein Dienstleister oder ein Sachgüterproduzent ist.
- Marken für Güter der Unternehmen, die nach der **amtlichen Statistik** dem Dienstleistungsbereich zugeordnet werden.
- Marken für Güter, die durch ein **hohes Maß an Intangibilität** und der **Notwendigkeit der Integration eines externen Faktors** (Kundenbeteiligung) charakterisiert sind.

Bis heute existieren **in Theorie und Praxis kontroverse Auffassungen** zur

- Abgrenzung von Dienstleistungen,
- hinsichtlich der Beiträge von Dienstleistungen zum Bruttosozialprodukt einer Volkswirtschaft und
- über die Beschäftigten im Dienstleistungssektor.

Prof. Dr. Maleri von der Fachhochschule Worms beurteilt die Ignoranz der deutschen Betriebswirtschaftslehre gegenüber Dienstleistungsmanagement als grotesk. Unumstritten ist aber, dass beide Größen in entwickelten Volkswirtschaften wachsen.

Tabelle 26: Klassifizierung von Dienstleistungsmarken

Dienstleistungsmarken = Marken für Güter		
in den Dienstleistungsklassen des Markenrechts	von Unternehmen in Dienstleistungsbranchen	mit charakteristischen Merkmalen
Klasse 35: • Werbung • Geschäftsführung • Unternehmensverwaltung • Büroarbeiten Klasse 42 • Verpflegung • Beherbergung von Gästen • Ärztliche Versorgung, Gesundheits- und Schönheitspflege • Dienstleistungen auf dem Gebiet der Tiermedizin und der Landwirtschaft • Rechtsberatung und -vertretung • Wissenschaftliche und industrielle Forschung • Erstellung von Programmen für die Datenverarbeitung • Dienstleistungen, die in die Klassen 35 bis 41 fallen	Handel Verkehr und Nachrichtenübertragung Kreditinstitute und Versicherungsunternehmen Gastgewerbe Bildung, Wissenschaft und Kultur Gesundheits- und Veterinärwesen Übrige Dienstleistungsunternehmen Gebietskörperschaften und Sozialversicherungen Organisationen ohne Erwerbscharakter	Intangibilität Kundenbeteiligung

Jean Baptiste Say unterschied erstmals 1852 zwischen materiellen und immateriellen Gütern, wobei weitere Merkmale wichtig sind (z. B. der externe Faktor). Zwar sind alle Dienstleistungen zu den immateriellen Gütern zu zählen, umgekehrt sind aber nicht alle immateriellen Güter Dienstleistungen, z. B.:

- **Nominalgüter:** Geld, Darlehens-, Beteiligungswerte
- **Immaterielle Realgüter:** Arbeitsleistungen, Kapital, Patente, Konzessionen, Informationen, Rechte auf materielle/immaterielle Güter

Bei vielen Dienstleistungen dominiert zweifellos der Faktor Arbeit. Bei Dienstleistungen handelt es sich um das logische Gegenteil der Eigenleistung, also sind Dienstleistungen stets für fremden Bedarf produzierte immaterielle Wirtschaftsgüter. Ebenso ist Information als sui generis aufzufassen, aber bereits das Sammeln bzw. Recherchieren, Aufbereiten, Auswerten, Übertragen und Übermitteln von Informationen für fremden Bedarf ist bereits eine Dienstleistung, oft sogar eine sehr teure (z. B. Unternehmensberater).

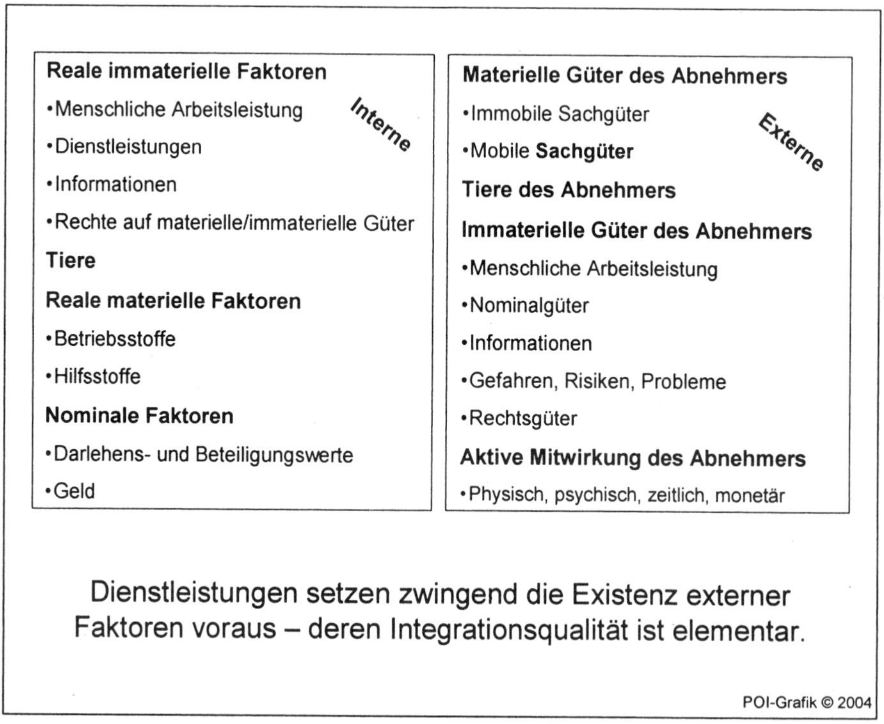

Reale immaterielle Faktoren
- Menschliche Arbeitsleistung
- Dienstleistungen
- Informationen
- Rechte auf materielle/immaterielle Güter

Tiere

Reale materielle Faktoren
- Betriebsstoffe
- Hilfsstoffe

Nominale Faktoren
- Darlehens- und Beteiligungswerte
- Geld

Interne

Materielle Güter des Abnehmers
- Immobile Sachgüter
- Mobile Sachgüter

Tiere des Abnehmers

Immaterielle Güter des Abnehmers
- Menschliche Arbeitsleistung
- Nominalgüter
- Informationen
- Gefahren, Risiken, Probleme
- Rechtsgüter

Aktive Mitwirkung des Abnehmers
- Physisch, psychisch, zeitlich, monetär

Externe

Dienstleistungen setzen zwingend die Existenz externer Faktoren voraus – deren Integrationsqualität ist elementar.

POI-Grafik © 2004

Abbildung 59: Dienstleistungsproduktion: Interne und externe Faktoren

Vor diesem Hintergrund ist es schon eine bizarre Situation, dass erst in jüngerer Zeit der Bilanzierung in Humanvermögen Aufmerksamkeit geschenkt wird, denn der gegenwärtig übliche Jahresabschluss bildet solche immateriellen Investitionen nur unzureichend ab, obwohl doch von ihm der höchste Wertgenerierungsanteil stammt (*Schmid* 2004a).

Interne Produktionsfaktoren sind damit **Inputfaktoren**, die der Dienstleistungs-Anbieter zum Einsatz bringt - dabei kommt es weniger auf das Produkt als vielmehr auf seine Stellung im Produktionsprozess an:

- Wasser ist als **Rohstoff** zur Herstellung von Getränken keine Dienstleistung.

- Wasser ist **Hilfsstoff** zur Kühlung eines Kernreaktors zur Erzeugung der Dienstleistung Energie.
- Wasser als **Betriebsstoff** zum Beteiben einer Turbine und damit zur Erzeugung von Energie ist definitiv eine Dienstleistung.
- Das **Transportmittel** Pferd ist als Dienstleistung anzusehen, aber Pferdefleisch als Rohstoff für Nahrungsmittel nicht.

Externe Produktionsfaktoren bzw. deren Verfügbarkeit bilden die conditio sine qua non bzw. den **limiting factor der Dienstleistungsproduktion**; man unterscheidet generell drei Optionen:

- **Materiell und/oder immaterielle Güter/Lebewesen** werden von außen eingebracht (z. B. Auto zur Reparatur, Haushund zum Arzt).
- Der **Abnehmer beteiligt sich passiv an der Dienstleistungsproduktion** (z. B. Friseur wäscht und schneidet die Haare).
- Der **Abnehmer beteiligt sich aktiv an der Dienstleistungsproduktion** (z. B. Tennisstunde beim Trainer auf dem Platz).

Im Unterschied zu materiellen Gütern werden Dienstleistungen in der Regel zuerst abgesetzt, bevor sie konsumiert werden (z. B. Lkw-Versicherung), eher selten liegt eine zeitlich und/oder räumliche Simultanität vor (z. B. Telekommunikationskosten).

4.2.2 Die besondere Notwendigkeit der Markierung von Dienstleistungen

Die Intangibilität hat zur Folge, dass Produkteigenschaften, die erst während oder nach dem Kauf bzw. weder vor noch nach dem Kauf beurteilt werden können, sehr riskant sind. Diese Eigenschaft hat Auswirkungen auf die Qualitätswahrnehmung von Dienstleistungen. Der Kunde orientiert sich aufgrund der eingeschränkten eigenen Beurteilungsmöglichkeiten bei seiner Erwartungsbildung ersatzweise an bestimmten Surrogat- und Schlüsselinformationen. Dazu zählen neben den sichtbaren materiellen Elementen der Dienstleistungen bzw. **physical evidence** (z. B. Gebäude, Räume, Ausstattung) in erster Linie die **Marke**. Mit der Marke erhält der Kunde ein Qualitätsversprechen, welches Sicherheit verschafft und das wahrgenommene Kaufrisiko reduziert.

Wichtige **Gründe zur Markierung von Dienstleistungen** sind (*Stauss* 1998):

- Beim Kauf von Dienstleistungen empfindet der Kunde die mit dem Konsum verbundenen Risiken. So kann er nicht wissen, ob das Leistungsergebnis zu seiner Zufriedenheit eintritt (z. B. ob die zu erwartenden Vorschläge des Unternehmensberaters ihr Geld wert sind). Des weiteren ist der Kunde sich dessen bewusst, dass er das Ergebnis der Dienstleistung nur schwer bzw. gar nicht mehr rückgängig machen kann. **Subjektive Sicherheit beim Kunden** kann auch im Dienstleistungssektor nur über die Entwicklung einer starken Marke erfolgen. Mit zunehmender Immaterialität von Dienstleistungen nimmt auch die Notwendigkeit ihrer Markierung zu. Aufgrund des hohen Anteils an Erfahrungs- und Vertrauenseigenschaften empfinden Dienstleistungskunden ex ante tendenziell ein höheres subjektives Kaufrisiko. Starke Dienstleistungsmarken sind als Vertrauensanker anzusehen. Eine Dienstleistungsmarke übernimmt dann **quasi** eine **Garantiefunktion** (z. B. Finanzdienstler, Hausbank, Metzger oder Rechtsanwalt meines Vertrauens). Beispielsweise bauen Steuerberater ihren Kundenstamm insbesondere über Mund-zu-Mund-Propaganda aus.

- Ein weiterer Grund, der die Markierung erforderlich macht, ist, dass aufgrund ihrer **Immaterialität** Dienstleistungen **kaum** vor Nachahmung zu schützen und daher kaum **patentierbar** sind. Das bedeutet, dass Angebotsideen – z. B. die der Finanzdienstleister – schnell und leicht kopiert werden und vom Kunden kaum zu unterscheiden sind. Damit entsteht die Gefahr der leichten Austauschbarkeit von Dienstleistungen. Hierin wird deutlich, dass die Marke ein zentrales Instrument zur Differenzierung des Angebots darstellt. Dienstleistungen sind vergleichsweise schwer gegen Imitationen zu schützen, d. h. es entsteht das **Risiko der Multiplikation von Angebotsideen** (z. B. Tarifdschungel im Bereich der Telekommunikation, der Versicherungen).

Ursprünglich nach dem Vater der Markentechnik, Domizlaff, zählen lediglich Fertigwaren zu den markierungsfähigen Gütern, sofern sie

- mit konstantem Auftritt und Preis,
- in einem größeren Verbreitungsraum zur Verfügung stehen (Ubiquität) und
- mit kommunikativer Unterstützung beim Verbraucher,
- in gleichbleibender Menge und
- konstanter bzw. verbesserter Qualität

angeboten werden. **Diese statische Sichtweise schließt Dienstleistungsmarken aus.**

Erst seit Beginn der 90er Jahre wurde die Notwendigkeit und das **Erfolgspotenzial eines Markenmanagements für Dienstleistungen erkannt.** Die neuere Sicht ergänzt die herstellerbezogene Sichtweise um die Konsumentenwahrnehmung, d. h. von nun an werden alle Produkte und Dienstleistungen potenziell in Betracht gezogen, die vom Kunden wahrgenommen werden können. Bei der Markierung von Dienstleistungen wird die situative Sicht explizit einbezogen.

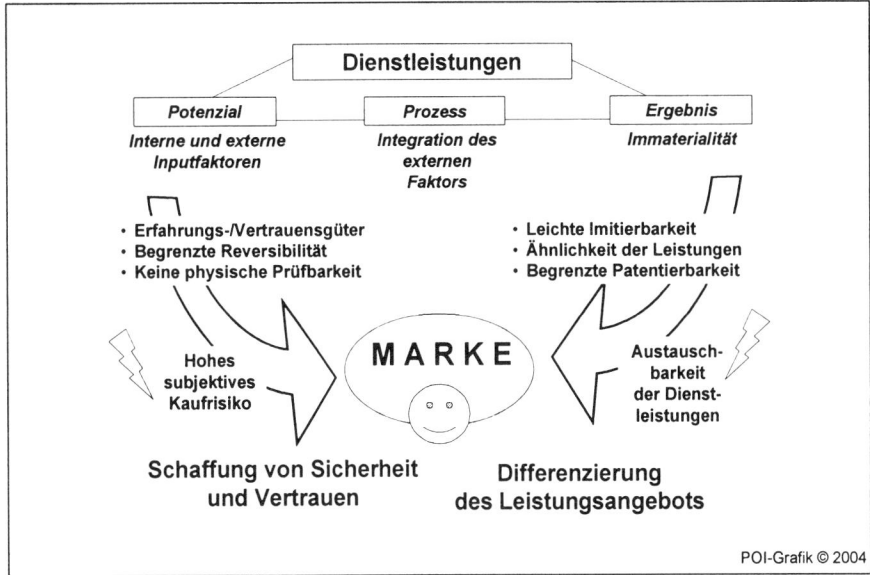

Abbildung 60: Markenmanagement für Dienstleistungen

4.2.3 Probleme der Markierungspolitik von Dienstleistungsunternehmen

Aufgrund der charakteristischen Merkmale einer Dienstleistung entstehen u. a. folgende markentechnischen Probleme (vgl. *Stauss* 1998, *Malaval*, 2001):

- **Visualisierung des Markenzeichens:** Aufgrund der Nichtgreifbarkeit von Dienstleistungen ist es nicht möglich, das Markenzeichen auf dem Produkt bzw. seiner Verpackung anzubringen. Es ist daher erforderlich, Alternativen zu finden, um das Markenzeichen visualisieren zu können. Durch die Kundenbeteiligung an der Leistungserstellung erscheint die Dienstleistungsnutzung nicht als kurzfristiger Eindruck, sondern als Leistungserstellungsprozess. Der Konsum einer Dienstleistung läuft in mehreren Schritten ab. Dadurch kommt der Kunde zu verschiedenen Zeiten mit verschiedenen Kontaktpunkten in Berührung. Der Kunde erhält somit eine Vielzahl von Qualitätseindrücken, die der eigentlichen Kernleistung vor- und nachgelagert sind. Zu diesen **Kundenkontaktpunkten** gehört z. B.
    o der persönliche Austausch zwischen Kunde und Dienstleister am Telefon oder am Empfang,
    o physische Objekte wie z. B. Gebäude und Büroeinrichtung.

An diesen Kundenkontaktpunkten nimmt der Kunde die Dienstleistungsmarke wahr. Wichtig für den Anbieter ist es, diese Kundenkontaktpunkte zu analysieren und herauszustellen. Über die unterschiedlichen Markierungsmöglichkeiten sollte es nun dem Anbieter gelingen, die **Marke an sämtlichen Kundenkontaktpunkten** nach gleichbleibenden Gestaltungsprinzipien, aber situationsgerecht zu differenzieren (z. B. Firmenschild, Eingangshalle, Firmenfahrzeug). Genauso wichtig ist die Markierung der Mitarbeiter z. B. durch einheitliche Kleidung oder Namensschilder, die es dem Kunden erleichtern den richtigen Ansprechpartner zu finden. Um den Kontakt des Kunden mit der Dienstleistungsmarke zu intensivieren, kann z. B. eine (entfernbare) Markierung (Anhänger o. Ä.) an einer Maschine nach einer Reparatur angebracht werden oder aber es können give-aways (z. B. Streichholzschachteln, Kugelschreiber) an die Kunden verteilt werden - vor allem dann, wenn Kunden den Dienstleistungskonsum als Prestigeobjekt nach außen darstellen wollen. In vielen Bereichen des B2B-Dienstleistungssektors wird über die Visualisierung der Service-Leistung auch die allgemeine Öffentlichkeit auf die Dienstleistungsmarke aufmerksam. Beispielsweise spricht *Industrial Cleaning Services International* mit der Kennzeichnung seiner Firmenwagen nicht nur Geschäftskunden an - auch Privatpersonen registrieren die Dienstleistungsmarke.

- **Gewährleistung einer markenartikelgemäßen Qualitätskonstanz:** Das Ergebnis einer Dienstleistung ist aufgrund der Kundenbeteiligung nur schwer konstant zu halten. Es differiert umso stärker, je mehr das persönliche Verhalten der Mitarbeiter ausschlaggebend und je individueller die Leistung auf Kundenwünsche ausgerichtet ist. Dienstleister, die ihr Angebot als Markenartikel positionieren wollen, versuchen durch Standardisierung des Angebots die Kunden davon zu überzeugen, dass bei jeder Nutzung die Qualität der Leistung als gleichbleibend gut wahrgenommen wird. Standardisierungen können in verschiedenen Bereichen vorgenommen werden. Die **Standardisierung der materiellen Inputfaktoren** kann z. B. durch einheitliche Ausstattung von Gebäuden und Einrichtungen geschaffen werden (physical evidence).

Handelt es sich bei diesen Faktoren gleichzeitig um **Kundenkontaktpunkte**, so wird damit die Standardisierung der Leistungswahrnehmung durch die Kunden gefördert. Eine Standardisierung der menschlichen Inputfaktoren kann mit einer Vielzahl von Instrumenten zur Angleichung von Fähigkeiten und Fertigkeiten des Personals sowie durch **Verhaltensstandardisierung** (wie Arbeitsanweisungen und Leistungsvereinbarungen) erreicht werden. Mit zunehmender Abhängigkeit der Leistungserstellung vom Mensch erhöht sich die Problematik der Leistungsstandardisierung. Die Standardisierung der Leistungsprozesse erfolgt über eine **konsequente Prozessanalyse**, in der dienstleistungsbezogene Aktivitäten phasenspezifisch geplant, Schnittstellen und Verantwortlichkeiten definiert und Kontrollgrößen festgelegt werden. Leistungsergebnisse können standardisiert werden über die Fixierung von Zeiten (z. B. Auftragsbestätigung innerhalb von 48 Stunden). Auch die Kundenerwartungen können standardisiert werden, indem die Kommunikationspolitik die Konsumsituation und das dort übliche Verhalten darstellt.

Ist eine Standardisierung nicht möglich, kann der Dienstleister gerade die **Individualität der Leistungserstellung zum Positionierungsziel und Markenkern** wählen. Dem Kunden wird dann nicht eine Leistung auf gleichbleibend hohem Niveau versprochen, sondern die hohe Qualität der Dienstleistung wird damit begründet, dass auf individuelle Wünsche eingegangen wird. Wird dieses Leistungsversprechen gehalten und setzt sich der Differenzierungsvorteil am Markt durch, ist gleichfalls eine Dienstleistung als Markenartikel etabliert.

- **Visualisierung des Markenvorteils:** Bei Dienstleistungen, deren Nutzen besonders abstrakt ist, gibt es Probleme, den Kundenvorteil im Rahmen der Kommunikationspolitik zu verdeutlichen. Zur Visualisierung des Nutzens kann das Angebot mit Hilfe materieller Elemente begreifbar gemacht werden, mit denen der Kunde bei der Dienstleistungsnutzung in Kontakt kommt (**Tangibilisierung**). Markenpolitisch wird diese Forderung umgesetzt, indem der zentrale Kundennutzen bei der Gestaltung des Markenzeichens in einem leicht interpretierbaren Symbol ausgedrückt wird. Beispielsweise bringen Versicherungen ihr Produktversprechen ‚Schutz' bildhaft durch eine Burg wie im Fall der Nürnberger Versicherung zum Ausdruck.

- **Schaffung von Phantasiemarken:** Aufgrund der Intangibilität der Dienstleistung ist die Bildung von Phantasiemarken kaum möglich.

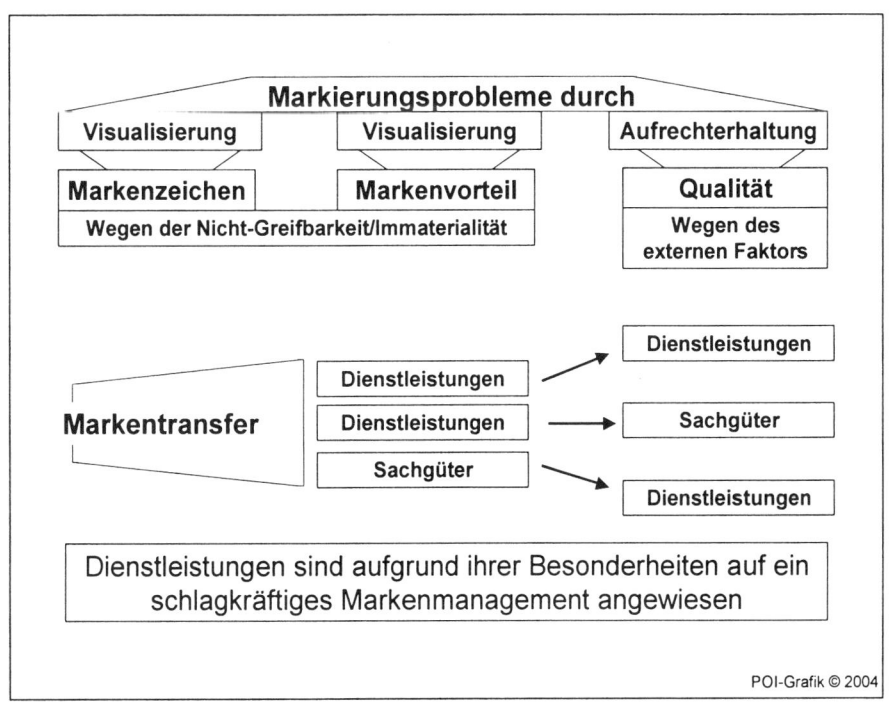

Abbildung 61: Markierungsprobleme bei Dienstleistungen

Vor dem Hintergrund der geschilderten Probleme ist der **Markentransfer auch im Konsumgütermarketing sehr beliebt**, also die Übertragung bekannter Markennamen auf neue Produkte, um Synergien zu realisieren.

- **Dienstleistung auf Dienstleistung** (z. B. Intercity Kurierdienst und Intercity Hotels),
- **Dienstleistung auf Sachgut** (z. B. Mövenpick Restaurants, Systemgastronomie),
- **Sachgut auf Dienstleistung** (z. B. Tchibo Shop, Camel Trophy, Camel Shop, Peter Stuyvesant Travel)

Ein **Markentransfer ist auch preislagenstrategisch möglich**, d. h. es kommt zur Übernahme des im Sachgütermarketing weit verbreiteten Ansatzes, um möglichst alle Preissegmente abzudecken (Beispiel Hotelketten).

Zwischenergebnis:

Der klassische Markenartikel ist ein materielles Konsumgut; selbst im Bereich der materiellen Hightech-Industriegüter ist der Markenbegriff in der Unternehmenspraxis oft noch unterentwickelt. Es gibt aber erfolgreiche Ausnahmen aus der Unternehmenspraxis:

- **Hightech bei Konsumgütern oft mit Markierung:** Teflon, Goretex, Tetra Pak, Shimano, Intel inside,
- **Hightech im Automobilsektor:** Bose Soundsystem gehört zu den wenigen Ausnahmen (vgl. auch Teil 2, Kapitel 2).

Eine Marke ist ein Zeichen, das Unternehmen verwenden, um die von ihnen angebotenen Wirtschaftsgüter **identifizierbar** und damit **differenzierbar** zu machen. Markenmanagement bei Dienstleistungen ist deshalb so wichtig, weil der

- Anteil an Sucheigenschaften bzw. Search qualities gering ist,
- Anteil an Erfahrungs- bzw. Vertrauenseigenschaften (Experience bzw. Credence qualities) hoch ist.

Bedingt durch die oben dargestellten eingeschränkten Beurteilungsmöglichkeiten sucht der Kunde nach **Schlüsselinformationen:**

- **Materielle Faktoren** wie physische Beschaffenheit (physical evidence), z. B. Kundenempfangsbereich eines Unternehmens und
- Die Marke seines Vertrauens als Indikator für die zu **erwartende Qualität**.

Die Unsicherheit bzw. das subjektive Kaufrisiko bei Dienstleistungen kann auf unterschiedliche Weise hervorgerufen werden und ist immer situationsbedingt:

- Der Kunde kennt die physischen Belastungen/Folgelasten nicht (z. B. Coaching), ist also **physisch bedingt**,

- Der Kunde ist sich nicht sicher, ob der Rat gut ist (z. B. Rechtsanwalt), ist also **monetär bedingt**,

- Der Kunde kann die Dienstleistung nicht problemlos rückgängig machen (z. B. Reparatur), ist also **psychisch bedingt**.

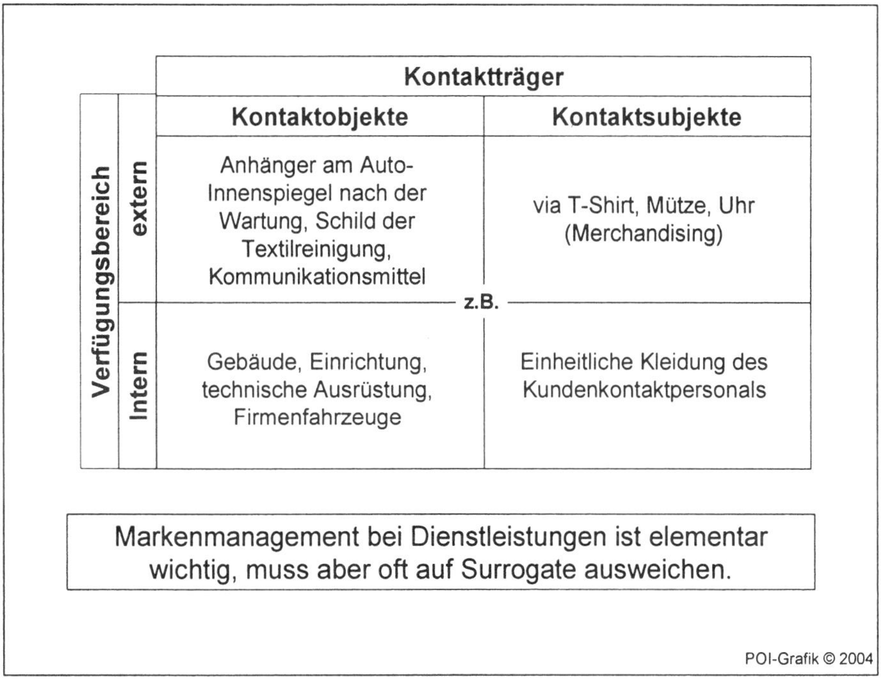

Verfügungsbereich		Kontaktträger	
		Kontaktobjekte	**Kontaktsubjekte**
	extern	Anhänger am Auto-Innenspiegel nach der Wartung, Schild der Textilreinigung, Kommunikationsmittel	via T-Shirt, Mütze, Uhr (Merchandising)
	intern	Gebäude, Einrichtung, technische Ausrüstung, Firmenfahrzeuge	Einheitliche Kleidung des Kundenkontaktpersonals

z.B.

Markenmanagement bei Dienstleistungen ist elementar wichtig, muss aber oft auf Surrogate ausweichen.

POI-Grafik © 2004

Abbildung 62:
Kontaktträger und Verfügungsbereich im Markenmanagement für Dienstleistungen

Wie oben bereits ausgeführt, kann wegen der Nicht-Greifbarkeit von Dienstleistungen das Markenzeichen nicht auf dem Produkt selbst angebracht werden. Folgende **Markierungsmöglichkeiten** bestehen dennoch auch bei Dienstleistungen:

- **Unternehmensinterne Kontaktobjekte aufgrund der Integration des externen Faktors:** z. B. Gebäude, Einrichtung, technische Ausrüstung, Firmenfahrzeuge (Kurierdienste etc.), Verkehrsmittel (Bahn, Flugzeuge etc.).

- **Unternehmensinterne Kontaktsubjekte aufgrund der erforderlichen Interaktion zur leichteren Orientierung:** z. B. direkt über einheitliche Kleidung des Kundenkontaktpersonals (Flughafen, Fluglinie Stewardess) oder dezenter durch Buttons, Namensschilder.

- **Unternehmensexterne Kontaktobjekte:** z. B. Anhänger am Auto-Innenspiegel nach der Wartung, Schild der Textilreinigung, Kommunikationsmittel wie Werbebroschüren, Rechnungen, Werbegeschenke wie Streichhölzer; letzteres dient der Förderung des Erinnerungsvermögens des Kunden und Anregung zum Wiederkauf.
- **Unternehmensexterne Kontaktsubjekte:** z. B. Hinweis via T-Shirt, Mütze, Uhr auf den Konsum prestigebeladener Dienstleistungen. Hierbei handelt es sich um das typische Feld des Merchandisings.

Da **Motto** für Dienstleister muss daher lauten: **Making the service tangible** – beispielsweise via Kommunikationspolitik mit Fokussierung auf die tangiblen Elemente der jeweiligen Dienstleistung (physical evidence etc.).

Zugleich wichtig und schwierig ist außerdem die **Konstanthaltung der Servicequalität**, denn genau dies gehört zum Kennzeichen starker Marken. Aufgrund der Integration des externen Faktors ist aber jede Dienstleistung einmalig und damit ist sie hinsichtlich ihrer Qualität schwer stabil zu halten: Jede Interaktion mit dem Kunden ist anders bzw. individuell, aber ohne Kundeninteraktion kann keine Dienstleistung entstehen. Insofern muss der Aspekt der Persönlichkeit und Kundenorientierung markenstrategisch herausgearbeitet werden.

4.2.4 Rechtliche Situation für Dienstleistungsmarken

Seit dem 01.04.1979 können Dienstleistungsmarken beim Deutschen Patentamt eingetragen werden. Durch die Gleichstellung von Warenzeichen und Dienstleistungsmarken finden sämtliche Regelungen des Gesetzes und die durch Rechtsprechung und Lehre herausgearbeiteten warenzeichenrechtlichen Grundsätze auch Anwendung auf Dienstleistungen (*Stauss* 1995).

> Mit der **Eintragung der Dienstleistungsmarke** in das amtliche Register erhalten Unternehmen das Recht, Dienstleistungen zu markieren, auf den Markt zu bringen und ihr Logo für Werbezwecke und auf ihrem Briefkopf zu verwenden (*Bieberstein* 1995, S. 221).

Eine **besondere Problematik** bezüglich der rechtlichen Situation ergibt sich für **Dienstleistungsmarken der Freien Berufe** (Architekten, Steuerberater, Rechtsanwälte). Sind die Freiberufler in der Rechtsform der Gesellschaft des bürgerlichen Rechts, die keine Markenfähigkeit besitzt, organisiert, so besteht keine Eintragungsmöglichkeit in die Warenzeichenrolle des Deutschen Patentamtes. Ein weiteres Hindernis sind **standesrechtliche Vorschriften**, die in der Markierung von Dienstleistungen einen Verstoß berufswidriger Werbung darstellen. Mittlerweile gibt es allerdings einige Möglichkeiten, diese **Markierungserschwernisse zu umgehen** (*Stauss* 1995).

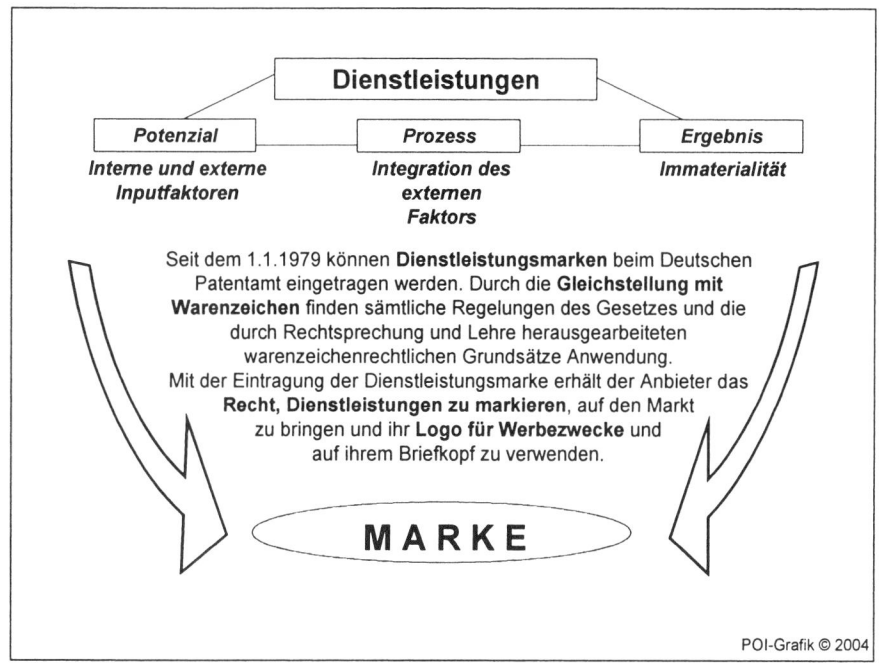

Abbildung 63: Markenrecht bei Dienstleistungen

4.2.5 Markenkern und Kerndimensionen einer starken Marke

Die Märkte der Gegenwart sind meist Verdrängungsmärkte. Das Produktangebot der verschiedenen Anbieter ist für den Verbraucher schwer oder gar nicht mehr zu unterscheiden. So wird die **Marke zum wertvollsten Kapital des Unternehmens**: Die Marke macht plötzlich den (oft irrationalen) Unterschied, die Marke schafft

- Präferenz,
- loyale Kundschaft und
- notwendige Gewinnmarge.

Daher schlägt sich im **Wert der Marke** nicht nur die Kundenwertschätzung für die Dienstleistung nieder, sondern auch im **Unternehmenswert**. Allein durch die Verwendung eines Logos oder eines Slogans wird keine Marke geschaffen. Nur ein ganzheitlicher und individueller Auftritt auf dem Markt ist Grundlage für einen erfolgreichen Markenaufbau. Entscheidend für einen konkurrenzfähigen Marktauftritt ist eine dauerhaft starke Marke (*Richter/Werner* 1998).

Ein **eindeutiger Markenkern** ist der Hauptbestandteil einer starken Marke (vgl. Kapitel 2.5). Starke Marken sind markant – sie besitzen einen Markenkern, der für den Kunden deutlich und relevant ist und der sich in allen Kontaktpunkten mit dem Unternehmen widerspiegelt. Rund um den Markenkern bildet der Kunde **Assoziationen**, die im Gegensatz zum Markenkern nicht unbedingt einen Kundennutzen darstellen. Sie entstehen über die **Kommunikationspolitik**, aber auch durch immer gleiche direkte oder indirekte Erfahrungen der Kunden mit der Marke. Über die zentrale Assoziation stellt der Markenkern den hauptsächlichen Kaufgrund für den Kunden dar. Dieser hat einen funktionalen und meist auch einen emotionalen Aspekt.

- Der **funktionale Kundennutzen** stellt den Qualitätsanspruch der Marke dar und bietet dem Kunden einen sachlichen Vorteil aus der Inanspruchnahme der Marke (z. B. die Transaktionszuverlässigkeit bei United Parcel Service). Entscheidend ist, dass die versprochene Qualität jederzeit gewährleistet wird. Nur wenn sich die Erfahrungen der Kunden mit dieser Marke zu jeder Zeit wiederholen lassen, führt das zu einer starken Marke. Erst dann unterstützt das Vertrauen in die Marke den Kundenentscheidungsprozess, so dass sich die Marke dauerhaft am Markt durchsetzen kann.

- Der **emotionale Kundennutzen** bezeichnet die gefühlsmäßige Beziehung zwischen Marke und Nutzer und erreicht damit die langfristige Markenbindung, die von der Konkurrenz nur schwer einzuholen ist.

Die Agentur Young & Rubicam Inc kam über die Entwicklung des **Brand Asset™ Valuator** zu der Erkenntnis, dass die **hauptsächlichen Kerndimensionen einer starken Marke** sich auf vier Dimensionen konzentrieren (*Richter/Werner* 1998):

- **Differenzierung**, d. h. eine eigenständige Leistung, die den Dienstleister von Wettbewerbern unterscheidet. Wenn mehrere Wettbewerber denselben Markenkern belegen, sind weitere Differenzierungsmerkmale notwendig.

- **Relevanz**, d. h. der Markenkern muss für die Zielgruppe relevant sein. Hierzu muss eine Abstimmung auf die Werte und Einstellungen und auf die Probleme der Kunden erfolgen.

- **Ansehen:** Ansehen entsteht aus relevanter Differenzierung. Je bedeutender das Angebot, umso schneller lässt sich Ansehen, welches sich aus den Kategorien Popularität und Qualität zusammensetzt, erreichen. Ansehen braucht vor allem Zeit, um sich zu entwickeln. Es hängt mehr von der erlebten Präsenz im Markt und weniger von der tatsächlichen Marktgröße ab.

- **Vertrautheit:** Ein relevantes, differenzierendes Produktangebot schafft über die Zeit außer Ansehen auch Vertrautheit: Es entsteht eine emotionale Beziehung. Die emotionale, irrationale Beziehung zwischen dem Verbraucher und dem Angebot kennzeichnet eine Marke, z. B. sortieren Kunden von Messebauern oft Angebote fremder Hersteller für sich selber aus, ohne sich je mit dem konkreten Angebot beschäftigt zu haben.

Alle vier Faktoren sind bei starken Marken nahezu gleich stark ausgeprägt.

4.2.6 Unterschiede: Klassischer Markenartikel versus Dienstleistungsmarke

B2B-Marken besitzen mit Konsumgütermarken viele Gemeinsamkeiten. So baut der Markenerfolg grundsätzlich auf einer bewusst eingesetzten Markentechnik und kontinuierlichen Markenpflege auf. Dabei ist die Funktionsweise von B2B-Marken und Konsumgütermarken im Prinzip identisch. Diese Aussage schließt unserer Meinung nach auch Dienstleistungsmarken im B2B-Bereich mit ein. Wir meinen, dass nachfolgende **Besonderheiten der B2B-Marken auf Dienstleistungen auszudehnen** sind:

- B2B-Marken sprechen meist keine Einzelpersonen an, sondern das so genannte **Buying Center**.

- Das Dienstleistungsangebot von Markenartiklern auf B2B-Märkten setzt in bestimmten Branchen (z. B. Anlagenbau) meist ein gewisses **technisches Grundverständnis** voraus.

- **Beschaffungen** auf B2B-Dienstleistungsmärkten benötigen in der Regel einen **längeren Zeitraum** als im B2C-Bereich.

- Der Kauf einer Dienstleistung befriedigt den **abgeleiteten Bedarf des Unternehmens** und nicht den persönlichen.

- Die mit der B2B-Dienstleistungsmarke **angesprochene Zielgruppe** ist meist überschaubar.

- Die Beziehung zwischen Entscheider und B2B-Marke ist meist **zweckbestimmt** und nur selten persönlicher Natur.

> Zusätzlich zu den Besonderheiten der B2B-Marken kann speziell bei **Dienstleistungsmarken** davon ausgegangen werden, dass **Vertrauen und Ansehen bedeutender** für einen starken Markenkern sind **als Differenzierung und Relevanz**.

Prinzipiell unterscheidet sich der klassische Markenartikel von der Dienstleistungsmarke dadurch, dass sich der klassische Markenartikel auf die gleichbleibende Qualität eines greifbaren Produkts beziehen kann, während die Dienstleistungsmarke darauf verzichten muss. Dienstleistungen sind abhängig von der schwer zu standardisierenden persönlichen Leistung der Mitarbeiter des Dienstleistungsunternehmens, die die Dienstleistung letztlich erbringen bzw. persönlich repräsentieren. Die Leistungsbeurteilung der Marke im Bereich Dienstleistungen durch den Nachfrager erfolgt nicht nur durch das Dienstleistungsergebnis, sondern vielmehr über die Erstellung bzw. den Prozess der Erstellung. Das Ergebnis als Grundnutzen wird für selbstverständlich genommen und ermöglicht somit keinerlei Differenzierung (z. B. wird eine Fluglinie nicht danach beurteilt, ob man auch wirklich dort ankommt, wo man hin wollte, sondern wie dieser Prozess des Hinkommens abläuft).

Das vorherige Ausprobieren der Dienstleistung ist nicht möglich und eine spätere Reklamation nur schwer durchzusetzen. Beispielsweise kauft man eine unprofessionelle Beratung meist als ‚Katze im Sack', da man erst nach der Inanspruchnahme zu diesem Urteil gelangen kann. Materielle Produkte lassen sich dagegen zumindest vortesten (z. B. Probefahrt mit einem Nutzfahrzeug).

All dies führt dazu, dass der Kunde mehr als beim klassischen Markenartikel auf Versprechungen und emotionale Kriterien, wie ‚ein Gefühl von Sicherheit und Vertrauen' angewiesen ist. Vertrauen wird so zur Voraussetzung für die Annahme eines Angebots überhaupt.

Der Kunde sieht das Angebot der Marke, so immateriell es auch sein mag, dennoch gesamtheitlich als Produkt und damit als profilierende Leistung des Anbieters. Die Leistung des Dienstleistungsanbieters besteht eben nicht nur aus Grund- und Zusatznutzen eines Objekts, sondern zeigt eine Vielzahl unterschiedlicher Facetten wie z. B. Preis/Leistungsverhältnis, Ambiente, additive Serviceleistungen u. v. m. Unter diesen Umständen ist es sicherlich schwieriger, sich von den Konkurrenzangeboten zu differenzieren und eine eigenständige und unverwechselbare Markenpersönlichkeit aufzubauen. In einer Wirtschaftswelt, in der Dienstleistungen immer mehr an Bedeutung gewinnen, ist es auch im Dienstleistungsbereich notwendig, sich relevant von vergleichbaren Angeboten zu differenzieren und eine emotionale Beziehung zu schaffen, um einen loyalen Kundenstamm auf- und auszubauen. **Die dynamische Kraft der Marke wird immer mehr auch im Dienstleistungsbereich zur Grundvoraussetzung für den Erfolg im Markt** (*Richter/Werner* 1998).

4.2.7 Profilierung im Dienstleistungsbereich durch integrierte Kommunikation

Für Marken im Dienstleistungssektor ist eine klare Leistungsprofilierung trotz breiten Sortiments erfolgsentscheidend. Die Unternehmensberatung Accenture hat dies erfolgreich umgesetzt. Trotz der mit der Konkurrenz durchaus vergleichbaren Angebotspalette hat sich eine aus Kundensicht starke und eigenständige Marke etabliert (vgl. Teil 2). Viele Dienstleister scheuen es, eine Leistungspräzision vorzunehmen, da Profilierung in letzter Konsequenz Fokussierung und damit auch Sortiments- bzw. Leistungsbereinigung bedeutet. Ein Profil muss schließlich, um glaubwürdig zu sein, täglich unter Beweis gestellt werden (*Richter/Werner* 1998).

Unter **integrierter Kommunikation** wird hier die inhaltliche und formale Abstimmung aller Maßnahmen der Marktkommunikation verstanden, um die von der Kommunikation erzeugten Eindrücke zu vereinheitlichen und zu verstärken. Die durch die Kommunikationsmittel hervorgerufenen Wirkungen sollen sich gegenseitig unterstützen (*Esch* 2004).

Mit Hilfe der integrierten Kommunikation können imagerelevante Strukturen im Gedächtnis der Käufer verankert werden, um somit Dienstleistungsmarken erfolgreich im Markt zu positionieren. Durch die zeitliche Abstimmung der Kommunikation und ihrer eingesetzten Instrumente kann eine Optimierung der Kontaktwirkung erreicht werden. Mit der Umsetzung dieses Kommunikationskonzeptes soll der Kunde sich leichter an die Kommunikation erinnern, sowie seine Vorliebe für die Marke verstärken bzw. verfestigen. Außerdem wird eine **Zersplitterung der Kommunikationswirkung vermieden**, wodurch sich Kostensenkungspotenziale ausschöpfen lassen.

Die **Werbung als Leitinstrument der integrierten Kommunikation** sollte beim Entwicklungsprozess der Positionierung einer Dienstleistungsmarke als Grundlage herangezogen werden. Unseres Erachtens spielt im B2B-Bereich das **Internet für die Markenwerbung** eine bedeutende Rolle, dagegen hat TV- und Radiowerbung eine geringe Bedeutung. Der Positionierungsprozess einer Dienstleistungsmarke benötigt Zeit und ist systematisch zu gestalten und zu begleiten. Obwohl es wesentlich aufwändiger ist, neue Angebote in ein integriertes Kommunikationskonzept einzubauen, ist dies jedoch ein guter Weg, schnell und wirksam klare Markenbilder und einen Markenwert für Dienstleistungsmarken aufzubauen.

Durch den **Einsatz einer formalen Klammer** kann die Marke leichter im Kundengedächtnis verfestigt werden. Darunter versteht man den konsequenten Einsatz klassischer Merkmale wie Farben, Formen u. ä. Die **inhaltliche Integration** erfolgt durch den Einsatz von einheitlichen Bildern und Sprachelementen (Slogans), was in der Praxis häufig durch Schlüsselbilder realisiert wird. Bei Kommunikationsmaßnahmen wie dem **persönlichen Verkauf** müssen die Integrationsklammern nicht so stark ausgeprägt sein wie bei der Werbung, da hier das Interesse der Kunden größer ist. Es ist möglich, die Botschaften und Informationen zu einer Dienstleistungsmarke auf den einzelnen Kunden individuell abzustimmen. Bis jetzt steckt diese Form der Markenkommunikation im Dienstleistungssektor noch in den Anfängen (vgl. *Esch* 2004; *Haller* 2001).

4.3 Markenführung und Markenpolitik bei Dienstleistungen

In der Markenführung reicht es nicht, allein ein Leistungsangebot zu markieren, sondern es bedarf eines Gesamtkonzeptes, wodurch alle relevanten Elemente der Markenführung integriert werden können und das so zu einer angestrebten Marktposition führt (*Tomczak et al.* 1998). **Strategische Markenführung** mit dem Ziel, die zukünftigen Aufgaben der Marke eines Unternehmens zu definieren, besteht aus

- Umwelt- und Unternehmensanalyse,
- Zielsystem und
- grundsatzstrategischen Entscheidungen wie Positionierungsziele, identitätsorientierte Markenführung, markenstrategische Optionen und Markenpolitik.

4.3.1 Umwelt- und Unternehmensanalyse

Grundlegende Entscheidungen, welche die strategische Markenführung betreffen, müssen verschiedene **Informationen** aus dem Unternehmen selbst und aus dem Umfeld des Unternehmens berücksichtigen.

Eine Markenphilosophie kann nur dann realisiert werden, wenn sich das Unternehmen neben der Kundenorientierung auch gleichzeitig um seine Mitarbeiter kümmert, da die Mitarbeiter eine bedeutende Rolle im Unternehmen spielen. Damit diese im Kundenkontakt die Markenphilosophie auch verkörpern, sollte vor allem das Management die **Markenphilosophie leben**. Es ist sinnvoll, Schulungen für Mitarbeiter anzubieten, damit diese auch das **Markenimage im Kundenkontakt verkörpern**.

Im Zusammenhang mit der Kommunikationspolitik kann man zwischen unerfahrenen und erfahrenen Kunden bzw. Erst- und Wiederkäufern unterscheiden. Beim Erstkäufer sollte eher Wert auf so genannte Kommunikationsmaßnahmen gelegt werden, damit der Kunde das Dienstleistungsangebot schneller wahrnimmt. Hingegen hat der Wert und die Qualität der Dienstleistung eine geringere Bedeutung. Der Wiederkäufer hat sich bereits seine Meinung von der Marke gebildet und reagiert daher weniger auf die Kommunikation.

Außerhalb des Unternehmens ist der **Einfluss der Stakeholder** (Kapitalgeber, Staat, Arbeitnehmer, Verbände etc.) auf die Marke **aus folgenden Gründen zu berücksichtigen** (*Tomczak et al.* 1998):

- **In Dienstleistungsbranchen dominieren Firmenmarken:** Deshalb haben negative Ereignisse, die auch nur im entferntesten Zusammenhang mit einem Unternehmen stehen, sofort Auswirkungen auf das Markenimage des Dienstleistungsanbieters.

- Da viele Dienstleistungsbranchen dereguliert werden, sich neue meist internationale Märkte öffnen und Märkte zusammenwachsen, müssen **Markenstrategien angepasst** und neue Kunden akquiriert werden.

4.3.2 Zielsystem und grundsatzstrategische Entscheidungen

Das Zielsystem bezieht sich auf den Planungsprozess auf Markenebene und besteht aus folgenden Elementen:

- **Ziele** nach Hierarchie, Inhalt, Ausmaß und zeitlichem Bezug.

- In der **Grundsatzstrategie** wird die zukünftige Stellung der Marke im Wettbewerb festgelegt, um so den Einsatz des Marketing-Mix effizient zu gestalten.

- Die **instrumentelle Leitplanung** zielt darauf ab, durch eine optimale Kombination der Marketing-Instrumente inklusive der Personalpolitik (s. o. 7P's) Entscheidungen über den Mitteleinsatz zur Erreichung des Zielsystems zu treffen.

Dabei orientieren sich die Entscheidungen über die Mittel an der Grundsatzstrategie.

Bei Dienstleistungsunternehmen, die meistens eine **Dachmarkenstrategie** verfolgen, müssen Oberziele formuliert werden, die gegebenenfalls auf **Einzelmarken** herunterzubrechen sind.

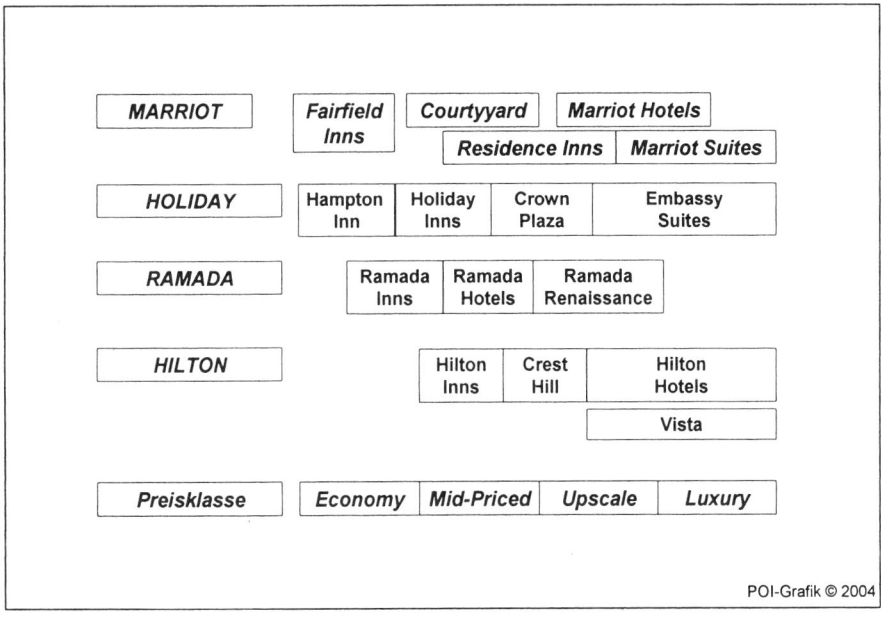

Abbildung 64: Beispiel einer Unternehmensmarkenkonzeption im Finanzdienstleistungssektor

Das oberste Ziel ist der **Aufbau und die Pflege einer Marke**, weitere Ziele lauten wie folgt (*Meffert/Bruhn* 2000):

- Erhöhung der Bekanntheit,
- Verbesserung des Images,
- Motivationssteigerung der Mitarbeiter und Mitarbeiterzufriedenheit.

Dem Markenwert wird als Planungs- und Kontrollgröße eine immer wichtigere Bedeutung zugesprochen. Verschiedene Studien belegen, dass ein hoher Markenwert wichtige Vorteile bietet (*Tomczak et al.* 1998):

- größere Markentreue,
- größeren und wertvolleren Kundenstamm,
- effizientere Wirkung von Marketingmaßnahmen,
- Markteintrittsbarriere und Wettbewerbsschutz gegenüber der Konkurrenz.

Die strategische und aktive Gestaltung und Steuerung einer Marke im jeweils relevanten Markt gehen auf verschiedene Positionierungsansätze zurück. Für Dienstleistungsmarken sind folgende **Positionierungsmaßnahmen** von besonderer Bedeutung (*Tomczak et al.* 1998):

> Relevante Bedürfnisse bzw. Probleme einer bestimmten, ausreichend großen Kundengruppe, mit einem maßgeschneiderten Angebot in der subjektiven Wahrnehmung der Kunden (Erst- und Wiederkäufer) **dauerhaft besser** als irgend jemand anderer zufrieden stellen bzw. lösen.

Da die Positionierungsziele nur grobe Angaben bezüglich der Leistungen, Kunden u. ä. treffen, können diese durch das **Konzept der identitätsorientierten Markenführung** konkretisiert werden. Die identitätsorientierte Markenführung bei Dienstleistungsmarken spielt aufgrund der personellen Komponente sowohl auf Mitarbeiterseite als auch im Hinblick auf das häufig notwendige Einbringen der Nachfrager eine wichtige Rolle. Durch die Einbeziehung des Kunden in den Prozess der Leistungserstellung kann er einen unmittelbaren Eindruck vom Selbstbild der Marke und damit der Mitarbeiter und des Unternehmens gewinnen. Damit wird die Marken- und Unternehmensidentität vom Kunden als Markenimage wahrgenommen.

Gleichzeitig wird der Kunde für die Dauer der Integration des externen Faktors in den Dienstleistungserstellungsprozess selbst zum Teil der Marke und beeinflusst somit die Markenwahrnehmung weiterer Nachfrager.

Die Dienstleistungserstellung basiert auf einer Interaktion zwischen Kunden und Mitarbeitern. Die Dienstleistungsmarke wird aus Kundensicht durch die Austauschbeziehung mit den Unternehmensmitarbeitern geprägt. Die **Markenleistung** entwickelt sich aus einer bestimmten Unternehmenskultur und verkörpert sie gleichzeitig. Die Marken- und Unternehmenskultur bedingen sich gegenseitig. So übt eine **gelebte Führungsphilosophie** einen indirekten, aber sehr wirkungsvollen Einfluss auf das Mitarbeiterverhalten aus.

So wurde beobachtet, **dass Mitarbeiter ihre Kunden häufig so behandeln, wie sie sich selbst im Unternehmen behandelt fühlen.**

Da die Mitarbeiter eines Dienstleistungsunternehmens einen **markenprägenden Faktor** darstellen, ist es wesentlich für den Aufbau einer starken Marke bei der Personalauswahl den ‚passenden' Mitarbeiter zu finden und über eine effiziente Personalentwicklung einen **markengerechten Mitarbeiterauftritt** sicherzustellen. So kann über Zertifizierungsverfahren ein Wissensnachweis erfolgen, der bei Veröffentlichung (Urkunde, Wettbewerbe) zu einer Stärkung der Marke beiträgt (*Hämmerle/Möbius* 2001, S. 154).

4.3.3 Markenstrategische Optionen

Die strategischen Optionen der Markenpolitik lassen sich unterschiedlich strukturieren:

- Die **Markendehnung** beschreibt die Zahl der unter einer Marke angebotenen Produkte, wobei zwischen Einzel-, Familien- und Dachmarken unterschieden wird.
  - Bei der **Einzelmarke** wird jedes Produkt eines Unternehmens mit dem Ziel, voneinander unabhängige Markenartikel zu schaffen, individuell markiert.
  - Unter dem Begriff **Familienmarken** werden ganze Produktgruppen mit einem einheitlichen Zeichen belegt. Bei dieser Art der Markierung wird versucht, Image-Übertragungseffekte zu nutzen, die zu einer schnelleren Akzeptanz eines neuen Angebots führen sollen.
  - Werden alle Leistungen eines Unternehmens unter einer Marke geführt, spricht man von einer **Dachmarkenstrategie**. Bei Dienstleistungsmarken wird zumeist auf eine Dachmarkenstrategie zurückgegriffen. Grund dafür ist, dass Kunden eines Unternehmens mit einem breitgefächerten Angebot dazu tendieren, die verschiedenen Dienstleistungen als Bestandteil einer Marke zu sehen, der Dachmarke. Es ist fast unmöglich für eine einzelne Service-Sparte, eine echte Marke aufzubauen, da meist das Unternehmensimage das einer einzelnen Leistung überstrahlt. Außerdem sind B2B-Unternehmen mit ständigen Veränderungen der Marktanforderungen und -gegebenheiten konfrontiert, so dass eine Einzel- oder Familienmarke in kurzer Zeit überholt und damit untergegangen wäre.
- Hinsichtlich der **Markenreichweite** lassen sich nationale, internationale und globale Marken unterscheiden. Die Intensivierung des globalen Wettbewerbs auf B2B-Märkten führte dazu, dass einheimische Unternehmen nun einer großen Anzahl neuer internationaler Konkurrenten gegenüberstehen. Meist haben die Unternehmen keine andere Möglichkeit, als selbst mit einer globalen Marke in den internationalen Wettbewerb einzutreten. Somit scheint für B2B-Anbieter eine **globale Dachmarkenstrategie** eine besonders vielversprechende strategische Option der Markenpolitik zu sein. Allerdings nur dann, wenn die Markengestaltung eine weltweit verständliche Botschaft über die Leistungen und die Reputation des Unternehmens repräsentiert. Unserer Meinung nach trifft dies auch für Dienstleistungsmarken zu.

4.3.4 Markenpolitik bei Dienstleistungsmarken

Markenpolitik umfasst sämtliche Maßnahmen zur Kennzeichnung des Dienstleistungsbetriebes und seiner Angebote (*Bieberstein* 1995). Nachstehende **Ziele** werden mit **der Markenpolitik** verfolgt (*Selinski* 2002):

- Schaffung eines **guten Kommunikationsmittels** gegenüber den Kunden und gleichzeitig Möglichkeit der Abgrenzung gegenüber Wettbewerbern,
- Aufbau von **Markentreue**,
- Erreichung einer **absatzfördernden Wirkung**,
- **Schaffung preispolitischer Spielräume** (Kunden sind bereit, für Markendienstleistungen einen höheren Preis zu bezahlen),
- **Wertsteigerung des Unternehmens.**

Bei der wichtigen Entscheidung über die Wahl des Markennamens ist erfolgsentscheidend, dass der Einsatz des Markennamens zu einer eindeutigen Identifikation des Anbieters führt und ihn von vergleichbaren Dienstleistungen anderer Wettbewerber unterscheidet. Über den Markennamen erfolgt nicht nur eine Beschreibung des Angebots, sondern es wird die Art bzw. der Nutzen der Dienstleistung vermittelt. Zur besseren Einprägsamkeit des Markennamens sollten einfache, klare Botschaften vermittelt werden. **Da viele Dienstleistungsanbieter im Laufe der Zeit ihr Angebot verändern, darf der Markenname nicht zu eng gewählt werden.** Er sollte sich entsprechend den Veränderungen der Geschäftsfelder weiterentwickeln lassen, d. h. bei einer Erweiterung des Leistungsangebots sozusagen ‚mitwachsen'.

Dem Dienstleistungsunternehmen stehen verschiedene Markierungsformen zur Verfügung, um seine Leistung darzustellen. Es lassen sich in der Praxis **Wortzeichen, Bildzeichen und Slogans** unterscheiden, wobei die Elemente untereinander kombiniert werden sollten (*Haller*, 2001).

> Um eine starke Marke kostengünstig aufzubauen, sollte das Unternehmen möglichst viel von jener Resonanzenergie nutzen, die in der potenziellen Zielgruppe bereits vorhanden ist und mit der angebotenen Leistung dauerhaft verbunden werden kann.

Die Wahl sollte deshalb auf ein Zeichen fallen, das mit kollektiver Erfahrung angefüllt ist und etwas bedeutet (*Deichsel* 1998) Besonders originelle Bezeichnungen sollten vermieden werden. Im B2B-Dienstleistungssektor ist es weit verbreitet, den Namen des Unternehmens als Markennamen zu verwenden.

Markenartikel genießen eine hohe Akzeptanz bei den Konsumenten. Sie befriedigen nicht nur die Grundbedürfnisse der Käufer, sondern auch deren **Zusatzbedürfnisse** nach Prestige, Anerkennung und Statussymbolen (*Selinski* 2002). Eine Marke kann zutreffend beschrieben werden als den kürzesten Ausdruck für all jene Eigenschaften und Werte ‚**for what a company stands**'. Markenartikel werden durch den Anbieter intensiv kommuniziert. Die Markierung soll dem Produkt eine **Markenpersönlichkeit** verschaffen, indem ein positives und **herausragendes Image** aufgebaut wird.

Des weiteren wird dem Kunden durch die Marke eine **Sicherheit** vermittelt, die ein Versprechen impliziert, die Leistungserstellung zur Zufriedenheit des Kunden zu erbringen. Die Markierung muss außerdem zur Symbolisierung der nicht sichtbaren Leistung beitragen (*Bieberstein* 1995), sie muss die Dienstleistung für den Kunden fassbar machen. Der Aufbau einer Marke ist allerdings nicht kostenlos.

Dieser Aspekt der zu tätigenden Investitionen und das Versprechen, das eine Marke halten muss, **schreckt viele Anbieter im B2B-Bereich ab, eine Marke zu kreieren**. B2B-Anbieter befürchten mit dem Markenaufbau Versprechen einzugehen, die sie nicht halten können. Dies wäre mit einem Verlust von Stammkunden und den spezifisch getätigten Investitionen verbunden.

Dennoch wird dieses Risiko wettgemacht, indem gegenüber Herstellern ohne Marke, der Markenanbieter besser nachvollziehen kann, warum gerade die Kaufentscheidung für ihn gefallen ist. Er kennt die Vertragsinhalte und hat seine Markendefinition im Vorfeld festgelegt. Die Marke schafft ein Vertrauensverhältnis zwischen Dienstleister und Kunde. Unserer Meinung nach ist auch im B2B-Dienstleistungsbereich gerade dieses Vertrauensverhältnis bei langfristigen Geschäftsbeziehungen zentrale Basis und Fundament für jede weitere Zusammenarbeit in der Zukunft. Dies kann sogar soweit gehen, das die erfolgreiche Zusammenarbeit in der Vergangenheit den Anbieter ein Stück weit davor schützt, vom Kunden ständig neu mit seinen Wettbewerbern verglichen zu werden. Dies wirkt sich komfortabel auf die Preis- und Zahlungsbereitschaft des Stammkunden aus.

4.4 Produktbegleitende Dienstleistungen im Sachgüterbereich

> Wir sind der Meinung, dass im Fall der produktbegleitenden Dienstleistung **keine eigenständige Dienstleistungsmarke angestrebt** wird, **sondern** die Dienstleistung zur **Unterstützung des Images der Produktmarke** und damit zur Absatzförderung herangezogen wird. Allerdings wird der Umfang an produktbegleitenden Dienstleistungen in den nächsten Jahren weiter zunehmen und damit auch ihr Anteil am Markenimage des Sachgutes. Unternehmen, die bereits heute produktbegleitenden Dienstleistungen eine größere Bedeutung beimessen und das heute verfügbare Marketinginstrumentarium bei Dienstleistungen intensiv einsetzen, haben eine höhere Markentreue und einen höheren preispolitischen Spielraum bei den Kunden als ihre Wettbewerber.

Für B2B-Hersteller im Investitionsgüterbereich wird es **immer wichtiger, ihr Leistungsangebot durch produktbegleitende Dienstleistungen auszuweiten**, um im industriellen (internationalen) B2B-Geschäft wettbewerbsfähig zu bleiben. (*Hilke* 1989). Diese Erkenntnis ist so neu nicht, ist aber bis heute in vielen Fällen allenfalls erkannt, aber noch nicht umgesetzt worden.

Grund dafür ist, dass die Anbieter komparative Konkurrenzvorteile (KKV) beim eigentlichen Produkt nur noch in seltenen Fällen erzeugen können. Die Differenzierung gegenüber Wettbewerbern wird über **produktbegleitende Dienstleistungen** erreicht, welche **über die Marktkommunikation** herausgestellt werden müssen.

Unternehmen, wie z. B. **Caterpillar Tractor**, die mehr als 50% ihres Gewinnes mit produktbegleitenden Dienstleistungen erwirtschaften, haben wesentliche Wettbewerbsvorteile gegenüber Unternehmen, die zwar gute Produkte herstellen, aber nur einen schwachen produktbegleitenden Service vor Ort bieten können.

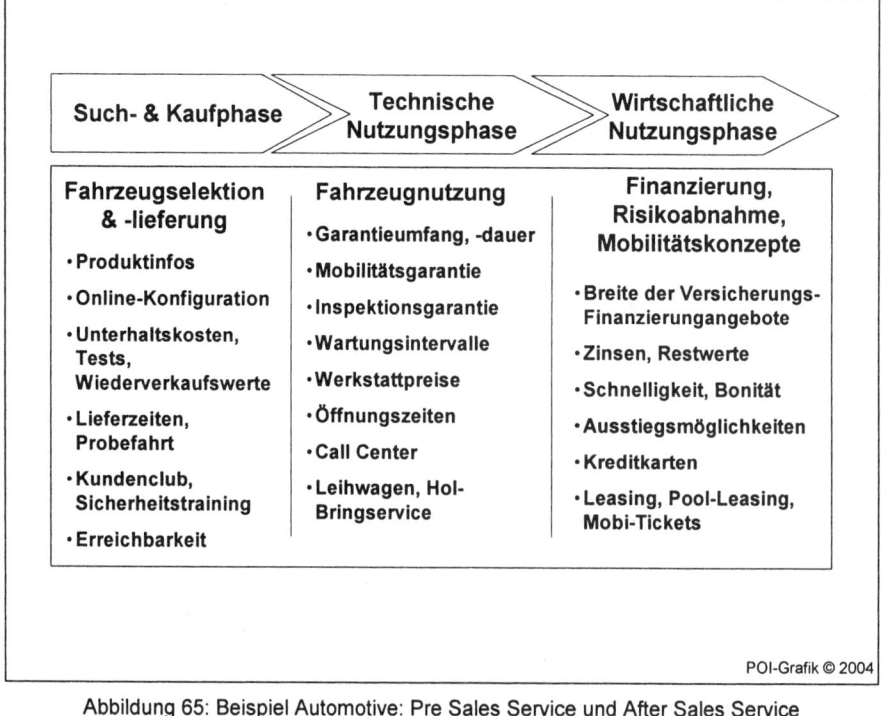

Abbildung 65: Beispiel Automotive: Pre Sales Service und After Sales Service

Als **Subaru** in den australischen Automobilmarkt eintrat, löste er sein Supportproblem dadurch, dass aufgrund einer Vereinbarung mit VW das dortige VW-Händlernetz Serviceleistungen für Subaru-Kunden anbot. **Gerade bei vernetzten Systemtechnologien** (Computer Integrated Manufacturing, CIM) spielt der **Verbund von Dienstleistungen und Sachgütern eine besonders herausragende und kaufentscheidende Rolle.**

Deshalb ist es für Hersteller wichtig, dass sie solche Dienstleistungen, die mit ihren Sachgütern verbunden sind, von Anfang an in ihrem Marketingkonzept berücksichtigen. **Bereits in der Produktdesignphase lässt sich der benötigte Wartungsauf-**

wand beim Anwender beeinflussen. So baut **Siemens** seine Kernspintomographen so, dass man bei auftretenden Problemen über ein Telekommunikationsnetz von überall in der Welt mit einer Analysestelle in Deutschland verbunden wird und die Probleme computergestützt analysiert und behoben werden können *(Kotler/Bliemel 1999)*.

Hersteller von Sachgütern, die mit Dienstleistungen verbunden sind, müssen überlegen,

- ob und wie sie **produktbegleitende Dienstleistungen** als Zusatzgeschäft ausbauen,
- zur **Verkaufsförderung** Elemente in ihre Angebote einfügen und
- wie sie für die **Durchführung der Dienstleistungen** nach dem Verkauf sorgen.

Selbst im vergleichsweise weitgehend standardisierten Automobilsektor, bei dem fast alle OEMs heute sich auf die Entwicklung und Fertigung von Motoren konzentrieren und den Rest von denselben oder ähnlichen Tier-1-Systemlieferanten beziehen, spielt der Faktor Service vor, während und nach dem Kauf eine große Rolle.

Wir greifen das Thema in Teil 2 unseres Buches ausführlicher auf.

Vor allem im industriellen, wesentlich komplexeren Anlagenbau (ausführlicher in Kapitel 3) entwickeln Anbieter Dienstleistungen, die sie ihren Kunden preisgünstig anbieten. Sie beweisen so, dass sie Fachkompetenz besitzen, die über das Herstellen von Anlagen hinausgeht. Außerdem erreichen sie so Kunden, die bestimmte Probleme gelöst haben möchten und dies gern mit dem späteren Lieferanten der noch zu kaufenden Anlage tun wollen. Solche **Dienstleistungen im industriellen Anlagengeschäft** umfassen u. a.

- Absatzmarktstudien für den Kunden,
- Durchführbarkeitsstudien, Beschaffung von Rechten (z. B. Lizenzen),
- Joint-Ventures mit den Kunden,
- Standort- und Rohstoffuntersuchungen,
- Finanzierung bzw. Finanzierungsvermittlung und Beratungsleistungen.

In vielen Fällen gelingt es dem Anbieter erst durch ein Angebot solcher produktbegleitenden Dienstleistungen, einen rechtzeitigen Kontakt zum potenziellen Kunden zu bekommen, um überhaupt am Wettbewerb um einen Auftrag teilnehmen zu können – quasi als Eintrittskarte in die Wettbewerbsarena. *(Kotler/Bliemel 1999)*.

Ist die Höhe der Folgekosten für Produkte nicht einschätzbar, so sind die Kunden bei der Kaufentscheidung beunruhigt. **Durch produktbegleitende Dienstleistungen können die Folgekosten und Produktnutzungsrisiken eingegrenzt werden.**

Dieses Dienstleistungsangebot kann somit dem Kunden eine **Kaufentscheidungssicherheit** vermitteln, die **verkaufsfördernd und auch werterhöhend** wirken. Der Hersteller kann ein bestimmtes Leistungsniveau für die Aspekte Ausfallhäufigkeit, Ausfalldauer und Kosten für Wartung und Instandhaltung zusichern und dies **durch Garantien und Dienstleistungen glaubhaft machen.** Das zugesicherte Leistungsniveau, welches durch Produktdesign und Dienstleistungsangebot bestimmt und kommuniziert wird, ist das wichtigste Element der Positionierungsstrategie des Herstellers.

Der **Baumaschinenhersteller Caterpillar** unterschied sich z. B. dadurch von seiner Konkurrenz, dass er dem Kunden garantierte, bei einem Maschinenausfall die benötigten Ersatzteile an jeden Ort der Welt innerhalb von 48 Stunden zu liefern - kann diese Zusicherung nicht eingehalten werden, bekommt der Kunde die Ersatzteile kostenlos (*Kotler/Bliemel*, 1999).

Für ein Unternehmen gibt es nach dem Verkauf generell zwei Möglichkeiten, wie es die **Durchführung von Dienstleistungen** (z. B. Wartungs- und Instandsetzungsarbeiten, Schulung etc.) **organisieren** kann:

- Die Dienstleistungen können **durch die eigene Kundendienstabteilung selbst** durchgeführt werden oder

- es werden mit **Vertriebspartnern** Vereinbarungen zur Durchführung der Dienstleistungen getroffen.

Das Unternehmen wählt für sich die richtige Strategie aus, muss diese aber immer wieder den Marktentwicklungen anpassen, unter denen sich die Kundenwünsche und der Wettbewerb ändern.

5. Integrierte Kommunikation

Unter integrierter Kommunikation versteht man die **inhaltliche, formale und zeitliche Abstimmung aller vom Unternehmen durchgeführten Kommunikationsmaßnahmen** auf die Markenidentität (*Diez* 2001):

- **Inhaltliche Koordination,** d. h. Abstimmung der jeweiligen Kommunikationsthemen (z. B. Produktaussagen in Werbung und Öffentlichkeitsarbeit):
  Beispiel: Michelin-Gummimännchen repräsentiert differierende Bildmotive mit jeweils gleichem Positionierungsinhalt bzw. Schlüsselbilder als visuelles Extrakt der Positionierungsbotschaft.

- **Formale Koordination,** d. h. Abstimmung von Gestaltungselementen der Kommunikation (z. B. einheitliche Verwendung von Markenzeichen, Typogra-

phie, Farben):
Beispiel: Wenn innerhalb eines Unternehmens für verschieden positionierte Geschäftsfelder eine formale Klammer gebildet werden muss wie im Fall ABB oder wenn bei geringem Produktinvolvement die Aktualität der Marke besonders zählt (Ytong).

- **Zeitliche Koordination,** d. h. Abstimmung des zeitlichen Ablaufs von Kommunikationsaktivitäten (z. B. Durchführung einer Imagekampagne oder Einführung eines neuen Produkts):
Beispiel: Die zeitlich deutlich vorgelagerte Marketing-Kampagne für die A-Klasse von Mercedes-Benz lange vor der Markteinführung, weil dieses Modell bisher keinen Vorgänger hatte und für die Kunden ein Markenlernprozess erforderlich wurde.

Diese Abstimmung hat zum Ziel, die Eindrücke, die von den verschiedenen Kommunikationsinstrumenten bei der Zielgruppe hervorgerufen werden, zu vereinheitlichen und zu verstärken (*Esch* 2004). Alle eingesetzten Kommunikationsinstrumente, sowohl die klassischen als auch die internetbasierten, sollen sich also in ihren Wirkungen gegenseitig unterstützen. Einer integrierten Markenkommunikation geht daher immer eine fundierte und **ganzheitliche Kommunikationsplanung** voraus (*Diez* 2001):

- Stärken-Schwächenanalyse über Markenimage und Markenkommunikation,
- Erfassung der künftigen externen Rahmenbedingungen (Wettbewerber, Markt, Technologie etc.),
- Erfassung der künftigen internen Rahmenbedingungen (Geschäftsstrategie, Produktprogramm, Innovationsmanagement),
- Festlegung der Kommunikationsinhalte (Definition der Imageziele und der Botschaftsinhalte),
- Festlegung der Kommunikationsaktivitäten (Auswahl, Ausgestaltung und Gewichtung des Kommunikations-Mix, Abstimmung der operativen und strategischen Aktivitäten).

Die Betrachtungsweise der integrierten Kommunikation geht vom Kunden aus. Die Ausgangsfrage lautet: „Welche Erfahrungen macht der Kunde, wenn er mit unserer Marke in Berührung kommt? **Aus B2B-Anbietersicht** macht es einen Unterschied, ob die Geschäftsleitung, der Außendienst oder der Distributor mit dem Kunden kommuniziert. **Aus Kundensicht** existiert dieser Unterschied aber nicht: Der Kunde kommuniziert immer mit der Marke.

> **Aufgabe der integrierten Kommunikation** ist es daher, den Kunden in ein kommunikatives Beziehungsgeflecht einzubinden, das von einer einheitlichen und sympathischen Markenbotschaft gesteuert wird.

Für die Unternehmen wird es zukünftig immer wichtiger, klassische und internetbasierte Kommunikation zu kombinieren, da sich die jeweiligen Vorteile für den Markenaufbau optimal ergänzen. So ermöglicht das Internet eine **schnelle Reaktionsfähigkeit auf Nutzerwünsche** und die **vernetzte Darstellung komplexer Informationen**. Es ist ein **dialogfähiges Medium**, das einen ‚intelligenten' Umgang mit den Nutzern erlaubt. Außerdem hat das Internet den **Vorteil der Leistungstransparenz** und unterstützt den kontinuierlichen Verbesserungsprozess. Die klassischen Kommunikationsinstrumente sind dagegen dazu geeignet, eine Vertrauensgrundlage und einen emotionalen Zusatznutzen zu schaffen. Eine Verbindung der beiden führt zu einer vertrauenswürdigen, interaktiven und dynamischen Marke.

Die integrierte Kommunikation erleichtert die erfolgreiche Positionierung einer Marke, da sich imagerelevante Strukturen besser und schneller im Gedächtnis der Zielgruppe verankern lassen. Eine Optimierung der Kontaktwirkung kann über die zeitliche Abstimmung der einzelnen Kommunikationsmaßnahmen erreicht werden. Durch die Integration vermeidet man eine mögliche Zersplitterung der Kommunikationswirkung. Die Zielgruppe kann sich somit besser an die Botschaften erinnern, was wiederum eine **Steigerung der Markenbekanntheit** zur Folge hat. Außerdem können durch die integrierte Kommunikation Kostensenkungspotenziale ausgeschöpft werden, da die Kommunikationswirkung signifikant steigt.

Eine **formale Abstimmung der Kommunikation** wird insbesondere dadurch erreicht, dass sich die äußerliche Gestaltung sämtlicher Kommunikationsmaßnahmen strikt am oben dargestellten Visual Identity Code der Marke orientiert. Dadurch wird eine formale Klammer für die gesamte Kommunikation geschaffen, die die Erinnerungswirkung der Marke zusätzlich verstärkt.

Bei vielen B2B-Anbietern bestehen in der **operativen Markenkommunikation** folgende **Defizite**:

- Mangelnde strategische Planung der Kommunikation,
- Wechselnde Aussagen statt Kontinuität,
- Ein nicht abgestimmter formaler und inhaltlicher Auftritt,
- Kommunikation vieler u. U. relevanter Argumente statt Konzentration auf wesentliche Inhalte und
- Mangelnde Kontinuität.

Diese Faktoren erschweren oft noch den Aufbau klarer Markenbilder aufgrund zersplitterter Kommunikationswirkungen und jeweils unterschiedlicher Markeneindrücke (*Esch* 2004).

Ein gutes Beispiel für integrierte Kommunikation liefert Gore mit **Goretex**. Kemper beschreibt die Vorgehensweise wie folgt (*Kemper* 2000):

„Zunächst darauf ausgerichtet, Bergsportler mit zweckmäßiger Funktionskleidung auszustatten, kamen später als Anwendungen der Membran weitere Sport- und Freizeitbereiche hinzu. Während bei der Einführung das Motiv naturverbundene Bergsteiger unter informativer Betonung der Funktionsweise von Goretex (winddicht, wasserdicht, atmungsaktiv) im Fokus stand, bezieht sich die Werbung heute entsprechend breiter (und emotionaler) auf die Unabhängigkeit zivilisierter Stadtmenschen, wenn sie zeitbezogen ihrem Bedürfnis nach ursprünglicher Umgebung und Natur nachgehen wollen. Konsistent taucht das variierte Bild wilder Tiere in kultivierter Kleidung vor ursprünglich dargestellter Natur auf. Die zeitliche Kontinuität offenbart sich in den Werbekampagnen von Anfang an im steten Bezug zu Natur und Bergen."

Dieses Beispiel steht außerdem für erfolgreiches **Ingredient Branding**, also für proaktives Markenmanagement über den direkten Abnehmer hinweg bis zum Endkunden. Auch das Unternehmen **Intel** favorisiert diese Markenstrategie seit Jahren mit viel Engagement. Wir werden daher diesen Fall als ausführliches Unternehmensbeispiel in unserem zweiten Teil, dem empirischen Part, ausführlicher untersuchen (vgl. außerdem Indgredient Branding im Kapitel oben über mehrstufige Markenstrategien).

Nun möchten wir Ihnen, liebe Leserinnen und Leser, die angekündigten ‚Brandies' (Brand Stories) nicht länger vorenthalten. Begleiten Sie uns auf dem Weg der Umsetzung entlang der strategischen Markenaufladung und operativen Markenkommunikation quer durch verschiedene Branchen und Unternehmensgrößen und -typen.

Teil 2: Branchenanwendungen und Unternehmensbeispiele

Nachdem in Teil 1 zunächst strategische Parameter der Markenaufladung (Kapitel 2) und im Anschluss operative Instrumente der Markenkommunikation (Kapitel 3) untersucht wurden, geht es im zweiten Teil um die praktische Umsetzung der Markenaufladung und der Markenkommunikation in den B2B-Unternehmen. Wir stellen dabei die spezifische Vorgehensweise ausgewählter Unternehmen im Markenmanagement vor und beginnen mit Anwendungsbeispielen zur in Teil 1 erläuterten Branche der B2B-Dienstleistungen (Kapitel 4):

- Markenmanagement für **B2B-Dienstleistungen**: Branchen- und Unternehmensbeispiele (**Kapitel 1**)
    - Accenture
    - DaimlerChrysler Management Consulting
    - Porsche Consulting
    - Hako
    - Festo
    - Randstad Deutschland
    - Branding für junge B2B-Consulting-Marken und das Start up-Beispiel POI – Beratung für Personal, Organisation und Innovation
- Markenmanagement in der **Automobilzulieferindustrie (Kapitel 2)**
    - MBtech Group
    - Bosch
    - ZF Friedrichshafen
- Markenmanagement im **Maschinenbau (Kapitel 3)**
    - Kuka Roboter
    - Trumpf
- Markenmanagement in der **Elektrotechnik (Kapitel 4)**
    - Schroff
    - Siemens

- Markenmanagement in der **Mikroelektronik**: Intel Inside (**Kapitel 5**)
- Lernimpulse aus der Praxis für die Praxis und Markenflops (**Kapitel 6**)
    - Klassisches Scheitern: **Sony Betamax**
    - Gescheiterte Markenideen: **DuPont mit Corfam**
    - Gescheiterte Markendehnungen: **Xerox Data Systems**
    - Gescheiterte Markenkommunikation: **Firestone**
    - Menschliches Scheitern: **Enron**
    - Gescheiterte Markeninnovation: **Siemens Xelibri und Consignia**
    - Gescheiterter **Web-PC**
    - Markenermüdung: **Oldsmobile und Rover**

Wir beginnen unseren Praxisteil über Branchen- und Unternehmensbeispiele im Dienstleistungssektor.

1. B2B-Dienstleistungen als Marke

1.1 Unternehmensberatung als Marke und die Accenture Brand Story

Bevor auf die Brandstory der Unternehmensberatung Accenture eingegangen wird, stehen die Besonderheiten der Unternehmensberatung als Marke im Vordergrund: Zu unserem Leben in der Wissensgesellschaft gehört die Herausforderung, aus dem riesigen Informationsangebot unserer Umwelt die wenigen lebenswichtigen Signale herausfiltern zu können. Der Wunsch nach Orientierung, Qualität, Sicherheit, Kompetenz und Verlässlichkeit ist in Zeiten der verschärften Dynamik von Markt und Wettbewerb größer denn je. Die Suche nach Marken nimmt zu. Eine **starke Marke** dient in diesen Zeiten als Orientierungshilfe für Abnehmer, da sie Signale mit verlässlicher, gleichbleibender Aussage vermitteln. Die Konsumenten von Dienstleistungsunternehmen bilden **Vertrauen** aufgrund eigener und übermittelter Erfahrungen mit diesen Marken. Die dadurch entstehende Differenzierung gehört mit zu den zentralen Faktoren für den Unternehmenserfolg. Davon ist insbesondere die **Dienstleistungsbranche** betroffen – es wird daher eine effektive Markenpolitik für den langfristigen Unternehmenserfolg immer wichtiger. **Im Beratermarkt** kommt noch hinzu, dass potenzielle Kunden Informationen suchen, die als Problemlösungen für ihre Situation taugen müssen und deren Lösung sie selbst noch nicht kennen. Insofern besteht eine **doppelte Unsicherheit:**

- Unsicherheit gegenüber der Vielzahl von Beratern und Vielfalt von Beratungsleistungen (**Problem der richtigen Markenwahl**) und
- Unsicherheit gegenüber vorgeschlagenen Problemlösungsansätzen (**Problem der richtigen Auswahl von Informationen**).

Trotzdem sind **Untersuchungen über Marken in dieser Branche besonders bei Unternehmensberatungen noch sehr selten.**

Ziel der nachfolgenden Ausführungen ist

- die Herausstellung der Bedeutung von Marken bei Unternehmensberatungen und deren Entwicklung,
- die Erklärung der theoretischen Konzepte mit bekannten Beispielen aus der Wirtschaft und
- die Herstellung des Praxisbezugs sowie die Förderung des Verständnisses.

Unternehmensberatungen müssen noch stärker darauf achten, sich über ihren Markenauftritt deutlich von den Wettbewerbern abzugrenzen und Schlüsselinformationen zu vermitteln. Der Kunde wird sich aber nur auf Unternehmensinformationen verlassen, wenn sie ihm vertrauenswürdig erscheinen. Eine langfristige und gut geführte Marke kann dazu beitragen, Vertrauen aufzubauen. Die **Marke als Grundlage eines Vertrauensverhältnisses** zwischen Anbieter und Nachfrager muss darüber hinausgehen, eine Produkteigenschaft zu verkörpern. Vielmehr soll sie ein umfassendes Leistungs- und Qualitätsversprechen darstellen und dem Kunden Sicherheit für seine Entscheidungen vermitteln. Diese Sicherheit entsteht, indem das anbietende Unternehmen seine Kompetenz unter Beweis stellt. Der **Markenwert (Brand Equity)** kann diese Kompetenz des Markenunternehmens verkörpern. Der Markenwert lässt sich als eine Gruppe von Vor- und Nachteilen umschreiben, die mit einer Marke, ihrem Namen oder Symbol zusammenhängen und den Wert eines Produktes oder Dienstes für ein Unternehmen oder seine Kunden erhöhen oder vermindern (*Aaker* 1992). Bei der Schaffung eines positiven Markenwerts ist die kontinuierliche Einhaltung der Leistungsversprechen von zentraler Bedeutung, die die Marke **explizit** (z. B. durch detaillierte Beschreibungen einer Beratungsleistung) oder auch **implizit** (z. B. durch bewusste Steuerung der Nachfrage durch Werbekampagnen) trägt (*Backhaus* 2003). Nach dem **führenden Markenberatungsunternehmen Interbrand** sind die bestimmenden **Faktoren des Markenwerts**

- **Stabilität** der Marke,
- Grad der **Führerschaft** der Marke,
- **Internationalität** der Marke,
- allgemeiner **Trend** der Marke,
- **Marketingsupport** für die Marke,
- **rechtlicher Schutz** sowie
- Eigenschaften des **relevanten Marktes**.

Interbrand ist der weltweit führende Branding Consultant und seit 14 Jahren Marktführer in der Markenbewertung (*Schimansky* 2004; *Göttgens et al.* 2001). Markenbildung folgt eigenen Gesetzen. Sie ist eine dauerhaft effiziente Strategie zur nachhaltigen Gestaltung der Nachfrage. Innovatives Denken und Wissen gehören dabei neben intellektueller Mobilität sowie einer Unternehmens- und Produktkultur zu den wichtigsten Faktoren einer entstehenden Marke. Letztendlich erhält eine Marke erst durch Nachfrage ihr Gesicht, wobei hierzu größere Zeiträume erforderlich sind. Um einen Bezug zwischen Marke und Unternehmensberatung herzustellen, bietet es sich an, auf den Unternehmensberatungsmarkt einzugehen. Zunächst ist der Begriff Unternehmensberatung, der in der Literatur und Praxis sehr unterschiedlich gebraucht wird, zu klären (*Wolgemuth* 1995):

„Unternehmensberatung ist ein Interaktionsprozess zwischen Personen eines Klientensystems und eines Beratersystems. Das Beratersystem ist unabhängig, hilft professionell und mit ganzheitlicher Problemsicht das Erfolgspotenzial des Klientensystems zu optimieren."

Die Beratungsunternehmen konnten den Marktrückgang im Jahre 2002 bremsen und ihre Umsätze im Jahre 2003 nahezu auf dem gleichen Niveau stabilisieren. Nach 12,29 Mrd. € im Jahr 2002 summierten sich die verkauften Beratungsleistungen in 2003 auf 12,23 Mrd. €. In 14 500 Beratungsunternehmen waren rund 70 000 Berater beschäftigt. Insbesondere bei IT-Projekten hat die Nachfrage deutlich nachgelassen, während der Bedarf an Strategie- und Organisationsberatung zugenommen hat. Bei den Beratungskunden wurden Investitionen in innovative Projekte zu Gunsten von kostenreduzierenden Sofortmaßnahmen zurückgestellt oder aufgehoben.

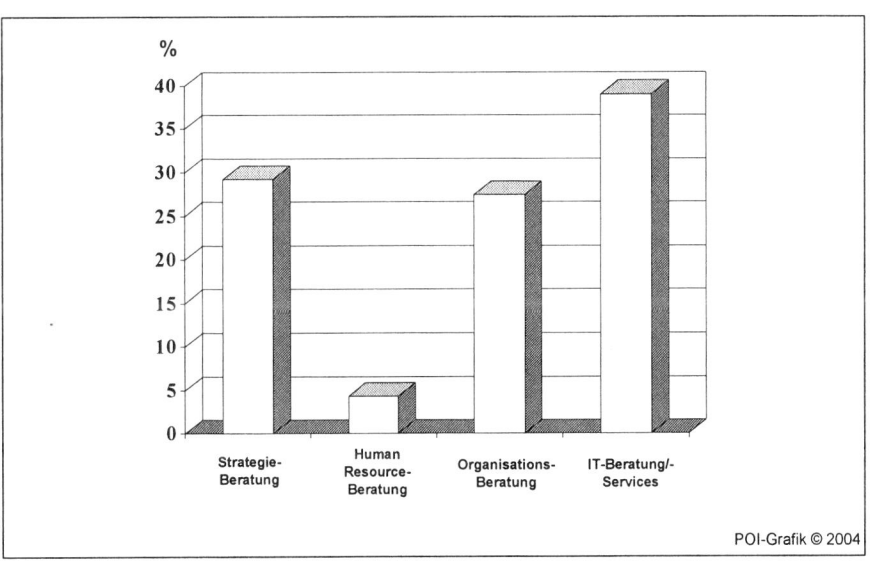

Abbildung 66: Marktanteile der Beratungsfelder im Jahr 2001

Die Dienstleistung Unternehmensberatung lässt sich nach dem **Bundesverband Deutscher Unternehmensberater (BDU)** in **vier Beratungsfelder** aufteilen:

- Strategieberatung,
- Human-Resource-Beratung,
- Organisationsberatung sowie
- IT-Beratung und IT-Services.

Unter **Strategieberatung** versteht man das Erstellen und zunehmend auch die Umsetzung von Konzepten für das Unternehmenswachstum, die Kostenreduktion oder

Verschlankung des Klientenunternehmens. Auf dieses klassische Beratungsfeld entfiel im Jahr 2003 ein im Vergleich zum Vorjahr (27,5%) leicht erhöhter Umsatzanteil von 29,2% am Gesamtumsatz der Beratungsbranche.

Die gestiegene Nachfrage nach Strategieberatung ist mit der Neuausrichtung vieler Beratungskunden aufgrund konjunktureller Entwicklungen zu begründen. Zu den klassischen Anbietern in diesem Beratungssegment zählen in Deutschland u. a.

- McKinsey & Company Inc.,
- Boston Consulting Group GmbH und
- Roland Berger Strategy Consultants GmbH.

Die **Human-Ressource-Beratung**, die sich mit Maßnahmen rund um den Personalbereich eines Unternehmens beschäftigt, ist von 4,6% auf 4,3% im Jahr 2003 zurückgegangen. In diesem Beratungsfeld zählt Kienbaum zu den führenden Anbietern.

Beratungsleistungen, die auf die Optimierung betrieblicher Produktion oder Verwaltungsprozesse ausgerichtet sind, bezeichnet man als **Organisationsberatung**. Auch hier stieg der Umsatz im Vergleich zum Vorjahr leicht an - von 24,5% auf 27,5%. Diese Entwicklung ist im Wesentlichen auf Reengineering-Maßmahmen zur raschen Kostensenkung zurückzuführen. Neben den genannten Consultingfirmen sind das

- Accenture
- Deloitte Consulting GmbH,
- Cap Gemini (GC).

Den nach wie vor stärksten Bereich in der Beraterbranche stellt die **IT-Beratung/IT-Services** dar. Auf diesem Gebiet werden Beratungsprojekte zusammengefasst, die sich mit den IT-Infrastrukturen in Organisationen befassen.

Hier fiel der Umsatz von 43,4% auf 39% im Jahr 2001, was auf die gesunkene Nachfrage bei E-Business-Projekten zurückzuführen ist. Investitionen der Beratungskunden fließen verstärkt in Projekte der Strategie- und Organisationsberatung, die der sofortigen Kostenreduzierung dienen. Zu den führenden Anbietern gehören

- Accenture,
- IBM Global Services Consulting (Übernahme von PricewaterhouseCoopers Consulting 2002),
- EDS/A.T. Kearney,
- CSC Ploenzke und
- T-Systems.

Der deutsche Beratungsmarkt im internationalen Vergleich

Im Jahr 2004 setzte die Beraterbranche weltweit ca. 125 Mrd. US-$ um. Den weltweit größten Markt für Beratungsunternehmen repräsentiert die USA. Dort wurden im Jahr 2000 mehr als 50 Mrd. US-$, also knapp 50% des gesamten Weltumsatzes erzielt. **An zweiter Stelle folgt der deutsche Markt mit 10% des Umsatzes, ca. 12 Mrd. Euro.** Hinter dem deutschen Beratungsmarkt liegt der britische Markt in Europa auf Rang zwei mit 11 Mrd. Euro Umsatz. Alle anderen europäischen Länder erzielten deutlich niedrigere Umsätze. Neben dem bereits angesprochenen **Fusionen** gibt es noch **weitere Trends**. Die Marktbereinigung wird sich fortsetzen und vor allem kleinere Unternehmensberatungen verdrängen, die sich nicht nachhaltig als Marke profilieren können.

Besonders in der Rezession ist das Vertrauen der Kunden in die Kompetenzen der Berater die wichtigste Voraussetzung für ein erfolgreiches Beratungsunternehmen. Eine starke etablierte Marke ist dabei von zentraler Bedeutung. **Zentrale Trends zur Nachfrageerhöhung nach Beratungsleistungen** sind u. a. folgende:

- Energieversorger werden ihren Umstrukturierungsprozess fortsetzen.
- Versicherungsbranche wird ihre Struktur an das E-Business-Zeitalter anpassen.
- Gesundheitssektor steht vor einem Strukturwandel.
- Der Handel steht vor neuen Herausforderungen aufgrund eines veränderten europäischen Wettbewerbsrechts.

Weitere wichtige Trends sind (*Scholz* 2001):

- **Führungs- und Fachkräftemangel wird verstärkt durch Inhouse Consulting:** Unternehmen gründen eigene Beratungsgesellschaften, die nicht nur konzerninterne Klienten beraten, z. B. DaimlerChrysler Management Consulting (vgl. unsere Brand Story), Volkswagen Coaching,
- **Verletzung eigener Strategiekonzepte:** Konzentration auf Kernkompetenzen und Bildung von Allianzen bleibt bei den meisten Unternehmensberatungen unbeachtet,
- **Neue Beratungsformen:** Beratung durch das Internet.

Die **allgemeinen Grundsätze der Markenbildung** lassen sich auch auf die Markenbildung bei Unternehmensberatungen übertragen. Darüber hinaus ist der in Teil 1, Kapitel 4 dargestellte spezielle Charakter von Dienstleistungen zu beachten, denn hier dominieren die Menschen als Erbringer einer Leistung. Eine **starke Marke** entsteht in der **Consultingbranche** somit aus folgenden **Erfolgsfaktoren** (*Dirkes* 2001):

- Unternehmenskultur,
- Beziehungsstrategie zum Kunden und

- Kernkompetenzen der Mitarbeiter.

Nur Mitarbeiter, die den **Inhalt der Marke durch konsequente Umsetzung der Corporate Identity verstehen und verinnerlichen**, werden die Werte auch leben und nach außen tragen. Durch die Tatsache, dass die von der Marke transportierten Inhalte und Werte im Geschäftsalltag gelebt werden, lässt sich das Markenbild in der Öffentlichkeit und beim Kunden glaubhaft verbreiten und festigen (*Berger* 2001).

Auf der Basis des gegenseitigen Vertrauens und Respekts im Umgang innerhalb des Unternehmens wird auch die Zusammenarbeit mit dem Kunden praktiziert – hier kommt erneut der bereits in Teil 1 angesprochene Zusammenhang zwischen Mitarbeiterzufriedenheit und Kundenzufriedenheit zum Ausdruck (ausführlich bei *Götz/Schmid* 2004a zum Human Resource- und Marketing-Zugang).

Zufriedene Mitarbeiter sind motivierte Mitarbeiter und das merkt der Kunde umso mehr, je unmittelbarer die Mitarbeiter an der Verkaufsfront stehen. Obwohl diese Wirkungskette nicht neu ist, so steht hier Deutschland erst am Anfang eines Lernprozesses, da insbesondere asiatische Länder einschließlich der ‚Tiger'-Staaten wesentlich weiter fortgeschritten sind, wenn es um Dienstleistungsqualität und Service-Orientierung geht. Erste Vorboten einer Umkehr sind bereits zu erkennen, da endlich auch Hochschulabsolventen immer häufiger in vertriebsnahen Bereichen wie Außendienst, Call Center, Kundenberatung ihre Erfahrungen zu machen haben. Künftige Führungskräfte im Vertrieb müssen die Verkaufsfront kennen gelernt haben, wenn sie später praxisnahe Entscheidungen über die Vertriebsmannschaft zu fällen haben.

Wichtige Faktoren einer erfolgreichen Kundenbeziehungsstrategie sind nach Deloitte Consulting (*Dilger/Thormann* 2000):

- Teambildung mit dem Kunden, um zusammen am Erfolg zu arbeiten,

- Gemeinsame Anpassung von erprobten Methoden an die spezifischen Anforderungen der Kunden und

- Bildung dauerhafter Kundenbeziehungen, gefestigt durch Transfer von Wissen und Fähigkeiten.

Da Beratung eine personenabhängige Tätigkeit ist, die Mehrwert durch Know-how und Empathie schafft, sind für **eine erfolgreiche Beratung besondere Fähigkeiten und Begabungen** des Beraters von entscheidender Bedeutung (*Lay* 2000):

- **Fachliche und soziale Kompetenz,**

- Kenntnisse über Möglichkeiten und Grenzen des **Erkennens und Verstehens**,

- Wissen über Gründe von **Meinungsverschiedenheiten**,

- Fähigkeit, **Vertrauensfelder** aufzubauen und

- **Lebensweiseit.**

Durch die Anwendung dieser Fähigkeiten sowie der Umsetzung der Unternehmenskultur und der Kundenbeziehungsstrategien im täglichen Handeln wird die Marke nach und nach mit Werten aufgeladen, wodurch eine **Beratermarke** entsteht.

Die Beratermarke

Die Beratermarke soll einen prototypischen Charakter haben. Nur eine eigenständige, klar positionierte Marke kann sich am Markt ausreichend abheben und damit Vorzugsstellungen ausbauen. **Ursachen und Merkmale einer prototypischen Beratermarke sind** (*Springinsfeld* 2001 nach Vorlage des Benchmark Instituts für Markentechnik in Genf):

- Gründerpersönlichkeit
- Firmenname
- Unternehmensgeschichte
- Kundenliste
- Eigene Publikationen (Tagespresse, Fachpresse, Bücher)
- Grundlagenarbeit: Modelle und Theorien
- Rekrutierungskultur
- Unternehmenskultur nach innen wie nach außen
- Selbstähnliche Entfaltung in der Zeit
- Optimale Distanz zu relevanten Wettbewerbsmarken
- Durchgeführte Beratungsfälle und erworbene Referenzen
- Position im kollektiven Bewusstsein
- Forschungs-, Lehr- und Lernkultur nach innen wie nach außen
- Erfahrungskurve(n)
- Internationalisierungs-/Globalisierungsgrad
- Spezialisierungsgrad
- Generalisierungsgrad
- Branchendiversifikation
- Funktionale Diversifikation.

Eine moderne Form der Markenführung ist insbesondere bei den Unternehmensberatungen das **E-Branding** (vgl. Teil 1), also die elektronisch vermittelte Markenführung im Internet.

Zentrale Unterschiede zwischen Beratermarke und Industriemarke

Der wesentliche Unterschied zwischen Marken in der Industrie und Marken in den Unternehmensberatungen besteht darin, dass bei industriellen Marken das Produkt als Sachgut dominiert, während Beratungsprodukte materiell nicht greifbar sind. Sie sind vielmehr ein abstraktes, immaterielles Gut. Das Problem bei einer Beratungsleistung besteht darin, dass der Kunde das Resultat nicht vor dem Bezug der Leistung wahrnehmen kann und daher ein **stärkeres Vertrauen in die Beratermarke erforderlich** ist (vgl. ausführlich in Teil 1, Kapitel 4).

Durch den scheinbaren Nachteil der Unternehmensberatungen, über keinen physischen Gegenstand als Demonstration ihrer Leistung zu verfügen, sondern lediglich ihr spezifisches Berater-Know-How anzuwenden, eröffnet sich die **Chance, sich als Wissensmarke zu etablieren** (*Höselbarth* 2001).

> „Die Unternehmensberatung, die es versteht, ihr Wissen zu bündeln und mit einer präzisen inhaltlichen Ausrichtung zu überzeugen, wird als Wissensmarke anerkannt. Wissensmanagement wird zum zentralen Thema in der Wirtschaft. Knowledge entwickelt sich zum zentralen Faktor des Brandings bei Unternehmensberatungen."

Diese Tendenz wird am Beispiel der Unternehmensberatung Accenture illustriert.

Brand Story Accenture

Accenture wurde 1989 unter dem Namen Andersen Consulting als eigenständige Schwesterorganisation der Wirtschaftsprüfungsgesellschaft Arthur Andersen unter der Holding Andersen Worldwide gegründet. Die Unternehmenshistorie geht auf das Jahr 1913 zurück, als Arthur Andersen, ein Universitätsprofessor aus Chicago, das gleichnamige Wirtschaftsprüfungsunternehmen gründete. Das Unternehmen Andersen Consulting konzentrierte sich zunächst schwerpunktmäßig auf **Systemintegration**, die kurze Zeit später durch den ganzheitlichen Ansatz der ‚**Business Integration**' ergänzt wurde.

Seit dem Jahr 1995 zählt Andersen Consulting **zu den fünf führenden IT- und Managementberatungen.** Im Geschäftsjahr 2000 wurde weltweit ein Umsatz von 9,75 Mrd. US-$ mit 71 300 Mitarbeitern erzielt. Mit Microsoft wurde das Joint Venture Avanade gegründet, um Kunden auf ihrem Weg in das E-Commerce-Zeitalter zu unterstützen. Ferner erfolgte im Jahr 2000 die **rechtliche Trennung von Arthur Andersen und das Ausscheiden von Andersen Worldwide.**

Die Trennung von Arthur Andersen und die Umfirmierung zu Accenture bot 2001 die einmalige Chance, sich als Management- und Technologiedienstleister neu zu positionieren. Das Leistungsportfolio von Accenture enthält individuelle Lösungen von Beratung über Technologie, Outsourcing und Allianzen. Die **Beratungsleistungen** umfassen u. a. folgende Bereiche:

- Unternehmens- und Geschäftsstrategie (Corporate Strategy),
- Management von Kundenbeziehungen (CRM bzw. Customer Relationship Management),
- Logistik (SCM bzw. Supply Chain Management),
- Controlling (Finance- & Performance Management) sowie
- Management des Personalbereichs (HR - Human Ressource).

Am 19. Juli 2001 ging Accenture in New York mit einem Emissionskurs von 13,80 US-$ pro Aktie an die Börse. Der Umsatz konnte um 17% auf 11,44 Mrd. US-$ gesteigert werden. Insgesamt waren 2001 mehr als 75 000 Mitarbeiter in 47 Ländern beschäftigt (*Accenture Annual Report* 2001).

Die **hohe Bedeutung des Brandings bei Unternehmensberatungen** zeigt sich am Fall des **Namenswechsels von Andersen Consulting in Accenture** besonders deutlich. Nach einem mehrjährigen **Rechtsstreit zwischen Arthur Andersen und Andersen Consulting** konnte im Wege eines Schiedsgerichtsverfahrens in Paris eine gütliche Einigung gefunden werden. Wesentliche Voraussetzung war die Namensänderung von Andersen Consulting.

Im Jahr 2001 führte Accenture das neue Branding ein, jedoch mit dem Verweis auf den ehemaligen Namen Andersen Consulting. Dieser Zusatz wurde unter dem neuen Logo auch in den Stellenanzeigen (Accenture – früher bekannt als Andersen Consulting) verwendet, da kontinuierliche Identität eine wichtige Voraussetzung für die Markenführung ist. Diesem Zusatz widersprach die Wirtschaftsprüfungsgesellschaft Arthur Andersen, die darin zurecht eine Verletzung der juristischen Bedingung einer neuen Namensgebung sah. Es gab ein Gentleman Agreement bis einschließlich 31. März für die Werbung.

Ab März 2001 heißt das frühere Unternehmen Arthur Andersen zur Vermeidung weiterer Namensirritation jetzt Andersen und steht damit allein in der **Kontinuität dieser Markentradition**. Diese Markenhistorie ist für Accenture am 01.01.2001 untergegangen, sodass die neue Unternehmensberatung aus dem Gesichtspunkt des Brandings am Nullpunkt stand, mit der Chance und dem Risiko eines kompletten Neuanfangs (*Höselbarth* 2001).

Aufgrund einer Mitschuld von Andersen am Bilanzskandal des amerikanischen Energiehändlers Enron im März 2002 und der damit einhergehenden weltweiten Zerschlagung des Unternehmens ist der **Markenname Andersen aus der Beraterbranche verschwunden.**

Einen Namen zu finden, der einen Global Player repräsentieren soll, ist eine komplexe Herausforderung (**Brand Storming**). Dabei ist zu beachten, dass 98% aller Wörter eines typischen englischen Wörterbuchs bereits als „dot-com-domains" registriert sind. Im Durchschnitt werden jeden Tag 84 000 neue Domain-Namen registriert, nahezu einer pro Sekunde. Im Mai 2000 belief sich ihre Anzahl auf 9,8 Mio., heute sind es mehr als doppelt so viele. Ein Domain-Name ist ein aus mehreren Teilen zusammengesetzter Name, der einen Rechner im Internet identifiziert. Das Domain-Name-System übersetzt Computernamen (z. B. accenture.com) in eine computerlesbare Zahlenkombination (z. B. 194.65.92.1).

Im Rahmen der **Initiative ‚BrandStorming'** wurden weltweit die Mitarbeiter gebeten, unter Berücksichtigung von Firmengeschäfts- und Marktstrategie **Namensvorschläge einzubringen.** Von insgesamt 2 677 Vorschlägen schafften es 48 in die engere Auswahl. Nach dreimonatiger intensiver Forschungs- und Auswertungsarbeit wurde im November 2000 der Namensvorschlag Accenture eines Mitarbeiters aus Oslo übernommen. Nach J. E. Murphy, Global Managing Director Marketing & Communications, spiegelt die Reaktion auf diese Initiative das **hohe Interesse der Mitarbeiter, die Firma zu unterstützen,** wider:

> „This response is indicative of the talent we have in this firm and is why I`m confident our rebranding will be so successful."

Accenture entstand als Kombination aus den Begriffen **Access, Success und Adventure:**

- Zugang zu neuen Lösungen,

- Erfolgsbezug,

- spannende Aufgaben und

- Zukunftsorientierung

bezeichnen nicht nur den **Namenswechsel,** sondern repräsentieren auch die **Neupositionierung des Unternehmens** am Markt.

Durch die Wahl eines neuen Namens wurde Aufbruchstimmung signalisiert, da Traditionen keine Berücksichtigung finden (*Brandstetter* 2001). Accenture-Kunden können von den **Vorteilen eines umfangreichen Networks of Business** profitieren:

Mit **mehr als 100 Allianzen** sowohl mit Weltmarktführern als auch mit aufstrebenden Technologieunternehmen und mit **25 Business Launch Centers** verfügt Accenture über ein Unternehmensnetzwerk, in dem alle Leistungen, die es zur Gründung, Entwicklung, Gestaltung, Transformation und zum Betrieb eines erfolgreichen Unternehmens bedarf, aus einer Hand erbracht werden können. Mit diesem Ansatz will sich Accenture den Unternehmen als kompetenter Geschäftspartner präsentieren und Zugang zu neuen Kooperationen und Märkten der New Economy sichern.

Das neue Branding gibt dem Unternehmen, das mit **über 70 000 Mitarbeitern in 46 Ländern** präsent ist, die einmalige Möglichkeit, sich am Markt völlig neu zu positionieren: Schon immer war der selbstbeschränkende Begriff, das Bild des klassischen Consultings für die Beratungsgesellschaft nicht zutreffend. Mit dem **Geschäftsmo-**

dell Business Integration war ein ganzheitlicher Beratungsansatz, der die Elemente von der **Strategieberatung bis hin zur Implementierung** umfasst, die Kernkompetenz des Unternehmens. Mit einer **völlig neuartigen Image- und Recruitingkampagne** will Accenture nun endgültig mit der Positionierung als ‚network of business' dem eingrenzenden Stereotyp der Unternehmensberatung entfliehen.

Nach Ansicht von Thomas Köhler, ehemaliger Deutschland-Chef von Andersen Consulting, soll damit das **gängige Klischee vom Unternehmensberater korrigiert** werden:

> „Wir sind keine ehrgeizigen Krokodillederkofferträger mit 80-Stunden-Woche und kaputtem Privatleben."

Diese Neuausrichtung des Unternehmens erforderte einen **umfangreichen Repositionierungsprozess** auf zwei Ebenen. Einerseits musste die neue Marke unter Hochdruck bis zum Jahresende 2000 eingeführt werden, andererseits galt es speziell auf dem deutschen Recruitingmarkt das Unternehmen sowohl innerhalb als auch außerhalb der klassischen Consultingbranche neu zu positionieren. Durch den dringenden Bedarf an neuen Mitarbeitern war es unmöglich, die **neue Recruitingoffensive** zeitlich mit dem Repositionierungsprozess zu verknüpfen. Sie musste daher schon früher anlaufen. Die Recruitingkampagne hatte somit mehrere Kommunikationsziele zu erfüllen und Probleme zu lösen: Da sie bereits Anfang September 2000, also vier Monate vor der offiziellen Umfirmierung des Unternehmens anlief, war es einerseits notwendig, sie als lokale Kampagne der Marke Andersen Consulting auf dem deutschsprachigen Recruitingmarkt anzusiedeln, andererseits musste sie der anstehenden globalen Neupositionierung des Unternehmens gerecht werden. Diese Positionierung wird als Mittel zur Umsetzung von Visionen gesehen:

> „If our vision is the internal compass that guides us, our brand essence denotes the position we wish to occupy in the minds of our target audience."

Ferner war der geschätzte, erheblich höhere Einstellungsbedarf abzudecken, demzufolge das Unternehmen bis September 2001 (September = Geschäftsjahresende) eintausend neue Mitarbeiter benötigte. Um das Recruiting zu verbessern, wurde in Zusammenarbeit mit der Agentur Impiric ein Kreativkonzept zur Ansprache der Hauptzielgruppe entworfen. Als Ziel wurde formuliert, Accenture insbesondere bei den Hochschulabsolventen sowohl gegenüber der direkten Konkurrenz als auch gegenüber den großen deutschen Markenunternehmen zu behaupten und im **Arbeitgeber-Ranking** unter den Top Ten zu platzieren. Im Mittelpunkt der Kampagne standen die Bemühungen, die **unentschiedene Masse innerhalb der Zielgruppe,** etwa 40% der Absolventen haben keine genaue Vorstellung über das Berufsbild und die Karrierechancen bei Accenture, für das Unternehmen zu begeistern. Die unter der **Überschrift Anders Beraten** stehende **Recruitingkampagne** konnte diese Ziele erreichen.

Es gelang die **Kombination zwischen**

- dem **weltbekannten Profil** von Andersen Consulting und

- dem neuen **innovativen Ansatz**, sich innerhalb der Branche **anders** darzustellen, um eine größere Zielgruppe anzusprechen.

Dies sollte über die Verknüpfung innovativer Werbesansätze sowie der Profilierung gegenüber der traditionellen Beratungsbranche erreicht werden. Die Strategie, den Internetauftritt ‚www.andersberaten.com' als zentralen Recruiting-Kanal zu nutzen, ging ebenfalls auf: Innerhalb von sechs Wochen verfünffachte sich die Anzahl der Bewerbungen, fast ein Drittel der Bewerbungen erfolgten online.

Zeitlich versetzt zur Recruitingkampagne ‚Anders-Beraten' startete im November die Umstellung der Unternehmensstrukturen auf Accenture. Nach Abschluss des Namensfindungsprozesses war die Aufgabe zu bewältigen, eines der größten globalen Beratungsunternehmen auf das neue Branding einzustellen. **Accenture absolviert in 147 Tagen den ‚most aggressive rebranding effort ever'.**

Insgesamt mussten 178 Büros umgestaltet, 6,5 Mio. Visitenkarten neu gedruckt, 1 200 EDV-Anwendungen sowie 20 000 Datenbanken angepasst werden. Auch die Marke musste völlig neu aufgebaut und etabliert werden. Nach Bekanntgabe des künftigen Namens Ende Oktober 2000 über Pressemitteilungen in den wichtigsten Zeitungen begannen die Vorbereitungen zu der **massivsten Werbekampagne in der Geschichte des Unternehmens**. Weltweit wurden mehr als 40 000 Päckchen mit Informationen zum neuen Namenswechsel und zur Neuausrichtung des Unternehmens an die Kunden verschickt. Ziel war es aber auch, die Marke insbesondere der breiten Öffentlichkeit zu präsentieren und nicht nur den Kunden- und Zielgruppen. In 46 Ländern wurden allein 200 Mio. Euro in die TV- und Printwerbung investiert. Darüber hinaus wurden Kampagnen im Internet, auf Flughäfen und bei sportlichen Großereignissen wie z. B. World Matchplay Championship, Super Bowl und Australian Open gestartet.

Neben ganzseitigen Anzeigen in allen wichtigen Wirtschaftstiteln und überregionalen Tageszeitungen wurde in Deutschland im Rahmen der Namenseinführung von Januar bis Februar 2001 in ARD, ZDF, ntv, n24 und CNN Germany zur besten Sendezeit geworben. Diese Breite der Kommunikation wurde als erforderlich angesehen, um alle potenziellen Bewerber sowie die Zielgruppe des ‚Networks of Business' anzusprechen.

Nach allen Bemühungen, einen neuen Markennamen und damit eine neue Marke zu kreieren, bleibt letztendlich die **Frage offen, ob der Markenwert von Andersen Consulting auf Accenture transferiert werden konnte und eine starke globale Marke relauncht wurde.**

Auf den jährlich durch Lünendonk Consultancy + Research publizierten Lünendonk-Listen rangiert im Jahr 2001 die Accenture GmbH hinter der CSC Ploenzke AG bei den TOP 25 IT-Beratungs- und Systemintegrationsunternehmen Deutschlands auf Rang 2. Mit einem Umsatzwachstum von nahezu 29% konnte der Umsatz von 547 Mio. € im Jahr 2000 auf 703 Mio. € im Jahr 2001 gesteigert werden. Die Mitarbeiterzahl ist im gleichen Zeitraum von 2 506 auf 3 450 gewachsen. Wenn man hierzu das Wachstum von 5,5% der gesamten deutschen Beratungsbranche und die Umsatzverringerung des Beratungsfeldes IT-Beratung und IT-Services von –5,7% heranzieht, lässt sich feststellen, dass Accenture überproportional im Vergleich zum relevanten Markt gewachsen ist. Daraus lässt sich ableiten, **dass die Nachfrage enorm gesteigert werden konnte und der Markenwert erhalten bzw. erhöht wurde.**

Das **Forschungs- und Beratungsunternehmen Lünendonk** erforscht seit zwei Jahrzehnten mit unabhängigen Lünendonk®-Listen und –Studien den Beratungs-, Software- und IT-Service-Markt Deutschlands. Eine **wissenschaftliche Methode zur Markenbewertung**, die gleichermaßen unter Akademikern, Wirtschaftsexperten, führenden Wirtschaftsprüfungsgesellschaften, Banken, Börsen, Regierungen und anderen Institutionen **als internationaler Standard** gilt, ist die **Methode von Interbrand**. Das weltweit führende Markenbewertungsunternehmen bewertet mehr als 3 000 globale Marken. Der berechnete Markenwert beruht auf zwei Prinzipien:

- **Marketingprinzip**, wonach Marken Kundennachfrage erzeugen und sichern,
- **Finanzprinzip**, wonach der Markenwert als Kapitalwert der Erträge zu sehen ist, die in Zukunft mit der Marke erwirtschaftet werden.

In einem Ranking werden die 100 wertvollsten globalen Marken gezeigt, die mehr als 1 Mrd. US-$ wert sind. Den Ausführungen von Interbrand zufolge hat Accenture im Jahr 2001 den 52. Platz mit einem Markenwert von 5,13 Mrd. US-$ eingenommen. Spitzenreiter ist Coca Cola mit einem Markenwert von 69,64 Mrd. US-$.

Weltweit konnte Andersen Consulting seine Umsätze von 1989 bis 2002 kontinuierlich steigern. Im Jahr 1999 belief sich das Umsatzwachstum auf 16%, während es 2000 nur noch 2% betrug. Nach der Umfirmierung konnte Accenture mit einem enormen Umsatzwachstum von über 17% seine Umsätze schlagartig von 9,75 Mrd. US-$ auf 11,44 Mrd. US-$ in 2001 und auf 11,82 US-$ in 2003 steigern (*Accenture Annual Report* 2001).

Dies bestätigt die **erfolgreiche Umsetzung aller Rebranding-Maßnahmen**, wodurch ein prägnanter und **starker Markenauftritt der Brand Accenture** geschaffen wurde. Die Position als weltweit führendes Management- und Technologieunternehmen konnte somit erhalten bzw. ausgebaut werden.

Mit der Accenture Brand wurde ein prägnanter und starker Markenauftritt geschaffen. Einerseits gelang es Accenture den Markenwert von Andersen Consulting schadensfrei zu transformieren, andererseits wurde die Chance eines Neuanfangs konsequent genutzt. Wie die Untersuchungen gezeigt haben, hat sich die Marke seit ihrer Neueinführung trotz der Konjunkturkrise überproportional gut entwickelt.

Auch von den **Imageschäden**, die durch die **Skandale um den Konkurs des Energiehändlers Enron** verursacht wurden und die gesamte Wirtschaftsprüfer-Branche in Verruf brachte, **blieb Accenture verschont, da sie sich rechtzeitig von ihrer Wirtschaftsprüfungsgesellschaft abspalteten.**

Daher ist fraglich, ob führende Consultingfirmen in der heutigen Zeit mit **Rebrandingversuchen wie Braxton bei Deloitte Consulting** und **Bearing Point bei KPMG Consulting** denselben Erfolg haben können, den Accenture hatte.

Einigen Unternehmensberatungen wird häufig mehr Vertrauen entgegengebracht, als sie eigentlich verdienen. Durch den ständigen Wettbewerbsdruck und dem zunehmenden Shareholder Value geht meist die Qualität aufgrund extremer Profitorientierung verloren. Anstatt sich auf die Kernkompetenzen zu konzentrieren, versuchen viele Beratungen alles zu machen - und das auch noch allein. Vertrauen als Schlüsselfaktor zur Nachfrageerhöhung kann aber nur über Qualität und Persönlichkeit erzeugt werden. Manche Unternehmensberatungen haben es durch Image- und Personalwerbungskampagnen verstanden, im Lauf der Zeit ihre **immateriellen, unsichtbaren Informationsprodukte anhand der Themen Mensch und Wissen greifbar zu machen,** so wie es dem Energiekonzern ENBW durch das Branding von Yellow-Strom gelungen ist, Strom zu visualisieren.

Emotionen durch schöne Bilder und lockere Sprüche allein bilden keine stabile Marke. Von zentraler Bedeutung sind Kompetenz und Persönlichkeit der Unternehmensberatungen, die durch seine Mitarbeiter getragen werden. Den **war of brands** wird die Consultingfirma **gewinnen,** der es gelingt, sich durch spezifische Differenzierungsmerkmale vorteilhaft gegenüber ihren Konkurrenten zu positionieren und **sich als unverwechselbare Beratermarke in Form einer Wissensmarke zu profilieren**

Nachfolgend wird der **Markenerfindungsprozess** von Unternehmen der Beratungsbranche vorgestellt.

Prozess der Beratungsmarken-Bildung durch Personalwerbungskonzeptionen

Image- und Personalbewerbungsanzeigen von Unternehmensberatungen sind dazu geeignet, Markenentwicklungen aufzuzeigen. **Stellenanzeigen sind Ausdruck des Markenfindungsprozesses von Unternehmen.** Ziel ist es, Markenbewusstsein in der Stellenanzeige zu verkörpern (*Höselbarth* 2001).

In einer chronologischen Darstellung über einen Zeitraum von vier Jahren werden Anzeigenkonzepte von Unternehmensberatungen untersucht, um Entwicklungslinien sichtbar zu machen. Dabei spielt der Markenaspekt eine zentrale Rolle. **Bislang wurde das Potenzial von Stellenanzeigen als Imagefaktor vernachlässigt.** Inzwischen stellen sie eine geeignete Plattform dar, auf der die eher intransparent agierenden Beratungsunternehmen vergleichbare Aussagen treffen, insbesondere im Interesse einer nachhaltigen Steigerung von Identität und Charakter der Unternehmensberatungen. Die Image- und Personalbewerbungsanzeigen erstrecken sich von den klassischen Printmedien bis auf die moderne Form der Onlineanzeigen, die insbesondere auf das E-Branding fokussiert sind.

Nach Höselbarth mangelt es den Berateranzeigen an Markenidentität aufgrund **ständig modifizierter Stellenanzeigenkonzeptionen**. Dadurch droht der **Markencharakter zu verschwinden** beziehungsweise sich erst gar nicht stabil zu entwickeln. Grund der Modifikationen ist der **Mangel an qualifiziertem Personal**, verstärkt durch die Tatsache, dass viele potenzielle Bewerber neben den traditionsreichen Industrieunternehmen auch bei Investmentbanken und Startup-Firmen ihren Einstieg suchten (*Höselbarth* 2001). Angesichts des Untergangs des Neuen Marktes und der aktuellen Konjunkturschwäche könnte sich hier ein Wandel vollziehen. Nachwuchskräfte werden aufgrund eines neuen Sicherheitsbewusstseins möglicherweise verstärkt von den traditionsreichen Industrieunternehmen angezogen. Nachfolgend werden in chronologischer Form Entwicklungen auf dem Anzeigenmarkt für Unternehmensberater vorgestellt und mit der Brand Story von Accenture in Beziehung gesetzt:

1997 – quadratisch, praktisch, gut

Der Anzeigenmarkt spiegelt den war of talents wider, der seit nahezu vier Jahren unter den Unternehmensberatungen herrscht. Der Personalmangel zwingt die Unternehmensberatungen zu erhöhten Rekrutierungsmaßnahmen in Form von intensiven Personalwerbungs- und Imagekampagnen. Als typisches Beispiel für eine Stellenanzeige einer Unternehmensberatung im Jahr 1997 kann der folgende Aufbau des ehemaligen debis Systemhauses (T-Systems) herangezogen werden:

- Unternehmensdarstellung am Kopf der Anzeige
- Positionsbezeichnung
- Aufgabenbeschreibung
- Anforderungsprofil des Bewerbers mit fachlichen und persönlichen Voraussetzungen
- Leistungen des Unternehmens
- Eintrittstermin und Ort
- Ansprache des Bewerbers
- Kontaktadresse, Ansprechperson
- Unternehmenslogo in der Fußleiste.

Die kostengünstige Anzeige im Wert von 3 000 Euro entsprach der Faustregel, dass der Anzeigenpreis zum monatlichen Einkommen des Stelleninhabers in Relation stehen solle. Mit ihrer schlichten, formalen und übersichtlichen Gestaltung genügte die Anzeige den damaligen Anforderungen, da sich zu diesem Zeitpunkt **Angebot und Nachfrage auf dem Bewerbermarkt noch im Gleichgewicht** befand.

Die Message war **Seriosität, Diskretion, Elitebewusstsein und Professionalität, verbunden mit vornehmer Zurückhaltung. Was fehlte, war** ein Slogan oder eine Schlagzeile, die **Emotionen** hervorrufen.

Managementberatungen wie

- McKinsey,
- Roland Berger und
- A.T. Kearney

gestalteten ihre Anzeigen mit ähnlichen Stilmerkmalen (*Höselbarth* 2001b).

Zur gleichen Zeit begannen die Blue-Chip-Unternehmen der Industrie, Inhouse-Consultants aufzubauen, wodurch der Konkurrenzkampf um die Bewerber eingeläutet wurde. Im Gegensatz zu den Beratungsunternehmen setzte z. B. BMW seinen Markennamen in dominanten Großbuchstaben in seine Stellenausschreibung. Der eigentliche Text (wie z. B. ‚Weichen für das nächste Jahrtausend') tritt dadurch in den Hintergrund. **Diese Markendemonstration ruft beim Betrachter triumphierendes Selbstbewusstsein, Erfolg, leichte Überheblichkeit und Zukunftsoffenheit hervor. Den Unternehmensberatungen fehlte bis dato solch ein definiertes Markenbewusstsein** (*Höselbarth* 2001).

1998 – Die Entdeckung des Menschen

Die Reaktionen in der Beratungsbranche auf die überlegenen Anzeigen der Industrie waren **abstrakte Textdarstellungen, die durch Bildelemente und Fotos von Beratern unterlegt sind**. Bei Andersen Consulting (heute Accenture) wurde die Anzeige einer jungen Beraterin geschaltet, die als Sympathieträgerin mit offenem Blick und freundlichem Lächeln abgebildet war. Die Identifikation mit ihr fällt leicht. Durch die Mischung von Intelligenz, Charme und Natürlichkeit soll das Vorurteil vom klassischen männlichen Berater entkräftet werden, der außer harter Arbeit kein Privatleben kennt. Durch die inhaltlich und grafisch neuartigen Konzeptionen wurden **Emotionen geweckt**. ‚Beratung bekommt ein Gesicht' (*Kleinhans* 2000).

Abbildung 67: Anzeige von Andersen Consulting – Eine junge Beraterin

Andersen Consulting und andere Beratungshäuser sprengten im selben Jahr mit großformatigen Anzeigenkampagnen zu einem Seitenpreis von 45 000 Euro den bisherigen Rahmen. Andersen Consulting nahm in diesem Zusammenhang historische Persönlichkeiten als Leitbilder in seine Anzeigen auf. So wurden z. B. die **Erfolgsstories der Gebrüder Wright und Christoph Columbus als Motive** ausgewählt. Beide Motive stehen für **Mut, Vision, Leidenschaft, Kreativität und Ausdauer ungewöhnlicher Menschen**, die andere Menschen für eine Sache motiviert und gemeinsam ein Ziel realisiert haben. Veränderungen werden nach Birgit Ariane Kleinhans, Marketing Managerin bei Andersen Consulting, durch Mut und Engagement von Menschen herbeigeführt, die in erfolgreichen, interdisziplinären Teams zusammenarbeiten. Daher heißt der **Slogan** für eine veränderte Welt: ‚**Gestalten Sie ihre Zukunft mit uns'**. Die neuen Anzeigenkampagnen fokussieren den Menschen als Schlüssel der Zukunft (*Kleinhans* 2000).

Abbildung 68: Anzeige von Andersen Consulting – Die Gebrüder Wright

Auch die Imageanzeige ‚Museum' von Andersen Consulting spiegelt das Motiv Teamwork wider.

Im übertragenen Sinne kommt hier die damalige Geschäftsstrategie ‚Business Integration' zum Ausdruck (*Malaval* 1998, S. 355):

> „This involves mobilizing and 'orchestrating' those fundamental resources which are the skills of the company in terms of strategy, processes, behavior for change and technology, by focusing them on a common objective: improving the perfomances of the company."

Der Wandel von traditionellen zu neugestalteten Anzeigen basiert auf dem Hintergrund der **angespannten Arbeitssituation auf dem IT- und Beratermarkt**. Durch rasantes Wachstum der Unternehmensberatungen kam es zu einem **Engpass auf den Personalmärkten**. Daher gingen die **Beratungshäuser verstärkt** dazu über, **in Markenbildung zu investieren**, um Rekrutierungs-Leadership (Roland Berger) auf dem Beratermarkt zu erreichen. Die Investitionen für Brand Building sprengten die dreistellige Millionengrenze. Spitzenreiter war hierbei Andersen Consulting mit 200 US-$, gefolgt von Ernst & Young mit 100 Mio. US-$. Ein beträchtlicher Anteil dieser Investitionen ging in die Personalwerbung. Einer der Hauptzwecke der Markenbildung der Unternehmensberatungen bestand darin, **über starke Brands notwendige Nachwuchskräfte zu rekrutieren**. Andersen Consulting übernahm 1998 Rekrutierungs-Leadership, deren Mitarbeiterzahl sich von 45 000 um 8 000 Mitarbeiter erhöhen sollte (*Höselbarth* 2001).

1999 – Stagnation auf hohem Niveau

Das Jahr 1999 war geprägt vom Versuch der Unternehmensberatungen, sich als **Wissensmarke** zu etablieren. Anhand von schrittweisen Konzeptionen wurde der **Mensch als Wissensträger** in den Mittelpunkt gestellt, deren Umsetzung jedoch nicht nachhaltig war.

Es gab **weder inhaltlich noch gestalterisch neue Konzepte**. Die Entwicklung stagnierte auf hohem Niveau (*Höselbarth* 2001).

2000 – War of Brands

Zum Jahreswechsel 2000 geriet der Stellenanzeigenmarkt durch schnell wachsende Start up-Unternehmen, die für hochqualifiziertes Personal äußerst attraktiv waren, erneut in Bewegung. **E-Commerce avanciert zum wichtigsten Differenzierungsfaktor** für Unternehmensberatungen. In den Stellenanzeigen spiegeln sich die Positionskämpfe der Unternehmensberatungen wider. Der Wettbewerb um die Marken im Zeitalter der New Economy wird von den Unternehmensberatungen gewonnen, die in der Lage sind, **Wissensinhalte durch E-Brands umzusetzen**.

In diesem Zusammenhang gelang es dem Medienkonzern Bertelsmann, sich als **Wissensmarke im E-Business** zum etablieren. Der **Slogan** Wissen.de ‚You are what you know' zeigt das **Schwerpunktthema Knowledge**.

Klassische Printstellenanzeigen und Imagebroschüren werden durch interaktive Online-Stellenanzeigen und Imagekampagnen im Internet ergänzt bzw. ersetzt. Der Vorteil des Internets besteht darin, dass es weiter gehende kommunikative Fähigkeiten besitzt. Es ermöglicht z. B einem potenziellen Bewerber, seine Interessen, Kompetenzen und Ziele im Vorfeld einzubringen und mit dem Consulting-Unternehmen seiner Wahl abzugleichen. In diesem Zusammenhang sagt Lutz-Misof, Vice Chairman der Communications & Design Consultancy (*Lutz-Misof* 2001):

> „Ein statisches Image nutzt nichts mehr. Marken müssen erfahrbar werden."

Die Imageanzeige von Andersen Consulting ‚Hat ihre Firma schon E-Commerce in ihren Erbanlagen verankert?' zeigt die Entwicklung von den klassischen Printmedien zur neuen Anzeigenform, die das **Trendthema E-Commerce fokussiert**. Das Thema wird durch die Motivwahl vom Weg des Kolumbus bis zur Entschlüsselung der menschlichen DNS tiefgründig erfasst.

Es lässt sich ein Zusammenhang herstellen zwischen dem Amerika-Entdecker, der sich auf der Suche nach der Neuen Welt befand und der heutigen Gesellschaft, die von einem rasanten technischen Veränderungsprozess geprägt ist (*Höselbarth* 2001).

Im selben Jahr entwickelte sich der ‚war for talents' zu einem ‚**war for brands'**, der sich auf dem Stellenanzeigenmarkt auswirkte, indem sich die **Unternehmenberatungen als E-Brands** etablieren mussten.

Durch die Besetzung des Themas E-Commerce profilierten sich die Consultingunternehmen als **Wissensmarke**.

Für das Jahr 2001 sowie die weiteren Jahre planen fast alle Beratungsunternehmen neue Anzeigen- und Imagekonzepte, deren Erfolg von neuen Ideen abhängt. Sie ermöglichen es, Beratermarken durch den Transfer von Corporate Identity und differenzierten Wissensinhalten zu bilden.

1.2 DaimlerChrysler Management Consulting – eine Marke?!

Markenbildung als Dilemma einer internen Unternehmensberatung

Da der Beruf des Unternehmensberaters im Arbeitsalltag auf ganz unterschiedliche Weise ausgeübt wird, die Berufsbezeichnung nicht geschützt ist, es kein professionelles Selbstverständnis gibt und keine verbindliche Professionalisierung, stehen Kunden generell vor der Schwierigkeit, die auf dem Markt zur Verfügung gestellten Angebote interner und externer Unternehmensberater qualitativ zu bewerten. Der Entscheidungsprozess des Kunden für eine Dienstleistung und damit auch für jede Beratungsgesellschaft ist immer mit hohen Unsicherheiten belastet, weil die angebotenen Unterstützungen in hohem Maße individualisierte und im strengen Sinne nicht reproduzierbare Leistungen sind. Wir stehen als interner Anbieter von Beratungsleistungen vor diesen und zusätzlichen Herausforderungen, wenn es uns gelingen soll, die Unsicherheiten beim Kunden zu minimieren und ein Bild entstehen zu lassen, dass eine Kompetenz- und Differenzvermutung zum Wettbewerb erzeugt.

Fünf Kernfragen müssen wir beantworten:

1. Es geht um die Frage, wie das noch junge Angebot interner Beratungsleistung von den etablierten Angeboten externer Unternehmensberater unterschieden werden kann. Zwar sind die typischen, unverwechselbaren Leistungen interner Berater in der Literatur diskutiert und beschrieben, bisher ist es aber nicht gelungen, konkrete und spezifische Erwartungshaltungen sowie Kompetenzzuschreibungen bei den Auftraggebern zu erzeugen. Das Angebot der externen Unternehmensberatungseinheiten ist im Gegensatz dazu seit vielen Jahren bekannt, erlebt und bewertet. Die interne Positionierung allein erzeugt noch keine Information, die eine Information ausmacht.
   Was also unterscheidet interne von externer Unternehmensberatung und wie können diese Merkmale im täglichen Handeln der internen BeraterInnen und MitarbeiterInnen der Beratungsgesellschaft für Kunden erlebbar werden?

2. Interne Beratungsgesellschaften, die, wie wir, mit dem Anspruch tätig sind, Umsetzungsspezialisten zu sein, stehen vor der Frage, wie Praxisnähe und Umsetzungsstärke ausgebildet und glaubhaft dokumentiert werden können. Managementerfahrungen aus der Muttergesellschaft und auch Beraterkompetenz sollten nachweisbar vorhanden sein.
   Wie gelingt es, Fähigkeiten und Erfahrungen aus der Managementpraxis

und damit Umsetzungskompetenz zu akquirieren und in der Beraterrolle zu professionalisieren?

3. Aufgrund der Anforderung der Auftraggeber an individualisierter, nicht branchentypischer Umsetzungsunterstützung, die unter unterschiedlichsten Rahmenbedingungen geleistet wird und viele Lösungsoptionen zulässt, können interne Unternehmensberater nur in begrenztem Maße standardisierte Leistungen anbieten und verkaufen. Die Notwendigkeit flexibler Anpassung der Beratungsleistungen an unterschiedliche Ausgangs- und Zukunftsperspektiven des Unternehmens und seiner Bereiche lässt es nicht ohne Weiteres zu, Produkte und Projekte so zu beschreiben, dass sie ein klares Bild von der später erbrachten Leistung erzeugen.
Wie können Produkt- und Projektbeschreibungen aussehen, die individualisierte und nicht branchenspezifische Standards anbieten und als Mittel der Differenzierung gegenüber den externen Wettbewerbern taugen?

4. Wir versprechen unseren Kunden Ganzheitlichkeit in der Situationsanalyse und bei der Erarbeitung der Lösungsansätze. Unternehmensberatung ist eine ganzheitliche Aufgabe, obwohl die Fragestellungen kategorisierbar, teilbar und fokussierbar scheinen; in der Managementpraxis existieren Strategiefragen, Struktur-, Prozess- und Personalthemen parallel und verlangen synchronisierte Antworten des Managers bzw. ganzer Managementsysteme; der Prozess der Unternehmensentwicklung führt darüber hinaus regelmäßig zu nicht geplanten und intendierten Ergebnissen, auf die Manager und Berater prozessual reagieren müssen.
Wie kann man aber Ganzheitlichkeit im Vorgehen als Markenbestandteil und Erfolgsfaktor verkaufen, wenn Jahrzehnte der Taylorisierung von Managementaufgaben den Blick für das Ganze abtrainiert haben?

5. Interne und externe Beratungsgesellschaften haben die Frage zu beantworten, wie aus einer Summe von Individualisten eine Einheit und Gemeinsamkeit entsteht, die unabhängig von personellen Fähigkeiten, so etwas wie einen gemeinsamen Auftritt pflegt und daraus auch persönlichen Nutzen und Erfolgserlebnisse ableitet. Bei internen Beratungseinheiten ist dieser Prozess der Angleichung aber wesentlich schwerer zu erreichen, da sie über Erfahrungshintergründe im Unternehmen verfügen und damit selbstverständlich auch einer anderen Altersklasse angehören müssen, um als ‚Interner' anerkannt zu werden. Die Frage, wann ein Berater als ‚Interner' angesehen wird, hängt zudem von der Unternehmenskultur ab. In unserem Fall, eines über Jahrzehnte hinweg relativ geschlossenen Systems, benötigt man einige Jahre, um diese Zuschreibung zu erhalten. Berater mit diesem Kapital sind nicht in gleichem Maße formbar wie Studienabgänger, die begierig Lernfortschritt gegen Anpassung tauschen. Auch die Integration von externem Know-how lässt sich, selbst wenn es kultursensibel geschieht, nicht so schnell herstellen.
Wie kann ein professionelles und geteiltes Selbstverständnis trotz aller Individualität erarbeitet werden?

Es ist eine **Herausforderung der besonderen Art**, unter diesen Vorraussetzungen eine Marke aufbauen zu wollen, die Vertrauen beim Kunden bildet, dass er eine innovative, kompetente, gleichbleibend gute und diskrete Leistung aus der internen Unternehmensberatung erhält und schon der Name der internen Beratungseinheit für diese Qualitäten bürgt. Die Frage, ob und wie es für uns möglich wird, über den Aufbau einer Marke und nicht nur über Personen eine dauerhafte Kundenbindung zu erzeugen, wird im folgenden reflektiert. Hierzu geben wir zunächst einen kurzen Überblick zu unserer Unternehmensentwicklung, um dann unser Markenverständnis zu erläutern. Im Anschluss stellen wir unsere Marketinginstrumente vor und diskutieren unsere Erfahrungen.

Unternehmensentwicklung und Markenbildung:
DaimlerChrysler Management Consulting auf dem Weg zur Marke?!

Die **Anfänge** der internen Beratung bei DaimlerChrysler reichen bis **in die 70er Jahre** zurück. Zu diesem Zeitpunkt setzte man sich im Konzern sowohl mit innovativen Formen des Managementtrainings auseinander als auch mit den Rückmeldungen der Kunden, die Transferprobleme ansprachen. Die ersten Ansätze des Inhouse Consulting brachten eine Vielzahl von kleinen internen Beratungsstäben in fast allen Werken und einigen Konzerngesellschaften hervor. In den **90er Jahren** hatte sich das Konzept der internen Beratung nicht nur in die dezentralen Standorte verbreitet, sondern auch in die unterschiedlichen funktionalen Bereiche der Konzernzentrale wie Forschung, Qualitätswesen, Finanzen und in die Entwicklung. Die Beraterlandschaft kann daher Ende der neunziger Jahre als heterogen und vielfältig, nur für Beteiligte überschaubar, gekennzeichnet werden.

Die Management Consulting erhielt damals als Stabsfunktion den **Auftrag** der

> Förderung, Gestaltung und Umsetzung von Innovations- und Veränderungsprozessen durch die Bereitstellung geeigneter Methoden und Instrumente sowie die Unterstützung durch ein professionelles internes Beraternetzwerk.

Tabelle 26: Beraterlandschaft DaimlerChrysler (Stand November 2000)

Funktionsbereich/Abteilung	Mitarbeiter
Vertrieb	40
Geschäftsfeld Pkw	120
Geschäftsfeld Nutzfahrzeug	100
European Aeronautic Defensive Society	30
Motoren & Turbinen Union (MTU)	20
Group Management Funktion	140
Direkt geführte Berater	5
Dienstleistungen	40
Mitarbeiter, insgesamt	**495**

Als Träger der beraterischen Tradition im Konzern konnte die Management Consulting somit die Aufgabe der Koordination und Integration dieser heterogenen Beraterlandschaft über ein Beraternetzwerk gestalten und ausfüllen. Über Netzwerktreffen, Beraterkongresse und Beraterqualifizierungen, die konzernweit für interne Beratungseinheiten angeboten wurden, leistete sie zudem einen Beitrag zur Sicherung der Qualität von Beratung. Durch die erfolgreiche Umsetzung dieses Auftrages und durch großflächige, durch Vorstände der Mercedes Benz AG beauftragte Beratungsprojekte, war die damalige DaimlerBenz Management Consulting als interne Beratung im Konzern verankert.

Im Rahmen der Fusion Daimler-Benz und Chrysler veränderte sich auch Management Consulting. Sie erhielt den Auftrag, Gestaltungsoptionen für die Zukunft von Beratung als Entscheidungsvorlage für die Leitung Personal zu entwickeln. Ziel sollte eine kosten- und qualitätsoptimierte, dem Wettbewerb standhaltende Beratung sein. Allerdings gab es von der Konzernleitung, einschließlich des Personalvorstandes, keine konkreten Aussagen oder Vorgaben zur strategischen Positionierung einer internen Beratungseinheit, sodass die **Chance bestand, eine neue Basis durch Eigeninitiative zu gestalten.**

Ein **Benchmark** zeigte, dass sich in vielen deutschen Unternehmen interne Beratungseinheiten entwickelt hatten. Als Beispiele wurden damals unter anderen die ABB, die Deutsche Bank, Degussa identifiziert, die eine Phase der Konsolidierung bereits erfolgreich beendet hatten. Diese Einheiten wurden **Ideengeber für die Neugestaltung**, da sie sich als globale Service Einheiten zur Begleitung von Veränderungsprozessen verstanden; sie besaßen ein klar definiertes Produktportfolio, dass Leistungen in den Bereichen Strategieentwicklung und -implementierung, Prozessgestaltung und -optimierung sowie Projektbegleitung und Projektmanagement anbot. Diese Produkte konnten auch in der Welt von DaimlerChrysler von Nutzen sein und als ‚Blaupause' dienen. Die Mitarbeiterstrukturen mit zu 1/3 internen MitarbeiterInnen des Konzerns, 1/3 aus externen Beratungen rekrutierten MitarbeiterInnen und zu 1/3 Hochschulabsolventen versprachen einerseits den nötigen Veränderungsimpuls und andererseits die gewünschte Kontinuität. Die kritische Größe einer internen Beratung begann aus der Erfahrung der externen Kollegen bei ca. 40 MitarbeiterInnen; diese Größe konnte und sollte auch für die DCMC ein Entwicklungsziel sein.

Die Hoffnung, dass sich die Konzernleitung zu diesem Zeitpunkt für eine große interne DaimlerChrysler Beratungsgesellschaft entscheiden könnte, war unrealistisch und zu diesem Zeitpunkt teilte auch keine andere Beratungsgesellschaft des Konzerns den Wunsch nach Konsolidierung. Management Consulting verfolgte daher die **GmbH-Lösung**, deren Vorteil besonders in der gewonnenen Unabhängigkeit und Neutralität sowie in der professionellen Distanz zu den Kunden lag. Management Consulting GmbH begann, nach einem komplexen Ausgründungsprozess, ihre Geschäftstätigkeit zum **01. Juli 2001**. Der **Start in eine neue Gesellschaft**, in eine Pionierphase, in der alle Rahmenbedingungen wie Vergütung, Strukturen und Prozesse neu zu gestalten waren und das Geschäft mit hoher Intensität vorangetrieben werden musste, gestaltete sich nicht gerade als einfache Aufgabe.

Das schwierigste Geschäft war es sicherlich, BeraterInnen zu finden, die einerseits dem gewünschten Anforderungsprofil entsprachen, andererseits auch dem Erfolgsdruck standhalten wollten und konnten; sie mussten sich täglich mit dem Wettbewerbsnachteil gegenüber den internen Beratungsstäben auseinandersetzen, die unter wettbewerbsverzerrenden Rahmenbedingungen Angebote machen konnten und gegenüber den KollegInnen, die im Zusammenhang mit der Ausgründung eine persönliche Lösung verhandelt hatten. Sie mussten Aufbauarbeit leisten in einer Zeit, in der zum ersten Mal in der deutschen Nachkriegsgeschichte der Beratermarkt rückläufig war und in der die BeraterInnen kritischer als bisher in ihrem Verhalten und in den Ergebnissen beurteilt wurden.

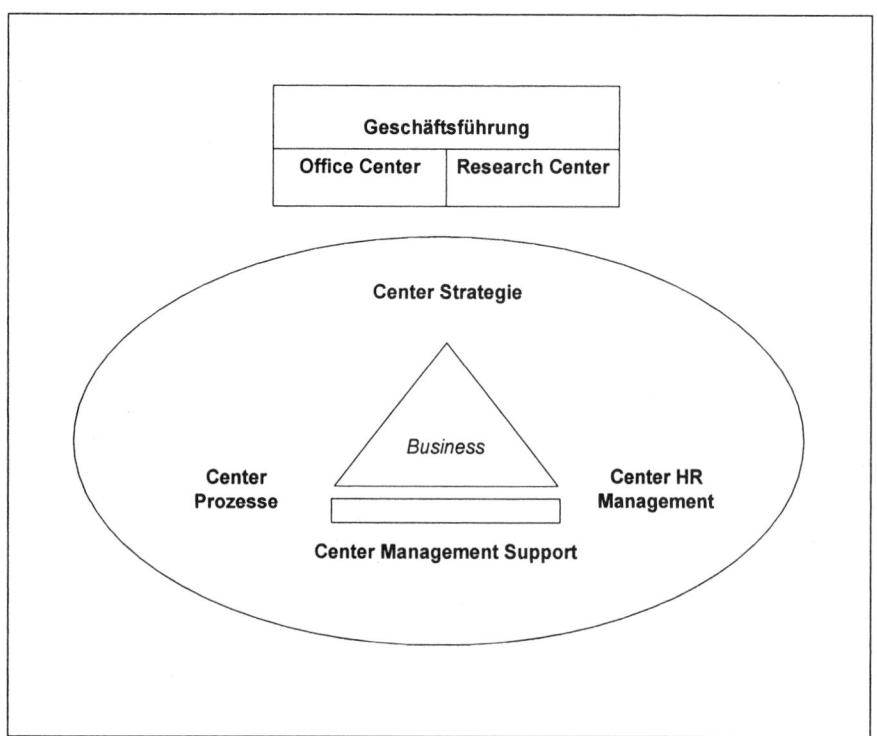

Abbildung 69: Ganzheitliche Organisationsstruktur bei DCMC

Seit der Ausgründung der DaimlerChrysler Management Consulting GmbH (DCMC) hat sich DCMC, die ihre Wurzeln in der Organisations- und Personalentwicklung hat, **schrittweise zu einer internen Top-Management Beratung entwickelt**, die aktuelle Umsetzungsvorhaben des Konzerns ganzheitlich berät und begleitet.

Als 100%ige Tochter der DaimlerChrysler AG wird DCMC durch einen Beirat beaufsichtigt und beraten, der sich aus Top-Managern aller DaimlerChrysler Geschäftsfelder zusammen setzt. Auf diese Weise wird gesichert, dass ein neutraler Zugang in alle Konzernbereiche möglich ist. Der Geschäftsführung direkt unterstellt ist ein Office Center Team, das administrative Aufgaben erfüllt und mit dem RechercheCenter, den BeraterInnen Unterstützung in der Projektarbeit bietet.

Management Consulting ist in der Aufbauphase so strukturiert, dass **Kompetenzen in den Geschäftsfeldern**

- Strategieentwicklung und –umsetzung,
- Strukturentwicklung und Prozessoptimierung,
- Human Resource Management und
- Management Support

aufgebaut werden können. Während die Center HR Management und Management Support schon in der Stabsfunktion als Costcenter existierten, befinden sich die Center Strategie und Prozesse seit der Ausgründung im Aufbau und werden schrittweise mit MitarbeiterInnen besetzt. Da DCMC den Beiratsauftrag hat, mit dem Geschäft zu wachsen, vollzieht sich dieser Wandel langsam aber stetig.

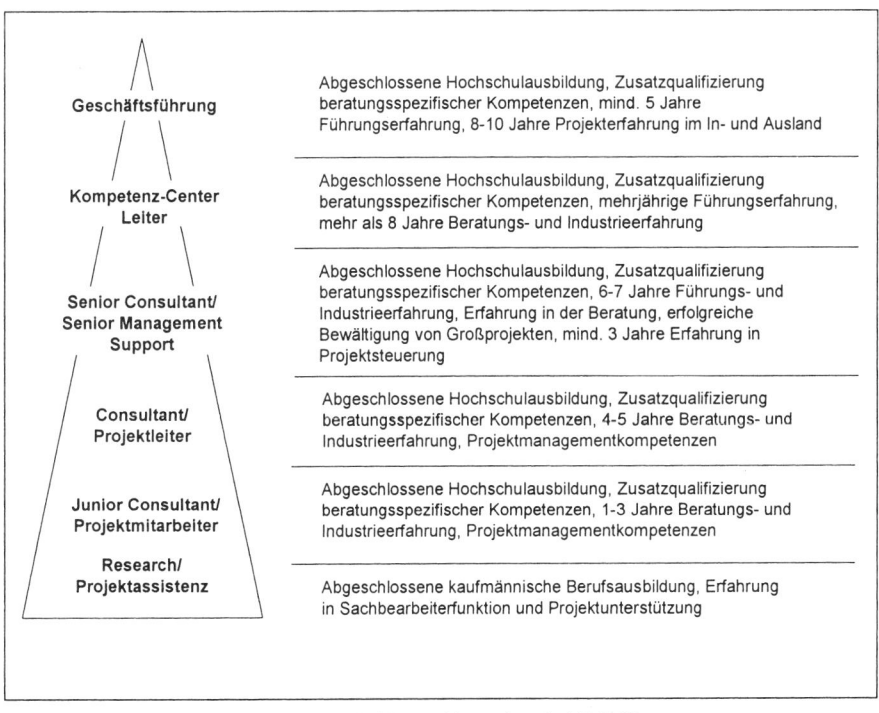

Abbildung 70: Hierarchiestruktur bei DCMC

DCMC beschäftigt **zur Zeit 15 BeraterInnen** aus den verschiedensten Fachrichtungen. Zwei der vier Leiter der Einheiten wurden von externen Beratungen, die Geschäftsführung und zwei weitere Leiter intern rekrutiert. Die aktuell beschäftigten BeraterInnen und Assistenzkräfte wurden sowohl extern als auch intern verpflichtet. Die Geschäftsführerin war vor ihrer jetzigen Aufgabe langjährige Führungskraft der DCAG. Das Ausbildungsspektrum reicht von MitarbeiterInnen der Ingenieurwissenschaften, über Natur-, Wirtschaftswissenschaftler zu Soziologen und Psychologen.

DCMC berät in erster Linie Abteilungen, Bereiche und Ressorts der DaimlerChrysler AG mit dem Auftrag, zentrale Funktionen in der Weiterentwicklung und Optimierung der globalen Steuerungs-, Führungs- und Serviceprozesse zu unterstützen.

Unsere Produkte erstrecken sich entlang unserer Geschäftsfelder in den Bereichen

- **Strategieentwicklung und –umsetzung:** Strategien entwickeln, prüfen, zum Durchbruch verhelfen und operationalisieren; Ziele und Kennzahlen kaskadieren und Integrations- und Kooperationsprozesse managen.

- **Strukturentwicklung und Prozessoptimierung:** Wert und Werte managen, Geschäftsprozesse analysieren, Reorganisation gestalten und Post Merger Integration unterstützen.

- **Human Resource Management:** Strategische Personalmanagement, Coaching, Führungsinstrumente gestalten und Führungskräften qualifizieren.

- **Management Support:** Projekte managen und Projektmanagement unterstützen

Tabelle 27: DCMC Produkte (in % am Umsatz 2003)

DCMC-Produkt	% vom Umsatz 2003
Prozessoptimierung	18,6
Strategieentwicklung	12,2
Personalentwicklung	11,1
Interims-Management	10,7
Qualifizierung	10,1
Unternehmensentwicklung	8,9
Bereichsentwicklung	7,9
Führungskräfteentwicklung	4,6
Cost Cutting	3,6
Strukturoptimierung	3,5
Projektberatung	3,3
Projektsupport	2,7
Coaching	1,3
Sonstiges	1,5

Das Markenverständnis einer internen Beratungsgesellschaft:
Welches Markenverständnis existiert zur Zeit in der DCMC?

Die Marke DCMC ist für uns dann entstanden, wenn ein unverwechselbares und konstantes Vorstellungsbild in den Augen unserer Kunden, unserer potenziellen Kunden und im Konzern DaimlerChrysler erzeugt und verankert wurde, das unsere Leistungen eindeutig der DCMC zuordnet und diese von den Leistungen der Wettbewerber differenziert; d.h. unsere Beratungsprodukte sollen über unsere Beratungsprojekte eigenständig und unverwechselbar im Marktumfeld positioniert sein. Wir versprechen uns davon, uns mit wachsenden Marktanteilen gegenüber internen und externen Wettbewerbern zu behaupten.

Abbildung 71: Grundfunktionen einer Marke (in Anlehnung an *Backhaus* 2003)

Unsere Vision ist, dass es über 5 Jahre hinweg gelingen kann, Erwartungen so zu generieren, dass

- die Zuschreibung von **Unverwechselbarkeit, Prägnanz und Klarheit** existiert, die überzeugenden Nutzen für unsere Kunden garantiert,
- einerseits die Annahme über **Kontinuität** und andererseits über **Dynamik und Innovationsfähigkeit** besteht, die sicherstellt, dass frühzeitig auf sich verändernde gesellschaftliche und zielgruppenrelevante Veränderungen reagiert wird,

- die Vermutung über die **Einhaltung von Qualitätsstandards, die Zusicherung von Diskretion, Glaubwürdigkeit und Loyalität** zum Unternehmen vorhanden ist, die Sympathie und Vertrauen schafft.

Für uns als interne Unternehmensberatung werden sich dann in der Akquise von Beratungsprojekten entscheidende Vorteile ergeben, wenn es gelingt, diese Merkmale im konkreten Handeln erlebbar zu machen. Eine Vertrauensbasis soll geschaffen, eine Orientierungshilfe gegeben werden, die das Risiko der Entscheidung, die möglichen Fehleinschätzung von Nutzen beim Kunden reduziert.

Eine Beratungsgesellschaft steht im Prozess des Markenaufbaus vor der Tatsache, dass eine Beratungsleistung, wie andere Dienstleistungen auch, nicht wie ein Konsumgut vermarktet werden kann. **Im Unterschied zu physischen Produkten erschweren zwei Aspekte, den Markenaufbau:**

- Zum einen sind die **Leistungen immateriell und intangibel** und
- zum anderen ist jede Beratung höchst individuell und vom **Sozialisierungsprozess, Erfahrungs- und Professionalisierungshintergrund** des Beraters bzw. des ganzen Beratungsteams abhängig.

Beratungsleistungen sind aus diesen Gründen nur begrenzt reproduzierbar. Man kann BeraterInnen, ihre Werte und ihr Wissen nicht klonen. Selbst die Tagesform und die Zusammensetzung und Kooperationsfähigkeit in Beratersystemen unterscheidet die Leistung und das Ergebnis im Prozess der Beratung. Hinzu kommt, dass eine ähnliche Leistung in unterschiedlichen Kundensystemen ganz unterschiedliche Wirkungen zeigt. Außerdem versucht fast jedes Kundensystem, die im Ursprung als Mehrwert eingekaufte Differenz des Beraters zu minimieren.

Das bedeutet für uns als interne Beratungseinheit, dass wir auf Grund dieser Gegebenheiten, uns die Frage nach geeigneten Instrumenten zum Markenaufbau stellen müssen, die diese Besonderheiten berücksichtigen.

Bevor wir jedoch auf die Differenzierungsinstrumente eingehen, die wir aktuell, begleitend zu unserer Pionierphase einsetzen, beschreiben wir kurz die heutige Positionierung der Beratungseinheit und die daraus abgeleiteten Aufträge an die BeraterInnen sowie deren Ausstattung.

Positionierung der Beratungsgesellschaft als Rahmenbedingungen einer zukünftigen Markenbildung:
Auf welche Weise beeinflusst die interne Positionierung den Aufbau einer Marke?

Die Positionierung der DCMC und die daraus abgeleitete Position der BeraterInnen gibt den Rahmen vor, in dem das Beratungsgeschäft sich entfalten kann. Die Neupositionierung einer internen Beratungsgesellschaft ist aber nicht frei gestaltbar wie eine Neugründung am Markt. Die strategische Bedeutung aus der Perspektive der Konzernleitung und der Geschäftsbereiche kann, wie ein Vergleich in der deutschen Industrie zeigt, ganz unterschiedlich sein. In unserem Fall gab es zwar keine Strategie der Positionierung von Beratung wohl aber den Wunsch, die Überlebensfähigkeit einer solchen Einheit zu testen und Erfolg vorausgesetzt, das Experiment weiterzuentwickeln.

Unser Beratungsauftrag ist aus diesem Grund selbst gewählt und gestaltet.

Wir haben uns zum Start entschieden, **zentrale Funktionen des Konzerns und der Geschäftsbereiche in der Optimierung der globalen Steuerungs-, Führungs- und Serviceprozesse ganzheitlich zu unterstützen.** Diese Entscheidung ist vor dem Hintergrund der zum Gründungszeitpunkt existierenden internen Beratungslandschaft, unserer Kompetenzen, die wir in der Stabsfunktion entwickelt hatten und unserer Bedarfsanalyse gefallen. Wir haben diese **Nischenstrategie** gewählt, weil sie uns unter den gegebenen Rahmenbedingungen die einzig umsetzbare schien. Aus unserer Erfahrungen war uns bewusst, dass wir uns von der durchaus erfolgreichen Stabsarbeit relativ schnell differenzieren mussten, um erfolgreich Unternehmensentwicklungen unterstützen zu können.

Die Fähigkeiten der Organisationsentwicklung und Change-Beratung allein waren nicht bedarfsgerecht und damit nicht verkäuflich.

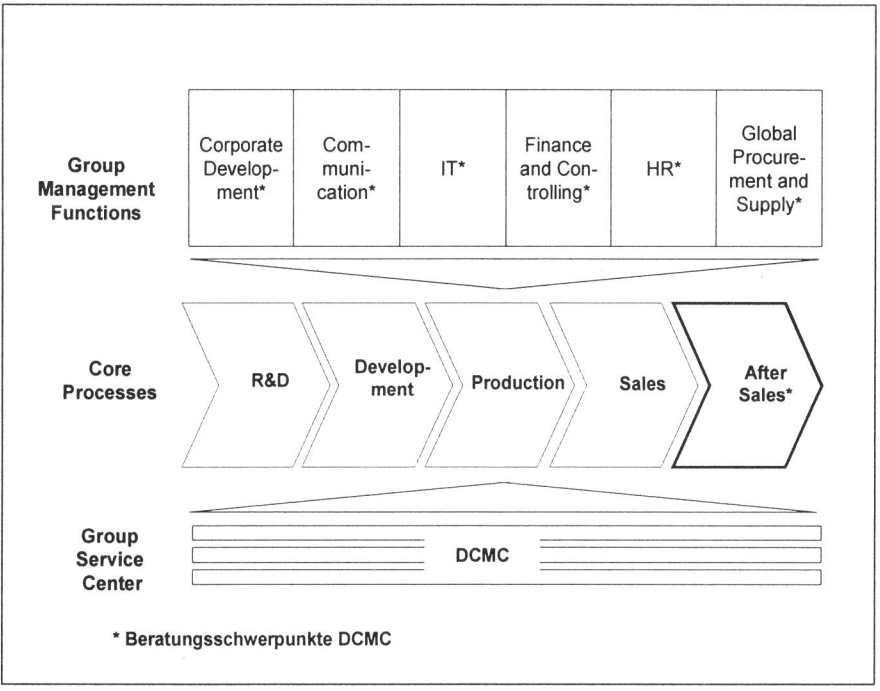

Abbildung 72: Beratungsschwerpunkte der DCMC

Unser Selbstverständnis nach innen und nach außen:

- Unsere **Aufstellung** in die Kompetenzcenter Strategieentwicklung, Prozessoptimierung und HR Management soll **nach innen** signalisieren, dass wir Kompetenz im Sinne einer ganzheitlichen Unternehmensberatung aufbauen und uns komplettieren wollen (**Selbstbild**).

- **Nach außen** soll das angestrebte Profil durch ‚neue Gesichter' und die Verknüpfung von bisherigem und neuem Know-how belegt werden und den neuen Auftritt glaubwürdig kommunizieren (**Fremdbild**).

Die besondere Nähe zum Geschäft unserer Kunden im DaimlerChrysler Konzern, die Kenntnis der strategischen Vorhaben und die Beratung bei daraus abgeleiteten neuen Herausforderungen und den notwendigen Implementierungs- und Veränderungsprozessen soll unser Kerngeschäft und unsere Kernkompetenz ausmachen.

Aus dieser Zielformulierung haben wir **fünf Kernthesen** zu unserer Selbstvergewisserung und zu unserem Selbstverständnis in der Pionierphase unseres Unternehmens abgeleitet. Diese Thesen sind durch die Gründer definiert und geeignet, mit Bewerbern und Einsteigern ins Gespräch zu kommen und einen Prozess der Ausrichtung auf gemeinsame Ziele zu beginnen. Sie werden von uns aktuell auch in der Außendarstellung genutzt:

1. **Wir arbeiten pragmatisch und wissenschaftlich fundiert.** DCMC kennt die neuesten Forschungsergebnisse in den Disziplinen, in denen wir tätig sind. Der Fokus aber besteht nicht darin, Theorien anzuwenden oder Modelle zu verwirklichen, sondern Probleme zu lösen und die Wettbewerbskraft der Kunden zu stärken. Die Kunden der DCMC sind der Maßstab, an dem Fortschritte gemessen werden. Wir fungieren somit als Mittler zwischen Wissenschaft und Unternehmenspraxis.

2. **Wir sind Teil des Netzwerks.** Die DCMC glaubt an die Wirksamkeit des Spezialisten, wenn es gelingt, seine Fähigkeiten und Erfahrungen für ein gemeinsames Ziel zu nutzen. Die BeraterInnen der DCMC sind Spezialisten und kennen die Spezialisten, die sie ergänzen.

3. **Wir machen uns überflüssig.** Wer mit der DCMC arbeitet, wird besser: Die DCMC teilt Erfahrungen, Methodik und Know-how mit den MitarbeiterInnen ihrer Kunden - und zieht sich zurück, wenn der Kunde die interne Beratung nicht mehr braucht.

4. **Unsere Leistungen sind überprüfbar.** Gemeinsam mit den Kunden formuliert die DCMC die Ziele der gemeinsamen Arbeit – und die Standards, nach denen ihre Resultate gemessen werden.

5. **Wir arbeiten ganzheitlich.** Strategien, Strukturen und Personal sind Ansatzpunkte für eine wirksame Unternehmensentwicklung. Jede Maßnahme ist zum

Scheitern verurteilt, wenn sie nicht ganzheitlich und vernetzt geplant und durchgesetzt wird. Die DCMC fokussiert dort, wo es am meisten Wirkung bringt, ohne das Ganze aus dem Auge zu verlieren.

Eine weitere Ebene der Konkretisierung stellen unsere **strategischen Erfolgsfaktoren** dar, die bis zur Ebene der Zielvereinbarung für unsere Beratungsgesellschaft, für die Kompetenzteams und die BeraterInnen differenziert sind. Wir zielen auf

- Akzeptanz und Vertrauen von Klienten durch eine **unabhängige** und **diskrete** Beratung.
- **Schnelle** Verfügbarkeit und geringen Zeitbedarf zur Einarbeitung, für Auftragsklärung und anschließende Projektarbeit.
- **Effiziente** und effektive Beratungsleistung infolge guter Kenntnisse der Branche, Insider Know-how bezogen auf das Unternehmens DaimlerChrysler sowie Einblick in Ziele, Strategien der Geschäftseinheiten und persönliche Kenntnis von wichtigen Entscheidungsträgern, Organisationsstrukturen und Kulturen.
- **Praxisnahe und pragmatische** Konzepte, prozessorientierte Beratungsansätze, die Akzeptanz und Veränderungsbereitschaft der betroffenen Führungskräfte und MitarbeiterInnen fördern.
- Senkung der Beratungskosten durch **kooperativen** Einsatz interner Experten und durch grenzüberschreitende Vermittlung von Wissensträgern für die Projektarbeit.
- **Identifikation** mit den Unternehmenszielen und auf langfristiges Interesse am Unternehmenserfolg von DaimlerChrysler.

Damit ist die Zielposition der DCMC als interne Unternehmensberatung definiert, die durch unsere BeraterInnen in der konkreten Projektarbeit angestrebt und umgesetzt werden soll. Regelmäßige Kundenrückmeldungen sollen den Abgleich mit der tatsächlichen Positionierung bei unseren Kunden sicherstellen und Steuerungsimpulse zur Weiterentwicklung der Einheit liefern.

Das Vorstellungsbild bei unseren Kunden wird zwar von der Positionierung und dem Image als Einheit im Konzern bestimmt, entscheidend aber vom Auftritt unserer BeraterInnen geprägt. Daher sei an dieser Stelle ein Blick auf unsere **Anforderungen an BeraterInnen** geworfen. Zur Personalentwicklung unserer BeraterInnen haben wir ein bekanntes Tool ‚**Das Kompetenzrad**' mit unseren spezifischen Anforderungen gefüllt. Im Vergleich mit externen Beratern macht es deutlich, dass für uns der Faktor Konzernwissen von entscheidender und differenzierender Bedeutung ist. Als interne Berater besitzen wir den Vorteil in die interne Kommunikation eingebunden zu sein und können sowohl zeitlich als auch von der Informationstiefe her einen stetigen **Wissensvorsprung gegenüber externen Beratern** aufbauen und erhalten.

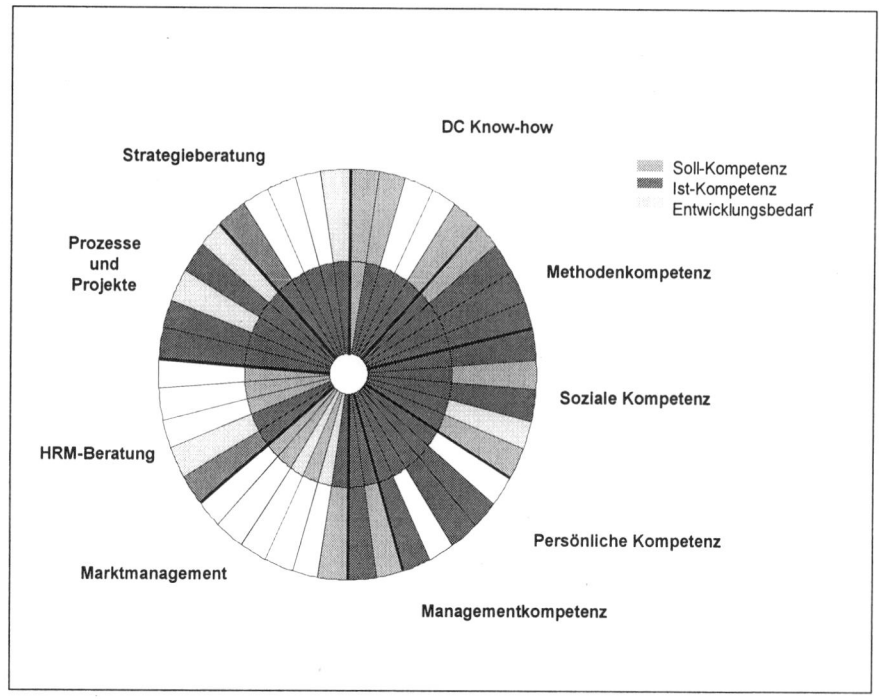

Abbildung 73: Kompetenzrad für BeraterInnen bei der DCMC

Wir verfügen darüber hinaus über **Erfahrungswerte aus internen Prozessabläufen.** Erfahrungswerte sind verknüpft mit Einsichten auf kognitiven und emotionalen Ebenen; gerade letztere führen zu einem vertieften Verstehen interner ‚Erlebnisqualitäten', sie schaffen Identifikation mit dem Klientensystem, ermöglichen Entwicklung pragmatischer Konzepte und rechtfertigen insbesondere den Vertrauensvorschuss für interne Berater bezogen auf Umsetzungskompetenz. Konzernwissen erwirbt man nicht nur durch Projektarbeit, sondern vor allem über eine stetige Auswertung und Reflexion von Beobachtungen; letztere garantiert dann auch die notwendige Distanzierungsfähigkeit, die zuweilen internen Beratern abgesprochen wird, die selbstverständlich auch Teil unseres professionellen Selbstverständnisses ist.

Die Kommunikation unserer Marke:
Welche Ideen haben wir als ‚Start-up' umgesetzt und schöpfen wir unser Potenzial aus?

Da wir ein 100%iges Tochterunternehmen des DaimlerChrysler Konzerns sind, war es für uns klar, dass der **Konzernname Namensteil sein sollte**, um bereits darüber die hohe Identifikation und das langfristige Interesse der Beratungseinheit am Unternehmenserfolg zu signalisieren; dass dies im externen Geschäft phasen- und kundenspezifisch zum Nachteil werden könnte, wurde als nicht entscheidendes Kriterium bewertet, da auch andere interne Beratungseinheiten, die durchaus als Benchmark gelten können, wie etwa Volkswagen oder Porsche Consulting, sich auf dem externen Markt einen Namen gemacht haben und erfolgreich sind. Auch haben wir diese Konsequenz in Kauf genommen, weil wir uns mit **80% unseres Geschäfts ‚inhouse'** bewegen wollen.

Der Name Management Consulting mit seiner **Abkürzung MC** war nach einer Befragung der MitarbeiterInnen ausgewählt worden, weil er schlicht und international verwendbar schien. Er entsprach dem damaligen Selbstverständnis einer Einheit, die Führungskräfte in ihrem Geschäft ganzheitlich beraten wollte. Außerdem erschien es uns damals wichtig, keine modischen Kürzel aus den aktuell vermarkteten Beratungsansätzen in unseren Namen aufzunehmen, da wir die ‚Auf und Ab' der angepriesenen Managementmethoden inzwischen hinreichend durchschaut hatten und uns davon nicht abhängig machen wollten.

Abbildung 74: DCMC Visual

DaimlerChrysler im Namen der DCMC wurde also als essentieller Bestandteil gewählt, um die internen Auftraggeber direkt anzusprechen. Als Folge galten die **Corporate Identity (CI) Richtlinien des Konzerns** auch für DCMC und setzten einer Differenzierungsstrategie enge Grenzen.

Das **Logo von DaimlerChrysler** ist rechtlich geschützt und darf daher in der Verwendung nicht nachbearbeitet, verzerrt oder in irgendeiner Weise modifiziert werden. Ein respektvoller Umgang beinhaltet laut Richtlinien auch, dass das Logo immer in ungekürzter Form verwendet wird. Visuelle Kennungen für die DCMC GmbH sind deshalb nur in eingeschränktem Maße möglich.

Formate und Schriftarten im Rahmen der Konzernrichtlinien werden durch die Namensgebung ebenfalls Bestandteil der DCMC CI. **Die Unternehmensfarben des Konzerns** – und damit auch der DCMC – sind die ‚DaimlerChrysler Blueworld': Das Corporate Blue ist dabei der Grundton, wobei die 70%- und 30%igen Abstufungen Gestaltungsspielräume ermöglichen.

Die CI Richtlinien beziehen sich auf verschiedene **Anwendungen:**

- Geschäftspapiere: Briefpapier, Visitenkarten, Angebote, Rechnungen

- Werbematerialien: Internetauftritt, Flyer, Texte, Broschüren, Anzeigen

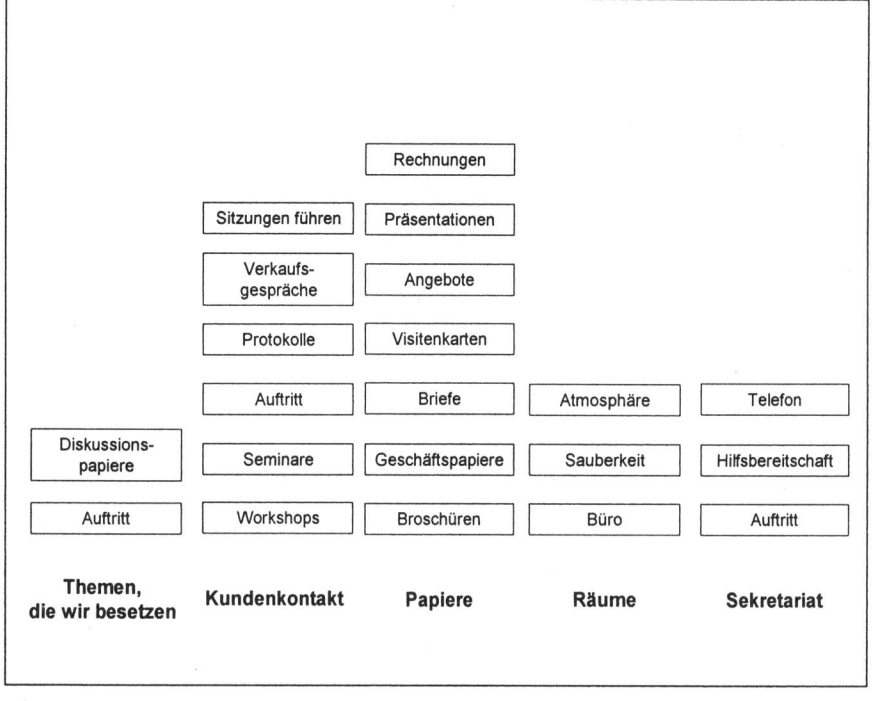

Abbildung 75: Prägende Markenelemente

Geschäftspapiere und Werbematerialien sind bei DCMC im DaimlerChrysler-Design gehalten und im Rahmen der Möglichkeiten durch das DCMC-Visual ergänzt.

CI und die klassischen Marketinginstrumente sind aus unserer Sicht hilfreich, aber nicht ausreichend, um eine Beratungsmarke zu entwickeln. Sie sind zu ergänzen um einen Blumenstrauß von kommunikativen Maßnahmen, die allen MitarbeiterInnen der Beratungseinheit ermöglichen, rollen- und unternehmensspezifisch in Kontakt zu

Kunden, Kundengruppen und zur Öffentlichkeit zu treten; **alle MitarbeiterInnen sollen als Botschafter einer ganz spezifischen Unternehmensprofessionalität wahrgenommen und erlebt werden.**

Oft sind es Kleinigkeiten, die das Bild unserer Kunden und potenziellen Kunden von uns prägen. So geht es u. a. um die Gestaltung von Büroräumen, Seminarräumen ebenso wie um die Art der Telefonkontakte, die Art und Weise der Sprache, die Gestaltung von Protokollen etc.

Tabelle 28: Kommunikations-Mix

Corporate Identity	
Klassische Maßnahmen	**Erweiterte Maßnahmen**
• Werbung: Anzeigen, Flyer… • Public Relations • Mitarbeiterwerbung • …	• Clienting: Maximierung des Kundenerfolgs • Projektarbeit • interne Kommunikation • …
STANDARDISIERUNG	**INDIVIDUALISIERUNG**

Die Verankerung einer Unternehmensberatung nach innen und nach außen ist vielschichtig und lässt sich nicht nur durch klassische Kommunikationsmittel bewirken. Vielmehr entsteht der Markenaufbau bei einer Beratung hauptsächlich durch alle Interaktionen der DCMC mit Kunden bzw. potenziellen Kunden. Erst im Kontext von Erfahrungen, Erfahrungsberichten von Auftraggebern und Geschichten über unsere Unternehmenseinheit kann der Kunde erfahren, was unsere Einheit wirklich ausmacht. Diese Erfahrungen werden durch Verhaltensweisen, Handlungen, den Auftritt der BeraterInnen, die Art der Angebote, Form und Inhalt von Konzeptpapieren aber auch durch Ausstattung mit Arbeitsmitteln usw. geprägt.

Marketingmaßnahmen im klassischen Sinne werden durch Beratungseinheiten hauptsächlich **während der Kontakt- und Akquisitionsphase** genutzt:

- gezielte Ansprachen durch Mailings oder Weihnachtskarten
- Veröffentlichung von themenspezifischen Artikeln zu Wettbewerbsvorteilen, spezifischem Produkt Know-how oder Brancheninnovationen
- Vorträge vor Zielgruppen oder Artikel in Fachzeitschriften bestimmter Zielgruppen

- Veröffentlichung von Fachbüchern
- Eigenprojekte und Studien
- Internetauftritte usw.

Marketingmaßnahmen im erweiterten Sinn sind alle Interventionen während des Beratungsprozesses: Werte, Normen, Kompetenz der BeraterInnen, die Qualität der Leistung und Umsetzungserfolge werden im Verlauf der Projektbearbeitung transparent und zeichnen das Bild des Beraters und seiner Einheit. Die Zufriedenheit beim Kunden über die erbrachte Leistung schafft für zeitlich folgende Entscheidungen einen Vertrauensvorteil. Für uns ist es deshalb besonders wichtig, Plattformen zu bieten, die die Kompetenz der BeraterInnen und der Beratungseinheit als Ganzes dokumentieren.

Schon vor der Ausgründung der DCMC hat sich die Stabsabteilung über verschiedene **Face to Face und virtuelle Kommunikationsplattformen** erfolgreich vermarktet.

Beraterkongresse, die jährlich organisiert wurden, brachten bis zu 250 interne und externe Berater und Manager zusammen, die gemeinsam an der Umsetzung strategischer Initiativen arbeiteten und an einem Wissens- und Erfahrungsaustausch interessiert waren. Die Kongresse waren ein ausgezeichnetes Instrument zum Aufbau eines gemeinsamen Selbstverständnisses, weil neue und innovative Themen der Konzernrealität in einem Prozess gemeinsamer Erarbeitung kundenreif aufbereitet und vermarktet wurden.

Seminare zur Qualifizierung von Führungskräften und BeraterInnen waren geeignete Plattformen zur Akquisition neuer Beratungsaufträge und zur überprüfbaren Darstellung von Kompetenz. Qualifizierungsseminare als Vermarktungsinstrument für Beratungsleistungen waren für Manager des Konzerns geeignet, die Professionalität der BeraterInnen aus der Distanz kennen zu lernen, darüber Vertrauen aufzubauen und Unsicherheiten im Entscheidungsprozess abzubauen.

Der Markenaufbau beginnt in der heutigen DCMC mit der Auswahl der MitarbeiterInnen, die im Bewerbungsprozess den aus der Geschäftsidee abgeleiteten und erarbeiteten Beraterprofilen entsprechen sollen. Nicht immer ist ein solcher Auswahlprozess geeignet, die gewünschte Passung der BeraterInnen in das intendierte Gesellschaftsprofil sicherzustellen, insbesondere dann wird es schwierig, auf dem Weg der Markenbildung zu bleiben, wenn Individualisten – einmal engagiert - den Wunsch haben, den Aufbau einer Beratungseinheit auf ihre Weise mitzugestalten und voranzutreiben; gerade die Beteiligung am Aufbau einer neuen Gesellschaft stellt eine eigene Herausforderung dar. Die durchaus erwartete und auch gewünschte Initiative bei MitarbeiterInnen zur Prägung des Profils überstrahlt im Prozess des Zusammenfindens zuweilen die Gründungsidee. Die Integration von neuen MitarbeiterInnen führt insbesondere in der Phase des Starts, wenn die Einheit noch klein ist, zu immer neuen Irritationen des Bildes sowohl im Selbst- als auch im Fremdbild. Die Gruppendynamik macht es möglich und unaufhaltbar, der Markenbildung steht dieser Prozess aber unausweichlich entgegen.

Einige Instrumente sollen dieser Dynamik entgegenwirken:

- Durch einen gemeinsamen, **jährlich wiederholten Prozess der Strategieentwicklung**, der anschließenden Umsetzung und des gemeinsamen Controllings soll eine erste Gemeinsamkeit in der Ausrichtung auf Ziele, Prozesse und Produkte bewirken und Standards sicherstellen.

- **Die gemeinsame Arbeit in Projekten**, beginnend mit einer Teamakquise, mit regelmäßigem Austausch zur Angebotserstellung, zur Vorgehensweise und in der Durchführung, nähert die Sichtweisen an, entwickelt gemeinsames Verständnis und Sprache und sichert Qualitätsstandards, wenn unterschiedliche Wissens- und Know-how Bereiche projektorientiert zusammenwirken.

- **Projektsupervisionen** vermitteln externe Perspektiven, entwickeln Gespür für Beratungsklippen, Widerstände, nicht kreative und wertschöpfende Interventionen, Distanzlosigkeiten und lassen Werthintergründe transparent werden. Rollendifferenzierungen werden ausgeprägt und Vorgehensweisen synchronisiert; über dieses Instrument wird Wissenstransfer geleistet und internes Know-how aus verschiedenen Projekten für alle zugänglich gebündelt und für den Kunden als Nutzen verfügbar gemacht.

- **Individuelle Qualifizierungen für BeraterInnen** in ausgesuchten ‚Beraterschulen' schaffen, wenn sie von einer Mehrheit der BeraterInnen besucht werden, eine gemeinsame Basis, die ein professionelles und geteiltes Selbstverständnis entstehen lassen kann. Interne Qualifizierungsmaßnahmen dienen neben der Wissensvermittlung auch diesem Prozess.

Diese internen Kommunikations- und Dialogmaßnahmen sichern neben den anderen Instrumenten, dass BeraterInnen neben ihren individuellen Kompetenzen Schritt für Schritt eine Gemeinschaft entwickeln können, die sich dem Kunden implizit über das Verhalten und Handeln der BeraterInnen im Beratungsprozess vermittelt und das gewünschte Entstehen eines Bildes fördert.

Erst durch die parallele Arbeit mit allen Instrumenten gewinnt die Marke ihren Wert, die Beratungseinheit ein Gesicht, einen Charakter, eine Identität; Werte werden auf diese Weisen transportiert, die Unverwechselbarkeit des Angebots verdeutlicht.

Ein Markenentwicklungsprozess muss, damit er Erfolg zeitigen kann, über Jahre hinweg konsequent gesteuert und regelmäßig ausgewertet werden, Jahre des gemeinsamen Arbeitens, Reflektierens; er bedarf regelmäßiger Feedbacks von Kunden und anderen Stakeholdern und immer wieder der Selbstvergewisserung.

Das zentrale Instrument zur Entwicklung einer Marke sind die MitarbeiterInnen selbst. Es ist die anspruchsvollste aller Aufgaben, wenn man beginnt in einem

Kreis gut ausgewählter und ausgebildeter BeraterInnen, die immer auch eine starke Individualität leben wollen, eine Einheit zu formen, die, obwohl sie dieser Individualität Rechnung trägt, sich dennoch einer gemeinsamen Beraterphilosophie, einer Beratungsethik und -kultur verpflichtet fühlt.

Erfahrungen und Rückmeldungen zur Markenbildung einer internen Beratungseinheit:
Was sind unsere ‚Lessons learned'?

Die Frage nach dem Aufbau einer Marke führte in der Vergangenheit zu der Diskussion, ob neben einem ‚Tanker' wie DaimlerChrysler eine eigenständige Marke ausbaubar ist oder ob diese nicht unweigerlich von der Konzernmarke überstrahlt wird. Schon Vorgängerfirmen, Ausgründungen in anderen Feldern, haben ihre ‚liebe Not' gehabt und unterschiedliche Erfolge erzielt.

Abbildung 76:
Visualisierung Markengigant DaimlerChrysler versus DaimlerChrysler Management Consulting

Die Frage, ob unsere Arbeit der letzten Jahre im Hause DaimlerChrysler schon einen Bekanntheitsgrad erzeugt hat und die Kunden mit dem Namen DCMC etwas Positives verbinden, ist für uns immer wieder eine Umfrage wert und so haben wir aus Anlass dieses Artikels eine kleine **Kundenbefragung** organisiert.

Wir haben ausgewählten, wichtigen Kunden Fragen zu folgenden Themen gestellt:

- Wie wurden Sie auf uns aufmerksam?
- Was waren die Gründe für unsere Beauftragung? Unsere Vorteile?
- Würden Sie uns wieder beauftragen?

Das Ergebnis ist nicht so positiv, wie wir es uns wünschen, aber es ist durchaus erwartungsgemäß ausgefallen:

DCMC hat einen Bekanntheitsgrad im Konzern, der sich überwiegend auf aktuelle und bisherige Kunden und Kooperationspartner erstreckt. Die Visibilität bei DaimlerChrysler insgesamt ist eher gering einzustufen. Unsere Annahme ist, dass wir als ‚kleines Start-up' allein durch die kurze Zeit unserer Anwesenheit am Markt noch über keine etablierte Marke verfügen können. Annahme ist auch, dass bisher nur wenige Vermarktungsinstrumente eingesetzt und diese außerdem mit einfachen ‚Bordmitteln' erstellt wurden. Der Schwerpunkt unserer Aktivitäten lag während der Pionierphase bei der Projektakquisition, der Angebotserstellung und der Projektdurchführung. Dies bestätigten uns auch unsere Kunden, die dazu kritisch anmerken, dass wir auch in klassische Marketingmethoden investieren müssen, wenn wir einen größeren Bekanntheitsgrad anstreben.

In Kundeninterviews wurde zurückgemeldet, dass die Kompetenzen einzelner Berater bzw. Beraterinnen und die historischen Kompetenzen der DCMC gesehen und danach beurteilt wird, was die Beratungsgesellschaft als Ganzes leisten kann. Vertrauen, das zu unserer Beauftragung führt, wird in das Urteils- und Beurteilungsvermögen unserer Geschäftsführung gelegt. Dies bestätigt unsere Vermutung, dass die noch vorherrschende Personenorientierung ein Stolperstein auf dem Weg zur Markenbildung ist. Gründe für die Beauftragung decken sich im Wesentlichen mit unseren definierten Erfolgsfaktoren und bestätigen **unsere Steuerungsinstrumente:**

- **hohe Umsetzungsorientierung**, ganzheitlicher Beratungsansatz sowie maßgeschneiderte, pragmatische Konzepte und Lösungsansätze,
- internes DaimlerChrysler Know-how und damit eine unternehmensspezifische **‚Feldkenntnis' verbunden mit der Nutzung des DaimlerChrysler Netzwerks,**
- **kein Wissens- und Finanzmittelabfluss nach außen**, Geld und Know-how bleibt im Konzern,
- **Loyalität** zum Konzern,
- **regional schnelle und flexible Zugriffsmöglichkeit** – insbesondere für zentrale Funktionen in der Konzernzentrale machen die Zusammenarbeit einfach und bequem,
- schnelles ‚Aufgleisen' und Verständnis durch **gemeinsame Sprache**.

Aus der **Nähe zum Konzern** erwachsen aus Kundensicht wesentliche Zeit- und Aufklärungsvorteile, die es uns ermöglichen, **schneller in die Projektarbeit einzusteigen als externe Beratungsanbieter**. Des weiteren werden hierdurch weniger Kapazitäten für Recherchen benötigt. Kritisch zu bemerken ist an dieser Stelle, dass es bei einem Team, das extern und intern rekrutiert wurde, wichtig ist, in kürzester Zeit durch Wissenstransfer DaimlerChrysler und Insider Know-how bei allen Teammitgliedern aufzubauen. Eine Herausforderung liegt darin, MitarbeiterInnen derart zu unterstützen, dass sie sich im Konzernumfeld erfolgreich bewegen und profilieren können, damit ihr Auftritt eine positive Abstrahlung auf die Einheit DCMC gewährleistet.

Kunden schreiben uns bezogen auf Themen, in denen sie eine gute Erfahrung gemacht haben, Kompetenz zu und werden uns in diesem Thema auf jeden Fall wieder beauftragen. Die Einschränkung der Kompetenzzuschreibung auf die gemachten Erfahrungen bedeutet für uns, dass wir noch nicht erreicht haben, unseren Kunden Kompetenzen im gesamten DCMC Produktportfolio zu vermitteln.

Zusammenfassend stellen wir fest, dass wir durch unseren Namen ein wichtiges Potenzial in der Hand halten, um mittelfristig eine starke Marke auszubauen. Obwohl uns die Maßnahmen zum Markenaufbau bekannt sind, müssen wir aber auch feststellen, dass sie noch lange nicht finanziert, umgesetzt, verinnerlicht und schon gar nicht wirksam sind. Neben der Langfristigkeit eines solchen Prozesses waren unsere markenbildenden Aktivitäten der letzten drei Jahre nicht so intensiv, wie es wünschenswert gewesen wäre. Wie erwähnt, war ‚Überleben' angesagt und es wurde vor diesem Hintergrund relativ wenig Geld und Zeit in Marketingaktivitäten investiert. Maßnahmen in den Bereichen CI, Werbung und Kommunikation wurden mit eigenen Mitteln erstellt, was – das ist sicher - für die kommenden Phasen unserer Unternehmenskonsolidierung kein Erfolgsprinzip sein kann.

Wachstumskurs einer internen Beratungseinheit:

Welche Auswirkungen hat externes Wachstum für die Ausbildung einer Marke und ist Größe ein Stellhebel zur Markenbildung?

In den ersten drei Jahren ist es gelungen, das Portfolio in dem gewünschten Umfang zu erweitern. DCMC berät in den Steuerungs-, Führungs- und Serviceprozessen zentraler Funktionen; die Aufgabenstellungen sind von Auftraggeber zu Auftraggeber hoch different, eine gute Diagnose, ein individualisiertes, maßgeschneidertes Konzept und eine ergebnisorientierte Umsetzung sind die Markenzeichen der Beratungsarbeit. Die Vielfalt und die Zahl der Aufträge und das darin ausgedrückte Vertrauen erzeugt wachsende Zufriedenheit bei MitarbeiterInnen, Führungskräften und Beiräten.

Doch obwohl sich der geschäftliche Erfolg schon im zweiten Jahr einstellte und schon im dritten stabil zu sein scheint, bleibt die Unzufriedenheit mit dem langsamen und beschwerlichen Wachstumspfad. Eine Frage, der sich DCMC derzeit stellt und für die sie nach Lösungen sucht. Deshalb wird die Idee eines Zusammenschlusses mit einer Schwester-Beratungsgesellschaft zur Zeit diskutiert. Ziel ist es, schneller eine optimale Betriebsgröße von ca. 200 MitarbeiterInnen zu erreichen und das Beratungsportfolio so auszuweiten, dass alle Steuerungs-, Kern- und Serviceprozesse durch interne BeraterInnen unterstützt werden können. Solche Fusionsprojekte beinhalten Chancen und Risiken für die Entwicklung einer Marke und die Reaktionen auf die geplante neue

Firma erinnern an die Erfahrungen der Ausgründung mit all ihren Konflikten, Ängsten und Unsicherheiten bei den MitarbeiterInnen, aber auch bei Anfragen und Zweifeln von Kunden, die den Verlust einer kontinuierlichen Beratung befürchten. Welche Dynamiken ausgelöst werden, bleibt zu beobachten.

Andererseits gibt es wieder einmal neue Chancen, die interne Beratung zu positionieren und zu stärken, weiter auszubauen und Wachstum zu generieren. Größe ist auch in der Markenbildung ein Ziel, weil sie beim Aufbau von mehr Sichtbarkeit hilfreich ist....(*Christa Schardt* und *Claudia Crummenerl*).

Die Zusammenarbeit im Verlauf der Unternehmensentwicklung u. a. mit folgenden Autoren hat unsere Arbeit generell und auch in diesem Beitrag inspiriert (*Klein* 2002; *Mohe/Heineke/Pfriem* 2002; *Niedereichholz* 2000; *Niedereichholz* 2001; *Wimmer* 1990).

1.3 Porsche Consulting – Einfach. Schnell. Erfolg erfahren.

In diesem Kapitel wird das Unternehmensbeispiel Porsche Consulting GmbH nach folgender **inhaltlicher Struktur** vorgestellt:

- Herkunft und Entstehungsgeschichte
- Mission, Vision, Handlungsmaxime und Strategie
- Die Kernkompetenzen und Markenwerte der Porsche Consulting GmbH
- Die Porsche Akademie der Porsche Consulting GmbH
- Strategische Markenaufladung durch erfolgreiche Referenzprojekte
- Operative Markenkommunikation durch Fachbeiträge und Messeauftritte

Bevor wir auf die Brand Story der Unternehmensberatung Porsche Consulting GmbH eingehen, stehen die **Besonderheiten dieser Unternehmensberatung** im Vordergrund, denn **mit dem Namen Porsche** werden zahlreiche Erfolgsgeschichten **assoziiert**. Die bedeutendste handelt jedoch nicht von automobilen Träumen, sondern von der harten Realität wirtschaftlicher Notwendigkeiten. Es ist die **Geschichte der eigenen Sanierung**, die Anfang 1992 in Form eines umfassenden Restrukturierungsprozesses begann und Ende 1993 mit dem Start des Lieferantenoptimierungsprogramms (POLE-Position) fortgesetzt wurde. Was die Zahlen und Zukunftsprognosen der Porsche AG heute aussagen, ist nicht nur das **Fazit und die Konsequenz eines erfolgreichen Neuorientierungs- und Umgestaltungsprozesses**, sondern auch der Beginn einer **neuen Erfolgsära made in Zuffenhausen**.

Mit der **Gründung der Porsche Consulting GmbH im Jahre 1994** stellen die Mitarbeiter der Porsche AG, die den Umstrukturierungsprozess aktiv mitgestaltet haben, ihre praktischen Erfahrungen als Berater auch anderen Firmen zur Verfügung. Damit sind sie vielleicht die einzigen Berater, die jede ihrer Empfehlungen bereits im eigenen Unternehmen getestet und erfolgreich umgesetzt haben. Damit korrespondiert eine im direkten Vergleich mit vielen Branchenwettbewerbern besonders ausgeprägte und **gelebte Authentizität im eigenen Beratungsanspruch und Marktauftritt**. Die damit verbundene **Markenpositionierung** gegenüber dem Wettbewerb und die **Markenprofilierung** gegenüber dem Kunden ist Gegenstand dieser Brand Story.

Mit 83 Mitarbeitern im Jahr 2004 berät die Porsche Consulting GmbH als hundertprozentige Tochtergesellschaft der Porsche AG Klienten verschiedenster Branchen im In- und Ausland. Die **Beratungsteams** sind nicht nur **interkulturell**, sondern auch **interdisziplinär** zusammengesetzt: Ingenieure, Kaufleute, Techniker und Meister bringen ihr **internationales Erfahrungswissen** aus der Porsche AG, der Automobilindustrie, anderen Branchen und aus klassischen Beratungsunternehmen ein.

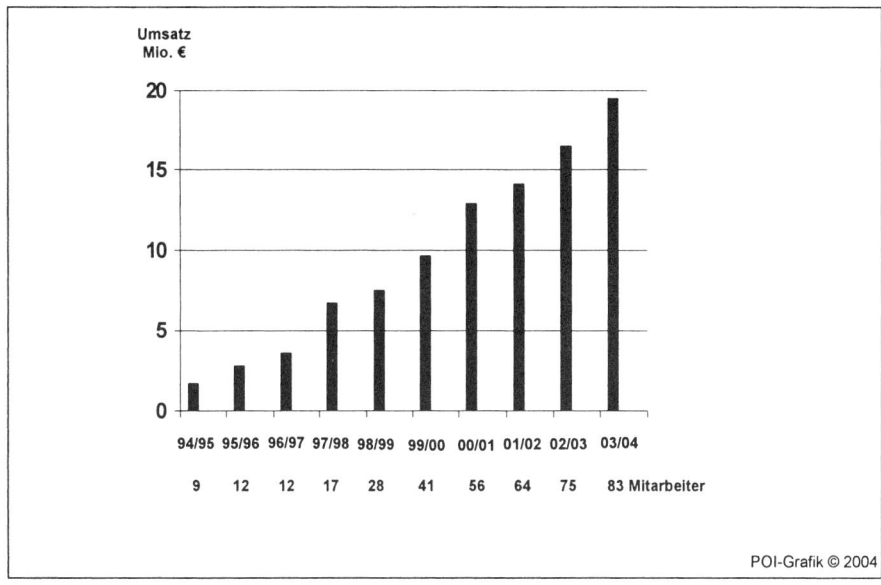

Abbildung 77: Porsche Consulting auf Wachstumskurs

Zu den über 100 Klienten zählen heute nicht nur große Unternehmen aus dem Automobil- und Zulieferersektor. Das Beratungsportfolio erstreckt sich in zunehmendem Maße auch auf Branchen außerhalb der Automobil- und Zulieferindustrie. Insbesondere Unternehmen aus dem Maschinenbau, der Lebensmittelindustrie, der Bauindustrie, der Möbel- und Hausgeräteindustrie sowie der Elektrotechnik zählen mittlerweile zum Klientenstamm. Darüber hinaus wurden erste Projekte im Handel und im Finanzdienstleistungsbereich erfolgreich durchgeführt.

Das gemeinsame, übergeordnete Ziel lautet dabei stets, **den Auftraggeber kontinuierlich, sicher und ohne Umwege nach vorne zu bringen**.

Die Porsche Consulting GmbH führt **Beratungsprojekte** in zahlreichen europäischen Ländern, Amerika sowie Australien und Asien durch.

Die **Gründung der Porsche Consulting GmbH** war 1994 nicht von langer Hand als „Spinoff" geplant, sondern ist aus dem Tagesgeschäft heraus entstanden. Lieferanten, welche die Qualitäten und Umsetzungsstärke der POLE-Mitarbeiter aus dem Hause Porsche erkannt hatten, wollten nun auch Produktlinien optimieren, die nichts mit den Zulieferteilen für die Zuffenhausener Autofabrik zu tun hatten. Schnell war in der 100% Tochter (GmbH) eine Unternehmensform gefunden, mit der sich auch „Nicht-Porsche Produkte" und die damit verbundenen Prozesse verbessern ließen.

Mit der Gründung der Porsche Consulting GmbH ging im Herbst 1994 ein **internationaler Workshop einher,** der in der Porschefabrik in Zuffenhausen stattfand. Die Hauptreferenten waren **Dr. Wendelin Wiedeking** und **Michael Macht,** unterstützt von **japanischen Unternehmensberatern.** 100 internationale Führungskräfte wurden in die bereits bei Porsche erprobten Methoden von Kaizen eingeführt.

Menschen, Methoden und Ansichten aus dem Land der aufgehenden Sonne begleiteten die Porsche AG schon vor dem Gründungjahr ihrer Dienstleistungstochter. Prof. Dan T. Jones und Dr. James Womack haben in ihrem aufsehenerregenden Buch ‚Lean Thinking' unter anderem die Porsche-Erfolgsstory beschrieben. Aus der Darstellung geht hervor, dass Dr. Wendelin Wiedeking Anfang der 90er Jahre einen Großteil seiner Führungsmannschaft nach Japan geschickt hatte. Ziel der zahlreichen Besuche war das **Lernen von dem Unternehmen, das damals schon als Maßstab galt:** Toyota. Man sollte die Methoden, welche bei Porsche schon seit einigen Monaten gemeinsam mit **japanischen Unternehmensberatern angewendet wurden** direkt in den Produktionshallen von Toyota erleben . Der **Sinneswandel** bzw. die Beantwortung von offenen Fragen zur **Realisierung und nachhaltigen Veränderung der Fabrik in Zuffenhausen** standen auf der abzuarbeitenden **Aufgabenliste. Im Mittelpunkt standen:**

- Benchmark-Studien,
- Besichtigung japanischer Best Practice-Fabriken,
- kurze Produktionseinsätze und
- Realisierung von Kaizen-Maßnahmen.

Mission, Vision, Handlungsmaxime und Strategie

Im Ergebnis handelt es sich bei der Porsche Consulting GmbH folglich um das Resultat einer erfolgreichen Restrukturierung. Das **abzuleitende Selbstbild als solides Fundament für das Markenverständnis** hat Porsche Consulting so formuliert:

- **Mission:** Der Unternehmenszweck wird in der Realisierung schlanker Prozesse und Produkte gesehen. Der Beratungsanspruch manifestiert sich in der nachhaltigen Transformation von Ideen in messbare Ergebnisse in kurzer Zeit.
- **Vision:** Porsche Consulting verfolgt die Vision vom verschwendungsfreien Unternehmen.
- **Handlungsmaxime:** Von Porsche auf den Punkt gebracht: Einfach. Schnell. Mit Porsche Consulting Erfolg erfahren.

Zentrale Bestandteile der Markenphilosophie sind folgende Werte:

- **Einfach:** ‚Wir reduzieren auf das Wesentliche – wir handeln klar und nachvollziehbar.'

- **Schnell:** ‚Lieber 80 Prozent sofort, als 100 Prozent nie – Wir kommen direkt auf den Punkt.'
- **Mit Porsche Consulting:** ‚Das Markenversprechen Porsche ist unsere Maxime; wir stellen das Erreichte konsequent in Frage; wir füllen unsere Führungsphilosophie und Leitsätze mit Leben.'
- **Erfolg erfahren:** ‚Der erlebbare Erfolg unserer Klienten bestimmt unser Handeln – wir leben Leistung und begeistern.'

Die Kernkompetenzen und Markenwerte der Porsche Consulting GmbH

Zentraler Schwerpunkt und Ursprung der Beratungstätigkeit von Porsche Consulting liegt in der Optimierung und Gestaltung von Prozessen, insbesondere der Etablierung und Umsetzung schlanker Prozesse und Produkte. Da die Komplexität der Projekte ständig zunimmt, ist es wichtig, einfach und schnell umsetzbare Lösungen zu finden – ein nachhaltiger **Markenprofilierungsanspruch** von Porsche Consulting gegenüber seinen Kunden zum einen und ein fundamentaler **Markenpositionierungsvorteil** gegenüber seinen Wettbewerbern. Die damit korrespondierenden Markenwerte sind wie oben dargestellt einerseits für jeden Porsche Consulting Mitarbeiter ‚in Stein gemeißelt', andererseits aber sehr dynamisch wie die Marke Porsche für jeden Kunden und jeden Beratungsauftrag neu zu interpretieren, denn hier zeigen sich die Unterschiede zwischen gut gedachter Theorie und schlecht gemachter Praxis sehr schnell.

Bei der Beratung seiner Klienten geht Porsche Consulting den **umgekehrten Weg:** Die Analyse der Probleme erfolgt während der laufenden Geschäftsprozesse. Die Methoden entstammen den eigenen Erfahrungen, die bei der erfolgreichen Umstrukturierung der Porsche AG gewonnen wurden. Für das entsprechende Erfahrungs- und Umsetzungswissen zeichnen individuell zusammengestellte Teams verantwortlich, die sowohl interkulturell und als auch interdisziplinär ganz bewusst für einen stets spezifischen Beratungsauftrag am besten geeignet sind. Für das entsprechende Know-how stehen Teams die sich aus Meistern, Technikern, Diplom-Ingenieuren und Diplom–Wirtschaftsingenieuren sowie Diplom-Kaufleuten zusammensetzen. Ungewöhnlich für Berater, aber unabdingbar für den Erfolg: Wer auf einer Ebene mit allen Ansprechpartnern in den Unternehmen arbeiten will,

- muss mit anpacken,
- das Geschäft verstehen,
- die Sprache der Betroffenen sprechen und
- die gängigen Probleme und Umsetzungshürden kennen und beheben können.

Diese Form der Empathie ist nicht nur erfolgsrelevant, sondern auch **außerordentlich persönlichkeits- und markenrelevant.** Der Auftritt der Berater, das Ausmaß an Problem- und Problemlösungsverständnis und last but not least die Fähigkeit zur schnellen und einfachen Umsetzung nachhaltiger Verbesserungen gegenüber dem

Status quo. Das **Markencredo** lautet daher: ‚Die Lösungen, die wir realisieren, sind nicht hoch komplex, sondern einfach.' Doch den einfachen Weg durchzusetzen ist bekanntlich immer am schwersten.

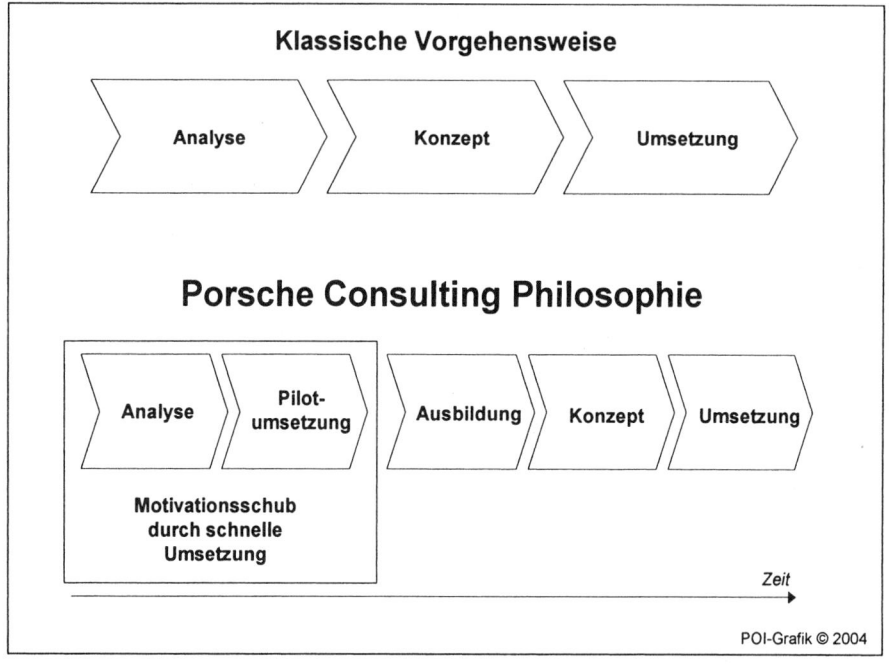

Abbildung 78: Die Porsche Consulting Beratungsphilosophie

Am Fallbeispiel Porsche Consulting lässt sich aufzeigen, dass zwischen Unternehmensgeschichte und Kernkompetenzfeldern ein sehr enger Zusammenhang bestehen kann, wobei die Brücke beider Bereiche die Marke Porsche Consulting bildet:

- Die **10-jährige Unternehmensgeschichte** der Porsche Consulting GmbH ist nicht nur die Antwort auf einen erfolgreich durchgeführten Restrukturierungsprozess, sondern auch ein anschauliches Beispiel für organisches Wachstum einer Beratungsgesellschaft.
- Die heute vorhandenen **fünf Kernkompetenzfelder**
    - Target Engineering,
    - Beschaffungsmanagement,
    - Schlanke Produktion,
    - Vertrieb,
    - und Porsche Akademie

    haben ihren gemeinsamen Ausgangspunkt im Kompetenzfeld Schlanke Produktion. Die damit verbundene sukzessive Vorgehensweise ist kein abgeschlossener

Vorgang, sondern ein dynamischer und offener Weiterentwicklungsprozess, der künftig beispielsweise durch die Beratungskompetenz ‚Strategie- und Organisationsentwicklung' fortgesetzt wird.

Der **Prozess der Unternehmensentwicklung** zum einen und der **Prozess beim Aufbau der Kernkompetenzfelder** zum anderen weist offensichtlich in seiner Struktur Parallelen auf. Mit anderen Worten: Zwischen eigener Unternehmensentwicklung und am Markt angebotenen Kompetenzen besteht ein Zusammenhang, wie er ausgeprägter kaum sein könnte. Porsche Consulting verbindet Unternehmensentwicklung und Marktbearbeitung mit der oben dargestellten Markenphilosophie. Auf diese Weise gelingt Porsche Consulting der Spagat zwischen seiner Verpflichtung gegenüber der Automobilmarke Porsche bzw. den automatisch in der Öffentlichkeit ausgelösten, seit Jahrzehnten existierenden Markenassoziationen einerseits und den für die Porsche Consulting formulierten Markenwerten andererseits. Erst dadurch wird es möglich, **verbal formulierte Markenwerte nachhaltig mit Leben zu erfüllen.**

Die Markenstärkung erfolgt in drei-dimensionaler Hinsicht (*Schmid* 2004):

- Die Persönlichkeit der Porsche Consulting Mitarbeiter laden den Markenwert und damit die **Markenstärkung in der Höhe** mit jedem weiteren erfolgreich beratenen Kunden auf.
  Markenstärkung erfolgt hier durch **neue Kundenreferenzen**.
  Bei Porsche in concreto: Aufbau professioneller Consulting-Kompetenz nicht nur im Automotive, sondern auch im Non-Automotive Geschäft (z. B. Anlagen- und Maschinenbau, Lebensmittelindustrie, Dienstleistungen).

- Parallel dazu erhöht die **Markenstärkung in der Tiefe** nicht nur die Markenreputation von Porsche Consulting bei vorhandenen Kunden, sondern auch deren Markenloyalität bei künftigem Beratungsbedarf.
  Markenstärkung erfolgt hier durch **zunehmende Kundenloyalität.**
  Bei Porsche in concreto: Erfolgreich beratene Kunden kommen mit Folgeprojekten wieder zur Porsche Consulting. Es gehört zur Beratungsphilosophie von Porsche, auf einfache und für den Kunden schnell nachvollziehbare Weise Erfolge als ‚Präzedenzfall' zu statuieren, um so beim Kunden einen begonnenen Erfolgsweg auch in Zukunft fortzusetzen und auf weitere Geschäftsbereiche innerhalb der Wertschöpfungskette des Kunden auszudehnen.

- Die **Markenstärkung in der Breite** entsteht durch den sukzessiven Ausbau seiner Kernkompetenzfelder (z. B. künftig Strategie- und Organisationsentwicklung), wobei Verknüpfungen zwischen vorhandenen Kompetenzen von elementarer Bedeutung für Weiterentwicklungen sind.
  Markenstärkung erfolgt hier durch **Erweiterung der Beratungskompetenzen.**
  Bei Porsche in concreto: Erweiterung des Porsche Consulting Portfolios durch Kompetenzaufbau im Bereich der **Strategie- und Organisationsentwicklung.**

Wir werden dieses Modell in unserem Ausblick wieder aufgreifen, visualisieren und in unserem nächsten Band, Ingredient Branding, weiterentwickeln.

Der Porsche Consulting geht es nicht darum, hochkomplexe, sondern

- einfache Lösungen zu finden (**Zieleffektivität durch Einfachheit**),
- die sofort greifen (**Zeiteffizienz durch Schnelligkeit**),
- möglichst kostengünstig sind (**Kosteneffizienz durch Schlankheit**) und
- ohne weitere Investitionen zielführend umgesetzt werden können (**Konsequenz durch direkte Erfahrbarkeit**).

Mit anderen Worten: Dem Kunden helfen, das Richtige richtig zu tun. Aus der Unternehmensstrategie leitet sich die Geschäftsfeld- und Produktstrategie ab. Daraus resultiert **Funktionsbereichsstrategie**:

- Entwicklungsstrategie
- Beschaffungsstrategie
- Produktionsstrategie
- Vertriebsstrategie

Nachfolgend werden die Kompetenzfelder der Porsche Consulting entlang der Wertschöpfungskette dargestellt.

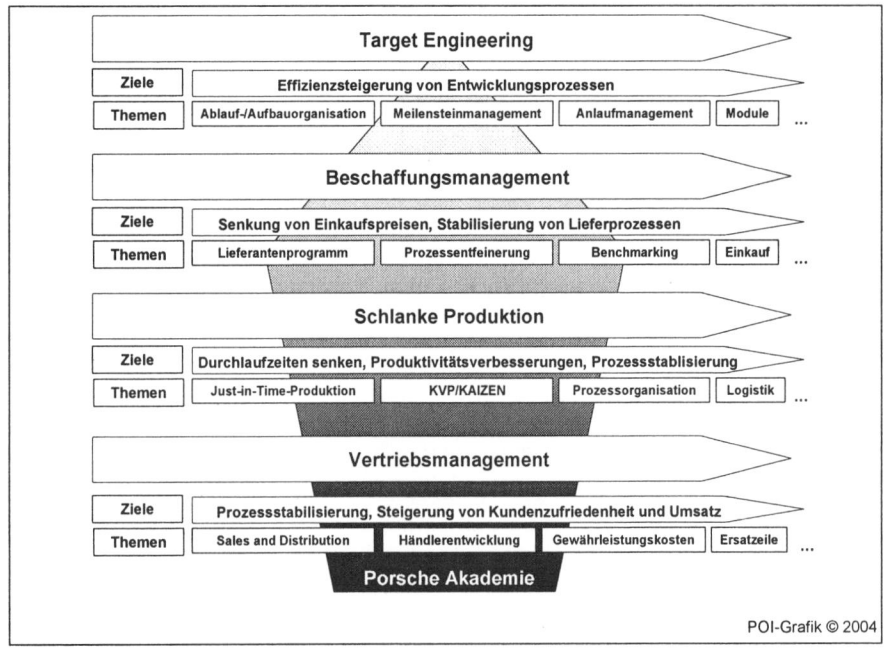

Abbildung 79: Ziel und Thema der Kompetenzfelder entlang der Wertschöpfungskette

Hinter der Prozessoptimierung und Prozessgestaltung verbergen sich **fünf verschiedene Geschäftsbereiche:**

1. **Schlanke Produktion** als Ausgangspunkt der Geschäftstätigkeit der Porsche Consulting.
   Ziel und Inhalt einer optimierten schlanken Produktion im Verständnis der Porsche Consulting ist:

   - Vermeidung von Verschwendung durch Konzentration auf das Wesentliche (Kontinuierlicher Verbesserungsprozess KVP, KAIZEN),
   - Aufbau schlanker Produktions- und Logistikprozesse nach dem Just-in-Time-Produktionssystem,
   - Umsetzung durch aktive Mitarbeiterbeteiligung und Implementierung kontinuierlicher Verbesserungsprozesse,
   - Etablierung einfacher Prozesse mit hoher Built-in-Flexibility,
   - Aufbau von Logistik und Prozessorganisation,
   - Nachhaltige ‚Bottom-up'-Veränderung und verbesserte Führungsinstrumente ‚Top Down'.

2. **Beschaffungsmanagement:** Aus Sicht der Porsche Consulting muß es das Ziel von Hersteller sein, im Rahmen der Prozessoptimierung, langfristige partnerschaftliche Hersteller-Lieferanten-Beziehungen aufzubauen. Hierzu hat die Porsche Consulting GmbH u.a. zwei Programme entwickelt, wobei das eine bereits vor der Serienproduktion beginnt und seinen Fokus auf die Sicherstellung der Entwicklungsziele sowie der Einhaltung von Terminen und Kostenzielen dient und das andere nach dem Serienanlauf für eine Reduzierung der Preise für zugekaufte Bauteile sorgt.
   Ziel und Inhalt eines optimierten Beschaffungsmanagement im Verständnis der Porsche Consulting ist:

   - Sicherstellung eines Optimums der Kenngrößen Qualität, Kosten und Lieferservice für Kaufteile
   - Vernetzte Einkaufs- und Beschaffungsprozesse,
   - Praktiziertes Qualitäts- und Kostenmanagement,
   - Durchführung und Auswertung von Wertanalysen und Prozessentfeinerung,
   - Durchführung und Auswertung von Kaufpreisanalysen und Benchmarking,
   - Gestaltung und Aufbau einer Prozessorganisation.

3. **Target Engineering:** Die Erzielung einer höheren Effizienz im Produktentstehungsprozess macht es erforderlich, alle relevanten Unternehmensteilprozesse

schon zum Zeitpunkt der Produktentstehung zu verzahnen.
Ziel und Inhalt eines optimierten Target Engineering im Verständnis der Porsche Consulting ist:

- Verkürzung der Entwicklungszeit
- Durchführung eines zielorientierten Meilensteinmanagements und Vorbereitung eines Anlaufmanagements,
- Frühzeitige Gewährleistung von Qualität, Kosten und Lieferservice bei zugekauften Bauteilen bereits in der Produktentstehung,
- Erzielung fertigungsgerechter und logistisch optimierter Produkte,
- Gestaltung eines systematischen Produktentstehungsprozesses,
- Etablierung einer Ablauf- und Aufbauorganisation,
- Optimierung von Modul- und Variantenmanagement,
- Durchführung eines methodischen Projektmanagements und
- Gewährleistung realisierter Entwicklungsziele.

4. **Vertriebsmanagement:** Die konsequente Anwendung des Porsche Consulting-Beratungsansatzes findet sich am Ende der Wertschöpfungskette wieder in den Bereichen Marketing und Vertrieb.
Ziel und Inhalt eines optimierten Vertriebsmanagements im Verständnis der Porsche Consulting ist:

- Steigerung der Klientenzufriedenheit durch reibungslose Bestell- und Lieferprozesse (Sales and Operations Planning/Distribution),
- Aufbau von Excellenz im Handel,
- Entwicklung von Ersatzteilstrategien,
- Aufbau von Vertriebslogistik und effizienter Marktbearbeitung sowie
- Vertriebscontrolling.

5. **Porsche Akademie:** Praxisbezug ist der Erfolgsschlüssel von Porsche Consulting. Die Vermittlung des theoretischen Rüstzeugs und die Förderung eines permanenten Austauschs zwischen Theorie und Praxis ist für den Erfolg damit unabdingbar.
Ziel und Inhalt der Porsche Akademie im Verständnis der Porsche Consulting ist:

- Einübung und Vertiefung der Instrumente in den dargestellten Kompetenzfeldern 1 bis 4 zusammen mit Mitarbeitern des Klienten und anschließende Umsetzung innerhalb dessen Unternehmen ,

- Einbringung der praktischen Klientenerfahrungen und gemeinsame Weiterentwicklung zusammen mit den Experten der Porsche Consulting,
- Aufbau fundierten Erfahrungs- und Umsetzungswissens,
- Vorbereitung, Durchführung und Auswertung praktischer Übungen und internationaler Workshops.

Die Porsche Akademie der Porsche Consulting GmbH

Die bereits oben dargestellte Zusammensetzung verschiedener Teams (Meister, Techniker, Ingenieure und Kaufleute) vermitteln die im eigenen Hause erfolgserprobten Methoden und erhöhen damit die Authentizität der ebenfalls oben erläuterten Markenwerte nachhaltig. In einer eigens dafür geschaffenen Modellfabrik werden in Form eines realitätsgetreuen ‚Praxis-Labors' neue Lösungsansätze erprobt und neue Methoden auf spielerische Art vermittelt.

Die Seminarinhalte orientieren sich an den **zwei Hauptprozessen, die für den Erfolg eines Unternehmens maßgeblich** sind und sich am ‚roten Faden' des oben dargestellten Geschäftssystems der Porsche Consulting orientieren: **Wertschöpfungsprozess und Führungsprozess.**

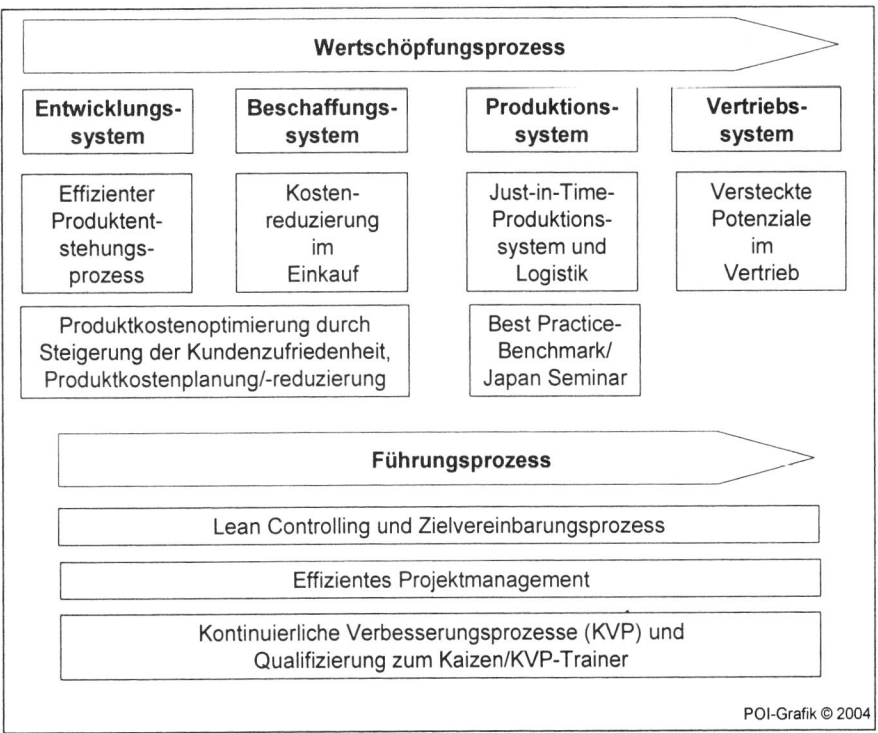

Abbildung 80: Das Programm und die Seminarblöcke der Porsche Akademie

Hinter den einzelnen Seminarblöcken stehen u. a. folgende Inhalte:

- **Effizienter Produktentstehungsprozess**, d. h. hier steht die Integration von Vertrieb, Einkauf, Qualität, Entwicklung, Produktion und Logistik etc. in den Produktentstehungsprozess im Vordergrund. Hierzu gehört die Vermittlung von Kenntnissen über Projektmanagement und Simultaneous Engineering sowie über die Integration der Lieferanten vor dem Start of Production (SOP).

- **Kostenreduzierung im Einkauf** durch Optimierung der Einkaufspreise, der Kaufteilequalität und des Lieferservice. Die erfolgreiche Umsetzung der Lieferantenprogramme bei den Kunden sind ein Indiz für den Erfolg der Porsche Consulting.

- **Produktkostenoptimierung** durch die Reduzierung bzw. Eliminierung von Verschwendung im Produkt. Beispielsweise spielt hier die fertigungsgerechte Produktgestaltung eine große Rolle.

- **Just-in-Time-Produktionssystem und Logistik** durch Vermeidung langer Arbeitswege und umständlicher Prozesse. Die Prinzipien werden in der oben beschriebenen Modellfabrik direkt erprobt und spielerisch trainiert.

- **Best Practice-Benchmark/Japan Seminar:** Aufgrund intensiver Kontakte zu erstklassigen Unternehmen aus den unterschiedlichsten Branchen bietet die Porsche Akademie die Möglichkeit, von den Besten zu lernen. Die oben beschriebenen Japan-Seminare sind ein Beispiel dafür, dass aus Besuchen mehr wird als eine oberflächliche Einsichtnahme. Die Porsche Akademie entwickelt und organisiert individuelle Benchmark-Seminare im In- und Ausland.

- **Versteckte Potenziale im Vertrieb**, z. B. durch die Etablierung reibungsloser Bestell- und Lieferprozesse einschließlich Vertriebscontrolling.

- **Lean Controlling und Zielvereinbarungsprozess**, z. B. durch Aufbau eines schlanken Berichtswesens und durch klare Visualisierung unverzichtbarer Kenngrößen.

- **Effizientes Projektmanagement**, z. B. durch Vermittlung von Methoden der Projektgestaltung, -planung und -steuerung sowie durch Aufbau eines vernetzten Berichtswesens.

- **Kontinuierlicher Verbesserungsprozess (KVP) und Qualifizierung zum KAIZEN/KVP-Trainer** durch das Erlernen von Methoden und Instrumenten zur dauerhaften und nachhaltigen Optimierungen von Produktions- und Logistikaläufen. Neben der Basis-Qualifizierung gehört hierzu die Aufbau-Qualifizierung durch Train-the-Trainer-Konzepte.

Alle **Trainer der Porsche Akademie** sind praxiserfahren und Berater der Porsche Consulting GmbH erprobte Experten. In dieser Überzeugung manifestiert sich erneut die **Markenphilosophie der Porsche Consulting:** Das oberste Leitbild wird den Mitarbeitern durch eine Konkretisierung der soeben formulierten Handlungsmaxime für die tägliche Arbeit verständlich und nachvollziehbar gemacht – die zentralen Bestandteile und Werte der Markenphilosophie wurden bereits oben erläutert.

Die **praktische Umsetzung des Problemlösungswissens** erfolgt auf folgenden **beiden Stufen**:

1. Wie praktisch eine Theorie ist und wie sie wirklich funktioniert, zeigt natürlich die Praxis. Um eine erfolgsorientierte Umsetzung erworbenen Wissens im eigenen Unternehmen vorzubereiten, wird theoretisches Wissen u.a. zunächst in der Modellfabrik erprobt. Die Umsetzung erfolgt am Beispiel eines realen Produkts. Dabei lernen die Teilnehmer, welche Prozesse zur Wertsteigerung beitragen, welche überflüssig sind und ersetzt werden müssen.

2. Schließlich geht es darum, das erworbene Wissen im eigenen Unternehmen zu implementieren. Die gewonnenen Erkenntnisse werden mit den Mitarbeitern in Übungen und Workshops vertieft und danach im eigenen Unternehmen umgesetzt. Hier besteht für den Kunden die Wahl zwischen individuellen und offenen Seminaren.

- **Individuelle Seminare** werden ausschließlich für ein Unternehmen durchgeführt und maßgeschneidert entwickelt. Im Idealfall stehen diese Seminare im direkten Zusammenhang mit einem konkreten Beratungsauftrag der Porsche Consulting. Dadurch wird sichergestellt, dass das erworbene Wissen erfolgreich im Unternehmen umgesetzt wird. Dabei handelt es sich mit Sicherheit um die effizienteste Methode, theoretisches Wissen in praktischen Erfolg zu transferieren.

- **Offene Seminare** hingegen stellen erprobte Lösungen und Methoden kompakt dar und ermöglichen darüber hinaus einen offenen Meinungs- und Erfahrungsaustausch mit den Teilnehmern anderer Unternehmen.

Auf diesem Fundament sammelt Porsche Consulting kontinuierlich neue, erfolgreich durchgeführte Referenzprojekte und lädt damit seinen **strategischen Markenwert** fortlaufend weiter auf.

Strategische Markenaufladung durch erfolgreiche Referenzprojekte

Es liegt auf der Hand, dass mit jedem weiteren Beratungsprojekt die Expertise und damit die strategische Markenaufladung der Porsche Consulting immer weiter steigt. Systematisches Projektlernen und die Verknüpfung bereits erworbenen Erfahrungswissens führt zu einem Marken-Multiplikatoreffekt in drei-dimensionaler Hinsicht (*Schmid* 2004):

- Stärkung der Marke in der **Höhe** durch Übertragung der Consulting-Kompetenz auf neue Kunden

- Stärkung der Marke in der **Breite** durch zunehmende Verankerung der Consulting-Kompetenz im Vertrauen bisheriger Kunden

- Stärkung der Marke in der **Tiefe** durch Ausweitung der Consulting-Kompetenz auf neue Geschäftsfelder

Die Konsequenzen für Porsche in concreto wurden oben bereits anhand dieser Systematik erläutert und exemplifiziert. Mit erfolgreich durchgeführten Referenzprojekten lädt Porsche Consulting entlang aller drei Dimensionen seine Premiummarke im Consulting-Geschäft kontinuierlich weiter auf.

Nachfolgend werden daher einige Beispiele an Referenzen vorgestellt, um so den Anspruch und die Kompetenz der Porsche Consulting an Beispielen zu konkretisieren:

- **Rauch Möbelwerke GmbH:** Im Vergleich zu anderen Branchen hat die Möbelindustrie Nachholbedarf beim Thema Wertanalyse. Die erfolgreiche Durchführung des Benchmarking mit Generierung schnell umsetzbarer Lösungsansätze zur Wertsteigerung sowie die Anwendung von Kaufteilpreisanalysen für aktuelle und künftige Produkte verhalf dem Unternehmen zur Identifikation eines umfangreichen Kostensenkungspotenzials in Höhe von mehreren Millionen Euro. In einem fünfwöchigen strukturierten Brainstorming wurden die hierzu erforderlichen 150 Ideen identifiziert.
Die **Porsche Consulting** erzielte bereits in diesen fünf Wochen signifikante Einsparungen, wobei parallel dazu die Änderungsbereitschaft der Belegschaft nachhaltig gesteigert werden konnte.

- **Ducati Motor:** Durchführung eines umfassenden Restrukturierungsprozesses durch Einführung von Lean Production in einem Unternehmen, das in mehrfacher Hinsicht vergleichbar ist mit der Porsche AG (Mythos Rennsport und Erfahrungstransfer in Serienfahrzeuge, Produktions- und Verkaufsvolumina, Fertigungstiefe und Fertigungsprozess, Gründungszeit). Nicht nur aufgrund dieser Parallelen war Porsche Consulting der ideale Beratungspartner.
Bei aller anfänglicher Skepsis von Personal- und Gewerkschaftsseite ist es **Porsche Consulting** gelungen, für Ducati Motor ein Forum zu schaffen, in dem die Mitarbeiter ihre eigenen Ideen zur Verbesserung ihrer Arbeitsbedingungen und ihres Projekterfolgs einbringen konnten.

- **EvoBus:** Einführung des Just-in-Time-Systems als Bottom up-Prozess zur Freisetzung kreativer Potenziale und deren Umsetzung. Im Ergebnis wurden die Fertigungsbereiche an sechs Standorten unter Berücksichtigung zweier verschiedener Kulturen (Mercedes-Benz und Kässbohrer) als Fließfertigung nach dem Pull-Prinzip organisiert.

Selbstverständlich ist es unabdingbar, dass die strategische Markenaufladung nicht nur nach innen für die Motivation der Mitarbeiter, sondern auch nach außen gegenüber der Öffentlichkeit, also gegenüber potenziellen Noch-Nicht-Kunden kommuniziert werden muss. Porsche Consulting setzt hierbei insbesondere auf folgende Instrumente der operativen Markenkommunikation.

Operative Markenkommunikation durch Fachbeiträge und Messeauftritte

Im Bereich der operativen Markenkommunikation setzt Porsche Consulting insbesondere auf Vorträge und internationale Workshops sowie auf Messen.

Vorträge auf Messen und Kongressen zu ausgewählten Beratungsthemen der Porsche Consulting wurden beispielsweise in den letzten Monaten auf folgenden Veranstaltungen gehalten:

- Fachtagung IG Metall: Gezielter Ansatz bei der Unternehmensberatung von KMU – Das Beispiel Völker AG, Juni 2004,
- 18. Montage-Kongress: Erfolgsfaktoren einer Montage im Lebenszyklus eines Produktes, April 2004,
- DGQ Regionalkreis Alb Schwarzwald-Baar: Das Just-in-Time-Produktionssystem, Februar 2004,
- PANAC-Pannon Automobilcluster: Porsche Consulting und das Just-in-Time-Produktionssystem, Januar 2004,
- Pro Alpha: Wirksame Vorgehensweisen zur Komplexitätsreduktion und Geschäftsprozessoptimierung, Oktober 2003,
- BVL Kongress (Deutscher Logistik Kongress): Logistik gestaltet Wertschöpfung, Oktober 2003,
- Fachtagung Glauchau Alumni: Lean Thinking – schlanke Prozesse in der Baubranche
- Kfz-Zulieferkonferenz: Das Just-in-Time-Produktionssystem.

Auszug Fachartikel der Porsche Consulting:

- Automobilwoche, Special Consulting: Interview zum Thema Inhouse und externes Consulting bei Automobilfirmen, Juli 2003,
- Results, Kundenzeitschrift DB, Interview zum Thema Branchenreport Automobilindustrie, Juli 2003,
- Marktanalyse der Bauindustrie, Mai 2003,
- Bauwirtschaft: Ist Lean Thinking übertragbar?, März 2003.

1.4 Hako: Maßgeschneiderte Absatzfinanzierung im Maschinenbau

Die Anschaffung einer neuen Maschine oder Anlage stellt für viele Kunden ein Liquiditätsproblem dar. B2B-Anbieter können durch maßgeschneiderte Finanzdienstleistungen zur Absatzfinanzierung ihr Markenimage ausbauen und so nachhaltige Wettbewerbsvorteile realisieren. Die **Stärkung der Marke** durch maßgeschneiderte Absatzfinanzierung dokumentiert in diesem Kapitel zweierlei:

- Die **Bedeutung von Dienstleistungen** für materielle, wertvolle und auf langfristige Betriebszeit ausgelegte, in der Nutzung oft wenig flexible Industriegüter.
- Die **Bedeutung des Markenmanagements** für maßgeschneiderte Finanzdienstleistungen zur Absatzförderung kostenintensiver Investitionen.

Die Hako-Werke nutzen erfolgreich verschiedene Modelle der Absatzfinanzierung. Hako ist **führender Anbieter von Maschinen zur Betriebsreinigung, Gebäude- und Außenreinigung sowie Grundstückspflege.**

Hako favorisiert das **Mietkonzept** als wesentlichen Bestandteil des Finanzserviceprogramms.

Der Gestaltungsspielraum ist groß – neben dem **Kauf** und der damit korrespondierenden Abschöpfung von Liquidität und der Abschreibungsmöglichkeiten existieren **weitere B2B-Beschaffungsalternativen**. Das **Hako-Vorteil-Programm** umfasst folgende Varianten:

- **Miete**, d. h. Vermeidung von Überkapazitäten und Anpassung an Bedarfsspitzen,
- **Mietkauf**, d. h. Erwerb auf Mietbasis bei sofortigem Eigentum,
- **Kommunalmiete**, d. h. haushaltsgerechte Gestaltung von der Kurz- bis zur Langzeitmiete,
- **Leasing**, d. h. Nutzung ohne Kapitalbindung und eigentumsabhängige Steuern,
- **Operate Leasing**, d. h. vermindertes Beschaffungsrisiko, Rückgaberecht nach 12 Monaten,
- **Opti Hour**, d. h. Entgelt nach effektiven Betriebsstunden, mit oder ohne Full Service,
- **Rental Leasing**, d. h. Sicherheit durch Full Service, auch mit Mobilitätsgarantie.

In der Unternehmenspraxis kommen weitere Varianten und Mischformen zum Einsatz, wobei insbesondere folgende Indikatoren zur Markenanalyse von Bedeutung sind:

- Die **Differenzierung** gibt Auskunft darüber, in welchem Maße eine Marke als besonders wahrgenommen wird und sich dadurch von den Wettbewerbern unterscheidet. Die hier im Vordergrund stehende Anreicherung eines materiellen Produkts mit maßgeschneiderten Finanzdienstleistungen ist eine wesentliche Voraussetzung, höhere Preise am Markt durchsetzen zu können (Preisprämie) oder/und höhere Marktanteile durch Markenbekanntheit zu erzielen.

- Mit der **Relevanz** korrespondiert das Ausmaß, wie passend und angemessen eine Marke vom Konsumenten wahrgenommen wird. Die Relevanz von Finanzdienstleistungen für B2B-Käufer von Reinigungsmaschinen kommt im Falle von Hako klar zum Ausdruck. Je höher die erzielte Relevanz, desto höher ist das Potenzial, bisherige Kunden zu halten und neue im wahrsten Sinne anzuziehen.

- Das **Ansehen** veranschaulicht die Beliebtheit der Marke und das Maß an Achtung, das ihr entgegengebracht wird. Hako hat als führender Anbieter von Maschinen zur Betriebsreinigung, Gebäude- und Außenreinigung sowie Grundstückspflege erkannt, dass es seine Markenreputation mit maßgeschneiderten Finanzdienstleistungen aus einer Hand maßgeblich steigern kann.

- Die **Bekanntheit** einer Marke sagt etwas über das Wissen über die Marke von Seiten des Kunden aus, d. h. Bekanntheit ist das Ergebnis aller Marketing- und Kommunikationsanstrengungen inklusive der Erfahrungen, die bisherige Kunden mit der Marke gemacht haben. Hako hat sich in seinem Segment bereits als führender Anbieter etabliert. Diese Position ist fortlaufend zu pflegen und zu stärken.

Aus allen vier Indikatoren resultiert die **Markenstärke**, wobei die ersten beiden als vorlaufende Indikatoren **Markenkraft** darstellen und die beiden letztgenannten als nachlaufende Indikatoren als **Markenstatur** bezeichnet werden.

In einer Untersuchung des Verbandes Deutscher Maschinen- und Anlagenbau (VDMA) wurden 184 Unternehmen untersucht (*Behlke et al.* 2003). Nur ein Drittel der Unternehmen setzt absatzfördernde Finanzierungsvarianten ein, weil die erforderliche Nachfrage fehlt. Allerdings erkennen die Hersteller die zukünftige Bedeutung der Financial Services: Mehr als 60 % der Unternehmen erwarten eine steigende Nachfrage für Finanzdienstleistungen. Beispielsweise ermöglicht das **Investitionsgüterleasing** folgende Vorteile:

- Größere Freiräume in der Liquiditätsgestaltung,

- Mehr Flexibilität in Bezug auf technologische Entwicklungen und Marktanforderungen,

- Entlastung der Bilanz und

- Optimierung der Eigenkapitalrendite.

Vor dem Angebot einer **Absatzfinanzierung** sind insbesondere die Fragen der Refinanzierung individuell zu lösen, da die Absicherung von Risiken die Voraussetzung einer Kapitalbereitstellung darstellen. Insgesamt sind die Anforderungen an die Absatzfinanzierung sehr vielfältig:

- Serienprodukte,
- Einzelanfertigungen,
- Export und Binnenabsatz,
- Kurz- oder langfristige Finanzierungslaufzeiten.

Obwohl das Internet auch im B2B-Verkaufsprozess an Bedeutung gewonnen hat, nutzen Finanzdienstleistungsanbieter für die B2B-Klientel nur zur Hälfte das Internet als Vertriebsform. Zukunftsorientierten Unternehmen muss es darum gehen, den Boden für die Vermarktung von Finanzdienstleistungen zu bereiten. Generell dient ein sauberer Boden nicht nur der Optik und dem Image bzw. der Reputation, sondern auch der Betriebssicherheit und damit der Reduzierung von Folgekosten, z. B. durch Reifenverschleiß bei Flurförderfahrzeugen. Ein Unternehmen steht vor der klassischen dualen Make-or-Buy-Entscheidung, wenn es darum geht, Reinigungsservice selbst durchzuführen oder Dritte zu beauftragen:

Reinigung durch eigene Mitarbeiter: Neben dem Personal sind Reinigungsmaterial und Reinigungsmaschinen erforderlich. Im Rahmen einer Fachberatung bzw. Wirtschaftlichkeitsberechnung kann es dazu kommen, dass die ausgewählte Reinigungsmaschine über den vereinbarten Zeitraum gemietet wird, weil beispielsweise erforderliche Investitionsmittel bereits verplant oder ausgegeben sind. Die Mietzeit kann variabel von der Kurzzeitmiete bis zur Langzeitmiete bzw. 72 Monaten gestaltet werden. Der Mietpreis beinhaltet ein so genanntes Sorglospaket und umfasst Wartungen, Reparaturen, Maschinenpflege und ergänzende Leistungen. Die **markenstärkenden Vorteile eines Sorglospakets für den Kunden** liegen auf der Hand:

- Keine Kapitalbindung,
- Möglichkeit der vollständigen Abschreibung der Miete,
- Absolute Kostentransparenz,
- Planbare Kostensicherheit
- Flexibilität bei einer Betriebserweiterung, die kleinere Maschine durch eine größere, wirtschaftlichere zu ersetzen.

Objektbezogene Wirtschaftlichkeitsberechnungen erfassen die kompletten Lebensdauerkosten einer Maschine. Dies ist durch Verkaufsberater direkt vor Ort auf dem Laptop darstellbar, d. h. es lässt sich für den jeweiligen Anwendungsfall die jeweils günstigste Maschine, einschließlich der am besten geeigneten Zubehörausstattung auswählen. Hier kommt der oben dargestellte wichtige Aspekt der Schulung von Außendienstmitarbeitern im Dienstleistungssektor zum Ausdruck, denn nur so kann eine optimale Systemberatung gewährleistet werden. Der höhere Stellenwert der Finanzdienstleistungen im B2B-Sektor resultiert aus der rückläufigen Bedeutung des traditionellen Kaufs. In den Hako-Werken beläuft sich der Umsatzanteil auf mittlerweile 60 %. In den letzten fünf Jahren konnten Umsatz und Ertrag kontinuierlich gesteigert werden.

Ein weiterer Bereich der Absatzfinanzierung ist die Exportfinanzierung von B2B-Gütern. Im weltweiten Wettbewerb avancieren **Qualität und Akzeptanz der Exportfinanzierung** häufig zum **entscheidenden Marketingfaktor**. Im Gegensatz zur nationalen Absatzfinanzierung unterscheiden sich die Rahmenbedingungen gravierend:

- Schlechtere rechtliche Rahmendaten erhöhen das Kundenrisiko unabhängig von der Zahlungsfähigkeit,
- Der in Deutschland so nützliche Eigentumsvorbehalt ist in Europa weitgehend nicht verfügbar,
- Erhöhte Länderrisiken bestehen weiterhin z. B. in Russland, Iran, Brasilien und Türkei.

Folgende **Qualitätskriterien** sind **für den Markenwert einer Exportfinanzierung** von nachhaltiger Bedeutung (*Behlke et al.* 2003):

Unter einem **Länderrisiko** versteht man das Risiko des Zahlungsausfalls durch staatliche Ereignisse (Krieg, politische Eingriffe). So können Staaten bei Devisenmangel die Zahlungsunfähigkeit erklären und die Bedienung von Auslandsschulden untersagen. In den 90er Jahren ist als Länderrisiko die plötzliche Währungsabwertung infolge eines unvermittelten Kapitalabzugs dazugekommen (z. B. Asienkrise 1997, die Bankenkrise in Russland 1998).

Die **Hermes-Deckung** ist die übliche Bezeichnung für die staatliche Exportkreditversicherung. Geschützt werden Unternehmen vor dem Risiko des Forderungsausfalls bei Exporten. Der Name Hermes leitet sich ab von der Bearbeitung der Anträge durch die Euler Hermes Kreditversicherungs AG.

Hermes-Kategorien entstehen durch die Einstufung des Länderrisikos in sieben Kategorien auf der Basis makroökonomischer Kriterien. Die Einstufung erfolgt durch ein Gremium der OECD (Organization for Economic Cooperation and Development).

Beim **Akkreditiv** handelt es sich um eine von einer Bank im Auftrag des Importeurs übernommene Verpflichtung, innerhalb einer bestimmten Frist dem Exporteur gegen Übergabe der Lieferpapiere und anderer Dokumente den vereinbarten Betrag auszuzahlen.

Der Exporteur wird sich in der Regel Partner suchen, die das Kunden- und Länderrisiko übernehmen, um nicht einen Forderungsbestand mit erhöhtem Risiko zu kumulieren. Im B2B-Sektor sind folgende Trends von fundamentaler Bedeutung (*Backhaus* 2003, S. 550ff.; *Behlke et al.* 2003):

- **Zusammenarbeit mit Leasinggesellschaften:** B2B-Leasingkontrakte werden in europäischen und außereuropäischen Märkten zunehmend nachgefragt. Reines Exportleasing, bei dem der Hersteller oder eine deutsche Leasinggesellschaft das Risiko trägt, bleibt aber der Sonderfall. Erfahrungen mit Exportleasing gibt es für fast alle Länder. Der Preis sind in vielen riskanten Fällen Rücknahmegarantien des Exporteurs. In der Regel wird nicht also auf die Maschine selbst abgestellt, sondern auf die Wiederverwertungsgarantie des Herstellers. Viele B2B-Hersteller favorisieren zunehmend die Zusammenarbeit mit ausländischen Leasinggesellschaften, die lokale Finanzdienstleistungen anbieten, um so die Auslandsrisiken des Leasinggeschäfts abzufedern.

- **Finanzierungsangebote auf Bonitätsbasis:** Die Exportfinanzierung ist dann kein Problem, wenn der Kunde eine Bankgarantie oder ein Akkreditiv auftreiben kann . Dies entspricht jedoch immer weniger der Interessenlage des Kunden, für den im Extremfall kein Zugang zu lokalen Kreditangeboten existiert. Die staatliche Hermes-Deckung bietet hier einen Ausweg, deren Risikoanalyse sich sehr verfeinert hat. Mittlerweile übernimmt die Hermes-Deckung für die meisten Ländern auch das Kundenrisiko auf Bonitätsbasis, wobei die Bonitätsprüfung pragmatisch verläuft und sich durchaus auf landesspezifisches Auskunftsmaterial bezieht. Im Fall einer Deckungszusage kann der Hersteller einen Lieferantenkredit anbieten oder einen Beststellerkredit vermitteln. Damit erhält der Kunde Unabhängigkeit von den lokalen Kreditentscheidungen und echte Zusatzmittel.

- **Wirtschaftlichkeitsberechnung:** Unter einer strukturierten Finanzierung versteht man eine Exportfinanzierung, bei der Wirtschaftlichkeitsberechnungen mit aus dem Projektumfeld stammenden Sicherheiten, wie Abnahmeverträge, kombiniert werden. Auf der Grundlage dieses Sicherheitenmixes erfolgt die Absicherung des Zahlungsrisikos durch die Hermes-Deckung. Bei der Projektfinanzierung liegt die klarste Struktur vor, denn hier erbringen die Erlöse aus dem Projekt selbst den Schuldendienst. Dieses Finanzierungsmodell hat sich in Reinform nur für wenige Produkte durchgesetzt (z. B. Energie, Petrochemie), weil hier das komplette Projektrisiko auf die Finanzierung durchschlägt. Aufgrund der Gestaltungsfreiheit eignet sich die strukturierte Finanzierung nicht nur für Großprojekte, sondern auch für den Bereich von einer bis zehn Millionen Euro.

Über die Projektanalyse nähert sich die Exportfinanzierung stark den Aspekten der Investitionsfinanzierung. Wirtschaftlichkeitsberechnungen (wie im Fallbeispiel Hako) werden immer stärker auch in der Exportfinanzierung ihren lohnenden Einsatz finden.

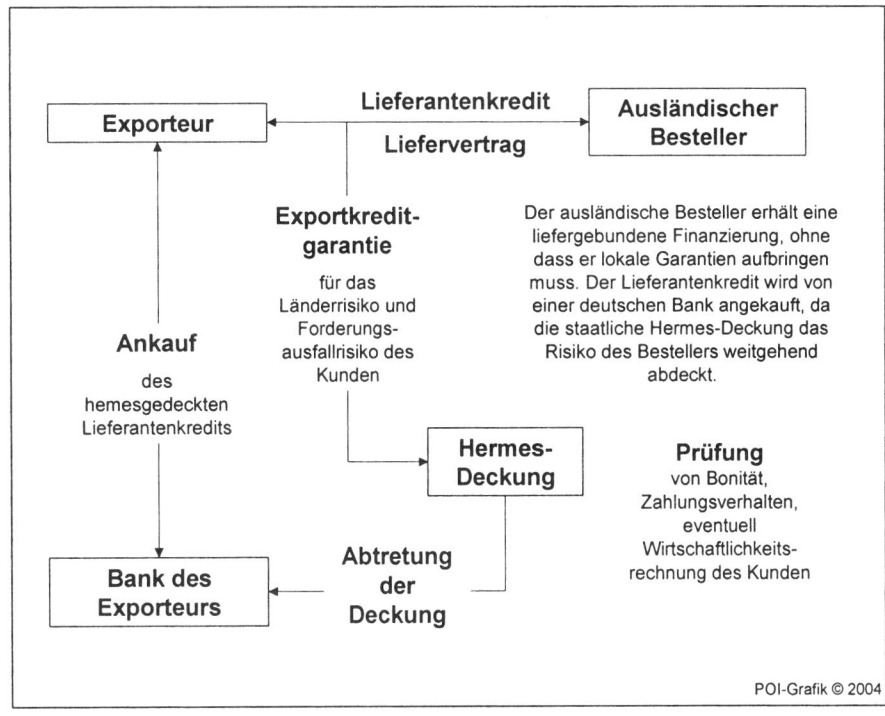

Abbildung 80: So funktioniert die Exportkredit-Versicherung (Hermes-Deckung)

Hako hat als **führender Anbieter von Maschinen zur Betriebsreinigung, Gebäude- und Außenreinigung sowie Grundstückspflege** erkannt, dass das physische und teure Technologie-Produkt mit weiteren immateriellen Produktkomponenten in Form von Dienstleistungen angereichert werden muss und angereichert werden kann. Auf diesem Weg konnten auf jeder Ebene neue zusätzliche **Markenwerttreiber** auf verschiedenen Ebenen identifiziert und gezielt umgesetzt werden (*Kotler* 2001). Diese Ebenen füllte Hako mit konsequent am Kundennutzen orientierten markenstärkenden Inhalten:

- **Core Product als fundamentale Kernproduktleistung:** Maschinen zur Betriebsreinigung mit dem Markenwerttreiber in Form von Zuverlässigkeit, Solidität, Langlebigkeit etc.

- **Generic Product als materialisierte Umsetzung des Grundnutzens:** Art der Leistungsentfaltung, Souveränität, Ausstrahlung und Beschaffenheit des physischen Produkts sind ebenfalls wichtige Markenwerttreiber im Kaufentscheidungsprozess des B2B-Kunden.

- **Expected Product als typische Erwartungshaltung des Kunden:** Hier fungiert die absolute Kostentransparenz und die besser planbare Kostensicherheit der angebotenen Finanzdienstleistungen als Markentwerttreiber.

- **Augmented Product zur Differenzierung und Positionierung gegenüber dem Wettbewerb:** Die maßgeschneiderte Beratung und Qualifikation des Beratungs- und Verkaufspersonals machen den Verkaufsprozess zu einer einzigartigen Produkt-Dienstleistungskombination und damit zu einem weiteren Markenwerttreiber.

- **Potential Product als aussichtsreiches Produkt mit Zukunftspotenzial:** Markenwerttreiber ist hier beispielsweise die überragende Qualität Exportfinanzierung.

Am Beispiel von Hako wurde die Absatzfinanzierung als markenrelevante Dienstleistung für den Maschinen- und Anlagenbau veranschaulicht. Während hier die Dienstleistung im Vordergrund stand, betrachten wir im dritten Kapitel weitere markenrelevante Aspekte im Maschinenbau am Beispiel der beiden Firmen Kuka und Trumpf.

1.5 Festo: Ein Dienstleistungs-Portfolio als Unique Service Proposition

Die Festo-Gruppe ist ein weltweit führender Anbieter von Automatisierungstechnik. Das global ausgerichtete Familienunternehmen mit Hauptsitz in Esslingen bei Stuttgart hat sich in über 40 Jahren durch Innovationen und Problemlösungskompetenz rund um die Pneumatik sowie mit einem umfangreichen, differenzierten Angebot an Aus- und Weiterbildungsprogrammen zum Leistungsführer seiner Branche entwickelt. Die Gruppe realisiert einen Umsatz von 1,2 Milliarden Euro und ist mit mehr als 10 000 Mitarbeitern an rund 250 Standorten weltweit präsent. Im **Festo-Technologiezentrum** arbeiten weltweit über 1 000 technische Berater und Projektingenieure für Festo (*Lensdorf et al.* 2003). Am Beispiel des Komponentenherstellers Festo werden wir aufzeigen, dass eine ganzheitliche Service-Betrachtung weit über den klassischen After Sales Service-Ansatz (Reparaturen, Ersatzteilversorgung, Wartung) hinausgeht. Auch wenn After Sales Service weiterhin eine hohe Bedeutung hat und eine wichtige Kundenforderung repräsentiert bzw. einen unverzichtbaren Umsatzanteil darstellt, so lohnt sich für jedes Unternehmen der Blick über den Tellerrand hinaus. Hierzu sollte zunächst analysiert werden, für welche Kundengruppen Dienstleistungen angeboten werden sollen und welche individuellen **Kundenprozesse** unterstützt werden können, z. B.:

- Verkürzung von Time to market,
- Reduktion der Beschaffungskosten,
- Verkürzung der Montagezeiten.

Festo verfügt über folgende **Kundengruppen** (*Lensdorf et al.* 2003):

- OEM (Original Equipment Manufacturer)-Kunden. Sie konstruieren und produzieren Maschinen und Anlagen,
- End User, die diese Maschinen und Anlagen betreiben und darauf Zwischen- oder Endprodukte herstellen.

Vor diesem Hintergrund umfasst ein **ganzheitliches Service-Spektrum** den ganzen Lebenszyklus einer Maschine: Vom Entwurf über die Wartung bis hin zum Recycling. Dieser Life cycle cost-Ansatz umfasst folgende Wertschöpfungskette:

- Engineering (beim OEM-Kunden),
- Beschaffung (beim OEM-Kunden),
- Montage (beim OEM-Kunden) und
- Betrieb (Beim Enduser).

Unter Berücksichtigung der Wertschöpfungskette ist es in einem **ersten Schritt** sinnvoll, **vorhandene Serviceleistungen aufzulisten**. In einer solchen Analyse wird dem Unternehmen oft klar, dass es bereits eine große Menge an Serviceleistungen seinen Kunden anbietet, obwohl sie bislang nie als Service wahrgenommen wurden.

In einem **zweiten Schritt** betrachtet Festo **alles, was dem Kunden Geld und Zeit sparen kann** oder die **Prozesssicherheit und Leistungsqualität erhöht**, unabhängig davon, ob diese Serviceleistungen bislang als Serviceleistung gehandhabt oder in Rechnung gestellt wurden.

In einem **dritten Schritt** werden die **erfassten Serviceleistungen in Abhängigkeit ihres jeweiligen Kundennutzens der Wertschöpfungskette des Kunden zugeordnet**. Aus dieser Gegenüberstellung wird ersichtlich, in welchen Prozessen die Kunden mit den vorhandenen Leistungen professionell unterstützt werden können. Bereits in diesem Stadium werden **erste Lücken im bisherigen Serviceangebot offensichtlich**. Hierzu ist eine intensive Analyse der aktuellen Ist-Situation unter Einbezug unterschiedlichster Personengruppen und Informationsquellen erforderlich. Insbesondere im oft internationalen Kontext der B2B-Anbieter ist eine Betrachtung und Beurteilung der meist unterschiedlichen Marktanforderungen von Nutzen.

Festo hat daher Arbeitsgruppen mit Vertretern der verschiedenen Landesgesellschaften gebildet, wobei die Gruppenmitglieder ihre Erfahrungen mit bereits existierenden Serviceleistungen austauschen, diskutieren und darüber hinaus neue innovative Impulse für noch nicht angebotene Dienstleistungen weiterentwickeln. Dies geschieht im Rahmen einer **qualitativen und quantitativen Nutzwertanalyse** mit Kriterien wie:

- Unterstützung des Kerngeschäfts,
- Notwendige Ressourcen und Investitionen,
- Wert für die Imagebildung.

Der ermittelte Leistungsbeitrag entlang der ausgewählten und priorisierten bzw. gewichteten Analyse- und Bewertungskriterien ermöglicht schließlich eine genaue Klassifizierung der Services hinsichtlich ihrer Bedeutung für den Kunden und für das Unternehmen.

Alternativ lassen sich die Serviceleistungen auch über eine so genannte **ABC-Analyse** kategorisieren. Auf diese Weise entsteht ein transparenter und präziser Überblick über

- Vorhandene Serviceleistungen,
- Fehlende Serviceleistungen bzw. vorhandene Service-Ideen und
- Gewichtung der Leistungen hinsichtlich ihrer strategischen Bedeutung (z. B. hinsichtlich Markenwert und Markenimage).

Der so ermittelte Überblick bildet eine fundierte Analysegrundlage für den weiteren strategischen Entscheidungsprozess. Aufbauend auf diesem **Portfolio** kann also nun entschieden werden, welche neuen Service-Ideen als aussichtsreich und markenrelevant angesehen werden und in der Praxis umgesetzt werden sollten.

Auch hier kommt der bereits oben erläuterte Zusammenhang zum USP-Gedanken zum Ausdruck. Eine Unique Selling Proposition liegt dann vor, wenn

- dem Kunden die Leistung wichtig ist,
- wenn die Leistung dem Kunden gut kommuniziert werden bzw. ein Übersehen verhindert werden kann und
- wenn gegenüber der Konkurrenz ein gut sichtbarer Vorteil aufgebaut werden kann.

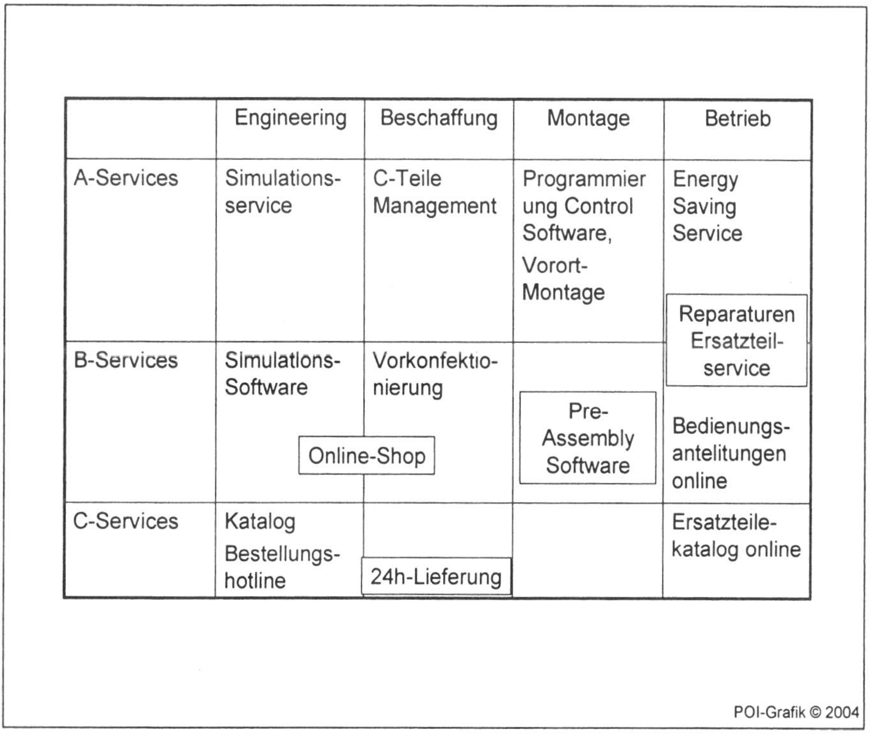

	Engineering	Beschaffung	Montage	Betrieb
A-Services	Simulationsservice	C-Teile Management	Programmierung Control Software, Vorort-Montage	Energy Saving Service
B-Services	Simulations-Software	Vorkonfektionierung Online-Shop	Pre-Assembly Software	Reparaturen Ersatzteilservice Bedienungsanleitungen online
C-Services	Katalog Bestellungshotline	24h-Lieferung		Ersatzteilekatalog online

POI-Grafik © 2004

Abbildung 81: Einsatz eines ABC-Service-Portfolios bei Festo

Festo klassifiziert A-, B- und C-Services wie folgt (*Lensdorf et al.* 2003):

A-Services:

- bieten direkten und messbaren Kundennutzen,
- stellten deutliches Differenzierungsmerkmal gegenüber dem Wettbewerb dar,
- unterstützen das Image als ‚Marktführer Services',

- erfordern eine kontinuierliche Weiterentwicklung,
- sollten hinsichtlich Vertrieb und Marketing wie Produkte gehandhabt werden,
- dienen der direkten Generierung von Umsatz.

B-Services:

- basieren auf den speziellen Bedürfnissen der Kunden,
- stellen teilweise ein Differenzierungsmerkmal zum Wettbewerb dar,
- werden vielfach als ‚selbstverständlich' wahrgenommen,
- werden oft ohne Berechnung erbracht, obwohl sie Kosten verursachen,
- sind für Kunden zwar häufig kostenlos, aber deswegen nicht ohne Wert,
- werden entweder direkt oder über reduzierte Rabatte bzw. größere Produktabnahmemengen verrechnet.

C-Services:

- werden vom Kunden grundsätzlich vorausgesetzt,
- sind in der Regel kostenlos,
- bieten kaum Differenzierungspotenzial gegenüber dem Wettbewerb,
- werden im Normalfall über die Produkterlöse/Gesamtkosten mitfinanziert,
- sollten nicht vergessen werden.

Die bisher dargestellte Vorgehensweise von Festo war eher strategischer bzw. visionärer Natur, wobei folgende Fragen im Vordergrund standen:

- Wo stehen wir heute im Bereich Service?
- Wohin wollen wir uns zukünftig hin entwickeln?

Die nachfolgenden Schritte bei Festo sind operativ und pragmatisch, denn es geht nun um die **Schließung der erkannten Lücken im Service-Portfolio**. Als **wesentliche Voraussetzungen** für die erfolgreiche Entwicklung von innovativen Dienstleistungen gelten hierbei (*Lensdorf et al.* 2003):

- Die gute Kenntnis der Kundenbedürfnisse und -wünsche,
- Eine kontinuierliche Beobachtung der Marktentwicklung,
- Die richtige Einschätzung der eigenen Stärken und Potenziale,
- Die richtige Einschätzung der wirtschaftlichen Situation.

Nachfolgend wird an einem konkreten Anwendungsfall von Festo die weitere Vorgehensweise veranschaulicht. Es geht dabei um die Realisierung eines Service-Portfolios, beginnend mit der Konkretisierung einer Service-Idee, wobei exemplarisch der ‚**Festo Energy Saving Service**' vorgestellt wird, eine technische Dienstleistung, die Anwender pneumatischer Automatisierungstechnik beim energieeffizienten Einsatz von Druckluft unterstützt.

Die Entwicklung des Servicepakets wurde Anfang 2002 gestartet. Seit September 2002 wurde der Energy Saving Service weltweit in 13 Ländern erfolgreich eingeführt. Bereits in der ersten Phase der Service-Portfolio-Einführung wurde im Zusammenhang mit der Sammlung zukünftiger Dienstleistungen auf die nachhaltige Einbeziehung der Kundenbedürfnisse geachtet und auch nach der Sammlung von Ideen bzw. der inhaltlichen Anreicherung und Ausgestaltung von Ideen zu konkreten Serviceleistungen steht der Kunde unmittelbar Pate. Zwei wesentliche Quellen bzw. **Ideenlieferanten** kommen grundsätzlich in Betracht:

- **Marktumfragen via Telefon oder schriftlich** beinhalten oft hohe zeitliche und finanzielle Aufwendungen und einen hohen organisatorischen Aufwand. Die Ergebnisse sind dennoch häufig unbefriedigend (schlechte Rücklaufquoten, vage Aussagen).

- **Befragungen der Außendienstmitarbeiter** mit direktem Kundenkontakt im Vertrieb, Beschwerdemanagement, Hotline-Services, Branchenmanagement, technischer Kundendienst sind von besonderem Wert, denn dieser Personenkreis wird fast täglich mit den Problemen und Anliegen der Kunden konfrontiert, trotzdem bleibt ihr wertvolles Wissen nicht selten ungenutzt.

Eine direkte Einbeziehung ausgewählter Kunden in den Entwicklungsprozess bzw. in das Service Engineering führt häufig zu einer geringeren Zahlungsbereitschaft des Kunden für die gemeinsam entwickelten Serviceleistungen. Als für den Bereich Energy Saving Service relevantesten Kundenwünsche hat Festo folgende Anforderungen ermittelt:

- Kosten für Druckluft senken,
- Verfügbarkeit von Produktionsanlagen erhöhen,
- Ausfallzeiten minimieren.

Insbesondere mit Nicht-Wettbewerbern ist oft ein deutlich offenerer und intensiverer Erfahrungsaustausch hinsichtlich Good/Best Practices möglich, denn oft liefern andere Branchen und Wirtschaftszweige besonders originelle und bislang übersehene Ideenimpulse für die Entwicklung innovativer Dienstleistungen.

Der Projektleiter Marketing, After Sales Services und Training *Burgess* und der Projektleiter Operational Services und Service Innovations *Lensdorf* stellen hierzu fest (*Lensdorf/Burgess* 2003, S. 34ff.):

„Der Aufbau eines Service Portfolios bedingt präzise Kenntnis von Kunden, Markt und eigenen Potenzialen. Der Kunde ist enger Entwicklungs-

> partner jeder strategisch wichtigen Serviceinnovation ... ein Umstand, der beim ohnehin schwer greifbaren Thema ‚Industrieller Service' vieles erleichtert. Wer hochwertige Dienstleistungen am Markt platzieren will, muss über das entsprechende Know how verfügen. Um dieses dem Kunden glaubhaft zu vermitteln, sollte der Bezug zwischen Dienstleistung und Kernkompetenzen klar ersichtlich oder zumindest nachvollziehbar sein. Ebenfalls interessant - wenn auch schwierig zu beantworten - ist die Frage: ‚Was sollten wir besser können als andere?' Hierbei steht weniger das ‚offensichtlich' vorhandene Know how eines Unternehmens (im Sinne der Kernkompetenz) im Vordergrund als vielmehr die Frage, in welchen Bereichen vorhandenes Wissen weiter ausgebaut werden kann. Das kann interessant sein, wenn Kunden Dienstleistungen nachfragen, die das Unternehmen heute zwar nicht anbietet, bei denen aber aus Kundensicht eine inhaltliche Verbindung zum bestehenden Produkt- und Dienstleistungsprogramm besteht. Der Kunde kann also ‚berechtigterweise' erwarten, dass das Unternehmen diese Leistungen anbietet."

Unabdingbare Prämisse für die Einführung solcher Serviceleistungen ist die grundsätzlich mögliche und widerspruchsfreie Integration in die übergeordnete Servicestrategie. Im Falle von Festo ist die hohe Kompetenz in Sachen ‚Automatisieren mit Pneumatik' weltweit anerkannt, d. h. die Kunden erwarten eine entsprechend hochwertige Kompetenz bei technischen Dienstleistungen. Die zentralen Kernpunkte der Festo Energy Saving Serviceleistungen sind u. a. (*Lensdorf et al.* 2003):

- Messung des Druckluftverbrauchs pneumatischer Anwendungen,
- Analyse der Messergebnisse,
- Energetische Optimierung/Wartung von pneumatischen Anwendungen.

Generell lässt sich in Abhängigkeit von der Unternehmensstrategie der Erfolg industrieller Dienstleistungen u. a. an folgenden Größen feststellen und beurteilen:

- Erhöhung der Kundenbindung,
- Unterstützung des Produktgeschäfts,
- Direkte Generierung von Umsatz.

Der letztgenannte Punkt gewinnt in Zeiten bescheidener oder gar stagnierender wirtschaftlicher Marktentwicklung zunehmend an Bedeutung. Ein bis heute auch für Festo schwierig zu ermittelnder Punkt ist die quantitative Abschätzung und Bewertung des Nachfrage- und Wirtschaftlichkeitspotenzials zusätzlicher Dienstleistungen. Zwar wurde bereits bei der Verdichtung des Serviceportfolios die Frage des Umsatzpotenzials untersucht,

> doch weder das tatsächlich vorhandene Marktpotenzial noch die voraussichtlich notwendigen Investitionen für Entwicklung und Erbringung der

Dienstleistung sind bislang quantitativ bekannt. Trotz der auch hier vorhandenen konzeptionellen Herausforderungen (z. B. die Ermittlung der Zahlungsbereitschaft von Kunden) und der zu erbringenden finanziellen Anwendungen eignen sich vor allem Kundenbefragungen, um eine möglichst detaillierte Informationsbasis zu schaffen." (*Lensdorf et al.* 2003, S. 37)

Festzuhalten bleibt, dass die Entwicklung eines Serviceportfolios sowie die inhaltliche Ausgestaltung industrieller Dienstleistungen komplexe Prozesse mit einer Vielzahl relevanter Teilaspekte sind. Unabdingbar für den Erfolg sind daher hervorragende Markt- und Kundeninformationen sowie umsetzbares Wissen über eigene Potenziale. Die hier aufgezeigten theoretischen Modelle und Methoden kommen bei Festo erfolgreich zum Einsatz. Lensdorf und Burgess betonen aber zusätzlich (*Lensdorf/Burgess* 2003, S. 37):

„Vor allem ist jedoch der Mut, Visionen umsetzen zu wollen, erforderlich. Denn nicht immer lässt sich aus den vorhandenen Informationen ein eindeutiges Bild der wirtschaftlichen Gesamtsituation und der Kundenerwartungen ableiten."

Diese Feststellung verdeutlicht die hohe strategische Bedeutung einer professionell arbeitenden Marktforschung, insbesondere im Schulterschluss mit einem Customer Relationship Management, Beschwerdemanagement und Data Warehousing (vgl. Kapitel 3.5 in Teil 1).

1.6 Die Zeitarbeitsfirma Randstad Deutschland

Zeitarbeitsfirmen sprechen hauptsächlich Unternehmen an, aber auch Privatpersonen, ohne die sie ihren Service nicht anbieten könnten. Im Zeitarbeitsfirmensektor sind in den letzten Jahren durch Unternehmensübernahmen und Fusionen zahlreiche neue Marken entstanden, z. B. 1996 fusionierten Adia und Ecco zu Adecco und wurde damit zum führenden internationalen Personaldienstleister.

Zeitarbeitsfirmen stellen nicht nur Arbeitnehmer bereit, vielmehr werden sie die Partner ihrer Kunden in der Personalentwicklung, indem sie auch für ihre Kunden Mitarbeiterpotenzial entdecken. Sie entwickelten einen hohen Qualitätsstandard (ISO 9002) für die Definition von Mitarbeiterprofilen. Zum Beispiel hat **Adecco** die **Rekrutierungsmethode ‚Xpert'** entwickelt, die es ermöglicht, spezifisch nach Kundenwünschen die entsprechenden Mitarbeiter bereitzustellen (*Malaval* 2001). Drückende Kosten im Personalbereich auf der einen und eine hohe Arbeitslosigkeit auf der anderen Seite – so stellt sich der deutsche Arbeitsmarkt im Moment dar. Mit neuen Ansätzen versuchen Zeitarbeitsfirmen, passgenaue Vermittlungsarbeit zu leisten und durch Leiharbeit insgesamt mehr Flexibilität und Bedarfsgerechtigkeit ins Spiel zu bringen.

Besonders aktiv auf diesem Sektor ist Deutschlands Personaldienstleister Nummer eins, Randstad Deutschland. Das Unternehmen hat nicht nur in der **Hartz-Kommission** mitgewirkt und einen flächendeckenden Tarifvertrag mit der **Dienstleistungsgewerkschaft ver.di** abgeschlossen, sondern bemüht sich seit Jahren in Zusammenarbeit mit der Arbeitsverwaltung und Weiterbildungsträgern um gezielte und bedarfsgerechte Einzelmaßnahmen.

Projekte mit 100 % Beschäftigungschance

So ermöglicht Randstad beispielsweise zur Zeit in Zusammenarbeit mit der **Deutschen Angestellten Akademie (DAA)** zwanzig 20 Frauen aus der Hauptstadtregion eine garantierte Rückkehr ins Berufsleben – und zwar im Zuge einer sechsmonatigen Weiterbildung im Bereich Office-Management/Teamassistenz. Erfolgreichen Teilnehmerinnen ist nach dem sechsmonatigen Lehrgang eine Festanstellung bei Deutschlands größtem Personaldienstleister Randstad sicher.

Ähnliche Qualifizierungsmaßnahmen haben DAA und Randstad bereits mit Erfolg in Hamburg, Lüneburg und Schwerin durchgeführt. Auch dort war das Ziel, am Arbeitsmarkt benachteiligte Frauen wieder in ein festes Anstellungsverhältnis zu bringen, etwa als Teamassistentin, Sekretärin oder Büroleiterin. Das Projekt gilt als Paradebeispiel für eine flexible und bedarfsorientierte Lösung auf dem Arbeitsmarkt und bestätigt einmal mehr, dass alle Beteiligten von kreativen Ideen und deren unbürokratischer Umsetzung profitieren.

Plattform für Unternehmer und Interessenten

Um Unternehmern und Bewerbern eine Möglichkeit zu geben, die Vorteile der Zeitarbeit kennen zu lernen, lädt das Unternehmen regelmäßig bundesweit zum Job-Tag. Zwischen 8 und 20 Uhr können Interessenten in den rund 250 Randstad Niederlassungen in ganz Deutschland zahlreiche freie Stellen einsehen und sich direkt vor Ort für einen geeigneten Arbeitsplatz in der Zeitarbeit bewerben oder über Zeitarbeit informieren. In Berlin und Potsdam stehen an diesem Freitag insgesamt acht Randstatt-Filialen für Interessenten offen (www.randstad.de).

Bis zum Job-Tag selbst haben Unternehmen noch die Möglichkeit mitzumachen und Stellen für Zeitarbeitskräfte einzureichen. Die Stellenbörse umfasst Angebote aus nahezu allen Branchen und für alle Qualifikationsgrade. Gesucht wird vom Akademiker bis zur ungelernten Arbeitskraft und vom jungen Berufseinsteiger bis hin zum erfahrenen Mitarbeiter.

Mit dem diesjährigen Leitmotiv „Good to Know You" will Randstad vor allem darauf aufmerksam machen, dass die Zeitarbeit potenzielle Stellenanbieter und Mitarbeiter bedarfs- und interessenorientiert zusammenbringt. Randstad versteht sich als beratendes und unterstützendes Bindeglied für den Arbeitsmarkt, indem hier die Plattform geschaffen wird, Unternehmen und Bewerber zusammenzubringen (*Randstad-Broschüre* 2002):

> „Dabei sorgen wir dafür, dass Anforderungen und Interessen zusammenpassen", sagt Randstad Geschäftsführerin Heide Franken. „Unternehmen bekommen die richtigen Arbeitskräfte und bleiben flexibel in der Personalplanung, Mitarbeiter erhalten einen sicheren Arbeitsplatz, der ihren Anforderungen entspricht."

> Der Vorstandsvorsitzende der Bundesanstalt für Arbeit, Florian Gerster, bewertet die Aktion positiv: „Für Unternehmen und Arbeitsuchende bietet dieser Tag eine gute Möglichkeit, sich über das moderne arbeitsmarktpolitische Instrument der Zeitarbeit sowie die Neuerungen in der Branche zu informieren und auch mögliche Hemmschwellen abzubauen."

Randstad, **einer der größten Personaldienstleister weltweit**, zählt mit seinem Dienstleistungsangebot für Unternehmen verschiedenster Branchen zum B2B-Sektor. Randstad Deutschland gehört zur **niederländischen Randstad Holding nv**. Mit seinen zahlreichen Niederlassungen in Europa, USA und in Kanada ist das Unternehmen einer der **Marktführer für flexible Personalkonzepte**. Randstad kennt in vielen Märkten die unterschiedlichen Unternehmensprozesse und kann daher seinen Kundenunternehmen Mitarbeiter mit entsprechendem Qualifikationsprofilen anbieten. Randstad hat sich auf folgende **Branchenschwerpunkte** festgelegt:

- **Randstad Manufactoring** (verarbeitende Industrie),

- **Randstad Automotive** (Automobilwirtschaft und Zulieferindustrie),

- **Randstad Medi@com** (Medien und Kommunikation),

- **Randstad Process Industries** (Chemie, Pharma, Ernährungsgewerbe, Gummi und Kunststoffe, Energie),

- **Randstad Office & Finance** (Kreditwesen, Versicherungswesen),

- **Randstad Logistic & Services** (Handel, Verkehr, Lagerwesen).

Aufgrund der charakteristischen Merkmale eines Dienstleistungsmarkenartikels (siehe Ausführungen oben) wollen wir Randstad als Beispiel einer Dienstleistungsmarke vorstellen. Aus den Ergebnissen eines Kurzinterviews mit der Marketing-Abteilung bei Randstad Deutschland lässt sich die **Dienstleistungsmarke Randstad** wie folgt beschreiben:

Der Name Randstad leitet sich ab von dem Industriedreieck zwischen Amsterdam, Rotterdam und Utrecht mit dem Namen ‚Randstad', vergleichbar mit dem deutschen Ruhrgebiet. Randstad besitzt ein unverwechselbares und einheitliches Erscheinungsbild: es zeichnet sich aus durch ein sehr stringentes formales Design mit weißem Schriftzug. Die Randstad Vignette zeigt ein doppeltes ‚r' auf blauem Grund (Pantone 286). Dieser Schriftzug zieht sich als formales Element durch alle Kommunikationselemente. In der Vergangenheit wurden die im Corporate Design vorgesehenen Zusatzfarben intensiver genutzt. Auf dem Weg zu einem einheitlich klaren **Corporate Design** wurden diese in ein ebenfalls stringentes Farbleitsystem überführt und in ihrer kommunikativen Präsenz reduziert.

Um den Kunden ein unverwechselbares Erscheinungsbild zu präsentieren, setzt Randstad verschiedene **Kommunikationsinstrumente** wie beispielsweise

- Broschüren und Flyer,

- Werbung,

- Internet,

- Messen,

- Beschaffungswerbung,

- Außenwerbung,

- Ausstattung von Niederlassungen,

- Automobile,

- Give aways etc. ein.

Dabei betrachtet Randstad eine integrierte Kommunikation als zentrale Herausforderung, um die Marke im Gedächtnis der Zielgruppen, sowohl ihrer **Unternehmenskunden** als auch **potenzieller Mitarbeiter**, zu verankern. Allerdings müssen über die Kommunikationsinstrumente unterschiedliche und teilweise sogar konträre Benefits kommuniziert werden. Aus Marketingeffizienzgründen wird über den Einsatz einer Klammer mit Hilfe klassischer Maßnahmen versucht, **beide Zielgruppen** zu erreichen.

Obwohl Randstad eine **B2B-Dienstleistungsmarke** ist, wird versucht über die Markierungspolitik das innovative Ziel, die **Marke emotional aufzuladen**, angestrebt. Die kreative Herausforderung besteht darin, dass man hier einen emotionalen Kundennutzen entwickelt, der kaufrelevant und einzigartig ist und in beiden Zielgruppen funktioniert. Durch das gesamte Instrumentarium der Kommunikation versucht Randstad auf sich aufmerksam zu machen, damit sich die Marke bei den entscheidungsrelevanten Zielgruppen (Personaler, Abteilungsleiter) festsetzt. Eine besondere Bedeutung kommt in diesem Fall dem **persönlichen Kontakt zwischen Randstad-Disponent und Kunden** zu. Aufgrund der **hohen Distributionsdichte** (250 Niederlassungen mit 1 200 Vertriebsmitarbeitern in Deutschland) erfolgt ein wesentliches Maß der Kommunikation über den Vertrieb, der durch Prospekte, Flyer, Präsentationen und Give aways unterstützt wird.

Randstad versucht durch den Aufbau von Niederlassungen in potenzialstarken Gebieten seinen Absatzraum weiterhin zu erweitern, allerdings unter Beachtung des Kostenaspekts. Aufgrund der Tatsache, dass Randstad durch sein flächendeckendes Filialnetz allgemein einen hohen Bekanntheitsgrad besitzt, war es interessant zu erfahren, ob es für Randstad möglich ist, seine Mitarbeiter auch während der eigentlichen Dienstleistungserstellung zu markieren. Mit einer **Kennzeichnung der Mitarbeiter mit dem Randstad-Logo** würde jeder einzelne Mitarbeiter das Unternehmen Randstad vor potenziellen Zielgruppen präsentieren. Diese Kommunikationsmaßnahme wird bei Randstad jedoch nicht genutzt, da Randstad-Kunden über ihre Berufskleidung zum Beispiel im Cateringbereich eine **integrierte Kommunikation** betreiben, und Randstad dies durch eigene Maßnahmen nicht beeinträchtigen will. Ansonsten **spielt eine Markierung der Mitarbeiter weder im Marketing noch bei Mitarbeiterbindungsmaßnahmen eine Rolle**.

Für Randstad-Kunden ist die Qualität der Mitarbeiter und deren Arbeit ein zentrales Kriterium für die Zusammenarbeit mit dem Zeitarbeitsunternehmen. Randstad begreift sich auch als Qualitätsmarktführer. Randstad hat als einziges großes Zeitarbeitsunternehmen Tarifverträge für die Zeitarbeitnehmer eingeführt. Im **Kundenprozess** spielen die Personaldisponenten eine extrem wichtige und vielschichtige Rolle, vor allem auch auf einer emotionaler Ebene. Es handelt sich hier um persönliche Kontakte - people business.

Randstad führt pro Jahr ca. 400 000 Recruitment Prozesse durch, wobei jeder Disponent mit einer überschaubaren Anzahl von Kunden arbeitet, die er deshalb sehr genau kennt und die er so optimal bedienen kann. Daher können sich die Randstad-Kunden auch sicher sein, von Randstad nur passende und hochqualifizierte Mitarbeiter zu bekommen ('Zu jedem Topf den passenden Deckel finden'). Randstad gewinnt so das

Vertrauen der Kunden. Ein zentraler Bestandteil der **Unternehmenskultur** von Randstad lautet ‚Kennen, Dienen und Vertrauen'. Daneben ist die gleichzeitige Interessenwahrung insbesondere gegenüber den Zeitarbeitnehmern, die auch tarifvertraglich festgeschrieben ist, ein wesentliches Kriterium für die Kunden, dem Dienstleistungsangebot ihr Vertrauen zu schenken.

Ein konstant hohes Qualitätsniveau bei der Mitarbeiterauswahl kann den Randstad-Kunden durch Assessments und Training der Disponenten sowie standardisierte Prozesse und vielfältige Skill-Trainings und Testverfahren zugesichert werden. Die Zeitarbeitnehmer haben regelmäßig die Gelegenheit an Weiterqualifizierungsmaßnahmen teilzunehmen und somit zum hohen Qualitätsniveau von Randstad beizutragen.

Randstad verfolgt als Dienstleistungsmarke, ebenso wie andere Markenartikelhersteller eine **Hochpreispolitik**. In Umfragen wird Randstad immer wieder eine hohe Dienstleistungsqualität bescheinigt. Außerdem kann Randstad seinen Preis durch innovative Angebote und eine **totale Full-Service Orientierung** rechtfertigen. Der Dienstleistungsmarke Randstad ist es heute gelungen, sich erfolgreich u. a. durch sein hohes Qualitätsniveau von anderen Zeitarbeitsunternehmen im B2B-Geschäft zu differenzieren.

1.7 Branding für junge B2B-Berater-Marken und das Start up-Beispiel POI– Beratung für Personal, Organisation und Innovation

Angesichts der Gefahr, in unserer umfassenden Danksagungsliste am Anfang des Buches ‚unterzugehen', gebührt neben Frau Christa Schardt, Geschäftsführerin der DaimlerChrysler Management Consulting GmbH (s. Brand Story oben) insbesondere Frau Gabriele Deumer, Frau Angelika Fallet und Frau Gudrun Amelung, alle drei ebenfalls aus dem DaimlerChrysler-Konzern mein großer Dank, denn sie brachten mich nicht nur auf die Idee für eine eigene Brand Story, sondern sie gaben auch interessante Impulse in Form eines sehr viel ausführlicheren POI-Story-Entwurfs, der in diesem Rahmen nur in stark gekürzter Form präsentiert werden kann. Wichtiger erschien mir aufgrund von Beratungsaufträgen in den letzten Jahren die hinter meiner POI-Beratung stehende Thematik der vielen Einzelberater und deren Integration in mehr oder weniger ominösen Netzwerken, denn hier offenbart sich die Relevanz erfolgreichen Beziehungsmarketings (vgl. Ausführungen oben) besonders unmittelbar.

Vor diesem Hintergrund werden die bereits vorgestellten Inhalte über Dienstleistungen in Teil 1 zur Theorie des Dienstleistungsmarketing bzw. in diesem Kapitel zur Praxis von Dienstleistungsanbietern unter einem neuen Blickwinkel miteinander verknüpft: Junge B2B-Beratermarken. Zunächst werden die Besonderheiten des über viele Jahre viel zu stiefmütterlich behandelte **B2B-Beratungsmarketings** analysiert, um anschließend auf die besondere Situation von Start up's und jungen Unternehmermarken im B2B-Sektor näher einzugehen. In Teil 1 zur Entwicklung von Markenzeichen (natürliche, persönliche, künstliche und interaktive) haben wir bereits gesehen, dass Marken nicht unbedingt Organisationen sein müssen.

Aufgrund der **großen Resonanz aus dem B2B-Dienstleistungssektor** in den letzten 8 Monaten im Rahmen der Bucherstellung und des damit verbundenen Firmenakquisitionsprozesses für die Entwicklung von Brand Stories, insbesondere auch von jungen und noch sehr kleinen Unternehmen mit weniger als fünf Mitarbeitern, erscheint mir als Autor und direkt Betroffener dieses Themas das Kapitel **B2B-Dienstleistungen** außerordentlich wichtig und findet bis heute in den wenigen B2B-Werken **immer noch viel zu wenig Beachtung:** Wie im Produktmarketing so ist auch im Dienstleistungsmarketing eine Trennung zwischen B2B und B2C längst überfällig. Nach wie vor werden B2B-Dienstleistungen pauschal unter der großen Rubrik Dienstleistungen subsumiert, während B2B-Themen auch weiterhin ebenfalls viel zu pauschal als Industriegüter bzw. Investitionsgüter abgehandelt werden. In beiden Fällen wird den Besonderheiten des B2B zu wenig Beachtung geschenkt.

Im Interesse eines ausgewogenen Bildes über B2B-Markenmanagement kann es dabei nicht nur um die Auseinandersetzung mit bereits etablierten Marken gehen, sondern auch um Erfahrungswerte und Handlungsempfehlungen für junge B2B-Anbieter auf dem Weg zur Wissensmarke innerhalb des Start up-Prozesses.

Zunächst steht die Auseinandersetzung mit der B2B-Beratungsbranche im Vordergrund:

- **Unternehmensberater als personalisierte Markenzeichen** im Rahmen des proaktiven Beratungsmarketings
- **Markenrelevante Aspekte für Start up's** und die Besonderheiten und **Herausforderungen junger B2B-Marken**

Beide Aspekte, das Marketing- und Markenverständnis der Unternehmensberater bzw. Unternehmensberatung zum einen und der Start up's bzw. der jungen B2B-Marken zum anderen werden nachfolgend analysiert und weiter unten einander gegenübergestellt, um so wichtige Erkenntnisse für junge B2B-Marken abzuleiten.

In diesem Werk wurde ganz bewusst das Thema Dienstleistungen ausführlicher behandelt. In der Gliederung bildet das Thema Dienstleistungen die Brücke zwischen theoretischen Grundlagen in Teil 1 und den praxeologischen Befunden in Teil 2. Genauso ist es in der Realität: Dienstleistungen verknüpfen Leistungsbündel zu einem ganzheitlichen Leistungsarrangement. In diesem abschließenden Kapitel über B2B-Dienstleister sollen die Erkenntnisse in pointierter Form auf die beiden genannten Bereiche zur Anwendung kommen: Junge B2B-Beratermarken.

Beide Themen, Unternehmensberatung und Start up's, sind bis heute in der Betriebswirtschaftslehre ein schillerndes Phänomen geblieben.

> Bis heute besteht keine Einigkeit darüber, was unter dem Terminus Beratung zu verstehen ist. „**Beratung**, aufgefasst als soziale Interaktion in Form der Erteilung eines Rates von einer beratenden an eine zu beratende Person oder Institution, kann in den unterschiedlichsten ökonomischen, gesellschaftlichen oder politischen Kontexten erfolgen. Entsprechend heterogen sind die Beratungsanlässe, Beratungsziele und Beratungsprozesse ... So ist selbst die betriebswirtschaftliche Auseinandersetzung mit dem **Phänomen der Unternehmensberatung** durch erhebliche begriffliche sowie methodische Problemstellungen gekennzeichnet. Zu heterogen ist das Spektrum der Beratungsanlässe und unternehmensbezogenen Beratungsleistungen innerhalb der Unternehmenspraxis."(*Jeschke* 2004a, S. 2, Hervorh. d. Verf.)
>
> So ist es wenig überraschend, dass auch marketing- und markenstrategische Fragestellungen sowie operative Aspekte Eingang in die Theorie der Unternehmensberatung gefunden haben. Dies ist umso frappierender, seitdem der Ruf der Unternehmensberatungspraxis nach branchenspezifischen Marketing-Problemlösungen proaktiver Couleur immer lauter wird.

Gegenüber dem hier skizzierten **proaktiven Marketing-Verständnis** wurde bislang allenfalls ein **restriktives Marketing-Verständnis** für die Berater und Beratungsorganisation als adäquat angesehen: Nutzung von Empfehlungen zufriedener Kunden (Mund-zu-Mund-Propaganda), Erweiterung des Beratungsangebotes für vorhandene Kunden (Penetrationsstrategie) etc.

Dieser, im Wesentlichen auf dem Beziehungsmarketing basierende Ansatz ist angesichts aktueller, wirtschaftlicher Entwicklungen absolut nicht mehr zeitgemäß, auch wenn bis heute noch viele Beratungsunternehmen daran festhalten. Die Consulting-Branche nimmt auf dem Weg in die Wissensgesellschaft eine ganz wesentliche Rolle ein (*Schmid* 2004d).

Mohe, Heinecke und Pfriem stellen zutreffend fest (*Mohe et al.* 2002, S. 9):

„Folge dieser Entwicklung ist es, dass immer mehr Anbieter auf diesen Markt drängen. Einzelberater, kleine und große Beratungsunternehmen mit mehr als 50 000 Consultants bieten ihre Dienstleistungen an. Darüber hinaus finden sich auch immer häufiger branchenfremde Wettbewerber wie Steuerberater, Rechtsanwälte und Wirtschaftsprüfer auf dem Beratungsmarkt. Dieses ist möglich, weil die Eintrittsbarrieren für die Beratungsbranche sehr niedrig sind. Berufsständische Zulassungsbedingungen, wie für Architekten oder Steuerberater typisch, existieren für Berater nicht. Seit Jahren kämpft der Bundesverband Deutscher Unternehmensberater (BDU) dafür, dass die Berufsbezeichnung Unternehmensberater rechtlich geschützt wird. Dieses Engagement erfolgt sowohl im Interesse seriöser und etablierter Berater, die sich von branchenfremden und unseriösen Wettbewerbern abgrenzen wollen, also auch im Interesse der Kunden, denen es häufig schwerfällt, bei der Vielzahl von Beratern einen kompetenten Partner für die Lösung ihrer Probleme zu finden."

Deutlicher kann ein Signal für dringend notwendiges Branding von Beratungsleistungen kaum sein, denn im Consulting-Geschäft geht es längst nicht nur um die Pflege und den Ausbau bereits etablierter großer künstlicher Firmen-Marken, sondern auch um den Aufbau und Ausbau junger persönlichkeitsbezogener Markenzeichen – dies wurde bereits ausführlicher in Teil 1 im Rahmen der Genese von natürlichen Markenzeichen der Stufe 1 bis hin zu interaktiven elektronischen Markenzeichen der Stufe 4 dargestellt. Eine weitere Notwendigkeit zum Branding resultiert aus der nahezu unüberschaubaren Vielfalt von Beratungsangeboten und die Unübersichtlichkeit nimmt weiter zu (*Femers* 2002, S. 21):

„Ursachen dieser Abgrenzungsprobleme liegen zum einen darin, dass identische Leistungen unterschiedliche Labels tragen und zum anderen verschiedene Leistungen ähnliche Bezeichnungen erhalten. Dies hängt u. a. damit zusammen, dass einige Labels für Beraterleistungen zeitweise höheres Prestige besitzen als andere. So kann man Kommunikationsberater finden, die sich plötzlich ‚Unternehmensberater für Kommunikation' nennen. Das Labeling im Dienstleistungsmarkt Beratung ist starkem Wandel durch Trends und Moden ausgesetzt."

Nicht nur **inhaltlich** besteht die Gefahr des **Etikettenschwindels**, sondern auch zeitlich: **Empirisch** konnte immer wieder festgestellt werden, dass der Markenaufbau und die Markengeltung der eigentlichen Leistungsqualität hinterherläuft, z. B. wenn eine gute Marke im Leistungsniveau nachgelassen hat, was natürlich ex definitione nicht sein darf, aber durchaus sein kann. Diese Erkenntnis bestätigt sich spätestens dann, wenn eine Marke ‚beschädigt' ist und wieder aufgebaut werden muss: Es ist ein zeitintensiver Prozess, da er beim Kunden einen Lern- und Überzeugungsprozess auslösen muss. Oft müssen einige Jahre überdurchschnittlicher Leistungen auf konstant hohem Niveau angeboten werden, damit sich mit der Zeit ein Äquivalent in der Markenreputation widerspiegelt. Ähnlich ist es mit der Etablierung junger Marken im B2B-Beratungssektor, denn sie müssen sich

- einerseits gegenüber den ‚schwarzen Schafen' im Geschäft negativ abgrenzen (**Positionierung gegenüber etablierten und potenziellen Wettbewerbern**) und
- andererseits mit überzeugenden Kundennutzenargumenten positiv vom Mainstream etablieren (**Profilierung gegenüber Kunden und Nicht-Kunden**).

Daraus folgt, dass Start up's vor einer ähnlich großen Herausforderung stehen wie etablierte Anbieter mit beschädigter Markenreputation, da beide kräftig in den Markenaufbau bzw. in den Markenwiederaufbau investieren müssen: Der eine hat Aufbauarbeit und der andere Wiedergutmachungsarbeit zu leisten – in beiden Fällen ist anspruchsvolle Überzeugungsarbeit zum Aufbau von Vertrauen beim Kunden als solides Fundament jeder Marke erforderlich – im Konsumgüterbereich genauso wie im B2B-Sektor: ‚A brand like a friend' – das ist der Anspruch, den es mit wirksamen und überzeugenden Argumenten einzulösen gilt – ein Prozess, der niemals endet und auch nicht mit Geld von heute auf morgen künstlich ‚gepusht' werden kann.

Berater nehmen mit ihrer Tätigkeit signifikanten Einfluss, wenn auch meist nur in indirekter Form auf die ökonomische Entwicklung von Unternehmen und Institutionen.

Mohe, Heinecke und Pfriem erkennen hier folgende Lücke (*Mohe et al.* 2002, S. 9):

„Obwohl diese Tatsache allgemein bekannt ist, gibt es nur wenige grundlagenorientierte Arbeiten, die sich mit dem Phänomen Beratung beschäftigen. Vielleicht sind auch Berater und Wissenschaftler Opfer der rasanten wirtschaftlichen Entwicklung, die kaum Zeit für die Entwicklung theoretischer Konzepte lässt. Fundierte Beratung verlangt, trotz ihres starken Praxisbezuges und ihrer Orientierung an den individuellen Kundenbedürfnissen, die Rückbesinnung auf theoretische Grundlagen."

Nun soll in diesem Rahmen der Bogen nicht ganz so weit aufgespannt werden wie in dem zitierten Buch von Mohe, Heinecke und Pfriem, in dem übrigens auch über die DaimlerChrysler Management Consulting berichtet wird (*Mohe et al.* 2002, Kapitel über Inhouse Consulting, S. 357ff.). Aus heutiger Sicht und bei sorgfältiger Recherche muss an dieser Stelle korrigierend konstatiert werden, dass inzwischen einige Regalreihen gut sortierter Bibliotheken mit Literatur über Consulting bestückt sind. Mit anderen Worten: Der blinde Fleck wird schon kleiner.

> **Was aber bis heute immer noch fehlt, ist der Eingang des Markengedankens in die erfolgreiche Consulting-Praxis.** Dies ist umso fataler, als vor dem Hintergrund eines sehr dynamischen Strukturwandels auf dem Markt für Unternehmensberatungsleistungen die Bedeutung einer aktiven Vermarktung hochwertiger und damit wertschaffender Beratungsleistungen stark zunimmt.

Angesichts dieser Tatsache darf in einem Markenbuch über B2B mit zwei eigenständigen Kapiteln über Dienstleistungen die Untersuchung dieses Aspekts nicht übersehen werden und er hat insbesondere für die vielen jungen Dienstleistungsmarken im B2B-Consulting seine ganz besondere Bedeutung. Jeschke setzt sich bereits seit einigen Jahren für die Integration des Marketing-Gedankens in die Praxis erfolgreicher Beratungsleistungen ein und diagnostiziert noch heute eine **große Lücke zwischen Beratungspraxis und Beratungsforschung** (*Jeschke* 2004, S. 169):

„Allerdings spiegelt die Beratungsforschung den wachsenden Stellenwert eines Marketings für Unternehmensberatungsleistungen erst im Ansatz wider. Trotz detaillierter Forschungsergebnisse zu ausgewählten marketingpolitischen Problemstellungen fehlt bislang eine marketingwissenschaftliche Diskussion, die auf Grundlage der Leistungsunterschiede spezifischer Beratungsformen ein Rahmenkonzept für das Marketing der Beratungsunternehmung entwickelt."

Das hier diagnostizierte Defizit ist nicht wirklich neu, denn bereits vor über 10 Jahren stellten Shenson und Nicholas explizit fest (*Shenson/Nicholas* 1993, S. 89):

„If you really want success in consulting, you must make marketing - active, aggressive, effective marketing – a part of your practice."

Diese Feststellung mag in manchen Ohren keine Zustimmung finden, wenn man bedenkt, dass Consulting doch auch ein Geschäft mit hoher Diskretion im Auftritt und damit auch in der Vermarktung ist. Auf der anderen Seite kann der Schritt doch auch nicht so schwierig sein, denn es waren oft erfolgreiche und namhafte Beratungsunternehmen, die eine Vielzahl innovativer Marketingkonzepte entwickelt haben (*Jeschke* 2004a, S. 243):

„Von einer Marketingtheorie für Unternehmensberatung, die auf den Erkenntnissen der modernen Dienstleistungsforschung aufbaut und diese unter Berücksichtigung der Spezifika der Unternehmensberatungsbranche und ihres Leistungsangebots diskutiert, kann noch nicht gesprochen werden."

Dieses Feststellung hat natürlich weitreichende Konsequenzen für das Markenmanagement von Unternehmensberatern allgemein und für junge Start up's im Besonderen. In diesem Zusammenhang sind zweierlei Aspekte von besonderer Relevanz und Ambivalenz:

Das Marketing-Verständnis der Unternehmensberatung: Bis heute gehen die Auffassungen darüber, welchen Stellenwert Marketing in eigener Sache haben sollte und welche Formen der Umsetzung und Implementierung angemessen sind, weit auseinander. Eine kontroverse Diskussion besteht insbesondere hinsichtlich der Frage nach dem Ausmaß der aktiven Vermarktung von Unternehmensberatungsleistungen und dessen Kompatibilität mit bestehenden Branchencodizes eines ‚seriösen Wettbewerbs' der Unternehmen untereinander. In der angloamerikanischen Beratungsliteratur ist die bisherige Vernachlässigung des Beratungsmarketings nicht nur auf die Standardregeln der Branche zurückzuführen - ein Protagonist dieser Schule favorisiert beispielsweise die Auffassung (*Maister* 1997, S. 134),

> „...that billable time is carefully monitored, but marketing time is considered ‚extra'. Marketing activities represent an investment, requiring nonbillable time to spent with uncertain, long-term results, and a few firms are well organized to manage their investment activities."

Das Marketing-Verständnis von Start up's: Selbstverständlich sind Start up's darauf angewiesen, den Marketing-Apparat nach allen Regeln der Kunst für sich einzusetzen – mit der entsprechenden situativen Anpassung auch im Beratungsgeschäft. Insbesondere Einzelberater und kleinere Beratungsteams haben längst erkannt, dass es weniger auf Werbung als vielmehr auf andere Instrumente der Markenkommunikation ankommt: Präsenz auf Symposien, Messen, Ausstellungen, Veranstaltung von Vorträgen und Workshops, Veröffentlichung von Newslettern und Fachartikeln sowie Büchern.

Angesichts dieser Ambivalenz zwischen konservativer Zurückhaltung etablierter Consulter und proaktiver Newcomer im Consulting-Geschäft diagnostiziert Jeschke folgende Trendentwicklung (*Jeschke* 2004, S. 162):

> „Trotz dieser Einschätzung (von Maister, Anm. d. Verf.) zeigen empirische Untersuchungen zum Marketing von Beratungsunternehmen, dass sich Unternehmensberater zunehmend Zeit für die Konzeption und Umsetzung systematischer Marketingprogramme nehmen, um durch eine Erhöhung von Bekanntheitsgrad, Reputation und Kundenbindung die Markt- und Wettbewerbsposition aufrechtzuerhalten bzw. zu verbessern."

Neben dem Einsatz klassischer Marketing-Kampagnen betreiben **immer mehr B2B-Berater ein systematisches Markenmanagement.** Inzwischen fordert die Beratungspraxis wirksame Marketinginstrumente und die Beratungsforschung beginnt allmählich mit der Entwicklung wissenschaftlicher Untersuchungen zur Beantwortung dieser Forderungen (*Bäuchle* 2000; *Grass* 2002).

Diese Neuorientierung ist nicht nur auf den frischen Wind der vielen Start up's zurückzuführen, sondern korrespondiert zudem mit **strukturellen Veränderungen innerhalb des Consulting-Sektors:**

- branchenkonjunkturelle Engpässe
- verschärfter Wettbewerb um Aufträge
- Professionalisierung des Klientenverhaltens gegenüber Beratern
- diverse ‚Beraterskandale' und Imagebeschädigungen großer renommierter Beratungsgesellschaften (‚Plattmacher'-Syndrom, Berufsanfänger mit markenstarken Visitenkarten an der Kundenfront). Schätzungen über angerichtete Schäden durch unseriöse Berater datieren auf annähernd 2 Mrd. Euro (*Femers* 2002). Aus diesen Entwicklungen resultiert für die Unternehmensberatung, verstanden als persönlich erbrachte unternehmensbezogene Dienstleistung, insbesondere die **Erkenntnis zur Ablehnung eines bislang eher restriktiven Marketingverständnisses in der Unternehmensberatung** (*Jeschke* 2004a, S. 29f.):

> „Inhaltlich und methodisch spiegelt das restriktive Marketingverständnis vorrangig in Form der Weiterentwicklung bestehender Kundenbeziehungen wider, Beratungsmarketing in diesem Sinne bedeutet, die Empfehlungen zufriedengestellter Kunden aktiv zu nutzen, weitere Unternehmens- und Problembereiche aktueller Klienten durch kundenorientierte Bedarfsanalysen zu erschließen, namhafte Persönlichkeiten aus Politik und Wirtschaft als Beziehungspromotoren für prospektive Klienten oder durch sog. ‚Old Boys Networks' dauerhafte Geschäftsfreundschaften und damit verbundene Beziehungsnetzwerke aufzubauen. Vor diesem Hintergrund kann das Marketing für Unternehmensberatung vor allem als ein Management persönlicher Beziehungen durch die Geschäftsführung, Partner(innen) oder Berater(innen) eines Beratungsunternehmens charakterisiert werden. Die damit zum Ausdruck kommende Reduktion des Marketings auf Aspekte des operativen Beziehungsmarketings unterliegt jedoch der Gefahr, die Bedeutung strategischer Marketingentscheidungen als Fundament erfolgreicher Beratungsleistungen zu vernachlässigen. Eine derartige Beschränkung (Selbstbeschränkung, Anm. d. Verf.) kann sich insbesondere auf stagnierenden wettbewerbsintensiven Beratungsmärkten als kontraproduktiv erweisen...Allerdings zeigen aktuelle Untersuchungen, dass das Marketing der

Beratungspraxis – zumindest aus qualitätspolitischer Sicht – noch einen hohen Professionalisierungsbedarf besitzt und ein kundenorientiertes Marketingmanagement für Unternehmensberatungsleistungen mehr als notwendig erscheint."

Das bislang bestenfalls zum Einsatz gelangte **kleine Einmaleins des Marketing** durch einseitige Fokussierung auf operatives Beziehungsmarketing ist daher durch eine moderne ganzheitliche Marketing-Auffassung zu ersetzen und insbesondere durch strategische Markenaufladung zu ergänzen. Hierzu ist es zunächst erforderlich, den pauschalen Begriff der Unternehmensberatung genauer zu betrachten. Wie bereits in Teil 1 über die Eigenschaften von Dienstleistungen ausgeführt wurde, lassen sich folgende **außerordentlich markenrelevante Klassifizierungsdimensionen zur Erstellung eines Beratungsdienstleistungsportfolios auf Einzelberater-Ebene** entwickeln (*Meffert/Bruhn* 1997):

- **Interaktionsgrad:** Umfang der persönlichen Interaktion zwischen einem B2B-Kunden und einem B2B-Anbieter.

- **Standardisierungsgrad:** Ausmaß, nach dem der Prozess und das Ergebnis einer Dienstleistung von der Integration des B2B-Kunden abhängig ist.

Jeschke entwickelt daraus folgende **vier markenrelevante Grundtypen der Beratung**, die meines Erachtens nicht vollständig sind, aber den vieldeutigen Begriff der Beratung in wohltuender Weise von seinem hohen Abstraktionsgrad herunterholen (*Jeschke* 2004, S. 163):

„Allerdings ist davon auszugehen, dass das Ausmaß der Interaktivität bzw. Individualität einer Beratungsleistung wesentlich durch die Beratungsform beeinflusst werden kann, so dass den idealtypischen Beratungsformen unterschiedliche Interaktions- bzw. Individualitätsgrade zugewiesen werden können."

Ohne Anspruch auf Vollständigkeit werden daher nachfolgend die vier eher generischen Grundtypen der Beratung erläutert, um darauf aufbauend markenrelevante Konsequenzen für den Berater abzuleiten (*Jeschke* 2004):

- **Gutachterliche Beratungsdienstleistungen:** Der Gutachter versteht sich hier als neutraler Sachverständiger, als Entscheidungsvorbereiter. Die Umsetzung der vom Berater entwickelten Problemlösung erfolgt durch den Klienten.
  Berater als Gutachtermarke (niedrige Standardisierung, niedrige Interaktion).

- **Fach- bzw. Expertenberatung:** Sie umfasst die gemeinsam durch ausgewiesene Beratungsexperten und Führungskräfte erarbeitete Lösung komplexer betriebswirtschaftlicher Problemstellungen und damit verbundene Veränderungen beim Klientenunternehmen. Die zur Anwendung kommenden Beratungskonzepte besitzen den Charakter serienreif entwickelter Dienstleistungsprodukte, die zur indi-

viduellen Problemlösung auf die Situation des Klienten entwickelt werden.
Berater als Fachexpertenmarke (hohe Standardisierung, hohe Interaktion).

- **Organisationsentwicklung (OE) und systemische Beratung:** Bei der Organisationsentwicklung handelt es sich um die Begleitung von Problemlösungs- und Lernprozessen, die weitestgehend durch die Führungskräfte des Klientenunternehmens selbst getragen und verantwortet werden. Während der OE-Berater diesen Entwicklungsprozess nur begleiten kann, zielt die Beratung auf die Unterstützung des Klienten, seine Probleme selbstbestimmt zu lösen.

  Die systemische Beratung basiert auf dem Prinzip der Selbstbeobachtung sozialer Systeme und des Transfers einer angemessenen und selbstreflektierten Problemsicht auf den Klienten. Damit verbunden ist eine Beseitigung des Scheuklappendenkens und der Problembefangenheit des Klienten durch Förderung ganzheitlicher, neuer Denk- und Sichtweisen.

  Berater als Selbstreflexionsmarke (geringe Standardisierung, hohe Interaktion).

- **Elektronische Beratung:** Sie basiert auf dem Prinzip, alle Aufgaben und Prozesse der Unternehmensberatung auf Basis offener Netzwerke, z. B. in Form des Internets, zu realisieren. Hier liegt die Besonderheit darin, dass Beratung als eine entpersonalisierte, eher sachliche Dienstleistung erfolgt: Berater und Klient sind räumlich und gegebenenfalls zeitlich voneinander getrennt.

  Berater als E-Consulting-Marke (hohe Standardisierung, geringe Interaktion).

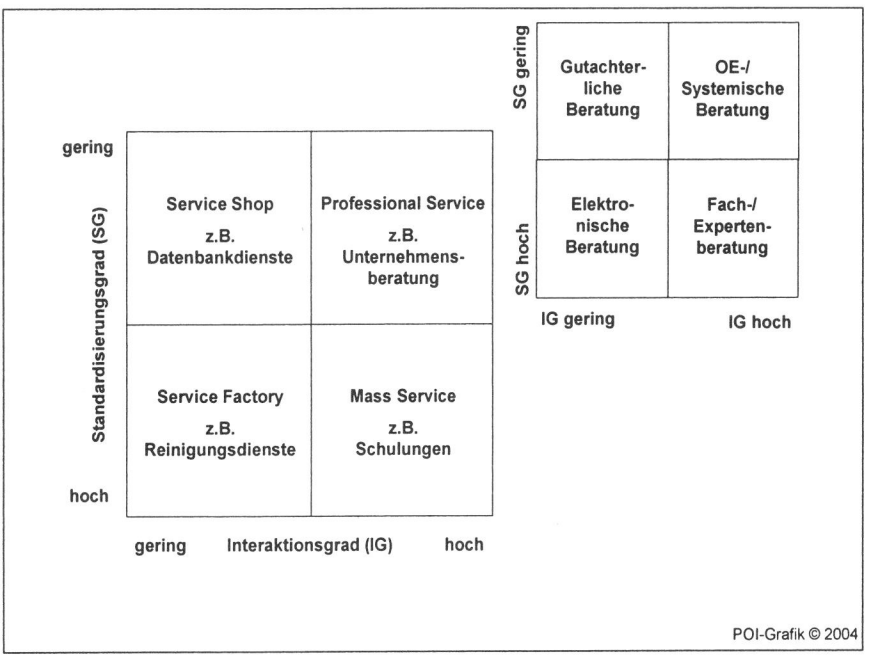

Abbildung 82: Unternehmensberatung als professionelle Dienstleistung (*Jeschke* 2004)

Bereits in der Beschreibung dieser vier Grundtypen kam das Rollenverständnis zum Ausdruck. Ein **Rollenverständnis hat unmittelbar Auswirkungen auf die spezifische Markenpositionierung des Beraters als Persönlichkeit** und damit als persönliches Markenzeichen (s. Teil 1 zur Genese von Markenzeichen). Aus dem Portfolio in der Grafik oben geht hervor, dass die Unternehmensberatung insgesamt als komplexe Dienstleistung mit hohem Interaktionsgrad und geringem Standardisierungsgrad anzusehen ist. Innerhalb dieses Quadranten ist die konkrete Beratungsleistung in Abhängigkeit von spezifischer Kernkompetenzen und Beauftragungen bzw. Referenzen eine Ebene tiefer zu analysieren, um eine adäquate Markenprofilierung beim Kunden einerseits und eine Markenpositionierung im Wettbewerb andererseits zu realisieren. Beispielsweise muss ein professioneller systemischer Berater in seinem persönlichen Markenzeichen über eine hohe empathische Ausstrahlung verfügen, eine personalisierte Gutachtermarke ist dagegen auf ein hohes Maß an analytischen Fähigkeiten angewiesen. Der Kunde wird das Fehlen solcher Eigenschaften bereits im Beratungsverlauf, spätestens aber im Beratungsergebnis erkennen und entsprechend bewerten (*Schmid* 2004c; *Schmid* 2004d).

Da Berater nicht nur ihre Gesellschaft im Beratungsprozess 'verkaufen', sondern immer auch ihre eigene Persönlichkeit an der Kundenfront präsentieren, kann sich in letzter logischer Konsequenz das erforderliche Markenmanagement nicht nur auf die Gesellschaft der Unternehmensberatung, sondern auch auf den einzelnen Berater in concreto. Dieser Aspekt wird weiter unten näher ausgeführt. An dieser Stelle bleibt festzuhalten, dass Markenmanagement außerordentlich wichtig ist, um das oft nicht besonders gute Image des Beraterbildes zu optimieren.

Tabelle 29:
Thematische Beraterbilder als Herausforderung für die Rollenreflexion (*Femers* 2002)

Beraterbilder mit positiver Valenz	Beraterbilder mit negativer Valenz
Kompetenz: Spezialist, Experte, externe Autorität, Problemlöser, Methodiker, Stratege, Kreativer.	**Inkompetenz:** Alleskönner, Besserwisser, geistiger Tiefflieger, Blender, Grünschnabel, Wirtschaftskosmetiker.
Heldentum: Coach, Helfer, Unterstützer, Partner, Moderator, Schiedsrichter, Schlichter, Retter mit charismatischer Persönlichkeit, Altruist.	**Solidarität:** Beichtvater, Sendboten des Managements, Kostendrücker, Blitzableiter, Söldner des Vorstands, Sündenbock, Hofnarr, Wolf im Schafspelz, Menschenhändler, Body Shopper.
Bewegung: Ideengeber, Verkünder, Planer, Innovator, Veränderer, Macher.	Daseinsberechtigung: Veränderer um jeden Preis, Trendsurfer, Störer und Zerstörer, Consultant just for show, Problemerfinder.

Dienstleistungen wurden im ersten Teil des Buches bereits anhand zentraler Eigenschaften ausführlich beschrieben und haben in diesem Zusammenhang folgende Bedeutung:

- **Immaterialität:** ‚Ein Unternehmensberater hinterlässt zwar häufig Spuren..., dennoch ist seine wesentliche Leistung immateriell' (*Kieser* 1998, S. 195). Beratungsleistungen sind durch einen hohen Anteil an Erfahrungs- und Vertrauensqualitäten gekennzeichnet (vgl. hierzu die Erläuterungen in Teil 1). Die dadurch ausgelöste, stark ausgeprägte Qualitätsunsicherheit der B2B-Nachfrager einerseits und der kaum übersehbaren Vielzahl von Beratern und Beratungsangeboten andererseits führt zu einem oft hohen Beschaffungsrisiko:
    o Erschwerte Bedarfs- und Leistungsidentifikation von Beratungsleistungen
    o Kaum durchführbare Vergleichbarkeit von Beratungsleistungen, auch nicht im Internet-Zeitalter
    o Hoher Stellenwert der Reputation eines Beraters bzw. eines Beratungsunternehmens
    o Klientenvertrauen für den Beratungserfolg

    Erst durch die Etablierung von Beratermarken kann eine Basis für **erforderliche Qualitätssurrogate geschaffen** werden. Hier wirkt oft das persönliche Markenzeichen stärker als die dahinter stehende Corporate Brand: Dies zeigt sich beispielsweise darin, wenn einzelne Berater den Arbeitgeber wechseln bzw. zur Konkurrenz gehen oder sich selbstständig machen und dies gilt nicht nur für Unternehmensberater, sondern auch für Trainer, Steuerberater, Finanz- und Bankberater etc. Die Kunden wechseln hier häufig den Anbieter und bleiben ihrem persönlichen Berater treu. Die für jede Marke so wichtige Vertrauensbeziehung und Sympathiestärke (‚A Brand like friend') ist viel stärker fokussiert auf einzelne Beraterpersönlichkeiten als auf noch so gut klingende Beratungsgesellschaften.

- **Integration des externen Faktors:** Berater stehen selbst vor dem Problem bzw. dem Unsicherheitsfaktor in Bezug auf den zeitlichen, räumlichen, quantitativen und qualitativen Einsatz des Klientenunternehmens (Mitarbeiter und Führungskräfte) in den wissensbasierten Beratungsprozess. Mit anderen Worten: Der Output kann nicht besser sein als der Input. Wenn Berater zur Alibifunktion ‚degenerieren', um beispielsweise ein bestimmtes Budget am Jahresende zu verbrauchen oder um dem Headquarter bestimmte Rechtfertigungen zu signalisieren, dann stehen die Berater oft vor dem Problem der Unerwünschtheit bzw. dass nicht wirklich Probleme aufgedeckt und gelöst werden sollen.
Auch hier spielt die **Markenorientierung eine große Rolle:** Starke Beratermarken sind ein gutes Aushängeschild für den Klienten, ‚in besten Händen' zu sein. Auch das Verhalten hinsichtlich Bereitschaft und bereitgestellter Kapazität, sich

als Klient aktiv in den Beratungsprozess einzubringen, steigt mit zunehmender Markenstärke.

- **Potenzialcharakter:** Hierunter subsumiert man in diesem Zusammenhang insbesondere die fachlichen, methodischen und sozialen Kompetenzen eines Beraters. Der **Potenzialcharakter als Bestandteil der Marke** manifestiert sich beispielsweise im **adäquaten Beratungsauftritt und -umfeld** (Beratungskultur, Beratungsorganisation, Corporate Communication, Corporate Identity etc.), **Qualifikation der Berater** und **State of the Art** im unternehmensinternen **Wissensmanagement** (*Schmid* 2004).

Aus allen drei Faktoren zusammen resultiert die hohe Bedeutung und Relevanz der Etablierung von Beratermarken bzw. Wissensmarken, denn erst damit werden Leistungen aus Kundensicht transparenter, besser vergleichbar und identifizierbar (vgl. hierzu die in Teil 1 beschriebenen Markenfunktionen). Die ebenfalls in Teil 1 kategorisierten und beschriebenen Ziele lauten im Beratungssektor wie folgt (*Jeschke* 2004):

- **Ökonomische Ziele der Markenorientierung:**
  - Quantitative Ziele: Umsatz, Gewinn, Rendite, Deckungsbeitrag, Leverage, Kapazitätsauslastung
  - Qualitative Ziele: Beratungspotenzialqualität, Beratungsprozessqualität, Beratungsergebnisqualität

- **Psychographische Ziele der Markenorientierung:**
  - Quantitative Ziele: Bekanntheitsgrad, Klientenreferenzen
  - Qualitative Ziele: Kundenzufriedenheit, Unternehmensimage, -reputation

- **Mitarbeiterbezogene Ziele der Markenorientierung:**
  - Quantitative Ziele: Akquisitionsleistung, Mitarbeiterkapazität, Mitarbeiterproduktivität
  - Qualitative Ziele: Mitarbeitermotivation, Mitarbeiterzufriedenheit, Mitarbeiterloyalität, Mitarbeiterqualifikation

Die Wirkung der Markenstärke eines Berater lässt sich pauschal in seiner Problemlösungskompetenz ausdrücken. Die **Markenstärke eines Gutachters** kann u. a. durch einschlägige Qualifikationsnachweise, der Präsenz in Gremien oder Fachverbänden sowie der bereits erbrachten Gutachten dokumentiert werden. Die **Markenstärke eines Fach- bzw. Expertenberaters** basiert vorrangig auf Netzwerkaktivitäten, Fachpublikationen und -vorträgen sowie abgeschlossener branchenspezifischer Beratungsaufträge (Branchenkompetenz!!!).

Wie wichtig und elementar das Branding von Beratungsleistungen ist, zeigt allein schon der hohe Anteil von 66% der Umätze am deutschen Beratermarkt im Jahr 2000 aus **Folgeprojekten auf der Basis bestehender Geschäftsbeziehungen** (*Grass*

2002), denn das höchste Ziel erfolgreichen B2B-Markenmanagements ist die Erhöhung der Kundenzufriedenheit und Markenloyalität über Vertrauensaufbau.

Markenidentitäten entstehen erst durch die wechselseitige Beziehung zwischen unternehmensinternen und -externen Zielgruppen einer Marke, d. h. auch Unternehmensberatermarken wirken sowohl nach außen (**Corporate Image**, vgl. Teil 1) als auch nach innen (**Corporate Identity**, vgl. Teil 1):

- Einerseits entwickeln Beratermarken **klientenbezogene Wirkungen** in Form der Vertrauensbildung und Risikoreduktion durch eine klare Markenprofilierung gegenüber dem Kunden und Markenpositionierung gegenüber dem Wettbewerb (Fremdbild der Marke bzw. Corporate Image).

- Anderseits korrespondieren mit Beratungsmarken **mitarbeiterbezogene Wirkungen**, indem ihr kultur- und identitätsstiftender Charakter für die Identifikation und Bindung des bestehenden Beratungspersonals, den Beratungsstil, der operativen Projektarbeit sowie der Rekrutierung zukünftiger Beratungsmitarbeiter (vgl. Fall Accenture oben) von hoher Bedeutung ist (Selbstbild der Marke bzw. Corporate Identity).

Nachdem das neue, dringend erforderliche proaktive Marketing-Verständnis für B2B-Beratungsleistungen anhand der markenpolitischen Konsequenzen dargestellt wurde, stehen anschließend einige aktuelle betriebswirtschaftliche Befunde zum Entrepreneurship ebenfalls im markenpolitischen Lichte im Vordergrund.

Markenrelevante Aspekte für Start up's und die Besonderheiten und Herausforderungen junger B2B-Marken

Nachfolgend geht es um die spannende Frage, wie und wann ein Start up zur Marke bzw. **Wissensmarke im B2B-Consulting-Geschäft** werden kann. Der Zukauf externen Wissens wird zu einer festen Größe - auch und gerade in kleineren Unternehmen.

Die Bedeutung kleiner und mittelständischer Firmen ist aus Sicht der B2B-Kunden als auch aus Sicht der B2B-Anbieter von hoher Relevanz (*Röschlau* 2002, S. 304):

„Laut Statistik zählen 99 Prozent der Firmen in Deutschland zu den kleinen und mittelständischen Unternehmen (KMU). Diese rund 3,3 Millionen Unternehmen beschäftigten 1999 ca. 23 Millionen Mitarbeiter — etwa zwei Drittel der insgesamt Beschäftigten. Die volkswirtschaftliche Bedeutung dieser Unternehmensgruppe unterstreicht den Anteil an der ökonomischen Wertschöpfung. Unternehmen mit bis zu 500 Mitarbeitern und bis zu 50 Millionen Euro Jahresumsatz erbringen mehr als die Hälfte der Jahresbruttowertschöpfung."

Unternehmer werden als Promotoren der wirtschaftlichen Entwicklung angesehen und die Politik entdeckt nach fast einem Jahrhundert den stets existenten Unternehmer als Hoffnungsträger für Wirtschaftswachstum und Wohlstand.

Demgegenüber wurde der **Unternehmer in der ökonomischen Theorie über lange Zeit vernachlässigt** (*Neubauer* 2003, S. 2f.):

> „Im Rahmen der wirtschaftswissenschaftlichen Auseinandersetzung mit dem Unternehmer lässt sich keine eigenständige Methodik festmachen. Je nach Fokus und Themenstellung gelangen etwa Ansätze aus der Entscheidungslehre der Betriebswirtschaftslehre ebenso zum Einsatz wie Darlegungen im Kontext der makroökonomischen Wachstums-, Innovations- bzw. Diffusionsforschung. Grundlegende Integrationsversuche in ein gemeinsames ökonomisches Theoriegebäude sind äußerst spärlich. Das, was wir derzeit finden, sind vielmehr verbale Beschreibungen denn formale Ansätze ... Eine Auseinandersetzung mit dem ‚außergewöhnlichen' Individuum Unternehmer und dessen analytischer Fassung zeigt sehr rasch die Problematik der Wirtschaftswissenschaften auf. So bedarf es in diesen Forschungsfeldern auch der Einbindung der Erkenntnisse anderer Wissenschaften, wie der Soziologie oder Psychologie."

Schneider gelangt im Rahmen seiner Auseinandersetzung mit Ansätzen zur Bildung einer Theorie der Unternehmung zu folgender Feststellung (*Schneider* 2001, S. 13):

> „Der Unternehmer bleibt eine Leerstelle in der Theorie der Unternehmung, solange diese von einem Leitbild des Marktgleichgewichts als Ausfluss eines deterministischen Weltbildes ausgeht und die Erfahrungssachverhalte der Unsicherheit und Ungleichverteilung des Wissens hintanstellt."

Obwohl schon ein Blick in die Literatur aufzeigt, dass bereits eine beachtliche Menge an Befunden zur Unternehmerausbildung bzw. zur Entrepreneurship Education vorliegt, so bleibt die zentrale Frage nach den Einflussfaktoren auf den Unternehmenserfolg in den Wirtschaftswissenschaften weiterhin ein ungelöstes Mysterium.

Bereits Schumpeter stellt 1934 fest, dass dem Unternehmer eine proaktive Rolle zukommt, die neben der intrinsischen Veranlagung einer kreativ-dynamischen Innovationstätigkeit die ‚Freude am Gestalten', Freiheit und ‚Erfolg haben wollen' beinhaltet (*Schumpeter* 1934).

In den Jahrzehnten nach Schumpeter wurde in der Literatur lange und sehr deutlich in Frage gestellt, dass eine Ausbildung zum Unternehmer möglich sei. Inzwischen besteht weitgehend Konsens darüber, dass Schumpeter doch Recht hatte:

Unternehmerische Fähigkeiten sind zwar weitgehend angeboren, grundlegende psychische Dispositionen und Kompetenzen sind jedoch erlernbar (*Pinkwart* 2000).

> „**Unternehmertum** wird in der Regel auf die Entdeckung und Entwicklung von Geschäftschancen abzielend dargelegt. Der Kerngedanke des Ansatzes stellt somit auf die Suche und/oder aktive Entwicklung von (Geschäfts-) Chancen und dessen ökonomischer Verwertung ab.
> Das **Management-Verständnis** orientiert sich idealerweise an einer geplanten Führung eines bestehenden Unternehmens (Organisation). Unternehmertum ist somit im Vergleich zum Management wesentlich stärker neuerungsorientiert und setzt insbesondere auf die Ausnützung von Chancen ... Ein zentraler Punkt der Unternehmerausbildung ist es, dass man dem potenziellen Unternehmer nicht voraussagen kann, wo denn mögliche Chancen und Neuerungen zu finden sind, die sich dann unternehmerisch umsetzen lassen. Man kann in der Ausbildung dem potenziellen Unternehmer nur vermitteln, Reflexionen in der Form von Fragen eines Typs zu stellen, die ihn in die Lage versetzen, auf Chancen aufmerksam zu werden:" (*Neubauer* 2003, S. 10, Hervorh. d. Verf.).

Die Erlernbarkeit von Unternehmereigenschaften wurde von Bill Bygrave, Leiter des wohl bekanntesten Lehrstuhls für Entrepreneurship in den USA wie folgt dargelegt (*Neubauer* 2003, S. 35):

> „We can't make people into entrepreneurs, if they don't have the basic drive, energy, and a strong sense of what it takes to run a business – But give me someone who has those basic skills, and we make him into a much better entrepreneur."

Beide Erkenntnisse, die Proaktivität des Unternehmers und die Identifikation innovativer Chancenpotenziale, sind **zentrale Orientierungsanker guten Markenmanagements und starker Marken**.

Die Entwicklung neuer Marken in längst besetzten oder reifen Märkten macht wenig Sinn und verursacht zu viel Aufwand bei geringer Aussicht auf Erfolg (*Lanthaler* 2000, S. 7f.):

> „Mit Rezepten und Strategien der alten Industriegesellschaft lassen sich die neuen Herausforderungen der Wissensökonomie nicht bewältigen. Das gilt besonders für die persönlichen Lebens- und Karriereziele. Das Zeitalter der linearen Karrieren – Bildung, Beruf, Aufstieg bis zur Rente – ist vorbei ... Fünfmal werden die Erwerbstätigen des dritten Jahrtausends voraussichtlich ihren Beruf wechseln, und die durchschnittliche Arbeitgebertreue eines Knowledge Workers im Sillicon Valley beträgt derzeit elf Monate. Aus Kandidaten werden Führungskräfte oder Unternehmer, die Personal einstellen, aus Top Managern werden Berater und umgekehrt, und auch der langjährige Personalchef ist längst nicht mehr davor gefeit, einmal beim Bewerbungsgespräch vor statt hinter dem Schreibtisch Platz zu nehmen."

Die Konjunkturzyklen werden immer kürzer. Im Jahr 2012 hat nur noch jeder Zweite einen festen Job, der Rest der immerhin rund 19 Millionen Erwerbstätigen arbeitet in so genannten prekären Arbeitsverhältnissen: Der Karriere-Banker arbeitet als Teilzeitkraft, der Physiker wird zum Waldorflehrer, die Arbeitslosen zu Multi-Jobbern. Der Soziologe Beck stellt fest, dass die Erwerbsarbeit in der ersten Welt immer seltener die in den vergangenen Jahrzehnten aufgebauten Errungenschaften auch künftig noch garantieren können: Vollzeitarbeitsplatz, tarifvertraglich verbrieftes Weihnachts- und Urlaubsgeld, geregelte Arbeitszeiten und Gleitzeitkonten - auch planbare Karrieren gehören mehr und mehr der Vergangenheit an (*Schmalholz et al.* 2004, S. 211ff.):

> „In den vergangenen Jahren sah der typische Vergütungsmix des Managers 80 Prozent Fixgehalt und 20 Prozent variablen Anteil vor. Nun erhöhen viele Unternehmen den Anteil variabler Vergütung auf 30 Prozent und mehr. Im Gegensatz zu den Gepflogenheiten in guten Jahren ist dieser Anteil jetzt tatsächlich variabel. Ausgezahlt wir nur, wenn die vorher festgelegten Kriterien – beispielsweise ein bestimmter Auftragseingang – auch wirklich erreicht wurden ... Die Zeiten, in denen mit fortschreitendem Alter auch das Gehalt dynamisch wuchs, sind vorbei. Überdurchschnittliche Gehaltssteigerungen erzielen Manager nur noch bis zu einem Alter von 40 Jahren. Bis dahin erhöht sich ihr Gehalt im Schnitt jährlich um 4 Prozent. Ältere Führungskräfte müssen sich mit deutlich geringeren Steigerungsraten zufrieden geben ... Langjährige Berufserfahrung als stiller Wertfaktor für die Höhe der Vergütung zählt immer weniger ... Der Abschied vom Senioritätsprinzip ist in vollem Gange. Früher konnten sich ältere Mitarbeiter auf ruhigeren Jobs dem Stress entziehen ... Für Mitarbeiter jenseits des 50. Lebensjahres erhöhen viele Unternehmen die Grundgehälter kaum noch ... Dieser Effekt hat für jüngere Führungskräfte weit reichende Konsequenzen. Die Summen, die ältere Manager heute verdienen, taugen nicht mehr als Bezugsgröße für die eigene Lebensplanung ... Die Planbarkeit und Sicherheit gehen verloren, mit denen man bislang die Summen kalkulieren konnte, die man im Laufe seinen Berufslebens verdienen kann."

Die Entwicklung auf den Arbeitsmärkten führt auch in den nächsten Jahren zu drastischen Veränderungen und macht auch vor Akademikern nicht Halt: Die Akademiker-Arbeitslosigkeit ist seit 2001 um über 30% gestiegen. Die Bilanz für die Mitarbeiter lautet Aufgabe von Annehmlichkeiten und Sicherheiten aus der Vollkasko-Vergangenheit verbunden mit zunehmender Eigenverantwortlichkeit und Unsicherheiten in den Arbeitsverhältnissen und in der fortschreitenden variablen Vergütung (*Schmalholz et al.* 2004, S. 216):

> „Gut die Hälfte aller Berufsanfänger muss nach Kienbaum-Erkenntnissen bereits beim ersten Gehalt variable Anteile akzeptieren. In der Beratungsbranche, traditionell ein Hort des unbedingten Leistungsprinzips, werden

auch Einsteiger nach ihren Ergebnissen bezahlt. Rund 10 Prozent der Gehaltssumme orientieren sich bei jungen Beratern an der persönlichen Leistung."

Arbeitsmarktexperten und wissenschaftliche Arbeitsmarktstudien prognostizieren unisono, dass mit diesem längst Realität gewordenen Megatrend die Distanz zwischen Selbstständigen und Unselbständigen auch künftig weiter sinken wird (zu Lasten der Angestellten), während der Anteil an Angestellten-Arbeitsverhältnissen auch weiterhin drastisch sinken wird. **Nicht nur Selbständige und Unternehmer müssen sich künftig gegenüber ihren Kunden als Marke positionieren**, sondern auch Angestellte gegenüber ihren immer häufiger wechselnden Arbeitgebern.

> „In einer Welt, in der hoch spezialisierte Telearbeiter, Freelancer und Subunternehmer zunehmend projektbezogen zusammenarbeiten, verlagern sich die notwendigen Kompetenzen ... Wie in den USA, wo bereits über zehn Millionen Arbeitnehmer zu Hause nebenberuflich mit Computer und Datenleitung arbeiten und weitere acht Millionen dabei ganz auf ihren Büroarbeitsplatz verzichten, werden sich auch hier zu Lande Marketeers darauf einstellen müssen, den Arbeitskuchen ‚virtuelle Teamarbeit' künftig nur noch bedarfsgesteuert zu teilen ... Nicht umsonst spezialisieren sich erste Dienstleister wie die Newplan Personalberatung und –vermittlung schon heute darauf, ausschließlich Freelancer für virtuelle Projektteams zu vermitteln.
>
> Die Perspektiven für solche Vermittler sind gut. Einmal, weil die Unternehmen als mögliche Auftraggeber hier zu Lande schon jetzt die physische Anwesenheit im Büro, Nähe zum Arbeitsort und Anbindung an städtische Infrastruktur sukzessive weniger hoch bewerten und lieber ergebnisorientiert statt arbeitszeitbezogen entlohnen. Zum anderen, weil die in Frage kommenden Kandidaten schon heute als qualifizierte ‚Nomaden' den Cyberspace durchstreifen und bereit sind, sich aus ganz unterschiedlichen Motiven einzubringen." (*Salmen* 2002, S. 144f.)
>
> Dr. Sonja Maria Salmen arbeitet an der Universität Regensburg auf den Gebieten E-Business und Customer Relationship Management und ist Dozentin für den Studiengang Versicherungs- und Finanzwirtschaft der Universität Kassel.

Die unmittelbare Konsequenz aus diesen Entwicklungen liegt auf der Hand: **Jedes Individuum muss sich selbst als Marke erfolgreich positionieren**, nicht nur als Unternehmer oder Freiberufler, sondern auch als Bewerber bei potenziellen Arbeitgebern. Die Furcht vor dem Jobverlust ist inzwischen auch bis in die angesehensten Firmen mit hoher Markenreputation gekrochen, das Angestelltendasein ist riskanter geworden, das Leitbild des Beschäftigten mit sicherem Job auf Lebenszeit hat ausgedient. Auch Angestellte müssen sich und ihre Arbeitskraft selbst vermarkten und dazu gehören immer häufigere Arbeitgeber- und auch Wechsel in der weg von der früher einmal erworbenen Profession. Der einmal erlernte Beruf reicht auch bei regelmäßiger Weiterbildung längst nicht mehr für die gesamte Lebensarbeitszeit, erst recht nicht bei steigendem Renteneintrittsalter. Die Personalberater haben ihre Meinung vom geradlinigen Lebenslauf ohne Ecken und Kanten über Bord geworfen und sehen im Schritt in die Selbstständigkeit ein deutliches Plus, auch wenn es mit der ersten Geschäftsidee daneben geht: Allein der Mut zur Gründung wird sehr positiv bewertet. **Der Lebenslauf im Patchwork-Stil ist inzwischen en vogue** (*Schmid* 2004c).

Vor dem Hintergrund dieses skizzierten **neuen Karriereverständnisses** gewinnt die in Teil 1 vorgestellte zweite Stufe der **persönlichen Markenzeichen** zunehmend an Bedeutung (*Lanthaler* 2000):

- **Die Ich-Markenvorbereitung:** Menschen haben einen Marktwert, der bereits in der Schule und Berufsausbildung in Form von Basiswissen angelegt wird. Weiterbildung in den Unternehmen ist nicht mehr zum Nulltarif zu haben, Mitarbeiter müssen in die eigene Weiterbildung investieren und proaktiv Weiterbildungsbedarf beim Vorgesetzten einfordern.

- **Die Ich-Markeneinführung:** Menschen können ihren Marktwert ganz gezielt steigern, indem sie nach dem Feinschliff ihres individuellen Kompetenz- und Erfahrungsportfolios das richtige Marktsegment suchen. Das traditionelle Bildungssystem hinkt den Anforderungen des Arbeitsmarktes hinterher, die gezielte Positionierung in Netzwerken wird zur Pflicht.

- **Die Ich-Markenentwicklung:** Menschen können zum Entrepreneur und Wissensmanager in eigener Sache werden, indem sie ganz bewusst verschiedene Arbeitsverhältnisse strategisch auswählen und so ihr eigenes Kompetenz- und Erfahrungsportfolio immer weiter optimieren. Karriere ist immer seltener ein Glücksfall oder Zufall, sondern immer häufiger das Ergebnis einer gezielten strategischen Ich-Markenplanung. Karriere ist kein einmaliges Ereignis, sondern mutiert zur Daueraufgabe. Kompetenzen, die außerhalb des beruflichen Lebens erworben werden, erlangen immer höhere Bedeutung für den Erfolg im Job.

Nicht nur Unternehmen befinden sich im Leistungswettbewerb, sondern auch hochqualifizierte Individuen stehen im Kompetenzwettbewerb miteinander. Für die eigene Positionierung als Marke bzw. als persönliches Markenzeichen entwickelt Lanthalter folgende **fünf Typologien von Ich-Marken** und nennt erfolgreiche Personen, die sich längst selbst zur Marke entwickelt haben (*Lanthaler* 2000):

- **Visionäre Veränderer:** Diese Ich-Marken verfügen über ein ausgeprägtes Potenzial an Marktimagination, Visions- und Veränderungskraft. Ihre Kernkompetenz liegt in der Erzeugung innovativer Geschäftsideen vor allen anderen. Der visionäre Veränderer favorisiert den Aufbau von Glaubwürdigkeitspotenzial durch Auftritte in der Öffentlichkeit (Vorträge, Interviews, Kommentare etc.). Die Beeinflussung und Steuerung von Standards und die Herbeiführung von Paradigmenwechsel verpflichtet sie zur permanenten Innovation.
Erfolgsbeispiele: Richard Branson (Virgin), Bill Gates (Microsoft), Steven Spiel-

berg, Jeff Bezos (amazon), Marco Böries (Sun Microsystems), Steve Jobs (Apple), Jack Welch (Ex-CEO von General Electric).

- **Netzwerkmeister** sind entweder selbst Teil des Netzwerks als Knotenpunkt oder fungieren als Erfinder und Betreiber des Netzwerks. Hier steht die Markenkommunikation sehr stark im Vordergrund, d. h. ein Kommunikationsgenie positioniert sich hier als Querschnitts-Akteur. Der Netzwerkmeister ist ein Generalist, der professionell ganze Unternehmens-Cluster koordiniert und flache Hierarchien präferiert.
Erfolgsbeispiele: Matthias Horx (Trendforscher), Thomas Haffa (EM.TV & Merchandising), Thomas Middelhoff (Bertelsmann), Lothar Späth (Jenoptik).

- **Top-Entrepreneurs/Intrapreneurs:** Als Top-Unternehmer (Entrepreneurs) oder als Top-Manager in Unternehmen (Intrapreneurs) positionieren sie sich als Marke durch Leadership-Qualitäten, professionelles Wissensmanagement und Risikobereitschaft. Außerdem verfügen sie über hervorragende Moderationsqualitäten und internationale Erfahrungen. Diese Personen gehören daher zum meistgesuchten Objekt der Headhunter.
Erfolgsbeispiele: Paul Achleitner (Allianz), Nicolas Hayek (Swatch), Heinrich von Pierer (Siemens, vgl. Fallstudie in Teil 2), Charles B. Wang (Computer Associates).

- **Selbstverwirklicher:** Hier stehen ganzheitliche Lebensprojekte im Vordergrund, da ihnen weniger das berufliche Fortkommen wichtig ist, sondern das der eigenen Persönlichkeit. Selbstverwirklicher haben sich vielfach aus traditionellen Karriere-Biographien herausentwickelt. Dieser Typus ist in seiner Markenstrategie am wenigsten bereit, sich strukturellen oder institutionellen Zwängen auszusetzen. Er hat sein eigenständiges Gesamtkunstwerk im Visier: Künstler, Kreative, Schriftsteller, die ihre Lieblingsbeschäftigung zum Beruf gemacht haben. Ihre Markenstrategie ist oft eine Gratwanderung zwischen Megaerfolg und Misserfolg, wobei diesen Personen nach einem ‚Absturz' oft sensationelle Neustarts mit neuer Markenpositionierung gelingen.
Erfolgsbeispiele: Hans Hollein (Architekt), Tobias Moretti (Schauspieler und Landwirt), Karl Lagerfeld (Modezar), Ricardo Muti (Dirigent), Marcel Reich-Ranicki (Schriftsteller), Vivienne Westwood (Modeschöpferin).

- **Klassische Karrieristen** wurden bereits als veraltetes Modell kritisiert. Nach wie vor gibt es aber natürlich noch diese tradierte Art der Karriereentwicklung. Paradigmatisch dafür ist die Entwicklung vom Lehrling zum Vorstandsvorsitzenden. Diese Art von persönlicher Markenentwicklung gerät allein schon deshalb in Bedrängnis, da die schützende Hand irgendwelcher Gönner aus historisch gewachsenen Seilschaften immer brüchiger und weniger verlässlich wird. Der Konkurrenzdruck zwischen allen Karrieristen hat sich mehr und mehr zu einem Kompetenz- und Wissenswettbewerb entwickelt, in der harte Fakten mehr zählen als sof-

te, mehr oder weniger ehrliche Sympathien.
Erfolgsbeispiele: Erich Buxbaum (Unilever Österreich), Charleton Carly Fiorina (Hewlett Packard), Louis Hughes (Lockheed Martin Corporation), Antonella Mei-Pochler (Boston Consulting Group), Carl Michel (British Airways), Hasso Plattner (SAP), Jürgen Schrempp (DaimlerChrylser).

Lanthaler spricht in diesem Zusammenhang sogar von Ich-Aktien und relativiert diesen Begriff zu Recht, da Menschen letztendlich Individuen sind und keine monetär zu bewertenden Gegenstände. Es soll damit viel eher die niemals vollständig zu erfassende Wertigkeit einschließlich des dahinter stehenden **Wertpotenzials menschlicher Kompetenzen** mit ihren charakteristischen Profilen zum Ausdruck kommen. In diesem Zusammenhang steht vielmehr die damit verbundene individuelle Positionierung als persönliches Markenzeichen. Hierfür bilden die fünf erläuterten Typologien eine solide Basis und der je nach Typus unterschiedliche Umgang mit strategischer Markenaufladung und operativer Markenkommunikation wird deutlich.

Im organisationalen Bereich läuft diese Abstimmung weniger ganzheitlich und stärker arbeitsteilig ab und das hat oft negative Auswirkungen auf die Kohärenz (vgl. Abschlusskapitel am Ende des Buches). Aus den vielen Gesprächen in den Firmen mit der Geschäftsführung, dem Produktmanagement und der Marketing-Abteilung geht hervor, dass eine fundamentale Brücke zwischen strategischer Markenaufladung (s. Teil 1, Kapitel 2) und operativer Markenkommunikation (s. Teil 1, Kapitel 3) in der Praxis auf zahlreiche Hürden stößt. Insbesondere in technologieintensiven Firmen findet die strategische Markenaufladung im eher ingenieurgeprägten Umfeld des Produktentwicklungsmanagement statt, während die operative Markenkommunikation zur ureigensten Aufgabe des Marketing bzw. der PR-Abteilung gehört. Hierbei handelt es sich meist um Kaufleute. So gesehen stoßen zwei Welten aufeinander, deren **Abstimmungsanforderungen für den Markenerfolg besonders hoch** sind (s. Schlusskapitel). Kernstock und Brekenfeld haben ähnliche Feststellungen gemacht (*Kernstock/Breckenfeld* 2004, S. 40):

> „Obwohl nach Auffassung der Unternehmen die Markenführung immer existenzieller für die Zukunftschancen wird, erfolgt eine Verknüpfung von Unternehmens- und Markenstrategien in nur geringem Ausmaß. Insbesondere wird nicht erkannt, dass die Marke ein signifikanter Treiber für eine unternehmensstrategische Neuausrichtung sein kann und deshalb nicht von den gesamtunternehmerischen Entscheidungen abgekoppelt sein darf."

Mit den hier vorgestellten Konstellationen an persönlichen Markenzeichen wurde nur ein denkbarer Ausschnitt von Möglichkeiten zur Positionierung junger Unternehmermarken im B2B-Beratungssektor dargestellt, denn in einer Eigenschaft gleichen sich alle Typologien und Erfolgsbeispiele: Die hinter den Typologien stehenden Menschen haben alle auch einmal sehr klein angefangen, haben aber mit einem hohen

Ausmaß an Disziplin und Geradlinigkeit von Anfang an ihre **spezifische Markenpositionsstrategie** verfolgt, also bereits zu einer Zeit als sie noch No Names waren. Insofern können sie je nach Veranlagung und Situation auch für junge Marken Impulsgeber und vielleicht sogar zum Leitbild werden. Im Bereich Dienstleistungen ist das einfacher als bei künstlichen Markenzeichen (vgl. Teil 1) und zugleich notwendiger, weil hier die Unmittelbarkeit von B2B-Beratern innerhalb des interaktiven Wertschöpfungsprozesses mit dem Kunden im Vordergrund steht. Hier ist auch die Antwort darauf zu finden, warum insbesondere bei Unternehmensmarken (z. B. bekannten Unternehmensberatungsgesellschaften) die Gefahr besteht, dass Markenpositionierung des Unternehmens und Markenauftritt der Berater beim Kunden auseinander fällt, denn in der Regel befindet sich die Verantwortung für die Markenführung nur auf der zweiten Führungsebene (*Kernstock/Breckenfeld* 2004, S. 40):

„Branding follows Strategy, zumindest was die Machtstrukturen in den Unternehmen betrifft. Die Notwendigkeit, Branding-Fragen im Rahmen unternehmensspezifischer Weichenstellungen auf Top-Management-Level zu diskutieren, scheitert vielfach noch an den Organisationsstrukturen und an der mangelnden Durchsetzungskraft der Markenverantwortlichen. Das Corporate Brand Management wird allenthalben halbherzig integriert und verpufft weitestgehend im Alltag unternehmensstrategischer Hektik."

Diese Problematik wird aufgrund seiner weitreichenden Konsequenzen im Schlusskapitel wieder aufgenommen.

Je besser die in Teil 1 vorgestellten Branding-Elemente aufeinander abgestimmt werden, desto schneller gelingt der Aufbau einer neuen Marke, wobei insbesondere **sechs Schritte auf dem Weg zum erfolgreichen Branding neuer Marken** zu beachten sind (*Langner/Esch* 2003):

1. **Festlegen der angestrebten Markenidentität:** Die Gestaltung einer neuen Marke beginnt mit Festlegung der charakteristischen Merkmale innerhalb des formalen Markenaufbaus (vgl. Teil 1, Kapitel 2). Apple verkörpert beispielsweise ein junges Image: Menschlich, frisch, modern und last but not least als Synonym für Benutzerfreundlichkeit. Markenmanager vernachlässigen oftmals den emotionalen Bereich der Markenaufladung und Markenkommunikation. Dies ist gefährlich, da sich die rationalen Argumente für eine Marke mehr und mehr angleichen.

2. **Ableiten der beabsichtigten Markenpositionierung:** Die Fokussierung der Markenidentität (Selbstbild der Marke, Corporate Identity) muss durch entsprechend inhaltlich definierte Eigenschaften mit der anvisierten Zielgruppe abgeblichen werden (Fremdbild der Marke, Corporate Image). Die Lücke zwischen Fremdbild und Eigenbild muss von Anfang minimiert werden (vgl. Teil 1).

3. **Analyse des Brandings konkurrierender Marken:** Markenmanager orientieren sich in ihrer Risikoaversion oftmals zu stark an Stereotypen der Branche. In ihrem vermeintlichen Sicherheitsstreben setzen sie sich der Gefahr einer zu geringen

Differenzierung gegenüber Wettbewerbern aus. Wesentlich vielversprechender ist es, die eigene Branche und wichtige Wettbewerber zu analysieren, mit dem Ziel, anders zu sein statt abzukupfern.

4. **Effektive Markennamen entwickeln:** Auf den Markennamen haben die Ergebnisse aus den ersten drei Schritten nachhaltigen Einfluss. Der Markename sollte eindeutig und eigenständig das Produkt bzw. die Dienstleistung repräsentieren (s. Teil 1). Hier spielen denkbare Assoziationen der Kunden eine große Rolle. Die Suche nach einem Namen kann u. a. über ein beschreibendes Adjektiv, über eine Analogie (z. B. Jaguar), über eine Kontextinformation (z. B. Credit Suisse) oder über ein Kunstwort (z. B. EADS) erfolgen. Kontextinformationen stellen einen Zusammenhang zwischen Produkt und Markenname her.

5. **Markenbilder wirkungsvoll gestalten:** Das Markenbild hat die Aufgabe, den Markenanspruch zu visualisieren, zu konkretisieren und quasi im Gedächtnis der Zielgruppe ‚einzubrennen'. Das im Kapitel Elektroindustrie vorgestellte Unternehmen Schroff macht dies beispielsweise mit der Weltkugel als Hinweis, dass es sich hier um einen Global Player handelt (vgl. außerdem das oben bereits dargestellte Unternehmen DaimlerChrysler Management Consulting).

6. **Controlling des Brandings:** Branding-Maßnahmen müssen kontrolliert werden, um Zielabweichungen in Form von Soll-Ist-Gegenüberstellungen zu identifizieren. Zentrale Größen des Controlling sind die in diesem Kapitel oben erläuterten quantitativen und qualitativen Zielerreichungsgrade (z. B. Erinnerungswirkung, Imagewirkung).

In diesem Zusammenhang spielt die in Teil 1 vorgestellte integrierte Kommunikation eine besondere Rolle, denn integriertes Branding beschleunigt die Penetration einer Marke, was für junge Unternehmen überlebenswichtig ist.

B2B-Start up-Beispiel POI – Beratung für Personal, Organisation und Innovation

Lässt man die beiden oben dargestellten Themenblöcke Unternehmensberater als personalisiertes Markenzeichen und die Besonderheiten junger B2B-Marken aus einem Start up heraus Revue passieren, so erscheint es in diesem Zusammenhang interessant, die ermittelten Erkenntnisse in Form eines kurzen Erfahrungsberichts am eigenen konkreten Beispiel eines Start up's zusammenzuführen. Überträgt man das Portfolio von Jeschke auf POI, so muss ich ehrlich zugeben, dass gerade in den ersten Jahren eine Fokussierung auf nur einen Quadranten mit erheblichen finanziellen Einbußen verbunden gewesen wäre:

- Innerhalb der **Produkt- und Leistungspolitik** empfiehlt die Betriebswirtschaftslehre zwar einerseits die Konzentration auf Kernkompetenzen, andererseits soll aber auf Dauer eine sichere und komfortable Umsatzrendite erzielt werden. Insbesondere Start up's stehen hier vor der Herausforderung des langen finanziellen

Atems, der es u. U. doch nahe legt, nicht ganz so stur sein Geschäft abzugrenzen bzw. allzu selbstbeschränkend auf ein Kernthema zu fokussieren. **Markenstrategisch** muss es natürlich auf Dauer das Ziel sein, zum Synonym für klar abgegrenzte Leistungen bzw. Leistungsbündel zu werden: Starke Marken stehen immer nur für etwas ganz Konkretes.

- Ähnlich ist es mit der **Preis- bzw. Honorarpolitik:** Einmal billig, immer billig. Wer versucht, den Markt über attraktive Dumping-Preise an sich zu reißen, kommt später immer schwieriger aus der Preisgrube heraus. Auch hiervon sind die Start up's in besonderer Weise betroffen, auf Dauer keine Niedrigpreisstrategie finanziell durchzustehen. Und selbst wenn die finanziellen Reserven überdurchschnittlich sind, so macht es **markenstrategisch** keinen Sinn, denn Dumping-Preise stehen in engem Zusammenhang mit der Qualitätserwartung des Kunden.

Noch vor dem Ausstieg aus dem **DaimlerChrylser-Forschungsressort FT** und dem eigentlichen POI-Start up im Sommer 2001 wurden technologieorientierte Existenzgründungsberatungsprojekte in Verbindung mit der **DaimlerChrysler Venture Capital-Tochter** und verschiedenen Business Development Centern in Deutschland durchgeführt. Damals stand die betriebswirtschaftliche Unterstützung von Hightech-Gründern und die quantitative und qualitative Bewertung von Technologie-Gründerideen im Vordergrund. Dabei wurde immer wieder festgestellt, dass betriebswirtschaftliches und insbesondere Marketing-Wissen in den Gründungsvorhaben oftmals viel zu wenig Eingang gefunden haben und auch bei den zweifellos hochqualifizierten Hightech-Gründertypen nicht unbedingt zum Kompetenz-Portfolio gehörten: Die Technologie stand im Vordergrund, die anvisierten Märkte und Kunden bzw. die konkreten Marktanforderungen, Wettbewerbskonstellationen und Kundensegmente nicht. Damit fehlten wichtige Grundlagen zur Etablierung einer Hightech-Marke bereits in der Gründungsidee und im Gründungsprozess. **Und was lernen wir daraus:** Wenn sich nicht einmal mehr Hightech seinen eigenen Markt schafft, was muss das erst für den x-ten Teilnehmer im Beratungsmarkt ohne Hightech-Anspruch bedeuten? Die Antwort kann nur lauten: **Hightouch ist Trumpf!!!**

POI berät bereits seit einigen Jahren junge Technologie- und Dienstleistungsunternehmen in der Marketing-Kommunikation und in der Markentwicklung. Aus der Beratungspraxis konnte festgestellt werden, dass junge Marken sich erst im Zeitablauf strategisch aufladen und oft sehr spät mit einer adäquaten Markenkommunikation beginnen. Es ist quasi wie bei einem Akkumulator, der erst ab einer gewissen Basisspannung stark genug aufgeladen ist, um beispielsweise ein elektrisches Aggregat zum Laufen zu bringen. Mit anderen Worten: **Der Markenzug nimmt erst dann Fahrt auf, wenn die Kraft der Lokomotive zur Beschleunigung ausreicht:** Energietechnisch ist das genauso zu erklären wie markentechnisch. Die Beschleunigung erfordert mehr Kraft als die Aufrechterhaltung einer bestimmten Geschwindigkeit.

Insofern muss Markenkraft zunächst auf Vorrat produziert werden, um überhaupt eines Tages ausreichend Input zur Markenkommunikation zu leisten. Wenn ein Unternehmen wie DaimlerChrysler Management Consulting GmbH vor der Herausforderung steht, hinter dem großen Konzernnamen deutlicher hervorzutreten und die Porsche Consulting GmbH und die MBtech Group GmbH mit konzernmutterbasierten Assoziationen konfrontiert werden, die korrigierend in die richtige Richtung zu lenken sind, dann steht ein Start up mit dem Namen Schmid vor ganz anderen Problemen, denn jeder potenzielle Kunde kennt nicht nur einen Schmid, sondern viele und fast immer die falschen. Als Start up besteht das erste Ziel in der Etablierung eines persönlichen Markenzeichens (s. Ausführungen oben) und in der **Entwicklung eines Geschäftsmodells zur eigenen strategischen Markenaufladung:**

Auch wenn der Name ‚Beratung für Personal, Organisation und Innovation' viel unhandlicher ist als einfach nur der eigene Name, so hebt er sich doch besser von der Masse ab, besitzt eine innere Geschäftslogik und ist als POI-Logo wesentlich griffiger als der Name Schmid und alle denkbaren Präfixe wie Beratung, Consulting etc.

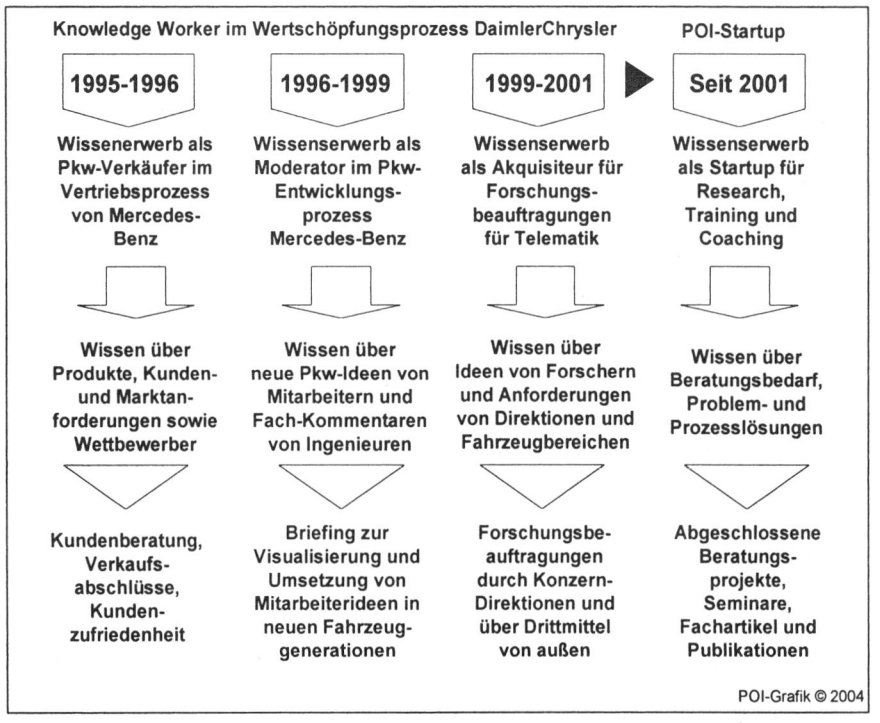

Abbildung 83: Drei Ebenen-Betrachtung: Tätigkeiten – Wissen - Ergebnisse

Nachfolgend soll stellvertretend für viele Start-ups aufgezeigt werden, dass das Datum beim Gang in die Selbstständigkeit immer in einem größeren Zeitraum-

Zusammenhang steht – genauso ist es mit der Entwicklung und Etablierung einer Marke (vgl. andere Brand Stories).

Im Falle eines Start up's für B2B-Beratung ist dieser Entwicklungsprozess außerordentlich wissensbasiert und steht in meinem Fall in einen sehr engen Zusammenhang mit dem von Mercedes-Benz beauftragten Dissertationsvorhaben im Pkw-Entwicklungsprozess des Ideenhauses 1996 in Kooperation mit dem Forschungsressort Technologie und Gesellschaft in Berlin. In dieser Zeit wurde on the job zur Etablierung eines elektronischen Workflows und zur Moderation von 17 Pkw-Entwicklungsexperten über verschiene Konzernstandorte hinweg Wissensmanagement-Instrumente entwickelt und im monatlichen Turnus im Rahmen der Innovationszirkel-Besprechungen zum Einsatz gebracht.

Der Prozess der Weiterentwicklung und Optimierung fand Eingang in die systemtheoretische Dissertation und wurde an der Universität Bielefeld, Prof. Dr. Helmut Willke, abgenommen und im Forschungsprozess Telematik einer weiteren Bewährungsprobe unterzogen (*Schmid* 1999; *Götz/Schmid* 2004).

Die hier visualisierten knapp 10 Jahre weichen von der üblichen Lebenslauf-Darstellung ab, weil hier der Kompetenzentwicklungsprozess im Vordergrund steht. Jeder Existenzgründer ist gut beraten, wenn er nicht die von Personalern geforderte übliche Form zur Hand nimmt und stattdessen seinen Lebenslauf in einem anderen Format darstellt: Indem er beispielsweise einmal seine bislang gewonnenen beruflichen Erfahrungen und erworbenen Fachkenntnisse stärker fokussiert und herausarbeitet. Auf diese Weise ‚springen' ihm denkbare Kompetenzen für seine eigene Existenzgründung wesentlich besser ins Auge und er erhält auf diese Weise wichtige Impulse für die Entwicklung seines persönlichen Geschäftsmodells. Für jedes zu entwickelnde Geschäftsmodell müssen klare, operationale und überzeugende Antworten auf Marktanforderungen gefunden werden – die zentralen Fragen lauten dabei immer:

1. Für welche **Kunden/Kundensegmente**
2. welches neue **Leistungsangebot**
3. mit welchen schlagkräftigen **Nutzenargumenten**
4. und welchen **Vorteilen gegenüber etablierten Anbietern** im Markt

zu entwickeln ist. Von Konkurrenten kann man in Punkt 4 als Start up kaum sprechen, aber doch immerhin von künftigen Wettbewerbern.

Bei der Entwicklung moderner **zunehmend wissensbasierter Geschäftsmodelle** kommt es immer häufiger auf die Nutzung von **Plattform-Konzepten** an, denn auf dieser Grundlage können immer neue, stark individualisierte Dienstleistungsangebote entwickelt werden, die sich von der Norm wohltuend abheben (vgl. hierzu Teil 1 über Dienstleistungen, z. B. Bundling). In vielen kleinen und mittleren Unternehmen wird das eigene Geschäftsfeld immer noch viel zu eng und vor allem vergangenheitsorientiert definiert – stattdessen investieren innovative Anbieter mehr Zeit auf mögliche, denkbare oder verwandte Nutzungen ihrer Produkte, die über den bisher bedienten Markt und bestehende Fertigungsmöglichkeiten hinausgehen. Innovative Firmen betreiben ein sehr **intensives Supply Chain Management**, indem sie entlang der gesamten Wertschöpfungskette Allianzen abschließen – nicht nur mit Lieferanten, sondern auch mit Kunden, Konkurrenten und Unternehmen aus anderen Branchen. Insofern lassen sich Innovationen immer häufiger nur in Form von Geschäftsprozessen managen. **Im Falle von POI** wurde bereits frühzeitig ein **breit angelegtes Geschäftsmodell** entwickelt, das erst mit der Zeit mit entsprechenden Aufträgen inhaltlich zu füllen war und in vielen Fällen nur im Netzwerk mit anderen Experten erfolgreich abzuleisten war (vgl. POI-Anzeige auf der Schlussseite des Buches):

- Research:
  - Erstellung betriebswirtschaftlicher Gutachten (z. B. über Gründerideen)
  - Branchenanalysen und –bewertungen zur Identifikation von Marktpotenzialen
  - Gestaltung von Präsentationsvorlagen für unternehmensinterne und –externe Veranstaltungen
  - Entwicklung von Studienberichten
  - Zusammenarbeit mit verschiedenen Fachverlagen im Bereich Betriebswirtschaftslehre
  - Erstellung und Weiterentwicklung von Konzepten für Veröffentlichungen als Fachartikel, Aufsatz oder als Buch
- Training:
  - Entwicklung von Seminarunterlagen in den Bereichen Marketing, Innovationsmanagement, Wissensmanagement, Human Resource Management, Bilanzierung und Reporting etc.
  - Durchführung von Seminaren in den Bereichen Dienstleistungsmarketing, Marketing für Ingenieure, B2B-Markenmanagement, Innovations- und Wissensmanagement sowie Human Resource Management
- Coaching:
  - Vorbereitung auf neue Aufgaben/Führungsaufgaben zur Karriereentwicklung
  - Arbeitsplatzanalyse und Ermittlung von Tätigkeitsanforderungen zur Argumentation von Gehaltssteigerungen
  - Zeitmanagement und Prioritätenplanung
  - Wirksamer Schutz vor Mobbing

Die dahinterstehende Logik zur Etablierung eines Unique Selling Proposition (s. Teil 1) besteht schlicht in einem **hohen Grad des Wissenstransfers zwischen Personal-**

entwicklung, Organisationsgestaltung und Innovationsprozessen sowie der dahinter stehenden POI-Beratungsqualität:

- In der Praxis erprobte Instrumente werden aus Research-Aufträgen entwickelt und in Seminaren und Coaching-Prozessen zur Anwendung gebracht.
  Kundenfokus: Vorteil der ausgeprägten **Praktikabilität**.
  Wettbewerbsfokus: **Positionierung gegenüber Routine-Trainern**, die oft über Jahre hinweg dieselben Seminarinhalte in der Weiterbildung einsetzen, weil sie weder Zeit für eigene Weiterbildung (Train the trainer) noch Kapazität zur Aktualisierung von Inhalten durch Recherchen haben bzw. sich nehmen möchten.

- Bündelung von Kompetenzen im persönlichen Netzwerk aus Beratern, Trainern und Hochschulen.
  Kundenfokus: Vorteil der ausgewogenen **Interdisziplinarität**.
  Wettbewerbsfokus: **Positionierung gegenüber einseitigen Einzelkämpfern**, die nicht bereit sind, in Netzwerken zu arbeiten bzw. sich gerne als Generalist und Allrounder betrachten.

- Wissenschaftliche Absicherung durch einen bereits vor dem Start up bzw. während der DaimlerChrysler-Zeit aufgebauten und bis heute stabilen Anteil an Beauftragungen aus dem universitären Umfeld von Professoren und wissenschaftlichen Instituten.
  Kundenfokus: Vorteil des hohen **Qualitäts- und Innovationsverständnisses**.
  Wettbewerbsfokus: **Positionierung gegenüber weniger innovativen, an der Zukunft orientierten Beratern**, die keinen Zugang zum State of the Art haben und auch das Aufkommen neuer Beratungsthemen eher reaktiv nachvollziehen.

- Einlösung eines ganzheitlichen Problemlösungsanspruchs, der nicht nur Theorie und Praxis verbindet, sondern auch Ursache-Wirkungsketten in ihrer Gesamtheit berücksichtigt.
  Kundenfokus: Vorteil eines **ganzheitlichen Problemlösungsverständnisses**.
  Wettbewerbsfokus: **Positionierung gegenüber allzu stark fokussierten Beratern**, die sich keinen Überblick über ganzheitliche Ursache-Wirkungsketten verschaffen und sich damit selbst zum Symptomtherapeuten deklassieren und somit die eigene Problemlösungsqualität selbst beschränken.

Während die ersten Jahre nach der POI-Gründung durch **Wissens-Generierung und Wissens-Anwendung** geprägt waren, häufen sich seit gut einem Jahr die Aufträge von Professoren und Angeboten von Fachverlagen zur **Wissens-Publikation**. Seit Mitte 2003 kamen in den Verlagen Vahlen, Lucius und Peter Lang vier Fachbücher auf den Markt und zwei weitere stehen vor der Vollendung - hinzu kommen 6 Fachartikel im Verlag Luchterhand/Wolters Kluwer/Deutscher Wirtschaftsdienst über Human Resource Management im Handbuch Personalentwicklung und in der neuen elektronischen PE-Box :

- Bildungswert, Bildungsziel, Bildungserfolg (Handbuch Personalentwicklung)
- Einsatz neuer didaktischer Konzepte (Handbuch Personalentwicklung)
- Bildungsbedarfsanalyse (PersonalentwicklungsBox, Expertenwissen von A bis Z)
- Bildungscontrolling (PersonalentwicklungsBox, Expertenwissen von A bis Z)
- Leitbild (PersonalentwicklungsBox, Expertenwissen von A bis Z)
- Didaktik (PersonalentwicklungsBox, Expertenwissen von A bis Z)

Bislang erhöhte sich mit jedem weiteren Geschäftsjahr der in der Geschäftsidee angestrebte Wissenstransfer und damit der Kompetenzaufbau in der Unterstützung von Personalentwicklung, Organisationsgestaltung und Innovationsprozessen (POI), ebenso die Kooperation mit Partnern aus dem immer größer werdenden Netzwerk.

Unser Zwischenergebnis in Kapitel 1:

Im B2B-Bereich der Dienstleistungsunternehmen kommen heute üblicherweise Aufträge über vorhandene Geschäftsbeziehungen zustande. Die **Dienstleistungsmarke spielt in diesem Sektor noch eine recht unbedeutende Rolle. Allerdings werden in Zukunft immer mehr Dienstleister versuchen, ihr Angebot bzw. sich selbst als Markenartikel zu konzipieren,** da die zunehmende Globalisierung einen immer intensiveren Wettbewerb mit sich bringt. Die Vorteile, Dienstleistungsmarken zu etablieren, liegen auf der Hand:

- Leistungsdifferenzierung im Wettbewerb,
- Präferenzbildung beim Kunden,
- stabile Erlös- und Ertragsträger in schwierigen Markt- und Branchensituation,
- Schutz vor Imitation, Preispremium und Absatzstabilität.

Obwohl der Aufbau einer Marke zeit- und kostenintensiv ist, denken wir, dass es der einzige Weg ist, um dauerhaft und erfolgreich auf dem Dienstleistungsmarkt bestehen zu können. Eine besondere Herausforderung besteht im Dienstleistungsbereich insbesondere für junge Unternehmen, die als noch junge Marken noch viel mehr auf ein ausgewogenes Verhältnis zwischen strategischer Markenaufladung und operativer Markenkommunikation angewiesen sind. Unabhängig davon, ob es sich nun um reine B2B-Dienstleister wie Consulting handelt oder ob eine materielle Kernleistung durch anspruchsvolle und kundenorientierte Dienstleistungen aufgewertet und damit markenstrategisch aufgeladen werden, Dienstleistungen sind in ganz besonderer Weise aufgrund ihrer Intangibilität auf eine Quasi-Materialisierung durch proaktives Markenmanagement angewiesen. Erst auf diesem Wege lassen sich ein Stück weit Nachteile gegenüber materiellen Produkten beim Vertrauensaufbau des Kunden kompensieren.

2. Markenmanagement in der Automobilzulieferindustrie

2.1. Branchenentwicklungen und Markenrelevanz

Die Entwicklung und der Verkauf von modernen und technologisch hochwertigen Komponenten in der Automobilindustrie ist durch den stetig steigenden Konkurrenz- und Kostendruck in der Zulieferbranche einem immer höher werdenden Risiko unterworfen.

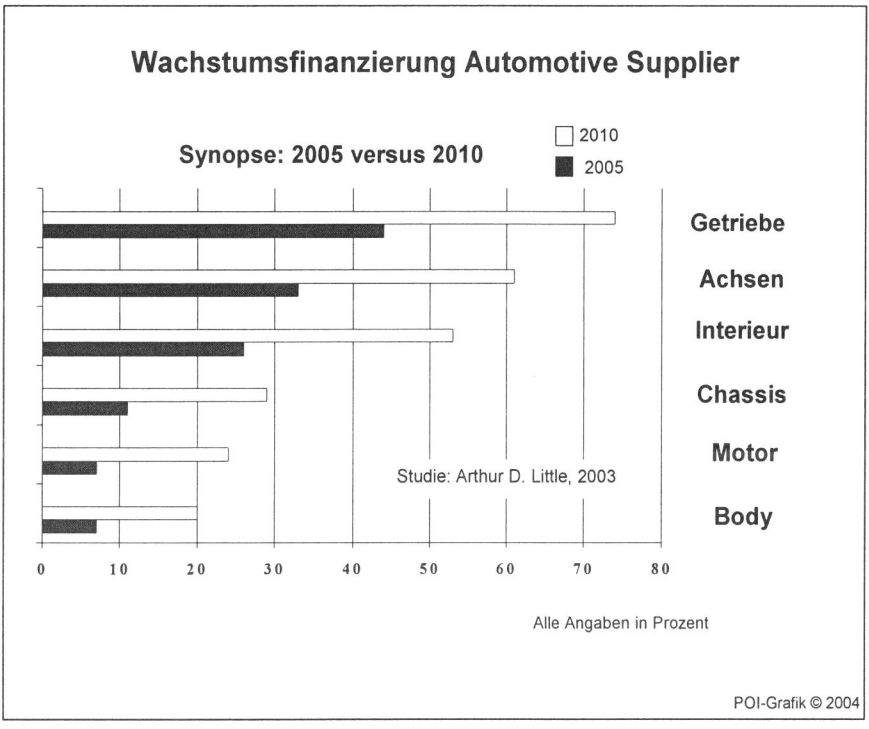

Abbildung 84: Verlagerung von F&E-Aufwendungen vom OEM auf den Automobilzulieferer

Folgende **Trends** verdeutlichen die Veränderungen des Wettbewerbs:

- Internationalisierung und Globalisierung der Automobilindustrie,
- **Neuausrichtung der Leistungsbeziehung** zwischen Hersteller und Zulieferer,

- **Steigende Konzentration** des Zuliefermarktes und Ausbildung einer Stufenhierarchie,
- **Kürzere Produktlebenszyklen** und
- **längere Pay-off-Perioden.**

Die zunehmende Internationalisierung vergrößert den Markt für Unternehmen, so dass sich immer mehr Wettbewerber auch außerhalb ihrer Heimatmärkte etablieren und dadurch den Wettbewerb intensivieren. Zulieferunternehmen sind in der Lage, an jeden Ort der Welt zu liefern, indem sie ihren Abnehmern ins Ausland folgen und mit einheitlichen Fertigungsstandards ein weltweites Produktionsnetz aufbauen. Durch den Ausbau von Fertigungsmengen sollen Kostenvorteile und eine schnellere Amortisierung der Entwicklungskosten erreicht werden. Noch wichtiger ist aber die Fähigkeit der Zulieferer, quasi in engem Schulterschluss mit den OEMs vor den Fabriktoren als Entwicklungs- und Systempartner auch physisch stets mit aktuellem Know how zur Verfügung zu stehen. Die **Reduzierung der Eigenfertigungs- und Entwicklungstiefe bei den Herstellern** aufgrund fehlenden Know-hows und komplexer werdender Technik verändert die Zusammenarbeit zwischen Fahrzeughersteller und Zulieferer nachhaltig. Vor allem in Forschung und Entwicklung entsteht für die Zulieferbranche eine veränderte Aufgabenstellung sowie höhere Anforderungen bezüglich Qualität und Belieferung (Just-in-Time). Das erhebliche Einkaufspotential und die Marktmacht der im Globalisierungsprozess agierenden Weltkonzerne der Fahrzeughersteller sowie die Langfristigkeit der Geschäftsbeziehungen machen Zulieferer zu stark abhängigen Unternehmen. Während in den Karossen die Firmenlogos der Autokonzerne prangen und in den Fahrzeugen immerhin noch firmeneigene Motoren für Kraft sorgen, stammen mittlerweile 70% aller Fahrzeugteile von Zulieferern – Tendenz weiterhin steigend. Experten sind sich längst einig: **Innovation und Zukunftsfähigkeit der Autoindustrie befinden sich immer häufiger und immer stärker in der Hand der Zulieferer.**

Die Branche befindet sich in einem tiefen Umbruchsprozess. Lag die **Fertigungstiefe** der Autoproduzenten **1995** noch bei **40%**, dürften bis zum Jahr **2015** Zulieferer **bereits 80% der Entwicklung und Produktion** für die Hersteller übernommen haben. Damit ist aufs Neue wieder einmal nachgewiesen, dass Zulieferer die Autoindustrie durch Innovationen und stetig wachsende Fertigungstiefe prägen. In einer Sonderbeilage von ThyssenKurpp Automotive stellt A. T. Kearney im Juni 2004 lapidar fest (*ThyssenKrupp* 2004):

> „Damit Zulieferer besser bestehen können, sollten sie sich und ihre Erzeugnisse als Marken etablieren. Nach Meinung der Unternehmensberater von A. T. Kearny ist das **Gros der Firmen ‚ohne Gesicht'** und schwächt durch die Anonymität die eigene Marktposition. Andere Branchen belegen, dass **bekannte Marken bis zu 20% Preisprämie bringen können.**"

Dem gestiegenen Entwicklungsaufwand auf bereits sehr hohem Niveau sind viele kleinere Zulieferunternehmen nicht mehr gewachsen, sodass es zu Zusammenschlüssen und Kooperationen (**Lieferverbünde**) kommt. Dadurch entstehen einige wenige große Unternehmen, die sich zu **Systemlieferanten** entwickeln, welche in der Lage sind, komplette Fahrzeugmodule zu liefern. Kleine Zulieferer verkaufen somit nicht mehr direkt an den Fahrzeughersteller, sondern beliefern die Systemhersteller und es entstehen die von den OEMs gewünschten **Zulieferhierarchien**, die von den Erst- oder Systemlieferanten gesteuert werden können.

Zwangsläufig steigen im Zuge dieses erheblichen Wettbewerbsdrucks und der Komplexität der Produkte die Entwicklungskosten und Entwicklungszeiten. Zu diesen verlängerten Pay-off-Perioden kommt die Reduzierung der Produktlebenszyklen hinzu, sodass sich manches Zulieferunternehmen mit einer schwierigen Wettbewerbssituation konfrontiert sieht.

Betrachtet man einmal die **technologischen Trendlinien bzw. die digitale Revolution im Automobil** genauer, dann stellt man schnell fest, dass diese großen Veränderungen im technologischen Bereich nicht minder große Veränderungen bzw. **Konsequenzen für die Führung und Organisation zwischen Hersteller und Zulieferer** bewirken.

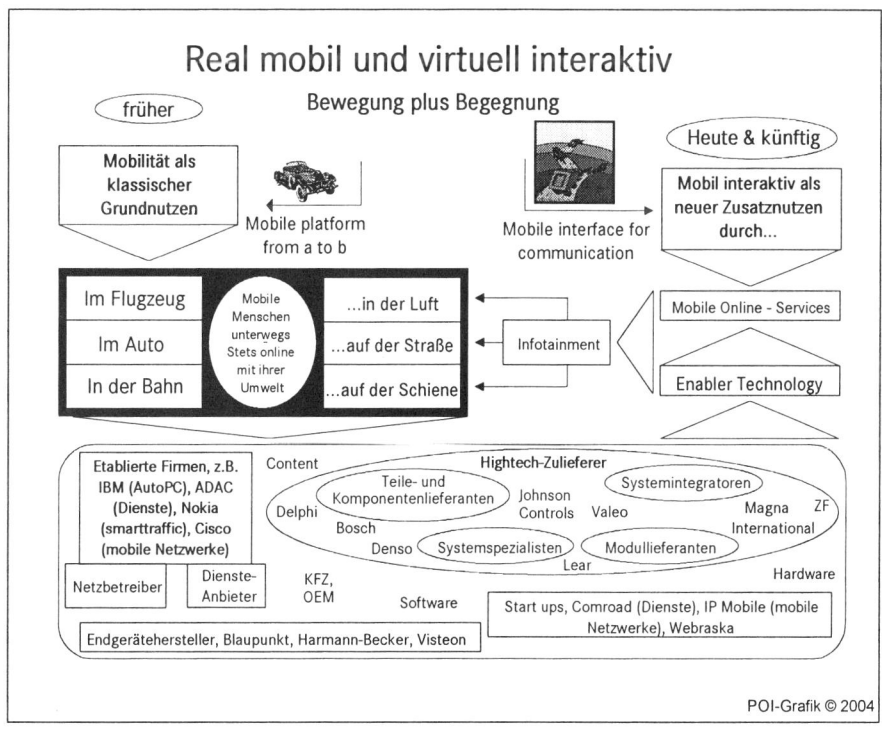

Abbildung 85:
Erweiterung des klassischen Fahrzeuggeschäfts durch Mobilitätsdienstleistungen

Tabelle 30-1: Ausgewählte technische Trends (Push-Sichtweise)

	Technologie-Trendlinien
I&K (allgemein)	Internet-, Telekommunikation- und PC-Technologien In-Car-Computing Ortungstechnologien (Triangulationsverfahren, GNS-Systeme
Übertragungstechnik	GMS -> GPRS -> UMTS Anwendung der I-Mode-Technologie in Europa Änderung im Übertragungsverfahren analog -> digital Technologie-Weiterentwicklung (SMS, WAP, RDS, TMC)
Karrosserieelektronik, Bordnetze	Wireless Car, Vernetztes Auto Integrated Predicted Systems X by wire, 42-Volt Bordnetze, DC-Bussysteme (IQ Power)
Human Machine-Interface (HMI)	Sprachsteuerung (z. B. Avatar als Assistent im Automobil) Integrierte Cockpitlösungen, integrierte Displays
Information, Dienste	Integration selbständiger Dienste, Location based services Internetbasierte Infodienste (TCP/IP-Protokolle, Mobile Office) Off-Board-Technologien anstatt On-Board-Navigation
Multimedia	Zusammenwachsen von Radio, CD, Navigation, MP3 etc. Substitution von Radio und Navigation durch IT-Plattformen Hardware-Substitution durch Software/Services Satellitenradio (z. B. Sirius), Internet-Radio Entwicklung von PDAs und Smartphones (MP3 im Handy)
Fahrer-Assistenzsysteme	Abstandsregeltempomat, stop and go Automatisierung, automatische Spurhaltung, Spurwechselhilfe, Verkehrszeichenerkennung, elektronische Deichsel, Radarsysteme, Infrarotlaser, Floating Car Data

Die hier vorgestellten Entwicklungen basieren auf Beratungsprojekten, in dem ein Premium-Automobilzulieferer seine innovativen Chip-Entwicklungskompetenzen auch außerhalb der Automobilbranche zu lancieren sucht. Für das Automobilmarketing resultiert daraus eine konsequente Weiterentwicklung der Automobilmarke zur Mobilitätsmarke (*Götz/Schmid* 2004).

In der Automobilindustrie manifestieren sich zur Zeit eine Vielzahl ganz konkreter technischer Trendlinien, die weit über das Automobil hinausreichen. Sie werden das Automobil in den nächsten Jahren sehr viel stärker verändern als in den vergangenen Dekaden.

Dieser **Technology Push**, insbesondere im Bereich der dynamischen IT- und Multimedia- bzw. Content-Dienstleistungs-Entwicklungen, hat nachhaltige Auswirkungen auf die Art von Kooperationen sowie auf die Anzahl und Auswahl von Kooperationspartnern.

Vor diesem Hintergrund ist wohl auch die Gründung der **Innovationsgesellschaft INPRO durch** Unternehmen wie **BMW, DaimlerChrysler und Volkswagen** zu sehen. Zweck der Gesellschaft ist es, gemeinsam frühzeitig technologische Trends zu erkennen. Das von INPRO aufgebaute **Technologieportal** bildet die Informationsgrundlage für die Gesellschafterkonzerne. Selbst unscharf formulierte Problemstellungen durch die Gesellschafter werden bei INPRO durch relevantes Faktenwissen aufbereitet und Form von inhaltlich erschlossenem Zusammenhangswissen dargestellt. Als Quellen dienen INPRO-Tagungen, Kongresse, Literatur- und Patentdatenbanken sowie einschlägige Fachbücher und Fachzeitschriften sowie nicht zuletzt das Internet (*Jansen et al.* 2002).

Tabelle 30-2: Ausgewählte Bedarfstrendlinien (Pull-Sichtweise)

	Bedarfstrendlinien
Unterhaltung	CD, Radio, Cassette, Multimedia
Kommunikation	Telefonie, Office-Anwendungen (e-mail, fax)
Information (Navi)	Verkehrssituation, Nachrichten (individuell)
Komfort	Automatisierung von Bedienfunktionen im Auto (Spracheingabe, ...)
Individualisierung, Personalisierung	Fahrerspezifische Information über Verkehr, Musik, Spiele, Video nach Wunsch; sämtliche HMI-Einstellung (Sitz, Spiegel etc.)
Sicherheit, Schutz	Fahrerassistenzsysteme
Integrale Qualität	Schnittstellenarme Verwendung vorhandener Produkte bzw. Services (PDA, Handy)

Die Tatsache, dass Wettbewerber sich hier zusammen tun, stellt eine **neue Form organisierten Wettbewerbs** dar und wird häufig als **Coopetition** bezeichnet (cooperation + compe**tition**).

Abbildung 86: Konsolidierungswelle bei den Automobilherstellern

Es steht außer Frage, dass in einem hochkarätigen Innovationsmanagement diese Technologien selbstverständlich nichts wert sind, wenn man daraus nicht einen angemessenen Kundennutzen für die Automobilkäufer herausdestillieren kann. Insofern steht dem **Technology Push** eine nicht minder wichtige **Technology Pull**-Betrachtung gegenüber.

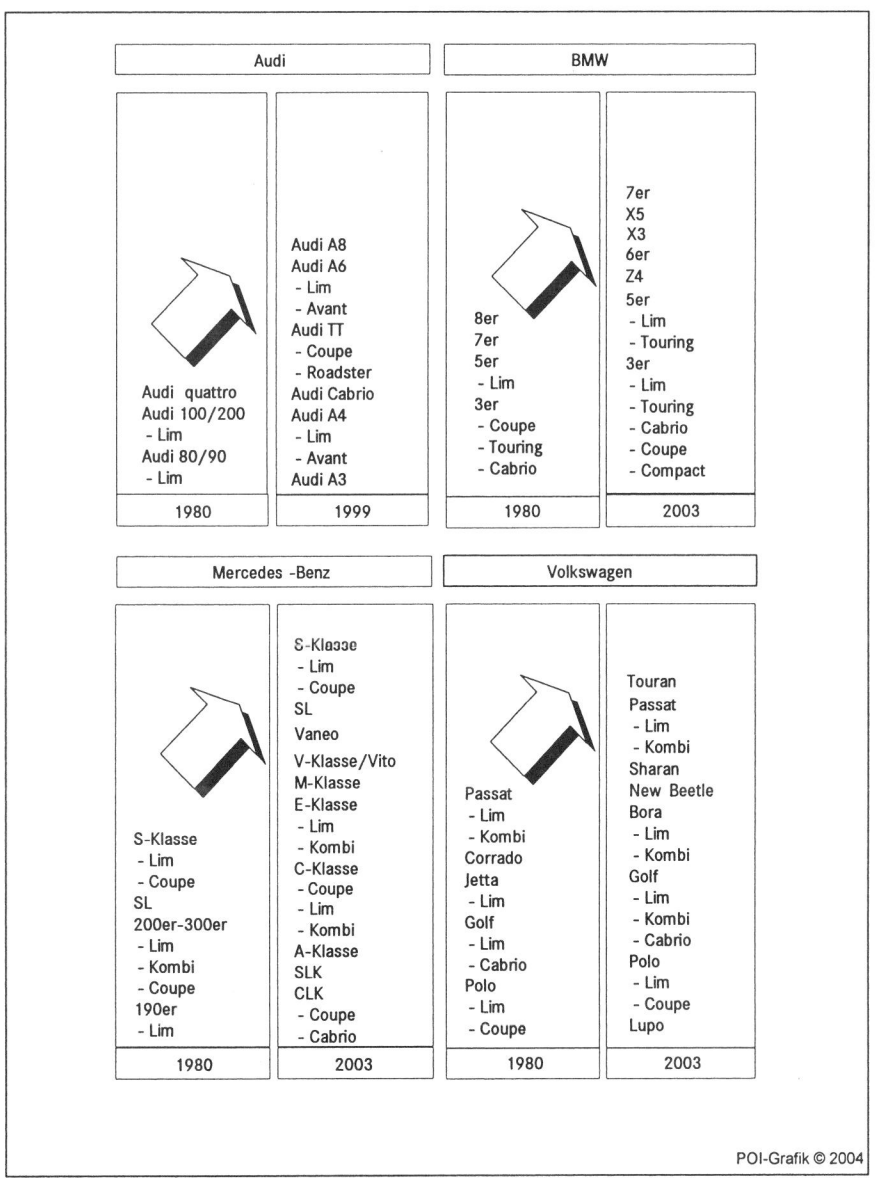

Abbildung 87: Steigende Baureihenvielfalt pro Marke

Betrachtet man vor diesem Hintergrund einmal die Anforderungen an das Automobil im Zeitablauf einerseits und stellt diese den künftigen Anforderungen gegenüber, dann steht der **abnehmenden Anbietervielfalt im Zuge der Fusionierungswelle eine zunehmende Modell- und Baureihenvielfalt** gegenüber (*Diez et al.* 2001).

Seit 1960 hat sich die Zahl der unabhängigen Pkw-Hersteller von 45 auf 16 reduziert. Der Konsolidierungswelle steht eine zunehmende Markenvielfalt innerhalb immer größerer Konzerne gegenüber – auf diese Weise können Kundenabwanderungen trotz Markenwechsel gebunden werden – ganz nach dem Motto: **Vom Markenhopping der Kunden zum Markenshopping der Hersteller.**

Einige Branchenexperten unterstellen, dass sich mit der zunehmenden Modell- und Baureihenvielfalt auch ein Teil der Qualitäts- und Zuverlässigkeitsprobleme erklären lassen, denn die noch nie so groß gewesene Baureihenvielfalt macht es zwangsläufig erforderlich, dass pro Modell immer weniger F&E-Zeit und Losgröße übrig bleibt (*Steinmaier* 2002). Nachfolgend wird der Aspekt multifunktionaler Variabilität (Modularisierung) zum einen und Systemfähigkeit (Digitalisierung) zum anderen veranschaulicht. **Das klassische Automobil mutiert folglich mehr und mehr zum kompatiblen, hochflexiblen Informations- und Kommunikationsmobil.**

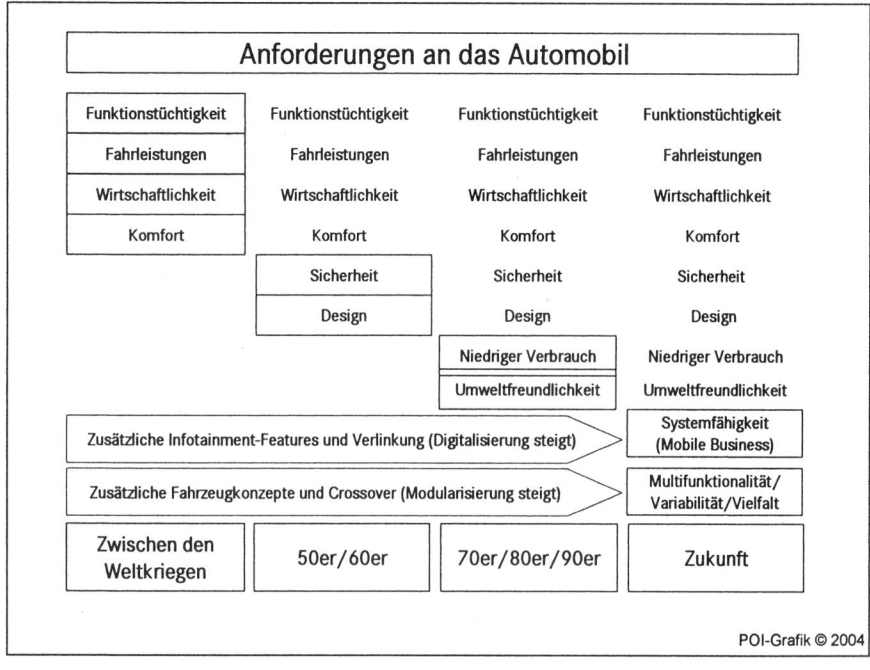

Abbildung 88: Schwerpunktverlagerung in den automobilen Anforderungen

Neben der oben bereits erläuterten neuen Anforderung Flexibilität und Variabilität spielt die hier genannte Systemfähigkeit (M-Commerce) eine mindestens genauso wichtige Rolle bei der Entwicklung neuer Automobile. Die vielfältigen Kooperationen der Kfz-Hersteller mit der Computerindustrie im Hard- und Software-Bereich, den Content- und Multimedia-Dienstleistern und den Telekommunikationsunternehmen stellen **völlig neue Wettbewerbsregeln** auf: Das bereits ausführlich im Band ‚Theorien des Wissensmanagements' angesprochene **Phänomen des Business Migration** erfährt hier erneut seine Bestätigung, denn die Branchengrenzen werden nicht nur zunehmend unbedeutsam, vielmehr werden sie zur Falle für denjenigen, der daran fest hält bzw. nicht in der Lage ist, über den Tellerrand seines Geschäfts hinaus zu sehen (*Götz/Schmid* 2004a). Diese **Form des ‚organisierten Wettbewerbs'**, in der es erforderlich ist, dass jeder mit jedem kooperiert, um sich Vorteile zu verschaffen, dient einzig und allein dazu,

> „technischen Fortschritt schneller und wahrscheinlicher zu machen. Denn mit reinen Markttransaktionen wäre man wohl kaum in der Lage, die technische und marktliche Unsicherheit so zu verringern ... Die Beherrschung der unterschiedlichen Fortschrittsdynamiken ... im Innovationsprozess wird somit zum entscheidenden Wettbewerbsvorteil." (*Weiß* 2001, S. 65)

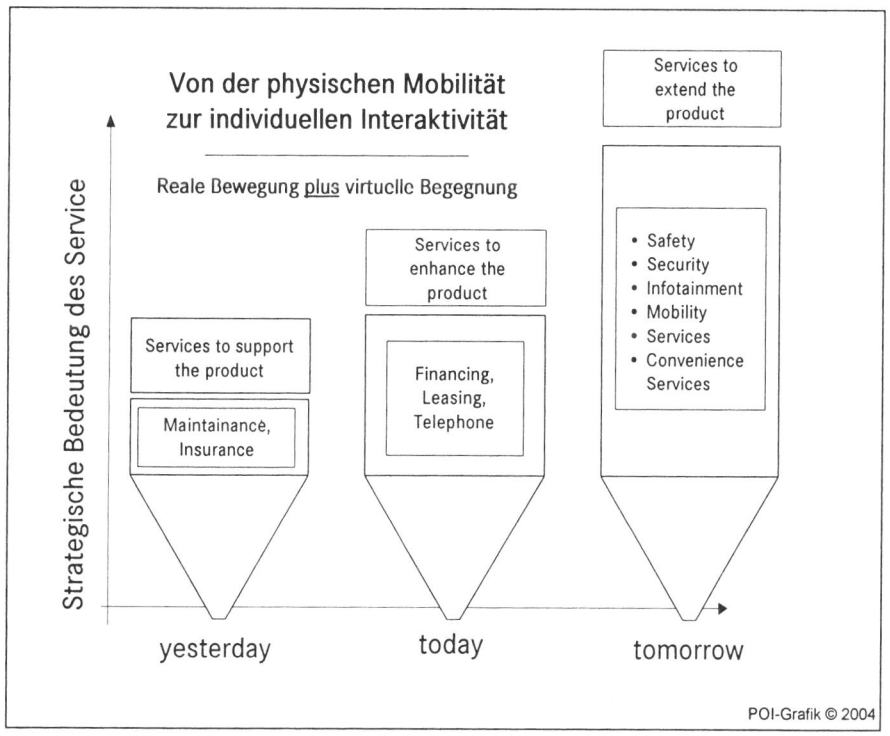

Abbildung 89: Von der Automobilmarke zur Mobilitätsmarke

Die Handhabung unterschiedlicher Fortschrittdynamiken zwischen kaum mehr abgrenzbaren Branchen gehört mehr und mehr zur entscheidenden Kernkompetenz, denn die Entwicklungs- und Produktlebenszyklen zwischen IT und Automobil könnten zeitmäßig kaum unterschiedlicher sein, deren Synchronisation wird damit zum beherrschenden Wettbewerbsvorteil.

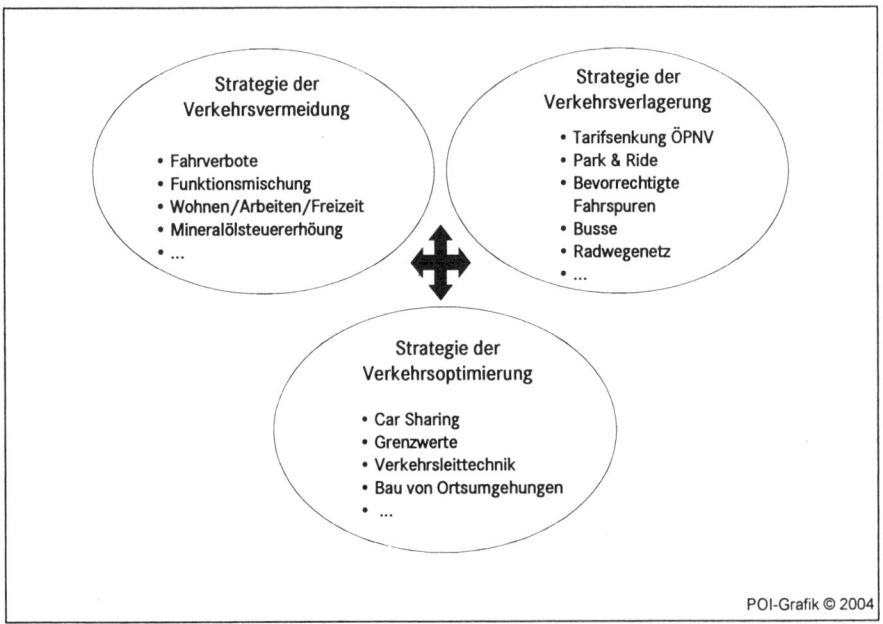

Abbildung 90: Das Auto im Diskurs verkehrspolitischer Strategien

Neben diesem Innovationsmanagement-Aspekt (*Götz/Schmid* 2004a, Kapitel über Innovationsmanagement und dem dortigen Exkurs ins Intellectual Property Management bzw. Patentmanagement) ist aber noch eine ganz andere **Barriere aus dem Bereich Wissensmanagement** zu überwinden (*Weiß* 2001, S. 65):

> „Die wesentliche Schwierigkeit für große Unternehmen, die mit kleinen Unternehmen kooperieren, liegt nicht selten in einem überkommenen Partnerschaftsverständnis. Wer auf Unternehmensgröße und Finanzen rekurriert, um damit seine Interessen durchzusetzen, wird nicht nur unnötig viele Streitfälle und opportunistisches Verhalten des ‚Junior Partners' provozieren. Er wird vor allem einem auf Wissen und Kompetenz basierenden Wettbewerb keinesfalls gerecht. Dort zählt nur die bessere Lösung – unabhängig von Größe und Zugehörigkeit. Zu Offenheit und permanentem Austausch neuester Erkenntnisse im gemeinsamen Lernprozess – in welcher konkreten organisatorischen Form auch immer (z. B. Simultaneous Engineering Teams) – gibt es keine Alternative, auch wenn dies teilweise im Widerspruch zum Thema ‚intellectual property' läuft."

Eine branchenübergreifende Betrachtungsweise wird erforderlich (*Weiß* 2001, S. 65):

„Die Wertschöpfungsanteile zwischen Telematikproduzenten (Elektronikhersteller) und dem Kfz-Produzenten werden sich neu ‚einpegeln'. Manche Branchenkenner befürchten sogar eine Auflösung seitheriger Zuliefererstrukturen."

Tabelle 31: Komplexitätsmanagement – Ausgewählte Innovations- und Wissensnetzwerke

	OEM	Telekom	Software	Content/Medien	Dienstleister M-Commerce	Hardware Chip	Multimedia Breitband Sat-Betreiber
Multimedia Breitband Sat-Betreiber	Onstar (Hughes Electronic, GM)						
Hardware Chip				Prima I Venture, Nokia (Bildübertragung)	Ellipso, Penguin (WebRadio)		
Dienstleister M-Commerce		WAP Forum, DC			Comraod, Tegaron (Ipaq)	Motorola, Siemens, Toshiba, IQ Power	
Content/Medien		Comroad, Mannesmann (Mobile Internet)					
Software		MS Windows CE/EA		Opteway, Teleatlas			
				Comroad, Teleatlas			
				CAA, Navtech	Tegaron, Passo, ADAC		
				Cisco, IP Mobile Intel Info Gation Corp.	Becker, clever-tanken.de, Ericsson, CAA	Intel, CUE Data Corp., Traffic Station	
				Astra, Eutelsat (Fun-Plattform)	Worldzap (Kirch Fantastic Corp.)		
Telekom	VW, Telekom (MM-Car-Project)						
	Nokia, Motorola ‚Mobile Dienste'						
	Mannesmann, Cyberlab (Talking Web)						
	Mannesmann, Comroad						
	In Car Computing Initivitive (Intel)						
	Fantastic, VW, BMW (Wireless Car)						
OEM		WAP Forum (DC, Telekom), Tegaron (DC, Telekom)	Volkswagen, Navigon	Volvo, Mercer, wirelesscar.com	Daimler, AOL (Internet)	VW, Delphi, Intel (InCar Computing)	Fantastic, VW, BMW (Wireless Car)

In der Tabelle über Innovationsnetzwerke spielt freilich das Thema Telematik eine Schlüsselrolle (*Weiß* 2001). Das Auto als Verkehrsmittel ist hinsichtlich seiner Anschlussfähigkeit mit anderen Verkehrsmitteln zu optimieren. Diese Intermodalität zwischen den Verkehrsmitteln gilt es künftig stärker in die Fahrzeugentwicklung zu integrieren (*Diez et al.* 2001):

Vor diesem Hintergrund werden aus der seit Jahren heraufbeschworenen **Umwandlung von Automobilmarken zwangsläufig Mobilitätsmarken:** Damals versuchte man dies mal mehr, mal weniger erfolgreich durch die Anreicherung von Dienstleistungen rund um das Automobil zu erreichen – marketingstrategische Überlegungen standen im Mittelpunkt. Künftig kommen noch technologie-, infrastruktur- und last but not least verkehrsstrategische Erfordernisse hinzu.

Der Kunde erwartet folglich ein zunehmend ganzheitliches Angebot zur Befriedigung seiner Mobilitätsbedürfnisse inklusive **höchstmöglicher Systemkompatibilität.** Hier ist allerdings festzustellen, dass es gegenwärtig auch eine Rückbesinnung auf etablierte Technologien gibt, z. B. im Hause DaimlerChrysler (*Zintz/Pretzlaff* 2004):

> „So hat die ganze Branche zur Zeit mit Schwierigkeiten zu kämpfen, die von der Vernetzung der vielen elektronischen Geräte untereinander herrühren. Einfach gesagt gilt der Grundsatz: Je enger verschiedene Funktionen über das Bordnetz miteinander verknüpft sind, desto komplexer wird ihr Zusammenspiel und desto anfälliger werden die Systeme, wenn im Kauderwelsch der Signale etwas Unerwartetes enthalten ist. Erst im Mai 2004 hat DaimlerChrysler auf einem Innovationssymposium einen Kurswechsel in puncto Elektronik verkündet: Stephan Wolfsried, der Chef-Elektroniker der Nobelmarke, redete dort Klartext: ‚Jahrelang wurde dem Schlendrian die Tür geöffnet und einfach akzeptiert, dass Software fehlerbehaftet ist. Ein genialer PR-Erfolg für die Programmierer! Als wenn Schlamperei gottgegeben wäre.' Die neue Devise heißt stattdessen: Zero Error. Künftig will sich der Hersteller nicht mehr allein an den Wünschen der Ingenieure orientieren, sondern wieder stärker auf die Kunden hören. Wolfsried drückt es so aus: ‚Funktionen, die niemand nutzt und die niemandem nützen, gehören nicht ins Auto' ... Mit der Rückrufaktion erhalten Kritiker Aufwind, die seit langem penetrant nach dem eigentlichen Nutzen von Sensoric Brake Control (SBC) fragen...Im SBC-Notlauf arbeitet das System ohne ABS und ESP ... Der Unterschied zum ESP, das automatisch in die Bremse eingreift, ist bis heute unklar geblieben."

Diese **Rückbesinnung** (vgl. auch unsere nachfolgende Fallstudie Bosch als Entwickler von SBC) verwundert insofern nicht, da die deutschen Automobilhersteller laut ADAC und Kraftfahrt-Bundesamt die Liste der Rückrufaktionen anführen (*Zintz/Pretzlaff* 2004):

> „So stehen die Japaner hier zu Lande im Ruf, besonders zuverlässige Autos zu bauen. Experten führen dies auf zwei Gründe zurück: Zum einen bauen die Japaner gerne lang erprobte Komponenten ein, zum anderen testen sie ihre neuen Modelle ausgiebig auf dem japanischen Heimatmarkt,

bevor sie ins Ausland dürfen ... Im Jahr 2003 gab es 144 Rückrufe, mehr als doppelt so viele wie 1998 ... Hersteller und Zulieferer weisen den Vorwurf weit von sich, doch das Fraunhofer Institut für Arbeitswirtschaft traut dem nicht: ‚Bei Autos scheint in zunehmendem Maße das Bananenprinzip zu gelten: Das Produkt reift beim Verbraucher' – so der wenig schmeichelhafte Schluss einer Untersuchung des Stuttgarter Instituts."

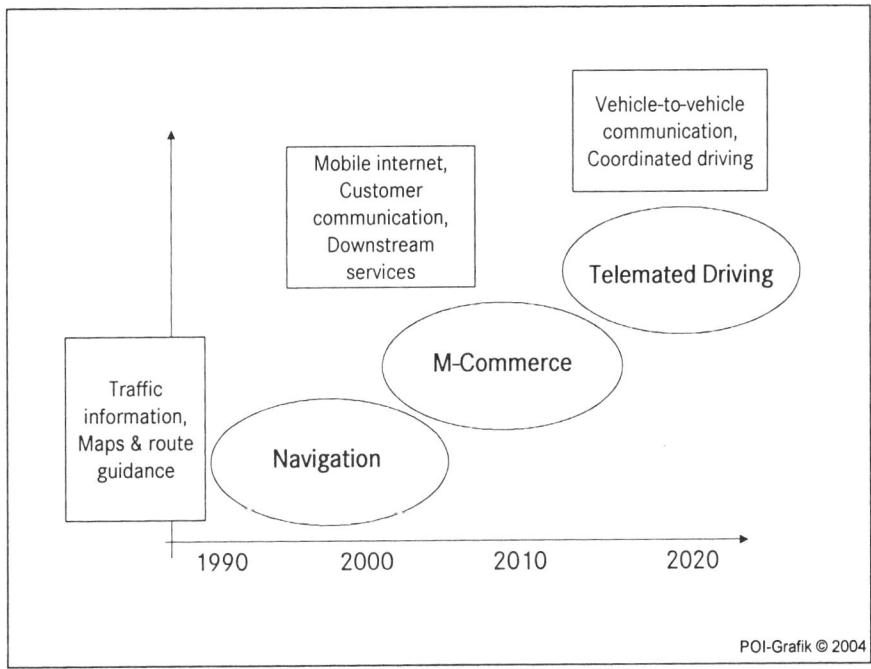

Abbildung 91: Mobil stets interaktiv durch Fahrzeug-Fahrzeug-Kommunikation

Auf der anderen Seite steht natürlich der nicht aufzuhaltende technologische Fortschritt, der den Herstellern über die Zulieferer riesige Innovationsschübe beschert. Vor dem Hintergrund eines **glaubwürdigen Markenmanagements** sind insbesondere die Automobilhersteller gefordert, technologische Potenziale mit Kundenorientierung und gesellschaftlicher Verantwortung in Einklang zu bringen. Aus Sicht des hier im Vordergrund stehenden Markenmanagements, insbesondere **Ingredient Branding**, entsteht folgendes **Chancen-Risiken-Potenzial:**

- **Automobilzulieferer** können über kundennutzenorientierte Hightech-Lösungen ihren Markenwert steigern, dringen aber auf der anderen Seite nicht vollständig in den Macht- und Verfügungsbereich des Automobilherstellers vor.

- **Automobilherstellern** obliegt aufgrund ihrer Gesamtsystemverantwortung und Produzenten- bzw. Lieferantenfunktion die Aufgabe, sowohl interne als auch externe Markenintegrität zu gewährleisten, d. h. die eingekauften und zusammengebauten Systeme müssen nicht nur per se einwandfrei arbeiten (interne Integrität), sondern auch insgesamt mit anderen Subsystemen gut zusammenarbeiten (externe Integrität).

Die hier im Vordergrund stehenden **Automobilzulieferer** stehen folglich vor der **Herausforderung**, ihre positiven **Leistungsbeiträge zum Gesamtprodukt** Automobil **noch viel stärker als bisher zu markieren** und andererseits negative Sekundäreffekte durch Fehler auf der Herstellerseite zu verhindern, da dies indirekt auch ihre Markenstärke beeinträchtigt (**Ingredient Branding**).

Aus der elektronischen Abwicklung von Transaktionen von einem mobilen Endgerät aus resultiert eine komfort- und sicherheitssteigernde Ubiquität vieler Zusatzfunktionen. Daraus resultiert ein grundlegender Wandel in der Ökonomie. In der Internet-Ökonomie wird das physische Produkt von der Information zum Produkt getrennt. Durch M-Commerce werden nun beide wieder zusammengeführt, d. h. die Vorteile beider Welten miteinander kombiniert. Die aktuelle Entwicklung befindet sich im weiteren Ausbau von M-Commerce, d. h. die dritte Phase (Telemated Driving) ist noch Zukunft.

Der immer stärkere Einfluss von **Dienstleistungen** im Automobilgeschäft auf die **Stärke** und **Attraktivität einer Automobilmarke** wird durch die markenadäquate Gestaltung **multimedial unterstützter Markttransaktionen** auch künftig weiter zunehmen (*Mehl/Hans* 2003):

1. **Initialisierungsphase (Pre Sales):** Hierzu gehört nicht nur die bloße Bereitstellung von Informationen über das Internet (**E-Business**), sondern auch die Möglichkeit zur kundenindividuellen Ausstattung und Preisdokumentation des ausgewählten Automodells. Beim wiederholten Besuch der Homepage sollte der potenzielle Kunde seine bereits abgegebenen Daten aufrufen können (z. B. BMW Car Configurator).

2. **Transaktionsphase:** Neben allgemeinen Informationen über Finanzierungsmöglichkeiten sollte auch die Möglichkeit zur direkten Bestellung eines Wagens gegeben sein. Hier verhalten sich die Anbieter noch eher zurückhaltend, da hieraus ein Eingriff in die Händler-Domäne resultiert, insbesondere dann, wenn man wie in anderen Branchen mit gewissen Rabatten bei Online-Bestellungen zu rechnen hätte (**E-Business**).

3. **Auslieferungsphase:** Durch Integration von Television Business-Technologien (**T-Business**, s. u.) ist es künftig möglich, auf der Fernbedienung des interaktiven TV-Gerätes ‚Welcome Packages' zur anstehenden Auslieferung des Fahrzeugs zusammenzustellen. Während in Deutschland das digitale Fernsehen noch stagniert, gibt es in Großbritannien beispielsweise schon zahlreiche Anwendungen (z. B. von Unilever und Procter & Gamble).

4. **Nachkaufphase (After Sales):** Diese für die Kundenbindung wichtigste Phase umfasst das kundenindividuelle Angebot mobiler Dienstleistungen via **M-Commerce**. (z. B. Telematik-Dienste, Notruffunktionen, automatischer Kontakt zur Servicezentrale bei Auslösung des Crashsensors bei einem Unfall durch GPS-Ortung und Auslösung eines Rettungseinsatzes, mobile Übertragung von Software-Updates ohne Werkstattbesuch).

Die multimediale Ausgestaltung und Kombination mit traditionellen Kundenkontaktmöglichkeiten hat **maßgeblichen Einfluss auf das Markenerlebnis** und ist ohne Kooperation mit Netzbetreibern und Automobilzulieferern nicht zu realisieren.

Auch in den nächsten Jahren werden die das Automobil flankierenden Dienstleistungen an Bedeutung gewinnen, da hierdurch der **Kunde in eine individualisierte, markengebundene Erlebniswelt eingebettet** und an das Unternehmen stärker gebunden wird. Eine solche automobile Erlebniswelt verlangt sowohl **Planung als auch Integration traditioneller und multimedialer Kundenkontaktpunkte,** die beim Zulieferer und Hersteller sowohl organisatorische als auch technologische Herausforderungen auslösen.

Abbildung 92: Markenstärkungspotenziale entlang der Wertkette durch Value Added Services

Insbesondere folgende **drei Wertschöpfungsbereiche** sind zur **Schaffung komplementärer Markenerlebniswelten** von Bedeutung (*Mehl/Hans* 2003):

1. **Mobile Business** als wesentliche Ausprägung mobiler Anwendungen (z. B. Ferndiagnose oder Fernübermittlung von Software-Updates auf das Fahrzeug ohne Werkstattaufenthalt).
2. **Electronic Business** als Umschreibung für Lean-Forward-Geräte (z. B. Multimedia-PC).
3. **Television Business** als Lean-Back-Geräte wie (z. B. digitales, interaktives Fernsehen).

Die damit korrespondierenden **Wertschöpfungsaktivitäten zur Schaffung eines konvergenten Multimediabereichs mit hoher Markenadäquanz** umfasst folgende drei Anforderungen (*Mehl/Hans* 2003):

1. **Erstellung von Formaten**, d. h. Konzeption von Inhalten und Applikationen einschließlich der Personalisierung von Inhalten,
2. **Schaffung von Zugängen zu den Portalen sowie Angebot von Dienstleistungen** in den Portalen oder für die Betreiber von Portalen,
3. **Konzeption von Navigationshilfen und Bereitstellung von Endgeräten** zur Darstellung der Medienformate.

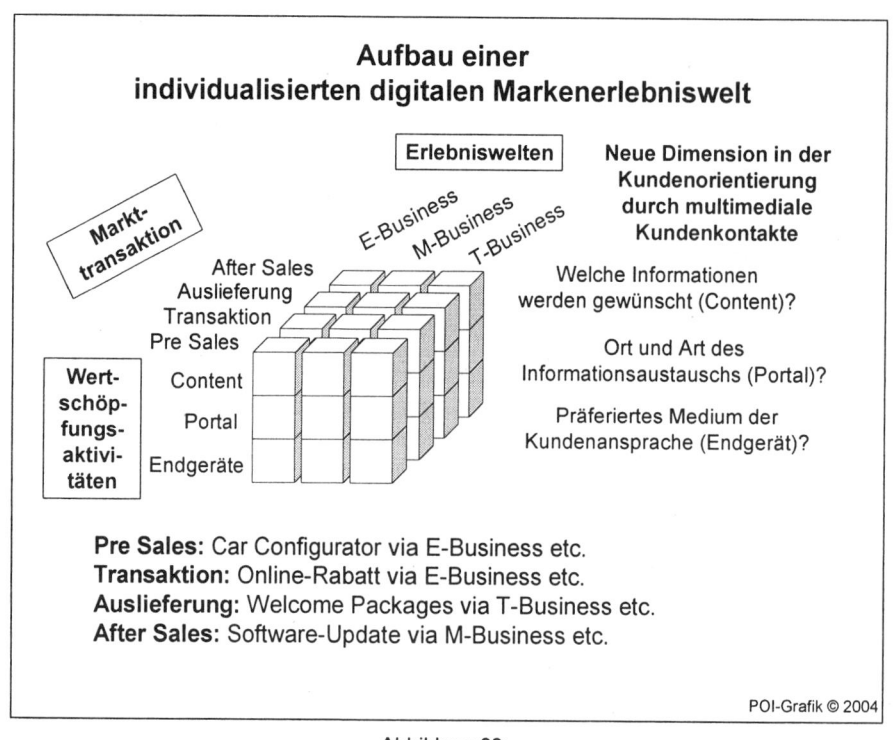

Abbildung 93:
Markenkommunikationspotenziale durch E-Business, T-Business und M-Commerce

Insofern decken sich bis heute imagebelastende Rückrufaktionen, insbesondere von deutschen Herstellern, mit den hier vorgestellten Untersuchungsergebnissen zur Produktqualität (vgl. Tabelle, *Steinmaier* 2002, *Beck* 2004; *Zintz/Pretzlaff* 2004).

Neben den aufgetretenen Fehlern (oft konstruktions- und nicht fertigungsbedingt) handelt es sich dabei oftmals auch noch um Managementprobleme, z. B. hinsichtlich des zu großen Zeitraums zwischen Bekannt werden des Fehlers und Ankündigung der Rückrufaktion.

Tabelle 32: Rückrufaktionen von Automobilherstellern (Auszug)

Marke/ Hersteller	Modell (Stückzahl in 1000)	Anlass der Rückrufaktion
BMW	*Neue 3er-Reihe (280)*	- Mögliches Bremsversagen,
		- Mögliche Seiten-Airbag-Fehlauslösungen
	Landrover Freelander	- Probleme mit Radaufhängung und Längs-/Querlenker
	Mini	- Kühlschlauchschelle kann Bremsleitungen beschädigen
Porsche	*Cayenne*	- Reibung der Feder an der Fußfeststellbremse darunter liegenden Kabelstrang (Neuverlegung der Kabel)
Daimler-Chrysler	*Chrysler Vans (996)*	- Mögliche Fahrer-Airbag-Fehlauslösungen
	Mercedes CLK (10)	- zu schwache Schweißnähte bei Vordersitzgurtverankerung
	Mercedes SL/E-Klasse (680)	- Sensoric Brake Control, ESP/ABS-Ausfall
Ford	*Fiesta/Puma (15)*	- Überprüfung des Hauptbremszylinders
Volkswagen	*Audi A4*	- Bremsbeläge reduzieren auf salzgestreuten Straßen ihre Bremswirkung
	Passat (870)	- Anhängerkupplung kann sich lösen
		- vorzeitiger Verschleiß der Gummibälge an der Vorderachse

Zulieferspezialisten wie *Delphi Automotive Systems* arbeiten an der Nutzbarmachung von Elektronik und Systemintegration (*Battenberg III* 1998).

Das Besondere an der Wissensbasierung ist aber in diesem Kapitel nicht der wissensbasierte Entwicklungsprozess, sondern das Ergebnis dieses Prozesses selbst: das 'Auto'. Aus den von Ex-DaimlerChrysler Forschungsvorstand *Vöhringer* genannten vier Megatrends werden in den nachfolgend insbesondere zwei konkretisiert:

- Die **schnelle und nachhaltige Substitution von Mechanik durch Elektronik** und

- die **sich schnell vernetzende Welt.**

Beide Megatrends dokumentieren eine immer stärkere Integration von modernen Informations- und Kommunikationstechnologien zum mechatronischen System. Bei letzterem handelt es sich um die Integration von Maschinenbau (mechanische Systeme), Elektrotechnik (Sensoren, Verstärker, Aktuator) und Computertechnik (Mikroprozessor) zu einem System. Das System oder Produkt nimmt mit seinen Sensoren Signale aus der Umwelt auf, verarbeitet sie in einer intelligenten Weise und reagiert dann z. B. mit geeigneten Kräften oder Bewegungen. Der Ausdruck **Mechatronik** kommt aus Japan (*Yasukawa Company*) und kann als typisches Beispiel für die im Zusammenhang mit der Systemtheorie angemahnten Notwendigkeit zur Interaktion unterschiedlicher Fachdisziplinen angesehen werden. Neue Technologien, die sich aus der *Mechatronik* entwickeln sind *Biotronics, Human Oriented Machines, Intelligent Machines, Structronics, Adaptronics, Thermotronics, Active Structures, Active Acoustics, Active Fluid-Structure Interaction, Smart Materials*. Typische Anwendungsbeispiele sind Bautechnik, **Medizin- und Nanotechnik** sowie der Automobilbereich (z. B. digital geregelte Verbrennungsmotoren).

Die überproportionale Zunahme von Elektronikproblemen spitzt sich insbesondere im neuen Jahrtausend weiter zu.

Während zu Beginn des Automobilzeitalters Fahrzeuge und Verkehr 'unintelligent' und auf die Intelligenz der Informationsverarbeitung des Menschen angewiesen waren, mutieren die Autos in Zeiten zunehmender Verkehrsdichte mehr und mehr zu **'intelligenten', wissensbasierten Mobilitätssystemen**.

Unter wissensbasierten, intelligenten Mobilitätssystemen sind in die Verkehrsinfrastruktur integrierte und miteinander 'kommunizierende' Automobile zu verstehen, die selbst lenken, beschleunigen, bremsen, den Verkehr beobachten, Gefahren erkennen und vermeiden, Verkehrszeichen erkennen und beachten.

Bei den anderen von *Vöhringer* genannten Megatrends handelt es sich um die umweltverträgliche Mobilität und die Entwicklung maßgeschneiderter Werkstoffe. Es ist freilich nicht möglich, diese Megatrends trennscharf abzuhandeln, da die im Rahmen dieser Arbeit vorgestellte Entwicklung zum wissensbasierten und intelligenten Automobil auch die hier nicht explizit beleuchteten Megatrends berühren: Intelligente Mobilitätssysteme bedingen freilich umweltverträgliche Mobilität und maßgeschneiderte Werkstoffe (*Vöhringer* 1999a).

Die genannten **vier Megatrends** für den Automobilbau überlagern alle **sieben Forschungsfelder**. Letztere resultieren aus der im Zuge des Chrysler-Mergers erfolgten Neuformierung der DaimlerChrysler-Forschung.

2. Markenmanagement in der Automobilzulieferindustrie 401

Diese soll sich künftig viel stärker an der F&E orientieren. Sie lauten:

1. Antriebstechnologie,
2. Fahrzeugkonzepte der Zukunft,
3. neue Fertigungstechnologien,
4. Werkstoffe der Zukunft,
5. Verkehrstechniken wie Telematik und Leitsysteme,
6. digitale Welt im Auto (bedingt baldige Umstellung der Bordnetzspannung von 12 Volt auf 42 Volt),
7. Mechatronik wie neue elektromechanische Bremsen.

Diese Entwicklung kann auch nicht durch diverse verbale Feindseligkeiten zwischen Microsoft und GM aufgehalten werden. Begonnen hat die Auseinandersetzung mit der Bemerkung von Microsoft-Chef *Gates* (*o. V.* 1999e):

> „Wenn GM mit der Technologie so mitgehalten hätte wie die Computerindustrie, dann würden wir heute alle 25-Dollar-Autos fahren, die 1000 Meilen pro Gallone Sprit fahren würden." (S. K3)

Die als Revanche gedachte Replik, die GM an Microsoft verschickt hatte ist zu ausführlich, um sie hier komplett darzustellen. Sie ist aber deswegen nicht minder wahr (*o. V.* 1999e):

> „Wenn General Motors eine Technologie wie Microsoft entwickelt hätte, dann würden wir heute alle Autos mit folgenden Eigenschaften fahren:
>
> - Ihr Auto würde ohne erkennbaren Grund zweimal am Tag einen Unfall haben,
> - Jedes mal wenn die Linien auf der Straße neu gezeichnet werden, müsste man ein neues Auto kaufen...
> - Macintosh würde Autos herstellen, die mit Sonnenenergie fahren, zuverlässig laufen, fünfmal so schnell und zweimal so leicht zu fahren sind, aber sie laufen nur auf 5% der Straßen.
> - Die Öl-Kontrollleuchte, die Warnlampen für die Temperatur und Batterie würden durch eine 'Genereller-Auto-Fehler' ersetzt.
> - Das Airbag-System würde sagen: 'Sind Sie sicher', bevor es auslöst..."
> (S. K3)

Nach den zunächst näher zu untersuchenden Megatrends über neue Technologien erfolgt anschließend die Integration dieser neuen Technologien im Rahmen eines Szenarios über das Automobil und das Fahren von morgen.

Die fortschreitende Substitution von Mechanik durch Elektronik verändert die Autowelt in ähnlich gravierender Weise bzw. ist vergleichbar mit dem Wandel, wie er vor 25 Jahren der Unterhaltungsbranche bevorstand. *Petri*, Produktionsvorstand von DaimlerChrysler (*o. V.* 1998a):

> „Das Auto wird sich in den kommenden 15 Jahren rasanter entwickeln als in den zurückliegenden 50 Jahren ... Das Auto der Zukunft wird entscheidend durch vernetzte Elektronik definiert sein ..."

Die Zeit des Anstückelns von Elektronik an Mechanik geht damit zu Ende. Hier muss jedoch auch erwähnt werden, dass beispielsweise elektromechanische Bremsen und Steuerungen ebenfalls sehr zukunftsträchtig sind. Der Wert der Elektronik in den Fahrzeugen macht bereits heute mindestens 35% aus - vor zehn Jahren lag der Spitzenwert bei 20%, wobei Chips bis zur Hälfte dieses Wertes ausmachen (*o. V.* 1998).

Beispiele für neue intelligente Technologien (*Götz/Schmid* 2004):

- **Verkehrszeichenerkennung**: Beispielsweise beginnt in der niederländischen Stadt Tilburg am 1.Oktober 1999 ein einjähriger Feldversuch mit 20 Pkw, die über eine „intelligente Geschwindigkeitsanpassung" verfügen. Die Autos sollen so umgerüstet werden, dass sie die jeweils geltende Höchstgeschwindigkeit - sie wird per Funk übermittelt – nicht mehr überschreiten können,

- **Stop-and-Go-Automat**: Der Öl-Multi *Exon* hat untersucht, was Autofahrer während der Fahrt machen. Fazit: 80% trinken, 70% essen, 60% singen, 29% telefonieren, 10% lesen, 9% schminken und 5% rasieren sich. Allein diese Zahlen dokumentieren ein Autofahrerverhalten, das offensichtlich nach Entlastung ruft. Mit anderen Worten: Das automobile Innovationsmanagement steht vor großen Herausforderungen,

- **der smarte Airbag**, der je nach Aufprall, Sitzposition, Körpermaß, Insassengewicht seine Schutzwirkungen den Gegebenheiten anpasst und damit die Intensität seiner Auslösung steuert,

- **zunehmende Vernetzung der elektronischen Systeme zwischen Fahrwerk, Antrieb und Sicherheit** entsprechend den Wünschen des Fahrers und Unvollkommenheiten des Fahrers, ohne ihn zu bevormunden, Antikollisionssysteme via Abstandsradar und Videokamera zur Vermeidung bzw. Entschärfung von Auffahrunfällen: *x-by-wire*-Systeme, d. h. elektronische statt mechanische Steuerung von Bremsen (*brake-by-wire*), Lenkung (*steer-by-wire*) Drosselklappen (*throttle-by-wire*) und Stoßdämpfern (*damper-by-wire*) sowie Seitenneigung der Karosserie (*roll-by-wire*): *x-by-wire* gilt als revolutionär, weil gänzlich auf mechanische Verbindungen verzichtet wird. Jedes System ist vielmehr mit einem elektronischen Steuermodul verkabelt, das Informationen von im Fahrzeug angebrachten Sensoren erhält. Das Steuermodul sendet im Bedarfsfall Signale an den Stellantriebsmotor des jeweiligen Systems, der die mechanische Funktion ausführt,

- **Electronic Active Steering**, d. h. situativ angepasste Gegensteuerung am Lenkrad bei Unfallgefahr bzw. bei durch Seitenwind bedingte Kursabweichungen,

- **Intelligente Navigationssysteme** erkennen, ob das Auto für die nächste Kurve zu schnell ist oder sich unfallträchtig an unübersichtlichen Stellen auf andere zu bewegt und umgekehrt,

- **Intelligente Außenbeleuchtung** beim neuen 6er *Coupe* und *Cabrio* (Code E 63 und E 64): *Adaptive Light Control (ALC)* zur besseren Ausleuchtung in Kurven, jedoch nicht an die Lenksäule, sondern an das Navigationssystem gekoppelt und *Brake Force Display (BFD)* zur visuellen Anzeige der Bremsintensität, d. h. sehr starkes Bremsen aktiviert mehr Bremsleuchtenelemente als schwaches Bremsen,

- **Spracherkennung generell** (z. B. Befehlsübermittlung an komplexe Systeme wie das Internet oder weniger komplexe, wie die Türöffnung): *Microsoft Chairman Gates* betont, dass Sprache die Zukunft des Computers ist. Aus diesem Grunde beteiligte sich das Unternehmen am Sprachtechnologie-Weltmarktführer *Lernout & Hauspie*, um so sich so für den zumindest potenziell künftigen Multimilliardenmarkt vorzubereiten. Die englische Ford-Tochter *Visteon Automotive Systems* investierte über 12 Millionen Euro in die Entwicklung von Spracherkennung und weitet die Funktionen der in der aktuellen S-Klasse von Mercedes-Benz vorgestellten **Linguatronic** in der Weise aus, dass nicht nur Mobiltelefon, sondern auch Klima-, Stereoanlage, Kofferraum, Zentralverriegelung, Tankdeckel und Sitzverstellung verbal bedient werden. Die englischsprachige Version ist bereits im neuen Jaguar S-Type erhältlich, die deutsch- und anderssprachigen Versionen folgen etwas später. Das System wird per Knopfdruck am Lenkrad aktiviert. Ein 32-Bit-Prozessor wiederholt zur Sicherheit die ausgesprochenen Befehle und ist auch in der Lage, verschiedene Dialekte, Stimmlagen und Akzente zu verstehen – eine Einstellung auf einen bestimmten Anwender entfällt folglich. *Mercedes-Sprecher Meidt* betont, dass auch künftig Sprachfunktionen auf das Notwendigste beschränkt bleiben, um ein Höchstmaß an Komfort und Sicherheit zu gewährleisten. *Visteon-Projektmanager Kostepen* sieht das Potenzial bei weitem noch nicht ausgeschöpft: Auch Fax- und E-Mail-Funktionen kommen via Sprachsteuerung in einem Multimedia-System auf den Markt. Derselbe Tenor kommt aus München von BMW: AVC *(Automatic Voice Control* für Klimaanlage, TV, Radio, Navigation u. a.) hilft dem Fahrer, sich wieder voll auf den Verkehr zu konzentrieren. Hauptaufgabe der elektronischen Schutzengel ist die Entlastung des Menschen, um ihm so den Spaß an der BMW-typischen Fortbewegung nicht zu nehmen,

- in die Windschutzscheibe projizierte Daten (Tempo, Tankinhalt, Kühltemperatur) via **Head-up-Display** sollen das Fahren noch sicherer machen, weil der Blickkontakt auf der Straße bleibt; außerdem als Nachtsichtsystem, das gewöhnlich unsichtbare Objekte auf die Windschutzscheibe projiziert und damit sichtbar macht (im Cadillac de Ville seit 1999 bereits in Serie, ebenso bei der Chevrolet Corvette),

- **Programmierbare Fahrzeugfunktionen** nach den Wünschen des Fahrers: Mit **Car Memory** lassen sich Fahrzeugfunktionen wie Zentralverriegelung, Licht und Klimaanlage u. a. nach den persönlichen Wünschen des Fahrers programmieren, z. B. ob nach einer bestimmten Zeitspanne der nicht verschlossene, aber abgestellte Wagen automatisch verriegelt werden soll oder ob nach dem Aussteigen die Außenbeleuchtung noch einige Zeit anbleiben soll, z. B. um den Weg zum und vom Auto zu beleuchten (analog der *follow-me-home*-Schaltung aus der aktuellen großen Jaguar-Limousine). Ebenfalls über Car Memory fährt im neuen 3er-Coupe die Fahrertür-Scheibe per Befehl über die Fernbedienung automatisch nach unten, um so in engen Parklücken das durch die großen rahmenlosen Coupe-Türen (kleinerer Öffnungswinkel!) bedingte unbequeme Einsteigen zu erleichtern. Die nun nicht mehr entgegenragende Seitenscheibe räumt dem Fahrer beim Einsteigen mehr Platz ein, da er sich nun über die Tür beugen kann, ohne sich zu stoßen. Nach dem Einstieg fährt die Scheibe automatisch wieder hoch. Die ebenfalls bei BMW und anderen Herstellern erhältlichen **Key Memory-Funktionen** (durch individualisierte Schlüssel für Sitz-, Spiegel-, Klima-Einstellung u. a.) erfahren dadurch eine sinnvolle Ergänzung,

- **Programmierbare Kombiinstrumente**, d. h. der Fahrer stellt sich die für ihn relevanten und im Display visualisierten Informationen selbst zusammen. Außerdem: Neigt sich z. B. der Spritvorrat dem Ende, wird die Anzeige automatisch größer. Außerdem soll es laut *Bosch* ab 2005 möglich sein, die Stehzeit im Stau produktiver zu machen, d. h. die Kombiinstrumente auf TV, PC oder DVD umzustellen, ebenso *Stop-and-Go-Automat*,

- **Black Box** im Auto, d. h. Aufzeichnung der letzten 30 Sekunden von Tempo, Brems- und Lenkverhalten vor dem Crash sowie die anschließenden 15 Sekunden danach: Während in Deutschland ein Großversuch in sechs Bundesländern angelaufen ist, hat GM in den USA bereits mehrere hunderttausend Autos mit einer Black Box ausgestattet und mit der Airbag-Sensorik gekoppelt. Dieses Modul lässt nach einem Unfall Rückschlüsse auf Tempo und Aufprallstärke zu. Obwohl diese Daten eigentlich nur firmenintern zur Verbesserung der Crashsicherheit verwendet werden sollten, hat GM nun angekündigt, auch der Polizei und anderen Behörden Zugang zu den Aufzeichnungen zu verschaffen,

- **Sensoren erfassen die Müdigkeit des Fahrers** über seine Pupillenbewegung, in Echtzeit werden die digitalen Bilder verarbeitet und Alarm ausgelöst, um den Fahrer zum Halten aufzufordern,

- **Lane-Keeping-System**, d. h. der Wagen wird auf der richtigen Spur gehalten, indem eine Kamera die Bodenmarkierung erfasst. Bei Überfahren der Markierung korrigiert der Computer automatisch über elektronische Lenkbeeinflussung. Als wichtige Sicherheitsprophylaxe bemerkt der Fahrer eine leichte Ruckbewegung, d. h. er bestimmt selbst, ob er den Computer eingreifen lässt oder nicht: Berechnungen haben ergeben, dass schon eine Reduzierung der Reaktionszeit um eine Sekunde rund 60% der Unfälle an Kreuzungen vermeiden und sogar ein Drittel aller Frontalzusammenstöße verhindern würde. 75% aller Unfälle entstehen durch Unachtsamkeit,

- **Multimedia-Car:** Hierbei handelt es sich um eine abgespeckte Version des Internet, bei der der Fahrer dem Internetprovider sein Nutzungsprofil angibt (z. B. Information über Börsenkurse etc.), um ihn so vor dem drohenden **Information Overlaod** zu bewahren. Das Verschicken und Empfangen von e-mails ist ebenfalls in abgespeckter Version vorgesehen. Der Zulieferer *Hella* geht beispielsweise davon aus, dass aufgrund der immer größeren Bedeutung von Information und Kommunikation im Auto vermehrt Displays und immer größere Flachbildschirme Einzug halten werden. Der Anbieter arbeitet zur Zeit mit Hochdruck an intelligenten Dachmodulen für Vans – erste Projekte sollen ab 2003/2004 realisiert werden. Diese Module enthalten u. a. folgende Funktionen: Innenleuchten in Kombination mit ‚Cellis', Multifunktionsdisplays, Monitor für Internet-Zugang via Funk, Navigationssystem, Funksender für Kopfhörer, Innenraumüberwachung, Sitzpositionserkennung, Parktronic, Sensoren für Hell-, Dunkelerkennung, Regen und Klima,

- **Night Vision System**, bei dem eine Videokamera ein Infrarot-Bild aufzeichnet und die Daten an den Rechner weiterleitet. Die Kamera reagiert nur auf den für den Menschen nicht sichtbaren Wellenbereich zwischen 0,7 und 1,1 Mikrometer, d. h. der Sichtbereich wird gegenüber dem normalen Abblendlicht wesentlich erhöht. Dieses Bild wird in das normale Sichtfeld des Fahrers eingespiegelt (vgl. *Head-up-Display* weiter oben). Auf diese Weise werden Personen hinter dem Lichtkegel für den Fahrer sichtbar.

Zusammenfassend können folgende Vorteile für den Einsatz von mehr Elektronik bzw. der Substitution von Mechanik diagnostiziert werden. Hier ist absehbar, dass mit der zunehmenden Elektronik-Dominanz im Auto auch der Kostenanteil dieser Komponenten am Gesamtfahrzeug so stark ansteigen wird, dass durch Gleichteilstrategien im Sinne von Elektronikarchitekturen (Software-Basis) höhere Kosteneinsparungen realisierbar sind als mit Gleichteilstrategien auf der Hardware-Basis von Plattformen (Motor, Getriebe, Achsen etc.). Dies hat zudem den Vorteil, dass Standard-Elektronikbausteine einer erheblich geringeren Wahrnehmungssensibilität in den Augen der Kunden unterliegen als die für das Fahrverhalten so charakterbildenden Dinge wie Fahrwerk, Motor, Getriebe etc. und damit viel leichter zwischen den Baureihen und sogar Marken hin- und hergetauscht werden können:

- **Potenzial für** neue, am **Kundennutzen** orientierte Funktionalitäten, die mechanisch überhaupt nicht möglich wären,

- **Erhöhung der Sicherheit** für Passagiere aus dem soeben genannten Grund,

- **Einsparung von Platz, Gewicht, Treibstoff und Kosten,**
- **Vernetzung mit anderen Verkehrsteilnehmern, der Verkehrsinfrastruktur** und dem **Internet** wird möglich.

Es geht bei all diesen und vielen anderen Technologien stets um die **Entlastung des Fahrers** bzw. **Komfortsteigerung beim Fahren**, ohne ihm aber dabei die Freiheit zu nehmen, selbst in die Technik eingreifen zu können. Es muss an dieser Stelle darauf verzichtet werden, auf das bedeutsame und zukunftsträchtige Gebiet künftiger, emissionsarmer Antriebstechnologien einzugehen. Die Bedeutung ökologischer Belange lassen sich aber bereits am Beispiel des fünften und sechsten *Kondratieff-Zyklus* veranschaulichen (*Götz/Schmid* 2004a).

Vor dem Hintergrund der hier aufgezeigten Entwicklungen und Herausforderungen im Automobilsektor untersuchen wir nachfolgend die markenrelevanten Konsequenzen für die Automobilzulieferer genauer. Viele Unternehmen haben nun erkannt, dass sie nur mit neuen Methoden die Vermarktung eigener Entwicklungen und Produkte verbessern und die eigene Wettbewerbssituation stärken können.

Corporate Branding und auch **Ingredient Branding** sind die jungen Trends der Unternehmenswelt. Aus Unternehmen und Produkten sollen Marken werden, denn von ihnen als Kristallisationspunkt des Vertrauens der Kunden versprechen sich die Strategen wahre Wunder. So sollen sie das eigene Produkt im Warenwust hervorheben, Kurse steigen lassen, Mitarbeiter motivieren und Talente anlocken.

Der **Begriff** der **Zulieferung** tauchte erstmals in den 20er-Jahren im Zuge der industriellen Arbeitsteilung auf und kann als physische Versorgung eines Abnehmers mit Produkten des Zulieferers verstanden werden. Die Zulieferung stellt einen speziellen Aspekt zwischenbetrieblicher Arbeitsteilung dar.

Als **Zulieferer** werden Unternehmen bezeichnet, die Teile, Baugruppen, Komponenten oder Systeme nicht für Endabnehmer, sondern für den Bedarf industrieller Hersteller, die Zwischen- oder Endprodukte (z. B. Autos) herstellen, produzieren und liefern (*Fieten* 1991, S. 15). Die in der Regel rechtlich und finanziell selbstständigen Zulieferer in der Automobilindustrie erzielen einen erheblichen Anteil ihres Gesamtumsatzes mit einem oder wenigen Abnehmern.

Dadurch wird deutlich, dass die meisten Zulieferer in hohem Maße abhängige Unternehmen sind und ein hohes Risiko tragen. Die Produktion ist teilweise oder vollständig auf die Bedürfnisse der Abnehmer ausgerichtet, sodass den Aufträgen bzw. Spezifikationen der Abnehmer entsprechend gefertigt werden kann.

Nachfolgend soll im Anschluss an die begrifflichen Grundlagen zunächst die besondere Struktur einschließlich der Schlüsselprobleme der Autozulieferindustrie untersucht werden. Anschließend steht das Markenmanagements in der Automobilzulieferbranche im Vordergrund. Die verschiedenen Markenstrategien und die Entwicklung von Markenartiklern in der Autozulieferindustrie und die damit verbundenen Probleme stehen hier im Mittelpunkt. Abschließend werden zur weiteren Veranschaulichung Unternehmensbeispiele vorgestellt.

Die Zulieferprodukte sind so beschaffen, dass sie erst durch den Einbau in ein Endprodukt ihre Funktion zweckbestimmt erfüllen können (z. B. Mikroprozessoren, ABS, ESP).

Sie werden vom Zulieferer entwickelt, gefertigt und an den Fahrzeughersteller geliefert, der teilweise bereits bei der Entwicklung unterstützend einwirkt.

Eine ähnliche Definition der Zulieferprodukte lautet wie folgt (*Engelhardt/Günter* 1981, S. 182):

„Die Produkte der Zulieferer sind Teile, die im Produktionsprozess des Abnehmers ohne wesentliche weitere Be- oder Verarbeitung in andere Produkte eingebaut bzw. zu solchen zusammengefügt werden und dabei ihre Identität bewahren."

Das **Zuliefergeschäft** definiert sich zum einen aus dem Zulieferprodukt und zum anderen aus der wirtschaftlichen Beziehung zwischen Abnehmer und Zulieferer. Leistungen, die sich auf der Anbieterseite durch einzelkundenspezifische Gestaltung auszeichnen und die in identischer Ausführung mehrmals von demselben Kunden gekauft werden, sind Kennzeichen des Zuliefergeschäfts.

Die **Abnehmer** sind bei der hier relevanten Automobilindustrie die erstausrüstenden Montagebetriebe und somit die Fahrzeughersteller. Diese werden als **Original Equipment Manufacturer (OEM)** bezeichnet und verarbeiten die Zulieferprodukte mit ihren Erzeugnissen, bevor diese an den Endverbraucher verkauft werden. OEMs beziehen aus Wettbewerbs- und Kostengründen technisch hochwertige und komplexe Produkte von ihren Zulieferern, die entsprechendes Know-how besitzen, weil sie sich auf eine Komponente oder ein System spezialisiert haben. Im Rahmen von **Make-or-Buy-Entscheidungen** legen sie fest,

- in welchem Umfang notwendige Teile oder sonstige Leistungen für die eigene Produktion **intern erbracht** oder
- **extern von Zulieferunternehmen beschafft** werden sollen.

Allenfalls im Zubehör- oder Ersatzteilemarkt versorgen Zulieferer unmittelbar die Endabnehmer. Das weltweite Umsatzvolumen zwischen Ersatzteilherstellern und erster Vertriebsstufe beträgt rund 60 Mrd. Dollar pro Jahr im Independent Aftermarket (IAM). Die **Verteilung von Ersatz- und Verschleißteilen** hat sich in den letzten Jahren **nachhaltig verändert**.

Die Ersatzteildistribution verteilt sich v. a. auf folgende vier Segmente (*Ludwig* 2004):

- Aus den so genannten Werksvertretern haben sich in den **70er Jahren** Gebietsvertreter mit regionaler Exklusivität entwickelt (**traditionelle Distribution**). In einer klassischen dreistufigen Distribution wurden über und mit den lokalen Großhändlern die freien Werkstätten versorgt.

- Seit den **80er Jahren** haben sich in Europa neue Formen des Ersatzeilevertriebs etabliert (**neue Distribution**). Sie kamen aus Nordamerika und haben sich zunächst in Frankreich organisiert. Fast Fitter und Retail-Organisationen (z. B. ATU, Pitstop, Norauto) haben je nach Markt inzwischen bis zu 40% Marktanteil erreicht.

- Über die **Outlets der Reifenhersteller/Reifenketten** (z. B. Vergölst) werden prädestinierte Verschleißteile (z. B. Stoßdämpfer, Bremsbeläge) vertrieben und bilden eine sinnvolle Synergie zur Kompensation des saisonalen Reifengeschäfts.

- Kfz-Hersteller selbst bilden mit ihren Werkstattkonzepten und All-Make-Programmen die vierte Gruppe.

Die **Ziele der neuen**, seit 1. Oktober 2002 für die EU verbindlichen **Gruppenfreistellungsverordnung (GVO)** lauten (*Ludwig* 2004):

- Verbesserter Marktzugang für Ersatzteilproduzenten,

- Verbesserter Marktzugang für unabhängige Werkstätten,

- Umsetzung des Binnenmarktziels durch Wahrung der Interessen von Kunden und Vermittlern,

- Stärkung der Wettbewerbsfähigkeit der Vertragshändler

- Mehrmarkenvertrieb,

- Freiheit in der Wahl des Vertriebssystems

- Freier Internet-Handel.

Aus dieser Entwicklung wurde eine Neudefinition des Begriffs ‚Original-Ersatzteil' erforderlich. **Für den Teilehersteller** sind zum **Aufbau einer eigenen Markenidentität** folgende Schritte erforderlich:

- Konsequentes Branding auch für die in Erstausrüstung gelieferten Teile,

- Eigene Werkstattkonzepte,

- Know how und Struktur der eigenen Aftermarket-Organisation zum Nachteil der OEMs,

- Erleichterte Vermarktung legaler Nachbauteile,

- Erleichterter Zugang zu technischen Informationen,

- Kooperation mit unabhängigen Werkstattkonzepten,

- Ausbau der Sortimente und Produktprogramme (Netzwerkstrategie) und
- Vorwärtsintegration durch Direktlieferung an Werkstätten.

Mit der neuen GVO bleibt es jedem Zulieferer freigestellt, ob er seine produzierten Teile im Aftermarket vertreibt. Der OEM ist nicht mehr wie früher allein berechtigt, Originalersatzteile zu verkaufen, d. h. er muss mit Marktanteilsverlusten rechnen, denn einige Zulieferer drängen massiv in das außerordentlich lukrative Ersatzteilgeschäft. **Philosophie der EU-Kommission** ist die Erzeugung von erheblichem Druck auf bislang monopolähnliche Ersatzteilpreise. Allerdings steht der GVO-Regelung das aktuelle Bestreben der deutschen OEMs gegenüber, Designschutz für bestimmte Ersatzteile in Anspruch zu nehmen. Es geht dabei um die so genannten **karosserieintegrierten Ersatzteile**:

- Blechteile (Motorhaube, Kotflügel, Tür),
- Beleuchtung (z. B. Scheinwerfer),
- Autoglas.

Das oft ins Feld geführte Argument der aufrechtzuerhaltenden Fahrzeugsicherheit durch OEM-Teile muss an dieser Stelle ein gutes Stück weit korrigiert werden, denn Crashtests haben längst nachgewiesen, dass die so genannten kosmetischen Teile wie Kotflügel oder Motorhaube auf das Crashverhalten keinen Einfluss haben, während andere crashrelevante Teile gar nicht unter den Designschutz fallen (z. B. Karosseriestrukturteile).

> Das **Geschmacksmusterrecht** schützt die Erscheinungsform, also das Design eines Produktes. Das Produkt selbst wird allerdings nicht geschützt. Daraus folgt, dass dieses Recht den Wettbewerb eines Produkts innerhalb dieser Produktgruppe nicht behindert und damit eine Monopolisierung ausschließt. Beispielsweise behindert der Schutz eines Designs für eine Uhr nicht den Wettbewerb für Uhren allgemein.
>
> In der **EU** hat sich die **Rechtsauffassung** entwickelt, dass dann, wenn ein Produkt seinen Gebrauchszweck nur in einer bestimmten Ausgestaltung, also mit einem Design, erfüllen kann, ein Musterschutz nicht möglich ist. Genau diese Situation ist aber im Ersatzteilgeschäft mit Karosserie-integrierten Teilen gegeben.
>
> Nach der **Reparaturklausel** ist das Design, das Karosseriestyling, eines Fahrzeugs voll geschützt. Die OEM können sich darauf in ihrem Kerngeschäftsfeld, dem Neuwagenabsatz, voll stützen. Lediglich ausgeschlossen ist die Ausdehnung des Schutzes auf die entsprechenden Ersatzteile, denn sonst würde der Designschutz ein Ersatzteilmonopol zu Gunsten der OEMs erzeugen.

Das bis heute gültige **Geschmacksmusterrecht** aus dem Jahre **1876**, das die äußere Form eines Produkts schützt, soll den OEMs helfen, diesen Schutz auch künftig weiter gegen Zulieferer und Independent Aftermarket-Hersteller durchzusetzen. 2003 hatte die Bundesregierung auf eine EU-Vorgabe reagiert und in Deutschland das Geschmacksmusterrecht dahingehend reformiert, dass o. g. Primärprodukte unter Designschutz stehen. Dabei wurde auf die so genannte **Reparaturklausel** verzichtet, wonach der Nachbau von Ersatzteilen erlaubt wird. Der Verzicht auf die Reparaturklausel hindert nicht nur Nachbauer, die keine Designkosten zu tragen haben, sondern auch mit Designkosten belastete OEM-Zulieferer daran, ihre entwickelten und produzierten Ersatzteile an Großhandel und den freien Handel abzugeben (*Wenz* 2004).

Der **Markt für Kfz-Ersatzteile** beläuft sich in **Deutschland** auf etwa **10 Milliarden Euro** per anno. Trotz der geringen Produktion von Ersatzteilen beherrschen die OEMs nach Angaben des VDA rund 50% des Teilemarkts, wobei der oben dargestellte Submarkt der karosserie-integrierten Ersatzteile in Deutschland ¼ ausmacht, also rund 2,5 Milliarden Euro. In diesem Segment ist der Marktanteil der OEMs extrem hoch: Er liegt nach Angaben des Gesamtverbandes Autoteile Handel (GVA) bei 74%. Diese Teile müssen dem zu ersetzenden Teil in der Abmessung sowie in der stilistischen Gestaltung genau entsprechen. Da bei der Entwicklung der Ersatzteile ein erheblicher Teil der Kosten designinduziert ist, würden Nachbauer davon profitieren, weil sie diese Kosten nicht zu tragen haben.

Festzuhalten bleibt an dieser Stelle der Dissens zwischen EU-Auffassung und Länderauffassung, wobei **bis 2005 eine weitreichende EU-Richtlinie zur Liberalisierung des Ersatzteilmarktes und zur Entmonopolisierung der OEMs** in Vorbereitung ist, denn außer Deutschland und Frankreich haben die meisten EU-Länder die Reparaturklausel bereits eingeführt (*Riehle* 2004; *Wenz* 2004).

Es ist unstritten, dass spätestens seit Aufkommen der EU-Richtlinien das **Aftermarket-Geschäft für die Automobilzulieferer und deren Markenpositionierung** eine **zunehmend wichtige Rolle** spielt, denn mit einem Umsatzanteil von durchschnittlich 25% werden in der Regel über 60% des Ergebnisses erwirtschaftet.

> Es ist unstritten, dass spätestens seit Aufkommen der EU-Richtlinien das **Aftermarket-Geschäft für die Automobilzulieferer und deren Markenpositionierung** eine **zunehmend wichtige Rolle** spielt, denn mit einem Umsatzanteil von durchschnittlich 25% werden in der Regel über 60% des Ergebnisses erwirtschaftet.

Das Aftermarket-Geschäft gehört damit zum **zentralen Baustein einer soliden Zukunftssicherung**, wobei sich aus Markensicht hier heute und künftig gewaltige Chancenpotenziale für Zulieferer auftun, da hier künftig nicht mehr der Umweg über den OEM erforderlich ist und statt Ingredient Branding proaktives Markenmanagement direkt gegenüber dem Endkunden wirksam werden kann. Das Umdenken bei den Kunden hat bereits begonnen, da Fast Fitter und Retail-Organisationen (z. B.

ATU, Pitstop, Norauto) längst zu den Gewinnern aktueller Entwicklungen gehören (*Ludwig* 2003).

Durch weiteres Outsourcing der OEMs **wächst der weltweite Beschaffungsmarkt stärker als der Automobilmarkt**. Bei einem wertmäßigen Wachstum des Automobilmarkts um 2,5% p. a. **wächst der Zulieferumsatz um 42%** (*VDA* 2001, S. 17).

Angesichts der Tatsache, dass in der Zusammenarbeit zwischen OEM und Zulieferer **noch immense Kosteneinsparungspotenziale möglich** sind, ist in den vergangenen Jahren die Optimierung der gesamten Supply Chain in den Blickpunkt der Rationalisierungsentscheidungen gerückt. Die **Reduzierung der Fertigungstiefe** der Automobilhersteller ist wesentlicher **Wachstumstreiber der Automobilzulieferindustrie**, außerdem werden viele **Zulieferunternehmen immer mehr in Produktions- und Entwicklungsprozesse eingebunden.** Man erhofft sich dadurch geringere Kosten, reduzierte Entwicklungszeiten (Simultaneous Engineering) und das Schaffen von neuen Kapazitäten. Oftmals werden Standardkompetenzen der Automobilhersteller und Megasupplier im Rahmen eines Outsourcing-Prozesses ausgelagert und Schlüsselkompetenzen weiter ausgebaut. Folglich werden **komplette Teilsysteme, beispielsweise das Brems- oder Airbagsystem vollständig beim Zulieferer entwickelt**, der dadurch auch einen Teil des unternehmerischen Risikos auf sich nimmt.

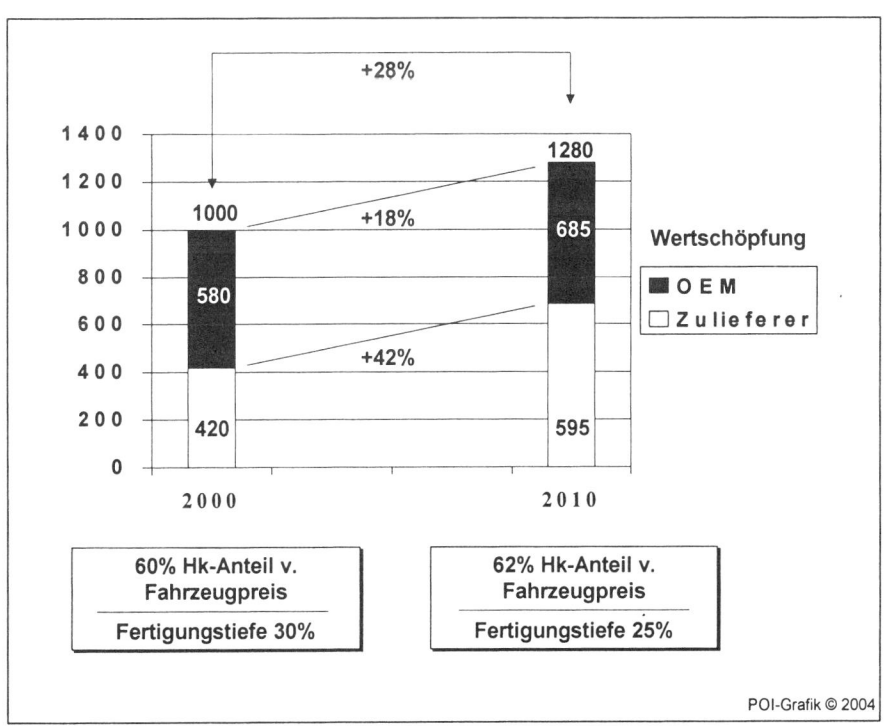

Abbildung 94: Zulieferermarkt ist Wachstumsmarkt

Bis zum Jahr 2010 ist zu erwarten, dass sich die Fertigungstiefe von einem Durchschnittswert von ca. 30% auf ein Niveau im Bereich 20% bis 25% absenken wird (vgl. hierzu auch unser Unternehmensbeispiel **MBtech Group**).

Im Zuge der Plattform- und Modulstrategien werden den Zulieferern mehr Kompetenz- und Verantwortungsbereiche übertragen, so dass ohne Verlust an Produkt- und Prozessqualität eine stärkere Einbindung der Zulieferer möglich ist. Deutsche Zulieferer sind heute bereits in über 60 Ländern präsent. Im Gegensatz dazu wächst aber auch das Interesse der großen ausländischen Zulieferer am deutschen bzw. europäischen Markt wie das Engagement vieler internationaler Zuliefergruppen in Deutschland zeigt (Delphi, Visteon, Denso u.a.). Die hauptsächlich mittelständische deutsche Zulieferindustrie ist dieser Herausforderung allein nicht gewachsen. Durch Kooperationen und strategische Allianzen mit komplementären Technologieträgern im In- und Ausland könnten deutsche Unternehmen ihren Kopf aus der Schlinge ziehen.

Schlüsselprobleme der Zulieferer

Die spezifischen Merkmale der Automobilzulieferbranche ergeben eine von anderen Industrien abweichende Beziehung der Marktpartner. Ursache ist der bereits erwähnte erhebliche Einfluss der OEMs auf die Strategie der Zulieferer. Aus diesem Umstand ergeben sich folgende Schlüsselprobleme:

- Abhängigkeit der Marktpartner und
- Abschottung vom Letztverwendermarkt.

Die erforderliche enge Zusammenarbeit zwischen Abnehmer und Zulieferer führt **zwangsläufig** zu einer **gegenseitigen Abhängigkeit**. Zum einen ist der Abnehmer darauf angewiesen, dass die richtige Menge Zulieferteile, zur richtigen Zeit, mit der richtigen Qualität, am richtigen Ort eintrifft, zum anderen bindet der Zulieferer seine Unternehmensressourcen längerfristig an die Kunden.

In dieser Beziehung ist der **Zulieferer** jedoch in der Regel **der schwächere Partner**, da die Abnehmer im allgemeinen über eine größere (Nachfrager-) Macht oder zumindest ein größeres Machtpotential verfügen.

Die größenbedingten Vorteile der Abnehmer werden dadurch noch verstärkt, dass man bei technologisch reifen Märkten, wie dem Automobilmarkt von der Existenz von Käufermärkten ausgehen kann, die dem Abnehmer eine stärkere Position gegenüber dem Lieferanten einräumen. Daraus resultiert aber auch die **Notwendigkeit, mit der Stärkung von Zulieferermarken eine Gegenbewegung im ungleichen Kräfteverhältnis zu entwickeln.** Daneben befinden sich die Zulieferbeziehungen überall dort in einem labilen Zustand der ‚indirekten Konkurrenz', wo Abnehmer bei extern vergebenen Komponenten zur Eigenfertigung übergehen könnten und somit direkte Konkurrenten des Zulieferers würden.

Außer der direkten Geschäftsbeziehung mit dem Automobilhersteller hat der Zulieferer auch den **Letztverwender** und damit eine zweite auf die Geschäftspolitik Einfluss nehmende Marktstufe vor sich. Üblicherweise besitzt der Abnehmer durch seinen direkten Kontakt die umfassenderen und besseren Informationen über den Endverbraucher. **Dem Zulieferer hingegen bleibt der direkte Kontakt versagt,** obwohl doch der Autokäufer über Qualität und Funktionalität der Produkte entscheidet und dessen Feedback für Entwicklung und Forschung immens wichtig wären.

Bedeutender erscheint jedoch das **Problem der derivativen Nachfrage.** Obwohl die Abnehmer die Kaufentscheidung treffen, bestimmt über den Erfolg des Zulieferers letztendlich der private Automobilmarkt und somit ein (dem Zulieferer) nachgelagerter Markt.

- In jenem sind die **Zulieferer** zum einen mit ihren Produkten und **ihrem Markenamen häufig unbekannt,**

- zum anderen sind Zulieferteile **kein kaufentscheidender Faktor für das Hauptprodukt**: bislang zumindest.

Im Nutzfahrzeugbereich ist die Markt- und Markenkonstellation schon anders, weil hier die maßgeschneiderte Zusammenstellung von Komponenten, Modulen und Systemen bereits heute auch zum Teil Markenentscheidungen ermöglichen, d. h. der der Einkäufer des Spediteurs wählt nicht nur die Ausstattung aus, sondern auch die Herkunft der Ausstattung und damit den Lieferanten.

Automobilzulieferer können deshalb die Endnachfrage nach dem Automobil, in das ihr Zulieferteil einfließt, nicht direkt beeinflussen und demnach auch keine aktive Mengenpolitik auf dem Letztverwendermarkt betreiben.

Die relative Unbekanntheit der Global Players in der Automobilzulieferindustrie beim Normalverbraucher unterstreicht die **Notwendigkeit eines Corporate Brandings, um aus diesem Schattendasein hervorzutreten.**

Die Analyse der Merkmale und Besonderheiten der Automobilzulieferindustrie sind ein wichtiges Element, um die Bedeutung und Notwendigkeit zur Entwicklung von Marken in der Automobilzulieferindustrie darzustellen.

Die Möglichkeit, Konsumenten als Zielobjekt des Marketings bzw. als Funktion zur Markenbildung eines Komponentenherstellers zu betrachten, wird im Rahmen von **Emanzipationskonzepten für Zulieferer** bereits diskutiert. Über ein mehrstufiges Marketing soll demnach durch ein starkes Markenimage die Unabhängigkeit des Zulieferers in der Produktionskette sichergestellt und Nachfragepräferenzen beim Endabnehmer aufgebaut werden.

Aufgrund der besonderen Struktur der Autozulieferindustrie und der Beziehung zwischen Hersteller und Zulieferer bietet sich für den Automobilzuliefermarkt insbesondere der Einsatz einer **Dachmarkenstrategie** an, die sämtliche Produkte eines Unternehmens unter einer **Unternehmensmarke** zusammenfasst (vgl. auch Kapitel über Dienstleistungen). Durch die enge Beziehung zwischen Marke und Hersteller soll eine unverwechselbare Unternehmens- und Markenidentität aufgebaut werden. Ein weiterer Vorteil besteht darin, dass erfolgreiche Produkte zur Profilierung und Stützung der Dachmarke beitragen (*Meffert* 2002).

Relativ neu in dieser Branche ist der Ansatz einer **doppelseitigen Marktkommunikation** und damit die Ausweitung auf die Herausbildung von **Produktmarken**. Die Markierungsfähigkeit des Zulieferprodukts bei den Endverwendern ist Voraussetzung für eine doppelseitige Marktkommunikation, d. h.

- die werbliche Ansprache des OEMs sowie
- der Konsumenten (hier: Autokäufer).

Eine ausgeprägte Evidenz und Funktionsfähigkeit des Zulieferprodukts sind unabdingbar, denn nur dann ist es möglich, über den **Aufbau einer Produktmarke** nennenswerte Präferenzen bei den Autokäufern herauszubilden und dadurch **Einfluss auf die Erstausrüstungsentscheidung** der Automobilhersteller auszuüben.

Ist die **Markierungsfähigkeit des Zulieferprodukts** im Endverwendermarkt **nicht oder nur teilweise gegeben** - und dies gilt für zahlreiche Einzelteile, ist eine doppelseitige Marktkommunikation nicht möglich, denn der **kommunikationspolitische Spielraum beschränkt** sich dann auf nur zwei Möglichkeiten (*Fieten* 1991):

- Ansprache der Entwicklungsingenieure bei Herstellern und
- auf die Kommunikation in automobiltechnischen Fachzeitschriften.

Objektive Profilierungsmerkmale, d. h. **konkret nachweisbare Vorteile** einzelner Produkte, können heute **oftmals nur unter erheblichen Schwierigkeiten gefunden** werden. So können Konsumenten Qualitätsunterschiede der hochtechnologischen Zulieferprodukte kaum feststellen. Um dennoch für ein innovatives Produkt auf dem Konsumentenmarkt die wichtige und einzigartige Marktposition der in Teil 1 bereits erläuterten ‚**unique selling proposition**' (USP) zu gelangen, bietet das Herausbilden von Markennamen, dem sogenannten **Branding**, gute Erfolgsaussichten. Die zugehörige Marketingstrategie ist die Präferenzstrategie, welche **nicht-preisliche Aktionsparameter** bevorzugt:

- Produktinnovation,
- Markenname und
- Qualität

Diese konstitutiven Elemente der Markenpolitik fördern den Aufbau eines eigenständigen Produkt- oder Unternehmensimages. Die **Bezeichnung des Produkts mit einem unverwechselbaren Produktnamen** ist folglich konstituierendes Element einer Differenzierungsstrategie. Nur wenn das Produkt durch einen Namen erkannt werden kann, hat der Konsument die Möglichkeit gezielt danach zu verlangen, was insbesondere bei Produkten, die optisch nicht in Erscheinung treten, wichtig ist. Der Konsument kennt Produkte, wie z. B. ESP durch Prospekte der OEMs oder durch Presseveröffentlichungen nur vom Namen her. Die Kommunikation verläuft ausschließlich verbal, nur ein Bruchteil der Konsumenten könnte wahrscheinlich ein ESP im Motorraum identifizieren, obwohl von einer relativ großen Bekanntheit ausgegangen werden kann. Die Benennung des Produkts mit einem unverwechselbaren Namen ist von höchster Bedeutung, damit großartige Innovationen in der Anonymität des Marktes nicht verschwinden. Der Nachteil: Markennamen sind teuer. Soll ein Name weltweit geschützt werden, muss mit Kosten in Millionenhöhe gerechnet werden.

Durch die Bildung und Platzierung von Marken versuchen Komponentenhersteller der Anonymität und der damit verbundenen Austauschbarkeit zu entgehen. Folgende Aspekte des bereits in Teil 1 ausführlich dargestellten Ingredient Branding müssen Zulieferer in ihrer Markenstrategie beachten:

- Möglichkeit des Aufbaus und der Entwicklung des Markenwertes der Komponente in **synergetischer Koexistenz mit der Marke des Endprodukts** und

- Möglichkeit der **Markenpräsentation und -identifikation** der Komponente.

Durch eine Erhöhung des Bekanntheitsgrads und über eine Profilierung der Funktionalität kann der Markenwert geschaffen werden. Zielgruppen des Ingredient Branding sind Verbraucher und Meinungsführer (vgl. **strategische Markenaufladung, Teil 1, Kapitel 2**).

Nur wenn es gelingt einen Mehrwert für den Hersteller zu schaffen, d. h. wenn man ihm beim Ausbau seiner eigenen Marke dient, lässt sich das erforderliche charakteristische Merkmal des Zulieferteiles gegenüber dem Endproduktehersteller kommunizieren. Gemeinsame Kommunikationsaktivitäten mit dem Hersteller des Endproduktes sind der nächste Schritt in der Ingredient-Branding-Strategie. Dabei kann der Fahrzeughersteller damit werben, Komponenten eines bestimmten Zulieferers einzubauen (vgl. **operative Markenkommunikation, Teil 1, Kapitel 3**).

Der Verbraucher sollte im Rahmen des **Ingredient Branding** die Möglichkeit haben, nach einem Endprodukt zu fragen, in dem die Zulieferkomponente einer bestimmten Marke eingebaut ist. Soweit die Zulieferkomponente den **Hauptbestandteil des Endproduktes** darstellt oder eine **für den Verbraucher wichtige Funktion** hat, ist dies möglich. Da der Aufbau einer Marke Zeit benötigt, muss Ingredient Branding, wie alle Markenstrategien, stets als langfristige und zeitintensive Strategie beurteilt werden. Die hohen Kosten und der immense Zeitaufwand für die Kreierung des Markenwertes und die Unterstützung der Werbung der Hersteller stellt einen Nachteil der Ingredient-Branding-Strategie dar.

In der Erstausrüstung gibt es derzeit nur wenige Zulieferunternehmen, die im Rahmen einer Ingredient-Branding-Strategie ihre Marke erfolgreich positio-

nieren konnten, indem sie die Marke für den Kunden mental und visuell präsent zu halten vermochten bzw. sichtbar im Fahrzeug anzubringen wussten (z. B. Recaro, Harmann-Becker, BBS, Blaupunkt, Bose)!!!

Grund dieses Erfolgs ist

- eine bereits existierende **Bekanntheit und Attraktivität der Marke**, die in gewissem Maße zur Veredelung des Endprodukts Fahrzeug beiträgt.
- Außerdem kann eine **Technologieführerschaft** im jeweiligen Bereich denselben Effekt hervorrufen.
- Die Tatsache, dass die genannten erfolgreichen Beispiele die (Kern-) **Kompetenzen der OEMs** in der öffentlichen Wahrnehmung **nicht anfechten**, ist ein weiterer Erfolgsgrund (z. B. Bose bei Audi und Mercedes-Benz, denn Soundsysteme sind nicht Kernkompetenz der OEMs).

Demgegenüber entstehen **Schwierigkeiten beim Ingredient Branding** immer dann, wenn Komponenten und Systeme für den Endverbraucher nicht

- **vorführbar,**
- **wählbar,**
- **sichtbar** bzw. **erlebbar** sind und
- auf den heiklen Bereich der **Kernkompetenzen des OEM** Einfluss nehmen (z. B. Motorsteuerung, Lenkung, Getriebesteuerung).

Wie bereits in diesem Kapitel aufgezeigt wurde, kommt auf die Automobilindustrie in den nächsten Jahren eine Vielzahl neuer Technologien zum Einsatz.

Diese haben nicht nur Einfluss auf das Produkt, sondern auch auf die Prozesse der Produktentwicklung und der Produktion.

> Wir verstehen unter dieser Vielfalt an neuen Technologien ein ebenso reichhaltiges **Spektrum an möglichen Markierungsanknüpfungspunkten**, denn mit jeder neuen Technologie, die ein Zulieferer in die künftigen Fahrzeuggenerationen einbaut, besteht auch immer die grundsätzliche Möglichkeit, sich stärker als bisher als Marke gegenüber dem Wettbewerb zu positionieren und gegenüber dem OEM sowie dem Autokäufer zu profilieren.

Die Zulieferer sind bei der Vorbereitung oder Verstärkung ihrer Markenstrategie gut beraten, wenn sie die **künftigen Technologietrends** nach

- Dimensionen,
- Verläufen und
- Interaktionen

untersuchen und mit ihrem aktuellen Kompetenzportfolio einerseits und eigenen Technologiepotenzialen andererseits gegenüberstellen.

Ein grober Überblick über die künftigen Technologietrends beim Automobil macht deutlich, wo die Zulieferer künftig Markenpotenziale auf- und ausbauen können und wo es aus den oben genannten Gründen weniger sinnvoll erscheint:

- **Fahrwerk:**
    - Keramikbremsscheiben
    - Aktive Fahrwerkskomponenten
    - Brake-by-wire (elektrohydraulische, elektromechanische Bremse)
    - Steer-by-wire
    - Überlagerungslenkung
    - Kollisionsvermeidung
    - Reifensensorik
    - Werkstoffeinsatz
- **Elektronik:**
    - 42V-Bordnetz
    - Mechatronische Systeme
    - Informations- und Bussysteme
- **Antrieb:**
    - Diesel-Einspritzsysteme
    - Otto-Einspritzsysteme
    - Brennstoffzelle, Gas-, Kreiskolbenmotoren
- **Karosserie:**
    - Fußgängerschutz
    - Space-Frame-Strukturen (Aluminium, Stahl)
    - Multi-Materialbauweise
    - Verstellbare Crashstrukturen
    - Außenbeleuchtungssysteme
    - Werkstoffeinsatz
- **Interieur:**
    - Thermomanagement
    - Intelligente Telematikanwendungen

- M-Commerce
- Passive Sicherheit
- Infotainment
- Werkstoffeinsatz

Mit dem Einsatz der genannten neuen Technologien ohne Anspruch auf Vollständigkeit korrespondiert eine weiter ansteigende Komplexität und Interdependenz verschiedener, zunehmend vernetzter Systeme, wobei die Abhängigkeiten zwischen OEMs und Zulieferern weiterhin ansteigen werden.

2.2 MBtech Group – d e r Integrator zwischen Technologie und Methode

In diesem Kapitel wird das Unternehmensbeispiel MBtech Group nach folgender **inhaltlichen Struktur** vorgestellt:

- MBtech Group heute – In Systemen denken. Ganzheitlich entwickeln.
- MBtech – Die erste Phase bis 1999: Ganzheitliche Konzepte zukunftsgerecht umsetzen.
- MBtech – Die zweite Phase ab 2000: Strategieentwicklung, Projektmanagement und Portfoliomanagement.
- MBtech Group – Die dritte Phase seit 2002: Automotive Engineering und Consulting mit System.
- Status quo und Markenstruktur der MBtech Group.
- Kunden, Projekte und Ausblick der MBtech Group.

Sie ist weltweit ein Wirtschaftsmotor - die Automobilindustrie. Doch wenn man die Fahrzeughersteller (Original Equipment Manufacturers, OEMs) als Motor bezeichnet, muss man deren Zulieferer entlang der Tier-Kette mindestens zur Antriebswelle küren – so unser Befund über die Automobilzulieferindustrie in Kapitel 2.1. Wir beginnen daher mit einem Paradebeispiel eines Unternehmens, das sehr stark in aufgezeigten dynamischen und komplexen Entwicklungen involviert ist. Mittlerweile stammen etwa 70% aller Fahrzeugteile von Zulieferern. Die Branche befindet sich in einem tiefen Umbruchprozess. Lag die Fertigungstiefe der OEMs 1995 noch bei 40%, werden **bis zum Jahr 2015 Zulieferer bereits 80% der Entwicklung und Produktion für die Hersteller übernommen haben.** Aktuelle Studien gehen davon aus, dass sich die Autohersteller vor allem auf markenprägende Komponenten, Module und Systeme beschränken werden (z. B. Motor, Fahrwerk).

Sieht man einmal von der Problematik der eindeutigen Identifikation besonders kundenrelevanter und damit markenprägender Bestandteile eines Automobils ab, so muss doch festgehalten werden, dass **Systemkompetenz-Partner mit hoher Engineering- und Consulting-Kompetenz** wie die **MBtech Group** die Entwicklung und Erprobung markenprägender Komponenten und Systeme für Fahrzeuge und Antriebe im Auftrag der OEMs und der Zulieferer bereits fest in ihrer Hand haben. Unter dem Aspekt der **Markenprofilierung** gegenüber der nächsten Wertschöpfungsstufe, hier der Zulieferer oder OEMs, einerseits und dem Endkunden, hier dem Autofahrer, andererseits entsteht damit ein **großes Markenpotenzial für die gesamte**

MBtech Group, insbesondere auch hinsichtlich seiner **Markenpositionierung** gegenüber vielen starken Wettbewerbern. Die **MBtech Group ist die strategische Antwort** auf die immer weiter wachsende Diversifikation in immer neue Technologiebereiche und die daraus resultierende stark steigende Komplexität der Fahrzeuge. Ständig wachsende Anforderungen, insbesondere Integrationsanforderungen, im Produktentstehungsprozess erfordern ganzheitliche Wertschöpfungskompetenz für den gesamten Produktentstehungs- und Produktlebenszyklus von Automobilen. Zur Komplexität der Fahrzeuge kommt noch die immer weiter ansteigende Baureihenvielfalt und die damit verbundene zwangsläufige Absenkung von Losgrößen von Baureihen hinzu. Viele Zulieferer reagieren deshalb auf diese Entwicklung und wandeln sich von Einzelkomponentenanbietern zu Produzenten kompletter Systeme. In dieser neuen Arbeitsteilung zwischen OEM und Zulieferer wächst die Bedeutung des Systemkompetenz-Partners MBtech Group zwangsläufig und nachhaltig.

MBtech Group heute – In Systemen denken. Ganzheitlich entwickeln

Die MBtech Group, eine Unternehmensgruppe innerhalb des DaimlerChrysler-Konzerns mit über 1 000 Mitarbeitern bietet folgendes Produkt-Dienstleistungsspektrum dem Automobilsektor und anderen Hightech-Bereichen an. Mit den beiden Geschäftssäulen

- **Premium Engineering** für Teile, Komponenten, Module und Systeme für Pkw's sowie Nutzfahrzeuge und

- **Premium Consulting** im Bereich Forschung, Entwicklung, Produktion, Vertrieb und After Sales

positioniert sich die MBtech Group am Markt **führend in der Verbindung von Technologien und Methoden.** MBtech Group setzt ihren Fokus auf die **fünf stark wachstumsträchtigen Geschäftsfelder:**

- Motor/Triebstrang,

- Karosserie Rohbau/Interieur/Exterieur,

- Elektrik und Elektronik,

- Gesamtfahrzeug-Engineering und -erprobung sowie

- Planung, Technologie- und Prozessmanagement.

Stellt man die Kompetenzfelder der MBtech Group den aktuellen und für die nächsten 10 Jahre prognostizierten Entwicklungstrends der Automobilindustrie gegenüber, so stellt man unschwer fest, dass alle fünf Geschäftsfelder von Wachstumsimpulsen geprägt sind und von den OEMs auch weiterhin bzw. noch stärker im Wege der Fremdvergabe von Entwicklungs- und Consulting-Umfängen nach außen beauftragt werden.

Vor diesem Hintergrund gewinnt die Bedeutung der **Markierung von Hightech-Dienstleistungen und Hightech-Produkten** stark an Bedeutung (*ThyssenKrupp* 2004, S. AS1).

„Damit Zulieferer besser bestehen können, sollten sie sich und ihre Erzeugnisse als Marken etablieren. Nach Meinung der Unternehmensberater A. T. Kearny ist das Gros der Firmen ‚ohne Gesicht' und ‚schwächt durch die Anonymität die eigene Marktposition'. Andere Branchen würden belegen, dass bekannte Marken bis zu 20% Preisprämie bringen können."

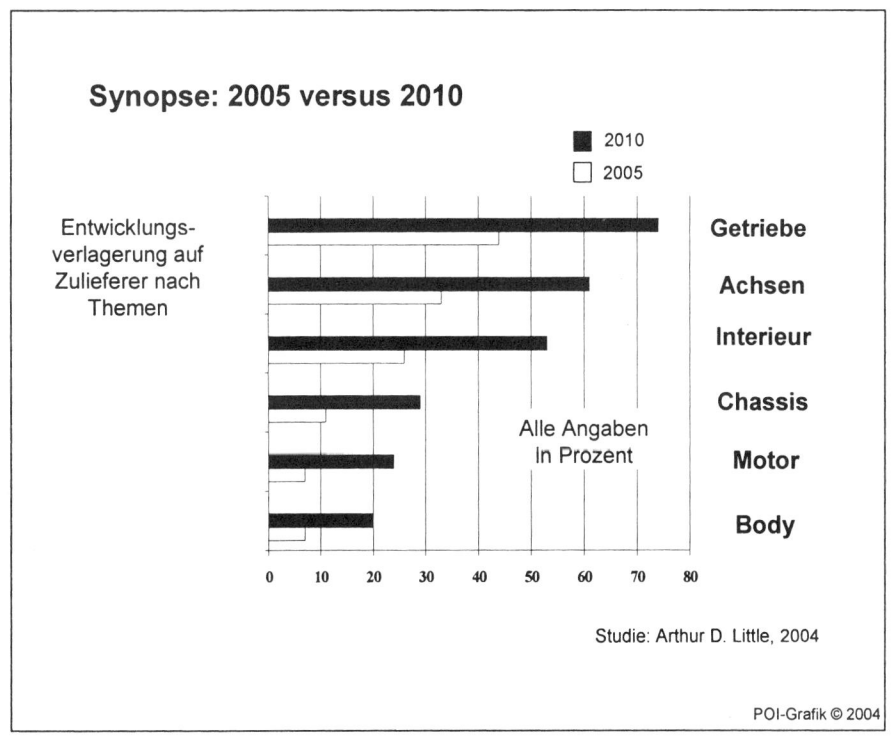

Abbildung 95: Wachstumsfinanzierung in der Automobil-Zulieferindustrie

Dabei ist die MBtech Group durchaus nicht allein auf den Automotive Sektor beschränkt, denn zunehmend werden diese Dienstleistungen aus anderen technologiegeprägten Industriebereichen nachgefragt.

Bevor wir die MBtech Group in seiner aktuellen Konstellation genauer untersuchen, erscheint ein **Rückblick** unter dem markenprägenden Aspekt des Unternehmens mit seiner **mittlerweile 10-jährigen Wachstums- und Erfolgsgeschichte** seit seiner Gründung im Jahre 1995 angebracht.

Eine Unternehmensmarke und die durch sie ausgelösten Assoziationen stellt einerseits die Abbildung seiner bisherigen Geschichte dar (**Spiegelfunktion aus der Ex-post-Perspektive**), anderseits wird die Marke zum Symbol aktueller und künftiger Herausforderungen und Erwartungen (**Zielfunktion aus der Ex-ante-Perspektive**): Starke Marken zeichnen sich durch eine in sich ausgeprägte Kontinuität und Kongruenz zwischen Spiegel- und Zielfunktion aus:

MBtech - Die erste Phase bis 1999:
Ganzheitliche Konzepte zukunftsgerecht umsetzen

Mit der Gründung der **Mercedes-Benz technology GmbH Mess- und Prüfstandstechnik (MBtech)** am 1. März 1995 als 100%-Tochter der Daimler Benz AG und ersten Anknüpfungen operativer Aktivitäten wurde bereits frühzeitig die Festigung der neuen Struktur im Unternehmensaufbau zielstrebig vorangetrieben.

1996 wandelte sich die MBtech vom **anfänglich virtuellen Unternehmen** zu einer organisatorischen Einheit mit eigenen Mitarbeitern und definierten Leistungsbeziehungen zu konzerninternen Funktionsbereichen wie Personalwesen, Buchhaltung und Benutzerservice am Standort Untertürkheim.

Der fundamentale Markenwert wurde bereits in den ersten Jahren nach der Gründung, also in der zweiten Hälfte der 90er Jahre u. a. durch folgende Aufgaben- und Kompetenzfelder aufgebaut, ausgebaut und auf hohem Niveau stabilisiert:

- MBtech unterstützte insbesondere solche Projekte, in denen die Kooperation mit **mittelständischen Unternehmen** bzw. die Errichtung **mittelständischer Strukturen** angestrebt wurden. Im Brainpool von MBtech wurde entsprechendes Wissen gebündelt, vernetzt und als Erfahrung konzentriert.

- Darüber hinaus wurden konzerninterne und externe Dienstleister mit entsprechendem fachlichen Know how projektweise über Leistungsvereinbarungen hinzugezogen. Im Falle einer angestrebten externen Vermarktung **unterstützte die MBtech die internen Dienstleister** zunächst bei der **Ausarbeitung eines vollständigen Geschäftsplans** und überprüfte die Plausibilität der zugrundeliegenden Geschäftsideen. Hierzu wurden die strategischen und operativen Geschäftsziele und die geeignete Geschäftsstrategie vorrangig unter wirtschaftlichen Gesichtspunkten bestimmt.

    o In einem ersten Schritt wurden die **externen Erfolgsfaktoren** (Markt, Kunden, Wettbewerber) und die **internen Erfolgsfaktoren** (Produkte bzw. Leistungen, Ressourcen, Wissen) identifiziert und bewertet.

    o Anschließend analysierte man die **Stärken und Schwächen** sowie die **Chancen und Risiken**.

    o Hieraus leitete man **Handlungsoptionen** und eine **Entscheidungsempfehlung** gemeinsam mit den betreffenden Bereichen ab.

- Analog hat die MBtech im Falle der Stärkung von Kunden- und Lieferantenbeziehungen über Kooperationen zwischen der Daimler Benz AG internen und externen Dienstleistern ihre **Unterstützung bei der Auswahl und bei der Entscheidungsvorbereitung** angeboten.

- Nach der Zustimmung zur Umsetzung übernahm in beiden Fällen die MBtech in enger Abstimmung mit Konzernfunktionen – wie Mergers & Acquisitions (M&A), Recht, Einkauf, Finanzen, Controlling und Steuern – **die Federführung bei der Auswahl, Prüfung und Bewertung (Due Dilligence) von geeigneten Kooperationspartnern.**

- Ebenso steuerte die MBtech die **Ausarbeitung, Vereinbarung und Umsetzung der erforderlichen Vertragswerke** (Konsortialvertrag, Gesellschaftsvertrag, etc.) und eventuelle Gründungsabläufe/-formalitäten.

- Außerdem unterstützte die MBtech bei der **Planung und Durchführung von bedarfsgerechten Kommunikations- und Marketingmaßnahmen.**

1996 wurde bereits ein **Ausgründungsprojekt** aus der Daimler Benz AG und ein **Beteiligungsprojekt** mit Erfolg abgeschlossen, ein Jahr später wurde eine weitere Beteiligung durchgeführt:

- Am 1. April 1996 erfolgte die **Ausgründung** des ursprünglich als Teil der Pkw-Entwicklung der Daimler Benz AG aufgebauten Dienstleistungszentrums für elektromagnetische Verträglichkeit (EMV) der Daimler Benz AG mit Sitz in Waiblingen als 100%-Tochter der MBtech unter der Firmierung **EMCtech GmbH**. Mit den Standorten Waiblingen und Sindelfingen (ab 1999) betreut die EMCtech GmbH als selbstständiges Dienstleistungsunternehmen Aufgaben der Messung, Beratung und Zertifizierung in allen Bereichen der elektromagnetischen Verträglichkeit (EMV). Das mit modernster Technik ausgestattete Unternehmen gilt in Europa seit Ende der 90er Jahre als marktführend und betreut heute neben dem Schlüsselkunden DaimlerChrysler AG auch andere namhafte Automobilhersteller und Systemlieferanten hinsichtlich Prüfzertifizierung und Prüfabwicklung.

- Am 17. November 1997: **Beteiligung an der Betreibergesellschaft EG & G ATP GmbH&Co. Automotive Testing Papenburg KG** am damals schon größten und modernsten Prüfgelände Europas für Pkw-/Nutzfahrzeugerprobung in Papenburg. Das Betreibermodell umfasst drei große Bereiche: Den Betrieb und die Verwaltung des Prüfgeländes, die Vermarktung freier Kapazitäten an Drittkunden und die Erprobungsleistungen für die Daimler Benz AG.

Neben dieser ganzheitlichen Orientierung prägen außerdem klar definierte Projektstrategien die Aktivitäten der MBtech in den ersten Jahren bereits nachhaltig. Mit der Ausgründung und den beiden Beteiligungen gelingt der MBtech eine sowohl **flexible als auch zukunftsgerechte Ausrichtung dreier bedeutender Servicefelder für den Geschäftsbereich Pkw/Entwicklung der Daimler Benz AG.** In der Summe korrespondieren mit diesen Schritten fundamentale Weichenstellungen für die Prozessneuordnung und Prozessoptimierung sowie Marktorientierung.

Die Aktivitäten der MBtech richten sich auch in den Folgejahren konsequent nach der verabschiedeten Zielsetzung, die **Entwicklungs- und Produktionsbereiche der Daimler Benz AG nachhaltig** im Rahmen ihrer Neuausrichtung zu **unterstützen**, wobei zum damaligen Zeitpunkt die Anregung und Realisierung von Kooperationen durch MBtech schwerpunktmäßig auf den Gebieten der Erprobungs-, Mess- und Prüfstandstechnik lag. Center-Bereiche der Fahrzeug-Entwicklungs- und Produktionsbereiche der Daimler Benz AG werden bei der Umsetzung neuer unternehmerischer Konzepte unterstützt, insbesondere bei der langfristigen Absicherung von Dienst- und Entwicklungsleistungen, die nicht zu deren Kerngeschäft gehören. Hierbei wird konzerninternen Diensteistern zur Erhaltung und Stärkung ihrer Leistungsfähigkeit nach sorgfältiger Vorbereitung der Zutritt zum externen Markt im Rahmen von Kooperationen ermöglicht. Unter realistischer Einschätzung von Risiken des Know how-Abflusses werden auch Ausgründungsprojekte initiiert und realisiert. Des Weiteren können aber auch die Potenziale von bedeutenden externen Dienstleistern mit der Stärkung der Kunden-/Lieferantenbeziehung durch Kooperationen voll erschlossen werden. Die MBtech nimmt dabei die **Projektkoordination** und in Beteiligungen die **Aufgaben des Gesellschafters** wahr.

Die MBtech fördert die Bereitschaft zur Übernahme erweiterter unternehmerischer Verantwortung und bietet umfassende Unterstützung bei der Auseinandersetzung mit den heutigen und zukünftigen Marktanforderungen an. MBtech konzentriert sich dabei auf folgende beiden **Zielgruppen:**

- Potenzielle Partner und Kunden am Markt sowie

- Fahrzeug-Entwicklungs- und Produktionsbereiche der damaligen Daimler Benz AG.

Der **Mehrwert** der Unterstützung **durch die MBtech** liegt vor allem darin, die möglichen Wege zur Umsetzung von Zielvorgaben aufzuzeigen, und die hierfür erforderlichen Schritte in konkreten Projekten zum Erfolg zu führen. Durch regelmäßige Kommunikation mit Direktionen und Centern konnte innerhalb des Arbeitsfeldes von MBtech eine Vielzahl neuer Ideen für Projekte entwickelt werden, deren Detaillierung und Überprüfung auf Machbarkeit im Rahmen der momentanen Arbeit erfolgt. **Bereits in den ersten Gründerjahren** bestand ein **zentraler Markenwert** der MBtech in der **professionellen Projektkoordination** und in der **ganzheitlichen Betrachtungsweise** – ein Markenwert, dem MBtech bis heute treu geblieben ist, aber kontinuierlich mit neuen Inhalten innerhalb der Wertschöpfungskette immer weiter angereichert wurde.

Die Stärke von MBtech in der ganzheitlichen Projektkoordination führte in dreidimensionaler Hinsicht zur **Stärkung seines Markenwertes** (*Schmid* 2004):

- Der konsequent verfolgte Ausbau von Kunden- und Lieferantenbeziehungen laden den Markenwert und damit die **Markenstärkung in der Höhe** mit jedem weiteren erfolgreich beratenen Kunden auf.
  Die Markenstärkung erfolgt durch **neue Kundenreferenzen**.
  Bei MBtech in concreto: Aufbau professioneller Vermittlungs- und Vernetzungskompetenz durch Unterstützung und Stärkung der Beziehungen zwischen internen und externen Dienstleistern einerseits und der Daimler Benz AG andererseits.

- Parallel dazu erhöht die **Markenstärkung in der Tiefe** nicht nur die Markenreputation von MBtech bei vorhandenen Kunden, sondern auch deren Markenloyalität bei künftigem Beratungsbedarf.
  Die Markenstärkung erfolgt hier durch **zunehmende Kundenloyalität**.
  Bei MBtech in concreto: Erfolgreich beratene Kunden kommen mit Folgeprojekten wieder zur MBtech. Es gehört zur Beratungsphilosophie von MBtech, innovative und aussichtsreiche Ideen nicht nur zu identifizieren, sondern auch umzusetzen und deren Erfolgswahrscheinlichkeit nachhaltig zu erhöhen.

- Die **Markenstärkung in der Breite** entsteht in den Folgejahren durch den sukzessiven Ausbau seiner Kernkompetenzfelder entlang des Projektmanagementprozesses durch Abdeckung der kompletten Wertschöpfungskette von der Idee über die Strategie, Analyse, Präsentation, Geschäftsplan, Verträge, Organisationsstruktur, Geschäftsanlauf und Projektreview.
  Die Markenstärkung erfolgt hier durch **Erweiterung der Beratungskompetenzen**.
  Bei MBtech in concreto: Sukzessive Erweiterung des Geschäftsmodells in den Folgejahren nach 2000 durch Aufbau und Integration weiterer Kompetenzen in den Bereichen **Strategieentwicklung, Projektmanagement und Portfoliomanagement**.

Wir werden dieses Modell in unserem Ausblick wieder aufgreifen, visualisieren und in unserem nächsten Band, Ingredient Branding, weiterentwickeln. Die Konsequenzen für MBtech in concreto wurden oben bereits anhand dieser Systematik erläutert und exemplifiziert.

Mit erfolgreich durchgeführten Referenzprojekten lädt die MBtech Group entlang aller drei Dimensionen seine Premiummarke im Engineering- und Consulting-Geschäft kontinuierlich weiter auf.

MBtech - Die zweite Phase ab 2000:
Strategieentwicklung, Projektmanagement und Portfoliomanagement

MBtech weitet seine Vermittlerrolle zwischen Fahrzeugentwicklungs- und Produktionsbereichen nach dem Merger der Konzernmutter DaimlerChrysler AG und konzernexternen Entwicklungspartnern weiter aus.

In ihrer Unterstützungsfunktion versteht sich MBtech als

- Consultant, Projektkoordinator und Projektmanager sowie
- Aktiver Gesellschafter in verschiedenen Beteiligungen.

Der in der ersten Phase bereits formulierte Anspruch auf ganzheitliche Projektkoordination und die in den ersten 5 Jahren aufgebaute Markenpositionierung erfährt in dieser zweiten Phase seine Fortsetzung durch die Formulierung eines **ganzheitlichen Innovationsverständnisses** (*MBtech* 2000, Kapitel 1 und 3):

> „Innovation ist das Ergebnis aus Überzeugung und Fleiß, das Visionen Wirklichkeit werden lässt ... Ihr Erfolg ist unser Ziel – Bisher realisierte Projekte."

Aus diesem selbst auferlegten Innovationsverständnis leitet MBtech unter Berücksichtigung seiner bisherigen Markterfolge im ersten halben Jahrzehnt seit der Gründung seine historisch gewachsene eigenständige **Markentriade** ab. Diese Markentriade besteht aus drei fundamentalen **Markenwerten**, aus denen sich ihrerseits **Kernkompetenzfelder** ableiten. Die bereits im ersten Teil des Buches dargestellte Bedeutung der Integration des externen Faktors bei Dienstleistungen lassen sich am Unternehmensbeispiel MBtech Group durch personifizierte Kernkompetenzfelder veranschaulichen - im Vordergrund steht hier die **Persönlichkeit und Expertise der MBtech Group:**

1. **Marktgerechte Ausrichtung durch Strategieentwicklung:** MBtech operationalisiert diesen Markenwert durch spezifische Leistungsparameter und macht sich damit zum personifizierten Synonym für folgende **Kernkompetenzfelder:**

   o MBtech steht für die **Identifikation zukunftsorientierter, technologischer Leistungen und Produkte mit bedeutendem Marktpotenzial,** insbesondere in der **Automobilbranche.**

   o MBtech **entwickelt spezifische Ziele und Strategien für die optimale Markterschließung** durch Zusammenarbeit mit international am Markt etablierten hochkarätigen Partnern.

   o MBtech entwickelt Strategien durch **Analyse kritischer Erfolgsfaktoren:** Marktattraktivität, Markt- und Technologieposition im Vergleich zum Wettbewerb, Ertragspotenzial, Chancen- und Risiko-Abwägung und im Vergleich zur Konzernstrategie von DaimlerChrysler.

   o MBtech **identifiziert im Wege des Branchen-Monitoring und durch regelmäßige Marktanalysen aussichtsreiche und geeignete Marktpartner** und unterzieht sie einem **Ranking nach Attraktivitätswerttreibern:** Strategische Ausrichtung, internationale Kundenbasis, globale Wettbewerbsposition, Innovationspotenzial, wirtschaftliche Stärke und Managementqualität.

- MBtech steht für seine konsequente Umsetzungsqualität, d. h. die einmal entwickelten und ausgewählten **Strategien werden durch Kooperationsverträge, Beteiligungen oder Neugründungen** verwirklicht. In diesem Prozess spielt die Qualität der Kontaktherstellung und damit der persönliche Markenauftritt der Experten von MBtech eine ausschlaggebende Rolle.

2. **Konsequente Umsetzung innovativer Ideen durch Projektmanagement:**
   MBtech erfüllt auch diesen Markenwert mit Leben durch spezifische Leistungsparameter und macht sich auch hier zum personifizierten Synonym für folgende **Kernkompetenzfelder:**

   - MBtech setzt insbesondere Projekte um, in denen die Errichtung **mittelständischer Strukturen** bzw. die Kooperation mit **mittelständischen Unternehmen** angestrebt wird.

   - MBtech **bündelt gezielt Wissen und Erfahrungen** in konzentrierter, ziel- und zweckorientierter Form. Darüber hinaus wird ein **Netzwerk von Experten** mit speziellem Fachwissen in Abhängigkeit von Projektinhalt und Projektdauer hinzugezogen.

   - MBtech leistet Unterstützung in der **Ausarbeitung vollständiger Geschäftspläne** und führt für aussichtsreiche Geschäftsideen **Plausibilitätsüberprüfungen** durch. Dazu werden sowohl strategische als auch operative Geschäftsziele und Geschäftsstrategien unter wirtschaftlichen Gesichtspunkten bestimmt. Nach der Identifikation und Bewertung von Erfolgsfaktoren werden Stärken und Schwächen der Geschäftsidee einerseits den Chancen und Risiken aus dem Markt- und Wettbewerbsumfeld andererseits bewertungsmäßig gegenübergestellt. Es folgt die Ableitung von Handlungsoptionen und die Vorbereitung einer Entscheidungsvorlage.

   - MBtech übernimmt nach der Zustimmung zur Umsetzung die **Federführung bei der Auswahl, Prüfung und Bewertung (Due Dilligence) von geeigneten Kooperationspartnern.** Ebenso steuert MBtech die **Ausarbeitung, Vereinbarung und Umsetzung der erforderlichen Vertragswerke** (Konsortialvertrag, Gesellschaftsvertrag, etc.) und eventuelle Gründungsabläufe/-formalitäten. MBtech bietet im Rahmen der Projektarbeit die erforderliche Unterstützung bei der **Klärung von personalpolitischen Fragestellungen.**

   - MBtech unterstützt die **Planung und Durchführung von bedarfsgerechten Kommunikations- und Marketingmaßnahmen.**

3. **Wertorientierte Unternehmensführung durch Portfolio-Management:**
   MBtech realisiert diesen Markenwert durch seine, oben bereits dargestellte, proaktive Projektmanager- bzw. Gesellschafterrolle und wird damit zum personifizierten Synonym für folgende **Kernkompetenzfelder:**

- MBtech gibt für ihre Beteiligungen **strategische Ziele** vor.
- MBtech unterstellt hierfür eine **stetige Wertsteigerung** und eine **risikogerechte Kapitalverzinsung**. Die Geschäftsführung sichert eigenverantwortlich die Zielvorgaben durch konsequente Kunden- und permanente Wettbewerbsorientierung (Best Practice) sowie innovative Produkte und Leistungen, Rentabilitätssteigerung und profitables Wachstum ab.
- MBtech analysiert regelmäßig die aktuelle Wettbewerbsposition und die Zielerfüllung ihrer Beteiligungen. Neben der Zielerfüllung der Beteiligungen entwickelt MBtech ihr Beteiligungsportfolio nach den beiden Kriterien ‚Strategische Bedeutung für DaimlerChrysler' und ‚Beitrag zur Wertsteigerung' weiter.

Bei genauer Betrachtung erkennt man zum einen die in sich kohärente Abstimmung mit der bisherigen Markenhistorie von MBtech, zum anderen aber auch die konsequente Weiterentwicklung der bereits aufgebauten Kernkompetenzen und damit Fortführung des begonnenen Weges der **Markenentwicklung in Richtung Ein-Markenstrategie MBtech**.

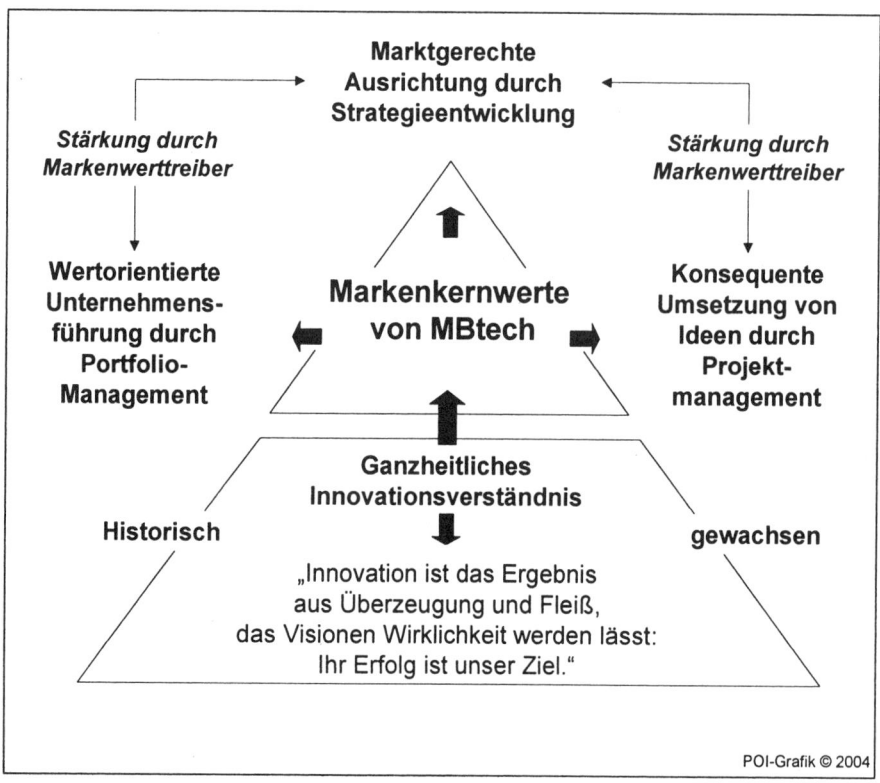

Abbildung 96: Markenkernwerte in der Markentriade von MBtech im Überblick

Die Markenwerte sind dabei keineswegs statisch zu betrachten – sie müssen kontinuierlich via Markenwerttreibern aufgeladen werden und dem Kunden gegenüber kommuniziert werden. Durch zunehmende Cross Selling-Aktivitäten in der Unternehmensgruppe wurden erste Schritte in Richtung Ein-Markenstrategie unternommen. Dieser Gedanke des bereichsübergreifenden Zusammenarbeitens und das damit verbundene Zusammenwachsen der Tochterunternehmen wurde durch Tagungen, Workshops und Seminare in die Unternehmensgruppe implementiert.

Starke Marken können nur durch ein ausgewogenes Verhältnis zwischen strategischer Markenaufladung und operativer Markenkommunikation auch stark bleiben.

Die **Markenwerttreiber bei MBtech** werden weiter unten für jedes seiner fünf Geschäftsfelder herausdestilliert.

MBtech versteht sich selbst als ‚Brücke zum Markt' und erfüllt diesen **Markenanspruch** mit weiteren gezielten und aufeinander abgestimmten Kooperationen, Joint Ventures, Gründungen und Beteiligungen auch in den Jahren nach 2000 weiter mit Leben.

Neben den bereits in der ersten Phase oben beschriebenen Beteiligungen und der ebenfalls bereits vorgestellten Ausgründung ist das **MBtech-Portfolio** weiter gewachsen und hat **in chronologischer Abfolge** folgendes Bild:

- 15.05.1996: **EMCtech GmbH** in Waiblingen und Sindelfingen, Dienstleistungszentrum für elektromagnetische Verträglichkeit. Beratung und Durchführung des gesamten EMV-Managements im Fahrzeugentwicklungsprozess.

- 17.11.1997: **ATP Automotive Testing Papenburg GmbH, heute ein Joint Venture zwischen der Wilhelm Karmann GmbH und der MB-technology GmbH.** Infrastrukturmanagement und Vermarktung der Teststrecke und deren Einrichtungen. Erprobung von Kraftfahrzeugen und Kraftfahrzeugteilen auf den Teststrecken/Prüfständen.

- 12.12.1997: **ATP LLC (Auto Testing Properties Limited Liability Company), Prüfgelände Laredo, USA.** Facility Management des Prüfgeländes zum kostenoptimierten Betrieb für die Fahrzeugentwicklungsbereiche der DaimlerChrysler AG.

- 02.12.1998: **RMC Reliability Technology GmbH (RMCtech),** Sindelfingen, Erbringung von umfassenden Dienstleistungen auf dem Gebiet der Zuverlässigkeitssicherung elektronischer Systeme im Fahrzeug.

- 10.08.1999: **APS-technology GmbH, Antriebsprüffeld Stuttgart,** Betrieb von Motoren- und Getriebeprüffeldern und Durchführung von Vorentwicklungsprojekten.

- 15.02.2000: **DRIVEtest LLC**, Laredo, USA. Durchführung von Dauerlauferprobungen unter extrem klimatischer Bedingung.

- 15.06.2000: **DRIVEtech Fahrzeugerprobungen GmbH,** Papenburg und Sindelfingen, Durchführung von Dauerlauf-/Funktionserprobungen nach Herstellerspezifikationen auf Prüfgelände und Straße.

- 07.09.2001: **LMC Lean Manufacturing Consulting GmbH,** Sindelfingen, Optimierung von Unternehmensprozessen in Entwicklung und Produktion. Produktions-/Werksplanungsleistungen, Projektmanagement und KVP-Beratung.

- 01.01.2002: **IMH-Institut für Motorenbau Prof. Huber GmbH,** München und Stuttgart, Forschung und Entwicklung von Verbrennungsverfahren für Otto- und Dieselmotoren sowie von alternativen Kraftstoffen (z. B. Wasserstoff), Aufbau und Betrieb von Motorenprüffeldern.

- 01.01.2002: **Mercedes-Benz Engineering s.r.o.,** Prag (CZ), Simulation, Konstruktion und Berechnung von Motoren- und Fahrzeugkomponenten, digitale Leitungssatzentwicklung und Beschaffung von Prototypteilen.

MBtech Group - Die dritte Phase seit 2002:
Automotive Engineering und Consulting mit System

Der **Markenname MBtech** steht für höchste Kompetenz in allen relevanten Bereichen des Automotive Engineering und Consulting. Die ersten beiden Entwicklungsphasen der Unternehmensmarke MBtech bilden den Ausgangspunkt der **internationalen MBtech Group** mit Standorten **in Europa, den USA und Asien.**

Als Dienstleister und Partner für die Automobilindustrie entwickelt die MBtech Group Komponenten, Module und Systeme für Fahrzeug und Antrieb. Das Leistungsspektrum umfasst sowohl **kundenspezifische Entwicklungsaufgaben** als auch **prozessorientierte Consulting-Dienstleistungen** entlang der gesamten Produktentwicklungs-Wertschöpfungskette – von der ersten Idee bis in die Produktion.

Die bereits seit seiner Gründung favorisierte ganzheitliche Sicht ermöglicht ein systembezogenes Denken und Handeln, das Mehrwert für den Kunden schafft – unabhängig davon, ob es sich um die Serienentwicklung einzelner Komponenten, größerer Module oder ganzer Systeme handelt. Aus dem in den ersten 10 Jahren ständig wertangereicherten Kompetenz-Portfolio an Engineering-, Testing- und Consulting-Leistungen resultieren **für den Kunden der MBtech Group** insbesondere folgende **Leistungsvorteile:**

- Hohe Qualität an Engineering- und Consulting-Kompetenz (**Qualität**),

- Kurze Entwicklungs- und Produktionszeiten durch weltweit modernste Entwicklungs- und Produktionstechnologien (**Zeiteffizienz**) und damit verbunden.

- Effiziente Ressourcennutzung durch nachhaltige Verschlankung von Entwicklungs- und Produktionsprozessen sowie zielgerichtete Weiterqualifizierung von Mitarbeitern (**Kosteneffizienz**).

- Hohe Forschungsnähe durch MBtech-eigene Projekte im Motorenbau (**State of the Art**).
- Hohe Zuverlässigkeit durch modernes Reliability Management (**Zuverlässigkeit**).
- Hohe Sicherheit durch störungsfreie, zulassungsgerechte Verträglichkeit von Fahrzeugelektrik und –elektronik, u. a. durch Deutschlands größtes EMV-Dienstleistungszentrum zur Gewährleistung elektromagnetischer Verträglichkeit (**Sicherheit**).

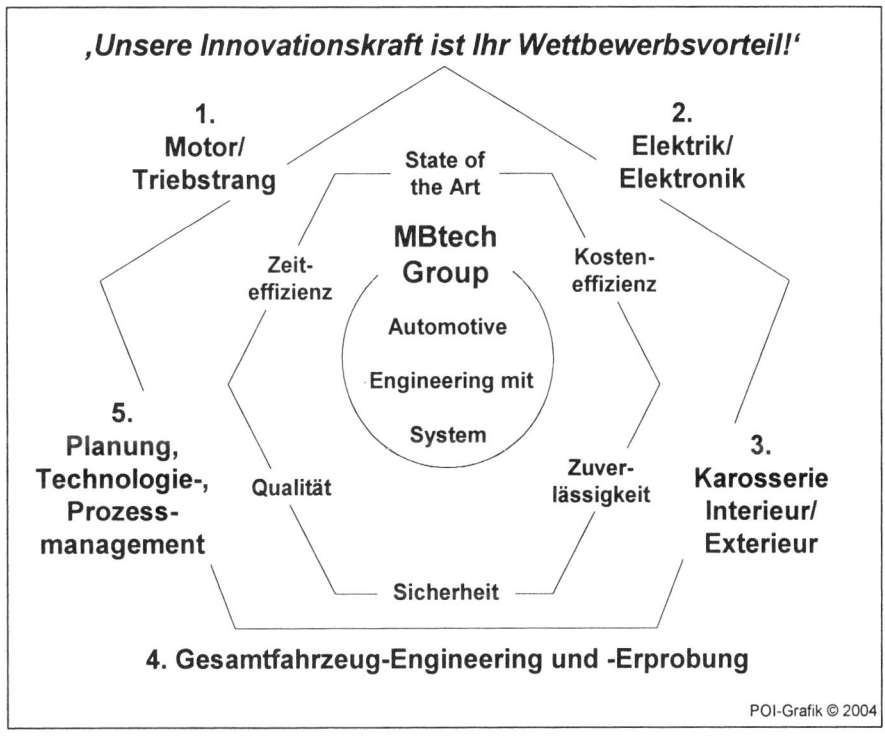

Abbildung 97: Markenmotto, Markenargument, USP und Geschäftsfelder

Mit diesen sechs Leistungsvorteilen assoziiert der Kunde den **Unique Selling Proposition** (USP) der Unternehmensmarke MBtech Group. Diese Leistungsvorteile lassen sich als USP wie folgt zuordnen.

- Der Leistungsvorteil ‚State of the Art' durch die Herausstellung des Markennamens Mercedes-Benz (MB) als **Identifikationsmerkmal im Evoked Set of Alternatives (Relevant Set of Brands)**.
- Die Leistungsvorteile ‚Sicherheit', ‚Zuverlässigkeit' und ‚Qualität' als **Profilierungsmerkmale der MBtech Group gegenüber dem Kunden (Brand Profi-**

le) und als **Nachhaltigkeitsmerkmal im Leistungsversprechen (Brand Sustainability)**.

- Die Leistungsvorteile ‚Zeiteffizienz' und ‚Kosteneffizienz' als **Positionierungsmerkmale gegenüber dem Wettbewerb (Brand Positioning)**.

Das **Markenmotto** der MBtech Group ‚Automotive Engineering mit System' und seine Begründung mit dem **Markenargument** ‚Unsere Innovationskraft ist Ihr Vorsprung im Wettbewerb' basiert inzwischen auf fünf Kompetenzfeldern und lehnt sich in seiner Botschaft an die Ganzheits- und Gestaltpsychologie an, wonach das Ganze mehr ist als die Summe seiner Teile.

Für die MBtech Group bedeutet das: ‚Our stroke power is more than the sum of our individual strengths'. Die **Kompetenzen der MBtech Group** verteilen sich auf fünf marktgerichtete Geschäftsfelder. Da die MBtech Group Komponenten, Module, Systeme entwickelt bzw. mit Dienstleistungen an Wert anreichert, die in ihrer Leistung und Wertigkeit als Bestandteil in ein komplexes Endprodukt eines Systemlieferanten oder gar OEM eingehen, liegt in den **fünf definierten Geschäftsfeldern** ein **Ingredient Brand Value**:

1. **Motor/Triebstrang:** Mit MBtech Group assoziiert man Prüf- und Engineering-Leistungen, die von der Forschung und Entwicklung über die Adaption von Motor- und Antriebskomponenten für PKW und Nutzfahrzeuge bis hin zum Aufbau und Betrieb von Motorenprüffeldern reichen – stets zielgerichtet und perfekt koordiniert.

    - Motorenentwicklung für PKW und Nutzfahrzeuge
    - Brennverfahrensentwicklung
    - Motorelektrik und Motorelektronik
    - Motor- und Getriebekonstruktion und -berechnung
    - Prüfstands- und Fahrzeugapplikation einschließlich Zertifizierung
    - Abgassysteme und Nachbehandlung
    - Einspritzsysteme, Aufladesysteme, Abgasnachbehandlungssysteme
    - Motoradaptionen in Serienentwicklungen, z. B. auf alternative Kraftstoffe
    - Motoren- und Komponentenprüffelder
    - Entwicklung von Motorenmesstechnik
    - Antriebselektronik, z. B. Steuergeräte-/Softwareentwicklung
    - Komponentenentwicklung, z. B. Aufladung, Einspritzinjektoren
    - Mechanikentwicklung

- Prüfung und Validierung (Motorenprüffelder, Abgasrollenprüfstände, Prüffelder für Motorkomponenten, Antriebsstrangerprobung, Sondermesstechnik, z. B. optische Messverfahren, Gasentnahme)

Der durch die MBtech Group generierte und eingebrachte **Markenwerttreiber bzw. Ingredient Brand Value** in das Endprodukt lautet ‚Herzstück eines jeden Automobils oder Nutzfahrzeugs'.

2. **Karosserie Interieur/Exterieur:** MBtech Group steht für ganzheitlich optimale Ergebnisse in Form innovativer Dienstleistungen im Bereich Karosserie: Beim Rohbau und der Konstruktion von Komponenten ebenso wie bei der Adaptionsentwicklung und Validierung im Rahmen der Gesamtfahrzeugkonstruktion.

    - Gesamtfahrzeugkonstruktion (z. B. Layout, Packaging, Einbauuntersuchungen, Engineering via CATIA V 4.2/V5, 3D-Konstruktionen, 2D-Zeichnungen)
    - Berechnung und Simulation (z. B. Netzgenerierung, Berechnung von Struktur-/Strömungsmechanik, Simulation Matlab, Crashberechnung)
    - Komponenten- und Modulentwicklung (z. B. Rohbau mit Anbauteilen, Interieur, Sitze, Cockpit, Verkleidungen, Chassis-Komponenten)

    Der durch die MBtech Group generierte und eingebrachte **Markenwerttreiber bzw. Ingredient Brand Value** in das Endprodukt lautet ‚Die perfekte Verbindung von Funktionalität, Ästhetik und Wirtschaftlichkeit'.

3. **Elektrik/Elektronik:** MBtech Group unterstützt seine Kunden bei der Entwicklung und Validierung leistungsfähiger Elektrik-/Elektronikkomponenten und -systeme – von Steuergeräten über Automotive Software bis hin zu den Sensoren und Aktoren.

    - Engineering (Funktions- und Systementwicklung, Software-Entwicklung, Diagnose und Flashen, Leitungssatz)
    - Testing (Hardware in the loop, Software Testing, Elektromagnetische Verträglichkeit)
    - Consulting (Reliability, Software-Prozessmanagement)

    Der durch die MBtech Group generierte und eingebrachte **Markenwerttreiber bzw. Ingredient Brand Value** in das Endprodukt lautet ‚Service für Innovationsführerschaft'.

4. **Gesamtfahrzeug-Engineering und -Erprobung:** MBtech Group übernimmt im Rahmen der Serienentwicklung komplexe Engineering- und Erprobungspakete und bietet sämtliche Ressourcen für Prüfstand und Straße, einschließlich Testgelände, Equipment sowie hoch qualifizierte Ingenieure, Techniker und Testfahrer.

- Erprobung von Fahrzeugkomponenten und –systemen im Gesamtfahrzeug
- Prüfung und Optimierung von Fahrverhalten, Fahrdynamik und Fahrsicherheit
- Abgas- und Verbrauchsuntersuchungen
- Funktionserprobung (Prüfstand und Straße)
- Dauerhaltbarkeitserprobung (Prüfstand und Straße)

Der durch die MBtech Group generierte und eingebrachte **Markenwertwertreiber bzw. Ingredient Brand Value** in das Endprodukt lautet ‚Praxisnahe Erprobung aus einer Hand'.

5. **Planung, Technologie- und Prozessmanagement:** MBtech Group ermöglicht mit seinem maßgeschneiderten Consulting eine nachhaltige Prozessoptimierung in Entwicklung und Produktion durch Instrumente wie Lean Manufacturing, Rapid-Technologien sowie internationales Technical Engineering und Supply Chain Management.

- Lean Manufacturing Consulting für Produktion, Produktionsplanung, Serienanlauf, Lean Development Consulting in allen Phasen des Produktentwicklungsprozesses, Internationale Lieferantenentwicklung und Supply Chain Management, Qualifizierung von Führungskräften und Prozessexperten, Sicherstellung von Implementierung und Nachhaltigkeit
- Technical Engineering für Produktionsplanung, Werksplanung und Serienplanung, Projektmanagement für Produkt- und Werksprojekte aus dem Automobilsektor, Internationales Projektmanagement für alle automobile Produktentstehungsphasen
- Rapid Prototyping und Rapid Tooling, Unterstützung in der Serienanlaufphase durch Kleinserien, Anwendung modernster Fertigungstechnologien

Der durch die MBtech Group generierte und eingebrachte **Markenwertwertreiber bzw. Ingredient Brand Value** in das Endprodukt lautet ‚Zukunftsstrategien für die Automotive-Welt'.

Spiegelt man die hier für MBtech Group dargestellten Markenwerttreiber mit dem Endprodukterlebnis des Kunden, so stellt man schnell fest, dass MBtech Group durchaus an außerordentlich markenrelevanten Komponenten, Modulen und Systemen einen nachhaltigen Ingredient Brand Value integriert. Mit anderen Worten: Das Markenerlebnis des Kunden am Endprodukt Automobil wird ganz erheblich vom Wirkungsgrad des Ingredient Brand Value beeinflusst, obwohl der Kunde diese Leistungen später allein der Automobilmarke zuschreibt – zumindest bislang noch. Im Nutzfahrzeugbereich ist es heute bereits so, dass ein Kunde nicht nur sehr individuell seine Nutzfahrzeugflotte ausstatten kann und kein LKW dem anderen gleicht: Der

LKW-Kunde kann immer häufiger auch wählen, von welchem Lieferanten er bestimmte Sonderausstattungen eingebaut haben möchte. Diese Entwicklung der Individualisierung wird sich auch im Pkw-Sektor noch weiter verstärken.

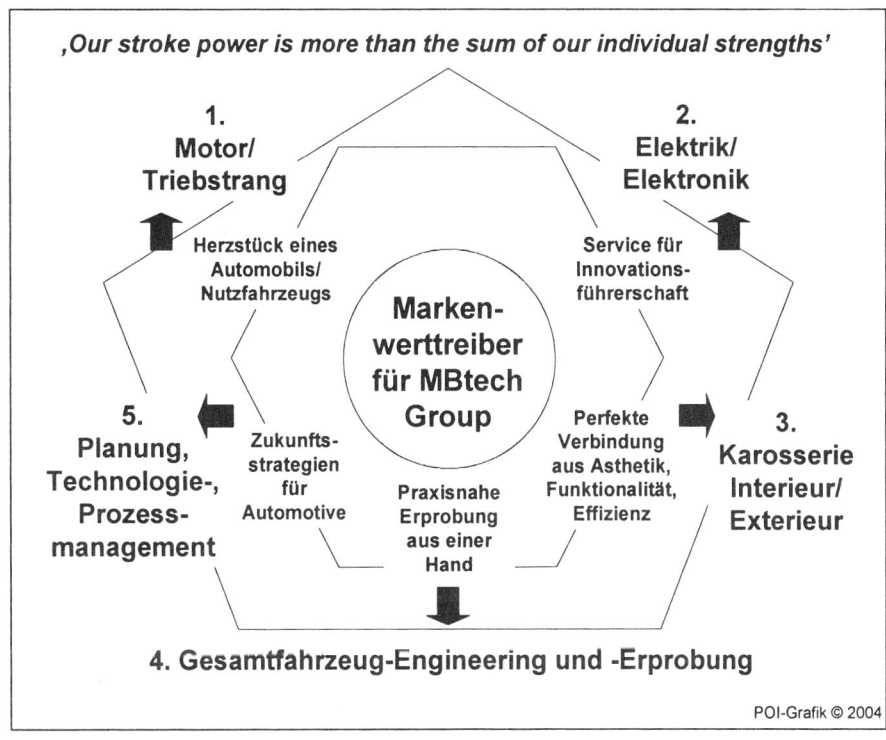

Abbildung 98: Markenwerte und Markenwerttreiber in den Geschäftsfeldern der MBtech Group

Nachfolgend werden aktuelle Entwicklungen und Handlungsschwerpunkte der MBtech Group sowie die Markenstruktur vorgestellt.

Status quo und Markenstruktur der MBtech Group

Im Jahr 2003 erzielte die MBtech Group mit 12 Gesellschaften und 934 Mitarbeitern an 14 Standorten auf drei Kontinenten einen Jahresumsatz von über 103 Millionen Euro. MBtech Group verbindet mit der Zielsetzung der Technologie- und Methodenführerschaft in Engineering und Consulting eine Wachstums- und Globalisierungsstrategie in einem Markt mit ausgeprägter Wettbewerbsdynamik, wobei insbesondere die Präsenz in Asien weiter ausgebaut wird.

Die MBtech Group verfolgt eine **Ein-Marken-Strategie** mit folgender **Zielsetzung**:

- Verpflichtung gegenüber dem **DaimlerChrysler-Konzern** und Identifikation mit der **Marke Mercedes-Benz**.

- **Zusammenführung aller Einzelleistungen** im Dienstleistungs- und Produkt-Portfolio **unter d e r Marke MBtech mit dem Logo als Key Visual.**

- **Markenpositionierung im Premium-Segment** für anspruchsvolle und ganzheitliche Engineering- und Consulting-Leistungen im Automobilsektor auf Komponenten-, Modul-, Systemebene und in den Bereichen Forschung, Entwicklung, Produktion und Vertrieb.

- **Markenpositionierung** gegenüber der Konkurrenz und **Markenprofilierung** gegenüber dem Kunden mit dem Anspruch einer **Technologie- und Qualitätsführerschaft.**

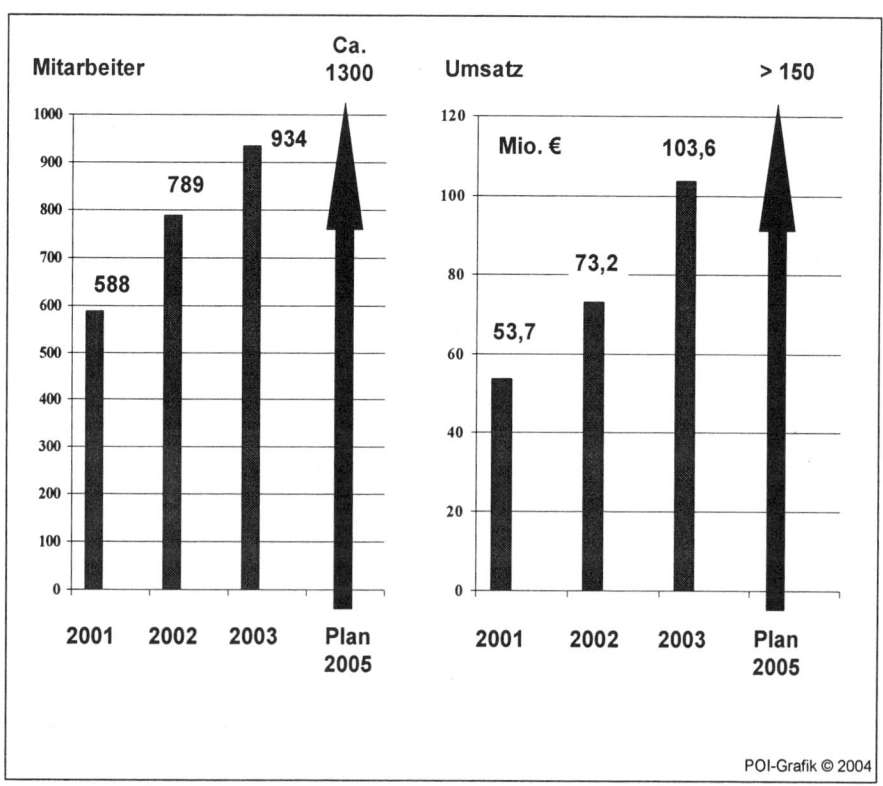

Abbildung 99: Mitarbeiter- und Umsatzentwicklung der MBtech Group in den letzten Jahren

Das Corporate Marketing der MBtech Group hat vor dem Hintergrund des stetig wachsenden Kompetenz-Partner-Netzwerks über die verschiedenen Geschäftsfelder und den verschiedenen Beteiligungen und Tochtergesellschaften ein detailliertes **Corporate Design Manual** entwickelt, um genaue Angaben über die Verwendung von Logo-Format, Logo-Farben, Medien, Vorlagen, Messeauftritt und anderer Unterlagen zu machen. Nur so konnte man der Komplexität der Konzernstruktur der MBtech Group mit allen Unternehmensteilen gerecht werden.

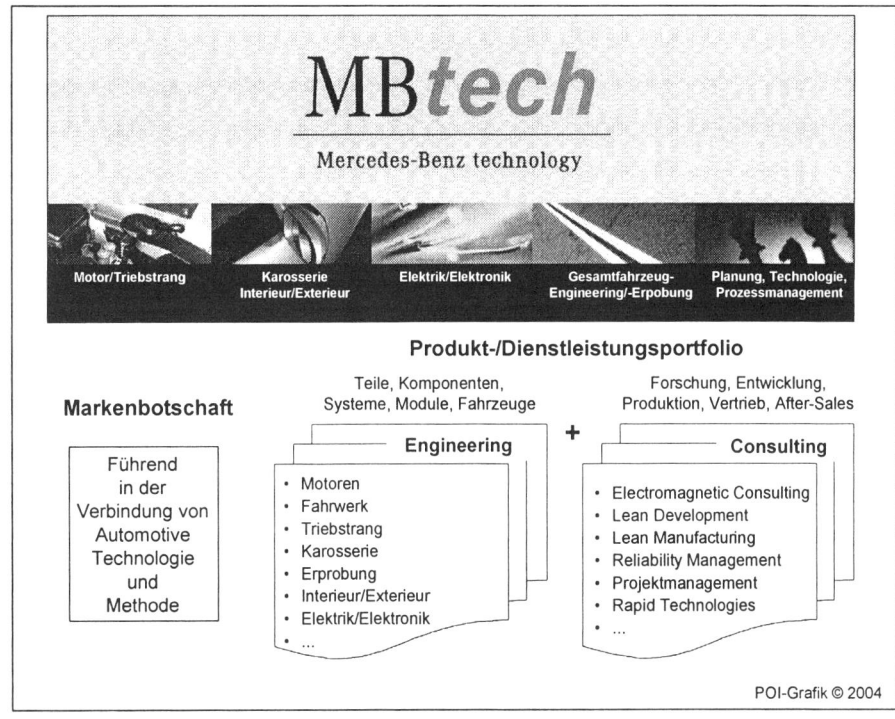

Abbildung 100: Marke, Botschaft und Portfolio

Frank Wolf, Leiter Corporate Marketing, hat im Zusammenhang mit der Entwicklung der **MBtech Corporate Design Guideline** festgestellt:

„Als global agierendes Unternehmen mit Büros, Mitarbeitern und Kunden auf der ganzen Welt hat MBtech Group erkannt, **dass nur eine klare Markenstruktur die Wahrung seiner eigenen Identität ermöglichen kann.** Ein klares Profil mit einem prägnanten Erscheinungsbild ist der Garant für den Markterfolg der MBtech Group. Dabei ist es wichtig, die einzelnen Teile der globalen Gesamtorganisation zu identifizieren und sie miteinander zu verbinden. Zu diesem Zweck wurde eine verbindliche Struktur geschaffen, die die einzelnen Unternehmensteile definiert und zuordnet."

Die **MBtech-Markenstruktur** basiert auf **zwei Prinzipien:**

Das MBtech-Logo steht zum einen generell für alle Unternehmensbereiche. In definierten Ausnahmefällen ist es den Tochterfirmen erlaubt, das eigene Logo zu verwenden unter Berücksichtigung der im Corporate Design Manual beschriebenen

Regeln. **Zum anderen** wird im Corporate Design Manual die **korrekte Verwendung von Firmierungen und Unternehmensbezeichnungen festgelegt**. Keine andere Bezeichnung oder Firmierung als die dort dargelegten sind zulässig.

Die festgelegte Markenstruktur dient der besseren Marktpositionierung (*MBtech Corporate Design Guideline* 2004, Kapitel 1).

„Unser Logo sowie das ganze damit verbundene Corporate Design stehen für die Werte und die Philosophie unseres Unternehmens. Diese Richtlinien sollen Ihnen dabei helfen, das Logo und das Corporate Design in der Kommunikation und Außendarstellung richtig anzuwenden, um den Auftritt von MBtech einheitlich zu gestalten. Alle internen und externen Kommunikationsmittel der MBtech Group müssen einen Hinweis auf die Zugehörigkeit zur MBtech Group besitzen. Dies gilt uneingeschränkt für alle Drucksachen. Die MB-technology GmbH ist eine 100%ige Tochtergesellschaft der DaimlerChrysler AG. Die MB-technology GmbH besitzt mehrere Tochterfirmen und Beteiligungen. Unabhängig von den Beteiligungsverhältnissen sind diese Unternehmen alle ein Teil der Organisation MBtech Group."

Während die MB-technology GmbH die **juristische Firmierung** darstellt, steht MBtech Group für den **kommunizierten Namen der weltweiten tätigen Unternehmensgruppe**. **100%ige Tochterfirmen** erhalten den Zusatz ‚Ein Unternehmen der MBtech Group'. Für **Joint Ventures** gilt: ‚Ein Joint Venture der MBtech Group und der Wilhelm Karmann GmbH'. **Unzulässig sind die Zusätze** ‚Ein Unternehmen der MB-technology GmbH' oder ‚Ein Unternehmen der MBtech' oder ‚Ein Unternehmen der DaimlerChrysler AG'.

Im Mittelpunkt der **visuellen Identität von MBtech** steht das MBtech-Logo (s. Abbildung). Als einzigartiges und ausdrucksstarkes Logo symbolisiert es die **Philosophie und Werte der MBtech Group**. Das MBtech-Logo dient somit der besseren Wiedererkennung und wird von allen Teilen der MBtech Group gleichermaßen verwendet. Mit der verwendeten **Farbe Schwarz** für ‚MB' assoziiert das Unternehmen Würde und Eleganz und mit der **Farbe Grau** für ‚tech' soll Sachlichkeit und Funktionalität ausgestrahlt werden. Die inhaltliche Konkretisierung ist in den Darstellungen über die verschiedenen Geschäftsbereiche bereits erläutert worden.

Kunden, Projekte und Ausblick der MBtech Group

Aus dem Bereich der **OEMs** arbeitet MBtech Group u. a. für folgende Automobilmarken:

- Mercedes-Benz, Smart, AMG, Maybach
- Chrysler, Dodge und Jeep
- Evobus

- Porsche
- Audi
- BMW
- Opel
- Ford
- Mazda Deutschland
- Alpina
- Saab
- Volvo

Die MBtech Group verfügt auch über **Systemlieferanten** als Kunden:

- Wilhelm Karmann GmbH
- Magna Steyr Fahrzeugtechnik AG & Co. KG, Graz
- Siemens VDO
- ZF Lemförde
- Hella
- Visteon
- Delphi
- Beru
- Behr
- Pecuform
- Hankook

Zentraler Aspekt der strategischen Markenstärkung sind attraktive Referenzprojekte mit besonders hohem Anspruch. Selbstverständlich lassen sich Referenzprojekte auch hervorragend in die operative Markenkommunikation einbinden, z. B. in Unternehmensbroschüren oder Fachbeiträgen.

Referenzprojekte erzeugen das erforderlicher Vertrauen bei den unterschiedlichen Zielgruppen. Im Zuge der Ein-Markenstrategie und der Internationalisierung war die MBtech Group u. a. auf folgenden **Messen und Ausstellungen,** teilweise in Verbindung mit **Fachvorträgen von MBtech-Experten** vertreten:

- November 2003: Aussteller auf der ACA (Auto Components & Aftermarket), Bangkok, Thailand.

- Januar 2004: AutoTec, Baden Baden.
- Februar 2004 Firmenkontaktbörse an der Hochschule für angewandte Wissenschaften, Hamburg.
- Februar 2004, EMV (Elektromagnetische Verträglichkeit), Düsseldorf.
- März 2004: Aussteller auf dem SAE World Congress (Society of Automotive Engineers), Detroit, USA.
- März 2004: TPM Forum (Total Productive Maintenance), Stuttgart.
- Mai 2004: Fachtagung für Entwicklungen im Karosseriebau, Hamburg.
- Mai 2004: Industrietag an Fachhochschule Esslingen.
- Mai 2004: Engine & Testing Expo, Stuttgart.
- Juni 2004: Careers4engineers automotive, Ulm.
- November 2004: Electronica, München.
- VDI Recruiting Tag, Ludwigsburg.

Marktstudien bestätigen, dass das **Wachstum von Entwicklungsdienstleistungen überwiegend bei Entwicklungsdienstleistern und Systemlieferanten** stattfinden wird. Die daraus resultierende Modularisierung bzw. Zunahme von Komplettvergaben führt zu starken Strukturveränderungen beim OEM. Alle Automobilhersteller weltweit nutzen den jeweiligen Konzernverbund und/oder enge Bindungen in Form innovativer Geschäftsmodelle zur Flexibilisierung und Sicherung von Entwicklungskapazitäten und –kompetenzen. Der relative Entwicklungsanteil der OEMs sinkt von 70% auf 50%.

Die soeben dargestellte Wachstumsprognose wird auch in Zukunft die Entwicklung der MBtech Group maßgeblich bestimmen, wobei die MBtech Group durch geschäftsfeldübergreifende Projekte wachsen wird und die Gesellschaften der MBtech Group entweder durch Entwicklung neuer Produkte oder durch das Eindringen in neue Märkte sich weiterentwickeln werden.

In diesem Kapitel konnte aufgezeigt werden, dass die MBtech Group nicht nur in einem **wachstumsstarken Markt** operiert, sondern darüber hinaus **fundamentale Strukturveränderungen im Markt für Entwicklungsdienstleistungen** stattgefunden haben und auch künftig mit weiteren Veränderungen und Schwerpunktverlagerungen zu rechnen ist. Die Konsequenzen hat MBtech Group längst erkannt und entsprechende Weichenstellungen vorgenommen, um **auch künftig als Premium Engineering- und Consulting-Partner entlang der gesamten Wertschöpfungsprozesskette** vom Ideenkonzept bis zum Start of Production (SOP) seine **Marktposition weiter ausbauen** zu können.

Neben der Übernahme von Serienentwicklungsprojekten auf Komponenten-, Modul- und Systemebene assoziiert man mit der MBtech Group den ‚State of the Art' in der Technologiekompetenz und die Best Practice-Erfahrung für definierte Engineering- und Consulting-Dienstleistungen entlang der kompletten Wertschöpfungsprozesskette der Automobilentwicklung und -produktion.

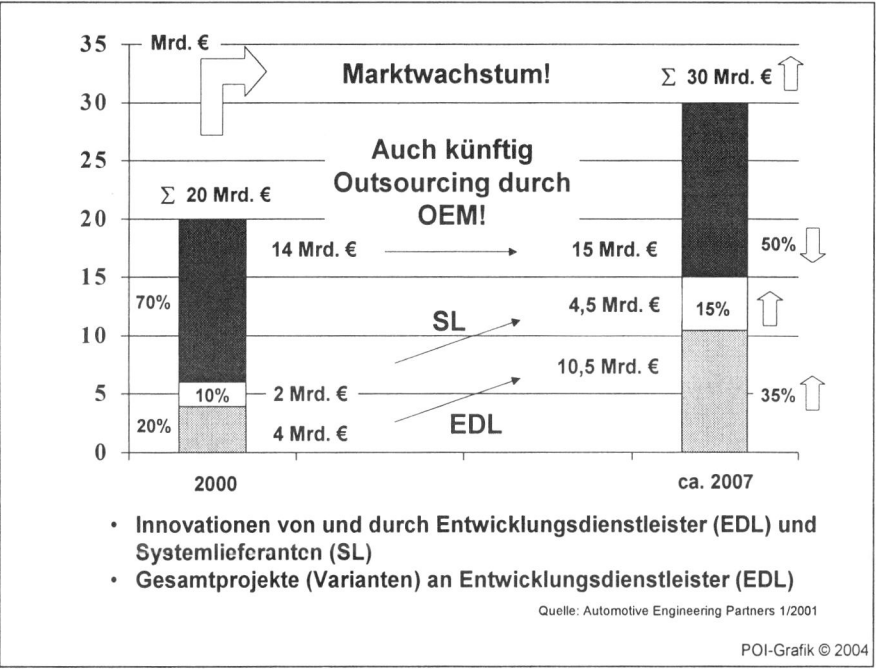

Abbildung 101: Wachstumsmarkt für Entwicklungsdienstleister (Europa-Werte)

Wachstumsimpulse kommen hauptsächlich aus den USA und Asien, wobei der Umsatzanteil mit USA auf über 30% und mit Asien auf über 5% wachsen wird. Außerdem wird die MBtech Group 30% Umsatz aus Geschäft mit Drittkunden generieren, also mit Kunden, die nicht zum DaimlerChrysler-Konzern gehören.

Die konsequente Verfolgung der Ein-Markenstrategie der MBtech Group ist zentraler Bestandteil der weiter erfolgreichen Unternehmensentwicklung. Sie positioniert die Unternehmensgruppe unverwechselbar am Markt und bietet Ihren Kunden weltweit ein einzigartiges Portfolio an Engineering- und Consulting-Dienstleistungen.

2.3 Bosch

Seit der Gründung der ‚Werkstatt für Feinmechanik und Elektronik' im Jahre 1886 entwickelte sich die Robert Bosch GmbH zu einem international tätigen Großunternehmen, welches über ein sehr breites Produkt- und Technikportfolio verfügt. 2001 erwirtschafteten die weltweit rund 220 000 Mitarbeiter (in Deutschland ca. 100 000 Beschäftigte) in den drei **Unternehmensbereichen**

- Kraftfahrzeugtechnik (einschließlich ZF Lenksysteme GmbH (50% Bosch),
- Industrietechnik und
- Gebrauchsgüter und Gebäudetechnik

einen Umsatz von über 34 Mrd. Euro.

Der Unternehmensbereich **Kraftfahrzeugtechnik** stellt sowohl vom Umsatzanteil (68,3% des Gesamtumsatzes), als auch von der Mitarbeiterzahl den **größten Unternehmensbereich** dar.

Tabelle 33: Umsatz und Umsatzverteilung nach Geschäftsbereichen, 2001

Kfz-Technik	Gebrauchsgüter und Gebäudetechnik	Industrietechnik
23,2 Mrd. Euro	7,6 Mrd. Euro	3,2 Mrd. Euro
68,3%	22,4%	9,3%

Damit ist Bosch der **zweitgrößte, unabhängige Automobilzulieferer der Welt**. Dieser Unternehmensbereich ist in acht Geschäftsbereiche unterteilt:

1. Benzin-Technologie
2. Diesel-Technologie
3. Chassis-Technologie
4. Energiesysteme
5. Karosserie-Technologie
6. Automobilelektronik
7. Car Multimedia (Blaupunkt GmbH, 100% Bosch) und
8. Automobiltechnik Handel

Der Bereich **Automobiltechnik Handel** ist verantwortlich für die Ersatzteilversorgung der Hersteller, den Vertrieb von Handelserzeugnissen sowie Herstellung und Vertrieb von Prüftechnik für Kfz-Werkstätten. Die anderen sieben Bereiche entwickeln und fertigen Systeme und Komponenten für die Automobilindustrie. Jeder einzelne Geschäftsbereich kann als Profit Center bezeichnet werden, da sie eigenständig und ergebnisverantwortlich organisiert sind.

Der **Geschäftsbereich Chassissysteme (CS)** entwickelt und vertreibt elektronische Sicherheitssysteme für die Automobilindustrie. Zu diesem Bereich gehören Produkte wie das Antiblockiersystem (ABS), die Antriebsschlupfregelung (ASR) und das Elektronische-Stabilitäts-Programm (ESP). Vor allem das ABS ist eine sehr erfolgreiche Innovation, die von Bosch entwickelt und 1978 als erstes zur Serienreife gebracht wurde. Das ABS ist heute auf dem Sprung zum serienmäßigen Standardprodukt auf dem weltweiten Automobilmarkt.

Wichtig ist, dass die hier entwickelten Produkte eigenständig sind. Bosch entwickelt vornehmlich aus eigener Initiative und bietet fertige Lösungen auf dem Markt der Kfz-Hersteller an.

> Die Bosch-Produkte selbst sind **nicht zwingend notwendig zur Betreibung eines Fahrzeugs**, wie etwa Kolben oder Bremsscheiben, **sondern** werden **von den Kfz-Herstellern teilweise zur Differenzierung** des eigenen Produkts von der Konkurrenz genutzt.

Je nach Fahrzeugklasse und Produkt werden Autos serienmäßig oder optional mit den Bosch-Produkten ausgerüstet.

Abbildung 102: Werbung für ABS in den 70er Jahren

Der nachstehend erklärte **Diffusionsverlauf des Produkts ABS** macht insbesondere deutlich, **dass eine scheinbar erfolgreiche Produktinnovation einen Markennamen benötigt hätte.** Der Diffusionsverlauf des Bosch ABS im Verhältnis zum Marktanteil ist durch zwei kritische Phasen gekennzeichnet: Einen verhaltenen Beginn des Verlaufs und ein rapider Marktanteilseinbruch bei Eintritt der Diffusion. In der ersten Phase konnte Bosch die beherrschende Marktposition nicht umsetzen, d. h. ein starker Anstieg von absoluten Stückzahlen blieb aus. Die daraus resultierende zögerliche Umsatzentwicklung in dieser Phase ist auch bezüglich einer schnellen Amortisierung von Entwicklungskosten bedeutsam. Der technologische Vorsprung konnte in dieser Zeit nicht ausreichend in ergebniswirksame Rückflüsse umgesetzt werden.

Zur Marktposition. Der Marktanteil ging weltweit von 100% auf ca. 33% zurück und begann sich erst dann zu stabilisieren. Parallel trat 1988 ein rapider Preisverfall ein, der sich erst Jahre später auf einem Niveau von unter 20% des Ausgangspreises verlangsamte. Neue Wettbewerber konnten sich am Markt etablieren und erhöhten den Konkurrenzdruck. In dieser Phase ist es Bosch **nicht gelungen, einen Marktstandard aufzubauen,** einen nachhaltigen USP aufzubauen und das **Produkt ABS zu branden**. Dadurch hat es sich zu einem **austauschbaren Massengut** entwickelt, das heute in nahezu gleicher oder ähnlicher Form von unterschiedlichen Unternehmen geliefert wird. Allerdings ist ABS nicht gleich ABS, d. h. es gibt verschiedene Technologie-Levels, die von den Bosch-Wettbewerbern angeboten werden.

Zur Markenhistorie (*Chur* 2003):

- 1918 meldete Bosch die von Gottlob Honold skizzierte **Bildmarke** des Doppel-T-Ankers, dem Kernstück des Bosch Magnetzünders zum Markenschutz an. Von Details abgesehen, hat Bosch diese Bildmarke seither nicht mehr verändert.

- Die **Wortmarke** erschien bis Anfang der 50er Jahre in einer Pinselschrift, aber bereits 1914 schuf der Graphiker Lucian Bernhard einen frühen Vorläufer der heutigen, modernen Wortmarke. Die Wortmarke ist als Warenzeichen geschützt und bis heute unabhängig von der oben dargestellten Bildermarke des Ankers eingesetzt.

- In den 20er Jahren kam der **Slogan 'Mit Bosch gerüstet – gut die Fahrt'** auf, der sich bis in die 60er Jahre hielt. Werbung mit Motorsporterfolgen war eine Selbstverständlichkeit und der 'Bosch Renndienst' gehörte zum gewohnten Bild an jeder Grand Prix-Strecke.

- Die **'Boschkerze'** war **zum Markensignal** geworden. Bedingt durch die Weltwirtschaftskrise war Bosch gezwungen, nach neuen Produkten zu suchen. **Bosch wird durch Diversifikation zur Konsumgütermarke** durch neue Produktkategorien (1928: Elektrowerkzeuge und 1929: Kühlschränke). Außerdem Übernahme der Marke Blaupunkt. Letztere wurde als eigenständige Marke weitergeführt.

- Bedingt durch zunehmenden Wohlstand in den 60er Jahren wurde Werbung immer wichtiger: Elektrogeräte für Haushalt und Heimwerker boomten. Daraus resultierte eine **getrennte Markenführung von ‚Bosch Hausgeräte' und ‚Bosch Elektrowerkzeuge'**.

- **Dezente Markenkommunikation als Automobilzulieferer** in den 70er Jahren durch informative Werbung für Innovationen wie Jetronic und ABS. Bosch übernimmt die **Rolle als Innovationsführer**. Die Bedeutung der Erstausrüstung im Kfz-Bereich steigt rapide an, weil die Autos weniger wartungsintensiv werden.

- Konsolidierungsphase durch Einführung eines **Markensteuerrads:**

    o 1997: **Vorsichtig forciertes Werbeengagement** durch weiterhin informative Fokussierung, wobei erste Veränderungen in der Markenführung bereits unübersehbar sind.

    o 1999: **Ja-Kampagne**, z. B. für Diesel- und Benzin-Direkteinspritzung mit klarem Schwerpunkt weniger auf der Technik als vielmehr auf dem erlebbaren Kundennutzen. Anknüpfungspunkte für die Werbung sind sowohl Ereignisse in der Automobilwelt und die Positionierung als Erstausrüster im Automobilgeschäft. Zur **Zielgruppe** gehören nun **nicht nur Endkunden, sondern auch Entscheider** in der Automobilindustrie. Eine weitere Zielgruppe in der Werbung ist der potenzielle Nachwuchs. Außerdem schreitet die flächendeckende geographische Präsenz durch inzwischen über 10 000 Bosch Service-Betriebe.

    o 2001: **Harmonisierung der Außenauftritte** für alle drei Geschäftsbereiche (Kfz, Hausgeräte, Elektrowerkzeuge) durch Corporate Design, einheitlichen Slogan und Selbstähnlichkeit.

Bosch sieht seine Grundwerte in Vorzügen wie Spitzenqualität, Innovation, Zuverlässigkeit, Dynamik, Kundennähe, Nutzenorientierung und ausgeprägtem Serviceverständnis.

Im Zuge der **JA-Kampagne** wird heute auf einige Produkte von BOSCH aufmerksam gemacht (z. B. ESP) und damit ein wichtiger Schritt in die richtige Richtung vollbracht, um die Entwicklungs- und Innovationsstärke von BOSCH vor allem im Bereich Kraftfahrzeugtechnik bekannter zu machen.

Das Potenzial für Produktmarken bei Bosch ist zweifelsohne vorhanden – das zeigen die zahlreichen Produktentwicklungen und -innovationen eindrucksvoll, denn sie können unbestreitbar als Meilensteine der Kraftfahrzeugtechnik bezeichnet werden. Um so unverständlicher ist es, dass dieses vorhandene Potenzial zum Teil nicht genutzt wird und **viele völlig neu entwickelten Produkte nicht gebrandet werden**. Vor ABS gab es nichts Vergleichbares, Analoges gilt für ESP. Dem Kind muss ein Name gegeben werden. Für Bosch die Chance, generische Begriffe zu schaffen, wie zum Beispiel der Walkman von Sony.

Abbildung 103: Ja-Kampagne

Insofern stimmt die Aussage von Robert Bosch umso nachdenklicher, denn Marken sind nicht nur wertvoll – sie schaffen auch Rendite (*Chur* 2003):

> „Immer habe ich nach dem Grundsatz gehandelt: Lieber Geld verlieren als Vertrauen. Die Unantastbarkeit meiner Versprechungen, der Glaube an den Wert meiner Ware und an mein Wort, standen mir stets höher als ein vorübergehender Gewinn."

Der **Markenname Bosch fungiert als Dach- oder Firmenname für derart unterschiedliche Produkte** wie Zündkerzen, Bohrmaschinen oder Kühlschränke. Durch die weltweite Einführung im Zuge einer globalen Markenstrategie und der stabilen Entwicklung der Marke Bosch muss man von einer großen Bekanntheit und einem guten Image ausgehen.

Als Traditionsunternehmen profitiert die Marken-Ikone Bosch unter anderem von den sublimen Faktoren **Sympathie, Vertrautheit und Nostalgie**. Dadurch hält sich das Unternehmen sturmfest seit Jahren auf den **vordersten Plätzen sämtlicher Imagestudien**, wie z. B. in der Untersuchung des Manager Magazins ‚Imageprofile 2002'. Dort belegt Bosch in der Rubrik Automobilzulieferer erwartungsgemäß den ersten Rang. Andere renommierte Zulieferer, wie Michelin, Siemens VDO, Continental, ZF, Hella und Behr wurden auf die Plätze verwiesen. Es ist denkbar, die **Marke Bosch** dem **Vorbild Intel** entsprechend **als Ingredient Brand** zu platzieren (*Bugdahl* 1998). Das allerdings wird nicht ausreichen, um der Situation gerecht zu werden. Ein Produktname für jedes wichtige neue Produkt ist unabdingbar!

Auch hier kommt die andersartige Priorisierung von Robert Bosch zum Ausdruck: **Nicht Markenschmuck steht im Vordergrund, sondern Produktleistungen:**

> „Charakter haben ist von allergrößter Bedeutung. Ein Mensch von Charakter lügt und betrügt nicht und hält sein Wort, er hat Pflichtgefühl gegen seine Kunden, seine Familie und sich selbst, und das macht einen Geschäftsmann angesehen und beliebt."

Bosch hat inzwischen die Relevanz dieser Thematik erkannt und in einem ersten Schritt ganz im Sinn der neuen Trends des Corporate Branding eine globale, langfristig ausgerichtete Imagekampagne, die so genannte **JA-Kampagne** auf den Weg gebracht.

Sie ist auf die Profilierung und Etablierung von Bosch als weltweiten Markenführer in den verschiedenen Tätigkeitsbereichen ausgerichtet und umfasst die **Marke Bosch als Unternehmensmarke**, alle Unternehmensbereiche, Geschäftsbereiche und deren bedeutende Produkte in einer einheitlichen und harmonischen Form.

Inzwischen gehört Marketing zum festen Bestandteil der strategischen Unternehmensführung von Bosch, d. h. alle Unternehmensaktivitäten dienen der Kundenorientierung. Für den dominanten Unternehmensbereich Kfz-Technik wurde ein **unternehmensspezifisches Marketing-Handbuch** entwickelt: Der **Marketing-COMPASS** bildet die Grundlage für alle Organisationseinheiten und er stellt eine auf das Geschäftsfeld abgestimmte Systematik zur Verfügung. In der Umsetzung lässt er Freiräume für die zielgruppenrelevante Anwendung und bietet zugleich Erweiterungspotenziale nach den besonderen Bedürfnissen seiner Anwender (*Riesner* 2004):

- **Product:** Richtige Produkte mit hohem Kundennutzen und USP durch Innovationsmanagement, Marktforschung, Erarbeitung und Pflege des Produktprogramms und der Produktprofitabilität.

- **Price:** Marktgerechte Preisstellung durch aktive Preispolitik über den gesamten Produktlebenszyklus und Pflege des Preisrahmens und der Konditionen.

- **Place:** Platzierung der Produkte am geeigneten Ort durch internationalen Marketing-, Vertriebs-, Entwicklungs-, Einkaufs- und Fertigungsverbund.

- **Promotion:** Werbung, PR, Promotion und Markenpolitik durch Markenkampagnen, Co-Marketing, Messen, Technik-Ausstellungen beim Kunden, Beiträge auf Kongressen und Tagungen.

- **People:** Mitarbeiter und Kunden stehen stets im Mittelpunkt, um Sympathie und Vertrauen für die Marke aufrechtzuerhalten.

Neben dem Unternehmensimage gewinnt die Signalwirkung der Produktmarken zunehmend an Bedeutung, d. h. der Grad an Emotionalität und die Qualität der Markenwelten bestimmen ähnlich wie bei den Fahrzeugherstellern den Erfolg. Bislang rangierten bei den Zulieferern vor allem Daten, Zahlen, Fakten, Bits & Bytes. Nun hat man aber erkannt, dass nur unverwechselbare Marken in der Lage sind, über Markennamen als Imageträger eine Differenzierung vom Wettbewerb und eine Profilierung gegenüber dem Kunden zu gewährleisten. Diese Erkenntnis führte zur **Einführung eines Bosch-Markenhandbuchs** – es besteht aus dem Markensteuerrad mit folgenden vier Quadranten (*Riesner* 2004):

1. **Kompetenz:** *Wer bin ich?*
2. **Tonalität:** *Wie bin ich?*
3. **Nutzen:** *Was biete ich?*
4. **Markenbild:** *Wie trete ich auf?*

Die vier Quadranten veranschaulichen die Tatsache, dass das Markenbild des Konsumenten durch alle nach außen wirkenden Marketing-Maßnahmen und durch individuelle Erfahrungen mit der Marke geprägt werden. Zentrale Erfolgsfaktoren zur operativen Markenaufladung und strategischen Markenkommunikation sieht Bosch in folgenden Faktoren:

- Kundennähe
- Serviceorientierung
- Angebote mit hohem Kundennutzen
- Kreative Erfüllung der Kundenbedürfnisse

Das Markensteuerrad wird international verwendet, wird aber national adaptiert. Die daraus abgeleiteten Kampagnen zur Markenkommunikation stärken den Corporate Brand Bosch als Dachmarke.

Bosch hat erkannt, **dass Intel inside kein Benchmark darstellen kann**, da Prozessoren quasi synchron zu den Softwareplattformen des Marktführers Microsoft weiter entwickelt werden. Außerdem ist der Prozessor das Herzstück und damit die entscheidende Komponente für die Leistung eines PCs. Übertragen auf die Automobilbranche hieße dies etwa, dass der Autokäufer seine Modellentscheidung im Wesentlichen davon abhängig macht, von welchem Zulieferer die Motorsteuerung stammt. Selbst die wichtigste Komponente in jedem Fahrzeug erreicht aber bei weitem nicht die Bedeutung für das Gesamtfahrzeug wie der Prozessor für den PC: **Supplier Inside Missverständnis.**

Auf der anderen Seite gibt es aber durchaus **Beispiele für erfolgreiches Ingredient Branding in der Automobilbranche.** Bei ab Werk lieferbaren Autoradios geben manche Automobilhersteller traditionell die Marke des Radioherstellers zu erkennen, andere bis heute nicht. Seit Ende der **90er Jahre** führte **Blaupunkt** gemeinsam mit Automobilherstellern **Verkaufsförderungsaktionen für Navigationssysteme** durch. Die hierdurch bei Händlern und Niederlassungen erzeugte Bekanntheit steigerte nicht nur die Bestellungen von Navigationssystemen, sondern trug auch zu deutlich messbaren Absatzsteigerungen von Neuwagen bei, denn Navigations- und Audiosysteme zählen nicht zu den Kernkompetenzfeldern von Automobilmarken. Die Marke des Zulieferers bedeutet daher auch keine Gefährdung für die Marke des Automobils.

Abbildung 104: Markensteuerrad von BOSCH (*Riesner* 2004)

Regelmäßig wird das aktuelle Markenbild von BOSCH und seine Hauptwerttreiber identifiziert, wobei hierzu länderspezifische Erhebungen über alle Geschäftsbereiche durchgeführt werden. Die Ergebnisse fließen nach Analysen und Bewertungen in künftige Kommunikationsstrategien ein. Konsequentes Innovationsmanagement und eine ausgeprägte Time-to-market-Orientierung werden als zentrale Markenwerttreiber angesehen. Bosch steht für verschiedene Produktkategorien und wird als Gesamtmarke daher nie an ein bestimmtes Produktbild gebunden sein. Das hier skizzierte Werbebündel bildet aber den Kern der Markenbotschaft. Es stellt zugleich die Mission dar, der sich alle Mitarbeiter weltweit verpflichtet fühlen.

2.4 ZF Friedrichshafen

In Friedrichshafen am Bodensee verwirklichte Ferdinand Graf von Zeppelin seine persönliche Vision. Die Wurzeln der ZF Friedrichshafen AG basieren auf dem alten Traum vom Fliegen, der um 1900 eine ungeheure Faszinationskraft auslöste. Am 2. Juli 1900 erhebt sich das Luftschiff LZ1, der erste Zeppelin, zu seinem Jungfernflug in die Lüfte. Die Verwirklichung dieses Traums machte von der Materialtechnik bis zum Getriebe völlig neue technologische Innovationen erforderlich. 1915 entsteht durch die **Luftschiffbau Zeppelin** und die **Max Maag Zahnräderfabrik Zürich** die Zahnradfabrik Friedrichshafen als eigenes Zulieferunternehmen zur Herstellung von Zahnrädern und Getrieben für Luftfahrzeuge, Motorwagen und Motorboote. Bereits ein Jahr später meldete ZF zehn Patente an, darunter das bis zur Baureife entwickelte Soden-Getriebe für Automobile.

Der Name ZF entwickelt sehr schnell zum **Synonym für Präzisionstechnik und hochwertige Qualitätsprodukte**. Das junge Unternehmen bewirbt seine Zahnräder und Getriebe in den ersten Jahren mit dem **Markenslogan ‚kinematisch richtig, mathematisch genau'**. Nach dem ersten Weltkrieg brach für ZF mit den im Versailler Vertrag festgelegten Restriktionen für die deutsche Luftfahrt der Hauptabsatzmarkt zusammen. In einer erfolgreichen Neuorientierungsphase fokussierte das Unternehmen sein Betätigungsfeld auf die Fertigung von **Getrieben für Pkw und Lkw**. Bereits in den 20er und 30er Jahren lieferte das Unternehmen an Automobilhersteller wie Adler, BWM, Büssing, Daimler-Benz, Hanomag, Henschel, Horch, Krupp, Lanz, Magirus, MAN, Opel, Scania, Skoda und Wanderer.

In den kommenden Jahrzehnten baut ZF seine Großserienfertigung aus und bringt u. a. folgende **technologischen Innovationen** auf den Markt (*Goll* 2003):

- 1929: Markteinführung des geräuscharmen Aphon-Geriebes
- 1932: Produktionsstart Lenkungen
- 1959: Gründung des Tochterunternehmens ZF do Brasil
- 1979: Gründung einer weiteren Tochter in den USA
- 1984: Erwerb einer Mehrheitsbeteiligung an der Lemförder Gruppe (heute Pkw-Fahrwerktechnik)
- Mitte der 80er Jahre Weiterentwicklung zum Komponenten- und Systemlieferanten in der Antriebs- und Fahrwerktechnik für Pkw
- Mitte der 90er Jahre werden Joint Ventures in Asien gegründet

- 1999: Neuausrichtung der Aktivitäten im Bereich Lenkungen und Einbringung in ein Gemeinschaftsunternehmen mit der Robert Bosch GmbH als Konsequenz aus dem abzeichnenden technologischen Wandel von hydraulischen zu elektrischen Lenkungen

Im aktuellen ZF-Produktportfolio befinden sich u. a. folgende Technologien, Komponenten und Systeme (*Goll* 2003):

- **Antriebstechnik:** manuelle Getriebe, Automatikgetriebe, stufenlose Automatikgetriebe, Kupplungs- und Schaltsysteme, elektrische Getriebe und Achsgetriebe.
- **Fahrwerkstechnik:** Vorder- und Hinterachssysteme, Querlenker, Radgelenke, Stabilisatoren, Dämpfer und variable Dämpfersysteme sowie Lenkungskomponenten und -systeme.

Der Anteil der Antriebstechnik am Gesamtumsatz lag 2002 bei 60% (Fahrwerkstechnik 40%). ZF verfolgt durch eine Kultur der konsequenten Innovation die **Profilierung als Zulieferermarke** nicht zu Lasten der Herstellermarken, sondern durch langfristige Symbiose mit den OEMs. Nach einer Prognose von Roland Berger Strategy Consultants wird der Entwicklungsanteil der Zulieferer am fertigen Fahrzeug von derzeit gut einem Drittel auf mehr als die Hälfte bis 2010 ansteigen. Der Anteil der Wertschöpfung wird im gleichen Zeitraum von 65% auf 75% klettern. Price Waterhouse Coopers sieht die Automobilzulieferer als eine der Wachstumsbranchen der nächsten Dekade an und prognostiziert eine Umsatzsteigerung von 75% bis 2010. Für ZF resultiert aus der zunehmenden **Vorwärtsintegration von Elektronik in Antriebs- und Fahrwerkstechnik einschließlich Lenkungen** eine Steigerung seines Wertanteils an den Fahrzeugen. Diese Mutation vom ursprünglich generischen Bauteilstatus zur nicht mehr anonymen, nunmehr emotional aufgeladenen Technologiestimulanz führt zwangsläufig zur **schärferen Markenprofilierung** und Bewusstseinsverankerung beim Endkunden.

Die Entwicklung und der Status quo der Markenpositionierung von ZF sieht wie folgt aus (*Goll* 2003):

- Erste Ansätze zur Markengestaltung sind bereits 1915 zu identifizieren: ZF als Kürzel wird mehrfach an den Zeitgeschmack angepasst.
- Aus der starken Ausdehnung des Produktspektrums in quantitativer und qualitativer Hinsicht resultierte die Notwendigkeit zur Etablierung eines universellen Markendachs.
- 1992 erfolgt die formale Umbenennung des Unternehmens in ‚ZF Friedrichshafen AG'.
- 2000: Initialisierung einer **einheitlichen Dachmarkenstrategie** über alle Unternehmensbereiche hinweg, mit dem Ziel, alle Kompetenzbereiche in ihrer Gesamtheit klar, unmissverständlich und konsequent darzustellen.

- **Strategische Markenaufladung** mit dem Leistungsversprechen ‚Kompetenz in Antriebs- und Fahrwerkstechnik'.

- Konsolidierung unter einer starken Dachmarke führt zur internen und externen Kommunikation eines in sich **konsistenten Markenauftritts**.

- **Festlegung des Markenprofils** erfolgt auf der Basis der unternehmerischen Ausrichtung und des Leitbildes der gegebenen Unternehmenskultur.

- Die **Dachmarke ZF als historisch gewachsene Kompetenzplattform anstelle** einer Positionierung als Holding oder **Retortenkonzern**.

- Darstellung und Kommunikation der Akquisitionen Lemförder und Sachs mit ihren traditionellen Logos in behutsamer Anpassung neben der Dachmarke ZF zur Gewährleistung eines Transfers positiver Markenassoziationen.

- **Konsequentes Durchhalten eines Corporate Design** gerade in einem international diversifizierten Zulieferkonzern.

- Abkehr von der traditionell engen Zielgruppenabgrenzung von Zulieferern in Richtung OEM zugunsten einer Öffnung hinsichtlich weiterer Zielgruppen: potenzielle Mitarbeiter, angehende Manager, Studenten, Nachwuchsführungskräfte.

- Weg vom Prinzip der verlängerten Werkbank hin zum gleichberechtigten Systemproblemlöser mit hoher Leistungskompetenz.

- Umstellung von Anbieter- auf Kundenmärkte: Welchen Nutzen zieht der **Kunde meines Kunden** aus meinem Produkt **(Ingredient Branding!!!)**?

- Relevanz der Marke ZF für den OEM und nicht minder wichtig: für den Endkunden.

Auf wenn bis heute B2B-Gütermarken maximal ein Fünftel des Unternehmenswertes darstellen, während B2C-Marken nicht selten über 50% repräsentieren, so ist die Markenrelevanz aufgrund der Wertigkeit, Internationalität und Langfristigkeit enger Kundenbeziehungen im B2B-Bereich mindestens genauso ausgeprägt.

Der ideele Nutzen einer B2B-Marke hat im professionellen Umfeld von Buying Center und Management-Gremien seine besondere Bedeutung, denn gerade in transparenten Märkten mit weitgehend standardisierten Produktleistungen und kompetitiven Preisen können die weichen Faktoren wie persönliche Markenaffinitäten der Entscheider den letzten Ausschlag zur Entscheidung für oder gegen einen Anbieter geben. Erst über Sympathie und Vertrauen entstehen Präferenzen. Hinzu kommen die beiden oben in Teil 1, Kapitel 1 bereits beschriebenen zentralen **Markenfunktionen auch für ZF:**

- **Informationseffizienz** durch Komprimierung komplexer Leistungsprofile auf den Kern einer klaren Markenbotschaft. Gerade für **ZF als B2B-Marke**, wo nicht wie früher standardisierte Vorprodukte zum möglichst günstigen Preis eingekauft, sondern immer komplexere Aufgaben im Wertschöpfungsprozess der OEMs übernommen werden, gewinnt die Markenfunktion der Informationseffizienz weiter an Bedeutung.

- o   Früher lautete die zentrale Frage: *Wer liefert was?*
- o   Heute lautet die Frage: *Wer hat welches Kompetenzprofil und welches Leistungsspektrum und wer kann maßgeschneiderte Problemlösungen anbieten?*
- o   Die Botschaft von gestern lautete: *Wir stellen dieses und jenes Teil her!*
- o   Die Markenbotschaft von ZF für heute und morgen lautet: *Wir verfügen über Systemkompetenz und werden ihr Problem lösen!*

- **Risikoreduktion** durch Aufbau von Vertrauen, das eine Marke genießt, ein Qualitätsversprechen auch dauerhaft einlösen zu können. Gerade für **ZF als B2B-Marke** geht es darum, nachträgliche Änderungen oder Nachbesserungen dem OEM aufgrund seiner Erfahrung und Kompetenz zu ersparen

Die **aktuelle Markenstrategie von ZF** baut auf **Ingredient Branding** und orientiert sich an folgenden Fakten (*Goll* 2003):

- **Kopplung von Hersteller- und Zuliefermarke als Mehrwert** durch Erzeugung eines **Pull-Effektes** beim Endkunden.

- ZF setzt auf die **empirisch bestätigte ausgeprägte Markenrelevanz und -präferenz** im Aftermarket bei Endkunden.

- Wie oben bereits ausgeführt, setzen die OEMs nicht ausschließlich auf die Produktpalette des Zulieferers, sondern mehr und mehr auf dessen **Problemlösungskompetenz**. Der daraus resultierende Mehrwert für den Kunden ist die Substanz für die Markenprofilierung von ZF.

- Da auch dem Endkunden nicht verborgen bleibt, dass unterschiedliche Automarken in vielen Punkten oft über dieselben Zulieferer verfügen und die Zulieferer den Großteil der Entwicklungsleistung übernehmen, wird der **Blick** des Endkunden auf die **Herkunft der im Auto verbauten Komponenten und Systeme zwangsläufig geschärft.**

- ZF beabsichtigt die Kooperation auf Entwicklungsebene auf eine **kooperative Markenkommunikation** auszudehnen, da das Verhältnis von Automobil- und Zulieferermarke nicht rivalisierend, sondern symbiotisch zu sehen ist.

- Der **High Involvement-Charakter** der Automobile führt längst zum gesteigerten Interesse der Endkunden an Fachpresse und Testberichten. Hier sieht ZF einen der wesentlichen Ansatzpunkte, die Informations- und Beratungsfunktion der Fachpresse in die eigene Markenkommunikation zu integrieren

Für ZF ist der weitere **Auf- und Ausbau der Marke** nicht nur eine strategische Option, sondern eine **sachliche Notwendigkeit** als adäquate Antwort auf aktuelle Entwicklungen:

- Dokumentation und Kommunikation komparativer Konkurrenzvorteile in Technologieführerschaft und Innovationsstärke
- Marke als kommunikative Plattform zur Erreichung der Endkunden
- Vertikale strategische Allianzen strukturieren künftig noch stärker den Entwicklungs- und Herstellungsprozess von Automobilzulieferern
- Gesteigerte Verantwortung der Zulieferer für das Leistungsspektrum von Automobilen
- Weitere zunehmende Informationsbedürfnisse der Endkunden

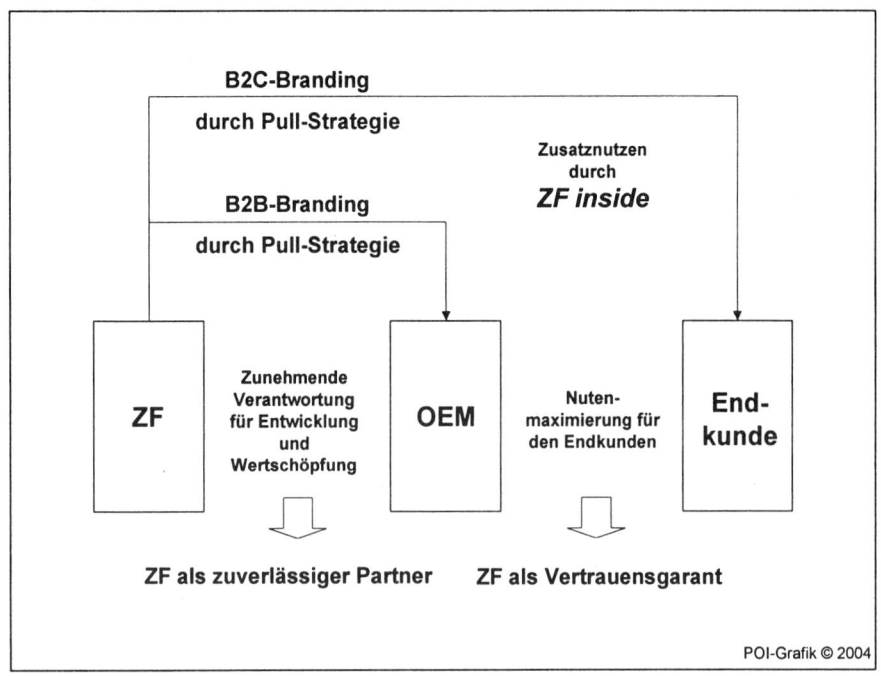

Abbildung 105: Ingredient Branding für die Dachmarke ZF

Der Dreh- und Angelpunkt gipfelt in der Frage ‚Wem gehört die Innovation?' und sie wird erst in dem Moment entschärft, wo sie als Leistung beider Marken wahrgenommen wird und damit auf die Konten beider Marken einzahlt. Auf der einen Seite ist das die **Lastenheft- und Integrationskompetenz des OEM** und auf der anderen Seite steht die **Innovations- und Systemkompetenz des Zulieferers**.

Unser Zwischenergebnis in Kapitel 2:

Marken sind unsterblich, während Produkte einem Lebenszyklus unterworfen sind.

Autozulieferer müssen heute erkennen, dass eine klare und intensive **Markenkommunikation** erheblich zum Unternehmenserfolg beitragen kann. Trotz der starken Abhängigkeitsbeziehung des Zulieferers zum OEM ist eine **Markenbildung,** z. B. durch eine Dachmarkenstrategie von größter Bedeutung. Ob ein Branding von einzelnen Produkten, Komponenten oder Systemen in Frage kommt, hängt stark von der jeweiligen Situation ab, sollte aber unbedingt in Erwägung gezogen werden.

Von der Einstellung ‚ein gutes Produkt verkauft sich von selbst' und ‚wir verkaufen was wir herstellen' **müssen die Zulieferer in ihrem Produktdenken weiter Abstand nehmen,** denn die heutige Wettbewerbssituation in der Automobilzulieferbranche erfordert ein intensiveres und **selbstbewussteres Auftreten der Zulieferer und ihrer Marke** am Markt. Der hohe Technikanteil im Fahrzeug und das fehlende Wissen bei den Endkunden erfordern Informationen über Produktverbesserungen und innovative Produkte aus der Zulieferindustrie. Erst durch ein Branding können diese Produkte erfolgreich am Markt platziert werden. Auf den in Zukunft noch härter umkämpften Zuliefermärkten wird Markenmanagement folglich eine immer größere Rolle spielen.

In der von Technik geprägten Zulieferbranche ist es schwer, den Mitarbeitern der Entwicklung des eigenen Unternehmens klarzumachen, dass den Endverwendern das Produkt und sein Nutzen erklärt werden müssen und dass die Fahrzeughersteller bei der Kommunikation des Kundennutzens unterstützt werden können. **Voraussetzung dafür ist die Zustimmung der Hersteller.**

Dadurch dass die Zulieferer ihre Produkte an den Anforderungen der Hersteller ausrichten und mit nur wenigen Abnehmern den überwiegenden Umsatzanteil erzielen, sind sie stark abhängig von den OEMs. Deshalb sind die Möglichkeiten der Kfz-Zulieferer, im Erstausrüstungsgeschäft mit den Herstellern **gemeinsame Initiativen durch Ingredient Branding** zu ergreifen aufgrund der ungleichmäßigen Verteilung der Machtverhältnisse gering. Der Einsatz dieser Möglichkeit sollte dennoch versucht werden, um Präferenzen für sich als Zulieferer zu schaffen. Mit der direkten Ansprache der Endkunden betritt der Erstausrüster Neuland. Hier bieten sich wertvolle Chancen, die in jedem Fall unter Berücksichtigung der oben dargestellten Erfolgsfaktoren genutzt werden sollten.

Hinsichtlich der Funktionalstrategien der Automobilzulieferer zeigte sich in einer aktuellen Untersuchung, das Outperformer häufiger und gezielter CRM-Programme (vgl. Teil 1 oben) zur Optimierung der Kundenbeziehung einsetzen (*Beutin et al.* 2004):

- Erfolgreichen Automobilzulieferern gelingt es wesentlich besser, sich dem Prinzip ‚Alles für alle' zu entziehen, d. h. sie fokussieren ihre kundenbezogenen Aktivitä-

- ten wesentlich effektiver auf die wichtigsten und ertragsreichsten Kunden als wenig erfolgreiche Zulieferer.

- Obwohl die Zulieferer ein Markenzeichen auf Unternehmensebene einsetzen, nutzen nur 9% der Zulieferer Marken auf Produktebene. Hierbei handelt es sich meist um Zulieferer, die ihre Produkte auch im lukrativen Aftermarket vertreiben (z. B. Fahrwerkskategorien Räder und Bereifung oder in der Kategorie Elektrik/Instrumente insbesondere Beleuchtung, Lichttechnik, Komfortausstattung. Die Markierung dient hier dazu, sich von der No-Name-Konkurrenz aus Niedriglohnländern abzusetzen und Kompetenz und Zuverlässigkeit auszustrahlen.

- Outperformer fokussieren ihre Aktivitäten auf einige wenige wichtige Messen, während Underperformer dieses kostspielige Marketinginstrument weitaus häufiger, weniger koordiniert und weniger gezielt einsetzen.

- Die Bedeutung des Internet steigt für Zulieferer weiter an und jedes Unternehmen verfügt über eine mehrsprachige Homepage, aber nur wenige bieten Gelegenheit zum E-Commerce und zum Login für Kunden

- Mittelbreit aufgestellte Zulieferer (2 bis 3 Hauptkategorien im Produktionsprogramm) erzielen eine höhere Umsatzrendite über 6% und genau diesen Unternehmen gelingt es auch besser, einen Zusatznutzen durch Zusammenstellung von Systemleistungen aus einigen wenigen verschiedenen Hauptkategorien zu generieren. Hingegen leiden viele breiter aufgestellte Zulieferer abseits ihrer eigentlichen Kernkompetenzen unter hohen Komplexitätskosten. Um aus dem Dilemma zwischen geforderter Systemkompetenz einerseits und Rentabilität andererseits zu entkommen, nutzen immer mehr Zulieferer stabile Kooperationsformen (z. B. gemeinsame Frontends von Behr als Hersteller von Kühlsystemen/Klimaanlagen und Hella mit ihren Scheinwerfersystemen).

- Die zunehmende Bedeutung von Marken im Automobilzulieferergeschäft äußert sich u. a. darin, dass 50% der befragten Automobilzulieferer Marken bereits heute eine hohe Bedeutung zusprechen und 76% erwarten, dass Marken bis 2009 eine hohe Bedeutung für das Unternehmen haben werden.

Abschließend bleibt festzuhalten, dass einige wenige erfolgreiche Unternehmen heute diesen Weg gehen. Die anderen jedoch werden folgen und der Marke vergleichbar bedeutendes Gewicht zuschreiben:

Die Marke ist letztlich das wichtigste Element im globalen Wettbewerb und einer der kostbarsten Vermögenswerte eines Unternehmens.

3. Markenmanagement im Maschinenbau

3.1 Branchenentwicklungen und Markenrelevanz

Der Maschinenbau ist traditionell einer der bedeutendsten Wirtschaftszweige der Industrieländer, in Deutschland der zweitbedeutendste überhaupt. Es folgt die Elektrotechnik-, die Automobil- und die chemische Industrie. Der Maschinenbau umfasst die Entwicklung, Herstellung und den Vertrieb von Maschinen aller Art. Der Maschinenbau umfasst zahlreiche Fachgebiete, die sich gegenseitig und mit anderen Zweigen der Technik – insbesondere mit der Elektrotechnik und der Informations- und Kommunikationstechnik – durchdringen und vernetzen. Eine klare Abgrenzung ist daher nicht möglich.

Der deutsche Maschinenbau ist ein Paradebeispiel für eine Branche, die von mittelständischen bzw. mittelgroßen Unternehmen geprägt ist. Über 55% der Unternehmen erfüllen das mittelständische Größenkriterium: ‚Zahl der Mitarbeiter', d. h. sie haben zwischen 50 und 1 000 Mitarbeiter. Mittelständische Größenmerkmale (Anzahl der Beschäftigten, Umsatzvolumen usw.) oder Charakteristika wie Unternehmensführung, Finanzierung, Organisation und Personal treffen auf die deutsche Maschinenbaubranche gleichermaßen zu. Mehr als die Hälfte der Produktion geht ins Ausland.

Charakteristisch für diesen Industriezweig ist also die **mittelständische Struktur**. Geprägt ist der deutsche Maschinen- und Anlagenbau als größter Industrie-Arbeitgeber durch den Mittelstand: 95% der 6 600 Unternehmen arbeiten mit weniger als 500 Mitarbeitern. Der Strukturwandel der letzten Jahre hinterließ auch hier seine Spuren: Von den in 1999 noch 1,2 Millionen Beschäftigten wurde zwischenzeitlich ein Viertel der Arbeitsplätze abgebaut. Mittlerweile beschäftigen deutsche Unternehmen in ihren ausländischen Beteiligungen und Tochterunternehmen etwa 300 000 Mitarbeiter.

Die Unternehmen sind im **'Verband Deutscher Maschinen und Anlagenbau' (VDMA)** organisiert, der rund 3 000 Unternehmen vereinigt und 90% des Gesamtumsatzes der Branche repräsentiert.

Der Maschinenbau-Verband korrigiert 2004 seine Prognose sehr deutlich nach oben (*Fischer* 2004, S. 30):

„Das Wohlergehen der Branche ist wichtig für den Rest der Wirtschaft: Der Maschinenbau ist das Herzstück der deutschen Industrie und Motor jedes durch Investitionen getriebenen nachhaltigen Konjunkturaufschwungs. In den meist mittelständischen Unternehmen arbeiten 860 000 Menschen, die zusammen einen Umsatz von 133 Milliarden Euro im Jahr erwirtschaften, 70% davon im Export. Im Ganzen sind die deutschen Maschinenbauer glimpflich durch die vergangenen drei Jahre der Krise gekommen. Zwar gab es tiefe Einbrüche und schmerzliche Verluste, etwa die Pleite des Oberhausener Maschinenbaukonglomerats Babcock Borsig – doch im Ganzen behielten die Unternehmen die Nase über Wasser. Im ersten schweren Jahr 2001 halft der aufgelaufene Auftragsbestand, in den beiden Flautejahren 2002 und 2003 retteten sich viele Unternehmen mit dem vergleichsweise stabilen Export über die Runden ... Für den Zeitraum Februar bis April meldet der VDMA ein Auftragsplus aus dem Inland von 20% und aus dem Ausland von 19%."

Zunächst untersuchen wir das **Wesen und die Struktur des Maschinenbaus**. Hier wird auch auf Besonderheiten von Investitionsgütermärkten eingegangen, da die Produkte des Maschinenbaus zur Gruppe der Investitionsgüter gehören. Gerade für den Maschinen- und Anlagenbau gilt die bereits untersuchte Feststellung, dass sich auf Märkten für Investitionsgüter regelmäßig langfristige Austauschbeziehungen zwischen Kunden und Lieferanten ausbilden Außerdem nehmen wir eine Abgrenzung mittelständischer Unternehmen vor und stellen die wesentlichen Charakteristika und Besonderheiten vor. **Zahlen, Daten und Fakten** untermauern die Bedeutung des Maschinenbaus.

Auf dieser Grundlage leiten wir **Konsequenzen für die Markenpolitik** ab und stellen dieses Instrument hinsichtlich seiner Bedeutung für den Maschinenbau- und Anlagenbau vor. Marken sind auch bei Maschinenherstellern von entscheidender Bedeutung. Auch im deutschen Maschinenbau scheinen die Unternehmen erkannt zu haben, dass Branding einen ganz entscheidenden Wettbewerbsvorteil garantiert und maßgeblich den Unternehmenserfolg beeinflusst.

Ein wesentliches Merkmal von Gütern des Maschinen- und Anlagenbaus besteht demnach darin, dass sie nicht von einer Person, sondern **von Organisationen beschafft** werden. Nach einer Spiegel-Untersuchung werden 86% der Beschaffungsentscheidungen von mittelständischen Betrieben durch mindestens zwei bis über 20 Personen umfassende Einkaufsgremien (Buying Centers) getroffen (*Meffert* 2000).

Eine weitere Besonderheit besteht darin, dass es vor allem bei komplexen Maschinenbauprodukten oft zu einer **langjährigen Beziehung zwischen Kunden und Lieferanten** kommt. Insbesondere die Gewährleistungs- und Betreuungsphase nimmt heute an Bedeutung zu. Kein Kunde wird sich für ein Investitionsgut entscheiden, wenn die **After-Sales-Betreuung**, d. h. die Instandhaltung, Reparatur oder später auch Modernisierung der Anlage, nicht gesichert ist.

Deswegen sollte der After-Sales-Service bei jedem Maschinenhersteller einen hohen Stellenwert haben, denn es gilt heute umso mehr folgende Erkenntnis:

Die erste Maschine verkauft der Vertrieb, alle weiteren der (After-Sales) Service.
Eine wesentliche Ursache für langjährige Kunden- und Lieferantenbeziehungen sind die geleisteten **Investitionen auf beiden Seiten**:

- **Der Kunde** bringt z. B. bei der Anfertigung einer Spezialmaschine sein Wissen und seine Kenntnisse in den Entwicklungsprozess mit ein, um zu einer geeigneten technischen Lösung zu gelangen.
- **Der Verkäufer** hat spezifische Investitionen wie Beratung oder Konstruktionskosten von Modellen usw. zu tätigen.

Nachfolgend untersuchen wir die für den Anlagen- und Maschinenbau so typischen Eigenschaften und **Charakteristika von Mittelständlern** (*Lehnen* 2002):

- Ein bedeutsames Merkmal zur Abgrenzung mittelständischer Unternehmen von Großunternehmen ist die **Personalstruktur**. Die Belegschaft vieler mittelständischer Unternehmen im Investitionsgütersektor ist durch einen hohen Anteil qualifizierter, universell einsetzbarer Facharbeiter im Produktionsbereich und einen **relativ geringen Akademikeranteil** geprägt.

- Weiterhin lassen sich mittelständische Unternehmen durch einen dominierenden ‚operativen Kern' mit den **Kernfunktionen Produktion, Entwicklung und Absatz** charakterisieren, während indirekte und unterstützende Bereiche vergleichsweise unterbesetzt sind.

- Ein weiteres Kennzeichen resultiert aus dem **Problem der personalbezogenen Kapazitätsauslastung**. Die eng bearbeiteten Marktsegmente und stark spezialisierten Produkte sind im Verhältnis zu großen diversifizierten Unternehmen anfälliger für Auftragsschwankungen und realisieren ein weniger konstantes Leistungsvolumen. Diese Schwankungen übertragen sich natürlich auch auf die Personalauslastung.

- Der **Finanzierungsaspekt** ist ein weiteres Abgrenzungsmerkmal, in dem sich mittelständische Unternehmen von Großunternehmen unterscheiden. Eigenkapitalquoten von unter 20% der Bilanzsumme sind keine Seltenheit. Insgesamt betrachtet lässt sich feststellen, dass die Finanzierungssituation mittelständischer Unternehmen im Vergleich zu Großunternehmen ungünstiger ausfällt.
Dies gilt vor allem für die Beschaffung von Eigenkapital. Gleichzeitig ist auch die Beschaffung von Krediten problematisch, so dass mittelständische Unternehmen vergleichsweise hohe Kapitalkosten zu tragen haben. Dieser Aspekt wird durch die verschärften Anforderungen seit Basel II weiter verstärkt: Defizite hinsichtlich Sicherheiten, Kapitaldecke und Bonität können den Kredit in bestimmten Fällen drastisch verteuern.

- Weitere hervorstechende Eigenschaften von mittelständisch geprägten Unternehmen sind **Unternehmensführung und Organisation**. Einheit von Eigentum und damit verbundene Freiheit bei der Wahl der Unternehmensziele treffen auf den Mittelstand ebenso zu wie geringe organisatorische Dichte, direkte und formlose Kommunikation sowie eine durch den Unternehmer geprägte Unternehmenskultur.

Auf Größenmerkmale wie Anzahl der Beschäftigten oder Umsatzvolumen legt man sich nicht genau fest. Idealtypische Mittelständler haben zwischen 50 und 1 000 Mitarbeiter und generieren ein Umsatzvolumen zwischen 2 bis 200 Millionen Euro.

Um nur eine gewisse Vorstellung über die **Vielfältigkeit dieser Branche** zu geben, seien an dieser Stelle einige wesentliche und **typische Fachgebiete** aufgezählt, mit denen sich der Maschinenbau befasst:

- Kraftmaschinen,
- **Werkzeugmaschinen** (vgl. unser Kapitel über Trumpf),
- Fertigungssysteme,
- **Robotik und Automatik** (vgl. unser Kapitel über KUKA),
- Großanlagenbau,
- allgemeine Lufttechnik,
- Baumaschinen,
- verfahrenstechnische Maschinen und Anlagen,
- Fördertechnik (z. B. Förderanlage),
- Bergbaumaschinen,
- Hütten- und Walzwerke,
- Gießereimaschinen,
- Gummi- und Kunststoffmaschinen,
- Landmaschinen,
- Nahrungsmittel- und Verpackungsmaschinen,
- Schiffbau- und Offshore-Zulieferindustrie,
- Wäscherei- und Reinigungsmaschinen (chemische Reinigung),
- Thermotechnik,
- Prozess- und Abfalltechnik,
- Antriebstechnik,
- Armaturen,

- Pumpen, Kompressoren und Vakuumpumpen,
- Präzisionswerkzeuge, Prüfmaschinen, Waagen, Schweiß- und Druckgastechnik.

Der Maschinenbau ist an der Herstellung jedes einzelnen Produktes beteiligt, von der Rohstoffgewinnung über die Bereitstellung von Energie zur Verarbeitung, über die Produktion bis hin zur Logistik und zum Verkauf. Alle Güter, die uns täglich umgeben, werden mit Maschinen und Anlagen hergestellt, vom Auto über das Flugzeug, das Handy, aber auch der Anzug, die Nahrungsmittel oder die Tageszeitung. **Der Maschinenbau liefert weltweit nahezu in alle Industriezweige hinein.** Auch die so genannten High-Tech-Industrien wie Luftfahrt, Elektronik oder Biotechnologie wären ohne Maschinen nicht denkbar. Rund zwei Drittel der Maschinenprodukte geht in die Industrie, aber immerhin auch fast 12% in Handel und Dienstleistungen.

Der größte Abnehmer ist der Maschinenbau selbst. Daneben sind die **wichtigsten Kunden:** Land- und Forstwirtschaft, Fischerei, Chemie, Mineralölverarbeitung, Feinkeramik, Glasgewerbe, Straßen-, Luft- und Raumfahrzeugbau, Schiffbau, Nahrungs- und Genussmittelgewerbe, Baugewerbe sowie der Handel und Dienstleistungen.

In der Bundesrepublik Deutschland erzielte der Maschinenbau im Jahr 2001 einen Umsatz von 142 Mrd. Euro und lag damit **hinter dem Straßenfahrzeugbau auf Platz 2 aller Industriezweige.** Beschäftigungsmäßig stellt der Maschinenbau mit ca. 981 000 Beschäftigten im selben Jahr den **wichtigsten Industriesektor in der Bundesrepublik Deutschland** dar.

Innerhalb der Bundesrepublik Deutschland liegen die **Schwerpunkte** der Maschinenbauproduktion in den Bundesländern **Baden-Württemberg** (263 000 Beschäftigte), **Nordrhein-Westfalen** (232 000 Beschäftigte) und **Bayern** (190 000 Beschäftigte). Allein Baden Württemberg und Nordrhein-Westfalen repräsentieren zusammen mehr als 50% der Gesamtbeschäftigung und des Gesamtumsatzes im deutschen Maschinenbau.

Bemerkenswert sind die vielen klein -und mittelständischen Unternehmen, die in der Maschinenbaubranche tätig sind. Von den über 6 000 Maschinenbaubetrieben in der Bundesrepublik Deutschland haben mehr als 4 800 Betriebe zwischen 20 und 200 Beschäftigte und nur 112 Betriebe mehr als 1000 Beschäftigte. Mehr als ein Drittel der Beschäftigten arbeiten in Unternehmen mit weniger als 200 Beschäftigten. Die **durchschnittliche Betriebsgröße** liegt bei ca. **160 Beschäftigten** (*ISA Consult* 1999).

Der Maschinenbausektor ist von einer starken Konjunkturabhängigkeit geprägt. So ist die Produktion der deutschen Maschinenbauhersteller zwischen 1990 und 1993 um nahezu 20% zurückgegangen, wobei über 200 000 Arbeitsplätze verloren gingen. Nach 1999 hat sich die Branche mit hohen Zuwachsraten aber wieder rasch erholt. Die **ausgeprägte Konjunkturabhängigkeit** der Maschinenbaubranche lässt sich **wie folgt begründen:**

Da der Maschinenbau ausschließlich Investitionsgüter produziert, hängt er vom Investitionsklima und von der Gewinnsituation der Wirtschaft ab. In Zeiten von Rezession werden Unternehmen eher zurückhaltend investieren und Ersatzinvestitionen wie Maschinen nach hinten verschieben, was mit einem Auftragsrückgang für die Maschinebaubetriebe verbunden ist.

Auffällig bei der deutschen Maschinenindustrie ist ihr **hoher Exportanteil**. Traditionelle Exportquoten liegen bei über 60%. 1999 lag der Exportanteil sogar bei 66%. Die hohe Exportquote lässt darauf schließen, dass der Maschinenbau ein Musterbeispiel für eine **erfolgreiche Internationalisierung** ist. Bei genauer Betrachtung zeigt sich jedoch, dass diese Vermutung **nur zum Teil** zutrifft. Das Geschäft mit ausländischen Kunden konzentriert sich größtenteils auf den europäischen Raum. So wurden 1998 bei einem Gesamtexportvolumen von 85 Mrd. Euro ca. 65% der Ausfuhren in Europa abgesetzt. In Bezug auf den größten Maschinenmarkt der Welt – die **USA** – lag die Exportquote laut VDMA **nur bei 11%** und **in Japan** bei **weniger als 2%**.

Im Jahre 2001 konnte die Maschinenbaubranche einen Gesamtumsatz von rund 100 Mrd. Euro erzielen. Die Exportquote betrug im Jahresdurchschnitt 2001 rund 50%. Aufgrund der weltweit angespannten konjunkturellen Lage gingen die Umsätze in den ersten vier Monaten 2002 um fast 8% zurück. Speziell der Auslandsumsatz erlitt im Zuge der weltweit konjunkturellen Schwäche – und daher rückläufigen Nachfrage nach teuren Investitionsgütern seitens der Industrieländer – Einbußen von über 17% (*IHK-Branchenprofil* 2002).

In der Maschinenbaubranche ist eine **systematische Markenpolitik eher die Ausnahme**. Die Beschaffung von Investitionsgütern wird als ein rationaler Vorgang aufgefasst, bei dem ausschließlich Technik, Leistung und Preis genau analysiert und bewertet werden. Diese durchaus noch weit verbreitete Auffassung ist falsch. **Erhebliches Differenzierungspotenzial wird verschenkt**. Die Beschaffung von Investitionsgütern ist oft emotionaler als es den Maschinenbauern lieb ist. Bei dem großen, unüberschaubaren Angebot und der hohen technischen Komplexität der Produkte und Leistungen ist es für den Käufer oft schwer oder sogar unmöglich, eine objektive Vergleichbarkeit herzustellen.

Und genau hier setzt die Marke auch bei Investitionsgütern des Maschinenbauers an. Wie bei den Konsumgütern schafft sie **Vertrauen** und **mindert das Kaufrisiko** des Kunden, ein nicht zu vernachlässigender Aspekt bei so mächtigen und per se nicht ungefährlichen Produkten des Maschinenbaus.

Mit der Markierung wird diese **Sicherheit bezahlt**, es können **höhere Deckungsbeiträge** erzielt werden und bei Vergleichbarkeit des Angebots wird immer der stärkeren Marke der Vortritt gegeben. **Starke Marken** sind aber nicht nur gegenüber Kunden von **hohem Wert**, sondern auch gegenüber Kapitalgebern, Mitarbeitern und der Öffentlichkeit. **Beim Rating der Banken** zur Kreditvergabe, bei der **Rekrutierung** qualifizierter Mitarbeiter und selbst **bei der Beschaffung** gewinnt die Marke und das damit verbundene Firmenimage zunehmend an Bedeutung. Der Aufbau und die Pflege einer Marke sind aufwendig, benötigen Zeit und viel Geld. Es ist eine langfristige Investition, die, wenn sie sich lohnen soll, gut geplant, langfristig verfolgt und auf die Bedürfnisse des Unternehmens zugeschnitten sein muss.

Nachfolgend zeigen wir an Unternehmensbeispielen auf, wie mit einer systematischen, konsequenten Markenpolitik auch für Maschinenbaugüter ein beachtliches Differenzierungspotenzial nachhaltig genutzt werden kann.

Zahlreiche Studien und praktische Erfahrungen der letzten Jahre zeigen, dass es für die deutsche Investitionsgüterindustrie **zunehmend schwieriger** wird, sich auf den globalen Märkten **langfristig Wettbewerbsvorteile** zu sichern. Gerade die bis heute noch dominante Strategie, sich über **bessere Technologien und höhere Produktqualität** positiv von den Wettbewerbern in Asien, Amerika, aber auch Europa zu differenzieren, zeigt **immer weniger Erfolg**. Viele Unternehmen versuchen daher, ihren Kunden einen Zusatznutzen in Form von **produktbegleitenden Dienstleistungen** zu bieten, und sich mit diesem Instrument vom Wettbewerb abzuheben. Natürlich bleibt es unumstritten, dass innovative Produkte - angereichert um nützliche, produktbegleitende Dienstleistungen – für das Überleben von Maschinenbau-Unternehmen unentbehrlich sind. Es ist jedoch fraglich, ob sich ein Anbieter hierdurch deutlich und dauerhaft von seinen Wettbewerbern abgrenzen kann, insbesondere dann, wenn alle Wettbewerber dieselben Leistungen anbieten. Stefan Herr von Simon-Kucher & Partners, der sich auf Marketingberatung spezialisiert hat, stellt in diesem Zusammenhang in einem Interview der VDMA-Nachrichten Folgendes fest (*VDMA Nachrichten* 2002):

„Die deutsche Maschinen - und Anlagenbauer müssen sich zu Markenartikelherstellern entwickeln, um der Vergleichbarkeit zu entrinnen."

Eine an der Universität Mannheim durchgeführte **Studie**, bei der ca. 160 Vorstände, Geschäftsführer und Vertriebs-/Marketingleiter von VDMA-Mitgliedsunternehmen befragt wurden, bestätigte,

- dass zurzeit **nur 4%** der befragten Unternehmen einen eigenen **Wettbewerbsvorteil** im Bereich der **Marke sehen**,
- obwohl **15% schwerpunktmäßig** eine auf die **Marke** ausgerichtete Unternehmensstrategie **verfolgen** (*VDMA Nachrichten* 2002).

Trotzdem wird vielfach heute noch das Branding in der Investitionsgüterindustrie vernachlässigt. Systematische Markenpolitik für Werkzeugmaschinen, Anlagen etc. ist bisher eher unüblich. Vielmehr steht bei Investitionsgüterfirmen meist der Firmenname im Vordergrund. Doch gerade eine effizient und effektiv geführte Marke unterscheidet ein Untenehmen bzw. ein Produkt vom Wettbewerb und kann helfen, einen Preisaufschlag zu rechtfertigen. Vermutlich auch deshalb messen die erfolgreichen VDMA-Mitgliedsunternehmen dem Branding eine signifikant höhere Bedeutung zu als die weniger erfolgreichen Firmen. **Für den Kunden** kann eine **Anlagen- und Maschinenbaumarke** mindestens folgende **Funktionen** übernehmen:

- Orientierungshilfe,
- vereinfachte Informationsverarbeitung,
- Risikoreduktion und
- Kommunikation mit seinen Kunden.

Zudem kann eine **Marke** aber auch **für den Handel** wesentliche **Funktionen** erfüllen:

- Verringerung des Absatzrisikos,
- Generierung eines Preispremiums,
- Förderung des Imagetransfers,
- eventuelle Erhöhung der Händler-Kunden-Bindung,
- Differenzierung vom Wettbewerb sowie
- Verringerung der Beratungsanforderungen der Verbraucher.

Im Konsumgüterbereich ist die Relevanz der strategischen Markenführung seit langem bekannt. Auch im deutschen Maschinenbau scheinen die Unternehmen die Bedeutung einer systematischen Markenführung erkannt zu haben. So bewerten die befragten Manager das Thema **Branding als überdurchschnittlich wichtig**. Dies gilt **übergreifend für verschiedene Branchen im VDMA**.

Alarmierend auffallend dabei ist, dass **auch im Jahr 2002 nur sehr wenige Maschinenbauhersteller ein systematisches Branding durchführen**. Die Professionalität des Markenmanagements ist in dieser Branche kaum vorhanden (*VDMA Nachrichten* 2002).

Im Rahmen eines **Branding-Excellence-Ansatzes** werden die zentralen Aspekte eines professionellen Markenmanagements deutlich. So betrifft dies vor allem vier Dimensionen (*VDMA Nachrichten* 2002):

- **Markenstrategie:** Hier werden die grundlegenden Weichen für Marken gestellt. Es geht dabei in erster Linie um Grundsatz- bzw. Anpassungsentscheidungen hinsichtlich
    - **Markenpositionierung:** Hier wird der inhaltliche Kern der Marke (das Markenversprechen) gegenüber dem Kunden festgelegt.
    - **Markentyp**
    - **Markenarchitektur:** Sie bestimmt die geographische Reichweite der Marke sowie die Ausdehnung des Markenbildes. Falls mehrere Marken existieren,

muss außerdem die Beziehung der einzelnen Marken untereinander festgelegt werden (Einzelmarken-, Dachmarken-, Familienmarkenstrategie)

- **Markenauftritt:** Der Markenauftritt beschäftigt sich mit der Frage, wie systematisch der Auftritt der Marken gemanagt wird. Zentral sind hierbei Aspekte des Markennamens und -zeichens sowie die Ausgestaltung des markenbezogenen Marketing-Mix. Zum **Marketing Mix zählen** u. a. Bereiche wie

    o **Markenkommunikation** (z. B. Kommunikationsinstrumente, Budgets),

    o **Vertriebsmanagement für die Marken** (z. B. Vertrieb von verschiedenen Marken über unterschiedliche Vertriebskanäle) und

    o **Preispolitik für Marken** (z. B. Durchsetzung eines Premiumpreises).

- **Markenkontrolle:** In diesem Bereich steht die Frage im Vordergrund, inwiefern der Erfolg von Marken systematisch kontrolliert wird. Angesprochen werden in diesem Zusammenhang sowohl vorökonomische Größen (z. B. Bekanntheit, Image) als auch ökonomische Markenerfolgsgrößen (z. B. Marktanteil, Wiederkaufrate, Preispremium). Darüber hinaus gibt es auch verschiedene Ansätze zur Markenbewertung, die zur Markenkontrolle eingesetzt werden können. Im Wesentlichen handelt es sich bei diesen Markenwertmodellen um Verfahren bzw. Instrumente aus der Unternehmenspraxis. Zu den bekanntesten Verfahren zählen beispielsweise das ‚Eisbergmodell', das ‚Marken-Monople-Modell', die ‚Markenbilanz' sowie der ‚Brand Character' von jeweils verschiedenen Marktforschungsinstituten. All diese Modelle haben Stärken und Schwächen. Grundsätzlich gilt aber auch hier, dass eine alleinige und nicht im Kontext der gesamten Branding-Excellence vollzogene Anwendung eines Modells nie ausreichend sein kann (vgl. auch Teil 1 zur Markenbewertung).

- **Markenverankerung im Unternehmen:** Im diesem Bereich sollte analysiert werden, inwiefern im Unternehmen klare Strukturen und Prozesse für das Management von Marken definiert sind. Dies betrifft z. B. die Regelung der Markenverantwortung und den Aufbau eines einheitlichen Markencontrollings. Der Erfolg einer Marke wird jedoch auch maßgeblich durch die Kultur des Unternehmens geprägt. Schließlich steht hinter jedem Produkt bzw. jeder Marke, die ein Kunde kauft, die gesamte Organisation mit ihrer Philosophie, ihren Werten und ihren Mitarbeitern. Dieser Zusammenhang sollte sämtlichen Mitarbeitern im Unternehmen bewusst sein. Außerdem sollte sichergestellt sein, dass die Marken den Mitarbeitern bekannt sind und diese wissen, was die Marken gegenüber Kunden versprechen sollen.

3.2 KUKA Roboter

Unter dem Namen KUKA werden nicht nur **Roboter**, sondern auch **Schweißanlagen** verkauft. Seit 1996 sind die beiden Bereiche in zwei getrennte Gesellschaften aufgeteilt – beide gehören zur **IWKA AG mit Sitz in Karlsruhe** (*Richter* 2004).

Das Augsburger Unternehmen KUKA blickt auf eine langjährige Geschichte zurück. Gegründet 1898 unter dem Namen Keller und Knappich (später in KUKA umgewandelt) fertigte man zunächst Generatoren, später auch Schweißgeräte. In den beiden Weltkriegen stellte das Werk Rüstungsgüter her. Bekannt wurde KUKA vor allem durch seine Müll- und Straßenreinigungsfahrzeuge und die beliebte Reiseschreibmaschine 'Prinzess', für die heute noch Kunden Ersatzteile nachfragen.

In den 70er Jahren wurde die Sparte Umwelttechnik an Faun verkauft, mehr und mehr konzentrierte man sich auf den Bau von Schweißanlagen und Robotern Im Jahr 1971 begann KUKA damit, **Roboter** zu entwickeln, **1973 ging das erste Gerät in Serie.**

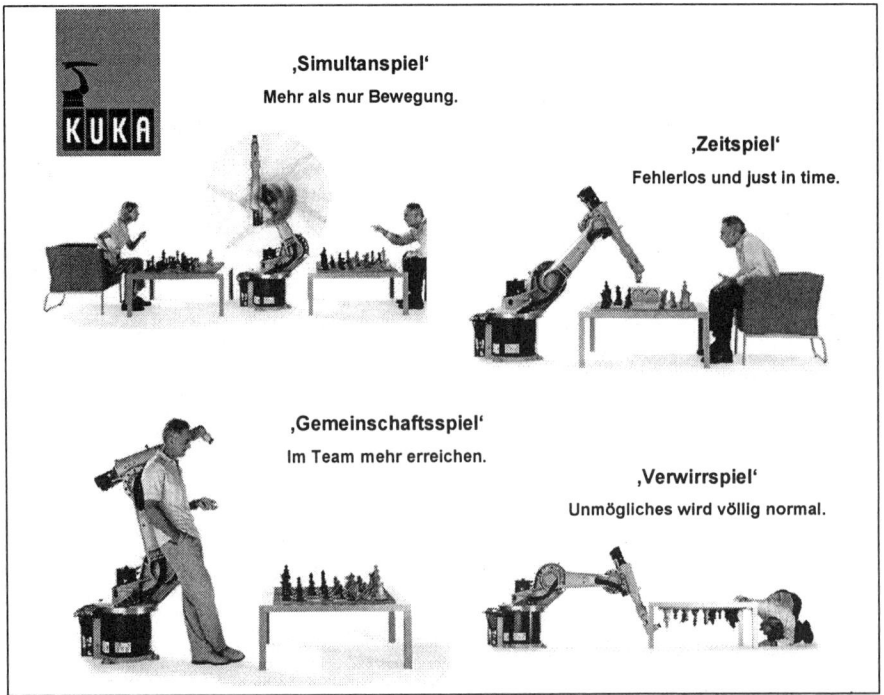

Abbildung 106: Vielseitige Anwendungspotenziale von Kuka-Robotern

Im Laufe der Jahre entwickelte sich die KUKA immer mehr zum innovativen Vorreiter bei der Entwicklung und Einführung neuer Technologien. So führte der Hersteller **1996 als erstes Unternehmen weltweit die PC-basierte Steuerung von Industrierobotern** ein. Seit 1996 gibt es die KUKA Roboter GmbH als eigenständige Firma, die sich auf die Entwicklung, Produktion und den Vertrieb von Industrierobotern, Steuerungen, Software und Serviceleistungen konzentriert.

Roboter entwickeln sich immer mehr zum universellen Kernelement der Automatisierung. Gleichzeitig ist eine zunehmende Funktionalität der Roboter zu beobachten. Diese Entwicklung bietet neue Anwendungsgebiete in, um und jenseits der **Automobilindustrie**. Der Roboter schraubt, sortiert, verpackt, schweißt, gießt, klebt, bohrt, handelt – kurz, er kann alles.

Und ist dabei viel produktiver als bisherige Systeme. Immer stärker von Bedeutung ist dabei die Zusammenführung von Mensch und Maschine. Dazu arbeitet die KUKA intensiv an weiter verbesserten Sicherheitsstandards.

In der Forschungs- und Entwicklungsabteilung der KUKA Roboter arbeiten heute etwa 150 Mitarbeiter an der technologischen Zukunft. Dafür werden jährlich zwischen 6 und 7% des Umsatzes aufgewendet. Hier wird nach **Einsatzmöglichkeiten neuer oder veränderter Varianten der Roboter in neue Märkte** wie Lebensmittel, Logistik, Handhabung, Medizin, Kunststoff oder Entertainment geforscht. Oder es werden neue Materialien erprobt, die den Roboter leichter und noch handlicher machen.

Die United Nations Economic Commission for Europe (UN/ECE) nennt in ihrer **Studie ‚World Robotics 2003'**, die in Zusammenarbeit mit der International Federation of Robotics (IFR) erstellt wurde, einen weltweiten Bestand von mindestens 770 000 Industrierobotern. Davon sind ca. 350 000 in Japan, 233 000 in der Europäischen Union und 104 000 in Nordamerika installiert. Deutschland - mit 105 000 Einheiten in Europa führend - ist weltweit nach Japan der zweitgrößte Nutzer von Industrierobotern. In Italien stehen 47 000, in Frankreich 24 000, in Spanien 18 000 und in Großbritannien 14 000 Industrieroboter.

Mit etwa 56 200 Robotern (53% des im Einsatz befindlichen Roboterbestandes in 2002) war die Fahrzeugindustrie mit Abstand die größte Einsatzbranche von Robotern. Materialtransport war das zweitgrößte Einsatzgebiet mit fast 15% des Gesamtbestandes an im Einsatz befindlichen Robotern. Die chemische Industrie nutzt 10% des Gesamtbestandes, während die Metallverarbeitende Industrie und die Elektro-/Elektronikmaschinen-Industrie jeweils einen Anteil von 6% hat. Mit fast 33 000 Einheiten oder 31% des gesamten geschätzten Bestands von im Einsatz befindlichen Robotern war Schweißen das größte Anwendungsgebiet.

Deutschland hat die höchste Roboterdichte bei den restlichen Länder mit 135 pro 10 000 Beschäftigte in der Verarbeitenden Industrie, gefolgt von Italien mit 109, Schweden mit 91, Finnland 68, Frankreich 66. In den USA sind es 58 Beschäftigte. So gibt es in Japan 310 Roboter pro 10 000 Beschäftigte und in Korea 130 in der verarbeitenden Industrie. Hierbei muss berücksichtigt werden, dass in Japan und Korea nicht nur Mehrzweck-Industrieroboter in diesen Zahlen enthalten sind, sondern alle Arten. Diese Daten sind mit den anderen Ländern deshalb nicht direkt vergleichbar (*World Robotics* 2003, UN/ECE)

Im Jahr 2002 hatte KUKA bereits 7 500 Roboter verkauft, 500 mehr als im Jahr davor, im Jahr 2003 waren es bereits 8 000 Roboter. KUKA erwirtschaftete einen Umsatz von 420 Mio. Euro im Jahr 2003. Heute ist das Unternehmen führender Roboterhersteller in Deutschland und Europa, weltweit rangiert es auf Platz 3. Hauptabnehmer der von KUKA gefertigten Roboter ist traditionell die Automobilindustrie. Immer mehr an Bedeutung gewinnen aber auch verschiedene Bereiche der so genannten General Industry, also Industrieunternehmen jenseits der Automobilbranche. Heute werden KUKA-Roboter beispielweise in der Logistik, der Medizin, dem Lebensmittelbereich, der Kunststoffbranche und im Entertainment eingesetzt. So hat die KUKA den **weltweit ersten und einzigen Roboter entwickelt, der Menschen transportieren darf.** Der ‚Robocoaster' gehört mittlerweile weltweit zu den beliebtesten, weil rasantesten Fahrgeschäften in Vergnügungsparks. In den beiden LEGOLAND-Parks in Deutschland und Dänemark kann der ‚Robocoaster' von de Fahrgästen sogar selbst programmiert werden. Sie können aus insgesamt rund 1,4 Milliarden verschiedenen Fahr-Kombinationsmöglichkeiten auswählen.

Allein im Jahr 2003 wurden bei der KUKA Roboter 150 neue Arbeitsplätze in Deutschland geschaffen. Damit gehört das Unternehmen nach einer Umfrage zu den **50 größten Arbeitsplatzbeschaffern in der Republik.** Gleichzeitig investiert die KUKA am Standort in Augsburg rund sechs Millionen Euro in den Um- und Neubau auf dem Werksgelände. So wurde erst kürzlich eine neue 6 100 Quadratmeter große Montagehalle in Betrieb genommen. Sie beherbergt hinsichtlich Logistik, Materialfluss, Flexibilität und Effektivität eine der modernsten Produktionsanlagen weltweit. Der Clou dabei ist, **dass erstmals Roboter zur Fertigung von Robotern eingesetzt wurden.** Gerade in der **Robotik** sind hohes Know-how, hohe Produktionsgeschwindigkeit bei maximaler Genauigkeit, höchste Qualität, bester Service und Kundennähe gefragt. Zudem sitzt die Firma im Herzen des größten Roboter-Marktes – in Europa. KUKA **setzt aber nicht nur explizit auf den Standort Deutschland,** sondern auch auf **ältere, erfahrene Mitarbeiter** und fährt damit im doppelten Sinne eine Strategie gegen den Trend: 50-Jährige werden in die hauseigene Academy geschickt und lernen das Neueste über Prozesssteuerung und Fertigungstechnik. Monteure und Entwickler arbeiten sehr eng zusammen, um so immer neue Anwendungsmöglichkeiten zu lancieren. In der ausgeprägten Forcierung einer konsequenten Innovationsstrategie sieht KUKA seine Stärke und seinen Wettbewerbsvorteil.

Für die KUKA Roboter GmbH gehört die stetige Weiterentwicklung ihrer Mitarbeiter zu den zentralen Führungsaufgaben. Die individuelle Weiterentwicklung zu festigen, die strategische Managemententwicklung und -planung innerhalb der KUKA Group vorantreiben, Motivation und Identifikation mit dem Unternehmen zu fördern und eine Unternehmenskultur erlebbar zu machen - das zeichnet das **Personalentwicklungsprogramm** bei der KUKA Roboter GmbH aus.

Die in 2002 ins Leben gerufene **KUKA Academy** ist dabei wesentlicher Bestandteil dieser Firmenphilosophie. Aus einem breitgefächerten Angebot an individueller und fachlicher Qualifikation können die Mitarbeiter Seminare für ihren persönlichen Bedarf auswählen. Grundsätzlich steht die KUKA-Academy allen Beschäftigen im In- und Ausland offen. Weiterbildungsmaßnahmen zu fachlicher, methodischer oder sozialer Kompetenz stehen dabei ebenso im Programm wie Workshops, Gesundheitsmanagement, Coaching und Beratung sowie berufliche Weiterbildung. Auch Auszubildende, Praktikanten und Diplomanden finden in der KUKA-Academy passende Angebote. Besonders interessant sind dabei die in mehreren Modulen eingeteilten Qualifizierungsmaßnahmen für potenzielle Führungskräfte sowie die Möglichkeit, berufliche und persönliche Erfahrungen bei einem Auslandseinsatz zu sammeln.

Professionelle Trainer begleiten die KUKA-Mitarbeiter durch die Seminare der Academy. **Künftig** sollen zusätzlich **verstärkt auch Mitarbeiter Mitarbeiter unterrichten** und dabei ihre Erfahrungen an die Kollegen weitergeben. Dazu werden auch ehemalige Beschäftigte eingebunden. Die ‚Senior Leadership Group', ein Team aus erfahrenen älteren Ex-Kollegen, berät und betreut viele KUKA-Mitarbeiter bei der Bewältigung ihrer täglichen Aufgaben.

Die KUKA Robot Group beschäftigt weltweit etwa 1 650 Mitarbeiter. Davon sind für die KUKA Roboter Gruppe Deutschland bundesweit 1 100 Beschäftigte im Headquarter in Augsburg sowie in Niederlassungen und Tochtergesellschaften tätig. Das Unternehmen ist mit mehr als 20 Tochterunternehmen in Europa, USA und Asien vertreten.

KUKA Roboter können alles – wenn man sie beherrscht. Deshalb produziert KUKA nicht nur Spitzentechnik, sondern setzt auch im Schulungsbereich Qualitätsstandards. Das ‚**KUKA College**' qualifiziert und motiviert alle Mitarbeiter, die mit Robotern zu tun haben – sowohl intern als auch extern. Im hochmodernen neuen Schulungsgebäude im **Global Sales Center in Gersthofen bei Augsburg** sowie in den Außenstellen werden die Teilnehmer in den Bereichen Bedienen, Programmierung der Robotersteuerung, Servicekurse Mechanik, Elektrik, Feldbustechnologie, Programmierung Applikationen, Simulationskurse unterrichtet. Alle KUKA-Schulungen zeichnen sich dadurch aus, dass sie in jedem Moment praxisbezogen und damit absolut realitätsnah sind. Die Trainer kommen aus der Praxis und mindestens die Hälfte der Seminare bestehen aus praktischen Übungen. So lernen und üben die Teilnehmer genau das, was sie in ihrem Betrieb benötigen.

Das **Seminarprogramm** ist auf die verschiedenen Zielgruppen zugeschnitten: Roboterbediener, Programmierer, Roboterzellenplaner und -konstrukteure sowie Führungskräfte. Das KUKA College stellt sich weitgehend auf die Bedürfnisse der Betriebe ein. Die Seminartermine werden mit den betrieblichen Erfordernissen abgestimmt und finden auf Wunsch auch vor Ort in den Unternehmen statt. Anspruchsvolle

Abschlussprüfungen runden die jeweiligen Seminare ab und bestätigen den Teilnehmern ihren Ausbildungserfolg. Diese Prüfungen sichern die hohe Qualität und Effizienz der KUKA-Schulungen. Über 6 000 Teilnehmer haben allein im Jahr 2003 das KUKA-College besucht.

Um das Spektrum der Roboterschulungen weiter zu vergrößern, werden seit Frühjahr 2004 im KUKA College in Gersthofen Applikationsschulungen angeboten. Dabei wird nicht nur das Roboterwissen vermittelt, sondern auch auf die Prozessgrundlagen der Applikationen eingegangen. Es wird an realen Applikationszellen gezeigt, wie sich der Prozess auf die Roboterprogrammierung auswirkt und welche Probleme dabei auftreten können. Mit starken Partnern wurden diese zukunftsweisenden Visionen realisiert. Für die Teilnehmer bedeutet dies, alle Prozesse können nicht nur theoretisch behandelt werden, sondern auch real erlebt werden.

Die KUKA Roboter GmbH hat in 2003 ihr **Servicenetz kontinuierlich ausgebaut** und eine weitere Niederlassung eröffnet. Damit ist nahezu flächendeckend Kundennähe garantiert. Darüber hinaus wurde im Bereich General Industry das **Programm ‚Official KUKA System Partner'** realisiert, mit dem Ziel des Aufbaus eines globalen Netzwerks von qualifizierten und zertifizierten System-Partnern. Damit kann die KUKA Roboter GmbH zum einem Auftragseingänge durch die Vertriebsarbeit der System Partner generieren, bestehende Partner enger an sich binden und neue akquirieren, sich zum anderen als kompetenten Vermittler für Lösungen in allen Branchen und Applikationen etablieren. Gleichzeitig ist das ‚Official KUKA System Partner Programm' auch ein **intelligentes Marketingtool** und hilft bei der Besetzung neuer Branchen sowie der systematischen Abdeckung aller bestehenden Branchen bzw. Applikationen. In jedem Fall kann die KUKA Roboter GmbH ihren Kunden immer qualifizierte und auf ihre Bedürfnisse zugeschnittene Lösungen anbieten – weltweit.

Bei allen Entwicklungen steht aber nicht nur der technologische Anspruch im Vordergrund, sondern auch die **optimale Verbindung von Wirtschaftlichkeit (beim Materialeinsatz) und Design (Optik)**. Letzteres trägt dazu bei, die technische Funktion eines Roboters zu optimieren. Beispiele dafür sind eine konsequente Leichtbauweise, die Verwendung neuer Werkstoffe, ein modularer Aufbau, Biegefestigkeit oder ein verbesserter Kraftfluss. Damit lässt sich Material an den tragenden Bauteilen einsparen.

Diese Anstrengungen wurden nun gleich mehrfach honoriert. So zählt die KUKA Roboter GmbH zu den **Preisträgern des international beachteten ‚iF design award 2002'**. Dabei wurde neben dem formvollendeten Design auch die besondere Produktqualität der Roboter gewürdigt. Die KUKA-Roboter setzten sich bei dem **vom Industrie Forum Design Hannover veranstalteten Wettbewerb** gegen ca. 1 100 qualifizierte Teilnehmer durch, Bewerbungen von Unternehmen aus 35 Ländern für etwa 2 000 Produkte wurden eingereicht. Der Auslandsanteil lag bei annähernd 40%.

Das **Design Zentrum Nordrhein-Westfalen** verlieh der KUKA Roboter GmbH den ‚**red dot award' für richtungsweisendes Design**. Dabei war die KUKA nur einer von zwei Preisträgern, die den Award für das ‚**intelligent design'** erhielt. Diese begehrte **Sonderauszeichnung** wird an **Disziplin übergreifende Produkte** verliehen, die eine neue Ära im Industriedesign einleiten. Damit befinden sich die KUKA-Roboter in bester Gesellschaft, denn neben Produkten von Unternehmen wie Apple, IBM, Porsche oder Nokia gehört auch der Roboterhund ‚AIBO' von Sony zu den Preisträgern. Mit beiden Preisen wurde von den Juroren damit das nachhaltig **erweiterte Nutzenspektrum der jüngsten Roboter-Generation** von KUKA entsprechend gewürdigt.

Die Ausweitung des Absatzes auf andere Non-Automotive-Branchen bzw. die Erschließung neuer Kundensegmente steht in einem sehr engen Zusammenhang zur **Markenführung** der KUKA Roboter GmbH, wobei KUKA davon ausgeht, dass der Absatzanteil in den General Industries schon mittelfristig auf 50% ansteigen wird. KUKA hat erkannt, dass dieser Weg auch weiterhin nur über ein **konsequentes Markenmanagement** zu realisieren ist (*Kaluza* 2003):

- **Explizite Verknüpfung des Roboter-Designs mit dem Markenmanagement:** Statt kantiger hässlich anmutender Gebilde favorisierte KUKA harmonisch geformte Roboter mit weichen Rundungen.

- **Betonung der technischen Vorteile eines gutes Designs:** Es bleiben z. B. keine Energiezuführungen an scharfen Kanten des Roboters hängen. Einen weiteren Kundennutzen erzielte man durch die Erleichterungen bei der Reinigung der Roboter. Weitere Vorteile entstehen hinsichtlich Biegefestigkeit und Torsionssteifigkeit.

- **Markenkommunikation mit Imagewirkung durch gutes Industriedesign, denn Hässlichkeit verkauft sich schlecht:** KUKA nutzte den 2002 gewonnenen bekannten Red Dot Award als Auszeichnung in seiner Markenkommunikation.

- Design steht bei KUKA für **technische Kompetenz, Funktionalität und Dynamik** und somit für höhere Wirtschaftlichkeit. Darüber hinaus verleiht Design ein professionelles Image.

- **Qualitatives Wachstum durch Forcierung eines Ingredient Branding:** Kuka hat anders als in der Automobilbranche in den General Industries (z. B. Zerlegung von Schweinen durch Roboter im Food-Segment, Behandlung von Tumoren mit Laserrobotern) nicht mit Endkunden, sondern mit Systempartnern zu tun, die in der Regel kleine Zellen mit bis zu vier Robotern bauen. Diese Systemintegratoren bauen die Zellen und hier sieht es KUKA natürlich gern, wenn der Endkunde seine Fertigungslinie mit Robotern von KUKA installiert haben möchte und damit entsprechend den im ersten Teil erläuterten strategischen und operativen Gestaltungsparametern einen nachhaltigen Marketing-Pull-Effekt für sich verbucht. Marke durch Technologie stärken. Vertrauen und Markentreue als oberstes Ziel.

- **Globales Systempartnerkonzept**

- **Markenkommunikation durch Nutzung von PR-Wirkungen beim Einstieg in öffentlichkeitswirksame Geschäftsbereiche wie Entertainment (Freizeitparks, Fahrgeschäfte, Edutainment etc.):** Im dänischen Legoland Billund und Günzburg stehen zwei Anlagen aus 20 Robotern, wobei die Fahrgäste über ein Bildschirm-Menü festlegen können, wie ihre Fahrt verlaufen soll, d. h. Tempo und Figuren lassen sich frei wählen. Dadurch dass ein Roboter mit sechs Freiheitsgraden arbeiten und den Fahrgastaufsatz in alle möglichen Richtungen drehen kann, können die Passagiere nur raten, welche Bewegung als nächstes kommt. Das ist spannender als jede Achterbahn, die vorgibt, wohin die Reise geht. Neues Modell ist daher der KR 500, ein Achterbahnroboter, also ein Roboter, in den man sich hineinsetzen kann.

- **Markenreputation des Achterbahnroboters als Referenz für Neukunden:** Die Zulassung vom TÜV und der Segen von den Berufsgenossenschaften war auch für KUKA eine Herausforderung, denn Roboter gehören in die Rubrik Gefahrgut. Nun dient der Robocoaster als Referenz für andere potenzielle KUKA-Kunden, denen die Sicherheit ihrer Mitarbeiter besonders am Herzen liegt. Die eingesetzte Sicherheitstechnologie wird mittelfristig als Querschnittstechnologie gesehen. KUKA denkt bereits an eine Übertragung dieser Erkenntnisse auf die Automobilproduktion oder eine Palettierzelle.

- **Festlegung des Markenauftritts durch das Globale Corporate Design Manual:** Orientierungsparameter für Werbematerial, Messeauftritte, Print und Medien. Die Internetpräsenz beispielsweise kommt als zentraler Kommunikationskanal von der Geschäftsanbahnung bis zur Kundenbetreuung zum Einsatz.

- **Markenkommunikation durch proaktives branchenunabhängiges Messeengagement:** Die Robotertechnologie ist eine Querschnittsdisziplin und daher zeigt KUKA weniger Interesse an allgemeinen Maschinenbaumessen und konzentriert sein Engagement mehr auf Fachmessen (z. B. Verpackungs-, Kunststoff- und Schweißmessen), um so sein Applikations-Know how als querdenkender Problemlöser einzubringen.

- **Markenkommunikation durch Product Placement:** Im James-Bond-Streifen ‚Die another day' wird Bond-Girl und Oskar-Preisträgerin Halle Berry von fünf Laserstrahlrobotern bedrängt, die normalerweise zum Schneiden von Diamanten eingesetzt werden – ‚Liebegrüße aus Augsburg' sozusagen. KUKA ist der **einzige B2B-Anbieter von 19 anderen Markenartiklern im Bond-Film**, die Product Placement als Instrument der Markenkommunikation nutzen. KUKA möchte mit diesem Engagement seine Marke schärfen, sein Image erweitern und sich als Technologieträger darstellen. Insgesamt kostete KUKA sein Product Placement-Engagement in Ermangelung von B2B-Konkurrenzangeboten keinen Cent, während es sich bei Markenartikeln aus dem Konsumgüterbereich um ein 120-Millionen-Dollar-Investment handelte. Allein Ford investierte für seine Nobeltochter Aston Martin 35 Millionen Dollar, damit James Bond wieder standesgemäß von der bayerischen Marke auf eine englische Sportwagenmarke wechselte.

Markenmanagement über Product Placement ist zweifellos ein Indiz dafür, wie fortschrittlich und konsequent KUKA als B2B-Anbieter dieses Marketinginstrument für sich entdeckt hat (*Kaluza* 2003):

> „Den Kontakt zur Produktionsfirma hat KUKA über die eigene Niederlassung in England aufgenommen. Dort präsentierte man, wie die Maschinen in der Autoindustrie und anderen Branchen eingesetzt werden, und erklärte der Filmfirma, dass der Einsatz von Robotern zum technisch immer gut ausgestatteten Bond ausgezeichnet passen würde. Schließlich ließ die Produktionsfirma das Drehbuch umschreiben, um eine Szene mit Robotern aufzunehmen. Alle fünf Roboter, die in dem Film vorkommen, waren Serienprodukte. Sie wurden nach Ende der Dreharbeiten verkauft und stehen nun in einer Fabrikhalle am Fließband."

KUKA hat erkannt, wenn harte und nüchterne Technologie-Daten wie Beschleunigung und Traglast stimmen, dann gewinnen zunehmend emotionale und markenrelevante Aspekte im Einkaufsentscheidungsprozess des Buying Centers rasch und stark an Bedeutung. Der Einkauf von Robotern bleibt zwar immer eine wichtige Investition mit Renditeerwartungen, aber der letzte Entscheidungskick findet nicht nur in den Köpfen, sondern auch in den Bäuchen und Herzen aus Fleisch und Blut des Einkaufsgremiums statt: Oder ist es wie beim Essen: ‚Das Auge isst immer mit'.

3.3 TRUMPF

Die TRUMPF Gruppe gehört zu den weltweit führenden Unternehmen in der **Fertigungstechnik**. Innovationen von TRUMPF bestimmen die Richtung in allen vier Geschäftsbereichen (*Kohlert* 2003):

- Werkzeugmaschinen für die Blech- und Materialbearbeitung
- Lasertechnik
- Elektronik/Medizintechnik
- Elektrowerkzeuge

Sie prägen technische Standards und eröffnen den Anwendern neue und produktivere Möglichkeiten. Ihr geschäftsführender Gesellschafter Prof. Berthold Leibinger gilt als Leitfigur des deutschen Maschinenbaus.

Die TRUMPF Gruppe steht unter dem Dach einer Holding, der TRUMPF GmbH & Co. KG in Ditzingen. Diese nimmt konzernübergreifende Aufgaben wie die Führung, Planung und Kontrolle der Gruppe und seiner Unternehmen wahr. Die **Management-Holding** bildet die Klammer um die vier Geschäftsbereiche Werkzeugmaschinen, Lasertechnik, Elektronik/Medizintechnik und Elektrowerkzeuge.

Im Geschäftsjahr 2002/03 erzielte die TRUMPF Gruppe mit rund 5 800 Mitarbeitern einen Umsatz von ca. 1,2 Mrd. €. Dieser Umsatz liegt leicht unter dem Rekordumsatz von 1,22 Mrd. €, den die Firma im Vorjahr erzielte. Vor dem Hintergrund der sehr schwierigen Wirtschaftslage stellt dies ein gutes Ergebnis dar. Das Geschäftsjahr fiel vollständig mit der weltweiten konjunkturellen Schwäche zusammen. In Europa und Amerika gingen die Umsätze von TRUMPF zurück, in Asien war allerdings ein Wachstum zu verzeichnen. Der Gesamtanteil am Konzernumsatz außerhalb Deutschlands betrug 64% (*Seiwert et al.* 2003).

Durch die Tatsache, dass das Unternehmen sich in **unterschiedlichen Technologiebereichen** positioniert hat, ist die TRUMPF Gruppe **wenig konjunkturanfällig**:

Im letzten Geschäftsjahr erwiesen sich hierbei besonders die Bereiche Laser- und Medizintechnik als erfolgreich. Der Geschäftsbereich Lasertechnik konnte seinen Umsatz um 12% auf 319 Mio. € erhöhen und der Bereich Elektronik/Medizintechnik wuchs um 27% auf 117 Mio. €.. Der Bereich Werkzeugmaschinen musste einen Umsatzrückgang von 9,2% auf 971 Mio. € hinnehmen. Im Geschäftsbereich Elektrowerkzeuge sank der Umsatz um 8,3% auf 39 Mio. €. Die Investitionen in Forschung und Entwicklung über alle Unternehmensbereiche hinweg lagen mit 6,1% des Umsatzes bzw. 71 Mio. € auf dem hohen Niveau des Vorjahres (70 Mio. €). In der Lasertechnik und der Elektronik ist die Forschungs- und Entwicklungsquote deutlich zweistellig. Bei ihren Forschungs- und Entwicklungsarbeiten kooperiert TRUMPF mit High-Tech-Firmen, namhaften Hochschulen und Forschungseinrichtungen. Im Bereich Laser Melting ging die Firma eine Entwicklungs- und Vertriebskooperation ein.

Auch die Investitionen blieben hoch. Rund 5,5% des Gruppenumsatzes investierte TRUMPF in Sachanlagen und immaterielle Vermögensgegenstände. Schwerpunkte waren bauliche Erweiterungen in den deutschen Werken und Investitionen in Vertriebs- und Servicegesellschaften im Ausland. Außerdem baut TRUMPF seine weltweite Präsenz kontinuierlich aus, auch mit Produktion und Entwicklung vor Ort. TRUMPF ist in fast 50 Ländern der Erde zu finden und möchte so seine Kunden überall in gleicher Weise zufrieden stellen und seine internationale Wettbewerbsfähigkeit sichern.

Zum Ende des Geschäftsjahres 2001/2002 waren in der TRUMPF Gruppe 5 561 Mitarbeiter beschäftigt und unter Einbeziehung nicht konsolidierter Gesellschaften sind es weltweit 5 646. Von seinen eigenen Mitarbeitern sind ca. 3 650 in Deutschland beschäftigt, die restlichen 1 911 im Ausland. TRUMPF hatte einen Personalzuwachs von 6,6% zu verzeichnen, von dem rund die Hälfte auf die Erweiterung dieses Konsolidierungskreises entfällt. Besonders in der **wachstumsstarken Lasertechnik** fand dieser Personalaufbau statt.

Deutliche Wachstumschancen liegen in den Geschäftsfeldern Lasertechnik und Medizintechnik. Werkzeugmaschinen und Elektrowerkzeuge werden sich leicht über Vorjahresniveau bewegen. **Service und Dienstleistung** werden bei TRUMPF **ganz groß geschrieben und prägen daher den Markenwert nachhaltig.** Zunächst wird das auf die Kunden fokussierte Leistungsangebot von Trumpf dargestellt.

TRUMPF bietet seinen Kunden neben dem Verkauf von Maschinen eine ganze Reihe von Serviceleistungen an, von Teleservice bis hin zum Ersatzteilservice. Dieser Service soll die **Produktionsbereitschaft der Maschinen sichern:**

- Bei auftretenden Problemen können die Kunden direkt bei einem **Call-Center** im technischen Kundendienst bei TRUMPF anrufen. Das **Problem** wird unverzüglich von einem Mitarbeiter der Fachgruppe **online analysiert und gelöst**.

- Die Firma bietet ebenso einen **24-Stunden-Service für Ersatzteile** an, der auch am Wochenende dienstbereit ist. Um Stillstandzeiten der Maschine beim Kunden zu verringern, veranlasst ein TRUMPF Mitarbeiter direkt nach Anruf eines Kunden mittels Computer-Direktverbindung die sofortige Bereitstellung des Teils, per Kurierdienst geht es mit Eilzustellung an den Kunden.

Vorteile einer ‚Online-Beschaffung' sind u. a.:

- **Die komfortable Handhabung:** Die Wiederholbestellungen oder maschinenspezifischen Bestellungen werden mit wenigen Klicks durchgeführt und können durch abgespeicherte Warenkörbe unterstützt werden.

- **Eine gute Kontrolle:** Ein Archiv listet die gesamten Bestellungen übersichtlich und vollständig auf.
- **Die bequeme Verwaltung:** Unterschiedliche Liefer- und Rechnungsadressen sowie Maschinendaten brauchen nur einmal eingegeben werden.
- **Bestellung ist direkt von der Maschinensteuerung möglich:** Ersatzteile können dort geordert werden, wo sie gebraucht werden: An der Maschinensteuerung. E-Machines verfügen über den identischen E-Shop direkt auf der Steuerung. Die Bestellung kann entweder gleich von der Maschine abgeschickt werden oder später vom Büro aus.

Für TRUMPF spielen **Messen und Ausstellungen** eine **sehr große Rolle**. Sie bieten eine gute Möglichkeit, vielfältige Informationswünsche der Kunden zu befriedigen. Auf der einen Seite können sich potentielle Neukunden einen Überblick über die Marktsituation verschaffen und eine vereinfachte Strategie der Informationsnachfrage vornehmen, andererseits werden diejenigen, die eine klärende Strategie der Informationsnachfrage verfolgen, angesprochen. Für beide Gruppen senken sich dadurch die Transaktionskosten bei der Informationssuche.

Für Mitglieder eines Buying-Centers bieten Messen eine hervorragende Gelegenheit, vor Ort einen Konkurrenzvergleich durchzuführen. Messen umfassen i. d. R. Elemente aller anderen kommunikationspolitischen Mittel wie Werbung und Verkaufsförderung.

Für Prof. Berthold Leibinger stellen sie eine **Inspiration für bessere Dienstleistungen,** Produktideen und Verfahren dar. Er bewertet dies nicht nur als wichtig für den wirtschaftlichen Erfolg, sondern betrachtet es auch als eine Bestätigung der Nähe zum Kunden der Firma TRUMPF. Jeder Aussteller muss sich auf dem Forum Messe hautnah dem Kontakt mit Kunden und dem Vergleich mit Konkurrenten stellen und diesen Vergleich scheut die Firma in keiner Weise. Leibinger meint, dass kein Prospekt oder Internetauftritt ein ‚physisches Erleben' einer Maschine ersetzen kann. Es ist wichtig, ein Produkt wie eine Maschine zu hören, zu fühlen und anzufassen. Das alles gehört für ihn zu einer kritischen Prüfung ebenso dazu, wie der Vergleich mit Wettbewerberangeboten und das alles erst führt zu einer Kaufentscheidung.

Auf **großen Branchenmessen,** wie der **Schweißen & Schneiden in Essen** oder der **EMO in Hannover** vergleichen die Kunden TRUMPF mit anderen Herstellern und an diesen Ergebnissen misst sich die Firma selbst. Hier kann sie sehen, wo sie im internationalen Vergleich steht und welche Früchte ihre Bemühungen tragen. Leibinger sieht den **Dialog mit den Kunden als erste unverzichtbare Dienstleistung** an (*Seiwert et al.* 2003).

Rainer Hundsdörfer, TRUMPF Geschäftsführer Vertrieb und Marketing, sieht einen weiteren Vorteil von Messen darin, dass anhand der ausgestellten Exponate mit den Kunden engagiert diskutiert wird und die geäußerten Ansichten, Meinungen, Überzeugungen und Wünsche der Besucher wichtige Hinweise auf technische Trends und zukünftigen qualitativen Bedarf geben.

Da Messen und Ausstellungen allerdings ein sehr kostenintensives Unterfangen für den Aussteller darstellen, sollten sie sich auch lohnen. Von wichtiger strategischer Bedeutung hierbei ist die **Wahl der richtigen Ausstellung**. Die Auswahl an Messen relativiert sich zumeist an der **Qualität des Messestandorts**. Die schon erwähnte EMO in Hannover ist hierbei ein gutes Beispiel, denn hier stimmt seit der EXPO die Infrastruktur und außerdem gilt Deutschland als ein bedeutender Technologiestandort.

Ein weiterer Schritt zur absoluten Kundenzufriedenheit stellt das **Qualitätsmanagement** in der TRUMPF Gruppe dar. Damit die Erwartungen der Kunden erfüllt werden und sie zufrieden sind, wird bei TRUMPF nach strengen Qualitätsstandards gearbeitet. Die Qualität beruht auf einem fest verankerten Qualitätsbewusstsein der Mitarbeiter und auf einem guten, **schöpferischen Betriebsklima**. Hierzu gehört auch, Produkte, Abläufe und Tätigkeiten stets zu überprüfen, in Frage zu stellen sowie zu verbessern.

Für diesen Verbesserungsprozess stehen die neun **Qualitätsgrundsätze, die in Form von Logos und Slogans einprägsam formuliert wurden**. Zur Umsetzung dieser Qualitätsgrundsätze in die tägliche Arbeit bzw. in die Produkte arbeitet die TRUMPF Gruppe einheitlich nach dem **TRUMPF Qualitätsstandard (TQS)**. TQS fördert qualitätsbewusstes Denken und Handeln im gesamten Unternehmen und stellt deren Einhaltung sicher. Bereits seit 1996 wird der TRUMPF Qualitätsstandard in den produzierenden TRUMPF-Gesellschaften regelmäßig nach DIN EN ISO 9001 zertifiziert. Seit Herbst 2001 sind darüber hinaus fünf deutsche Standorte zusätzlich nach VDA 6.4 (Anforderungen der europäischen Automobilhersteller an ein Qualitätsmanagement-System) zertifiziert worden.

Außer der Bestellung von Ersatzteilen bietet das Internet für TRUMPF noch andere Vorteile. Die Zugriffszahlen zeigen, dass der **Internetauftritt von Trumpf intensiv genutzt wird**. Ein Verkauf von Maschinen über Internet kommt allerdings für TRUMPF nicht in Frage, da hinter Investitionsgütern sehr komplexe Technologien stehen, die sich nicht so einfach datentechnisch abbilden lassen. Vielmehr geht es TRUMPF darum, **über die Homepage Kunden zu binden**. Das Internet stellt für Trumpf ein wichtiger Marketingfaktor dar, der jedoch ständig aktualisiert werden muss. Der Internet-Nutzer möchte aktuelle Informationen lesen und sollte dazu bewogen werden, nicht nur einmal die Seite zu besuchen, sondern immer und immer wieder. Für den Benutzer muss der Auftritt im Web klar mehr Nutzen bringen als herkömmliche Kanäle. Voraussetzungen hierfür sind eine hohe Verfügbarkeit (24h), einfache Bestellung und Lieferung sowie gegebenenfalls reduzierte Preise.

Die TRUMPF-Gruppe verfolgt konsequent eine **Dachmarkenstrategie** für alle Geschäftsbereiche. Alle in- und ausländischen TRUMPF-Gesellschaften haben im Unternehmensnamen sowie in den **Produktmarken** einen direkten Bezug zur Dachmarke (z. B. TRUMPF Lasercell, TRUMATIC). Markenpolitik heißt für TRUMPF, das ganze Unternehmen als Marke zu positionieren, nicht einzelne Produkte. Zu den markenpolitischen Maßnahmen gehören daher alle Aktivitäten, die die Bekanntheit des Unternehmens steigern, Assoziationen mit der Marke TRUMPF fördern und die ganze Unternehmenspersönlichkeit bei Kunden und in der Öffentlichkeit durch Aufbau eines positiven Firmenimages formen.

Abbildung 107: Logo von Trumpf – gestern und heute

Das Firmenimage wird im Rahmen eines **durchgängigen Corporate-Identity-Konzeptes** u. a. durch das Schaffen von visueller Identität in der gesamten Firmengruppe (**Corporate Design**) beeinflusst. Zu den Gestaltungselementen gehört besonders das Logo, mit dem das Unternehmen wahrgenommen wird. **Bis zum Jahre 1984** verwendete TRUMPF ein **Logo, das auf die Parallelität des Begriffs TRUMPF zum Kartenspiel hinwies**. Die Assoziation von TRUMPF mit einem Karten- oder Glücksspiel **passte jedoch nicht mehr zum Image des Unternehmens**, das modernste Technologien entwickelt, produziert und vermarktet.

Das Logo wurde deshalb von einem sachlichen, einprägsamen, fast flaggenähnlichen und vor allem zeitlosen Signet mit einfacher Gesamtform abgelöst, das ein festes Fundament verkörpern soll. Die Logo-Farben Blau, Schwarz und Weiß wirken klar, kühl und technisch.

Die einheitlichen Farben, die auch bei den TRUMPF-Maschinen zum Einsatz kommen, haben dabei einen hohen Wiedererkennungswert. Damit auch alle TRUMPF-Gebäude, -Einrichtungen und -Anlagen zum **Corporate Design** passen, sind die Farbkomponenten, die bei TRUMPF-Bauwerken verwendet werden, **gruppenweit einheitlich geregelt**. Auch die Firmengebäude leisten ihren Beitrag zum Firmenimage, wenn sie mehr als eine Hülle für die Produktion sind und auf ihre Weise Assoziationen mit der Marke entstehen lassen. Gruppenweit wird außerdem auf einen der Corporate Design entsprechenden Messeauftritt geachtet.

Auch das **Produktdesign** trägt durch wiederkehrende Form-Elemente und einheitliche Farbgestaltung zur Wiedererkennung der Marke bei. Bei TRUMPF ist das Produktdesign **fester Bestandteil der Produktentwicklung**. Neben der Vermittlung von Gebrauchsqualität dient es vor allem auch zur Differenzierung von technisch ähnlichen Produkten der Wettbewerber. Besonderer Wert wird auf ein modernes, aber nicht modisches Design gelegt. Das **Design** steht in direktem Zusammenhang mit der **Innovationskraft** des Unternehmens.

Die TRUMPF-Gruppe steht weltweit für Innovation **in der Fertigungstechnik**. Dahinter stehen ständige Forschungs- und Entwicklungsanstrengungen, die die Assoziation der Marke TRUMPF mit Innovation und Hightech fördern. Insofern sind die hohen F&E-Aufwendungen auch Aufwendungen für die Marke.

Das Unternehmen ist bei Nichtanwendern häufig weniger bekannt, da sich diese unter den Maschinen weniger vorstellen können. Eine Möglichkeit zur Steigerung der Bekanntheit ist es, eine **Brücke zwischen den Maschinen und den Produkten** zu schaffen, die auf den Maschinen gefertigt werden und bei einer breiteren Öffentlichkeit bekannt sind.

TRUMPF hat hierfür die **Ausstellung ‚HorizonTe'** eingerichtet, mit der die Besucher in die Welt der Blechbearbeitung eingeführt werden und lernen, wo ihnen im täglichen Leben TRUMPF begegnet. Dadurch werden **Assoziationen mit Produkten des Alltags** und teilweise auch zu anderen bekannten Marken geschaffen und die **Markenbekanntheit gesteigert** (*VDMA* 2002, S. 32ff.).

Die **Trumpf-Gruppe als Marke** steht weltweit für

- **Differenzierung** von technisch ähnlichen Produkten gegenüber den Wettbewerbern durch modernes, nicht modisches Produktdesign,
- Vermittlung von **hoher Gebrauchsqualität** und
- **Innovationsschlagkraft** in der Fertigungstechnik durch hohe F&E-Anstrengungen.

Insofern korrespondieren mit F&E-Anstrengungen auch immer Investitionen in die Marke, d. h. zwischen Markenstärke, Innovationsorientierung, Kundenwert und Arbeitgeberattraktivität für Mitarbeiter besteht ein sehr enges Verhältnis. Eine separate Bewertung von Marken ist zugleich schwierig, auf der anderen Seite aber notwendig, da Marken erheblichen Einfluss auf den Unternehmenswert haben und daher Gegenstand der Darstellung einer Unternehmenswertentwicklung sein muss.

Im Falle von Trumpf konnte hier veranschaulicht werden, dass

- **Corporate Design** (z. B. Messeauftritt mit Wiedererkennungsfunktion),

- **Corporate Communication** (z. B. Ausstellung HorizonTE für Besucher als Veranschaulichung von Blechbearbeitung, Kommunikationsplattform) und

- **Corporate Behavior** (z. B. Positionierung als Innovationsmarke mit hoher Gebrauchstauglichkeit)

in einer Weise ineinander integriert sind, dass eine durchgängige Corporate Identity aufgebaut werden konnte.

Unser Zwischenergebnis für Kapitel 3:

Heutzutage wird es auch im Investitionsgüterbereich und somit im Maschinenbau immer wichtiger, sich von der breiten Masse abzuheben. Wie wir gesehen haben, geht der Trend im Maschinenbau sehr stark zu Fokussierung und Kreation einer starken Marke. Hierbei gilt es, in allen Medien und bei allen Kontakten eine positive Wiedererkennung zu sichern. Eine Marke ist viel mehr als nur ein **Unternehmenslogo** oder ein **Produktname**. Sie dienen vornehmlich als Aushängeschilder und helfen so, die mit einer Marke gemachten **Assoziationen** zuzuordnen. Eine starke Marke stärkt das **Image** einer Firma bzw. eines Produkts und unterstützt auch die Verkaufsaktivitäten in nicht zu unterschätzender Art und Weise.

Ein systematisches Markenmanagement bietet Maschinenbau-Unternehmen riesige **Chancen** und stellt eine der großen zukünftigen Herausforderungen für die Investitionsgüterindustrie dar. Gleichzeitig birgt dies jedoch auch die Gefahr von **Risiken**. So kann ein unsystematisches oder vernachlässigtes Markenmanagement dazu führen, dass Maschinenbauhersteller deutliche Nachteile im Wettbewerb bekommen. Ein entscheidender Wettbewerbsvorteil auf dynamischen Märkten lässt sich demnach langfristig nur sichern, wenn Unternehmen das Thema Branding proaktiv angehen. Somit avanciert das Markenmanagement zur fundamentalen Managementaufgabe der Zukunft.

Aktuell profitieren die deutschen Firmen besonders von der hohen Nachfrage aus USA, Japan und China. Nach einer Studie der Unternehmensberatungsgesellschaft KPMG wir der chinesische Markt bis Ende 2005 ein Volumen von etwa sieben Milliarden Dollar erreichen (*ThyssenKrupp* 2004a):

> „Seit 1998 konnte das Reich der Mitte jährliche Wachstumsraten von 15 Prozent erzielen. Laut KPMG haben bereits 98 Prozent der deutschen Firmen dieser Branche geschäftliche Beziehungen mit China aufgebaut. 52 Prozent exportierten Artikel , jede dritte Firma hat im Boomland eine eigene Produktion."

Demographisch steht die Branche vor großen Herausforderungen, die insbesondere deshalb auch markenrelevant sind, weil die **Attraktivität als Arbeitgeber** sehr eng mit dem **Markenimage eines Unternehmens im engeren Sinne** und dem **Branchenimage** im weiteren Sinne zusammenhängen.

In Studie der Beratungsfirma Prognos wurde ermittelt, dass bis 2010 deutschlandweit 47 000 Ingenieure gebraucht werden – 31 000 allein für den Maschinen- und Anlagenbau. Der VDMA erkannte die Zeichen der Zeit und rief deshalb mit 47 Mitgliedsfirmen eine ‚Demographie-Initiative' ins Leben. Um die Ingenieurslücken zu füllen, hat beispielsweise ThyssenKrupp eigene Initiativen gestartet. So ging das Unternehmen u. a. mit der Ruhr-Universität Bochum im Fachbereich Maschinenbau eine langfristige Kooperation ein und vergibt beispielsweise den ThyssenKrupp Student Award für exzellente Studienergebnisse, Preise für herausragende Leistungen (Werkstoff-Innovationspreis) und fördert Studenten mit Stipendien.

Für den Nachwuchs bietet der Maschinen- und Anlagenbau denn auch beste berufliche Perspektiven. Zumal deutsche Maschinen im Ausland extrem gefragt sind, denn sie sind meist maßgeschneidert auf individuelle Bedürfnisse zugeschnitten. Im Schnitt entwickeln heimische Maschinen- und Anlagenbauer jährlich bis zu 5 000 neue Produkte und sind bei erteilten Patenten weltweit Spitze.

4. Markenmanagement in der Elektrotechnik

4.1 Branchenentwicklungen und Markenrelevanz

Angesichts der heutigen Situation auf den Märkten der Elektotechnik, die vom harten Wettbewerb, Sättigung und immenser Produktfülle geprägt sind, müssen Unternehmen immer wieder nach neuen Wegen suchen, um zu überleben. Richtig und kontinuierlich eingesetzte Markenpolitik bietet auch in der Elektrotechnik sicherlich die wirksamste, wenn auch keine besonders preisgünstige Strategie. Während im Konsumgüterbereich das Markenmanagement zum guten Ton gehört und dort längst selbstverständlich ist, sind im B2B-Bereich solche Unternehmen noch rar. Wir untersuchen nachfolgend diese Problematik speziell auf dem Gebiet der Elektrotechnikbranche. Hierzu definieren wir zunächst die Einsatzgebiete der Elektrotechnik und die Situation der deutschen Elektrotechnikbranche. Anschließend wird anhand von Unternehmensbeispielen die Bedeutung und Relevanz des Markenmanagements in der Elektrotechnik veranschaulicht.

Elektrotechnik befasst sich mit der technischen Anwendung der physikalischen Grundlagen und Erkenntnisse der Elektrizitätslehre. Insgesamt lässt sich dieser Industriebereich in mehrere **Gebiete** unterteilen (*Plettner* 1994):

- Elektrische Energietechnik (elektrische Maschinen und Anlagen),
- Nachrichtentechnik (Informationstechnik, Kommunikationstechnik, Datenverarbeitung),
- Antriebs-, Steuer-, Regelungs- und Automatisierungstechnik,
- Elektrische Messgerätetechnik,
- Mikroelektronik (Halbleitertechnik),
- Kraftwerktechnik.

Ein wichtiger einschlägiger Branchenverband in Deutschland ist der Zentralverband Elektrotechnik- und Elektronikindustrie e. V. (ZVEI).

Die Erkenntnisse dieser Wissenschaft kommen demzufolge in jedem Bereich unseres Lebens zum Einsatz und sind sehr bedeutsam für die bisherige und weitere Entwicklung des Wohlstands in der Gesellschaft. Angesichts des rasanten technologischen Fortschritts und der wachsenden Anforderungen an die Leistungsfähigkeit der Produkte stellt die Elektrotechnik- und Elektronikindustrie als zweitgrößter Industriezweig Deutschlands die ‚Schlüsselindustrie des 21. Jahrhunderts' dar (*Harting* 2002).

Im Jahr 2000 und zu Beginn des Jahres 2001 verzeichnete die deutsche Elektrotechnik- und Elektronikindustrie ihre größten Erfolge. In diesem Zeitraum fiel das Wachstum etwa so hoch aus wie in den vier vorausgegangenen Jahren zusammen (*Polzin* 2002). Insgesamt erwirtschaftete dieser Industriezweig im Jahr 2000 einen Umsatz in Höhe von 162,6 Mrd. Euro, was einen Zuwachs von 15,9% gegenüber dem Vorjahr bedeutet. In dieser Branche waren 2002 laut ZVEI über 880 000 Mitarbeiter beschäftigt. Diese Entwicklung ist unter anderem auf den Durchbruch von Hightech-Produkten und des Internets in der Wachstumsperiode der 90er Jahre zurückzuführen.

Die weltweite wirtschaftliche Flaute ab Mitte 2001 hat sich auch auf die Elektroindustrie äußerst negativ ausgewirkt. Durch die sich schnell ausbreitende **Nachfrageschwäche seit dem Sommer 2001** verzeichnet die Branche Umsatzeinbußen und einen Beschäftigungsrückgang. 2001 fällt der Umsatz der Branche um 1,4% gegenüber 2000 auf 160,4 Mrd. Euro und in 2003 auf 155 Mrd. Euro. In diesem Jahr rechnet der Zentralverband Elektrotechnik- und Elektronikindustrie e.V. (ZVEI) mit einem Abbau von 10 000 Arbeitsplätzen.

Im internationalen Wettbewerb nimmt Deutschland als Produzent elektrotechnischer und elektronischer Erzeugnisse mit einem Produktionsvolumen von 126 Mrd. Euro (Stand 2001) die dritte Position hinter den USA und Japan ein. Allerdings entwickelte sich die deutsche Produktionsleistung im Zeitraum von 1996 bis 1999 langsamer als die Welt-Elektroproduktion insgesamt, die in diesem Zeitraum einen Zuwachs von 30% verzeichnete. Entsprechend ist der Anteil der deutschen Elektrotechnik- und Elektronikindustrie an der weltweiten Produktion von 7% auf 6,4% zurückgegangen (*Polzin* 2002).

Nachfolgend werden ausgewählte Marken vorgestellt, die sich insgesamt auf dem Gebiet der Elektrotechnik bzw. in bestimmten Bereichen dieses Zweigs besonders behaupten konnten.

4.2 Schroff

Die Schroff GmbH wurde 1962 als Familienunternehmen von Gunther Schroff in Straubenhardt im Schwarzwald gegründet und gehört zu den von Prof. Dr. Pförtsch 2001/2002 an der Hochschule Pforzheim untersuchten ‚Hidden Champions of the Black Forrest'. Ziel des Seminars war es, bestehende Kenntnisse der Unternehmensführung um eine internationale Komponente am Beispiel der Schwarzwald-Region zu erweitern. Die dort untersuchten mittelständischen Firmen sind nicht nur in Deutschland, sondern auf dem gesamten Weltmarkt tätig, was sie unter anderem als Hidden Champion auszeichnet.

Von der Unternehmermarke zur Produktmarke

Der Unternehmensgründer Gunther Schroff begann zunächst mit der **Fertigung von Stromversorgungen** und erkannte dabei schnell die Marktchancen für **Elektronikgehäuse**. In diesem Umfeld stößt der typisch schwäbische Tüftler auf eine **Marktlücke: Standardisierte Aufbausysteme für Elektronik**. Er nutzt seine Chance und macht mit einem kompletten Programm an Einschubsystemen, Gehäusen und Schränken den Namen Schroff zu einem zentralen Begriff im Elektronikmarkt.

Bereits 1965 brachte Schroff unter dem **Markennamen 'europac'** als Innovator das **erste Baugruppenträgersystem für Europakarten** auf den Markt, das **erstmals 19"-Segmente** favorisiert. Die 19"-Teilung bewährt sich in der Elektronikpraxis, sodass sie zur generellen Norm für Europakarten-Baugruppenträger wird – erst national als DIN dann international als IEC. Der weltweite Durchbruch am Elektronikmarkt gelingt, als auch USA und Japan auf die Europakarte setzen. **Damit erzielt Schroff mit der Marke europac die Durchsetzung einer weltweiten Normung.** Das Unternehmen expandierte in den nachfolgenden Jahren stark und entwickelte sich zusehends zu einem „Global Player".

Die **Idee der Normung** ist außerordentlich markenrelevant, da sie für den Kunden sicherheits- und vertrauensfördernd ist. Mit der Normung gibt man den Käufern von Produkten verschiedener Hersteller die Gewissheit, dass alle Komponenten zueinander kompatibel sind. Die internationale Normung von Aufbausystemen geht zurück auf das Jahr 1984, in dem die Normenreihe IEC 60297 – die **so genannte 19-Zoll-Norm** – erstmals festgelegt wurde. Seitdem sind bis heute zahlreiche Ergänzungen hinzugekommen. Die treibende Kraft hinter allen Neuheiten ist die sich schnell entwickelnde Computer-Technologie, die in vielen industriellen Bereichen und Telekommunikations-Anwendungen zum Einsatz kommt. So wurde das Microcomputer-Bussystem VMEbus im Jahr 1982 ins Leben gerufen und seitdem in seiner Leistungsfähigkeit kontinuierlich ausgebaut. Parallel kommt in jüngerer Zeit die rasante Entwicklung für den CompactPCI hinzu, bei dem ein Bussystem auf PC-Basis industrietauglich gemacht wurde. Bis vor kurzem ging es in der 19-Zoll-Norm vor allem darum, Unternehmen die Möglichkeit zu eröffnen, in einem Baugruppenträger problemlos verschiedene Steckbaugruppen unterschiedlicher Hersteller zu verwenden. Das heißt, die Norm beschränkte sich auf die Definition des strukturellen Aufbaus und garantierte bestimmte physikalische Leistungsmerkmale. In den letzten Jahren erforderten jedoch gerade die Entwicklungen des CompactPCI eine Überarbeitung der bestehenden Standards.

Die Frontplatten eines modular unterteilten Baugruppenträgers müssen so gut geschirmt sein, dass sich das Gerät in seiner späteren Einsatzumgebung elektromagnetisch verträglich verhält. Eine entscheidende Rolle in puncto Elektromagnetische Verträglichkeit (EMV) spielen jedoch nicht nur die Mass-Festlegungen, sondern auch die Werkstoffe und Oberflächen. Sie müssen bezüglich der elektrischen Funktion, Korrosionsbeständigkeit und mechanischen Zuverlässigkeit ausgewählt werden.

In konsequenter Nachfolge ihres Firmengründers als Produktpionier **wirken Entwicklungsingenieure und Spezialisten von Schroff heute in allen wichtigen internationalen Normungsgremien mit.** Sie sind maßgeblich daran beteiligt, dass **Schroff-Produkte Standards setzen**. Und das weltweit.

Die globalisierende Unternehmensmarke

Bei weltweitem Erfolg kann eines nicht ausbleiben – internationale Expansion: Schroff gründet Niederlassungen mit eigenen Fertigungsstätten in Großbritannien und Frankreich. Schroff Inc./USA und Schroff K.K. in Japan folgen. In Skandinavien, Italien und Polen eröffnen eigene Vertriebsbüros. Produktions- und Entwicklungsstandorte in ganz Europa ermöglichen weltweite Marktkompetenz. Gleichzeitig garantieren zentrale Vertriebsnetze mit Partnern in mehr als 35 Ländern die Nähe zum Kunden vor Ort. So gelingt es Schroff als Marke, länderübergreifend lokale Marktanforderungen optimal zu erfüllen. Schroff beschäftigt heute weltweit 1 700 Mitarbeiter und nimmt eine führende Stellung im Markt für Electronic-Packaging-Systeme und deren Systemkomponenten ein. Das **Produktprogramm** reicht von

- Elektronik- und Schaltschränken,
- Gehäusen,
- Baugruppenträgern,
- Stromversorgungen,
- Busplatinen bis hin zu
- Mikrocomputer-Aufbausystemen und einem
- Breiten Zubehörprogramm.

Schroff verfügt über eine der breitesten Paletten an standardisierten und zertifizierten Komponenten für komplette Electronic Packaging Lösungen. Innerhalb eines modularen Baukastens erlauben Sie die Konfiguration standardisierter Lösungen in individueller Kombination. Diese enorme Flexibilität bietet Anwendern ein Höchstmaß an Funktionalität und Wirtschaftlichkeit.

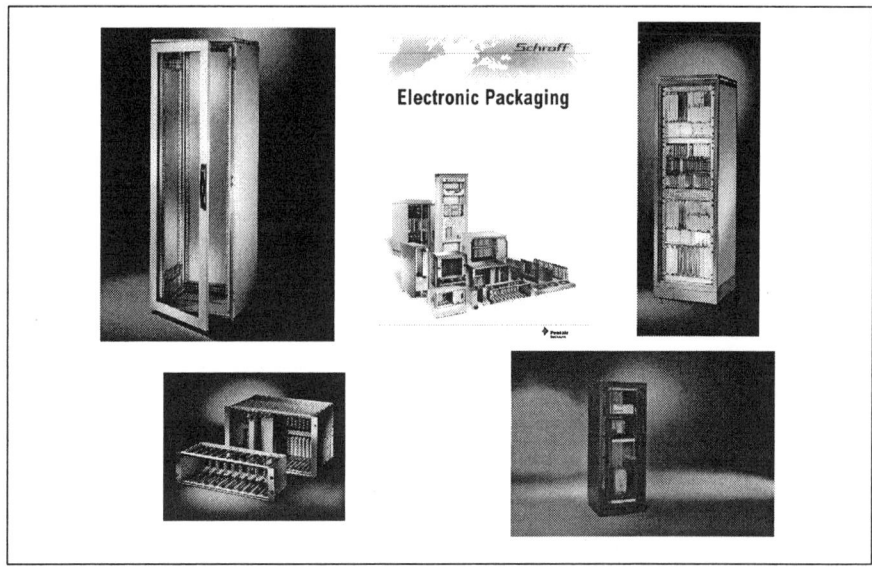

Abbildung 108: Schroff-Produktprogramm – Auswahl

Auf Basis global standardisierter Baugruppenträger-, Gehäuse- und Schrankplattformen entwickelt, produziert und vermarktet Schroff hochwertige kundenspezifische Systemlösungen kostengünstig und schnell. Ein **umfassender Integrationsservice** vereint

- Schroff-Produkte,
- Schroff-Dienstleistungen und
- Schroff-Consulting

zu einer **Komplettlösung mit hohem individualisierten Kundennutzen**.

Für die verschiedensten Marktanforderungen der Kunden weltweit bietet Schroff spezifische Lösungen für **spezielle Anwendergruppen** an. Diese kommen unter anderem aus den Branchen und Märkten wie

- Industrieelektronik,
- Mess-, Steuer-, und Regeltechnik,

- Medizintechnik,

- Automatisierung,

- Verkehrstechnik, Bahntechnik, Luft- und Raumfahrt,

- Telekommunikations- und Vernetzungstechnik.

Der Kunde und seine Wünsche stehen stets im Mittelpunkt. So stellt Schroff schon in der Beratungsphase eines Projektes seinen Kunden **ein individuelles Expertenteam** zur Seite. Nach gründlicher Analyse des jeweiligen spezifischen Bedarfes werden schließlich individuelle und gleichzeitig ökonomisch effiziente Problemlösungen mit dem Kunden erarbeitet und durch **Computersimulationen** optimiert.

In **eigenen Prüf- und Entwicklungslabors** wird zudem in Zusammenarbeit mit der hochmodernen CAD-Konstruktionsabteilung und dem Produktmanagement im Hause Schroff kontinuierlich daran gearbeitet, dass auch in Zukunft der Begriff 'Innovation' mit dem Hause Schroff verbunden bleibt. Das Unternehmen ist weltweit nach den Normen DIN EN ISO 9001 zertifiziert. In Deutschland gehört die Schroff GmbH zu den wenigen Unternehmen, die bisher mit dem Umweltzertifikat nach DIN EN ISO 14001 ausgezeichnet wurden.

Die Integration der Marke Schroff in die Pentair Inc.

Seit 1994 gehört Schroff mit 10 eigenen Niederlassungen in Frankreich, Großbritannien, USA, Japan, Schweden, Norwegen, Finnland, Italien, Polen und Singapore und über 30 weiteren Vertretungen weltweit zum Geschäftsbereich „Enclosures" der Pentair Inc. (www.pentair.com), einem internationalen Konzern mit Sitz in St. Paul, Minnesota (USA): Die Enclosures Gruppe beschäftigt weltweit ca. 4 200 Mitarbeiter und hat ihre Europazentrale in Straubenhardt/Deutschland, dem Firmensitz der Schroff GmbH. Pentair Inc. notiert an der New Yorker Börse unter PNR und beschäftigt 13 500 Mitarbeiter an 50 Standorten weltweit.

Zur Enclosures Sparte gehören neben Schroff die beiden US-amerikanischen Electronic Packaging Spezialisten **Hoffman Enclosures** and **Pentair Electronic Packaging,** mit denen Schroff eine lange Tradition und enge Zusammenarbeit verbindet. Die drei Unternehmen mit all ihren Niederlassungen kommunizieren weltweit über ein gemeinsames Intranet miteinander. Internationale Entwicklungsteams kooperieren über Grenzen hinweg und entwickeln gemeinsam die Produkte von morgen. Auch in den Bereichen Produktion, Logistik, Marketing und Vertrieb wird eng zusammengearbeitet, denn auf dem globalen Weltmarkt können sich heute nur noch Unternehmen behaupten, die sich vernetzen und ihre jeweiligen Stärken im Verbund nutzen. Diese strategische Partnerschaft zwischen den Unternehmen der Enclosures Sparte erschließt also positive Synergieeffekte und gibt darüber hinaus international operierenden Unternehmen die **sichere Gewährleistung, dass der Schroff-Support für Sie weltweit gilt.**

Dabei handelt es sich um ein ganz **wesentliches Kennzeichen einer starken Marke**, wie es bereits in Teil 1 ausführlich dargestellt wurde.

Markenphilosophie

Die Marke Schroff gilt seit über 40 Jahren als Synonym für Qualität und Kompetenz in der 19"-Technik. Den überragenden Qualitätsstandard eines Schroff-Produkts garantieren modernste Produktionsanlagen und ein umfassendes Qualitätskontrollsystem. Als wichtigsten Qualitätsgaranten sieht Schroff jedoch die Mitarbeiter selbst. Wichtige Wissensimpulse und breites Praxiswissen erhalten die Mitarbeiter von Schroff in zahlreichen internationalen Projekten. Der **Erfahrungsaustausch und Synergieeffekte nationalitäts- wie fakultätsübergreifender Zusammenarbeit** beflügelt das **Innovationspotenzial** maßgeblich. So gelten für Schroff die Mitarbeiter mit ihrer fachlichen Qualifikation und Motivation als wichtigste Aktivposten aller Unternehmensbereiche. Die positive Einstellung aller Mitarbeiter gegenüber einem permanenten technologischen Neuerungsprozess und die Bereitschaft, gemeinsam aktiv daran teilzuhaben, macht es Schroff leicht, den Veränderungen des Marktes zu folgen und seine Marke stets jung und frisch zu halten.

Durch die **jahrzehntelange aktive Mitarbeit von Schroff-Experten in internationalen Normungsgremien**, können Kunden von bester Kenntnis der globalen Standards profitieren. Die Produktplattformen von Schroff stellen sicher, dass Kunden weltweit auf standardisierte Produkte zurückgreifen können und dadurch von attraktiven Wettbewerbsvorteilen profitieren und vor allem in puncto Gehäusetechnik keinen Eintrittsbarrieren im Weltmarkt gegenüber stehen.

Der Markt von Schroff ist außerordentlich dynamisch und ist in den letzten Jahren einem starken Wandel unterworfen. **Kunden erwarten mehr und mehr Systemlösungen statt einer Palette an Einzelprodukten.** Für Schroff als Schrank- und Gehäusehersteller heißt das: Weg vom reinen Hersteller standardisierter Produkte in möglichst großer Programmbreite und -tiefe, hin zum Anbieter individualisierter Komplettsysteme, adaptiert an die jeweiligen Branchenerfordernisse und Anwenderspezifikationen und dennoch von höchster Wirtschaftlichkeit. Schroff gelingt die eigene Neupositionierung, nicht zuletzt dank seiner **Produkt- und Markenphilosophie:**

- perfekt aufeinander abgestimmte Technik von **überdurchschnittlicher Qualität und Kompatibilität** in einem **modularen Baukastensystem,**

- mit **weltweitem Service** und

- **internationaler Verfügbarkeit.**

Plattformbasierte Standardprodukte werden nach kundenspezifischen Bedürfnissen modifiziert und durch den Integrationsservice komplettiert. Konkret heißt das, **Grundbausteine des Electronic-Packaging,** wie Verkabelung, Klimatechnik,

Stromversorgung oder EMV-Maßnahmen **werden individualisiert und in einen Elektronik-Schrank oder Gehäuse integriert.**

Damit generiert Schroff bei seinen Kunden und Anwendern den **Vorteil eines Plug-and-Play-Produkts** für die 19"-Technik aus einer Hand bzw. von einem einzigen verantwortlichen Lieferanten der kompletten Gehäusetechnik.

Schroff hat seine **Kernkompetenzen**

- Electronic Packaging,
- Thermal Management und
- elektromagnetische Verträglichkeit

über Jahrzehnte stetig ausgebaut, wobei der Fokus stets auf die globalen Belange der Elektronikmärkte weltweit liegt. Nicht ohne Grund gelten Schroff-Produkte und Schroff-Serviceleistungen heute rund um den Globus als die Lösung vom Experten.

Abbildung 109: Weitere Produkte von Schroff

Gerade die **Serviceleistungen** wurden bei Schroff in den letzten Jahren **stark ausgebaut.** Download von CAD-Zeichnungen und Montageanleitungen im Internet gehören genauso dazu wie Schnelllieferung kundenspezifischer Frontplatten oder der Montageservice von Baugruppenträgern und Gehäusen. Doch maßgeblich für die **branchenübergreifende Anerkennung des Systemlieferanten Schroff** sind andere Faktoren:

- **Expertenwissen durch langjährige Erfahrung mit verschiedenen Technologien**, in denen Schroff-Produkte zum Einsatz kommen wie z. B. Informations- und Kommunikationstechnologien.

- **Fundierte Kenntnisse über Branchen und Märkte**, wie Medizintechnik, Verkehrstechnik, Vernetzungs- und Datentechnik, Automatisierung oder Luft- und Raumfahrt, deren Regeln und Mechanismen die Schroff-Anwender unterworfen sind.

Daraus erwächst ein subtiles Einfühlungsvermögen in die spezifischen Anforderungen eines jeden Anwenders an seinem individuellen Einsatzort. Das macht Schroff zu einem echten Partner für seine Kunden. Als Marke positioniert sich Schroff mit seinen hochwertigen Electronic-Packaging-Lösungen im Premiumsegment durch die Schaffung von unmittelbarem Kundennutzen: **Kompetente Betreuung von Anfang an** – von Spezifikation, Computersimulation und Konstruktion über Einkauf, Prototypenfertigung, Tests und Prüfungen bis hin zur eigentlichen Produktion.

Integrierte Lösungen gehören bei Schroff seit langem zum täglichen Geschäft, d. h. die Abläufe und internen Ressourcen sind bereits auf die steigende Nachfrage nach Komplettlösungen ausgerichtet. Wie bereits in Teil 1 ausführlich erläutert wurde, kommt insbesondere in der Investitionsgüterbranche aufgrund der Komplexität und langen Nutzungsdauer der Produkte zwischen Herstellern und Kunden den **intensiven Gesprächen zwischen Fachexperten** eine fundamentale Schlüsselrolle zu. Für den dauerhaften Erfolg eines Unternehmens ist es wichtig, dass aus der so entstehenden Beziehung eine **starke Kundenbeziehung und damit Kundenbindung** wird.

Markenkommunikation

Es sind insbesondere die ‚weichen Faktoren' wie der individuelle Service, Leistungen und Kompetenzen, die dem Kunden einen **Zusatznutzen** stiften: Verlässlichkeit, die Freundlichkeit der Mitarbeiter, Grundsätze und Unternehmenswerte, die eben das Image eines Unternehmens ausmachen. Dazu ist es **von immenser Bedeutung, unternehmerische Positionen, Vorhaben oder Erfolge gezielt zu kommunizieren**, sich also erst einmal Gehör zu verschaffen, zu überraschen und schließlich zu begeistern und das nicht nur vorübergehend, sondern dauerhaft. Das ist umso schwieriger geworden, je mehr die Kunden mit einer Vielzahl von Informationen überflutet werden, wenn nicht sogar damit überschüttet werden. Um in der heutigen Informationsflut nicht unterzugehen, ist es wichtig, nicht nur mit zu schwimmen, sondern sich deutlich erkennbar über Wasser zu halten. Nur dann gelingt es einem Unternehmen, den ersehnten Hafen, nämlich seine Kunden, sicher zu erreichen.

Vor diesem Hintergrund ist es wichtig, seine markenrelevanten Kernkompetenzen nicht nur aufzubauen und ständig weiterzuentwickeln, sondern auch kontinuierlich in effektiver und effizienter Weise zu kommunizieren. Das **erklärte Ziel der Unternehmens- und Markenkommunikation** lautete 2002 wie folgt:

- Weltweite Stärkung der Marke Schroff.

- Weltweiter Ausbau des Unternehmensimages.

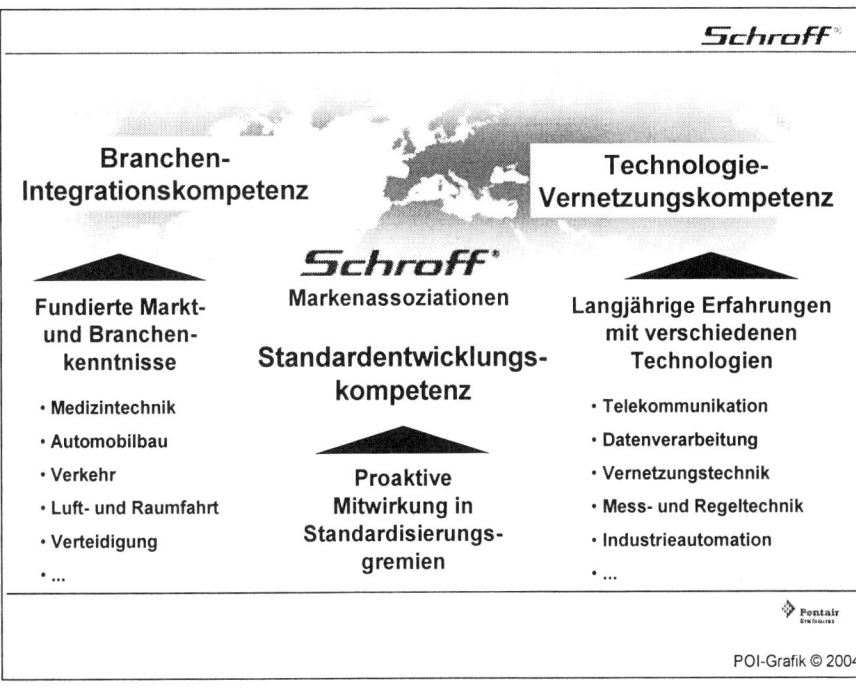

Abbildung 110: Schlüsselkompetenzen zur Stärkung der Premiummarke Schroff

In Zeiten drastisch zurückgefahrener Werbe- und PR-Budgets standen neben Effektivitätsüberlegungen (hoher Zielerreichungsgrad) auch Effizienzfaktoren (hoher Output bei geringem Input) im Vordergrund. **Zielobjekt der Unternehmens- und Markenkommunikation** ist das gesamte Vorstellungsbild, das ein Kunde mit einem Unternehmen verbindet. Im harten Verdrängungswettbewerb von heute muss ein Unternehmen mit einer starken, einzigartigen Identität unmissverständlich sagen,

- wer es ist,
- was es kann,
- was es von anderen unterscheidet und
- welchen Nutzen es seinen Kunden offeriert.

Mit dieser konsequenten Unterscheidung gelang es Schroff, nicht nur den in Teil 1 erläuterten **Unique Selling Proposition (USP)** nachhaltig zu konkretisieren, sondern auch die Integration von Schroff im Pentair Konzern und gleichzeitig eine intensive Markenkommunikation in adäquater Form zu ermöglichen. Eric Guiol, Vice President Sales & Marketing der Pentair Enclosures Group Europe stellt fest:

„Die Marke Schroff steht wieder im Vordergrund, die Bedeutung unseres Namens wird unterstrichen (im wahrsten Sinne des Wortes) durch die deutliche Positionierung und Größe des Schroff-

> Logos gegenüber dem Pentair Enclosures Logo. Die Aussage lautet: Wir sind die Firma Schroff und wir gehören zu Pentair Enclosures. Die Weltkarte im Hintergrund ist Ausdruck unseres globalen Anspruchs. Es geht also nicht nur darum, unser Profil zu schärfen, sondern uns auch wieder klarer im Markt zu positionieren."

Schroff hat es verstanden, seine Anstrengungen in einer verbesserten Unternehmens- und Markenkommunikation mit einem für die Elektronikbranche wichtigen Datum zu verbinden. Eric Guiol zum Timing im Jahr 2002:

> „Das diesjährige Highlight im Marktgeschehen ist die electronica. Die internationale Leitmesse der Elektronikindustrie findet vom 12. bis 15. November 2002 in München statt. Zu diesem Ereignis trifft sich die Branche; Besucher und Aussteller kommen aus der ganzen Welt. Neben der Präsentation von Neuheiten geht es dort vor allem darum, einen positiven Gesamteindruck des Unternehmens in den Köpfen der Besucher zu hinterlassen. Das ist die ideale Plattform, um einen neuen Unternehmensauftritt dem Markt offiziell vorzustellen. Das neue Corporate Design spiegelt sich auch im Messestand wieder und hier kommt nun auch der zweite Aspekt unserer Strategie zum tragen: das so genannte Konzept der „Integrierten Kommunikation". Das bedeutet die harmonische Abstimmung und gemeinsame Ausrichtung, eben Integration aller Einzelmaßnahmen der Kommunikationspolitik."

Ein weiterer wichtiger Meilenstein in Richtung wirksamer Markenkommunikation wurde 2003 gelegt. Mit Hilfe einer **Image-Broschüre** wandte sich Schroff einem wichtigen Instrument der in Teil 1 beschriebenen **operativen Markenkommunikation** zu. Damit reduziert das Unternehmen seine Distanz zum Kunden nachhaltig. Schroff veranschaulicht Markenkommunikation durch folgende metaphorische Vorstellung:

> „Sie funktioniert wie ein Schlepper, der das Schiff Schroff aus der ‚tobenden Informationsflut' heraus zieht und sicher in den Hafen, also direkt zu unserem Kunden bringt. Dafür sind folgende Merkmale verantwortlich:
>
> - sie ist **kompakt**, bringt also das Wesentliche kurz und prägnant auf den Punkt,
>
> - sie ist **zielgerichtet**, spricht also konkret die Motive und Interessen der Zielgruppen an und
>
> - sie ist **kraftvoll**, vereint die Stärken und „das Gute" an Schroff."

Mit dieser Fragestellung eröffnete Eva Annina Oppinger bei Schroff, Leiterin Marketing Communication Europe, 2003 das **Projekt ‚Neue Imagebroschüre'**, kaum ahnend, was für eine Arbeit sich dahinter verbergen sollte. Beflügelt durch eine ausführliche Recherche im Internet, Studium von Fachliteratur sowie umfassender Konkurrenzanalyse in Kombination mit regelmäßigen Workshops, an denen Abteilungsverantwortliche und die Geschäftsleitung teilnahmen, steuerte jeder Teilnehmer mit Begeisterung seine Vorstellungen und Ideen aus seinem Unternehmensbereich bei. Im Zuge dieser motivationalen Komponente entstand aber vielmehr eine fast unüberschaubare Informationsflut - von einer Broschüre konnte zu diesem Zeitpunkt noch keine Rede sein.

Die zentrale Herausforderung bestand in der Unterscheidung zwischen Wichtigem und Unwichtigem und zwar immer aus dem Blickwinkel der **Adressaten der Broschüre**. Zahlreiche Iterationen waren erforderlich, um den **Kern der Markenbotschaft herauszuarbeiten** – ähnlich dem aufwändigen Prozess des Blankschleifens eines Diamanten. Damit führte der Prozess des organisationalen und abteilungsübergreifenden Lernens zur Identifikation zentraler Markenwerte von Schroff. Eine Mitarbeiterin des Projektteams formuliert es so:

> „Schließlich wurden wir von Layout zu Layout immer sicherer und wussten immer genauer, wie wir die Stärken unseres Unternehmens am Besten hervorheben konnten. Dabei konzentriert sich die grafische Umsetzung auf die Betonung der 3 wesentlichen Botschaften Mitarbeiter, Beständigkeit und Kundenorientierung. Dass wir die Wünsche unserer Kunden kennen und mit unseren Lösungen stets einen Schritt voraus sind, zeigen wir durch den Aufbau der Broschüre: Umrahmt von Begrüßung, Geschichte und Unternehmensleitsätzen bilden marktorientierte Seiten den Kern der Broschüre. Den Kunden und seine Anforderungen stets im Fokus, präsentieren wir unsere Lösungen und Services. Die wichtigste Stärke von Schroff sind jedoch unsere Mitarbeiter, und deshalb haben wir sie in den Mittelpunkt unserer Broschüre gestellt. Wie ein roter Faden ziehen sich Portraits aus allen Bereichen und Lokationen durch die gesamte Broschüre, stellvertretend für unseren Erfolg, die internationale Ausrichtung und vor allem auch für die Unternehmenspersönlichkeit, die Schroff ausmacht: ‚Ein Unternehmen mit Stimme und Namen – ein Unternehmen, mit dem man gerne Geschäfte macht' lautet das Konzentrat. Und dabei ist jeder Mitarbeiter ein Botschafter unseres Unternehmens."

Der Visualisierung authentischer Eindrücke und Impressionen wurde dabei besonders viel Aufmerksamkeit geschenkt, denn ein Bild sagt mehr als 1 000 Worte.

Markenmanagement für einzelne Produkte, Lines und Dienstleistungen

Schroff als einer der führenden Gehäusehersteller mit starken Wurzeln in der Elektronik setzt seine Kernkompetenzen nicht nur im Bereich Verpackung/Mechanik ein, sondern auch in der Erfüllung technischer Anforderungen an komplette Systeme. Wie bereits in Teil 1 erläutert wurde, kommt der Formulierung und Umsetzung eines unternehmensspezifischen **Unique Selling Proposition (USP)** eine besondere Bedeutung zu. Schroff definiert seinen USP wie folgt:

- Kenntnis der umfassenden Anforderungen von Komplett- bzw. Systemlösungen,
- Umsetzung in optimale Lösungen für Mechanik, Entwärmung, Backplane, Verkabelung, Power-Management usw.,
- Komplette Systeme aus einer Hand,
- hohe Produkt- bzw. Verarbeitungsqualität,
- optimale Benutzerfreundlichkeit,
- Entwicklung und Fertigung sowohl aller mechanischen Komponenten als auch der elektronischen Komponenten an einem Standort,
- Dadurch Erzielung hoher Kosten- und Qualitätsvorteile.

Schroff verfolgt bei der **Entstehung individueller Kundenlösungen** folgende **Schritte**:

1. In Zusammenarbeit mit dem Kunden werden die speziellen **Anforderungen definiert**.

2. Unter der Leitung eines **Projektmanagers oder Applikationsingenieurs** entwickeln die Konstrukteure und Entwickler auf der **Basis** bewährter **Produktplattformen** eine **maßgeschneiderte Lösung** für die speziellen Anforderungen.

3. Je nach Komplexität des Projektes gibt es einen oder mehrere **Design Reviews** mit dem Kunden, bis das Produkt serienreif und der Kunde zufrieden ist.

Wenn ein Kunde eine **Plug & Play-Lösung** in Auftrag gibt, dann ist er sich bewusst, dass in diese Bestellung individuelles Engineering einfließt, das eine bestimmte Zeit in Anspruch nimmt. Für Schroff besteht die Kunst darin, die **Komplettlösung basierend auf möglichst vielen Standardkomponenten** aus dem bewährten umfangreichen Produktprogramm zu realisieren. Diese hohe Flexibilität erlaubt die Umsetzung von Sonderwünschen ohne eigenen Konstruktionsaufwand. So kann für den Kunden eine individuelle Lösung kreiert werden, die sowohl hinsichtlich der Kosten als auch der Entwicklungszeit optimiert ist. Bei kleinen Stückzahlen strebt man bei Schroff danach, möglichst 90-100 Prozent mit Standardprodukten und kleineren Modifikationen abzudecken. Geht die Bestellung jedoch in hohe Stückzahlen, ergänzen Sonderanfertigungen mit individuellem Design und Investition in entsprechende Werkzeuge das Programm.

Durch das Verwenden von **Farben und Farbkombinationen** in einem abgestimmten **Design, wobei Funktionalität und Ästhetik** kombiniert werden, erhält auch ein relativ nüchternes Produkt aus Blech das „gewisse Etwas". Das so genannte ‚**Case Modding'-Design** spielt bei Schroff schon immer eine wichtige Rolle. Angefangen mit speziellen für bestimmte Kunden entwickelte Designs für Schränke und Gehäuse bis hin zu den modularen Designvarianten für Standardprodukte. Kunden erwarten heute nicht nur ein funktional ausgereiftes Gehäuse, sondern ein ansprechendes Äußeres, dass mit variablen Designelementen eine individuelle Gestaltung ermöglicht. Dieser Ansatz wird auch bei zukünftigen Produkt-Entwicklungen von großer Bedeutung sein.

Doch nicht allein dadurch kann ein Elektronikschrank beeindrucken, sondern natürlich auch durch **hohe Qualität und Funktionalität** oder, wenn beispielsweise ein mit über 300 kg "Hightech-Elektronik" bestückter EMV-Schrank einen Bellcore Zone 4 Erdbebentest "unbeeindruckt" übersteht. **Zentrale Markenwerte für Schroff** manifestieren sich in der starken Fokussierung auf technisch hochwertiges Design, kontinuierliche Innovation, Kundenorientierung und Dienstleistungen von hohem Zusatznutzen für den Anwender.

- **Kreativität und Leistungsstärke** führt zu einem vielseitigen und vielfältig kombinierbaren Angebot,

- **Einer kontinuierlichen Pipeline an neuen Produkten und Serviceideen** sowie Produkt-Service-Kombinationen und

- einem Auftritt in der Öffentlichkeit, wie z. B. auch das **Internetangebot**, das im Trend der Zeit liegt, und mit dem den Kunden, z. B. Konstrukteuren, wichtige Unterstützung angeboten wird.

Seit 2003 präsentiert die Schroff GmbH ihre global verfügbare Produktpalette im **neuen Katalog „Electronic Packaging"**. Er enthält das gesamte Produktspektrum aus den drei bisherigen Einzelkatalogen, also Schränke, Gehäuse, Baugruppenträger und Elektronik. Der neue 600 Seiten starke Katalog zeichnet sich durch ein modernes, übersichtliches und bestelloptimiertes Design aus. Ausführliche technische Daten zu einzelnen Produkten, die in der Vergangenheit oftmals die Orientierung des Kunden beeinträchtigten, wurden nun konsequent auf das **Medium Internet** transferiert. Dort stehen sie mit der **neuen „One@Click"-Funktion** zur Verfügung. Unter jedem Produkt im Katalog steht eine Kenn-Nummer, die meistens der Artikelnummer entspricht. Bei Eingabe dieser Nummer auf der ebenfalls überarbeiteten Schroff-Internetseite hat der Kunde sofort Zugriff auf eine ausführliche Produktbeschreibung einschließlich technischer Daten, Konfigurationshilfen, Approbationen (CE, UL usw.), weiterführender Links und entsprechender Fachartikel.

Das Unternehmen hat längst erkannt, dass hochwertige und innovative Produkte der Marke Schroff noch besser vermarktet werden können, wenn **intelligente Servicelö-**

sungen das Hightech-Angebot gegenüber dem Wettbewerb positioniert und gegenüber dem Kunden profiliert:

Montageservice, Frontplattenexpress und der Internet-Service mit den **Konfiguratoren** für verschiedene Produkte erleichtern den Konstrukteuren ihre Arbeit. Mit dem **Frontplattenexpress** bietet Schroff beispielsweise die Möglichkeit der individuellen Gestaltung und Fertigung von Frontplatten innerhalb weniger Tage. Für die Bestellung der Frontplatten nutzt der Kunde den Service auf der **Schroff-Website** unter:

http://www.schroff.de/fpe

Von hier aus lässt sich der Bestellvorgang direkt starten. Er besteht aus **drei Schritten:**

1. **Frontplatten** lassen sich im CAD-Format (dxf oder dwg) aus über 300 Standardfrontplatten auswählen und **herunterladen**, die gewünschte Bearbeitung einzeichnen und die modifizierten Zeichnungsdaten an Schroff senden.

2. Auch bei der **grafischen Bearbeitung der CAD-Datei** bietet Schroff Unterstützung, wie z. B. mit eingezeichneten **Bestückungsgrenzen**, die dem Konstrukteur zeigen, welchen Bereich der Frontplatte er nutzen kann, ohne beispielsweise mit der 19"-Norm zu kollidieren. Zum anderen gibt es eine **Werkzeugbibliothek.** Anwender können sich die Graphiken als Makros downloaden und direkt in den Frontplattenentwurf einbinden.

3. Beim letzten Schritt, dem **Zeichnungs-Upload**, füllt der Kunde im Internet ein Formular mit seinen persönlichen Angaben, Bedarfsmenge und gewünschtem Lieferdatum aus, hängt seine Datei an und schickt die Mail an Schroff. Dort wird dann umgehend ein **Angebot erstellt.** Natürlich stehen die Gehäuseexperten bei Bedarf auch per Telefon beratend zur Verfügung.

Auch das macht ein Unternehmen nicht nur attraktiv, sondern auch unentbehrlich. Ein zentrales Charakteristikum starker Marken.

Kundenbindung durch Kundenzufriedenheit

Dass sich eine Investition in zufriedene Kunden immer auszahlt, hatte man bei Schroff längst erkannt. Deshalb entschied man sich, die Kundenzufriedenheit europaweit zu analysieren. Wissenschaftlich unterstützt von Prof. Dr. Waldemar A. Pförtsch wurde ein Instrument zur Ermittlung eines **Kundenzufriedenheits-Index** ("Customer Satisfaction Index – CSI") entwickelt.

Mit diesem Instrument sollten sich alle für die Kunden relevanten Kriterien regelmäßig, europaweit, auf einfache Weise, jedoch statistisch einwandfrei abfragen lassen. Das Ergebnis der Befragung sollte **nicht nur die Gesamtzufriedenheit** in Form einer Kennzahl aufzeigen, die die **Zufriedenheit der Kunden mit den relevanten Kriterien in Relation zu deren Wichtigkeit setzt. Teilaspekte und deren Bedeu-**

tung für die Kunden sollten darüber hinaus transparent gemacht werden. Selbstverständlich mussten die Kosten im Rahmen bleiben.

Mit dem gewählten Ansatz wurden diese Vorgaben erfüllt: Durch ein multiattributives Verfahren ließen sich alle interessierenden Teilaspekte genau ermitteln. Die **umfangreiche Vorstudie lieferte die für die Kunden wichtigen Einflusskriterien** im Detail. Aus dem so gewonnenen breiten Spektrum an zufriedenheitsrelevanten Faktoren ließen sich die wichtigsten Kriterien für den Fragebogen der Hauptstudie zusammenfassen, deren Ergebnisse ein realistisches Bild der Kundenzufriedenheit aufzeigt.

Die **Hauptstudie umfasste dann schließlich 24 überwiegend standardisierte Fragen** zu den Bereichen „Zusammenarbeit", „Informationen", „Produkte", „Lieferung" und „Konditionen". Auf Kundenwunsch wurde der **Fragebogen im Internet auf der Unternehmens-Website** hinterlegt und konnte so einfach und bequem durch Ankreuzen per Mausclick beantwortet werden. Der Aufforderung kamen über 20 % der per email Angeschriebenen nach. Sie beantworteten nicht nur die Fragen, sondern nutzten auch rege das freie Eingabefeld, um Anregungen, ihre Gründe für Unzufriedenheit oder Lob weiterzugeben.

Dank des standardisierten Aufbaus des Fragebogens und der Nutzung des Internets konnten die Antworten direkt in eine Unternehmensdatenbank eingespeist werden. So standen alle Daten ohne zeitaufwändiges und fehleranfälliges Erfassen zur Verfügung. Mit einem CSI von 82,6 (also einer Gesamtzufriedenheit von rund 83 %) brachte die **erste Kundenzufriedenheits-Analyse für alle europäischen Gesellschaften ein durchaus positives Ergebnis.**

Bei Schroff wurden die Ergebnisse der Kundenbefragung zum Anlass genommen, Verbesserungsmaßnahmen gezielt einzuleiten. Die für 2003 gesetzten Ziele, z. B. bei den Lieferaspekten, waren ehrgeizig, aber realistisch. Dass die Maßnahmen zu wirken begannen, zeigte die Mitte 2003 wiederholte Kundenbefragung. Danach stieg die Gesamtzufriedenheit auf knapp 86 % und die Auswertung des Themenblocks „Lieferung" zeigte eine Verbesserung des Verhältnisses von Wichtigkeit zu Zufriedenheit um bis zu fünf Prozentpunkte.

Spätestens mit diesen Ergebnissen steht für Management und Mitarbeiter außer Frage, dass sich die umfangreichen Vorarbeiten gelohnt haben. Ab 2004 wird das unternehmensspezifische Instrument zur Kundenzufriedenheits-Analyse regelmäßig ein Mal pro Jahr eingesetzt und die Ergebnisse in die Unternehmenspolitik einbezogen.

Damit bestätigt sich, was 2002 eine Umfrage der M+M-Forschungsgruppe Management und Marketing in Kassel ergab. Danach werden mit einer verstärkten Kundenorientierung Umsatz- und **Gewinnsteigerungen sowie Kosteneinsparungen** erzielt, **wenn**

- die Kundenzufriedenheit regelmäßig ermittelt wird,

- aus den Ergebnissen der Analyse Verbesserungen abgeleitet und tatsächlich umgesetzt werden und

- die Ergebnisse der Kundenbefragung in Führungs- und Steuerungsgremien des Unternehmens einfließen.

Vision und Ausblick

Selbst im B2B-Bereich geht es nicht immer und nur um technologische Veränderungen und Neuerungen. Zentrale Anforderungen sieht Schroff zusätzlich in betriebswirtschaftlichen Bereichen zur Steigerung der Kundenorientierung und Kundenbindung:

- Logistik,

- Disposition,

- Materialwirtschaft,

- Supply Chain Management usw.

Hier müssen Kompetenzen vorhanden sein, wenn Kunden immer weniger ihre eigene Lagerverantwortlichkeit tragen wollen, aber vom Hersteller eine Lieferfähigkeit innerhalb von 48 Stunden fordern.

Die aktuellen Schwerpunkte bei **Applikationen** liegen in folgenden Bereichen:

- Telekommunikation,

- Automatisierungstechnik,

- Medizintechnik und

- Verkehrstechnik.

Die **produktstrategischen Schwerpunkte** von Schroff liegen grundsätzlich im Bereich der **Standardisierung**. Dies hängt mit der seit Jahrzehnten andauernden proaktiven Mitgestaltung in internationalen Normungsgremien zusammen, d. h. **Schroff ist maßgeblich an der Erarbeitung neuer Standards beteiligt.** So basieren Produktentwicklungen auf internationalen Standards und die Konstrukteure als Kunden können sicher sein, dass sie mit den Schroff-Produkten für ihre eigenen Entwicklungen auf der sicheren Seite liegen. Damit kommt eine weitere fundamentale Eigenschaft von Marken zum Ausdruck: **Vertrauen, Sicherheit und Glaubwürdigkeit.**

Schroff legt Wert auf eine vielseitige, breite Produktpalette, bei der die Anforderungen an Mechanik, Elektronik, Schock und Vibration, Thermik und elektromagnetische Verträglichkeit (EMV) fachkompetent umgesetzt werden. Damit gibt Schroff seinen Kunden, insbesondere aber den Konstrukteuren in den Entwicklungsabteilungen volle Unterstützung auf Gebieten, die nicht zu deren Kernkompetenz gehören. **Wich-**

tige aktuelle Neuentwicklungen, zugeschnitten auf spezifische Marktsegmente sind z. B.:

- **AdvancedTCA** (Advanced Telecom Computing Architecture). Hierbei handelt es sich um eine Spezifikation für Hochleistungssysteme, die im Bereich Telekommunikation, aber auch in allen anderen Anwendungen im Bereich hoher Datenübertragung und absoluter Zuverlässigkeit wie z. B. komplexe Automatisierungsaufgaben eingesetzt werden. Schroff hat dafür sowohl die Mechanik (Baugruppenträger, Lüftereinschübe und Frontplatten) als auch elektronische Komponenten wie Backplane und Shelf Management entwickelt.

- **besonders stabile Baugruppenträger** für mobile Anwendungen. Geeignete Materialstärken und Befestigungselemente gewährleisten Stoß- und Rüttelfestigkeit. Mit typischen Zuladungen getestet und zertifiziert, bieten sie die besten Voraussetzungen für ein sicheres und zuverlässiges Bestehen in individuellen Applikationen und Projekten.

- **neue Gehäuse** für die Mess-, Steuer- und Regelungstechnik,

- das intelligente **Schranküberwachungssystem** S-guard, das dem Sicherheitsbedürfnis moderner Serverapplikationen gerecht wird. Durch passende "Plug & Play"-Zubehörkomponenten ist es flexibel und smart in der Anwendung. Anwender können die graphische Bedienoberfläche selbst gestalten und so anlegen, dass sie ihnen einen optimalen Informationsgehalt bietet. Der Kreativität sind dabei kaum Grenzen gesetzt.

Bei Schroff ist ein **Wandel vom sehr produktorientierten zum marktorientierten Unternehmen** erkennbar.

Damit korrespondiert zwangsläufig eine **starke Fokussierung auf einzelne Marktsegmente** wie

- Telekommunikation,
- Mess-, Steuer- und Regeltechnik,
- Daten- und Vernetzungstechnik,
- Automatisierung,
- Luft-, und Raumfahrt sowie
- Bahntechnik.

In diesen Bereichen steht marktspezifisches Know how zum Aufbau marktorientierter Lösungen stark im Vordergrund. Die Spezialisten von Schroff sprechen die Sprache der unterschiedlichen Märkte und können daher marktspezifische Electronic Packaging-Lösungen für die einzelnen Segmente entwickeln.

Diese Vorgehensweise wird konsequent durch die Dokumentation unterstützt. Zusätzlich zu den **traditionellen Produktkatalogen** hat Schroff in den letzten Jahren **marktspezifische Broschüren** veröffentlicht, die sowohl die Kompetenz von Schroff in den jeweiligen Märkten hervorhebt, als auch Produkte, die speziell für diese Märkte geeignet sind, übersichtlich zusammenfasst.

Und auch im **Internet** kann der Besucher sich zusätzlich zur Produktstruktur über eine marktorientierte Darstellung ausführliche Dokumentation, inklusive Zertifikate, Testberichte und Anwendungsbeispiele zu Produkten und Projekten erhalten.

Die bereits erwähnten AdvancedTCA-Systeme von Schroff veranschaulichen nachdrücklich, dass sich beispielsweise Unternehmen im Telekom-Bereich auch in Zukunft immer mehr auf ihre Kernkompetenzen konzentrieren und verstärkt mit global agierenden Partnern zusammen arbeiten. So suchen auch in den anderen Marktsegmenten Unternehmen **immer häufiger marktorientierte Lösungen aus einer Hand**. Dazu Eric Guiol:

> „Wir konzentrieren unsere Aktivitäten in dieser Hinsicht bereits seit 1999 auf das Thema Integration. So haben wir in Deutschland, England und Frankreich spezielle Integrationszentren etabliert. Die dort stationierten Teams bauen in einen Schrank oder ein Gehäuse alle notwendigen Grundbausteine des Elektronik-Packaging ein, wie Backplanes, Stromversorgungen, Klimatechnik, Maßnahmen zur elektromagnetischen Verträglichkeit (EMV), Verkabelung und immer stärker auch Überwachungsmodule ein. Im Rahmen eines Integrationsprojekts stehen wir unseren Kunden von der Spezifikation und Konstruktion über Einkauf, Prototypenfertigung, Tests und Prüfungen bis zur eigentlichen Produktfertigung mit unserer Erfahrung, Fachkenntnissen sowie Ressourcen zur Verfügung. Kunden profitieren davon, dass sie es mit nur einem Lieferanten und nur einer Bestellung bezüglich der kompletten Gehäusetechnik zu tun haben."

Der **Trend hin zur Miniaturisierung** mit immer höherer Packungsdichte von elektronischen Komponenten ist ungebrochen. Damit ist abzusehen, dass in naher Zukunft klassische Entwärmungskonzepte basierend auf Luftkühlung an ihre Grenzen stoßen werden. Daher erkennt Schroff bereits heute die Notwendigkeit zur Entwicklung neuer Technologien.

Die **Gehäuse- bzw. Schrank-Entwärmung** gehört bei Schroff schon lange zur Planung und Umsetzung einer Electronic-Packaging-Komplettlösung dazu. Spezialisten in der Entwicklung erstellen und testen anhand detaillierter Computer-Simulationen spezifische Entwärmungskonzepte sowohl für standardisierte Systeme als auch für individuelle, kundenspezifische Lösungen je nach Anforderung.

„Dabei kommt es nicht nur auf die Kühlkomponente an sich an (Wärmetauscher, Kühlgeräte, Lüfter sind heutzutage überall erhältlich). Viel wichtiger ist dabei, das Know-how zu haben, bei den unterschiedlichsten Applikationen Problemfelder wie Hot Spots zu erkennen und punktgenau zu lokalisieren, um die optimale Entwärmungslösung für den Kunden zu finden. Es kommt darauf an, die Luftverteilung im System so auszubalancieren, dass dabei alle Komponenten „sauber" gekühlt werden", bringt es Eric Guiol auf den Punkt.

Systeme mit Flüssigkeitskühlung haben aus Kundensicht drei entscheidende Vorteile:

- **höhere Dichte:** mehr Wärme kann abgeführt werden, das ist angesichts der zunehmenden Miniaturisierung besonders wichtig,
- Lüfter als **störanfälligste Teile** im System werden **nicht mehr benötigt,**
- **Geräuschprobleme** sind dadurch in den Griff zu bekommen.

Den sinnvollen Einsatz der Flüssigkeitskühlung sieht Schroff primär im Bereich der High-End-Systeme, wo es besonders wichtig ist, direkt an den Komponenten selbst zu kühlen. An solchen Konzepten, nämlich der Kühlung der Komponenten auf den Boards, direkt an der Hitzequelle, arbeitet Schroff. Dabei profitiert Schroff auf seiner umfangreichen Erfahrung durch Tests und Simulationen mit der Kühlung der bereits oben erwähnten AdvancedTCA-Systeme.

Einen weiteren **Trend** sieht Schroff in den **stark gestiegenen Anforderungen an die Zuverlässigkeit elektronischer Systeme.** Im Hinblick auf die Produkte von Schroff bedeutet das, dass die Intelligenz der Subsysteme, z. B. der Lüftereinschübe und Stromversorgungen, mit dem steigenden Bedarf an Überwachungsmöglichkeiten zunimmt. Diese Entwicklung wurde frühzeitig erkannt und mit den richtigen Produkten zur richtigen Zeit, wie z. B. dem **FCM (Fan Control Module** zur Überwachung der Lüfterdrehzahlen) oder dem **CMM (Chassis Monitoring Module** zur Fernüberwachung der Betriebsparameter von Microcomputer-Aufbausystemen wie z. B. Systemspannungen) am Markt ideal platziert.

Schroff expandiert auch weiterhin in neue Märkte (z. B. Osteuropa und mittlerer Osten) und erweitert sein intelligentes Produkt-Dienstleistungsangebot an elektronischen und mechanischen Komponenten, stets unterstützt und abgesichert durch eine proaktive Mitgestaltung in den Standardisierungsgremien weltweit und in geschickter Kombination seiner Branchenintegrations- und Technologievernetzungskompetenz.

4.3 Siemens

Das Unternehmen gehört zu den größten und erfolgreichsten Elektrofirmen der Welt, welches heute das gesamte Spektrum der Elektrotechnik abdeckt und größtenteils die Geschichte der Elektrotechnik durch zahlreiche Innovationen mitgeschrieben hat.

Bereits 1847 legte Werner von Siemens mit der Erfindung des Zeigertelegrafen den Grundstein für sein Unternehmen Siemens & Halske, welches bis Mitte der 1860er Jahre vor allem auf dem **Gebiet der Nachrichtentechnik** agierte und schon damals durch internationale Ausrichtung geprägt war (*Feldenkirchen* 1997).

1866 entdeckte W. von Siemens das dynamoelektrische Prinzip und läutete damit eine Ära ein, in der die elektrische Energie in großen Mengen wirtschaftlich zur Verfügung gestellt werden konnte. Dadurch eröffneten sich zahlreiche neue Arbeitsfelder wie etwa die Beleuchtungstechnik, Elektromotoren oder elektrische Eisenbahn (1879). Mit dem Einsatz von Maschinen in der Produktion (was bei der Nachrichtentechnik nicht der Fall war) und mit der **Erweiterung der Produktpalette** spielten im Unternehmen zunehmend auch kaufmännische Aufgaben und die Organisation eine große Rolle. 1897 wird Siemens & Halske aufgrund der veränderten Rahmenbedingungen zur Aktiengesellschaft umgewandelt.

Die Zahl der innovativen Entdeckungen bricht nicht ab – einige Beispiele:

- Die erste automatisch arbeitende Verkehrsampelschaltung (1926),
- das erste Fernsehgerät (1935),
- das Zonenziehverfahren zur Herstellung von Reinstsilizium (1953),
- der erste Herzschrittmacher der Welt (1958),
- die Einführung des Computertomografen (1974),
- das erste GSM-Handy mit Farbdisplay (1997),
- das Siemens Virtual Touch Screen (1999).

Am 1. Oktober 1992 wird Heinrich von Pierer Vorstandsvorsitzender der Siemens AG, also Nachfolger von Karlheinz Kaske. Kaum ein Jahr im Amt, startet Pierer das **Programm Top** (Time optimized processes). 1993 wurde nach einer über viele Jahre hinweg eher schleppenden als umfassenden Transformation des Konzerns zur Produktivitätssteigerung das Top-Programm ins Leben gerufen (*Fischer* 2004a, S. 25):

„Kaum jemand nimmt das Programm ernst, doch es ist klar, dass die ‚Sparkasse mit angeschlossener Elektroabteilung', als die der Konzern allgemein verspottet wurde, grundlegender Änderungen bedurfte. Die Kosten mussten runter, die Abläufe mussten schneller, die Kunden mussten ernster genommen werden. In den 12 Jahren, in denen von Pierer an der Siemens-Spitze bleibt, wird das sein Dauerthema sein. Auf Top wird 1998 Top Plus folgen. Nicht nur im Innern kommt der Industriekoloss in Bewegung, auch die Märkte entwickeln sich weiter. Internationalisierung wird das zweite große Thema des im Januar 2005 in den Aufsichtsrat wechselnden Vorstandschefs. Teil dieser Internationalisierung sowie des Booms bei Halbleitern ist 1995 der Beschluss, im englischen Newcastle eine gigantische Chip-Fabrik zu bauen ... doch die Investition wird zu einem Fiasko, die Fabrik wieder geschlossen. Die Lehre allerdings sitzt: Von Pierer sah zu, wie er sich vom Halbleitergeschäft, das immer wieder heftigen Nachfrageschwankungen unterliegt und so Bilanzen verhageln kann, trennen konnte."

Der Transformationsprozess wurde zum Dauerthema und damit zur permanenten Baustelle. Vor Jahren wurde die Devise ausgegeben, jeder der 13 Geschäftsbereiche, von Glühbirnen bis zu Kraftwerken, von Mobiltelefonen bis zu Eisenbahnzügen, habe mindestens die Kosten für das eingesetzte Kapital zu verdienen. Mit dieser Portfolio-Optimierung wurde die Trennung von nicht zu rettenden Teilen im Konzern zur Routine. Auch Siemens hatte wie beispielsweise Motorola noch in den 80er Jahren das Problem der einseitigen **Technologie-Orientierung**.

Selbst der Versuch im Jahre 1985, durch ein breit angelegtes Marketing-Schulungsprogramm eine gleichwertige **Marktorientierung** zu realisieren, war erst im Zuge der 1989 erfolgenden Neuorganisation möglich, weil nun die notwendigen übergreifenden organisationalen Voraussetzungen, also über Entwicklung, Fertigung und Vertrieb hinweg, geschaffen wurden. Marketing ist oftmals bei Transformationen eine tragfähige Basis, weil es vom generischen Treiber aller Vorteile ausgeht: der Kundenzufriedenheit.

Im Wege dieses Programms wurde die Zieldefinition bereits 1995 auf die Steigerung von Innovationsfähigkeit nicht nur ausgeweitet, sondern schwerpunktmäßig auf den Innovationsprozess verlagert. Schnell setzte sich die Erkenntnis durch, dass **insbesondere das vierte Ziel des Top-Programms ausschlaggebend** war, die **Veränderung der Unternehmenskultur**. Die anderen drei Ziele lauteten: Produktivitätssteigerung, Innovationsbeschleunigung und Erschließung neuer Märkte durch Globalisierung. Konzernvorstand von Pierer stellte bereits 1995 fest (*Pierer* 1995, S. 4):

„Wir sind überzeugt, dass ohne einen erfolgreichen Kulturwandel die Ziele von top - Stärkung der Wettbewerbskraft und nachhaltige Ertragssteigerung - nicht erreicht werden können. Vertikalisierung und flache Hierarchien nützen nichts, wenn sich nicht auch das Verhalten von Führungskräften ändert."

Für das Programm zeichnete ein 25-köpfiges **Top-Zentrum** verantwortlich. Es achtete darauf, dass die Ziele, Methoden und Vorgehensweisen von top in allen Bereichen und Ländern aufgenommen und umgesetzt wurden. Die aus intensiver und breiter Kommunikation entstandenen Ziele wurden auf der Basis des **EFQM-Modells** (European Foundation of Quality Management) operationalisiert (*Große-Oetringhaus* 1996).

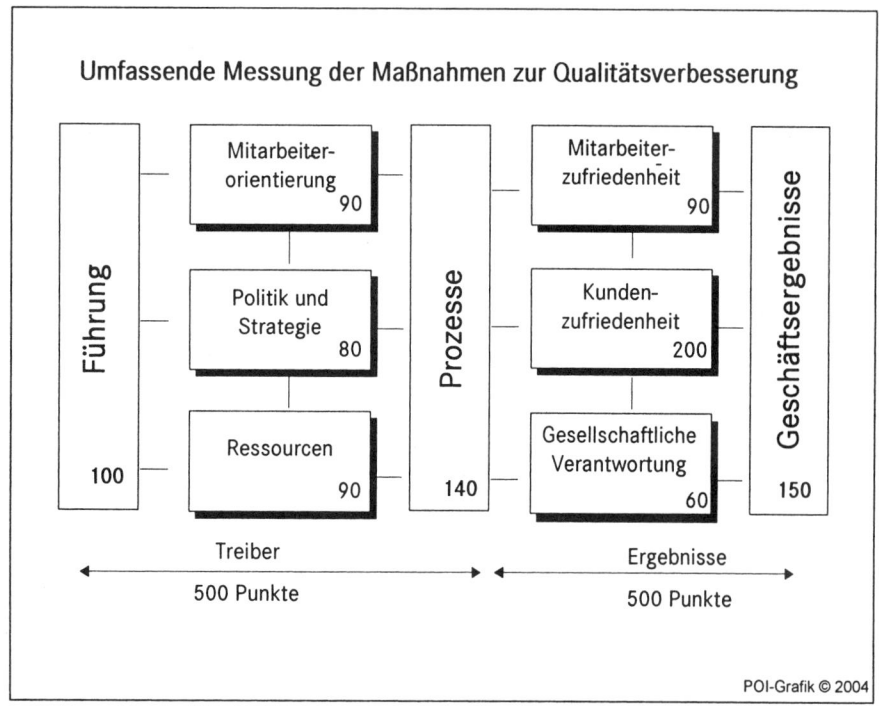

Abbildung 111: Erfolgsmessung mit dem EFQM-Modell bei Siemens

Ende 1995 startete Siemens als Teil des Top-Programms eine **Innovationsinitiative**. Hierzu von Pierer (*v. Pierer* 1995, S. 3):

> „Unsere neue Initiative ist als eine Art Zusatzrakete zu verstehen; sie unterstützt und ergänzt die laufenden Aktionen innerhalb der Bereiche, der In- und Auslandsgesellschaften sowie in den Zentralen. Wir definieren den Begriff Innovationen sehr weit: als Prozess, der zur Umsetzung einer neuen Idee von ihrer Entstehung bis zur erfolgreichen praktischen Anwendung führt."

Mit dieser Maßnahme gelang es dem Unternehmen tatsächlich, sein laufendes Top-Programm mit neuem Leben zu erfüllen, denn die Neuorientierung manifestierte sich beispielsweise in folgenden Schwerpunktverlagerungen: Vom quantitativen Effizienz- zum qualitativen Effektivitätsdenken und damit von der Symptom- zur Ursacheorientierung, vom operativen zum strategischen Ansatz, vom Fehlerausmerzen zur Chancennutzung. Die **Innovationsinitiative** setzt sich aus **acht Bausteinen** zusammen (*v. Pierer et al.* 1997):

1. Vermittlung operativer Fähigkeiten durch Etablierung einer lernenden Organisation, die bereit und fähig ist, von den Weltbesten zu lernen.
2. Bessere Nutzung der internationalen Wissensbasis durch Zusammenarbeit mit der nicht-industriellen Forschung.
3. Bessere Nutzbarmachung neuer Ideen durch Ideen-Initiative und Preise.
4. Vermittlung der Innovationsinitiative gegenüber allen Mitarbeitern.
5. Durchführung strategischer Innovationsprojekte.
6. Entwicklung von Software-Innovationen.
7. Identifikation bereichsübergreifender ungenutzter Felder.
8. Entwicklung von Patentstrategien.

Mit dieser Initiative setzte das organisationale Lernen einen klaren Kontrapunkt zum herkömmlichen interdisziplinären Arbeiten. *Miller* stellt zur ausgelösten Effizienz- und Effektivitätssteigerung fest (*Miller* 1995, S. 47f.):

> "Meeting at the house, software engineers and production expertes learned to speed up decisions that once took reams of paper and weeks of meeting. Today their colleagues are doing the same."

Summa summarum hat das Top-Programm die jährlichen Kosteneinsparungen in 1997 von zwei auf knapp 4 Milliarden Euro gesteigert und die Produktivität von 3% auf 10 erhöht (*Preissner et al.* 1998). Aufgrund der immer noch zu schleppenden Umsetzung des Top-Programms, z. B. weil Bereichsfürsten wie Ziegler sich von Pierers Bitte, beim Top-Programm mitzumachen, erfolgreich und ohne Repressalien drücken konnten, wird nun unter Einfluss des damals neuen Finanzvorstands Neubürger ein neues Kapitel mit dem Namen **Top Plus** aufgeschlagen. Dieses sieht vor, dass jeder Bereich die Kosten des eingesetzten Eigen- und Fremdkapitals verdient. Diese papierne Forderung wird in den Quartalsgesprächen auf Vorstandsebene überprüft. Dabei muss der Bereich mit den schlechtesten Zahlen als erster präsentieren - mit Erklärungszwang versteht sich.

Die Bedeutung des Technologiewandels als Innovationsquelle dokumentiert als ein Beispiel von vielen anderen die besonders ausgeprägte Verbundenheit von Siemens mit dem Wandel zur Wissensgesellschaft, in der sich ein Übergang von der Informations- zur Wissensverarbeitung manifestiert (*Karls* 1996). Die Kompetenz zum **Wissens-Engineering** und die Kommunikationsprozesse zur Problemlösung werden in zunehmend vernetzten Unternehmen zur entscheidenden Domäne bei der Generierung von Wettbewerbsvorteilen.

Ein Beispiel: Während Siemens ein starker Anbieter traditioneller Kommunikationsnetze ist, fehlt viel Wissen innovativer Internet- und Mobilfunkfirmen, die Sprach- und Datenübertragung raffiniert kombinieren können. Auch hier handelt es sich bei den Chips um ein Gebiet, das im Bereich der Automobiltechnik zunehmend an Bedeutung gewinnen wird. Daraus folgen zwangsläufig auch **markenpolitische Konsequenzen** (*Fischer* 2004a, S. 25):

„Erste Anzeichen für seinen Kurs (von Pierer-Nachfolger Klaus Kleinfeld) bei Siemens gibt es. Der Zusammenschluss der Festnetz- und der Mobilfunksparte zu einem Geschäftsbereich, gerade auf Betreiben Kleinfelds beschlossen, deutet auf stärkere Konzentration hin als bisher. In den USA hat Kleinfeld das Großkundenprojekt durchgesetzt, bei dem die wichtigsten Abnehmer nur einen Ansprechpartner im Konzern haben. Das geht auf Kosten der Bereichskompetenzen, sorgt aber für höhere Umsätze. Zusammenfassen, was zusammengehört, scheint eine Maxime des neuen Mannes zu sein. Die andere ist die starke Konzentration auf neue, innovative Produkte. Aus den gigantischen Forschungskapazitäten des Ingenieurunternehmens Siemens hat Kleinfeld, noch unter Aufsicht von Vorstandschef von Pierer eine ‚enginge of innovation', so der interne Siemens-Ausdruck, gemacht. ‚Er will nicht nur Strategien entwickeln, sondern sie auch umsetzen' sagt ein Mitarbeiter. In der Tat hapert es in den deutschen Unternehmen an der Fähigkeit, Ideen auch zu Geld zu machen … Schließlich muss Kleinfeld bei Zu- und Verkäufen von Unternehmen und Unternehmensteilen aktiv werden. Dreizehn Geschäftsfelder, ob sie sich nun gegenseitig stützen oder nicht, sind zu viel für ein Unternehmen … Großakquisitionen wie das Kraftwerksgeschäft des US-Konzerns Westinghouse 1999, der Autozuliefersparte des ehemaligen Mannesmann-Konzerns Atecs (gemeinsam mit Bosch) im Jahr 2000 und des Industrieturbinengeschäfts vom französchischen Alstom-Konzern 2003 stärken Siemens im Kernbereich der Investitionsgüter."

Die Strategie der Konzentration und Vernetzung zum einen und der Engine of Innovation zum anderen führt nicht nur zur Überprüfung der bisherigen Geschäftsstrategien, sondern auch zur **Umorientierung im Brand Management.** Zuvor werden allerdings noch weitere unternehmensmarkenrelevante Meilensteine in der Siemens-Historie vorgestellt.

Für Siemens erscheint es angebracht, den leicht kopierbaren Produktvorteil einer zu engen Sichtweise in einen schwerer kopierbaren Systemvorteil einer vernetzten Sichtweise umzumünzen. *Große-Oetringhaus* unterscheidet hier zwischen der **alten Identität**, also nach der Unternehmenskultur, seinen Werten und Normen und der **neuen Identität**, die sich auf die Werte im zukünftigen Wettbewerb und der anvisierten Rolle des Unternehmens konzentriert.

Letztere wurzelt in der Angebotskompetenz - bei Siemens lautet diese **Systemintegration**. Letzteres setzt ein hohes Maß an Reagibilität voraus. Reagibilität ist ein Maß für Fähigkeit, sensibel und schnell reagieren zu können.

Große-Oetringhaus stellt hierzu fest (*Große-Oetringhaus* 1996, S. 89f.):

> „Der Schwerpunkt im Wettbewerb der Zukunft verlagert sich: Vom Wettbewerb in Produkten zu einem Wettbewerb in Führungssystemen. Die Reaktionszeit wird zu einer wichtigen neuen Führungsgröße und die Reagibilität wird zu einer neuen Führungskompetenz."

Siemens trägt diesen Entwicklungen mit seinen über **250 wissensbasierten Geschäftsfeldern** u. a. dadurch Rechnung, dass dort bereits Ende der 90er Jahre mit der Etablierung der **Wissensstadt Xenia** eine Infrastruktur geschaffen wurde, die ein Querdenken im wissensbasierten Innovationsprozess nicht nur zulässt, sondern explizit fördert. Beispielsweise hat Siemens in den letzten Jahren zwar neue und zukunftsträchtige, ertragsstarke Arbeitsgebiete (z. B. Automobiltechnik, Automatisierungs- und Antriebstechnik) aufgebaut, auf der anderen Seite aber defizitäre Felder (z. B. Halbleiter, Verkehrstechnik) nicht saniert oder gar nicht bzw. viel zu zögerlich abgestoßen. Letzteres führt zu so hohen Belastungen, dass beispielsweise die Automobiltechnik ihr ursprünglich auf fünf Jahre angelegtes Konsolidierungsprogramm in weniger als drei Jahren abwickeln musste. Wie bereits in den Automotive-Befunden in Kapitel 2 festgestellt wurde, steigt der wertmäßige Elektronikanteil beim Auto auch künftig drastisch an: Computer, Telefone und Autos sind hungrig nach Chips und werden immer hungriger. Allein der Halbleitermarkt in der Automobilelektronik steigt jährlich um durchschnittlich 16% (*Neukirchen* 1998b).

Mit der Etablierung von Xenia wurde mit dem Projektleiter Volkmann eine Nische für institutionalisiertes Querdenken eingerichtet, die wohl ebenso sehr als Abschiebeposition definiert war. Hier entwickelte Volkmann in den neunziger Jahren sein 'wissenschafts-ironisches' Konzept der Wissensstadt Xenia (*Hack* 1998).

Schießl stellt über die Person Volkmann und dessen Rolle bei Xenia folgendes fest (*Schießl* 1996, S. 121):

> „Siemens stellte den langjährigen Mitarbeiter frei - zum Denken. Ohne Zielvorgabe, ohne Kontrolle, ohne Zeitbegrenzung soll er sich Gedanken machen, wo die Welt im Allgemeinen und Siemens im besonderen hindriftet."

Einmal abgesehen von den unternehmensinternen Umsetzungsproblemen von Xenia einerseits und der in den Medien forcierten Gefahr, dass Volkmann zum Industrienarren degenerieren könnte, kann hinsichtlich des hier im Vordergrund stehenden Forschungsinteresses nicht übersehen werden, dass mit Xenia mehrere wichtige Aspekte explizit gemacht werden (*Hack* 1998):

- immer weiter zunehmende Wissensbasierung im Innovationsprozess,

- Notwendigkeit zum systemischen Denken, um ursprünglich nicht zusammengehörende Wissenselemente zusammenzufügen,

- Anregung zur und Steigerung der Kreativität für ein schlagkräftiges Innovationsmanagement,

- Notwendigkeit beim **Übergang von science based industry zur knowledge based industry**, um einerseits der gestiegenen Komplexität und Dynamik Rechnung zu tragen, andererseits die Möglichkeiten durch Informations- und Kommunikationstechnologien zu nutzen.

Volkmann meldet freilich keine neuen, aber deshalb nicht minder wichtigen Bedenken an, wenn er die Führungsmentalität und Arbeitsprozesse als besonders große Barriere bei der Verhinderung grundlegender Innovationen ansieht (*Schießl* 1996, S. 125):

„Wir fragen nicht: Was wollen wir? Was können wir riskieren? Wir riskieren nichts, abseits der Trampelpfade werden keine Ideen gesucht."

Es wird als das Schicksal von Siemens bezeichnet, dass es auf der einen Seite über Spitzentechnik und Zuverlässigkeit verfügt und auf der anderen Seite aber an experimentierfreudigen Ingenieuren mangelt, die das vorhandene Wissenspotenzial des Konzerns nur unzureichend nutzen. Nicht nur an diesem Defizit greift Xenia an, sondern auch an folgenden übergreifenden Problemen beim Übergang zur lernenden Organisation:

- **Reentry-Problematik**, d. h. nach Abschluss eines erfolgreichen Trainings werfen die Teilnehmer in der Alltagsumgebung in der Interaktion mit Mitarbeitern, die dieses Training nicht besucht haben, ihre guten Vorsätze über Bord und arbeiten weiter wie bisher. So ist es nicht verwunderlich, wenn das organisationale Lernen unter diesen Umständen eine Farce bleibt.

- **Zeit-Problematik**, d. h. in der Hektik des Alltags fehlt der Spielraum und die Gelegenheit, das Erlernte zu üben und zu pflegen.

Volkmann betont, dass der Übergang zur Wissensgesellschaft in Wahrheit eine Problemlösungsgesellschaft ist, in der die Bereitschaft, Fähigkeit und Möglichkeit gefördert wird, die Probleme für die Mitwelt zu lösen.

Hack konkretisiert diese Problematik weiter (*Hack* 1998, S. 179):

„Vielleicht handelt es sich auch nur um die immer häufiger geschehende Vermischung von Wissen und Information. Informationen gibt es im Überfluss. Was in einem Augenblick ein Vermögen einbringen kann, ist im nächsten Moment nicht mehr der Rede wert. (Es ist vielmehr auch besonders hilflos, die Gegenwartsgesellschaft als Informationsgesellschaft zu bezeichnen.) Wirklich knapp geworden sind die Kompetenzen, mit der Informationsflut etwas anzufangen. Das meint einmal die Fähigkeit, die Informationen in Zusammenhängen zu denken, die eine kritische Auswahl und Bewertung ermöglichen. Zwar trägt jede Information - im Unterschied zu bloßen Daten - ihren Interpretationskontext latent mit sich; aber nur wenn man in der Lage ist, seinerseits diesen Kontext zu reflektieren und zu kontrollieren, wird man mit der Informationsflut nicht hinweggespült. Zur Kompetenz im Umgang mit Informationen gehört auch die Fähigkeit, sie so zu strukturieren, dass sie in Relation zu den eigenen Handlungsmöglichkeiten gebracht werden, also ihre pragmatischen Implikationen zu verstehen und zu nutzen."

Genau in diesem Lichte ist Xenia zu verstehen: Hier soll der wirtschaftliche Nutzen von Wissen nicht durch Besitz, sondern durch Anwendung entstehen, d. h. Wissen muss 'auf die Straße' gebracht werden. Neben den Inhalten, den Fertigkeiten und Fähigkeiten, dem Wissen um Produkte und Lösungen, müssen wir lernen zu lernen, was der Markt verlangt (*Götz/Schmid* 2004, *dies.* 2004a).

Volkmann greift mit Xenia ein **fundamentales Wissensproblem im Innovationsprozess** auf (*Volkmann* 1995, S. 26):

„Wenn Organisationen wüssten, was sie wissen ... Es müsste einen Ort geben, wo das Lernen, Entdecken, Erfinden und Finden sich konzentriert ereignen könnte. Die Besucher oder Benutzer dieses Ortes hätten dann die Gewissheit, vorhanden Brauchbares leichter entdecken zu können. Er kann seine Ziele dann schneller als üblich erreichen, ein Wunsch von heute kann Fakten für morgen schaffen."

Welche Haltung man auch immer gegenüber *Xenia* einnehmen möchte, die Innovationsfähigkeit eines Unternehmens basiert immer in der Wurzel auf dem individuellen bzw. organisationalen Wissen einzelner Menschen bzw. Gruppen und dies hat immer häufiger und nachhaltiger ganz konkrete Auswirkungen auf die Alltagsarbeit. Hierzu von Pierer (*Pierer* 1998, S. 245):

„Die Innovationsfähigkeit spielt bei der Beurteilung jedes Mitarbeiters mittlerweile eine entscheidende Rolle. Genauso wichtig ist es jedoch, dass die Führungskräfte genügend Freiraum geben, eigene Ideen zu entwickeln. Jede Führungskraft wird regelmäßig von ihren Mitarbeitern beurteilt. Wenn diese bemängeln, dass neue Ideen abgeblockt werden, wird das vermerkt. Wir überprüfen, ob der Betreffende dann sein Verhalten nachhaltig ändert. Wir brauchen jeden Tag neue Ideen: 70% unserer Produkte sind jünger als fünf Jahre. Das heißt, aber zugleich, dass wir in fünf Jahren für 70% unserer Produkte Nachfolger gefunden haben müssen."

Die Wissensstadt von Xenia wird als praktizierte Infrastruktur in einem Konzern interpretiert.

Sie dient der Förderung eines offenen Wissensaustauschs zur Lösung anspruchsvoller Produktentwicklungsprobleme für die Generationen von morgen.

> ### Die Wissensstadt von XENIA als Stätte der Begegnung
>
> *eine Initiative der Siemens AG im Bereich Forschung & Entwicklung*
>
> Siemens möchte mit dem Leitbild der **Wissensstadt Xenia** als Stätten der Begegnung dazu beitragen, dass Menschen mit unterschiedlichen Erfahrungshorizonten und Perspektiven in einer fördernden, aber auch fordernden Wissensinfrastruktur gemeinsam leichter und schneller bessere Lösungen für zunehmend vernetzte Probleme finden können. Dabei geht man davon aus, dass in der den Menschen vertrauten Grundstruktur einer Stadt die komplexer werdende Welt begreifbarer und überschaubarer erscheint. *Xenia* vermittelt daher urbanes Leben und Stimmungen wie Geschäftigkeit und Müßiggang. *Xenia* ergänzt das heutige Stadtbild, das mit seinen Bibliotheken, Museen, Ausstellungen und Veranstaltungen bereits eine Wissensstadt ist, mit Immateriellem via virtueller Echtzeit-Realität.
>
> Die Namen von Straßen und Plätzen signalisieren **Wissensinhalte**. Ein weithin sichtbarer Turm symbolisiert eine Vision, an seiner Front steht prägnant die Botschaft, für die er wirbt. Die Fassaden der Gebäude vermitteln mit ihren großformatigen Medienfassaden **Wissenszusammenhänge**. Beschilderungen erleichtern die Orientierung. Auf dem Weg zum gesuchten Orginaldokument findet der Besucher immer auch Informationen, die er vielleicht gar nicht gesucht hat, die ihn aber im Kontext betrachtet zu neuen Erkenntnissen führen. Dabei fördert diese Stätte der Begegnung den persönlichen Austausch, z. B. in einer Gruppe, die ein bestimmtes Problem bearbeitet. Neben herkömmlichen Bürotechnologien wie PC bietet diese Infrastruktur ein ganzes Medien-Ensemble, um je nach Phase des Workshops maßgeschneiderte Instrumente an die Hand zu geben, z. B. in der kreativen Phase den Ausflug in Cyberwelten, in der Analysephase den Zugang zu weltweiten Datenbanken oder in der Konzeptionsphase multimediale Gestaltungsoberflächen. In einer Art **Themenpark** soll individuelles und organisationales Lernen, Kommunikation und Innovation zum Erlebnis werden.
>
> Die Stadt *Xenia* selbst ist in folgende Bezirke aufgeteilt: Zentrum für Plenartreffen, ein Viertel der Annäherung, ein Viertel der Führung, ein Methodenviertel, ein Viertel der Wertschöpfung, ein Theaterviertel, ein Kontextviertel und ein Viertel der Kontakte und Kooperation sowie ein Viertel der Zukunft. Eine größere Gruppe kann mit ihren Untergruppen in allen Stadtvierteln gleichzeitig arbeiten, wobei zwischen allen Vierteln ein reziproker Informationsaustausch besteht. Die zum Einsatz kommende **Wertschöpfungssystematik** ist nicht thematisch, sondern nach Ergebnisschwerpunkten organisiert. Ziel ist es letztendlich, in jedem Viertel ein klar definiertes Dokument zu erarbeiten.

Heute misst die Siemens AG der Forschung und Entwicklung eine noch höhere Bedeutung bei: Mit 56 100 Mitarbeitern und Forschungsstandorten in mehr als 30 Ländern ist die Siemens AG die Nummer eins in Forschung und Entwicklung weltweit. 2001 konnten 6 330 Erfindungen zum Patent angemeldet werden. Somit ist die Siemens AG sowohl beim Deutschen Patent- und Markenamt als auch beim Europäischen Patentamt der **größte Patentanmelder** und belegt im Ranking der World Intellectual Property Organization, einer Unterorganisation der UNO, mit Abstand den ersten Platz. Aus dem Siemens **Corporate Citizenship Report 2001** geht hervor, dass mittlerweile 75% des erzielten Umsatzes mit Produkten erwirtschaftet, die nicht älter als fünf Jahre sind.

Die **Bedeutung der einheitlichen Unternehmenskommunikation**, die es davor nicht gab, wurde erst 1935 eindeutig erkannt. Infolgedessen bildete man 1935 eine **Hauptwerbeabteilung**, deren Aufgabengebiet sich über den gesamten Bereich der

- Marktpsychologie und Markentechnik,
- der Stilbildung und Überwachung sämtlicher Werbemittel,
- des Reklamationswesens sowie der
- Gestaltung und Präsentation der Waren und Produkte erstreckte.

Diese Abteilung wurde von dem ‚**Erfinder der deutschen Markenartikelwerbung**', **Hans Domizlaff** geführt (vgl. Teil 1 in diesem Buch), dessen Konzept auf der Erkenntnis basierte, dass

> „eine Marke nur dann einen soliden, dauerhaften werblichen Erfolg haben kann, wenn es gelingt, sie als Symbol für ein gerechtfertigtes Vertrauen in seriöse Leistungen zu etablieren." (*Feldenkirchen* 1997, S. 139)

Das neue Signet sollte den Wiedererkennungswert beim Kunden steigern und durch die Imageumwälzung des erfolgreichen und innovativen Unternehmens auf seine Produkte das Vertrauen des Kunden wecken (*Feldenkirchen* 1997, S. 137ff.). Auch bei dem Wiederaufbau der Firma nach Kriegsende wurde dieses Signet bis zur Umfirmierung zur Siemens AG eingesetzt.

Heute, angesichts des harten Wettbewerbs sowie gesättigter und globaler Märkte, rückt die Markenpolitik bei der Siemens AG in den Mittelpunkt der Unternehmenskommunikation. Die Abteilung Corporate Brand & Design sieht ihre Hauptaufgabe darin, dem Auftritt des Unternehmens weltweit ein „modern anmutendes Appeal" zu verpassen. Die **Markenführung wird neu organisiert und strukturiert** (*o. V.* 2002a):

Seit etwa zwei Jahren wird der **Pflege einer einheitlichen Marke Siemens** eine sehr hohe Bedeutung beigemessen, weil deren Vernachlässigung mit der zunehmenden Dezentralisierung des Unternehmens seit Ende der 80er Jahre letztendlich zu einem unscharfen Profil geführt hat. Vergleichbare Problematik bestehen auch bei den Doppelmarken (Fujitsu Siemens oder Voith Siemens) – diese sollen zukünftig reduziert werden. Die **heutige Markenpolitik** ist darauf ausgerichtet, der **Dachmarke Siemens** verstärkt Persönlichkeit und Charakter zu verleihen. Sie soll bei der Kundschaft **Markenassoziationen** auslösen und mit Attributen wie

- innovativ,

- flexibel,

- zuverlässig,

- kompetent und

- menschlich verbunden werden.

Auch Menschlichkeit und Emotionalität sollen deutlicher betont werden. Zu den **grundlegenden Bausteinen des neuen Markenauftritts** gehören

- Markenlogo,

- Markenslogan,

- Schrift,

- Farbe,

- Layout sowie

- Tonalität und

- Stil.

Der Auftritt wird bewusst auf **wenige Elemente** begrenzt, die jedoch **konsequent in der Kommunikation eingesetzt** werden sollen.

Dabei wird der Marke nicht nur im **B2C-Bereich**, sondern auch selbstverständlicherweise im **B2B-Sektor**, eine sehr hohe Bedeutung zugeschrieben. Die größte Herausforderung besteht darin, den Spagat zwischen den unterschiedlichen Zielgruppen – vom Handykäufer bis zum Kraftwerkbetreiber – zu meistern. Die Lösung dieses Problems wird in einer **starken einheitlichen Marke** gesehen, die durch präzis definierte und zugleich zeitgemäße Claims eine gemeinsame und glaubwürdige Klammer schafft:

- Um eine **weltweite Vereinheitlichung der Unternehmenskommunikation** zu erreichen, baute die Abteilung Corporate Brand & Design eine Online-Plattform auf, über welche die Marke in alle Länder gesteuert wird und auf die eine Community von fast 7 000 Marketing- bzw. Werbeleute weltweit zugreifen kann.

- Um die **Stärke der Marke** nicht zu gefährden, werden bei Fusionen, Joint Ventures oder Beteiligungen nur die Geschäfte unter der Marke Siemens geführt, die das Potential besitzen, künftig im jeweiligen Marktumfeld eine führende Position einnehmen zu können. Gegebenfalls lässt man innovative Geschäftsfelder zum Test anfangs separat laufen. Erst später, wenn sie sich bewährt haben, labelt man sie zu Siemens um.

Als Entscheidungsstütze hierbei setzt das Unternehmen das von der Münchner Beratungsfirma Brand Rating entwickelte Instrument der **monetären Markenbewertung** ein, welches die Evaluierung des Markwertes erlaubt. Man versucht die Entscheidung schließlich nicht nur finanzstrategisch, sondern auch markenstrategisch zu treffen – es zeichnet sich deutlich die Tendenz ab, bei jedem Kauf oder Verkauf die Ergebnisse der Markenbewertung beim Entscheidungsprozess heranzuziehen.

Nach Ergebnissen der **Studie Brand Evaluation** im Jahr 2002 von Semion München über deutsche Top-Marken, wo u. a. Umsatz/Gewinn, Markenstärke (z. B. Markenanteil) und Markenimage in die Bewertung einflossen, nimmt Siemens mit einem Markenwert von 10,7 Mrd. Euro die achte Position ein (*Esch* 2004, S. 7).

Die Wirtschaftswoche hat mit dem Marktforschungsunternehmen GfK, dem Markenverband, der Agenturgruppe Serviceplan und dem Werbezeitenvermarkter SevenOne Media die erfolgreichsten und beliebtesten Marken Deutschlands gekürt – im **Wettbewerb Best Brands 2004** (*Engester* 2004, S. 59):

> „Die Champions wurden dabei nicht durch die Entscheidung einer Jury, sondern auf Basis einer repräsentativen Umfrage sowie einer wissenschaftlich fundierten Studie ermittelt, die **Bekanntheit, wirtschaftlichen Erfolg** und **emotionale Stärke** einer Marke bewerteten. ‚Durch die einzigartige Vielfalt und Kombination der Bewertungskriterien', sagt Manfred Schwaiger, Professor für Unternehmensführung an der Ludwig-Maximilians-Universität München, ‚bietet Best Brands das erste wirklich valide Markenranking Deutschlands ... **Beste Unternehmensmarke: Siemens** vor BMW und Aldi. ... Dank seiner gleichermaßen hohen Kompetenz- und Sympathiewerte ist Siemens in den Augen der Deutschen die Unternehmensmarke schlechthin. ‚An Siemens' so Werber Haller ‚kommt kein Verbraucher auf Dauer vorbei.' Ob Waschmaschine oder Spülmaschine, Fernseher, Mobiltelefon oder Hörgerät. Das selbsternannte ‚global network of innovation' bedient viele Bedürfnisses des täglichen Lebens."

Der **Wert von Unternehmensmarken** spielt **gegenüber verschiedenen Zielgruppen bzw. Stakeholdern** eine besondere Rolle:

- Gegenüber dem **direkten Abnehmer** als erfahrener Lieferant mit hoher Markenreputation,

- Gegenüber dem **indirekten Endabnehmer**, weil eine starke Marke u. a. Funktionen der Informationseffizienz und Risikoreduktion übernimmt (*Schmid/Pförtsch* 2005).

- Auf den **Kapitalmärkten**, weil der Markenwert die Erwartungsprämien Aktionäre, Banken und Broker beeinflussen. Zentrale Anforderungen sind dauerhafte Bonität und transparente Informationspolitik (*Schmid/Kuhnle* 2004).

- Auf **Arbeitsmärkten**, weil die Arbeitnehmer in unsicheren wirtschaftlichen Zeiten Wert auf die Reputation des Arbeitgebers legen. Ihre Interessen liegen im Bereich sozialer Fragen und Aufstiegsmöglichkeiten. Hier wird das Eis aus unserer Sicht allerdings immer dünner, denn gerade große und traditionsreiche Markenunternehmen kehren immer häufiger im Rahmen ihrer Globalisierungsstrategie Deutschland den Rücken zu und expandieren im Rahmen der EU-Erweiterung nach Osteuropa, nach Fernost oder in die anderen Triademärkte USA und Japan. Das mag für viele mobile Akademiker kein Problem sein, wobei hier der Einfluss der individuellen Lebenssituation und Lebensphase eine nicht zu unterschätzende Rolle in der Bewertung spielt (*Schmid* 2004).

- Gegenüber der Bevölkerung zur Steigerung des ‚Wertes' an Corporate Citizenship (*Pförtsch/Schmid* 2004).

Die Bekanntheit eines Arbeitgebers und dessen Attraktivität spielt beispielsweise bei Hochschulabsolventen eine größere Rolle. Es gibt aber auch Gegenbeispiele: Obwohl Unilever und Procter & Gamble in der breiten Öffentlichkeit relativ unbekannt sind, genießen sie auf Kapitalmärkten und Arbeitsmarkt einen hervorragenden Ruf. Dies ist vor allem darauf zurückzuführen, dass man das Portfolio attraktiver Produktmarken den stärker involvierten Personen auch ohne Corporate Brand-Strategie vermitteln kann.

Im Gegensatz zu einem House of Brands, wie beim Vielproduktmarkenkonzern Procter & Gamble, hat sich der Vice President Corporate Brand & Design, Wolfgang Dötz, bewusst für ein **Branded House** weltweit entschieden. Ein verbindlicher Markenkern muss damit an unterschiedliche Zielgruppen kommuniziert werden und das bei über 70 000 Produktnamen gegenüber rund 190 Ländern. Bereits 1930 heißt es (*Garber* 2003, S. 78f.):

> „‚... ‚es erscheint daher zweckmäßig, die gesamte Reklame des Konzerns auf eine einheitliche Markenbezeichnung einzustellen' ... Wie aber packt und passt man eine über 150 Jahre gewachsene Marke behutsam an? Am Anfang steht die Analyse: Weltweit wird in Befragungen ermittelt, wie Siemens aktuell gesehen wird – von außen und innen. Quasi ein Stimmungsbild."

Im Ergebnis stellte man fest, dass sich Siemens in Frankreich, China und USA grundsätzlich unterscheidet, allerdings wurde auch das negative Bild vom ‚grauen Planeten' bestätigt: zu wenig Emotionalität. IBM investiert bis zu 250 Milliarden Dollar per anno in die Markenkommunikation. PricewaterhouseCoopers bestätigt, dass Marken im Schnitt 50% des Unternehmenswertes darstellen, wobei Siemens bislang wesentlich weniger investiert, was angesichts seiner Größe und seines Leistungspotenzials (z. B. Innovationstreiberfunktion) unangemessen ist.

Durch die **neu geschaffene Abteilung Corporate Brand & Design** sollen hier Veränderungen in Richtung Unternehmensmarken-Strategie vorangetrieben werden (*Garber* 2003, S. 78f.):

"Doch über eine ‚interne Lizenz', bei der jede Einheit eine Art Gebühr für die Markennutzung in einen gemeinsamen Topf für die Markenführung bzw. für Investitionen in die Marke zahlt, wird bei Siemens zumindest schon nachgedacht. Überhaupt: Die aufkommende Diskussion über die Bilanzierbarkeit von Markenwerten wirkt nachhaltig bei vielen Entscheidern. Auch im Zentralvorstand von Siemens wird Markenführung zur Chefsache erklärt."

Im nächsten Schritt werden 1 500 Kommunikationsfachleute auf Integrationsfähigkeit beim Branding-Prozess eingeschworen, wobei der harte Kern aus 40 Entscheidern aus verschiedenen Ländern, Bereichen und Zentralabteilungen besteht – sie bilden das Global Communication Council, die durch die regionalen Communication Meetings in Asien, Amerika, Europa und dem mittleren Osten ergänzt werden. Für die richtige Markenführung sind zusätzlich 100 so genannte Brand Ambassadors zuständig. Die hierzu geschaffene **Markenführungs-Online-Plattform Brandville** wurde als Markenschaufenster etabliert – auch für Agenturen von Siemens. Dötz beziffert den quantitativen Erfolg mit über 10 000 Citizens und monatlich 81 000 Page Impressions, wobei dem Medium Chatroom-Qualitäten zugeschrieben werden – dazu Dötz über die Zusammenarbeit mit der Düsseldorfer C4 Consulting (*Garber* 2003, S. 79f.):

"Mittlerweile kommt es vor, dass ein Kollege aus Indien eine Frage zur Markenführung an die Münchner Zentrale richtet, aber die Antwort umgehend aus Argentinien erhält, weil dort schon entsprechende Erfahrungen gesammelt wurden ... Wir haben mit C4 Consulting positive und negative Sanktionen entwickelt. Wir werden zum Beispiel im Dezember einen Global Communication Award vergeben ... Negative Sanktionen liegen zwar noch in der Schublade, sie könnten aber bei permanenten Verfehlungen im Umgang mit der Marke zur Anwendung kommen, und zwar in Form von Kürzungen beim variablen Einkommen."

Aus der Erkenntnis, dass die Corporate Brand konzernweit einheitlich gemanagt werden muss, resultiert die Notwendigkeit, geeignete organisatorische Rahmenbedingungen in Form eines **Markenmanagementsystems** zu schaffen – dieses hat aus

- klaren Spielregeln,
- klaren Rollen- und Aufgabenverteilungen,
- eindeutigen Abstimmungsprozessen und
- markenspezifischen Anreiz- und Sanktionsmechanismen

zu bestehen: The Brand is the DNA of a company.

Siemens konkretisiert seine Markenstärke an seinem Wissens- und Erfahrungspotenzial über Kommunikation, Industrie, Gesundheit, Verkehr, Energie und Haushalt. Festgelegt ist auch die Kombination aus Wortmarke und dem Claim ‚Global network of innovation'. Das Redesign der Markenelemente bleibt reduziert auf die sechs Elemente Logo, Schrift, Claim, Farbe, Layout und Tonalität.

Die formalen Regeln haben sich auf ein Minimum reduziert: Sieben dicke Ordner mit detaillierten Regeln zum Corporate Design wurden durch das elektronische Brandville ersetzt (*Engester* 2004, S. 59):

> „Brandvilles Bewohner sind auf der ganzen Welt verstreut – überall dort, wo Siemens vertreten ist. Brandville ist eine virtuelle Stadt, angesiedelt im Intranet des Münchner Elektronikriesen mit einem ganz konkreten Auftrag für ihre Einwohner: am weltweit einheitlichen Markenauftritt zu arbeiten. Und damit den Kern der Marke weiterzuentwickeln ... Das war in der jüngeren Vergangenheit nicht immer so. In den 90er Jahren war es zu erheblichen Bereichsegoismen gekommen. Der Grund: Siemens hatte die Zuständigkeit fürs Marketing aus der Zentrale in die einzelnen Geschäftsbereiche und Regionen hineinverlagert. Die Folge war ein bunter Reigen von Markensymbolen unterhalb der Dachmarke Siemens, entstanden nach dem Gutdünken des jeweiligen Managements ... Submarken sind längst wieder verschwunden ... Abgesehen von der Traditionsmarke Osram firmieren alle Geschäftsbereiche unter einer Marke: Siemens. Auch Doppelmarken wie Siemens VDO oder Fujitsu Siemens sollen bald der Vergangenheit angehören. Ein gemeinsames Markendach: Vom Mikrochip bis zum Kraftwerk, vom Kühlschrank bis zum Hörgerät, vom Motor bis zur Waschmaschine ... Doch nicht immer kann der Elektronikkonzern mit seiner Kernkompetenz offensiv hausieren gehen. Mit seinen Marken wie Bosch und Siemens Hausgeräte oder Siemens mobile steht Siemens zwar direkt im Kontakt mit seinen Verbrauchern, aber 90% seines Umsatzes erzielt der Konzern mit Firmenkunden. Und da gilt es schon mal die Eitelkeit hintan zu stellen zu Gunsten der Interessen des Abnehmers, der sein eigenes Profil nicht durch den Hinweis ‚Siemens inside' verwässert sehen möchte. ‚Ohne Siemens würde fast jedes Auto stehen bleiben' , sagt Dötz, ‚aber das hängen wir nicht an die große Glocke'."

Einen Ausreißer hat Siemens selbst geschaffen – auch dazu Dötz (*Garber* 2003, S. 81):

> „‚.Wir waren an dem Prozess beteiligt. Xelibri ist eine neue Produktkategorie: ein Handy als Fashion-Artikel. Siemens diente bei der Markteinführung quasi als Steigbügelhalter. Es ergibt also Sinn, eine neue Marke in einem Feld zu entwickeln, wenn die eigene Marke nicht viel dazu beitragen kann. Das gibt's auch schon bei der Playstation von Sony, beim Smart von DaimlerChrysler oder X-Box von Microsoft."

Mit Brandville kommt die Art des Vorgehens im Umgang mit neuen Herausforderungen zum Ausdruck: In der sich etablierenden Wissensgesellschaft in den 90er Jahren wurde die Wissenstadt Xenia entwickelt, heute im Zuge der Rückbesinnung nach dem Motto ‚Back to the roots' vieler B2B-Konzerne auf Unternehmensmarken wurde Brandville geschaffen.

Unser Zwischenergebnis in Kapitel 4:

Augrund der Tatsache, dass die Erzeugnisse der Elektrotechnikbranche einen äußerst breiten Einsatz in sehr vielen Bereichen unseres Lebens finden und B2B- und B2C-Abgrenzungen oft vielschichtig und fließend sind, bestehen in dieser Branche ganz besonders hohe Anforderungen an das zielgruppenorientierte Markenmanagement – sowohl hinsichtlich der strategischen Markenaufladung als auch in Bezug auf die operative Markenkommunikation.

Die starken Interdependenzen zwischen Innovationsmanagement und Markenmanagement werden hier besonders deutlich. In beiden Fallbeispielen konnte aufgezeigt werden, dass Systemkompetenz und Unternehmensgeschichte für das erfolgreiche Markenmanagement außerordentlich relevant sind.

Die erfolgreichsten Unternehmen der Welt setzen eindeutig auf die **Kraft der Marke,** wobei im aktuellen Restrukturierungsprozess viele Marken ihre Position ausbauen, denn es gibt immer mehr Unternehmen, die ihre Produkte und Dienstleistungen ganzheitlich als Marke begreifen.

Es ist selbstverständlich, dass der **Markenwert**, den ein Unternehmen nach außen präsentiert, durch die tatsächlich vorhandenen Leistungen untermauert sein muss. Demnach ist es beispielsweise unabdingbar, dass ein Unternehmen, das seine Innovationskraft bei der Kommunikation in den Vordergrund stellt, auch innovative Produkte anbietet, welche das Ergebnis hoher Investitionen in F&E dokumentieren.

Einerseits lässt sich feststellen, dass die **Markenpflege der meisten Firmen in der Elektrotechnikbranche** auf der B2B-Ebene **selten über herkömmliche Imagebroschüren oder einen Produktkatalog hinaus** geht. Damit genießen die meisten Firmen keine Bekanntheit in der breiten Kundenmasse. **Um so mehr heben sich andererseits starke Dachmarken wie Siemens und GE von der Konkurrenz ab.** Die hohen Ausgaben für eine kontinuierliche Markenpflege und Investitionen in F&E zahlen sich für die Elektrogiganten weltweit aus und sichern diesen Unternehmen Spitzenpositionen in ihren Geschäftsbereichen.

Der erfolgreiche Weg von Schroff zur markierten Systemkompetenz und die Rückbesinnung von Siemens durch die nachträgliche Beseitigung von Submarken mögen in diesem Rahmen wichtige Trendlinien auch für andere Unternehmen dieser komplexen und dynamischen Branche aufgezeigt haben.

5. Markenmanagement in der Mikroelektronik am Beispiel von Intel

Die Intel Corporation ist ein interessantes Beispiel für erfolgreiches Unternehmenswachstum im B2B-Bereich. Dabei ging das Unternehmen vor allem im Bereich des Marketings einen ganz eigenen Weg.

Als technologischer Vorreiter in der Halbleiterindustrie gelang es Intel, den **ersten Halbleiterspeicher** und den **ersten Mikroprozessor weltweit** zu entwickeln. Im Laufe seiner Unternehmensgeschichte konnte Intel die Marktführerschaft in seiner Branche erobern. Trotz des großen Erfolges wirkt sich auch auf Intel die derzeit wirtschaftliche Rezession und speziell die Krise in der Computerindustrie negativ aus.

In 2003 hat Intel die 30 Mrd.$ -Grenze überschritten. Der Umsatz im Jahr 2001 betrug 26,5 Mrd.$. Im Vergleich zum Vorjahr bedeutet das ein Rückgang um 21,4%. Für das Jahr 2004 wird wieder ein positives Wachstum von über 15% erwartet. Net Income in 2003 war $ 5,641 Mrd. (*Annual Report* 2003).

Seine Umsätze erzielt Intel inzwischen mit verschiedenen Produktgruppen:

- Prozessoren,
- Chipsets,
- Motherboards,
- Komponenten für die Netzwerk- und Kommunikationstechnik sowie
- Produkte für die Softwareentwicklung.

Den größten Anteil macht der **Mikroprozessorbereich** mit rund 80% aus. Die Investitionen Intels im Forschungs- und Entwicklungsbereich sind im Vergleich zum Vorjahr im Jahr 2001 mit rund 3,8 Mrd.$ etwa gleich geblieben.

Im Gegensatz dazu wurden die Aufwendungen für Marketingmaßnahmen um fast 600 Mio.$ zurückgefahren, was auf **geringere Zuschüsse für das Intel-Inside-Programm** zurückzuführen ist. Die Intel Corporation hat ihre Belegschaft in den letzten 10 Jahren auf 83 400 Beschäftigte im Jahr 2001 mehr als verdreifacht.

Börsengang

Gerade dreieinhalb Jahre nach Firmengründung ging Intel bereits im Oktober 1971 an die amerikanische Börse. Die beiden Firmengründer Noyce und Moore blieben weiterhin Hauptaktionäre mit insgesamt mehr als 37% der Anteile und boten ihre Aktien nicht zum Verkauf an. Das Unternehmen verkaufte bei der Emission knapp 300 000 Aktien und erhielt 23,50$ je Aktie. Insgesamt flossen Intel durch die Aktienemission 6,8 Mio.$ zu.

Konkurrenz

Zu Intels Hauptkonkurrenten zählt vor allem der anfangs total unterschätzte Newcomer AMD. Die Firma Advanced Micro Devices (AMD) wurde ein Jahr nach Intel gegründet und zählte in den darauffolgenden 20 Jahren abwechselnd zu Intels Verbündetem und ärgstem Feind. Aufgrund ihres relativ niedrigen Gründungskapitals und des späten Einstiegs in die bereits florierende Branche konnte AMD anfangs noch keine eigene Produktpalette anbieten, sondern musste sich zunächst über die so genannte Zweitproduktion etablieren. Im Vergleich betragen AMDs Umsätze im Jahr 2000 im Mikroprozessorbereich nur 10% von denen Intels.

Tabelle 34-1: Ranking: Global Sales für MPUs

Global Sales, $ billions	**1999**	**2000**
Intel	21,77	24,3
AMD	1,63	2,43
Motorola	1,39	1,75
Texas Instruments	0,42	0,41
NEC	0,47	0,37
IBM	0,32	0,30

Tabelle 25-2: Top-10-Ranking: Markenwert nach Interbrand (*Esch* 2004, S. 6)

Rang	**Marke**	Mrd US-$ in 2003
1.	Coca Cola	70,45
2.	Microsoft	65,17
3.	IBM	51,75
4.	GE	42,34
5.	**Intel**	**31,11**
6.	Nokia	29,44
7.	Disney	28,04
8.	McDonalds	24,70
9.	Marlboro	22,18
10.	Mercedes-Benz	21,37

Gründung und Aufbau

Die Firma Intel Corporation wurde am 18. Juli 1968 gegründet. Die beiden Gründer Gordon Moore und Robert Noyce waren in ihrer Branche aufgrund ihrer Leistungen und der Beteiligung an zwei vorausgegangenen Firmengründungen bereits als Leitfiguren anerkannt. Die Tatsache, dass Robert Noyce an der Erfindung der so genannten Integrierten Schaltung maßgeblich beteiligt gewesen war und dadurch einen sehr guten Ruf genoss, machte es den beiden leicht, das nötige Gründungskapital aufzubringen. Mithilfe des Investmentbankers Arthur Rock, eines engen Freundes von Noyce, gelang es ihnen, das Kapital in Höhe von 2,3 Mio.$ an einem Nachmittag aufzutreiben. Rock beteiligte sich an der Finanzierung selbst mit 300 000 $, Moore und Noyce mit je 250 000 $. Rock sorgte dafür, dass die Einlagen der 15 weiteren Anteilseigner jeweils nach oben hin begrenzt waren, damit keiner von ihnen zuviel Macht bekommen konnte. Der gewählte Firmenname ergab sich aus der Abkürzung der **Bezeichnung INTegrated ELectronis.** Seinen ersten Firmensitz bezog das Unternehmen in Mountain View, einem Ort südlich von San Francisco gelegen. Als Firmenlogo wählte man den Namen Intel in blauen Helvetica-Kleinbuchstaben mit heruntergeschobenem e, welches die Assoziation zu „integrated electronics" herstellen sollte. Mit den gewählten Kleinbuchstaben sollte Intel als modernes, aufstrebendes Unternehmen der beginnenden siebziger Jahre positioniert werden.

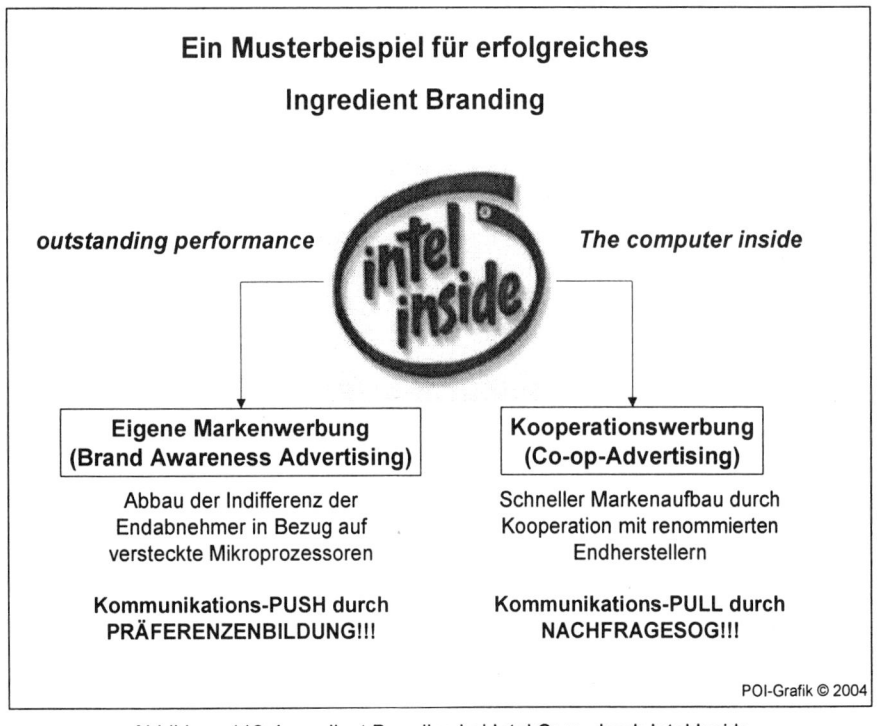

Abbildung 112: Ingredient Branding bei Intel Corp. durch Intel Inside

In der Auswahl ihrer ersten Mitarbeiter gingen die beiden Gründer recht einfach vor: Sie erkundigten sich nach den begabtesten Wissenschaftlern der elektrotechnischen Hochschulbereiche und luden sie zu einem zwanglosen Gespräch in ein einfaches Lokal ein. Bei ihrer Entscheidung war ihnen wichtig, dass es sich bei dem Kandidaten um einen guten Ingenieur handelte, der bereit war, sogar mit einem geringeren Gehalt als von seinem bisherigen Arbeitgeber, bei Intel anzufangen. Als Ausgleich wurden dem neuen Mitarbeiter Aktienbezugsrechte in Aussicht gestellt.

Um sich besser vor potenziellen Konkurrenten zu schützen, gab Intel bezüglich seines Unternehmenszwecks in der Öffentlichkeit zunächst nur vage Auskünfte. Tatsächlich wollte das Unternehmen in die Herstellung von Speicherchips für Großrechner einsteigen. In der Branche herrschte bereits die Auffassung, dass die bisher verwendeten Magnetkernspeicher früher oder später durch die Halbleiterspeichertechnologie völlig vom Markt verdrängt werden würden. Die von Noyce entwickelten **integrierten Schaltungen** konnten diesbezüglich zum **Durchbruch** verhelfen, sofern es gelang, diese **in Kombination mit Speicherzellen** zu bringen und für die Massenproduktion zu optimieren. Um den ersten Halbleiterspeicher zu produzieren, waren bereits sehr viele Forschungslabors zwischen San Francisco und Los Angeles entstanden.

Allerdings hatte Intel in dieser Hinsicht seinen Mitstreitern gegenüber einen entscheidenden Vorteil: Bei der **Firma Fairchild Semiconductor**, wo die beiden Gründer Intels zuvor angestellt waren, war kurz vor ihrem Weggang einem talentierten italienischen Forscher namens Faggin eine entscheidende Entwicklung gelungen. Er hatte ein neues Verfahren zur Halbleiterherstellung entdeckt, das als **Metalloxidhalbleitertechnik (MOS-Technik)** bezeichnet wurde. Die MOS-Technik kristallisierte sich aus insgesamt drei Möglichkeiten als die günstigste Variante heraus, um für die Massenproduktion von Speicherchips weiterentwickelt zu werden. Obwohl sich Faggin natürlich keineswegs begeistert zeigte, entstanden Intel durch die Verwendung dieser Erfindung keinerlei rechtliche Probleme. In den sechziger Jahren war die Bedeutung des Patentrechts noch nicht so groß. Die Computertechnologie lag erst in ihren Anfängen und man tauschte sogar regelmäßig in der Freizeit Informationen mit Technikern anderer Unternehmen aus, um Probleme zu erörtern und neue Denkanstöße zu erhalten (*Jackson* 1998).

Eine der wichtigsten anfänglichen Entscheidungen des jungen Unternehmens war die Wahl eines geeigneten Produktionsleiters, um die Produktion von Anfang an ideal im Griff zu haben. Die Wahl fiel auf **Andrew Grove**. Er war zuvor fünf Jahre lang ebenfalls bei Fairchild in der Forschungs- und Entwicklungsabteilung angestellt gewesen und hatte nebenbei an der University of California, in Berkeley doziert, wo er auch promoviert hatte.

Halbleiterchips und Unternehmensstrategie

Ab Herbst 1968 wurden bei Intel zwei verschiedene Verfahren von Speichertechnologien verfolgt:

- Metalloxidhalbleitertechnik (MOS-Technologie)
- bipolare Technologie

Man bildete zwei Entwicklungsteams, die getrennt voneinander eines der beiden Verfahren weiterentwickeln sollten. Das Bipolarteam wurde durch einen Forschungsauftrag der Computerfirma Honeywell gefördert, um in Konkurrenz zu sechs weiteren Elektronikfirmen möglichst schnell einen 64-Bit-Notizblockspeicher zu entwickeln. Die Firma, die zuerst mit dem gewünschten Chip aufwarten konnte, hatte einen Auftrag Honeywells über 10 000 Chips zu je 100$ in Aussicht. Bis zum Frühjahr 1969 gelang es Intel, den **64-Bit-Chip als sein erstes kommerzielles Produkt** zu entwickeln. Da es sich bei Intels Zielmarkt um Techniker der Computerhersteller handelte, erhielt der Chip **keinen Namen, sondern einfach die Teilenummer 3101**. Durch seine Neuentwicklung konnte Intel bereits einen Umsatzanstieg von 2 672$ im Gründungsjahr auf 566 000$ im Jahr 1969 verzeichnen (*Jackson* 1998).

Durch den frühzeitigen Durchbruch des Bipolarteams war das MOS-Team einem verstärkten Erfolgsdruck ausgesetzt. Es gab jedoch Probleme bei der Optimierung des Fertigungsprozesses. Die Bauelemente waren äußerst empfindlich gegenüber Verunreinigungen durch die Luft, was die Fehlerquote erheblich erhöhte. Da für hermetisch abgeschlossene Reinräume noch das Geld fehlte, versuchte man so gut man konnte, die Fabrikräume sauber zu halten. Da es dem Team trotzdem nicht gelingen wollte, einen funktionierenden Schaltkreis zu bauen, schaltete sich Gordon Moore ein und überprüfte in den folgenden Wochen eigenhändig jedes fehlerhafte Bauteil. Er entdeckte das Problem und entwickelte ein besseres Herstellungsverfahren, mit dem die **MOS-Technologie** ihren **entscheidenden Durchbruch** erreichte, sodass der Chip in Serie gehen konnte. Bei der Serienproduktion des Chips wurden die exakten Abläufe des neuen Herstellungsverfahrens jedoch strengstens geheimgehalten, um das Risiko zu mindern, dass die Konkurrenz Informationen über das wertvolle Verfahren erhalten könnte.

Bis Oktober 1970 hatte Intel im Bereich der MOS-Technologie entscheidende Fortschritte erzielt. In viel kürzerer Zeit als ursprünglich angenommen, hatte man den **ersten Halbleiterspeicher DRAM (Dynamic Random-Access Memory)** mit der **Teilenummer 1103** für die Massenfertigung optimiert. Der 1103 war

- zuverlässiger,
- kleiner,
- schneller und
- stromsparender

als konventionelle Kernspeicher. Die Markteinführung im Oktober stellte einen Wendepunkt für die Computerindustrie dar. Durch den Preisvorteil des 1103 gegenüber Kernspeichern setzte sich der Halbleiterspeicher ab diesem Zeitpunkt immer mehr durch. Die MOS-Technologie sollte in Zukunft sogar zur bevorzugten Halbleiterfertigungstechnik werden.

Aufgrund der Markteinführung des 1103-Chips wurde zwangsläufig eine Expansion des Betriebes erforderlich. Daher kaufte Intel südlich von Santa Clara ein großes Grundstück und verlagerte bereits im Frühjahr 1971 seine Fertigung ins neue Werk. Auch viele andere Elektronikfirmen expandierten und ließen sich im Tal von Santa Clara nieder, das später den Namen **Silicon Valley** erhielt.

Als erster Halbleiterspeicherchip der Welt war Intels 1103 zweifellos ein voller Erfolg; er hatte jedoch auch Schwachstellen. Um den Erfolg auf Dauer zu sichern, musste der Chip vereinfacht und verbessert werden. Da eine Neuentwicklung viel Zeit benötigen würde, suchte man nach einer kurzfristigeren Lösung, um seine Kunden zufrieden zu stellen. Als man daher **Demosysteme** anbot, die die Kunden von der einfachen Integration des 1103 überzeugen sollten, stellte man fest, dass der Verkauf von losen Einzelkomponenten nicht mehr ausreichte. Anstatt nur nach **Einzelchips** wie dem 1103, verlangte der Markt nach **ganzen Speichersystemen**, die die Kunden einfach in ihre **Großrechner** stecken konnten, um so die Speicherkapazität zu erhöhen.

Intel reagierte schnell auf die Nachfrage des Marktes und gründete daher einen neuen Geschäftszweig für den Bau solcher Speichersysteme. Gleichzeitig mit dem Einstieg ins Speichersystemgeschäft arbeiteten die Intel-Techniker fieberhaft an der Weiterentwicklung des 1103-Chips, dessen Ausbeute immer geringer wurde. Bei der Fehlersuche machte ein Intel-Techniker 1970 eine **zufällige Entdeckung:** das erste EPROM (Erasable Programmable Read-Only Memory) der Welt. Man musste die gewünschten Daten nun nicht mehr wochen- oder monatelang in den Rohchip einätzen, sondern konnte dieses neuartige ROM innerhalb weniger Minuten programmieren und mithilfe von UV-Licht sogar wieder löschen. Diese Erfindung brachte für Intel einen weiteren einschneidenden Erfolg. Um die zu Beginn der EPROM-Produktion noch niedrige Ausbeute zu erhöhen, musste der Fertigungsprozess optimiert werden. Nach wochenlanger gründlicher Forschung und zahlreichen Tests konnte die Ausbeute von einem halben auf sechzig Chips pro Wafer deutlich erhöht werden. Die modifizierte EPROM-Version 1702a hatte niedrigere Herstellungskosten und der Chip konnte jetzt für 30$ produziert und für über 100$ verkauft werden.

Obwohl Intel jahrelang der einzige große EPROM–Hersteller war, und das EPROM außerdem den kurz darauf erfundenen Mikroprozessor als Speicher ideal ergänzte, geriet das Unternehmen mit seinem Speichergeschäft im Laufe der Jahre zunehmend in Schwierigkeiten. Dabei lag das Problem nicht so sehr am Umsatz - der stieg von 1974 bis 1977 von 9 Mio.$ auf 38 Mio.$, sondern am **äußerst geringen Marktanteil der Speicherchips** 1979 von 5%. Das **Hauptproblem** waren nicht die Mitbewerber aus dem Silicon Valley, sondern vielmehr die **japanische Konkurrenz**. Dabei spielte vor allem die **Arroganz der Amerikaner**, die sie der technischen Leistungsfähigkeit aus Fernost entgegenbrachten, eine entscheidende Rolle. Man tat die Japaner als **Bande von unbedarften Plagiatoren** ab, was sich am Anfang durchaus vertreten ließ. Die Japaner ihrerseits steckten aber Unmengen an Geld in die Entwicklung von Speicherbausteinen und in die Verbesserung der Herstellungsqualität. Es war daher nicht verwunderlich, dass die Japaner die Amerikaner in der Qualität ihrer Speicherbausteine um Längen übertrafen. Einer Quelle zufolge lag die Ausbeute bei DRAMs in den Vereinigten Staaten bei maximal 50%, in Japan dagegen bei 80% (*Jackson* 1998). Da die Kosten unter anderem natürlich auch von der Ausbeute beeinflusst werden, konnten die japanischen Unternehmen folglich ihre Chips erheblich günstiger anbieten und dabei aber die gleichen Profite erzielen wie ihre amerikanischen Konkurrenten. Die amerikanische Halbleiterindustrie hatte nur eine Erklärung für die niedrigen Preise der Japaner: Man war der Ansicht, dass sie sich über Dumpingpreise in den amerikanischen Markt einkaufen wollten.

Als dann 1979 **Fujitsu** als **erster Hersteller einen 64K-DRAM für den Massenmarkt** herausbrachte und **Intel noch immer nur 16K-DRAMs anbot**, spitzte sich die Lage dramatisch zu. Nach Einschätzung von Grove und Moore war Intel frühestens in zwei Jahren in der Lage, einen eigenen 64K-DRAM auf den Markt zu bringen. Zu diesem Zeitpunkt allerdings wären Fujitsus Kosten bereits durch den Mechanismus der Erfahrungskurve (economies of scale) so weit gesunken, dass es für Intel praktisch unmöglich sein würde, zu rentablen Bedingungen anzubieten. Obwohl der Halbleiterspeicherbereich schon lange nicht mehr die Cash-Cow des Unternehmens war, dauerte es aber immer noch drei weitere Jahre, bis man den **endgültigen Rückzug aus dem Speichergeschäft** beschloss.

Mikroprozessoren

Kurz nach dem EPROM entwickelte Intel seinen **ersten Mikroprozessor**. Die Erfindung war nicht geplant, sondern ergab sich durch einen **Auftrag** des japanischen Rechenmaschinen-Herstellers **Busicom**. Anstatt der herkömmlichen, mechanischen Rechenmaschinen wollte die Firma ein programmierbares Gerät herausbringen. Ted Hoff, der bereits Intels erstes DRAM entworfen hatte, hatte die **Idee zum Bau eines Minicomputers**, der allgemein einsetzbar und zudem in der Lage sein sollte, auch Unterprogramme abzuarbeiten. Er entwarf daher eine Anordnung bestehend aus vier Chips, die in Verbindung mit nur einem Allround-Logikbaustein ausreichen sollten. Mit der Zeit wurden den Japanern die großen Vorteile eines solchen Minicomputers klar. Innerhalb weniger Monate gelang es dem Entwicklungsteam, den Minicomputer herzustellen. Da sich in der Zwischenzeit die Konkurrenzsituation bei Rechenmaschinen wesentlich verschärft hatte, verlangte Busicom einen Preisnachlass vom ursprünglich vereinbarten Betrag. Intel war bewusst, welch großen Erfolg ihr Mikroprozessor generell bringen könnte, so dass sich Bob Noyce bereit erklärte, Busicom 60 000$ zu erstatten. Im Gegenzug verlangte er allerdings eine **Abänderung des Lizenzvertrages**, so dass Intel das Recht erhielt, seine Neuentwicklung auch an andere Kunden verkaufen zu dürfen, sofern es sich dabei nicht um Konkurrenten Busicoms handelte.

Am 15. November 1971 gab Intel in einer amerikanischen Fachzeitschrift die Markteinführung des **weltweit ersten Mikroprozessors** mit der Bezeichnung **Intel 4004** bekannt. Gordon Moore beschrieb dabei den Mikroprozessor als ‚eines der umwälzendsten Produkte in der Geschichte der Menschheit'. Obwohl es damals noch nicht danach aussah, weil der 4004 erheblich langsamer und schwächer war als die Zentraleinheit eines Großrechners, sollte sich Moores Aussage noch als wahr erweisen. Der Intel 4004 verarbeitete vier Bits und fand in einer Kinderhand Platz. Er war leistungsstärker als der erste Elektronenrechner ENIAC von 1946, der noch einen ganzen Raum in Anspruch genommen hatte. Intels Techniker hatten zahlreiche Ideen, in welchen anderen elektrischen Maschinen, außer einer Rechenmaschine, und für welche Aufgaben man den **Miniatur-Allzweckrechner** noch einsetzen könnte. Sie dachten dabei z. B. an Münzwechsler, Verkehrsampeln oder Registrierkassen. Die Spezialisierung für das jeweilige Produkt sollte dabei von der Software übernommen werden, die den Mikroprozessor steuerte. Allerdings hatten die Ingenieure der potenziellen Kunden damals noch wenig Ahnung von Programmierung.

Um den Absatz des 4004 zu fördern, entwickelten Ted Hoff und sein Team daher das **Simulationswerkzeug Intellec 4,** das in einer blauen Schachtel verkauft wurde und daher auch **Blue Box** hieß. Mit diesem Simulator erhielten die externen Techniker die Möglichkeit, schneller und leichter Programme für den Intel 4004 zu entwickeln. Die Blue Box, die ursprünglich nur den Absatz der Mikroprozessoren fördern sollte, brachte Intel lange Zeit einen höheren Umsatz ein als die Prozessoren selbst. Außerdem war sie ein **gutes Marketing-Instrument**, um die Kunden für die Intel-Produktpalette zu begeistern. Seinen **zweiten Mikroprozessor** brachte Intel bereits im August 1972 auf den Markt. Der 8-Bit-Chip erhielt die **Teilenummer 8008**, um die Assoziation zu 8 Bits Leistung herzustellen.

Einige Monate nach der Markteinführung des 8008-Chips sollte er weiter verbessert werden, indem man ihn auf das neue NMOS-Verfahren umstellte. Während man die Verbesserungen vornahm, wurde mehr oder weniger zufällig ein Entwicklungsprogramm für einen vollkommen anderen Prozessor entworfen. Das bisherige technologische Herstellungsverfahren konnte für die Serienproduktion des neuen Prozessors beibehalten werden, so dass der neue **Intel 8080** bereits im Frühjahr 1974 in den Handel gehen konnte. Bis zu diesem Zeitpunkt hatte Intel inzwischen **drei technische Innovationen** von ungemein wichtiger Bedeutung herausgebracht:

1. das erste DRAM,
2. das erste EPROM sowie
3. den ersten Mikroprozessor.

1974 konnte Intel einen Umsatzanstieg auf 134 Mio.$ verzeichnen und beschäftigte inzwischen 3 100 Mitarbeiter. Bei der Markteinführung des 8080-Chip stand Intel an fünfter Stelle der Hersteller integrierter Schaltkreise.

Bald nach Intels Einführung des 8080-Prozessors bekam Intel wieder Druck von der Konkurrenz. **Motorola** brachte einen neuen Chip mit der Nummer 6800 heraus, der besser war als Intels 8080. Daraufhin versuchte Intel nicht nur, seinen 8080-Chip zu verbessern, sondern wie es im Unternehmen üblich war, vom jeweiligen Stand der Chiptechnologie aus gleich einen großen Sprung nach vorne zu machen. Man begann mit der Arbeit an einem völlig neuen Chip und war überzeugt, dass mit dem neuartigen Design des Chips dem Unternehmen der bisher noch steinige Weg ins Computergeschäft schlagartig geebnet werden würde. Seine Entwicklung würde jedoch noch einige Jahre in Anspruch nehmen und da Intel seiner wachsenden Konkurrenz zu dieser Zeit kein ebenbürtiges Produkt entgegenzusetzen hatte, musste man sich eine Zwischenlösung überlegen, um konkurrenzfähig zu bleiben. Im Mai 1976 wurde Steve Morse, ein Fachmann für Chiparchitektur bei Intel, mit dem Entwurf beauftragt. Der **neue 16-Bit-Chip** sollte um einiges schneller sein sowie die **Abwärtskompatibilität** gewährleisten. Es gelang Morse und seinen Kollegen innerhalb eines Jahres einen serienreifen Chip zu entwickeln. Der Prozessor enthielt aufgrund der Eile zwar ein lückenhaftes Chipdesign, erfüllte aber hervorragend die gewünschten Funktionen. Im Juni 1978 führte Intel den neuen Chip unter der **Teilenummer 8086** am Markt ein. Er wurde 1981 zum marktführenden Industriestandard.

Während Gordon Moore noch nicht erkannte, welche Auswirkungen die Entwicklungssprünge in seinem ‚Gesetz' auch auf die Computerindustrie haben würden, begannen 1975 vier der versiertesten Technikexperten Intels über **Computer für den Massenmarkt** nachzudenken. Sie planten, den 8080-Prozessor mit Tastatur und Bildschirm ausgestattet, Privatkunden zum Kauf anzubieten, wovon Moore jedoch nichts hielt. Bis 1977 hatten sich die Kosten für Prozessoren nochmals halbiert, so dass außerhalb Intels die ersten Versuche unternommen wurden, einen Personal Computer zu bauen. Die ersten Rechner wurden in einer Garage gebaut und unter dem Namen **Apple II** bekannt. Er war der erste tragbare Computer, den auch jemand ohne Informatikstudium bedienen konnte und kam im Dezember 1980 auf den Markt. Intel zögerte allerdings immer noch und man fragte sich, wozu der PC gut sein sollte.

Der PC stand bei Intels Zielmärkten immer noch an letzter Stelle. Etwa zur gleichen Zeit erhielt Intel von **IBM** seinen ersten **Auftrag**. Das Verhältnis der beiden zueinander war immer etwas prekär gewesen, da sich IBM lange Zeit geweigert hatte, Speicherchips von Intel zu kaufen. Doch IBM hatte sich inzwischen entschlossen, einen **Desktop-Rechner für den kommerziellen Gebrauch** zu bauen und kaufte daher, unter absoluter Verschwiegenheit über die genaue Verwendung, den **8088-Chip Intels**. Es wurde ein Modell speziell für IBM konzipiert und IBM forderte von Intel die **Lizenzvergabe des 8088-Prozessors an einen Zweitproduzenten**, der bei Lieferausfall Intels einspringen konnte. 1982 wurde daher ein Lizenzvertrag über 10 Jahre mit **AMD** abgeschlossen.

Intel war mit seinem 8086- und 8088-Chip im Markt überaus erfolgreich. Durch die Einführung des IBM-PC wurde Intels Vorsprung noch erheblich vergrößert: In 80% der Geräte, von denen in zwei Jahren über eine halbe Million verkauft wurden, war ein Intel Chip verbaut.

Trotz verstärkter Maßnahmen Intels zur Gewinnung neuer Kunden, wie beispielsweise **Operation Crush,** war Motorola noch immer ein wichtiger Konkurrent auf dem Halbleitermarkt. Vor allem **Motorolas 6800 Chip** und eine abgespeckte Version nach dem Vorbild von Intels 8088 waren in der Telekommunikation und der Unterhaltungselektronik ziemlich erfolgreich. Dieser Erfolg war Intel ein Dorn im Auge, da es ja mit der Operation Crush erklärtes Ziel war, ‚Motorola fertig zumachen' (*Jackson* 1998, S. 263). Da dieses Ziel nicht erreicht worden war, entschloss man sich im Intel-Management zu einer weiteren Aktion, die den Vorsprung endgültig sichern sollte. Dies war auch notwendig, da bekannt war, dass Motorola bereits an einer neuen Generation von Mikroprozessoren arbeitete, die die neue 32-Bit-Architektur enthalten sollte. Vor diesem Hintergrund ist die **Produktoffensive** zu sehen, die Intel **1981** startete, so dass Anfang 1982 vier neue Chips zur Markteinführung bereitstanden. Und obwohl die intern **Checkmate** genannte Operation den Biss der Operation Crush vermissen ließ, und die Weltwirtschaft Anfang der 80er Jahre in einer tiefen Rezession steckte, gelang es Intel, seine Führungsposition zu festigen.

Der **Lizenzvertrag von 1982 mit AMD** sollte den wechselseitigen Technologieaustausch zwischen beiden Firmen garantieren. Als sich aber eine Verschiebung des Machtgleichgewichts zu Gunsten Intels abzeichnete, war **Intel nicht mehr bereit, seine Technologien seinem Konkurrenten einfach so zu überlassen.** Man war fest entschlossen, den schon in der Entwicklung befindlichen **Mikroprozessor 80386 ohne jegliche Zweitproduktion herzustellen.** Um diese Strategie durchsetzen zu können, war es allerdings notwendig, **AMD** zu überzeugen, dass sie auch weiterhin auf die Architektur der Intel Chips setzen und nicht die Architektur eines anderen Herstellers unterstützen würden.

Intel allerdings wollte zum Zeitpunkt, wenn der 80386-Chip marktreif wäre, seine beherrschende Stellung im Markt gefestigt haben, und so der Computer- und Elektronikindustrie mitteilen, dass kein weiteres Unternehmen eine Herstellungslizenz erhalten würde (*Jackson* 1998, S.277+279):

> „Bis dahin wären die Proteste der Kunden viel zu spät, und die Schubkraft des Chips würde Intel helfen, sich als alleinige Lieferquelle zu etablieren." Ohne einen Zweitproduzenten, „der Intels Marge schmälerte, würde man den Preis für den Chip von vornherein höher ansetzen und den Preisverfall verzögern, der sonst unweigerlich mit der Zweitproduktion verbunden war"

Um sich als alleinige Lieferquelle des 386er behaupten zu können, musste sich nicht nur die Quantität, sondern auch die Qualität der Produktion verbessern. Daneben mussten die **über zwölf Lizenzverträge aufgelöst** werden, die Intel zur Herstellung ihrer 8086 und 8088 vergeben hatte. Um die Zweitproduzenten bei der neuen Prozessorengeneration außen vor zu halten, musste Intel schärfer gegen Nachahmer seiner Chip-Standards vorgehen. Das Problem dabei war, dass der Befehlssatz, der dem 8086 zugrunde lag, nicht durch das Patent- und Urheberrecht geschützt war. Die Konsequenz war, dass Intel niemanden davon abhalten konnte, einen Chip zu entwickeln, der die gleichen Befehle verwendete. Intel versuchte über Kongressabgeordnete ein **Gesetz einzubringen, das diesen Mikrocode schützen sollte**, was ihnen schließlich 1984 gelang.

In einem **strategischen Rechtsstreit mit NEC**, einem Zweitproduzenten Intels, wurde entschieden, dass der **Mikrocode sehr wohl unter das Urheberrecht falle**, und so wurde Intel die Möglichkeit gegeben, alle Firmen, die diesen Mikrocode nur abkupferten „mit voller Wucht seiner gesetzlichen Möglichkeiten zu treffen" (*Jackson* 1998, S. 319-329). Ein weiterer entscheidender Schritt im Erfolg des Unternehmens Intel gelang Mitte bis Ende der 80iger Jahre. Nachdem die Umsätze im Jahr 1984 noch 1,6 Mrd. $ betragen hatten, fielen sie auf 1,27 Mrd. $ im Jahr 1986. Noch schmerzlicher war, dass sich der Gewinn im selben Zeitraum von 198 Mio. $ in einen Verlust von 173 Mio. $ umwandelte. **Gründe für Intels negative Entwicklung** waren der

- steigende Wettbewerbsdruck aus Japan und
- Intels zögerliches Verhalten in der Speicherchipproblematik..

Dennoch hat Intel weiterhin in Forschung und Entwicklung investiert. Die Ausgaben wurden sogar noch gesteigert, von 180 Mio.$ im Jahre 1984 auf 228 Mio.$ 1986. Das Ergebnis dieser Investitionen war, dass nun eine Reihe neuer Produkte zur Markteinführung bereitlagen oder kurz davor standen. Darunter war auch der 386er Prozessor, der mit seiner 32-Bit-Technologie um einiges schneller war als dessen Vorgänger, der 286.

Dennoch hatte Intel bei der Markteinführung dieses neuen Prozessors Probleme. Das Unternehmen hatte ein Jahr lang versucht, IBM zur Vermarktung eines neuen PC Modells zu bewegen, das den neuen 386er Chip enthalten sollte. IBM hatte an diesem Vorhaben aber nicht sonderlich viel Interesse, da dieser in punkto Leistungsfähigkeit gefährlich nahe an ihre eigens hergestellten Mikrocomputer heranreichen würde, „die IBM für das Zehnfache höchst einträglich verkaufen konnte"(*Jackson* 1998, S. 331). **Aus Sicht von IBM war es daher sinnvoll, den neuen Intel Chip möglichst lange vom Markt fernzuhalten.**

Für Intel allerdings war diese Strategie etwas beunruhigend. Zwar war die starke Stellung der x86-Architektur für den IBM-PC und seine Klone im Markt nicht gefährdet, doch es gab seit 1984 einen neuen Mitspieler: **Apple**. Sie hatten einen Rechner mit dem Namen Macintosh herausgebracht, der um einen Motorola Prozessor herum gebaut war. Ein großer Vorteil dieses Rechners lag in seiner Bedienerfreundlichkeit. Obwohl Apple Computer nur ein 1/7 der verkauften Computer ausmachten, erkannte man bei Intel, dass **deren Bedienerfreundlichkeit langfristig eine Bedrohung** für die PC-Architektur, und damit auch für Intel selbst darstellen würde.

Anstelle von IBM fand Intel aber einen anderen Computerhersteller, der bereit war, für den neuen Chip einen Computer zu bauen – Compaq. Im Oktober 1986 wurde der erste Rechner auf einer Messe dem Fachpublikum vorgestellt, wodurch Intel von zahlreichen Computerherstellern Aufträge für den 386er Chip erhielt. Entscheidend war aber auch, dass die Computerbenutzer bereit waren, für die Mehrleistung deutlich mehr für den neuen Chip zu bezahlen als für den alten. Im Vergleich kostete der 286er Chip 40$, der 386er allerdings 150$. Darüber hinaus hatte Intel praktisch das Monopol auf diesen neuen Prozessor. Die **Markteinführung des Compaq-PCs** hatte außerdem zur Folge, dass IBM von nun an nur noch ein Computerhersteller unter vielen war. Die Firmen, die **im Besitz der Prozessortechnologie und des Betriebssystems** waren, konnten nun die Geschicke der Computerindustrie lenken, und das waren zu diesem Zeitpunkt bereits **Intel und Microsoft**. Als erkennbares Zeichen für den Erfolg des neuen Produktes stieg der Umsatz Intels im Jahr 1987 auf 1,9 Mrd.$ und ein Jahr später sogar auf 2,9 Mrd.$. Dabei spielt allerdings auch eine Rolle, dass der **Computermarkt zu dieser Zeit boomte**. Im weiteren Verlauf konnte Intel die **Prozessorfamilie kontinuierlich erweitern**. Seit dem Sprung in die 32-Bit-Leistungsklasse mit dem Intel 486 im Jahre 1989, konnte Intel etwa alle zwei Jahre eine neue Generation auf den Markt bringen. Die Prozessortechnologie ermöglichte eine **zunehmende Miniaturisierung der Chips bei gleichzeitig höherer Taktfrequenz und Leistungsfähigkeit, wichtige Meilensteine:**

- der Pentium-Prozessor im März 1993,
- der Pentium mit MMX-Technologie Anfang 1997 und
- der Itanium im Mai 2002.

Aufgrund der immer stärker wachsenden Globalisierung ist jedes international operierende Unternehmen gefordert, seine gesamte Unternehmensführung auf eine geeignete Strategie hin auszurichten. Dabei ist entscheidend, ob es dem Unternehmen möglich ist, seine Produkte weltweit möglichst stark zu standardisieren oder ob es sich an lokale Gegebenheiten im Wege einer Differenzierungsstrategie anpassen muss (*Godefroid* 2003, S. 294):

- Die Intel Corporation verfolgt in diesem Zusammenhang, wie viele andere Industriegüterhersteller, die so genannte **Globale Strategie**. Dabei konzentriert sich die Unternehmenspolitik darauf, dass zunehmende Profite durch Kosteneinsparungen erwachsen. **Im Gegensatz zur Internationalen Strategie** sind die Unternehmensfunktionen Produktion, Marketing sowie Forschung und Entwicklung an einigen wenigen besonders günstigen Standorten angesiedelt. Da es sich bei Intels Produkten um solche handelt, die nicht an nationale Besonderheiten angepasst bzw. differenziert werden müssen, können durch die Wahl der günstigsten Standorte enorme Kosten eingespart werden.

- Ein weiteres Merkmal dieser Strategie besteht darin, dass Intel durch die weltweit **standardisierte Vermarktung** ihrer Produkte hohe Skalenerträge erzielen kann. Im Mikroprozessormarkt ist diese Strategie sehr sinnvoll, da der Konkurrenzdruck groß ist und man über entsprechend günstigere Preise seinen Marktanteil behaupten muss bzw. vergrößern kann.

5.1 Der Marketing-Mix

Aufgrund der Standardisierung von Intels Produkten, die durch grenzübergreifende Marktsegmente erst ermöglicht wird, kann auch die Marketingpolitik einheitlich und zentral betrieben werden. Dazu verwendet man den eigentlichen Marketing-Mix, um die Produkte in einer Vielzahl nationaler Märkte anzubieten.

Produktpolitik

In ihrer Produktpolitik orientieren sich sowohl Konsumgüter- wie auch Industriegüterhersteller am Produktlebenszyklus. Vor allem im High-Tech-Bereich, dem auch Intel zuzuordnen ist, zeigt sich eine sehr kurze Lebensdauer der Produkte.

Bereits 1965 erkannte Gordon Moore den Trend, der später als das **Moore'sche Gesetz** bezeichnet wurde und den gesamten Hochtechnologiebereich prägen sollte. Moores Gesetz lautete: ‚Die Dichte der integrierten Schaltungen verdoppelt sich alle 24 Monate.' Einfacher ausgedrückt bedeutete es, dass in der Halbleiterindustrie, bedingt durch technologischen Fortschritt, alle 24 Monate bereits die doppelte Leistung zum selben Preis erhältlich war. Die Annahme Moores prägte von Anfang an Intels Strategie und führte dazu, dass Intel **ständig seine Innovationen vorantrieb** und versuchte, die Vorreiterrolle im Markt zu übernehmen. Vor allem der Entwicklungsphase neuer Produkte kam in der Halbleiterindustrie eine entscheidende Bedeutung zu.

Es verging etwa ein Zeitraum von zwei Jahren vom Projektbeginn einer Innovation bis zum Absatz des fertigen Produktes in rentablen Mengen, der mit hohen Entwicklungskosten verbunden war. Bis der Chip serienreif war, musste sehr viel Geld in Entwicklung und Testverfahren investiert werden, um rentabel produzieren zu können.

Ein weiterer Aspekt, der im Rahmen der Produktpolitik Intels berücksichtigt werden muss, betrifft das **Produkt- und Markenmanagement**. Großer Bedeutung kommt dabei der **Abwärtskompatibilität** zu, da Intel immer versuchte, sicherzustellen, dass ihre neu entwickelten Produkte mit vorangegangenen kompatibel waren (*Jackson* 1998, S. 361). Dies sicherte die Kundentreue und trug auf diese Weise einen entscheidenden Teil zum Erfolg Intels bei.

Der **Marktwert** eines Produkts bemisst sich nicht nur nach dem eigentlichen Produkt, sondern nach der **gesamten Lösung**, die ein B2B-Unternehmen den Bedürfnissen seiner Abnehmer entgegenbringen kann:

- Dies beinhaltete beispielsweise das **Demosystem**, das Intel zusätzlich zu seinem Halbleiterchip 1103 anbot, um die Kunden von der einfachen Integration des Chips zu überzeugen und so seinen Absatz zu fördern.

- Ein weiteres Beispiel dafür, wie Intel durch ‚**Total Offering**' den Wert des eigentlichen Produktes steigerte und dadurch den Absatz förderte, ist das **Simulationswerkzeug ‚Intellec 4' oder auch ‚Blue Box' genannt**. Der damalige Marketingleiter Ed Gelbach sah die Blue Box als Zugpferd, für das der Kunde 5 000 $ ausgab, um dann mit der Zeit weitere 50 000 $ in Intels Mikroprozessoren und periphere Speicher zu investieren (*Jackson* 1998, S. 91 ff.).

- Ein wichtiger Bereich der Produktpolitik ist in **verschiedenen Produktstrategien** zu sehen. Nach dem Erfolg im Halbleiterspeichergeschäft konzentrierte sich Intel auf die **Diversifikation** seiner Produktpalette. Mit der Erfindung und Entwicklung des weltweit ersten Mikroprozessors betraten sie mit einem neuen Produkt einen neuen Markt. Es handelte sich dabei um die so genannte **horizontale Diversifikation**, da die Kundenstruktur Intels sich nicht großartig veränderte, was bei der lateralen Diversifikation der Fall wäre. Der Schritt der Diversifikation ist generell mit sehr hohen Risiken verbunden, denn es ist nicht sicher, ob der neu erschlossene Markt neue Produkte annimmt und sich die oft hohen Investitionen überhaupt zurückverdienen lassen. Intel jedoch konnte dadurch den Grundstein für seinen großartigen Erfolg im Prozessorgeschäft legen (*Godefroid* 2003).

- Eine weitere Produktstrategie, die auch Intel angewandt hat, ist die **Produktdifferenzierung**. Die Zielsetzung besteht darin, beim Kunden Präferenzen zu schaffen und sich von Konkurrenzprodukten abzuheben, was die Möglichkeit von deutlichen Gewinnzunahmen bietet. Im Mikroprozessorbereich hat Intel mit der Differenzierung seiner Pentium-Familie und der Abstimmung auf verschiedene Marktsegmente genau dies erreicht. Mit der Einführung des **Pentium-Celeron** 1998 bot Intel speziell für das Marktsegment der Basis-PCs und somit **für preisbewusste PC-Käufer** eine Alternative für den erheblich teureren Pentium II. Im selben Jahr wurde außerdem der Pentium II Xeon-Prozessor für die Verwendung in Servern und Workstations herausgebracht.

- Speziell für die **Zielgruppe der Notebook-Anwender** entwickelte Intel außerdem ein **eigenes Pentium-Modell**, um ihnen die gleiche Leistung wie bei Desktop-PCs bieten zu können.

Insgesamt betrachtet sind alle differenzierten Prozessorenmodelle Intels sehr erfolgreich und werden seit ihrer Markteinführung stetig in ihrer Leistungsfähigkeit erhöht. Ein Nachteil der Produktdifferenzierung liegt darin, inwieweit beispielsweise das Celeron-Modell den Absatz des ursprünglichen Pentium-Modells nachteilig beeinflussen kann. Durch den geringeren Preis kann ein **Kannibalisierungseffekt** zu Ungunsten der teureren Modelle auftreten. Allerdings ist dabei auch die größere Leistungsfähigkeit des Pentium gegenüber dem Celeron zu beachten. Ergo: Wer in seiner Arbeit auf das Potenzial eines Pentium-Prozessors angewiesen ist, wird auch bereit sein, mehr Geld für einen PC mit einem derartigen Chip auszugeben.

Was das **Halbleiterspeichergeschäft** betrifft, gelang es Intel nicht, trotz ständiger Produktrevitalisierungen, wettbewerbsfähig zu bleiben. Der Entschluss für den **Rückzug** aus diesem Kerngeschäft konnte nicht mehr vermieden werden. Der Verlust der Wettbewerbsfähigkeit Intels resultierte aus dem

- Verlust des Technologievorsprungs,
- der unrentablen Produktion sowie
- dem nicht mehr konkurrenzfähigen Preis im Vergleich zu japanischen Anbietern.

Für den endgültigen Entschluss zum Rückzug benötigte Intel allerdings drei Jahre, da niemand im Unternehmen in der Lage war, die Sache objektiv zu sehen (*Jackson* 1998, S. 302ff.):

> „Das Unternehmen hatte den Markt für Speicherchips selbst geschaffen, dafür hatte der Speicherchipmarkt das Unternehmen nachhaltig geprägt. Die Speicher aufzugeben und sich statt dessen auf die rentableren Mikroprozessoren zu konzentrieren hieße, die Wurzeln des Unternehmens aufzugeben."

Seit dieser Zeit konzentrierte sich Intel vor allem auf seinen **zweiten Kernbereich**: den Markt für **Mikroprozessoren.**

Um aber auch weiterhin eine umfangreiche Produktpalette anbieten zu können, kauft Intel inzwischen bei Zulieferern wie **Samsung**, Halbleiterspeicher als Einzelkomponenten ein und entwickelt daraus zahlreiche Chip-Sets für seine Kunden.

Preispolitik

Analog zum Konsumgüterbereich erfolgt auch im Industriegüterbereich die Preisfindung hauptsächlich unter Einbeziehung der Gesamtkosten, des Nachfragerverhaltens sowie der Konkurrenzpreise. Bei einem **Oligopol**, wie er auch im **Mikroprozessormarkt** vorherrscht, ist vor allem die genaue Beobachtung der Wettbewerber wichtig. Für die Beobachtung sind sowohl Preis- als auch Produktunterschiede zur Konkurrenz relevant. Grundsätzlich orientiert sich die Preisfindung am Produktlebenszyklus. Vor allem bei Produktinnovationen ist die Auswahl der richtigen Preisstrategie entscheidend. Intel besitzt durch seine ständigen Innovationen gegenüber seinen Mitstreitern einen **Technologievorsprung**. Daher ist es ihnen möglich, bei der Markteinführung eines neuen Produktes **zunächst sehr hohe Preise zu verlangen (Innovationsprämie).** Mit dieser Strategie zur Abschöpfung der Konsumentenrente erreicht man anfangs Kunden, die bereit sind, für einen entsprechend höheren Produktnutzen auch einen höheren Preis zu bezahlen. Als eines der zahlreichen Beispiele in Intels

Geschichte ist die EPROM-Version 1702a zu nennen, die für 30$ produziert und für über 100$ verkauft werden konnte.

Im weiteren Verlauf des Produktlebenszyklus eines neu eingeführten Produktes kann das Unternehmen aufgrund des Erfahrungskurveneffektes weiterhin eine **Hochpreisstrategie** verfolgen. Man spricht dabei von der **Preisführerschaft** (*Godefroid* 2003).

Distributionspolitik

Seit der Firmengründung hat Intel in seiner Distributionspolitik vor allem auf den klassischen Direktvertrieb gesetzt. Dadurch wurde erreicht, dass Intel als einziger kompetenter Anbieter seiner Produktpalette auftreten konnte.

In den ersten Jahren war es **Bob Noyce**, der sich sehr um die Kunden bemühte und der durch sein Auftreten auch großen Erfolg damit hatte. Durch seine Erfindung des integrierten Schaltkreises konnte er seinen guten Namen einsetzen und hatte gute Verkaufserfolge durch seine technisch orientierten Verkaufsgespräche. Er reiste mit seinem Privatjet für das Unternehmen durchs ganze Land, um für die Produktpalette neue Abnehmer zu finden oder bei bedeutenden Kunden im entscheidenden Moment die Kundentreue zu sichern. Durch sein **überragendes Talent bei Verkaufsgesprächen** hatte der Kunde hinterher das Gefühl, Noyce hätte nur ein bisschen nett mit ihm über Intel geplaudert, wobei er tatsächlich Intels Produkte im Detail erläutert und ihre Vorteile im Vergleich zur Konkurrenz betont hatte.

Seit 1970 hatte sich Bob Noyce aber immer mehr von der Geschäftsführung zurückgezogen und war im Jahresbericht bereits nicht mehr auf dem Foto der obersten Geschäftsleitung zu finden. **Andy Grove**, der im Laufe der Jahre immer mehr die Geschäftsführung übernommen hatte, verhielt sich den Kunden gegenüber völlig anders. Ihm fehlte das Talent und Fingerspitzengefühl von Noyce und er kam bei Verkaufsgesprächen ohne lange Umschweife gleich zum Punkt. Er war nicht besonders diplomatisch und es fehlte ihm an Gespür für zwischenmenschliche Feinheiten einer Situation. War sich ein potenzieller Kunde noch nicht so sicher und schwankte noch zwischen einem Intel-Produkt und dem der Konkurrenz, ging er der Reihe nach die Merkmale beider Produkte durch und forderte den Kunden anschließend zu einer sofortigen Bestellung auf, was nicht unbedingt den gewünschten Erfolg brachte.

Intels Vertriebsabteilung war mit guten Mitarbeitern besetzt und gemäß Intels ‚Management by Objectives' organisiert.

Beim Vertrieb von Mikroprozessoren beispielsweise musste das Unternehmen demnach seinen Kunden **nicht nur technische Unterstützung bei Problemen mit der Verwendung** der Intel-Bausteine bieten, **sondern es wurde eine weitaus umfangreichere Kundenbetreuung angestrebt**. Als erster Schritt wurden zahlreiche Handbücher, Datenbögen und Anmeldeformulare verschickt. Daraufhin schickte Intel seine Mitarbeiter los, die auf Seminaren, Messen oder direkt beim Abnehmer zeigten, wie vielfältig man den Mikroprozessor einsetzen konnte. Die **Kundenbetreuung** wurde meist von zwei Mitarbeitern übernommen:

Einem gut geschulten **Vertriebsmitarbeiter** mit Elektronikkenntnissen und einem **Anwendungstechniker**, der zusammen mit dem Kunden überlegte, wie er seine Pläne am besten mit einem Mikroprozessor umsetzen konnte.

Der Außendienst hatte aber die strikte Anweisung, seine technische Erfahrung nicht jedem mitzuteilen, sondern nur in denjenigen Fällen umfangreiche Hilfe anzubieten, in denen ein Auftrag von mindestens 10 000 Stück im ersten Jahr heraussprang. Wenn der Auftrag unter dieser Grenze lag, musste sich der Kunde mit schriftlichen Informationen begnügen. Um im gesamten Unternehmen ein **Bewusstsein für Rentabilität und Profit zu schaffen**, wurden die Mitarbeiter bezüglich **Grenzkostenkalkulation** und **Einschätzen von Kaufinteressen** geschult. Bei potenziellen Kunden von strategischer Bedeutung wurde es manchmal sogar für das ganze Unternehmen als oberste Priorität gesetzt, den Kunden zu akquirieren und man ging in die Offensive.

Durch die zunehmende Bedeutung wählte Intel seit 1998 das **Internet als hauptsächlichen Vertriebskanal**. Die Umsätze durch E-Commerce stiegen innerhalb kurzer Zeit auf über 1,3 Mrd.$ pro Monat. Nach eigenen Angaben hat Intel im Jahr 2003 im B2B-Bereich 90% seiner Einnahmen über das Internet erzielt. Die Vorteile seines E-Business-Bereichs sieht Intel vor allem in der schnelleren und besseren Betreuung seiner Kunden bei niedrigeren Geschäftskosten.

Neben dem Direktvertrieb musste Intel außerdem seit 1970 als Form des indirekten Vertriebs **Lizenzen** für seine Produkte vergeben. Bei einer effektiven Werbekampagne für den ersten DRAM-Speicherchip in der Fachpresse erkannte man, dass gute Werbung allein nicht ausreichte. Die zahlreichen Computerfirmen, die durch die Kampagne von der Kernspeicher- zur Halbleitertechnologie wechseln wollten, fragten trotzdem nach Intels Zweitproduzenten im Falle von Lieferschwierigkeiten.

Aus der **Zweitproduktion** ergab sich für den Erstproduzenten Intel der

- **Vorteil**, dass er mit seinem Produkt schneller den Markt durchdringen und so eventuell sogar einen Industriestandard etablieren konnte.

- Der **Nachteil** lag aber darin, dass Intel zu Gunsten der Konkurrenz auf Umsätze verzichten musste und der Preisverfall schneller einsetzte. Als zweites Risiko der Zweitproduktion besteht die Gefahr, sich durch das Abgeben von Betriebsgeheimnissen selbst einen Konkurrenten als Gefahr für Intel ‚heranzuzüchten'.

Aufgrund seiner starken Machtposition und der Nachteile **verzichtete Intel seit** der Einführung des **386er Prozessors auf die Zweitproduktion**.

Kommunikationspolitik

Für die Kommunikationspolitik Intels ist der **persönliche Kontakt** zu seinen Kunden entscheidend, was vor allem durch die Erklärungsbedürftigkeit ihrer Produkte bedingt ist. Dadurch liegt der Schwerpunkt im Industriegütermarketing auf anderen Kommunikationsinstrumenten als im Konsumgüterbereich. Intels Schwerpunkt lag hauptsächlich auf **Öffentlichkeitsarbeit** und **Verkaufsförderung**. In diesem Zusammenhang wurde zur Zeit, als Intel seine ersten Halbleiterspeicherchips erfolgreich absetzte, der Slogan ‚**Intel delivers**' geprägt. Dadurch konnten sie sich entscheidend von ihrer Konkurrenz abheben, da es damals in der Branche viele Firmen gab, die ihre zahlreichen Versprechungen nicht einhielten. Der damalige Marketingchef Bob Graham erfasste die enorme Tragweite, die der Erfolg des 3101-Chips für das Unternehmen haben würde. Sein Slogan ‚Intel delivers' wurde zum **Grundsatz Intels, ein Produkt immer erst dann anzukündigen, wenn Pannen auszuschließen waren und die fertigen Chips bereits im Vertrieb auf ihre Auslieferung warteten.** Damit wurde ein zentraler Faktor wirksamen Markenmanagements durch Markenstärkung via Vertrauensaufbau zum Erfolgsgarant.

Als Intel durch steigenden Konkurrenzdruck in eine Krise geraten war, wurde beschlossen, im Bereich der Verkaufsförderung und Öffentlichkeitsarbeit einen neuen Weg einzuschlagen. Zu dieser Zeit war der 8086er Prozessor für Intel ein strategisch bedeutsames Produkt, von dem Umsätze in Höhe von mehreren Millionen Dollar abhingen. Man beschloss eine **Marketing-Task-force** einzuleiten. Als Leiter der Maßnahme wurde ein **so genannter ‚Zar'** eingesetzt, für den die gestellte **Marketing-Maßnahme oberste Priorität** hatte. Der Zar Davidow, entwickelte innerhalb weniger Tage zusammen mit den besten Marketing- und Vertriebsleuten einen Plan und man bildete eine etwa hundertköpfige Projektgruppe. Die Kampagne wurde als ‚**Operation Crush**' bezeichnet und sollte dazu dienen, den **Hauptkonkurrenten Motorola** für immer vom Markt für Prozessoren **zu verdrängen**. Da Intel aber tatsächlich gerade schlechter dastand als Motorola, beschloss man, vom Mikroprozessor abzulenken. In seine Strategie wollte Intel seine **fünf Vorteile gegenüber Motorola** einbringen:

1. Intel hatte das Image des technologischen Vorreiters und im Gegensatz zu Motorola einen **ausgezeichnet technisch geschulten Außendienst**.

2. Sie hatten die **umfassendere Produktfamilie und bessere Leistungen auf Systemebene**.

3. Außerdem bot Intel einen **sehr guten Kundendienst und technische Unterstützung** an, während Motorola-Kunden Probleme hatten, den Chip zum Laufen zu bringen.

4. Die Projektgruppe veranlasste sehr zügig fünfzig Artikel in der **Fachpresse**, um die **Systemüberlegenheit Intels hervorzuheben**. Außerdem wurde eine **neue Anzeigenkampagne** unter dem **Markenslogan ‚There is only one high-performance VLSI computer solution – Intel delivers it'** gestartet.

5. Als letzten und bedeutendsten Schritt **distanzierte sich die Projektgruppe von der jahrelangen Intel-Regel, ein Produkt niemals vor der eigentlichen Fer-**

tigstellung öffentlich anzukündigen. In dieser Zeit der Krise war es nämlich vor allem wichtig, dem Kunden in Aussicht zu stellen, was ihm Intel in Zukunft liefern würde. Daher ließ Davidow einen hundertseitigen ‚Futures Catalog' mit künftigen Produkten Intels zusammenstellen.

Intels Rechnung ging auf, Motorola zog nach und ließ ebenfalls einen Katalog drucken, der aber weitaus schlechter ausfiel und die Aufmerksamkeit der Kunden von Motorolas hervorragenden Prozessor auf ihr ganzes System lenkte, wo sie gegenüber Intel chancenlos waren. Intels vorrangiges Ziel wurde es, Motorola als Marktführer abzulösen. Mithilfe von **Managements by Objectives** wurde dieses Ziel durch zahlreiche Schlüsselergebnisse ausgedrückt. Einer der dazugehörenden Maßstäbe war die Anzahl neuer Produktkonzepte für die Einbeziehung des Intel-Bausteins. Als Vorgabe legte man ein neues Produktkonzept pro Monat und die erforderlichen Außendienstmitarbeiter fest, was als Gesamtziel 2 000 neue Konzepte bis Dezember 1980 bedeutete. Um die Außendienstmitarbeiter zu motivieren, wurde ein Wettbewerb gestartet, bei dem 86 Intel-Aktien von dem Gespann aus Vertriebsmitarbeiter und Anwendungstechniker zu gewinnen waren, das die meisten neuen Konzepte vorweisen konnte. Außerdem wurden alle Mitarbeiter, die ihre Zielvorgaben erreichten zu einer einwöchigen Vertriebstagung auf Tahiti eingeladen. Mit der Kampagne ‚Operation Crush' konnte Intel Motorolas Markanteil auf 15% reduzieren (*Jackson* 1998, S. 232ff.).

Als weiteres Kommunikationsinstrument zur Einführung ihrer neuen Produkte besuchte Intel von Anfang an **Fachkonferenzen und Messen**, um der Fachwelt beeindruckende, neue Technologien zu präsentieren (vgl. Teil 1, Kapitel 3 des Buches).

Seit Mitte der 80er Jahre hat sich Intels Strategie im Bereich der Kommunikationspolitik entscheidend geändert. Es wurde ab diesem Zeitpunkt **vermehrt** auf das Instrument der **Werbung** zurückgegriffen, deren Bedeutung im klassischen Industriegütermarketing gering ist. Hintergrund für diesen **Strategiewechsel** war der Umstand, dass eine neue Chiptechnologie mit dem Namen RISC das Potenzial hatte, Intels x86-Architektur Konkurrenz zu machen. Obwohl Intels 386er-Prozessor sehr erfolgreich war, war der Erfolg nicht auf Dauer gesichert.

In riesigen, zweiseitigen Zeitungsanzeigen und auf Plakatwänden in allen großen Städten der Vereinigten Staaten wurden die Prozessoren der 386er Reihe beworben. Diese ‚**Red-X**' genannte **Kampagne** kostete 4 Mio. $ und „kennzeichnete die wichtigste Wende in der Ausrichtung des Unternehmens seit seiner Gründung". **Bei Intel erkannte man, dass man zwischen dem Industrie- und dem Verbrauchermarkt stand** (*Jackson* 1998, S. 365).

- Auf der einen Seite wurden die Mikroprozessoren zum überwiegenden Teil an Computerfirmen verkauft,

- auf der anderen Seite jedoch war der Prozessor zu einem wesentlichen Teil des PCs geworden und bestimmte seither nachhaltig Preis und Leistung des Rechners.

Mit der Kampagne wollte man sich unabhängiger von der PC-Industrie machen. Intel wollte nicht weiter Prozessoren entwickeln und hoffen, dass sie die Hersteller dann in ihre Rechner einbauten und ging somit in die **Offensive**.

Ein weiterer Grund, wenn auch kein strategischer, lag darin, dass man den Kunden die Vorteile der neuen 32-Bit-Technologie unterbreiten musste, um den Verkauf der 386er Chips anzukurbeln, auf den man ja quasi ein Monopol hatte.

> **Zum ersten Mal stand somit der Endnutzer im Mittelpunkt der Marketinganstrengungen von Intel.**

Die Kritik ließ erwartungsgemäß nicht lange auf sich warten, wobei AMD sogar versuchte rechtlich gegen die Red-X-Kampagne vorzugehen, allerdings ohne Erfolg. Unter den Kritikern waren auch die PC-Hersteller und die Einzelhändler. Sie erkannten allerdings, **dass die gesamte Industrie davon profitierte, wenn durch diese Ingredient Branding-Kampagne die Nachfrage nach neuen Rechnern gesteigert würde.**

Als es Mitte der 90er Jahre auch AMD gelang, einen eigenen 386er Chip zu entwickeln, wurden sie kurz vor dessen Markteinführung von Intel verklagt, da man der Meinung war, dass der Name 386 geschützt wäre und AMD diese Bezeichnung demnach nicht verwenden dürfe.

Das Gericht wies die Klage jedoch ab. Im Ergebnis durfte jeder Hersteller diese Zahl in seinem Produktnamen verwenden und konnte auf diese Weise indirekt auch von der Red-X-Kampagne profitieren. Dies war bei Intel der Anlass, eine **andere Gangart in seiner Produktbezeichnung einzuschlagen.** In einem ersten Schritt änderte man den Namen des Chips in **Intel 386™,** um so den Schaden einigermaßen zu begrenzen. **Für zukünftige Produkte** allerdings wollte man einen **eigenständigen Markennamen,** der von der Konkurrenz nicht so leicht übernommen werden konnte.

Für den Nachfolgeprozessor 486 kam diese Idee schon zu spät, da er im April 1989 schon eingeführt wurde. Für dessen Nachfolger, den man zwar Intel-intern und in Fachblättern 586er nannte, ließ sich Intel ein Jahr vor der Markteinführung einen Markennamen eintragen: **Pentium™**. Die Bezeichnung ‚pente' kam aus dem Griechischen und Lateinischen und stand für die Zahl 5. Die Endung ‚ium' sollte Stärke und technologische Überlegenheit vermitteln.

Viele Industriegüterhersteller wie Intel nutzen ihre **Firmennamen als Marke.** Der wesentliche Vorteil in der Nutzung nur einer Marke besteht darin, dass verschiedene Marketingaktionen besser aufeinander abgestimmt sind, und erfolgreicher sein können. Durch einmalige Etablierung eines Markennamens können bei Werbung und Marktdurchdringung enorme Kosten gespart werden. Die wiederholte Nutzung nur einer Marke spart außerdem Zeit und stärkt die Kundenwahrnehmung. Mit dieser Maßnahme des ‚**Corporate Branding**' begann Intel zwei Jahre nach der Red-X-Kampagne.

Werbekampagne Intel Inside

Im Frühjahr 1991 startete man die Werbekampagne Intel Inside, die „letztlich die Spielregeln in der gesamten Mikroprozessorbranche verändern sollte" (*Jackson* 1998, S. 374) Mit dieser Kampagne sollte beim Computerkäufer eine starke Assoziation zu Intel hergestellt werden, mit dem Ziel durch Schaffung einer starken Marke eine derart große Nachfrage bei den Endkonsumenten zu generieren, die die OEMs zwingen würde, vermehrt ihre PCs mit Intel-Prozessoren auszustatten. Bei dieser Strategie handelte es sich um die so genannte **Pull-Strategie**, die auf eine **Erhöhung des Markenbewusstseins** abzielte.

Durch Hervorhebung des technologischen Vorsprungs und der hohen Leistungsfähigkeit der Intel-Prozessoren wollte man den Endnutzer dazu bewegen, beim PC-Kauf besonders auf das Intel-Logo zu achten, quasi als **Echtheits- und Qualitätsgarantie des Prozessors**.

> 1992, im ersten vollen Jahr der Kampagne, stieg daraufhin Intels Absatz weltweit um 63%. Darüber hinaus stieg das Markenbewusstsein bezüglich Intel bei Privatkäufern im Jahr 1992 von 20% bis auf 80% im Jahr 1996.

Die Kampagne hat außerdem bewirkt, dass Intel mit 30,86 Mrd.$ derzeit **Platz 5 der weltweit wertvollsten Marken** belegt, hinter Konsumgütermarken wie Coca-Cola.

Das Intel Inside-Programm besteht bis heute und beinhaltet, dass **Intel die Abnehmer seiner Prozessoren bei deren Werbemaßnahmen finanziell bezuschusst**, wenn sie das Logo mit in die Kampagne einbauen. Zur Benutzung des Logos müssen die Hersteller einen **Lizenzvertrag** unterzeichen und sich an strenge Vorgaben halten. **Zum Schutz des Intel-Logos** gibt Intel beispielsweise vor,

- welche Worte in Zusammenhang mit ihren Produktbezeichnungen verwendet werden dürfen und
- welche Position und Größe das Logo haben muss.

Der finanzielle Zuschuss Intels bewegt sich je nach verwendetem Werbemedium zwischen 33 und 75%. Durch diese hohen Zuschüsse sind die Hersteller gern bereit, das Intel-Logo in ihre Werbekampagnen einzuplanen.

In den letzten 10 Jahren hat Intel über vier Mrd.$ in das Intel-Inside-Programm investiert. Durch dieses Co-Branding der OEM, hat es Intel erreicht, dass ihr Name zu einem Gütesiegel geworden ist.

Was allerdings ein starker Markenname auch bedeutet, und welche Verantwortung damit verbunden ist, musste Intel mit seinem Pentium Chip erfahren:

Kurz nach seiner Markteinführung fiel einem Mathematikprofessor auf, dass sein Rechner immer wieder **Fehler** produzierte, die bei der so genannten **ungekürzten Division** auftraten. Der Mathematikprofessor konnte den Fehler eingrenzen, und kam zu dem Schluss, dass ihn der Prozessor verursachen musste. Daraufhin meldete er sich bei der Kundenhotline Intels und berichtete, was er herausgefunden hatte. Bei Intel war dieses Problem schon bekannt, und man wollte es im Rahmen der Weiterentwicklung der Chips beheben, ohne die Öffentlichkeit davon in Kenntnis zu setzen. Bei Intel war man der Meinung, ‚man könne so das Problem sauber und elegant lösen, ohne dem Image des neuen Chips zu schaden'. Dies war in der Mikroprozessorbranche üblich, da die erste Generation von Prozessoren immer Fehler enthielt, die im Laufe der Zeit behoben wurden. Im Übrigen war der Fehler auch so gering, dass beim durchschnittlichen Pentium-Nutzer, der die ungekürzte Division sehr selten braucht, nur alle 27 000 Jahre ein falsches Ergebnis auftauchen würde.

Als der Mathematikprofessor nach einer Woche, den ihm versprochenen Anruf eines Intel Ingenieurs nicht erhielt, veröffentlichte er sein Problem in einer NewsGroup, die als Forum für Computerspezialisten dient. Als auf diese Weise auch das Fernsehen von dem Problem erfuhr, wurde der **öffentliche Druck auf Intel größer**. Man entschloss sich aber dennoch nur, die Prozessoren intensiver Anwender auszutauschen. Zu dieser Gruppe gehörten z. B. Wissenschaftler oder Finanzanalysten, deren Rechner täglich eine Vielzahl von Berechnungen anstellten. Als sich dann noch **IBM** mit einer **Erklärung** einschaltete, man werde den **Verkauf aller Rechner mit Intel Prozessoren einstellen**, musste man bei Intel reagieren. Man entschloss sich schließlich doch, alle Chips umzutauschen und die Prozessoren, die sich bereits in den Vertriebskanälen befanden, zu verschrotten. Für diese Aktion wurden 475 Mio. $ zurückgestellt. Diese Entscheidung war nötig, um dem Markennamen Intel auf Dauer nicht weiter zu schaden, den man mit erheblichen, auch finanziellen Anstrengungen im Markt etabliert hatte (*Jackson* 1998, S. 427-436).

5.2 Die wichtigsten Phasen der Unternehmensentwicklung

Innovation

Seit ihrem ersten Pionierschritt aus der Magnetkern- in die Halbleiterspeichertechnologie war Intel davon überzeugt, das beste Know-how und die notwendigen personellen Ressourcen zu haben. Daher besaßen sie das Selbstbewusstsein, immer wieder einen Quantensprung von der jeweiligen Chiptechnologie aus nach vorne zu wagen. Entscheidend für die weitere Unternehmensentwicklung ist dabei **Intels Erfindung des weltweit ersten Mikroprozessors**.

Ausgrenzung

In der Phase der Ausgrenzung hat Intel **weiterhin** auf seine **Pionierstrategie** gesetzt, um seine Vormachtstellung auszubauen. Außerdem hat man versucht, potenziellen Konkurrenten den Markteintritt zu erschweren oder sie aus dem Markt zu drängen und auf diese Weise Intels eigenen Marktanteil zu vergrößern. Da einerseits die Gefahr bestand, dass Intel durch die Abwanderung talentierter Mitarbeiter seinen technologischen Vorsprung verlieren würde, wenn man nichts unternehmen würde, verklagte man jede Firmenneugründung durch ehemalige Angestellte. In diesem Zusammenhang spielte das bei Intel übliche und von Grove praktizierte **Management bei Objectives** eine entscheidende Rolle. Der damalige Justitiar musste pro Quartal mindestens zwei neue Verfahren einleiten.

Andererseits versuchte man durch das Anstrengen von Rechtsverfahren zu verhindern, dass seine bereits bestehende Konkurrenten Intels Patente verwendeten. Die von Intel eingeleiteten Verfahren gingen oft zu seinen Ungunsten aus oder endeten nur in einem Vergleich.

Doch schon alleine durch die **oft jahrelang andauernden Gerichtsprozesse** war das Ergebnis von Intels Taktik, dass es seine Konkurrenten viel Zeit und Geld gekostet hat, und sie daran hinderte, die bei Intel schon lang eingesetzten technologischen Verfahren unmittelbar anzuwenden. Um sich noch mehr von der Konkurrenz abzuheben, **stieg Intel mit seiner Red-X-Kampagne zum ersten Mal in die Markenpolitik ein,** was durch die **Intel-Inside-Kampagne** bis heute fortgeführt wird.

Marktführerschaft

Da Intel inzwischen Marktführer ist, liegt das Augenmerk heute darauf, die Nachfrage nach PCs zu steigern und ihren eigenen Anteil am Verkaufspreis eines Rechners durch ständig weiterentwickelte Produkte zu erhöhen.

5.3 Der Mann an der Spitze

Das Unternehmen Intel wurde bis heute entscheidend geprägt von **Andrew Grove**. Der Exilungar ist hochintelligent und sehr geschickt im Erklären. Er legte großen Wert auf Disziplin und Kontrolle. Außerdem war er sehr zielstrebig und ordnungsliebend. Er war sehr darauf bedacht, seine Umwelt zu beeindrucken und zeigte sich entschlossen, seine Anstellung zu rechtfertigen. Als Produktionsleiter war Andy Grove für eine Produktion in zufriedenstellender Qualität zu akzeptablen Kosten und in angemessener Zeit verantwortlich. Grove konnte zwar Anweisungen von **Noyce und Moore** befolgen und hatte seine Mitarbeiter im Griff – er war aber zu keiner wirklichen Kooperation mit Gleichgestellten in der Lage. Überdies versuchte er immer wieder, seinen **Machtbereich auch auf Marketing und Vertrieb auszudehnen und sogar dem Marketing- und Vertriebsleiter Graham seine Ansichten aufzudrängen.**

Die Spannungen und immer wiederkehrenden Auseinandersetzungen zwischen Grove und Graham eskalierten schließlich im Jahre 1971. Als die beiden Parteien nicht mehr miteinander sprachen und Noyce vermitteln sollte, fiel die Lösung des Problems zu Gunsten Groves aus. Graham war die Arbeit bei Intel schon seit längerer Zeit unerträglich geworden, so dass er daraufhin sofort kündigte. Die beiden Intel-Gründer versuchten nicht, Graham umzustimmen, da ihnen klar war, dass es nicht mehr möglich war, Grove und Graham gleichzeitig zu beschäftigen. Die Entscheidung für Grove fiel ihnen nicht leicht, da auch Graham sehr talentiert, erfahren und zielstrebig war – doch Grove war für den weiteren Erfolg des Unternehmens wesentlich wichtiger. Noyce und Moore war bewusst, dass für den harten Wettbewerb in der Branche mehr erforderlich war als ihre eigene Inspiration und wissenschaftliche Kenntnisse. Sie brauchten einen so einzigartigen Mann wie Grove: Ein knallharter Manager, der nicht nur überragend intelligent und detailbesessen war, sondern auch derart willensstark, selbstdiszipliniert und entschlossen wie kein anderer und dazu in der Lage, auch unangenehme Entscheidungen treffen zu können. Von Anfang an hat Grove seinen Machtbereich im Unternehmen immer weiter ausgedehnt und hatte daher entscheidenden Einfluss. Auch vor seiner späteren Beförderung zum Vorstandsvorsitzenden wurden die täglichen Entscheidungen immer öfter von ihm getroffen. **Grove hat das Unternehmen und seine Kultur maßgeblich geprägt.**

Anfangs war er eigentlich nur Gründungsangestellter, wurde aber später durch seinen entscheidenden Einfluss, in Firmenbroschüren als dritter Intel-Gründer präsentiert. Obwohl er das Unternehmen schon seit Jahren erfolgreich geführt hatte, erhielt Grove den Titel CEO erst 1987. Er war in dieser Position bis Ende der 90er Jahre und ist inzwischen nur noch im Vorstand für strategische Aufgaben zuständig.

5.4 Organisation und Personalführung

Im Gegensatz zur strengen Hierarchie bei Fairchild schlugen die beiden Intel-Gründer **eine in dieser Zeit ungewöhnliche Art der Organisation und Mitarbeiterführung** ein. Statt strikter Dienstwege waren sie von Anfang an offen für die Anregungen und Fragen ihrer Mitarbeiter und **ermunterten ihre Angestellten, gute Ideen jederzeit zu äußern.** Sie setzten auf **Kooperation anstatt auf Autorität** und packten auch selbst mit an, wobei ihr Ansehen und ihre Macht niemals in Frage gestellt wurden.

Im Unternehmen war allen stets bewusst: Entweder wir sind gemeinsam erfolgreich oder wir scheitern gemeinsam. Aus dem Ausspruch von Noyce wird deutlich, welche große Bedeutung bei Intel der **Vorrang ‚wissensbedingter Macht' gegenüber ‚positionsbedingter Macht'** einnahm. Durch diese **Art von aufgelockerter Hierarchie** kam es allerdings im ersten Jahr auch zu Spannungen, da eine **klare Linie fehlte, wer wann weisungsbefugt war.** Bis derartige Grundsatzfragen sukzessive geregelt wurden, kam es häufig zu heftigen Auseinandersetzungen. Damit diese Hierarchie funktionieren konnte, waren nach Groves Maßgabe alle Mitarbeiter dazu angehalten, Probleme frei auszusprechen. Dadurch sollten offene Diskussionen möglich werden und persönliche Konflikte erst gar nicht entstehen. Dieses Verfahren, das intern als **‚konstruktive Konfrontation'** bezeichnet wurde, sah in der Praxis allerdings anders aus. Nach dem Vorbild von Groves cholerischer Art, liefen die eigentlich gewünschten Diskussionen meist sehr barsch und aggressiv ab (*Jackson* 1998, S. 47, 115, 135).

Neben der ‚konstruktiven Konfrontation' ist Intel geprägt vom so genannten **Management by Objectives (MbO)**. Bei dieser Form des Managementkonzepts werden **regelmäßig Zielsetzungen und Schlüsselergebnisse festgelegt**, die zu erreichen sind. Die Fortschritte werden in regelmäßigen Abständen ermittelt und an das Management weitergeleitet. Unter Groves Leitung wurden häufig interne Mitteilungen mit Plänen, Zielen, **Fortschrittsberichten** etc. verschickt, da er der Meinung war, es sei überaus wichtig, solche Aspekte schriftlich festzuhalten.

Grove hatte eine zwanghafte Vorliebe für Messungen in allen Bereichen. Er liebte es, für alle Themen Statistiken zu haben und war überzeugt, dass diese Methode, alles zu messen genauso auf die Verwaltung anzuwenden war wie auf die Fertigung. Fünfzehn Jahre nach der Gründung Intels veröffentlichte Grove ein Buch unter dem Titel ‚High Output Management', indem er beispielsweise eine Tabelle präsentierte, die jeder Verwaltungsfunktion entsprechende Indikatoren für die Leistungsbeurteilung zuordnete. Die Leistung der Gebäudereinigung beispielsweise wurde demnach über die Zahl der geputzten Quadratmeter ermittelt.

Im April 1978 startete Andrew Grove eine neue betriebsinterne Kampagne mit dem Titel **‚Get Organized (Again)'**, um die Organisation im Unternehmen zu verbessern. Er propagierte eine optimale Organisation als entscheidend für den weiteren Erfolg des Unternehmens und es wurden detaillierte Ziele vereinbart. Ein Vierteljahr später verschickte er erneut ein Rundschreiben an alle leitenden Angestellten, in dem er Bilanz zog und das Resultat der Kampagne bekannt gab. Obwohl das Problembewusstsein offensichtlich gestiegen war, hatte man nicht die gewünschten messbaren Schlüsselergebnisse erreicht und Grove erklärte das Thema Organisation mit aktualisierten Schlüsselergebnissen weiterhin zum vorrangigen Unternehmensziel. Intel unterschied sich von seinen Mitbewerbern vermutlich durch Groves Vorliebe für jede Art der Organisation. **Selbst die Neueinstellung von Personal war bis ins Detail geplant und durchorganisiert und stellte in Groves Augen auch eine Art Fertigungsprozess dar.** Der Einstellungsprozess begann mit der Kontaktaufnahme aller Akademiker Intels zu ihren ehemaligen Studienfreunden und Professoren. Man fand auf diese Art heraus, welche der Studenten am intelligentesten und begabtesten waren. Im Anschluss daran führten Mitarbeiter der Personalabteilung auf dem Campus erste Vorgespräche mit den Kandidaten, um eine Vorauswahl zu treffen. Jemanden nach Santa Clara zu einem Vorstellungsgespräch zu bitten, war nach Groves Modell der ‚limitierende Faktor'. Ein Vorstellungsgespräch wurde bei Intel als so wichtig angesehen, dass sie keinesfalls von anderen Terminen unterbrochen werden durften. Befand sich beispielsweise ein Manager gerade in einem Vorstellungsgespräch, ließ er sich nicht mal durch einen Anruf von Bob Noyce stören und seine Entschuldigung ‚Ich habe einen Kandidaten da' war völlig ausreichend.

Gemäß dem MbO-Konzept wurden Intels Mitarbeiter an der Erreichung ihrer Schlüsselergebnisse gemessen. Bei dieser Leistungsbeurteilung spielten die Qualität der Arbeit, das tatsächliche Arbeitspensum und die Fehlzeiten des Mitarbeiters eine

Rolle. Dadurch ergab sich eine **Rangfolge der Mitarbeiter, die aus vier Leistungsklassen bestand**:

- hervorragend,
- die Erwartungen übertreffend,
- den Erwartungen entsprechend und
- den Erwartungen nicht entsprechend

Auf dieser Mitarbeiterbewertung basierte das Gehaltssystem. Ein wichtiger Bestandteil dieses Systems waren und sind die **Bezugsrechte für Belegschaftsaktien**, die jährlich an die Mitarbeiter vergeben werden. Die Bezugsrechte sind so konzipiert, dass man im ersten Jahr nur ein Viertel der Optionen ausüben kann und für die Ausübung des Rests drei weitere Jahre bei Intel angestellt bleiben muss. Durch die Einführung dieses **Incentive-Systems** konnte Intel von Anfang an eine hohe Mitarbeiterbindung erreichen.

Zentrale Erfolgsfaktoren des Markenmanagements bei Intel

Intels erfolgreiche Unternehmensgeschichte lässt sich anhand einiger markanter Einflussfaktoren erklären.

Von Anfang an war Intel durch das Verfolgen der **Pionierstrategie** ein auf Wachstum ausgerichtetes High-Tech-Unternehmen. Durch **hohe Investitionen im Forschungs- und Entwicklungsbereich** gelang es ihnen immer wieder, neue Technologien zu entwickeln und schneller als die Konkurrenz die Produkte bis zur Serienreife zu bringen. Darüber hinaus sicherte Intel seinen Erfolg durch seine **Kundennähe**, die sich nicht nur auf ihre direkten Abnehmer, sondern seit **Einführung ihrer Markenpolitik** auf den Endkonsumenten erstreckt. Da die Endabnehmer im Mittelpunkt der Marketingmaßnahmen stehen und von Intel in verschiedene Zielgruppen eingeteilt werden, kann das Produktangebot direkt auf die Nachfrage der einzelnen Marktsegmente zugeschnitten werden. Das Intel-Inside-Programm stellt dabei den entscheidenden Wendepunkt dar.

Was ihren Erfolg außerdem ausmacht, ist die Tatsache, dass Intel keine Gelegenheit ausließ, Konkurrenten oder abwandernde Mitarbeiter, die ein eigenes Unternehmen gründen wollten, zu verklagen. Dadurch erreichte man es, **mögliche Konkurrenten einige Zeit vom Markt fernzuhalten** und bekam somit die Möglichkeit, seine Führungsposition weiter auszubauen. Durch die Produktführerschaft und ihre **ständigen Rechtsstreitereien** gelang es Intel, die Monopolstellung neuer Produkte zeitlich zu verlängern und so noch höhere Gewinne zu erzielen. Was Intel außerdem zum erfolgreichsten Unternehmen der Halbleiterindustrie gemacht hat, war die Tatsache, dass es **die richtigen Entscheidungen an strategischen Wendepunkten getroffen** hat. Diese Tatsache, kombiniert mit dem großen Einfluss Groves auf die gesamte Ausrichtung des Unternehmens, hat das nachhaltige Wachstum Intels gesichert.

Die straffe Führung und Organisation durch Grove wurde zwar oft als nachteilig bezeichnet und hat unternehmensintern zu Konflikten geführt, allerdings erhielt Intel dadurch auch eine **starke Unternehmenskultur mit hoher Mitarbeiterzufriedenheit**.

6. Lernimpulse aus der Praxis für die Praxis

In den bisher dargestellten Erfolgsfaktoren zum Markenmanagement wurde immer wieder die Nähe zum Innovationsmanagement deutlich. Eine starke Marke ist auf gut funktionierende F&E-Prozesse angewiesen (**Hightech**), weil sich mittel- bis langfristig nur so Marken immer wieder neu aufladen lassen (**Hightouch**). Wird das 21. Jahrhundert nachfolgenden Generationen als das ‚technology century' bekannt sein oder steht Kundenbindung durch emotionalisierte Marketingpolitik im Vordergrund? Wir werden sehen. Richtig ist allerdings, dass sich die alte Wirtschaft in vielen Bereichen geändert hat und weiter verändern wird. Die Durchdringung mit neuen Technologien verändert nicht nur unser alltägliches Leben, sondern hat auch einen Einfluss auf die Art und Weise wie wir arbeiten, kommunizieren und lernen. **Zudem verändern sich die Regeln des Wettbewerbs** der globalen Technologiemärkte grundlegend und Marken werden zu wichtigen Erfolgsfaktoren.

Technologien unterliegen einer rasanten Entwicklung, Produkte und Märkte werden zunehmend komplexer. Durch den Strukturwandel, ausgelöst durch die Vernetzung mit Kommunikations- und Informationstechnologien, entstehen für Unternehmen nahezu unbegrenzte Möglichkeiten auf dem globalen Markt, aber natürlich auch neue Herausforderungen. Eine der Hauptaufgaben der Unternehmen wird es sein, dass gesammelte geistige Kapital des Unternehmens zu evaluieren und entsprechend zu steuern, um Effizienz, Kompetenz und Innovationsfähigkeit zu optimieren. In der so genannten ‚knowledge economy' muss eine Veränderung stattfinden: Die Menschen und ihr Wissen sind das wichtigstes Kapital in den Unternehmen und die Markenbildung resultiert immer aus der Qualität der Interaktion zwischen Mitarbeitern, Kunden und Leistungsangeboten.

- Welche Kompetenzen müssen Hightech-Unternehmen erwerben, um in der neuen Qualität von Leistungswettbewerb erfolgreich teilnehmen zu können?
- Welche Möglichkeiten haben die Hightech-Unternehmen, Wissen als erneuerbare Ressource zu vermehren und Synergieeffekte zu nutzen und welche Rolle spielt das Markenmanagement?

Unter Hightech werden im allgemeinen Sprachgebrauch zumeist die Computer und Telekommunikationstechnologien verstanden. Da in den meisten und wichtigsten Wirtschaftssektoren die Grenzen zwischen Computer-, Kommunikations-, Übertragungs- und Konsumentechnologie (z. B. DVD-Technologie) durch den Einsatz digitaler Technologien immer mehr verwischen, kann man auch in diesen Bereichen von Hightech sprechen. Ziel aller Hightech Produkte ist es, das Leben des Benutzers zu vereinfachen. Hightech wird in Unternehmen, Universitäten, Forschungsinstituten, staatlichen Agenturen/Laboren und natürlich der Industrie generiert (z. B. Grundlagen- und Anwendungsforschung). Global tätige Unternehmen dominieren das Hightech-Segment. Mit innovativen technischen Lösungen erfüllen sie den ständig wachsenden Bedarf an technologischen Produkten, die zum Teil in neu gegründeten Marktsegmenten ihren Absatz finden. Hierbei können **drei verschiedene Arten von Unternehmen** unterschieden werden:

- **Entwickler:** In diesem Segment sind Unternehmen angesiedelt, welche die eigentliche Technologie entwickeln und weiter ausbauen. Technologie ist in diesem Fall das Produkt (z. B. Infinion).

- **Unterstützer:** Unterstützer stellen für neue Technologien die Infrastruktur zur Verfügung (z. B. SAP Software).

- **Anwender:** Anwender nutzen Technologien, um Operationen zu vereinfachen oder zu ersetzen (z. B. IBM E-business solution).

Technologieunternehmen zeichnen sich durch **spezifische Merkmale** aus (*Temporal et al.* 2000):

- rapid growth
- rapid change
- fragmentation (gekennzeichnet durch geringe Marktanteile)
- relative lower marketing and branding expenses

Zusätzlich haben Hightech-Unternehmen im B2B-Sektor zumeist nur wenige Kunden (Nachfrageoligopol gekoppelt mit engen, zumeist persönlichen Beziehungen) und die Produktpalette dieser Unternehmen lässt aufgrund von **Komplexität** und ‚**customization**' des Angebots nicht unbedingt eine signifikante Kostendegression zu. Das Hightech-Marktsegment ist neben einer ausgeprägten Dynamik von einem leichteren Zugang zu internationalen Märkten gekennzeichnet. Zum einen spielen im B2B-Bereich durch die Einführung von Normen und Standards (z. B. WLAN, MMS) kulturelle Unterscheide und individuelle Präferenzen eine geringere Rolle (*Vitale* 2000), zum andern bietet das Internet gerade im B2B-Bereich die Möglichkeit, Operationen anteilig oder vollständig per Internet abzuwickeln. Der überaus hohe Wettbewerbsdruck im Hightech-Markt ist bedingt durch fehlende Markteintrittsbarrieren und hohe Markttransparenz. Hier werden Marken und Kundenloyalität zum wettbewerbsentscheidenden Faktor.

Die Kompetenz zum permanenten Lernen spielt insbesondere im Hightech-Bereich eine erfolgsentscheidende Rolle: Mit Lernen ist der gezielte Aufbau von Wissen verbunden. Beim Lernen unterscheidet man generell zwei Formen:

- **Formales Lernen** erfolgt während der Ausbildungsphase, schooling genannt, und während der Erwerbstätigkeit im Betrieb, auch als on-the-job training bezeichnet. Durch schooling wird eher allgemeines Wissen im Rahmen der Ausbildung in Schulen und Hochschulen vermittelt. Durch on-the-job Training wird spezielles, betriebsspezifisches Wissen vermittelt.
- **Informelles Lernen** findet im sozialen Umfeld, in dem das Individuum lebt und arbeitet, statt. Zu dieser so genannten Lebenswelt gehören zum Beispiel die Familie und Freunde, aber auch im großem Maße die Medien.

Unmittelbar mit dem Lernen korrespondiert der Wissenserwerb und die Wissensnutzung. Als **Wissenskapital** bezeichnet man den Wert, den ein Unternehmen aus seinem geistigen Eigentum erwirtschaftet: Produktinnovationen, Patente, Urheberrechte und Know how. Dieses **Intellektuelle Kapital** beinhaltet das Wissen aller Organisationsmitglieder und die Fähigkeit des Unternehmens, dieses Wissen für die nachhaltige Befriedigung der Kundenerwartungen einzusetzen. Wissenskapital wird unterschieden in Humankapital und Strukturkapital (*Becker* 2001):

- **Humankapital** ist personengebundenes Wissen und setzt sich zusammen aus: Kompetenz, Bereitschaft und Lernfähigkeit der Mitarbeiter.
- **Strukturkapital** entsteht aus
    - Beziehungen, die es erlauben Vertrauen und Kommunikationsstereotypen aufzubauen,
    - Organisation, die optimale Leistungs- und Anpassungsprozesse ermöglicht sowie
    - die Fähigkeit zur Erneuerung und Innovation.

Sieht man Lernen als **Prozess sozialer Interaktion** an, sollte Technologie primär die Interaktion zwischen verschiedenen Bereichen der Firma ermöglichen, um so ein ‚learning environment' zu gewährleisten und den Aufbau einer ‚**Learning Organization**' voranzutreiben (*Temporal et al.* 2000). Ziel ist es, eine so genannte ‚**synergetic institutional intelligence**' mit Hilfe geeigneter Technologien zu kreieren, in der das Wissen der gesamten Organisation höher ist als die Summe der Humankapitalbeiträge jedes einzelnen Mitarbeiters.

6.1 Lernen in Hightech-Unternehmen: Anforderungen und Lösungen

6.1.1 Anforderungen

Wertschaffende Arbeit kann in der modernen Wirtschaft nur Wissensarbeit sein. Auch der Hightech-Markt hat sich gewandelt, er ist überall und nirgends zu finden. Man kann von einem körperlosen Markt sprechen, der nicht mehr an regionale Orte gebunden ist, sondern virtuell weltweit existieren kann. In diesem neuen Markt spielen Firmengröße und Firmenstandort des Unternehmens keine entscheidende Rolle mehr.

Wir haben diese Anforderungen bereits am Anfang des Buches skizziert und leiten nun am Ende des Buches anhand dieser Anforderungen fundamentale Konsequenzen für das Markenmanagement ab – Wiederholungen an der einen oder anderen Stelle haben daher ihre didaktische Begründung und sind jetzt vielmehr als am Anfang unter dem Blickwinkel des B2B-Markenmanagements und dessen generellem Chancenpotenzial zu sehen.

Zudem unterliegen auch die Märkte den Hightech-Lebenszyklen. Zumeist entwickeln sich diese Märkte aus einer zeitlichen Monopolstellung, die durch die Einführung einer radikal neuen Technologie entsteht. Mit der Zeit wird der Markt wettbewerbsintensiver, da mehr und mehr Firmen an möglichen Gewinnen partizipieren wollen und zumeist nur minimale Markteintrittsbarrieren vorherrschen. Wird das Produkt zum Standard, kann sich der Markt zur vollkommenen Konkurrenz ausweiten. Diese ist von vielen Mitspielern und geringen Gewinnen gekennzeichnet. Nach einiger Zeit scheiden Firmen aus, die dem Kostendruck nicht standhalten oder Ihr Produkt nicht ausreichend differenzieren können (z. B. durch Branding). Der Markt entwickelt sich nun zu einem Angebotsoligopol (wenige Anbieter). Neben diesen eher unspezifischen Veränderungen des Marktes gibt es sehr **spezifische Herausforderungen**, denen sich jedes Hightech-Unternehmen stellen muss (*Temporal et al.* 2000):

1. **Gleichheit:** Inzwischen gleichen sich in der Technologiebranche in vielen Bereichen die Produkte. Dies ist zum einem damit zu erklären, dass alle Unternehmen ähnliche Technologien verwenden. Zum anderen ist es heute sehr viel einfacher, die Produkte eines Konkurrenten zu kopieren, da technisches Know how auf internationalen Märkten bzw. in immer größer werdenden bzw. zusammengewachsenen Wirtschaftsregionen (z. B. EU-Mitgliedsstaaten) einfach zu akquirieren ist. Ein Problem besteht für viele noch so gut informierte Einkäufer darin, technische Unterschiede und Neuerungen zwischen Produkten zu erkennen oder ihren speziellen Zusatznutzen zu identifizieren.

2. **Lebenserwartung von Produkten:** Hightech-Unternehmen werden mit der zunehmenden Verkürzung von Produktlebenszyklen konfrontiert. Die Produktzyklen von Technologieprodukten sind inzwischen bei einigen Produkten nur noch zu einer Frage von wenigen Monaten geworden (z. B. PC). Jeder Wettbewerbsvorteil eines Unternehmens kann immer schneller von einem Konkurrenten durch Verbesserungen oder Substitution des Produktes vernichtet werden.
Im so genannten ‚**Technology Adaption Life Cycle**' wird erläutert, welchen Weg Innovationen in den Markt nehmen. Das Modell stammt aus dem Konsumgüterbereich, ist aber teilweise auch auf den B2B-Sektor anzuwenden, allein schon unter dem Aspekt des Ingredient Branding. Es lassen sich folgende Abnehmergruppen und Einflussfaktoren unterscheiden:

- o **Technophiles und Visionaries** schaffen den Quantensprung, da sie das noch nicht voll ausgereifte Produkt ‚weiterentwickeln' und in einem trial-and-error-Verfahren von seinen Kinderkrankheiten befreien.

- o Der Bruch beim Übergang (chasm) zur nächsten Gruppe erklärt sich daraus, dass für **Pragmatists** die Visionaries keine vertrauenswürdige Referenz für das Produkt darstellen. Pragmatists kaufen erst dann, wenn andere Pragmatists auch kaufen. Es gilt also, den ersten Pragmatiker als Käufer zu finden, der andere überzeugen kann. Erst dann werden andere folgen und der Markt wird die neue Technologie voll akzeptieren.

- o Eine andere Herausforderung stellt der so genannte ‚**Tornado**' dar, dies ist die Zeit des extrem schnellen Anstiegs der Verkaufszahlen. Jetzt drängen Wettbewerber in den Markt und eine leistungsfähige Infrastruktur muss aufgebaut werden (Vertrieb, Kundenservice etc.). Hier besteht die Chance, Marktführer zu werden, aber auch vom Markt gedrängt zu werden. Am Ende des Produktlebenszyklus sollte über Verbesserungsinnovationen des Produktes und einem **Relaunch des Marke** nachgedacht werden. Eine große Herausforderung für die Unternehmen stellt vor allem das geschickte Überstehen und Management der ‚Chasms' und des Tornados dar.

3. **Hypercompetition und Time-to-market:** High Tech-Firmen sind umgeben von zusammenbrechenden Markteintrittsbarrieren. Kleine Firmen können große Industrieunternehmen überholen, indem sie einfach die nötige Technologie akquirieren oder die Produkte kopieren. Viele Märkte sind zudem noch jung und es herrscht keine Oligopolstruktur. In diesen Märkten ist die Konkurrenz durch hohe Transparenz des Marktes besonders groß. Oft ist im Hightech-Bereich schneller und radikaler Wechsel die einzig beständige Konstante. Überall entstehen neue Märkte und Produkte. Eine zunehmende Rolle spielt auch die Verkürzung von time-to-market-Zyklen. Um in den Genuss **des ‚first mover advantage'** zu kommen, sind Unternehmen gezwungen, in immer kürzeren Abständen neue Produkte oder veränderte Produktgenerationen auf den Markt zu bringen. Bei einer Verzögerung des Markteintritts können Marktpotenziale nicht voll ausgeschöpft werden und ein Eintritt erfolgt unter Umständen zu niedrigeren Preisen.

4. **Return on investment:** Durch Hypercompetition und Time-to-market besteht ein großer Innovationsdruck für Hightech-Unternehmen. Innovationen erfordern allerdings ein hohes Maß an finanziellen und personellen Ressourcen gerade im Forschungs- und Entwicklungsbereich. Da im B2B-Bereich zumeist auf die Kundenwünsche speziell abgestimmte Leistungen angeboten werden, ist es generell schwierig, die kritische Masse am Markt zu erreichen. Zudem muss Forschungs- und Entwicklungsarbeit zumeist vorfinanziert werden und es herrscht in der Technologiebranche ein hoher Unsicherheitsfaktor, ob sich die Investitionen auch auszahlen werden.

Je stärker sich eine B2B-Marke darstellt, desto höher sind die Chancen, Entwicklungs- und Investitionsrisiken mit dem Kunden zu teilen.

6.1.2 Lösungsstrategien für Hightech-Unternehmen

Um im Markt langfristig bestehen zu können, gibt es für das Unternehmen nur eine Möglichkeit: den **Aufbau einer starken Marke**. Hightech-Branding kann auf verschiedene Arten interpretiert werden: Zum einen wie Firmen ihr Branding durch den Technologie-Gebrauch unterstützen oder wie Technologie-Firmen Branding-Techniken anwenden (*Vitale* 2000). Bei der **Vermarktung von Hightech-Produkten im B2B-Bereich** gelten außerdem besondere **Spielregeln** (*Temporal et al.* 2000).

1. Die Produkte/Services sind meistens sehr komplex, kostenintensiv und von immer kürzerer Lebensdauer. Hinzu kommt, dass viele Kunden Technologieprodukten misstrauisch gegenüberstehen. Hängt von der richtigen Entscheidung für oder gegen ein Produkt/Service auch das Wohl der Firma des Kunden und die Stellung des Einkäufers selbst ab, wird der **Entscheidungsprozess** zusätzlich **komplex**. Eine starke Marke schafft Vertrauen und gibt dem Kunden eine gewisse Sicherheit, die richtige Entscheidung getroffen zu haben. Kunden bevorzugen Marken aus folgenden Gründen:

2. ,**Anything can be branded'** – nicht nur Firmen, Produkte und Services, auch Ideen, Nationen und Persönlichkeiten können zur Marke aufgebaut werden.

3. Die Marke muss über eine **starke Persönlichkeit** verfügen.

4. Durch die **Uniqueness** einer Marke kann das Produkt ausreichend von ähnlichen Produkten differenziert werden (Unique Selling Proposition, USP). Zur Erinnerung an Kapitel 1: Ein USP liegt vor, wenn

    - dem Kunden der angebotene Zusatznutzen wichtig ist,
    - der Kunde den angebotenen Zusatznutzen erkennt und
    - der Zusatznutzen sich zeitpunktmäßig von der Konkurrenz deutlich abhebt und zeitraummäßig aufrechterhalten werden kann.

5. Neben der Differenzierung der Marke ist vor allem die **Positionierung** entscheidend. Hier sollte unbedingt auf **Zielgruppenrelevanz und -adäquanz** geachtet werden. Mögliche Positionierungsstrategien im Hightech Bereich sind zum Beispiel:

    - Problemlösungspotenzial durch maßgeschneiderte Leistungen: z. B. Dell.
    - Gute Zugänglichkeit durch hervorragende Markenkommunikation und Distribution.
    - Einzigartigkeit und emotionalisierende Erscheinung: z. B. Intel inside.

- Verwirklichung von Träumen und Wünschen (z. B. Agilent: Dreams made real).
- Product Placement mit Celebreties.
- Being Number One: z. B. Amazon.
- Innovation: z. B. Apple.
- Value added: z. B. IBM.

6. Entscheidend für den Bestand der Marke ist, ob die an den Verbraucher gemachten **Versprechungen auch eingehalten** werden.

7. Im Hightech-Bereich sollte der Firmenname als Markenname verwendet werden, um Konfusionen und mehrfache Marktbearbeitung zu vermeiden (**corporate branding**).

8. **Markenmanagement ist ein vitaler Prozess** und an der Marke muss ständig ‚gearbeitet' werden. Allerdings ist ein Hauptfaktor der Marke **Konstanz**, deshalb sollten Veränderungen vorsichtig, sensibel und in angepasster Weise erfolgen.

Marken gestaltet man, um Produkte vor dem Scheitern zu bewahren. Mit Marken verleiht man den Produkten **etwas ‚Menschliches'** und beruhigt die Gemüter. Markenidentitäten werden entworfen, nicht nur um den Produkten größere Aufmerksamkeit zu schenken, sondern auch zur Zerstreuung von Skepsis und Bedenken. Wie wir eingangs bereits vorgestellt haben, reicht die **Geschichte der Markengestaltung bis ins 19. Jahrhundert** zurück. Hatten die Kunden bis dahin dem freundlichen Kaufmann vertraut, so konnten sie genau dieses Vertrauen nun auf die Marke selbst übertragen – etwa auf die so schön bunt verpackten Konsumgüter, die ihnen aus den Regalen entgegenstrahlten oder auf die stets optimistisch dargestellte Welt der Werbung. **Marken haben in den vergangenen 100 Jahren Großartiges geleistet:** Sie haben verhindert, dass mit dem Eintritt ins Industriezeitalter die nicht mehr handwerklich gefertigten, sondern massenproduzierten Waren scheitern.

Im 21. Jahrhundert werden wir mit einem ganz anderen Bild konfrontiert: **Heute sind es die Marken selbst, die schnell in Schwierigkeiten kommen können**, wenn man auf professionelles Markenmanagement verzichtet. Viele B2B-Anbieter haben dieses Problem bzw. die Herausforderung, ein schlagkräftiges Markenmanagement zu etablieren, umgangen, indem sie einfach darauf verzichteten. Die **alte Ingenieursweisheit**, wonach sich hervorragende Produkte immer ihren Markt selbst schaffen, **hat oftmals außerordentlich viel zur Abstinenz gegenüber dem Aufbau starker Marken im B2B-Bereich beigetragen**, denn diese Welt wird von Ingenieuren dominiert.

Empirisch konnten wir nachweisen, dass heute die meisten B2B-Anbieter nicht mehr daran glauben, dass ein **gutes Hightech-Produkt** sich automatisch am Markt durchsetzen wird, sondern **zusätzlich den** aus dem B2C-Markenbereich **bekannten High-**

touch-Schleier nicht minder nötig hat, denn auch im Buying Center sitzen Menschen mit Verstand u n d Herz. Insofern ist der erforderliche Bewusstseinswandel in vollem Gange, was häufig aber noch fehlt, ist das Know how zur professionellen Umsetzung in Richtung strategischer Markenaufladung und operativer Markenkommunikation.

Wir haben in den einzelnen Kapiteln Vorgehensweisen und **Erfolgsparamter der strategischen Markenaufladung** vorgestellt (**Teil 1, Kapitel 2**) und mit **operativen Instrumenten der Markenkommunikation (Teil 1, Kapitel 3)** konkretisiert. Die von uns ausgewählten Fallbeispiele aus der Unternehmenspraxis zeigen bereits beschrittene Wege zur Etablierung starker B2B-Marken auf.

Wir möchten nun abschließend ebenfalls aus der Praxis für die Praxis sieben Lernimpulse zur Vermeidung von Fehlern im Markenmanagement demonstrieren, denn kein noch so klar vorgezeichneter Erfolgsweg kann automatische Zielerreichung garantieren. In der Realität stellen sich auch dem Markenexperten Barrieren und Hürden in den Weg und selten verläuft der Prozess der Markenaufladung und Markenkommunikation geradlinig. Lassen Sie sich von den Lernimpulsen aus Markenflops inspirieren und bilden Sie sich Lerntransferbrücken für Ihre eigene individuelle Situation.

6.2 Sieben Lernimpulse aus Markenflops

Da in Wahrheit niemand die Uhr zurückdrehen kann, können wir auch nie wieder so tun, als gäbe es keine Marken. Das Zeitalter der Markengestaltung hat vor über 100 Jahren begonnen und es ist bis heute eine durchgehend erfolgreiche **Never Ending Story of Branding**, vor der sich auch kein B2B-Anbieter verschließen kann, unabhängig davon

- wie erfolgreich das Unternehmen bisher ohne Markenmanagement war,
- wie schlecht die Wettbewerber bisher waren,
- wie groß und wie alt das Unternehmen heute ist,
- wie reich das Unternehmen heute ist und
- wie treu und wertvoll seine Kunden bisher waren.

Man darf nicht vergessen, dass Unternehmen heute mittels starker Markenidentität zu einer Wachstumsgeschwindigkeit und Vielfalt fähig sind, die früher ohne Marken undenkbar gewesen wäre. **Eine Marke zu gestalten heißt also nicht mehr nur dem Scheitern von Produkten entgegenzuwirken:**

Markengestaltung ist einfach alles!!!

Das Wohl eines jeden Unternehmens hängt einzig davon ab, wie stark seine Marke ist. **Die Marke mutiert längst zum ehrlichen Spiegel**, der jedem Betrachter schonungslos dokumentiert, wie gut es einem Unternehmen bislang gelungen ist, Markenwert und damit Unternehmenswert zu schaffen.

> Wer auf Markenmanagement in seinem Unternehmen verzichtet, macht die Augen zu vor einem **Spiegel, der ehrlicher ist als alle Stakeholder** innerhalb und außerhalb des Unternehmens zusammen.

Die nachfolgend vorgestellten Möglichkeiten eines Markenflops bestätigen nicht nur die Gefahr des Scheiterns, sondern auch die partiell anzutreffende Unfähigkeit, aus Fehlern der anderen zu lernen. Insofern ist Scheitern im Markenmanagement hochgradig ansteckend, denn die Markenmacher beobachten sich gegenseitig und kopieren oft ihre Fehler. Unternehmen scheinen an einer **Art Lemming-Syndrom** zu leiden: Sie sind so sehr damit beschäftigt, der Konkurrenz nachzueifern, dass sie gar nicht merken, wie sie sich auf den Rand der Klippen zu bewegen.

Den **Lernaspekt** werden wir im Schlusskapitel an unserem Markenmanagement-Modell als erfolgskritischen Faktor ausführlicher erläutern.

Wenn Marken scheitern oder zumindest ‚Federn lassen', dann ist das in den allermeisten Fällen auf eine verzerrte Wahrnehmung entweder der eigenen Marke, der Konkurrenz oder des Marktes zurückzuführen. Die **Ursachen für eine verzerrte Wahrnehmung** können insbesondere in den folgenden **sieben Verfehlungen bei der Markengestaltung** liegen.

Die angegebene Quelle macht keinen Unterschied zwischen B2B und B2C: Die einzelnen Erkenntnisse und Botschaften sind aber durchaus transferierbar auf den B2B-Sektor, denn es geht uns mehr um das Prinzip der Flopentstehung und weniger um das konkrete Flopbeispiel (*Haig* 2003):

1. **Marken-Amnesie:** Sobald eine Marke vergisst, wofür sie eigentlich steht, gerät sie in Schwierigkeiten. Wenn altehrwürdige Marken ihr Image einer Radikalerneuerung unterziehen, wie beispielsweise Coca-Cola, die ihr Originalrezept veränderten und New Coke einführten. Die Folgen waren katastrophal.

2. **Marken-Ego:** Marken neigen zuweilen dazu, ihre Fähigkeiten zu überschätzen, etwa wenn man der Meinung ist, ein Marktsegment ganz allein zu beherrschen (z. B. der Überkopierer Xerox Data Systems).

3. **Marken-Megalomanie:** Dieser klassische Fall der Markenüberdehnung entsteht dadurch, dass man mit einer etablierten Marke in jede nur denkbare Produktkategorie expandieren will (Egozentrik). Beispielsweise entschied man sich bei Mercedes-Benz ganz bewusst dazu, für Fahrzeuge unterhalb der A-Klasse-Kategorie die neue Marke Smart zu etablieren.

4. **Marken-Betrug:** Wenn die Realität in so starkem Maße durch Fiktion ausgetauscht wird und dann auf die Marke aufgesattelt wird, dann kann der Bogen überspannt werden, denn die Kunden sind heute in der Lage, mit ein paar Mausclicks jede gewünschte Information zu verifizieren (z. B. Sony bewarb den Film ‚A Knight's Tale' mit einer frei erfundenen Kritik).

5. **Marken-Ermüdung:** Markenmanagement und Innovationsmanagement sind aufeinander angewiesen. Ohne neue Produkte und ohne Verwirklichung neuer Ideen bleibt auch die einst stärkste Marke irgendwann auf der Strecke (z. B. Polaroids Sofortbildkamera).

6. **Marken-Paranoia:** Hierbei handelt es sich um das Gegenteil von überhöhtem Marken-Ego, z. B. der ständige Drang, Marken neu zu erfinden oder die Konkurrenz zu imitieren.

7. **Marken-Bedeutungsverlust:** Entsteht durch rückläufige Marktentwicklungen, d. h. auch hier muss das Innovationsmanagement der Marke immer neuen Wind in die Segel treiben, damit die Marke nicht eines Tages nur einen längst überholten Markt repräsentiert. Während bei der Markenermüdung (Nr.5) das Produkt zu lange am Markt nicht erneuert wird, so kann in diesem Fall bereits vorher der Markt sich in einer Weise vom Produkt wegentwickeln, dass es zur vorzeitigen Alterung (Obsoleszens) eines noch nicht unbedingt alten Produkts kommt.

Unternehmen reagieren grundsätzlich überrascht, wenn ihre Marken scheitern. **Markenmythen** entstehen durch überzogene Einstellungen zur Markengestaltung bzw. aus der Überforderung von Markenfunktionen (vgl. hierzu unsere Ausführungen in Teil 1):

1. *Große Unternehmen werden immer Markenerfolge aufweisen:* Große Unternehmen haben mindestens so viele Markenflops aufzuweisen wie Erfolge. Keine Unternehmensgröße ist immun gegen Markenmisserfolge. Oft ist es sogar umgekehrt: Je größer und erfolgreicher eine Marke wird, umso anfälliger und angreifbarer wird sie.

2. *Starke Marken schützen Produkte:* Das ist Vergangenheit, denn heute verhält es sich umgekehrt. Das Produkt ist zum Botschafter geworden und kleinste Qualitätseinbußen oder die Andeutung von Qualitätsproblemen wirken sich auf die Markenidentität als Ganzes aus. Der Kunde kann selbst die ausgefeilteste Markenstrategie scheitern lassen. Hinzu kommt der Aspekt der nachlaufenden Wirkung. Markenwertverluste entstehen erst mit der Zeit, umgekehrt kann ein verletztes Markenimage auch nicht mit einem Erfolg wieder repariert werden, weil auch hier die Langzeitwirkung relevant ist

3. *Wenn ein Produkt gut ist, hat es auch Erfolg:* Gute Produkte scheitern genauso schnell und genauso kläglich wie schlechte. Oft hat das bessere Marketing für ein schlechteres Produkt den längeren Atem.

4. *Was neu ist, verkauft sich gut:* Die bloße Identifikation und Schließung einer Marktlücke garantiert noch keinen Erfolg. Der Markt muss entsprechend geschaffen werden - die Vergangenheit lehrt, dass sich ein Markt in zeitraumbezogener und finanzieller Hinsicht entwickelt. Marktentwicklung hat einen Erziehungsauswirkungen und erfordert Lerneffekte.

5. *Starke Marken entstehen durch Werbung:* Werbung hat eine Unterstützungsfunktion, aber sie kann nicht aus dem Nichts aufbauen. Extrem teure Werbekampagnen haben oft nur Geld gekostet und waren wirkungslos.

6. *Marken können eher gewinnen als verlieren:* Schätzungen gehen davon aus, dass 80% aller neuen Produkte bereits bei der Markteinführung durchfallen, weitere 10% sterben innerhalb der ersten fünf Jahre. Wer ein neues Produkt einführt, hat also eine 10%ige Chance auf langfristigen Erfolg.

Die nachfolgenden 8 vorgestellten Gründe, warum Marken in der Vergangenheit gescheitert oder doch zumindest gelitten haben, sollen an konkreten Beispielen aus der Unternehmenspraxis Gefahrenzonen aufzeigen. Dabei spielt es keine Rolle, wie alt das Beispiel ist, denn die Gründe für Markenflops wiederholen sich immer wieder aufs Neue. Auch aus diesem Grunde müssen die Beispiele nicht ausschließlich B2B-spezifisch sein, da uns auch hier das exemplifizierte Prinzip des Markenflops vorrangig interessiert.

6.2.1 Klassisches Scheitern: Sony Betamax

Klassisches Scheitern liegt vor, wenn ein Produkt nicht schlecht sein muss, um am Markt durchzufallen. Wenn die Markengestaltung daneben geht, dann kann sogar eine echte Produktverbesserung fehlschlagen. Im Konsumgüterbereich im Fall New Coke hat beispielsweise Coca Cola vergessen, **wofür die eigentliche Marke steht**. Die Bedeutung der Marke auf den Geschmack zu reduzieren, war ein echter Fehlgriff.

Wie bei vielen großen Marken war das **Bild wichtiger als das Ding, für welches das Bild steht**. Wer der Welt erzählt, er hätte ‚das Echte', kann nicht plötzlich mit etwas Neuem aufwarten. Das Beste, worauf ein Markenmanager hoffen kann, ist, beizeiten die Stolpersteine zu erkennen, an denen er sich stoßen könnte. Wie groß eine Marke auch immer sein mag, der Markt selbst bleibt undefinierbar.

Eine **Markenweisheit** lautet, dass derjenige, der zuerst einen Markt bedient bzw. als Erster in einer neuen Produktkategorie ist, die stärksten Marken auf stark wachsenden Märkten generieren kann, denn Kunden interessieren sich nicht in erster Linie für Marken, sondern für neue Problemlösungen und damit korrespondierende Produktkategorien. Erst auf dieser Grundlagen lassen sich starke Marken ausbilden. Genau diesen Aspekt verbinden wir mit der notwendigen Voraussetzung zur strategischen Markenstärkung bzw. –aufladung (vgl. unser Modell im Ausblick): Wer nicht seine Marke kontinuierlich und nachhaltig auflädt, kann sich die Markenkommunikation sparen.

Diese Theorie versagt allerdings auf dem Markt für Technologien, denn die Akzeptanz der Endkunden hinkt den technologischen Durchbrüchen um bis zu 5 Jahre hinterher. So waren die europäischen Hersteller von Mobiltelefonen beispielsweise denkbar schlecht auf den zunehmenden Trend zur Textübermittlung per SMS vorbereitet, einige Anbieter erläuterten die Möglichkeit zum ‚Simsen' nicht einmal in der Bedienungsanleitung des Handy-Modells.

Wir betrachten nun den Fall Videosysteme am Beispiel von Betamax. Videosysteme kommen ähnlich wie Automobile nicht nur als Konsumgut, sondern auch als B2B-Gut zum Einsatz, d. h. sie werden von Firmen beschafft. Während der 70er Jahre entwickelte Sony ein Gerät zur Wiedergabe von Videobändern. Das System basierte auf der Betamax-Technologie und kam 1975 in die Läden. Auch wenn Sony mit seinem Betamax-System die Pionierarbeit für die meisten Weiterentwicklungen leistete, zogen die anderen Wettbewerber von VHS-Systemen sehr schnell nach.

An diesem Fallbeispiel lassen sich mehrere Fehler eines bekannten und ansonsten gut positionierten Markenherstellers aufzeigen:

- **Erster Fehler: Sony setzte auf Qualität und entwickelte trotzdem am Kundennutzen vorbei,** denn es ist unstrittig, dass Betamax gegenüber VHS eine deutlich bessere Bild- und Tonqualität aufzuweisen hatte. Der damit verbundene Nachteil einer zu kurzen Aufnahme- und Abspielzeit von einer Stunde wurde von den Kunden höher bewertet als die geringere Ton- und Bildqualität der Bänder mit längerer Laufzeit bei der Konkurrenz. Die Leute wollten Spielfilme aufnehmen, ohne Kassetten wechseln zu müssen und mitten in der Nacht aufzustehen bzw. ein größeres Kassettenlager aufzubauen. Der quantitative Vorteil von VHS wiegte also schwerer als der qualitative Nachteil.

- **Zweiter Fehler: Sony setzte auf Alleingang** und verzichtete damit auf den Vorteil von JVC, dem Erfinder von VHS, seine Technologie mit einer ganzen Flotte anderer Firmen zu teilen. Entgegen der allgemeinen Annahme ist Wettbewerb für jeden Pionier in jeder Kategorie hilfreich. Das trifft solange zu, wie die Konkurrenz kein Format anbietet, das mit dem eigenen Produkt inkompatibel ist.

- **Dritter Fehler: Sonys Entscheidung, Marktsignale zu ignorieren, vergrößerte seinen Verlust.** Die Existenz von VHS bis 1987 faktisch zu übergehen und Betamax bis 2002 weiter zu produzieren, ist kaum nachvollziehbar. Spätestens in dem Moment, als Hersteller von Leih- und Kaufvideos ihr Angebot an Beta-Formaten reduzierten, war die weitere Entwicklung absolut absehbar und längst nicht mehr latent.

Die Geschichte geht aber weiter, denn gegenwärtig gerät auch VHS in die Bredouille, da der Aufstieg von DVD-Systemen unaufhaltsam ist und nach der Schlacht um DVD-Formate auch das Schicksal von VHS beschieden sein dürfte.

6.2.2 Gescheiterte Markenideen: DuPont mit Corfam

Die Gefahr einer neuen Markenidee in die falsche Richtung entsteht nicht nur dann, wenn in einen rückläufigen Markt investiert wird, sondern auch dann, wenn dieser noch so lukrative Markt einfach nicht zur Marke passen will. Viele Marken scheitern einfach an der nicht zu Ende gedachten Produktidee und/oder Markenidee.

Als Corfam 1963 als synthetischer Lederersatz auf den Markt kam, vernachlässigte man die Marktforschung in so ausgeprägtem Maße, dass man sich vorschnell auf die Schuhproduktion stürzte. Der viel zu geringe Tragekomfort konnte weder durch günstige Preise noch durch gute Färbemöglichkeiten ausgeglichen werden.

Es ist unverständlich, warum man keine alternativen Einsatzmöglichkeiten untersuchte, denn die Haltbarkeit, Preisgünstigkeit und gute Einfärbbarkeit des Materials hätte eventuell im B2B-Bereich zu attraktiveren Anwendungsfeldern führen können.

Aus diesem Beispiel lassen sich folgende Erkenntnisse gewinnen:

- **Damit ein Ersatzprodukt zum Erfolg wird, muss es besser sein als das Original.** PVC-Schuhe waren aber sehr schnell dafür bekannt, dass sie nicht nur auf jeden Tragekomfort verzichteten, sondern darüber hinaus gesundheitliche Risiken in sich bargen.

- **Marktforschung muss nicht nur in eine Richtung untersuchen**, sondern immer auch nach Alternativen Ausschau halten. Im Zeitalter des Business Migration kommt es immer häufiger zur Überlagerung traditioneller Branchengrenzen. Vor diesem Hintergrund ist der Blick über den Tellerrand besonders wichtig.

6.2.3 Gescheiterte Markendehnungen: Xerox Data Systems

IBMs Credo lautet nicht, Computer herzustellen, sondern Problemlösungen fürs Büro zu entwickeln. Unter dieser Prämisse können sich computerverwandte Kategorien wie Software oder Netzwerke vorwagen. Auf der einen Seite kann eine Markenerweiterung kurzfristig höhere Umsätze bescheren, andererseits kann langfristig die Markenidentität entwertet werden bzw. es zur Markenverwässerung kommen. Marken bauen auf ihren Ruf, nicht auf ihre Produkte. In dem Moment, in dem sich ein Unternehmen mit Markenerweiterungen beschäftigt, bevor es ausführlich untersucht hat, wofür ihre Marke eigentlich steht und welche Position sie in den Köpfen der Kunden bislang hatte, ist die Gefahr eines Markenflops vorprogrammiert.

Mercedes-Benz hat bewusst über ein ganzes Jahr vor Markteinführung der ersten A-Klasse-Generation massiv in die A-Klasse-Markenkommunikation investiert. Der Markenslogan auf Lkw-Anhängern lautete beispielsweise: ‚Sie fahren gerade an der Zukunft vorbei - die neue A-Klasse' mit Angabe des Markteinführungszeitpunktes. Doch auch für den Fall einer guten Kenntnis über die eigene Marke besteht die Gefahr durch Produktkannibalismus (vgl. VW-Konzern mit den Marken Seat und Skoda).

Xerox ist eine sehr starke Marke, die aber ebenso stark mit der Kernkompetenz ‚Hersteller von Kopierern' in den Köpfen der Kunden assoziiert wird. Diese Assoziation war so stark ausgeprägt, dass man es dem Unternehmen nicht zutraute, in anderen Bereichen der Bürotechnologie Fuß zu fassen. Der Unterschied zwischen Marken liegt oft nicht so sehr in den Produkten, sondern in den Produktnamen bzw. in der Wahrnehmung der Marken.

Während der 70er und 80er Jahre bewarb Xerox seine Kopiermaschinen so massiv, z. B. Werbespot: ‚Wie unterscheidet man einen echten Xerox von einer Xerox-Kopie?', dass eine neue Anzeigenkampagne, z. B. ‚Hier geht es nicht um Kopierer' fehlschlug. Die Ausdehnung der Marke in Richtung PC und Netzwerktechnologie wie XTEN-Networks und Ethernet-Office-Network gelang nicht.

Zentrale Erkenntnisse aus diesem Markenflop sind u. a. :

- **Marken sind nicht so flexibel, schon gar nicht unter Zeitdruck:** Heute so und morgen anders – das ist beim Markenaufbau genauso wenig zielführend wie bei der Ausdehnung einer bereits stark fokussierten und eingeführten Marke. Der Versuch von Xerox, ein IBM-ähnliches Unternehmen zu werden, musste aufgrund seiner Markenhistorie scheitern.

- **Marken sind größer als Produkte:** Das größte Kapital von Xerox ist sein Name. Es ist unerheblich, welche bedeutenden technischen Entwicklungen auf dem Computergebiet Xerox PARC hervorgebracht hat (z. B. die Erfindung der Maus). Was zählt, ist einzig, womit der Markenname in den Köpfen der Verbraucher assoziiert wird.

6.2.4 Gescheiterte Markenkommunikation: Firestone

In den meisten Fällen bringen Krisen eine Marke nicht um. In einer Amerika-weiten Umfrage wurde ermittelt, dass für 95% aller Befragten das Vertuschen einer Krise weit übler ist als die Krise selbst. Für ehrliche, wenn auch schlechte Informationen erntet ein Unternehmen wenigstens Respekt für die Ehrlichkeit. Wenn ein Produkt in einem engen Abhängigkeitsverhältnis zu einem anderen Unternehmen steht, weil beide zusammen ein Endprodukt bilden, dann entscheidet die Qualität der Partnerschaft oft über den Markenerfolg.

Als sich die Beschwerden von Ford-Fahrern über die Reifenqualität von Firestone, zunächst aus Thailand und Saudi-Arabien, später auch in den USA, rapide häuften und bereits eine Serie von Verkehrsunfällen viele Verletzte und über 100 Tote forderte, nahm eine öffentliche Schlammschlacht ihren Lauf. Firestone argumentierte zunächst, das Ford aus Komfortgründen seinen Kunden einen zu niedrigen Reifendruck empfahl, der eine Profilablösung zur Folge hatte. Ob Firestone nun im Recht war oder nicht, die Marke nahm beträchtlichen Schaden, denn sowohl Ford als auch Firestone konnten sich nicht auf übereinstimmende Informationen gegenüber der Öffentlichkeit einigen.

Viele Markenexperten gehen davon aus, dass der Mutterkonzern Bridgestone die 1988 gekaufte Marke Firestone einstellt. Obwohl Firestone seit 1908 Hoflieferant von Ford war, war die Beziehung nicht stark genug, eine Lösung zu finden. Im Jahr 2001 kündigte Firestone an, dass sie Ford in Nord- und Südamerika nicht mehr beliefern werden. Unmittelbar darauf sank der Umsatz von Firestone in Asien und Europa um 75%.

Aus diesem Markenflop kann man mindestens Folgendes lernen:

- **Der Schaden durch zurückgehaltene Informationen erhöht sich zweifellos und ist damit von nachhaltiger Wirkung:** Eine frühzeitige und ehrliche Kommunikation gegenüber der Öffentlichkeit und ein offener Informationsaustausch zwischen den Beteiligten hätte weitere Unfälle verhindern können. Sechs Monate des Abwartens vor der Veröffentlichung von Nachforschungsergebnissen fördert nur noch negativere Spekulationen zu Tage.

- **Markenkommunikation muss in Krisenzeiten besonders sensibel sein:** Firestone und Ford zankten sich anstatt den Betroffenen bzw. Hinterbliebenen ihr Mitgefühlt auszudrücken.

- **Geschäftspartner müssen einen Notfallplan in der Tasche haben:** Hierzu gehören eine klare Aufteilung von Verantwortlichkeiten und klare Hinweise zur Kommunikation bei zu erwartenden oder eingetretenen Krisen. Auch der Umgang mit Beschwerden muss vorher klar geregelt sein (vgl. unser Kapitel über CRM). Der professionelle Umgang mit Beschwerden kann schlimmere Folgen verhindern.

- **Wahrnehmung ist alles:** Durch die Zurückhaltung von Informationen wird die öffentliche Wahrnehmung nicht nur sehr negativ, sondern entwickelt auch immer weniger Interesse für die Wahrheit. Die Chancen zur Imageschadensbegrenzung werden im Zeitablauf immer kleiner.

6.2.5 Menschliches Scheitern: Enron

Zweifellos sind die Menschen hinter einer Marke ihre wichtigsten Botschafter, insbesondere dann, wenn die Menschen die Marke sind und in der Unternehmenshierarchie ganz oben stehen: ‚Der Fisch stinkt immer zuerst vom Kopf'. Mit anderen Worten: Diejenigen mit der größten Verantwortung müssen auch am verantwortungsvollsten handeln.

In einer relativ kurzen Spanne von 15 Jahren ist Enron aus dem Nichts zum siebtgrößten Energielieferanten gewachsen. Sechs Jahre hintereinander wurden sie vom Magazin Fortune zum ‚Innovativsten Unternehmen Amerikas' ausgezeichnet und rangierten ganz oben in der Liste ‚Attraktivste Arbeitgeber'. Auf dem Weg dorthin veröffentlichte das Unternehmen regelmäßig Berichte über ihre Anti-Korruptions- und Betrugspolitik.

Zum Jahreswechsel 2001/2002 wurde Enron einer der größten Lügen der Wirtschaftsgeschichte überführt: Manipulierte Bilanzen, unerwähnte Schuldenberge. Je mehr Fakten ans Licht kamen und je mehr die Manager durch Aussageverweigerung sich vor der Wahrheit drückten, desto mehr wurde der Enron-Skandal perfekt. Die langfristigen Auswirkungen werden noch über Jahre spürbar sein, aber schon jetzt ist der Markenname irreparabel zerstört. Im Gegenteil, der Name steht künftig als Synonym für ‚unternehmerische Verantwortungslosigkeit'. Das ist die Kehrseite nicht gewünschter Markensignale bzw. –botschaften.

Als Lehrbeispiel für die Folgen aus der Unterschlagung von Wahrheiten durch Personen hat Enron ein unübersehbares Exempel statuiert:

- **Das Gesetz der Serie gilt auch für Lügen:** Wer einmal lügt, dem glaubt man nicht. Sobald die erste Lüge ans Tageslicht kommt, lässt die Aufdeckung weiterer Lügen nicht lange auf sich warten.

- **Offen sein und legal bleiben:** Die Unfähigkeit, Fehler einzugestehen, ist wie im Fall Firestone durch Nichts zu entschuldigen.

Gerade im B2B-Bereich zählt aufgrund der persönlichen Beziehungen zwischen den Geschäftspartnern das gesprochene und personifzierte Wort.

6.2.6 Gescheiterte Markeninnovation: Siemens Xelibri und Consignia

Die Risiken einer Markenneugestaltung sind enorm. Marken haben viel Menschliches und daher haben auch Marken Angst vor dem Altern. Typische Methoden, den Markenalterungsprozess aufzuhalten, sind Namensänderungen und/oder Änderungen des Auftritts und der Markenphilosophie. In den USA wechseln derzeit an die 3 000 Unternehmen jährlich ihren Markennamen. 1990 waren es nur knapp 1 000 gewesen. Folglich sind immer mehr Unternehmen bereit, ihre Geschichte über Bord zu werfen. Ein weitere Möglichkeit besteht in der Kreation einer Markeninnovation, die es bisher nicht gab bzw. keine Vorgängermarke hat.

Der **Siemens-Konzern** gibt das Konzept, teure modische Handys unter der **Marke Xelibri** zu verkaufen, endgültig auf. In unserer Fallstudie haben wir bereits darauf hingewiesen, dass der Konzern weg will von seinen vielen Produktmarken hin zu einer starken Unternehmensmarke Siemens. Die Siemens-Mobilfunksparte ICM hatte im Januar 2003 die neue Marke Xelibri mit einem neuen Auftritt in London gestartet. Die neuen Geräte mit ausgefallenem Design sollten zwischen 200 und 400 Euro kosten und ähnlich wie Modeprodukte jeweils im Frühling und im Herbst in einer neuen Kollektion auf den Markt kommen und nur 12 Monate im Verkauf sein. Der Vertrieb sollte über Kaufhäuser und Modeboutiquen erfolgen. Ende 2003 musste Siemens hohe Abschreibungen auf Lagerbestände vornehmen, zuletzt favorisierte Siemens die Eingliederung von Xelibri in die ICM-Handy-Sparte, um das Konzept zu retten. Doch auch der Vertrieb über Saturn und Konsorten fand keinen Absatz. Derzeit offen ist, wie der Name Xelibri künftig vermarktet werden soll (*Busse* 2004).

Als die staatseigene 300 Jahre alte **britische Post Office Group** beschloss, ihre Markenidentität zu ändern, wurde von der beauftragten Markenberatungsagentur der neue Markenname Consignia empfohlen, wobei deren Begründung durchaus rational nachvollziehbar war: Consign steht für Versenden und Konsignation für ‚Jemanden etwas Anvertrauen'. Die Öffentlichkeit assoziierte allerdings den Namen weniger rational als vielmehr emotional: Die Menschen verbanden damit eher eine After Shave- oder

Deodorantmarke, denn es gibt die Deo-Marke Insignia. Auf der BBC-Website war vom größten Postraub der Geschichte zu lesen: Dem Raub des 300-jährigen Namens. Hinzu kommt, dass es keinen kommerziellen Grund gab, die Namensänderung vorzunehmen.

Wir an dieser Stelle auch auf das oben dargestellte Beispiel einer erfolgreichen Namensänderung im Falle von Accenture hinweisen, wobei der Anlass weniger positiv war. Außerdem von Bedeutung ist die Repositionierung der Marke Schroff im Pentair-Konzern (vgl. Elektro-Industrie).

6.2.7 Gescheiterte Markenmodifikation: Dell

Das Risiko verbirgt sich darin, dass das Internet als separates Ganzes betrachtet wird. Dabei ist das Internet in Wirklichkeit eines von mehreren Kommunikationsmedien und Verkaufskanälen. Angesichts der demokratischen Strukturen des Internets und der schier unbegrenzten Reichweiten haben selbst Kleinstunternehmen die Chance, am Ende zu den größten Marken zu werden. Ein außergewöhnlicher Internet-Auftritt kann wirkungsvoller sein als Abermillionen-Investments in Offline-Werbung.

Je weiter das Internet fortschreitet, desto klarer wird die Abwendung von der Blickfang-Strategie hin zu einer Konzentration auf Beziehungen. In der Vergangenheit wurde oft übersehen, dass es beim E-Branding weniger um die Erhöhung von **Reichweiten** als vielmehr um die nachhaltige Steigerung von **Markentiefen** geht, also dem Anteil der Personen, die eine Homepage immer wieder besuchen. Die Förderung des gegenseitigen Informationsaustauschs entlang sorgfältig ausgewählter und entwickelter Netzwerke steht mehr und mehr im Vordergrund.

Im Herbst 1999 brachte Dell seinen Web-PC heraus, wobei der Computer klein war (30cm hoch). Ziel war das Surfen im Internet. Ein Schlüsselmerkmal war der ‚E-Hilfe-Knopf', der unmittelbar ein Eigendiagnostikprogramm in Gang setzte und auch eine direkte Verbindung zwischen Kunden und Dell herstellte. Ein weiterer Vorteil bestand im sehr schnellen Aufbau einer Internet-Verbindung durch Vermeidung langer Hochlaufphasen beim PC-Start. Mit dem Slogan ‚Born to be web' und Gratiszubehör wie Digital Scanner, Joy Stick und Digitalkamera wurde der Verkauf gefördert. Trotz positiver Presse nahm Dell den Web-PC Mitte 2002, nur sechs Monate nach Produkteinführung, wieder vom Markt.

Die Gründe für den Markenflop werden insbesondere in folgenden Aspekten gesehen:

- **Dell sprach Haushalte und Heimbüros** an, wo die Benutzer im Allgemeinen mit einem erweiter- und verbesserbaren System bedient sind. Dell stattete bislang Firmen und Büros aus.

- **Dell wollte die Apple Strategie über das außergewöhnliche Design kopieren** und wich von seinem bisherigen Design sehr deutlich ab. Design als Kaufgrund – das ist bislang nur Apple in diesem Segment gelungen.

- Die 999 Dollar waren **kein günstiges Angebot für Privathaushalte**.

- **Last but not least: Dell verkaufte den Web-PC nur als komplettes Paket:** Das war man bei Dell bisher nicht gewohnt, denn hier schätzte jeder Kunde die Möglichkeit der individuellen Ausstattung ‚seiner PC-Konfiguration' nach persönlichen Präferenzen. Daraus folgte ein Verstoß gegen die Markenkompatibilität.

6.2.8 Markenermüdung: Oldsmobile und Rover

Wie bereits oben festgestellt, besitzen Marken etwas Menschliches, d. h. aber auch dass keine Marke unsterblich ist, auch dann nicht, wenn sie bereits ganze Menschengenerationen überlebt hat. Einige Marken verschwinden mit großer Wirkung für die Öffentlichkeit, andere mit einem bedauernswerten Nachruf, aber alle werden zu irgendeinem Zeitpunkt mit ihrer Sterblichkeit unmittelbar konfrontiert. Markenermüdung ist ein aktuelles Phänomen für viele Unternehmen, manche sind bereits gescheitert, andere befinden sich auf einem unübersehbaren Abwärtstrend. Die nachfolgend vorgestellten Beispiele aus dem Automobilsektor gehören zu der Produktgruppe, die sowohl als Konsumgüter für Privatkunden als auch als B2B-Güter für Geschäftskunden bzw. als Fuhrparkinvestitionen angesehen werden (ähnlich ist es mit PCs).

1897 wurde die Markenlegende **Oldsmobile** gegründet. Oldsmobile gehörte zu den fünf Kernmarken des größten Automobilherstellers der Welt:

- Chevrolet

- Pontiac

- Buick

- Cadillac

Alle fünf Marken zusammen bescherte bis in die 50er Jahre dem GM-Konzern einen Marktanteil von stolzen 57% auf dem heimischen US-Markt. Bereits in den 20er Jahren war Oldsmobile eine Pioniermarke und wurde als ‚King of Chrome' bekannt. Diese Marke war einst Inbegriff mehrerer Pionierleistungen:

Oldsmobile war das erste Auto

- mit blanken Chromteilen,

- mit Automatikgetriebe und

- mit Vorderradantrieb im Jahre 1966.

In jüngerer Vergangenheit aber verlor Oldsmobile sein Markenimage als automobiler Pionier. GM beschloss, die spezifische Ausprägung von Identität jeder ihrer Marken aufzugeben, um so die Umsätze mittels Uniformität über alle Marken hinweg zu steigern. 1983 erschien im Fortune-Magazin ein Artikel über die **zunehmende Homogenität der GM-Marken**, mitsamt einem Foto von einem Oldsmobile neben einem Chevrolet, einem Buick und einem Pontiac. Die Überschrift lautete ‚Verdirbt der

Erfolg General Motors?' – mit anderen Worten: ‚Erkennen Sie noch die Unterschiede zwischen den Marken von GM?'.

GM's Markenhistorie wurde maßgeblich geprägt von Alfred Sloan, der bereits in den 20er Jahren folgende **Markenhierarchie** kreierte: Vom Chevrolet über den Buick zum Oldmobile bis hinauf zum Cadillac. Der Plan ging für GM solange auf, wie hinter eigenständigen Marken ebenso charakteristische und gut unterscheidbare Produkte standen.

In der jüngeren Vergangenheit brachte allerdings eher Loyalität und weniger Enthusiasmus die Kunden in die GM-Autohäuser. Das Durchschnittsalter des Oldsmobile-, Buick- und Cadillac-Kunden liegt bei annähernd 60 Jahren. Gegen Ende der 90er Jahre verschrieb sich GM einer neuen Markenstrategie, die weniger marken- als vielmehr produktorientiert war. Obwohl diese neuen Modelle (Alero, Aurora und Intrigue) von der Fachpresse gute Noten bekamen, waren diese Modelle nicht in der Lage, jüngere Käufer anzuziehen. Sie hatten einfach keine Chance gegen Marken wie Lexus (‚The luxury Division of Toyota').

Ende 2000 hat GM entschieden, die Marke Oldsmobile stufenweise abzuschaffen. Seit 2004 werden keine Oldsmobile mehr produziert.

Am Beispiel **Oldsmobile** können folgende Fehler im Markenmanagement identifiziert werden:

- Der Versuch, eine **historisch gewachsene Marke plötzlich von ihrem altmodischen Touch zu befreien**. Slogans in Werbeanzeigen wie ‚This is not your father's Oldsmobile' können **nicht einfach** und schnell ein über Generationen gewachsenes Markenbild **umkrempeln**, insbesondere dann wenn es im Markennamen auch noch einen Altershinweis trägt.

- Eine weitere sinnlose Taktik bestand darin, das Markenschild an neuen Automobilen wegzulassen: Eine Neupositionierung von Marken mit etablierten Image birgt immer große Gefahren. Eine **sukzessive Markensteuerung in eine neue Richtung muss behutsam durchgeführt** werden.

- Die **Vernachlässigung der Stärken einer Marke** bzw. des Markenbildes bzw. dessen, für was eine Marke bislang immer stand, führt dazu, dass die Zielgruppe, mit der die Marke ursprünglich groß geworden ist, das Produkt nicht mehr weiter präferiert. Im Fall Oldsmobile war das die lukrative Zielgruppe älterer Menschen mit höherer Kaufkraft.

- **Eine Marke lebt von ihrer Andersartigkeit** gegenüber dem Wettbewerb und erst recht innerhalb eines Konzerndaches.

Ein weiteres Beispiel aus dem Automobilbereich ist die Marke **Rover**. Wenn man in Betracht zieht, dass die Marke bereits seit 100 Jahren Automobile produziert. Bereits 1950 kam ein Rover-Gas-Turbinenwagen auf den Markt und sechs Jahre später ein T3 mit Allradantrieb und Glasfaserrahmen. Die P4-, P5- und P6-Serien waren wegweisend für die britische Automobilindustrie und während der Nachkriegsjahre waren die Fabriken über viele Jahre hinweg voll ausgelastet – bis in den 70er sich der langsame Abstieg abzeichnete. Die im British Leyland-Konzern zusammengefassten Automobilmarken (Rover, Land Rover, Range Rover, Mini, Jaguar, Triumpf, MG) wurden bezeichnender Weise immer häufiger als British Island abgewertet, weil die Qualitätsmängel in die Höhe und die Absatzzahlen in den Keller gingen.

1994 übernahm BMW den britischen Autobauer, interessierte sich aber vornehmlich für die Allrad-Modelle von Land Rover. Der Rover 75 war das erste Auto, das nach der Übernahme durch BMW gebaut wurde. Sowohl in Japan, Europa als auch im mittleren Osten wurde der Wagen bei seiner Markteinführung 1999 gerühmt: Als Marke mit elegantem Retro-Look und Klasse mit Stil. Insgesamt gewann der Wagen 10 Auszeichnungen der Automobilindustrie. Trotzdem blieb die Nachfrage hinter den Erwartungen zurück, denn 1999 wurden gerade einmal 25 000 Stück abgesetzt. Das Problem war weniger der Wagen als vielmehr die Marke: Rover ist nicht nur der uncoolste Markenname der Branche, sondern auch Synonym für den Niedergang der britischen Automobilindustrie, obwohl es Ford inzwischen gelungen ist, Land Rover, Jaguar und Aston Martin erfolgreich im Markt mit moderner Technologie aus dem Ford-Baukasten zu etablieren. Währenddessen dümpelt heute Rover als im Jahr 2000 von BMW wieder abgestoßene Marke vor sich hin – zusammen mit MG am Geldhahn eines Non-Automotive-Konzerns. Die Marke Mini blieb im Hause BMW und weist in den letzten Jahren einen rapiden Absatzanstieg an, obwohl der Wagen in dieser hart umgekämpften Fahrzeugklasse preislich deutlich darüber rangiert. Aus dem Fall Rover kann eine Menge lernen:

- **Obwohl der Markenname über 100 Jahre alt ist, lastet auf ihm eine zu wechselhafte Geschichte mit mehr Tiefen als Höhen.** Inzwischen tragen die sportlichen Ableger von Rover den Zusatz MG – die britische Traditionsmarke für sportliche Roadster aus den 60ern.

- **Die Konzentration auf Produkte darf nicht zu Lasten der Marke gehen.** Auch ein gutes Produkt verkauft sich schlecht, wenn die Marke nicht gepflegt wird.

- **Die anderen englischen Marken wie Mini, Rover, Land Rover/Range Rover und auch Rolls-Royce** machen deutlich, dass eine Marken-Renaissance gelingen kann und nicht mit einer bewegten Vergangenheit belastet bleiben müssen.

Mit diesen Beispielen wurde deutlich, wie wichtig ein sensibler Umgang mit der Marke und der Markenpositionierung ist. Da die Beispiele nicht rein B2B-spezifisch waren und vor dem Hintergrund, dass aus dem Konsumgütermarketing mit seiner schon länger andauernden Tradition im proaktiven Markenmanagement durchaus Impulse und Erfahrungswerte auch für B2B-Anbieter nach entsprechender Anpassung an die spezifischen B2B-Anforderungen relevant sein können, soll abschließend in kurzer Form noch folgender aktueller Trend aufgezeigt werden.

Trotz hohen Kostendrucks in allen Märkten entstehen immer neue Themenparks rund um die Marke: Im B2C-Bereich spricht man hier häufig von Brandlands, z. B. Volkswagen Autostadt, Weber Haus ‚World of Living', Legoland, Playmobil Fun Park, Imhoff-Stollwerck-Museum, Opel live, Ravensburger Spieleland (*Thunig* 2004). Mit dieser Entwicklung wird den Menschen das zurückgegeben, was wir im ersten Teil des Buches zur Markenhistorie über die letzten Jahrzehnte zum Ausdruck bringen wollen: Die durch die Industrialisierung herbeigeführte Anonymisierung von Käufer-Verkäufer-Beziehungen. Mit den Brandlands wird den Menschen mehr Einblick gegeben, wie etwas entwickelt wird, beschaffen ist, produziert und vermarktet wird. Der Kunde baut sich so wieder mehr Nähe zu seiner präferierten Marke auf und verkürzt damit die durch die Industrialisierung verursachte Distanz. Markenmanagement ist in erster Linie Beziehungsmanagement und weil im B2B-Bereich besonders starke und direkte Käufer-Verkäufer-Beziehungen bestehen, sind diese selbstverständlich auch besonders markenrelevant. Dass längst nicht mehr nur nüchterne Leistungsdaten im Vordergrund stehen, sondern auch immaterielle Werte wie Vertrauen, Reputation und Erfahrung eine ebenso große Rolle spielen, haben wir in Teil 1 bereits erläutert: Der Buying Center hat nicht nur Verstand, sondern er besteht eben auch aus Fleisch und Blut.

Die Fallstudie Kuka hat aufgezeigt, wie eine B2B-Marke für ganz neue Zielgruppen interessant werden kann. Im B2B-Geschäft ist inzwischen auch ein ähnlicher Trend zur Emotionalisierung von Markenwerten zu beobachten, der sich insbesondere in der Etablierung besonders attraktiver, teilweise exklusiver Shopping Malls nicht unähnlicher **Industrieparks und Innovationszentren** darstellt. In dieser Weise präsentieren sich immer häufiger auch hochleistungsstarke Mittelständler gegenüber ihren OEMs als absolut ebenbürtig, z. B. das Getrag Innovationszentrum in Untergruppenbach bei Heilbronn. In Richtung solcher Innovationszentren pilgern scharenweise potenzielle künftige und wichtige bisherige B2B-Kunden zu den Lieferanten, um sich mehr Einblick hinter dem, was für eine Marke steht, zu verschaffen. Unternehmenskultur, Unternehmensphilosophie, Kundenreferenzen und natürlich die Infrastruktur eines Unternehmens im Bereich der Entwicklung von Innovationen wurden bereits identifiziert als wesentliche Markenwerttreiber.

Wir werden diesen Aspekt in unserem nachfolgenden Abschlusskapitel wieder aufnehmen, weil wir davon überzeugt sind, dass Innovationsmanagement und Markenmanagement zwei Seiten ein und derselben Sache sind und daher von besonderer Bedeutung für die Markenstärkung und für den Markenerfolg sind. Der Weg zur biographischen Marke nach dem Motto ‚Erleben – Erfahren – Erinnern' wird damit durchaus begünstigt.

Die Zukunft des B2B-Markenmanagements

Falls Sie nicht zu den Lesern gehören, die ein Buch zuerst vorn und dann hinten querlesen, dann liegt nun eine große Wegstrecke im Prozess der Wissensaufnahme und hoffentlich auch der Wissensdurchdringung hinter Ihnen.

Falls Sie zu den Querlesern gehören, dann möchten wir Ihnen jetzt Appetit machen, das ganze Buch zu lesen. Wenn Sie noch mehr wissen wollen und an den aktuellsten Entwicklungen zum B2B-Branding interessiert sind, dann sollten Sie auf unsere Website zum Buch gehen:

> www.b2b-markenmanagement.de

Bis 2005 wurde kein so umfassender Werk zum Markenmanagement von Nicht-Konsumgütern vorgestellt. Natürlich gibt es unzählige Artikel oder Kapitel in Büchern, verwiesen sei hier nur auf die ausgezeichneten Ausführungen von Backhaus und anderen Autoren.

In diesem Buch haben wir uns als Autoren in bewusster Überzeugung gegen die in Deutschland üblichen umfänglichen Fußnotenapparate bzw. Firmenregister gestellt und daher nur einem exklusiven Kreis an markenorientierten Unternehmen den Eingang in unser Werk ermöglicht, um so wie bereits in unseren früheren Werken der Überzeugung nach Ganzheitlichkeit im Sinne des amerikanischen Fallstudienstils zu folgen:

Sie finden daher viele Informationen über wenige Firmen und nicht umgekehrt. Nachfolgend möchten wir Ihnen **zentrale Postulate für erfolgreiches Markenmanagement im B2B-Sektor der Zukunft** in pointierter Form vorstellen:

1. Markenentwicklung ist ein Prägungsprozess

Wir geben Ihnen ein Instrumentarium in die Hand, um dies zu erreichen. Marken schaffen die Möglichkeit, sich als Lieferant von spezifischen Produkten besser in Erscheinung zu bringen und so ein hohes Maß an Differenzierung gegenüber Wettbewerbern zu realisieren. Um dies zu erreichen, werden bei der Markierung visuelle und verbale Elemente eingesetzt, wie etwa Logos, Symbole, Verpackung, Slogan oder entsprechende Kombinationen daraus. Eine Marke dient als Kurzbeschreibung der technischen, wirtschaftlichen und sozialen Vorteile des Marktangebots eines Anbieters (Teil 1, Kapitel 1 und 2).

Markenelemente können abstrakt oder auch konkret sein. In Hightech-Märkten spielen neben der Technologie auch Markennamen und Markenhistorie eine wichtige Rolle („Der Lieferant unseres Vertrauens').

Anderson stellt fest (*Anderson* 2004):

> „Brands and brand building are concepts that are of growing interest in business markets. Establishing and building brands are goals that managers in business markets increasing by seek to accomplish. They believe that by adapting the concepts and practices of their counterparts in consumer markets to business-to-business settings, they can build brand equity and benefit from it."

Wir Unter dem Aspekt des Markenmanagements gewinnt natürlich neben dem Aspekt der **Ganzheitlichkeit** auch die Bedeutung von **Prozessen** zusätzlich eine ganz besondere Bedeutung. Denn eine Marke als Markenbild, als Markenwert und Markenassoziation ist die Summe und damit der Saldo eines Ergebnisses im Rahmen einer zeitraumbezogenen Entwicklung und zwar unabhängig von irgendwelchen wie auch immer dotierten Marketing-Budgets.

Eine Marke steht immer sehr eng in Verbindung mit dem Wort Prägung und in diesem Prozess kann der Faktor Geld auch keine besondere Beschleunigungsfunktion ausüben. Wer heute viel Geld in die Hand nimmt, um die Produktionsprozesse schnell und nachhaltig in der Effizienz zu steigern, der wird dies auch in absehbarer Zeit erreichen. Mit der Markenbildung ist es anders und genau diesen Aspekt haben wir sowohl im theoretischen Teil, aber insbesondere im zweiten praktischen Teil im Rahmen der Branchenanwendungen und der Unternehmensbeispiele darstellen wollen. Markenbildung steht in einem sehr engen Zusammenhang mit dem Aufbau und der Stärkung von Beziehungen, der Verankerung im Bewusstsein und erst recht im Unterbewusstsein. Dieser Prozess braucht unabhängig vom materiellen Budget vor allem eines: Zeit und Kontinuität. Nichts ist tödlicher in der Entwicklung starker Marken als eine Unternehmenskrise, eine negative Schlagzeile in der Presse, eine Rückrufaktion, schlechte Testergebnisse oder Ähnliches. Die Wiederherstellung öffentlichen Vertrauens und insbesondere Kundenvertrauens ist in solchen Fällen empfindlich beeinträchtigt und bedarf eines professionellen Umgangs mit Information und Kommunikation. Dieser Aspekt wirkt umso nachhaltiger, da im B2B-Bereich der einzelne Kunde häufig einen wesentlich höheren Kundenwert besitzt und oft auch entsprechend aufwändiger zu akquirieren war.

Selbstverständlich ist die **Bildung starker Marken** nicht zum Nulltarif zu haben – im Gegenteil: sie erfordert ein beträchtliches Investment mit klarer Fokussierung. Aber die Investition lohnt sich, denn man schafft damit auch einen ganz wesentlichen, in vielen Unternehmen sogar den größten Vermögensteil überhaupt. Mit der Brand Equity (vgl. Kapitel 2.6) wird der Markenwert erfasst und der Einschätzung der Kunden zu den Angeboten der Wettbewerber gegenübergestellt. Wie wir ins Teil 1 aufgezeigt haben, gehören inzwischen auch B2B-Brands in die Liste der Top 10 von Interbrand. Nur mit einer ausgefeilten Markenstrategie kann so etwas erreicht werden.

Natürlich muss jeder Manager die Investition in die Marke rechtfertigen können, aber es gibt überzeugende Beispiele – nicht nur von großen Firmen: Nehmen wir einmal an, Sie wären Schaltschrankmonteur und Sie müssten einen lukrativen Auftrag von 10 Normschränken installieren. Verwenden Sie DIN-Schränke bezogen als Kiloware aus China oder verwenden Sie Schrauben der Marke Würth?

2. Unser Markenverständnis hat ein Janus-Gesicht

Wir möchten dieses abschließende Kapitel nun mit einer **kurzen Geschichte** beginnen, die uns im Rahmen des Erstellungsprozesses dieser Arbeit mehrmals wiederfahren ist:

> Das gesamte Werk ist auf dem Laptop von Michael Schmid zur Buchform überarbeitet, aktualisiert und vollendet worden. Es handelt sich dabei um einen dreijährigen Sony Laptop, der bis heute seine Arbeit zuverlässig erfüllt hat. Da wir aber oft auch anlässlich der Firmenrecherchen unterwegs waren, sind wir zeitweise auf den Akkubetrieb angewiesen gewesen. Leider führt der Akku bereits seit Jahren ein merkwürdiges Eigenleben: Ob er nun die ganze Nacht am Netz hing oder nicht, seine Betriebszeit schwankt so zwischen 40 Minuten und 5 Minuten. Man kann sich aber auf jeden Fall darauf verlassen, dass der Akku ohne Vorankündigung den Laptop-Betrieb einstellt, wenn ihm danach ist.
>
> Unabhängig davon, ob der Akku leer ist oder nicht, ob er gerade mal wieder mitten in der Arbeit den Rechner hat abstürzen lassen oder nicht – stets schauen uns die Vaio-Kurven und das Sony Label unbeeindruckt in die Augen, als ob nichts geschehen wäre. Solange keiner mit dem Werkzeug den Schriftzug Sony entfernt oder mit dem Sandpapier die Vaio-Kurven plan macht, solange positioniert sich uns das Produkt und natürlich auch Dritten gegenüber mit der klaren Botschaft: Ich bin ein Vaio Laptop der Marke Sony. **Und was wollen wir Ihnen nun damit sagen?**

Wir möchten Ihnen an diesem Beispiel aufzeigen, dass im übertragenen Sinne auch eine starke Marke stets mit neuer Kraft versorgt werden muss. Folglich reicht es nicht, sich auf erworbenen Lorbeeren auszuruhen oder einfach nur Markenimagepflege zu betreiben, auch dann nicht, wenn die komplette Klaviatur der in unserem Buch dargestellten **operativen Markenkommunikation** zum Einsatz kommt: Für den Konsumbereich wurde dazu von David Aaker ein neues Werk vorgestellt: Brand Portfolio Strategy. Er ist der Meinung: ‚Even Brands need spring cleaning (*Aaker* 2004).

Es geht uns vielmehr um die Verantwortungsübernahme für eine kontinuierliche **strategische Markenaufladung**, denn viele Unternehmen kennen gar nicht so genau ihre zentralen, oft historisch gewachsenen Markenwerte und noch mehr Firmen sind sich auch nicht ihrer signifikanten Markenwerttreiber bewusst, mit denen sie ihre Markenwerte pflegen, stärken und ausbauen müssen. Was nutzt der schönste Laptop, wenn nicht mal der Akku oder das Netzteil des Koautoren hilft, die Marke Sony wieder mit Leben zu erfüllen. Strategische Markenaufladung ist originäre Aufgabe jedes Unternehmens, jeder Branche, jeder Unternehmensgröße und auch jedes Unternehmensalters. Strategische Markenaufladung muss das gesamte Unternehmen durchdringen, horizontal über alle Bereiche und vertikal über alle Ebenen hinweg: Strategische Markenaufladung muss parallel zum Produktlebenszyklus betrieben werden und bedarf der regelmäßigen Iteration in Form von Revision und Innovation.

Aaker fordert die Unternehmen auf, eine stärker proaktive Rolle bei der Entwicklung ihres Brand Portfolios einzunehmen (*Aaker* 2004):

„Nothing is more emotional than a brand within an organization."

Andernfalls folgert Aaker (*Aaker* 2004):

„They will find themselves in Henry Ford's position when he woke up and realized not all cars need to be black."

> Der Aspekt der **strategischen Markenaufladung** ist die Basis, um überhaupt an operative Markenkommunikation denken zu können. Denn ohne strategische Markenaufladung bleibt **operative Markenkommunikation** eine mittel- und langfristig eine Worthülse ohne Richtung und ohne Wert, ohne Effizienz und erst recht ohne Effektivität.

Operative Markenkommunikation verstehen wir nicht als Erzeugung eleganter und kostspieliger Kampagnen, sondern als ehrliche Fortsetzung eines begonnenen systematischen Prozesses, der mit der strategischen Markenaufladung einmal begonnen wurde und der niemals enden darf – auch nicht auf hohem Erfolgsniveau, denn damit schließt sich wieder der Kreis mit den eingangs erwähnten Lorbeeren.

Der Konsumgüterbereich hat gelernt, auf diesem Klavier zu spielen, ja wir haben heute sogar bei einigen Anbieters das Stadium der Over-Marketing erreicht: Zu viele Marken, zu aggressive und oft sogar geschmacklose Marketing-Kommunikation (z. B. in der Werbung) und eher verwirrte als überzeugte Kunden. Ergebnis ist ‚misdirected resources and low margins'. Es gibt viele Ursachen dafür. Ein wesentliches Element dabei ist die zunehmende Globalisierung der Unternehmen und die vielfältigen Mergers & Acquisition-Aktivitäten der Unternehmen. Auch das trifft für B2B-Unternehmen zu. Viele mittelständische Innovationsführer kaufen Unternehmen oder werden gekauft und dann entsteht oft ein unstimmiges Gemisch aus Marken und Markenauftritten. Auch die inhärente Entwicklung von Marken kann beim Kunden Konfusion erzeugen. Oft ist oder war der Unternehmer emotionaler Träger der Marke, mit der Person werden Innovation und Tradition personifiziert. Wenn Manager das Unternehmen weiterführen, dann haben sie oft nicht diese Ausstrahlungskraft wie der Unternehmensführer oder die Gründerfamilie. Marken müssen dazu von der Unternehmermarke zur Unternehmensmarke migrieren (vgl. Teil 2, Kapitel 1.7 zur Unterscheidung zwischen Manager und Unternehmer bzw. Intrapreneurship und Entrepreneurship sowie das Fallbeispiel Schroff in Teil 2, Kapitel 4). Dazu ist es notwendig, den **Relevant Set of Brands** zu identifizieren und die Kohärenz zwischen Unternehmen und Markt sicherzustellen. Der Fit, das heißt die Übereinstimmung in Faktoren und Ausprägung schaffen die Voraussetzung für den Erfolg.

Konsumgüterfirmen sind mit diesem Phänomen schon seit 20 Jahren konfrontiert und diejenigen, die es verstanden, die Aufmerksamkeit des Managements auf das Markenmanagement zu lenken, sind heute Weltmarktführer in ihrem Geschäft. Vor ca. 30 Jahren waren die Firmen Dr. Oetker und Procter & Gamble erfolgreiche Unternehmen in ihren Märkten. Heute hat P & G sein Markenmanagement perfektioniert und Dr. Oetker ist ein nationaler Nichenanbieter. Im B2B-Bereich ist General Electric ein herausragendes Beispiel für ein professionelles Markenmanagement (*Anderson* 2004).

Unternehmen im B2B-Sektor stehen als Markeninhaber ganz besonders unter Zugzwang. Eine schillernde, stark kommunizierte Marke birgt **Risiken des Hochmütigen** und reicht allein immer weniger aus, um bei den Zielgruppen Akzeptanz und Nachfrage auszulösen. Genau das meinen wir, wenn wir von einer Unausgewogenheit zwischen zu geringer **innerer** strategischer Markenaufladung und überhöhter oder übersteigerter Markenkommunikation nach **außen** sprechen. Es geht dabei um ein Gleichgewicht in dreifacher Hinsicht (*Schmid* 2004):

- **Adäquanz,** d. h. die Auswahl und Ausgestaltung der Markenwerttreiber zur strategischen Markenaufladung müssen hinsichtlich Branche, Unternehmensgröße, Unternehmenssituation und Geschäftslage, Kundenzielgruppe, Kernkompetenzen und Produktgruppe angemessen sein und den drei bekannten Anforderungen des USP entsprechen: Wahrnehmbarkeit, Wichtigkeit und Kontinuität.
  Es macht beispielsweise keinen Sinn, Markenwerttreiber auszuwählen und zu erfüllen, wenn sie beim Kunden gar nicht ankommen oder für unwichtig oder als unglaubwürdig eingestuft werden. Qualität ist heute nicht nur im B2B-Geschäft eine Selbstverständlichkeit, mit der man sich allein kaum noch profilieren kann.

- **Kohärenz,** d. h. die Auswahl und Ausgestaltung der Maßnahmen der operativen Kommunikation müssen gut aufeinander und vor allem gegenüber der Auswahl und Ausgestaltung der Markenwerttreiber der strategischen Markenaufladung abgestimmt sein.
  Wenig geeignet sind beispielsweise Maßnahmen, die in der Gewichtung und Abfolge keinen logischen Zusammenhang aufweisen; z. B. wenn der Außendienst nicht ausreichend über neue Produkte informiert ist, die bereits auf der Homepage angekündigt werden.

- **Koexistenz,** d. h. in der Summe müssen sich operative und strategische Parameter des Markenmanagements in ausgeglichener Weise gegenüberstehen. Einer Dominanz der einen Seite muss auf Dauer abgebaut werden oder durch Stärkung der rezessiven Seite kompensiert werden.

Mittel- und langfristig macht es wenig Sinn, wenn die operativen oder die strategischen Parameter im Vordergrund stehen, da die zu schwach ausgebildete Komponente nicht durch die andere kompensiert werden kann: Weder durch Zeit noch durch Geld! Wer seinen Kunden zu viel verspricht, wird mit der Zeit entlarvt bzw. gefährdet seine B2B-Reputation und wer den Kunden gegenüber zu wenig kommuniziert, verschenkt wertvolles B2B-Potenzial. In beiden Fällen freut sich die Konkurrenz und profitiert davon.

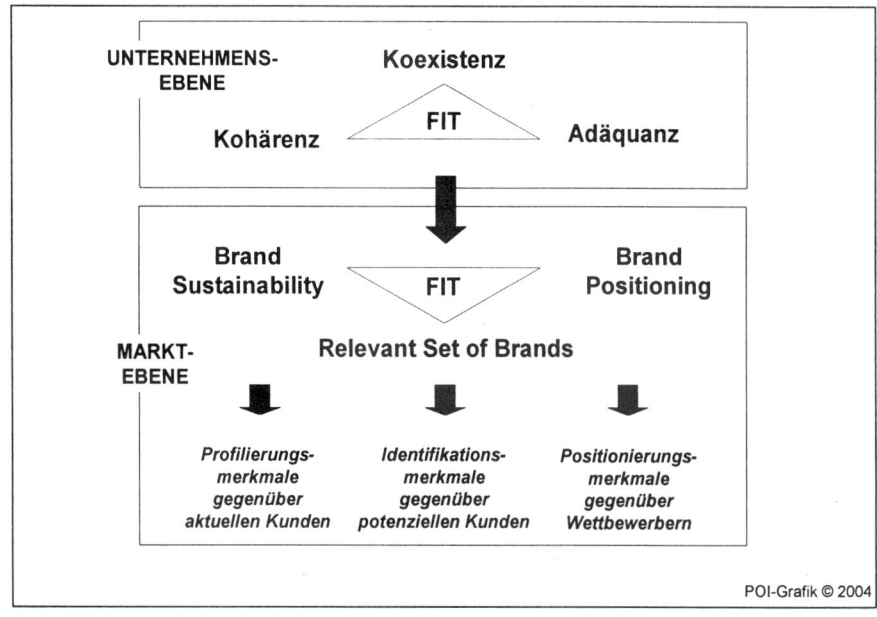

Abbildung 113: Marken-Doppeltriade zur Ausschöpfung von Marktpotenzialen (*Schmid* 2004)

Insgesamt resultiert aus der internen Sicht der **strategischen Markenaufladung** und aus der externen Seite der **operativen Markenkommunikation** ein anspruchsvoller Balanceakt, der die Etablierung eines professionellen Markenmanagements notwendig macht und seine Weiterführung im Ingredient Branding findet (*Pförtsch* 2004). Diese Value Proposition manifestiert die Unterscheidungskriterien zum nächst stärkeren Wettbewerber und definiert die Wertschätzung des Produkt- und Service-Angebotes für den Kunden.

Im Endeffekt führt dies zur Schlüsselfrage (*Anderson* 2004):

„Why should I do business with your firm and not your competitor."

Deswegen sollten Sie sich folgende Fragen stellen (*Pförtsch* 2004):

- Wie unterstützt die Markenstrategie ihre Geschäftsstrategie?
- Welche Markenidentität streben Sie an und wie kommen Sie dahin?
- Welches Produktangebot ist am wertvollsten für Ihre Kunden?
- Wie muss ich meine Organisation strukturieren, um den höchsten Kundenwert zu erzeugen?

Falls Sie Antworten gefunden haben, dann steht nichts mehr im Wege, Ihre Akquisitionspläne zu entwickeln und der Umsetzung zuzuführen. Nun geht es nur noch um das ‚Wie'. Mithilfe ihres neuen, markenorientierten Businessplans (vgl. Teil 1, Kapitel 3) entwerfen Sie ihre nächsten Schritte und lenken intern und extern die Aufmerksamkeit auf ihre Marke oder ihr Markenportfolio. Nachdem Sie das initiiert haben, heißt das nicht, dass Sie sich zurücklehnen können, Sie sollten das Erreichte überprüfen und zwar in regelmäßigen Abständen in möglichst ehrlicher Form. Mithilfe der Instrumente zur Markenwertbestimmung (Kapitel 2.6) können Sie Kriterien für den Erfolg Ihrer Marke herausarbeiten – ausschlaggebend sind:

- Markenwert:
  o Wahrnehmung: Ist die Marke bekannt im Markt?
  o Reputation: Wir die Marke wertgeschätzt'
  o Differenzierung: Gibt es Unterscheidungskriterien?
  o Relevanz: Wie hoch ist die Wichtigkeit für die gegenwärtigen Anwendungen und Kunden?
  o Loyalität: Bleiben die Kunden bei der Firma?

- Geschäftsstärke:
  o Umsatz: Stärkt die Marke einen wesentlichen Teil des Geschäfts?
  o Gewinnspanne: Wird durch die Marke der Gewinn gesteigert?
  o Wachstum: Sind die Steigerungsraten innerhalb des bestehenden Marktes oder außerhalb sichtbar?

- Strategischer Fit:
  o Auswertbarkeit: Kann die Marke auf andere Produkte oder Geschäftsbereiche erweitert werden?
  o Unterstützt die Marke die strategische Geschäftsausrichtung und ist sie die Basis für zukünftige Entwicklungen?

Nach einem Geschäftsjahr sollten Sie dann mit den gleichen Kriterien ihren Markenwert neu bestimmen und die positive oder negative Abweichung wird Ihren Markenwert steigern. In unseren Analysen haben zwei extreme Gruppen zur Markenpositionierung herausgearbeitet – die Realität liegt wie immer auf dem Kontinuum dazwischen: Die einen gehören eher zu den Gutmütigen, die anderen eher zu den Hochmütigen.

Bei den **Gutmütigen** besteht die Tendenz der Übergewichtung der strategischen Markenaufladung, d. h. es wird viel Markenpotenzial ‚verschenkt', weil zu wenig von der Markenstärke an den Kunden kommuniziert wird, insbesondere potenzielle Noch-Nicht-Kunden werden nicht oder zu wenig angesprochen.

Auf der anderen Seite des Spektrums betonen die **Hochmütigen** eine Übergewichtung der operativen Markenkommunikation: Beispielsweise wenn Unternehmen übernommen werden, speziell von Finanzinvestoren, um so ihr Markenportfolio auf ‚bequeme' Weise anzureichern bzw. zu vervollständigen, ohne dabei den zeitintensiven Weg des Markenaufbaus über Jahre hinweg gehen zu müssen.

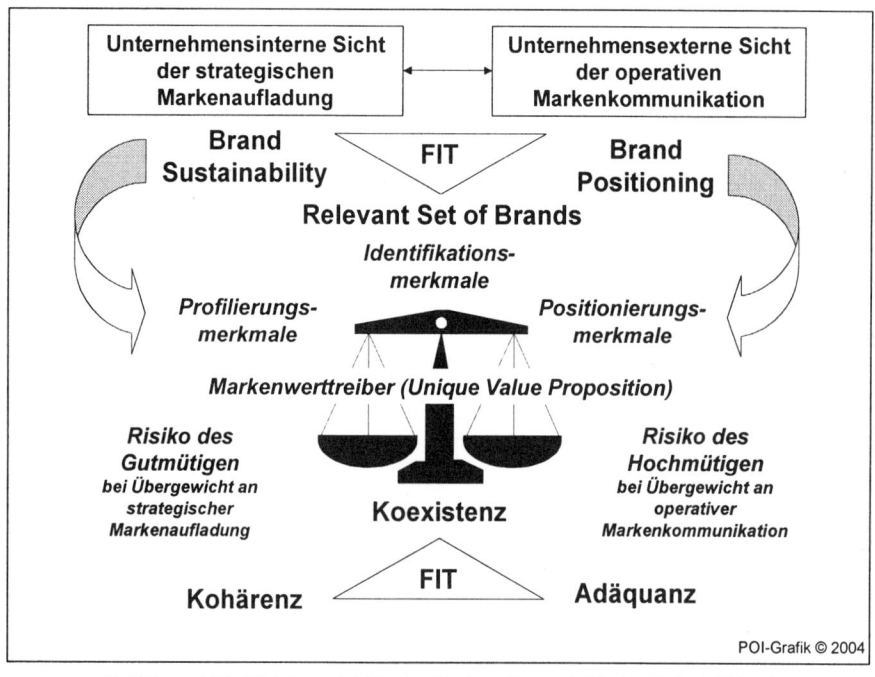

Abbildung 114: Gleichgewicht in der Marken-Doppel-Triade (*Schmid* 2004)

Es praktisches Beispiel für den Fall der **Gutmütigen** liegt vor, wenn Waldemar Pförtsch mit den **Hidden Champions in the Black Forrest** am Firmenbeispiel Schroff diagnostiziert, dass ein erstklassiges Unternehmen mit über 60-jähriger Markengeschichte sich absolut nicht zu verstecken braucht, sondern beispielsweise mit der Etablierung eines Customer Satisfaction Index (CSI) auf sich aufmerksam machen kann. Mit dem CSI wurde ein schlagkräftiges Instrument der operativen Markenkommunikation für Schroff geschaffen: Durch regelmäßige Kommunikation der Ergebnisse nach innen und nach außen: Nicht nur gegenüber den Kunden, sondern auch gegenüber allen anderen Stakeholdern inklusive Stärkung seiner Corporate Citizenship (vgl. unser Postulat Nr. 3). Mit anderen Worten: Defizite im strategischen Bereich der Markenaufladung lassen sich genauso wenig mit einem höheren Investment im operativen Bereich der Markenkommunikation kompensieren wie umgekehrt. Es ist in beiden Fällen bzw. Extremen wie im menschlichen Zusammenleben, privat wie beruflich:

Tabelle 35: Synopse: Gutmütige Marken versus Hochmütige Marken (*Schmid* 2004)

	Die Gutmütigen	**Die Hochmütigen**
Priorisierung	Verkaufen sich unter Wert Markenaufladung ist größer als Markenkommunikation	Lügen sich in die eigene Tasche Markenkommunikation ist größer als Markenaufladung
Markenfokussierung (Corporate Identiy)	Leiste mehr als Du versprichst	Verspreche mehr als Du leistest
Markenwirkung (Corporate Image)	Mehr Sein als Schein	Mehr Schein als Sein

Die beiden Extrempositionen lauten:

- Zur einen Gruppe gehören die **Gutmütigen**, die sich unter Wert verkaufen bzw. ihre wahren Stärken kaum oder gar nicht kommunizieren: Hier ist die unternehmensinterne **strategische Markenaufladung größer als** die unternehmensexterne **operative Markenkommunikation**.

- Zur anderen Gruppe gehören die **Hochmütigen**, die sich auf Dauer in die eigene Tasche lügen und mehr versprechen bzw. kommunizieren als sie halten bzw. als Markenstärke realiter verfügbar haben: Hier ist die unternehmensinterne **strategische Markenaufladung kleiner als** die unternehmensexterne **operative Markenkommunikation**.

Um nicht in diesem Extrempositionen verfangen zu bleiben, empfehlen wir ein strukturiertes Vorgehen, das ihr Unternehmen in überschaubaren Schritten von der internen Markenstrategie über die externe Markenkommunikation zum nachhaltigen Markenerfolg führt. Nach gründlichem Studium des ersten Teils dieses Buches und durch Inspiration aus unseren ausgewählten Fallstudien sind Sie in der Lage, eine Markenstrategie für Ihre spezifische Situation zu entwickeln. Einige der in diesem Buch genannten Firmen begleiten wir auf diesem Weg mit unserer Unterstützung. Falls Sie mehrere Marken haben, empfiehlt sich die Etablierung eines Markenportfolio-

Konzepts. Dann beginnt das ‚Managen'. Der wesentliche Aspekt dabei ist das Erfassen und Priorisieren der Kundenerfahrungen mit der Marke. Falls es Abweichungen zwischen den Kunden oder zwischen Ihren Erwartungen und der Erfahrungen der Kunden gibt, dann sollten Sie diese Differenzen schließen und für Konsistenz sorgen. Danach erfolgen Messungen, Veränderungen und Bewertungen.

Abbildung 115: Markenerfolg garantieren

Falls Sie unsere Empfehlungen befolgen, steht Ihnen ein rosige Zukunft bevor. Alle Analysen zum Markenerfolg für Konsumgüter sowie die Analysen von Prophet International in Chicago, die uns A. Smith überlassen hat, bestätigen unisono: Markenmanagement lohnt sich – auch und insbesondere für B2B-Anbieter. Unzählige Beispiele können hier aufgeführt werden, wir werden dies in einer weiteren Publikation mit speziellem Fokus auf Global B2B-Brands und Lieferantenmarkenwert. Im **Ingredient Branding** ist dieser Balanceakt noch schwieriger zu meistern. Wir werden diesen Aspekt in Aufsätzen und einem Fortsetzungsband genauer analysieren, denn wir haben in unseren Gesprächen mit den Firmen zur Vorbereitung des vorliegenden Bandes festgestellt, dass dieses Thema für eine ganze Reihe weiterer Firmen von besonderer Relevanz ist (*Schmid/Pförtsch* 2005).

Am Beispiel der B2B-Anbieter MBtech und Porsche Consulting wurde deutlich, dass mit einem **klar formulierten und gut operationalisierbaren Markenanspruch** zentrale Problemlösungsmerkmale eines Unique Selling Proposition aufgebaut bzw. abgeleitet werden können. In Erweiterung zum klassischen USP formulieren wir den **Unique Brand Value Proposition** bzw. den **UBVP** (*Schmid* 2004):

- als **Profilierungsmerkmal** gegenüber aktuellen Kunden (Brand Profile).
- als **Positionierungsmerkmal** gegenüber Wettbewerbern (Brand Positioning).
- als **Identifikationsmerkmal** im Evoked Set of Alternatives potentieller Kunden (Relevant Set of Brands).

Allen drei Merkmalen gemeinsam ist die conditio sine qua non für jeden Markenerfolg: Das **Nachhaltigkeitsmerkmal** im Leistungsversprechen beim Kunden (Brand Sustainability).

Wir haben ganz bewusst das komplexe Thema in einem umfangreichen Werk auf diesen gemeinsamen Nenner reduziert, um den Praktikern im Vergleich zu vielen anderen Büchern zum Thema eine klare und übersichtliche Botschaft zu vermitteln: Strategische Markenaufladung und operative Markenkommunikation sind zwei Paar Stiefel und müssen sehr behutsam aufeinander abgestimmt werden. In den Gesprächen mit den Firmen bei der Entwicklung einer Brand Story wurden wir bereits darin bestätigt, dass diese Zweiteilung für die Praktiker sehr gut nachvollziehbar ist und wir werden einige Firmen in Beratungsprozessen auch weiterhin begleiten und zum Teil in weiteren Publikationen vorstellen. Denn auch dieses Fachbuch ist nichts anderes als ein Instrument der in Teil 1 (Kapitel 3) vorgestellten operativen Instrumente der Markenkommunikation. Die Besonderheit im B2B-Sektor besteht darin, dass Fachpublikationen im Gegensatz zum Konsumgütermarketing eine sehr große Rolle spielen.

3. Markenmanagement nicht nur gegenüber Kunden

Unternehmen als Markeninhaber tragen heute noch mehr als früher auch Verantwortung gegenüber der Gesellschaft: Corporate Governance (*Schmid/Kuhnle* 2005), Corporate Citizenship bzw. Corporate Social Responsibility (*Pförtsch/Schmid* 2005) rangieren an immer höherer Stelle und avancieren zum Wettbewerbsvorteil abseits ökonomischer Kalküle. Diskrepanzen zwischen dem Verhalten eines Unternehmens und der Erwartungshaltung der Öffentlichkeit werden thematisiert und ziehen ernste Konsequenzen nach sich. Diesen Aspekt greift auch Naomi Klein in ihrem Bestseller ‚No logo' auf, wobei hier zu unterscheiden ist (*Klein* 2001): Auf den ersten Blick scheint die Autorin zum generellen Widerstand gegen die Markierung von Produkten und Dienstleistungen aufzurufen. Bei genauerem Hinsehen animiert Klein die Öffentlichkeit zum Handeln gegen Unternehmen, die sich zwischen zwei Welten bewegen: Nach außen im schönen Schein edler Marken und nach innen die großen Missstände durch übertriebene Ressourcenausnutzung. Wir nennen diese Unternehmen in unserem Markenmodell die Hochmütigen.

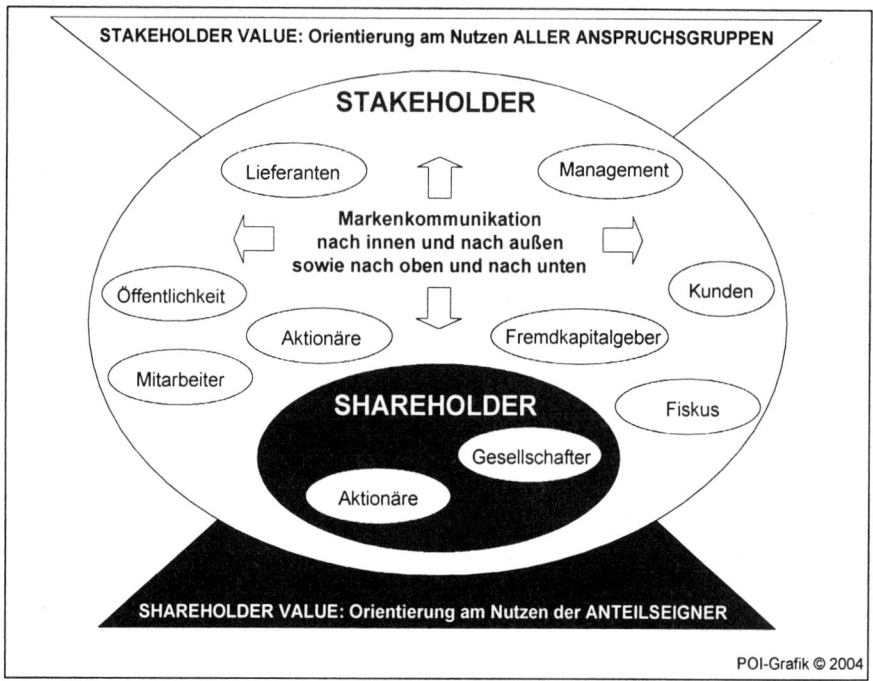

Abbildung 116: Markenkommunikation aufgeladener Marken gegenüber allen Stakeholdern

Forderungen werden laut, Unternehmen nicht nur gegenüber ihren Aktionären, sondern auch gegenüber den übrigen Stakeholdern und der gesamten Gesellschaft Rechenschaft ablegen zu lassen – dies erscheint auch unter dem Markenaspekt von großer Bedeutung, denn welches Unternehmen berichtet schon über seine wahren Werttreiber der Unternehmensleistung: Neben der sehr eingeschränkten Bilanzierung von Brand Capital (§ 248 Abs. 2 HGB) erfährt auch Human Capital und Customer Capital sowie Innovation Capital keine adäquate Berücksichtigung (*Schmid/Kuhnle* 2004). Und dies muss an dieser Stelle einmal sehr deutlich gemacht werden: Wenn wir über strategische Markenaufladung als Voraussetzung für operative Markenkommunikation sprechen, dann sind wir uns dessen bewusst, dass ohne die Suche, Identifikation, Auswahl und Umsetzung von Innovationspotenzialen gerade für B2B-Produkte und -Dienstleistungen keine Markenstärkung auf Dauer durchgehalten werden kann – so bereits das Ergebnis eines Dissertationsvorhabens in einer interdisziplinär zusammengesetzten Querschnittsfunktion des Ideenhauses im Pkw-Produktentwicklungsprozess von DaimlerChrysler (*Schmid* 1999).

Die Funktion der Marken hat sich damit geändert: Von der reinen Markierung des Produkts über das Verständnis eines Markenartikels als Qualitätsbezeichnung bis hin zu verhaltens- bzw. imageorientierten Ansätzen in den 90er Jahren. Freilich haben diese Betrachtungsweisen bis heute nicht ausgedient, auch im B2B-Geschäft spielen diese Funktionen nach wie vor eine große Rolle und viele Unternehmen unterschätzen das Machtpotenzial, wenn sie ihr Markenpotenzial als Selbstläufer in die Zukunft prognostizieren und der Meinung sind, dass der augenblickliche Erfolg die Zukunft automatisch sichert. Was aber weiter an Gewicht gewinnt, ist der Takt und die Reichweite, mit dem sich ändernde Rahmenbedingungen dem Markenmanager gegenüberstellen.

> **Marken entwickeln sich zunehmend zum Symbol der Einstellung und des Verhaltens ihrer Markeninhaber**, den Unternehmen. Der Konsument und erst recht der B2B-Kunde nimmt der Marke nicht mehr alles ab und überdenkt seine Funktion als ‚Diener der Absatzpolitik'. Marken materialisieren Werte, Vorstellungen und die profilgebenden Charakteristika eines Unternehmens. Die Marke als B2B-typischer Corporate Brand wird noch mehr zum Vehikel der Vermittlung von Unternehmensidentität in einer immer komplexer und dynamischer werdenden Unternehmensumwelt, der auch jeder noch so sehr an Expertise reiche Buying Center ausgesetzt ist. Komplexität und Dynamik sind heute beliebte Modewörter, die schnell über die Lippen gehen, aber zugleich in ihrer wahren Bedeutung maßlos unterschätzt werden:
>
> Unter **Komplexität** versteht man die Anzahl und Verschiedenartigkeit von Einflussfaktoren. **Dynamik** kennzeichnet die Häufigkeit, Regelmäßigkeit und Stärke von Veränderungen in den Einflussfaktoren. Beides scheint sich auch in Zukunft weiter zu potenzieren: Marken als sicherer Anker im Ozean von Dynamik und Komplexität können hier für Anbieter und Nachfrager wirksame Antworten liefern.
>
> **B2B-Marken** manifestieren sich als **Heimathafen,** als **Anker,** als **Zugpferd einer Leistungskette** und letztendlich als **das gute Gefühl** beim Kunden, auch auf Dauer die richtige Kauf- und Investitionsentscheidung im zunehmend stürmischen Ozean der Anbieter- und Produktvielfalt getroffen zu haben.

Es geht um Vertrauen und Verpflichtung. In den traditionellen B2B-Geschäftsmodellen war die Markenrelevanz nicht so sehr im Vordergrund, heut hat sie die gleiche Wichtigkeit wie die organisatorischen Fähigkeiten und die Marktmöglichkeiten. Dort wo alle drei Faktoren zusammenkommen, befindet sich der Wahrhaftigkeitszeitpunkt. Unternehmen, Produkte oder Systeme werden zum zentralen Kommunikationspunkt des Vertrauens. Wenn ein Unternehmen diesen Wahrhaftigkeitspunkt füllen kann, dann haben Sie die nächste Stufe des Markenmanagements erreicht.

Im täglichen Leben umgeben wir uns mit solchen Love Marks (*Roberts* 2004): Nike, IKEA oder Google sind wesentliche Teile unseres Lebens geworden. Warum sollen wir und alle Einkäufer, Entwickler und Assistenten sich nicht mit ‚industrial lovemarks' umgeben. Intel hat es geschafft und Kuka ist auf bestem Wege dorthin. Wir nennen diese neue Stufe ‚InBrands'. B2B-Marken, die mitten im täglichen Leben stehen und von industriellen Kunden, wie vom Endnutzer geliebt werden. Ein Unternehmen aus dem Baden-Württemberg ist auch mittendrin: Kärcher – inzwischen Synonym für professionelle Hochdruckreiniger.

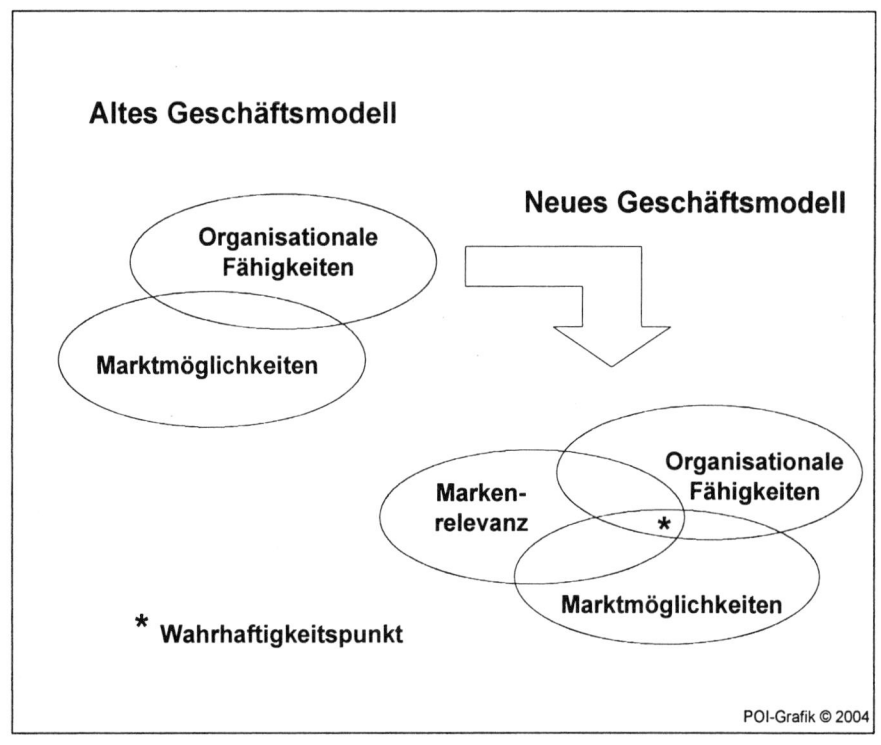

Abbildung 117:
Traditionelles Geschäftsmodell versus Neues Geschäftsmodell

4. Markenentwicklung ist ein offener Lernprozess

Selbst über lange Zeit erfolgreiche Marken verlieren an Aktualität und Anziehungskraft, wenn die Markenführung sich von der oben dargestellten Dynamik und Komplexität der Umwelt abkoppelt. Markenentwicklung ist daher ein nach allen Seiten offener Lernprozess, der alle Belange innerhalb und außerhalb des Unternehmens einzubeziehen hat. Markenpflege darf die Vergangenheit nicht negieren, sie darf aber auch keinen Museumscharakter haben, denn wer an alten Erfolgsrezepten festhält und allein vom Elfenbeinturm aus die Markenwerte statisch fortschreibt, der setzt den Bestand der Marke aufs Spiel.

Den Aspekt der Dynamik und Komplexität sehen wir auch im Zusammenhang mit Gesprächen mit Geschäftsführern und Marketingleitern renommierter B2B-Firmen, deren Teilnahme an diesem Buch allein dadurch verhindert wurde, dass sich das Geschäftsportfolio in seiner Struktur derzeit so stark ändert, dass erst nach der dadurch erforderlichen Neuorientierung in der Organisationsstruktur auch die Markenpositionierung neu entwickelt werden muss. Wir bleiben mit diesen Firmen in Kontakt, denn der Wunsch ist da, sich nach der erfolgreichen Repositionierung als Corporate Brand in künftigen Publikationen von uns darzustellen, denn Meilensteine in einer Unternehmenshistorie haben schon immer fundamentale Auswirkungen auf die strategischen Parameter der Markenaufladung als auch auf die operativen Parameter der Markenkommunikation gehabt.

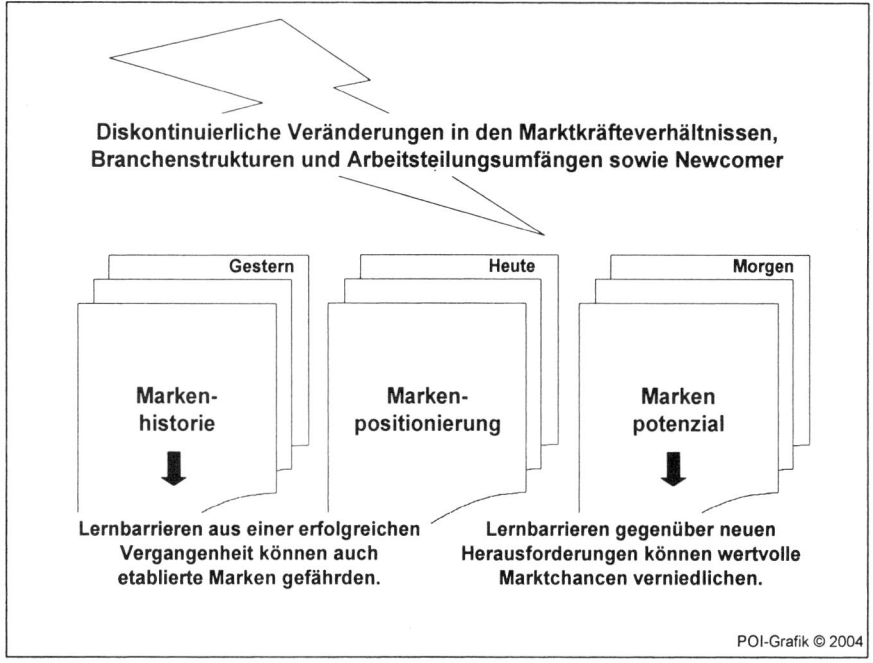

Abbildung 118: Markenhistorie – Markenpositionierung – Markenpotenzial (*Schmid* 2004)

Eine zusätzliche Herausforderung im Lernprozess der Markenentwicklung besteht heute in der Tatsache, dass es weder offensichtliche Profilierungslücken gegenüber dem Kunden noch Positionierungslücken gegenüber dem Wettbewerb gibt. Einige Unternehmen haben erkannt, dass ein ‚Blick über den Tellerrand' hier oft als Quadratur des Kreises anzusehen ist, denn es wird im angestammten Markt häufig unerträglich eng, um Marge und Zukunftsorientierung ausreichend zu berücksichtigen (vgl. Fallstudie Kuka). Ein anderer Weg besteht in der Aufdeckung latenter Kundenbedürfnisse, die der Kunde bislang nicht artikuliert hat oder sich selbst noch gar nicht bewusst ist (*Götz/Schmid* 2004, Kapitel 2.4 zur empathischen Kundenbeobachtung und zum Wettbewerbsmonitoring). Business Migration ist ein weiteres Schlagwort, das für das Phänomen der Auflösung traditioneller Branchengrenzen steht

(*Götz/Schmid* 2004a, Kapitel 2.2 zum Hypercompetetion). Selbst in unserer kleinen Auswahl von Unternehmen war teilweise in Abstimmung mit den Firmen ein Iterationsprozess erforderlich, um festzustellen, in welchem Kapitel sie positioniert werden möchten. Ein schlagkräftiger Beweis dafür, dass sich das Geschäfts heutzutage immer selten innerhalb tradierter Branchengrenzen einteilen lässt. Im Gegenteil: Wer innovativ sein will, entwickelt neue Geschäftsmodelle, die sich quer über verschiedene Branchen legen.

Alle drei genannten Bereiche,

- die Neustrukturierung des Geschäftsportfolios (Unternehmen),
- die erweiterte Erforschung von Kundenbedürfnissen (Markt) und
- die branchenübergreifende Analyse von Geschäftspotenzialen (Wettbewerb)

haben fundamentale Auswirkungen auf das Markenmanagement. Ein sensibler Umgang mit der bisherigen Markenhistorie, der aktuellen Markenpositionierung und dem zukünftigen Markenpotenzial gleicht dem Balanceakt, den wir unserem Markenmodell oben in Form einer Doppeltriade beschrieben haben.

Nachfolgend möchten wir den **Lernaspekt der Markenentwicklung** noch etwas genauer beleuchten:

- Handelt es sich lediglich um **evolutionäre Entwicklungen** bzw. um Umweltveränderungen im kleinen Stil, so ist hier insbesondere die operative Markenkommunikation betroffen. Wir bezeichnen das als **instrumentelle Markenadaption.** Wer hier zu langsam reagiert, der büßt nicht nur Effizienz und Effektivität seiner eingesetzten Instrumente der Markenkommunikation ein, sondern er riskiert eine immer unvollständigere Kommunikation der Marke mit der Umwelt. Typisches Beispiel ist der Besuch der falschen Messe oder gar des falschen Messetyps, insbesondere dann wenn sich eine ursprünglich als Fachmesse positionierte Veranstaltung mit den Jahren zum Volksauflauf entwickelt: Das ist gut für die Messefirma, aber u. U. schlecht für den einzelnen Aussteller. In unserer Doppeltriade ist hier insbesondere der Aspekt der **Kohärenz** betroffen.

- Bei **revolutionären Veränderungen** hingegen ist der strategische Aspekt der Markenaufladung betroffen. Dies kann beispielsweise durch eine Veränderung der drei oben genannten Parameter geschehen: Unternehmen, Markt und Wettbewerb. In solchen Fällen muss ein für den Kunden nachvollziehbarer Ausgleich zwischen der bisherigen Biographie der Marke und den anstehenden Herausforderungen entwickelt werden. In unserer Doppeltriade sind hier die beiden Anforderungen der **Adäquanz und Koexistenz** relevant.

Konfrontiert man diese beiden Formen der Veränderung mit dem organisationalen Lernprozess eines Unternehmens, so stellt man schnell fest, dass verschiedene Lernformen und Lernebenen in unterschiedlicher Weise angesprochen werden

(*Götz/Schmid* 2004). Die Literatur zu diesem Thema ist sehr vielfältig – wir halten in diesem Zusammenhang fest: Unter organisationalem Lernen versteht man informationsverarbeitende Prozesse, die im Ergebnis eine andersartigartige Reaktion auf ein und denselben Stimulus bzw. Umweltreiz auslösen. Lernen wird damit als Mittel zur Innovationsförderung angesehen und Innovationen lösen ihrerseits wieder notwendige Impulse auf die strategischen Parameter der Markenaufladung aus. Vor diesem Hintergrund sind Lernprozesse absolut notwendig, um etablierte Denkmuster und Verhaltensweisen zu überwinden und die Qualität dieser Prozesse bestimmt die Souveränität der Unternehmen im Umgang mit ihrer Markenentwicklung. Die sensible Wahrnehmung und die angemessene Interpretation von Umweltveränderungen müssen in das Unternehmen hineingetragen werden und im gesamten Unternehmen sowohl über alle Hierarchieebenen als auch über alle Unternehmensbereiche hinweg verstanden und verinnerlicht werden, um dann als Ergebnis dieses Prozesses eine gegenüber den Stakeholdern des Unternehmens gut verständliche und angemessene strategische Markenaufladung durch operative Parameter zu kommunizieren.

Die Analyse, Auswahl und Gewichtung sowie die Beantwortung von Veränderungen kann nicht allein vom Markenmanagement eines Unternehmens vorgenommen werden, sondern muss vom gesamten Unternehmen mitgetragen werden, insbesondere dann, wenn es sich um fundamentale Veränderungen handelt: IBM musste beispielsweise irgendwann einsehen, dass es die Verbreitung des PCs nicht aufhalten kann, indem es mit rentablen Großrechnern den Markt bedient. Auf die Gefahr einer zu engen Abgrenzung des relevanten Marktes hat bereits Levitt in den 60er Jahren hin gewiesen, in dem er beispielsweise den US-Eisenbahngesellschaften diesen Vorwurf machte. Ein positives Gegenbeispiel ist auch hier wieder die Firma Kuka, die seinen relevanten Markt trotz großer Erfolge in der Automobilindustrie nachhaltig erweiterte. Die Konsequenzen sind für das Markenmanagement sind in solchen Fällen umfassend, denn der **Lernprozess muss nicht nur innerhalb des Unternehmens, sondern auch außerhalb beim Kunden stattfinden.** Nicht ohne Grund startete DaimlerChrysler über ein Jahr vor Markteinführung der ersten A-Klasse-Generation den Kommunikationsprozess mit dem Kunden und entschied sich zur Vermeidung von Markenüberdehnung ganz bewusst für die Etablierung neuer Marken in Form des Smart und in Form des Maybach. In beiden Fällen wollte man den Markenkern von Mercedes-Benz aus Sicht der Kunden nicht überstrapazieren.

5. Konsequenzen für die operative Markenkommunikation

Es ist nach wie vor so, dass eine eigenständige **Markenkommunikation**, die sich **nicht als Beilage des Marketings** versteht, sondern aus der Unternehmenskommunikation resultiert, bislang wenig erforscht ist.

Damit fällt sie im Rahmen des Themenkontextes zwar nicht sonderlich negativ auf – das genügt jedoch auf Dauer nicht mehr. Die Marke hat eine weit größere Aufgabe, die es zu bewältigen gilt. Markenführung erfordert nicht nur, die Marke ausreichend von anderen markierten Produkten und Leistungen abzuheben, um ihrer Funktion als Qualitätsversprechen und Differenzierung im Wettbewerb nachzukommen: **Gleichzeitig ist die Marke aufgefordert, aus sich heraus eine Identität zu entwickeln und diese dem B2B-Kunden auch zu vermitteln.** Daraus resultiert, die komplexen und dynamischen Erwartungen der Kunden in den Mittelpunkt der Betrachtung zu stellen und die Kommunikationsstrategie permanent an den Informations- und Produktbedürfnissen auszurichten.

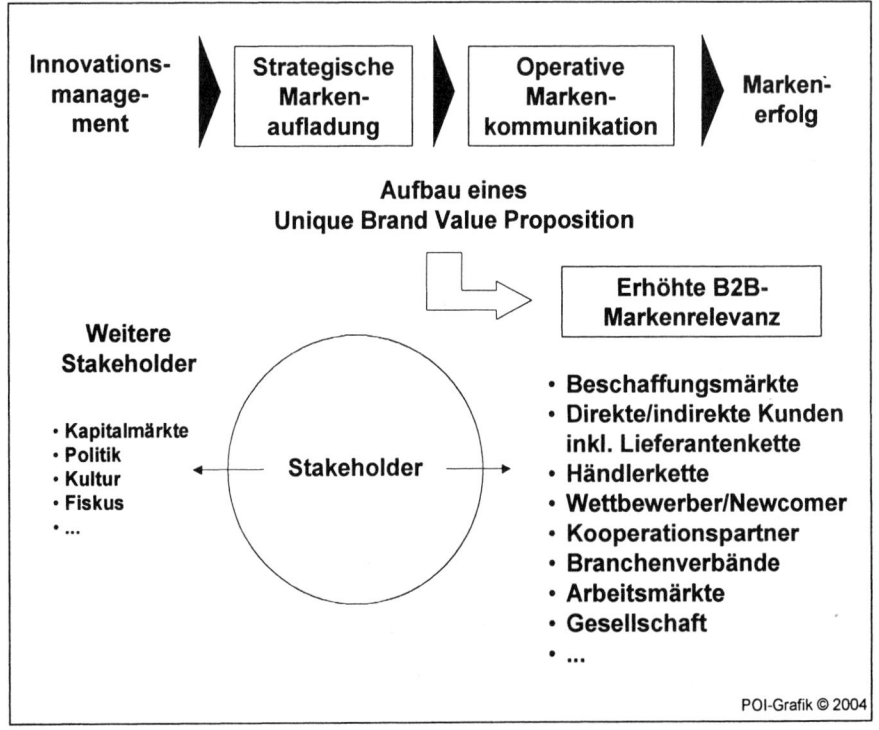

Abbildung 119:
B2B-Markenrelevanz beim Aufbau des Unique Brand Value Proposition (*Schmid* 2004)

Für die **operative Markenkommunikation** werden **in Zukunft folgende Anforderungen** insbesondere im B2B-Umfeld weiter an Bedeutung gewinnen:

- Markenkommunikation muss wertorientiert ausgestaltet sein.

- Marken müssen mit hoher Adäquanz, Relevanz und Kohärenz durch Wertreiber strategisch aufgeladen werden, um überhaupt Voraussetzungen für eine operative Markenkommunikation zu schaffen.

- Markenkommunikation erfordert eine permanente Anpassung an Komplexität und Dynamik von Veränderungen, wobei die Konzentration der Markenkernwerte aufrechterhalten werden muss.
- Operative Markenkommunikation kann Kommunikationsprozesse unterstützen, sie jedoch nicht beherrschen.
- Eine moderne operative Markenkommunikation integriert unterschiedliche Instrumente der Unternehmenskommunikation.

Es geht heute darum, Instrumente der Unternehmenskommunikation unter Berücksichtigung des Markentypus, der B2B-Besonderheiten, der Branche und des Lebenszyklus von Produkten so effektiv und effizient wie möglich einzusetzen.

Wir möchten wir mit diesem Ausblick betonen, dass gerade im B2B-Bereich die Etablierung eines professionellen und eigenständigen Markenmanagements von ausschlaggebender Bedeutung ist, denn im B2B-Bereich dominieren schon immer persönliche Beziehungen, Vertrauen, Glaubwürdigkeit und Expertise noch viel stärker als im Konsumgüterbereich.

Markenführung muss insgesamt gewährleisten, dass Meinungen, Erwartungen und Ansichten von Marke und Unternehmen gegenüber den Bezugs- und Zielgruppen des Unternehmens ausgetauscht werden. Je nachhaltiger der Austausch funktioniert, desto stärker nähern sich Selbstbild und Fremdbild der Marke an:

- Mit dem **Selbstbild der Marke** müssen sich nicht nur die Markenverantwortlichen, sondern das ganze Unternehmen identifizieren können – zuvor müssen sie es aber verstehen und akzeptieren. Dies ist eine conditio sine qua non, die so selbstverständlich in den B2B-Unternehmen nicht erfüllt sein muss.
  Zentrale Fragen hierzu sind:
  Was zeichnet die Marke konkret aus?
  Welchen Anspruch hat die Marke für die Kunden und das Unternehmen?

- Das **Fremdbild der Marke** als Resultante aus der Rezeption der Marke bei den unterschiedlichen Bezugsgruppen ist so wichtig, dass wir heute bereits fest davon überzeugt sind, dass B2B-Unternehmen vor der Herausforderung stehen, nicht nur ihre direkten Kunden und Abnehmer in die Annäherung von Fremdbild und Selbstbild der Marke einzubeziehen, sondern vermehrt und insbesondere auch indirekte Abnehmer. Letztere sind Abnehmer eines komplexen Produktes, das erst durch intelligente und endkundenorientierte Kombination von Komponenten, Modulen und Systemen seinen Endkundennutzen generiert.
  Zentrale Fragen hierzu:
  Wie wird die Marke gesehen?
  Wie wollen die Bezugsgruppen die Marke sehen?

Dieser Prozess der künftig noch differenzierteren Wahrnehmung komplexer B2B-Produkte macht es erforderlich, den Kundenfokus großzügiger zu gestalten: Wer nur an seinen direkten Abnehmer denkt, dem fehlt der Blick über den Tellerrand. Erst ein erweiterter Blick über die Lieferkette als ganzheitlichen Markenwertschöpfungsentwicklungsprozess ist in der Lage, den eigenen Beitrag zum Ingredient Brand Value zu identifizieren und für sich nutzbar zu machen – z. B. in Form von Wettbewerbsvorteilen gegenüber der Konkurrenz.

Zentraler Gedanke bei der Schaffung eigenständiger Unternehmens- und Produktpersönlichkeiten in Form einer widerspruchsfreien, geschlossenen Ganzheit von Merkmalen steht und fällt stets mit der Intensität des Austauschs zwischen den internen und externen Bezugsgruppen, die weit mehr Personenkreise als den klassischen Buying Center einzuschließen haben. Dabei ist neben der Vermittlung von Inhalten zusätzlich deren Informations- und Kommunikationsverhalten einschließlich der präferierten Medien explizit zu berücksichtigen.

Alle Bestandteile der Marke sind auf die Markenpersönlichkeit des Produkts bzw. des Unternehmens ausgerichtet: das visuelle Erscheinungsbild, das kommunikative Erscheinungsbild sowie das Verhalten des Unternehmens.

Jedes Unternehmen, dem es gelingt, sich gezielt und systematisch mit dem Balanceakt zwischen strategischer Markenaufladung einerseits und operativer Markenkommunikation andererseits auseinanderzusetzen und entsprechende Wege zur Umsetzung zu beschließen, wird beim Aufbau und Ausbau starker Marken langfristig auf der sicheren Seite sein und sich so gegenüber dem Wettbewerb nachhaltig abheben und bei seinen Kunden im Sinne des hier skizzierten erweiterten Marktverständnisses auf Dauer zu profilieren. Die besonders im B2B-Sektor auch weiterhin zunehmende Internationalisierung, Mergers & Akquisitions, Coopetition (Competition and Cooperation) stellen zweifellos die identitätsorientierte Führung von Unternehmensmarken und Produktmarken auch künftig vor große Herausforderungen. Die daraus resultierenden Konsequenzen für die oft über Jahrzehnte aufgebauten und vom Kunden verinnerlichten Markenarchitekturen gehören dabei zu den sensibel zu handhabenden Herausforderungen.

Literatur

Aaker, D. A.: 2004. Brand Portfolio Strategy.
Aaker, D. A.: 1992. Management des Markenwertes.
Aaker, D. A.; Joachimsthaler, E.: 2000. Brand Leadership.
Aaker, D.A.: 1996. Building Strong Brands.
Accenture: 2001. Annual Report.
Anderson, J.C.: Business Market Management – Understanding, Creating, and Delivery Value
Ankenbrand, H.: 2004. Der teure Niedergang des Daimler-Stolzes Covisint – Wie der virtuelle Marktplatz der Autobauer gescheitert ist. In: Stuttgarter Zeitung, 17. April, S. 15.
Annual Report Intel: 2001.
Annual Report Intel: 2003.
Baaken, T.; Bobiatynski, E.: 2000 (2002). Business to Business communication. Neue Entwicklungen im B2B-Marketing.
Backhaus, K.: 2003. Industriegütermarketing.
Backhaus, K.; Schröder, J.; Perrey, J.: 2002. B2B-Märkte – Die Jagd auf Markenpotenziale kann beginnen, absatzwirtschaft, Heft 11, S.18-54.
Bartels, H.: 2000. Design ist ok – Innovationstransfer.
Battenberg III, J.T.: 1998. Elektronik bestimmt das Rennen. In: Automobil Entwicklung, September-Ausgabe, S.40-44.
Bäuchle, C.: 2000. Krawattenträger lösen den Knoten. In: Horizont, Nr.30, S. 17.
Baumgarten, H.; I.-L. Darkow; H. Zadek: 2003. Supply Chain – Steuerung und Services.
Beck, T.: 2004. Die Superbremse SBC hat Herzprobleme – Störanfälligkeit durch viele Zusatzfunktionen – Folgt jetzt die Rückbesinnung auf Erprobtes?; In: Stuttgarter Zeitung, Nr.112, S. 13.
Becker, M.: 2001. Aufbau und Bewertung von Intellektuellem Kapital. Excellence durch Personal- und Organisationskompetenz, Ed. Thom, Norbert ; Zaugg Robert J., Haupt Verlag, S. 51-77.
Behlke, J.; Klings, H.; Engelbach, S.: 2003. Absatzfinanzierung – Den Entscheidenden Zusatznutzen schaffen. In: absatzwirtschaft, Nr. 11, S. 38ff.
Berger, A.: 1984. Signs in contemporary culture, An introduction to semiotics.
Beutin, N.; Schenkel, B.; Hahn, F.: 2004. Bestandsaufnahme der Marktbearbeitung in der Zulieferindustrie, S. 6ff.

Bieberstein, I.: 1995. Dienstleistungsmarketing.

Brandmeyer, K.; Deichsel, A.; Otte, T.: 1995. Jahrbuch Markentechnik.

Brandstetter, B.: 2001. Alles taucht irgendwie wieder auf. In: Berliner Morgenpost vom 09.04.2001, o. S.

Buck, A.; Vogt, M.: 1997. Designmanagement – Was Produkte wirklich erfolgreich macht.

Bugdahl, V.: 1998. Marken machen Märkte.

Büschken, J.; Meyer, M.; Weiber, R.: Entwicklungen des Investitionsgütermarketing (B2B-Marketing Edition).

Busse, C.: 2004. Siemens-Konzern verabschiedet sich vom Mode-Handy Xelibri. In: Handelsblatt, 24. Mai.

Campbell, N.C.G.; Cunningham, M.T.: 1983. Customer Analysis for strategy development in industrial markets.

Chur, W.: 2003. Bosch – Innovation mit Tradition – die Marke Bosch im Wandel der Zeit; In: Gottschalk, B.; Kalmbach, R.: Markenmanagement in der Automobilindustrie, S. 247ff..

Crossconsulting 2002. Kundenwertstudie 2002.

Crossconsulting 2003. Kundenwertmanagement, in: asw, Nr.1, S. 51f.

Deichsel, A.: 1998. Namensfindung und Markengestaltung; In: Tomczak, T: Markenmanagement für Dienstleistung

Dichtl, E.: 1992. Grundidee, Varianten und Funktionen der Markierung von Waren und Dienstleistungen. In: Dichtl, E.; Eggers, E.: Marken und Markenartikel als Instrumente des Wettbewerbs, S. 1-24.

Diez, W.: 2001. Automobilmarketing.

Diez, W.; Brachat, H.: 2001. Grundlagen der Automobilwirtschaft.

Dilger, R.; Thormann, P.: 2000. Werte machen den Unterschied. In: Höselbarth, F.; Lay, R.; Lopez de Arriortua, J. I.: Die Berater. Einstieg. Aufstieg. Wechsel. Frankfurt, S. 181-194.

Dirkes, M.; Henseler, C.: 2001. Cell Consulting: Die neue Marke eines Beratungs-Startups. In: Ammann, J.-C.; Höselbarth, F.; Lay, R: Branding für Unternehmensberatungen. So bilden Sie eine Wissensmarke. Frankfurt, S. 143-148.

Dittmer, S.: 2001. Markenrecht im Cyberspace. In: Schönberger, A.; Stilcken R.: Faszination Marke, S. 193ff.

Domizlaff, H.: 1939. Die Gewinnung öffentlichenVertrauens: Ein Lehrbuch der Markentechnik.

Droege, W. P. J.; Backhaus, K.; Weiber, R.: 1993. Strategien für Investitionsgütermärkte – Antworten auf neue Herausforderungen

Ebel, B.; Hofer, M. B.; Al-Sibai, J.: 2004. Automotive Management.

Engelhardt, W.; Günter, B.: 1981. Investitionsgütermarketing.

Engester, M.: 2004. Strahlkraft, Adidas, Haribo, Siemens. Die Wirtschaftswoche kürt Deutschlands beliebteste und erfolgreichste Produkt- und Unternehmensmarken. In: Wirtschaftswoche, Nr.8, 12. Februar, S. 58ff.

Esch, F.-R.: 1998. Aufbau und Stärkung von Dienstleistungsmarken durch integrierte Kommunikation, in: Tomczak, T.; Schögel, M.; Ludwig, E.: Markenmanagement für Dienstleistungen.

Esch, F.-R.: 2004. Markenführung.

Feldenkirchen, W.: 1997. Siemens: Von der Werkstatt zum Weltunternehmen, Piper Verlag GmbH, München.

Femers, S.: 2002. Beratungsmarkt und Beratungstheorie. In: Güttler, A.; Klewes, J.: Consulting oder Consultainment, S.21ff.

Fieten, R.: 1991. Erfolgsstrategien für Zulieferer.

Fischer, M.: 2004. Wachstumsmotor springt an. In: Welt am Sonntag, 6. Juni., S. 30.

Fischer, M.: 2004a. Von Pierers Meisterstück heißt Kleinfeld. In: Welt am Sonntag, 11. Juli, S. 25.

Garber, T.: 2003. Abschied vom grauen Planen – Der Siemens-Konzern arbeitet an einem weltweit einheitlichen Markenauftritt; In: absatzwirtschaft, Sonderheft 2003, S. 78ff.

Geipel, P.: 1990. Industriedesign als Marktfaktor für Investitionsgüter: eine absatzwirtschaftliche Analyse, Reihe Produktforschung und Industriedesign, Band 4.

Godefroid, P.: 2003. Business-to-Business-Marketing.

Goll, S.: 2003. ZF Friedrichshafen AG – Technologieführerschaft als Markenwert; In: Gottschalk, B.; Kalmbach, R.: Markenmanagement in der Automobilindustrie, S. 453ff.

Göttgens, O.; Sander, B.; Wirtz, B.; Dunz, M.: 2001. Markenbewertung als strategischer Erfolgsfaktor, BBDO Consulting GmbH.

Gottschalk, B.; Kalmbach, R.: 2003. Markenmanagement in der Automobilindustrie.

Götz, K.; Schmid, M.: 2004. Praxis des Wissensmanagements. DaimlerChrysler und 17 weitere Unternehmens-Fallbeispiele, Gestaltungsempfehlungen und aktuelle Befunde zum non-territorialen Büro der Zukunft.

Götz, K.; Schmid, M.: 2004a. Theorien des Wissensmanagements – Systemische Untersuchungen über die Wissenskatalysatoren Wettbewerb, Marketing, Human Ressource, Kreativität und Innovation.

Grabrucker, M.: 2001. Neues Markengesetz – Neue Markenformen – Neues Markendesign. In: Schönberger, A.; Stilcken, R., 2001: Faszination Marke, S. 185ff.

Grass, B. 2002. Strategie – wie sich Berater vermarkten. In: absatzwirtschaft Science Factory, Nr. 2, S. 5.

Große-Oetringhaus, W.F.: 1994. Management-Training und Strategie – am Beispiel der Siemens AG. In: Simon, H.; Schuchow (Hg.): Management-Lernen und Strategie. S. 19-56.

Große-Oetringhaus, W.F.: 1996. Strategische Identität: Orientierung im Wandel.
Hack, L.: 1998. Technologietransfer und Wissenstransformation: Zur Globalisierung der Forschungsorganisation von Siemens.
Haig, M.: 2003. Brand Failures.
Haller, S.: 2001. Dienstleistungsmanagement: Grundlagen – Konzepte – Instrumente.
Hämmerle, S.; Möbius, K.: 2001. Personal als markenprägender Faktor; In: Strategisches Markenmanagement für Banken, Consart Management Consultants.
Harting, D.: 2002. Antworten in turbulenten Zeiten, in: Tätigkeitsbericht des ZVEI (Zentralverband Elektrotechnik- und Elektronikindustrie e.V.) 2001/2002, S. 6-8, http://www.zvei.org.
Hering, E.; Pförtsch, W.; Wordelmann, P.: 2001. Internationalisierung des Mittelstandes – Strategien zur Internationalen Qualifizierung von kleinen und mittleren Unternehmen.
Herp, T.: 1982. Der Markenwert von Marken des Gebrauchsgütersektors.
Herrmann, C.: 1999. Die Zukunft der Marke.
Hilke, W.: 1989. Dienstleistungsmarketing.
Hofmann, M.; Meriens, M.: Customer Lifetime Value-Management
Homburg, C.; Krohmer, H.: 2003. Marketingmanagement.
Höselbarth, F.: 2001. Der Weg der Markenfindung in Stellenanzeigen der Unternehmensberatungen. In: Ammann, J.-C.; Höselbarth, F. Lay; R. (Hrsg.): Branding für Unternehmensberatungen. So bilden Sie eine Wissensmarke. Frankfurt, S. 77-125.
Höselbarth, F.; Lay, R.; Amman, J.-C.: Branding für Unternehmensberatungen – So bilden Sie eine Wissensmarke.
IHK-Branchenprofil: 2002.
ISA CONSULT: 1999. Multimedia im Maschinenbau
Jackson, T.(1998). Inside Intel.
Jakob, W.; Schubert, F.: 2001. Bankenmarkt im Umbruch – Markenbildung als Voraussetzung für zukünftigen Erfolg, in: Strategisches Markenmanagement für Banken.
Jansen, M.; Rath, R.; Baumer, C.: 2002. Die Spürhunde für technologische Trends. In: Wissensmanagement, Nr.6, S. 20ff.
Jeschke, K.: 2004. Marketingmanagement der Beratungsunternehmung.
Jeschke, K.: 2004a. Marketing für Beratungsleistungen – ein dienstleistungstheoretisches Rahmenkonzept für alternative Formen der Unternehmensberatung. In: Marketing ZFP, S. 159ff.
Kaluza, M.: 2003. Investgüter-Marketing – Wie ein Maschinenbauer die Alleinstellung schafft; In: absatzwirtschaft, Nr.7, S. 36ff.
Karls, I.: 1996. Das wissensbasierte Unternehmen – die großen Veränderungsströme als Herausforderung und Chance. In: Dialog intern – spezial, Publikation der Siemens AG, Heft 2, März, S. 1-6.
Karmasin, H.: 1998. Produkte als Botschaften.

Kemper, A.C.: 2000. Strategische Markenpolitik im Investitionsgüterbereich.

Kernstock, J.; Breckenfeld, A.: 2004. Abgekoppelt: Die Marke als Placebo strategischer Entscheidungen, in: absatzwirtschaft, Nr.10, S. 40ff.

Kieser, A: 1998. Händler in Problemen, Praktiken und Sinn. In: Glaser, H. et al.: Organisation im Wandel der Märkte, Festschrift für Erich Frese, S. 191ff.

Klein, L.: 2002. Corporate Consulting – Eine systemische Evaluation interner Beratung, Heidelberg, Carl-Auer-Verlag.

Klein, N.: 2001. No logo.

Kleinhans, B. A.: 2000. Mut und Vision: Die Personalwerbungskampagnen von Andersen Consulting. In: Höselbarth, F.; Lay, R.; Lopez de Arriortua, J. I.: Die Berater. Einstieg. Aufstieg. Wechsel. S. 113-117.

Kohlert, H.: 2003. Marketing für Ingenieure.

Kotler, P.: 2003. Marketing Management.

Kotler, P.: 2004. Marketing Guide – die wichtigsten Ideen und Konzepte.

Kotler, P.; Armstrong: 2003. Grundlagen des Marketing.

Kotler, P.; Bliemel, F.: 2001. Marketing-Management.

Kotler, P.; Jain, D.C.; Maesincee, S.: 2002. Marketing der Zukunft – Mit Sense and Response zu mehr Wachstum und Gewinn.

Kriegbaum, C.: 2001. Markencontrolling.

Kriegbaum-Kling, C.: 2004. Bedeutung, Bewertung und Steuerung von Investitionsgütermarken. In: Horvath, P. et. al.: Intangibles in der Unternehmenssteuerung. S.331ff.

Kurhahec, S.: 2002. Die Marke Bosch, Managementseminar Prof. Dr. Pförtsch.

Langner, T.; Esch, F.-R.: 2003. Integriertes Branding - Baupläne zur Gestaltung erfolgreicher Marken.

Langner, T.; Esch, F.-R.: 2003. In sechs Schritten zum erfolgreichen Branding, in: absatzwirtschaft, Nr.7, S. 48ff..

Lanthaler, W.: 2000: Ich Aktie.

Lay, R.: 2000. Der Mensch als Berater. In: Ammann, J.-C.; Höselbarth, F.; Lay, R.: Branding für Unternehmensberatungen. So bilden Sie eine Wissensmarke. Frankfurt, S. 49-62.

Lehnen, M.: 2002. Wettbewerbsstrategie und regionale Reichweite - Internationalisierung mittelständischer Maschinenbauunternehmen.

Leitherer, E.: 1991. Industrie-Design.

Lensdorf, S.; Burgess, I.: 2003. Ein Serviceportfolio für langfristigen Kundennutzen, in: absatzwirtschaft, Nr.10, S. 34ff.

Levitt, T.: 1960. Marketing Myopia. In: Harvard Business Review, No. July/August, S. 92ff.

Linxweiler, R. 1999: Marken-Design.

Linxweiler, R.: 2001. BrandScoreCard. Ein neues Instrument erfolgreicher Markenführung.

Ludwig, A.: 2003. Strategien für den Ersatzteilmarkt. In: ZFAW, Nr. 3, S. 6ff.

Lutz-Misof, G.: 2001. Die Architektur von Online-Stellenanzeigen. In: Ammann, J.-C.; Höselbarth, F.; Lay, R.: Branding für Unternehmensberatungen. So bilden Sie eine Wissensmarke. Frankfurt, S. 149-156.

Machatschke, M.: 2002. Image profile 2002, in: Manager Magazin 02/2002

Maister, D.H.: 1997. Managing the Professional Service Firm.

Malaval, P.: 2001 (1998). Strategy and Management of industrial brands.

McKinsey; Marketing Centrum Münster: 2002. Untersuchung zur Markenrelevanz.

Meffert, H.: 1998 (2000). Marketing.

Meffert, H.; Bruhn, M.: 1997 (2000, 2003). Dienstleistungsmarketing.

Meffert, H.; Burmann, C.; Koers, M.: 2002. Markenmanagement - Grundfragen der identitätsorientierten Markenführung. Mit Best Practise-Fallstudien.

Mehl, R.; Hans, R.: 2003. Auto-Erlebniswelten und Bits im Tank: Multimediales Multichannel-CRM in der Automobilbranche; In: ZFAW, Nr. 1, S. 60ff.

Meister, H.E.: 1992. Der Kampf gegen Markenpiraterie. In Dichtl, E. et. al.: Marke und Markenartikel.

Mellerowicz, K.: 1963. Markenartikel – Die ökonomischen Gesetze ihrer Preisbildung und Preisbindung.

Merbold, C.: 1994. B2B-Kommunikation. Bedingungen und Wirkungen.

Miller, K. L.: 1995. Siemens shipes up – so long plodding perfectionism. Hello, aggressiveness. In: Businessweek, May 1, 1995, S. 46-49.

Mohe, M.; Heineke, H. J.; Pfriem, R.: 2002. Consulting – Problemlösung als Geschäftsmodell.

Müller, G.: 1987. Strategische Suchfeldanalyse, neue betriebswirtschaftliche Forschung, 36.

Neubauer, H.: 2003. Unternehmerqualifizierung und Unternehmerausbildung, in: Zeitschrift für Betriebswirtschaft, Nr.2, S. 1ff.

Neukirchen, H.: 1996. "Der wichtigste Firmenwert ist die Belegschaft". In: Welt am Sonntag, Nr.45, S. 56.

Neukirchen, H.: 1997. „Wenn Siemens wüsste, was Siemens weiß." In: Welt am Sonntag, Nr.11, S. 55+58.

Neukirchen, H.: 1998a. Wege aus dem Teufelskreis. In: Welt am Sonntag, Nr.45, S.53.

Neukirchen, H.: 1998b. „Bei Chips fehlt Siemens die Dynamik. In: Welt am Sonntag, Nr.30, S. 37.

Niedereichholz, C. 2001. Unternehmensberatung, Band 1 (Beratungsmarketing und Auftragsakquisition, München/Wien.

Niedereichholz, C.: 2000. Internes Consulting – Grundlagen, Praxisbeispiele, Spezialthemen.

o.V.: 1998. Elektronik im Auto. In: Süddeutsche Zeitung vom 11.11.98.

o.V.: 1998a. Elektronik verändert Autowelt in nächster Zukunft dramatisch. In: Stuttgarter Nachrichten vom 21.10.98.

o.V.: 1999a. Prognose 2010: AutoBoom hält an. In: impulse, Juni-Ausgabe, S.103.

o.V.: 1999b. Billig-Autos im Supermarkt. In: Welt am Sonntag, Nr.24, S.28.

o.V.: 1999c. Continental entwickelt preiswertes ESP. In: Börsenzeitung vom 02.06.99.

o.V.: 1999d. Bald sechs Milliarden Menschen. In: Stuttgarter Zeitung vom 28.05.99.

o.V.: 1999e. Wie sich GM für eine respektlose Bemerkung von Bill Gates rächt: Gut, dass Microsoft keine Autos baut. In: Handelsblatt, Nr.45, S.K3.

o.V.: 1999f. Kein Erfolg ohne vernetztes Denken. In: Welt am Sonntag, Nr.9 vom 28.02.99, S.BR 1.

o.V.: 2002a. Theorie und Praxis, Nr.23, S.30+68-87.

o.V.: 2004. Inhalt schlägt Form. In: Wirtschaftswoche vom 12.02.04, S.59ff.

Olins, W.: 2004. Marke-Marke-Marke.

Pedergnana, M.; Schneider, M.; Vogler, S.: 2003. Banks & Brands.

Pförtsch, W.: 2000. Living Web.

Pförtsch, W.: 2000. Mit Strategie ins Internet.

Pförtsch, W.; Micheva, E.: 2004. Ingredient Branding für Automobilzulieferer, Marketing Management Bulgaria 7.

Pförtsch, W.; Michi, I.: 2005. The big book of real business; Children explore the importance and meaning of commerce in their live

Pförtsch, W.; Schmid, M.: 2005. Corporate Citizenship – die soziale Verantwortung von Unternehmen gegenüber der Gesellschaft.

Pierer, H. von: 1995. Siemens erreicht Wachstumsziele trotz erschwerter Rahmenbedingungen. In: Siemens-Notiz für die Wirtschaftspresse der Zentralstelle Unternehmenskommunikation vom 14. Dezember.

Pierer, H. von: 1998. „Nichts ist statisch." In: Welt am Sonntag, Nr.45, S. 53.

Pierer, H. von; Oetinger, B. von: 1997. Erfinden, entwickeln, unternehmerisch umsetzen – von der Idee zum Markterfolg. In: von Pierer, H.; Oetinger, B. von (Hg.): Wie kommt das Neue in die Welt? S.133ff.

Pinkwart, A.: 2000. Entrepreneurship als Gegenstand wirtschaftswissenschaftlicher Ausbildung, in: Buttler, G. et. al.: Existenzgründung, S. 179ff.

Plettner, B.: 1994. Abenteuer Elektrotechnik - Siemens und die Entwicklung der Elektrotechnik seit 1945, R. Piper GmbH, München

Polzin, J.: 2002. Die deutsche Elektrotechnik- und Elektronikindustrie auf dem Weltmarkt – Erste Ergebnisse einer gemeinsamen Studie des ZVEI und IW, in: Tätigkeitsbericht des ZVEI 2001/2002, S. 67-69, http://www.zvei.org

Preissner, A.; Schwarzer, U.: 1998. Die letzte Reserve. In: manager magazin, Nr. 11, S. 102-119.

Richter, M.; Werner, G.: 1998. Marken im Bereich Dienstleistungen: Gibt es das überhaupt?; in: Markenmanagement für Dienstleistungen.

Richter, P.: 2004. Ein Job vom Roboter – Augsburger Roboterhersteller setzt auf Hochtechnologie und schafft so Arbeitsplätze, S. 27; In: Süddeutsche Zeitung, S. 27.

Riehle, G.: 2004. Eine abstruse Idee. Der Designschutz hindert die Zulieferer, ihre eigenen Produkte frei zu vermarkten. Das Gesetz schafft ein Ersatzteilmonopol; In: Automobilindustrie, S. 36ff..

Riesner, J.: 2004. Marketing-Management in der Zuliefererindustrie – das Beispiel Bosch. In: Ebel, B.; Hofer, M.B.; Al-Sibai, J.: Automotive Management, S. 171.

Röschlau, M.: 2002. Besonderheiten bei der Beratung kleiner und mittelständischer Unternehmen, in: Mohe, M. et al.: Consulting – Problemlösung als Geschäftsmodell, S. 304ff.

Rummel, 1995: Designmanagement.

Salmen, S. M.: 2002. "Ich AG" im Marketing: Gute Work Life Balance oder einsame Cyber Worker, in: absatzwirtschaft, Nr.10, S. 142ff.

Sattler, H.: 2001. Markenpolitik.

Schießl, M.; Volkmann, H.: 1996. „Meine Chaos-Chance – Über die bunten Visionen des Siemens-Querdenkers Helmut Volkmann. In: Der Spiegel, Heft 20, S.121-125.

Schimansky, A.: 2004. Der Wert der Marke.

Schmalholz, C.G.; Unterreiner V.: 2004. Volles Risiko – Gehälter 2005, in: managermagazin, Nr.10, S. 210ff.

Schmid, M.: 1994. Heavy weight product management in Japan (Universität Stuttgart-Hohenheim).

Schmid, M.: 1999. Wissensmanagement im Innovationsprozess von Mercedes-Benz Pkw (Dissertation im Hause DaimlerChrysler, Universitäten Bielefeld und Stuttgart-Hohenheim, Prof. Dr. Willke). In aktualisierter und stark erweiterter Form zusammen mit Prof. Dr. Klaus Götz in zwei Bänden 2004 neu erschienen (s. Götz/Schmid).

Schmid, M.: 2004. Bildungsziel – Bildungswert – Bildungserfolg: Markenmanagement für Personal-Dienstleister, in: Prof. Dr. K. A. Geißler; Prof. Dr. S. Laske; A. Orthey: Handbuch Personalentwicklung.

Schmid, M.: 2004a. Bildungscontrolling, in: Wolters-Kluwer-Luchterhand-Wissensdatenbank (PE-Box): Strukturiertes Expertenwissen von A bis Z.

Schmid, M.: 2004b. Einsatz neuer didaktischer Konzepte, in: Prof. Dr. K. A. Geißler; Prof. Dr. S. Laske; A. Orthey: Handbuch Personalentwicklung.

Schmid, M.: 2004c. Bildungsbedarfsanalyse, in: Wolters-Kluwer-Luchterhand-Wissensdatenbank (PE-Box): Strukturiertes Expertenwissen von A bis Z.

Schmid, M.: 2004d. Leitbild, in: Wolters-Kluwer-Luchterhand-Wissensdatenbank (PE-Box): Strukturiertes Expertenwissen von A bis Z.

Schmid, M.: 2004e. Interview über B2B-Markenmanagement, in: Heilbronner Stimme, Sonderbeilage Wirtschaft, Viertes Quartal.

Schmid, M.; Kuhnle, H.; Sonnabend, M.: 2004(2005). Value Reporting – Steigern Sie Ihre materielle Corporate Governance durch Einbeziehung von Innovation Capital, Human Capital, Brand Capital und Customer Capital in der Unternehmensberichterstattung.

Schmid, M.; Pförtsch, W.: 2005. Ingredient Branding.

Schneider, D.: 2001. Der Unternehmer – eine Leerstelle in der Theorie der Unternehmung?, in: Albach, H. et al.: Theorie der Unternehmung, Zeitschrift für Betriebswirtschaft, Ergänzungsheft 3, S.1-19.

Schneider, M.: 2004. Mercedes steht und steht und...: In. Welt am Sonntag, Nr.21, S. 27f.

Scholz, C.: 2001. Zehn Trends in der Beraterbranche. In: Financial Times Deutschland vom 05.09.2001, S. 24.

Schumpeter, J.: 1934. Theorie der wirtschaftlichen Entwicklung.

Seeger, H.: 1992. Design technischer Produkte, Programme und Systeme, Anforderungen, Lösungen und Bewertungen.

Seiwert, M.; Thunig, C.: 2003. Wissen Dossier Maschinen- und Anlagenbau – Interessen verschweissen; In: absatzwirtschaft, Nr.11, S. 28ff.

Selinkski, H.: 2002. Markenpolitik im Dienstleistungsbereich der Messebau-Unternehmen, in: Baaken, T.: B2B-Kommunikation

Shenson H.; Nicholas, T.: 1993. The complete guide of consulting success: a Step-by-step handbook to built a successful consulting practice complete with agreements and forms.

Spies, H.: 1993. Integriertes Design Management.

Springinsfeld, L.: 2001. Von der Beratermarke zum Markenberater. In: Ammann, J.-C.; Höselbarth, F.; Lay, R.: Branding für Unternehmensberatungen. So bilden Sie eine Wissensmarke. Frankfurt, S. 40-53.

Stauss, B.: 1995. Dienstleistungsmarken, in: Markenartikel, S. 2-7.

Stauss, B.: 1998. Dienstleistung als Markenartikel – etwas Besonderes?; In: Baaken, T.: B2B-Kommunikation

Steinmaier, V.: 2002. Die Elektronik legt Autos immer wieder lahm. In. Stuttgarter Nachrichten, 05. Oktober, S. 13

Steinmeier, I.: 1998. Industriedesign als Innovationsfaktor für Investitionsgüter.

Strecker,

Stüdemann, K.: 1985. Grundlagen zur Unterscheidung von materiellen und immateriellen Gütern und zu ihrer Aktivierung in der Bilanz. In: Der Betrieb, Heft 7, S.345ff.

Temporal, P.; Lee, K.C.: 2000. Hi-Tech Hi Touch Branding –Creating power in the age of technology.

Thunig, C.: 2004. Brandlands: Marken-Erlebnis - warum sich Themenparks lohnen. In: absatzwirtschaft, Nr.3, S. 26ff.

ThyssenKrupp: 2004. Zukunft Technik entdecken – Technik und Innovationsbranchen – Maschinen und Anlagenbau.

ThyssenKrupp: 2004. Zukunft Technik entdecken – Zulieferer prägen die Autoindustrie durch Innovationen und stetig wachsende Fertigungstiefe.

Tomczak, T.; Schögel, M.; Ludwig, E.: 1998. Markenmanagement für Dienstleistungen.

Trommsdorff, V.: 1990. Innovationsmanagement in kleinen und mittleren Unternehmen.
VDMA Nachrichten: 2002. Ausgabe: 9 und 10.
Vitale, R. P.: 2000 (2002). Business to Business Marketing.
Vöhringer, K.-D.: 1998. Die Suche nach den drei Prinzen von Serendip – die glücklichsten Einfälle haben oft Mitarbeiter, die für das Erfinden gar nicht zuständig sind. In: Süddeutsche Zeitung vom 08.12.98.
Vöhringer, K.-D.: 1999a. Für die Mobilität von übermorgen. Die Megatrends der DaimlerChrysler-Forschung. In: Mercedes – Das Magazin für mobile Menschen, Heft 6, S.12f.
Weidner, W.: 2002. Industriegüter zu Marken machen. In: Harvard Businessmanager, Heft 5, S. 101ff.
Weis, H.C.: 1983. Marketing-Kommunikation in der Investitionsgüterindustrie.
Weiß, E.: 2001. "Digitale Revolution' im Automobil. In: Zeitschrift für Automobilwirtschaft (ZfAW), S.58-66.
Wenz, K.: 2004. Farce für den freien Handel: Mit aller Macht versuchen die Automobilhersteller die Ersatzeilmärkte abzuschotten – Der Designschutz gibt ihnen Rückendeckung und die Zulieferer bleiben außen vor, In: Automobilindustrie, S. 32ff.
Wimmer, R.: 1990. Organisationsberatung – Eine Wachstumsbranche ohne professionelles Selbstverständnis.
Winkelmann, P.: 2000. Vertriebskonzeption und Vertriebssteuerung.
Wolf, B.: 1994. Designmanagement in der Industrie.
Wolgemuth, A. (1995): Professionelle Unternehmensberatung: Eine zukunftsorientierte Dienstleistung. In: Wolgemuth, A./ Treichler, C. (Hrsg.): Unternehmensberatung und Management. Die Partnerschaft zum Erfolg. Zürich, S. 11-38.
Zintz, K.; Pretzlaff, H.: 2004. Gilt in der Autoindustrie das Bananenprinzip – Rückrufe auf Rekordniveau; In: Stuttgarter Zeitung, Nr. 112, S.13.
Zoeten R. de. 1999. Industrial Marketing, Praxis des B-to-B-Geschäfts.

Firmen- und Marken-Index

A
Accenture 92, 281ff.
Andersen Consulting 293
AEG 20, 27f.
Alcantara 130
ATS 127

B
BASF 130
Boeing 92
Bosch 45, 86, 127, 442ff.
British Airways 193

C
Caterpillar 92, 131, 273, 275
Compaq 121
Comprex 128
Covisint 209f.
Cromargan 71

D
DaimlerChrysler Management
   Consulting 300ff.
Dell 561f.
DuPont 130, 556f.

E
Emerson Electronic 45
Enron 559ff.

F
Fedex 92
Festo 343ff.
Firestone 558f.

G
General Electric (GE) 45, 92
Good Year 127
Gore-Tex 278

H
Hako 336ff.
Hewlett Packard (HP) 92
Heidelberger Druckmaschinen 224
Hilton 268
Holiday 268
HSBC 92

I
IBM 92
Inbus 128
Intel 71f., 92, 518ff.
Interbrand 91f.

J
J. P. Morgan 92

K
Kevlar 131
Kuka 9, 177, 466ff.

L
Lada, Nova 79
Luran 130

M
Marriot 268
MBtech Group 419ff.
Meißener Schwerter 49

Michelin 127
Microsoft 92
Monroe 127
Morgan Stanley 92

N
Nokia 92

O
Oldsmobile 562f.
Oracle 92

P
Peugeot 130
Philips 41, 66
Pirelli 127
POI 355ff., insbes. 376ff.
Porsche 322ff.
PriceWaterhouseCoopers 88

R
Ramada 268
Randstad 350ff.
Reuters 92
Rover 562f.

S
Sachs 128
SAP 92
Schulte Elektronik 43
Schroff 484ff.

Shimano 128
Sinumerik 128
Siemens 22f., 26, 41, 45, 79, 112f., 502ff.
Sony Betamax 555f.
Subaru 273
Sun Microsystems 92

T
ThyssenKrupp 77, 93
Trevira 128
Trumpf 474ff.

V
VDO 128
Verband Deutscher Maschinen- und Anlagenbauer (VDMA) 94
Viessmann 220
VW 273

W
WMF 70f.

X
Xerox 92, 194, 557f.

Y
Young & Rubicam 263

Z
ZF Friedrichshafen 450ff.

Index

A

After Sales Service 274
Allianzen 12
All-You-Can-Afford-Method 143
Angebotsdruck 124
Anmutungspolaritätenprofil 226f.
Anthropometrie 28
Appelle 144f.
Auktion, englische 209
Außendienst 185
Außendienst-Promotion 166
Außendienststeuerung 154ff.
Ausstellungen 156ff., 197
Automobilindustrie 383ff.
Automobilzulieferer 383ff.
Autoreifen, intelligenter 11f.

B

B2B-Anbieter 14f.
B2B-Beschaffungsprozess 145
B2B-Besonderheiten 14ff.
B2B-Clubs 177, 179
B2B-Dienstleistungen 228ff.
B2B-Güter 9ff.
B2B-Herausforderungen 7ff., 12f.
B2B-Kommunikation 141ff.
B2B-Marken 92
B2B-Markenmanagement 10,
B2B-Marketing 10
B2B-Unternehmen 9ff.,
B2B-Verständnis 10f.,
Baukasten-Design 38
Beschaffungsprozess 16ff.
Beschaffungsverhalten 15ff.
Beschwerdemanagement 191ff.

Bildlogo 80
Bildzeichen 223
Botschaft 145
Brand Asset Valuator 263
Bundling 238
Business-to-Business 7ff.
Buying Center 15f., 100

C

Call Center 180ff.
Claim 81
Co-Branding 65f.
Codes 57
Competitive Parity Method 143
Computer Aided Selling (CAS) 184
Corporate Brand 45, 70
Corporate Culture 101
Corporate Design 27
Corporate Design-Ausrichtung 34
Corporate Design-Strategien 33, 221
Corporate Identity 27, 157
Corporate Image 27, 132
Credence Qualities 58, 244
Customer Acquisition 182
Customer Data Warehouse 187
Customer Interaction Center 186
Customer Lifetime Value 180f.
Customer Recovery 182
Customer Relationship Management (CRM) 180ff.
Customer Retention 182
Cyberspace 211ff.

D

Dachmarke 45, 61, 127, 268, 270
Datamining 187f.
Design 19ff., 217ff.
Design-Einfluss 29
Designer 24
Design-Folge, frühe 37
Design-Folge, frühe 37
Design-förderliche Organisation 24, 40f.
Design-Führerschaft 36f.
Design-Identität 39f.
Design-Innovation 35, 214ff.
Design-Kompetenz 40
Design-Management 22f., 38ff.
Design-Management, Mittlerfunktion 42
Design-Managementprozess 38ff.
Design-Manager-Aufgaben 41f.
Design-Pioniere 37
Design-qualifiziertes Personal 38ff.
Design-Relevanz 31ff.,
Design-Sichtweisen 19
Design-Strategien, innovationsorientierte 33f.
Design-Umsetzung 43
Dienstleistung 162ff., 228ff.
Dienstleistung, industrienahe 11, 228ff.
Dienstleistung, produktbegleitende 46, 228ff., 273ff.
Dienstleistungsmarke 251ff., 261ff.
Dienstleistungsqualität 243ff.
Differenzierungsstrategien 35
Digital Customer Care (DCC) 201f.
Direct Mailing 167
Direktwerbung 173
Domainname 212
Domainpiraten 212
Dominanz 23

E

E-Auktionen 209
E-Branding 52, 196ff.
E-Care 200
E-Community 206
Effektivität 59
Effizienz 59
Einzeldesign 38
Einzelmarke 61, 128, 270
Elektrotechnik 482ff.
Entlastungsfunktion 25, 106
Erfahrungsgüter 58
Ergebnisqualität 246
Ergonomie 28
Erstkauf 29
E-Seminare 206
Existenzgründer 355ff.
Experience Qualities 58, 244

F

Fachzeitschriften 173f.
Familienmarke 61, 110, 128, 270
Familienmarkenstrategie 114ff.
Farbscouting 219f.
Feinauswahl 171f.
Firmenmarke 45
First Mover Advantage 72
Focus groups 42
Form follows function 25f.
Form makes the difference 25f.
Frames 214
Framing 214
Fremdbild 83, 132
Funktionsprinzipien 31

G

Gestaltungsmittel 30
Glaubensgüter 58
Grobauswahl 171

H

Händler-Promotion 166f.
Haptik 221
High Involvement 203
Hightech 12, 42, 123f.
Hightouch 42
Hightouch-Potenzial 4
Homogenisierung 21f., 64
Hyperlinks 214
Hypermedialität 202

I

Identifikationsfunktion 106, 108
Imagetransfer 4ff.
Impulsbereich Mensch 223ff.
Impulsbereich Produkt 215ff.
Impulsbereich Produkt-Mensch-Beziehung 215ff.
Industrial Marketing 10,
Industrie-Design 18ff., 33f.
Industriegüter 10f.,
Industriegütermärkte 14f.
Informations- und Kommunikationsprobleme 145f.
Informationseffizienz 3ff., 65ff.
Informationsquellen 176
Informationstransparenz 12
Informationsveranstaltungen 156ff.
Informationszentren 177
Ingredient Branding 48, 121ff.
Ingredient Branding, Voraussetzungen 123ff.
Inkommensurabilität 35f.
Innovationsmanagement, designorientiert 26
In-Sourcing 39f.
Intangibles 229
Integration, vertikale 126
Integrität, externe 20
Integrität, interne 20

Intensität Objekt-Umwelt-Beziehung 32
Intensität Subjekt-Objekt-Beziehung 31
Internetbasierte Kommunikation 196ff., 210f.
Internetökonomie 199ff.
Investitionsgüter 10
Involvement 31, 203
Irrtümer, Marke 136ff.

J

Junge Marken 355ff.

K

Kaufentscheidungen 29
Kaufphase 29
Kennzeichenprinzipien 220
Kombiniertes Modell, Interbrand 91
Kommunikation 140ff.
Kommunikation, integrierte 265ff., 276ff.
Kommunikation, persönliche 127
Kommunikationsbudget 143
Kommunikationsinstrumente, klassische 152ff., 264
Kommunikationsmix 197
Kommunikationspull 202, 205
Kommunikationspush 205
Kommunikationsstrategie 144
Kommunikationsziele 141, 144, 157
Kompetenzbreite 61f., 110
Kompetenzhöhe 61f., 110
Kompetenztiefe 61f., 110
Kompetenzzentren 177ff.
Konfiguratoren 167
Konkurrenzbezogene Strategien 34f.
Konstruktionsprinzipien 31
Koordination, formal 276
Koordination, inhaltlich 276
Koordination, zeitlich 276

Kostensenkungspotenziale, direkte 35
Kostensenkungspotenziale, indirekte 35
Kunden, aktuelle 181
Kunden, potenzielle 181
Kunden, verlorene 181
Kundenbezogene Strategien 37f.
Kundenbindung 107
Kundenlebenszyklus 181
Kundennutzen, emotional 263
Kundennutzen, funktional 263
Kundenrückgewinnung 195
Kundenwertmanagement 189ff.

L

Lead User 178
Leads 159
Lock in-Effekt 200
Logo 80
Lösungsprinzipien, historische 31

M

Manager 24
Marke 53, 56f.
Marke, begleitende 128
Marke, internationale 61, 79, 82, 91, 108
Marke, klassische 61, 110, 116
Marke, nationale 61
Marke, Vermögenswert 48
Marken, Handwerk und Zünfte 49
Marken, Mittelalter 49
Marken, starke 47, 263
Markenaufbau 60, 74
Markenassoziation 81, 85, 98, 101ff., 177, 263
Markenattraktivität 107
Markenaufbau, formal 77ff.
Markenaufladung, strategische 45-139
Markenbedeutung 13
Markenbekanntheit 98ff.

Markenbekanntheitsgrade 99f., 180
Markenbewertung 89
Markenbewertung, finanzorientiert 90
kapitalmarktorientierte 96
Lizenzeinnahmen 97
verhaltensorientiert 90f.
Markenbewusstsein 72
Markenbilanz 73
Markenbild 180
Markenbildung 5, 83ff.
Markenbildungsdifferenz 59
Markenbildungspotenzial 59
Markencharakter 85
Markendehnung 270
Markendefinitionen 53ff.
Markendefinition, kognitionspsychologisch 55f.
Markendefinition, kommunikationswissenschaftlich 56
Markendefinition, kultursoziologisch 56f.
Markendefinition, merkmalsbezogen 54
Markendefinition, rechtlich 53f., 75
Markendefinition, semiotisch 55
Markendefinition, teleologisch 54f.
Markenfarben 221
Markenflops 545ff.
Markenführung 266ff., 269
Markenfunktionen 2f., 65, 97ff.
Markenidentität 78, 81ff., 111, 269
Markenimage 83, 98, 100ff.
Markenirrtümer 136ff.
Markenkern 78, 85ff., 177, 262f.
Markenkommunikation 5, 108, 127, 156, 202, 210
Markenkommunikation, Ausrichtung 148ff.
Markenkommunikation, Ebenen 146ff.

Markenkommunikation, Formen 150ff.
Markenkommunikation, operative 139-228
Markenkonzept 135
Markenkosten 95
Markenkriterien, operationalisierbar 74
Markenleitbild 134f.
Markenmanagement 132ff.
Markenmaterialisierung 74
Markenmehrwert 3, 57, 60, 75
Markenname 57, 77f., 292ff.
Markenpiraterie 62f.
Markenpolitik 271ff.
Markenpositionierung 36f., 134ff., 269
Markenpräferenz 180
Markenrecht 48, 89, 211, 251, 261ff.
Markenregister 75
Markenrentabilität 180
Markenreichweite 128, 271
Markenrelevanz 2f., 64ff., 74
Markenschutz 82, 211
Markensignal 220
Markenslogan 81ff.
Markenstärke 91f.
Markenstärkeindikatoren 96
Markenstärkung 184
Markenstrategie 92, 109ff., 134ff., 270
Markenstrategie, geographisch 116
Markenstrategie, global 117f.
Markenstrategie, horizontal 111ff.
Markenstrategie, hybride 211
Markenstrategie, international 117f.
Markenstrategie, kombinierte 211
Markenstrategie, mehrstufig 121ff.
Markenstrategie, multidomestisch 120f.
Markenstrategie, transnational 119f.
Markenstrategie, vertikal 115ff.
Markenstrategie, virtuelle 211
Markentechnik, Domizlaff 49

Markentrend 91
Markentreue 98, 103ff., 132
Markenversprechen 173
Markenvoraussetzungen 76
Markenvorteile, für Anbieter 107f.
Markenvorteile, für Nachfrage 106f.
Markenzeichen 57, 80, 256
Markenzeichen, dynamisch-interaktive 50f.
Markenzeichen, künstliche 50f.
Markenzeichen, natürliche 50f.
Markenzeichen, persönliche 50f.
Markierung 60
Markierung, Dienstleistungen 254ff.
Marktveränderungen 12
Marken-Verständnis, historisch 45ff.
Marken-Verständnis, modern 45ff.
Markenwert 60, 84, 87ff., 262
Markenwert in der Bilanz 52
Markenzufriedenheit 180
Marketing, externes 239f.
Marketing, interaktives 241f.
Marketing, internes 240f.
Marketingziele 144
Markierung 75
Marktentwicklungsstrategien 126
Marktplatz, horizontaler 208
Marktplatz, öffentlicher 208f.
Marktplatz, privater 209
Marktplatz, vertikaler 208
Marktplatz, virtueller 201, 205ff.
Marktzutrittsschranke 74, 108, 119
Maschinenbau 457ff.
Mengenvorteil 60
Mensch-Maschine-Interaktion (MMI) 32
Messe 127, 156ff., 197, 205
Messe, virtuelle 206f.
Messebauunternehmen 162ff.
Messetypen 161
Metatags 213
Mixed Bundling 239

Mund-zu-Mund-Propaganda 196
Mystery Shopping 158

N

Nachfragesog 124
Nachhaltigkeit 23
Navigationsfunktion 210
Netzeffekt, direkter 199
Netzeffekt, indirekter 199
Nutzen, ideeller 3f., 65ff.

O

Objective and Task-Methode 144
Offline-Kommunikation 197
One-to-few-Marketing 202
One-to-many-Marketing 202
One-to-one-Marketing 5, 198, 202
Online Analytical Processing (OLAP) 186
Online-Kommunikation 197
Orientierungsfunktion 106, 210
Out-Sourcing 39f.

P

Paralyse 126
Patronymic Brand 111
Percentage-of-Sales-Method 143
Permission Marketing 205ff.
Piktogramm 223
Phantasiemarken 258f.
Portale 201
Potenzialqualität 246
Präfix 114
Pre-Procurement 154
Pre Sales Service 275
Primärmarkt 124f.
Product Placement 177
Produktanpassung 38
Prozessqualität 246, 257

Positionierungsbezogene Strategien 36f., 134ff., 211
Prägnanz 23
Preisprämie 3, 59, 95f.
Premiummarke 61, 110
Premiumpreis 46
Produkt-Design-Strategie 34
Produktindividualisierung 38
Produktkommunikation 150f.
Produktkomplexität 32, 64
Produktmarke 110, 116
Produktmarkenstrategie 113
Produkt-Mensch-Beziehung 21, 28, 32, 44, 215
Produktstandardisierung 37f.
Profilierungsfunktion 211
Promotion 166ff.
Prospekte 167
Public Relations (PR) 168f., 197
Pull-Strategie 72, 124f., 143, 202
Push-Strategie 124f., 143

Q

Qualität 106f.

R

Referenzen 177f.
Reize 81
Reparaturklausel 409
Risikoreduktionsfunktion 4ff., 66ff., 106, 108, 210

S

Schlüsselkunden 178
Schriftlogo 80
Search Qualities 58, 244
Sekundärmarkt 124f.
Selbstbild 83, 132
Situationsanalyse 133ff.
Spezialdesign 38

Sponsoring 170f.
Sprachzeichen 223
Suchfeldanalyse 215ff.
Suchfeld Anmutung 225f.
Suchfeld Farbe 219f.
Suchfeld Form 217f.
Suchfeld Material 216
Suchfeld Oberfläche 221f.
Suchfeld Wahrnehmung 224ff.
Suchfeld Verwendung 224ff.
Suchfeld Zeichen 222f.
Suchgüter 58
Synergie 128

T
Tangibilisierung 258
Tangibles 229
Tertiärmarkt 124
Timing-Strategien 37
Trademark 4,
Trustmark 4

U
Unbundling 238
Unique Selling Proposition (USP) 23
Uno-actu-Prinzip 249
Unternehmensanalyse 267
Unternehmensidentität 111
Unternehmenskommunikation 150f.
Unternehmensmarke (s. Corporate Brand) 45, 110, 112f.
Unternehmensmarkenstrategie 111ff.
Unternehmenswebsite 202ff.
Unternehmenswert 262

Unternehmenszeitschriften 177ff.
User Experience Research 42
User Groups 179

V
Value Added 57
Verarbeitungsmarke 128
Verbreitungsmarken 128
Verkaufsförderung 166ff., 197
Vertrauen 106f.
Vertriebsorganisation 153ff.
Visual Identity 81, 132
Visual Identity Code 82, 114, 152f.

W
Werbeausgaben 175
Werbebotschaft 173
Werbemedien 173
Werbeziel 173
Werbung 172, 197
Wiederholungskauf, modifiziert 29
Wiederholungskauf, reiner 29
Wortzeichen 272

Z
Zeichen, akustische 223
Zeichen, optische 223
Ziele, Werbung 172f.
Zielgrößen, monetär 94
Zielgrößen, nicht-monetär 94
Zielgruppe 219
Zielsetzung, markenpolitische 133ff.
Zielsystem 267ff.